Daniel Fulda

Wissenschaft aus Kunst

Die Entstehung der modernen deutschen Geschichtsschreibung 1760 – 1860

Walter de Gruyter · Berlin · New York
1996

♾ Gedruckt auf säurefreiem Papier,
das die US-ANSI-Norm über Haltbarkeit erfüllt.

Die Deutsche Bibliothek – CIP-Einheitsaufnahme

Fulda, Daniel:
Wissenschaft aus Kunst : die Entstehung der modernen deutschen Geschichtsschreibung 1760 – 1860 / Daniel Fulda. – Berlin ; New York : de Gruyter, 1996
(European cultures ; Vol. 7)
ISBN 3-11-015014-X
NE: GT

Printed in Germany
Druck: Werner Hildebrand, Berlin
Buchbinderische Verarbeitung: Lüderitz & Bauer-GmbH, Berlin
Einbandgestaltung: Rudolf Hübler, Berlin
Einbandabbildung: Detail der Konsole des Salon de la Guerre, Versailles,
"Clio écrivant l'Histoire du Roi"

Zum Dank

Vorliegende Studie ist im Sommersemester 1995 von der Philosophischen Fakultät der Universität zu Köln als Dissertation angenommen worden; das Rigorosum fand am 8. Juli statt.
Herrn Prof. Pape, meinem Doktorvater, danke ich für andauernde Förderung, seine für Interdisziplinarität aufgeschlossene Betreuung, sein Vertrauen und seine Aufmerksamkeit sowie schließlich für die Aufnahme der Arbeit in die Reihe *European Cultures*. Des weiteren gilt mein Dank dem Korreferenten, Herrn Prof. Kunisch, der ebenfalls maßgeblich dazu beigetragen hat, daß vorliegende Studie geschrieben werden konnte. Herrn Prof. Dann möchte ich für die Vermittlung meiner Teilnahme am Symposion der Deutschen Schillergesellschaft ‚Schiller als Historiker' im März 1993 in Steinheim danken. Herrn Prof. Rüsen danke ich für die Einladung zu einem Kolloquium im Kulturwissenschaftlichen Institut in Essen, vor allem aber für sein Interesse an meinem Projekt und seine zahlreichen ‚Vorarbeiten' zu demselben.
Meinen Freunden bzw. Mitstreitern Stephan Busch, Thomas Prüfer und Johannes Süßmann danke ich für viele hilfreiche Hinweise und einen ermutigend offenen Gedankenaustausch.
Der Studienstiftung des deutschen Volkes schließlich bin ich dankbar für ihre weit mehr als finanzielle Unterstützung, die ich von ihr in den vergangenen zweieinhalb Jahren erhalten habe.

Inhalt

I.

Die Geschichtlichkeit der Textualität der Geschichte

Die Sonderung von Dichtung und Geschichte ist unschätzbar, indem keine von beiden dadurch zerstört, ja vielmehr jede erst recht in ihrem Wert und Würde bestätigt wird; so wie es unendlich interessant ist zu sehen, wie sie beide wieder zusammenfließen und wechselseitig aufeinander wirken.

Recht genau in der Mitte des Zeitraums, den der Untertitel dieser Studie zu ihrem Gegenstand erklärt, schreibt Goethe dies an Barthold Georg Niebuhr, den preußischen Hofhistoriographen und Verfasser der *Römischen Geschichte* (Bd. 1-2, 1811-12, Bd. 3, posthum 1832).[1] Sein Beifall für dieses Werk, das herkömmlicherweise als der Beginn oder jedenfalls ein Markstein der wissenschaftlichen Geschichtsschreibung angesehen wird, ist unbedingt, jedoch nicht ungeteilt, denn Goethe sieht präzise die Ambivalenz von Niebuhrs kritischer Leistung. Einerseits begrüßt er die Trennung, die der Historiker zwischen historischem ‚Kern' und dichterischer ‚Gestaltung' in der Livianischen Erzählung über die römische Frühzeit vorzunehmen versuchte. Er trifft damit einen wesentlichen Angriffspunkt der philologisch-kritischen Methode, deren Praktizierung in der ersten Hälfte des 19. Jahrhunderts zum unverzichtbaren Ingrediens und Definitionsmerkmal zünftiger Geschichtsschreibung aufsteigen sollte. ‚Dichtung und Geschichte' werden so aber nicht allein als Objekte geistiger Tätigkeit geschieden, sondern als geistige Tätigkeiten oder Disziplinen selbst. Tatsächlich trat um 1800 die Historie aus dem Komplex der ‚schönen Wissenschaften' heraus, dem sie bislang, zusammen mit Dichtung und Beredsamkeit, zugerechnet wurde. Eine ähnliche und ebenfalls modernitätskonstitutive Autonomisierung erfuhr zugleich, nicht zuletzt von dem Weimaraner selbst betrieben, die Literatur. Für sie, besonders für den Roman, bedeutete das, sich gegen den gewissermaßen von einem historischen Standpunkt erhobenen, jahrhundertealten Lügenvorwurf zu immunisieren. Die Geschichtsschreibung wiederum konnte sich darstellungstechnisch nun nicht mehr ohne weiteres an die Fiktionserzählung anlehnen. Daß beide Autonomisierungsprozesse sich sogar wechselseitig

1 17. 12. 1811 – Goethe: Briefe Bd. 3, S. 172.

bedingten, deutet die Briefstelle ebenfalls an. Doch alles das ist nur die eine Seite.

Denn Goethe bleibt auf der anderen Seite nicht bei der Divergenzdiagnose für Dichtung und Historie stehen. Autonomie heißt nicht Autarkie. Interferenzen zwischen beiden Wissensformen bestanden weiter oder entstanden erst zwischen deren neuumgrenzten Feldern. Der historische Roman, der um 1820 sich neu formierte in Deutschland, ist nur das bekannteste dieser Interferenzphänomene. Daß er von der Kritik nicht selten als ‚Zwitter' abqualifiziert und die Kombination historischer und literarischer Prinzipien und Verfahren als gegenseitige Behinderung angesehen wurde,[2] kann derweil die Theoriezwänge andeuten, die von der Autonomisierung sowohl der Geschichtswissenschaft als auch der Literatur ausgingen. Das unendliche Interesse an Interferenzen und Interdependenzen, welches Goethe reklamierte, nahm weit schneller ab als die tatsächlichen Gemeinsamkeiten in Wirklichkeits-, Erkenntnis- oder Darstellungsauffassung. Das aber mußte weitreichende Folgen für die Selbstwahrnehmung beider Wissensformen im 19. Jahrhundert haben und hat auch die mit ihnen befaßten Wissenschaften nicht unbeeinflußt gelassen, mit Nachwirkungen bis heute, etwa in der Fiktions- oder in der Historiographietheorie. Die Fixierung auf die ohne Zweifel ‚unschätzbare' „Sonderung von Dichtung und Geschichte" zu lockern und auf dem Gebiet der Historiographiegeschichte zur Erfüllung von Goethes ‚Forschungsprogramm' beizutragen ist hingegen Ziel dieser Studie.

2 Vgl. Karl Immermann: Vorrede zu „Ivanhoe. Eine Geschichte vom Verfasser des Waverley" (Walter Scott). Nach d. neuesten Orig.ausg. übers. u. mit e. einl. Vorw. vers. Hamm: Wundermann 1826 – in: Steinecke (Hrsg.): Theorie und Technik des Romans im 19. Jh., S. 8-10, hier S. 10.

A. Pfade der Forschung im Beziehungsgeflecht von Historik und Historiographie, Poetik und Erzählliteratur

> Interdisciplinary studies are certainly not new, but one could argue that recent debates among theorists have tended towards a new type of interdisciplinarity in which the different fields no longer figure only as substantial entities with their own coherence and clear-cut limitations or as parts of a larger, unified field of knowledge. In the type of interdisciplinary approach that this study encourages, the relationship between fields would be seen as a condition of their existence rather than the reverse[1].

1. Interferenzfelder zwischen Historie und Dichtung

Der Interferenzbereich[2] zwischen Historie und Dichtung bildet nicht nur einen schmalen Grenzstreifen, sondern ein „weites Feld". Ganze literarische Gattungen, das historische Drama und mehr noch der historische Roman, lassen sich darauf ansiedeln, jedenfalls wenn man nicht, bei einer klassizistischen Poetik verharrend, ihren Bezug auf Historisches als den ‚Stoff' begreift, den die literarische ‚Form' zu vertilgen hat.[3] Die Rolle von Geschichte (der res gestae) als Stoff oder auch als Thema von Literatur zu untersuchen[4] rechnet strenggenommen dagegen nicht zu den Vermessungen jenes Interferenzbereiches, ebensowenig wie Überlegungen, auf welche Weise literarische Texte der

---

1 Gearhart: The Open Boundary of History and Fiction, S. 290.

2 Zur terminologischen Herkunft des Begriffs ‚Interferenz' und seiner Anwendung in der Literaturwissenschaft vgl. die Vorbemerkungen in dem von Lothar Bluhm, Friedhelm Marx und Andreas Meier herausgegebenen Band *Interferenzen*.

3 Ein alternatives Gattungsmodell für den historischen Roman, das neben dessen Teilhabe an allgemeinen literarästhetischen Paradigmen gattungsspezifische Einflüsse der ‚Geschichte' – unter der weniger die res gestae als die historiae rerum gestarum zu verstehen sind – und auch die Gegenwartsorientierung von Geschichtsthematisierungen berücksichtigt, schlage ich vor in meinem Aufsatz „Telling German History" (S. 196-198).

4 Vgl. z.B. Lützeler: Geschichte in der Literatur, oder die Mehrzahl der Beiträge in dem Band *Literatur und Geschichte 1788-1988*. Derartige Untersuchungen nähern sich dann dem hier thematischen Interferenzbereich, wenn die literarische Form der Geschichtsdarstellung als Kommentar überhaupt zu den Möglichkeiten, Geschichte zu schreiben und zu deuten, interpretiert wird, vgl. z.B. Humphrey: The Historical Novel as Philosophy of History (zu vier historischen Romanen von Alexis, Fontane und Döblin).

Geschichtswissenschaft als Quellen dienen können[5]. Denn dieser Bereich soll hier verstanden werden als derjenige, in dem die Darstellungsprinzipien und -verfahren beider Wissensformen konkurrieren bzw. im Austausch stehen.[6] Gewissermaßen eingefaßt wird er durch Historik und Historiographie, Poetik und fiktionales Erzählen (welche Eingrenzung literarischer Darstellungsformen die Vergleichbarkeit mit der Geschichtsschreibung erfordert). Die literarische Geschichtsdarstellung beispielsweise gerät in diesen Bereich schon, wenn sie sich als ‚methodologische' Alternative zur wissenschaftlichen Geschichtsschreibung begreift oder als solche interpretiert wird. Sie wird dann einerseits interessant auch für die methodisch disziplinierte Historiographie, weil viele ihrer Texte, als Literatur und ihre Darstellungsfunktion übersteigend, eine Kritik der Erkenn- und Darstellbarkeit von Geschichte überhaupt liefern, z.B. indem sie die Konstruktivität jeder Geschichte offenlegen.[7] Andererseits müssen sich literarische Texte unter diesen Voraussetzungen auf ihre Stellung innerhalb einer ‚Geschichtskultur' befragen lassen, die nicht allein nach literatureigenen Regeln funktioniert. So stehen z.B. Erzähltexte der letzten zehn Jahre, die die NS-Zeit individualgeschichtlich perspektivieren, in einem Kontext von ‚Vergangenheitsbewältigung', der von den Vorschlägen des Historikers Martin Broszat geprägt ist, die öffentliche Auseinandersetzung mit dem ‚Dritten Reich' durch romaneske Darstellungsverfahren auch in der wissenschaftlichen Geschichtsschreibung zu intensivieren.[8]

In den Dimensionen, welche die genannte Tetrade von Historik und Historiographie, Poetik und Erzählliteratur umgreift, ist der Interferenz-

---

5 Vgl. Stark: Vom Nutzen und Nachteil der Literatur für die Geschichtswissenschaft, oder, programmatisch für die aktuelle Intellectual History, LaCapra: Geschichte und Roman – Geschichte und Kritik, S. 102-119, bes. S. 111-117; zur Nutzung literarischer Texte als Quellen im 19. Jahrhundert vgl. Kruse: „More kin than kind", S. 213*-223*.

6 Zur Frage von Divergenz und Konvergenz literarischer und wissenschaftlicher Weltdeutung und -darstellung darf ich auf einen von Thomas Prüfer und mir herausgegebenen Band *Faktenglaube und fiktionales Wissen* (erscheint voraussichtlich 1996) verweisen.

7 Vgl. Hecker: Die Realität der Geschichte, S. 284: „Die literarische Fiktion ist ein hervorragender, wenn nicht der einzige erkenntnistheoretische Ort, an dem es möglich ist, eine bestimmte Wirklichkeitsauffassung als solche, das heisst als Konstruktion, als Stilisierung, als aktive Synthetisierung von Wirklichkeit darzustellen, ohne die Tendenz, sie als falsch zu behaupten." Weiterhin, mit Bezug auf englischsprachige Gegenwartsliteratur, das mit „Historiographic Metafiction" überschriebene Kapitel bei Hutcheon: Poetics of Postmodernism, S. 105-123, oder Scheuer: Biographie, S. 230-248 (mit Bezug auf die literarische Biographie der 1970er Jahre). Bereits Wilhelm Raabes *Odfeld* (1888) kann als eine immanente Kritik der Prinzipien und Techniken zeitgenössischer Geschichtsdarstellung interpretiert werden. Die konstruktivistische Literaturtheorie geht diesen Weg konsequent weiter und begreift literarische Texte generell als „Demonstrationen der Irritation und (Neu-)Konstruktion von Wirklichkeit" (Scheffer: Interpretation, S. 7, im Orig. hervorgeh.).

8 Vgl. dazu Verf.: Telling German History, S. 216-221.

bereich von Historie und Dichtung bereits sehr viel schwerer zu fassen.[9] Erst wenige deutsche Arbeiten haben Wege durch ihn gebahnt. Als Pionierleistungen sind insbesondere zwei Aufsätze von Eberhard Lämmert zu nennen, von denen der eine die interdependente Entwicklung der Geschichtsschreibung seit der Aufklärung und des historischen Romans seit Walter Scott und der andere Krise und Wiederaneignung des Erzählens in Historiographie und Roman des 20. Jahrhunderts in weiten Zügen umreißt.[10] Um einiges ausführlicher und mit einem guten Blick für ihre funktionsgeschichtliche Interdependenz hat sodann Philip James Brewsters Dissertation zum historischen

---

9 Das gilt vor allem für den in dieser Arbeit thematischen Zeitraum nach der konsequenten disziplinären Diffenzierung von Historie und Literatur. Dagegen für die frühe Neuzeit und die theoretische Seite vgl. Heitmann: Das Verhältnis von Dichtung und Geschichtsschreibung in älterer Theorie. Wohl nicht zufällig sind einige der markantesten Arbeiten der außerdeutschen Forschung ebenfalls in der Vormoderne angesiedelt, vgl. z.B. Braudy: Narrative Form, und Gearhart: The Open Boundary of History and Fiction – und es sind nicht zufällig außerdeutsche Arbeiten: Beeinflußt schon vom frühen geschichtstheoretischen Narrativismus, erkennt Braudy in ‚novel' und Geschichtsschreibung Britanniens im mittleren und späteren 18. Jahrhundert hinsichtlich ihrer „search for new kinds of narrative coherence and continuity" ganz parallele Anstrengungen, Geschichte(n) zu erzählen (S. 10). Die deutsche Geschichtsschreibung der Aufklärung böte, das sei hier vorweggenommen, bereits für eine solche Untersuchung kein hinreichendes Material. Von ‚poststrukturalistischen' Literaturtheorien und romanliterarischen, historiographischen und philosophischen Texten der französischen Aufklärung ausgehend, kann dagegen Gearhart sogar eine *Diskussion* der Interdependenz von Literatur und Historie rekonstruieren. Bis weit ins 19. Jahrhundert ist das Verhältnis zwischen literarischer und historiographischer Geschichtsdarstellung in Westeuropa anders gelagert als in Deutschland, dann freilich wegen der hierzulande rascher erfolgten Verwissenschaftlichung der Historie. Eine direkte Konkurrenz von historischem Roman, wie sie in England vor der und um die Mitte des vorigen Jahrhunderts bestand (vgl. Müllenbrock: Historischer Roman und Geschichtsschreibung; ähnliches stellt Kahr: Die Schlacht bei Waterloo, für Frankreich fest), hat es hier nie gegeben.
All dies legt es wiederum nahe, die Entwicklung der deutschen Historiographie zunächst einmal in ihren Eigentümlichkeiten zu rekonstruieren und auf diese Weise zur Grundlegung einer komparatistischen Historiographiegeschichte beizutragen. An einzelnen Punkten fordern britische und französische Einflüsse oder Parallelen trotzdem aber vergleichende Seitenblicke heraus (vgl. unten Kap. II. B. 3. b. und III. C. 4.). Sie können die hier behauptete Ungleichzeitigkeit der historiographischen (und literarischen) Entwicklungen in Europa zumindest beispielhaft illustrieren.

10 Vgl. Geschichten von der Geschichte (1985) und „Geschichte ist ein Entwurf" (1990). Vgl. auch den Aufsatz „Geschichtsschreibung und Roman. Interdependenzen und Differenzen" von Paul Michael Lützeler. Nicht überzeugen kann allerdings Lützelers Versuch, den Thesen Hayden Whites (s. dazu unten Kap. B. 1.) mit Käte Hamburgers Fiktions- und Dichtungstheorie zu begegnen und so die traditionelle substantialistisch-dichotomische Unterscheidung zwischen Historie und Literatur zu retten: „Historisches Erzählen behandelt res factae; nicht-historisches Erzählen bezieht sich auf res fictae." (S. 10) Zumal mit diesem Zitat glaubt Lützeler sich auch auf Jörn Rüsen berufen zu können, welcher jedoch ganz im Gegenteil die Fragwürdigkeit einer solchen Basisunterscheidung darlegt (vgl. Die vier Typen des historischen Erzählens. – In: Formen der Geschichtsschreibung, S. 514-605, hier S. 526).

Erzählen Wilhelm Raabes die historistische Geschichtstheorie und die Poetik des historischen Romans im 19. Jahrhundert einander gegenübergestellt.[11] Naturgemäß lediglich punktuell Orientierung zu bieten vermögen dagegen die einzelnen Aufsätze der zahlreichen neueren Sammelbände, die mit ‚Literatur und Geschichte' o.ä. betitelt sind.[12] Sie leisten, auch wenn sie über herkömmliche Untersuchungen zur literarischen Verarbeitung historischer Stoffe oder zur poetischen Konstruktion von Geschichtsbildern hinausgehen, in der Regel keine Komplementierung der unterschiedlichen disziplinären Perspektiven. Die jedoch ist gefordert, um die Kontexte wieder herzustellen, welche die disziplinäre Ausdifferenzierung der historischen und philologischen Wissenschaften seit dem 19. Jahrhundert immer wieder abzuschneiden verlangt hat, weil sie nicht in die methodische Verfügungsgewalt der eigenen Disziplin fielen. Andererseits gilt es, sich vor der Ambition auf eine Totalperspektive zu hüten, womöglich gar eine, die definitiv zwischen den divergenten Geltungsansprüchen literarischer und historiographischer Texte entschiede. Käme eine transdisziplinäre Untersuchung an diesen Punkt, so müßte Goethes Wort von der unschätzbaren ‚Sonderung von Dichtung und Geschichte' wieder in sein Recht auch als forschungsleitende Maxime eintreten.

Derjenige Unterabschnitt unseres Interferenzbereiches, in dem in neuerer Zeit am heftigsten um die Zulässig- oder Notwendigkeit disziplinärer Grenzziehungen gestritten wurde, ist derweil mit alldem noch gar nicht berührt. Ihn formiert die Frage nach der Literarität der Geschichtsschreibung und damit überhaupt der Geschichtswissenschaft. Wohl hat es bereits im 19. Jahrhundert und gerade unter den wissenschaftlich profiliertesten Historikern nichtszientistische Antworten auf sie gegeben; so unterschied Leopold von Ranke die Historie „dadurch von anderen Wissenschaften, daß sie zugleich Kunst ist, [...] indem sie das Gefundene wieder gestaltet, darstellt."[13] Doch fallen die Antworten mancher Vertreter der gegenwärtigen Geschichtstheorie sehr viel radikaler aus als bei Ranke. Dessen Äußerung gedenkt der ‚künstlerischen' Tätigkeit des Historikers lediglich als einer sekundär und reproduktiv wirkenden, wohingegen der amerikanische Ideenhistoriker und Diskurstheoretiker Hayden White die These aufstellte, daß

---

11 Vgl. Brewster: Wilhelm Raabes historische Fiktion im Kontext, S. 54-133; vgl. auch die auf Conrad Ferdinand Meyers historische Novellen und Augustin Thierrys *Histoire de la Conquête de l'Angleterre* konzentrierte Arbeit von Beate Lutz: Vom Ereignis zur Erzählung.

12 Vgl. Literature and History (1983), Literatur und Geschichte 1788-1988 (1990), Geschichte als Literatur (1990), Fact and Fiction (1990).

13 Ranke: Idee der Universalhistorie [1831/32] - WuN 4, S. 72. Vgl. auch Mommsen: Rede bei Antritt des Rektorats. 15. Oktober 1874 - Reden und Aufsätze, S. 11.

> der Historiker einen wesentlich *poetischen* Akt [vollzieht], der das historische Feld *präfiguriert* und den Bereich konstituiert, in dem er die besonderen Theorien entwickelt, die zeigen sollen, „was *wirklich* geschehen ist".[14]

Nach White ist der ‚poetische' Impuls geschichtswissenschaftlicher Arbeit unhintergehbar, denn er glaubt, ihn in Strukturen der Sprache selbst verankern zu können. Interferenzen dieser Art zwischen Historie und Literatur festzustellen bedroht die disziplinäre Autonomie der Geschichtswissenschaft, von der wir hier ausgegangen sind. Bewahrt werden kann diese Autonomie jedoch nicht dadurch, daß die neuere Theoriediskussion in den Humanwissenschaften einfach ignoriert wird. Weil auch die Geschichtswissenschaft eine Textwissenschaft ist – in der Mehrzahl ihrer Materialien wie in ihren Hervorbringungen –, muß auch sie auf die Implikationen und Konsequenzen ihrer Sprachlichkeit reflektieren. Sich dem zu verschließen hieße, unter das Reflexions- und damit Wissenschaftlichkeitsniveau der Nachbarwissenschaften zu fallen. Insbesondere von französischen Historikern ist diese Herausforderung denn auch angenommen worden: Paul Veyne, Roger Chartier oder Michel de Certeau diskutieren die Narrativität der Geschichtsschreibung – und insistieren zugleich auf der epistemologischen Differenz zwischen derselben und der Fiktionserzählung; sie weisen einen naiven Faktenglauben ebenso weit von sich wie Geschichte als fiktionales Wissen zu denken.[15] Vor allem aber kann die Literarität von Geschichtsschreibung und die konstitutive Rolle poetischer oder ästhetischer Denkweisen für die Geschichtswissenschaft durchaus auf eine spezifisch historische Weise erörtert werden: als Problem der Historiogra-

---

14 White: Metahistory, S. 11 (hier und, wenn nicht anders vermerkt, im folgenden nach der deutschen Übersetzung zitiert; der Relativsatz in Anführungszeichen spielt an auf ein vielzitiertes – und wie hier fast stets aus dem Zusammenhang gerissenes – Wort Rankes [Geschichten, S. V]). Wie man sieht, setzt White die ‚Kunst'-Komponente der Geschichtsschreibung entscheidend tiefer an als Ranke. Deshalb ist es nicht zulässig, Rankes Anerkennung eines Kunstelements in der Geschichtsschreibung als eine „postmoderne Substanz in der modernen Historik" auszugeben, die Whites Thesen die negatorische Schärfe nähme (so aber Rüsen: Historische Orientierung, S. 203). Zur relativen Harmlosigkeit von Rankes Äußerungen sogar innerhalb seiner Historik vgl. unten Kap. III. B. 1. b). – Wie sehr die internationale geschichtstheoretische Diskussion seit Whites Buch in dessen Zeichen steht, obgleich sie seine Ansätze fast immer *kritisch* fortführt, zeigt der Literaturbericht von Williams: Geschichte und literarische Dimension, S. 340-370; zur jüngsten amerikanischen Diskussion vgl. Fuchs: „What is the Good of History?".

15 Vgl. Chartier: Zeit der Zweifel, S. 17f.; ders.: Die unvollendete Vergangenheit, S. 34. Im Prinzip auf derselben Linie liegt der Ästhetiker Jacques Rancière, wenn er eine *„Poetik des Wissens"* anvisiert, d.h. eine „Untersuchung aller literarischen Verfahren, durch die eine Rede sich der Literatur entzieht, sich den Status der Wissenschaft gibt und ihn bezeichnet" (Die Namen der Geschichte, S. 17). In dieser Poetik geht Rancière zwar subtil, aber durchaus essayistisch vor, so daß seine Beobachtungen an verschiedenen Historikern von Tacitus bis Braudel zwar seine These im Prinzip stützen, aber keinerlei systematischem oder historiographiegeschichtlichem Anspruch genügen.

phiegeschichte. Dann können zudem die sprachlichen Strukturen des historischen Wissens in ihrer eigenen Historizität hervortreten, so daß Geschichtlichkeit und Textualität sich noch einmal kreuzen: als Geschichtlichkeit der Textualität der Geschichte. Zu untersuchen, welche rhetorischen, ästhetischen und poetologischen Faktoren an der historischen Formierung der ‚modernen'[16] Geschichtsschreibung beteiligt waren und in welchem Maße, sollte die Diskussion jedenfalls auf eine Grundlage von weniger umstrittener Tragkraft führen und ihr einiges von ihrem nicht selten spekulativen Charakter nehmen können.[17]

2. ‚Closed Boundaries' – zur aktuellen Historiographiegeschichtsforschung in Deutschland

Sollte aus historiographiegeschichtlicher Perspektive die Erforschung des historisch-literarischen Interferenzbereiches neu fundiert werden können, so verspricht eine interdisziplinär angelegte Untersuchung der Formierungsphase moderner Geschichtsschreibung in Deutschland umgekehrt eine erhebliche Horizonterweiterung für die Historiographiegeschichte. Denn unter deren großen offenen Fragen ist die vielleicht hervorstechendste mit am wenigsten geklärt: wie sich aus dem, was in weitesten Teilen sowie an westeuropäischen Standards gemessen sich wie eine historiographische „Rumpelkammer" ausnahm,[1] die große Geschichtsschreibung des 19. Jahrhunderts entwickeln konnte. Wie gelang es der deutschen Geschichtswissenschaft, ihre Hervorbringungen innerhalb von fünfzig Jahren vom Stand der *Geschichte von Littauen* (1785) eines Schlözer auf das wissenschaftlich-literarische Niveau von Rankes *Römischen Päpsten* (1834-36) zu bringen?[2] Und welche Rolle spielte es für den epochalen historiographischen Sprung, der sich in der Verschiedenheit dieser beiden Werke andeutet, daß, um hier nur einige Namen herauszugreifen, Gatterer einen wesentlichen Teil seiner Geschichtstheorie auf

---

16 Vorläufig möchte ich mit diesem problematischen Begriff lediglich eine Historie bezeichnen, die sich in der oben skizzierten Weise autonomisiert hat. Zur Redefinition des historiographiegeschichtlichen Moderne-Begriffs aufgrund der Befunde dieser Arbeit vgl. Kap. III. A. 1.

17 Geht aber nicht auch White historisch vor? Ja, insofern er seine Theorie an Historikern und Philosophen des 19. Jahrhunderts zu exemplifizieren sucht, doch vorgängig entworfene Theorie und Fallanalysen stehen in *Metahistory* inkongruent nebeneinander (vgl. dazu unten S. 25). – Als einen induktiv-(historiographie)geschichtlichen Ansatz zu einer ‚Poetik' der Geschichtsrepräsentation vgl. auch Bann: The Clothing of Clio.

1 Faust I, V. 582 – HA 3, S. 26.

2 Zur *Geschichte von Littauen* vgl. unten S. 181, zu den *Römischen Päpsten* Kap. III. C. 3.

Home, Schlözer auf Mendelssohn, Ranke auf Goethe, Droysen auf Humboldt gründete? Läßt sich die historiographiegeschichtliche Erklärungslücke zwischen ,Aufklärungshistorie' und ,Historismus'[3] vielleicht durch eine Rückwendung auf Ästhetik, Rhetorik, Poetik und literarisches Erzählen dieses Zeitraums sowie ihre spezifische Rezeption durch die Historiker schließen?

Von so zentraler Bedeutung diese Fragen sind - durch die methodischen Maschen der zünftigen Historiographiegeschichte fallen sie hindurch. Denn die hat eine lange Tradition als Instrument disziplinärer Traditions- und Selbstvergewisserung. Maßgeblich war und ist dabei die Sicherung des szientifischen Selbstverständnisses der Disziplin.[4] Noch die ambitioniertesten - Versuche der Gegenwart folgen diesem Muster. So versucht Horst Walter Blanke, den von Jörn Rüsen für die aktuelle Geschichtswissenschaft entwickelten Faktorenkreis einer ,disziplinären Matrix' auf ,die' Aufklärungshistorie und ,den' Historismus anzuwenden - unter Mißachtung schon der anderen Wissenschaftlichkeitsbegriffe dieser Epochen des Faches.[5] Die ,Verwissen-

3 Meine Verwendung der Termini ,Aufklärungshistorie' und ,Historismus' erläutere ich in den Einleitungskapiteln zu den Abschnitten II. und III.; zu den Wissenschaftlichkeitsbegriffen von Aufklärungshistorie und ,klassischem' Historismus vgl. unten Kap. II. B. 1. und III. A. 1. (S. 277).

4 Vgl. Horst Walter Blanke: Typen und Funktionen der Historiographiegeschichte. Eine Bilanz und ein Forschungsprogramm. - In: Geschichtsdiskurs Bd. 1, S. 191-211, hier S. 207; Jörn Rüsen: Die Entwicklung der disziplinären Matrix und des theoretisch-methodologischen Instrumentariums der Geschichtswissenschaft - ein strukturgeschichtlicher Ansatz. - In: Historiographiegeschichte als Methodologiegeschichte, S. 53-67, hier S. 53; Ulrich Muhlack: Leopold von Ranke. - In: Deutsche Geschichtswissenschaft um 1900, hier S. 11-36, hier S. 11f.

5 Vgl. Blanke: Historiographiegeschichte, S. 36-41 (dagegen neuerdings ders.: Die Entstehung der Geschichtswissenschaft im Spiegel der Historiographiegeschichte. - In: Geschichtsdiskurs Bd. 2, S. 62-66, hier S. 65); Rüsen: Historische Vernunft, S. 24-31. Rüsen: Konfigurationen, S. 32f., benennt die fünf Faktoren dieser Matrix wie folgt: „Orientierungsbedürfnisse der Gegenwart, leitende Hinsichten auf die menschliche Vergangenheit, Regeln der empirischen Forschung, Formen der historiographischen Darstellung und Funktionen des historischen Wissens". Diese Faktoren bilden einen systematischen und „dynamischen Zusammenhang"; „er läßt Geschichtswissenschaft als einen *Erkenntnisprozeß* erkennen, der folgende Struktur hat: Aktuelle Bedürfnisse nach Orientierung der menschlichen Lebenspraxis in den zeitlichen Veränderungen des Menschen und seiner Welt werden mit Hilfe oberster Sinnkriterien der Daseinsorientierung zu leitenden Hinsichten auf die Vergangenheit formuliert. In der Perspektive dieser Hinsichten wird die Erfahrung vergangener zeitlicher Veränderungen des Menschen und seiner Welt als historische Erfahrung erschließbar und deutbar. Diese Erschließung und Deutung erfolgt in der Form einer methodisch geregelten empirischen Forschung, die den Informationsgehalt der Quellen nach Maßgabe der Fragen, die aus den leitenden Hinsichten folgen, systematisch ausschöpft. Durch die historiographische Formung werden die Forschungsergebnisse zu rezipierbarem historischen Wissen. In diesen Formen können die Ergebnisse der historischen Forschung dann die praktischen (Orientierungs-)Funktionen erfüllen, um derentwillen letztlich historisches Wissen produziert wird." - Als weiteres Forschungsprojekt ist der methodisch ganz anders angelegte Ver-

schaftlichung' der Historie wird dann zur tendenziell exklusiven Leitfrage der Historiographiegeschichte.[6] Zum Problem der Ahistorizität des theoretischen Vorentwurfs kommt noch das Manko, daß jene disziplinäre Matrix die Geschichtswissenschaft von anderen Disziplinen oder auch der Literatur isoliert. Denn sie ist darauf ausgerichtet - und dazu tatsächlich besser geeignet als jedes andere Modell der geschichtswissenschaftlichen Tätigkeit -, die Einbettung der Fachwissenschaft in die ‚Lebenswelt' theoretisch zu erfassen.[7] Indem sie Fachwissenschaft und Lebenswelt zu vermitteln sucht, droht Drittes jedoch ausgeschlossen zu werden. Vor allem bei einer Anwendung auf die Geschichte der Geschichtswissenschaft muß sich das verhängnisvoll auswirken, zumal wenn dabei Epochen des Faches zur Untersuchung anstehen, in denen die Beziehungen zu anderen Disziplinen schon wegen seiner noch nicht oder nur ansatzweise hergestellten Autonomie eng bis konstitutiv waren. Ulrich Muhlack (der ohne ‚disziplinäre Matrix' arbeitet) macht als Impulsgeber der historistischen Geschichtswissenschaft immerhin Philosophie, Klassische Altertumskunde, Jurisprudenz und Deutsche Philologie namhaft - nicht jedoch Ästhetik, Poetik und Literatur! -, „beharrt" aber gleichfalls „auf der relativen Autonomie seines Gegenstandsbereiches".[8] Methodische Prämisse vorliegender Studie ist hingegen: Die relative Autonomie der geschichtswissenschaftlichen Entwicklung zu betonen darf weder dazu dienen, die Historiographiegeschichtsforschung von den entscheidenden ‚poetologischen' Wandlungsprozessen in der deutschen Geschichtsschreibung um 1800 abzulenken, noch sie abkoppeln von der Tendenz zur Interdisziplinarität, wie sie in der jüngeren Erforschung des Interferenzbereichs von ‚Dichtung und Historie' fruchtbar geworden ist. Vielmehr müssen die Impulse, die von dieser Tendenz ausgehen, aufgenommen werden, um der historiographiegeschichtlichen Tragweite jenes Wandlungsprozesses gerecht werden zu können.

Diesem Imperativ zu folgen, erschwert sich die herrschende historiographiegeschichtliche Forschung nicht zuletzt dadurch, wie sie die ‚Darstellung als einen von fünf Faktoren in der ‚disziplinären Matrix' auffaßt. So schreibt

---

such Wolfgang Webers zu verzeichnen, sich der ‚Sozialgeschichte der Geschichtswissenschaft' über die Menge, den Typ, die geographische Verteilung usw. der Publikationen ihrer akademischen Vertreter zu nähern (vgl. seine Projektskizze „Vermessung der Historiographie").

6 Jörn Rüsen: „Moderne" und „Postmoderne" als Gesichtspunkte einer Geschichte der modernen Geschichtswissenschaft. - In: Geschichtsdiskurs Bd. 1, S. 17-30, hier S. 17; zur aktuellen Diskusssion um dieses Konzept vgl. die Beiträge von Blanke, Schleier, Iggers und Hauer im zweiten Band von *Geschichtsdiskurs*, S. 48-91.

7 Vgl. Rüsen: Historische Vernunft, S. 30f.; ders.: Konfigurationen, S. 33.

8 Vgl. Muhlack: Geschichtswissenschaft, S. 11f. Das Zitat S. 12.

Jörn Rüsen: „Durch die historiographische Formung werden die Forschungsergebnisse zu rezipierbarem historischen Wissen"[9]. Der Text des Historikers wird hier in einer Weise an die Forschung rückgebunden bzw. auf den Rezipienten ausgerichtet, welche die Autonomie von Vertextung tendenziell eliminiert. Das mag dem Selbstverständnis des geschichtswissenschaftlichen Sprach-,Benutzers' entsprechen, führt an der historiographiegeschichtlichen Bedeutung des Darstellungsfaktors aber vorbei. In historischer Perspektive wird Geschichtsschreibung ebenfalls als sekundär begriffen, beispielsweise im Hinblick auf ,den' Historismus: „In der ästhetischen Geschlossenheit der historiographischen Darstellung *spiegelt sich* der (zumeist implizite) theoretische Zugriff auf die historische Erfahrung *wider*".[10] Dietrich Harth weist dagegen zu Recht darauf hin, daß die umgekehrte „Frage nach der Funktion der rhetorischen, poetischen und stilistischen Komponenten für den *Entwurf* eines konsistenten Geschichts*bildes*" „weitaus interessanter" ist[11] – interessanter in dem Sinne, möchte ich hinzufügen, daß sie sowohl zentrale Faktoren der historiographiegeschichtlichen Entwicklung auszuleuchten verspricht als auch die Sinnbildungsleistung und damit kulturelle Funktion der Geschichtswissenschaft komplexer zu sehen erlaubt. Ein solches Forschungsinteresse geht in zwei wichtigen Punkten auch über das hinaus, was Rudolf Vierhaus von der Historiographieforschung fordert, nämlich „die Geschichtsschreibung, vor allem bevor sie zunehmend fachwissenschaftlichen Charakter annahm, im Zusammenhang der allgemeinen Literaturgeschichte zu untersuchen."[12] Denn erstens hebt es die Beschränkung ästhetischer Lösungen auf den Darstellungsbereich auf, und zweitens löst es sich von der ebenfalls zu kurz greifenden Auffassung, ästhetische, poetische oder rhetorische Kategorien wirkten lediglich in einer ,vorwissenschaftlichen' Historie als Bestimmungsfaktoren.

---

9 Rüsen: Konfigurationen, S. 33. In die Einschätzung des Darstellungsfaktors spielt natürlich auch das jeweilige Verständnis von Ästhetik und Rhetorik herein; bei Rüsen vgl. dazu: Lebendige Geschichte, S. 24-34. Rüsens Bemühung um Domestizierung beider mündet in ihre Inanspruchnahme für die „kommunikative Prägnanz des historischen Wissens" (S. 27 u.ö.). In aestheticis geht er dabei ausdrücklich von Kant, Schiller und Hegel aus (vgl. S. 28). Bereits deren Reflexion auf die ,weltanschauungs'-konstitutive Funktion ästhetischen Denkens schöpft er freilich nicht aus (in bezug Schiller vgl. dazu unten S. 236).

10 Rüsen: Konfigurationen, S. 67 (Hervorh. von mir). Nicht ganz klar ist hier, ob Rüsen nicht vielleicht die Ansicht der Historisten referiert. Verhielte es sich so, so kann immerhin festgehalten werden, daß er selbst keine von diesem historiographischen Neutralismus abweichende Position formuliert.

11 Dietrich Harth: Historik und Poetik. Plädoyer für ein gespanntes Verhältnis. – In: Geschichte als Literatur, S. 12-23, hier S. 21 (Hervorh. von mir).

12 Vierhaus: Geschichtsschreibung als Literatur im 18. Jahrhundert. – In: Historische Forschung im 18. Jahrhundert, S. 416-431, hier S. 425.

Noch weiter zurück als Rüsen stellen Muhlack und Blanke die Geschichtsschreibung. Direkt gegen Rüsens Historik gerichtet, lehnt Ulrich Muhlack „die Etablierung der Geschichtsschreibung als Unterabteilung der Geschichtstheorie" grundsätzlich ab. Ein dementsprechend geringes Gewicht kommt den Konstitutionsprinzipien und -regeln der Historiographie in seiner Darstellung der humanistischen und aufklärerischen Geschichtswissenschaft zu. Immerhin geht er ganz richtig davon aus,

> daß historische Erkenntnis nicht erst am Schluß, um nicht zu sagen: nach ihrem Vollzug, sondern immer, in allen ihren Phasen, sprachlich vermittelt ist; sie wird insoweit auch dann unter einer historiographischen Perspektive betrieben, wenn eine förmliche Gesamtdarstellung niemals zustande kommt oder selbst gar nicht zustande kommen soll.[13]

Daraus zieht Muhlack den – schon gewagteren und, von Rüsens kreisförmiger ‚Matrix' aus gesehen, unnötigen – Schluß, daß „Geschichtsschreibung und historische Erkenntnis oder Geschichtsschreibung und Geschichtswissenschaft [...], genau genommen, identisch" sind. Warum aber folgt daraus wiederum, daß die Theorie der Historiographie in der „Theorie der Geschichtswissenschaft" aufgeht? Mit derselben Logik – und nicht weniger vereinseitigend – ließe sich folgern, daß die Historik vollständig auf eine Poetik historiographischer Texte reduzierbar ist. So einfach und präskriptiv, dürfen wir schließen, lassen sich die von der jüngeren Geschichtstheorie aufgeworfenen Fragen nicht vom Tisch wischen.

Blanke nun hat vor kurzem eine monumentale und ungeheuer fleißige „Gesamtdarstellung der deutschen Geschichtswissenschaft seit der Spätaufklärung" vorgelegt, die sich nahezu ausschließlich und programmatisch auf historiographiegeschichtliche und theoretische Schriften stützt.[14] Aus diesem Material möchte er „die leitenden Hinsichten und die Absichten, die die einzelnen Historikergenerationen mit Geschichtsschreibung verfolgten, plastisch rekonstruieren".[15] Für sich genommen, ist eine solche Beschränkung durchaus legitim. Jedoch muß man sich darüber im klaren sein, daß eine Geschichte der ‚leitenden Hinsichten und Absichten' von Historikern etwas ganz anderes ist als eine Geschichte der Historiographie selbst – und auch als eine Geschichte der Geschichts*wissenschaft*.[16] Wendet man Rüsens disziplinäre

13 Muhlack: Geschichtswissenschaft, S. 13f. Die folgenden Zitate ebd., S. 14.

14 Blanke: Historiographiegeschichte, S. 7. Zugleich möchte Blanke in seiner Dissertation einen „historischen Abriß der Entwicklung der Historik" im selben Zeitraum geben und „die Geschichte der Historiographiegeschichtsschreibung detailliert" nachzeichnen (ebd.).

15 Blanke: Historiographiegeschichte, S. 41.

16 Die Frage, ob „die Historik überhaupt ein adäquater Spiegel der fachwissenschaftlichen

Matrix auf „metatheoretische", d.h. programmatische Äußerungen an, so hängt es vom jeweiligen Entsprechungsgrad von Theorie und Praxis ab, ob die Praxis - und niemand wird bestreiten, daß es auf sie letztlich ankommt - mit erfaßt wird. Blankes methodische Grundentscheidung muß umso mehr erstaunen, als auch er sieht, daß an neuralgischen Punkten der Fachgeschichte Programm und Ausführung auseinanderklafften. Daß es der deutschen Aufklärungshistorie nicht gelang, den Nexus rerum „in ihrer Historiographie aufzuzeigen", lenkt seine Aufmerksamkeit aber ebensowenig auf die Zweifelhaftigkeit der Indikatorfunktion der Historik für das Ganze der Geschichtswissenschaft wie die Einsicht, daß die historistischen Fortschritte in der Darstellung „auf der Reflexionsebene der Historik gar nicht adäquat behandelt wurden".[17] Auch der Hinweis, den diese Inkongruenzen auf Faktoren geben, die in der ‚disziplinären Matrix' nicht vorgesehen sind, wird nicht aufgenommen. Selbstverständlich lassen sich, wie Blanke zur Begründung seiner Methode schreibt, auch „metatheoretische Reflexionen", die im Kontext ganz anders konzipierter Historiken entstanden sind, auf das von ihm angelegte Matrixmodell beziehen.[18] Ebendieses Modell führt jedoch umgekehrt die historiographiegeschichtliche Untersuchung an solchen Faktoren vorbei, die in ihm selbst nicht enthalten oder unterrepräsentiert sind - und das sind, so zeichnet es sich bereits ab, gerade für die Herausbildung einer ‚modernen' Geschichtswissenschaft entscheidende: Nachbardisziplinen der historiographischen Geschichtserzählung ebenso wie die eigendynamischen sprachlichen und ästhetischen Momente des ‚Darstellungsfaktors' selbst.

Schließlich hängt die übliche Vernachlässigung der Geschichts*schreibung* mit den Umwertungen innerhalb der Historiographiegeschichte in den letzten 25 Jahren zusammen. Denn nur unter Zurücksetzung des ‚Darstellungsfaktors' konnte die vehemente Aufwertung der Aufklärungshistorie Plausibilität

Praxis" ist, stellt er ausdrücklich erst in seiner Verteidigung gegen Oexles Kritik - und beruhigt sich damit, daß er die „Theoreme" der Programmatiker „ja nicht einfach unkritisch übernommen" habe („Historismus" im Streit, S. 597). Kritik daran, die Historik als Repräsentanten der geschichtswissenschaftlichen Praxis zu behandeln, übt auch Telman: Rez. Blanke: Historiographiegeschichte [u.a.], S. 259.

17 Blanke: Historiographiegeschichte, S. 267, 288. Verwundern kann in diesem Zusammenhang auch, daß Blanke sein Buch ausgerechnet Eduard Fueter gewidmet hat. Denn Fueter stellt seiner Historiographiegeschichte folgende programmatische Sätze voran: „Eine Geschichte der Historik ist so wenig eine Geschichte der Historiographie als eine Geschichte der dramatischen Theorien eine des Dramas. In manchen Perioden gingen Theorie und Praxis ganz verschiedene Wege." (Geschichte, S. V) Allerdings kann der Vergleich mit Theorie und Praxis des Dramas ebenfalls nicht befriedigen, da er übers Ziel hinausschießt (darauf macht bereits Croce: Theorie und Geschichte, S. 145f., aufmerksam).

18 Vgl. Blanke: Historiographiegeschichte, S. 40f., Zitat S. 40.

erlangen. Diese Aufwertung wiederum steht in einem eminenten wissenschaftsstrategischen Kontext: Blanke selbst benennt ihre ursprünglich (wissenschafts)politischen Motive mit der wünschenswerten Deutlichkeit: Die Entdeckung positiver Traditionen in der Tätigkeit z.B. der Göttinger Historiker des späten 18. Jahrhunderts diente dazu, in der Gegenwart dem perhorreszierten ‚Historismus' zu entkommen.[19] Diese polemische Konstellation entwertet natürlich nicht das neu- bzw. wiedergewonnene Wissen über die vor- und außerhistoristische Geschichtswissenschaft, doch veranlaßt sie zur kritischen Aufmerksamkeit gegenüber durch sie bedingten perspektivischen Verzerrungen oder Lücken der Forschung.[20] Nun könnte man die Hoffnung hegen, der wissenschaftspolitische Streit habe sich inzwischen beruhigt und sei der allseitigen Anerkennung eines Methodenpluralismus gewichen. Doch gerade derjenige, der die bedenklichen Reflexe der neueren Historiographieforschung offengelegt hat, dreht sogar noch weiter an der Polarisierungsschraube: Blanke treibt die Aufwertung ‚der' Aufklärungshistorie gegenüber ‚dem' Historismus auf die Spitze und projektiert Historiographiegeschichte zugleich als wissenschaftspolitische Standortbestimmung. Scharf weiß er dabei zu scheiden: Wer sich nicht zur ‚Historischen Sozialwissenschaft', d.h. den erklärten Erbwaltern der Aufkärungshistorie bekennt, ist entweder zur „sich derzeit neuformierenden Sozialanthropologie" zu rechnen – und dann letztlich nicht mehr als ein zu reintegrierender Seitentrieb der erstgenannten – oder ein „Traditionalist".[21] Gleich welcher Tradition und Methode ein

19 Vgl. Blanke: Wiederentdeckung, S. 113-131. Die bewußte Parteilichkeit dieser Geschichtsschreibung nimmt zuweilen auf überraschende Weise kämpferische Formen an bzw. schlägt in eine ‚traditionale' Sinnbildung um; auch wer – nach Blanke – eine „äußerst subtile" Kritik auf seine Fahnen geschrieben hatte, operierte nun mit ‚Helden' oder gar ‚Märtyrern' der Historiographiegeschichte (vgl. ebd., S. 119, das Zitat S. 114; ders.: Historiographiegeschichte, S. 75). Zu dem nicht eben sehr subtilen Automatismus von Historismuskritik und Apologie der Aufklärungshistorie vgl. auch Rüsen: Konfigurationen, S. 31.

20 So ist beispielsweise die zweibändige Textedition *Theoretiker der deutschen Aufklärungshistorie* (hrsg. von Blanke und Dirk Fleischer) im Prinzip sehr verdienstvoll und vielfach von großem Nutzen. Wo die Texte gekürzt sind, ist jedoch Aufmerksamkeit geboten; gerade dort sind nämlich mitunter Positionen formuliert, die sich nicht recht in das neue Bild der Aufklärungshistorie einfügen lassen (vgl. dazu unten S. 158, Anm. 49 und S. 201, Anm. 45). – Eine Überschätzung der Aufklärungshistorie kritisiert auch Weber: Rez. Blanke: Historiographiegeschichte, S. 180.

21 Blanke: Historiographiegeschichte, S. 709. Ja Blanke geht so weit, daß er die ‚Historische Sozialwissenschaft' als historiographiegeschichtliches Äquivalent zur ‚Aufklärungshistorie' und zum ‚Historismus' präsentiert (vgl. ebd., S. 48). Eine ehrlichere Auskunft über die Geschlossenheit der jüngsten Geschichtswissenschaft gibt dagegen sein Versuch, auch selbige in Gestalt einer ‚disziplinären' Matrix zu fassen: In dem entsprechenden Kapitel bietet er auf über 70 Seiten kaum mehr als ein Referat allbekannter Programmschriften und der neueren ‚traditionskritischen' Forschung. Freilich beteuert

Historiker der Gegenwart sich verpflichtet fühlt, ein solcher Monopolismus ist in jedem Fall inakzeptabel, weil mit einer pluralistischen Wissenschaftsverfassung unvereinbar. Ihm und den historiographiegeschichtlichen Frontstellungen, die er aufzubauen und zu zementieren sucht, muß prinzipiell, d.h. nicht erst aufgrund der vielen abweichenden Befunde in Einzelfragen, widersprochen werden.

Nach alledem muß eine historiographiegeschichtliche Untersuchung derzeit vor allem drei Gefahren zu entkommen suchen: der Reduktion von Historiographiegeschichte auf den Verwissenschaftlichungsaspekt, der Privilegierung der Historik und Vernachlässigung der praktisch-historiographischen Seite sowie der Depravation von disziplinärer Selbstreflexion im Medium der Historiographiegeschichte zur Selbstbestätigung oder wissenschaftspolitischen Polemik. Diesen drei Gefahren entgegenzusteuern und den Affirmationskreis in der gegenwärtigen Historiographieforschung aufzubrechen, ist aber insbesondere ein interdisziplinärer Ansatz geeignet, der die Interdependenz von Historik und Historiographie, Poetik und Erzählliteratur zu rekonstruieren sucht. Werden Historik und Historiographie, Theorie und Praxis, nicht voneinander getrennt - in der Weise gar, daß das eine das andere vertreten muß -, dann läßt sich beides so aufeinander beziehen, daß fördernde bzw. hemmende Faktoren in der historischen Entwicklung der Historik sichtbar werden. Dasselbe Prinzip wechselseitiger Erhellung und Kritik wirkt zwischen historischem und literarischem Erzählen.[22] In vorliegendem Buch stellt sich dieses Verhältnis freilich als nicht ganz symmetrisch dar, da das literarische Erzählen hier hauptsächlich insofern interessiert, als es, häufig die avanciertere Variante vorstellend, sowohl Orientierungspunkt als auch eine immanente Kritik des historiographischen darstellt. Einen zentralen Punkt aber, auf den eine so fundierte Untersuchung zu zielen hat, hat Jörn Rüsen jüngst selbst benannt: Es sind „letztlich die narrativen Strategien historischer Sinnbildung, die im Zentrum des historiographiehistorischen Interesses stehen sollten."[23]

Diese Akzentsetzung spiegelt nicht bloß den größten gemeinsamen Nenner von Literatur und Historie. Vielmehr ist sie Ergebnis der jüngeren geschichtstheoretischen Diskussion, die, zumal in Deutschland, unter dem Stichwort ‚Narrativismus' geführt wurde. Die Implikationen wiederum des geschichts-

---

Blanke, er wolle nur eine „Skizze" geben (ebd., S. 14). Dann aber verliert seine These vom historiographiegeschichtlichen Dreischritt seit dem 18. Jahrhundert im dritten Teil den Boden unter den Füßen.

22 Vgl. Gearhart: The Open Boundary, S. 8f.

23 „Moderne" und „Postmoderne" als Gesichtspunkte einer Geschichte der modernen Geschichtswissenschaft. - In: Geschichtsdiskurs Bd. 1, S. 17-30, hier S. 28.

theoretischen Erzählbegriffs lassen sich historik- und poetikgeschichtlich durchaus verorten und können deshalb als Analysekategorien unserer historiographiegeschichtlichen Untersuchung dienen (vgl. unten S. 35, 94ff.). Mit ihnen in enger Verbindung stehen die von mir vorgeschlagenen Kriterien historiographischer Modernität, die ebenfalls als Analysekategorien fungieren (vgl. unten S. 272ff.). Die Ausbildung und praktische Aneignung einer faktisch narrativistischen Konzeption von Geschichtswissenschaft bildet zudem geradezu das Zentrum, auf das die Historiographiegeschichte zwischen etwa 1760 und 1860 (zu dieser zeitlichen Eingrenzung vgl. unten S. 35, 54, 271) problemgeschichtlich ausgerichtet werden kann.[24] Zur weiteren methodischen Klärung dieses Ansatzes aber möchte ich nun seine Voraussetzungen in den wichtigsten neueren Geschichts- und Historiographietheorien darlegen.

24 Zur Perspektivierung, die sich daraus für die Geschichtsschreibung des späteren 18. Jahrhunderts ergibt, vgl. unten S. 55f.

B. Geschichts- und diskurstheoretische Voraussetzungen

> Wer ein System hat, ist so gut geistig verlohren, als wer keins hat. Man muß eben beides verbinden[1].

Historiographische Texte auf ihre ästhetisch-formale Konstitution zu untersuchen bedeutet nicht, Geschichtswissenschaft zur Literatur herab(oder herauf?)zustufen. Vielmehr kommt es darauf an, die sprachliche Konstituierung und Strukturierung von historischen Darstellungen als ein unhintergehbares geschichtswissenschaftliches Problem anzuerkennen, das, nicht einmal allein für die Historiographiegeschichte, von zentraler Bedeutung ist. Diese Ansicht herrscht freilich nicht überall. Angefochten wird sie sowohl von diskursanalytischen Ansätzen, die von vornherein den Forschungsbezug von Geschichtsschreibung aus der Untersuchung ausschließen, als auch von Geschichtstheoretikern, die, um die Rationalität ihrer Disziplin besorgt, die poetologische Gebundenheit ihrer zentralen Kategorien nicht akzeptieren. Jenes gilt z.B. für die „bahnbrechenden Arbeiten"[2] Hayden Whites, dieses für die deutschen Vertreter einer narrativistischen Historik. Der Antagonismus dieser beiden Ansätze wiederum prägt die aktuelle Diskussion hierzulande. Betrachten wir beide - und eine mögliche dritte Lösung - im einzelnen, stets mit dem Blick auch darauf, welche Reflexions- und Orientierungshilfen sie einer historiographie*geschichtlichen* Untersuchung bereitstellen.

1. Die tropologische Herausforderung

Im Kontext der deutschen Diskussionen über die ‚Theoriebedürftigkeit der Geschichtswissenschaft' nahm sich Whites Buch *Metahistory* 1973 gänzlich unzeitgemäß aus. Dementsprechend eher auf Abwehr als auf Auseinandersetzung waren lange Zeit und sind nach wie vor die hiesigen Historiker eingestellt.[3] Wolfgang Weber diagnostiziert gar, daß die von Whites Arbeiten

1 Friedrich Schlegel: Philosophische Fragmente, Nr. 614 - KA 18, S. 80.

2 Horst Walter Blanke: Theorieprobleme der Historiographiegeschichte. - In: Geschichtswissenschaft vor 2000, S. 185-213, hier S. 212.

3 Soweit ich sehe, hat die Originalausgabe von *Metahistory* in Deutschland nur eine einzige längere Besprechung gefunden. Und auch diese gleitet mitunter in substanzlose Abwehr-

„ausgehende Herausforderung noch gar nicht voll erkannt" sei.[4] Tatsächlich erfordert eine substantielle Auseinandersetzung mit Whites Theorie, dieselbe von ‚innen' zu begutachten. Ihr das entgegen zu halten, was sie für sekundär erklärt, nämlich die theoriegeleitete Rationalität historischer Forschung, bildet keinen Ersatz dafür. Ebensowenig kann es überzeugen, Whites zur bloßen Darstellungstheorie minimierte Tropologie in das Theoriegebäude des szientifischen Narrativismus einfügen zu wollen.[5] Ein solcher Ausgleich muß im Kern scheinhaft bleiben, da er von Whites Anspruch, auf rhetorische, für methodische Kontrollen unhintergehbare Steuerungsmechanismen der „Sprache selbst"[6] zurückzugehen, immer schon überholt wäre: Wenn, wie der Amerikaner behauptet, die Tätigkeit des Historikers den Vorgaben eines „sprachlichen Protokolls" folgt, das mögliche Erkenntnisobjekte in einem „*poetischen* Akt" mit „präkognitivem und vorkritischen Wert" konstituiert und zugleich vorstrukturiert, und poetische Muster bereits in der ersten Wahrnehmung von Überlieferung als ‚Geschichte' präfigurierend wirken,[7] dann findet die von Jörn Rüsen auch und gerade in ihrem narrativen Vollzug gesuchte wissenschaftsspezifische Rationalität der Historie[8] keinen Ansatzpunkt mehr.

Eine ernstliche deutsche White-Rezeption gibt es wohl auch deshalb nicht, weil ein immanent geschichtswissenschaftliches Urteil über Tropen und Plotstrukturen kaum zu fällen ist.[9] Whites rhetorische Terminologie führt über die

---

reflexe ab, etwa daß die Geschichtsschreibung als narrativen Prosadiskurses zu bestimmen „historische Werke von Reiseprospekten oder psychologischen Fallbeschreibungen" nicht mehr zu unterscheiden erlaube (Wimmer: Geschichtsschreibung als literarische Kunst, S. 156).

4 Vgl. Weber: Hayden White in Deutschland, S. 101 (Webers Aufsatz gibt einen konzisen Überblick über die White-Rezeption in den verschiedenen Lagern der deutschen Geschichtswissenschaft). Eine unzeitige Entlastung der historischen Zunft hierzulande wäre es daher, *Metahistory* schon deswegen als „wissenschaftlich ad acta gelegtes Buch" abzuqualifizieren, weil die Diskussion in den USA inzwischen weiter fortgeschritten ist (so aber Walther: Fernes Kampfgetümmel, S. 21).

5 Vgl. Horst Walter Blanke: Theorieprobleme der Historiographiegeschichte. - In: Geschichtswissenschaft vor 2000, S. 185-213, hier S. 211f., Anm. 146.

6 Vgl. Auch Klio dichtet, S. 116-120, Zitat S. 118.

7 White: Metahistory, S. 49f., 12. Verweise auf die deutsche Übersetzung im folgenden im Text.

8 Vgl. Jörn Rüsen: Die vier Typen des historischen Erzählens. - In: Formen der Geschichtsschreibung, S. 514-605, bes. S. 598f.

9 Vgl. Wolfgang Mommsen: Geschichte als Historische Sozialwissenschaft. - In: Theorie der modernen Geschichtsschreibung, S. 107-146, hier S. 134-137. - Auch Weber vermutet hinter der schwachen deutschen White-Rezeption ein „inhaltliches Unverständnis" (Hayden White in Deutschland, S. 91). In den USA ist *Metahistory* meist unter geschichtsphilosophischen oder philosophiegeschichtlichen Aspekten diskutiert worden (vgl. die Beiträge in History and Theory Beiheft 19 [1980]; zu Whites Weiterentwicklung

herkömmlichen Grenzen geschichtswissenschaftlicher Disziplinarität hinaus und bindet diese an dominante neuere Entwicklungen der Humanwissenschaften und ihre theoretischen Prämissen. Trotzdem muß eine Kritik am theoretischen Entwurf des Amerikaners ansetzen. Empirische Schwächen, wie Otto Gerhard Oexle sie dem historisch-analytischen Teil von Metahistory vorhält,[10] taugen wohl als Einwände gegen Whites Historiographiegeschichte, entwerten jedoch nicht seine Theorie. Als solche bzw. als theoriegestütztes Kategoriensystem für Historiographieanalysen ist sie hier auf den Prüfstand zu stellen.

Gleich zu Anfang seines Buches stellt White klar, daß er dem Forschungsbezug der Geschichtsschreibung keine Beachtung schenken wird (vgl. S. 16). Denn der Historiker müsse, wenn er die zu einer Fabel zusammengestellten historischen Ereignisse dem Sinn- und Erklärungsverlangen des Lesers zubereiten will, eine dreifache Interpretation unabhängig von empirischen Nachweisen vornehmen (vgl. S. 21): eine Erzählstruktur modellieren, die der Handlung Bedeutung verleiht, sich für einen Typ diskursiver Erklärung oder ‚formaler Schlußfolgerung' entscheiden und schließlich eine bestimmte ideologische Grundposition zum Ausdruck bringen. Die möglichen ‚archetypischen' Plotstrukturen bezeichnet White mit Northrop Frye als ‚Romanze', Tragödie, Komödie und Satire, die Argumentationsmuster mit Stephen Pepper als Formativismus, Mechanismus, Organizismus und Kontextualismus und die Grundausprägungen des ideologischen Aspekts mit Karl Mannheim als Anarchismus, Radikalismus, Konservatismus und Liberalismus. Auffälligerweise handelt es sich je um eine Begriffs*tetrade*; ihr zuliebe wird Mannheims fünfgliedrige Typologie sogar „vereinfacht" (S. 571). Vollends offenbar wird der Systemcharakter des ganzen Modells, wenn White die Kombination der drei Erklärungsdimensionen, welche den „Stil" eines Historikers ausmacht, für nicht frei erklärt. Vielmehr gebe es „strukturelle Homologien" zwischen den je vier verschiedenen Möglichkeiten der drei Erklärungsweisen.[11]

Die Ursache, die White für die (mehr oder weniger ausgeprägte) Konsistenz eines historiographischen Stils anführt, könnte im Zeitalter des ‚linguistic turn' gar nicht zwingender sein: Die Sprache selbst bewirke eine unhinter-

---

seiner Thesen vgl. Kansteiner: Hayden White's Critique of the Writing of History). Zur neueren internationalen Diskussion vgl. die Hefte 24 (1993) und 25 (1994) der Storia della Storiografia.

10 Vgl. Oexle: Sehnsucht nach Klio, S. 7f.

11 Metahistory, S. 47f.; vgl. die kleine Tabelle auf S. 48. In den Fällen freilich, in denen die postulierten Affinitäten nicht auftreten – das sind mit Michelet und Burckhardt immerhin zwei der vier exemplarisch analysierten Historiker –, soll gerade das eine „dialektische [?] Spannung" erzeugen (S. 48).

gehbare Vorstrukturierung des historischen Feldes, aus der alle konkreten Ausprägungen der verschiedenen Erklärungsstrategien im historiographischen Text folgten (vgl. S. 49). Dementsprechend belegt White das Geschichtsbild, das vom „vorbegrifflichen sprachlichen Protokoll" konstituiert wird, mit linguistischen Begriffen.[12] Das ganze Wahrnehmungsschema aber lasse sich „durch den in ihm vorherrschenden Tropus charakterisieren".[13] Whites „These ist, daß der dominante Tropus und das dazugehörige sprachliche Protokoll die irreduzible ‚metageschichtliche' Grundlage jeder historischen Darstellung sind." (S. 12)

Auf Tropen als Regentes ganzer Wahrnehmungsschemata zurückzugehen kann vor dem Hintergrund der allgemeinen Rhetorik-Renaissance in den Humanwissenschaften nicht überraschen.[14] Trotzdem muß sorgfältig verfolgt werden, wie White ausgerechnet die vier Tropen Metapher, Metonymie, Synekdoche und Ironie als tiefenstrukturelle Prägeformen der historischen Einbildungskraft identifiziert, denn von der Schlüssigkeit seiner Argumentation hängt die wissenschaftstheoretische Relevanz der ‚Tropologie' für die Geschichtswissenschaft ab: Die vorstrukturierende Leistung des ‚sprachlichen Protokolls' wird insofern folgerichtig als „*poetischer* Akt" klassifiziert, als dieser „einen präkognitiven und vorkritischen Wert hat" und „konstitutiv", also poietisch ist. Umstandslos, aber kaum logisch stringent gelangt White so zur „poetischen Sprache"; die vier genannten Tropen wiederum seien ihre „Grundformen" (S. 50).[15] Wie schwankend diese Brücke ist, verdeutlicht vollends die fundamentale Modifikation, welcher der klassisch-rhetorische Tropenbegriff dabei unterworfen wird. Whites Tropen definieren Beziehun-

---

12 ‚Lexikalisch' bilden Einzelpersonen und Gruppen die geschichtlichen Subjekte und Objekte. Diese vertreten in der ‚grammatischen' Dimension des historischen Geschehens synchronistisch verschiedene historische Kräfte. Die ‚Syntax' sodann verknüpft diachronisch die Geschichtssubjekte zur historischen Interaktion, die bei einem bestimmten Geschichtsschreiber charakteristischen Handlungmustern folgt. Die ‚semantische' Dimension schließlich, die zur Geschichtsphilosophie tendiert, soll die Bedeutung der Geschichte, ihre Werthaltigkeit, die sich häufig aus dem Endergebnis herleitet, erfassen (vgl. ebd., S. 92, 357-59).

13 White: Metahistory, S. 49. ‚Charakterisieren' (engl.: ‚will be characterizable', S. 30) ist sehr vage, und auch später ist lediglich von einem Entsprechungsverhältnis die Rede (vgl. dt. S. 50), erst in seiner Einleitung zu *Auch Klio dichtet* trägt White eine allgemeine Diskurstheorie vor, nach der das „tropische Verfahren" als ein „Mechanismus" die Diskursgegenstände konstituiert (S. 9).

14 Vgl. Kellner: Twenty Years After, S. 111, und ders.: The Inflatable Trope, S. 14-16; zum weiteren Kontext vgl. Göttert: Einführung, S. 209-218.

15 Speziell diese Tetrade von „Grundtropen" herauszugreifen stützt sich auf eine Tradition der Rhetorik, die von Petrus Ramus und Giambattista Vico bis zu Kenneth Burke reicht. Vgl. White: Metahistory, S. 575f., das Zitat S. 50; Vico: Prinzipien einer neuen Wissenschaft, S. 191-195 (§§ 404-409); zur Zurückführbarkeit aller Tropen auf Metapher, Metonymie, Synekdocke und Ironie ebd., S. 195 (§ 409).

gen zwischen sprachlichen Termen auf *einer* Ebene – in den Beispielen seines Einleitungskapitels auf der Oberfläche eines Textes, gemeint ist letztlich indes die Ebene geschichtstheoretischer Annahmen des einzelnen Historikers, wie sie vom ‚sprachlichen Protokoll' gebündelt werden. Dagegen bedeutet das tropische Verfahren in der klassischen Rhetorik den Ersatz (immutatio) eines Wortes, dessen Signifikat aber gemeint bleibt, durch ein anderes, den Tropus.[16] Im Text oder allgemeiner auf *einer* Ebene ist deshalb immer nur ein Signifikant präsent. Anders gesagt: Das tropische Verfahren wirkt nach herkömmlicher Auffassung substituierend, nicht koordinierend, paradigmatisch, nicht syntagmatisch.[17] White dreht die Textachse, auf der das tropische Verfahren funktioniert, um 90 Grad, ohne diese Änderung ein einziges Mal anzuzeigen oder gar zu reflektieren. Um Tropen als tiefenstrukturellen Faktor seiner Theorie einzuverleiben, bedarf es dieser Umdeutung freilich zwingend, denn sie sollen ja jenen Erklärungsdimensionen zugeordnet werden, die historiographische Texte in ihrer *syntagmatischen* Erstreckung prägen. ‚Metapher', ‚Metonymie', ‚Synekdoche' und ‚Ironie' haben bei White also den Status von ihrerseits metaphorischen Bezeichnungen für die beschriebenen Beziehungen. Tatsächlich ist in *Auch Klio dichtet* wörtlich nachzulesen, daß jene „Begriffe" nur als „Metaphern" dienen „für die verschiedenen Weisen [...], in denen wir Gebiete oder Folgen von Erscheinungen auslegen, um sie als mögliche Gegenstände einer erzählenden Darstellung und diskursiven Analyse ‚aufzubereiten'"![18] Dann aber lassen die typischen Verfahren der Historio-

16 Vgl. Lausberg: Handbuch der literarischen Rhetorik § 552 (mit Verweis auf Cicero: Brut. 17, 69). Auch Whites Gewährsmann Vico denkt die tropische Relation als Substitutionsverhältnis (vgl. Prinzipien einer neuen Wissenschaft, S. 191-195 [§§ 404-409])!

17 Die klassische Rhetorik kennt die Explikation der tropischen Beziehung im Text nur in zwei Ausnahmefällen, der prädizierenden und der schmückend-appositionellen Funktion, vgl. Lausberg: Elemente der literarischen Rhetorik § 183. In *Auch Klio dichtet*, S. 243, spricht White übrigens selbst von der Metonymie als einer „Substitution der Handlung durch den Handelnden".

18 Auch Klio dichtet, S. 153 (von „mögliche" bis „Analyse" im Orig. kursiv); vgl. White: Literary Theory and Historical Writing, S. 29. Die metaphorische Verwendung von Tropennamen für die Bausteine humanwissenschaftlicher Theorien beginnt bereits bei Whites strukturalistischen Gewährsmännern (vgl. Metahistory, S. 73-76). Meine Ausstellungen an Whites Tropenbegriff gehen wohlgemerkt nicht darauf aus, den Gebrauch rhetorischer Termini auf den von der klassischen Rhetorik vermessenen Bereich zu beschränken. Entscheidend ist vielmehr, sich bewußt zu machen, daß Whites Tropen mit den von ihm berufenen „Grundformen der Sprache selbst" (S. 50) kaum mehr als den Namen gemeinsam haben. Vgl. in diesem Zusammenhang Hans Kellners Kritik am ‚aufblasbaren' Tropenbegriff der jüngsten Rhetorikrenaissance (The Inflatable Trope, S. 15). – Die Schwierigkeiten, den linguistischen oder epistemologischen Status der von White berufenen Tropen exakt zu fassen, demonstriert auch der Aufsatz von Irmgard Wagner (Geschichte als Text. Zur Tropologie Hayden Whites. – In: Geschichtsdiskurs Bd. 1, S. 212-232; vgl. die Definitionsversuche ebd., S. 214-216).

graphie tropologisch sich bloß *beschreiben*, nicht aber *erklären*. Das Skandalon von Whites Theorie enthüllt sich als ‚verwirrender' Sprachgebrauch! Nicht daß die Figuralität der Sprache keine Rolle spielte für die (geschichtswissenschaftliche) Erkenntnis, doch gewinnt sie in Whites schematisierender Fassung nicht das geschichtstheoretische Gewicht einer unhintergehbaren Systematik historiographischen Denkens und Sprechens - weder vom Ansatz noch von der Ausführung her, wie nun an der Erörterung der einzelnen Tropen zu zeigen ist.

Als Metonymie versteht White den Ausdruck „fünfzig Segel", wenn ebenso viele Schiffe gemeint sind (S. 52); seine Formulierung des tropischen Vorgangs - „das Ganze [wird] auf eines seiner Teile *reduziert*" - trifft jedoch genau eine Variante der Synekdoche, das pars pro toto.[19] Tatsächlich gilt ‚Segel für Schiff' als die „abgedroschenste" nicht aller Metonymien, sondern „aller Synekdochen".[20] Und es bleibt nicht bei einem eigenwilligen Verständnis des metonymischen Teil-Ganzes-Verhältnisses. Denn White interpretiert die tropische Spannung der Metonymie in einem zweiten Schritt um in funktionale „Teil-zu-Teil-Beziehungen", bis er zu einer Ursache-Wirkung-Relation gelangt (S. 54). Hier trifft sich sein Metonymie-Verständnis wieder mit der klassischen Rhetorik, verabsolutiert aber eine Variante jenes Tropus und verengt sie zudem zu einem „mechanistischen" Verhältnis (ebd.).[21] Als einem Gegenpol zur ‚reduzierenden' Metonymie schreibt White sodann der Synekdoche eine ‚integrierende' Wirkung zu (vgl. S. 54). Die klassische Rhetorik dagegen unterschied die beiden Tropen danach, ob die Signifikanten die Grenze des Begriffsinhalts überschreiten oder nicht. Und auch im Fall der Synekdoche kann das gewählte Beispiel weder Whites persönliche Deutung illustrieren noch diese als rhetorisch korrekt ausweisen. Denn in „Er ist ganz Herz" (S. 53) wird der Verweis auf den ganzen Menschen eben nicht rhetorisch impliziert, sondern expliziert, und ‚Herz' fungiert als Metapher oder Symbol. Seine physiologische Grundbedeutung nutzt White indessen (oder verführt sie ihn?), speziell organologische Beziehungen als Produkte der Synekdoche anzusehen und den Tropus abschließend als „integrativ im Sinne des Organizismus" zu charakterisieren (S. 54f.). Unter Mißachtung der üblichen Definitionen der Synekdoche wird die mögliche Verweisrichtung der Trope vom

---

19 Vgl. Lausberg: Elemente § 200. Entscheidend für die Abgrenzung von der Metonymie ist, daß die „Benennung der gemeinten Sache *innerhalb* der Ebene des Begriffsinhalts" (Hervorhebung von mir), also des Schiffes, verschoben wird, während jene über den Begriffsinhalt hinausgreift (Ebd., §§ 192, 216).

20 Simon: Tropologie, S. 6, Anm. 8.

21 Vgl. dagegen die Möglichkeiten der Metonymie bei Lausberg: Elemente §§ 216-225.

Weiteren auf das Engere[22] hier einfach übergangen und die Ersetzung des Weiteren durch das Engere einseitig spezifizierend zum Mikrokosmos, der auf einen Makrokosmos weist, zurechtgedeutet.

Wo White seine Tropendeutung zum ersten Mal zusammenfaßt, wird ihre vorgängige Ausrichtung auf die schon vorher erläuterte Tetrade ‚formaler Schlußfolgerungen' dann überdeutlich. Ein reduktiver Mechanismus soll der Metonymie und dem dritten Schlußverfahren gemein sein wie auch ein integrativer Organizismus der Synekdoche und dem zweiten Schlußverfahren (vgl. S. 54f.). Aber damit nicht genug: Wie ist die Bestimmung der Metapher als „Sprache der Identität" zweier Objekte (S. 55) mit der Akzentuierung von Einzigartigkeiten und Unterdrückung von Ähnlichkeiten zu vereinbaren, die den Formativismus auszeichnen soll? Eine ‚Erklärung' reicht White in *Auch Klio dichtet* nach: Die metaphorische Suche nach Ähnlichkeiten erfordere es gerade, die Spezifika eines Phänomens aufzulisten...[23] Die Ironie schließlich wird von vornherein eher als „sprachliches Paradigma einer Denkweise" (S. 56) denn als konkretes Phänomen figurativer Sprache genommen. Eine Beziehung zum noch nicht ‚vergebenen' Typ formaler Schlußfolgerung, dem ‚Kontextualismus', stellt White nicht mehr her.[24]

Der theoretische Entwurf der tropischen Präfiguration der Geschichtsschreibung ist damit abgeschlossen. Jenes ‚sprachliche Protokoll' indes, das als Herzstück der Whiteschen Theorie die Ursache für die eigentümlich regelmäßige Kombination der Interpretationsdimensionen von Geschichte sein sollte, hat da, wo einige Bezüge der Tropentetrade zu den viermal drei Interpretationsdimensionen hergestellt wurden, keinerlei Beachtung mehr gefunden. Seine Kategorien dienen erst in den Einzelinterpretationen dazu, autortypische Ausprägungen von Geschichtsdenken zu charakterisieren. Dort hat sich aber auch das Verständnis von historiographischem ‚Stil' gewandelt. Während im theoretischen Entwurf ‚Stil' auf ein konkretes Werk bezogen ist (vgl. S. 47), analysiert White faktisch den ‚Stil' von materialen Geschichtstheorien, die er wiederum nicht konsequent aus den Werken der Historiker herauspräpariert, sondern direkt programmatischen Schriften - bei Ranke z.B. den *Großen Mächten* - entnimmt. Damit freilich kann White hinsichtlich der (poetischen) Strukturen historiographischer Texte, also auf dem Gebiet, das von der Historiographiegeschichte stets vernachlässigt worden ist, nicht zu den theoretisch vorentworfenen Ergebnissen gelangen.

---

22 Vgl. Lausberg: Elemente §§ 193-197.

23 White: Auch Klio dichtet, S. 97.

24 In *Auch Klio dichtet* wird die Ironie dann dem neu eingeführten „Skeptizismus als einer Erklärungsstrategie" zugeordnet (S. 98).

Wie die verschiedenen Tropen ‚ihre' Plotstruktur und ‚ihre' ideologische Implikation präfigurieren, bleibt in *Metahistory* unerörtert, abgesehen von einigen Bemerkungen zur Ironie (vgl. S. 56f.). Und wenn White in *Auch Klio dichtet* doch einige Verbindungslinien zwischen Plotstrukturen und Erklärungsstrategien zieht, rückt seine Tropentheorie wieder in das bedenkliche Licht vager Begriffsähnlichkeiten. So erblickt er in der Tragödie die „Epiphanie des Gesetzes"; ein Historiker, der der Geschichte einen Tragödien-Plot verleiht, neige daher zu „nomologischen (und meist mechanistischen) Erklärungen".[25] Wie man sieht, begibt die Argumentation sich hier auf ein Niveau begrifflicher Allgemeinheit, auf dem ethische oder metaphysische Gesetze von Naturgesetzen nicht mehr unterschieden werden. Ebenso soll ihre Charakterisierung als „Drama der Versöhnung" die Komödie anschlußfähig machen für die organizistische Erklärungsstrategie, die doch integrativ verfahre und auf ein Telos ausgerichtet sei. Für das übrige gibt es nicht einmal eine solche Erläuterung, sondern nur ein ausweichendes „Und entsprechend [...]".[26] Der aufmerksame Leser könnte nach Whites Ausführungen ergänzen, daß Ironie und Satire beide ‚etwas Trennendes' haben. Zieht man solche Verbindungslinien zwischen den drei Interpretationsdimensionen weiter aus, so erhält man nicht viel mehr als jene vierstufige Skala zwischen ‚integrativem' und ‚auflösendem' Denken, von der White *ausging*, als er das binäre struktural-linguistische Basismodell von Metapher und Metonymie zu den ‚master tropes' der Renaissancerhetorik erweiterte und als Grundlage seiner Diskurstheorie entdeckte.[27]

Nicht allein das tropologische Fundament seiner Theorie ist mithin brüchig, auch dem über - nicht auf - ihm errichteten Gebäude von viermal drei Erklärungsdimensionen mangelt es im Übermaß an Konsistenz. Kritisch gelesen, stellt Whites Tropologie deshalb auch keine ernsthafte „Gefahr"[28] für die Rationalität der Geschichtswissenschaft dar. Und wer sich in historiographie-

25 White: Auch Klio dichtet, S. 88.

26 Ebd.

27 Vgl. Metahistory, S. 575. Zur Kritik an den „apodiktischen" Korrelationen von ‚ideologischer Implikation' und Plotstruktur vgl. Hans-Jürgen Lüsebrink: Tropologie, Narrativik, Diskurssemantik. Hayden White aus literaturwissenschaftlicher Sicht. - In: Geschichtsdiskurs Bd. 1, S. 355-361, hier S. 357. - Mit seiner um Differenzierungen wenig bekümmerten Übernahme ästhetischer Termini steht White gerade in den amerikanischen Geisteswissenschaften nicht allein. Als Beispiel eines in jüngster Zeit damit sehr Erfolgreichen kann Stephen Greenblatt dienen, vgl. seinen Gebrauch von ‚Tragödie' und ‚Komödie' usw. in Bauernmorden: Status, Genre und Rebellion - Schmutzige Riten, S. 55-87, bes. S. 56, 64-65.

28 Jörn Rüsen: Geschichtsschreibung als Theorieproblem der Geschichtswissenschaft. Skizze zum historischen Hintergrund der gegenwärtigen Diskussion. - In: Formen der Geschichtsschreibung, S. 14-35, hier S. 33.

geschichtlichen Analysen an die Tropentetrade hielte, müßte sowohl einen extremen Reduktionismus in Kauf nehmen als auch sich mit Begriffen begnügen, die nur von metaphorisch vager Prägnanz sind. Schon bei White selbst ist das historiographiegeschichtliche Ordnungs- und Deutungspotential ‚tropologischer' Kategorien unsicher, obwohl er eine – aus Vicos Geschichtsphilosophie übernommene![29] – ‚logische' Aufeinanderfolge von Metapher, Metonymie, Synekdoche und Ironie auch zur ‚tiefenstrukturellen' Erklärung der zeitlichen Abfolge von Wissensformen verwendet hat. So interpretierte er in *Metahistory* die Abfolge der von ihm herausgegriffenen historiographischen Stile des 19. Jahrhunderts als „geschlossene Kreisbewegung" (S. 57), mit dem Schönheitsfehler nur, daß Michelet, Tocqueville, Ranke und Burckhardt nicht eigentlich aufeinanderfolgen – erst recht nicht immer in der ‚richtigen' Reihenfolge. Klarer scheinen die Linien gezogen, wenn White die von Michel Foucault ausgegrabenen ‚Episteme' der neuzeitlichen Humanwissenschaften durch seine Tropen-Tetrade konditioniert sieht.[30] Es kommt der hier vorzutragenden Deutung der Historiographiegeschichte im Übergang vom 18. zum 19. Jahrhundert sogar entgegen, wenn die Wissenschaften des letzteren generell auf die Herstellung von ‚synekdochischen' „Mikro-Makrokosmosbeziehungen" ausgerichtet gewesen sein sollen, während „epistemologische Projektionen der Trope der Metonymie" in ersterem einerseits auf quasimechanistische Erklärungen zielten und andererseits systematische Zusammenhänge durch Tabellen zu erhellen strebten.[31] Solche Zuordnungen wirken in ihrem extremen Reduktionismus freilich willkürlich, ganz abgesehen davon, daß der Metonymie zugemutet wird, einander ausschließende Verfahren zugleich zu präfigurieren. Der Eindruck ist nicht abzuweisen, daß Whites relativ einfaches und überdies dehnbares Schema einer genügend komplexen viergliedrigen Konstellation stets unschwer unterlegt werden kann, ohne daß damit ein Erklärungs- oder Differenzierungsgewinn erzielt sein müßte. Eine ausschließlich ‚tropologisch' orientierte historiographiegeschichtliche Untersuchung würde sich zudem nicht auf jene Strategien, Geschichte zu schreiben, einlassen können, die von den jeweiligen Historikern verfolgt wurden, denn sie operierte auf einer Ebene, auf der diese nach White keine bewußten Entscheidungen fällen konnten. Aber auch als Kategorienpool für den zweiten Analyseschritt, der hinter die historisch formulierten Diskursregeln zurückgeht, verliert Whites Tropologie ihren Primavistaglanz,

---

29 Vgl. White: Auch Klio dichtet, S. 238-246, 295.

30 Vgl. ebd., S. 292-295.

31 Ebd., S. 294. Zur Innovation einer mikrokosmisch darstellenden Geschichtsschreibung vgl. unten Kap. II. C. 3. b); zu Mechanismus, Systematik und tabellarischer Darstellungsstruktur im Pragmatismus die Kap. II. B. 3. a), 1. a) und C. 4. b).

wenn man sie auf ihre Konsistenz überprüft. Seine spekulative Poetik des Geschichtsdenkens ist, diesen Schluß können wir ziehen, durch die Arbeit an einer *historischen* Poetik der Geschichtsschreibung zu ersetzen. Der geschichtstheoretische Wert von *Metahistory* liegt weniger in der dort formulierten Theorie selbst als in dem epochalen Reflexionsimperativ, der von diesem Buch ausging.[32]

Doch zwingt die notwendige Kritik an White keineswegs dazu, alle von ihm vertretenen Thesen ad acta zu legen. Nicht in einem wesentlichen Zusammenhang mit seiner Tropologie steht insbesondere die Einsicht in die Interpretationsfunktion des ‚plots' einer historiographischen Erzählung. White hat mit dieser Einsicht vielmehr teil an einer breiteren Bewegung der angelsächsischen Geschichtstheorie seit 1965, die zu erzählen als die spezifische Erklärungsform der Historiographie zu begreifen lehrte[33]. Was es bedeutet, daß der Historiker (immer) ‚erzählt', ist seitdem zum meistdiskutierten Thema der Historik geworden. Im folgenden Kapitel sollen die wichtigsten Argumente dieser Diskussion auf ihre historiographiegeschichtliche Bedeutsamkeit untersucht werden. Indem ich dazu vor allem auf jene narrativistischen Theorien eingehe, die von der analytischen Philosophie und an diese anknüpfend entwickelt wurden bzw. deren Ziel die Sicherung der Wissenschaftlichkeit der Historie war und ist, wird der (scheinbar) poetologische Begriff des Erzählens zugleich einer Prüfung seines logischen Status unterworfen. Denn mit bloßen Begriffsidentitäten in Historik und Poetik ist für unsere Untersuchung nichts gewonnen.

2. ‚Erzählung' in der neueren Geschichtstheorie

Die meisten neueren Theoretiker der Geschichtswissenschaft sehen in der „Erzählung [...] den Grundbegriff des Historischen".[1] So wie der hier Zitierte es meint, rückt das den textlichen Repräsentanten der historiographischen Arbeit, also die Geschichtsschreibung, aber noch nicht in den Mittelpunkt des

32 Vgl. Kellner: Twenty Years After, S. 109, 111.

33 Vgl. Williams: Geschichte und literarische Dimension, S. 335-340; Jacques: The Primacy of Narrative.

1 Hans Michael Baumgartner: Thesen zur Grundlegung einer transzendentalen Historik. – In: Seminar: Geschichte und Theorie, S. 274-302, hier S. 300. – Die neuere Narrativitätstheorie ist übrigens – das sei hier wenigstens am Rande bemerkt – auch für eine perspektivenverkehrte Verknüpfung von Historie und Dichtung fruchtbar. Dies zeigt Volker Demuths Studie *Realität als Geschichte*, indem sie das Werk von J. M. R. Lenz unter dem Aspekt der Erzählung insgesamt als Antwort auf die Orientierungskrise der späten Aufklärung interpretieren kann.

geschichtstheoretischen Interesses und bindet die Historik auch nicht an die Poetik.[2] Denn die deutschen Narrativisten haben immer wieder betont, daß ihr Erzählbegriff kein poetologischer sei. Akkurat wird zwischen einer historiographischen Darstellungsform – die deutlich die Züge des traditionellen literarischen Erzählens trägt, will sagen „konkrete zeitliche Ereignisfolgen mit verstehbaren inneren Sinnzusammenhängen anschaulich schildert" – und einem die Struktur oder „Logik historischer Sinnbildung" und „die Eigenart des historischen Denkens" bezeichnenden Erzählbegriff unterschieden.[3] Diesem *‚geschichtslogischen' Erzählbegriff* soll und darf nichts spezifisch Literarisches eignen. Denn ihren wissenschaftsgeschichtlichen Ort hat seine Etablierung in den Debatten um Theoriegebrauch und Erzählung, Struktur- und narrative Geschichte im Zeichen der zu Beginn der siebziger Jahre angestrebten ‚Überwindung' des Historismus. Narrativität als Inbegriff „derjenigen mentalen Operationen, in denen über Zeiterfahrungen orientierende Sinnbestimmungen der menschlichen Lebenspraxis gebildet werden", ist, insbesondere von Jörn Rüsen, als das fundamentale geschichtstheoretische Prinzip vertreten worden, das diese Frontstellungen unterläuft.[4] Entschieden wird deshalb dementiert, daß die theoretische Begründung der Geschichte als Erzählen narrative Darstellungsformen privilegiere.[5] Im „üblichen Verständnis von Erzählen" – das avancierte Erzählen des 20. Jahrhunderts oder auch schon Goethes kann damit freilich nicht gemeint sein – vermißte Baumgartner z.B. die für eine Wissenschaft unabdingbaren „Momente reflektierender Distanznahme".[6]

Daß der logische vom poetologischen Erzählbegriff klar zu trennen ist, erscheint auch plausibel angesichts der weiteren Genese der narrativistischen

---

2 Vgl. Jörn Rüsen: Geschichtsschreibung als Theorieproblem der Geschichtswissenschaft. Skizze zum historischen Hintergrund der gegenwärtigen Diskussion. – In: Formen der Geschichtsschreibung, S. 14-35, hier S. 24. Der transzendentalanalytische Ansatz Baumgartners definiert Geschichtswissenschaft noch konsequenter durch ihre Konstrukte, also nicht durch ihren üblicherweise angenommenen Gegenstand, das „Werden und Sein *menschlicher* Dinge" (Droysen: Historik [Ed. Leyh], S. 4; vgl. Baumgartner: ebd., S. 276).

3 Rüsen: Konfigurationen, S. 114f. Das zweite Zitat im Original hervorgehoben. Ebenso Hans Michael Baumgartner: Die Erzählstruktur des historischen Wissens und ihr Verhältnis zu den Formen seiner Vermittlung. – In: Historisches Erzählen, S. 73-76, hier S. 73f.; Jürgen Kocka, Thomas Nipperdey: Einführung. – In: Theorie und Erzählung in der Geschichte, S. 7-13, hier S. 11.

4 Rüsen: Konfigurationen, S. 114. Vgl. Jörn Rüsen: Geschichtsschreibung als Theorieproblem der Geschichtswissenschaft. Skizze zum historischen Hintergrund der gegenwärtigen Diskussion. – In: Formen der Geschichtsschreibung, S. 14-35, hier S. 23-27.

5 Vgl. Rüsen: Konfigurationen, S. 120.

6 Hans Michael Baumgartner: Die Erzählstruktur des historischen Wissens und ihr Verhältnis zu den Formen seiner Vermittlung. – In: Historisches Erzählen, S. 73-76, hier S. 74.

Geschichtstheorie. Als ihr Ausgangspunkt darf die *Analytische Philosophie der Geschichte* (engl. 1965) von Arthur C. Danto gelten. Ziel der von Danto vertretenen Richtung der analytischen Philosophie war es ‚nur' – wie Hayden White die breite Diskussion zusammenfaßt –, „den epistemologischen Status von Narrativität als eine für die *Erklärung* historischer Ereignisse und Prozesse [...] besonders geeignete *Form der Explanation* zu etablieren."[7] In diesem wissenschaftstheoretischen Zusammenhang war das Ergebnis „Eine Erzählung beschreibt und erklärt ineins" entscheidend; die Möglichkeit einer umfassenden narrativistischen Geschichtstheorie eröffnete sich jedoch dadurch, daß Danto „erzählende Sätze in so einzigartiger Weise mit unserem Begriff der Geschichte verknüpft" sah, daß er aus ihrer Analyse „einige der hauptsächlichen Merkmale jenes Begriffs" ableitete.[8] Das Prinzip der Erklärung durch Erzählen ergreift dann den gesamten historiographischen Text:

> Eine Geschichte ist die Darstellung oder, wie ich sagen möchte, Erklärung dessen, wie die Veränderung von Anfang bis Ende stattgefunden hat, und sowohl der Anfang wie das Ende sind ein Teil des explanandum.[9]

Spätestens Hans Robert Jauß hat indessen bemerkt, daß sich diese „narrative Logik [...] ganz im geschlossenen Kreis der klassischen Poetik bewegt".[10] Denn Danto betont die makrostrukturelle Gliederung der von ihm beschriebenen erklärungskräftigen Geschichten in „einen Anfang, einen mittleren Teil und ein Ende"; der Mittelteil, die Peripetie, bildet dabei den Kern des explanans, weil er Anfang und Ende deutend verknüpft.[11] Eine solche Geschichte aber erfüllt eine Grundbestimmung von Aristoteles' Schema der tragischen oder epischen Fabel.[12] Auch die Forderung nach einem einheitlichen historischen Subjekt holt die traditionelle Poetik in die Geschichtstheorie hinein, ebenso wie die Zurückweisung von „überschüssigen", erklärungsirrelevanten

---

7 Hayden White: Das Problem der Erzählung in der modernen Geschichtstheorie. – In: Theorie der modernen Geschichtsschreibung, S. 57-106, hier S. 62.

8 Danto: Analytische Philosophie der Geschichte, S. 230, 232.

9 Ebd., S. 372. Paul Ricœur dagegen entwickelt seine Theorie der historiographischen Erzählung unter anderem aus einer Kritik an Dantos Kurzschluß zwischen narrativen Sätzen und der Fabel des historiographischen Textes (vgl. Zeit und Erzählung Bd. 1, S. 221-223). Zur Differenzierung von mikrostrukturell explanatorischem Erzählen und makrostrukturell bedeutender Erzählung vgl. unten Kap. II. B. 2. c).

10 Hans Robert Jauß: Geschichte der Kunst und der Historie. – In: Geschichte – Ereignis und Erzählung, S. 175-210, hier S. 192.

11 Vgl. Danto: Analytische Philosophie der Geschichte, S. 372.

12 Vgl. Aristoteles: Poetik, Kap. 7, 10 und 11. Die Strukturidentität von Tragödie und Epos betont Aristoteles in den Kap. 23 und 24; sie hat zur Konsequenz, daß in den historiographietheoretischen Diskussionen, die ich unten rekonstruiere, sowohl epische als auch dramatische Modelle als Vorbilder herangezogen wurden.

Informationen, also von nicht integrierten Episoden. Bezeichnenderweise erörtert Danto letzteres Problem am Beispiel von *Macbeth*.[13] Seine Geschichtstheorie aktualisiert, und das wohl nicht zufällig, gerade solche Prinzipien der literarischen Verfabelung, die die Dichtung bis ins 18. Jahrhundert zu etwas „Philosophischerem und Ernsthafterem als Geschichtsschreibung"[14] machten. Für unsere Untersuchung aber ist zu vermerken, daß diese Strukturparallelen die von Baumgartner und Rüsen immer wieder betonte Unabhängigkeit des geschichtslogischen und des poetologischen Erzählbegriffs schon am Ursprung der Narrativitätstheorie in Frage stellen. Die Vermutung liegt nahe, daß Danto in wesentlichen Punkten nur reformuliert hat, was als Konstituentien der ursprünglich höherwertigen Dichtung einst in den Kanon übernommen worden ist, wie der Dichtung gleichrangige Geschichte geschrieben werden müsse. Auf welche Zeit wiederum dieses ,einst' für die deutsche Geschichtswissenschaft zu datieren ist, versucht diese Arbeit zu klären.

Hierzulande hat vor allem der Philosoph Hans Michael Baumgartner zur Ausbildung einer narrativistischen Geschichtstheorie beigetragen. Seine Kritik an der deutschen, zumindest untergründig stets ontologisch-metaphysisch gebliebenen Tradition der Geschichtsphilosophie mündet, orientiert am Kontinuitätsproblem, in die „These, daß Geschichtsbewußtsein, Geschichtsforschung, Geschichtsdarstellung und Geschichte im ganzen sich im Medium des Erzählens allererst konstituieren."[15] Eine zentrale Stellung nimmt ,Erzählung' auch in seinen späteren „Thesen zur Grundlegung einer transzendentalen Historik" ein. Die „Grundfigur der Erzählung" wird hier als Konstruktionsmedium einer „ursprünglichen narrativen Synthesis" eingeführt, die erst „Sinnzusammenhänge" stifte. Eine klare Trennung zwischen logischem und poetologischem Erzählbegriff scheint der transzendentale Ansatz zu garan-

---

13 Vgl. Danto: ebd., S. 396-398, Zitat S. 397; vgl. Aristoteles: Poetik, Kap. 8. Selbst Dantos Überlegung, was als historisches ,Subjekt' denkbar wäre (nämlich auch ein epochaler oder thematischer Zusammenhang), findet sich mutatis mutandis schon in Aristoteles' Erörterung, welcher Erzählgegenstand die Einheit der Fabel verbürgt (vgl. ebd., Kap. 8).

14 Aristoteles: Poetik, Kap. 9.

15 Baumgartner: Kontinuität, S. 249. Heftige Einwände gegen Baumgartner hat Haussmann (vgl. Erklären und Verstehen, S. 121) erhoben, den Angegriffenen dabei aber grundlegend falsch referierend, wenn er gegen die narrative Konstituierung von ,Tatsachen', nicht der ,Geschichte' argumentiert. Ein nicht geringeres Mißverstehen disponiert übrigens Haussmanns Kritik an Jörn Rüsen (vgl. ebd., S. 122f.). Als aporetisch hat sodann Josef Meran Baumgartners Begriff der Erzählung kritisiert, weil sich das Ganze der Geschichte schon wegen seiner Unabgeschlossenheit nie erzählen lasse (vgl. Theorien, S. 161). Als Fundamentalkritik mißachtet dieser Einwand jedoch das Moment des Vorausentwerfens von Geschichte, das Rüsen zugesteht bzw. betont. Als Detailkritik genommen, weist Merans Einwand dagegen darauf hin, daß sich tatsächlich nur die Geschichten der einzelnen historiographischen Werke erzählen lassen. So verstanden, lenkt auch seine Kritik die Aufmerksamkeit auf den historiographischen Text.

tieren: Den konkreten Erzählungen liegt nach Baumgartner die Erzählung als „apriorisches Schema für Geschichten" als Bedingung ihrer Möglichkeit voraus.[16] Das Funktionieren des apriorischen Erzählschemas wird freilich in Wendungen erläutert, die dem Bereich der sprachlich realisierten Erzählung entstammen: „wenn wir erzählen, sehen wir die Ereignisse in geschichtlicher Perspektive und *formulieren* Geschichten." Zudem taucht auch hier wieder die klassisch poetologische Bestimmung einer Geschichte als Zusammenfügung von „Anfang, Mitte und Ende" auf.[17] In ihrer inneren Struktur unterscheiden sich die Erzählung als ‚apriorisches Schema' und als Erzählresultat demnach nicht. Poetologische Indetermination der Erzählstruktur der Geschichte kann Baumgartner nicht gewährleisten; nicht nur die eingangs zitierte Empfehlung anderer als der traditionellen narrativen Darstellungsformen steht aber damit in Frage. An anderer Stelle stellt Baumgartner gar gleich neben der Versicherung, daß der „transzendental gedeutete Begriff der Erzählung [...] nicht als eine spezielle Darstellungsart des historisch Erforschten" verstanden werden darf, für die Textebene fest: „Geschichte realisiert sich in Erzählungen".[18] Hier müßte zumindest erläutert werden, was poetologisch unter ‚Erzählung' zu verstehen ist, wenngleich dies durch die gezeigte traditionell-aristotelische Prägung des ‚logischen' Erzählbegriffs präjudiziert sein dürfte. Die konzeptuelle Trennschärfe, die Baumgartners transzendentale Historik zunächst gewann gegenüber Dantos poetologisch tingiertem Erzählbegriff, kann sie nicht durchhalten.

Jörn Rüsen nun hat Baumgartners narrativistische Geschichtstheorie unter dem für ihn zentralen Aspekt des „lebensweltlichen Fundaments der wissenschaftlichen historischen Erkenntnis" adaptiert. ‚Erzählen' führt er als die „Sprachhandlung" ein, in welcher „der für das Geschichtsbewußtsein konstitutive Akt, Zeiterfahrungen im Hinblick auf Zeitabsichten zu deuten," „als eine einheitliche Bewußtseinsoperation" auftritt.[19] Bereits darin zeigt sich erneut die Ambivalenz des Erzählbegriffs. Wo Rüsen „das (historische) Erzählen" als „diejenige geistige Leistung bezeichnet, durch die und in der sich Geschichtsbewußtsein bildet und die daher allem historischen Denken und aller wissenschaftlichen historischen Erkenntnis bestimmend zugrunde liegt",[20] folgt er offensichtlich Baumgartners ‚transzendentaler' Variante. Doch scheint

---

16 Hans Michael Baumgartner: Thesen zur Grundlegung einer transzendentalen Historik. – In: Seminar: Geschichte und Theorie, S. 274-302, hier S. 279. Das folgende Zitat ebd. (Hervorhebung von mir).

17 Ebd.

18 Ebd., S. 300.

19 Rüsen: Historische Vernunft, S. 52.

20 Ebd. (im Orig. hervorgehoben).

es kaum möglich, diese ,geistige Leistung' von ihrer Sprachform gelöst zu denken. Tatsächlich trifft Rüsen, wo er Erzählen als „Sprachhandlung" bestimmt, nicht mehr eine Bedingung der Möglichkeit von historischem Erzählen, sondern dieses selbst. Das wird vollends deutlich, wenn Rüsen im Plural von „Sprachhandlungen" spricht, was bei einem transzendentalen Apriori nicht sinnvoll wäre.[21]

Von poetologischen Modellen können sich Baumgartners und Rüsens narrativistische Geschichtstheorien auch in ihren Ausführungen nicht freihalten. So kann nach Baumgartner „historische Kontinuität [...] auch als die jeder Erzählung immanente Einheit verstanden werden."[22] Während Baumgartner das historische Erzählen dabei strikt auf Retrospektivität verpflichtet und das Ungleichgewicht der drei Zeitdimensionen Vergangenheit, Gegenwart und Zukunft betont, erscheinen bei Rüsen – in der Konsequenz der Ausrichtung auf Lebenswelt und Handlungsorientierung – „die Erinnerung der Vergangenheit, die Erfahrung der Gegenwart und die Erwartung der Zukunft" als gleichrelevante Komponenten des historischen Denkens.[23] So konzipiert, nimmt bereits das *Geschichtsbewußtsein* die triadische Struktur der aristotelischen Fabel an. Entscheidend aber für die poetologische Tingierung von Rüsens Geschichtstheorie ist, daß auch die genetisch-sinnbildende Vermittlung der drei Zeitdimensionen mit einem Ausgangszustand, einem Resultat und einem mittleren Übergangszustand dieser Fabel-Definition entspricht: Historische Erzählung und literarische Fabel üben dieselbe synthetisierende Wirkung aus.[24] Die Kohärenz des ,Ästhetischen', die Rüsen lediglich für die „kommunikative Prägnanz der Historiographie" in Anspruch nehmen möchte,[25] prägt also, ja konstituiert seine Geschichtstheorie schon in ihren Bestimmungen des menschlichen Verhältnisses zur Geschichte. Man kann darauf die Gegenprobe machen: Als Grundmuster des Geschichtsdenkens ist auch ein im Sinne Nietzsches ,antiquarisches' denkbar, für das die Zeitdimensionen der Gegenwart und vor allem der Zukunft nur eine sehr untergeordnete Bedeutung haben. Dann aber wären Anleihen bei der eher teloslastigen Aristotelischen Fabeldefinition nicht sinnvoll.

Das alles stellt nicht eine quasi ,transzendentale' Funktion der Erzählung für die Auffassung und Gestaltung von Geschichte – wie sie in unserem Kulturkreis üblich ist (bzw. war) – in Frage, wohl aber das Postulat ihrer

---

21 Rüsen: Die vier Typen des historischen Erzählens. – In: Formen der Geschichtsschreibung, S. 514-605, hier S. 523.

22 Baumgartner: Kontinuität, S. 296.

23 Vgl. Ebd., S. 281; Rüsen: ebd., S. 530; ebenso ders.: Historische Vernunft, S. 55.

24 Vgl. Rüsen: Historische Vernunft, S. 55; Aristoteles: Poetik, Kap. 9.

25 Rüsen: Lebendige Geschichte, S. 32.

poetologischen Neutralität. Auch auf der einer konkreten historiographischen Formung vorausliegenden Ebene der „Sinnbildung über Zeiterfahrung" entkommt die narrativistische Geschichtstheorie poetischen Mustern nicht.[26] Die „narrative Sinnbildung", die Forschung und Geschichtsschreibung zu leisten haben, darf deshalb nicht allein im Sinne des ‚geschichtslogischen' Erzählbegriffs verstanden werden. Vielmehr hängt sie von einem bestimmten literarischen Modell ab. Dementsprechend wendet Rüsen den Terminus Sinnbildung sowohl auf die genannte, die drei Zeitdimensionen verknüpfende Leistung des Geschichtsbewußtseins überhaupt an als auch auf „Schemata von Sprachhandlungen",[27] die in der ihnen zugesprochenen Pluralität nur konkrete bestimmte Erzählmuster sein können.

Auch hinsichtlich der praktischen Tätigkeit des Historikers verrät sich die Untrennbarkeit von ‚logischem' und poetologischem Erzählbegriff in Rüsens eigenen Formulierungen: Forschung ist immer sprachlich verfaßt, so „daß sich literarische Formung und historische Sinnbildung auf der gleichen Konstitutionsebene bewegen, auf der im Prozeß des Erzählens aus Geschäften Geschichte wird".[28] Beides kann deshalb „nicht als Außen und Innen, Schein und Wesen unterschieden werden". Daß nach Rüsen auch die Wissenschaftlichkeit der Historie an die „narrative Synthesis" gebunden ist, sattelt auf unseren Befund sogar noch eines drauf: Wenn die Geschichten der Geschichtswissenschaft „mit dem *Kriterium ihrer narrativen Triftigkeit* begründet werden" und dieses die beiden anderen „Plausibilitätskriterien" der „*empirischen*" und der „*normativen Triftigheit*" dialektisch vermittelt, also ‚aufhebt', dann ist ‚Erzählung' im poetologischen Verstande sogar deren letzte Instanz, denn der Rezipient, der über die ‚narrative Triftigkeit' eines historiographischen Werkes zu entscheiden hat, muß ein ästhetisches Urteil fällen.[29]

Die narrativistische Geschichtstheorie kann, beim Wort genommen, unser Programm, poetische und poetologische Fundamente von Historiographie und Historik aufzudecken, also nur unterstützen. Mit der mehrfach berufenen Aristotelischen Poetik ist freilich nur eine sehr lange und breit wirkende und deshalb historiographiegeschichtlich wenig präzise Quelle ausgemacht. Ihre Fabeldefinition ist nur wenig bestimmter als die von modernen Erzähl-

---

26 Ebd., S. 24. Das folgende Zitat ebd. Zum Sinnbegriff Rüsens vgl. ders.: Die vier Typen des historischen Erzählens. – In: Formen der Geschichtsschreibung, S. 514-605, hier S. 520: „‚Sinn' ist der Inbegriff von Handlungs- (oder allgemeiner: Daseins-)orientierung durch ‚Ideen'. Und Erzählen ist einer der Vorgänge, in denen ‚Ideen' als ‚Weltbilder' Handlungen den Weg bahnen."

27 Rüsen: Die vier Typen des historischen Erzählens. – In: Formen der Geschichtsschreibung, S. 514-605, hier S. 583.

28 Ebd. Das folgende Zitat ebd.

29 Ebd., S. 602.

theoretikern postulierte Struktur von Narrativität, denn darin steht eine Geschichte „unter dem Prinzip ihrer relativen Abgeschlossenheit und stellt den Übergang zwischen dem (relativen) Ausgangszustand und dem (relativen) Endzustand einer thematisch erfaßten Identität dar"; insofern bildet sie „eine temporale Interpretation der Differenz von Ausgangs- und Endzustand".[30] Dieses Textschema gilt sogar als kulturelle Universalie. Daß Menschen immer und überall erzählen, schließt aber nicht ein, daß die Möglichkeit, das Ganze menschlicher Vergangenheit und seine partiellen textlichen Repräsentationen – also Geschichte und Geschichtsschreibung – in einem narrativen Rahmen zu denken, stets im gleichen Maße ergriffen wurde.[31] Ebensowenig werden historische Differenzierungen durch jene „anthropologische Universalität" überflüssig gemacht, die Rüsen für das historische Erzählen, wie er es denkt, beansprucht.[32] Vielmehr gibt die narrativistische Geschichtstheorie implizit selbst recht prägnante Hinweise darauf, wo die Durchsetzung ihres Erzählbegriffs (in der deutschen Geschichtswissenschaft und -schreibung) möglicherweise historisch lokalisiert werden kann. Nicht daß die Geschichte der Historik danach abzusuchen wäre, wo Geschichte unter einem ‚transzendental' verstandenen Erzählbegriff aufgefaßt wurde. Doch läßt sich zurückverfolgen, seit wann Geschichte unter den Implikaten und Konsequenzen dieses Erzählbegriffs – Retrospektivität, Partikularität, Konstruktivität und Kontinuität –[33] begriffen wird.

Da die Herausbildung einer modern-narrativen Theorie und Praxis von Geschichtsschreibung das eigentliche Thema dieser Arbeit bildet, können hier heuristische Antworten auf diese Fragen genügen: Geschichte als *kontinuierlichen* Prozeß zu begreifen hat eine Zäsur in der Mitte des 18. Jahrhunderts, als

30 Karlheinz Stierle: Narrativ, Narrativität. – In: Hist. Wb. d. Phil. Bd. 6, Sp. 398-401, hier Sp. 398. Zur Nichtgleichsetzbarkeit gleichwohl von Alltagserzählung und Aristotelischer Fabelnorm vgl. Hans Robert Jauß: Der Gebrauch der Fiktion in Formen der Anschauung und Darstellung der Geschichte. – In: Formen der Geschichtsschreibung, S. 415-451, hier S. 435f.

31 Davon geht wohl auch Hans-Jürgen Pandel aus, wenn er speziell der Aufklärungshistorie das Verdienst der Einsicht zuspricht, „daß Narrativität jene Bedingung ist, die es dem Menschen ermöglicht, sich der Geschichte aneignend zu versichern" (Historik und Didaktik, S. 48). Den ‚geschichtslogischen' Erzählbegriff historisch zu verankern verträgt sich dagegen nicht mit Rüsens Auffassung desselben. Bei ihm liest man Pandels These dementsprechend als Durchsetzung der narrativen *Darstellungsform* (vgl. Rüsen: Historische Orientierung, S. 202; ders.: Konfigurationen, S. 115f.)! In dieser Arbeit nun soll gezeigt werden, daß dies letztlich nur heißt, auf die andere Seite ein und derselben Medaille zu weisen. Zur historiographiegeschichtlichen Präzision von Pandels These vgl. unten Kap. II. B. 2. b).

32 Vgl. Rüsen: Historische Vernunft, S. 52.

33 Vgl. Baumgartner: Narrativität, S. 147. ‚Kontinuität' ist hier nicht mit aufgezählt, bildet aber den Ausgangspunkt von Baumgartners narrativistischer Geschichtstheorie.

die Entstehung des Kollektivsingulars ‚die Geschichte' eine neue Kontinuitätsqualität festschrieb.[34] Zwischen Vergangenheit und Gegenwart entstand so eine qualitative Differenz, die wiederum eine prägnant *retrospektive*,[35] d.h. differente Stadien des historischen Prozesses vermittelnde Geschichtserkenntnis erst möglich machte. Die *Konstruktivität* sodann von geschichtswissenschaftlicher Erkenntnis entwickelte 100 Jahre später Johann Gustav Droysen zum ersten Mal konsequent; ein poetologischer Konstruktivismus hatte sich derweil schon in der Schöpfungsästhetik des Sturm und Drang und vor allem der Autonomieästhetik in Klassik und Frühromantik herausgebildet. In denselben Zeitraum fällt die Loslösung vom enzyklopädischen und die Hinwendung zum perspektivischen und damit *partikularitäts*bewußten Prinzip in der Geschichtsschreibung; auf poetologischer Seite läßt sich damit das Einrücken des Symbolbegriffs in eine dichtungstheoretische Zentralstellung parallelisieren.

Wenn sich diese Zuordnungen historiographiegeschichtlich erhärten lassen, liegen die deutschen Ursprünge jener Geschichtsauffassung und erst recht -wissenschaft, die die hiesigen Narrativisten theoretisch umschreiben, – selbstredend nicht von erzählender Geschichtsschreibung überhaupt – also nicht einmal sehr lange zurück. Das muß freilich nicht verwundern, setzt doch auch Baumgartners historische Erörterung des Kontinuitätsproblems in der Geschichtstheorie bei Droysen ein[36]. Der historiographiegeschichtlichen Forschung aber setzt die Verzeitlichung des Erzählbegriffs der narrativistischen Geschichtstheorie auch thematisch entschieden neue Prioritäten: Nicht allein die ‚narrativen Strategien historischer Sinnbildung' sollten, sondern die *Gewinnung* überhaupt von Narrativität muß in ihrem Zentrum stehen.

Angesichts des Befundes, daß sich ‚geschichtslogischer' und poetologischer Erzählbegriff bei den deutschen Narrativisten nicht sicher trennen lassen, kann schließlich Paul Ricœurs Geschichtstheorie besondere Aufmerksamkeit beanspruchen (*Zeit und Erzählung* 3 Bde., 1983-85, dt. 1988-91).[37] Denn ohne

---

34 Vgl. Reinhart Koselleck: Geschichte. – In: Geschichtliche Grundbegriffe Bd. 2, S. 647-718, hier S. 649; auch Jörn Rüsen erinnert an die neue Begrifflichkeit als „Tiefenschicht" modernen historischen Denkens („Moderne" und „Postmoderne" als Gesichtspunkte einer Geschichte der modernen Geschichtswissenschaft. – In: Geschichtsdiskurs Bd. 1, S. 17-30, hier S. 18).

35 Vgl. Baumgartner: Kontinuität und Geschichte, S. 281.

36 Vgl. ebd., S. 55-87.

37 Als Theorie der Geschichtsschreibung ebenso wie der literarischen Erzählung, als Zeitphilosophie und gar Ontologie übersteigt Ricœurs opus magnum in Anspruch und Spannweite das hier zu Erörternde natürlich bei weitem (als Einführung in Ricœurs philosophisches Werk vgl. Meyer: Paul Ricœur). In Deutschland ist gleichwohl eine geschichtstheoretische Diskussion über *Zeit und Erzählung* noch nicht in Gang gekommen; zur amerikanischen Rezeption vgl. z.B. On Paul Ricœur. Narrative and Inter-

die historische Darstellung und die literarische Erzählung ineinander fallen zu lassen oder jene vollständig unter diese zu subsumieren, sieht Ricœur beide unlöslich miteinander verbunden. Er erkennt in der Struktur der Geschichtsschreibung das Gerüst eben der epischen oder dramatischen Fabel wieder, die Aristoteles definiert hatte. Zumal an Rüsens Narrativismus läßt sich Ricœurs Theorie sehr präzise anschließen. Denn der französische Philosoph geht von einem aporetischen Zeitproblem aus, das in phänomenologisch-philosophischer Formulierung jenem entspricht, das Rüsen im Hinblick auf die lebensweltlich-historische Orientierung des Subjekts lösen möchte: der, mit dem von beiden berufenen Augustinus zu reden, *distentio animi* in den drei Dimensionen der Zeit[38]. Während aber Rüsen die divergenten Zeitorientierungen des Menschen in Vergangenheit, Gegenwart und Zukunft durch eine ‚Erzählung' synthetisieren möchte, deren Status im Unklaren bleibt, scheut Ricœur sich nicht, das antwortende Komplement jener ‚Zerspannung' in dem „dichterischen Akt der Fabelkomposition" zu erkennen, wie Aristoteles' *Poetik* ihn paradigmatisch beschreibt. Dieser Gedanke gewinnt dadurch zusätzliche Plausibilität, daß die ‚Zerspannung' der Zeiterfahrung und die ‚Synthese' der Fabelkomposition nicht einfach dichotomisch gegenübergestellt werden. Vielmehr sind beide dadurch eigentümlich verschränkt, daß die ‚distentio' das Produkt einer ‚intentio' auf ein Ganzes ist, welches sich der konkreten Erfahrung aber nur in drei divergenten Zeitverhältnissen darbietet, und daß, auf der Seite der Erzählung, die Fabel Konsonanz inszeniert unter Einschluß des Bruchs, den bei Aristoteles die Peripetie markiert.[39] Auf diese Weise komplexer gedacht, ist Ricœurs Erzählbegriff nicht zuletzt besser geeignet als Rüsens, den kontinuitäts- und kohärenzbetonten Geschichtsbegriff der Moderne um Diskontinuitäts- und Inkohärenzerfahrun-

---

pretation.

38 Vgl. Ricœur: Zeit und Erzählung Bd. 1, S. 17-39. Ebd., S. 39, das folgende Zitat. Ricœur entwickelt die Problemstellung seiner Geschichtstheorie von jenem 11. Buch der *Confessiones* des Augustinus aus, dem Rüsen das Motto seines hier einschlägigen Aufsatzes „Die vier Typen des historischen Erzählens" (In: Formen der Geschichtsschreibung, S. 514-605) entnommen hat (Confessiones XI, 27, 36). – Für unsere Untersuchung weniger bedeutsam, aber doch bezeichnend für die Nähe zu Rüsens Historik, konzipiert auch Ricœur nicht allein eine Texttheorie. Vielmehr geht er, im Prinzip ähnlich wie Rüsen, wenngleich ohne dessen politischen Akzent, von einer Situation des Menschen in ‚präfigurierten' Zeiterfahrungen aus (genannt ‚Mimesis I'), auf die die Geschichtserzählung durch eine solche ‚Konfiguration' von Zeit antwortet (‚Mimesis II'), die erlebte und kosmische Zeit zur historischen Zeit vermittelt, indem sie die erlebte in die kosmische ‚einschreibt' (‚Mimesis III'), vgl. Zeit und Erzählung Bd. 1, S. 87-89, Bd. 3, S. 159, sowie Rüsen: Historische Vernunft, S. 52. Der Integrationsakt, den die aristotelische Fabel leistet, vollzieht sich demnach auf der Stufe von ‚Mimesis II'; auf ihr steht auch die Geschichtsschreibung, soweit sie als konfigurationaler Text zur Untersuchung ansteht.

39 Vgl. Ricœur: Zeit und Erzählung Bd. 1, S. 37-39, 115-117, Bd. 2, S. 265.

gen zu erweitern.[40] So erklärt sich, warum dem Konfigurationsmuster ‚Erzählung' eine geschichtskonstitutive Funktion von scheinbar universaler Reichweite zukommen kann, obwohl es eine Abstraktionsform von literarischen Texten ist. Die tiefreichende „Strukturidentität zwischen Geschichtsschreibung und Fiktion"[41] resultiert dann aus dieser Funktion.

Ricœurs Theorie bietet freilich weit mehr als eine erklärende Auflösung der argumentativen Widersprüche, die wir bei den deutschen Vertretern der narrativistischen Geschichtstheorie fanden. Zunächst verfügt sie über den in der gegenwärtigen Theorielandschaft einzigartigen Vorzug, eine Theorie zugleich der historischen und der literarischen Erzählung zu sein. Abgrenzungen oder Identifizierungen beider Diskurse aus mangelnder Kenntnis kann sie so leichter vermeiden.[42] Sodann arbeitet Ricœur die Geschichtstheorie nach dem Zweiten Weltkrieg – die Programme der Annales-Historiker, die analytische Philosophie, Intentionalismus und Narrativismus – in einem ebenfalls singulären Maße auf. *Zeit und Erzählung* stellt „the most comprehensive attempt to synthesize the modern western thought about history" dar;[43] daß die deutschen Theoretiker Ricœur trotzdem entgangen sind, fällt in diesem Kontext wenig ins Gewicht. Sein eigenes Konzept knüpft zwar an den Narra-

---

40 Vgl. dazu auch unten S. 45. In Rüsens Theorie einer Sinnbildung über Zeiterfahrung dagegen läßt sich eine diskontinuierliche Geschichtsschreibung wie die Michel Foucaults nicht wirklich integrieren (wenngleich Rüsen das auf dem Niveau eines scheinbar gemeinsamen ‚kritischen' Anliegens versucht, vgl. Lebendige Geschichte, S. 50f.). Trotz der Annahme einer ‚dissonanten Konsonanz' stellt sich freilich auch bei Ricœur die Frage, wie weit die Dissonanz das Konsonante überwiegen darf (vgl. dazu Zeit und Erzählung Bd. 2, S. 14-50) und ob nicht zumal das 20. Jahrhundert Texte hervorgebracht hat, die das Fabelmodell nicht nur aufbrechen, sondern ganz hinter sich lassen. Ricœurs ‚letztes' Argument in diesem Zusammenhang ist, daß eine ausschließlich dissonante Literatur vor dem menschlichen Konsonanzwunsch versage (ebd. Bd. 1, S. 117). Spätestens an diesem Punkt erhebt sich allerdings auch die Frage, ob und inwiefern radikal moderne Literatur und geschichtswissenschaftliche ‚Moderne' überhaupt inkompatibel oder ‚ungleichzeitig' sind und deshalb inkommensurabel zueinander stehen (vgl. Dietrich Harth: Fiktion, Erfahrung, Gewißheit. Second thoughts. – In: Formen der Geschichtsschreibung, S. 621-630, hier S. 628f.; erste Überlegungen dazu vgl. unten in Kap. IV. B., S. 459, 466ff.). Jedenfalls tritt hier noch einmal die Notwendigkeit hervor, die narrative Konstituierung und Strukturierung von Geschichte auf ihre (literar)historischen Voraussetzungen hin zu überprüfen.

41 Ricœur: Zeit und Erzählung Bd. 1, S. 13.

42 Ein Rückgriff auf Ricœurs Theorie des literarischen Erzählens könnte insbesondere der Forschung zum historischen Roman zugute kommen. Denn diese sieht, in einer langen Tradition literarischer Distanzierungen von der Geschichtsschreibung und noch einmal verstärkt durch Hans Vilmar Gepperts Buch über den *‚anderen' historischen Roman*, das Charakteristikum der Gattung oder jedenfalls jener Texte, die innerhalb derselben eine ‚bessere' Tradition verkörpern, überwiegend in referenzverleugnender Fiktionalität. Ricœur dagegen vindiziert auch der fiktionalen Erzählung eine „Spurenreferenz" (Zeit und Erzählung Bd. 1, S. 129; vgl. Bd. 2, S. 269).

43 White: Literary Theory and Historical Writing, S. 37.

tivismus an, grenzt sich gegen dessen semiotisch oder diskursanalytisch argumentierende, vor allem amerikanische Vertreter jedoch ab durch ein hermeneutisches Bestehen auf ‚Wahrheit' und ‚Referenz'. Zudem beharrt er, einzelne Erkenntnisse der nomologisch orientierten Geschichtstheorie aufnehmend, auf einem wissenschaftskonstitutiven „epistemologischen Einschnitt" zwischen historischem und fiktionalem Diskurs.[44] Von den deutschen Narrativisten hingegen unterscheidet ihn der Mut, die narrative Verfassung der Geschichtswissenschaft auf ihren literarischen Ursprung zurückzuführen. Ricœur zufolge ist jede Geschichtswissenschaft mit diesem literarischen Ursprung nicht einmal bloß historisch verbunden, sondern „durch einen *Ableitungs*zusammenhang".[45] Und es erweist sich nicht als geschichtstheoretischer Nachteil, daß er die Struktur der (historischen) Erzählung von der Aristotelischen Bestimmung des ‚mythos' ausgehend entwickelt.[46] Denn auch die Synthetisierungsfunktion der Erzählung im historiographischen Prozeß faßt er außergewöhnlich aspektereich.[47] Ein Modell der historischen Erzählung, das sich unter anderem an Ricœur anlehnt, soll jedoch erst weiter unten im einzelnen erläutert werden.[48]

3. Sprachtheoretische Prämissen

> Wer kann von dem Mahler sprechen ohne seiner Farben, wer von dem Geschichtschreiber ohne seiner *Sprache* zu gedenken?[1]
>
> Verstehen und Auslegen von Sprache [...] ist ohne Wissenschaften fast blind, Wissenschaften ohne Verstehen und Auslegen von Sprache aber sind beinahe leer![2]

Die deutsche Geschichtstheorie schreitet nach dem bisher Dargelegten auf narrativistischem Boden einher. Man könnte allerdings auch sagen, sie verharre auf der narrativistischen Stufe der (geschichtswissenschaftlichen)

---

44 Dieser Einschnitt ergibt sich aus der Ausdifferenzierung explikativer Strategien aus der historischen Erzählung, aus der Etablierung apersonaler Aktanten und aus der Herausbildung einer transpersonalen historischen Zeit, vgl. Ricœur: Zeit und Erzählung Bd. 1, S. 124-129, 263-267, 341f., das Zitat S. 341. Zur Methodisierungsresistenz der historiographischen Erzählung, die gleichwohl nicht vollständig zu überwinden zu sein scheint, vgl. unten S. 98, Anm. 77.

45 Ricœur: Zeit und Erzählung Bd. 1, S. 137.

46 Vgl. ebd., S. 59-77.

47 Vgl. ebd., S. 105-108, 249f.

48 Vgl. Kap. II. B. 2. c).

1 Heeren: Johann von Müller, S. 88. Hinweis bei Becker-Schaum: Heeren, S. 35, Anm. 43.

2 Ineichen: Philosophische Hermeneutik, S. 275.

Theorieentwicklung. Die englischsprachige und französische Diskussion vor allem des vergangenen Jahrzehnts tummelt sich dagegen auf einer neuen, ‚höheren' bzw. basaleren, Stufe, die von sprachtheoretischen Fragestellungen beherrscht wird. Der Schritt dorthin ist nur konsequent, zumindest wenn man den Zentralbegriff des Narrativismus, ‚Erzählung', auch als das begreift, was selbst seine deutschen Theoretiker aus ihm nicht zu auszuwaschen vermochten: als eine Sprachhandlung.[3] Wird historisches Denken bis hin zu seinen Realisationen in den Texten der Geschichtswissenschaft als narrativ konstituiert gedacht, so muß sich auch die Historik dem sogenannten linguistic turn in den Humanwissenschaften beugen. Umgekehrt avancieren Text- und Sprachtheorie zu übergeordneten Reflexionsinstanzen der Historik, die ein Mitspracherecht verlangen, wie Quellen- oder historiographische Texte zu den Geschäften bzw. der Geschichte stehen, die sie hervorgebracht haben

---

3 Zwiespältig ist Jörn Rüsens Verhältnis zur Sprache auch noch in seinem neuesten Buch. Wiederholt setzt er darin „Sprachhandlungen der Sinnbildung" einerseits und „Wissenschaftlichkeit, methodische Regelungen, Rationalität und Vernunftanspruch" andererseits gegenüber (Historische Orientierung, S. 37, vgl. ähnlich S. 196). Und in dem Abschnitt, der die Frage „Was heißt Erzählen als Fundamentaloperation des Geschichtsbewußtseins?" beantworten soll, scheint alles Sprachliche absichtsvoll ausgespart zu sein (ebd., S. 38; die Antwort lautet: „ein sinnbildender Umgang mit der Erfahrung von Zeit [...]"). „Narrativismus und die linguistische Wende" hätten, so kann man weiter lesen, „zersetzend [...] auf das moderne Selbstverständnis der Geschichtswissenschaft und der Historiographie gewirkt" (S. 196). An anderer Stelle dagegen gesteht er dem, was er „postmoderne Historik" nennt, zu, „das Geschäft der historischen Erinnerungsarbeit dort durchsichtig zu machen, wo es zu sich selbst kommt, wo die Vergangenheit historisch durch Sprache gegenwärtig, lebendig, wird", sogar einräumend, daß ebendiese Sprachlichkeit der historischen Erkenntnis „im Selbstverständnis der Fachleute unterbelichtet geblieben" ist (S. 201). Eine Rezeption der Sprachtheoreme, die in den Geisteswissenschaften in jüngerer Zeit gehandelt wurden, erfolgt dann jedoch nicht; ‚radikalere' Positionen als die Hayden Whites liegen ohnehin nicht im Blickfeld. Ebensowenig stellen Sprach- oder Diskurstheorien für Rüsen einen Faktor dar, wo er die Genese und Begründung der ‚postmodernen' Kritik an der akademischen Geschichtswissenschaft zu erklären sucht; mit dem Hinweis auf „irritierende Gegenwartserfahrungen" im „Modernisierungsprozeß" bleibt er vielmehr ganz im Rahmen einer ‚sprachlosen' Gesellschaftsgeschichte (S. 193). Am Ende indes plädiert er für eine „Synthese": „Die narrative Wissensstruktur umgreift geschichtsspezifische wissenschaftliche Rationalitätspotentiale [...], und als Sinnbildungsprozeß enthält sie die Formkräfte der Sprache, die die postmoderne Historik als ausschlaggebend reklamiert." (S. 204) Der Sprengsatz der Sprachkritik ist damit freilich keineswegs entschärft; das besagt schon der Relativsatz des Zitates. Seine De(kon)struktionskraft läßt sich eben nicht durch Eingemeindung, sondern nur durch den Versuch einer Gegenargumentation unter Kontrolle bringen.
Auch andernorts wird in der deutschen Geschichtswissenschaft allenfalls diskutiert, in welcher Weise, d.h. meist: wie ‚literarisch', das *Werkzeug* Sprache vom Historiker gebraucht werden darf. Vgl., restriktiv, Schieder: Geschichte als Wissenschaft, S. 123; warnend, Faber: Theorie, S. 163f.; Wolfgang Mommsen geht schon deutlich weiter, wenn er dem Historiker eine Inanspruchnahme der „Symbolkraft" der Sprache zugesteht, doch erblickt er darin eine „Möglichkeit des Ausdrucks", nicht etwas Unhintergehbares (Die Sprache des Historikers, S. 79).

bzw. auf die sie zu referieren intendieren, welchen epistemologischen Status die textvermittelte und -produzierende Tätigkeit des Historikers hat oder, und das vor allem, was Historiographie konstituiert und reguliert. Im Grunde setzt diese sprachkritische Wendung solche Ansätze, insbesondere bei Herder und Humboldt, fort, die die geschichtswissenschaftliche Konzeptionsbildung schon lange begleiteten, ohne ihr Reflexionspotential aber jemals entfaltet zu haben. Häufiger noch steht allerdings die radikale Sprachkritik eines Nietzsche Pate, der in einem Leitbegriff abendländischer Rationalität wie „Wahrheit" nicht mehr als ein „bewegliches Heer von Metaphern, Metonymien, Anthropomorphismen" erkennen konnte[4]. Deshalb gehen die Antworten auf die genannten und verwandte Fragen dort, wo sie diskutiert werden, sehr weit auseinander. Hier können und sollen nur einige Grundgedanken aufgegriffen werden. Leitlinie meiner kurzen Erörterung ist wieder die Relevanz der verschiedenen Positionen für das historiographiegeschichtliche Thema dieser Arbeit.

Als allgemeinste Tendenz neuerer, sprachtheoretisch informierter Theorie kann eine Stärkung der Ausdrucks- gegenüber der Inhaltsseite der Sprache gelten. Sobald die Beziehung zwischen Signifikant und Signifikat nicht mehr so relativ unproblematisch gesehen wird wie in der frühneuzeitlichen Sprachtheorie und der positivistischen Wissenschaft, verliert die Ausdrucks- oder Bezeichnungsfunktion von Sprache ihre Selbstverständlichkeit. Ausdruckswie Inhaltsebene gewinnen dann, wie in der Linguistik der Däne Louis Hjelmslev bereits 1943 argumentierte, eine mehr oder weniger große Autonomie.[5] Vor dem Hintergrund der meist inhaltsbetonenden Tradition (auch und gerade in der Geschichtstheorie) bedeutet das einen Relevanzgewinn vor allem für die Signifikantenebene. Denn, in den Worten Hayden Whites,

> language is never a set of empty „forms" waiting to be filled with a factual and conceptual „content" or attached to pre-existent referents in the world, but is itself in the world as one „thing" among others and is already freighted with figurative, tropological, and generic contents before it is actualized in any given utterance.[6]

Überträgt man diesen Grundgedanken in die Geschichtstheorie, so schieben sich die Texte, in denen die Historiker ihre Ansichten von einem geschichtlichen Phänomen auszudrücken streben, nur noch nachdrücklicher in den Vordergrund des Interesses. Die alte, schon von Droysen formulierte Einsicht, daß die Vergangenheit des geschichtswissenschaftlichen Gegenstandes zur

4 Ueber Wahrheit und Lüge im aussermoralischen Sinne – Werke Abt. 3, Bd. 2, S. 367-384, hier S. 374.

5 Vgl. Zima: Literarische Ästhetik, S. 6f.

6 White: Literary Theory and Historical Writing, S. 23.

Anerkennung der Konstruktivität der historischen Erkenntnis zwingt, ist nun im Hinblick auf die Sprachlichkeit jener Konstrukte zu überdenken. Es ist zu fragen, inwieweit diese nach Regeln konstruiert werden, die internen Regelmäßigkeiten des historiographischen Sprachgebrauchs – also z.B. der Erzählung als einer sprachlichen Makrostruktur – unterliegen. Auch auf die Geschichte der Disziplin gewandt, weist eine sprachreflexive Fundierung der Historik jene Regeln und Praktiken als maßgeblich aus, die die Ausdrucksebene, also den historiographischen Text, konstituieren. Gerade hinsichtlich der historiographischen Wende im Übergang vom 18. zum 19. Jahrhundert ist darauf zu achten, wo und wie Historik und historiographische Tradition Geschichtsschreibung in einer Weise disponieren, hemmen oder fördern, die durch bestimmte Sprach- und Textauffassungen bedingt ist. Die relative Autonomie der Ausdrucksseite[7] verleiht schließlich der Historiographiegeschichte ihrerseits eine relative Autonomie gegenüber anderen Sphären des geschichtlichen Lebens, z.B. gegenüber der Politik- oder Institutionengeschichte (wohingegen sie den hier geforderten Bezug zu anderen Textregulierungsdisziplinen sogar noch stärkt).[8] Diese Autonomie reicht zumindest soweit, daß die Veränderungen im textuellen Kern der Historiographiegeschichte nicht reduktiv, d.h. ausschließlich von Nachbarbereichen – auch nicht z.B. von Methodik oder materialer Geschichtstheorie aus – erklärt werden können. Die textbezogene Historiographiegeschichtsforschung rückt mithin ebenfalls in eine relativ autonome Stellung gegenüber anderen Ansätzen.

Das freilich sind nur die einfachsten und am wenigsten umstrittenen Konsequenzen aus der sprachbewußten Wende der Geisteswissenschaften. Rasch sehr viel schwieriger wird eine Verständigung, wenn der Historiker sich für ein bestimmtes Sprachverständnis entscheiden muß. Die sehr unterschiedliche Radikalität der neueren sprachkritischen Ansätze hat auf diesem Gebiet zu Auffassungen geführt, die unvereinbar weit auseinandergehen. Im literaturtheoretischen Bereich etwa hat Paul de Man ein nietzscheanisches Sprachmodell zur Grundlage seiner Lektüre von – nicht allein literarischen – Texten gemacht, das eine stete Konkurrenz von figuraler und literaler Bedeutung der sprachlichen Zeichen postuliert. Diese Konkurrenz könne nicht entschieden

7 Vgl. Ankersmit: The Use of Language, S. 79f.

8 Vgl., bezogen auf das Ganze der Intellectual History, Toews: Intellectual History after the Linguistic Turn, S. 880f., 906. Zur Auswirkung des ‚linguistic turn' auf die (amerikanische) Geschichtswissenschaft vgl. Iggers: Geschichtswissenschaft im 20. Jahrhundert, S. 91-95; zu Forschungsansätzen innerhalb der Sozialgeschichte, die auf die sprachliche Konstitution und Verarbeitung von gesellschaftlicher Wirklichkeit zielen, vgl. Peter Schöttler: Sozialgeschichtliches Paradigma und historische Diskursanalyse. – In: Diskurstheorien und Literaturwissenschaft, S. 159-199.

werden;[9] Uneindeutigkeit sei deswegen eine Konsequenz jeglichen Sprachgebrauchs, nicht Spezifikum des Kunstwerkes, während Literatur sich durch ein Wissen der Texte von der Unzuverlässigkeit sprachlicher Äußerungen auszeichne.[10] Mit dieser starken Betonung nicht allein des Signifikanten, sondern auch seiner Metaphorizität oder allgemeiner Figuralität steht de Man nicht alleine; Jacques Derrida z.B. hat sie noch zugespitzt, indem er, gegen den ‚Phonozentrismus' der europäischen Denktradition, Partei ergreift für die ‚Schrift' (écriture)[11]. Nach Derrida destruiert die Schrift Bedeutung und Sinn jedes Textes, wie sie diesem im Akt des Lesens herkömmlicherweise zugeschrieben werden, denn sie höhle den Text „von innen" aus. Dieses Konzept von Schrift will mehr, als den - sehr berechtigten - Hinweis darauf zu geben, „daß die Sprache kein transparentes Medium ihr vorgängiger Gedanken oder Gefühle ist"[12]. Es braucht kaum erläutert zu werden, daß unter solchen Prämissen - nicht nur - Geschichtswissenschaft im Sinne ihres bisherigen Begriffs nicht mehr zu betreiben ist. Können wir nur noch die Spiele der Signifikanten verfolgen, so schmilzt ‚Geschichte' als Zeit-Raum zur Gegenwart der Texte zusammen. Gleich, ob man trotzdem nach Einsatzmöglichkeiten der Dekonstruktion in der Geschichtswissenschaft fragt[13] oder ob man von der Inkompatibilität beider Denkweisen ausgeht: wenn das relative *Gelingen* der Geschichtsschreibung des 19. Jahrhunderts zur Erklärung

9 Vgl. Zima: Literarische Ästhetik, S. 350.

10 Vgl. de Man: Tropen, S. 82-84; ders.: Der Widerstand gegen die Theorie, S. 91; Ellrich/ Wegmann: Theorie, S. 481, 483.

11 Vgl. Zima: Literarische Ästhetik, S. 318, 320. Das folgende Zitat ebd., S. 323.

12 So aber Bettine Menke: Dekonstruktion - Lektüre: Derrida literaturtheoretisch. - In: Neue Literaturtheorien, S. 235-264, hier S. 237.

13 Vgl. Schmid: Die Spur und die Trasse; ders. (Hrsg.): Die Zeichen der Historie. Mit dem Pathos des bewußten Außenseiters vertritt Schmid eine Semiotik, die zwar auf die Differenz zwischen Signifikat und Referent aufmerksam macht, letzteren aber, schon um marxistischer Impulse willen, nicht aus der Betrachtung ausschließt (vgl. Georg Schmid: Präsentation. - In: Die Zeichen der Historie, S. 7-28, hier S. 21). Trotzdem bleibt unklar, wie sozialgeschichtliche Bedingtheiten und die Signifikantenspiele der Diskurse auf demselben theoretischen Niveau miteinander vermittelt werden können. Noch der Probe aufs Exempel bedarf es, ob eine „Semiohistorie" (ebd., S. 13) mehr als ‚Spuren' verfolgen kann (vgl. Die Spur, S. 11, 369f.) oder ob sie eine Semihistorie bleiben muß, weil sie über dieselben nicht hinauszublicken vermag. - Auch was Peter Jelavich über die Aneignung poststrukturalistischer Motive in der amerikanischen Geschichtswissenschaft zu berichten hat, läßt deutlich Grenzen erkennen: Sie sind dort gezogen, wo Diskurs und Sprache einen Primat zugesprochen erhalten, der die Erforschung vergangener Wirklichkeiten denunziert statt fördert (vgl. Poststrukturalismus und Sozialgeschichte, S. 282). Weniger skeptisch sind die Herausgeber des Bandes *Post-Structuralism and the Question of History*, Geoff Bennington und Robert Young (vgl. ihre Einführung ebd., S. 1-11); sie stellen an den Poststrukturalismus allerdings nicht sehr große Ansprüche, wenn sie von ihm vor allem die Dekonstruktion marxistischen Totalitätsverlangens erwarten.

ansteht, kann dekonstruktiven Lektüreweisen allenfalls eine subsidiäre Funktion zukommen.

Und der Narrativismus hierzulande hält sich unberührt von jeder Sprachreflexion? In Jörn Rüsens *Grundzügen einer Historik* kommt, um ein weiteres Mal auf diese elaborierteste deutsche Geschichtstheorie zu verweisen, einem bestimmten Konzept von Sprache jedenfalls keine systematische Begründungsfunktion zu. Wenn Rüsen im dritten Band einen „Logos der Sprache" beruft, „der das historische Denken in seiner Sinn-Suche mit den Sinnvorgaben des von ihm Bedachten verbindet, weil er beides tätig wirkend durchzieht," weist das aber kaum mißverständlich auf eine hermeneutische Sprachauffassung.[14] Die plakative Dichotomie von ‚Wahrheit und Methode' in Hans-Georg Gadamers philosophischer Hermeneutik hat unter deutschen Theoretikern im ganzen derweil verhindert, mit Reinhart Koselleck anzuerkennen, daß „die Historie als Wissenschaft von der Geschichte und als Kunst von deren Darstellung oder Erzählung Teil des hermeneutischen Kosmos ist, den Gadamer entworfen hat," eben weil sie „auf Sprache und Texte angewiesen ist"[15]. Dabei erleichtert ein hermeneutischer Theoriekontext sehr die Anerkennung der nicht nur instrumentellen Sprachlichkeit historischer Erkenntnis. Denn in ihm scheinen die Ansprüche der Geschichtswissenschaft auf einen durch ‚Textualität' nicht aufzuhebenden Gegenstandsbereich und das Drängen der geisteswissenschaftlichen Theorieentwicklung auf Sprachreflexion verbunden werden zu können:[16] Weil ‚Verstehen' „seinem Wesen nach

14 Rüsen: Lebendige Geschichte, S. 72; vgl. ders.: Rekonstruktion der Vergangenheit, S. 120. Was Rüsen in seinem neuesten Buch ‚Hermeneutik' nennt, hat mit der Hermeneutik der Gegenwart dagegen nicht viel gemein, denn beschrieben wird lediglich ein Quelleninterpretationsverfahren des 19. Jahrhunderts, das auf die Rekonstruktion von Handlungsintentionen ausgerichtet war (und auch damals nur einen Teil der historisch-hermeneutischen Methode bildete; vgl. Historische Orientierung, S. 114). Differenzierteres in Rekonstruktion der Vergangenheit, S. 119-127. Daß Rüsen sich nicht auf Gadamer beruft, ist angesichts dessen Verdrängung jeglicher ‚Methode' aus der Hermeneutik freilich verständlich (vgl. ebd., S. 121). Zum (schweren) Stand der Hermeneutik in den Theoriediskussionen der 70er Jahre vgl. Muhlack: Hermeneutik und Geschichtswissenschaft.

15 Vgl. Reinhart Koselleck: Historik und Hermeneutik. - In: Koselleck/Gadamer: Hermeneutik und Historik, S. 9-28, hier S. 10. In diesem Vortrag bemüht sich Koselleck in der Folge, zumindest die Historik der Eingemeindung in die Hermeneutik zu entziehen. Dazu verweist er auf Bestimmungsfaktoren der Geschichte außerhalb der Sprache, muß aber selbst zugestehen, daß auch Gadamer Erfahrung nicht in Sprache aufgehen läßt (vgl. S. 22-24). Wenn Koselleck folglich beizupflichten ist, daß es „geschichtliche Vorgänge [gibt], die sich jeder sprachlichen Kompensation oder Ausdeutung entziehen" (S. 27), so kann das der Historik doch nicht einen außerhermeneutischen Platz reservieren, da auch sie nicht über die ‚Geschichte' verfügen kann, die jedem Verstehen vorausliegt.

16 Das ist bisher vor allem von amerikanischen Historikern gesehen worden, die die Herausforderung des ‚linguistic turn' früher und stärker erfahren haben als die deut-

ein wirkungsgeschichtlicher Vorgang" ist,[17] ist es auf der einen Seite illegitim, den historisch gewachsenen Abstand zwischen Interpreten und Text durch den Hinweis auf die Präsenz des letzteren auszustreichen. In Auseinandersetzung mit Michel Foucaults These von der Diskontinuität des historischen Prozesses hat Ricœur den „Begriff eines wirkungsgeschichtlich gedachten Gedächtnisses" sogar als eine Alternative vorgeschlagen zu herkömmlichen (z.B. hegelianischen) Kontinuitätskonzepten, welche die ‚Umwege' und Brüche der Geschichte wahrzunehmen erlaube, anstatt sie von einem „souveränen Bewußtsein" durchstoßen zu lassen.[18] Auf der anderen Seite schließt die unhintergehbare Sprachlichkeit des Verstehens den zumal in der Geschichtswissenschaft häufig versuchten Sprung auf die Bedeutungs- oder gar Gegenstandsebene ‚hinter' der Sprache theoretisch aus.[19]

Das hermeneutische Theorieangebot anzunehmen darf wohlgemerkt nicht mit einem Bekenntnis zu Gadamer verwechselt werden. Denn während dieser zwar von Sprachlichkeit ausgeht, aber kaum Interesse an den konkreten Strukturen von Sprache und Texten zeigt, hat die Hermeneutik mit Ricœur Anschluß gefunden an die zeitgenössische, strukturalistisch geprägte Linguistik und Literaturwissenschaft.[20] Wohl gegen deren Negation der pragmatischen und referentiellen Funktion von Sprache argumentiert Ricœur, indem er dieselbe nicht nur als ‚langue', sondern auch als ‚parole' thematisiert, doch ihr strukturbezogenes Denken versucht er für die Hermeneutik fruchtbar zu machen, denn „verständnisvolles Lesen setzt Einsicht in Struktur und Form voraus".[21] Eine ähnliche methodologische Entscheidung liegt den historiographiegeschichtlichen Forschungen Hinrich C. Seebas zugrunde, der denn auch einige der wichtigsten Beiträge zu unserem Thema erbracht hat.[22] Beider Vorgehen ist Teil einer Strategie der nachgadamerschen Wiedereinbeziehung

---

schen. Vgl. Martin Jay: Braucht die Geistesgeschichte eine sprachliche Wende? Überlegungen zur Habermas-Gadamer-Debatte. – In: Geschichte denken, S. 87-114, hier S. 104; in wichtigen Punkten, z.B. hinsichtlich des „Gesprächs" des Historikers mit der Vergangenheit, argumentiert auch Dominick LaCapra hermeneutisch (vgl. Geistesgeschichte und Interpretation. – In: Geschichte denken, S. 45-86, hier S. 49). Vgl. auch Fuchs: „What is the Good of History?", S. 112, über die ‚Kontextualisten' Quentin Skinner, J. D. A. Pocock und D. A. Hollinger.

17 Gadamer: Wahrheit und Methode, S. 305.

18 Ricœur: Zeit und Erzählung Bd. 3, S. 355.

19 Vgl. Gadamer: Wahrheit und Methode, S. 387, 445, 454.

20 Vgl. Ineichen: Philosophische Hermeneutik, S. 55, 197.

21 Vgl. ebd., S. 232-236, Zitat S. 241; Meyer: Paul Ricœur, S. 90f., 120-122; Ricœur: Zeit und Erzählung Bd. 1, S. 122-125.

22 Vgl. Historiographischer Idealismus? Fragen zu Schillers Geschichtsbild. – In: Friedrich Schiller. Kunst, Humanität und Politik, S. 229-249, oder, zu Herder, Geschichte als Dichtung. Zu Seebas Programm vgl. ders.: Literatur und Geschichte, S. 203.

einschlägiger Einzelwissenschaften und ihrer Methoden in die Hermeneutik, die dadurch ihren amethodischen Charakter verliert. *Zeit und Erzählung* stellt im Grunde eine Anwendung dieses Prinzips auf Geschichtswissenschaft und Erzähltheorie dar. Muß demnach eine historiographiegeschichtliche Untersuchung in ihren Analysen des jeweiligen Sprachgebrauchs über Gadamer entschieden – und im einzelnen auch über das von Ricœur Thematisierte – hinausgehen, so bietet ein hermeneutischer Theoriekontext doch die relativ besten Voraussetzungen dafür, der (post)strukturalistischen Negation oder Zerstreuung von Geschichtlichkeit auf gleicher Ebene – der der Sprachtheorie – antworten zu können.

II.

Geschichte(n) erzählen im späten 18. Jahrhundert

A. Das historiographische Projekt der Aufklärungshistorie

„Die Geschichte trägt der Aufklärung die Fackel vor"[1] – als eine Dienerin oder gar Führerin, jedenfalls als unentbehrlich für die geistige, politische und soziale Bewegung des 18. Jahrhunderts charakterisiert Friedrich Nicolai die Historie. Er trifft damit zumal die Funktion historischer Argumente bei der aufklärerischen Kritik der überkommenen Autoritäten, sei es in Staat, Kirche oder Philosophie. Der Berliner Autor und Verleger blickt zurück aus dem Jahr 1806, doch macht ein Werk wie Pierre Bayles *Dictionnaire historique et critique* (1695-97) deutlich, daß die Aufklärung von Beginn an „alles andere als eine ahistorische Bewegung" war.[2] Die zunächst vor allem kritische Bedeutung historischen Wissens begann sich seit etwa 1760 sogar zu einem immer weniger funktionalen Interesse an der Geschichte zu substantialisieren. Davon getragen, verstärkten sich zum gleichen Zeitpunkt vor allem in Deutschland die Bemühungen um eine Verwissenschaftlichung der Historie, einer Disziplin, die ursprünglich ein Bestandteil der propädeutischen Universitätsausbildung und der artes liberales gewesen war und seit dem 17. Jahrhundert zunehmend mit Poesie, Rhetorik, Malerei und Musik unter die ‚schönen Wissenschaften' gerechnet wurde:[3] Ihr Gegenstand wird nun die ganze ‚Menschheit', sowohl ihrer empirischen Ausdehnung nach wie auch als normative Bezugsgröße; die theologischen Vorgaben einer Heilsgeschichte werden dagegen ausgeschlossen. Das Prinzip methodischer Objektivität beginnt sich gegen das rhetorische Postulat ethischer Unparteilichkeit durchzusetzen, die Standortgebundenheit historischer Erkenntnis kommt in Ansätzen zu Bewußtsein, und dem historischen Wissen wird eine Gewißheit über der bloßen Wahrscheinlichkeit zugemessen. In die Reflexion über die historiographische Darstellung treten Gesichtspunkte jenseits der rhetorisch-humanistischen *artes historicae* ein.[4] Institutionen- und diskursgeschichtlich gesehen, weiten sich die wissenschaftsinternen und öffentlichen Diskussionen und das Interesse für historische Themen stark aus.[5] Zumal in Deutschland sind die

1 Nicolai: Einige Bemerkungen über den Ursprung und die Geschichte der Rosenkreuzer und Freymaurer – GW 5, S. 27.

2 Möller: Vernunft und Kritik, S. 144.

3 Vgl. Strube: Die Geschichte des Begriffs ‚Schöne Wissenschaften', S. 137.

4 Vgl. Rüsen: Konfigurationen, S. 39-76.

5 Vgl. Otto Dann: Das historische Interesse in der deutschen Gesellschaft des 18. Jahrhunderts. Geschichte und historische Forschung in den zeitgenössischen Zeitschriften. – In:

relativen Fortschritte der späten Aufklärungshistorie nicht zu übersehen, wenn man ihre Schriften mit denen der ersten Jahrhunderthälfte vergleicht: Ihre Konzepte sind konsistenter und reflektierter geworden; neue historische Gegenstände - Länder oder Epochen - und Themen wurden erschlossen: Kultur- und Völkergeschichte ergänzten die übliche Staaten-, Herrscher- oder Diplomatiegeschichte. Die Herausbildung einer hochdifferenzierten deutschen Literatursprache - die sich im wesentlichen erst im zweiten Drittel des 18. Jahrhunderts vollzogen hatte -[6] hätte es der Geschichtswissenschaft zudem ermöglichen sollen, in jener sprachlichen Form aufzutreten, die als ein Projekt epochalen Fortschritts gegenüber der mit lateinischen und französischen Vokabeln durchsetzten, syntaktisch schwerfälligen und in Synonymenhäufungen befangenen Historiographie des Jahrhundertanfangs immer wieder beschworen wurde.[7]

Die historiographische Ausgangslage liest sich ungünstig genug; Johann Christoph Gatterer beklagte noch 1767

> den schlechten Geschmack der meisten Teutschen in der Historie, ihren Hang zu Kleinigkeiten, ihren Eifer in Beschreibungen der Schlachten, [...] ihre übertriebene Liebe zur Litteratur, ihre Fertigkeit nur Gelehrsamkeit da zu zeigen, wo man Gelehrsamkeit verläugnen soll, ihre Citationssucht, die unteutsche Schreibart der einen, und die gallisirende Thorheit der anderen[8].

Diesen Mißstand zu beheben, den man vielerorts gerade im Vergleich mit der aufblühenden deutschen Literatur und der Geschichtsschreibung der Briten und Franzosen als schmerzlich empfand,[9] wurde nicht wenig unternommen: Gatterer gründete sein Göttinger ‚Historisches Institut' zu diesem Zweck, und seine erste Zeitschrift, die „Allgemeine historische Bibliothek", übertitelte ihre wichtigste Rubrik mit „Abhandlungen sonderlich über die historische Kunst" (d.h. die Techniken, Geschichte zu *schreiben*).[10] In der öffentlichen und sogar

---

Historische Forschung im 18. Jahrhundert, S. 386-415; Hans Erich Bödeker: Die Entstehung des modernen historischen Denkens als sozialhistorischer Prozeß. Ein Essay. - In: Geschichtsdiskurs Bd. 2, S. 295-319.

6 Vgl. Blackall: Die Entwicklung des Deutschen zur Literatursprache; Nerius: Untersuchungen zur Herausbildung einer nationalen Norm der deutschen Literatursprache; Hafen: Studien zur Geschichte der deutschen Prosa im 18. Jahrhundert; Polenz: Deutsche Sprachgeschichte Bd. 2, S. 300-346.

7 Vgl. Gatterer: Vom historischen Plan, S. 17 - TDAH, S. 622; H. J. U.: Schreiben, S. 263; Eichhorn: Geschichte der Litteratur Bd. 4, S. 1062-64.

8 [Gatterer:] Rez. von Hausens *Versuch einer pragmatischen Geschichte*, S. 311. Diese Rezension ist nicht mit einem Verfassernamen oder -kürzel gekennzeichnet, weist sich aber nach Terminologie und Stil als Gatterers aus.

9 Vgl. H. J. U.: Schreiben, S. 248.

10 Vgl. Gatterer: Vorrede (AHB), S.)(2r. Einen Überblick über Begründung, Zielsetzung,

in der fachinternen geschichtstheoretischen Diskussion der zweiten Hälfte des 18. Jahrhunderts waren nicht allein die ,Verwissenschaftlichung', Methodik oder Themenwahl der Historie Thema. Vielmehr wurde immer wieder auch erörtert, warum die deutsche Geschichtsschreibung so weit hinter den Robertson, Gibbon und sogar den Alten zurückgeblieben war und welche Regeln aufzustellen und zu befolgen wären, um diesem Defizit abzuhelfen. Daß die Frage, wie Geschichte zu schreiben sei, geradezu im Zentrum des Interesses stand, rührte nicht allein daher, daß zahlreiche Publizisten, Dichter, Professoren der Weltweisheit und der Beredsamkeit und andere Nicht-Historiker sich an der Debatte beteiligten. Vielmehr blieb sie deshalb so prominent auf der Tagesordnung, weil ein deutliches Mißverhältnis zwischen der Belebung des historischen ,Geschäfts' und seinem historiographischen Ertrag schon früh festgestellt wurde, die erhoffte Besserung aber erst sehr spät, in der zweiten Hälfte der 1780er Jahre, einzutreten schien.[11]

> Von wahrhaftiger Darstellung, von wahrhaftiger Kunst der Composition in der Geschichtschreibung hatten die Deutschen kein Beispiel vor *Schillers Geschichte des Abfalls der Niederlande,* welcher die Fertigkeit und das Bedürfniß zu beiden von der dramatischen Dichtkunst auf die Historie übertrug,

urteilt bespielsweise der Jenenser Historiker Karl Ludwig von Woltmann.[12] Dementsprechend beschäftigten sich auch die Programmschriften der führenden Fachhistoriker, also Gatterers und Schlözers, nahezu überwiegend mit Fragen der ,Darstellung': mit der ,Evidenz' und ,Anschaulichkeit' historiographischer Erzählungen, mit ihrem ,Plan' oder mit der systematischen Ordnung der Universalhistorie.

Aufbau und Inhalt von Gatterers Zeitschriften (neben der *Allg. hist. Bibliothek* [1776-71] das *Historische Journal* [1771-82]) gibt Salzbrunn: Studien, S. 22-62.

11 In diesem Zusammenhang von ,Geschäft' und nicht von ,Forschung' o.ä. zu sprechen ist wohl angemessen, wenn Gatterer den Aufschwung der historischen Studien in Deutschland in Buchproduktionszahlen maß und, für die Jahre 1769-71, „654 Schriften, als reinen historischen Gewinn", verbuchte. Die Frage, wie sich „die innere Güte derselben zur Summe" verhalte, muß er selbst jedoch damit beantworten, daß er unter allen „keinen *Hume,* keinen *Robertson*" finde (Allgemeine Uebersicht, S. 287). Wieland beispielweise sah erst Schiller als einen den Genannten gleichrangigen Historiker an, vgl. seine Vorrede zu Schillers *Geschichte des Dreißigjährigen Kriegs* (Manesse-Ausg.), S. 7-22, hier S. 8. Salzbrunn (Studien, S. 125) schätzt Gatterers Propagierung der pragmatischen Methode in seinen Zeitschriften sogar als im ganzen wirkungslos ein: „Innerhalb der Zeitschrift gegebene Anregungen verlaufen nach ersten Versuchen im Sande. Auch Gatterers Hinweise auf das Fehlen einer ausländischen Darstellungen gleichwertigen ,Deutschen Geschichte' haben keinen greifbaren Erfolg."

12 Barbarei, S. 391. Der Göttinger Theologe und Orientalist Johann Gottfried Eichhorn lokalisiert den „Anfang einer classischen Historiographie" bei Johannes von Müller (Geschichte der Litteratur, S. 1063f.), ähnlich der Göttinger Historiker Heeren: HW 6, S. 469-497.

Die historiographische Schwäche der Aufklärungshistorie belegt schließlich auf das eindrücklichste, was oben theoretisch angemahnt wurde: daß die Frage, wie Geschichte jeweils geschrieben wurde und wie sie geschrieben werden sollte und konnte, historiographiegeschichtlich nicht übergangen werden darf, will man nicht auf die Fähigkeit, kohärente historische Darstellungen (jeden Typs) hervorzubringen, als eines der konstitutiven Merkmale von (moderner) Geschichtswissenschaft verzichten. Jene Fähigkeit hat die Historie des späten 18. Jahrhunderts zwar viel diskutiert und über mehrere Jahrzehnte angestrebt, aber augenscheinlich weder besessen noch erlangt; in gewundenen Bemerkungen bestätigen dies selbst ihre profiliertesten Anwälte.[13] Insofern bildet ‚Geschichte *erzählen*' – kursiviert ist das nicht Selbstverständliche – sogar das zentrale Problem der Aufklärungshistorie, und zwar in ihrer Sicht kaum weniger als in der des Wissenschaftshistorikers. Die Aufklärungshistorie auf ihre historiographische Leistung hin zu untersuchen ist damit nicht allein vom Stellenwert des Erzählens in der aktuellen Geschichtstheorie, sondern auch von den Maßstäben des Untersuchungsobjekts her methodisch gerechtfertigt, zumal sich das Darstellungsproblem seinerzeit nicht erst in der ausdifferenzierten Form stellte, auf welche verschiedenen Weisen Geschichte geschrieben werden soll, sondern als Fundamentalproblem, wie überhaupt ein Text erstellt werden kann, der den historiographischen Ansprüchen einer sich modernisierenden Geschichtswissenschaft genügt. Diese Aufgabe ist für die Geschichtswissenschaft eine schlechthin unhintergehbare, d.h. daß die Aufklärungshistoriographie nicht lediglich an stilistischen Schwächen laborierte, wie es die ältere Forschung annahm und bei Blanke noch den Anschein hat,[14] sondern die der modernen Geschichts-

13 Vgl. Reill: German Enlightenment, S. 46: „If the only test of the historian is the enduring quality of the histories he writes, then the Aufklärers were, by and large, failures." Vgl. ebd., S. 101. Blanke/Fleischer: Artikulation, S. 35: „Die unbestreitbare Leistung der Aufklärungshistoriker liegt denn auch weniger in großangelegten historiographischen Synthesen begründet", vgl. ebd., S. 91, sowie Mühlpfordt: Völkergeschichte, S. 70. Detaillierter wird beispielsweise Schlözers Geschichtsschreibung unten S. 181 und in Kap. C. 4. b) vorgestellt.

14 Vgl. Bock: Schlözer, n. pag. Vorr.; Wesendonck: Die Begründung, S. IX, stellt narrative und stilistische Schwächen fest, um diese als „etwas rein Aeusserliches" zu marginalisieren. Schlözer kokettierte mitunter gar mit seinem unkultivierten Stil (vgl. Kritisch-historische Nebenstunden, S. VII). Aus individuellen Schreibschwächen läßt sich das historiographische Scheitern der Aufklärungshistoriker jedoch schon deshalb nicht herleiten, weil sich diese in ihren Programmschriften durchaus stilistisch gewandt zeigen.
Blanke hat die anästhetische Darstellungspraxis der meisten Aufklärungshistoriker neuerdings sogar als vorbildlich, weil diskursiv auszugeben versucht (vgl. Wiederentdeckung, S. 128-130). Er glaubt, sich dabei auf die ‚Diskursanalyse' stützen zu können, die Ursula A. J. Becher an Texten Schlözers durchgeführt hat (August Ludwig Schlözer. Analyse eines historischen Diskurses. – In: Aufklärung und Geschichte, S. 344-362). Becher wiederum vermeint, sich auf Roland Barthes berufen zu können – ein

schreibung eigene narrative Sinnbildung verfehlte.[15] Die Schwierigkeiten der Aufklärungshistorie, Geschichte zu schreiben, betreffen den Kern von Geschichtswissenschaft, weil „sich literarische Formung und historische Sinnbildung auf der gleichen Konstitutionsebene bewegen, auf der im Prozeß des Erzählens aus Geschäften Geschichte wird".[16] Ja, an der deutschen Historie des späten 18. Jahrhunderts tritt klar hervor, was neuere Theoretiker (bloß) postulieren: daß das Konzept ‚Geschichte' vor allem ein „Vertextungsproblem" stellt[17].

Mit ‚Aufklärungshistorie' bezeichne ich hier und im folgenden diejenigen deutschsprachigen Historiker oder Geschichtsschreiber samt ihrer geschichtswissenschaftlichen oder historiographischen Tätigkeit, die seit etwa 1760, also in der ‚Ausbreitungsphase' der Aufklärung in Deutschland,[18] die überkommene polyhistorische, reichsgeschichtliche oder ‚galante' Historie zu reformieren unternahmen, und zwar nach Prinzipien, die sich als ‚aufklärerisch' bezeichnen lassen (Vernunfturteil, Begründungspflicht, Systematisierung des Wissens, Professionalisierung, didaktische Wirkung, bürgerliche Emanzipation).[19] Aufklärungshistoriker sind demnach nicht *alle* Historiker, die zur Zeit

---

heilloses Mißverständnis des strukturalistischen Literaturwissenschaftlers, denn dessen Texttheorie verbietet es schon, das Aussagesubjekt, das die Zeichen eines Textes repräsentieren, mit dem Autor zu identifizieren, wie Becher es tut! Daß Schlözer viel häufiger Grenzen seines Wissens zugesteht als z.B. Ranke, wird man sodann nicht durchgängig und ausschließlich als Ausdruck größerer Diskursivität werten können. Denn nicht selten kommt darin unzureichende Forschung zum Ausdruck (vgl. dazu unten S. 181). Und zeichnet sich die Geschichtsschreibung der Historisten tatsächlich durch akommunikative ‚Glätte' aus, wie Becher und Blanke es nahelegen? Wohl hält sie vieles ästhetisch implizit - was darum aber einem kompetenten Leser nicht unzugänglich ist. Dadurch hält sie, und das ist keineswegs bloß eine Stilfrage, mit der allgemeinen erzählpoetologischen Entwicklung Schritt bzw. hat erst wirklich Anschluß an sie gefunden. Schlözers Texte dagegen sind eine primitive Mimesis dessen, womit er gerade zu kämpfen hat: mit dem Material, seinen Schwierigkeiten mit demselben oder der Bedeutsamkeit eines Ereignisses. Becher sagt es selbst: Schlözer zeigt „eine erstaunliche Distanzlosigkeit zum Text" (S. 350). Diese Distanzlosigkeit aber erschwert die narrative Konstruktion einer kohärenten Geschichte. Sympathien für explikative Diskursivität sollten mithin kein Grund sein, eher bis mehr als einfach strukturierte Texte vergleichsweise hochkomplexen vorzuziehen.

15 Vgl. Gottlob: Geschichtsschreibung, S. 25f.

16 Jörn Rüsen: Die vier Typen des historischen Erzählens. - In: Formen der Geschichtsschreibung, S. 514-605, hier S. 583.

17 Moritz Baßler: Einleitung: New Historicism - Literaturgeschichte als Poetik der Kultur. - In: ders. (Hrsg.): New Historicism, S. 7-28, hier S. 11.

18 Vgl. Möller: Vernunft und Kritik, S. 19-36.

19 Vgl. die Begründung des Begriffs bei Blanke/Fleischer: Artikulation, S. 23-32 und vor allem S. 34. Übrigens ist der Begriff nicht „relativ jungen Datums" (ebd., S. 23), sondern wurde bereits von Meinecke an prominenter Stelle verwendet, vgl. die Überschrift des fünften Kapitels der *Entstehung des Historismus*: „Die englische Aufklärungshistorie", sowie Meineckes Aufsatz „Allgemeines über Historismus und Aufklärungshistorie" (in:

‚der' Aufklärung Geschichte erforscht oder geschrieben haben. Das schließt nicht nur die Historiker der Frühaufklärung aus, sondern nimmt insbesondere auch Rücksicht auf die Überlappung geistesgeschichtlicher ‚Epochen' am Ende des Jahrhunderts. Für wen andere Leitbegriffe wichtiger wurden als die oben genannten (wie auf geschichtstheoretischer Ebene etwa für Herder ‚Individualität', ‚Ästhetik' und ‚Verstehen'), wird der Trennschärfe des Begriffs wegen dann nicht mehr zur Aufklärungshistorie gerechnet, auch wenn sich noch manche ihrer Züge bei ihm finden.[20] Aus dieser prägnanten Auffassung von ‚Aufklärungshistorie' ergibt sich auch die unten (Teil C.) festgeschriebene Periodisierung. Freilich dienen die beiden Marken 1760 und 1785 nur der Orientierung. Die erste ergibt sich daraus, daß Gatterer, nachdem er 1759 als o. Professor der Geschichte nach Göttingen berufen worden war, Mitte der 60er Jahre mit energischen Schritten, der Gründung des ‚Historischen Instituts' (1765) und der „Allgemeinen historischen Bibliothek" (1767-1771), eine bald ausgebreitete Diskussion um die wissenschaftliche und ‚literarische' Verbesserung der Historie anregte und maßgeblich prägte. 1761 erschien außerdem das erste deutschsprachige Geschichtswerk des Statistikers, Historikers und später überaus einflußreichen politischen Publizisten[21] August Ludwig Schlözer, der *Versuch einer allgemeinen Geschichte der Handlung und Seefahrt in den ältesten Zeiten*. 1785 hingegen brachte Schlözer mit seiner *WeltGeschichte* das vielleicht avancierteste programmatische Werk der pragmatistischen, universalgeschichtlich ausgerichteten Aufklärungshistorie heraus, während im gleichen Zeitraum die ersten Überschreitungen dieses Horizonts stattfanden: Kant formulierte den für den Pragmatismus konstitutiven Begriff des Systems 1784 entscheidend um zu einem an eine leitende Idee gebundenen Konstrukt,[22] und seit 1786 bzw. 1788 erschienen Johannes von Müllers *Geschichten schweizerischer Eidgenossenschaften* und Schillers *Abfall der vereinigten Niederlande von der Spanischen Regierung*, womit zum ersten Mal im aufklärerischen Deutschland eine primär literarische Geschichtsschreibung erfolgreich auftrat. Das heißt nicht, daß später nicht mehr unter aufklärerischen Vorzeichen Geschichte geschrieben wurde (sieht man von ihrer systematisch-pragmatischen Komponente ab, so stehen noch Historiker wie Schlosser und Rotteck in dieser Tradition). In den späten 1780er Jahren

---

Aphorismen und Skizzen, S. 11-54).

20 Zu meiner besonderen Interpretationsperspektive auf die Aufklärungshistorie, die meinen Begriffsgebrauch noch einmal spezifiziert, vgl. unten S. 62, Anm. 17.

21 Die gar nicht so knappe Literatur zu Schlözer hat sich lange auf diese Leistung als Publizist und Politiktheoretiker konzentriert, vgl. vor allem Warlich: Schlözer.

22 Vgl. Kant: Idee zu einer allgemeinen Geschichte in weltbürgerlicher Absicht - Schriften zur Geschichtsphilosophie, S. 36.

erscheint indes die Innovationskraft der Aufklärungshistoriker im engeren Sinne weitgehend erschöpft – die geschichtstheoretischen Schriften Gatterers und Schlözers waren um 1770 herum erschienen, ohne daß ihnen adäquate historiographische Werke gefolgt wären.

Die Grundsätzlichkeit der Problemzusammenhänge im Bereich des historiographischen Erzählens im späten 18. Jahrhundert veranlaßt mich, das Folgende nicht als eine Typologisierung der vorhandenen historiographischen Formen anzulegen. Denn ein solcher Versuch, den Aufriß einer Epoche der Geschichtsschreibung zu liefern, ginge an deren Fundamentalproblem vorbei. Das historiographische Profil der Aufklärungshistorie zu kennzeichnen muß vielmehr heißen, Erscheinungsformen, Bedingungsfaktoren und Ursachen ihrer Darstellungs- (und damit Sinnbildungs-) Schwäche festzustellen. Diese Faktoren sind text- und erzähltheoretisch zu benennen und auf ihre Prägung durch die Historiographietheorie und benachbarte Diskurse zu untersuchen. Gerade weil das am wenigsten gelöste Problem der Aufklärungshistorie die Darstellung war, kann ihr disziplinäres Profil in der üblichen, wissenschaftsgeschichtlich verengten Perspektive nicht erfaßt werden. Diese muß vielmehr durch eine vergleichende Betrachtung der Fiktionserzählung und ihrer Poetik wesentlich erweitert werden. Zudem ist das Verhältnis zwischen Historik und Geschichtsschreibung differenzierter in seinen internen Bedingtheiten zu untersuchen; insbesondere die Abhängigkeit der praktischen Historiographie von theoretischen Vorentscheidungen, möglicherweise dysfunktionalen, ist neu in den Blick zu nehmen.

Daraus ergibt sich indes nicht ausschließlich eine Defizitanalyse. Denn auch in dem umrissenen Zeitraum 1760-1785 finden sich Ansätze, die zur Überwindung der aufklärungshistorischen Historiographieschwäche beigetragen haben: bei einem Geschichtsdenker wie Herder etwa, aber auch bei einigen der Aufklärungshistoriker selbst. Zudem muß die Identifizierung von historiographiehemmenden Faktoren dadurch an Evidenz gewinnen, daß gezeigt wird, wie vermöge bestimmter Änderungen dieser Faktoren später Geschichtsschreibung gelang. Meine Problemgeschichte der Aufklärungshistoriographie steht deshalb unter einer doppelten Perspektive: Sie analysiert das Scheitern jener und fragt zugleich nach Konzepten zu dessen Überwindung. Dabei scheinen mir Ausblicke bis zum Historismus des 19. Jahrhunderts legitim, um historiographiegeschichtliche Entwicklungslinien ziehen und Epochenumbrüche deutlicher kennzeichnen zu können.

Diese doppelte Perspektive ermöglicht es, das Feld der Untersuchung mit idealtypischen Begriffspaaren zu umreißen, die jeweils alternative Leitkategorien und Prinzipien der Auffassung von Geschichte und der historiographischen Darstellung bezeichnen: Auf der paradigmatisch-integrativen Ebene der *Suprakonzepte* läßt sich der eine Pol mit dem wissenschaftsstrategisch bedingten Systembegriff besetzen, der das Zentrum der pragmatistischen Geschichtstheorie bildete; auf dem anderen Pol kann man, der narrativistischen Geschichtstheorie und dem oben gemachten Vorschlag zu ihrer historischen Verankerung folgend, die ‚Erzählung' als literarisches Textorganisationsmodell und Semantisierungsmedium von menschlichen Handlungen plazieren. Auf der Ebene der *mikrostrukturellen Kohärenzbildung* im Text lassen sich die explizierende Kausalerklärung und das sublogisch und -kausal koordinierende Erzählen voneinander scheiden. Auf der Ebene der *makrostrukturellen Textorganisation* konkurrieren die versuchte Applikation des Systembegriffs auf den historiographischen Text und rhetorische Verfahren einerseits sowie das Fabelprinzip bzw. das quasi-literarische Modell des Dramas andererseits miteinander. (An dieser Begriffsopposition tritt die Heterogenität der Prinzipien an der jeweilig ersten Stelle meiner Gegenüberstellungen zutage: Die hier genannten Prinzipien leiten sich von zwei unterschiedlichen Modellen, dem systematisierenden Pragmatismus und der Rhetorik, ab. Das rhetorische Modell betreffen noch die folgenden Oppositionen:) Sich der Geschichte als einer Sammlung von Exempeln zu bedienen wird von der *Auffassung der Geschichte* als eines Prozesses abgelöst. Ja, noch grundsätzlicher läßt sich ein Vorherrschen rhetorischer Denkweisen von der Dominanz ästhetischer unterscheiden. (Auf den Pragmatismus bezieht sich:) Die Tendenz zur Universalisierung der *historischen Perspektive*, die unter anderem dem Systembegriff innewohnt, wird von einer Individualisierung der geschichtlichen Entitäten und der Symbolqualität des historiographischen Textes aufgehoben. Das *Sinn*problem der bloßen Kausalität fangen geschichtsphilosophische Rahmenannahmen und sinnverbürgende literarische Erzählformen auf. Und hinsichtlich der *erkenntnis- und darstellungstheoretischen Grundlagen* löst den Objektivismus des Pragmatismus ein sprachphilosophisch oder ästhetisch fundiertes Konstruktionsbewußtsein auf.

Wohlgemerkt kennzeichnen die beiden opponierenden Begriffsreihen nicht ‚die' Aufklärungshistorie einerseits und ‚den' Historismus andererseits. Sie, insbesondere die kursivierten textanalytischen Kategorien, zeigen vielmehr die wichtigsten Untersuchungsperspektiven an, auf deren Sichtachsen ausgewählte Diskursereignisse als idealtypisch signifikante Positionen und prägnante konzeptuelle Umschläge zu interpretieren sind.[23] Der Aufbau der

23 Das bedeutet zugleich, daß die genannten Begriffe nicht ein systematisch vollständiges disziplinäres Paradigma zu umreißen suchen. Insbesondere die methodisch-forschungstechnische Seite der Geschichtswissenschaft bleibt außerhalb der Betrachtung. Nicht untersucht wird überhaupt, inwiefern die Aufklärungshistorie schon über eine ausdifferenzierte und intern systematisierte ‚disziplinäre Matrix' im Sinne Jörn Rüsens

Untersuchung versucht dabei eine ungefähre sachliche und zeitliche Ordnung der sehr unterschiedlichen Bedingungsfaktoren des Geschichtserzählens in der zweiten Hälfte des 18. Jahrhunderts. Ich beginne mit dem Konzept, über das die Aufklärungshistorie einen wissenschaftlichen Status zu erlangen suchte (B. 1.). Das pragmatische ‚System' stand indes auch im Zentrum ihrer darstellungspraktischen Überlegungen, so daß eine Beurteilung der historiographischen Chancen des Pragmatismus bei diesem Begriff, seinen Implikaten und Konsequenzen ansetzen muß. Dabei überprüfe ich unter anderem, inwieweit die spätaufklärerische Historik eine narrative Geschichtsschreibung anzuleiten geeignet war (B. 2.). Das Ausbleiben wiederum einer systemförmigen Geschichtsschreibung stellt die Forschung vor die Schwierigkeit, das Erzählprofil der Spätaufklärung kaum an historiographischen Texten gewinnen zu können. Ich weiche deshalb auf literarische aus, die im Prinzip äquivalent strukturiert sind, zumal dort die Aporien, auf die historistische Geschichtsdenker dann ihre Antworten formulierten, sehr viel deutlicher werden (B. 3.). In einem zweiten Großkapitel werden verschiedene Textorganisationsdisziplinen - Rhetorik, ‚neue' Ästhetik, Poetik -, am Leitfaden ihrer Rezeption vor allem durch Gatterer und Schlözer auf ihre historiographische Leistungsfähigkeit gemustert (C. 1.-3.). Dabei stellt sich mehr und mehr heraus, daß erst die ästhetisch, geschichts- und sprachphilosophisch fundierte Ablösung von den pragmatistischen Konzepten die Bahn für eine moderne Geschichtsschreibung bereiten konnte. Am zwischen Herder und Schlözer geführten Streit um den ‚Plan' einer Universalhistorie läßt sich dieser Transformationsprozeß zu einer epochalen Alternative zuspitzen (C. 4.).

---

verfügte (vgl. Blanke/Fleischer: Artikulation, S. 65-102). Bemerkt sei hierzu nur, daß ihr disziplinäres Profil nicht zum geringsten Teil vom Fortbestehen überkommener Aufgabenteilungen geprägt war: „Die *Geschichtforscher* oder historischen *Critiker* bereiten durch Untersuchungen, welche Falsches und Wahres, Gewisses und Ungewisses in den Geschichten unterscheiden lehren, den besten Stoff für *pragmatische Geschichtschreiber* zu, welchen diese mit philosophischem Geiste verarbeiten." (Gatterer: Einleitung, 2. Teil, S. 10) Nicht integral begriff auch noch ein Historiker wie Schlözer die Geschichtswissenschaft. Er teilte die Arbeit des Historikers auf mindestens drei verschiedene Berufe auf. Damit ist er ebenso weit wie Gatterer von der modernen Konzeption von Geschichtswissenschaft als eines integralen ‚forschenden Verstehens' entfernt. Was Droysen als methodisch spezifizierte Schritte des *einen* Historikers unterscheidet - Heuristik, Kritik und Apodeixis; die ‚Interpretation' hat keine Entsprechung -, überträgt Schlözer dem „Geschicht*Sammler*", dem „*GeschichtForscher*" und dem „*GeschichtSchreiber*" (Schlözer: Aus einem Schreiben, S. 14-24 - TDAH, S. 595-598.). Und während Droysen versichert, daß seine Unterscheidung von Kritik und Interpretation rein analytische Funktion habe, im Forschungsvollzug aber beide „zugleich in Tätigkeit" seien, betont Schlözer eigens, daß ein Historiker nicht die ganze Arbeit von der Quellensammlung bis zur illusionistischen Geschichtsdarstellung selbst tun könne (Droysen: Historik [Ed. Leyh], S. 159; vgl. Schlözer: ebd., S. 10f. - TDAH, S. 593). Zur Praxisrelevanz dieser Theorie vgl. unten z.B. Kap. C. 3 a) (zu Schlözer), III. A. 1. (zu Spittler).

Schillers Geschichtsschreibung schließlich stellt, hochreflektiert, die erste (Teil-) Anwendung der neuen ästhetischen Prinzipien dar. Nicht zuletzt aber auch in ihren Halbherzigkeiten kann sie den Stand der historiographischen Modernisierung in Deutschland am Ende des 18. Jahrhunderts repräsentieren (D.).

B. Der Pragmatismus als Epochenparadigma von Geschichtsschreibung und Roman

1. Pragmatisches System und Wissenschaftlichkeit

Daß der ‚Pragmatismus' die Theorie sowohl des Romans als auch der Geschichtsschreibung nach der Mitte des 18. Jahrhunderts beherrschte, ist seit den Forschungen von Werner Hahl und Georg Jäger bekannt.[1] In der Geschichtswissenschaft bedeutete ‚pragmatisch' zunächst zweierlei: die moralisch und politisch belehrende Funktion der ‚historia rerum gestarum' *und* die Auffassung der ‚res gestae' als Kausalkette menschlicher Handlungen.[2] Die erste Bedeutung, die die Geschichtsschreibung noch an die (rhetorische) Tradition des ‚historia magistra vitae' band, schwindet in der zweiten Jahrhunderthälfte, ohne aber ganz verloren zu gehen.[3] (Unter diesem – für den Wandel des Geschichtsbegriffs gemeinhin als zentral angesehenen – Aspekt[4] sollte man also die Historie der späten Aufklärung nicht zu entschieden von ihrer rhetorisch-polyhistorischen Frühphase trennen.[5]) Aus begriffsgeschicht-

---

1 Vgl. Hahl: Reflexion und Erzählung, S. 43-84; Jäger: Empfindsamkeit und Roman, S. 114-126.

2 In der Forschung wird ‚pragmatisch' häufig allgemeiner gefaßt als in dieser für das 18. Jahrhundert typischen Weise. Es bezeichnet dann eine Geschichtsschreibung, die vor allem auf die „Motive und Taten der Handelnden" achtet (Meinecke: Aphorismen und Skizzen, S. 13, vgl. auch Fueter: Geschichte, S. 342). Den typologischen, überhistorischen Zuschnitt dieses Pragmatismusbegriffes macht deutlich, daß meist Polybios und Thukydides als seine ersten und vorbildlichen Vertreter genannt werden. In dieser Arbeit hingegen hat der Begriff immer die engere Bedeutung, so daß er idealtypisch gegen eine ‚rhetorische' Geschichtsschreibung abgesetzt werden kann, vgl. schon oben S. 56. Zur Prägung des Begriffs der *pragmatiké historía* durch Polybios vgl. Mohm: Untersuchungen, S. 18-28.

3 Vgl. Kühne-Bertram: Der Begriff ‚pragmatisch', S. 170. Statt unmittelbarer Belehrung verfolgte man nunmehr eine Methodus initiativa, vgl. Schröckh: Lehrbuch, „Anleitung zum Gebrauch dieses Lehrbuchs", n. pag.: „Nur selten habe ich ausdrücklich Betrachtungen und Sittenlehren beygefügt. Hingegen habe ich, welches ich vor weit angenehmer und nützlicher halte, die Begebenheiten dergestalt zu erzählen gesucht, daß jene Lehren aus denselben von selbst fliessen." Jedoch ist Vorsicht gegenüber Ankündigungen geboten, dem Urteil des Lesers nicht durch auktoriale Wertungen vorgreifen zu wollen (vgl. Schlözer: Ludwig Ernst, S. XI, Gegenbeispiele etwa ebd., S. 562-564). Als „praktische Lehrerin der Politik" dient die Geschichte noch bei Heeren (Ideen über die Politik Bd. 1,1, S. 3).

4 Vgl. Koselleck: Vergangene Zukunft, S. 47-49.

5 So aber Blanke/Fleischer: Artikulation, S. 53. Zu den fortdauernden rhetorischen

licher Perspektive ist das Pragmatismus-Verständnis in der zweiten Hälfte des 18. Jahrhunderts wie folgt zusammengefaßt worden:

> Die pragmatische Geschichtsschreibung, die sich von einer rein chronologischen und referierenden unterscheidet, verfolgt das Interesse, Historisches als Erwirktes auf seine Ursachen zurückzubeziehen und so das historische Neben- und Nacheinander durchschaubar zu machen, in Zusammenhänge zu bringen und zu strukturieren. Weil Geschichte häufig als Mit- und Gegeneinander der Taten großer Männer verstanden ist, besteht die pragmatische Geschichtsschreibung vornehmlich darin, historische Ergebnisse durch psychologische Erforschung der Motive, Absichten und Ziele der geschichtlich wirksam handelnden Menschen aufzuklären und sie dann in geordneter und verknüpfter Weise so darzustellen, daß sie dem Leser lehrreich und für sein eigenes Handeln nutzbringend sind.[6]

Entscheidendes übergeht Kühne-Bertram hier freilich: daß die pragmatische Auffassung der Geschichte als Kausalzusammenhang im Zentrum der von den Historikern der späten Aufklärung intendierten *Wissenschaftlichkeit* steht. Vorliegende Studie muß dagegen beim Wissenschaftsbegriff ansetzen – gerade weil sie letztlich auf das Darstellungsprofil der Aufklärungshistorie zielt, denn es sind nicht zuletzt die Wissenschaftlichkeitsansprüche einer Disziplin, die über ihre Bereitschaft und Fähigkeit entscheiden, ‚künstlerische' Verfahren anzuwenden oder auch nur im eigenen disziplinären Profil anzuerkennen. Die pragmatistischen Historiker nun sahen ein System von Ursachen und Wirkungen als das Kriterium an, was vergangenes Geschehen zum Inhalt einer Wissenschaft – im Sinne von vernünftiger, begründeter Erkenntnis, nicht nur einfacher Kenntnis –[7] sowie der philosophischen Reflexion erhob. Das „*Pragmatische*" ist für Gatterer „in der Historie eben das [...], was man in den eigentlichen Wissenschaften das *Systematische* nennet".[8] Für Schlözer, seinen Göttinger Kollegen, macht die systematische „Stellung" der erforschten Geschichte „das ganze Wesen der Wissenschaft aus".[9] In seiner

---

Prägungen, die die Rede von der Entrhetorisierung der Geschichtsschreibung in Frage stellen, vgl. unten Kap. C. 1. und 2. b), S. 229, Anm. 2, sowie S. 406, Anm. 12.

6 Kühne-Bertram: Der Begriff ‚pragmatisch', S. 179.

7 Noch Adelung: Wörterbuch Bd. 5,1, Sp. 261f. (Ausg. 1777), Bd. 4, Sp. 1582 (Ausg. 1808), kennt beide Wortbedeutungen. Hier geht es allein um Wissenschaft als Zusammenhang „in einander gegründeter allgemeiner Wahrheiten" (ebd.). Zur Begriffsentwicklung vgl. auch den Art. Wissenschaft im Dt. Wb. 14,2, Sp. 781-795, hier S. 796f. Breiter angelegt zum Wandel des Begriffs ‚Wissenschaft' von der frühen Neuzeit bis zum Anfang des 19. Jahrhunderts vgl. Wolfgang Hardtwig: Die Verwissenschaftlichung der Historie und die Ästhetisierung der Darstellung. – In: Formen der Geschichtsschreibung, S. 147-191, hier S. 149-151.

8 Gatterer: Vorrede von der Evidenz, S. 12 – TDAH, S. 466.

9 Schlözer: Vorstellung seiner Universalhistorie Bd. 2, S. 236. Die Verkennung des aufklärungshistorischen Systembegriffs ist, auf die eine oder andere Weise, in der For-

Kausalität, seiner Ordnung und seiner Kontinuität galt das pragmatische System nicht nur bei den ‚fortschrittlichen' Göttinger Historikern als wissenschaftskonform strukturiert: „Die Erzählung, welche die Historie macht, muß [...] eine zusammenhängende und ordentliche seyn. [...] Das besondere Pragmatische ist [...] zu theoretischen und zu gewißen Studien brauchbar", notierte der Altdorfer Philosoph Georg Andreas Will.[10] ‚Pragmatisch', ‚systematisch' und ‚philosophisch' konnten deshalb nahezu gleichgesetzt werden.[11]

Wie die zitierten Beispiele schon andeuten, verstand die Aufklärungshistorik ‚System' weder nur als Konstrukt des Historikers, mithin als Aussagensystem, noch allein als – wenn notwendig oder hilfreich, auch unsystematisch – zu analysierendes und darzustellendes Forschungsobjekt, also als Gegenstandssystem. Vielmehr meinte sie beides zugleich und vermischte es gelegentlich auch: Als *„System von Begebenheiten"*[12] galt das wissenschaftskonstitutive pragmatische System nicht als ein Konstrukt des ‚philosophischen' Verstandes, sondern als objektiv in der Geschichte vorhanden und

---

schung allgemein: So übergeht Wolfgang Hardtwigs detaillierte Nachzeichnung des Wandlungsprozesses der Historie von der *narratio rei gestae* zur *singularium rerum cognitio* erstaunlicherweise die wissenschaftskonstitutive Bedeutung des pragmatischen Kausalsystems (Die Verwissenschaftlichung der Historie und die Ästhetisierung der Darstellung. – In: Formen der Geschichtsschreibung, S. 147-191, bes. S. 156-164). Immerhin die Zentralstellung des Systembegriffs in Gatterers Geschichts- und Darstellungstheorie erkennt Friedrich Hauer (Johann Christoph Gatterers „Historischer Plan" [Wie schreibt man Geschichte?]. – In: Historiographiegeschichte als Methodologiegeschichte, S. 106-111); er übergeht aber ebenfalls seine wissenschaftskonstitutive Bedeutung. Schief wird die Deutung des Systembegriffs, auch wenn er zutreffend als wissenschaftstheoretischer erkannt wird, bei Pandel (vgl. Historik und Didaktik, S. 60-63). Denn Pandel deutet Schlözers „System von Weltgeschichte" (Vorstellung seiner Universalhistorie, S. 18 – TDAH, S. 670) mit Hilfe und im Sinne von Kant als ein am ‚Leitfaden' einer ‚Idee' erst konstruiertes, vereinseitigt also die konstruktionsbewußten Elemente des Systembegriffs (wie sie z.B. ebd., S. 22 – TDAH, S. 671, sichtbar werden) und vernachlässigt die objektivistischen (vgl. dazu unten S. 190). Übersehen wird die wissenschaftskonstitutive Bedeutung des Systembegriffs sogar von Blanke, der immerhin die *Vorstellung* in einem Reprint ediert hat; vgl. die Ausführungen über Schlözers Systembegriff in seiner Einleitung zur *Vorstellung*, S. 18. Blanke und Fleischer versuchen stattdessen, in der Ausbildung einer disziplinären Matrix im Sinne Rüsens eine neu gewonnene Wissenschaftlichkeit der Aufklärungshistorie zu erkennen (vgl. Artikulation, S. 52f.), thematisieren aber an keiner Stelle den jeweiligen historischen Wissenschaftsbegriff. Deshalb können sie den Systemwillen des Pragmatismus nicht zutreffend einordnen (vgl. ebd., S. 78f.). Das wiegt umso schwerer, als der aufklärerische Wissenschaftsbegriff ein ganz anderer war als der von Blanke und Fleischer angelegte (vgl. dazu Rüsen: Historische Vernunft, bes. 86-90); ihr „dezidiert theoretischer" Ansatz (TDAH 1, S. 17 [Vorwort]) hat sie auch hier an den historischen Phänomenen vorbeigeführt.

10 Will: Einleitung, S. 9 – TDAH, S. 314. Vgl. Schlözer: Weltgeschichte (Ausg. 1794), S. 8, 10.

11 Vgl. Pandel: Historik und Didaktik, S. 52; Marino: Praeceptores Germaniae, S. 305.

12 Gatterer: Vorrede von der Evidenz, S. 11.

aufzufinden.[13] Der historiographische Text hatte es abzubilden; pragmatisch ‚erzählen' hieß für Gatterer, „das System, wozu eine Begebenheit gehöret," zu ‚entwickeln'.[14] Die Systemfrage stellte sich demnach als Anforderung auch auf der Ebene der zu erstellenden Texte; die wissenschaftstheoretische Entscheidung für den Systembegriff verpflichtete auch die Geschichts*schreibung*: Sie hatte das pragmatische System wiederzugeben; Geschichte sollte „scientifisch vorgetragen werden"[15]. Damit aber war das zentrale – und nie gelöste – historiographische Problem der Aufklärungshistorie exponiert:

> Es geht also die Hauptsorge eines Geschichtschreibers, der sich bis zur höchsten Geschichtschreiber-Classe, der pragmatischen, aufschwingen will, dahin, die Veranlassungen und Ursachen einer merkwürdigen Begebenheit aufzusuchen, und das ganze System von Ursachen und Wirkungen, von Mitteln und Absichten, so verwirt auch alles im Anfange durch und neben einander zu laufen scheint, aufs möglichste entwickelt darzustellen.[16]

Wenn unter ‚Pragmatismus' fortan stets der Versuch zur kausalanalytischen System(ab)bildung verstanden wird, ist damit also zugleich der spezifisch aufklärungshistorische Versuch bezeichnet, der Disziplin wissenschaftliche Dignität und eine systemkonform konsistente Textgestalt zu gewinnen.[17] Für die spezifischen Auswirkungen des Systembegriffs auf die Geschichtsschreibung der Aufklärungshistorie aber mußte seine *wissenschaftstheoretische Verankerung* maßgeblich werden. Diese war indes nicht ganz einheitlich (α.) und hatte überdies auf die Veränderungen im Wissenschaftsbegriff zwischen Jahrhundertmitte und -ende grundsätzlich Rücksicht zu nehmen (β.).[18]

---

13 Gatterer: Vom historischen Plan, S. 79 – TDAH, S. 656.

14 Gatterer: Vorrede von der Evidenz, S. 10 (im Original hervorgehoben).

15 Schlözer: Vorstellung seiner Universalhistorie Bd. 2, S. 235.

16 Gatterer: Vom historischen Plan, S. 80 – TDAH, S. 656.

17 Dies entspricht den Intentionen Gatterers: „Eine pragmatische Geschichte ist zwar allezeit zugleich auch eine brauchbare Geschichte; aber umgekehrt ist der Satz nicht allezeit wahr: denn das Pragmatische besteht eigentlich in der Entwickelung des Systems der Begebenheiten oder welches einerley ist, in der Herleitung einer Begebenheit aus ihren Veranlassungen und Ursachen" ([Gatterer?:] Rez. der Pragmatischen Geschichte des Hauses Geroldseck, S. 274). Insofern der Begriff oder seine Ableitungen nicht immer im oben genannten Zusammenhang auch fiel bzw. das Adjektiv ‚pragmatisch' nicht ganz auf diese Bedeutung eingeschränkt war, nimmt ‚Pragmatismus' in meiner Interpretation der Aufklärungshistorie eine zugleich bestimmtere und bedeutendere Stellung ein als im Sprachgebrauch der Quellen. Dazu berechtigt aber, daß aufgrund der Zentralität des so bezeichneten Darstellungs- und Wissenschaftsproblems für die Aufklärungshistorie gerade mit dem Pragmatismus diese als ganze problematisiert werden kann.

18 Zur Unterscheidung verschiedener Wissenschaftsmodelle und ihrer historischen Entwicklung vgl. grundlegend: Alwin Diemer: Der Wissenschaftsbegriff im historischen und systematischen Zusammenhang. – In: Der Wissenschaftsbegriff, S. 3-20, ders.: Die Begründung des Wissenschaftscharakters der Wissenschaften im 19. Jahrhundert, und

α. Zum ersten weist das Systemverständnis vieler Historiker auf das von Aristoteles begründete und in der deutschen Aufklärung von Christian Wolff mit großer Wirksamkeit vertretene klassische Wissenschaftsmodell der *scientia*, nach dem Wissenschaft auf der formal korrekten begrifflichen Deduktion aus Prinzipien oder Grundsätzen beruht. Historische, also partikulare und auf das sich Verändernde gerichtete Erkenntnis besaß dagegen einen vorwissenschaftlichen Status.[19] Die Langzeitwirkung von Wolffs rationalistischer Philosophie bezeugt z.B. Lessing, wenn er die „historische Wahrheit" gegenüber „*notwendigen Vernunftswahrheiten*" abwertet, weil sie nicht „demonstrieret werden" kann und deshalb auch nichts beweisen könne.[20] Diese erkenntnistheoretische Disqualifikation der Historie findet sich auch bei dem Frankfurter Philosophie- und Geschichtsprofessor Carl Renatus Hausen: „Die Geschichte an und vor sich selbst ist eine Reihe von Begebenheiten, sie hat keine allgemeine [!] Grundsätze und ist infolgedessen als keine Wissenschaft zu betrachten."[21] Jedoch hat „ein *System von Begebenheiten*" für Gatterer – als Übersetzung in kausale Beziehungen – die „gröste Aehnlichkeit" mit dem logischen System von Prämissen und Schlüssen des klassischen Wissenschaftsmodells.[22] Die Übernahme des Systembegriffs konnte also und sollte demnach den Abstand der historischen Erkenntnis zur vernünftigen verringern. Auch bei Hausen deutet sich eine Hebung des epistemologischen Status der Historie mit seiner Hilfe an: „Allein der Geschichtschreiber muß die Kunst verstehen, ihr die systematische Einkleidung zu ertheilen."[23] Gatterer geht in seiner Anlehnung an die more geometrico verfahrende Philosophie so weit,

---

ders.: Was heißt Wissenschaft? Die wissenschafts*geschichtliche* Dimension dieser Beiträge ist allerdings nur schwach ausgebildet, so daß sie nur den Rahmen abgeben können, in den die je besonderen Wissenschaftskonzeptionen der Historie in der Umbruchszeit zwischen etwa 1750 und 1850 eingespannt werden müssen. Grundlegend zur Bedeutung und Entwicklung des Systembegriffs (im 18. Jahrhundert): Alois von der Stein: System als Wissenschaftskriterium. – In: Der Wissenschaftsbegriff, S. 99-107 (105-108); ders.: Der Systembegriff in seiner geschichtlichen Entwicklung. – In: System und Klassifikation, S. 1-14, bes. S. 11-14. – Eingehender als jeder andere Erforscher der Aufklärungshistorie hat sich Peter Hanns Reill mit dem Wandel der Wissenschaften und damit auch des Wissenschaftsbegriffs seit der Mitte des 18. Jahrhunderts beschäftigt, vgl. zusammenfassend Reill: Die Geschichtswissenschaft, S. 169-71. Zu seinen Thesen vgl. unten S. 70ff.

19 Vgl. zu diesem Wissenschaftsideal Baumgartner: Wissenschaft, S. 1741-1743. Zum Systembegriff in der Philosophie Christian Wolffs vgl. Ritschl: System, Sp. 59-63. Zur Hierarchisierung der Wissenschaften als prägnant vormoderner Form der Wissenschaftsdifferenzierung vgl. Stichweh: Zur Entstehung, S. 14-20.

20 Lessing: Über den Beweis des Geistes und der Kraft [1777] – Werke Bd. 8, S. 11f.

21 Hausen: Rede von der Theorie der Geschichte, S. 131 – TDAH, S. 301.

22 Gatterer: Vorrede von der Evidenz, S. 11. Seinen intellektualistisch-deduktionistischen Wissenschaftsbegriff expliziert Gatterer ebd., S. 4.

23 Hausen: ebd.

daß „ein *System von Begebenheiten* in der Historie" idealiter nicht weniger folgerichtig sein soll als „ein *System von Begriffen* in einer eigentlichen Wissenschaft": Die Entwicklung eines Ereignisses oder Prozesses aus seinen „Veranlassungen und Ursachen" soll nach – quellenbedingter – Möglichkeit nicht weniger lückenlos und evident gelingen als die „Entwickelung eines Begriffs aus seinen Grundideen".[24] Das bedeutete nicht, daß der Geschichtsschreibung eine begriffliche Deduktion im eigentlichen Sinne zugemutet wurde – auch Gatterer betrachtete die seit der Jahrhundertmitte sich vollziehende Abkehr von der „wolfianischen Methode" vielmehr als wichtige Vorbedingung einer sprachlich-stilistisch verbesserten Historiographie[25]. Doch sollte die Geschichtsschreibung auf ihre Art dieselbe argumentative Stringenz erreichen.[26]

Daß der aussagenbezogene Systembegriff der Philosophie grundsätzlich auf einen Realieninhalt wie Gatterers ‚System von Begebenheiten' übertragen werden konnte, zeigt ein Eintrag in Walchs *Philosophischem Lexikon* von 1740[27], vor allem aber die reife Systematologie des Wissenschaftstheoretikers Johann Heinrich Lambert (*Logische und philosophische Abhandlungen* postum 1782-87). Lambert spricht die Systemfähigkeit ausdrücklich allen Wissenschaften zu.[28] In seiner Systemklassifikation gelangt er – anders als Gatterer und mit ihm viele Aufklärungshistoriker – auch dazu, verschiedene systemkonstitutive „verbindende Kräfte" deutlich zu unterscheiden, und vermeidet es so damit, logische oder mechanistische Strukturen aus der Philosophie oder den

---

24 Gatterer: ebd., S. 11. Vgl. auch Völkels aus der Perspektive der aufklärungshistorischen Reaktion auf den historischen Pyrrhonismus gefälltes Urteil: „Die traditionelle ‚rationalistische Überforderung' der historischen Erkenntnisleistung wirkte weiter und führte in der Praxis zum Einbau von deduktiven und apriorischen Prinzipien in die historische Methode." („Pyrrhonismus historicus", S. 336)

25 Gatterer: Vorrede (AHB), S. ><2^{v}.

26 Gatterer gesteht wohl zu, daß in der Geschichtswissenschaft „nicht alle Begebenheiten bis zur Evidenz gebracht werden können", doch unterscheide diese sich darin nicht von „Philosophie und Mathematik", die „auch nicht alle Begriffe evident machen können"! (Vorrede von der Evidenz, S. 11)

27 Der Artikel ‚Systema' behandelt sowohl die „Verbindung der einzelnen Dinge, wie sie wirklich existiren, als wenn man sagt, das systema mundi", als auch die „Verknüpfung gewisser Wahrheiten unter einander, wie man solche in dem menschlichen Verstand anstellet." (zit. nach Ritschl: System, Sp. 51) Eine Verbindung von objektivistischem und spekulativem Systembegriff wurde, wie sich bei Walch im übrigen zeigt, dadurch möglich, daß sich die zitierte Verknüpfung von Sätzen nicht weniger als an den „natürlichen Zusammenhang" halten muß, als die ‚Verbindung der Dinge' das immer schon tut (zit. nach ebd., Sp. 52).

28 Vgl. Johann Heinrich Lambert: Theorie des Systems. – In: ders.: Logische und philosophische Abhandlungen. Hrsg. von Joh. Bernoulli. Bd. 1-2. Berlin, Dessau (Bd. 2: Leipzig): Graffé 1782-87, Bd. 1, S. 510-517, hier S. 510, nach System und Klassifikation, S. 161-164, hier S. 161.

Naturwissenschaften für die Historie unreflektiert zu übernehmen.[29] In einer Theorie komplexer gemischter Systeme konzeptionalisiert Lambert überdies ein „System von Mitteln und Absichten"[30], das aufgrund seines teleologischen Moments und seiner intentionalistischen Erklärbarkeit als eine Geschichtstheorie geradezu angelegt zu sein scheint. Von der Aufklärungshistorie wurde Lamberts Differenzierung des Systembegriffs jedoch nicht mehr fruchtbar gemacht; insbesondere Gatterers Reklamierung einer deduktionsäquivalenten Methode setzt sich vielmehr erstaunlich leicht über die unterschiedlichen Voraussetzungen und Möglichkeiten verschiedener Disziplinen hinweg. Eine deutliche Unterscheidung verschiedener Modi der historischen Erklärung bzw. ‚Interpretation' finden wir erst bei Wilhelm von Humboldt und Droysen[31].

Zum zweiten lassen sich Einflüsse des spezifisch neuzeitlichen, von den experimentellen Naturwissenschaften herausgebildeten Wissenschaftsbegriffs feststellen, der ein gesetzhaftes Weltbild beinhaltete und Wahrheit an „empirische Verifikation und logische Justifikation" zugleich band.[32] In der newtonschen Physik sollte ein empirisch bewährtes Naturgesetz verschiedene Phänomene zu einer Einheit zusammenfassen - darin, abgesehen von seiner mathematischen Formulierung, dem pragmatischen System durchaus vergleichbar.[33] Im Laufe des 18. Jahrhunderts erhob sich die naturwissenschaftliche Methode sogar „zur beherrschenden Struktur für die Auslegung aller Wirklichkeitsbereiche".[34] In der Aufklärungshistorie machte sich ihr Einfluß vor allem in der Rede von den ‚Ursachen und Wirkungen' und in der damit verbundenen mechanistischen Metaphorik bemerkbar. Ihrer bedient sich etwa der Salzburger Geschichtsprofessor Augustin Schelle zur Formulierung seines Programms:

> Wann man [...] bey Erzählung der Begebenheit seine Absicht nicht bloß darin richtet, daß der Leser ein historisches Kenntniß davon bekomme, zu wissen, daß, wie, wo, wann und von wem sie ihr Daseyn erhalten, sondern auch die Begebenheiten, als Triebfedern und Wirkungen mit einander verbindet [...] und aus den Erfahrungen

29 Johann Heinrich Lambert: Fragment einer Systematologie. - In: ders.: ebd., Bd. 2, S. 385-413, hier S. 395, zit. nach: System und Klassifikation, S. 165-177, hier S. 169.

30 Ebd., S. 398-403, zit. nach: ebd., S. 170-172.

31 Vgl. dazu unten S. 138.

32 Vgl. auch zu diesem Wissenschaftsideal Baumgartner: Wissenschaft, S. 1743-1745, Zitat S. 1745. Fritz Wagner, der ausnahmsweise einmal den „Wissenschaftsbegriff im Zeitalter der Aufklärung" (so der Titel seines Beitrags) mit Bezug auf die Historie thematisiert, hat ausschließlich diese Vorbildlichkeit der neuzeitlichen Naturwissenschaft im Blick (In: Historische Forschung im 18. Jahrhundert, S. 14-26).

33 Vgl. E. Scheibe: Kausalgesetz. - In: Hist. Wb. d. Phil. Bd. 4, Sp. 789-798, hier Sp. 793.

34 Thomé: Roman und Naturwissenschaft, S. 67.

ein Ganzes bildet, so ist das eine philosophische, eine pragmatische Geschichte, die den Namen einer Wissenschaft mit allem Rechte verdienet [...].[35]

Nicht selten vermischen sich in der von den Aufklärungshistorikern verwandten Terminologie auch logische und kausale Beziehungen. Gottlob David Hartmann etwa beschreibt die Notwendigkeitsstruktur der pragmatischen Geschichtsschreibung zunächst als eine Art Syllogismus, in dem auf zwei ‚Begebenheiten' als Prämissen eine temporal folgende als Schluß logisch folgt, und vergleicht sie dann mit den „Triebrädern" einer Uhr.[36] Nun könnte man vermuten, daß der aussagenlogische Systembegriff der Wolffischen Philosophie vor allem auf die intendierte systematische *Darstellung* der Geschichte gewirkt habe, da es in beiden Fällen um ein *Aussagen*system geht, so wie auf der anderen Seite der kausalistische Systembegriff der Naturwissenschaften ebenso wie das ‚System der Begebenheiten' ein *Gegenstands*system meint. Eine solch saubere Trennung ist jedoch nicht möglich; Herkunft und Anwendung der Systembegriffe vermischen sich bei den Aufklärungshistorikern. Diese Trennung erschien auch nicht nötig, da Methodik und Denkstruktur der rationalistischen Schulphilosophie und der mathematisierten Naturwissenschaft zu Beginn des 18. Jahrhunderts ohnehin ineinander flossen. Christian Wolff, von Haus aus auch Mathematiker, begriff die vernünftige Weltordnung nach der Kausalität der klassischen Mechanik. Die Uhr als Leitmetapher der Epoche konnte so die Denkstrukturen sowohl der Philosophie als auch der Naturwissenschaften prägen – und nicht nur dieser.[37] Für die Historie war in jedem Fall die implizierte Systematik ausschlaggebend: Zu einer „wirklich *rationalen Wissenschaft*" sei diese, so der Erfurter Professor für Geschichte Jakob Dominikus, erst durch die von Schlözer eingeführte „Verknüpfung der Erkenntnis, die ein Zusammenhang von Gründen und Folgen ist", geworden.[38] Andreas Kraus hat diese Haltung „Systemsucht der Pragmatik" genannt,[39] obgleich sich die Historie hier ‚nur' dem klassischen Wissen-

35 Augustin Schelle: Abriß der Universalhistorie, zum Gebrauch akademischer Vorlesungen. Bd. 1-2. Salzburg: Duyle 1780-81, Bd. 1, S. 10, zit. nach: Sahmland: Wieland, S. 67.

36 Hartmann: Ueber das Ideal einer Geschichte, S. 196f. – TDAH, S. 689. Vgl. auch Schlözer: Ludwig Ernst, S. X: „Die in allen diesen Acten zerstreute [!] TatSachen, rückte ich, in den darauf folgenden §phen, näher zusammen; verband VorderSätze und Schlüsse, Ursachen und Wirkungen". Ebenso das oben von Gatterer Zitierte (Anm. 24) und Chladenius' explizite Parallelisierung von philosophischer Demonstration und Ursachenerklärung in den Naturwissenschaften (Allgemeine Geschichtswissenschaft, S. 261f.). Weitere Belege bei Kraus: Vernunft und Geschichte, S. 36.

37 Vgl. Grimminger: Die Ordnung, das Chaos und die Kunst, S. 63.

38 Jacob Dominikus: Über Weltgeschichte und ihr Prinzip. Erfurt: Keyser 1790, o. Seitenang., zit. nach Pandel: Historik und Didaktik, S. 48.

39 Kraus: Vernunft und Geschichte, S. 47.

schaftsideal unterwarf: Der pragmatische Kausalnexus der Geschichte (als res gestae wie als historia) erhob diese aus dem Stand eines bloßen Exempelmagazins für die Moralphilosophie und ermöglichte es ihr, selbst ‚philosophisch' zu werden. Und ebendiese philosophische Qualität machte ihre Wissenschaftlichkeit, und zwar im letztlich alteuropäisch-aristotelischen Sinne, aus.

Darüber braucht nicht vergessen zu werden, daß die Aufklärungshistorie sich auch empiristisch legitimierte. Den Wahrheitsanspruch der eigenen Aussagen, der besonders gegenüber der formähnlichen dichterischen Prosa immer wieder betont wurde, begründeten die Historiker mit der durch Quellen- oder wenigstens Traditionsbelege gesicherten Faktizität der Geschichte (diese Argumentation gab freilich schon der Topos von den ‚res fictae' und den ‚res factae' vor).[40] Tatsächlich verfügte der *methodische* Empirismus der Aufklärungshistorie insofern über ein gutes Fundament, als Quellenkritik und Hilfswissenschaften einen auch im 19. Jahrhundert kaum übertroffenen Stand erreicht hatten; brüchig war es allerdings dadurch, daß die vorhandenen Mittel für die Geschichtsschreibung kaum je konsequent genutzt wurden.[41] Im Widerspruch zum systemorientierten Wissenschaftsbegriff brauchte dieser Empirismus sich deshalb nicht zu sehen, weil das für die Aufklärung weithin paradigmatische Wissenschaftsmodell der mathematisierten Naturwissenschaft Galileis und Newtons den „bis dahin herrschenden ontologischen und epistemologischen Dualismus" schon aufzuheben begonnen hatte.[42] In vorbildlicher Weise waren dort die vorher als kontingent bzw. transzendent gesteuert angesehenen Phänomene der Natur mit einer vernünftigen, d.h.

---

40 Vgl. stellvertretend Gatterer: Vorrede von der Evidenz, S. 22, 37 - TDAH, S. 470f., 477; Schlözer: Aus einem Schreiben, S. 9f. - TDAH, S. 593. Die Forderung, auf ‚Überrest'-Quellen zurückzugehen, wird allerdings nur vereinzelt erhoben, vgl. Schroeckh: Christliche Kirchengeschichte Bd. 1, S. 258 - TDAH, S. 608.
Zur Tradition der Unterscheidung von *res factae* und *fictae* vgl. Heitmann: Das Verhältnis von Dichtung und Geschichtsschreibung, S. 260-263, und Koselleck: Geschichte, S. 659. Belastet ist diese Formel durch ihren erkenntnistheoretisch unbekümmerten Objektivismus, der aber mit dem Systemverständnis der Aufklärungshistorie durchaus übereinkommt (vgl. dazu S. 68, bes. Anm. 45). Ganz in den Bahnen dieses Topos, auch mit der Zuschreibung von Belehrung bzw. Vergnügen an die Historie bzw. die Dichtung, hält sich z.B. Wiggers: Versuch, S. 28 - TDAH, S. 437.

41 Vgl. Muhlack: Geschichtswissenschaft, S. 347. Einseitig wird die qualifizierende Bedeutung der empirischen Forschungspraxis von Hammerstein betont, vgl. Jus und Historie, S. 369: Die in den Hilfswissenschaften „erreichten und noch vielfach verbesserten Erkenntnisse ermöglichten nämlich, die Geschichte wissenschaftlich einwandfrei, d.h. wahr oder zumindest ‚wahrscheinlich' darzustellen und zu verstehen." Wissenschaftlichkeit, Wahrheit und Wahrscheinlichkeit sind hier miteinander verschliffen, so daß das Systemstreben der Aufklärungshistorie weder aus seinen Gründen noch in seiner Problematik erfaßt werden kann.

42 Kondylis: Die Aufklärung, S. 106, vgl. S. 113.

mathematischen Methode betrachtet worden. Das von einer Wissenschaft weniger zu rekonstruierende als einfach festzustellende System war mithin das ihres Gegenstandes selbst. Diese für die Historie oben bereits festgestellte Konstellation hat in den Leitwissenschaften der Aufklärung eine (ursprünglichere) Parallele. Das erklärt, warum Gatterers wissenschaftskonstitutives System in der Geschichte selbst vorliegen konnte und vom Historiker nur gleichsam geborgen werden mußte.

β. Das System der Dinge selbst war zudem weder von der sich in der Jahrhundertmitte verschärfenden Krise des Aristotelismus (speziell in Gestalt des Wolffianismus) noch von der ebendann heftig einsetzenden Systemkritik betroffen. Sogar in den ‚modernen' Naturwissenschaften, wo der „esprit de système" als pedantisch verspottet wurde, wollte man auf einen „véritable esprit systématique" nicht verzichten.[43] Die systematische Verkettung der Einzelerkenntnisse, die häufig nicht einmal im eigentlichen Sinn empirisch gewonnen waren, blieb auch bei Condillac, Maupertuis und Diderot ein notwendiger Bestandteil von Wissenschaft. Während deduzierend-spekulative Systeme abgelehnt wurden, galten die eigenen ‚guten' Systeme als Abbilder der gesetzmäßig geordneten Natur. Dabei mußte freilich – und das gilt für die meisten Aufklärungshistoriker hinsichtlich der Geschichte genauso – eine gesetzmäßige Naturordnung apriorisch vorausgesetzt und der Schritt von der Beobachtung zur Kombination als von der Natur selbst angeleitet verstanden werden.[44] Eine verwandte Strategie, den Systemgedanken mit dem Empirie-Anspruch der eigenen Wissenschaft in Einklang zu bringen, verfolgte der Pragmatismus, wenn er sein ‚System von Begebenheiten' als objektiven Kausalkonnex der Geschichte, als ‚natürliches System' oder Realzusammenhang deklarierte.[45] So schien es auch in der zweiten Jahrhunderthälfte noch

---

43 Vgl. ebd., S. 298-309, hier bes. S. 303. D'Alemberts Begriffspaar findet sich in der Vorrede zur *Encyclopédie* Bd. 1, S. VI. Dementsprechend stellt Dietrich von Engelhardt fest: „Aufklärung heißt Empirie und System; das faktische Wissen wird im 18. Jahrhundert noch in eine Einheit zu bringen gesucht." (Die Naturwissenschaft der Aufklärung und die romantisch-idealistische Naturphilosophie. – In: Idealismus und Aufklärung, S. 80-96, hier S. 82) Zur Systemkritik, die in Frankreich besonders von Condillac vorgetragen wurde und in Deutschland mit Christian August Crusius beginnt, und zu ihrem weltanschaulichen Bruch mit Leibniz' Metaphysik vgl. auch Schmidt-Biggemann: Maschine und Teufel, S. 73-89.

44 Vgl. Kondylis: Die Aufklärung, S. 302f. Dementsprechend erklärt Gatterer, „daß man am natürlichsten verfahre, wenn man die Begebenheiten *systemweise* zusammen stellet, wenn man [...] alle zu einem System gehörige Begebenheiten so zu sagen von den Wurzeln an durch alle Haupt- und Nebenzweige verfolgt, bis das System geendiget ist" (Vom historischen Plan, S. 82 – TDAH, S. 657).

45 Vgl. Will: Einleitung, S. 8. – TDAH, S. 314; nach Will unterscheiden sich das „Pragmatische der Begebenheiten" und das „Pragmatische der Erzählung und des Vortrags" nur darin, daß jenes „das innere verborgene, dieses das aüßere offenbare" ist (ebd., S. 9 –

möglich, eine systematische Struktur des Wissens mit – sich sogar verstärkender – empirischer Forschung zu verbinden. Die Gegenläufigkeit von empiristischer Methode und rationalistischem Wissenschaftsbegriff führte die Aufklärungshistorie nicht dahin, das konstruktive Element jeglicher Geschichtswissenschaft zur Prämisse einer disziplinspezifischen Erkenntnis- und Wissenschaftstheorie zu machen. Die dem Aristotelismus noch bewußte Konstruktivität der wissenschaftlichen Erkenntnis[46] war aus dem Blickfeld geraten. Der spätaufklärerische Zusammenfall von Epistemologie und Ontologie bestätigte im Gegenteil noch einmal den erkenntnistheoretischen Objektivismus des Pragmatismus.

Auf die wissenschaftstheoretische Orientierung der Aufklärungshistorie hat die Systemkritik der Jahrhundertmitte demnach nicht einschneidend wirken können. Eine gewisse Lockerung des Systembegriffs mußte der Geschichtswissenschaft sogar entgegenkommen: Wenn unter französischen ‚Naturwissenschaftlern' eine Selbstbewegung der Materie sowie produktive und sich entwickelnde Systeme angenommen wurden,[47] so konnte diese Tendenz dazu beitragen, die Kluft, die zwischen dem mechanistischen Systembegriff und der von den deutschen Aufklärungshistorikern nie bezweifelten Willens- und Entscheidungsfreiheit des geschichtlich handelnden Menschen bestanden hatte, zu verringern. Die von der „neuen Biologie" getragene skeptische Erkenntnishaltung, die sich mit einer epistemologischen Herabsetzung der Mathematik verband,[48] konnte zudem die von den Aufklärungshistorikern zugestandenen Erkenntnislücken der historischen Forschung legitimieren helfen.[49] Allerdings hielt man in Deutschland am Ideal von materialer und systematischer Vollständigkeit des ‚Merkwürdigen'[50] und insofern am ‚mathematischen' Modell des „totalen Wissens"[51] fest.

TDAH, S. 315). Vgl. Gatterer: Vorrede von der Evidenz, S. 20 – TDAH, S. 470; Kraus: Vermischte Schriften Bd. 4, S. 41 – TDAH, S. 393. Wegelin nennt den historiographischen Text den „reinsten Ausdruck dessen, was wirklich geschehen ist" (Briefe über den Werth der Geschichte, S. 3). Zur objektivistischen Erkenntnistheorie der Aufklärungshistorie vgl. zusammenfassend Muhlack: Geschichtswissenschaft, S. 84f. Zur sprachtheoretischen Bedingtheit derselben vgl. unten S. 209, 217. Vgl. auch Marino: Praeceptores Germaniae, S. 262f., über die Wirkung der d'Alembertschen Systemkritik auf das Systemverständnis des Staatsrechtlers und Reichshistorikers Johann Stephan Pütter.

46 Vgl. Meran: Theorien, S. 37.

47 Vgl. ebd., S. 272, 279.

48 Ebd., S. 284, vgl. S. 291.

49 Vgl. dazu ausführlicher unten S. 82f.

50 Vgl. Gatterer: Vom historischen Plan, S. 85f. – TDAH, S. 659; Schlözer: Vorstellung seiner Universalhistorie, S. 31 – TDAH, S. 674.

51 Kondylis: Die Aufklärung, S. 293.

Wirkungsvoll aufgeweicht wurde der wissenschaftstheoretische Systembegriff dagegen in einigen Naturwissenschaften, wie Peter Hanns Reill – auch mit Blick die Aufklärungshistorie – betont. Reill verfolgt eine konsequente Kontextualisierung der Historiographiegeschichte und glaubt, auf diesem Wege die übliche Epochengrenzziehung zwischen Aufklärung und Historismus revidieren zu können. Seine Untersuchungen zielen darauf, einen transdisziplinären ‚Vitalismus' zu rekonstruieren, der um 1750 von den ‚Lebenswissenschaften', besonders Biologie und Physiologie, ausging, ein gegenüber den Vereinseitigungen von Mechanismus und Animismus, Empirismus und geometrischer Methode neues Wissenschaftsmodell propagierte und damit auch der Historie entscheidende Anstöße gegeben haben soll.[52] Dieser „dynamische Vitalismus" habe das Welt- und Menschenbild des cartesianischen Rationalismus und der Newtonschen Mechanik nicht bloß modifiziert, sondern abgelöst.[53] Sowohl die philosophisch unergiebige bloße Reihung empirisch ermittelter Fakten als auch ihre Isolation aus der ‚natürlichen Ordnung der Dinge' qua Abstraktion und Reduktion seien unter seinem Einfluß zunehmend als unzureichend empfunden worden.[54]

Reill macht zu Recht geltend, daß die von den Geisteswissenschaften und insbesondere von Dilthey am Ende des 19. Jahrhunderts vorgenommene Abgrenzung von den ‚nomothetischen' und kausalerklärenden Naturwissenschaften nicht die Symbiose beider oder wissenschaftstheoretische Interferenzen zwischen ihnen im vorangegangenen Jahrhundert verstellen darf. Gerade die Formulierung des geschichtstheoretischen Systembegriffs beruht ja auf solchen Interferenzen. Und zum Ende des 18. Jahrhunderts hin bildete die Anthropologie eine Integrationsdisziplin von großer Bedeutung z.B. auch für Literatur und Ästhetik.[55] Für die Historiographiegeschichte maßgeblich muß jedoch sein, wann, wo und wie solche Tendenzen Einfluß auf das Geschichtsdenken gewannen. In einem Beitrag von 1994 hebt Reill Herder als einen Hauptvertreter des ‚Vitalismus' heraus,[56] doch hat er auch geschichtstheoreti-

52 Vgl. Peter Hanns Reill: Science and the Science of History in the Spätaufklärung. – In: Aufklärung und Geschichte, S. 430-451.

53 Peter Hanns Reill: Das Problem des Allgemeinen und des Besonderen im geschichtlichen Denken und in den historiographischen Darstellungen des späten 18. Jahrhunderts. – In: Teil und Ganzes, S. 141-168, hier S. 147. Vgl. Jahn: Grundzüge der Biologiegeschichte, S. 265. Jahn (ebd., S. 225) betont allerdings die Verschiedenheit der Schulen, die die neue dynamische Welt- und Organismusauffassung vertraten, und daß sie nicht miteinander verknüpft gewesen seien.

54 Vgl. Reill: ebd., S. 144. Vgl. zur Problemstellung: Geschichte der Biologie, S. 263-272.

55 Zur breit gefächerten Rezeption von naturwissenschaftlichen Vorstellungen und Verfahren in der deutschen Literatur vgl. jetzt den Überblick von Esselborn: Das Vorbild der Naturwissenschaften.

56 Vgl. Peter Hanns Reill: Die Historisierung von Natur und Mensch. Der Zusammenhang

sche Überlegungen der Göttinger Aufklärungshistoriker als Adaption vitalistischer Gedanken zu deuten versucht. Tatsächlich wäre es leicht möglich, daß Schlözer, Gatterer oder Spittler den ‚Vitalismus' etwa in Gestalt von Buffons weit verbreiteter und für die, so Reill, vitalistische Kritik an einer systemfixierten Wissenschaftsauffassung repräsentative *Histoire Naturelle* (1749-88 in 36 Bdn., dt. ab 1750) rezipiert haben.[57] Schlözer z.B. hat in Göttingen Medizin und Naturwissenschaften studiert. Einen direkten Einfluß Buffons möchte man jedoch lediglich bei seiner Wendung von der Staaten- zur Völkergeschichte sowie seinem dynamisierten Naturbegriff vermuten, welcher sein Plädoyer für eine historisch-genetische Betrachtung der Menschheit unterstützt.[58]

In der für dieses Kapitel entscheidenden Frage des Wissenschaftsbegriffs folgt er dem Franzosen dagegen nicht. Vergleichen wir dazu die methodischen Prinzipien beider, wie sie in Schlözers *Vorstellung einer Universalhistorie* und der von ihm herausgegebenen *Allgemeinen Nordischen Geschichte* sowie in Buffons programmatischem Kapitel „Von der Art und Weise, die Naturgeschichte zu studieren und zu behandeln" zutage treten. Für Buffon bilden nicht „die Eintheilungsweisen, welche die Schriftsteller uns über Naturgeschichte [...] angeben", das Zentrum seiner Wissenschaft, sondern darin steht die genaue Beschreibung – für Schlözer hingegen die Aufstellung eines universalhistorischen Systems.[59] Beide kommen zwar darin überein, daß sie die Ordnungsverfahren für ihr (natur)historisches Material als „natürlichen Weg" deklarieren, doch der Historiker nimmt ‚Klassifikationen' genau jener Art vor (und betont eigens die „Würde" zu „klaßificiren"),[60] gegen die Buffon polemisiert. Denn dieser erachtet es für „unmöglich [...], ein allgemeines Lehrgebäude, eine vollkommene Eintheilungsart, geschweige für die gesammte

---

von Naturwissenschaften und historischem Denken im Entstehungsprozeß der modernen Naturwissenschaft. – In: Geschichtsdiskurs Bd. 2, S. 48-61, hier S. 55-57.

57 Vgl. Peter Hanns Reill: Science and the Science of History in the Spätaufklärung. – In: Aufklärung und Geschichte, S. 430-451, hier S. 434, 440; ders.: Rez. von Gottlob: Geschichtsschreibung, S. 273. In der 600-seitigen Edition *Theoretiker der deutschen Aufklärungshistorie* findet sich allerdings nur eine Berufung auf Buffon (vgl. Theoretiker, S. 665 [Schlözer: Vorstellung seiner Universalhistorie, S. 4]).

58 Vgl. Schlözer: Vorstellung seiner Universalhistorie, S. 8, 13 – TDAH, S. 666, 669. Vgl. Frank W. Dougherty: Buffons Bedeutung für die Entwicklung des anthropologischen Denkens im Deutschland der zweiten Hälfte des 18. Jahrhunderts. – In: Die Natur des Menschen, S. 221-279, hier S. 238 und 268, Anm. 85. – In den äquivalenten Passagen der *WeltGeschichte* (vgl. S. 16) von 1785 bezieht sich Schlözer dann explizit auf Buffons *Époques de la Nature*, die allerdings erst 1778 als fünfter Supplementband der *Histoire Naturelle* erschienen waren (vgl. Buffon: Époques, S. XXXVII).

59 Vgl. Buffon: SW 1, S. 93f., das Zitat S. 94.

60 Allgemeine Nordische Geschichte, S. 291, 344; vgl. Buffon: SW 1, S. 98f.

Naturgeschichte, ja auch für einen einzigen ihrer Zweige aufzustellen", so daß „künstliche Eintheilungen" nur einen heuristischen, didaktischen oder mnemotechnischen Wert haben könnten.[61] Damit möchte er vor allem Linné treffen, auf den Schlözer sich aber ausdrücklich beruft bei seiner Begründung einer ‚ethnographischen' Klassifizierung.[62] Buffons relativer Skeptizismus, der sich insbesondere auch auf die pragmatische Ursachenforschung bezieht und sich auf eine möglichst genaue Beschreibung zurückzieht, ist geradezu das Gegenteil der von einem optimistisch formulierten Erkenntniswillen begleiteten Auffassung Schlözers, daß die Wissenschaftlichkeit der Historie in einem den Kausalnexus der Begebenheiten hervorhebenden „Plan der Zusammenstellung" gründe.[63]

Soweit scheinen wissenschaftstheoretisch und methodisch relevante Entlehnungen der deutschen Aufklärungshistorie bei Buffon als dem Hauptvertreter des frühen ‚Vitalismus' alles andere als plausibel. Trotzdem versucht Reill, derselben ‚vitalistische' Prinzipien zu attributieren. So stellt er zunächst – und

---

61 Buffon: SW 1, S. 86, 84.

62 Vgl. Ebd., S. 101-103; Schlözer: Vorstellung seiner Universalhistorie, S. 100 - TDAH, S. 684. Nach Reill: German Enlightenment, S. 116, orientierte auch Gatterer sein ‚System der Begebenheiten' an Linnés Klassifikationen. Eine Gegenüberstellung von Linné und Buffon als Repräsentanten eines klassifizierenden und eines individualisierenden Realitätsverhältnisses findet sich zum Beispiel bei Herder, der sich dabei auf die Seite Buffons stellt, Schlözers Universalgeschichte hingegen als „Linnésche Nachäffung" abqualifiziert (vgl. Über Thomas Abbts Schriften - Werke Bd. 2, S. 572, das Zitat SW 5, S. 440). Die Einschätzung, daß Schlözer „nach Linneischer Art" klassifiziere, ist auch bei einem Anhänger der Göttinger wie Wesendonck nachzulesen (Die Begründung, S. 219).

63 Vgl. Buffon: ebd., S. 112 (Buffon hält jenen „hohen Punkt der Kenntniß", „die allgemeine Ordnung der Ursachen und der Abhängigkeiten der Wirkungen wahr[zu]nehmen", für unerreichbar, ebd., S. 86); Schlözer: Vorstellung seiner Universalhistorie, S. 1f., Zitat S. 45 - TDAH, S. 664, 678.
Reill hat trotzdem versucht, Schlözer an den ‚Vitalismus' anzubinden, und zwar dadurch, daß er ihm „auffallend ähnliche" (S. 145) Positionen zuschreibt wie Adam Ferguson, dessen *Principles of Moral and Political Science* (1792) als gesellschaftswissenschaftlich-vitalistisches Methodenparadigma dient. Dort wird ein ‚System' als Prämisse einer wissenschaftlichen Ordnung empirischer Wirklichkeit favorisiert, das in seiner spezifischen Ausprägung dem historischen Wandel unterliegt und als ‚lebendig' und ‚tätig' gedacht wird, als solches aber Kontinuität repräsentiert. Gewonnen werden könne es durch induktiven Aufstieg vom Besonderen zum Allgemeinen (vgl. ebd., S. 144). Mehr als bloße Begriffsähnlichkeiten kann Reill jedoch nicht nachweisen (daß auch der Historiker nach ‚Einheit' und ‚Ordnung' seiner Darstellungen strebte, ist als Verwandtschaftsindiz noch nicht hinreichend spezifisch). Denn ‚Lebendigkeit' ist für Schlözer ein darstellungstechnisches Kriterium, das in seiner wirkungsästhetischen Ausrichtung zudem rhetorische Wurzeln verrät (vgl. Schlözer: Vorstellung seiner Universalhistorie, S. 18 - TDAH, S. 670), und die selbst*tätige* Lebendigkeit der geschichtlichen Entitäten spielt für ihn keine Rolle, wenn man darunter korrekterweise nicht die handelnden Personen der Geschichte, sondern leibnizisch-monadologisch die verschiedenartigsten historischen Kräfte versteht (vgl. Reill: ebd., S. 151f.).

korrekt – fest, daß die Aufklärungshistorie das bloße Sammeln und Aufzählen von Daten als vorwissenschaftlich abgelehnt hat.[64] Darauf bezeichnet er das bloße Enumerieren in chronologischer Reihe als „mechanische Ordnung von Fakten".[65] Damit rückt die Aufklärungshistorie scheinbar in die Nähe der vitalistischen Naturwissenschaft, lehnte die doch mechanistische Erklärungsmodelle ebenso ab wie erstere eine bloß chronologische Ordnung – wenngleich aus gegenteiligen Gründen! Eine ähnliche Verschiebung nimmt Reill vor, wenn er „chronologische Anordnung" und „kausales Moment" kontaminiert, obwohl die pragmatistischen Historiker beides gegeneinander setzten.[66] Die Konsequenzen sind paradox: Die Aufklärungshistorie (nach Reillscher Auffassung) nimmt eine Stellung ein, aus der heraus sie sich quasi von sich selbst (wie sie sich nach dem Quellenbefund darstellt) abgrenzt. Mechanismus, Kausalität und Pragmatismus sind jedoch nicht voneinander zu trennen.[67] Die in der deutschen Aufklärungshistorie häufigste Metapher für den eigentlichen Erkenntnisgegenstand in der Geschichte, also deren bewegende Kräfte, ist deshalb ‚Triebfeder'. Folgerichtig wird die Geschichte mit einer Uhr verglichen (an welcher ‚Maschine' wiederum Kant, ebenfalls nicht von ungefähr, den Unterschied zwischen Mechanismus und Organismus entwickelte).[68] Dementsprechend wurde die erstrebte Kontextualisierung historischer Ereignisse von der pragmatischen Historie als Aufdeckung von Ursache-Wirkung-Beziehungen verstanden. Das zu erstellende ‚System der Begebenheiten' war weniger den wissenschaftstheoretisch innovativen ‚Lebenswissenschaften' als – wie gezeigt – der philosophischen Tradition geschuldet. Fragt man nach den Gründen für die historiographische Schwäche der Aufklärungshistorie und ihr Verfehlen narrativer Sinnbildung, so sind sie nicht zuletzt in dieser wissenschaftstheoretischen Rückbindung zu suchen; eine ‚vitalistische' Modernisierung des aufklärungshistorischen Wissenschaftskonzepts wäre dagegen, hätte sie denn stattgefunden, eigentümlich wirkungslos geblieben.

Die von Reill beobachtete und für den ‚Vitalismus' des späten 18. Jahrhunderts typische Frontstellung gegen „mechanistische und mathematische Modelle des Denkens"[69] hat für die deutsche Aufklärungshistorie demnach

64 Vgl. Reill: ebd., S. 142f., 145. Ein weiterer, in seiner ironischen Schärfe besonders eindrucksvoller Beleg bei Gatterer: Vom historischen Plan, S. 78 – TDAH, S. 655.

65 Reill: ebd., S. 143.

66 Ebd., S. 158.

67 Vgl. Janich: Mechanismus.

68 Vgl., neben dem bereits zitierten Beleg bei Hartmann (Ueber das Ideal der Geschichte, S. 197 – TDAH, S. 689), z.B. den bei Pandel: Historik und Didaktik, S. 61. Kant: Kritik der Urteilskraft, S. 322 (B 292f.).

69 Peter Hanns Reill: Das Problem des Allgemeinen und des Besonderen im geschichtlichen

keine maßgebliche Bedeutung gewonnen. Die pragmatische Geschichtstheorie vermochte die vom vitalistischen Wissenschaftsmodell erstrebte Vermittlung von Empirie und System nicht zu leisten. Vielmehr isoliert sie die verschiedenen Tätigkeiten des Historikers; die Funktionsstelle der Synthetisierung, die im Historismus die ‚Interpretation' einnehmen wird, ist in ihr nicht besetzt.[70] Muß die deutsche Aufklärungshistorie also gegen die epistemologischen und lebenstheoretischen Tendenzen, die Reill als ‚Vitalismus' zusammenfaßt, eher abgrenzt werden, so bildet dessen unbestrittene Wirkung auf Herder, aber auch Schiller oder Humboldt[71] geradezu einen Erklärungsfaktor, warum der Pragmatismus mit dem Ende des 18. Jahrhunderts seine Geltung verlor! Wo Reills These an Plausibilität gewinnt, verliert sie an historiographiegeschichtlicher Brisanz. Der von ihm rekonstruierte, von den Naturwissenschaften ausgehende, aber über sie hinausreichende Paradigmawechsel in der zweiten

---

Denken und in den historiographischen Darstellungen des späten 18. Jahrhunderts. – In: Teil und Ganzes, S. 141-168, hier S. 147.

70 Vgl. oben S. 56, Anm. 23.

71 Vgl. Herder: Ideen zur Philosophie der Geschichte der Menschheit – Werke Bd. 6, S. 568 (12, VII): „Die ganze Menschengeschichte ist eine reine Naturgeschichte menschlicher Kräfte, Handlungen und Triebe nach Ort und Zeit". Zu Herder Auseinandersetzung mit den Naturwissenschaften vgl. Reill: Science and the Science of History in the Spätaufklärung. – In: Aufklärung und Geschichte, S. 430-451, hier S. 446-449, und vor allem Nisbet: Herder, sowie Irmscher: Aneignung und Kritik; zur Beeinflussung seines Naturbegriffs durch Leibniz (die zu Reills Thesen in gewissem Maße in Konkurrenz steht) vgl. Dreike: Herders Naturauffassung. – Als ‚vitalistisch' kann bei Schiller gar ein Grundmotiv seines Werkes gelten: jene Suche nach der divergente anthropologische Grundkräfte harmonisierenden ‚Mittelkraft' oder einem ‚dritten Trieb', die selbst – wie zu zeigen sein wird – seine Geschichtstheorie prägt (zu Schillers ‚Vitalismus' vgl. demnächst Reills Beitrag zum Steinheimer Schiller-Kolloquium von 1993). Zu Humboldt vgl. Peter Hanns Reill: History and the Life Sciences in the Early Nineteenth Century. Wilhelm von Humboldt and Leopold von Ranke. – In: LvR and the Shaping of the Historical Discipline, S. 21-35, bes. 23-29; sowie jetzt ders.: Science and the Construction of Cultural Sciences.
Gerade bei Schiller und Humboldt ist indes zu beachten, daß ‚vitalistische' Impulse sich zuvörderst auf *anthropologischem* Gebiet äußerten. Das weitverbreitete Interesse für Anthropologie am Ende des 18. Jahrhunderts wiederum machte sich ganz besonders in der *Literatur* bemerkbar; im Kapitel über den pragmatischen Roman wird es uns deshalb noch beschäftigen. Eher noch unbedingter war Herder zu einer ‚Literarisierung' von Wissenschaft gelangt. Unter dem Einfluß ‚vitalistischer' Methoden sieht Reill ihn Wissenschaft und Dichtung geradezu identifizieren (vgl. Die Historisierung von Natur und Mensch. Der Zusammenhang von Naturwissenschaften und historischem Denken im Entstehungsprozeß der modernen Naturwissenschaft. – In: Geschichtsdiskurs Bd. 2, S. 48-61, hier S. 56f.). Tatsächlich wurde der ‚vitalistische' Impuls schließlich vor allem von literarischer und ästhetischer Seite für die Historiographie bedeutsam. Zu weit dagegen geht Reills Versuch, auch den jungen Ranke noch für ‚vitalistisches' Denken zu vereinnahmen, denn die „post-revolutionary *Naturphilosophie*", die er bei diesem wiedererkennt, muß wohl eher als neuplatonisches Gedankengut gedeutet werden (History and the Life Sciences in the Early Nineteenth Century [...], S. 23, sowie unten Kap. III. B. 2.).

Hälfte des 18. Jahrhundert taugt besser dazu, die deutsche Aufklärungshistorie von den Wurzeln des Historismus abzugrenzen als beide ineinander übergehen zu lassen.

Wissenschaftstheoretisch fruchtlos ist auch das empiristische Fundament der Aufklärungshistorie geblieben. Gatterer etwa wollte zwar „den Sinnen die Gewißheit" nicht absprechen, unterschied aber scharf zwischen der Erkenntnis *„individueller Dinge"* und Wissenschaft.[72] Überhaupt gab es, abgesehen von Chladenius, Ansätze zu einer in sensualistischer Tradition stehenden Erörterung des vom Sinnenwesen Mensch Erkennbaren erst relativ spät.[73] Und auch dann ist das pragmatische System als Zielpunkt der historischen Erkenntnis keineswegs aufgegeben: Obwohl „die Causalverknüpfung" „durch eigentliche Erfahrung" nicht erkannt werden könne, forderte der auch als Geschichtstheoretiker hervorgetretene Kantianer Christian Jacob Kraus, daß „jede Geschichte [...] pragmatisch behandelt werden" soll, nämlich durch die Darstellung der „wirklichen [!] Verknüpfung von Ursachen, Wirkungen".[74] Schwierigkeiten muß zumal die Zweistufigkeit dieses Erkenntnismodells bereiten, denn sie desintegriert den Forschungsprozeß. Friedrich Maier hat den epistemologischen Dualismus, der so entsteht, freilich gar zum Programm erhoben: Er geht von der begrenzten Reichweite streng empirischer Erkenntnis schon aus und ordnet ihr die ‚materialen' oder ‚empirischen Geschichtswissenschaften' zu. Davon eindeutig geschieden sind die „formalen Geschichtswissenschaften"; erst eine ihrer Unterabteilungen, die *„historische Logik"*, bringt „die gefundenen Materialien in einen [...] vernünftigen Zusammenhang", und zwar indem die „Philosophie der Geschichte" jene „innern Gesetze" und „verborgenen Triebfedern" des historischen Geschehens entdeckt, deren Kenntnis die Erkenntnis seiner „nothwendigen innern Entwicklung" ermöglicht.[75] Noch unmißverständlicher als bei Kraus ist es hier die szientifische Vernunft, der die entscheidenden Operationen vorbehalten bleiben. Bei Maier stehen rationalistische Philosophie und tendenziell mechanistische Naturwissenschaft noch 1796 in jenem Bündnis, das den Wissen-

72 Gatterer: Vorrede von der Evidenz, S. 7, 5.

73 Vgl. Chladenius: Allgemeine Geschichtswissenschaft, S. 100-115, 292f.; Kraus: Vermischte Schriften Bd. 4, S. 3, 14-21, 28-36 - TDAH, S. 379, 383-386, 389-391; Maier: Briefe über das Ideal der Geschichte, S. 147 - TDAH, S. 369. - Daß die Emanzipation der Historie zur Wissenschaft sich „nicht primär über die Aufwertung des empirischen Tatsachenwissens" vollzog, bemerkt auch Wolfgang Hardtwig: Die Verwissenschaftlichung der Historie und die Ästhetisierung der Darstellung. - In: Formen der Geschichtsschreibung, S. 147-191, hier S. 158.

74 Kraus: Vermischte Schriften Bd. 4, S. 18, 20, 41 - TDAH, S. 384, 393.

75 Vgl. Maier: Brief über das Ideal der Geschichte, S. 147, 168-75 - TDAH, S. 369, 376-378. Zitate S. 168, 170-172 - TDAH, S.376f.

schaftsbegriff der deutschen Aufklärungshistorie generell prägte. Und so sehr es befremden mag, daß er vom Historiker fordert, er müsse „sich eine Kenntniß der Naturgesetze aller Dinge, deren Erscheinungen er darstellen will, erwerben" (von der Astronomie über Physik, Psychologie, Physiologie und Anthropologie bis hin zur „*Metapolitik*"),[76] so konsequent folgt dies nur aus dem epistemologischen Streben nach nicht spezifisch geschichtswissenschaftlicher Wissenschaftlichkeit, das die deutsche Aufklärungshistorie als ganze kennzeichnet.

Vom wissenschaftstheoretischen Denken des 18. Jahrhunderts aus gesehen, war nach alledem die Entwicklung des Systembegriffs der Geschichte unumgänglich für die Aufklärungshistorie. Zwar markierte der neu aufkommende ‚Kollektivsingular' ‚Geschichte' bereits um die Jahrhundertmitte den gelungenen Schritt über das historische Einzelne hinaus zu einem Ganzen als Erkenntnisobjekt. Während ‚Geschichte' bis dahin einen einzelnen mehr oder weniger eng umgrenzten Erzähl- und Ereigniszusammenhang bezeichnet hatte, wurde jetzt der universale Geschehenszusammenhang, den die Historie als Gegenstand von zugleich vernünftiger und empirischer Erkenntnis beanspruchte, zum ersten Mal sprachlich faßbar.[77] Gerade insofern der neue Begriff – wie Reinhart Koselleck seine Entstehung deutet – aus einer „Fusion" von Dichtung und Historie hervorging, bei der diese von der aristotelisch höher gewerteten Wahrheit jener profitierte, indem sie deren „innere Plausibilität" qua Kohärenz übernahm,[78] war der Wissenschaftlichkeitsanspruch der Aufklärungshistorie durch ihn aber nicht zu befriedigen, jedenfalls nicht in einer Epoche, die der Dichtung selbst nur einen abgeleiteten Wahrheitswert zugestand. Diesem Anspruch schien allein der Systembegriff zu genügen. Auffälligerweise aber entlehnte die Aufklärungshistorie ihren Systembegriff nicht den avanciertesten Wissenschaften, sondern zwei Disziplinen, die ihre epistemologische Leitfunktion bereits einzubüßen begonnen hatten. Stärker noch als diese ‚Verspätung' fällt hinsichtlich des Historiographie-Problems allerdings ins Gewicht, daß auch die Geschichts*darstellung* auf Systematik verpflichtet wurde – im Extremfall auf eine quasi deduzierende – und daß die Doppelseitigkeit des Systembegriffs (Aussagen- und Gegenstandssystem) die Entdeckung des daraus resultierenden Historiographie-Problems von vornherein zu verhindern geeignet war.

---

76 Maier: ebd., S. 172, 175 – TDAH, S. 377f.

77 Vgl. Reinhart Koselleck: Geschichte. – In: Geschichtliche Grundbegriffe Bd. 2, S. 593-718, hier S. 647f.

78 Ebd., S. 660.

2. Pragmatismus und Erzählen

a) Systeme als Gegenstand historischer Forschung und Darstellung

Welche Möglichkeiten und Grenzen erschloß bzw. zog nun der geschichtswissenschaftliche Pragmatismus der aufklärerischen Historiographie? Um dies beurteilen zu können - in diesem Kapitel zunächst in geschichts- und erzähltheoretischer Hinsicht -, möchte ich (α.) den pragmatistischen Systembegriff mit Systematisierungsansätzen der Gegenwart konfrontieren. Darüber hinaus ist es (β.) notwendig, präziser als bislang festzustellen, auf welche historischen Phänomene konkret der Systemanspruch angewandt wurde. Ziel des ganzen Kapitels ist es, die Stellung des aufklärungshistorischen Pragmatismus zum narrativistischen Grundmodell des historiographischen Textes zu klären.

α. Der wissenschaftsprogrammatische Systembegriff der Aufklärungshistorie darf nicht verwechselt werden mit dem im wissenschaftlichen Sprachgebrauch der Gegenwart gängigsten Systembegriff, der ,systematisch' als Gegenbegriff zu ,historisch' definiert und damit eine bestimmte, eben nicht genetische, sondern klassifikatorische oder jedenfalls synchron ordnende Betrachtungsweise von Wirklichkeit meint.[1] Historisches und systematisches Denken stehen sich in dieser Perspektive gegenüber, weil sie sich auf den Zeitfaktor in der Erscheinung der Phänomene konzentrieren bzw. ganz von ihm absehen. Das System, auf das die Aufklärungshistorie zielte, war dagegen als der (vergangenen) Wirklichkeit selbst inhärent gedacht, und es galt nicht als statisches. Die Beziehungen zwischen Wirklichkeitselementen, die systematisiert werden sollten, standen im Gegenteil dezidiert unter der Herrschaft zeitlicher Veränderung (des ,Werdens'[2]). Das System des wissenschaftsprogrammatischen Systembegriffs der Aufklärungshistorie steht also nicht schon deshalb ,quer' zum Erzählen als diachronisch ausgerichtetem Darstellungsmittel, weil es eine synchronistische Strukturkategorie wäre. Einen Gegen-

1 Vgl. dazu einführend Helmut Seiffert: Historisch/systematisch. - In: Handlexikon zur Wissenschaftstheorie, S. 139-144. Dieser statische Systembegriff liegt Alfred Heuß' Prüfung der Anwendbarkeit des Systembegriffs auf die Geschichte und dessen schließlicher Ablehnung ebenso zugrunde (vgl. Geschichte als System? - In: Die Funktion der Geschichte, S. 26-40) wie Hermann Lübbes Überlegungen „Wieso es keine Theorie der Geschichte gibt" (in: Theorie und Erzählung, S. 65-84, bes. S. 76-78). Ablehnungen des Systembegriffs, die aus diesem Kontext heraus erfolgen, sind mithin für unsere Untersuchung ohne Relevanz. - Im übrigen fehlt dieser Begriffsgebrauch auch in der Aufklärungshistorik nicht ganz, vgl. Gatterer: Vom historischen Plan, S. 26f. - TDAH, S. 627.

2 Vgl. Schlözer: Vorstellung seiner Universalhistorie, S. 4 - TDAH, S. 665.

stand im heutigen Sinne ‚systematisch' zu behandeln hieß vielmehr, ihn (in einer besonders geordneten Weise) zu ‚beschreiben'.[3]

Ist der pragmatistische Systembegriff also solchen methodologischen Zielsetzungen an die Seite zu stellen, wie sie in den jüngst vergangenen Diskussionen um die Wissenschaftlichkeit der Geschichtswissenschaft und um die (scheinbare) Alternative ‚Theorie oder Erzählung' vorgebracht wurden? Der einheitswissenschaftlich inspirierte Erklärungsbegriff eines Hempel erhob immerhin ähnliche Forderungen nach Lückenlosigkeit und Prognostizierbarkeit wie der Systembegriff der rationalistischen Philosophie bzw. der mathematisierten Naturwissenschaft. Und der seit den 1970er Jahren geforderte und inzwischen vielfach eingeübte Theoriegebrauch in der Geschichtswissenschaft sucht in einer dem aufklärerischen Systemstreben zunächst vergleichbaren Weise, partikulare historische Phänomene unter vorausgesetzte, nicht aus der Quellenforschung gewonnene Schemata zu subsumieren, und sieht darin erst die Rationalitäts-, Diskursivitäts- und Erklärungsstandards ‚moderner' Wissenschaft befriedigt.[4] Diese Parallelen reichen letztlich indes nicht sehr weit und vermögen deshalb auch nicht den aufklärerischen Systemanspruch zu evaluieren: Der Wissenschafts- und damit der Erklärungsbegriff der frühen analytischen Philosophie ist durch die narrativistischen Geschichtstheorien Dantos, Baumgartners und Rüsens zurückgewiesen worden.[5] Und der Systematisierungsanspruch der ‚Historischen Sozialwissenschaft' ist eben kein prinzipiell totaler wie in der Aufklärungshistorik, sondern beschränkt sich auf Theorien ‚mittlerer Reichweite', die die fundamentale narrative Verfassung der Geschichtswissenschaft nicht sprengen.[6] Zudem ist

3 Vgl. Maier: Briefe über das Ideal der Geschichte, S. 145f. – TDAH, S. 369; Kraus: Vermischte Schriften Bd. 4, S. 3 – TDAH, S. 379.

4 Vgl. Hans-Ulrich Wehler: Anwendung von Theorien in der Geschichtswissenschaft. – In: Theorie und Erzählung, S. 17-39, hier S. 17f., 29f. Wehler definiert hier geschichtswissenschaftliche Theorien als „jene expliziten und konsistenten Begriffssysteme [...], die – ohne aus den Quellen abgeleitet zu sein – der Identifizierung, Erschließung und Erklärung von historischen Problemen dienen." (ebd., S. 17f.) Auch Jörn Rüsen als Vertreter der narrativistischen Geschichtstheorie sieht im Theoriegebrauch *„die eigentliche Vernunftleistung forschungsorientierter historischer Narration"* (Wie kann man Geschichte vernünftig schreiben? Über das Verhältnis von Narrativität und Theoriegebrauch in der Geschichtswissenschaft. – In: Theorie und Erzählung, S. 300-333, hier S. 316). Sogar explizit mit dem Schlagwort der Theoriediskussion der 1970er Jahre, der „Theoriebedürftigkeit der Geschichte", belegt Koselleck Schlözers Konzipierung der Weltgeschichte als System, insofern sich darin jene Theoriebedürftigkeit artikuliere (Vergangene Zukunft, S. 143).

5 Zurückgewiesen wurde Hempels Covering-law-Modell der Erklärung auch außerhalb der ‚voreingenommenen' Geschichtswissenschaft, vgl. das umfassende Referat von Stegmüller: Resultate der Wissenschaftstheorie Bd. 1, S. 335-517.

6 Vgl. Rüsen: ebd., bes. S. 321f.

dieses Theoriekonzept weitaus flexibler, weil es nicht logischen oder mechanistischen Strukturen ursprünglich verpflichtet ist. Vor allem aber weiß die auf Theoriegebrauch und -bildung ausgerichtete Geschichtswissenschaft der Gegenwart um den Konstruktcharakters ihrer Systematisierungen.[7] Daß ‚Theorie und Erzählung' heute nicht mehr als sich ausschließende Alternativen für die Geschichtswissenschaft angesehen werden,[8] kann somit den Systemwillen der Aufklärungshistorie nicht entproblematisieren. Vielmehr weist gerade der Vergleich mit dem in der aktuellen Geschichtstheorie ansatzweise Verwandten auf eine Überbeanspruchung ihres Wissenschaftsprogramms durch den Systembegriff. Daß das pragmatische ‚System' durch seinen gegenüber der humanistisch-rhetorischen Geschichtsschreibung weit heraufgesetzten Erkenntnisanspruch den praktischen Forschungseifer gleichwohl angeregt haben mag, bleibt davon unberührt.

β. Sehr viel begrenzter stellt sich der Systemerkenntnisanspruch der Aufklärungshistoriker dar, wenn man die wissenschaftstheoretische Ebene verläßt und nachfragt, welche ‚Systeme' *forschungsstrategisch* gemeint waren. Denn das zu rekonstruierende ‚System von Begebenheiten' wird auf dieser Ebene recht eindimensional fast ausschließlich als Gefüge menschlicher Handlungen verstanden: Zu erforschen, „aus welchen *Ursachen* die Begebenheiten entsprungen sind", bedeutete für Johann Matthias Schröckh, den Wittenberger Professor für Geschichte und Staatsrecht, zu fragen, „was die Menschen vor *Bewegungsgründe* und *Absichten* bey ihren Handlungen gehabt haben?"[9] Da die Verwirklichung von Intentionen (also die *„Folgen und Würkungen"*) nicht ohne Kollision mit den Handlungen anderer zu verlaufen pflegt, entsteht ein Interaktionszusammenhang. Geschichte als ‚System' ist damit konstituiert, soweit dieses System von den Aufklärungshistorikern zu erforschen und darzustellen tatsächlich unternommen wurde:

> *Zusammenhang, Verbindung* und *Ursachen* der Geschichte [...] gehen auf solche Begebenheiten der *Menschen*, die von ihren Willen und Entschlüssungen, und ihren vorläuffigen Vorstellungen abhangen.[10]

---

7 Vgl. ebd., S. 328.

8 Vgl. Jörn Rüsen: Narrativität und Modernität in der Geschichtswissenschaft. – In: Theorie der modernen Geschichtsschreibung, S. 230-237.

9 Schröckh: Lehrbuch, S. 6 (das folgende Zitat ebd.).

10 Chladenius: Allgemeine Geschichtswissenschaft, S. 206. Nicht mit Hilfe kausaler, sondern logischer Beziehungsbestimmungen, die aber dieselbe Determination des Handelns aus dem ‚Innern' des Handelnden postulieren, formuliert Gatterer das Verhältnis von vorangehenden Intentionen und erfolgten ‚Begebenheiten': „Charactere sollen in der Geschichte das seyn, was Definitionen in Wissenschaften sind." (Vom historischen Plan, S. 88 – TDAH, S. 662). Und selbst Schlözer, der mit Nachdruck die Perspektive der Historie über die Taten der Herrscher und Heerführer hinaus erweiterte,

In hermeneutischer Hinsicht kommen zu einer recht mechanischen Auffassung historischer Interaktionen also Momente einer (vulgär)psychologisch-introspektiven Erkenntnis. Dieser Ansatz der historischen Erklärung profitierte offensichtlich von der generellen Hochkonjunktur des Handlungsbegriffs in der aufklärerischen Poetik des Dramas und der literarischen Erzählung.[11] Die Kontinuität des Geschichtsprozesses aber hängt in diesem Modell von der Möglichkeit ab, die verschiedenen Phasen eines Handlungszusammenhangs unter eine ursprüngliche Intention zu subsumieren. Damit wiederum drohte der Aufklärungshistorie die Systemförmigkeit der Geschichte schon verloren zu gehen, wenn ‚Plan' und ‚Ausführung', ohne daß eine äußere Einwirkung erkennbar war, auseinanderklafften, vom hermeneutischen Problem der Rekonstruierbarkeit von Handlungsintentionen ganz zu schweigen.

Daß die Erkenntnis des ‚Nexus rerum universalis' sich praktisch auf den Versuch beschränkte, Interaktionszusammenhänge samt ihren intentionalen Ursachen zu ermitteln, ist somit als eine Erleichterung für Forschung und Darstellung einzuschätzen, welche neue Schwierigkeiten schuf. Zum einen sahen sich die Aufklärungshistoriker vor das *Introspektive-Problem* gestellt. Die Verpflichtung durch den Systembegriff, „die Veranlassungen und Ursachen einer merkwürdigen Begebenheit aufzusuchen, und das ganze System von Ursachen und Wirkungen, von Mitteln und Absichten, so verwirt auch alles im Anfange durch und neben einander zu laufen scheint, aufs möglichste entwickelt darzustellen,"[12] schien ihnen in der Regel jedoch nicht unerfüllbar, auch nicht, wenn dafür Einblicke in „das menschliche Herz" vonnöten waren; denn „selten liegen diese [*Ursachen* und Triebfedern] so tief verborgen, daß man sie nicht ausfindig machen könnte".[13] Deshalb glaubte Schiller in seiner

---

bleibt dieser personalistisch-aktionistischen Geschichtssicht verhaftet, wenn er Erfinder, Kaufleute oder Reisende als Protagonisten der von ihm intentierten Geschichtsschreibung einführt (vgl. Schlözer: Vorstellung seiner Universalhistorie, S. 273; ders.: Weltgeschichte [Ausg. 1794], S. 68).

11 Vgl. Hahl: Reflexion und Erzählung, S. 30.

12 Gatterer: Vom historischen Plan, S. 80 - TDAH, S. 656.

13 Schroeckh: Christliche Kirchengeschichte Bd. 1, S. 265 - TDAH, S. 613. Entschiedener als üblich problematisierte Chladenius die kausalpsychologische Ursachenforschung, weil zum einen die je besonderen Umstände der Entschlüsse der historisch handelnden Personen nicht völlig bekannt zu sein pflegten und zum anderen „weil es bey Entschlüssungen meistens auf den innerlichen Zustand der Seele, und auf den *Willen* ankommt; dieser aber seine heimlichen und unerforschlichen Triebfedern hat, die nicht einmahl derjenige selbst, der sich zu etwas entschlüsset, genau und völlig bemercken kan, geschweige denn andere, welche unmöglich wissen können, was in einer fremden Seele vorgehet" (Chladenius: Allgemeine Geschichtswissenschaft, S. 224f., vgl. S. 265). Als Erkenntnishindernis wurde des weiteren einkalkuliert, daß „die Entfernung der Oerter", „der Zwischenraum der Zeiten" oder „die Verschiedenheit der Begebenheiten" zu groß sein können, um ein ursächliches Bedingungsverhältnis festzustellen (Gatterer: Vom

Geschichte des Abfalls der vereinigten Niederlande, „einen flüchtigen Blick in seine [Philipps II.] Seele thun, und hier einen Schlüssel zu seinem politischen Leben aufsuchen" zu können.[14] Die erkenntnistheoretische Zweifelhaftigkeit dieses Verfahrens und seine Anfälligkeit für Ursachensuppositionen steht hier nicht zur Debatte; gegen die charakterologische Introspektive hat bereits Droysen die Geschichtswissenschaft abgegrenzt und jene allein der Dichtung zugewiesen.[15]

Nicht geringe Konsequenzen hat die Konzentration auf die Handlungen der historischen Akteure und die ihnen ‚ursächlichen' Intentionen zum anderen aber auch für die Geschichts*schreibung*: Denn wenn (die ‚objektive') Geschichte nichts als ein Handlungszusammenhang ist und die Geschichtsforschung auch nichts anderes aus ihm herauszuinterpretieren sucht – ‚Ideen', ‚Tendenzen', ‚Klassenantagonismen', Strukturbedingungen usw. –, so bleibt die Historiographie bei den „Geschäften" stehen.[16] Da Beschäftigung mit Geschichte immer retrospektiv erfolgt, gehören die Entscheidungen und Handlungen historischer Subjekte aber „zum Substrat der Geschichte und sind nicht schon diese selbst."[17] Die Einheitlichkeit der Geschichte dann aus dem ununterbrochenen Aktionszusammenhang abzuleiten mußte zu quantitativen Vollständigkeitsvorstellungen führen und provozierte Rezensentenbeschwerden, die an einer *Pragmatischen Geschichte des achtzehnten Jahrhunderts* (1766), die sich auf die europäischen Kriege beschränkte, nicht vor allem diese thematische Verengung monierten, sondern daß in der Geschichte des Jahrhunderts (bis 1763) eine „Lücke" von 21 Jahren (nämlich der Friedenszeit!)

---

historischen Plan – TDAH, S. 656). In solchen Fällen drohte der Kausalnexus der ‚Begebenheiten' zu ausgedehnt zu werden. Im allgemeinen überwog gleichwohl der Erkenntnisoptimismus: Ausgerüstet mit politischen Grundkenntnissen, der Fähigkeit zu Analogieschlüssen, einer allgemeinen Menschenkenntnis und philosophischem Sinn sei sowohl der „Character der handelnden Hauptpersonen" als auch das „System der Begebenheiten" zu ergründen (Gatterer: Vom historischen Plan, S. 83-85 – TDAH, S. 658f.).

14 NA 17, S. 54.

15 Vgl. Droysen: Historik (Ed. Leyh), S. 239.

16 Vgl. ebd., S. 69f.

17 Hans Michael Baumgartner: Thesen zur Grundlegung einer transzendentalen Historik. – In: Seminar: Geschichte und Theorie, S. 274-302, hier S. 287. Zur unhintergehbaren Retrospektivität der Geschichtsschreibung und zur aus ihr resultierenden Differenzierung der Perspektiven der Mitlebenden und des Nachvollziehenden vgl. ebd., S. 281, sowie Ricœur: Zeit und Erzählung Bd. 1, S. 236. Überhaupt paßt sehr gut auf die Aufklärungshistorie, was von der gegenwärtigen Geschichtstheorie gegen das Konzept der ‚intentionalen Erklärung' eingewandt worden ist, vgl. Rüsen: Rekonstruktion der Vergangenheit, S. 31-37, hier S. 35. Diese vor allem mit dem Namen G. H. von Wrights verbundene und ‚praktischer Syllogismus' genannte Erklärungsform will die Kohärenz von geschichtlichem Handeln vor allem aus den ihm zugrunde liegenden Intentionen erweisen.

klaffe.[18] Schließlich ist gegen die pragmatistische Auffassung der Geschichte bloß als Handlungszusammenhang zu erinnern, daß, was der Historiker als Geschichte betrachtet, seine Zielrichtung nicht schon aus den Intentionen der Handelnden erhält, sondern aus retrospektiv herangetragenen Aspekten, Strukturmustern oder Entwicklungsvorstellungen. Das erfordert nicht nur der Umstand, daß die Intentionen der Mitlebenden zumeist relativ wenig weit reichen. Vielmehr folgt dies bereits aus der geschichtstheoretischen Prämisse, daß die Geschichtswissenschaft als eine die jeweilige Gegenwart orientierende Form historischer Erinnerung sich nicht auf die Perspektive der Erinnerten, denen dieser Horizont notwendig fehlte, beschränken darf. Den zu rekonstruierenden Entwicklungszusammenhang von Geschichte als ein im Geschehen selbst und nirgends sonst auffindbares Handlungssystem zu begreifen, das kassiert hingegen die notwendige Perspektivierung desselben durch den Historiker, seine in diesem Rahmen unabdingbare Teleologisierung und die Abgrenzung von historiographischen Einheiten. Das heißt nicht, daß die pragmatistischen Historiker all dies in praxi überhaupt nicht getan hätten, doch täuschte sie ihre handlungsfixierte Theorie über die Unhintergehbarkeit derartiger historiographischer Entscheidungen und erschwerte es dadurch, dieselben kalkuliert zu treffen.[19]

Damit sind bereits Probleme vor allem der Geschichts*darstellung* berührt, die der Aufklärungshistorie aus ihrer pragmatistischen Theorie erwuchsen. Das zuletzt Erörterte bedeutet, daß der Systembegriff in seiner kategorialen Doppelung historiographisch bedeutsame Fragen nicht zu lösen half, ja sie sogar zu verdecken drohte: Nicht zufällig betrafen die Bedenken, die seinerzeit gegen die Durchführbarkeit des pragmatistischen Programms erhoben wurden, nicht die Darstellungs-, sondern allein die Erkenntnisseite. Über die problematischen Konsequenzen des Systembegriffs für die Darstellung wurde in der Historik nicht reflektiert. Die immer wieder neuen Überlegungen zum historischen ‚Plan': wie die vielen ‚Völkergeschichten' im ‚System' der Universalhistorie zu ordnen und zu verbinden seien, sind gar selbst als ein Teil des

18 Vgl. Allgemeine Nordische Geschichte, S. 256; [Gatterer:] Rez. von Hausen: Versuch einer pragmatischen Geschichte, S. 318 (dort das Zitat).

19 Wo beispielsweise Gatterer die Frage stellt, aus welcher ‚Perspektive' die deutsche Geschichte geschrieben werden solle, rät er, „der Geschichtschreiber" solle „seinen Standort nicht blos an dem Hofe des Kaysers oder Königs suchen", sondern „seinen Sitz" auf den Reichstagen „aufschlagen" (Zufällige Gedanken, S. 33). Die Perspektivierung des historischen Geschehen glaubt er also aus der Geschichte selbst heraus vornehmen zu können und begreift sie nicht als Transzendierung der Handlungsgeschichte. Zur prinzipiellen Unmöglichkeit, Teloi aus einem kausal aufgefaßten Geschehenszusammenhang schlüssig herzuleiten, und den daraus entstehenden Problemen für das pragmatische Erzählen vgl. unten Kap. 3. c).

Problems anzusehen.[20] Nahegelegt wurde diese Verengung der Darstellungsreflexion aber durch den erkenntnistheoretischen Objektivismus der Aufklärungshistorie und die verbreitete Gebrauchsweise des Systembegriffs nach der Mitte des 18. Jahrhunderts. Sie mußte umso schwerer wiegen, als Darstellungsmuster fehlten, die eingeübt gewesen wären oder - ohne große Reflexion - hätten nachgeahmt werden können.

Der Anwendung des Systembegriffs auch auf die historiographische Synthetisierung des Erforschten hat aber noch eine weitere und in der Forschung bisher ebenfalls stets unterschätzte Konsequenz: Das historiographische Profil der Aufklärungshistorie ist maßgeblich davon bestimmt, *daß narrative Darstellung und pragmatisches System nicht kongruieren, ja inkompatibel scheinen.* Die pragmatistische Historie war mithin strukturell anarrativ verfaßt. Angesichts der Verschiedenheit des Systembegriffs der Aufklärungshistorik vom heute überwiegend verwandten genügt allerdings, um diese zentrale These zu belegen, nicht ein Hinweis darauf, daß in der (strukturalistischen) Sprach- und Texttheorie narrative und systematische Texte dichotomisch auseinandergehalten werden[21]. Im folgenden - d.h. im Teilkap. b) - soll deshalb zunächst das Darstellungskonzept des Pragmatismus in seinem Umgang mit dem ‚Erzählen' analysiert werden. Dabei wird sich herausstellen, daß die Aufklärungshistorie ‚Erzählen' als historiographisches Verfahren ausdrücklich, und zwar mit Berufung auf ihren Status als systematisierende Disziplin, abgelehnt hat. In einem weiteren Schritt - Teilkap. c) - kann dann die historiographische Leistungsfähigkeit des pragmatischen Systemkonzepts zusammenfassend beurteilt werden, u.a. indem ein narrativer Idealtyp modernen historiographischen Erzählens zum Vergleich herangezogen wird.

---

20 Diese Überlegungen verdankten sich in einem zentralen Punkt einer doppelt schiefen Sicht und führten so historiographisch kaum weiter: Als zentraler Punkt galt, wie Gleichzeitiges in einem fortlaufenden Bericht als Gleichzeitiges erfaßt werden könne. ‚Doppelt schief' ist die Herangehensweise der Aufklärungshistoriker an diese Frage deshalb, weil die Sukzessivität der sprachlichen Zeichen in einem Text als Vorgabe für die temporale Ordnung des Bezeichneten angesehen wurde und weil der ‚synchronistischen' Perspektive ein nicht begründbarer Eigenwert zukam (vgl. dazu insbesondere Kap. B. 4. b.).

21 Vgl. Karlheinz Stierle: Geschichte als Exemplum - Exemplum als Geschichte. - In: Geschichte - Ereignis und Erzählung, S. 347-375, hier S. 352.

b) „Nicht jede Erzählung ist Geschichte" – der Erzählbegriff der Aufklärungshistorie

In der historiographiegeschichtlichen Forschung hat sich neuerdings freilich die Auffassung verbreitet, von der Aufklärungshistorik sei eine ‚Narratisierung' der Auffassung und Darstellung von Geschichte ausgegangen. So erkennt Hans-Jürgen Pandel der pragmatistischen Aufklärungshistorie „das bleibende Verdienst" der Einsicht zu, daß der „für die Geschichtswissenschaft konstitutive Zusammenhang" der quellenkritisch gewonnenen Protokollsätze „allein durch die Erzählstruktur geleistet werden kann."[22] Der Pragmatismus sei „Vorform einer erzählenden Geschichtsdarstellung".[23]

Dabei stellt Pandel zunächst richtig fest, daß der „Pragmatismus [...] für die damalige Geschichtswissenschaft ein funktionales Äquivalent zum heutigen Begriff der Narration" darstellte, denn beides erhebt eine ‚Faktensammlung' erst zur Geschichte. [24] Wenig später aber behauptet er nach und nach eine nicht nur funktionale, sondern material geschichtstheoretische Identität: Die Ursache-Wirkungs-Beziehung des Pragmatismus bedeute darstellungstheoretisch, „daß zwei Sätze, die auf zeitlich unterschiedliche Ereignisse bezug [!] nehmen, durch einen (erzählenden) Satz verbunden werden." Der nächste Satz schwenkt dann vollständig auf die narrative Genesis von Geschichte, so als hätte der Pragmatismus über die entsprechende Kompetenz geboten: „Erst durch die sinnbezogene Verknüpfung von mindestens zwei zeitlich unterschiedlichen Ereignissen in einer Erzählung wird Geschichte möglich."[25] Jetzt scheint einsichtig, warum historisches Wissen auf schon im 18. Jahrhundert

---

22 Pandel: Historik und Didaktik, S. 46. Auch Blanke und Fleischer identifizieren die vom Pragmatismus erstrebte Systemförmigkeit der historiographischen Darstellung mit ihrer „Erzählstruktur" und sprechen deshalb von einer „Narratisierung" der Historie in der Spätaufklärung (Artikulation, S. 95f., vgl. S. 60f.). Lediglich Rüsen formuliert hier indirekt Vorbehalte, wenn er einen Kausalnexus als „gerade nicht spezifisch narrativ strukturiert" erkennt (Jörn Rüsen: Die Grenzen der Aufklärungshistorie und die Notwendigkeit des Historismus. Zur historischen Ideenlehre. – In: Von der Aufklärung zum Historismus, S. 162-165, hier S. 163). – Hinsichtlich des pragmatistischen Erzählproblems nicht weiter führt Reills Beitrag „Narration and Structure in Late Eighteenth-century Historical Thought": Nachdem er festgestellt hat, daß die Erzählung das ideale Medium für „analyzing structural connections and change over time" (S. 291) sei, geht Reill weder auf den Erzählbegriff der von ihm herangezogenen Historiker Schlözer und Gatterer ein noch klärt er, inwiefern deren Darstellungsprogramm mit dem seinigen kompatibel ist, sondern setzt dies einfach voraus.

23 Hans-Jürgen Pandel: Pragmatisches Erzählen bei Kant. Zur Rehabilitierung einer historistisch mißverstandenen Kategorie. – In: Von der Aufklärung zum Historismus, S. 133-151, hier S. 141.

24 Pandel: Historik und Didaktik, S. 52. Hier schränkt Pandel auch noch korrekterweise ein, daß der Pragmatismus nicht „erzähltheoretisch begriffen" worden sei.

25 Ebd., S. 52f.

eine „narrative Struktur" besessen haben soll.[26] Die Fundamentaldifferenz, die zwischen erzählenden und systematischen Strukturen zu denken ist, hat Pandel damit kassiert. Die zutreffend festgestellte, für die aufklärerische Geschichtsschreibung freilich verhängnisvolle funktionale Äquivalenz von pragmatischem Kausalsystem und narrativer Kohärenz hat Pandel die Inkompatibilität beider Textorganisationsprinzipien verdeckt.

Tatsächlich wurde im dritten Viertel des 18. Jahrhunderts ‚Erzählen' als Darstellungsform vielfach dezidiert abgelehnt, eben weil es dem Systemanspruch des Pragmatismus nicht genügte: Die Erzählung sei nur ein Ereignisbericht, der beim ‚Äußeren' einer Handlung stehenbleibe, während ihre ‚inneren' Ursachen, die Kausalzusammenhänge, in denen diese notwendig stehe, unentdeckt blieben – so faßt Friedrich von Blanckenburg die pragmatische Erzähltheorie der Spätaufklärung repräsentativ zusammen.[27] Eine Erzählung könne keine Wahrheitserkenntnis bewirken, da sie die notwendige Beziehung zwischen Ursache und Wirkung nicht einsichtig mache.[28] Was Blanckenburg, gefaßt unter den Begriff *„Erzehlung"* und demonstriert am Beispiel von Johann Timotheus Hermes' Roman *Sophiens Reise von Memel nach Sachsen*, vehement ablehnt, ist aber nicht ein bloßes *enumerare*, sondern genau jene „logische Ineinssetzung von Temporalprinzip und Kausalitätsprinzip", die Hardtwig als Grundmuster der ‚narrativen Erklärung' ansieht.[29] In der Erzähltheorie des späten 18. Jahrhunderts gilt dagegen die „temporale Anordnung von Sätzen" nicht „immer auch" – so Hardtwig über die Aufklärungshistorie –, sondern kaum je als „eine kausal begründende Anordnung." Gatterer bestätigt dies in ironischer Umkehrung:

> Wozu das innere Verhältnis der Begebenheiten? Wozu die unnöthige Untersuchung des Zusammenhangs zwischen Ursachen und Wirkungen? Die Zeitfolge macht schon alles sichtbar, hält alles in Ordnung. Ein gescheuter Leser wird schon selbst sehen, wie er die Ursachen zu den Wirkungen herausfinde.[30]

Was der Begriff ‚Erzählen/Erzählung' nicht selbstverständlich einschloß, war gerade das sowohl von der Aufklärungshistorie als auch vom pragmatischen Roman geforderte Verknüpfungsmoment: Auch wenn er nicht pejorativ

---

26 Ebd., S. 44.

27 Vgl. Blanckenburg: Versuch über den Roman, S. 259f., 265, 273. Zur Strukturidentität von literarischem und geschichtswissenschaftlichem Pragmatismus, die den Bezug auf Argumente der jeweils anderen Disziplin grundsätzlich rechtfertigt, vgl. unten S. 101.

28 Vgl. ebd., S. 275.

29 Ebd.; Wolfgang Hardtwig: Die Verwissenschaftlichung der Historie und die Ästhetisierung der Darstellung. – In: Formen der Geschichtsschreibung, S. 147-191, hier S. 167. Die folgenden Zitate ebd.

30 Gatterer: Vom historischen Plan, S. 78f. – TDAH, S. 655.

verwandt wurde, reichte er als bloße Bezeichnung der Berichtform von wissenschaftlicher Historiographie nicht aus, um deren Spezifikum zu kennzeichnen: Noch zu Beginn des 19. Jahrhunderts bestimmte der Göttinger Historiker Arnold Hermann Ludwig Heeren „Geschichte" als „Erzählung vergangener Begebenheiten; aber vergangener Begebenheiten *in ihrem Zusammenhange.*"[31] Ebenso unterscheidet Hartmann „Erzählung" und „Geschichte" nach dem Grad der internen Verknüpfung ihrer Elemente: „nicht jede Erzählung ist Geschichte [...]; denn die Geschichte umfaßt eine Reihe von Begebenheiten, wo immer eine in der andern, gleich Ringen einer langen Kette, hängt, und jede die folgende schon zu Hälfte bestimmen muß."[32] Zumal auch Schröckh als jener Historiker, der nach Pandel als „erster Universitätshistoriker" die Wendung „zur narrativen Darstellungsweise auch praktisch" vollzogen haben soll,[33] will sich mit ‚Erzählungen' nicht zufrieden geben und setzt ihnen den „Zusammenhang" der ‚Begebenheiten' entgegen:

> Wer nur weiß, was sich hin und wieder, bald zu dieser Zeit, bald zu einer andern, zugetragen hat, der [...] hat nur einzelne Erzählungen gefaßt, deren Ursachen und Folgen er eben deswegen nicht zu beurtheilen im Stande ist, weil er sie von andern zu sehr getrennt hat.[34]

Wohl nicht zufällig nimmt ‚Erzählung' in Schlözers am konsequentesten auf den Systembegriff ausgerichteter Geschichtstheorie ebenfalls keinen prominenten Platz ein.

Diese geringe Dignität des Erzählens läßt sich wortgeschichtlich erklären: Konnte schon der neutrale Erzählbegriff, der der rhetorisch-humanistischen Bestimmung der Historie als *narratio rei gestae*[35] entstammte, dem Wissenschaftlichkeitsstreben der Aufklärungshistorie nicht genügen, so widerstritt das im 18. Jahrhundert durchaus noch verbreitete Verständnis von ‚erzählen'

---

31 Heeren: Andenken an Deutsche Historiker aus den letzten funfzig Jahren - HW 6, S. 431-552, hier S. 434 (vgl. ganz ähnlich schon Gundling: Ausführlicher und vollständiger Discours, S. 3: „Die Historia ist freylich eine Narration, aber en suite, cum omni connexione causarum, wie ein vollständiges Gebäude"). Als Begriff ohne geschichtstheoretischen Distinktionswert fungiert *„Erzählung"* auch bei Schröckh; ihre entscheidenden Spezifikationen drückt dagegen das Epitheton *„pragmatisch"* aus (Christliche Kirchengeschichte Bd. 1, S. 264f. - TDAH, S. 612; vgl. ähnlich Will: Einleitung, S. 8f. - TDAH, S. 314). Gatterer verwendet ‚Erzählung/erzählen' ebenfalls geschichtstheoretisch neutral im Sinne von ‚Bericht/berichten' (vgl. Gatterer: Vorrede von der Evidenz, S. 13, 23 - TDAH, S. 468, 471; ebenso anonym: Entwurf, S. 41 - TDAH, S. 143).

32 Hartmann: Ueber das Ideal der Geschichte, S. 196 - TDAH, S. 689.

33 Pandel: Historik und Didaktik, S. 79.

34 Schröckh: Lehrbuch, S. 8.

35 Vgl. Wolfgang Hardtwig: Die Verwissenschaftlichung der Historie und die Ästhetisierung der Darstellung. - In: Formen der Geschichtsschreibung, S. 147-191, hier S. 152.

als ‚aufzählen' (enumerare)[36] ihrem Kausalstreben geradezu. Eben weil die Historie traditionell ‚nur' *narratio* gewesen war, konnte die Aufklärungshistorie ihr disziplinäres Profil nicht auf den Erzählbegriff gründen. Sich in der Gefahr sehend, ‚bloße Erzählung' zu sein, orientierte sie sich vielmehr am Systembegriff. Das aber schließt es aus, ihre Vorstellungen von der Kohärenz des historiographischen Textes mit dem Erzählbegriff der gegenwärtigen narrativistischen Geschichtstheorie zu belegen. Daß ihre historiographischen Texte wiederum nicht selten dem pejorativen Erzählbegriff entsprachen, weil sie aus numerierten, im Durchschnitt etwa einseitigen und häufig sachlich unverbundenen Abschnitten bestanden – das gilt zumal für das universalgeschichtliche *Lehrbuch* des eben zitierten Schröckh –, darf man dabei als Ausweis des weitgehenden Scheiterns dieser Umorientierung werten.

Zu erzählen hat für die pragmatistischen Historiker keinen hinreichenden Erklärungswert. Nur wenige Theoretiker, die zudem nicht eigentlich zur Aufklärungshistorie zu rechnen sind, konzipierten schon einen Begriff des Erzählens, der dessen explanatorischen Wert anerkannte, dieses Erzählen zugleich von einer systematischen Argumentation schied und so eine Position zwischen dem *enumerare* und dem ‚System der Begebenheiten' reklamierte. Dazu rechnet vorzüglich Johann Jakob Engel mit seiner 1774 erschienenen Schrift *Über Handlung, Gespräch und Erzehlung*. Engel stellt ‚Beschreibung' und ‚Erzählung' in der Weise gegenüber, wie Schlözer es mit ‚Aggregat' und ‚System' getan hat: Die Beschreibung vermöge nur eine „magere abgerissene Folge bloßer Begebenheiten zu geben", während die Erzählung eine „ganze zusammenhängende Reihe innerer und äußerer Zustände, welche die Ursache" eines Geschehens enthalten, darstelle.[37] Zur Kennzeichnung der beiden

---

36 Grimms *Deutsches Wörterbuch* führt entsprechende Belege bis hin zu Gellert auf (vgl. Bd. 3, Sp. 1077f.). In dem Sinne, daß eine Erzählung, die nicht ‚innere' Ursachen angibt, nicht mehr als eine Aufzählung sei, bleibt diese Bedeutung aber bis die 1770er Jahre präsent, gerade auch in der poetologischen Diskussion (vgl. neben den oben angeführten Blanckenburg-Passagen z.B. Sulzer: Allgemeine Theorie der schönen Künste Bd. 2, S. 495 [Art. Heldengedicht]). Weitere Belege bei Hahl: Reflexion und Erzählung, S. 49, darunter einige weitere aus den 1770er Jahren.

37 Engel: Über Handlung, S. 186 (die Seitenzählung erfolgt nach der ursprünglichen Paginierung). Pandel, der mit Engels Aufsatz seine These der geschichtstheoretischen Identität von Pragmatismus und Erzählen belegen will, irrt im übrigen, wenn er hierin eine Unterscheidung von synchronischer und diachronischer Orientierung erblickt, auch wenn Engels Terminologie dies nahelegt. Er überträgt dabei eine Unterscheidung von Erzählung und Beschreibung, die sich bei manchen Theoretikern der Aufklärungshistorie findet (vgl. Maier: Versuch, S. 146 – TDAH, S. 369; Kraus: Vermischte Schriften Bd. 4, S. 3-5 – TDAH, S. 379f.), ungerechtfertigterweise auf Engel, vgl. Pandel: Historik und Didaktik, S. 58; ders.: Pragmatisches Erzählen bei Kant. Zur Rehabilitierung einer historistisch mißverstandenen Kategorie. – In: Von der Aufklärung zum Historismus, S. 133-151, hier S. 145.

Darstellungsweisen verwendet Engel auch das Begriffspaar „unpragmatisch" und „pragmatisch".[38] Trotzdem ist seine ‚Erzählung' nicht identisch mit dem ‚System' der Geschichtstheoretiker: Von einem „System von Ursachen und Wirkungen" (Gatterer) ist nie die Rede.[39] Das für den geschichtswissenschaftlichen Pragmatismus konstitutive systematische Element fehlt seinem Erzählbegriff. Zwar bedient auch Engel sich der üblichen, mechanistischen Metaphorik (Triebfeder, Kette),[40] aber seine erzähltechnischen Erwartungen lassen einen liberaleren Erzählbegriff erkennen. Statt der Darstellung von Kausalität fordert er „eine aneinander hangende Folge von Veränderungen, deren jede wir aus ihrer vorhergehenden schon kommen sehen."[41] Was vorhergehende und nachfolgende Ereignisse miteinander verbindet, beurteilt Engel weit zurückhaltender als jene pragmatischen Erzähltheoretiker, die erzählte Begebenheiten mit Notwendigkeit auseinander hervorgehen lassen wollten:[42] Das Sukzessive in der Erzählung sei „eine näher zusammengebrachte Reihe von Veränderungen, wo uns immer die eine schrittweise zur andern führt".[43] So wenig Engel die Bedingungsverhältnisse in einer Ereignisfolge präzisiert – sein Erzählbegriff ist auf der einen Seite differenzierter als der tendenziell pejorative der pragmatischen Geschichtstheoretiker und auf der anderen Seite offener als das Systemprogramm derselben.

Einen ähnlich offenen und von einer systematischen Darstellungsweise entschieden getrennten Erzählbegriff vertrat unter den bedeutenderen Geschichtstheoretikern der deutschen Aufklärung nur Chladenius, ebenfalls kein Pragmatist im engeren Sinne. Ein viertel Jahrhundert vor Engel bereits weit über diesen hinausgegangen, postulierte Chladenius die nicht kausalexplikative *„Fügung"* von sukzessiven ‚Begebenheiten' sogar als spezifisch geschichtswissenschaftliche Form der Erklärung:

> Darinnen bestehet nun das *Erklären* der Geschichte [...]: Daß man jedes von den vorhergegangenen Begebenheiten, so weit in seiner Erzehlung aus und anführet, daß das nachfolgende [...] zu einer *natürlichen*, und *begreifflichen* Entschlüssung wird[44].

---

38 Engel: Über Handlung, S. 188, 186.

39 Nur einmal spricht Engel von „Ursachen, durch die er [ein Zustand] bewirkt worden" (S. 182).

40 Vgl. ebd., S. 188f.

41 Ebd., S. 187.

42 Vgl. Blanckenburg: Versuch über den Roman, S. 275, sowie Hartmann: Ueber das Ideal der Geschichte, S. 196f. – TDAH, S. 689: „Eine zunächst vergangene Begebenheit, verknüpft mit der gegenwärtigen, zeugt nothwendig die zukünftige."

43 Engel: Über Handlung, S. 189.

44 Chladenius: Allgemeine Geschichtswissenschaft, S. 271, die folgenden Zitate ebd.

Wohl zeigt sich auch Chladenius der für seine Zeit typischen Ausprägung der Ursachensuche, nämlich der charakterologischen Introspektive, verpflichtet, wenn er von „Entschlüssungen" spricht, die entweder unter Berücksichtigung „der gesunden Vernunfft, oder nach den bemerckten Fehlern, Untugenden und Lastern der *Menschen*, mit zu Hülffenehmung der menschlichen Freyheit," ‚begreiflich' werden. Doch ist entscheidend, daß er die Urteilskraft des Lesers für die Erklärungskraft einer Erzählung prinzipiell nutzbar macht und deshalb auf den Nachweis streng kausaler Beziehungen verzichten kann. In einem angeführten Beispiel braucht er denn auch das introspektive Element seiner narrativen Erklärung nicht zu bemühen: „Wenn man von zwey guten Freunden erzehlt hat, nachher aber lauter Feindseligkeiten anführete, die sie einander angethan; so ist die Geschichte [...] widersprechend: Sie wird aber begreifflich, wenn man die Begebenheit an [!] rechten Orte anführet, wie sie mit einander zerfallen, und Feinde geworden sind." Der ‚rechte Ort' ist die Mitte dieser kurzen Erzählung; Chladenius formuliert hier, wenngleich nicht ganz so extrem verknappt – und deshalb viel ‚begreiflicher' –, das narrative Erklärungsprinzip des „veni, vidi, vici"[45].

Chladenius' Vorstellung von historiographischer Kohärenz ist mithin eine ganz andere als die Gatterers, der die für den Pragmatismus typische Orientierung an der philosophischen Deduktion in ihrer extremsten Ausprägung vertrat: „Das *Flüssen* einer *Begebenheit* aus der andern, und das Flüssen *der allgemeinen Wahrheiten* aus einander, sind deswegen Himmelweit von einander unterschieden".[46] Daß die ‚moderne' Position des Erlanger Theologen in der Aufklärungshistorie irgendwo produktiv geworden wäre, ist jedoch nicht erkennbar. Es illustriert zudem noch einmal die zögerliche Entwicklung des explanatorischen Erzählbegriffs, daß Chladenius für die beschriebene Art des Erzählens einen eigenen Terminus, „*Fügung*", vorschlug. ‚Erzehlung' ist für ihn ein explanatorisch neutraler Begriff und bezeichnet den Text, „wodurch eine Geschichte ausgedruckt wird," in Unterscheidung von dieser selbst.[47] Begriffsgeschichtlich nahm erst Engel eine ‚moderne' Position ein.

---

45 Dieses „Beispiel einer nicht mehr weiter reduzierbaren minimalen Geschichte" führt Karlheinz Stierle an, um die Erklärungskraft von Erzählungen im Anschluß an Danto zu erläutern (Geschichte als Exemplum – Exemplum als Geschichte. – In: Geschichte – Ereignis und Erzählung, S. 347-375, hier S. 352).

46 Chladenius: Allgemeine Geschichtswissenschaft, S. 273f., das folgende Zitat ebd., S. 274.

47 Ebd., S. 8.

c) System und Erzählung als Leitbegriffe der Historiographie

Die Kritik, daß der Erzählbegriff der Aufklärungshistorie in seiner historisch konkreten Bedeutung falsch eingeschätzt und daß zudem die geschichtstheoretische Zentralstellung des Systembegriffs vernachlässigt worden sei, richtete sich an einen Teil der Forschung. Das Folgende läuft dagegen auf eine ‚Kritik' der Aufklärungshistorie selbst hinaus, wenngleich nur in dem Sinne, daß ihre (mangelnde) Fähigkeit, Geschichte darzustellen, von ihren theoretischen Voraussetzungen her beurteilt werden soll (α.). Dazu werden das pragmatische Systemkonzept und die ‚Erzählung' hinsichtlich ihrer Kompetenz verglichen, historiographische Texte zu organisieren. Mit dem modern-narrativistischen Erzählbegriff (β.) aktualisiere ich eine Kategorie, die die Aufklärungshistorie kaum in ihren Vorformen kannte. Ziel ist also nicht, die Narrativität letzterer zu postulieren, sondern das Historiographiekonzept des Pragmatismus und die Erzählung als Struktur moderner Geschichtsschreibung voneinander abzugrenzen. Legitimerweise miteinander zu vergleichen sind beide vor allem deshalb, weil beide auf die Herstellung von Kohärenz (der dargestellten Geschichte) ausgerichtet sind. Fast in die Stellung einer Norm sogar rückt das Erzählmodell der Geschichtsschreibung dadurch, daß unter seinen Prämissen diese Kohärenzkonstruktion ungleich weitgehender gelungen ist und gelingt – und das trotz bescheidenerer Ambitionen als der systemorientierte Pragmatismus sie hegte.

α. Sowohl die intendierte Abbildlichkeit der ‚systematischen' historiographischen Darstellung als auch sein Umgang mit dem ‚bloßen Erzählen' attestieren dem Pragmatismus ein naives Textverständnis. Aus ihm folgt u.a., daß für die Aufklärungshistoriker in einem Text nur das ausgedrückt ist, was auch gesagt wird – es herrscht Explikationszwang: Eine Minimalerzählung nach dem Muster von „veni, vidi, vici" besitzt de jure keine Erklärungskraft, weil „vidi" nicht eigens als Explanans für die Situationsverschiebung von „veni" zu „vici" gekennzeichnet ist. Hier ist eine für die Entwicklung der Textauffassung im 18. Jahrhundert zentrale Frage berührt: ob zur Darstellung eines gedanklichen oder sachlichen Zusammenhangs auf die ‚connexio verbalis', also die möglichst vollständige Explikation desselben, verzichten werden darf.[48] Bereits Gottsched war dabei für die sprachlich beweglichere ‚connexio realis' eingetreten.[49] Daß Texte zu verstehen sie zu interpretieren heißt, wird von den Aufklärungshistorikern dagegen nicht einkalkuliert – das ist die Kehrseite des Bestrebens, den Leser nicht mit einer nur nach der

48 Vgl. Blackall: Entwicklung, S. 121, 129.

49 Vgl. Ausführliche Redekunst Bd. 1, S. 334.

Zeitfolge geordneten Reihe von ‚Begebenheiten' der eigenen Ursachensuche zu überlassen. Streng durchgehalten, engt das aber die Darstellungschancen stark ein. Vorbild ist nicht das literarische, also zu ‚verstehende' Erzählen, sondern die philosophische Deduktion, die „Entwicklung eines Begriffs aus seinen Grundideen": Mit demselben „philosophischen Geist" und derselben Stringenz hat der Geschichtsschreiber *„das System, wozu eine Begebenheit gehöret"* zu ‚entwickeln'.[50]

Anders als der hier zitierte Gatterer hat Engel den wesentlichen Unterschied des von ihm vorgeschlagenen Erzählverfahrens zu dem des Philosophen gesehen und mit erkenntnistheoretischen Begriffen seiner Zeit formuliert: Dieser „sucht Deutlichkeit, der andre [der Dichter] nur Klarheit in der Erkenntniß; der eine will, daß wir die Richtigkeit des Zusammenhangs begreifen, der andre nur, daß wir sie empfinden sollen."[51] In einer im Kontext der rationalistischen Philosophie und Ästhetik von Leibniz bis Baumgarten prägnanten Weise wird dem Philosophen (dem der pragmatische Historiker eben sich anzuschließen suchte) damit eine „immer weitere Reduzierung von zusammengesetzten Komplexen zu einfachen Begriffen" auferlegt, die sich dann zu ‚klar-deutlichen' Vorstellungen zusammenschließen und die allein vom Intellekt rezipiert werden.[52] Daß der Erzähler sich dagegen mit ‚Klarheit', also mit dem Vorhandensein von spezifischen Merkmalen an den von im erzeugten Vorstellungen, begnügen muß bzw. darf, rührt daher, daß er nicht auf begriffliche Reduktion, sondern im Gegenteil auf Merkmalhäufung aus ist.

Unter den Aspekten von Komplexität und Reduktion wird an Engels Unterscheidung erneut die Problematik des aufklärungshistorischen Systembegriffs deutlich: Systematische Explikation und empirische Sättigung stehen in einem Konkurrenzverhältnis zu einander. Wo jene über die wissenschaftlich unverzichtbare Begriffsbildung hinaus geht und nur durch die Reduktion des Vielfältigen und Individuellen erkauft werden kann, wird sie zur historiographischen Gefahr. So möchte Gatterer alle Geschichte durch „eine *kleine Anzahl von Systemen und Begebenheiten* [...], die immer unter sehr wenig veränderten Umständen wieder vorkommen," erfassen.[53] Andererseits will der Göttinger auch der Komplexität historischen Geschehens gerecht werden und dessen Systeme ‚aufs möglichste entwickelt' darstellen. Dies wiederum zielt nicht allein auf eine Coincidentia oppositorum, sondern scheint, für sich genom-

50 Gatterer: Vorrede von der Evidenz, S. 10f.

51 Engel: Über Handlung, S. 191. Will z.B. fordert von der historiographischen Erzählung ausdrücklich diese Deutlichkeit (vgl. Einleitung, S. 8 – TDAH, S. 314).

52 Bender: Rhetorische Tradition, S. 496.

53 Gatterer: Vorrede von der Evidenz, S. 12.

men, auch mediumsbedingt nicht möglich. Denn verlangt wird, in einem weitgehend alltagsprachlichen Text Kausalbeziehungen in der Komplexität historischer Geschehnis-,Systeme' zu explizieren. Aus poetologischer Perspektive ist dementsprechend festgestellt worden:

> Das aufklärungspoetologische Postulat einer lückenlosen Verbindung von Ursachen und Wirkungen zu einer geradezu textlichen Verflechtung eines Ganzen mit vollständiger Reversibilität war von Anfang an ein nicht zu bewerkstelligendes Ideal[54].

In die Begriffe der Logik übersetzt, haben historische Erklärungen deshalb einen „enthymematischen Charakter"[55]. Die beiden Implikate von Gatterers Systembegriff, Explikation und Extension, drohen sich dagegen gegenseitig zu blockieren. Sie können nicht beide und zugleich maximalistisch verfolgt werden, denn sie stehen in einem reziprok komplementären Verhältnis zueinander.

Wie man sieht, fehlte dem Pragmatismus ein praktikables Konzept, komplexe Sachverhalte zu verbalisieren. Was die Geschichtsschreibung auf ,pragmatischem' Wege tatsächlich zu leisten imstande war, erhellt aus der geringen Komplexität der von der Aufklärungshistorie erbrachten expliziten Kausalerklärungen. Allerdings stehen sich unerreichbare Komplexität einerseits und relative Simplizität andererseits, Theorie und Praxis, nicht ganz unvermittelt gegenüber. Denn die darstellungsleitenden Konzepte unterhalb des Systembegriffs waren nicht selten selbst eindimensional angelegt. Das gilt sowohl für die forschungsstrategische Entscheidung, das ,System von Begebenheiten' eindimensional als Interaktionszusammenhang zu behandeln (vgl. Unterkap. a.), als auch für die soeben dargelegte Sprachauffassung, die allein das

---

54 Berthold: Fiktion und Vieldeutigkeit, S. 117. - Daß der Pragmatismus nicht zu bewältigende Komplexitätsforderungen an die Geschichtswissenschaft zu stellen drohte, sah Gatterer selbst, wenn er die Erwartung zurückwies, den *„Nexus rerum universalis"* tatsächlich erfassen zu können (Vom historischen Plan, S. 85f. - TDAH, S. 659). Allerdings spielte die entscheidende Frage der Versprachlichung von Kausalbeziehungen bei dieser Bescheidung keine Rolle.
Auch Pandel stellt sich nicht die Frage, ob der Pragmatismus überhaupt eine Darstellungsform sui generis hervorzubringen in der Lage war, obwohl ihm bewußt ist, daß der Möglichkeitsbereich „narrativer Aussagen" und die sprachlichen Explikationen von Kausalbeziehungen nicht deckungsgleich, sondern diese viel enger als jene sind (Historik und Didaktik, S. 53). „Inkongruenzen" zwischen dem ,System von Begebenheiten' und der Erzählung entstehen für ihn nur aus der notwendigen Umfangsbeschränkung und der Selektivität jeder Darstellung (vgl. Hans-Jürgen Pandel: Pragmatisches Erzählen bei Kant. Zur Rehabilitierung einer historistisch mißverstandenen Kategorie. - In: Von der Aufklärung zum Historismus, S. 133-151, hier S. 144). So schränkt er lediglich ein: „Der Pragmatismus blieb deshalb auf halbem Wege stecken und führte nicht vollständig zum narrativen Prinzip, weil er die Verknüpfung [der Ereignisse] ausschließlich als ein Verhältnis von Ursache und Wirkung begriff." (Historik und Didaktik, ebd.)

55 Certeau: Das Schreiben der Geschichte, S. 122.

Explizierte gelten und alle darüber hinausgehenden, ‚symbolischen' Textdimensionen ungenutzt läßt. Ohne die historiographiepraktisch notwendige Vermittlung gegenüber standen sich in der Aufklärungshistorik demnach ein hohe Komplexität implizierender Leitbegriff (‚System', im Idealfall als ‚Nexus rerum universalis') und eindimensional angelegte Ausführungskonzepte für die Geschichtsschreibung.

Zum Ausdruck kommt die darstellungsbezogene Eindimensionalität auch in der Metaphorik, mit der die Beschaffenheit der herzustellenden Verknüpfungen charakterisiert wurde: Denn „Kette" ist die zentrale Metapher in dieser Funktion, und diese Kette zeichnet sich in aller Regel durch ihre unverzweigte Linearität aus.[56] Auf der Ebene der Metaphorik läßt sich aber auch verfolgen, wie die unbesetzte ‚Mitte' zwischen Kette und System später aufgefüllt wird: durch Gewebe-Metaphern. Die Mehrdimensionalität, die sie signalisieren, kommt bereits darin zum Ausdruck, daß unterhalb einer Komplexität ausdrückenden ‚Obermetapher' – „das ganze Gewebe der Menschengeschichte" –[57] Differenzierungen möglich sind: etwa um verschiedene Dimensionen der Geschichte, insbesondere Naturhaftes und Ideelles, durch die quer zueinander verlaufenden „Zettel" und „Einschlag" metaphorisch zu unterscheiden[58] oder um durch die Metapher „Faden" eine Perspektive zu kennzeichnen, die, ‚über' der Ereignisgeschichte angesiedelt, eine Orientierung in dieser vielfältig „verflochtenen" ermöglicht.[59] Die Gewebe-Metaphern

---

56 Vgl. das oben (Anm. 32) von Hartmann Zitierte sowie Gatterer: Vom historischen Plan, S. 39, 81, 86 – TDAH, S. 634, 657, 661; Schlözer: Vorstellung seiner Universalhistorie, S. 46 – TDAH, S. 679; Pütter glaubte, die verzweigten „kleineren Glieder" der Geschehens-‚Kette' absondern zu können, ohne daß der Zusammenhang der „grossen Glieder der Hauptkette" darunter leiden muß (Teutsche Reichsgeschichte, S. IV). Häufig ist die Kettenmetapher auch noch bei Herder (vgl. die Belege aus den *Ideen* bei Demandt: Metaphern, S. 316), doch bilden hier nicht die Ereignisse selbst Ketten, sondern Geschichtsinterpretamente wie „Geselligkeit", „Kultur", „Aufklärung", „Bildung", vgl. „Goldene Kette der Bildung" (Herder: Ideen - Werke Bd. 6, S. 344 [9, I]), dazu auch Frenz: Studien, S. 99-240. Herder hat demnach die Notwendigkeitsstruktur der Geschichte, welche die Kettenmetapher impliziert, schon auf die unten (vgl. S. 97) zu erläuternde zweite Ebene geschichtlicher Kontinuität über dem eben nicht garantiert kohärenten historischen Handlungszusammenhang gehoben. Zur Komplexität und immanenten Reflexion von Herders Metapherngebrauch in bezug auf Geschichte vgl. Meyer: Überlegungen, bes. S. 112f.

57 Vgl. Herder: Ideen – Werke Bd. 6, S. 651 (15, III); Humboldt: Werke Bd. 1, S. 590: „zusammenhängendes Gewebe von Begebenheiten"; Droysen: Historik (Ed. Leyh), S. 289; Hegel: Philosophie der Geschichte, S. 38: „der große Teppich der vor uns ausgebreiteten Weltgeschichte"; Woltmann: Geschichte des dreißigjährigen Kriegs, S. VI.

58 Hegel: ebd.; vgl. Droysen: ebd.

59 Herder: Ideen – Werke Bd. 6, S. 557 (13, VI); vgl. ders.: Auch eine Philosophie: S, 14: „Faden der Entwicklung"; Kant: Schriften zur Geschichtsphilosophie, S. 36: „Leitfaden". Schlözer hingegen gebraucht die Faden-Metapher nicht anders als die Ketten-Metapher, nämlich zur Bezeichnung eines ‚Realzusammenhangs' von Ursachen und Wirkungen

drücken damit, der doppelten Bedeutung von ‚textere' nur entsprechend, ein differenzierteres Verhältnis zum (historiographischen) Text aus.[60] Auf der Erklärungs- und Textebene bildet aber die Erzählung den alternativen Leitbegriff für die historiographische Darstellung:[61]

β. Die Erzählung ist nicht nur geeignet, die Mikrostruktur eines historiographischen Textes wissenschaftlich hinreichend folgerichtig einzurichten, sondern sie organisiert ihn auch auf der makrostrukturellen Ebene, und das sogar in mehrfacher Hinsicht. Die Erklärungsleistung, die das Erzählen (1) auf *mikro*struktureller Ebene erbringt, zeichnet sich – wie bei Engel und Chladenius schon angedeutet – dadurch aus, daß der Berichtende der Verpflichtung enthoben ist, alle kausalen oder logischen Beziehungen zwischen den Aktanten und Aktionen seines Berichtes zu explizieren. „Eine Erzählung beschreibt und erklärt ineins", formulierte Danto kürzestmöglich die narrativistische

---

(Vorstellung seiner Universalhistorie, S. 47 – TDAH, S. 679; ebenso bei Pütter: Teutsche Reichsgeschichte, S. III-V); bei Gatterer zeichnet sich der „Faden" des historischen Zusammenhangs im Gegensatz zur „Kette" sogar durch Schwäche aus (Einleitung, 1. Teil, S. 4).

60 Auf ihrer Komplexstufe steht die Gewebemetapher zudem in engem Bezug zum hyperstrukturierten Textmodell der Goethezeit und dessen unerschöpflich bedeutungsgenerierendem Verweisungs-‚Geflecht'. Zur poetologischen Webemetaphorik vgl. Staub: Der Weber und sein Text, bes. S. 586f.

61 Die literaturwissenschaftliche Erzählforschung hat in dieser Frage leider nicht sehr viel beizutragen: Zum einen kann nach wie vor mit Jörn Rüsen beklagt werden, daß das historiographische Erzählen in derselben allenfalls am Rande Beachtung findet (vgl. Geschichtsschreibung als Theorieproblem der Geschichtswissenschaft. Skizze zum historischen Hintergrund der gegenwärtigen Diskussion. – In: Formen der Geschichtsschreibung, S. 14-35, hier S. 22; mit dem schweren Geschütz „sprachontologischer Divergenzen", will sagen wegen mangelnder ‚Fiktionalität', schließen z.B. Petersens *Erzählsysteme* die Geschichtserzählung gleich zu Anfang vom Thema aus). Zu den wenigen Ausnahmen gehören Gérard Genettes und Dorrit Cohns Versuche zur formalanalytischen Abgrenzung von fiktionalem und ‚faktualem' bzw. historiographischem Erzählen (vgl. Genette: Fiktion und Diktion, S. 65-95; Cohn: Signposts of Fictionality); während Cohn auf einige wesentliche Modifikationen des strukturalistischen Erzählmodells bei der Anwendung auf Geschichtsschreibung aufmerksam macht, warnt Genette dabei vor einem aprioristischen Auseinanderdividieren beider Typen, weil sie in praxi in sich zu vielfältig seien. Zum anderen konzentriert sich die (deutschsprachige) Erzählforschung seit Hamburger und vor allem Stanzel auf den Erzähler, seine Tätigkeit und deren Prägung der Textoberfläche (vgl. Stanzel: Theorie des Erzählens, S. 31f.). Mikro- und makrostrukturelle Kohärenzbildung des Erzähltextes (welch letztere denn auch eher die Tiefenstruktur betrifft) bleiben dadurch weitgehend außerhalb der Betrachtung; vgl. dazu z.B., in welchem Rahmen das Moment der Erzählkohärenz bei Petersen Beachtung findet: innerhalb einer Textartenklassifikation nach „großen, mittelgroßen und kurzen epischen Texten" (vgl. Erzählsysteme, S. 45-48, Zitat S. 46)! Mit der hier gestellten Frage nach der geschichtskonstitutiven Rolle narrativer Schemata und Techniken trifft sich hingegen jener Trend in der Erzählforschung, der auf den „Zusammenhang zwischen narrativer Form und historischer Wirklichkeitserfahrung" im Roman zielt (vgl. Nünning: Narrative Form und fiktionale Wirklichkeitskonstruktion, S. 198).

Lösung des wissenschaftsneuralgischen Erklärungsproblems durch die jüngere analytische Philosophie.[62] Die Mindestbedingung narrativer Verknüpfungen ist lediglich, daß ihre Elemente vom Leser als Bestandteile und Bausteine eines historischen Prozesses verstanden werden können.[63] Allerdings braucht sich die Erzählung nicht darauf zu beschränken, eine im Horizont eines kulturellen Wissens, wie sich Geschichte vollzieht, ‚verstehbare' Folgerichtigkeit auszudrücken. Ja sie darf es nicht, denn erst metanarrative, diskursive Elemente vermögen, wissenschaftliche, und das heißt überprüfbare, Geltungsansprüche zu erheben.[64] Dies markiert den ‚epistemologischen Einschnitt' zwischen der Geschichtsschreibung und anderen Formen der Narration; weil jene auf Begriffsbildung zielt, nach ‚Objektivität' strebt und die Grenzen dieses Strebens reflektiert, ist sie nicht einfach eine Untergattung der Geschichtenerzählens. Selbst bei einem hohen Anteil expliziter (auch gesetzmäßiger) Erklärungen wird jedoch der „Erklärungsvorgang als ganzer nicht unter allgemeine Gesetze subsumierbar", sondern bleibt narrativ.[65]

Abgesichert wird die zuweilen sehr lockere Verknüpfungsform des Erzäh*lens* durch die *makro*strukturelle Funktion der Erzähl*ung*. Denn eine Geschichte zu erzählen bedeutet, dabei einer bestimmten Fabel oder einem Erzählmuster zu folgen, die ihre ‚Tiefenstruktur' bilden.[66] Zunächst einmal integriert die Fabel und die aus ihr abgeleitete Geschichte[67] in der Erzählung (2) die meist diskontinuierlichen Sequenzen der Handlung. Sie machten den eigentlichen Gegenstand der Systematisierungsanstrengungen der Aufklärungs-

62 Danto: Analytische Philosophie der Geschichte, S. 230. Eine Äußerung wie die von Alfred Heuß: „Historische Erzählung enthält die Logik der Sache (d.h. der Geschichte)" (Zur Theorie der Weltgeschichte, S. 46), indiziert überdies, daß auf vortheoretischer Ebene die meisten Historiker immer schon ‚Narrativisten' sind bzw., historisch gesehen, seit dem Historismus waren.

63 Wolf-Dieter Stempel: Erzählung, Beschreibung und der historische Diskurs. – In: Geschichte – Ereignis und Erzählung, S. 325-346, hier S. 328-330, stellt Mindestbedingungen narrativer Zusammenhänge zusammen, die restriktiver sind. In der jüngeren Texttheorie ist dagegen geltend gemacht worden, daß für die Kohärenz eines Textes Oberflächenstrukturen wie ein gleichbleibendes Subjekt usw. von untergeordneter Bedeutung sind. Die Fähigkeit, lange Texte zu erzeugen und zu verstehen, setzt vielmehr das Vorhandensein bzw. Erkennen einer Tiefenstruktur voraus, vgl. Schmidt: Texttheorie, S. 155-157.

64 Vgl. Schiffer: Theorien, S. 49-54.

65 Ebd., S. 54. Das bestätigen auch Ricœur: Zeit und Erzählung Bd. 1, S. 266, und Rüsen: Rekonstrukion der Vergangenheit, S. 38f.

66 Zur Durchsetzung des Fabelprinzips, also einer entscheidenden poetologischen Aufwertung der Makrostruktur, am Ende des 18. Jahrhunderts vgl. unten Kap. C. 2. b), bes. S. 170ff. In seiner geschichtstheoretischen Bedeutung ist der synthetisierende Charakter der Erzählung zuerst von Louis O. Mink hervorgehoben worden, vgl. dazu das Referat bei Ricœur: Zeit und Erzählung Bd. 1, S. 233-240.

67 Zu dieser Terminologie vgl. Lämmert: Bauformen des Erzählens, S. 25f.

historiker aus und sind zumeist auch Bestandteil der erzählenden Geschichtsschreibung, wenngleich nicht die einzige darzustellende Ebene des historischen Prozesses. Das ist die *kompositionelle* Bedeutsamkeit der Erzählung; von ihr geht „eine Integrationsdynamik [aus], die *aus* einer Vielfalt von Vorfällen eine einheitliche und vollständige Geschichte macht, mit anderen Worten, diese Vielfalt *in* eine einheitliche und vollständige Geschichte verwandelt."[68] Auch diese makrostrukturelle Funktion hat die Erzählung einer systemorientierten Darstellung voraus, denn diese vermochte die Struktur des Ganzen allein unter den Gesichtspunkten einer rhetorischen ‚Dispositio' oder wieder des ‚Systems' zu konzipieren.[69]

Darüber hinaus ermöglicht es die Erzählung (3), Geschichte jenseits dieser Ebene der „Umstände, Ziele, Mittel, Interaktionen, gewollten und ungewollten Resultate",[70] kurz: der ‚Geschäfte', aufzufassen: Die Vermitteltheit des Erzählten von einem Standpunkt am vorläufigen Ende des Geschichts-

68 Ricœur: Zeit und Erzählung Bd. 2, S. 15. Zur näheren Bestimmung des von der narrativen Tiefenstruktur, der ‚Fabel', Geleisteten vgl. ebd. Bd. 1, S. 105-109. Eine schwierige, aber für die historische Reichweite der narrativistischen Geschichtstheorie ausschlaggebende Frage ist, wie weit man ihre Begriffe ‚Figur', ‚Ereignis', ‚Fabel' dehnen darf. Sind sie in der Lage, die avancierten historiographischen Formen des 20. Jahrhunderts, sei es die *Nouvelle Histoire* der *Annales* oder die Sozial- und Strukturgeschichte, in ein Modell der Geschichtsschreibung als erzählter Handlung zu integrieren? Ricœur versucht dies in einer Analyse von Fernand Braudels *La Méditerranée et le Monde méditerranéen à l'époque de Philippe II*: Reformuliert als ‚Quasi-Figur', ‚Quasi-Ereignis' und ‚Quasi-Fabel', hält er die Strukturkategorien der poetischen (letztlich aristotelischen) Handlung für anwendbar auf jede Form von Geschichtsschreibung; ja deren scheinbar anarrative Ausprägungen machten letztlich nur darauf aufmerksam, daß die genannten narratologischen Kategorien in der Geschichtswissenschaft nur analogisch zu verwenden sind (vgl. ebd. S. 311-326, 344). Daß der Figurbegriff nicht auf (erzählte) Individuen beschränkt bleiben muß, sondern auf einen grammatischen Aktantenbegriff, der soziale oder ideelle u.ä. Entitäten einschließt (vgl. ebd., S. 298), ausgedehnt werden kann, scheint in der Tat möglich, ohne daß der Handlungsbegriff gesprengt wird, zumal die Intentionalität von Handlungen, wie sie den literarischen Handlungsbegriff prägt(e), für die Geschichtsforschung ohnehin prekär ist. Und die Ausweitung des Ereignisbegriffs sollte erst recht unproblematisch sein, da er vom Figurbegriff abhängt, denn die jeweilige Auffassung von ‚Figur' präjudiziert, welche Typen von ‚Ereignissen' dieser widerfahren können (vgl. ebd., S. 337). Gewagt scheint mir dagegen Ricœurs Versuch, die von ihm ermittelte Tiefenstruktur von *La Méditerranée* im Hinblick auf die postulierte Erzählform jeder Geschichtsschreibung als ein Fabel-Äquivalent zu interpretieren, denn diese Tiefenstruktur liegt nicht allein versteckt, sondern existiert nur „*virtuell*" und bleibt „latent", weil sie in drei Teilfabeln aufgespalten ist (ebd., S. 323f.). Gerade weil es auch Ricœur (wie H. White) auf die Signifikanz einer Fabel in der Rezeption einer Geschichtserzählung ankommt, müßte eine solcherart virtuelle ‚Quasi-Fabel' aus dem Erzählmodell von Geschichtsschreibung herausfallen. Zu der damit berührten Frage der Gültigkeit einer poetologisch verankerten Geschichtstheorie für die Historie des 20. Jahrhunderts vgl. unten Kap. IV. B.

69 Vgl. dazu unten S. 149.

70 Ricœur: Zeit und Erzählung Bd. 2, S. 15.

prozesses aus und die damit darstellbare transintentionale Tendenz einer Geschichte (‚story') erschließen der historiographischen Darstellung diese Ebene der ‚Ideen', ‚Tendenzen' oder Strukturtransformationen.[71] Eröffnet wird diese Ebene mithin dadurch, daß der Historiker ‚seine' Geschichte nicht als „Reflektor", d.h. in einem Null-Modus der Mittelbarkeit, erzählt.[72] Weil er, anders als viele literarische Erzählerfiguren, jedoch meist nicht explizit auf seine Erzähltätigkeit reflektiert, tendenziell vielmehr sein „Selbst gleichsam auszulöschen" wünscht, verdeutlichen das neben ausdrücklichen Urteilen gerade die distanzierenden Zeitdeiktika („damals").[73] Durch die Retrospektivität des Berichtens wird eine ‚Teleologisierung' des Berichteten erst möglich; beides zusammen konstituiert die Geschichte „über den Geschichten"[74]. Erst diese Doppelung ermöglicht es dem Historiker, neben der Komplexität der erzählten Geschichte auch deren vorwaltende Tendenz(en), so wie er sie seiner Geschichte narrativ präzidiert, darzustellen. Auf jener zweiten Ebene kann der Historiker zudem unabhängig von der Kohärenz der erzählbaren historischen Interaktionen die Geschichte als kontinuierlich begreifen und darstellen.[75] Ihre Einrichtung bestimmt er durch den von ihm eingenommenen Blickpunkt und durch die von ihm gewählten Perspektiven, die von seinen (theoretischen) Voranahmen über den Geschichtsprozeß abhängen. Wie gezeigt, sind die Aufklärungshistoriker bei dieser Operation nicht weit gekommen. Zu den ersten, die die Notwendigkeit einer interpretativen Kontinuitätsebene für eine nicht bloß antiquarische Historie reklamieren, zählt vielmehr Kant. In seiner *Idee zu einer allgemeinen Geschichte in weltbürgerlicher Absicht* beklagt er, daß die Menschen in ihrem Handeln „ohne eigenen Plan

---

71 Vgl. Karlheinz Stierle: Erfahrung und narrative Form. Bemerkungen zu ihrem Zusammenhang in Fiktion und Historiographie. – In: Theorie und Erzählung, S. 85-118, hier S. 94f.

72 Zu dieser Terminologie vgl. Stanzel: Theorie des Erzählens, S. 84f., 196-200. – Meine Formulierung weist bereits darauf hin: Autor und Erzähler sind in der Geschichtsschreibung, anders als in der literarischen Fiktion, nicht axiomatisch zu trennen. Zur möglichen Dissoziierung gleichwohl von Autor- und Erzählerperspektive vgl. unten S. 376. In diesem Punkt ist Cohns Modifizierung des narratologischen Modells für die Historiographie (vgl. Signposts of Fictionality, S. 791-800) also noch einmal zu präzisieren.

73 In Rankes *Geschichte Wallensteins*, SW 23, z.B. auf S. 189, 220. Das ‚Auslöschungs'-Zitat bei Ranke: Englische Geschichte vornehmlich im 17. Jahrhundert – SW 15, S. 103.

74 Droysen: Historik (Ed. Leyh), S. 409, 441.

75 Am Beispiel Rankes beschreibt diese Ebenendoppelung Dietrich Harth: Die Geschichte ist ein Text. Versuch über die Metamorphosen des historischen Diskurses. – In: Formen der Geschichtsschreibung, S. 452-479, hier S. 464. Daß die Kontinuität der Geschichte ein „Implikat" der Erzählung, also nicht schon Merkmal einer Folge von historischen Ereignissen ist, hat besonders Baumgartner hervorgehoben (vgl. Kontinuität und Geschichte, S. 295-301, Zitat S. 295).

verfahren", so daß „auch keine planmäßige Geschichte (wie etwa von den Bienen oder den Bibern) von ihnen möglich zu sein" scheint. Deshalb springt er auf die ‚höhere' Ebene einer möglichen „*Naturabsicht*" - an deren Stelle Historiker freilich bescheidenere ‚Leitfäden' zu setzen pflegen -, weil dort erst Geschichte als ein kontinuierlicher Prozeß vernünftig begreifbar wird.[76]

Schließlich eignet der Erzählform (4) noch eine Art der Codierung der von ihr dargestellten Ereignisse, Prozesse und Strukturen, die sie ihrer selten ganz aufzuhebenden Imprägnierung mit etablierten Mustern des Erzählens verdankt. Diese *Interpretations*funktion der Erzählung, ihre prägnanteste makrostrukturelle Bedeutsamkeit, hat insbesondere Hayden White betont: Durch die Erzählung werden

> Ereignisse, Akteure und Handlungen als „Geschichten-Elemente" („story-elements") codiert, das heißt als diejenigen Arten von Ereignissen, Akteuren und Handlungen usw. gekennzeichnet [...], die als Elemente spezifischer „Geschichten-Typen" („story-types") wahrgenommen werden können. Auf dieser Ebene der Codierung lenkt der historische Diskurs die Aufmerksamkeit des Lesers auf einen sekundären Referenten, der sich seinem Wesen nach von den Ereignissen, aus denen der primäre Referent zusammengesetzt ist, unterscheidet, nämlich auf die „plot-Strukturen" („plot-structures") der verschiedenen „Geschichten-Typen", die in einer bestimmten Kultur vorherrschend sind.[77]

---

76 Kant: Schriften zur Geschichtsphilosophie, S. 22.

77 Hayden White: Das Problem der Erzählung in der modernen Geschichtsschreibung. - In: Theorie der modernen Geschichtsschreibung, S. 57-106, hier S. 78. White hat dabei eine Tetrade von Geschichtenmustern vorgeschlagen (‚Romanze' [engl. romance], Komödie, Tragödie, Satire), die wohl zu starr ist, wie bereits die unten (vgl. S. 362, 388) durchgeführte Beispielanalyse von Rankes *Römischen Päpsten* zeigen kann.
Mit Hinweis auf White erkennt auch Rüsen eine solche Ebene historischer Sinnbildung durch den „Gebrauch von Sprachmustern" an (vgl. Die vier Typen des historischen Erzählens. - In: Formen der Geschichtsschreibung, S. 514-605, hier S. 583). Zumal weil Rüsen White aber auch kritisiert, da dieser die Wissenschaftlichkeit der historischen Erzählung nicht sichern kann (und möchte) (vgl. ebd., S. 515f.), müssen wir dieses für den Historiker maßgebliche Problem jenseits der Textorganisationskompetenz der Erzählung wenigstens kurz berühren. Denn die von Ricœur vorgenommene Entpoetisierung der mit der Erzählung verbundenen ursprünglich poetologischen Begriffe macht die Erzählung ja nur überhaupt applikabel auf Geschichten, die nicht dem einfachen Handlungsmodell entsprechen - über das spezifisch Geschichtswissenschaftliche der Makrostruktur ‚Erzählung' ist damit noch nichts positiv entschieden. Für die Wissenschaftlichkeit der Historie nun allein die methodisch zu garantierende ‚Faktizität' der Bestandteile ihrer Geschichten, denen die Erzählung dann nur noch die ‚Form' gäbe, zu reklamieren, lehnt Rüsen ab - konsequenterweise, wenn historische Sinnbildung in der Erzählung geschieht und nicht außerwissenschaftlich bleiben soll (vgl. ebd., S. 526, 597f.), die ‚Fiktionalität' auch der historischen ‚Fakten' gar nicht gerechnet. Was Rüsen indes als Lösung anbietet - „*narrative Triftigkeit*" (ebd., S. 602, vgl. oben S. 34) - eröffnet wohl „Rationalitätschancen", gelangt aber als Wissenschaftlichkeitssicherung nicht entscheidend über White hinaus. Denn erzählte Geschichten werden in letzter Instanz nicht begründet (das fordert Rüsen ebd., S. 600), sondern sind, wie White betont, kulturell

Dadurch entsteht ein Sinn, der weder durch logische Argumentation noch durch wissenschaftliche Beweisführung erzeugt werden kann. Die historische Erzählung ist ein Text, der sich der symbolischen Doppelung des Aussagens, wie es für die Literatur typisch ist, bedient: „sie *sagt* etwas und *meint* [zugleich, D.F.] etwas anderes."[78] Allerdings beabsichtigt die Anwendung dieses Verfahrens nicht dasselbe wie in der Dichtung: Der propositionale Gehalt des historiographischen Textes ist nicht ein, mit Schiller zu sprechen, zu vertilgender Stoff. Vielmehr ermöglicht es die Ebenendifferenz von Fabel (‚plot') und berichteter Historie, den Wahrheitswert einzelner Existenzaussagen und in gewissem Grade auch die Plausibilität ihrer Verknüpfung nach den methodischen Standards der Fachwissenschaft zu beurteilen. Wohl kann das Sinnangebot der Plotstruktur eines historiographischen Textes dazu helfen oder sogar verleiten, quellenkritische oder argumentative Schwächen desselben zu tolerieren.[79] Angesichts der Schwierigkeiten der pragmatischen Geschichtsschreibung wird man dies in historiographiepraktischer Hinsicht jedoch als geradezu notwendige Erleichterung werten müssen, ohne damit die Gefahr, die in der Suggestionskraft der kohärenten Erzählung liegt und der manche Werke zumal des Historismus auch erlegen sind, zu leugnen.

Die Analyseergebnisse zum historiographischen Potential der pragmatischen Geschichtstheorie zusammenfassend, läßt sich feststellen, daß sich einerseits Kausalbeziehungen zwar erzählen lassen, daß andererseits aber die Bestimmtheit logischer oder kausaler Systembezüge mit den historiographischen Darstellungsmitteln des 18. Jahrhunderts nicht einzuholen war. Der von den Aufklärungshistorikern erhobene Erklärungsanspruch und ihr Versuch, Geschichte als ein Bedingungsgefüge von Ursachen und Wirkungen zu begreifen, mußten nicht als solche schon Geschichtsschreibung unüberwindbar

---

signifikant. Eine Begründung der Wissenschaftlichkeit von Geschichte, die alle Literarizität ausschlösse, scheint innerhalb des Narrativismus grundsätzlich nicht möglich. Die Methodisierungsresistenz des narrativen Elements braucht jedoch den disziplinären Rahmen der Geschichtswissenschaft m.A.n. nicht zu sprengen, wenn diese mit Droysen und Max Weber als ‚Forschung' aufgefaßt und die mangelnde Letztgültigkeit historiographischer Aussagen anerkannt wird (vgl. Oexle: Die Geschichtswissenschaft, bes. S. 18f., 31, 42f., 54f.).

78 White: ebd., S. 81. White spricht hier von Allegorese, doch scheint mir angesichts der in der deutschen Literaturwissenschaft üblichen Unterscheidung zwischen ‚Symbol' und ‚Allegorie' jenes der angemessenere Terminus zu sein. Vgl. ders.: Auch Klio dichtet, S. 109, 112.

79 Vgl. Rusch: Theorie der Geschichte, S. 22f. Ein Historiker wie Schlözer betrachtete es dagegen als methodische Pflicht, nicht zu schließende Lücken nicht zu überdecken, sondern zu kennzeichnen (Schlözer: Vorstellung seiner Universalhistorie, S. 42 - TDAH, S. 677f.). Entgegen einem weitverbreiteten Klischee tat eben das aber auch Ranke, vgl. Die römischen Päpste Bd. 2, S. 554.

erschweren. Eine solche Erschwernis entstand jedoch dadurch, daß die Aufklärungshistoriker Kausalität systemförmig explizieren wollten und die Erzählung als Darstellungsmedium ablehnten, weil sie, orientiert am Systembegriff und der in ihm beschlossenen logischen oder kausalen Stringenz, deren explanatorische Kraft und makrostrukturelle Bedeutsamkeit verkannten. Der auch für die Darstellung maßgebliche Systembegriff überforderte auf der einen Seite die sprachlichen Möglichkeiten und blieb in der Eindimensionalität seiner Anwendungen auf der anderen Seite Hilfen zur Textorganisation, vor allem auf makrostruktureller Ebene, schuldig. (Wie noch zu zeigen sein wird, wurde dieses Problem noch dadurch verschärft, daß die spärlichen Reflexionen auf die Darstellbarkeit von Systemen vor allem im Rahmen universalhistorischer ‚Pläne' stattfanden.) In seiner Verengung auf den historischen Handlungszusammenhang kam der Systembegriff zwar den Darstellungsfähigkeiten der Pragmatisten entgegen, drohte dann aber über die Notwendigkeit hinwegzutäuschen, Geschichte mit Hilfe von Gesichtspunkten jenseits der Intentionen der Handelnden zu konstruieren. Zumal im Vergleich mit der ‚Erzählung' tritt die historiographische Unfruchtbarkeit des Systembegriffs deutlich zutage. Dem Pragmatismus und damit der Aufklärungshistorie in ihrem Kern konnten, indem sie aus wissenschaftstheoretischem Kalkül sich an ihn banden, keine entscheidenden Schritte zu einer ‚modernen' Geschichtsschreibung gelingen.

3. Der Pragmatismus in Roman und Romantheorie

Warum der Pragmatismus keine Geschichtsschreibung hervorgebracht hat, die auch nur die Zeitgenossen befriedigt hätte, sollte auf geschichts- und erzähltheoretischer Ebene das letzte Kapitel ergründen. Im letzten Drittel des 18. Jahrhunderts, also zur gleichen Zeit, entwickelte sich indes der deutsche *Roman* aus bescheidensten eigenen Anfängen zur poetologisch legitimierten und von den Frühromantikern dann gar ins Zentrum der Poesie gesetzten Kunstform; die Ausprägung, die er im Werk repräsentativer Autoren (Wieland, Goethe) annahm, wirkte sogar traditionsbildend für die im folgenden Jahrhundert dominante Gattungsvariante, den ‚Bildungsroman'. Daß die literarischen Bemühungen um eine deutsche Erzählprosa in epischen Dimensionen offensichtlich soviel erfolgreicher waren als die historiographischen, muß insbesondere deshalb irritieren, weil das *Programm* des ‚pragmatischen' Romans als der typischen Ausprägung des Aufklärungsromans[1] sich mit der

1 Hahl nennt die pragmatische Erzähltheorie „die repräsentative Erzähltheorie der

spätaufklärerischen Geschichtstheorie nahezu völlig deckte, nicht nur in den Darstellungsmitteln, sondern auch in der didaktischen Absicht und dem Wirklichkeitsverständnis der beiden Gattungen.[2] Von daher scheint die These, die pragmatische Historie sei strukturell anarrativ gewesen, durch den ‚pragmatischen' Roman in Frage gestellt.

Eine (zunächst) auf das Erzählproblem konzentrierte Betrachtung der (spät)aufklärerischen Romantheorie und -praxis ist deshalb unumgänglich. Doch braucht sich eine Analyse von ‚pragmatischen' Romanen nicht darin zu erschöpfen, denn prägnanter als die wenig, allenfalls quantitativ elaborierten historiographischen Texte demonstrieren sie das narrative Potential und die Entwicklungstendenzen des Pragmatismus - bis hin zu nihilistischen Tendenzen, die ästhetische oder idealistisch-geschichtstheoretische Lösungen jenseits des Pragmatismus herausforderten. Der pragmatische Roman kann und muß mithin die steckengebliebene Geschichtsschreibung der Aufklärungshistorie modellhaft vertreten. Für diese Rolle ist er sogar besonders geeignet, denn die innere Reflexivität literarischer Texte läßt seine avanciertesten Vertreter die Analyse der Strukturaporien des Pragmatismus selbst leisten.

Die durchgreifende Formveränderung des deutschen Romans im 18. Jahrhundert - vor allem in dessen zweiter Hälfte - war geprägt von wachsender Kohärenz der Handlung und Empirisierung. Eine Hinwendung zu den „Tatsachen" als entscheidender Beglaubigungsinstanz der erzählten Geschichte anstelle einer zu exemplifizierenden moralischen Wahrheit hatte bereits mit jener Gattungsvariante begonnen, die sich seit etwa 1720 unter dem Gattungstitel „Historie" von der Barocktradition absetzte.[3] Diese „Historie" war allerdings noch von einer Reihung von Begebenheiten in häufig austauschbarer Folge und einem Begriff von Wahrheit und Fiktion geprägt, der jene aus dem

---

Spätaufklärung" (Reflexion und Erzählung, S. 61). Ähnlich Weber: Poetologische Selbstreflexion, S. 14. - Der Terminus ‚pragmatisch' ist in der Romantheorie der Spätaufklärung nicht ganz so zentral wie in der Geschichtstheorie. Der Beleg, den Hahl anführt, verbindet die kausalanalytische und die anwendungsbezogene Bedeutungsvariante von ‚pragmatisch' und bezeugt zugleich die Abhängigkeit der Begriffsbildung von der Geschichtstheorie (wie sie sich ja in der Forschung wiederholt hat): „Zum Unterschiede von [...] zeitungsmäßigen Relationen [...] hat man diejenige pragmatische Geschichte genannt, die wirklich durch gehörige Verknüpfung der Ursachen und Folgen [...] und durch eingestreute Reflexionen die Schule des Staatsmannes, des Helden und des Höflings wird. Man könnte auf eben die Art pragmatische Romane diejenigen nennen, die ohngefähr eben so die Begebenheiten des bürgerlichen Lebens behandeln." (Johann Friedrich Zöllner: Art. Roman. - In: Johann Heinrich Friedrich Ulrich: Moralische Encyklopädie. Bd. 3. Berlin: Pauli 1780, S. 359-375, hier S. 368, zit. nach Hahl: ebd., S. 62)

2 Vgl. Hahl: Reflexion und Erzählung, S. 43-61. Eine Zusammenstellung von Bemerkungen der Forschung über die Nähe von pragmatischer Historie und Romankunst gibt Kolmer: Lichtenberg als Geschichtsschreiber, S. 386-389.

3 Vgl. Weber: Poetologische Selbstreflexion, S. 49-52.

didaktischen Anspruch herleitete und diese nur als „Inhaltsmodus", also die Erfundenheit der Geschichte bezeichnend, verstand.[4] Der sich in den 1750/60er Jahren allmählich herausbildende ‚pragmatische' Roman ging darüber hinaus, indem er die kausale Verknüpfung der Romanhandlung zu seinem Programm erhob und im Medium eng mit der Handlung verbundener Erzählerkommentare seinen Kunstcharakter bewußt zu machen begann.[5] Als ‚Geschichte' konnte der pragmatische Roman alternativ dazu von der Glaubwürdigkeit der Historiographie profitieren. Die poetologischen Grundlagen blieben im wesentlichen auf dem Stand der rationalistischen Ästhetik Gottscheds – Literatur ist Nachahmung, weil sie die *Gesetzmäßigkeiten* der Natur, des Menschen und der Welt, wiedergibt bzw. nach deren Maßgaben ‚mögliche' Wirklichkeit produziert –[6], doch wurde diese Nachahmung im Zuge der *empiristischen* Tendenz der späten Aufklärung psychologisiert und zu einem „neuen Detailrealismus"[7] umgestaltet. Beides zusammen genommen stellt den Roman aber in dieselben Zusammenhänge hinsichtlich Wirklichkeitsauffassung und Erkenntnismodellen wie die Geschichtswissenschaft: Beide stehen vor der Aufgabe, eine rationalistische Theorie mit sich als unumgänglich erweisender Empirie zu verbinden.[8]

Auf einer anderen Ebene, der der Textorganisation und Sprachgestaltung, erschienen die Texte beider Disziplinen den Stilistikern der Aufklärung so ähnlich, daß die Kunstregeln für die *„erdichtete Erzählung"*, d.h. den Roman, auch für die *„wahre Geschichte"* gelten sollten, allein in der graduellen Abstufung verschieden.[9] Der *Versuch über den Roman* von Friedrich von Blanckenburg (1774), dem in der Forschung unisono Schlüsselcharakter zuerkannt wird, läßt trotz einiger Selbstabgrenzungen vom historischen Stil darüber hinaus die tiefere konzeptuelle Verwandtschaft von Roman- und Geschichtstheorie hervortreten. Entscheidend für meine Fragestellung ist dabei die immer wieder repetierte Forderung nach einer strengen und exakten *kausalanalytischen* Darstellung der ‚inneren' Geschichte eines Helden, die – bei Unterschieden in der internen Gewichtung – in der „auf den Character der handelnden Hauptpersonen" und das „System von Begebenheiten" gerichte-

4 Ebd., S. 72; vgl. ebd., S. 51, 59, 70.

5 Vgl. ebd., S. 110-112.

6 Vgl. Brenner: Krise der Selbstbehauptung, S. 36-50.

7 Rolf Grimminger: Roman. – In: Deutsche Aufklärung, S. 635-715, hier S. 702; ähnlich Žmegač: Der europäische Roman, S. 46.

8 Vgl. Engel: Roman der Goethezeit Bd. 1, S. 91.

9 Eschenburg: Theorie und Literatur der schönen Wissenschaften (Ausg. 1805), S. 365. Vgl. ebenso Adelung: Über den deutschen Styl Bd. 2, S. 55-94: „Geschichts-Styl". Weitere Lehrbücher der Poetik, Rhetorik oder Stilistik mit derselben Einordnung des Romans in die ‚historische Schreibart' führt Hahl an: Reflexion und Erzählung, S. 46.

ten pragmatischen Geschichtsschreibung ihre Entsprechung hat.[10] Besser als eine (ohnehin schon mehrfach geleistete) textimmanente Darlegung von Blanckenburgs Poetik[11] vermag indes sein Roman *Beyträge zur Geschichte deutschen Reichs und deutscher Sitten* eine Antwort auf die Frage nach den Umsetzungsmöglichkeiten der pragmatischen Erzähltheorie zu geben.[12] Der *Versuch über den Roman* kann dann dazu beitragen, die konzeptionellen Ursachen der auftretenden Erzählprobleme aufzudecken.

a) „Die Schwere und Dicke der Luft vorher erklären": der narrative Kollaps der Kausalanalyse bei BLANCKENBURG

Ein „Vorbericht" stellt die 1775 erschienenen *Beyträge* unter den gängigen moralischen Zweck aufklärerischer Literatur. Romane seien „brauchbare Dinge" „*zur Beförderung der Sittlichkeit*". Der Erzähler zeigt große Besorgnis um die Tugend des Lesers: Ihm „liegt die Ehre und die Glückseligkeit *deutscher* Menschen am Herzen, die Ehre, *wahre* Deutsche zu seyn, und die Glückseligkeit, die ein gesunder Körper, ein reines Herz, und ein leichter Kopf uns geben können."[13] Unter der Vorgabe, all dies zu befördern, soll die ‚Geschichte' eines Landjunkersohnes erzählt werden. Dieser Sohn ist zu Beginn des Romans jedoch noch gar nicht geboren; zunächst steht der künftige Vater, der Freiherr von Bernklau, im Mittelpunkt. Der streitet sich mit seiner Frau, frönt seiner Jagdleidenschaft und zeugt den eigentlichen Helden des Romans. Nach 300 Seiten geht die Freifrau von Bernklau mit diesem ‚Helden' immer noch schwanger. Der angekündigte zweite Teil des Romans ist wohl nicht mehr erschienen[14]. Der Stil ist außerordentlich umständlich; irgendein ‚hätte',

10 Vgl. Blanckenburg: Versuch, S. 265; Gatterer: Vom historischen Plan, S. 85 - TDAH, Theoretiker, S. 659.

11 Vgl. dazu u.a. Michelsen: Laurence Sterne, S. 144-176, das Nachwort von Eberhard Lämmert in der von ihm herausgegebenen Faksimileausgabe des *Versuchs*, S. 541-583, Sang: Blanckenburg, S. 32-94, Wölfel: Blanckenburgs Versuch über den Roman, Hahl: Reflexion und Erzählung, S. 12-43, Voßkamp: Romantheorie, S. 200-205, Brenner: Krise der Selbstbehauptung, S. 61-65, zuletzt Engel: Roman der Goethezeit Bd. 1, S. 91-98.

12 Als praktische Probe auf die Theorie versteht die *Beyträge* auch Thomé: Roman und Naturwissenschaft, S. 259-265. Am ausführlichsten zu den *Beyträgen* ist Sang: Blanckenburg, S. 106-110. Sang verzeichnet auch die meist ablehnenden, weil gelangweilten Rezensionen, erkennt in den *Beyträgen* jedoch kaum die konsequente Umsetzung von Blanckenburgs Romantheorie, sondern qualifiziert die *Beyträge* mit Michelsen (Laurence Sterne, S. 93) als das mißlungene Werk eines Theoretikers, dem die dichterische Schöpferkraft gefehlt habe (Blanckenburg, S. 107).

13 „Vorbericht", n. pag.

14 Zum angekündigten zweiten Band, vgl. im Anhang zu Blanckenburg: Versuch, S. 584.

‚würde', ‚könnte', einen kleinen Umstand oder eine nicht beabsichtigte Leserreaktion glaubt der Erzähler immer bedenken zu müssen. Michelsen übertreibt nur wenig, wenn er feststellt: „Auf einen geäußerten Satz einer Person kommen meist zwei oder mehr Seiten Betrachtungen über die ursächlichen Verhältnisse, durch welche bedingt es zu diesem Satz gekommen ist."[15] Zusätzlich wird der Fortgang der Handlung dadurch gehemmt, daß der Erzähler sich immer wieder zu Wort meldet, sich mit wechselnden Leserfiguren in ein Gespräch über das Erzählte einläßt und dabei auch seine Umständlichkeit rechtfertigt.

Der Verdacht, Blanckenburg habe in diesem Text kausalanalytische Erbsenzählerei und ihre textimmanente Reflexion parodiert, ginge derweil fehl, obwohl das Programm des Romans zu typisch für den Pragmatismus ist und die erzählte Geschichte zu wenig der Rechtfertigung wert scheint. Denn obschon sie sich wie eine romangeschichtliche Kuriosität lesen, erweisen sich die *Beyträge* als ein legitimes Kind des ein Jahr zuvor erschienenen *Versuchs über den Roman*, wenn man die programmatischen Äußerungen beider Schriften und den gebotenen Text vergleicht. Deshalb will ganz unironisch wörtlich genommen werden, was dem späten Leser als sicheres Ironiesignal erscheint: z.B. daß gerade eine der am dicksten aufgetragenen Absichtserklärungen des Erzählers von der Beteuerung eingeleitet wird, daß dieser „– und nun ohn' alle Figur! – [...] sehr ernsthafte Absichten, bey Verfertigung dieses Romans, gehabt habe".[16] Aufgreifen möchte ich im folgenden Blanckenburgs pragmatistische Begründung für die uneingeschränkte Detailfülle; auch an den mit ihr verbundenen moralischen Absichten und an beider ‚patriotischer' Ausprägung ließe sich jedoch die Identität von Theorie und Textpoetik zeigen[17].

15 Michelsen: Laurence Sterne, S. 93.

16 „Vorbericht", n. pag.

17 Vgl., wie die Absicht, daß der „Leser eindeutig belehrt" werde, im *Versuch über den Roman* die Forderung nach lückenloser Kausalität unterstützt: Der Lehrerfolg dürfe nicht davon abhängig gemacht werden, ob der Leser philosophisch geschult und deshalb selbständig moralische Schlüsse zu ziehen in der Lage ist, was unter dem Romanpublikum ohnehin selten der Fall zu sein pflege (vgl. S. 276, zum praktischen Lehrwert umständlicher Kausalanalysen S. 293f.). Die patriotische Färbung wiederum der *Beyträge* läßt sich von der in den 1760/70er Jahren verbreiteten Forderung nach einem deutschen ‚Originalroman' herleiten, steht aber auch mit Blanckenburgs kausalanalytischem Anliegen in Verbindung, da erst die Schilderung einheimischer Sitten dem deutschen Autor die Detailkenntnis eigener Erfahrung einzusetzen erlaube (vgl. ebd., S. 235).
Mit Rolf Grimminger ließe sich über den Nachweis der Entsprechung von Romantheorie und -praxis hinaus zeigen, wie die nicht nur bei Blanckenburg festzustellende „haarsträubende Pedanterie des Details" sich dem mechanistischen und rationalistischen Grundzug des Aufklärungsdenkens überhaupt verdankt: Grimminger findet eine „Universalgeschichte der Kleinlichkeit" auch in philosophischen Schriften, etwa in Christian Wolffs *Vernünfftigen Gedancken von Gott, der Welt und der Seele des Menschen,* wo

Blanckenburgs Theorie, die ja bekanntlich die „*innre* Geschichte eines Charakters" dem Romandichter zur Darstellung anheimstellt, geht davon aus, daß Erziehung, Stand, umgebende Personen, Geschäfte und vieles mehr die Entwicklung eines Menschen prägen. Daraus leitet sie die Forderung ab, diese Einflüsse möglichst detailliert und exakt aufzuzeigen, damit alles „Thun und Lassen" der Romanfiguren erklärt sei.[18] Erfüllt ist dies, wenn alle „kleinen Züge [...] in der genauesten Verbindung als *Wirkung* und *Ursache* stehen". Blanckenburg bedient sich hier der für den Pragmatismus typischen mechanistischen Terminologie – an anderer Stelle auch der Leitmetapher ‚Uhr' –[19]; in den *Beyträgen* nimmt er ganz in diesem Sinne ein Bild aus der Mechanik zu Hilfe, um sein Verfahren zu begründen:

> wer weit werfen will, muß aushohlen; – und wer begreiflich machen will, warum der Pfeil so und nicht anders geflogen ist, muß der nicht Gestalt und Gattung des Pfeils, seine Schwere und Dicke, und die Schwere und Dicke der Luft vorher erklären?[20]

Gemeinsam ist den *Beyträgen* und dem *Versuch* auch die Position, gegen die sie sich abgrenzen: die des „bloßen Erzehlens", des enumerierenden Ereignisberichtes, der nur Handlungen darstellt, die diese bewirkenden psychologischen Ursachen aber nicht erfaßt und somit die entscheidende Rekonstruktion der alles strukturierenden Kausalnexus vermissen läßt.[21]

Für Blanckenburg (und auch andere Autoren der Aufklärung) ist damit zugleich eine Abgrenzung von der Geschichtsschreibung vollzogen. So meint der junge Wieland, daß die „Erzählung" des Historikers keine kausalanalytische Qualität habe, weil er Begebenheiten „nur mit wenigen Worten anzeigt" – in mechanistischer Terminologie: nur „Würkungen" benenne.[22] Genau das trifft aber vom Anspruch der pragmatischen Geschichtsschreibung her nicht zu; wie wir gesehen haben, bildet der Schritt von der ‚bloßen Erzählung' zum – durchaus auch psychologisierend abgesicherten – Kausalsystem ganz im Gegenteil den Kern ihrer Wissenschaftsansprüche. In diesem zentralen Punkt stimmen aufklärerische Historik und Poetik, besonders in ihrer ‚pragmatischen' Ausprägung, trotz der Abgrenzungen dieser von jener überein.[23]

---

im § 342 das moralische Bewußtsein eines Aufstehenden auseinandergelegt wird, vgl. Grimminger: Die Ordnung, das Chaos und die Kunst, S. 72.

18 Blanckenburg: Versuch, S. 208, das folgende Zitat ebd., das erste Zitat S. 390.

19 Vgl. ebd., S. 240, 339f.

20 Ders.: Beyträge, S. 4f.

21 Ebd., S. 259-261; vgl. ders: Beyträge, vorletzte Seite des „Vorberichtes" (nicht pag.).

22 Wieland: GS I, 4, S. 344. Vgl. Blanckenburg: Versuch, S. 273-279, 302.

23 Am Selbstverständnis der Aufklärungshistorie geht Blanckenburg auch vorbei, wenn er das Interesse an der ‚Innenseite' des Menschen als proprium des Romans deklariert und der ‚historischen Schreibart' implizit das ‚Äußere' der Begebenheiten zuschiebt. Dagegen

Die Aufklärungs*historiker* muß man mit diesen Ambitionen nicht einmal so streng beim Wort nehmen wie die pragmatistischen Romanautoren, sind doch das „Vetorecht" der Quellen[24] und überhaupt der Komplex der ‚Forschung' im engeren Sinne als nicht unbeträchtliche Erschwernisse in Rechnung zu stellen, ein ‚System von Begebenheiten' kausalanalytisch zu erzählen. Umgekehrt heißt das indes: Fiktionale ‚Geschichten' wie die *Beyträge* zeigen, daß die narrative Schwäche der deutschen Aufklärungshistorie nicht aus einem Mangel an historischen Daten, die in das Verhältnis von Ursache und Wirkung zueinander gesetzt werden könnten, oder aus deren Sperrigkeit zu erklären ist. Bereits Blanckenburg schätzte die kausalanalytischen Möglichkeiten des Dichters deshalb als besser ein als die des Historikers, weil ein „Schöpfer" seiner Figuren ihr inneres und äußeres Leben frei konstruieren kann, ohne durch Erkenntnisgrenzen eingeschränkt zu sein.[25] Suspendiert man das – für die Historie allerdings fundamentale – Kriterium der ‚Tatsachenwahrheit', so erscheint der Dichter als der potentiell bessere Historiker, weil er potenter ist, narrative und/oder kausalanalytische Textstrukturen zu errichten und auszufüllen. Im Zusammenhang unserer Fragestellung verschafft dies der „Dichtgeschichte" – so schlug Campe das Wort ‚Roman' zu verdeutschen vor –[26] die Funktion eines Testfalls für die praktische Kompatibilität von Narrativität und kausalanalytischer System(re)konstruktion auch im Hinblick auf die aufklärerische Geschichtswissenschaft. Die Befreiung von den restriktiven und ‚zufälligen' Bedingungen von Quellenlage und -kritik schafft dabei die besonderen ‚Laborbedingungen' eines solchen ‚Testes'. Das gilt sowohl für die *Beyträge* Blanckenburgs als auch für die im Anschluß daran zu besprechenden ‚anthropologischen' Romane, insbesondere Wielands *Geschichte des Agathon*. Wenn sich ein (angestrebter) Pragmatismus auch im Roman als Faktor narrativen Scheiterns erwiese und umgekehrt gelungene Narration sich durch einen Pragmatismus-Verzicht auszeichnete,

---

erklärt Wiggers: „Der Mensch bleibt unter allen Dingen, welche die Geschichte uns vorhält, unstreitig der vornehmste Gegenstand, und wenn ihre übrige [!] Erscheinungen uns rühren, so ist es die mehrste Zeit vermöge der Beziehung, welche sie auf ihn haben. Mit Recht erwarten wir daher die größte Kraft historischer Darstellung bey der mannigfaltigen Originalität des menschlichen Characters." (Versuch, S. 38f. – TDAH, S. 441)

24 Koselleck: Vergangene Zukunft, S. 206.

25 Blanckenburg: Versuch, S. 263f. Genauso argumentiert [Johann Karl Wezel:] Rez. von Johann Timotheus Hermes' *Sophiens Reise von Memel nach Sachsen*, 2., stark verm. Aufl. Leipzig 1776. – In: Neue Bibliothek der schönen Wissenschaften und freyen Künste 19 (1776), Nr. 2, S. 269-292, hier S. 283, ND in Wezel: Kritische Schriften Bd. 1, S. 3-26, hier S. 18. Dementsprechend beansprucht Wieland in seiner Selbstanzeige des *Goldenen Spiegels* (1772) für den Romandichter den Vorteil, „pragmatischer als der wahre Geschichtschreiber seyn zu können." (GS I, 9, S. 324)

26 Vgl. Campe: Wörterbuch Bd. 2 (2. Aufl.), S. 540.

so stellte der Roman der Spätaufklärung meine Anarrativitätsthese sogar nicht in Frage, sondern er bestätigte sie nachdrücklicher, als eine Analyse der aufklärerischen Geschichtsschreibung es je könnte. Daß der Sprung über die Gattungsgrenzen methodisch legitim ist, ergibt sich aus der oben dargelegten Identität von Funktion, textueller Struktur und weitgehend auch Wirklichkeitsverständnis beider Gattungen. Ziehen wir also die Folgerungen aus unseren Beobachtungen an Blanckenburgs pragmatischem ‚Modellroman'.

Der prinzipiell von allen Vertretern des Pragmatismus unternommene Versuch, ein Geschehen in seinen Kausalverhältnissen darzustellen, prägt sich in den *Beyträgen* eigentümlich dahin aus, daß die präzise Motivation aller Handlungen durch kleinschrittige Detailschilderungen erreicht werden soll. Dabei benennt der Erzähler Ursachen und Wirkungen recht selten explizit, zum Erklärungsprinzip avanciert vielmehr die aus der Freiheit des Romanautors geschöpfte Detailfülle. Blanckenburg versucht also gar nicht erst, dem Kausalkonnex seiner Geschichte durch explikativ-reduktive ‚Deutlichkeit' beizukommen. Jedoch erbringt auch die Extension des Details nicht den gewünschten Explikationseffekt. Vielmehr verschwindet das zu Erklärende hinter seinen Bedingungsfaktoren (zu denen noch die zahlreichen Selbstkommentare des Erzählers kommen), und eine Erzählung kommt letztlich nicht zustande; der Roman „ertrinkt" in den „Strukturen der Kausalität".[27] Diese Minimierung von Handlung darf wohlgemerkt nicht mit Blanckenburgs Favorisierung der „*innren* Geschichte eines Charakters" und erst recht nicht mit modernen nicht-mimetischen Erzählformen verwechselt werden.[28] Vielmehr ist sie ein Ausweis für die Konsequenzen, die sich aus der zentralen Stellung ergeben, die das Verlangen nach Kausalerklärung in Blanckenburgs Romantheorie einnimmt. In verhängnisvoller Weise ist das den Pragmatismus kennzeichnende Prinzip zum Tragen gekommen, daß die Erkenntnis und Darstellung „all' dieser kleinen Züge" in größtmöglicher Extension und „in der genauesten Verbindung als *Wirkung* und *Ursache*" die Dignität des Romans (und auch der Geschichtsschreibung)[29] ausmacht. Sollten die destruktiven Konsequenzen dieser Hybris nicht eintreten, so durfte, wie es im aufklärerischen Roman in der Regel der Fall ist, die postulierte prinzipielle

27 Thomé: Roman und Naturwissenschaft, S. 264.

28 Blanckenburg: Versuch, S. 390; zur ‚Modernität' der Erzählerreflexionen in den *Beyträgen* vgl. unten die Ausführungen zu Blanckenburgs Verhältnis zu Laurence Sterne, S. 119ff.

29 Blanckenburg: Versuch, S. 208. Für Gatterer soll auch der Historiker von den „kleinen Ursachen [...] alles aufsuchen, was zur Hervorbringung eines wichtigen Vorfalles nur irgend etwas beygetragen hat" (Vom historischen Plan, S. 87 - TDAH, S. 661); erinnert sei auch an desselben Historikers Forderung, „das ganze System von Ursachen und Wirkungen, von Mitteln und Absichten [...], aufs möglichste entwickelt darzustellen" (ebd., S. 80 - TDAH, S. 656).

Erklärbarkeit allen Geschehens „nur punktuell realisiert" werden.[30] Die Komplexität der dargestellten Ursache-Wirkung-Beziehungen blieb mithin durchgängig hinter dem eigenen Anspruch weit zurück.

An einem zentralen Vertreter auch des literarischen Pragmatismus hat sich die hemmende Wirkung von dessen kausalistischem Zentrum auf die Herausbildung narrativer Darstellungsformen von Geschichte(n) bestätigt.[31] Die Hybris der Forderung, „das ganze *innre* Seyn der handelnden Personen, mit all' den sie in Bewegung setzenden *Ursachen*" darzustellen, scheint nun schon in dieser programmatischen Äußerung evident.[32] Jedoch ist diese Forderung eine Konsequenz ohne logischen Sprung aus der Verbindung von mechanistischem Weltbild und vordringendem Empirismus einerseits und Nachahmungspoetik bzw. einer objektivistischen Wissenschaft andererseits. In Blanckenburgs *Beyträgen* erleiden Poetik und Historik dieser Provenienz so etwas wie einen narrativen Kollaps.

b) Ironische Kritik aufklärerischen Erzählens im *Tristram Shandy*

Blanckenburgs *Beyträgen zur Geschichte deutschen Reichs und deutscher Sitten* kann selbstredend nicht zugemutet werden, den deutschen Roman der Aufklärung überhaupt zu repräsentieren. Insofern sie aber einen konsequenten Versuch darstellen, zentrale Prinzipien der aufklärerischen Dichtungstheorie in die poetische Praxis umzusetzen, sind sie gleichwohl ein legitimer Vertreter des von Manfred Engel als „Idealtypus des aufklärerischen Romans schlechthin"[33] gekennzeichneten pragmatischen Typs. Bei seiner Ordnung des Aufklärungsromans kommt Engel mit einer einfachen Zwei- bzw. Dreiteilung aus: Neben dem genannten ‚Idealtypus' steht der ‚anthropologische' Roman,

---

30 Brenner: Die Krise der Selbstbehauptung, S. 158.

31 Für Literaturwissenschaftler, die Blanckenburg üblicherweise als Theoretiker des Bildungsromans avant la lettre hochschätzen (vgl. dazu z.B. Selbmann: Der deutsche Bildungsroman, S. 9-11), ist das sicher eine ungewohnte Perspektive. Schon die nach einer stillen Phase wieder auflebende Rezeption des *Versuchs über den Roman* in der ersten Hälfte des 19. Jahrhunderts stand ganz unter dem Aspekt der ‚inneren Geschichte' des Helden, während Blanckenburgs mechanistische Anthropologie und Handlungstheorie ausgeblendet wurden (vgl. Voßkamp: Blanckenburg und Blanckenburgrezeption, S. 197; auch für Selbmann: ebd., gehören der ‚Pragmatismus' und Kausalstrukturen nicht zum Erwähnenswerten bei Blanckenburg). Für unsere Frage nach dem Stellenwert der pragmatischen Erzähltheorie für die Herausbildung der modernen Geschichtserzählung und Geschichtswissenschaft überhaupt ist dieser Teilaspekt jedoch der entscheidende.

32 Blanckenburg: Versuch, S. 265.

33 Engel: Roman der Goethezeit Bd. 1, S. 131.

der „quasi den Grenz- und Krisenfall" des pragmatischen Romans bildet.[34] In ihm sind Gewißheiten noch der hohen Aufklärung, die wie die hier diskutierten Probleme die Textstrukturierungs- und -deutungskompetenz des empiristisch darzustellenden Kausalnexus betreffen, d.h. dessen Bezug zur Teleologie und den Normen einer Geschichte[35], aufgebrochen als Folge eines gesteigerten und qualifizierteren anthropologischen Interesses der Autoren. Dieser Typus, dem insbesondere Romane von Wieland, Wezel und Moritz zuzurechnen sind, hat unter dem Aspekt der ‚Krise' oder ‚Dialektik' der Aufklärung in der Forschung zuletzt lebhafte Aufmerksamkeit gefunden.[36] Die Zerrüttung des aufklärerischen Welt- und Menschenbildes unter dem Blick naturwissenschaftlich-materialistischer oder erfahrungsseelenkundlicher Einsichten,[37] führte diesen Romantyp seit den 1770er Jahren von der weiterhin im Kern optimistischen Historie weg. Das schmälert jedoch nicht seine Indikatorfunktion für jene Brüche und Konstellationen, die den Übergang von der Aufklärungshistorie zum Historismus bestimmen und hier in den Unterkapiteln c) und d) diskutiert werden.

Insofern diese Untersuchung stets nach den Aporien und den aus ihnen sich eröffnenden Auswegen der Aufklärungspoetik und -historik fragt, kann sie legitimerweise Engels Perspektive einnehmen, die aus der nachaufklärerischen Epoche zurückblickt und als dritte eine Gruppe von Romanen aussondert, die sich als Wegbereiter der goethezeitlichen nicht mehr naiv mimeti-

---

34 Ebd. Schings: Der anthropologische Roman, faßt denselben etwas weiter und nennt ihn auch allgemeiner „psychologisch-anthropologischen Roman" (S. 267). Blanckenburgs Romantheorie rechnet er diesem Typ zu, obwohl dessen „Vorstoß in die Anthropologie", wie Schings einräumt, „eigentümlich gebremst" (S. 257) ausfiel. Engels Unterscheidung, die ohnehin nur zwischen Verwandtem zu differenzieren versucht, ist damit geeigneter, um ‚naiv' pragmatische Formen des Aufklärungsromans von krisenbewußten abzugrenzen. Zum dritten Typ siehe den nächsten Absatz.

35 Vgl. Voßkamp: Romantheorie, S. 190-196. Auf historiographischem Gebiet, insbesondere bei Voltaire, wurde die unaufhebbare Spannung zwischen „Mechanismus" und „Moralismus" schon von Meinecke: Die Entstehung des Historismus, S. 81, hervorgehoben. Die in das 17. Jahrhundert zurückreichende Geschichte des Glaubens an göttlich verbürgte Normen und ihre faktische Geltung auch im Chaos der Geschichte sowie dessen Repräsentationen im Roman behandelt das Buch von Frick: Providenz und Kontingenz; die Moritz und Wieland gewidmeten letzten Kapitel (S. 365-495) beschreiben die vom Empirismus ausgehende Erschütterung des Providenzglaubens.

36 Vgl. bereits Schönert: Fragen ohne Antwort; Riedel: Die Anthropologie des jungen Schiller, bes. S. 207; Allkemper: Ästhetische Lösungen, zum paradigmatischen Hervortreten der ‚Dialektik der Aufklärung' an Moritz' Denk- und Schreibversuchen.

37 Vgl. Riedel: Influxus physicus, S. 25-32; Seibert: Satirische Empirie, S. 33-55 zur „empiristischen Metaphysikkritik" und zum „anthropologischen Pessimismus" in Wezels *Tobias Knaut* und S. 66-74 zu Wezels *Belphegor*; Kremer: Wezel. Über die Nachtseite der Aufklärung.

schen Ästhetik interpretieren lassen.[38] Auf einen dieser Romane, Laurence Sternes *The Life and Opinions of Tristram Shandy* (1759-67), nimmt auch Blanckenburg intensiv Bezug, sowohl im *Versuch über den Roman* als auch in den *Beyträgen*. Wie man die konsequente Anwendung pragmatischer Prinzipien bewußt ins (vom Standpunkt einer zu erzählenden Geschichte aus) Absurde führen kann, so daß der darstellungsoptimistische Normaltyp aufklärerischen Erzählens eine Kritik von seinen eigenen Voraussetzungen her erfährt, will ich im folgenden an diesem Beispiel aufzeigen (α.) und in seiner (ironischen) Relevanz auch für die Historiographie kennzeichnen (β.). Blanckenburgs Aneignung des *Tristram Shandy* erhellt darüber hinaus den ‚naiven' Bewußtseinsstand des Pragmatismus in Deutschland (γ.).

α. Eines der hervorstechendsten Charakteristika des *Tristram Shandy* ist seine neuartige Gestaltung der Erzählerfigur: Der ‚auktoriale Ich-Erzähler' Tristram Shandy drängt sich mit immer neuen Leseranreden, mehr oder weniger zufälligen Digressionen, umfangreichen Vorgeschichten, Reflexionen u.ä. in einem Maße vor die von ihm erzählte(n) Geschichte(n), daß die mimetische Leistung von Erzählen radikal in Frage gestellt ist. Das vom Untertitel angekündigte Leben eines englischen Landadligen kommt (abgesehen von der Zeugung, Geburt und Taufe des Kindes und einem Unfall im Alter von fünf Jahren) ohnehin nicht zur Sprache, aber auch die vielen erzählten Episoden – die meist Jahre vor Tristrams Geburt spielen – sind in ihrer Präsentationsform ganz bestimmt von der in vielen humoristischen Wendungen immer erneuten Offenlegung, daß das Erzählte ganz und gar von der Subjektivität des Erzählers abhängt und nicht Mimesis ist, sondern eine „Inszenierung"[39] – nicht zuletzt ebendieser Subjektivität. Die Erzählerfigur tritt dem Leser als bewußter Spieler gegenüber, der sich gleich zu Beginn von allen poetologischen Regeln lossagt.[40]

In der Forschung ist der Roman wiederholt als absichtsvolle „Parodie der herkömmlichen Logik des Erzählens" und insbesondere „als Kritik der Fielding-Smollett Romane" mit ihrer „geordneten und überschaubaren, vorder-

38 Vgl. Engel: Roman der Goethezeit Bd. 1, S. 168.

39 Iser: Laurence Sternes „Tristram Shandy", S. 23. Unter dem Aspekt der „inszenierten Subjektivität" analysiert vor allem Iser den *Tristram Shandy*; zur Gestalt der Erzähler-Figur und zu ihrem Erzählen vgl. ebd., S. 72-104.

40 Vgl. Sterne: Tristram Shandy, S. 8 (bk. I/ch. 4); nach demselben Schema werden Zitatstellen aus dem Roman künftig im Text angegeben. Vgl. dagegen Weber: Poetologische Selbstreflexion, S. 110-114, zur Erzählerreflexion im deutschen Roman: Dort beginnt der räsonierende Erzähler zwar gerade, dem Leser ein Bewußtsein dafür zu verschaffen, daß die erzählte Geschichte als ganze und in ihrer Ordnung von ihm abhängt (vgl. dazu Blanckenburg: Beyträge, S. 34), bleibt bei aller ‚Launigkeit' aber völlig ernst und läßt es sich angelegen sein, den Leser beim Durchschauen der Zusammenhänge und Erkennen moralischer Lehren nicht allein zu lassen (vgl. z.B. Blanckenburg: ebd., S. 129f.).

gründigen und erklärbaren Welt" verstanden worden.[41] Wie Sterne sich speziell an Fielding reibt, ist im Zusammenhang unserer Untersuchung aber weniger interessant als ein Versuch, seine Erzähltechnik als grundsätzliche Kritik des Pragmatismus zu interpretieren. Dabei spielt es nur eine untergeordnete Rolle, daß der Pragmatismus im 18. Jahrhundert in England terminologisch gar nicht[42] und der Sache nach nur abgeschwächt präsent war. Der englische Empirismus hat den für den deutschen Pragmatismus zentralen Begriff des ‚Systems' nicht aufkommen lassen, doch strebten auch Hume und Robertson danach, die Gesetzhaftigkeit historischer Verläufe und den Ursache-Wirkungszusammenhang der Begebenheiten zu erkennen.[43] Sternes Unterminierung des Pragmatismus ist deshalb zwar keine unmittelbar intendierte, aber nichtsdestoweniger eine treffende (zur Kennzeichnung des ‚nur' indirekten Bezugs des *Tristram Shandy* werde ich ‚Pragmatismus' und ‚pragmatisch' an den entspechenden Stellen in Anführungszeichen setzen). Im Hinblick auf den geschichtswissenschaftlichen Pragmatismus ist letztlich maßgeblich, ob der Roman eine Begründung für diese Negation beinhaltet, die sie über ein bloßes Spiel erhebt.

Die Folie, von der Sternes Roman sich parodistisch absetzt, ist das planmäßig verfahrende, eindeutig motivierende, sauber begründende und sprachoptimistische Erzählen der Aufklärung. Neben der teleologischen und normgebunden Bewährungsgeschichte eines Helden, die als ‚history' den

---

41 Jenes bei Ahrends: Sternes „Tristram Shandy", S. 20, vgl. Zimmerman: Tristram Shandy, S. 144; dieses bei Sander: Handlungsstränge, S. 100, allgemeiner Watt: The Rise of the Novel, S. 291f.

42 Das Englische kennt nach Ausweis von *The Oxford English Dictionary* (2nd Ed. Prep. by J. A. Simpson and E. S. C. Weiner. Bd. 12. Oxford: Clarendon Press 1989, c. 279) das Wort ‚pragmatism' im 18. Jahrhundert nicht, es wurde im 19. Jahrhundert aus dem Deutschen übernommen (erster Beleg von 1832).

43 Vgl. Gogarten: David Hume, bes. S. 124, 135, und Wagner: Geschichtswissenschaft, S. 99f., sowie – zu Robertson – Manfred Schlenke: Anfänge einer wissenschaftlichen Geschichtsschreibung in Großbritannien im 18. Jahrhundert. – In: Historische Forschung, S. 314-333, hier S. 327, und die n. pag. „Vorrede" Robertsons zur seiner *Geschichte der Regierung Kaiser Carls des V.* Der Bezug auf die Geschichtsschreibung ist bei Sterne schon deshalb präsent, weil das parodierte Romanmodell sich gestisch und mit dem Untertitel ‚history', ‚histoire' oder ‚Geschichte' so eng wie möglich an die in der ersten Hälfte des 18. Jahrhunderts höherrangige Historie anlehnte (vgl. Beck: The Novel, S. 405f.). Fielding, der den erreichten Stand des englischen Romans um die Mitte des 18. Jahrhunderts verkörpert, hat mit einer Ausnahme alle seine Romane als ‚history' rubriziert (vgl. Ahrends: ebd., S. 19; zu Fieldings Erzählen allgemein: Rolle: Fielding und Sterne). Everett Zimmerman (ebd., S. 127-144) hat zudem gezeigt, wie Sterne auf die Unsicherheit der textkritisch-philologischen Verfahren der Geschichtsschreibung parodistisch Bezug nimmt. Zimmerman kommt von dieser Seite, die nicht speziell den Pragmatismus der Aufklärungshistorie betrifft, wie wir zu dem Ergebnis, daß Sternes poetologische Kritik auch die Geschichtsschreibung trifft: „Sterne discloses the skull that lies beneath the flesh of history as well as fiction" (ebd., S. 144).

englischen Roman in der Mitte des 18. Jahrhunderts bestimmte,[44] werden besonders die Kausalanalyse und das ihr zugrunde liegende Weltbild zerzaust: Walter Shandys Theorie der langfristig prägenden Zeugungsumstände läßt sich (auch wenn Derartiges in der Medizin der Zeit ernsthaft erwogen wurde)[45] als Ironisierung des ‚nexus rerum universalis' lesen; obschon höchst ambitioniert und vielfach angekündigt, fallen die tatsächlich gegebenen Erklärungen nach „causes and effect" (S. 141, II, 19) durchweg ‚schief' aus: ob der Verfall der Beredsamkeit mit der Mantellosigkeit der zeitgenössischen Redner (die so nichts ‚in petto' haben könnten) erklärt wird (vgl. S. 166, III, 14), ob beiläufige Kuriosa wie eine in einen Hosenlatz gesprungene heiße Kastanie von einer detaillierten Darlegung der Meinungen und Irrtümer der Beteiligten begleitet werden (vgl. S. 288-295, IV, 27) oder ob mit einer als charakterologisch deklarierten, aber immer neue Digressionen zeugenden Erklärung einer zu äußernden Ansicht ein mit zwei Worten schon begonnener Satz Onkel Tobys unterbrochen und erst viele Kapitel später im nächsten Buch wieder aufgenommen wird (vgl. S. 58-90, I, 21-II, 6). Meist bleibt es sich gleich, ob der Erzähler seine Versprechen einer „full explanation" eines rätselhaften Sachverhaltes lediglich nicht erfüllt oder ob er den Leser gleich auffordert:

> You may conjecture upon it, if you please, - and whilst your imagination is in motion, you may encourage it to go on, and discover by what causes and effects in nature it could come to pass, that my uncle Toby got his modesty by the wound he recieved upon his groin. (S. 141, II, 19)

Einen Unterschied an Erklärungsleistung macht es nicht, ob der Leser oder der Erzähler seine Einbildungskraft spielen läßt; nicht allein die Wunde am Schambein hat auch am Ende des neunten Buches noch keine Erklärung ‚geheilt'.

So sehr solche Windungen zunächst einmal eine humoristische Wirkung hervorrufen, so sehr sind sie doch Ausdruck eines substantiellen Ungenügens am parodierten Muster, jener Kausalanalyse, die in der deutschen Erzähltheorie das Zentrum des Pragmatismus bildete.[46] Dies zeigt sich zum einen daran, wie intensiv sich Sterne auf diese Folie bezieht, und zum anderen an der erkenntnistheoretischen Absicherung seines Verfahren durch die Berufung auf Lockes Assoziationstheorie: Die Selbstabgrenzung des aufkläreri-

44 Vgl. Iser: Laurence Sternes „Tristram Shandy", S. 12f.

45 Vgl. Engel: Roman der Goethezeit Bd. 1, S. 185.

46 Vgl. Brenner: Die Krise der Selbstbehauptung, S. 165 über *Tristram Shandy*: „Der Roman betreibt systematisch und mit Bewußtsein die Auflösung des Geschehens als zwangsläufigen kausalen Ablauf."

schen Romans vom Barockroman wird aufgenommen, indem der Erzähler jene Leserinnen rügt, die „in quest of the adventures" ein Buch eiligst durchlesen, anstatt von dessen tiefer Gelehrsamkeit und Wissenschaft profitieren zu wollen: „The mind should be accustomed to make wise reflections, and draw curious conclusions as it goes along" (S. 54, I, 20). Hier wird ironisch die Position einer reinen Mimesis, die aber zu nützlichen Betrachtungen anregt,[47] bezogen; dementsprechend nimmt der Erzähler immer wieder die Pose des Geschichtsschreibers ein, der sich aller Einmischung zu enthalten habe und ausschließlich dazu verpflichtet sei, „to represent the matter of fact, and render it credible to the reader" (S. 291, IV, 27). Mehrfach beruft er sich im Stil der Roman-Historien auf ihm vorliegende Quellen oder andere Beglaubigungen.[48] ‚Explizit' das Programm der ‚pragmatischen' Kausalanalyse nimmt Tristram auf, wenn er bekundet: „My way is ever point out to the curious, different tracts of investigation, to come at the first springs of the events I tell" (S. 61, I, 21). Und so außergewöhnlich der Beginn des Buches *vor* der Lebensgeschichte des Helden ist, so konsequent ist er im gedanklichen Rahmen des ‚Pragmatismus': Die ab-ovo-Variante (als Regel des Horaz umspielt auf S. 8, I, 4) der Gattungskonvention[49] versteht Sterne als ‚Wirkung', zu deren Erklärung gut ‚pragmatisch' die ‚Ursache', also die Zeugung, herangezogen werden muß. Eine späte Bestätigung der erzähl- und dann auch geschichtstheoretischen Substantialität selbst einer solchen Thematisierung des Ursprungsproblems findet sich bei Droysen. So liest sich jedenfalls, wie der Historiker die verbreitete historiographische „Illusion" eines definiten Anfangs ebenfalls durch die ironische Zurückführung der Geschichte großer Männer auf den „Akt [ihrer] Empfängnis" lächerlich machen möchte.[50] Ironisiert wird von Sterne auch eine der beliebtesten ‚natürlichen Erklärungen' der aufklärerischen Historiographie und Literatur, die von Montesquieu durchgesetzte Klimatheorie, wenn sie dafür herhalten muß, die im Vergleich zu den französischen bessere Qualität der englischen Lustspiele zu erklären (vgl. S. 59, I, 21). In der Formel vom Buch „of strict morality and close reasoning" (S. 196, III, 31) endlich kann man eine Kristallisation des behaupteten Anschlusses an den noch unerschütterten Idealtyp aufklärerischen Schreibens, den ‚pragmatischen', sehen.

Der komplizierte Mechanismus der Familie Shandy (vgl. S. 327f., V, 6) ist mit den gängigen Mittel des ‚Pragmatismus' jedoch nicht zu erfassen. Denn

47 Zur Favorisierung der ‚methodus initiativa' in der Erzähltheorie der späteren Aufklärung (auch in England) vgl. Hahl: Reflexion und Erzählung, S. 57-59.

48 Vgl. Sterne: Tristram Shandy, S. 24 (I, 11), S. 130f. (II, 17), S. 418 (VI, 31), S. 437 (VII, 5).

49 Vgl. Iser: Laurence Sternes „Tristram Shandy", S. 12.

50 Droysen: Historik (Ed. Leyh), S. 161.

die Romanfiguren zeichnen sich durch eine je besondere ,oddity' aus und reiten ihr jeweils individuelles Steckenpferd, welches verallgemeinernde Kategorien, „mechanical help" (S. 70, I, 23), nicht treffen können. „WHEN a man gives himself up to the government of ruling passion, – or, in other words, when his Hobby-Horse grows headstrong, – farewell cool reason and fair discretion!" (S. 84, II, 5) Genau dieser Fall ist aber die Regel im *Tristram Shandy* – Sterne präsentiert eine Welt, die „nicht theoriefähig" ist und „sich der Begriffsbildung entzieht."[51] Welt- und Menschenbild sowie die Darstellungstechniken des ,Pragmatismus' werden an diesem Gegenstand zuschanden; schon der Fall einer Familie (und ihres Umkreises) genügt dabei, wesentliche seiner allgemeinen Annahmen zu falsifizieren. Natürlich haben wir es beim *Tristram Shandy* mit einer Argumentationsebene zu tun, auf der Wissenschaftlichkeitsansprüche legitimerweise nicht erhoben werden können. Bewußtseinsgeschichtlich ist es jedoch nebensächlich, daß Sternes implizite ,Pragmatismus'-Kritik ,nur' als literarische Demonstration an einem fiktiven Beispiel auftritt, zumal ein für die ,Unordentlichkeit' des Romans wesentlicher Faktor in der Persönlichkeitsstruktur der Figuren sich als eine durchaus ernsthafte Anwendung von Lockes Assoziationstheorie entpuppt:

Im Roman wird mehrfach auf Lockes *Essay Concerning Human Understanding* (1690) angespielt (vgl. S. 10, I, 4, S. 173, III, 20). Sterne nun wählt aus den dort erörterten Formen der unwillkürlichen Ideenverbindung gerade diejenige aus, die Locke als „Wahnsinn" brandmarkt, und macht sie zur „Methode seiner Figurencharakteristik".[52] Wenn seine Figuren trotzdem manchmal noch wie Maschinen funktionieren (vgl. S. 327f., V, 6, S. 398, VI, 17), so sind sie „zweckfrei, ja zweckwidrig konstruiert". Sterne bedient sich also einer psychologisch-epistemologischen Erkenntnis des aufklärerischen Empirismus, um aus ihr (die von Locke noch abgewehrten) Konsequenzen zu ziehen, die dem aufklärerischen Menschenbild und damit auch dem pragmatischen Erkenntnismodell die Grundlage entziehen: Wenn die Wege der menschlichen Psyche unentwirrbar sind,[53] können Romanautor und Geschichtsschreiber

51 Pott: Neue Theorie des Romans, S. 53.

52 Engel: Roman der Goethezeit Bd. 1, S. 184. Das folgende Zitat ebd.

53 Konsequenterweise verfällt auch die introspektive Psychologie der Parodie. Tristram versucht sein psychologisches Einfühlungsvermögen ausgerechnet an einem Esel (vgl. S. 473, VII, 32); und derjenige, der die übliche Introspektionspraxis damit rechtfertigt, daß es „a thousand unnoticed openings" gäbe, „which let a penetrating eye at once into a man's soul", ist Walter Shandy, der sich gerade nicht durch scharfe Realitätswahrnehmung und menschliche Anteilnahme, sondern durch verstiegene Theorien auszeichnet (S. 378, VI, 5). Verspottet werden „the very wisest and very gravest of us all", die den Blick ins menschliche Herz am liebsten durch ein Glasfenster erleichtert hätten. Zu sehen wäre dann allerdings die Seele „in her frisks, her gambols, her capricios" (S. 67f., I, 23).

nicht mehr zurück zu den ‚inneren' Ursachen und ‚Triebfedern' von Handlungen gelangen.[54] Die von Locke entdeckte Struktur möglicher Ideenassoziationen „entzieht sich dem analytischen Zugriff".[55] Das ist zugleich eine Begründung für die irreduzible Subjektivität des Menschen und der Romanfiguren und für die Notwendigkeit, menschliche Subjektivität zu ‚inszenieren', da sie weder abgebildet noch erklärt werden kann.[56] Von seinem Verhältnis zu Locke her bestimmt Engel Sternes Standort innerhalb der Aufklärung mit Recht so: Der Autor des *Tristram Shandy* „sprengt das empiristische Welt- und Menschenbild [...] *von innen her* auf".[57]

Ohne bereits von einem neuen Weltbild auszugehen, etwa vom Standpunkt „individuum est ineffabile" oder vom organologischen Entwicklungsgedanken, kann Sterne nicht mehr im Sinne der Aufklärung eine Geschichte erzählen - das betrifft seine Darstellung von Charakteren genauso wie die von Kausalverhältnissen. Die in den Bahnen ihres Steckenpferds befangenen Figuren verknüpfen ausgerechnet das Unzusammenhängende (vgl. S. 348, V, 21), und der Erzähler sieht sich außerstande, das Wesentliche vom Belanglosen zu scheiden; deshalb kommen im Roman die abseitigsten und ‚nebensächlichsten' Dinge zu Sprache. Entscheidend ist die paradoxe Motivation dieses Negativergebnisses: Tristrams Lebensgeschichte zerstreut sich, gerade „weil der Erzähler dem Kausalitätsprinzip folgt, durch das eigentlich Kontinuität verbürgt sein sollte."[58] Das Mißverhältnis zwischen den Ereignissen und ihrer „hypostasierten Vorgeschichte"[59], von Erklärungsaufwand und zu Erklärendem (wie in dem erwähnten Vorfall mit der heißen Kastanie) oder die Unendlichkeit von Erklärungen, weil jedes Explanans selbst wieder Explanandum wird (wie im Anschluß an die Unterbrechung Onkel Tobys), wirkt einerseits komisch, andererseits artikuliert sich in beidem aber ein Notstand,

---

54 Vgl. Pott: Neue Theorie des Romans, S. 89: „Die Manifestationen einer ‚unreinen Vernunft' lassen sich nur darstellen, nicht erklären, weil ihre Ursachen nicht rekonstruierbar sind."

55 Iser: Laurence Sternes „Tristram Shandy", S. 29. Ausführlich zu Sternes Locke-Adaption ebd., S. 24-42, 50-60.

56 Vgl. ebd., S. 30.

57 Engel: Roman der Goethezeit Bd. 1, S. 184. Im Unterschied zu unserer Interpretationsperspektive hat die Forschung zum *Tristram Shandy* im allgemeinen seiner poetologisch konstruktiven Leistung mehr Aufmerksamkeit gewidmet als seinem kritischen Potential. Deutsche Literaturwissenschaftler, die von der Goethezeit zurückblicken, erkennen dann in Sternes Erzählen die „Inszenierung einer von allen Setzungen und Regeln freien - da sie spielerisch aufhebenden - humoristischen Subjektivität", die klassisch-frühromantische Konzepte ästhetischer Autonomie vorbereitet (ebd., S. 189; vgl. ähnlich Warning: Tristram Shandy, S. 59, 121).

58 Iser: Laurence Sternes „Tristram Shandy", S. 39.

59 Warning: Tristram Shandy, S. 16.

der auch bei ernsthaftester Anwendung der pragmatischen Erzähltheorie auftritt, wie an Blanckenburgs *Beyträgen* zu studieren war. Sterne treibt ‚pragmatische' Verfahren bewußt ins Absurde, Blanckenburg unfreiwillig. Die Fragen, die Blanckenburgs Roman an die Chancen der pragmatischen Geschichtsschreibung stellen läßt, stellt *Tristram Shandy* selbst, in Hamilton Becks Formulierung: „How can the historian ever claim to come to the final cause of an event or motive of a character?"[60]. Die ‚Unordnung' des Romans führt die zu erbringende Auswahl- und Ordnungsleistung des Historikers vor Augen. Damit aber tritt ein Subjektivitätselement auch in die Historiographie ein, dessen brisante Unberechenbarkeit *Tristram Shandy* mindestens ebenso eindrücklich zur Anschauung bringt. Eine Lösung für diese Probleme hingegen deutet Sterne nicht an. Er bietet dem Historiker nur eine negativparadoxe Diagnose.

Selbst wo Sterne sprachkomische Effekte erzielt (z.B. mit ‚in petto'), weist er auf ein echtes Problem: das der Uneindeutigkeit der Bezeichnungen. Sie zieht im Zusammenwirken mit den individuellen ‚hobby-horses' der Figuren ein ganz unterschiedliches Verständnis auch einfacher Begriffe wie „bridge" nach sich (S. 185, III, 23). So bleiben Mißverständnisse – mit weitreichenden Folgen für den Gang der Erzählung – nicht aus. Die zum Grundbestand des Pragmatismus gehörende und vom Erzähler bekräftige Regel, daß der Geschichtsschreiber sich keiner Metaphern bedienen darf (vgl. S. 186, III, 23), erscheint nicht einzuhalten, wenn die Sprache unentrinnbar von ihnen geprägt ist. Ein weiteres Problem ist die mangelnde Anschaulichkeit verbaler Schilderungen. Besonders Onkel Toby, der allen Systemen und der rhetorischen Kunst abholt ist (und insofern die empiristisch-aufklärerische Kritik an beiden vertritt), scheitert sprachlich an der Darstellung komplexer Ereignisse aus seinen Feldzügen in Flandern, bezeichnenderweise also aus der (jüngstvergangenen) Geschichte (vgl. S. 74-76, II, 1). Er zieht sich deshalb darauf zurück, Belagerungen mit Hilfe von Plänen (also einem ikonischen, nicht arbiträren Zeichensystem) zu erläutern und später sogar im Modell nachzuspielen. Wenn er seinen „Lillabullero" pfeift – und das geschieht oft im Roman –, ist das ein Signal für gescheiterte Kommunikation. All das drückt eine über den aufklärerischen Standard weit hinausgehende Problematisierung der Sprache in ihrer Funktion als Erkenntnis- und Kommunikationsmedium aus. Wo der Erzähler sich diskursiv zum Problem der „obscurity and confusion, in the mind of a man," äußert, beruft er sich wieder auf Locke (S. 78, II, 2).[61] Trotzdem sollte nicht übersehen werden, daß Onkel Tobys Proble-

60 Beck: The Novel, S. 411.

61 Vgl. dazu Iser: ebd., S. 50-60, und Pott: Neue Theorie des Romans, S. 76f. Daß der Normaltyp des pragmatischen Romans „in der Bezeichnung der Dinge [...] keine

me mit der Festung von Namur auf Annahmen über Sprache beruhen, die Sprache und Denken noch nicht untrennbar miteinander verbinden. Die Unzulänglichkeiten sprachlichen Ausdrucks, wie sie im *Tristram Shandy* thematisiert werden, stehen im Kontext eines letztlich doch rhetorischen Sprachverständnisses, das auf der Basisunterscheidung von ,res' und ,verba' beruht, so daß diese jenen nicht zu genügen scheinen können. Gerade weil Sterne damit inmitten des aufklärerischen Erzählens steht, setzt er aber einen selbstkritischen Maßstab mit hohem Gültigkeitsanspruch für das ,pragmatische' Erzählen.

β. Nach alldem paßt auf Sterne, womit Hayden White die Geschichtsschreibung der Aufklärung als ganze charakterisieren zu können meint:[62] *Tristram Shandy* ist ein fundamental *ironischer* Text, nicht nur hinsichtlich der vielfach ironischen Erzählerrede, sondern in seiner Anlage als Infragestellung und Umkehrung herkömmlich gültiger Prinzipien und Techniken, eine Geschichte zu erzählen. Sternes Umgang mit dem ,pragmatischen' Erzählmodell und dessen Voraussetzungen läßt sich auch treffend mit der von White der Ironie zugeordneten Form des ,emplotments', der Satire, fassen. Denn die Satire betreibt durch Ironisierung positiver „Wahrheiten, Möglichkeiten und Hoffnungen" „die Wahrnehmung der definitiven Unzulänglichkeit des Denkens, in der Welt das Glück zu schaffen oder sie völlig zu verstehen".[63] Jenseits der bisher besprochenen Frontstellungen begibt sich *Tristram Shandy* sogar in ironische Distanz zu der von Aristoteles kanonisierten Ordnung eines Textes nach definitivem Anfang und definitivem Ende. Denn Tristram setzt viele Anfänge, noch im letzten Kapitel des sechsten Buches ist er „now beginning to get fairly into my work" (S. 430, VI, 40), und ein Ende seines Werkes sieht er nur durch den eigenen Tod kommen (vgl. S. 35f., I, 14). Mit der Pluralisierung des Anfangs, von dem es per definitionem nur einen geben kann, und der Verweigerung des unvermeidlichen Endes geht eine radikale Entkoppelung von naturaler Zeit und Erzählfolge einher, sogar hinsichtlich der zeitlichen Orientierung: Das erste Buch etwa endet 23 Jahre vor Tristrams Geburt, das letzte fünf, und es wird beschlossen mit einer Äußerung Yoricks, dessen Tod – als zeitlich spätestes Ereignis des ganzen Romans – schon im ersten Buch berichtet wird. Durch eine auf die Spitze getriebene Demon-

---

wesentlichen Verständigungsschwierigkeiten" kannte, hebt Schönert: Roman und Satire, S. 94, hervor.

62 Vgl. White: Metahistory, S. 69-95. Daß ich mich Whites Begriffsgebrauch in diesem Punkt anschließe, bedeutet keine Einschränkung meiner grundsätzlichen Kritik an seiner Tropologie, ist der Terminus ,Ironie' doch auch im prägnanten Begriffsgebrauch sehr viel weniger als Metapher, Metonymie und Synekdoche darauf beschränkt, einen bestimmten Modus der Substitution syntagmatisch sehr kleiner Einheiten zu bezeichnen.

63 White: ebd., S. 24.

stration, daß ästhetisch konsistente Texte auch ganz anders organisiert werden können, enthüllt Sterne die Künstlichkeit und den konstruktiven Charakter der so natürlich scheinenden aristotelischen Fabel. Weit über die historisch recht begrenzten Probleme des Pragmatismus hinausweisend, kann *Tristram Shandy* deshalb als einer der frühesten kritischen Beiträge zu der Erkenntnis gelten, wie sehr die landläufige Formvorstellung von – einer und der – Geschichte einem bestimmten Textmodell verpflichtet ist. Indem Sternes Roman sich diesem Textmodell entzieht und erste Ansprüche auf ästhetische Autonomie qua Kohärenz des radikal subjektivierten Erzählvorgangs stellt,[64] bereitet er freilich zugleich die um bzw. nach 1800 dann ausformulierte fundamentale Dissoziierung von Literatur und Geschichtsschreibung auf dem Feld der jeweiligen Selbstlegitimation vor.

Gegen White muß nun aber betont werden, daß Sternes Ironie nicht den Normalfall aufklärerischen Geschichtserzählens darstellt.[65] Insbesondere der Lage in Deutschland wird sein grobmaschiges Verfahren – er behandelt Bayle, Voltaire, Gibbon und Kant – nicht gerecht. Der von Bayles *Dictionnaire historique et critique* angestoßene historische Pyrrhonismus der ersten Hälfte des 18. Jahrhunderts war hier mit der Durchsetzung der pragmatischen Geschichtstheorie überwunden.[66] Voltaire avancierte in Deutschland, schon bei Haller und dann vor allem bei den Göttinger Historikern, zu *der* Feindfigur, gegen dessen vermeintlich unernste, weil leichthändige Behandlung der Geschichte sich die eigene (‚deutsche') Gründlichkeit profilieren sollte.[67] Die absichtsvolle Freiheit, die sich Voltaire bei seinem Umgang mit dem historischen Material herausgenommen hatte, wurde als um Quellentreue unbekümmerte Beför-

---

64 Vgl. Engel: Roman der Goethezeit Bd. 1, S. 189.

65 Zur überwiegend von Ablehnung und Unverständnis gekennzeichneten Aufnahme von *Tristram Shandy* im England der zweiten Hälfte des 18. Jahrhunderts vgl. Iser: Laurence Sternes „Tristram Shandy", S. 152. – Peterfreund: Sterne, der ebenfalls Whites Ironie in *Tristram Shandy* wiedererkennt, kann dagegen Sternes besondere Stellung nicht in den Blick bekommen, da er Whites These von der ironischen Aufklärungshistorie ohne Einwand übernimmt.

66 Den Anspruch der deutschen Aufklärungshistorie formuliert schon Chladenius: Dem historischen ‚Zweifel' könne durch eine festgelegte historische Methode und die Theoretisierung der eigenen historiographischen Tätigkeit begegnet werden (vgl. Allgemeine Geschichtswissenschaft, S. 352). Recht heftig formuliert Schlözer seine Ablehnung des Pyrrhonismus, vgl. Allgemeine Nordische Geschichte, S. 259. Zu begegnen vermag die methodologische Antwort, wie sie Chladenius und die deutschen Aufklärungshistoriker geben, freilich nur der pyrrhonistischen ‚Ironie', nicht aber einer radikalen Pragmatismus-Kritik im Stile Sternes, denn diese ist auf einer bewußtseinsgeschichtlich höheren Stufe anzusiedeln.

67 Vgl. Korff: Voltaire im literarischen Deutschland, S. 508-519. Zur für eine künftige Geschichtswissenschaft durchaus produktiven, weil überlieferungskritischen Stellung Voltaires im historischen Pyrrhonismus vgl. Scheele: Wissen und Glauben, S. 67-78.

derung des „Angenehmen und Unterhaltenden auf Kosten der Wahrheit"[68] interpretiert und abgelehnt. In der deutschen Aufklärungshistorie gerann die Zusammenstellung von „Fabeln, Romanen, und VOLTAIREs" geradezu zum Topos. Er indiziert die mentale Kluft zwischen französischer und deutscher Aufklärungshistorie, wenngleich er über die tatsächliche Vorbildleistung Voltaires für letztere nicht hinwegtäuschen darf.[69] Die deutsche Aufklärung blieb – nicht zuletzt unter dem lang anhaltenden (und um 1765 noch einmal erneuerten) Einfluß von Leibniz – welt- und erkenntnisoptimistisch.[70] Die heillose Spannung zwischen kausaler Analyse und normativem Zweck, von der nach White die Ironie der europäischen Aufklärungshistorie ausging,[71] kam in der deutschen Geschichtsschreibung gar nicht, in der Literatur erst in der ‚Krise' der Aufklärung, am radikalsten bei Wezel,[72] zum Austrag. Zumal die deutsche *Tristram Shandy*-Rezeption zeigt in aller Deutlichkeit, daß Sternes ironische und kritische Haltung sich weit von der Geschichtserzählung seiner Zeit abhebt:

γ. Grundbedingung der deutschen Sterne-Rezeption war der beträchtliche Vorsprung der englischen (und französischen) Romanliteratur. Ebenso kennzeichnet es die literarische Situation in Deutschland, daß erst die zweite *Tristram Shandy*-Übersetzung, die 1774 erschien, mit Enthusiasmus aufgenommen wurde. Beim Erscheinen der ersten Übersetzung 1763-67 war „das aufklärerische Publikum [...] noch zu konservativ" gesinnt für eine weitreichende Wirkung.[73] Zudem muß bei Bodes Übersetzung von 1774 berücksichtigt werden, daß ihre begeisterte Aufnahme nicht zuletzt von der an den Sturm und Drang angelehnten, ‚kräftigen' Sprache getragen war, die indes das Original verzerrte.[74] Vor allem aber wurde Sternes kalkuliertes Spiel mit der Kunstform in der geniebegeisterten literarischen Landschaft Deutschlands als authentischer Ausdruck seines Genies oder als zu entschuldigende „unbeherrschte Eigenart des Autors" mißverstanden.[75]

In Blanckenburgs *Versuch über den Roman* dient Sterne nach Fielding als wichtigstes Vorbild: Beide Autoren hätten neben Lessing und Wieland die

68 Möser: Die Geschichte in der Gestalt einer Epopöe – Patriotische Phantasien, S. 234.

69 Vgl. dazu resümierend Dann: Voltaire und die Geschichtsschreibung in Deutschland; ausführlicher: Korff: Voltaire im literarischen Deutschland, S. 341-371. Das Zitat bei Schlözer: Vorstellung seiner Universalhistorie, S. 3f. – TDAH, S. 665.

70 Zur Sonderrolle der deutschen Aufklärung allgemein vgl. Kondylis: Die Aufklärung, S. 537-649, zur Aneignung des Leibnizschen Optimismus bes. S. 576-595.

71 Vgl. White: Metahistory, S. 69.

72 Vgl. dazu unten S. 135f.

73 Michelsen: Laurence Sterne, S. 63.

74 Vgl. ebd., S. 53-59.

75 Vgl. Poser: Der abschweifende Erzähler, S. 62.

besten Beispiele für eine exakte und anschauliche Kausalanalyse gegeben.[76] *Tristram Shandy* fungiert als Beleg dafür, daß weder die äußerliche Handlung noch der Charakter des Helden entscheidend für einen guten Roman ist, sondern wie der Dichter „den Stoff, Begebenheiten und Charaktere, behandelt".[77] Bereits damit ist der Erzähltechnik des Romans jede kritische Schärfe genommen; den ironischen, ja parodistischen Abstand, der Sterne von Fielding trennt, nimmt Blanckenburg nicht wahr. Die „Vorzüge des *launichten* Schriftstellers", also der digressiv-humoristischen Erzählform, sieht er – ohne sich noch einmal auf Sterne zu berufen, aber im Einklang mit dem Bisherigen – in ihrem „Reiz", der insbesondere einen „weniger anziehenden Innhalt aufstutzt", und darin, daß dort der ‚Autor' das Recht habe, „vor seinen Personen hervorzutreten, und uns mit Bemerkungen und Aufklärungen über die Reihe der Begebenheiten zu unterhalten."[78] Was bei Sterne die herkömmliche Romanform auflöst, will Blanckenburg also in ihren Dienst stellen. Nirgends geht er über die Poetik des Angenehmen und Nützlichen und ihre besondere pragmatische Ausprägung zur Kausalanalyse hinaus; jeder Gedanke an Ironie, Parodie oder Satire scheint ihm fernzuliegen. Daß Blanckenburg im eben Zitierten eine humoristische Erzählerfigur mit einem unattraktiven Stoff koppelt, wirkt vielmehr wie eine programmatische Vorwegnahme – oder sollte man lieber Entschuldigung sagen? – seines eigenen Romans. So erklärt sich schließlich auch das unbefriedigende Verhältnis von bemüht ‚launichtem' Erzähler und höchst banaler Fabel in den *Beyträgen*. Beides ist das Ergebnis von Blanckenburgs völlig unironischem Versuch, die Eigenart des *Tristram Shandy* (einschließlich des Motivs, die Lebensgeschichte des Helden mit der Zeugung zu beginnen) ins Deutsche zu übertragen.[79]

Peter Michelsen hat sich nicht entschieden, ob die Nachahmung von Sternes ‚launichter' Schreibart in den *Beyträgen* „trotz oder wegen der ernsthaften Absicht [...] langweilig" ausgefallen ist.[80] Entscheidend, weil signifikant für die historische Stellung des Pragmatismus ist ohnehin nur, daß Sternes

76 Vgl. Blanckenburg: Versuch, S. 273.

77 Ebd., S. 9. Eine Stelle wie die Deklarierung des *Tristram Shandy* als „a history-book [...] of what passes in a man's own mind" (S. 78, II, 2) konnte Blanckenburg zudem als Bestätigung seiner ‚Verinnerlichung' der Romangattung lesen.

78 Blanckenburg: Versuch, S. 526f.

79 Auch für diese patriotische Absicht fehlt im *Versuch über den Roman* nicht der Programm-Beleg; Blanckenburg gibt dabei der zeittypischen Forderung nach einem deutschen ‚Original-Roman' eine eigentümliche Wendung: Einheimische, standesspezifische Sitten als Romanstoff sollen es dem Autor erleichtern, „all' die tausend Kleinigkeiten" zu finden und darzustellen, die den Figuren Kontur verleihen und erst eine präzise Zueinanderordnung nach Ursache und Wirkung ermöglichen (S. 210). Und auf derselben Seite folgt auch hier noch die Berufung auf Sterne!

80 Michelsen: Laurence Sterne, S. 93.

ironische Demonstration des Scheiterns ‚pragmatischer' Erzählverfahren so sehr mißverstanden wurde, daß seine den Pragmatismus implizit ins Absurde führende Erzähltechnik scheinbar bruchlos in die repräsentative pragmatische Erzähltheorie integriert werden konnte und für einen pragmatischen Modellroman dienstbar gemacht werden sollte. Die pragmatische Erzähltheorie – und für die pragmatische Historie gilt, wie wir sahen, dasselbe – war in Deutschland in den 1770er Jahren im wesentlichen noch unerschüttert, befand sich also keineswegs im Stadium der ‚Ironie'. Für die Aufklärungshistorie bedeutet das, daß ihr in einer Zeit einschneidender Umbrüche im Welt- und Menschenbild das Krisenbewußtsein fehlte, pragmatismuskritische Ansätze als Vorbedingung einer gelingenden Geschichtsschreibung aus sich selbst heraus zu entwickeln. Von einem noch festgefügten (wenngleich nie zur historiographischen Synthese gelangenden) Wissenschaftsparadigma führt eben nicht so leicht ein Weg zu grundlegend veränderten Folgekonzepten wie über die Stufen zunehmender Infragestellung. Daß es diese Stufen aber im deutschen *Roman* des letzten Jahrhundertdrittels trotz Blanckenburg gegeben hat, kann nun anhand des ‚anthropologischen' Typs gezeigt werden.

c) Das Sinnproblem des Pragmatismus in der *Geschichte des Agathon*

Wie bereits angedeutet, sollen mit Engel unter dem Begriff ‚anthropologischer' Roman Fortführungen des pragmatischen Romans verstanden werden, die der Verpflichtung zur Empirie dadurch besser nachzukommen strebten, daß sie ihre Figurenpsychologie nach Maßgabe der um 1770 sich formierenden Anthropologie gestalteten. Als eine neue Wissenschaft, die rasch eine Leitfunktion für die deutsche Literatur des Jahrhundertendes gewann, wurde diese Disziplin von Ernst Platners Schrift *Anthropologie für Aerzte und Weltweise* (1772) etabliert. Sie versuchte, das Wesen des Menschen in den Wechselwirkungen, dem ‚commercium' von Körper und ‚Seele' zu erhellen, während Physiologie und Psychologie bis dahin sich auf eines von beidem beschränkt hatten.[81] In ein kritisches Verhältnis zum pragmatischen Roman und

81 Vgl. Schings: Der anthropologische Roman, S. 258. Zu Platner und seiner literarhistorischen Wirksamkeit jetzt ausführlich Košenina: Ernst Platners Anthropologie und Philosophie; zur Anthropologie als „neuer, populärer Wissenschaft des 18. Jahrhunderts" und der Verbindung, die sie insbesondere mit der Literatur einging, vgl. auch Pfotenhauer: Literarische Anthropologie, S. 1-12 (Zitat S. 1). – Die Fundierungsleistung der medizinisch-philosophischen Anthropologie für die deutsche Literatur um 1800 ist erst in den letzten Jahren, angestoßen vor allem von Hans-Jürgen Schings, erkannt und herausgearbeitet worden; vgl. den Forschungsbericht von Wolfgang Riedel: Anthropologie und Literatur, sowie den Berichtsband des DFG-Symposiums *Der ganze Mensch*.

zu dessen Voraussetzungen geriet der anthropologisch verfahrende Roman dadurch, daß er - metaphysisch desillusioniert - die aus der Frühaufklärung übernommene „providentielle Deutung der Wirklichkeit" ganz in Kausalbeziehungen aufzulösen trachtete.[82] Damit aber waren Figurengestaltung und Handlungsführung immer schwerer mit der traditionellen Makrostruktur des guten Endes und deren Theodizee-Implikationen zu verbinden.[83] Dieser Aspekt: der Anteil des Romans an der zunehmenden Umdeutung und schließlich Unterminierung „rationalistischer Gewißheiten" durch empiristische Verfahren, hat einiges Forschungsinteresse auf sich gezogen.[84] Auch für das Thema dieser Arbeit ist er hochbedeutsam. Denn der neu entdeckte Hiatus zwischen Kausalität und Normativität mußte auch die Theodizeegewißheit der Aufklärungs*historie* in Frage stellen, die auf eine als erreichbar angenommene Systematisierung der Geschichte in einer ganz ähnlichen Weise baute wie die Literatur.[85] Jede Alternative zum Pragmatismus wiederum war zuallererst gefordert, die aufbrechenden Norm- und Teleologieprobleme zu lösen. Beides, Problem und epochentypische ‚Lösung', läßt sich insbesondere an Wielands *Geschichte des Agathon* (1766/67) aufzeigen, oder besser: der Roman führt beides selbst vor. Damit komme ich von den bisher verhandelten Problemen der Text*organisation*, der Explanation und der Komposition, zu den *Sinn*problemen des Pragmatismus. Allerdings sind seine erzähltechnischen Schwierigkeiten in der anthropologisch radikalisierten Variante ebenfalls noch nicht gelöst.

Eine präzise literarische Reflexion auf den pragmatischen Erzähltyp findet sich im *Agathon* gleich zu Anfang des Romans. Denn im „Vorbericht" adressiert der fiktive Herausgeber die „aus einem alten Griechischen Manuscript"

Riedel vermutet gar, die Anthropologie sei „vielleicht mehr als Transzendentalphilosophie und Idealismus [...] die Philosophie [gewesen], der nach dem Ende der Aufklärung die Dichter ihr Denken anvertrauten" (S. 154). Eine Entscheidung in dieser Frage braucht hier nicht gefällt zu werden, doch sei hier schon betont, daß der anthropologische Impuls, der unter den von mir Herangezogenen auch Schiller sowie Wilhelm von Humboldt und anfänglich sogar Friedrich Schlegel (vgl. Dannenberg: Schönheit des Lebens, S. 32f.) bewegte, die jeweilige Ausprägung seiner Wirkung nicht zuletzt nach Maßgabe des Idealismus von Ästhetik und Philosophie der Autoren erhielt.

82 Vgl. Brenner: Die Krise der Selbstbehauptung, S. 148, vgl. ebd., S. 156. Vgl. Engel: Roman der Goethezeit Bd. 1, S. 99f.

83 Als beispielhaft für die Verbindung von Literatur und Theodizee im 18. Jahrhundert vgl. Lessing: Hamburgische Dramaturgie, 79. Stück - Werke Bd. 4, S. 598.

84 Engel: ebd., S. 91.

85 Vgl. Schlözer: Vorstellung seiner Universalhistorie, S. 37f. - TDAH, S. 676. Hume formulierte das hier aufbrechende philosophische Grundproblem des 18. Jahrhunderts als Frage, wie aus dem Sein sich ein Sollen herleiten lasse. Vgl. zum ganzen Komplex grundlegend Kondylis: Die Aufklärung, S. 357-489: „Der Konflikt zwischen Kausalem und Normativem".

gezogene Geschichte an den „vernünftigen Leser", an „Leute, die aus gesunden Augen gerade vor sich hin sehen" und auf den „ganzen Zusammenhang" des Werks und das „wie und warum" achten (S. 5, 9, 11)[86]. Die *Geschichte des Agathon* solle „kein Roman" sein (S. 557, XI, 1). Damit nimmt der ‚Herausgeber' die schon konventionelle pragmatische Wendung gegen den Roman barocker Prägung auf, der tugendhafte „Halbgötter und Halbgöttinnen" vorführt und sich „durch den erbaulichen Ton einer strengen Sittenlehre, durch blendende Sentenzen, durch Charaktere und Handlungen, die eben so viele Muster sind," auszeichnet (S. 167f., V, 8).[87] Dagegen bestehe die Wahrheit der erzählten Geschichte, die Agathon und die meisten anderen Figuren zu „wirklichen Personen" mache, „darin, daß alles mit dem Lauf der Welt übereinstimme, daß die Charaktere nicht willkürlich, und bloß nach der Phantasie, oder den Absichten des Verfassers gebildet, sondern aus dem unerschöpflichen Vorrat der Natur selbst hergenommen" seien (S. 5f., „Vorbericht"). Favorisiert wird der „Geschichtschreiber", der „die Würkungen so anzugeben [hat], wie sie vermöge der unveränderlichen Gesetze der Natur aus ihren Ursachen herfließen" (S. 167, V, 8).

Mit diesem Programm scheint sich Wieland vollständig in den Rahmen des Pragmatismus zu stellen; er übernimmt dessen naturwissenschaftlich-kausal begründeten Wahrheitsbegriff und leitet von ihm seinen Mimesisbegriff ab.[88] Auch das Feindbild ist dasselbe: die zur Erbauung konstruierte Geschichte vorbildlicher Helden – gleich, ob real oder fiktional. Die aristotelische Höherwertung der theoretischen oder Gesetzeserkenntnis legitimiert die kausalanalytische, mit ein wenig Milieutheorie angereicherte literarische Darstellung des Möglichen (vgl. S. 6, „Vorbericht") genauso wie die pragmatische Geschichtsschreibung. Die mit den Topoi des 9. Kapitels von Aristoteles' *Poetik* vorgenommene Abgrenzung von den „glaubwürdigsten politischen Geschichtsschreibern" (ebd.) darf über das vom Erzähler des *Agathon* behauptete gemeinsame epistemologische Fundament nicht hinwegtäuschen.

Das pragmatische Erzählen stellt allerdings nur ein narratives Muster unter mehreren dar. So setzt das erste Buch des *Agathon* mit Handlungselementen des antik-barocken Liebes- und Abenteuerromans ein: überraschenden Wechseln, zu denen der Erzähler beim Leser die passende stoische Reaktion Agathons abfragt. Agathon verhält sich jedoch ‚empfindsam' bzw. wenig später

86 Seitenzahlen in diesem Unterkapitel beziehen sich auf die von Fritz Martini herausgegebene erste Fassung der *Geschichte des Agathon*, römische Ziffern auf die Bücher des Romans, folgende arabische auf Kapitel.

87 Vgl. Erhart: Entzweiung und Selbstaufklärung, S. 91-93. Zur Tradition, einen Roman als ‚Geschichte' auszugeben, vgl. Hemmerich: Wielands „Geschichte des Agathon", S. 23-30.

88 So interpretiert Voßkamp: Romantheorie, S. 191-194, die *Geschichte des Agathon*.

wie „der unbezwingbare Ritter von Mancha" (S. 17, I, 2).[89] Verschiedene Sinnerwartungen, die die aktuelle Romandiskussion als Möglichkeiten anbot, werden hier geweckt – und ebenso schnell durch andere abgelöst. Im ironischen Spiel mit der Lesererwartung werden mögliche Bausteine des Romans als solche vorgeführt. Das gilt auch für die ganz am Anfang des „Vorberichts" präsentierte Quellenfiktion: Sie wird schon bei ihrer ersten Erwähnung ironisiert, indem sie dem Glauben und dem Urteil des Lesers anheimgestellt wird (S. 5). Wie hier versteckt bekannt wird, hat sie für die Wahrheitsansprüche des Erzählers keinerlei Bedeutung.

Entscheidend für die Stellung des *Agathon* in einer Problemgeschichte des Pragmatismus ist nun, wie sich diese „dekonstruktivistische"[90] Erzählhaltung zum pragmatischen Programm des Romans verhält. Die zitierte Ansprache des ‚pragmatischen' Lesers fällt bei näherer Betrachtung als übertrieben einschmeichelnd auf, und die materialistische Philosophie des Hippias wird mit verdächtiger Entschiedenheit von vornherein als „ein Gewebe von Trugschlüssen" rubriziert wie auch ihr Urheber als ein „schlimmer und gefährlicher Mann". Genauso eindeutig wird dem Leser umgekehrt zugesichert, daß Agathon am Ende der Geschichte „ein eben so weiser als tugendhafter Mann sein wird" (S. 9, 11, „Vorbericht"). Das zu bestätigen, kann der Erzähler sich am Romanende aber gerade nicht entschließen (vgl. S. 597, XI, 4); die Erwartungen des ‚pragmatischen' Lesers werden planvoll enttäuscht – wie bereits durch die apragmatischen bzw. vorpragmatischen Romanversatzstücke des ersten Buches. Die von Digressionen geprägte Struktur des *Agathon* ist als ganze geradezu darauf angelegt, daß „Ordnung und Zusammenhang in dieser unsrer pragmatisch-critischen Geschichte" (S. 399, IX, 2)[91] vermißt werden. So kann Walter Erhart feststellen, daß Wieland das im „Vorbericht" zitierte pragmatische Erzählschema im Verlauf der Geschichte „ständig in Frage stellt"; die „immanente und kritische Auseinandersetzung" mit der pragmatischen Gattungspraxis macht Methode und Spezifik des *Agathon* aus.[92] Wielands Roman bedeutet den Ansatz einer literarischen Diagnose der

89 Vgl. Erhart: Entzweiung und Selbstaufklärung, S. 101.

90 Ebd., S. 179.

91 Der Erzähler äußert hier ironisch die Erwartung, daß Ordnung usw. *nicht* vermißt würden.

92 Erhart: Entzweiung und Selbstaufklärung, S. 94, 91. Daß am Ende des Romans das an seinem Anfang aufgestellte Ziel nicht erreicht wird, ist schon lange bemerkt worden; umstritten ist jedoch, ob Wieland seinen Roman planvoll hat ‚scheitern' lassen oder ob ihm die beabsichtigte literarische Demonstration, daß „Moral- und Realitätsprinzip" sich verbinden lassen, nicht gelungen sei (so Frick: Providenz und Kontingenz, S. 394; jetzt ähnlich Engel: Roman der Goethezeit Bd. 1, S. 142; eine Variante dieser Deutungsrichtung bei Müller: Der Zufall der Roman, S. 268-272, der Wielands Zufallsregie als notwendiges „erzählerisches Mittel" versteht, um den positiven „philosophischen Gehalt

strukturellen Probleme des Pragmatismus auch in Deutschland. Welche Widersprüche und Aporien des pragmatischen Erzählens aber machten die Einlösung seines so optimistisch formulierten Programms unmöglich?

Unentschieden bleibt am Ende des Romans, ob Agathon sich mit der Rolle eines Bruders der Danae begnügen kann. Ob Sein und Sollen zur Deckung kommen, überläßt der Erzähler der Einbildungskraft der Leser: „wir überlassen es ihnen zu erraten, was er tat - - oder auszumachen, was er hätte tun sollen" (S. 597, XI, 4). Geschichte und Norm werden hier ostentativ nicht enggeführt. Genau derselbe Konflikt zwischen Sein und Sollen steht in den philosophischen Streitgesprächen zwischen Agathon und Hippias zur Entscheidung an. Dabei erweist sich - entgegen dem „Vorbericht"! - nicht eine der beiden Positionen als gültig, sondern die Diskussionen enden aporetisch: Der Empiriker, ja Materialist Hippias entwickelt zwar eine überlegene Erkenntnistheorie, muß jedoch moralische Orientierungen rigoros ablehnen, während der empfindsam tingierte Platoniker Agathon seine ethischen Postulate nicht stichhaltig begründen kann (vgl. S. 55-65, II, 6).[93] In Hippias und Agathon aber treffen

> zwei geistesgeschichtliche Varianten der europäischen Aufklärung [aufeinander], die jeweils einen programmatischen Aspekt der Epoche verkörpern: zum einen die kausal-empiristische Interpretation einer berechen- und kontrollierbaren Natur, zum anderen die normative Zielsetzung einer von theologischen Begründungszwängen weitgehend freien und die menschliche Natur rehabilitierenden Moral.[94]

Die *Geschichte des Agathon* scheitert mithin dabei, den Anspruch des „Vorberichts" einzulösen, der kritisch-materialistischen Versuchung souverän zu widerstehen, und führt dazu die Aporien *beider* Varianten der Aufklärung und ihre Auswirkungen auf die Existenz des Subjekts vor.

Damit ist auch der Pragmatismus in Frage gestellt: Seine psychologisierende Kausalanalyse muß - konsequent durchgeführt - der materialistischen Erkenntnistheorie des Hippias zugeordnet werden! In der Auseinandersetzung der ‚inneren Geschichte' des Agathon bedient sich der Erzähler der charakteristischen mechanistischen Terminologie, er benennt eine „mechani-

---

des Romans - seine innere Handlung - zur Darstellung zu bringen" [S. 271]). Für dieses mag die wiederholte Überarbeitung des Romanschlusses sprechen, für jenes die von Erhart dargelegte Bewußtheit des Wielandschen Erzählens von Anfang an. Für unsere Frage nach den Möglichkeiten des pragmatischen Erzählens ist das freilich von untergeordneter Bedeutung; der Unterschied liegt darin, wer dem Pragmatismus die Diagnose stellt: schon Wieland oder erst ein Literaturwissenschaftler.

93 Vgl. Thomé: Menschliche Natur, S. 214; Hemmerich: Wielands „Geschichte des Agathon", S. 57.

94 Erhart: Entzweiung und Selbstaufklärung, S. 105.

sche Würkung" der Einbildungskraft und sucht nach „geheimen Triebfedern" (S. 141, IV, 6; vgl. S. 177, V, 9). Die Diktion ist in dieser Passage von Begründungskonjunktionen („weil", „daher") und Formeln geprägt, die über den Gewißheitsgrad der Psychologisierungen bzw. ihre ‚Natürlichkeit' Auskunft geben („so ist gewiß", „Was Wunder also", S. 141f., IV, 6). Und Hippias nimmt Agathon gegenüber genauso „die Natur und würkliche Beschaffenheit der Dinge" für seine Weltsicht in Anspruch (S. 104, III, 5), wie es der Erzähler im Vorbericht für seine pragmatische Geschichte getan hat. Während jener von „den Gesetzen einer unveränderlichen Notwendigkeit" in der Welt spricht, sucht dieser „die Würkungen so anzugeben, wie sie vermöge der unveränderlichen Gesetze der Natur aus ihren Ursachen herfließen" (S. 60, II, 6; S. 167, V, 8).[95] Der von Hippias vertretene, von der materialistischen Anthropologie geprägte Empirismus benutzt mit Vorliebe das Adjektiv „wirklich", und in Übereinstimmung mit dem Ontologie und Epistemologie kontaminierenden Objektivismus der pragmatistischen Geschichtserkenntnis wird die ‚wirkliche' Welt nach Hippias vom Verstand in seiner „natürlichen Richtigkeit" erkannt (S. 64, II, 6).

Jene letzte Formulierung steht der schon zitierten Vorberichts-Anrede der Leser, „die aus gesunden Augen gerade vor sich hin sehen", überraschend nahe. Im Verlauf des Romans kommt es also viel ‚schlimmer', als es die ‚pragmatische' Leserfigur je befürchtete: Nicht allein, daß dem „gefährlichen" Hippias die Berechtigung seiner Weltsicht in einigen Punkten zugestanden werden muß (von Agathon!, vgl. S. 109, III, 6), nein, der eigene, vermeintlich tugendsichere Pragmatismus ruht auf denselben epistemologischen Fundamenten! Von den Zeitgenossen Wielands ist diese grundstürzende Problematisierung des spätaufklärerischen Weltbilds nicht bemerkt worden; in Blanckenburgs bald kanonischer Interpretation des Romans als bruchloser innerer Bildungsgeschichte des Helden sind seine irritierenden Momente – der ironische Erzähler und seine Digressionen, Hippias als gleichgewichtiger Diskutant – getilgt.[96] Wieland beklagte sich bei Geßner nicht umsonst darüber, „daß keiner, auch nicht ein einziger, die Absicht und den Zusammenhang des Ganzen ausfindig gemacht hat."[97]

Eine weitere Erschütterung des Pragmatismus geht davon aus, daß sich bloße Kausalität augenscheinlich nicht durchhalten läßt, wenn der Roman ein

95 Einen ganzen Katalog von Bedingungsfaktoren von Agathons Entwicklung stellt der ‚Herausgeber' im 2. Kapitel des 11. Buches (vgl. S. 556) auf.

96 Vgl. Blanckenburg: Versuch, S. 10f., 319-322, 405-408; Erhart: Entzweiung und Selbstaufklärung, S. 216f.; Voßkamp: Romantheorie, S. 195f.; Thomé: Roman und Naturwissenschaft, S. 250-258.

97 7. May 1768 – Wieland: Briefwechsel Bd. 3, S. 512.

‚gutes Ende' finden soll. So wie Hippias' Empirismus eine versteckte Anerkennung findet, bleibt das Verdikt gegen den „Romandichter" nicht ohne Relativierung. Denn das zugunsten „der Natur und Wahrheit" zurückgewiesene „Wunderbare" (S. 166f., V, 8) muß schließlich doch bemüht werden. Insbesondere am Ende des Romans häufen sich die – ausdrücklich als solche angesprochenen – ‚Zufälle'. So wird, um Agathon glücklich zu machen, die geliebte Danae „von irgend einem dienstwilligen Sturmwind" nach Tarent geführt (S. 574, XI, 3).[98] Daß der Sinn einer Geschichte, der vom Erreichen eines Zieles sich herleitet, nicht allein aus ihrer Kausalität zu begründen ist, läßt sich kaum schärfer als durch diese abrupte Schlußwendung des Romans demonstrieren. Wieland vervollständigt zwar den ‚plot', den eine sinnvolle Geschichte braucht – an das oben aufgestellte Erzählmodell sei erinnert –, doch die Art und Weise, in der er dies tut, führt zugleich und vor allem das ‚Künstliche' und die Motivation dieser Operation vor. Er zeigt, daß der „unerschöpfliche Vorrat der Natur" (S. 5, „Vorbericht") keine ganzen Geschichten enthält. Der Fundamentalsatz der aufklärerischen Dichtungstheorie, daß die ‚Nachahmung' der Natur in der Geltung ihrer Gesetze auch im literarischen Werk bestehe,[99] erweist sich hier als defizient. Ohne ‚Zufälle' kommt der Pragmatismus nicht aus – auch und erst recht nicht der anthropologisch modifizierte –,[100] sein Kohärenz beanspruchendes System braucht

98 In der erzählerischen Anlage dieser makrostrukturellen ‚Notbremse' geht Wieland wieder verdeckt vor: Der offene Erzählereingriff wird im Gespräch des Erzählers mit der Leserfigur thematisiert, nicht aber in seiner sinnstiftenden Funktion, sondern unter dem Aspekt, daß die offene Vorbereitung dieses Eingriffs eine Überraschung des Lesers unmöglich mache. Der Erzähler ist also mit einem ‚Nebengefecht' (gegen den Barockroman mit seinen plötzlichen Glückswechseln nämlich) beschäftigt – wie im „Vorbericht". Jedoch kommt die Bedeutung seines Eingriffs für die im gesamten Roman thematische Spannung von Kausalität und Teleologie zwei Kapitel zuvor zur Sprache. Dort kündigt der ‚Herausgeber' eine Wende durch Erzählereingriff an, die dem griechischen Autor notwendig geworden sei, weil sich aus den zahlreichen Bedingungsfaktoren von Agathons Geschichte, also ihrem Kausalmechanismus, das gesetzte Entwicklungsziel, Agathon zum „weisen und tugendhaften Mann" zu machen, nicht herleiten ließ: „Man hilft sich wie man kann, und wenn es auch durch einen Sprung aus dem Fenster sein sollte." (S. 557, XI, 1).

99 Vgl. Brenner: Die Krise der Selbstbehauptung, S. 50.

100 *Ohne* ironische Relativierung greift Friedrich Nicolai zu einem ‚Zufall', um den guten Ausgang seines Roman *Das Leben und die Meinungen des Herrn Magister Sebaldus Nothanker* (1773-76) zu retten: Die Dorfpredigerstochter Mariane kann den Tuchhändlerssohn Säugling schließlich doch heiraten, weil ihr Vater Sebaldus 15 000 Taler in der Lotterie gewinnt (vgl. GW Bd. 3, Teilbd. 3, S. 150-153). Interessanterweise braucht aber nicht nur die glücklich endende Geschichte den Zufall, sondern auch die ganz heillose. Wenn es darum geht, dem Helden zum wiederholten Mal alle Hoffnung abzuschneiden, bemüht auch der Erzähler des *Anton Reiser* einen „unerwarteten und hämischen Streich des Schicksals" (S. 428), wenngleich keinen ‚unwahrscheinlichen', der sich selbst als poetische Fiktion entlarvte. Zur Genese der ästhetischen Kategorie des Zufalls im Roman der

paradoxerweise diese Lücke. Bruchlos vermag der Roman seine Theodizeefunktion nicht mehr zu erfüllen.

Die ironische Behandlung des schicksalswendenden Zufalls im *Agathon* verdeutlicht, daß dieser keine Lösung sein kann, sondern zur Offenlegung der strukturellen Probleme, eine pragmatischen Geschichte zu erzählen, dient. Wieland zeigt drastisch, daß die im „Vorbericht" negativ apostrophierte „Phantasie" und die „Absichten des Verfassers" von der Orientierung am „Lauf der Welt" nicht überflüssig gemacht werden (S. 5, „Vorbericht"). Seine Geltungsansprüche im aufklärerischen Literatursystem erlauben es dem *Agathon* jedoch nicht, auf die auch terminologische Anlehnung an die Geschichte (und zwar die ‚pragmatische') zu verzichten; die eigentlich angemessene Gattungsbezeichnung ‚Roman' besetzt er in einem Scheingefecht gegen dessen barocke Variante negativ. Wielands Roman demonstriert die historische Notwendigkeit des selbstbewußt schaffenden, Erzähleinheit und Sinn stiftenden Künstlers, aber die im Sturm und Drang wenig später vielberufene Vorbild- und Symbolfigur eines solchen ‚Genies', Prometheus, vertritt noch die auf Glanz und Staunen ausgerichtete Verzeichnung der ‚Natur' im heroischen Barockroman (S. 167, V, 8). Der Schritt zur autonomen Fiktion versteckt sich im ironischen Spiel des pragmatischen Erzählers; der Autor bekennt sich nur indirekt zur Bindung von Sinn und erzählter Geschichte an das Autorsubjekt. Immerhin kündigt sich im *Agathon* an, daß eine Theodizee künftig nurmehr als ästhetischer Entwurf möglich ist, während Schlözer sich diese noch von der bloßen „Anschauung des Weltlaufs" verspricht.[101] Der Versuch, allein die Kausalität ‚natürlicher' Ursache-Wirkung-Verhältnisse an die Stelle providentieller Sinnannahmen heilsgeschichtlicher Prägung zu setzen, hat sich als unzureichend im Hinblick auf Sinnerwartungen erwiesen. Wohlgemerkt haben wir es hier nicht bloß mit einem Problem der literarischen Ästhetik zu tun; wie Schiller in seiner Antrittsvorlesung formulieren wird, kann der Historiker ebenfalls nur „aus sich selbst heraus" der Geschichte einen Sinn qua Teleologisierung verleihen.[102] Denn die Geschichtsschreibung arbeitet gleichfalls mit einem Material, das nicht schon in seiner Partikularität oder in seinen Kausalverhältnissen bedeutungsvoll ist für den Forscher. Wie auch das narrativistische Historiographiemodell verdeutlicht, darf er deshalb nicht bei der Geschichts*re*konstruktion stehenbleiben. Daß dieser Bewußtseinsstand jedoch nicht aufklärerischem Standard entspricht, kann Gatterers Anspruch zeigen, mit der vom Historiker erzählten Geschichte, die ausdrück-

---

Spätaufklärung vgl. Brenner: Die Krise der Selbstbehauptung, S. 146-153.

101 Schlözer: Vorstellung seiner Universalhistorie, S. 37 – TDAH, S. 676.

102 NA 17, S. 374.

lich „ein Ganzes" umfassen und dieselbe moralische Wirkung wie eine Dichtung haben soll, nichts als „eine wirkliche Nachahmung" zu geben.[103] In der pragmatischen Geschichtstheorie eines Gatterer ist das konstruktive Moment, dessen auch die wissenschaftliche Geschichtserzählung nicht entbehren kann, noch nicht erkannt. Dagegen signalisiert die *Geschichte des Agathon,* daß die Impulse zur Überwindung des Pragmatismus zuerst und wesentlich von der Literatur ausgegangen sind.

Mit Wieland hat das pragmatische Erzählen der Aufklärung einen Punkt erreicht, an dem die ‚Naturnachahmung' der Dichtung und der Objektivismus der Historiographie sich als epistemologisch und sinnproblematisch widersprüchlich erweisen. In der literarischen Entwicklung vom Sturm und Drang zu Klassik und Romantik wird die auf das schöpferische Subjekt gegründete Autonomie der Literatur die poetologische Legitimation von Dichtungsregeln als Naturgesetzen ablösen. In der nachaufklärerischen Geschichtsphilosophie, bei Herder wie bei Schiller, wird dem erkennenden und dem sinnstiftenden Subjekt ebenfalls stärker Raum gegeben. Bei Wieland ist die weitere Entwicklung von Poetik und Historik noch offen; wie *Tristram Shandy* stellt sein Roman Fragen, ohne sie eindeutig zu beantworten. Die klassische Literatur und der Historismus des 19. Jahrhunderts stellen dann – zum guten Teil auf wiederum gemeinsamer Grundlage – einen neuen Versuch zur Überwindung der aufgezeigten (und an Wezel und Moritz noch aufzuzeigenden) Probleme der Geschichtserzählung dar. Mag der Historismus auch strengste ‚Objektivität' prätendieren, ohne jenen Aufbruch des Subjekts aus der objektivistischen Geschichts- und Erzähltheorie der Aufklärung, der bei Wieland sich andeutet und bei Herder zur Entfaltung kommt, ist er nicht denkbar.

d) Extreme des aufklärerischen Erzählens bei WEZEL und MORITZ und ihre transpragmatistischen Kompensationen

Gleichfalls in einem ambivalenten Verhältnis zum ‚Normaltyp' aufklärerisch-pragmatischen Erzählens, wie Blanckenburg ihn auf poetologischer Seite

103 Gatterer: Vorrede von der Evidenz, S. 20 – TDAH, S. 470. Dieser Gegensatz muß gegen Lämmert betont werden, wenn dieser schreibt, daß mit der Geschichtstheorie der Göttinger dem Historiker „die Sorge für die Konsistenz seiner Darstellung in eben dem Maße aufgegeben [gewesen sei] wie dem schöpfungsästhetisch arbeitenden Künstler die Alleinverantwortung für das Ganze seines Werkes und dessen inneren Zusammenhang." (Eberhard Lämmert: Geschichte unter wechselndem Blick. Schlußbemerkungen zum Symposion. – In: Geschichte als Literatur, S. 415-423, hier S. 417). Vgl. auch, wie Schlözer die von Herder eingeforderte teleologische Reflexion auf den ‚Endpfahl' der Geschichte verweigerte bzw. mißverstand, dazu unten S. 195f.

vertrat, stehen einige Romane von Johann Karl Wezel und Karl Philipp Moritz aus den 1770er und 1780er Jahren. Auf eine wieder andere Weise als Wielands *Geschichte des Agathon* sind sie ebenfalls Indikatoren für die geschichtliche Stellung des Pragmatismus: *Belphegor*, die *Lebensgeschichte Tobias Knauts* und *Anton Reiser*. Wenngleich auch sie wie Blanckenburgs *Beyträge* die Schwierigkeiten des Pragmatismus erhellen, das Prinzip präziser Kausalanalyse mit der Konstruktion einer konsistenten, komplexen Handlung zu vereinbaren (α.) - nicht weniger interessieren hier die pessimistischen Tendenzen, die bei Wezel und Moritz durchbrachen (β.), über Anthropologie und Ästhetik der deutschen Aufklärung hinausführten und schließlich idealistisch-geschichtstheoretische (γ.) oder ästhetische (δ.) Kompensationskonzepte herausforderten.

α. Mit nur wenigen - wenngleich charakteristischen - Abweichungen vertreten beide Autoren die Poetik des Pragmatismus: Wezel will das Schaffen des Dichters an der gesetzmäßig verfahrenden ‚Natur' ausrichten und auf ‚philosophische' und psychologische Kenntnisse bauen. Der literarische Text ist auf seine Wirkung auf den Leser hin zu berechnen, wobei die moralischen, sozialen, politischen und ‚philosophischen' Lehren, die der Leser aus ihm ziehen soll, nicht expliziert werden sollen. Der Anspruch auf unmittelbare Wirksamkeit schlägt sich außerdem in der Forderung nieder, einheimische und zeitgenössische Stoffe zu wählen. Das Erzählte soll sowohl kausal analysiert als auch teleologisch strukturiert werden; einen Widerspruch zwischen beiden Prinzipien sieht Wezel nicht. Allerdings impliziert das teleologische Element bei ihm nicht den für die deutsche Aufklärung typischen Theodizee-Gedanken; das literarische Werk repräsentiert in seiner Ordnung nicht eine von Gott geordnete Welt.[104] Selbst die terminologische Anlehnung an die Historiographie läßt Wezel nicht vermissen: Der Erzähler seines *Tobias Knaut* (1773-76) nennt sich wiederholt einen „Geschichtschreiber" seines Helden.[105] Und wenn im nächsten Satz der eigene Text als „Roman" bezeichnet wird, so unterstreicht das nur, daß ein ‚Geschichtschreiber' zu sein einen bestimmten Darstellungsmodus meint und nicht - in einer Verkürzung des spezifisch Pragmatischen - einen historiographischen, d.h. faktizistischen Geltungsanspruch für das Dargestellte erhebt.[106]

Moritz' „psychologischer Roman" *Anton Reiser* (1790-95) knüpft, indem er auf „Beobachtungen größtenteils aus dem wirklichen Leben" bauen will, programmatisch ebenfalls an den pragmatischen Roman und mit der „*inneren* Ge-

---

104 Vgl. Knautz: Epische Schwärmerkuren, S. 45-53.

105 Wezel: Tobias Knaut Bd. 4, S. 121, 125.

106 Ebd., S. 121.

schichte des Menschen" insbesondere an Blanckenburg an.[107] Indem Moritz die empirisch-psychologische Seite des Aufklärungsromans erfahrungsseelenkundlich vertieft, geht er zwar über den pragmatischen Standard hinaus, seine erfahrungsseelenkundliche Kompetenz betrachtet er jedoch nicht als Sprengung des aufklärerischen Romanmodells, sondern er empfiehlt Dichtern und Romanschriftstellern entsprechende Studien, damit diese ihre Darstellungen „des menschlichen Herzens" auf wissenschaftliche Grundlagen stellen können.[108] Mit denselben Implikationen wie bei Wezel kann man also von Moritz als einem „Geschichtsschreiber der Seele"[109] sprechen.

Moritz' Schulung in einer streng analytischen Disziplin ist wohl dafür verantwortlich zu machen, daß der den Pragmatismus auszeichnende Anspruch auf im Prinzip lückenlose Kausalerklärung im *Anton Reiser* zum ersten Mal überhaupt in nennenswertem Maße Erfüllung findet. Besonders eindrücklich ist hier der Eingang des ersten Buches, in dem der Einfluß von Elternhaus und erster Kindheit auf Antons Entwicklung untersucht wird.[110] Ursache-Wirkung-Verhältnisse explizierende oder andeutende Formulierungen („mußte notwendig", „verursachte"), analoge Metaphern („Keim"), Präpositionen („wegen") und Konjunktionen („weil", „denn", „da", „wenn", „so daß"), konsekutive Adverbien („So") und Sammlungen von Bedingungsfaktoren des nachfolgenden Geschehens („Hiezu kam noch", „Unter diesen Umständen") prägen die Mehrzahl der Sätze. Die Mikrostruktur des Textes ist allerdings in mindestens demselben Maße davon geprägt, daß in der Regel ein Satz einen Absatz bildet. Ein Satz/Absatz ist grosso modo die syntagmatische Einheit, in der ein Gedanke formuliert oder ein Ereignis oder ein bestimmter Aspekt der häuslichen Verhältnisse beschrieben wird. Über diese Einheiten reichen die genannten Explikationen von Kausalbeziehungen nur in der Minderzahl der Fälle hinaus. Der Zusammenhang des Erzählten ergibt sich dann aus der Referenzidentität der Subjekte oder der Korrelierbarkeit ihrer Prädikate. Die Darstellung des Kausalnexus seiner Geschichte, die der Pragmatiker zu leisten hat, ist also nicht gleichmäßig. Einschränkungen, die sich aus den Erkenntnisschwierigkeiten des Erfahrungsseelenkundlers ergeben (so als handelte es sich nicht um einen fiktionalen Text mit ‚allwissendem' Erzähler), konzedieren Adverbien wie „vermutlich" und „wahrschein-

---

107 Moritz: Anton Reiser, S. 6. Vgl. dazu auch Pfotenhauer: Literarische Anthropologie, S. 96f.

108 Karl Philipp Moritz: Vorschlag zu einem Magazin der Erfahrungsseelenkunde [...]. – In: Deutsches Museum 1 (1782), S. 425-503, hier S. 491, zit. nach Müller: Die kranke Seele, S. 38.

109 Müller: Die kranke Seele, S. 298.

110 Vgl. Moritz: Anton Reiser, S. 11-15.

lich" (mithin nutzte Moritz nicht immer die Gestaltungsfreiheit, die dem Romanautor im Gegensatz zum wissenschaftlichen Empiriker zukommt). Narratologisch entscheidend ist derweil, daß eine Sättigung der Diktion mit kausalitätsexplizierenden Formulierungen dafür verantwortlich zu sein scheint, daß die Bezüge, in denen das Berichtete vieler nicht ausdrücklich verbundener Sätze/Absätze steht, nicht mehr expliziert werden. In der hier analysierten, wenige Seiten langen Passage von Moritz' Roman ist die oben beschriebene grundsätzliche Aufnahmebereitschaft des Erzählens für explizite Erklärungen augenscheinlich ausgeschöpft, ohne daß ein ‚systematischer' Text entstanden wäre. Dieses schon mikrostrukturelle Steckenbleiben des Pragmatismus wird noch eklatanter, wenn man die Ausnahmestellung der analysierten Passage in dem Roman berücksichtigt: Große Teile der späteren Lebensgeschichte werden szenisch vergegenwärtigt und aus der Erlebnisperspektive Anton Reisers erzählt, also nicht wie die Familienverhältnisse und ersten Lebensjahre in jener stark raffenden Retrospektive berichtet, aus der sich die Möglichkeit zur Kausalanalyse ergibt. Auch innerhalb von Moritz' Roman stellt eine so relativ weitreichende kausalanalytische Textstrukturierung die Ausnahme dar.

Überhaupt ist die narrative Makrostruktur des *Anton Reiser* im Hinblick auf das pragmatische Erzählen nicht unproblematisch. Immer wieder hat man den „eintönigen Rhythmus des Romans"[111] festgestellt (und mitunter beklagt). Der Roman sei von der „monotonen Wiederkehr des Gleichen" geprägt, weil Reisers Lebensgeschichte zum einen streng chronologisch erzählt wird und zum anderen in ihren Einzelheiten durchgängig von einem „konstanten psychischen Grundmuster", das sich in der Kindheit fest herausgebildet hat, bestimmt ist.[112] Kurz: Die Struktur des Textes folgt dem überlieferten Muster von Maxime und Exempel. Noch deutlicher wird diese Neigung des ‚anthropologischen' Romans der Spätaufklärung an Wezels *Belphegor* und der *Lebensgeschichte Tobias Knauts*, und dies obwohl Wezel erklärtermaßen nicht nur die Figurenpsychologie mechanisch exakt ausführen möchte, sondern auch den ‚plot': Alle Momente einer Handlung „müssen beständig in einander greifen, wie ein paar Uhrräder".[113] In der Dichtung dürfe

111 Schrimpf: Moritz, S. 52.

112 Ebd., S. 54; Engel: Roman der Goethezeit Bd. 1, S. 149.

113 [Wezel:] Rez. von Wielands *Oberon, ein Gedicht in vierzehn Gesängen*, Hofmann 1780. - In: Neue Bibliothek der schönen Wissenschaften und freyen Künste 25 (1781), Nr. 2, S. 230-273, hier S. 253, ND in Wezel: Kritische Schriften Bd. 2, S. 560-603, hier S. 583.

> nicht das mindeste Gelenke in der Kette der Ursachen und Wirkungen unsichtbar bleiben, nicht das kleinste Rädchen in dem ganzen Werke umlaufen, ohne daß es nicht vorher einen *hinlänglich* starken Stoß empfangen habe[114].

Doch bereits das Vorwort des *Belphegor* (1776) greift auf das Schema von Maxime und Exempel zurück - in Formulierungen, die an die Versuchsbeschreibung eines Chemikers erinnern: ‚Man nehme', bedeutet der Erzähler dort dem Leser, einen jungen Schwärmer, dessen harmonistisches Weltbild in einem engen Kreis „simpathisirender Freunde" noch nicht gestört worden ist,

> man stoße ihn aus seiner idealen Welt in die wirkliche; man lasse ihn die vergangenen Zeiten, die Geschichte der Menschheit und der Völker durchwandern; man werfe ihn in den Wirbel des Eigennutzes, des Neides und der Unterdrückung, in welchem seine Zeitgenossen herumgetrieben werden: wie wird sich die ganze Scene in seinem Kopfe verwandeln![115]

Vollends gehorcht die Romanstruktur dem Schema von invarianter Maxime und bloß veranschaulichendem Exempel, wenn auch das Resultat dieses Experimentes schon im Vorwort genannt wird: Der Versuchs-Mensch wird sich als „eine Maschine des *Neides* und der *Vorzugssucht*" zeigen. Die Romanhandlung besteht dementsprechend in nichts anderem als einer Aneinanderreihung von Exempelsituationen. Ihre Auswahl ist darauf ausgerichtet, der „Theorie" des „Verfassers", daß „*Neid* und *Vorzugssucht* die zu allen Zeiten, an allen Orten, in allen Ständen der Menschheit und Gesellschaft, bey allen Charakteren allgemeinsten Triebfedern der menschlichen Natur" sind,[116] durch eine möglichst breite Streuung der Schauplätze gerecht zu werden - von Europa durch Afrika, den Orient und China nach Nordamerika, vom Haus der Geliebten bis in den Unabhängigkeitskrieg. Ihre Verknüpfung freilich geschieht im einzelnen nur beiläufig und sorglos und reproduziert im ganzen so die Struktur des Abenteuerromans. Ohne dieses von der erstrebten Geschichts-Maschine denkbar weit entfernte Geschichtenmuster kommt Wezel nicht aus.

Noch einmal wiederholt wird das Schema von Maxime und Exempel innerhalb der einzelnen Episoden: Jede von ihnen „ist einer Idee zugeordnet,

---

114 [Wezel:] Rez. von Hermes' *Sophiens Reise von Memel nach Sachsen*, 2., stark verm. Aufl. Leipzig 1776. - In: Neue Bibliothek der schönen Wissenschaften und freyen Künste 19 (1776), Nr. 2, S. 269-292, hier S. 284, ND in Wezel: Kritische Schriften Bd. 1, S. 3-26, hier S. 18.

115 Wezel: Belphegor, S. 7 (das folgende Zitat ebd.).

116 Ebd., S. 9.

die es zu widerlegen gilt."[117] Jenseits des ‚äußerlich' bindenden Abenteuerromanmusters ist die Konsistenz des Textes also nahezu ausschließlich theoretisch begründet, nicht narrativ – geschweige denn kausalanalytisch.[118] Für die *Lebensgeschichte Tobias Knauts* gilt nichts prinzipiell anderes.[119] Wezel scheut sich denn auch nicht, plötzliche Wendungen durch ‚zufällige' Naturereignisse und wunderbare Wiederbegegnungen zu motivieren. Überdies hat er eine gewisse erzähltechnische Eintönigkeit nicht zu vermeiden gewußt, handele es sich um das immer wieder angewandte „kompositorische Prinzip, die Personen ihre Lebensgeschichte erzählen zu lassen", oder um „stereotype Reaktionen" der Figuren.[120] Ein narrativer Mechanismus zeichnet seine Romane eher in einem solchen pejorativ-metaphorischen Sinne aus als in bezug auf die prätendierte vollständige Pragmatisierung des Erzählens. Der Pragmatismus aber hat sich demnach auch bei seinen konsequentesten Vertretern weder mikro- noch makrostrukturell als eine tragfähige Poetik der Erzählung erwiesen.

β. Mit Wezel und Moritz sind Endpunkte des aufklärerisch-empiristischen Erzählens erreicht. Im *Anton Reiser* erlauben es die Befunde der literarisch durchgeführten erfahrungsseelenkundlichen Diagnose nicht mehr, den Text im noch zu Beginn des zweiten Teils berufenen pragmatischen Romanschema zu organisieren; die „abgerißnen Fäden" der exemplarischen Lebensgeschichte knüpfen sich nicht „wieder an", kein Zweck scheint auf, und die Auflösung des Mißtönenden „in Harmonie und Wohlklang" bleibt aus.[121] Moritz' Erzählkonzept scheitert nicht allein wegen der generellen Divergenz von Erzählung und Kausalanalyse, sondern auch an der erreichten Empirisierung und Kausalisierung von Welt- und Menschenbild, an dem, was der psychologisierende Blick dem Erzähler als Darzustellendes überantwortet. Seiner chaotischen Erscheinung wird auch ein Erzähler in der Rolle des diagnostizierenden Arztes nicht mehr ganz Herr:

> Das Erzählte verweigert sich der nahtlosen Eingliederung in ein Erzählkonzept; der kritisch-ablehnende, paränetisch-zuredende Erzählerkommentar erfährt durch das Erzählte seine direkte Negation und somit die immer wieder erneute Sprengung

---

117 Gössl: Materialismus, S. 107.

118 Vgl. ebd.: „Nicht die pragmatische Integration aller Elemente der Erzählung begründet die Wahrscheinlichkeit dieses Romans, sondern allein die theoretische Aussage."

119 Vgl. Victor Lange: Nachwort. – In: Wezel: Tobias Knaut Bd. 4, S. 1*-51*, hier S. 38*-40*.

120 Gössl: ebd.

121 Moritz: Anton Reiser, S. 122. Zum Durchschlagen der von keiner Vorsicht mehr gebändigten Zerrissenheits- und Sinnlosigkeitserfahrung auf den Text vgl. besonders die Analyse von Frick: Providenz und Kontingenz, S. 365-382.

seines gesetzten Erzählrahmens: das Erzählte erzählt mehr als der Erzähler gestatten darf.[122]

Jenseits davon, daß von einer Verwirklichung des pragmatischen Erzählens im programmatisch beanspruchten Grad selbst im *Anton Reiser* nicht die Rede sein kann, tritt hier weniger ein Darstellungsdefizit als ein romankonventionell nicht mehr zu kompensierendes Sinndefizit (mit einer starken sozialkritischen Komponente) zutage: „Das Leben Anton Reisers als exemplarisch negativen Fall beschreiben zu wollen" gelingt in gewisser Weise „zu gut, zu genau und zu subtil".[123] Welcher Weg aber führt aus dem auch im Medium des Romans nicht mehr aufzuhebenden Widerspruch von Sinn- und Ordnungspostulaten einerseits und dem empirischen Befund von Sinnlosigkeit und Chaos andererseits heraus? Diese Frage wird uns auf die (literatur-) geschichtliche Überwindung des Pragmatismus im engeren Sinne zurückführen (δ.).

Wezel überschreitet, wie erwähnt, aufklärerisch-pragmatische Standards durch den Versuch einer „konsequenten materialistischen Reduktion"[124] seiner Romanfiguren und ihrer Handlungen. Physiologische Kenntnisse (die freilich häufig noch der Säftelehre entstammen) sollten zur ‚philosophischen' und psychologischen Kompetenz des Romanautors hinzutreten. Auf dieser Grundlage geht in seinen Romanen das optimistische Menschenbild, das besonders für die deutsche Aufklärung typisch war, viel früher noch als bei Moritz verloren. Auf Belphegors Weg durch die Welt muß seine „hohe, große Idee von dem Menschen mit jedem Tage mehr zusammenschmelzen" (S. 48)[125]. Daß ‚menschlich' zu handeln „Morden, Rauben, Betriegen, Plündern" heißt, wie Akante dem schwärmerischen Belphegor entgegenhält (S. 61), bestätigt sich im Verlauf des Roman immer wieder und desillusioniert die aufklärerisch-optimistische Identifizierung von Natur und Norm. Gerade in seinem Glauben an eine „unverdorbene Natur" des Menschen täuscht sich Belphegor, einmal auf eine kaum grausamer zu denkende Weise: Speisen, mit denen ihn Kannibalen mästen, mißdeutet er als „naife Ausdrücke des Mitleids" (S. 261). Materialistischer Erkenntnisanspruch und anthropologischer Befund lassen Wezels Roman zu einem Fall „trauriger Wissenschaft des Menschen und der Welt" (S. 151) werden, ja die kausalanalytische Betrachtungsweise streift den Nihilismus. Denn wenn Belphegor sich die Sonnen-

---

122 Allkemper: Ästhetische Lösungen, S. 35.

123 Ebd., S. 194.

124 Engel: Roman der Goethezeit Bd. 1, S. 135.

125 Seitenzahlen in diesem Abschnitt beziehen sich auf die *Belphegor*-Ausgabe von Hubert Gersch.

religion der Peruaner und den Kannibalismus unter Mexikanern mit „einer langen Reihe von *nicht selbst gewählten* Ursachen" deterministisch erklärt, sind alle Normen relativiert: „ihre Begriffe vom Guten und Bösen, von Recht und Billigkeit bildete das Schicksal, nicht *sie*" (S. 181).

γ. Was aber trägt das noch zu unserer Untersuchung des pragmatischen Erzählens bei, wo doch Wezel damit allenfalls an seinem Rand und zumal der Aufklärungs*historie* sehr fern steht? Wezels Extremposition innerhalb der deutschen Aufklärung durfte deshalb nicht übergangen werden, weil manche Frontstellungen des idealistischen Historismus und seiner geistesgeschichtlichen Gründerväter sich erst im Kontext einer philosophie- und bewußtseinsgeschichtlichen *Konstellation* erklären. Die Antworten, die der Historismus (im weiteren Sinne) gab, sind ohne die ihnen zugrunde liegenden Problemstellungen nicht recht verständlich.[126] Insbesondere Wezel aber vertrat einen „Materialismus" und „Nihilismus", der mit jenem ähnelt, gegen den Droysen im Materialismusstreit der 1850er Jahre polemisch Stellung bezog.[127] Droysen hatte dabei den Zoologen Carl Vogt und den Physiologen Jacob Moleschott, die alle ‚Seelentätigkeit' des Menschen auf physiologische Ursachen zurückführten, als Gegner vor Augen sowie in weiteren Zusammenhängen Ludwig Feuerbach (als ‚Verkehrer' der Hegelschen Philosophie).[128] Wezels *Tobias Knaut* stellt exakt jene Reduktion menschlicher Willensakte auf einen „äußerlichen Kausalnexus" dar, der Droysen antwortete, daß in dem „noch so kleinen x" des freien Willens „die *Bewegung* der Geschichte und die Bedeutung des sittlichen Lebens" liege.[129]

Droysens heftige Polemik gegen Vogt und Moleschott stellt unmißverständlich klar, wie wichtig die Frontstellung gegen den naturwissenschaftlichen Materialismus für seine Historik ist. Seine Geschichtstheorie hätte als ganze nicht so breit bzw. tief – anthropologisch, metaphysisch, theosophisch gar – angelegt sein müssen, hätte er nicht einen Rechtfertigungsdruck von seiten einer so radikal anderen Weltanschauung wie der des naturwissenschaftlichen Empirismus verspürt. Und er steht damit nicht allein im ‚Historismus':

126 Deshalb hat Kondylis allgemeiner gefordert, die „polemische" Verfaßtheit des philosophischen Diskurses dergestalt methodisch zu berücksichtigen, daß immer der „Gegner" einer Position „ins Auge zu fassen" ist (Die Aufklärung, S. 20).

127 Droysen: Historik (Ed. Leyh), S. 478. Eine „pränihilistische Sichtweise" im *Belphegor* stellt auch Immelmann: Der unheimlichste aller Gäste, S. 58, fest. Zum Materialismusstreit vgl. K. Meschede: Materialismusstreit. – In: Hist. Wb. d. Phil. Bd. 5, Sp. 868-869.

128 Vgl. Droysen: ebd., S. 325-327. Droysen greift dort speziell Moleschotts *Der Kreislauf des Lebens* (1852) an. Zu Feuerbach vgl. Rüsen: Begriffene Geschichte, S. 19f.

129 Droysen: ebd., S. 266. Auch hier nimmt Droysen präzise zum Materialismusstreit Stellung, er bezieht sich auf eine Streitschrift Hermann Lotzes, die die Frage eines individuellen Wollens offengelassen hatte.

Auch Gervinus entwickelte seine Historiographietheorie als Abwehr der „fatalistischen und naturhistorischen, der teleologischen und pragmatischen Betrachter der menschlichen Dinge", sich damit wohl sogar direkt gegen die hier diskutierten Tendenzen des 18. Jahrhunderts wendend.[130] Wezels Romane hingegen kann man auf der Gegenposition lokalisieren. Im Streit um die „Beziehungen zwischen Geist und Sinnlichkeit" unter den Bedingungen der unwiderruflichen „Rehabilitation der Sinnlichkeit", welcher in Kondylis' Interpretation die Aufklärung auszeichnete,[131] waren am Ende des 18. Jahrhunderts sowohl der Rationalismus als auch der Empirismus an extremen Positionen angelangt: Indem letzterer „die Verwurzelung des Geistes im Biologischen oder im Sozialen und somit auch die völlige Relativität bzw. unüberwindliche Heteronomie seiner Unternehmungen geltend macht", „liebäugelt" er „mit dem Nihilismus".[132] Wezel selbst war zwar kein Materialist und Nihilist im Sinne der Franzosen La Mettrie und Sade,[133] doch ist für die von Kondylis hervorgehobene geistesgeschichtliche Konstellation der Nihilismus*verdacht* entscheidend. Auch in Deutschland, das sich doch durch die Zaghaftigkeit materialistischer Ansätze und das Fehlen konsequenter Nihilisten auszeichnete, war der Nihilismus „negativ, nämlich als sichtbare Drohung und höchste Gefahr allgegenwärtig".[134] Daß das Muster polemischer Verzeichnung die Wahrnehmung fremder Positionen prägte, belegt neben Droysen sogar Wielands im ganzen freundschaftliche Reaktion auf den *Belphegor*: Er wollte „beynahe kein wahres Wort an ihrer [Wezels] ganzen Menschenfeindlichen Theorie" erkennen.[135]

Als Abwehr dieser radikalen Ausprägung der Aufklärung kann nun aber fast der gesamte frühe Historismus, von Herder über Humboldt und Hegel bis zu Droysen und sogar Gervinus, verstanden werden, denn er füllt die von

---

130 Grundzüge der Historik - Schriften zur Literatur, S. 85.

131 Kondylis: Die Aufklärung, S. 19.

132 Ebd., S. 52.

133 Die satirische Absicht seiner Romane darf nicht übersehen werden: *Tobias Knaut* vereinseitigt gegenüber Wezels philosophischer Anthropologie (*Versuch über die Kenntniß des Menschen* 1784-85) die Auffassung des Menschen als Maschine (vgl. Seibert: Satirische Empirie, S. 55). Das pessimistische Menschenbild dieses Romans und des *Belphegor* läßt sich wertungsneutral auch als Instrument einer radikalen Desillusionierung verstehen. Im „verdeckten Moralismus" Wezels, wie er sich insbesondere in der reflexiven Erzählhaltung des *Tobias Knaut* niederschlägt, kommt noch ein „Verlangen nach einem ethischen Halt und nach Sinn-Orientierung" zum Ausdruck (ebd., S. 65; vgl. ähnlich zum *Belphegor*: ebd., S. 73f.). Jedoch vermochte Wezel aus seinem Welt- und Menschenbild heraus „keinen Ansatz zur Überwindung von Skepsis" zu entwickeln (vgl. ebd., S. 65). Deshalb kann er durchaus auf der nihilistischen Extremposition des Aufklärungsdenkens gesehen werden.

134 Kondylis: Die Aufklärung, S. 544, vgl. ebd., S. 53-55, 538.

135 Brief an Wezel, 22. Juli 1776 - Wieland: Briefwechsel Bd. 5, S. 529.

Kondylis beschriebene geistesgeschichtliche Position, die den materialistischen Nihilismus „auf der Basis weitgehender Bejahung des allgemeinen aufklärerischen Ansatzes zur Rehabilitation der Sinnlichkeit" *überwinden* möchte,[136] idealiter und realiter aus: Die von Humboldt und Droysen vorgenommene Unterscheidung verschiedener Ebenen, auf denen die Geschichte interpretiert wird (Humboldt unterscheidet die Stufen der Geschichtsbetrachtung nach „mechanischen", „physiologischen" und „psychologischen Kräften" sowie nach „Ideen")[137] ist darauf ausgerichtet, „den Geist als Träger des Normativen und die Sinnlichkeit als Träger des Kausalen"[138] zugleich in der Geschichte walten zu lassen - wenn auch in hierarchischer Abstufung. Der Synthesecharakter dieser beiderseitigen Anerkennung zeichnet den Historismus geradezu aus; dementsprechend ist die Aufgabe des Geschichtsschreibers keine andere, als das „Streben einer Idee, Daseyn in der Wirklichkeit zu gewinnen", darzustellen.[139] Weil er von einer Verflechtung des Normativen mit dem Empirischen ausgeht, kann Droysen mit Blick auf die Geschichte formulieren: „Historisch denken heißt in diesen Wirklichkeiten ihre Wahrheit sehen."[140] Eine monistische Tendenz kennzeichnet den frühen Historismus damit ebenso wie Wezels Anthropologie, jedoch nicht in materialistischer Ausprägung, sondern in idealistischer („Vergeistigung des Sinnlichen"[141]). Die frühe historistische Geschichtswissenschaft muß deshalb als von einem kompensatorischen *Umschlag* radikaler Tendenzen des aufklärerischen Empirismus getragen interpretiert werden, nicht als deren Fortführung.

Diese Entgegensetzung von aufklärerischem Empirismus und ‚Historismus' betrifft wohlgemerkt nicht die empirische Forschung des geschichtswissenschaftliche Historismus und sein gegen Hegels geschichtsphilosophische Spekulation geltend gemachtes Prinzip induktiver Erkenntnis.[142] Droysen

136 Kondylis: Die Aufklärung, S. 544.

137 Humboldt: Über die Aufgabe des Geschichtschreibers - Werke Bd. 1, S. 597f., 601. Vgl. bei Droysen „pragmatische Interpretation", „Interpretation nach Bedingungen", „psychologische Interpretation" und „Interpretation nach Ideen" (Historik [Ed. Leyh], S. 431-433).

138 Kondylis: Die Aufklärung, S. 544 (hier nicht speziell mit Blick auf den Historismus).

139 Humboldt: Über die Aufgabe des Geschichtschreibers - Werke Bd. 1, S. 605. Bestätigend Droysen: Historik (Ed. Leyh), S. 5.

140 Droysen: ebd., S. 425, vgl. S. 60.

141 Kondylis: Die Aufklärung, S. 544. Für Humboldt ist sogar „alle Geschichte nur Verwirklichung einer Idee" (Über die Aufgabe des Geschichtschreibers - Werke Bd. 1, S. 604). Unter den konkreten Ausprägungen von Rankes Idee vom „Real-Geistigen" (Politisches Gespräch, S. 22) bezeichnet die Auffassung des Staates vielleicht am deutlichsten jenen Tendenzwechsel. Im 18. Jahrhundert mit mechanistischer Metaphorik mit am meisten belegt (vgl. Stollberg-Rilinger: Der Staat als Maschine), nennt Ranke ihn einen „Gedanken Gottes" (Ranke: ebd., S. 25)

142 Vgl. Droysen: Historik (Ed. Leyh), S. 7, 20; Ranke: Politisches Gespräch, S. 22, ders.: Über

argumentiert aber in seiner *Historik* nicht so empirisch, wie er es eingangs für sich in Anspruch nimmt. Vielmehr bietet er den von Kondylis idealtypisch beschriebenen Strategien empiristischer Polemik reichlich Angriffsfläche: Ist der Vorwurf ganz von der Hand zu weisen, daß „der Idealismus eine Rückkehr in die Arme der Theologie" bedeute, wenn Droysen zugesteht, daß seine Geschichtstheorie auf Prämissen ruht, die nicht innerhalb der eigenen Disziplin geklärt werden können, sondern nur in einer „Theologie oder Theosophie der Geschichte" zu diskutieren sind?[143] Hinsichtlich einer Letztbegründung stehen der radikale aufklärerische Empirismus und der Historismus des 19. Jahrhunderts tatsächlich antithetisch zueinander. Der Historismus trägt - von einigen Außenseitern wie Jacob Burckhardt abgesehen, aber sogar in der hochreflektierten Variante Droysens - die Züge „einer metaphysischen Synthese [...], die im Zeichen des Glaubens stand, alles sei letzten Endes gut bzw. vernünftig."[144] Zur deutschen Aufklärungshistorie kann man wohl auch in dieser Hinsicht ein Kontinuitätselement ausmachen - daß die Wissenschaft der Selbstbindung an die positive Religion nicht zu entsagen weiß -, doch muß man auch den Hiatus sehen: Zwischen beiden Historiographieepochen liegt die in der Spätaufklärung (in Deutschland vor allem im Roman) erfahrene Gefahr des Nihilismus. Einseitig die Kontinuität von Aufklärungshistorie und Historismus hervorzuheben setzte dagegen voraus, diese Gefahr als illegitimen Trieb des Aufklärungsdenkens aus der historischen Entwicklung herauszunehmen.[145]

---

die Epochen der neueren Geschichte - WuN 2, S. 63-66. Typisch für den ‚klassischen' Historismus setzte z.B. auch Max Duncker „den realen Idealismus der Historie" sowohl „dem Materialismus der Naturwissenschaften" entgegen als auch „an die Stelle des phantastischen Idealismus der Philosophie" (an Droysen, 12. 12. 1853 - Droysen: Brw. 2, S. 201).

143 Kondylis: Die Aufklärung, S. 52; Droysen: ebd., S. 55 (vgl. dazu auch unten S. 439); zu Droysens Verbindung von Glauben und historischer Wissenschaft vgl. auch Hardtwig: Geschichtsschreibung, S. 102-106. - Bezeichnenderweise rekurriert Droysen gerade unmittelbar vor seinen Angriffen auf Vogt und Moleschott noch einmal auf den „tiefen Satz unserer Religion, daß Gott die Wahrheit ist" (ebd., S. 325). Noch unmißverständlicher bekennt sich Ranke zum „religiösen Grund, auf welchem unser Bemühen beruht" (Idee der Universalhistorie - WuN 4, S. 77).

144 Kondylis: ebd., S. 544 (wieder mit Blick auf das 18. Jahrhundert formuliert). Vgl. Hegel: Philosophie der Geschichte, S. 20. Droysen modifiziert die Prämisse, daß es „in der Weltgeschichte vernünftig zugegangen sei" (Hegel: ebd.) nur, wenn er das „Vernünftige" zum werdenden historisiert und in dem wirklich Gewordenen nur „relativ ausgeprägt" sieht (Historik [Leyh], S. 35). Die Vernünftigkeit der Geschichte ‚letzten Endes' ist dadurch nicht beeinträchtigt. Auch Schiffer: Theorien, S. 122, stellt fest: „Die Grundlage von Droysens Geschichtsphilosophie ist trotz der ausdrücklichen Berufung auf die Empirie eine materiale Hermeneutik auf spekulativer bzw. metaphysischer Grundlage."

145 Zur Entstehung des Nihilismus in und *aus* der Aufklärung vgl. Kondylis: Die Aufklärung, S. 52, und Immelmann: Der unheimlichste aller Gäste, S. 52-60. Noch ent-

Auch in einer solchen übergreifenden geistesgeschichtlichen Perspektive kommt natürlich alles darauf an, daß die entwicklungslogisch evidenten Bezüge auch in den Quellen nachgewiesen werden können. Herders Bückeburger Geschichtsphilosophie polemisiert in der Tat gegen den „Skeptizismus" der Aufklärungshistorie, wohlgemerkt nicht nur gegen ihren Erkenntniszweifel, sondern gegen den nihilistischen „Skeptizismus an aller Tugend, Glückseligkeit und Bestimmung des Menschen".[146] Eine schöne Formulierung in den *Ideen zur Philosophie der Geschichte der Menschheit* behauptet dementsprechend eine Einheit von Skeptizismus und Nihilismus: „So zweifelt und verzweifelt der Mensch".[147] Zu berücksichtigen ist dabei, daß pessimistische und nihilistische Tendenzen von Herder vor allem in Frankreich ausgemacht werden; wie oben dargelegt, bot die deutsche Aufklärungshistorie keinen Anlaß zu solcher Beschwerde. Damit ergibt sich die einigermaßen unübersichtliche Konstellation, daß der frühhistoristische Erkenntnis- und Geschichtsoptimismus als Antithese zur ‚typischen' Aufklärungshistorie zu verstehen ist, obwohl in der deutschen Aufklärungshistorie die zu negierende These gar nicht formuliert worden ist und somit der weltanschauliche *Neu*ansatz eines Herder leicht übersehen werden kann. Der aber bestand in der hier thematisierten Hinsicht der Abwehr von Materialismus und Pessimismus darin, daß Herder, auf Leibniz und Shaftesbury gestützt, eine radikal optimistische, metaphysisch grundierte Ontologie und Anthropologie formulierte, deren Einfluß bis weit ins 19. Jahrhundert reichte.[148] Den Provokationshorizont des daraus hervorgegangenen Geschichtsdenkens zur Kenntnis zu nehmen bildet wiederum einen ersten Schritt dahin, das Sinnvertrauen historistischer Historiker und die Sinnstiftungspraxis ihrer Texte zu verstehen.

δ. Moritz' Entwürfe, die Defizite eines entfremdeten Lebens und seines pathographischen Textes zu überwinden, bedeuten einen andersartigen, indes noch offensichtlicheren Bruch zwischen dem aufklärerischen Denken und seinen Folgekonzepten – hier der goethezeitlichen Ästhetik. Er wurde nicht minder bedeutsam für die historistische Geschichtstheorie. Moritz hat, zunächst parallel zu seinen erfahrungsseelenkundlichen Studien, zugespitzt dann während seiner Italienreise (1786-88), nichts geringeres als die klassische Autonomieästhetik in ihren Grundzügen zum ersten Mal, vor Kant, Schiller

schiedener formuliert Kloocke: Nihilistische Tendenzen, S. 600: „Nihilistisches Denken und Erleben wäre also eine notwendige Folge der Aufklärung, wo diese konsequent zu Ende gedacht und konsequent in die Praxis umgesetzt wird."

146 Herder: Auch eine Philosophie der Geschichte, S. 37.

147 Herder: Ideen - Werke Bd. 6, S. 629 (Buch 15).

148 Vgl. Kondylis: Die Aufklärung, S. 621, 628; sowie unten S. 196.

und Goethe, formuliert (*Über die bildende Nachahmung des Schönen* 1788).[149] Erinnert man sich ihrer leitenden Gedanken (Selbstzweck der Kunst, Entstehen und Legitimation des Kunstwerks aus der tätigen Kraft des Künstlers, in der sich die Natur selbst spiegelt, Ausdruck der harmonischen Naturordnung in der Kunst) und vergleicht man diese mit den Befunden des analysierenden Erzählers des *Anton Reiser*, mit den Lebensumständen und -möglichkeiten des immer wieder gedemütigten Anti-Helden, so fällt die Gegenbildlichkeit der ästhetischen Theorie kraß ins Auge.[150] Die Prinzipien des autonomen Kunstwerks stehen den Erkenntnissen der empiristischen Psychologie als Negation gegenüber, bis in die Einzelheiten. Das Künstlertum, das Reiser im nach der Italienreise erschienenen vierten Band des Romans erprobt, ist denn auch nicht mehr als Dilettantismus (zu dessen klassischer Theorie Moritz ebenfalls Bausteine geliefert hat).[151] „Anthropologische Erfahrungsseelenkunde scheint schöne Literatur im emphatischen Sinne auszuschließen"[152] - das macht den Sprung ermeßbar, den Moritz mit seiner Theorie autonomer Kunst tat. Daß das „in sich selbst vollendete" Kunstwerk sich vom zweckorientierten Leben und seiner ebenso zweckorientierten Darstellung radikal unterscheidet,[153] bestimmt aber auch das Verhältnis von Historismus und Aufklärungshistorie. Wohl gar angeschoben von der historistischen Aneignung der klassischen Ästhetik und Poetik, wich die im älteren Sinne ‚pragmatische' Nutzanwendung historischer Erkenntnisse der vermittelten Nützlichkeit einer *bildenden* Bedeutung von Geschichte.

Wie schon im Fall des bei Wezel diskutierten Materialismusproblems tritt dieser Bruch allerdings nicht in aller Schärfe an die Oberfläche: In manchem eroberte sich die Autonomieästhetik nur das in veränderter Form zurück, was das Erzählen durch die konsequente Vertiefung des empiristischen Ansatzes verloren hatte: Das von moralischen Zwecken befreite Schöne wird „wieder zum Moralischen hinübergezogen", wenn „jede schöne *Handlung* [...] notwendig auch edel sein" muß.[154] Und indem Moritz zwischen der chaotischen Erscheinung der Natur und ihrem nicht unmittelbar erkennbaren Wesen unterscheidet, kann er das Kunstwerk erneut in eine Theodizee-Funktion rücken: „Im Kleinen ein Abdruck des höchsten Schönen", repräsentiert es das

149 Vgl. Schrimpf: Moritz, S. 94, 109; Rau: Identitätserinnerung, S. 362-430.

150 Vgl. Schrimpf: ebd., S. 114-116. Zur ‚Dialektik' von Lebensgeschichte und ästhetischer Theorie vgl. jetzt auch Müller: Moritz.

151 Vgl. Pfotenhauer: Literarische Anthropologie, S. 107.

152 Ebd., S. 109. Zu diesem Verhältnis von Erfahrungsseelenkunde als typischer Erscheinung des empiristischen 18. Jahrhunderts einerseits und der klassischen Ästhetik andererseits vgl. auch Spies: Politische Kritik, S. 205, 210.

153 Vgl. Moritz: Über den Begriff des in sich selbst Vollendeten - Werke Bd. 2, S. 543-548.

154 Moritz: ebd., S. 554.

„große Ganze der Natur".[155] Hier endlich werden die „abgerißnen Fäden", die eine fruchtbare Identitätsbildung Anton Reisers verhinderten, wieder zusammengeknüpft, hier verliert sich - wie von Moritz schon im Roman verprochen, aber nicht eingelöst - die „Zwecklosigkeit"[156] eines doch strebenden Lebens, weil das Werk nicht auf einen Zweck berechnet ist. Im Kunstwerk herrscht wieder eine Ordnung, auch wenn es nicht mehr die gesetzhaft-systematische des literarischen und historiographischen Pragmatismus ist, sondern eine mikrokosmisch autonome. Die weitgehend unhinterfragten metaphysischen Besitzstände der Aufklärung, die vom Empirismus erst in seiner Radikalisierung zum Materialismus verabschiedet worden sind, werden von Moritz „in der ästhetischen Theorie aufbewahrt".[157]

Der Theodizee-Gedanke ist damit jedoch nicht ausschließlich in die Literatur gerettet; die postulierte Autonomie der Kunst reserviert ihn dieser nicht. Droysen und Hegel wurden stellvertretend zitiert, um die fortdauernde - oder besser: erneuerte - Unterstellung der Historie unter den Gedanken einer Rechtfertigung der Welt und ihrer Geschichte als sinnhafter Ordnung anzudeuten.[158] Die Kunst nimmt auch dabei eine maßgebliche Stellung ein: Wie vor allem an Ranke, Humboldt und Droysen zu studieren sein wird, hat der frühe geschichtswissenschaftliche Historismus seine Lektion, die Geschichte quasi als bedeutungsgeladenen und zu einem guten Ende strebenden Text zu lesen, bei den Dichtern der Goethezeit gelernt (wobei eine Tendenz zur Entproblematisierung ‚klassischer' Kunstwerke und -theorie nicht zu verkennen ist).[159] Selbst der Pfarrerssohn Droysen weist, wenn er die Berechti-

---

155 Moritz: ebd., S. 560. Vgl. Allkemper: Ästhetische Lösungen, S. 273.

156 Moritz: Anton Reiser, S. 122. Zum nur punktuellen Eingang der neuen ästhetischen Theorie in die eigenen Romane vgl. Pfotenhauer: Literarische Anthropologie, S. 107-112.

157 Vgl. Allkemper: ebd., S. 288.

158 Die Theodizeefunktion der Aufklärungshistorie beschreibt z.B. Will: Einleitung, S. 11 - TDAH, S. 315; seine Formulierung - daß „wir ein Tagebuch der Vorsehung und Regierung Gottes erhalten" - verdeutlicht den Unterschied zum Theodizeedenken des Historismus, insofern Will Gott nicht im ganzen Kontinuum der Geschichte, sondern dem ‚paradigmatischen' historischen Denken der Aufklärung gemäß in der einzelnen ‚Begebenheit' erkennen will (zur Opposition von paradigmatischer und syntagmatischer Geschichtsauffassung vgl. unten S. 170).

159 In der Forschung ist immer wieder der epochale Einschnitt betont worden, den Moritz' Ästhetik bedeutet: Mit ihr wurde, so Peter Szondi, „das Kunstdenken von Jahrhunderten (die Wirkungsästhetik) verabschiedet" (Poetik und Geschichtsphilosophie I, S. 98; vgl. auch Rau: Identitätserinnerung, S. 432; Schrimpf: Moritz, S. 116). Hier kann zwar differenziert werden - so ist Schillers ‚Ästhetische Erziehung' ebenso wie seine Tragödientheorie konstitutiv rezipienten- und wirkungsorientiert -, doch ist mit dem Wechsel von der Wirkungsästhetik zur ‚Realästhetik' zugleich der Rhetorik der poetologische Boden entzogen. Auch in dieser Hinsicht, nämlich als wesentlicher Beitrag zur ‚Entrhetorisierung' der Geschichtsschreibung, ist die Autonomieästhetik für den Historismus von Bedeutung. Zu dieser Transformation vgl. Kap. C. 2. b) sowie III. C. 5. (S. 406f.).

gung diskutiert, über dem individuell erfahrenen „Riß der Welt“ das „gottselige Bewußtsein unzerstörbarer Ruhe und Weltordnung“ zu bewahren, zuvörderst auf die Tragödien Schillers, die jenes „Bewußtsein der ewigen göttlichen Ordnung“ festhielten.[160] Der Historismus kann so nicht weniger als die Literatur(theorie) der Klassik als ein Versuch interpretiert werden, den Dissonanzerfahrungen der ‚Moderne‘ im allgemeinen und der Französischen Revolution sowie ihrer Folgen im besonderen ein „Programm der Ganzheit“ entgegenzusetzen.[161] Anders als Wezels Tendenz zu Materialismus und Nihilismus bildet Moritz' Autonomieästhetik also eine Brücke zwischen aufklärerisch-pragmatischem Erzählen und dem Historismus bzw. zunächst einmal seinen geistigen Wegbereitern – eine Brücke freilich über einen Graben, der nicht zuletzt durch den Sprung in Moritz' Werk deutlich genug markiert ist.

Überblicken wir noch einmal die Analysen dieses Kapitels aus der Perspektive des pragmatischen Erzählens, so haben alle Romane mit Narrationsproblemen zu kämpfen, die aus ihrem pragmatischen Anspruch resultieren: *Weil* Blanckenburg seine pragmatische Erzähltheorie – mit der der geschichtswissenschaftliche Pragmatismus in allen wichtigen Punkten strukturell übereinstimmt – extensiv-konsequent umsetzen will, scheitert er in der literarischen Praxis. Seine *Beyträge zur Geschichte deutschen Reichs* belegen ex negativo, daß die für den pragmatischen Roman im ganzen charakteristische Beschränkung der narrativen ‚Kausalanalyse‘ auf nur punktuelle Erklärungen und auf Ursache-Wirkung-Beziehungen von geringer Komplexität eine Bedingung für den literarischen Erfolg des pragmatischen Romans und seinen Aufstieg als Gattung war. Wieland verzichtet folgerichtig auf einen ‚systematischen‘ Pragmatismus, kann aber seine Geschichte, soweit sie sich aus ‚Naturgesetzen‘ herleiten soll, trotzdem nicht zu einem zwanglosen guten Ende führen. Er zeigt so das Teleologie- und Normproblem des Pragmatismus auf, womit er freilich eine Reflexionsstufe bezieht, die der geschichtswissenschaftliche Pragmatismus nicht erreichte. Wezel gelingen zwar pragmatische Mikroanalysen, die sich jedoch nicht zu einer Erzählung von autonomer Bedeutungskonstituierung zusammenschließen und die vor allem ein Welt- und Menschenbild transportieren, das den Pragmatismus fundamental karikiert (obwohl es ihn nur radikal fortgeführt hat). Eine nur eingeschränkt narrative

---

160 An Albert Heydemann, 18. 1. 1830 – Brw. 1, S. 18.

161 Wolfgang Hardtwig: Die Verwissenschaftlichung der Historie und die Ästhetisierung der Darstellung. – In: Formen der Geschichtsschreibung, S. 147-191, hier S. 188. Zur Rolle der Klassik und speziell des Autonomiepostulats „im Zusammenhang grundlegender Krisenerfahrungen der Neuzeit“ vgl. Voßkamp: Klassik als Epoche, bes. S. 249-253, Zitat S. 249.

Makrostruktur weist sogar Moritz' Roman auf – auch dort, wo er offensichtlich an der Sättigungsgrenze eines erzählenden Textes für explizite Kausalerklärungen operiert, wobei ihm sein erfahrungsseelenkundliches Fundament noch sehr zugute kommt. Ganz abgesehen von den verschärften Sinnproblemen dieses ‚anthropologischen' Romans zeichnet sich auch bei ihm nicht die Möglichkeit ab, ein ‚System von Begebenheiten' narrativ darzustellen. Was die Aufklärungshistorie durch das schiere Fehlen narrativer Geschichtsdarstellungen vermuten läßt und im vorigen Kapitel theoretisch begründet wurde, bestätigt sich in der freieren Gattung des Romans im steten Scheitern am gewissen Punkt: Der Pragmatismus war ein Hindernis – und zwar das entscheidende – dabei, eine Geschichtsschreibung im modern-narrativen Verstande hervorzubringen. Damit behinderte die Aufklärungshistorie ihren Aufstieg zu einer selbständigen wissenschaftlichen Disziplin durch eben jenes Konzept, das denselben sicherstellen sollte.

Am Roman der Spätaufklärung ließen sich zudem weitere fundamentale Strukturprobleme des pragmatischen Epochenparadigmas ablesen, wie sie im historiographischen Pragmatismus nicht in diesem Maße zum Austrag gekommen sind. Die ‚Krise der Aufklärung', der Verlust providentieller Gewißheiten, der in Materialismus und Nihilismus zu münden drohte, stellt gleichwohl eine Folie dar, in deren *Abwehr* sich auch die *historiographischen* Folgekonzepte des Pragmatismus (wie die idealistische Geschichtstheorie des Historismus) und solche literarischen (wie die Autonomieästhetik) entwickelten, die die Geschichtswissenschaft der ersten Hälfte des 19. Jahrhunderts lehrten, Geschichte mit Hilfe ästhetischer Verfahren neu zu denken und vor allem zu schreiben. Die Problematik des literarischen Pragmatismus deutet so ein in zentralen ‚ideologischen' Punkten, besonders Sinnannahmen, dialektisches Epochenverhältnis von Spätaufklärung und Historismus an. Auf historiographiephänomenaler Seite erscheint dieser Umschlag immerhin gemildert – weil der geschichtswissenschaftliche Pragmatismus nie in jenes Stadium der Ironie gelangte, das die spielerische Absurdisierung aufklärerischen Erzählens schon im *Tristram Shandy* so glänzend repräsentiert.

C. Rhetorik, Ästhetik, Geschichtsphilosophie und Sprachreflexion und die Geschichtsschreibung 1760-1785

Wie der Systembegriff die Aufklärungshistorie einschließlich ihrer Darstellungsintentionen prägte, habe ich im ersten und zweiten Kapitel des letzten Abschnitts dargelegt: Eine wissenschaftstheoretische Entscheidung präjudizierte maßgeblich historiographische Prinzipien. Doch wurden im Pragmatismus auch immer wieder Vorschläge zur Lösung des Darstellungsproblems gemacht, die sich aus ganz anderen Quellen als dem Systembegriff der ‚eigentlichen Wissenschaften' speisten. Zur ersten Orientierung können unter diesen Quellen sowohl rhetorische Traditionen (hier in Kap. 1) als auch die ästhetischen Innovationen seit Baumgarten genannt werden. Die Erforschung ihrer Einflüsse ist über (zudem noch wenig treffende) Schlagworte wie ‚Entrhetorisierung'[1] hinaus bisher kaum gediehen. Eine wenigstens ansatzweise

1 Vgl. zu diesem Begriff Rüsen: Konfigurationen, S. 64, oder Blanke/Fleischer: Artikulation, S. 91, beide bezeichnen ihn als „Verlegenheitsvokabel". Auch diese Salvierung eingerechnet, die sprachtheoretische und textorganisatorische Bedeutung rhetorisch geprägten Denkens ist von einem Verständnis der Rhetorik als „schöne sprachliche Gestaltung" (Blanke/Fleischer: ebd.) aus nur rudimentär zu erfassen. Differenzierter gebraucht den Begriff Wolfgang Weber: Zum Begriff der „Entrhetorisierung". - In: Von der Aufklärung zum Historismus, S. 59-61.
Klaus Dockhorn hat schon vor vielen Jahren auf den beträchtlichen Einfluß der Rhetorik auch im vermeintlich postrhetorischen Zeitalter hingewiesen: „Denn auf der Rhetorik und der Deutung ihrer Kategorien baut sich alle Poetik, aber auch alle Hermeneutik der Neuzeit auf." (Macht und Wirkung der Rhetorik, S. 126) Welche maßgeblichen Einflüsse etwa auf die Ästhetik seit Baumgarten und die Dichtung seit Klopstock der rhetorischen Tradition zukommen, umreißt der Überblick über die Rhetorik des 18. Jahrhunderts in Ueding/Steinbrink: Grundriß, S. 100-133; darüber hinaus vgl. Möller: Rhetorische Überlieferung, und Bender: Rhetorische Tradition. Gegenwärtig macht sich in der Literaturwissenschaft zudem eine Tendenz bemerkbar, auch die poetologischen Grundkategorien, die dem Zeitalter der Rhetorik im Ausgang des 18. Jahrhunderts ein Ende bereitet zu haben scheinen (z.B. ‚Subjektivität'), als rhetorische Effekte zu dekonstruieren, vgl. z.B. Meuthen: Selbstüberredung. Zum „Ende der Rhetorik" als (Regel-) System, das gleichwohl in der zweiten Hälfte des 18. Jahrhunderts zu verbuchen ist, vgl. Cahn: Kunst der Überlistung, S. 148-178. Für die Historik gilt Dockhorns Feststellung nicht so radikal, aber doch prinzipiell ähnlich. Trotzdem hat die rhetorische Basis der Aufklärungshistorik weder in der deutschen Historiographiegeschichte noch in der Rhetorikforschung Beachtung gefunden (einen Kürzestüberblick über die Schwerpunkte und Desiderata der gegenwärtigen Rhetorikforschung zum 18. Jahrhundert gibt Dyck: Überlegungen). Im Rahmen dieser Arbeit, wo rhetorische Traditionen nur einen Teil des wiederum partialen Aspekts der sprachkünstlerischen Einflüsse auf die Aufklärungshistorik ausmachen, kann leider auch nur der Versuch unternommen werden, Grundzüge rhetorischer Strukturen nachzuzeichnen.

Rekonstruktion ist aber unumgänglich, um hinsichtlich der texttheoretischen Voraussetzungen aufklärerischer Historiographie über die Vereinfachungen ‚disziplinärer Matrizes'[2] hinauszugelangen. Nur so können unter diesen heterogenen Voraussetzungen die zukunftsträchtigen Ansätze zur Überwindung der pragmatismusbedingten Darstellungsprobleme der Aufklärungshistorie ausfindig gemacht werden.

1. Sedimentation und Verlust der rhetorischen Historiktradition

Auf den ersten Blick mangelt es in der Aufklärungshistorie nicht an entschiedener Absetzung von der rhetorischen Tradition der Geschichtsschreibung. Die rhetorischen Fundamentalstrukturen der pragmatistischen Historiken, die dieses Kapitel freilegen soll, werden darüber in aller Regel übersehen. Abgelehnt wurden

> diejenigen, welche aus der Geschichte einen schimmernden Roman machen, ein Gedicht, welches nur so lange gefällt, als wir den Betrug nicht merken, oder als wir uns, durch hervorstechende Schilderungen und unterhaltende Auftritte beschäftigt, gern hinter gehen lassen.[3]

Zurückgewiesen wird hier im Kern der *ornatus* der rhetorischen Rede in seiner übersteigerten, für das vorangegangene Jahrhundert des Barock aber typischen Form der ‚corrupta eloquentia', die „der Natur zu viel" – und deshalb täuschenden – „Glanz" verleihe. Die Erregung der Leidenschaften, auf die die Rhetorik ja zielt, wird allgemein als der Geschichtsschreibung ebenfalls nicht gemäß empfunden, denn der Historiker habe strenge Unparteilichkeit zu bewahren.[4]

Allerdings gehört die Kritik an „allen oratorischen Täuschungskünsten" seit Lukian (ca. 120-180) zu den Topoi des rhetorischen Historiographiemodells selbst.[5] Auch wenn im 18. Jahrhundert dem rednerischen ‚Glanz' die histori-

---

2 Vgl. Blanke/Fleischer: Artikulation, S. 91-96.

3 Kestner: Untersuchung der Frage, S. 218 – TDAH, S. 700f. (das folgende Zitat ebd.); vgl. Ueding: Aufklärung über Rhetorik, S. 150.

4 Vgl. [Ramler:] Einleitung Bd. 4, S. 294-296.

5 Lukian: Wie man die Geschichte schreiben müsse, S. 304 [Kap. 43]. Wörtlich zitiere ich Lukian nach Wielands Übersetzung, denn er interessiert hier weniger als antiker Autor denn als Verkörperung lebhaft rezipierter Rhetorik. Wielands Übersetzung (der *Sämtlichen Werke* Lukians, Leipzig 1789) steht dabei keineswegs isoliert da. Vielmehr hat auch Gottsched eine Übersetzung des Historiographietraktats herausgebracht (innerhalb *Auserlesener Schriften*, Leipzig 1745). Eine Lukian-Rezeption sogar im Zentrum der deutschen Aufklärungshistorie belegt der Abdruck einer Übersetzung (durch Meusel) in Gatterers „Allgemeiner historischer Bibliothek" (Bd. 2, 1767, S. 127-168). Auch Mablys *De la*

sche ‚Wahrheit' entgegengesetzt wurde, bewegte sich das ganz in den Bahnen Lukians, der unter Berufung auf Thukydides die Wahrheitsforderung zum Spezifikum des historischen Genus erhoben hatte.[6] Daß mit der Ablehnung eines ausgeprägten Ornatus nicht der Kern rhetorischer Sprachorganisation, sondern nur ihre Peripherie, ein „Luxus", getroffen ist, wird vollends deutlich, wenn Schiller sich darauf beschränken will, „daß man seine Materialien so wählt und stellt, daß sie des Schmucks nicht brauchen, um zu interessiren."[7] Denn ‚Auswahl' und ‚Stellung' der ‚Begebenheiten' stehen im Zentrum der Historiographietheorien sowohl der Aufklärungshistorie als auch - als *inventio* bzw. *delectus* und *dispositio* - der rhetorischen Geschichtsschreibung, ja füllen beide fast schon aus.[8] Die mit jenen Termini bezeichnete rhetorische Tiefenstruktur der Aufklärungshistorik bildet ein Gegengewicht zum Abriß der lebendigen Rhetoriktradition im Bereich der *artes historicae*[9] und ist von weitreichenderer Bedeutung als alle Stilfragen. Ohnehin stellt sich ausgerechnet das repräsentative Organ der Göttinger Aufklärungshistorie, Gatterers *Allgemeine historische Bibliothek*, als Ort einer lebhaften Pflege der rhetorischen Historik-Tradition dar, die sich unmittelbar auf die Antike zurückbezieht -

---

manière d'écrire l'histoire, in der deutschen Übersetzung von Schlözer im Kern zustimmend eingeleitet, „enthält, beim Titel angefangen, zahlreiche bewußte Ankläge, Paraphrasen, Exempla" an, über und von Lukian, vgl. Lukian. Ed. Homeyer, S. 42f. (Zitat S. 43); Hausen bekundet in der Vorrede seines *Versuchs einer pragmatischen Geschichte des achtzehnten Jahrhunderts*, sich an die „Lehren eines *Lucians*" halten zu wollen (Vorrede, S. 3, zit. nach [Gatterer:] Rez. von Hausens *Versuch*, S. 313). Diese Präsenz Lukians ist nicht einmal eine Besonderheit des 18. Jahrhunderts; in der humanistischen Geschichtsschreibung kam seiner Schrift eine „fast kanonische Autorität" zu (Lukian. Ebd., S. 40). Seine bis in die Aufklärungshistorie reichende, massive Wirkung bezeugt die Fortdauer rhetorischen Denkens in der Historik - und ist dabei nicht einmal deren alleinige Quelle. Noch leichter zugänglich waren Regeln für die Geschichtsschreibung, die in den großen Rhetoriken, zuvörderst Ciceros, gegeben wurden (zur rhetorischen Prägung aller wichtigen Theoretiker der antiken Historiographie vgl. Cizek: Antike Rhetoren). Und die Historik des 18. Jahrhunderts verdankt der rhetorischen Historiographietradition noch mehr: So steht u.a. das Bild des Historikers, der nicht nur methodisch, sondern auch ethisch verpflichtet ist, in der rhetorischen Tradition des *vir bonus*. Insofern dessen Verhaltensregeln operationalisiert wurden - und zwar schon von der humanistischen *ars historica* -, hat sogar die historisch-kritische Methode von Impulsen der Rhetorik entscheidend profitiert. Zu diesem Komplex, der hier nicht weiter ausgeführt werden kann, vgl. Eckhard Keßler: Das rhetorische Modell der Historiographie. - In: Formen der Geschichtsschreibung, S. 37-85, hier S. 72f.

6 Vgl. Kestner: Untersuchung der Frage, S. 218 - TDAH, S. 700; Gatterer: Einleitung, Zweiter Teil, S. 10; Lukian: hist. conscr. 39, 42; Keßler: ebd., S. 51.

7 An Körner, 13. 10. 1789 - NA 25, S. 304. Als „Luxus" wird der Ornatus von Lausberg: Elemente § 162, bezeichnet.

8 Mit diesem triadischen Schema organisiert übrigens auch Lukian den Kern seiner Historik (vgl. hist. conscr. 43-48).

9 Vgl. Blanke/Fleischer: Artikulation, S. 54f.

nicht nur mit der Übersetzung von Lukians Traktat *De historia scribenda*: Ebendort ist auch des Engländers Jacob Moor *Versuch über die historische Composition*, der Lukians Vernachlässigung dieses Punktes ausgleichen will, in einer Übersetzung erschienen sowie die Kritik des Dionysius von Harlikarnassus an Thukydides, ein Paradestück der im pejorativen Sinne rhetorischen, einseitig auf Stil- und Darstellungs*kunst* ausgerichteten Historiktradition, das der Übersetzer Meusel jedoch als wertvollen Beitrag zu „einer vollkommenen Theorie der Geschichte" pries.[10]

Wo versucht wird, die Tätigkeiten des Historikers insgesamt und schrittweise zu bestimmen, liegt dem noch in der Aufklärungshistorik zumeist ein bestimmtes, wenig variiertes Schema zugrunde:[11] Am Beginn steht das ‚Sammeln' des historiographischen ‚Materials'; wenn es nicht schon aus einer methodisch-kritischen Untersuchung hervorgegangen ist, muß es dabei auf seine Glaubwürdigkeit überprüft werden. Darauf folgt die ‚Auswahl' derjenigen ‚Begebenheiten', die in die je besondere Gattung der Historie passen und geeignet scheinen, die angestrebte Wirkung beim Leser zu erzielen.[12] Das Sammeln und die Auswahl von Material sind aber nichts anderes als Spezifikationen der zum Grundgerüst jeder Rhetorik zählenden *inventio*[13], und

---

10 Vgl. Moor: Versuch, S. 41. Das Zitat: Dionysius von Halikarnaß: Abhandlungen, S. 4 (Vorrede Meusels).

11 Vgl. für diesen und die folgenden Abschnitte stets Schlözer: Vorstellung seiner Universalhistorie, S. 13 - TDAH, S. 669; ders.: Aus einem Schreiben, S. 14-24 - TDAH, S. 594-598 (vgl. oben S. 56, Anm. 23); Gatterer: Vom historischen Plan, S. 22f. - TDAH, S. 625; Schroeckh: Christliche Kirchengeschichte Bd. 1, S. 252-274 - TDAH, S. 604-618; daneben auch H.J.U.: Schreiben aus D..., S. 250. Neben anderen Punkten ist das triadische Schema der rhetorischen Tradition auch in Gatterers Umfangsbeschreibung der *„historischen Kunst* oder *Geschichtswissenschaft"* zu finden (Punkte 2 und 7), vgl. Gatterer: Abriß der Universalhistorie nach ihrem gesamten Umfange, S. 2 - TDAH, S. 312.
Signifikant für die *Endphase* der Aufklärungshistorie ist dagegen, daß Schlözers 1785 erschienene *Weltgeschichte*, die als theoretische Einleitung eine Überarbeitung der theoretischen Abschnitte der *Vorstellung* enthält, das rhetorische Schema vom Sammeln, Auswählen und Zusammenstellen von ‚Begebenheiten' nicht mehr erkennen läßt. Rechnet man zugleich, daß sich Schlözer theoretisch auch schon weitgehend von der unten (vgl. S. 166ff.) beschriebenen rhetorischen Fundamentalstruktur des Geschichtsdenkens gelöst hat, so kann man in jenem Spätwerk tatsächlich von einer Entrhetorisierung sprechen (die aber nicht vollständig ist, da die Historie „Lehrerinn" in der „Sittenlehre" bleibt, vgl. Weltgeschichte [Ausg. 1794], S. 3). Bei Gatterer hingegen ändert sich in der Frage einer in den Arbeitsschritten der Rhetorik formulierten Methodik auch in seiner letzten *Weltgeschichte* von 1792 nichts (vgl. Gatterer: Versuch einer allgemeinen Weltgeschichte, S. 1).

12 Vgl. Schlözer: „was ihm [dem GeschichtSchreiber] *tauglich* und *nutzbar* sei, bestimmt sein Zweck, und die Art der Leser, für die er schreibt" (Aus einem Schreiben, S. 23 - TDAH, S. 598).

13 Ob die ‚Auswahl der Begebenheiten' eher zur Inventio oder eher zur Dispositio zu rechnen ist, läßt sich nicht eindeutig entscheiden. Gatterer stellt „Samlung und Auswahl" (Vom historischen Plan, S. 22 - TDAH, S. 625) zusammen, Schlözer hingegen das Auswählen und Geschichteschreiben im engeren Sinne (Aus einem Schreiben, S. 23 -

zwar solche, die schon in der rhetorischen Historiographietheorie der Antike und des Humanismus vorgenommen wurden: Aus der für den Geschichtsschreiber im Unterschied zum Redner geltenden Wahrheitsforderung leitete Lukian für die Inventio ab, daß Stoffindung im Bereich der Historiographie nicht Erfindung bedeuten könne.[14] Die Geschichtsschreibung erfordere vielmehr eine kritische Überprüfung der vorliegenden ‚Fakten'. Als Kriterien galten dabei, ob die Quelle sich aus persönlicher Augenzeugenschaft speist und welche Glaubwürdigkeit ein Berichterstatter besitzt. Im Bereich der Inventio wurde der Historiker dadurch zum Sammler des Glaubwürdigen.[15] Lukians Regeln prägen auch noch die Historiken der Aufklärung; das Augenzeugenkriterium liegt sogar Chladenius ‚Sehepunkt'-Lehre zugrunde.[16] Präzise als *delectus*, als ‚Auswahl' aus dem überlieferten historischen Material, war die Inventio in den *Artes historicae* der Humanisten beschrieben worden.[17]

Sobald die ‚Begebenheiten' nicht nur nach ihrer erweisbaren Tatsächlichkeit ausgewählt werden, sondern nach ihrer Zweckmäßigkeit im Hinblick auf die anvisierte Darstellung, spielen Fragen der Dispositio schon in diesen Arbeitsschritt hinein. Das in den Historiken der Aufklärung meistverwendete, für sich genommen indes ganz wertlose Auswahlkriterium ist ‚Merkwürdigkeit'. Das größte Manko dieses Kriteriums liegt darin, daß es *nicht*, die Arbeitsschritte des Historikers integrierend, Rücksicht nimmt auf die syntagmatische Dimension des historiographischen Textes, die jedem einzelnen Bedeutung innerhalb eines Geschehens*zusammenhangs* verleiht. ‚Merkwürdig' ist ein Geschehenspartikel zunächst einmal vielmehr, wenn er unmittelbare Anwendbarkeit in der Gegenwart – und nicht nur der eigenen – verspricht: „Dasjenige, was zugleich für alle Zeiten nützlich und lehrreich ist, woran wir einen wichtigen und bleibenden Antheil nehmen können, ist allein unserer Aufmerksamkeit würdig."[18] Der geschichtliche Verlauf, der im historiogra-

TDAH, S. 598). Lausberg faßt „Auswahl und Anordnung" zur Dispositio zusammen (Elemente § 46); die historische Genese des strittigen Faktors in der historiographietheoretischen Ausprägung der Rhetorik legt jedoch die gemeinsame Behandlung mit der ‚Sammlung' unter der Rubrik *inventio* nahe.

14 Vgl. Lukian: hist. conscr. 42, 47. Auf diese Unterscheidung bezieht sich noch jene topische Bestimmung des historiographischen Verfahrens im Gegensatz zum dichterischen, wie etwa Wiggers sie vornimmt: Signifikante Details würden vom Dichter ‚hervorgebracht' „oder wenigstens modificirt, der Historiker aber entdeckt und [nützt sie] strenger Wahrheit gemäß" (Wiggers: Versuch, S. 35 – TDAH, S. 440).

15 Vgl. Eckhard Keßler: Das rhetorische Modell der Historiographie. – In: Formen der Geschichtsschreibung, S. 37-85, hier S. 52f.

16 Vgl. beispielhaft Will: Einleitung, S. 82-88 – TDAH, S. 347-349. Chladenius: Allgemeine Geschichtswissenschaft, Kap. 5: Vom Zuschauer und Sehepunckte.

17 Vgl. Keßler: ebd., S. 72.

18 Schroeckh: Christliche Kirchengeschichte Bd. 1, S. 263 – TDAH, S. 611; ähnlich Kraus:

phischen Text doch in der zeitlichen Gerichtetheit der Erzählung zum Ausdruck kommen soll, spielt für die Bedeutsamkeit von Vergangenkeit hier keine Rolle. Einsichten zur Interdependenz von Delectus und Dispositio, die die Rhetorik als sprach- und textanalytische Disziplin schon erworben hatte, sind in der Spätphase der rhetorisch geprägten Historik offensichtlich verloren gegangen. Ein nicht wirkungsorientiert-rhetorisches Merkwürdigkeitskriterium immerhin wählte Schlözer, wenn er die Zukunftswirkung einer ‚Begebenheit' zum Kriterium erhob,[19] doch verfehlt sein Versuch, eine geschichts*immanente* Bedeutungshierarchie als Auswahlinstanz zu ermitteln, ebenfalls das textpoietische Problem: Seine Unterscheidung und Bestimmung von „*unerheblichen*" und „Hauptvölkern", „*herrschenden*" und „blos *wichtigen* Völkern"[20] ist in ihrem arhetorischen Objektivismus eher geeignet, die in der Geschichtsschreibung unaufhebbare Interdependenz von Materialsammlung und -auswahl einerseits und historiographischer Perspektive andererseits zu verstellen. Die beginnende akademische Institutionalisierung der Geschichte als von der Beredsamkeit unabhängiger Fachwissenschaft forderte offensichtlich den Verlust textlinguistischen Wissens als Preis: Anders als etwa der in Darstellungsfragen recht ergiebige Johann Georg Wiggers, der einen Rhetorik-Lehrstuhl bekleidete, waren die hier zumeist herangezogenen Schlözer, Gatterer und Schröckh Professoren für Politik oder Geschichte.[21] Freilich macht sich, bedingt durch den Niedergang der Rhetorik und ihres Weltverständnisses, seit dem Anfang des 17. Jahrhunderts allgemein eine Tendenz zur Isolierung jener Kategorien bemerkbar, in denen das Schreiben von Geschichte im wechselseitigen Bezug aufeinander reflektiert worden war.[22]

Die ‚Ordnung' und ‚Zusammenstellung' des solchermaßen zubereiteten Materials, die die *dispositio* vom Historiker verlangt, erhält ihre Kategorien vom Ziel der Geschichtsdarstellung: Insofern der Bericht über Staaten und Kriege, Heerführer, Politiker und Parteien die Geschichtsschreibung ausmacht, kann eine zweckmäßige historiographische Synthese der vielen ‚Bege-

---

Vermischte Schriften, S. 36f. – TDAH, S. 392. Vgl. Gatterer: Vom historischen Plan, S. 22, 86 – TDAH, S. 625, 659; ders.: Versuch einer allgemeinen Weltgeschichte, S. 1.

19 Schlözer: Vorstellung seiner Universalhistorie, S. 29 – TDAH, Theoretiker, S. 674; ähnlich (neben dem Kriterium der Tauglichkeit als moralisches Beispiel) bei Schröckh: Lehrbuch, S. 3. Weitgehend gelöst von rhetorischen und objektivistischen Befangenheiten hat sich Schlözer in seiner späteren *Weltgeschichte*: „Zweckmäßig für die Weltgeschichte ist jede Begebenheit, die eine Ursache, eine Veranlassung, folglich ein Erkenntnißgrund erheblicher Veränderungen ist" (Ausg. 1794, S. 7).

20 Schlözer: Vorstellung seiner Universalhistorie, S. 105-107 – TDAH, S. 686.

21 Für solche Angaben sind hier wie anderswo stets hilfreich die Hinweise in TDAH, S. 771-811.

22 Vgl. Eckhard Keßler: Das rhetorische Modell der Historiographie. – In: Formen der Geschichtsschreibung, S. 37-85, hier S. 81f.

benheiten' nach antiker und humanistischer Ansicht ohne Kenntnisse der politischen und militärischen Praxis nicht zustande kommen.[23] Im stärker am Menschen als solchem interessierten Humanismus erfuhren diese dem menschlichen Handeln abgezogenen Strukturkategorien der Geschichtsschreibung dann gewissermaßen eine Verallgemeinerung zu dem oben analysierten Auffassungsschema für Geschichte ,Charakter-Plan-Ausführung'. Daneben sind die vom Handelnden unabhängigen Umstände zu berücksichtigen, „die auf Planung, Durchführung und Gelingen entscheidenden Einfluß haben und daher zum Verständnis erkannt und in der Erzählung an entsprechender Stelle berücksichtigt werden müssen."[24] Wie gezeigt, baut sich auch nach Auffassung der Aufklärungshistorik die Geschichte aus nichts anderem auf; menschliches Handeln konstituiert ihren Zusammenhang. Daß die Historie des 18. Jahrhunderts sich vor allem für ,den Menschen' (und insbesondere sein ,Herz') interessierte, gehört also bereits zum Erbe des rhetorischen Historiographiemodells. Nicht mehr von der rhetorischen Tradition vorgegeben waren dagegen die makrostrukturellen ,Pläne', die Gatterer und Schlözer für die Universalhistorie entwarfen, denn der in ihnen zentrale Begriff des ,Systems' sollte den Anschluß an die a- oder sogar antirhetorischen ,strengen' Wissenschaften herstellen. Die Erörterung dieser Pläne fand jedoch innerhalb eines noch erkennbaren Dispositio-Teils und damit auch der Basis der rhetorischen Historik statt.

Mit der ,Zusammenfügung der Begebenheiten' ist der rhetorische Katalog in der Aufklärungshistorik im wesentlichen abgehakt. Die *elocutio* als verbale Gestaltung ist, wo sie noch behandelt wird, entweder strengen Restriktionen unterworfen oder unter die Leitvorstellung der ,Anschaulichkeit' gestellt: Daß die historiographische Diktion „ungekünstelt" und von „möglichster Klarheit" sein soll, hebt die rhetorische Historik freilich seit Lukian als Abgrenzung zur Beredsamkeit im engeren Sinne und zur Dichtung hervor; im 18. Jahrhundert kommt die Beschränkung auf den *stilus medius* zusätzlich überein mit der Wendung der allgemeinen Rhetorik gegen einen Ornatus, der den Blick auf die ,Dinge' selbst verstelle.[25] Aber auch ,Anschaulichkeit' als

23 Vgl. Keßler: ebd., S. 53. Dem folgt z.B. Wiggers: Versuch, S. 62-71 - TDAH, S. 448-451, der allerdings - wie es scheint pazifistisch motiviert - nicht die Kriegskünste heranziehen will, sondern die Regeln friedlicher Staatenbeziehungen sowie das Naturrecht.

24 Keßler: ebd., S. 74f.

25 Lukian: Wie man die Geschichte schreiben müsse, S. 304 [Kap. 43f.]. Für Wiggers sind „verdunkelnde Kürze und Gedrengheit, gesuchter Putz, leeres Phrasengepränge, sprudelnder Witz, und nachläßige Vertraulichkeit des Stils [...] weit entfernt von dem guten historischen Ausdruck. Auch werden durch solchen Flitterstaat die Thatsachen, welche uns rühren sollen, mehr versteckt, als ins Licht gesetzt" (Versuch, S. 30 - TDAH, S. 438). Eine Unterscheidung und Gattungszuteilung der verschiedenen Stilebenen nach der

Darstellungskriterium steht nicht außerhalb der rhetorischen Tradition, obwohl sie dieser mancherorts entzogen werden sollte.[26] Eindeutig in rhetorischen Bahnen bewegte sich Wiggers, wenn er mit einer kurzgefaßten „allgemeinen Vorstellung einer Thatsache" zwar „oft hinlänglichen Unterricht" verbunden sieht, aber sie für meist „unwirksam für die Rührung des Lesers" hält.[27] ‚Anschaulichkeit' der Darstellung fordert er zugunsten des *movere*, das dem *genus sublime* oder *grande* zugeordnet ist.[28] Diese Wiedereinführung nicht verstandesmäßiger, sondern stark affektiver Wirkungen auf den Leser aus dem Geist der Rhetorik heraus findet sich - wenngleich argumentativ verknappt - auch andernorts, z.B. bei dem Kirchenhistoriker Schröckh.[29]

Eine von rhetorischem Denken geprägte Tiefenstruktur lagert in der aufklärerischen Historik nicht nur unter den Arbeitsschritten des Historikers. So lebt etwa die rhetorische Gegenüberstellung von *res* und *verba* fort in der zweigeteilten Frage nach dem *„was"* und dem *„wie"* der Geschichtsschreibung, etwas versteckter auch in der doppelten Verpflichtung auf die „Wahrheit der Thatsachen" und eine ihr ästhetisches Potential ausschöpfende „Behandlung".[30] Ja, auf die rhetorische Tradition weist bereits die Auffassung der *„Geschichtswissenschaft"* als *„historische Kunst"* oder *„Ars historica"*.[31] Denn ‚ars historica' bezeichnet spätestens seit dem Humanismus das Programm

---

Schwere des Ornatus nehmen in guter rhetorischer Tradition z.B. Adelung: Über den Deutschen Styl, S. 63-66, und Eschenburg: Theorie und Literatur der schönen Wissenschaften (Ausg. 1805), S. 389, vor. Zur Stilfrage im allgemeinen vgl. [Ramler:] Einleitung Bd. 4, S. 296, und Ueding/Steinbrink: Grundriß, S. 109f., 112.

26 Vgl. dazu Kap. II. C. 2. a).

27 Wiggers: Versuch, S. 35f. - TDAH, S. 440.

28 Vgl. Lausberg: Elemente § 70; Ueding/Steinbrink: Grundriß, S. 258-263.

29 Schroeckh: Christliche Kirchengeschichte Bd. 1, S. 271, 274 - TDAH, S. 617f. Das Verlangen nach ‚Anschaulichkeit' speiste sich allerdings aus mehreren Quellen, wie Wiggers Formulierungen andeuten: Geschichte „sehen und fühlen" zu können, stellt er der „bloß symbolischen" Erkenntnis gegenüber; damit aber bezieht er sich auf eine Unterscheidung, die Wolff vorgenommen hatte, genauer: er übernimmt Georg Friedrich Meiers Höherwertung der ‚anschauenden Erkenntnis' im Bereich der Ästhetik und wendet sie auf die Geschichtstheorie an (Wiggers: Versuch, S. 36 - TDAH, S. 440; vgl. Kondylis: Die Aufklärung, S. 562). Einflüsse der rhetorischen Tradition und der neuen Ästhetik überschneiden sich hier.

30 Schroeckh: Christliche Kirchengeschichte Bd. 1, S. 252 - TDAH, S. 604; Wiggers: Versuch, S. 15 - TDAH, S. 433. Vom ‚was' und vom ‚wie' sprechen auch Meusels (S. 163) und Wielands Lukian-Übersetzung (S. 307f.) [Kap. 51].

31 Gatterer: Von der Definition der Historie, S. 1 - TDAH, S. 312. Gatterer unterscheidet hier *„Historie"* und *„Geschichtswissenschaft"*; jene scheint dabei das Wissen von „merkwürdigen Begebenheiten" als solches zu bezeichnen, diese hingegen seine methodologische Regelung (ebd.), so daß wir uns an die Bestimmung des zweiten Terminus zu halten haben.

und die Selbstreflexion einer Geschichtsschreibung rhetorischer Prägung.[32] Die deutsche Übersetzung ‚historische Kunst' muß ganz in dieser Tradition verstanden werden; der Begriff ‚Kunst' birgt keinerlei idealistisch-ästhetische Implikationen, sondern besagt ganz im Gegenteil, daß hier ein Bereich der Praxis behandelt wird, den man nach einem Regelsystem zu beherrschen lernen kann.[33] In völliger Übereinstimmung damit definiert Gatterer die ‚historische Kunst' als „Wissenschaft von den Regeln, lesenswürdige Geschichtsbücher zu verfertigen."[34] Sein Aufsatz „Vom historischen Plan" sucht solche Regeln aufzustellen und ist deshalb eine *ars historica* im prägnanten Sinne. Mit einer ‚Methodologie' im Sinne „neuzeitlicher" Wissenschaft darf die rhetorische Prägung der Aufklärungshistorik nicht verwechselt werden.[35] Sogar Schlözers *Vorstellung seiner Universalhistorie* ist eine Historik nicht nur im Blankeschen Sinne metatheoretischer Reflexion der Geschichtswissenschaft, sondern auch im Sinne der rhetorischen Tradition: Sie leitet unter nicht zuletzt rhetorischen Kategorien dazu an, Weltgeschichte zu schreiben. Nicht ausschließlich, doch wesentlich bleibt die von der pragmatistischen Historik projektierte Geschichtsschreibung eine „literarische Veranstaltung, die den Gesetzen der Rhetorik gehorcht"[36]. Zum Pragmatismus verhält sich eine solche rhetorische Regelung ambivalent. Sie scheint überflüssig im Horizont seines erkenntnis- und darstellungstheoretischen Objektivismus, leitete davon aber gerade ihre Unverzichtbarkeit in praxi ab. Die rhetorische Tradition hielt in der Aufklärungshistorik gewissermaßen das Feld besetzt, das der wissenschaftstheoretisch motivierte Pragmatismus freiließ. Dieses ungleiche Nebeneinander mochte umso problemloser erscheinen, als der voraufklärerische ‚unsystematische' Pragmatismus nichts anderes als eine besondere Ausprägung des rhetorischen Historiographiemodell darstellte.

In einer besonders bedeutsamen Hinsicht ist eine ‚Entrhetorisierung' der pragmatistischen Historik gleichwohl nicht zu verkennen. Gemeint ist damit

---

32 Vgl. Eckhard Keßler: Das rhetorische Modell der Historiographie. - In: Formen der Geschichtsschreibung, S. 37-85, hier S. 70f.

33 Besonders deutlich tritt das hervor bei Will: Einleitung, S. 33 - TDAH, S. 326. Zum an ‚ars' und ‚techné' angelehnten Kunst-Begriff der frühen Neuzeit (mit seinen Nachwirkungen bis ins 19. Jahrhundert) vgl. Wolfgang Hardtwig: Die Verwissenschaftlichung der Historie und die Ästhetisierung der Darstellung. - In: Formen der Geschichtsschreibung, S. 147-191, hier S. 182. Derselben Tradition entstammt der Begriff ‚Historik', der sich etymologisch vom griechischen *historiké techné*, also dem Äquivalent der *ars historica*, ableitet. Zumindest bevor Droysen die Historik als „Wissenschaftslehre der Geschichte" zu begründen und damit der Begriffstradition zu entwinden unternahm (Historik [Ed. Leyh], S. 44), muß diese Bedeutung immer mit bedacht werden.

34 Gatterer: ebd.

35 Eine solche Identifizierung nehmen Blanke und Fleischer vor (vgl. Artikulation, S. 53).

36 Ebd. (Blanke und Fleischer verneinen dies wohlgemerkt im Kontext des Zitats!)

wiederum nicht ein Oberflächenphänomen, sondern die seit dem 17. Jahrhundert zu bemerkende und oben an den Bestimmungen des Merkwürdigkeitskriteriums aufgewiesene Isolierung der (meist drei) verschiedenen Tätigkeitsstufen des Historikers. Im rhetorischen Historiographiemodell waren dieselben in einer Art Frühform des hermeneutischen Zirkels stets aufeinander bezogen gewesen[37]. Als sauber geschiedene und eher mechanisch abzuschreitende Stationen der historiographischen Tätigkeit versteht dagegen Schröckh Verifikation, „Wahl" und „Zusammenstellung" der ‚Begebenheiten'.[38] Den Zielpunkt dieser Tendenz markiert die Drei- bis Vierteilung des Historikers, die Schlözer vornimmt. Wie in dieser Mechanisierung der Geschichtsschreibung ging schließlich auch in dem ausgeprägten Objektivitätsglauben der Aufklärungshistorie rhetorisches Wissen verloren, das Bewußtsein nämlich von der Konstruktivität der erzählten Geschichte: Vordergründig schloß sich die Forderung, der Historiker solle „das, was er anschauend erkant hat, auch [...] anschauend erzählen", also als eine Art *Spiegel* fungieren, der „seine Leser in die Situation von Zuschauern" versetzt, an einen Topos der rhetorischen Historiktradition an.[39] Doch dieser Topos charakterisierte ursprünglich nicht den Erkenntnisanspruch, sondern die ethische Disposition des Historikers, und ihn zu zitieren darf nicht über die Unvereinbarkeit einer Abbildungswahrheit, zu der die Geschichtstheorie der Aufklärungshistorie neigte, mit der Textauffassung der Rhetorik hinwegtäuschen, stellt doch die rhetorische Historik eine vergleichsweise hoch reflektierte Thematisierung jener Kategorien dar – von militärischen und politischen Kenntnissen bis hin zu sprachkünstlerischen Formen makro- wie mikrostruktureller Art –, „in denen Vergangenheit in der Gegenwart als Realität gedacht"[40] und als Geschehenes funktionell dargestellt werden kann. Je unmittelbarer dagegen der Text auf die ‚objektive Geschichte' verpflichtet wird, desto entbehrlicher scheint das Textkonstruktionswissen der Rhetorik. Folgerichtig besteht das rhetorische Element der Aufklärungshistorik, vor allem der im engeren Sinne fachlichen,

37 Zur inneren Kohärenz des rhetorischen Textkonstituierungsmodells vgl. Beetz: Rhetorisches Textherstellen, bes. S. 163.

38 Schroeckh: Christliche Kirchengeschichte Bd. 1, S. 263f., 271 – TDAH, S. 611f., 617.

39 Gatterer: Vorrede von der Evidenz, S. 13 – TDAH, S. 466; vgl. Lukian: hist. conscr. 51.

40 Eckhard Keßler: Das rhetorische Modell der Historiographie. – In: Formen der Geschichtsschreibung, S. 37-85, hier S. 58. Einem naiven Objektivismus entgeht die Rhetorik vor allem deshalb, weil sie konsequent wirkungsorientiert ist, also weniger nach der ‚objektiven' Beschaffenheit der Dinge, über die sie spricht, fragt als nach denjenigen Kategorien, in denen die Adressaten den Gegenstand prospektiv wahrnehmen (möchten), vgl. ebd., S. 41.

kaum noch in Schreibanleitungen, sondern es ist zu einer Fundamentalstruktur sedimentiert.[41]

2. Die neue Ästhetik und die Anschaulichkeit der historischen Darstellung

Eine nachhaltige Aufweichung des historiophoben Rationalismus der Wolffischen Erkenntnistheorie brachte in den 1740er Jahren Alexander Gottlieb Baumgarten, selbst ein Wolff-Schüler, in Gang: In einer ‚Ästhetik' genannten neuen Wissenschaft unternahm er es, das Erkenntnispotential der ‚unteren Seelenvermögen', d.h. der Empfindung und der Einbildungskraft, zu untersuchen und der intellektuellen Erkenntnis gleichzustellen. Bereits bei Baumgarten ist diese ‚gnoseologia inferior' auf die Kunst und ihre Erkenntnisleistung ausgerichtet; die Wahrheiten von Philosophie und Kunst sollen versöhnt werden.[42] Für Ästhetik und Poetik hat Baumgartens Innovation die weitesten Konsequenzen gehabt: Der Begriff der Kunst wurde aus seinem schon antiken Verständnis als lehr- und regelbarer *ars* gelöst und – in rezeptionsästhetischer Hinsicht – an die nun thematisierte ‚Sinnlichkeit' der von ihr ausgedrückten Vorstellungen und – produktionsästhetisch – an die (von einer ‚gnoseologia inferior' ganz neu anvisierte) enthusiastische Subjektivität und Innerlichkeit eines schaffenden Genies gebunden, vor allem seit dem ‚Sturm und Drang'. Der Blick der Ästhetik wandte sich damit auf das Individuelle und das Individuum; Alfred Bäumler ist deshalb so weit gegangen, ihre Begründung „ein Ereignis von umfassender geschichtlicher Bedeutung" zu nennen[43].

---

41 Konservativer als die Aufklärungshistoriker selbst verhielten sich häufig Theoretiker der ‚schönen Künste' oder Stilistiker. Sie behandelten die Geschichtsschreibung auch um 1800 noch nach den Schreibregeln und in den Termini der rhetorischen Tradition. Eschenburg beispielsweise gibt unter dem Titel „*Historik* oder *historische Kunst*" nach wie vor „rhetorische Regeln" für die Abfassung einer „wahren Geschichtserzählung" (Theorie und Literatur der schönen Wissenschaften [Ausg. 1805], S. 362-395, Zitat S. 384; vgl. auch Adelung: Über den deutschen Styl Bd. 2, S. 55-80). Diese Poetiken konnten allerdings für die wissenschaftliche Geschichtsschreibung nicht mehr produktiv werden, weil ihnen die material-geschichtstheoretische Basis fehlte. Dagegen entwickelten Herder, Humboldt oder Droysen ihre Darstellungstheorien aus den anthropologischen und ästhetischen, geschichts- oder sprachphilosophischen Fundamenten ihrer Geschichtstheorien.

42 Vgl. J[oachim] Ritter: Art. Ästhetik, ästhetisch. – In: Hist. Wb. d. Phil. Bd. 1, Sp. 555-580, hier Sp. 556.

43 Bäumler: Das Irrationalitätsproblem, S. 1. In der Regel nicht berücksichtigt sind im folgenden die Beziehungen der verschiedenen Ästhetiker untereinander, insbesondere die Abschwächungen, die Baumgartens Schüler und Nachfolger am Konzept von dessen unvollendeter *Aesthetica* vornahmen. Zur Reutilitarisierung der Kunst, die Baumgartens

Insofern die Historie als *singularium rerum cognitio*[44] sich nur schwer durch die Erkenntnis von Vernunftwahrheiten als Wissenschaft legitimieren konnte, ist auch sie ein potentieller Nutznießer der neuen Ästhetik gewesen. Theoriebausteine aus der Ästhetik zu übernehmen bedeutete freilich, zumindest partiell den Anspruch auf eine rein rationale Methode und Erkenntnis zurückzunehmen. So sorgte sich Schlözer darum, daß die Einbildungskraft des Historikers aus der „Vormundschaft einer höheren Seelenkraft", des Verstandes, ausbrechen könnte.[45] Die neue Ästhetik bewegte sich aber auch selbst von der Historie weg; sie entwickelte sich weit weniger in den Bahnen einer Erkenntnistheorie des Empirischen und ‚Sinnlichen', wie ihr Name es proklamierte (von griech. *aisthesis*), als zu einer Philosophie des ‚schönen Denkens', dem Dichtung und Kunst ihre Existenz verdanken.[46]

Ganz ohne Einfluß auf die Historiken der Aufklärung ist die Ästhetik trotzdem nicht geblieben; zumal angesichts des dargelegten Verlustes von rhetorischem Textorganisationswissen steht ein (ersatzweises) Vordringen der Ästhetik, besonders wenn sie in operationalisierbare Regeln gefaßt ist, auch auf historiographischem Feld zu vermuten. Schlözers durchaus ästhetisch verstandener „allgemeiner Blick" und Gatterers „Kunst anschauend zu erzählen" sind jedoch in der Geschichtsschreibung offensichtlich nicht unmittelbar produktiv geworden.[47] Umso dringender ist eine Untersuchung der Einflußweite und des Innovationspotentials des noch kaum erforschten ästhetischen Denkens in der Historik des Pragmatismus. Als zwei große Problemkomplexe präsentieren sich dabei zum einen das im wörtlichen Sinne ‚Aisthetische' der

---

Autonomieansätze wieder zurücknahm, und zur wieder stärkeren Regelhaftigkeit der Ästhetik bei dem Baumgarten-Schüler Georg Friedrich Meier vgl. Nivelle: Kunst- und Dichtungstheorien, S. 43-46.

44 Vgl. Wolfgang Hardtwig: Die Verwissenschaftlichung der Historie und die Ästhetisierung der Darstellung. – In: Formen der Geschichtsschreibung, S. 147-191, hier S. 156.

45 Schlözer: Vorstellung seiner Universalhistorie Bd. 2, S. 344.

46 Vgl. J[oachim] Ritter: Art. Ästhetik, ästhetisch. – In: Hist. Wb. d. Phil. Bd. 1, Sp. 555-580, hier Sp. 557. Herder steht demnach nicht im Hauptstrom der Entwicklung, wenn er die *„Aesthetik"* als eine *„Philosophie der sinnlichen Empfindungen"* betreiben will (SW 15, S. 524). Über Baumgarten und seine Schüler geht dabei weit hinaus, vor allem dadurch, daß er die strenge und zumeist hierarchisierende Unterscheidung der Seelenvermögen in ihre gemeinsame Kraftnatur aufhebt (vgl. ebd., S. 527). Zu diesem Punkt und zu Herders Versuch, Baumgartens Ansatz einer ‚gnoseologia inferior' konsequent zu Ende zu führen vgl. Solms: Die Anfänge der ästhetischen Theorie. Für die Historiographie hatte diese Radikalisierung der neuen Ästhetik revolutionäre Konsequenzen, vgl. dazu unten Kap. 4. c) und d).

47 Schlözer: Vorstellung seiner Universalhistorie, S. 18 – TDAH, S. 670; Gatterer: Vorrede von der Evidenz, S. 12f. – TDAH, S. 466 (beide Zitate im Original hervorgehoben). Diese Kluft zwischen Theorie und Praxis ist schon den Zeitgenossen aufgefallen, vgl. H.I.U.: Schreiben, S. 253f.

Geschichtserzählung, ihre *,Anschaulichkeit'*, die nach der Absicht der Aufklärungshistoriker vor allem die Wirkung auf den Rezipienten verstärken soll, und zum anderen die *historiographische Gegenstandskonstitution und Textorganisation*. Die beiden folgenden Kapitel (C. 2. und 3.) konzentrieren sich jeweils auf den ersten bzw. zweiten Problemkomplex, wenngleich Gatterers unmittelbar anschließend analysierte „Vorrede von der Evidenz" über die Anschaulichkeitsfrage hinausgehend auch hermeneutisch und sogar wissenschaftstheoretisch bedeutsam ist.

Im Laufe dieser Kapitel wird sich freilich herausstellen, daß die von der professionellen Aufklärungshistorie selbst geleistete Rezeption der neuen Ästhetik nicht ausreichte, um den Systemzwang sowie den erkenntnis- und darstellungstheoretischen Objektivismus des Pragmatismus wirkungsvoll aufzubrechen. Entschiedene und konstruktive Gegenpositionen finden sich vielmehr - und zwar in etwa gleichzeitig - beim frühen Herder. Auf die strukturell bedingte Uneinlösbarkeit des aufklärerischen Programms der Universalgeschichtsschreibung antwortete er mit einer ontologischen und gnoseologischen Umwertung von Partikularem und Universalem (C. 3. b.). Herder nahm zudem das erkenntnistheoretische Potential der neuen Ästhetik auf und entwarf in der Konsequenz dessen ein Modell dramatisch strukturierter, bildhafter Geschichtsdarstellung. Schon vom theoretischen Ansatz her überschritt er somit die Aufklärungshistorik, zumal er darüber hinaus die sprach- und geschichtsphilosophische Reflexion als notwendige Dimensionen der Geschichtstheorie begründete (C. 4).

a) „Von der Evidenz in der Geschichtkunde". GATTERERs Annäherung der Historie an die „Wahrheit der Romane"

Derjenige Historik-Text der Aufklärungshistorie, der sich am offensichtlichsten Einflüssen der zeitgenössischen Ästhetik und Poetik öffnet, ist auch der geschichtstheoretisch avancierteste (β.) - wenn man seine Argumentationsbrüche (α.) und die rhetorische Färbung seines zentralen Begriffs (γ.) nicht rechnet: Gatterers „Vorrede von der Evidenz in der Geschichtkunde" von 1767.

Der Göttinger stellt hier das Programm einer Geschichtsschreibung auf, die den Leser durch die Illusion der Gegenwärtigkeit des Erzählten und der eigenen Augenzeugenschaft von der Tatsächlichkeit des Erzählinhalts zu überzeugen vermag.[48] Eine veranschaulichende szenische Darstellung von

48 Um die Rezeption der neuen Ästhetik durch die Aufklärungshistorik in der gebotenen

Geschichte soll der Historie die Überzeugungskraft des Evidenten verleihen (vgl. S. 14/S. 467).[49] Damit fällt ausgerechnet einer Darstellungsform, die nach Gatterer selbst die „*Wahrheit der Romane*" erzeugt, die Aufgabe zu, wenn schon nicht Wissenschaftlichkeit, so doch „Gewißheit" zu garantieren (S. 22, 37, 5, 7/S. 470, 477). Denn ‚Evidenz' wird mit „Augenscheinlichkeit, oder augenscheinliche Wahrheit" verdeutscht (S. 3). Sehr präzise ist dabei der Bezug auf die deduktiv-systematischen Wissenschaften: Gatterer hat die Preisfrage der Berliner Akademie von 1763, ob metaphysische Wahrheiten derselben Evidenz fähig seien wie mathematische, aufgegriffen und trägt sie an die Geschichtsschreibung heran (vgl. S. 3f.). Er unterscheidet dazu zwischen der „Evidenz abstracter Dinge", die allein er aufgrund seines aristotelischen Wissenschaftsbegriffs „*wissenschaftliche Evidenz*" nennen kann, und der „*Evidenz individueller Dinge*", die für die romanhaft-anschauliche Historie in Frage kommt (S. 5). Und sein Schluß, der Historiker müsse seinen Lesern quasi die Geschichte selbst vor Augen stellen, wirkt sich nicht nur auf die Darstellungsseite aus, sondern auch auf die Hermeneutik der Geschichtsforschung. Denn „anschauend erzählen" könne der Historiker nur „das, was er anschauend erkant hat"; er müsse „selbst Zuschauer worden seyn", bevor er „seine Leser in die Situation von Zuschauern versetzen" könne (S. 13/S. 466).[50] Hier deutet sich eine Abkehr vom Ideal wissenschaftlicher Vernünftigkeit, wie Schlözer es vertrat, an, die ebenso einschneidend wäre, wie die

---

Konzentration zu rekonstruieren, scheint die weitgehende Beschränkung der Analyse, soweit die Erleichterung der *Wirkung* von Geschichtsschreibung zur Debatte steht, auf Gatterers Evidenz-Vorrede legitim. Denn sie räumt ästhetischen Prinzipien die relativ weiteste Bedeutung für das disziplinäre Profil der Geschichtswissenschaft ein und thematisiert die Beziehung von Wissenschaft und Ästhetik am ausdrücklichsten. Mit der Frage, wie die Wirkung auf den Leser zu verstärken sei, beschäftigte sich Gatterers „Vorrede" aber nicht allein. ‚Anschaulichkeit' und die Illusion von Gegenwärtigkeit der berichteten Geschichte zum Zwecke stärkerer Rührung forderten auch Schroeckh (Christliche Kirchengeschichte Bd. 1, S. 271f. - TDAH, S. 617) oder Wiggers (Versuch, bes. S. 31 - TDAH, S. 438); selbst diskutiert grundsätzlich zustimmend Mablys Vorstellung von einem „Geschicht*Maler*", der die Einheit und Gemütswirkung eines Dramas erreichen sollte, wenngleich Schlözer dafür zu seiner Zeit nur in den seltensten Fällen die Forschungsgrundlagen gegeben sieht und nicht übersehen werden darf, daß anschauliche, „(schöne) *Geschichte zu schreiben*" ihm nur als eine literarisch ehrenträchtige Zutat, aber nicht als unverzichtbarer Zielpunkt der Geschichtswissenschaft gilt (vgl. Aus einem Schreiben, S. 8-11, Zitat S. 7 - TDAH, S. 592f.).

49 Die Seitenangaben beziehen sich auf Gatterer: Vorrede von der Evidenz, und auf TDAH. In der Textsammlung *Theoretiker der deutschen Aufklärungshistorie* sind die Seiten 1-12 der „Vorrede von der Evidenz" allerdings gekürzt, obwohl Gatterer dort für das Folgende maßgebliche Begriffsklärungen vornimmt, die überdies außergewöhnlich aufschlußreich für den Wissenschaftsbegriff der Aufklärungshistorie sind. Die zweite Ziffer muß deswegen mitunter fehlen.

50 Diesen hermeneutischen Aspekt betont Reill: German Enlightenment, S. 117.

historiopoetologische Anweisung, Geschichte in der Manier eines Romans zu schreiben. Denn das forschende Verständnis der Vergangenheit beruht in der Konsequenz des Zitierten auf ebenjenen niederen Seelenvermögen, die durch die ,anschauend erzählte' Geschichte im Leser angesprochen werden. Die (angenommene) Überzeugungskraft illusionistischer Literatur scheint hier mit einem Schlag die Aufklärungshistorik zu ästhetisieren.

α. So emphatisch Gatterer fordert, beispielsweise an den Iden des März „selbst auf das entweyhete Rathhaus" gebracht zu werden und „Cäsars Mörder, seine Wunden, sein durchlöchertes und blutiges Gewandt" gezeigt zu bekommen (S. 15/S. 467), so wenig genügt ihm freilich die ,ideale Gegenwart' des Erzählten für die Geschichtsschreibung. Ihr hat ein Beweisverfahren zur Seite zu treten, das durch Überrestbelege und eine Prüfung der Glaubwürdigkeit von Traditions-Quellen die Tatsächlichkeit des Erzählten erhärtet, von welcher der Leser durch illusionistische Evidenz allerdings schon überzeugt ist (S. 22/S. 471). Hier werden erste Argumentationsbrüche sichtbar. Daß eine zur ,idealen Gegenwart' gebrachte Geschichte im Sinne der Berliner Preisfrage „bis zur Evidenz überzeug[en]" könne, wird am Ende der Ausführungen zur historiographischen Veranschaulichung dadurch massiv in Frage gestellt, daß Gatterer diese nun als eine „Täuschung" bezeichnet, die nur die *„empfindenden"* Leser befriedigen könne (S. 14, 22/S. 467, 471).[51] Denn anders als in der Dichtung, wo sie nicht mehr als ,ästhetische Illusion' bedeutet, erlaubt eine ,Täuschung' in der Geschichtswissenschaft keine vollgültige Rezeption. Um auch *„critische* Leser" überzeugen zu können, nimmt Gatterer Zuflucht zur Belegtechnik, wie sie ohnehin zum wissenschaftlichen Standard der Historie gehörte. Damit jedoch ist die Evidenz der Historie wieder verloren. Denn Gatterer qualifiziert den Quellenbeweis als ,Demonstration'; die aber schließt der eingangs für „individuelle Dinge" definierte Evidenzbegriff aus (S. 6).[52] Der historiographietheoretische Entwurf der „Vorrede von der Evidenz" ist also von zwei Prinzipien geprägt, die in Opposition zueinander stehen, weil sie den Rezipienten auf sich gegenseitig ausschließende Weise unterschiedlich

---

51 Er befindet sich hier in (oberflächlicher) Übereinstimmung mit seinem Anreger Henry Home, der die „ideale Gegenwart" mit einem *„wachenden Traum"* verglich, weil sie, „gleich einem Traume," schon beim ersten Ansatz zur Reflexion schwinde und damit auch ihre Überzeugungskraft verliere (Home: Grundsätze der Critik Bd. 1, S. 127. Ich zitiere nach der deutschen Übersetzung, da Gatterer sich von dieser hat anregen lassen).

52 Vgl. W. Halbfass: Evidenz. - In: Hist. Wb. d. Phil. Bd. 2, Sp. 829-832, hier Sp. 831. Nur an einer Stelle fragt Gatterer danach, „ob und in wieferne die historische Demonstration der Evidenz fähig sey" (S. 23/S. 471, im Original hervorgehoben), behält den Evidenzbegriff in seinem Resümee aber wieder der veranschaulichenden Geschichtserzählung vor (vgl. S. 37/S. 477).

ansprechen. Imaginative und reflektive Komponente der Geschichtserfahrung sind hier noch nicht miteinander vermittelbar.

β. Auch der Versuch jedoch einer solchen Vermittlung macht die „Vorrede von der Evidenz" in historiographiegeschichtlicher Hinsicht hochbedeutsam. Abstrahiert man von den festgestellten Inkonsequenzen, so finden wir bei Gatterer eine Zusammenstellung - noch keine Verbindung! - von Quellenforschung und Darstellung, wie sie in der Aufklärungshistorik sonst nirgends vertreten wurde. Das für die Epoche wissenschaftskonstitutive pragmatische System muß hier - und das ist entscheidend - in den Hintergrund treten. Zunächst wird es zwar nicht verabschiedet, sondern nur für diesmal von der Behandlung ausgeschlossen; am Schluß der „Vorrede von der Evidenz" scheint jedoch ein Historiker der *„höchsten Geschichtschreiberclasse"*, „die noch über die Classe der pragmatischen Geschichtschreiber erhaben ist", auf das pragmatische System ganz verzichten zu können (vgl. S. 10-12, Zitat S. 15/S. 466, 477). Denn seiner bedarf es nicht mehr, wenn Geschichte sowohl als möglich wie auch als wirklich dargestellt und erwiesen werden kann:

> Die *evidente Erzählung* beweist, daß Begebenheiten sich in den Zusammenhang der Dinge in der Welt vollkommen schicken, und der *aus den Quellen hergeleitete Beweis* lehret, daß sich solche Begebenheiten in den Zusammenhang der Dinge zu derjenigen Zeit, wozu sie gerechnet werden, schicken, oder welches einerley ist, die evidente Erzählung einer Begebenheit zeigt, daß man ihre Existenz sehr bequem denken könne, und der Beweis aus den Quellen lehrt, daß sie die Zeitgenossen wirklich so gedacht haben, das ist, daß die Begebenheit sich wirklich so, wie sie erzählet wird, zugetragen oder wenigstens so von den Zeitgenossen geglaubet worden ist. (S. 37/S. 477)

Gatterer begnügt sich hier mit der Möglichkeit und der Tatsächlichkeit eines Geschehens; er verzichtet auf den Nachweis seiner Notwendigkeit. Damit ist ein höchst bedeutsamer Schritt getan, die pragmatistische Theorie etwa eines Blanckenburg, der eine bloß mögliche oder tatsächliche ‚Wahrheit' ablehnte und vom pragmatischen Roman Notwendigkeit statt Wahrscheinlichkeit forderte,[53] ist hier momenthaft überwunden. Besetzte nun aber der pragmatische Kausalnexus nicht mehr das Zentrum der geschichtswissenschaftlichen Arbeit, so sollten Quellenforschung und Darstellung aus der Mediatisierung befreit werden können, jenen nur abzusichern bzw. abzubilden.

Gatterers Kombination von ‚evidenter Erzählung' und ‚historischer Demonstration' stößt in älterer Terminologie nahezu bis zu Rankes Bestimmung der Historie in ihrer Grundkonstellation vor. Ranke unterschied ebenfalls eine empirische Seite - die allerdings stärker interpretierend gedacht ist als bei

---

53 Vgl. Blanckenburg: Versuch über den Roman, S. 278f., 379, 340-352.

Gatterer – und eine darstellerische. Letztere bezeichnet er wie Gatterer als „der Poesie verwandt" und markiert die Differenz auch nur durch den Wahrheitsvorbehalt.[54] Nicht vergessen werden darf derweil, daß das Verhältnis von Forschung und Darstellung bei Gatterer noch keineswegs geklärt bzw. aufgrund seines Erkenntnisobjektivismus noch kaum als Problem erkannt ist. Denn das (rhetorische) Einkleidungs-Verhältnis zwischen *verba* und *res* gilt bei ihm fort: Weil die „reine lautere Wahrheit" das „Wesen der Geschichte" sei, hält er „eine gute Einkleidung nur für eine nüzliche und wünschenswerte, aber doch an sich und wenn es seyn muß entbehrliche Zugabe."[55] Die (Wieder-) Entdeckung einer ‚literarischen' Dimension der Geschichtsschreibung besagt also erst wenig über deren besondere Ausprägung und hermeneutische und historiopoetologische Konsequenzen. So signifikant auch der Ausbruch aus dem szientistisch-systematischen Wissenschaftsmodell von darstellungsästhetischen Überlegungen in die Wege geleitet wird – welche Dimensionen des Darstellungsproblems dadurch entdeckt werden konnten, hing nicht zuletzt von den Anregungen von kunstkritischer Seite ab, die Gatterer aufnahm. Deshalb darf eine Einschätzung des geschichtstheoretischen Stellenwerts der „Vorrede von der Evidenz" auf eine nähere Untersuchung ihrer Quellen nicht ganz verzichten.[56]

Gatterers Beanspruchung der ‚Wahrheit der Romane' ist nur der am wenigsten spezifische Bezug auf Prinzipien und Termini der aktuellen ästhetischen Diskussion. Der Begriff der „idealen Gegenwart" geht auf den einzigen namentlich zitierten Ästhetiker, den englischen Sensualisten Henry Home, zurück (S. 8, 13 [hervorgeh.], 20/S. 466, 470).[57] In einem „Bewegungen, die durch Erdichtung verursacht werden", betitelten Kapitel seiner *Grundsätze der Critik* (dt. 1763, engl. *Elements of Criticism* 1762) hatte Home das Erinnerungs-

---

54 Ranke: Idee der Universalhistorie – WuN 4, S. 72. Vgl. Gatterer: Vorrede von der Evidenz, S. 19 – TDAH, S. 469.

55 Gatterer: Vorrede (Hist. Journal), S. *2; vgl. dazu auch unten S. 240 (zu Schiller) und S. 306, 313f. (zu Ranke).

56 Von historiographiegeschichtlicher Seite ist diese Untersuchung bisher kaum geleistet worden, vgl. Reill: The German Enlightenment, S. 114-117, der Home in diesem Zusammenhang nie auch nur erwähnt, von versteckteren Einflüssen ganz zu schweigen. Nicholas Saul, ein englischer Germanist, geht recht ausführlich auf Homes *Elements of Criticism* und auf Gatterers „daring adaption of Kames's ‚dramatic' understanding of the imagination and the imaginative possibilities of narrative language" ein (History and Poetry, S. 20-24, Zitat S. 24), kann aber mit dem Blick auf jene eine Quelle die Inkonsistenzen der „Vorrede von der Evidenz" nicht erfassen.

57 Daß Gatterer, wie er bekennt, bei niemandem außer Home etwas von „der *Kunst anschauend zu erzählen und ideale Gegenwart der Begebenheiten bey dem Leser zu erwecken,*" gelesen hat (S. 12f./S. 466), erscheint nicht sehr wahrscheinlich, da er sich der von Meier über Mendelssohn bis Lessing und Sulzer gängigen Begriffe bedient, die keineswegs alle aus den von Gatterer herangezogenen *Grundsätzen der Critik* stammen.

vermögen behandelt, ausgehend von Lockes und Humes Befund, daß historische Zusammenhänge ihre Evidenz in ihrer Tradierung mehr und mehr verlieren.[58] Er macht dabei eine Form von *memory* aus, mit der man trotz dieser Tradierungsverluste von etwas Vergangenem „ein Bild oder eine Idee als von etwas Gegenwärtigem" gewinnen könne.[59] In das Erinnerungsvermögen ist damit „an *imaginative* component" eingeführt, das dem Erinnerungsgegenstand „ideale Gegenwart" („ideal presence") verschafft. Diese ist „per se neither fictional nor factual", aber im Gegensatz zur „wirklichen Gegenwart" an Sprache gebunden.[60] Sie trägt die Wiedererinnerung des Vergangenen und erzeugt die Gegenwärtigkeitsillusion, wenn sie eine „genaue und lebhafte Beschreibung" gibt und so detailhaltig ist, daß die Erinnerung „vollständig" wird.[61] Home verbindet eine ästhetische Illusion dieser Art mit der Kunst, indem er ihre die Anteilnahme des Lesers erregende Erzeugung zu deren Hauptaufgabe erklärt, aber er bindet sie nicht allein an diese. Darin unterscheidet er sich von den deutschen Stiltheoretikern und Ästhetikern, die eine Anschaulichkeit erzeugende, detailgenaue Sprache der Poesie und Beredsamkeit vorbehielten.[62]

Auch Home geht allerdings nicht so weit, die Illusionswirkung, also Gatterers ‚Wahrheit der Romane', mit den Geltungsansprüchen der Historie zu identifizieren. Vielmehr unterscheidet er zwischen der Wahrheit und Tatsächlichkeit „wirklicher Begebenheiten" sowie von „Wahrheiten überhaupt" - zu der die ‚ideale Gegenwart' nichts beitrage - einerseits und ihrer Herrschaft über des Lesers Leidenschaften, ihrer Fähigkeit, denselben zu rühren (im Sinne von *movere*) andererseits:[63] „Wir müssen uns sogar wirkliche Begebenheiten, die ein Recht auf unseren Glauben haben, als gegenwärtig vorstellen, wenn sie uns rühren sollen."[64] Diese Unterscheidung greift Gatterer auf - und verwischt sie zugleich. Denn er fordert vom Geschichtsschreiber in einem: „ich will gerührt, ich will bis zur Evidenz überzeugt seyn." (S. 14/S. 467) Eben das Element bei Gatterer, in dem wir eine unerhörte Identifizierung des literarischen und des historischen Wahrheitsanspruchs erkannten, ist von seiner Berufungsinstanz nicht richtig gedeckt. Das wird umso deutlicher daran, daß der Evidenzbegriff bei Home nicht fällt. Die Illusionierungs-

58 Vgl. Saul: History and Poetry, S. 16-21.

59 Home: Grundsätze der Critik Bd. 1, S. 127.

60 Saul: ebd., S. 21; Home: ebd., S. 126, vgl. Elements of Criticism Bd. 1, S. 107.

61 Home: Grundsätze der Critik Bd. 1, S. 129.

62 Vgl. Bender: Rhetorische Tradition, S. 504; Adelung: Über den Deutschen Styl Bd. 2, S. 55-80, bes. S. 57f., 63.

63 Vgl. Home: ebd., S. 144, 134.

64 Ebd., S. 138.

leistung einer bestimmten Sprachgestalt, die er feststellte, war nicht darauf berechnet, erkenntnistheoretischen Positionskämpfen zu dienen.[65]

γ. Gatterers kühner Brückenschlag zwischen der ,Wahrheit der Romane' und einer akademischen Preisfrage zum Evidenzproblem zeigt hier erneut den schon festgestellten Bruch. Es stellt sich somit die Frage nach weiteren gedanklichen und argumentativen Stützpfeilern. Auf eine mögliche Anregung, den Evidenzbegriff überhaupt mit der ,idealen Gegenwart' in Verbindung zu bringen, weist die Rührungsfunktion letzterer. Der Zweck, „tugendhafte Bewegungen und ruhmwürdige Entschliessungen in dem Herzen der Leser hervorzubringen", ist in der „Vorrede von der Evidenz" der Ermöglichung ,anschaulicher Erkenntnis' noch übergeordnet (S. 16, 20/S. 468, 470). Was mit diesem Endzweck verbunden ist – Rührung statt Verstandeserkenntnis, handlungsrelevante Tugendwirkung statt kontemplativer Erkenntnis –, deutet auf die rhetorische Tradition, und dorthin weist auch der Evidenzbegriff: Denn als *evidentia* wird in der klassischen Rhetorik eine Gedankenfigur bezeichnet, die die Darstellung eines Gegenstands detaillierend amplifiziert und sich insbesondere dadurch auszeichnet, daß der Redner mit ihrer Hilfe sowohl sich als auch das Publikum in die Lage von Augenzeugen eines Geschehens versetzt.[66] Vollständiger als bei Home findet man in

65 Homes am weitesten gehende Formulierung in diesem Zusammenhang lautet: „When events are related in a lively manner and every circumstance appears as passing before us, it is with difficulty that we suffer the truth of the facts to be questioned. A historian accordingly who hath a genius for narration, seldom fails to engage our belief." (Home: Elements of Criticism Bd. 1, S. 122)

66 Vgl. Lausberg: Elemente §§ 363, 369; ders.: Handbuch §§ 810f. Zur mit dem *evidentia*-Begriff verbundenen Anschaulichkeit der rhetorischen Tradition vgl. Willems: Anschaulichkeit, S. 233. Übrigens dachte auch Home partiell in den Bahnen der rhetorischen Tradition, wie Adressierungen wie „Redner oder Schriftsteller" zeigen (Home: Grundsätze der Critik Bd. 1, S. 144).

Die Traditionalität des Gattererschen Evidenzbegriffs illustriert exemplarisch noch einmal die Defizite gängiger Pauschalisierungen (,Entrhetorisierung') und beleuchtet deren unzureichendes philologisches Fundament. In der Forschung weist allein der Germanist Dietrich Harth auf die rhetorische Herkunft der ,Evidenz' hin (vgl. Die Geschichte ist ein Text. Versuch über die Metamorphosen des historischen Diskurses. – In: Formen der Geschichtsschreibung, S. 452-479, hier S. 469f.). Zur Diskussion von ,Anschaulichkeit' in der rhetorisch-poetologischen Tradition des 17. Jahrhunderts vgl. jetzt Solbach: Evidentia, S. 75-98. Solbach ermittelt in seinem Buch eine Aporie zwischen erstrebter Anschaulichkeit und didaktischen Intentionen. Anhand seiner Texte (v.a. *Simplicissimus*) kommt er demnach zu einem ähnlichen Befund, wie er sich für ,rhetorisch' geprägte Texte unseres Zeitraums ergibt (vgl. dazu unten S. 166, 283ff.). Zur Kontinuität des Evidentia-Themas in Ästhetik und Roman des 18. Jahrhunderts (Breitinger, Mendelssohn, Wieland, Goethe, Moritz) vgl. Meuthen: Selbstüberredung.

Auf den rhetorischen Evidenzbegriff führt letztlich auch der Hinweis von Hilmar Kallweit auf die Verwandtschaft von Gatterers „anschauender Erkenntniß" (S. 17/S. 468) mit Wolffs *cognitio intuitiva* (vgl. Szenerien, S. 396f.). Diese Rückbindung bestätigt einerseits den Wolffianismus von Gatterers Wissenschaftstheorie, erreicht andererseits

dieser Tradition die „verschiedenen Hülfsmittel" wieder, die Gatterer empfiehlt, um den Leser durch die Illusion von Gegenwärtigkeit rühren: detaillierende Beschreibungen, den Gebrauch des Präsens und die direkte Rede historischer Personen (S. 16f./S. 468).[67] Dementsprechend bekennt sich Gatterer zu den klassischen Vorbildern: „Meine Absicht geht also eigentlich dahin, den guten Eigenschaften der Erzählung, die uns in den besten Geschichtsschreibern der Alten so gefallen, Eingang und Aufnahme in unserer neuen Geschichtkunde zu verschaffen." (S. 19f./S. 469) Offensichtlich der rhetorischen Evidentia verdankt er auch die hermeneutische Bedeutsamkeit seiner Darstellungstheorie als etwas, womit die „Vorrede von der Evidenz" entscheidend über Homes Position hinausgeht.[68] Denn bereits die Rhetorik forderte vom Redner, daß er, bevor er seine Hörer in fiktive Zeugenschaft versetzen könne, in seiner eigenen Vorstellungskraft ein entsprechendes Phantasieerlebnis produzieren müsse.[69]

Nach alldem scheint es fast sicher, daß die rhetorische Figur der Evidentia leitend geworden ist für Gatterers Programm, die spezifisch literarische Anschaulichkeit einer erzählten Geschichte zu ihrer Autolegitimation und ihrem

---

aber schwerlich die Quelle des Evidenz-Konzeptes, sondern lediglich eine Zwischenstation. Denn Wolff seinerseits sprach „der anschauenden Erkenntnis jene Leistungen der Überzeugung bzw. Überredung zu [...], die von der Rhetorik mit der Stilfigur der Evidenz verbunden worden waren." (Harth: Wolffs Begründung des Exempel- und Fabelgebrauchs, S. 61)

67 In den antiken Rhetoriken ist auch schon die Wendung vom ‚vor Augen stellen' u.ä. gängig (vgl. Lausberg: Handbuch § 810; Gatterer: S. 14, 17/S. 467f.). Zum vergegenwärtigenden Gebrauch des Präsens vgl. Home: Grundsätze der Critik Bd. 1, S. 140. – Bei Home wie in der rhetorische Tradition findet sich das Mittel, den zu veranschaulichenden Gegenstand oder Vorgang zu detaillieren. Die Fülle einzelner Merkmale spielt aber auch in der nachwolffischen Ästhetik ein große Rolle: Baumgarten und seine Nachfolger binden den Grad ästhetischer Vollkommenheit an die Extensivität von klar-verworrenen Vorstellungen und damit an Detailfülle (vgl. Bender: Rhetorische Tradition, S. 497; zum mindestens ebenso bedeutsamen Einfluß der Evidentia-Lehre auf Breitingers Dichtungstheorie vgl. Möller: Rhetorische Überlieferung, S. 53-58). Einen Anklang an diese Richtung der ästhetischen Diskussion kann man aus Gatterers Rede von der „ausführlichen und individuellen" Erzählung einer Begebenheit heraushören (S. 21/S. 470, vgl. S. 18/S. 469), zumal von jener Schönheitsbestimmung ein neues Interesse für das Individuelle ausging (vgl. Bender: ebd.). Allerdings findet sich in diesem Kontext der Evidentia-Termimus nicht, vgl. Meier: Anfangsgründe Bd. 3, §§ 572, 607.

68 Vgl. Saul: History and Poetry, S. 22f.

69 Vgl. Lausberg: Handbuch § 810. Bei Home deutet sich die Augenzeugenschaft auch des Historikers nur beiläufig und ganz zaghaft an, wenn er von einem Dichter spricht, der, „von seinem Gegenstand entflammt, unvermerkt von der vergangnen Zeit in die gegenwärtige gleitet, und durch die Vorstellung, als ob jeder Umstand vor seinen Augen vorgienge, zu dieser Art von Erzehlung geführt wird." (Grundsätze der Critik Bd. 1, S. 140) Homes Dichter erliegt eher seinem Gegenstand, während Gatterer die visionäre Augenzeugenschaft des Historikers ganz nach dem Muster der rhetorischen Evidentia als kalkulierte Leistung desselben begreift.

unbezweifelbaren Wahrheitsausweis im Sinne des erkenntnistheoretischen Evidenzbegriffs zu erheben. Denn in der rhetorischen Figur der Evidentia ist das so fern Liegende schon vereint: der Evidenz*terminus* und gewisse sprachkünstlerische Techniken, denen für sich genommen gar kein Anspruch auf einen tatsächlichen Wirklichkeitsbezug innewohnt. Daß ein *rhetorischer* Einfluß in der „Vorrede von der Evidenz" herrschend ist, läßt sich auch daran ablesen, daß Gatterer im Hinblick auf das ‚anschauende Erzählen' nie vermögenspsychologisch argumentiert, wie es für die zeitgenössische deutsche Ästhetik konstitutiv gewesen ist und seiner rezeptionsbezogenen Argumentation nur angemessen gewesen wäre.[70] Die Annäherung der Historik an die Poetik hält sein erkenntnistheoretischer Objektivismus in engen Grenzen: Der bildhafte Vorstellungen beim Leser schaffenden Sprachkraft von Gatterers Historiker fehlt noch die konstruktiv-imaginative Komponente, die sie bei Herder, Humboldt und im – theoretisch wieder weitgehend entbildlichten – Droysenschen Historismus[71] erhält. Etwas hervorbringen zu können, was in dieser Zusammensetzung „niemals vorhanden gewesen ist", macht nach Gatterer – und hier stimmt er mit Ästhetikern wie Eschenburg überein – die „Dichtungskraft" aus. Sein Geschichtsschreiber bedarf ihrer nicht; denn er „bringt durch die Evidenz seiner Erzählung ein Ganzes, das schon einmal da gewesen ist, auf eben die Art, wie es da gewesen ist, nur aufs neue zum Vorschein" (S. 20, 8/S. 470).[72] Saul geht also zu weit, wenn er schreibt: „Gatterer has made the historian into an artist before he can become an historian".[73]

Die Einschätzung des innovativen Rangs der „Vorrede von der Evidenz" muß nun nicht deshalb so gedämpft ausfallen, weil die Identifizierung von Dichter und Geschichtsschreiber im Stile Herders ein normativ festzuschreibendes historiographisches Programm darstellte. Zu messen ist vielmehr der Zuwachs an Bewußtsein vom konstruktiven und textgebundenen Charakter historischer Erkenntnis und historiographischer Darstellung. Wie Gatterer auf (z.T. vermeintliche) Anregungen Henry Homes Versatzstücke der rhetorischen Tradition einer objektivistischen Erkenntnis- und Darstellungstheorie dienstbar macht, kann immerhin in zwei Punkten als ein grundsätzlicher Fortschritt bezeichnet werden: daß er, wie oben dargelegt, das pragmatische System aus der Geschichtsschreibung momenthaft praktisch ausschließt und

70 Besonders einschlägig für einen Bezug auf die unteren bzw. oberen Seelenvermögen war jene Stelle, wo Gatterer den Leser aus der romanhaften Illusion heraustreten und nach Beweisen fragen läßt (vgl. S. 22/S. 471).

71 Vgl. Droysen: Historik (Ed. Leyh), S. 88, 218, 315f.

72 Vgl. Eschenburg: Entwurf einer Theorie und Literatur der schönen Wissenschaften (Ausg. 1790), S. 11.

73 Saul: History and Poetry, S. 23.

daß er ein literaturanaloges Verfahren des Historikers überhaupt positiv würdigt und sogar propagiert, profilierte sich doch üblicherweise und traditionell die Geschichtswissenschaft gegen die ‚lügnerische' Dichtung. Letztlich konnte davon freilich nur die Anschaulichkeitsdimension des historiographischen Textes profitieren. Für seine Kohärenz, seine Makrostruktur, sieht die „Vorrede von der Evidenz" keine Alternative zum szientistischen Systemideal vor (vgl. S. 10).

b) ‚Rhetorische' vs. ‚ästhetische' Fundamentalstruktur des historischen Denkens

Die ‚romanhafte' Anschaulichkeit der Geschichtsschreibung, die Gatterer forderte, und die von ihm vorgeschlagenen literarischen Techniken dienten also nicht dazu, der Geschichte narrative Kohärenz zu verleihen und den berichteten Ausschnitt zu einer Erzählung des oben beschriebenen Typs zu erheben, ihn dadurch in den Gesamtzusammenhang der historischen Entwicklung einzuordnen und als ein sowohl selbständiges als auch unverzichtbares Glied im Kontinuum der Geschichte erscheinen zu lassen. Um diesen Befund historiographiegeschichtlich signifikant zu machen, möchte ich im folgenden eine punktuell-veranschaulichende und eine totalisierend-prozessuale Bedeutungsverleihung in der Historiographie idealtypisch einander gegenüberstellen. Gatterer ist dem ersten Typ verpflichtet, der wie die zu erreichende Evidenz auf der Stufe der Elocutio und die Trias von ‚Auswahl, Anordnung und Zusammenfügung der Begebenheiten' auf der Textkonstitutionsstufe auf das rhetorische Text- bzw. Historiographiemodell zurückgeht. Dagegen ist ein als ‚ästhetisch' zu rubrizierendes Textmodell abzugrenzen (β.) und zu zeigen, in welchen Hinsichten dieses Modell – auch historiographierelevant – am Ende des 18. Jahrhunderts das herrschende wurde (ohne indes das ‚rhetorische' je ganz zu verdrängen). Zunächst ist dazu (α.) die rhetorische Fundamentalstruktur des aufklärerischen Geschichtsdenkens (nicht nur der Historik) freizulegen:

α. Geschichte leitet bei Gatterer und anderen Historikern der Aufklärung ihre Bedeutsamkeit grundsätzlich nicht aus ihrer den Betrachter selbst mit einbeziehenden Kontinuität her. Das wird zumal daran deutlich und ist überdies der Grund dafür, daß der Historiker auf ein rhetorisches Verfahren angewiesen ist, um die Teilnahme seiner Leser zu erregen.[74] Nicht nur die spezielle

74 Mit dieser Feststellung sehe ich mich da im Einklang mit Rüsens Bestimmung des Verhältnisses von Rhetorik und Ästhetik bei Ranke, wo er beschreibt, wie das Denken der kontinuierlichen Geschichte als eines „inneren Zeitzusammenhangs" den rhetori-

Wirkungsintention der veranschaulichenden Geschichtserzählung, also das ‚Rühren', verdankt sich rhetorischem Denken, sondern fundamentaler der Versuch, ein von der je besonderen Situation des Rezipienten nicht schon vorgegebenes Interesse an einem Gegenstand mit sprachkünstlerischen Mitteln erst zu erregen. Historische Differenz wird von Gatterer nicht als Konstituens jedes je aktuellen Verhältnisses zu fernem Geschehen verstanden – kann Geschichte als Veränderungsprozeß doch nur das Differente verbinden –, sondern als zu überwindendes Hindernis. „Überall, wo man kan," soll „aus dem Vergangenen etwas Gegenwärtiges" gemacht werden (S. 16/S. 468).

Den historischen Erkenntnisgewinn, den Gatterer im Sinn hat, beschädigt das nicht einmal. Denn der Endzweck seiner Historiographie ist ja ein moralischer. Die erzählten Begebenheiten sind „Beyspiele", die im Leser „Sympathie" und „den Hang zur Nacheiferung" wecken sollen (S. 18/S. 469).[75] Die Geschichtsschreibung bleibt deshalb ihrem Status nach eine Beispielgeberin für die Moral (oder den Staatsmann oder den Feldherrn usw.), auch wenn ihre Lehren bei Gatterer nicht maximenweise vorgegeben, sondern im Rezipienten abgerufen werden sollen.[76] Wohl gehen die Historiker der Aufklärung arbeitstechnisch in der Regel empirisch vor, d.h. von den historischen Nachrichten und Ereignissen aus, aber im tiefenstrukturellen Sinne gilt für Gatterers und seiner Kollegen Historik noch Ciceros klassische Formulierung des rhetorischen Historiographieverständnisses: „plena exemplorum est historia"[77]. Sie weist die Aufklärungshistorie im Kern als Vertreterin der „exemplarischen

---

schen Bezug auf Vergangenheit abgelöst hat (Konfigurationen, S. 130-134, Zitat S. 132). Bei Gatterer ist genau dies noch nicht vollzogen. Gegenüber Rüsen muß allerdings die Eigenart der rhetorischen Bezugnahme auf Geschichte präzisiert werden (vgl. dazu das Folgende im Text); wie schon in Kap. C. 1. gezeigt, darf Rhetorik nicht auf ein Ensemble von Darstellungsregeln reduziert werden. Zudem macht Rüsen nicht hinreichend deutlich, inwiefern die „geschichtstheoretischen Annahmen" über die Kontinuität der Geschichte „ästhetischer Natur" sind (ebd., S. 134), also auf welche Weise sie sich einem bestimmten Literaturverständnis verdanken.

75 Für *„die beste Lehrerin der Klugheit"* vermöge ihrer *„Beyspiele"* erkennt Schröckh: Lehrbuch, S. 14, die Geschichte.

76 Vgl. die verwandte Konzeption der exemplarischen „anschauenden Erkenntnis", wie sie wohl am bekanntesten innerhalb von Lessings Fabeltheorie erörtert wird: Werke Bd. 5, bes. S. 382f., vgl. auch Mendelssohn: Ästhetische Schriften, S. 183 (*Hauptgrundsätze der schönen Künste und Wissenschaften*). „Anschauende Erkenntniß" gehört folgerichtig zu Gatterers Schlüsseltermini, vgl. Vorrede von der Evidenz, S. 17, 20 – TDAH, S. 468f. Zur ‚anschauenden Erkenntnis' vgl. u.a. Bürger: Zur Geschichtlichkeit von Anschauung/Anschaulichkeit, S. 41-43.

77 De div. 1, 50, zit. nach Koselleck: Vergangene Zukunft, S. 41. Unumwundener noch bekennt Nicolaus Gundling Entsprechendes: Ausführlicher und vollständiger Discours, S. 1: „Die Historie aber in genere ist nichts anders als eine Philosophia per exempla."

Sinnbildung"[78] aus. Eine „magistra vitae"[79] zu sein aber bedeutete für die Struktur der Geschichte und der Geschichtsschreibung, nicht primär als kontinuierliches Ganzes, sondern als Sammlung von einzeln bedeutsamen ‚Begebenheiten' begriffen zu werden. Am ‚Merkwürdigkeitskriterium' zeigte sich im vorigen Kapitel, daß die Bedeutsamkeit dieser Geschichtspartikel häufig unabhängig von ihrem historiographischen Kontext zu ermitteln versucht wurde. Einer narrativistischen Auffassung der Geschichte und ihrer Wissenschaft setzt diese Form von exemplarischer Sinnbildung unübersteigbare Grenzen: „So lange Geschichte als Exemplum bezogen ist auf ein moralphilosophisches System, so lange erscheint das narrative Schema gewissermaßen ‚fremdbestimmt'".[80]

Einen Ansatz zur Überwindung des rhetorischen Historiographiemodells stellt der Pragmatismus insofern dar, als sein Systembegriff zur Herstellung von komplexeren Zusammenhängen nötigte. In nennenswertem Maße textproduktiv ist das wissenschaftstheoretisch begründete Systempostulat jedoch nicht geworden und konnte es wegen seiner Anarrativität auch nicht werden. Somit vermochten weder das entschiedene pragmatische noch das vorsichtige ästhetische Element der Aufklärungshistorie, ihre rhetorisch-punktualisierende Struktur, eben das Gegenteil von narrativer Sinnbildung, zu eliminieren. Durch das Maß, in dem Gatterer Prinzipien der (neuen) Ästhetik Eingang in seine Historik verschaffte - und er tat das stärker als jeder andere wissenschaftlich renommierte Historiker der Aufklärung -, deuten sich zukunftsträchtige Ansätze in der Historiopoetik, die Plausibilisierung des Erzählten durch die Erzählung selbst nämlich, erst an. Auch bei Gatterer beginnt erst die eingangs vermutete Ablösung der rhetorischen durch eine ‚ästhetische' Textorganisation.

Denn die nach Gatterer zu erringende Anschaulichkeit der Historiographie *erfüllt* die rhetorische Konstellation von Lehre und Exempel eher, als daß sie sie aufhöbe: Sie stellt die Geschichtsschreibung der Dichtung, der traditionell schon veranschaulichende Darstellungstechniken zur Verfügung standen (z.B. die *evidentia*), erst gleich in ihrer Lehrwirksamkeit. Autonome Bedeutsamkeit dagegen konnte eine anschaulich erzählte Geschichte erst gewinnen, als der geschichtliche Prozeß selbst als eine Vermittlung von Vergangenheit und Gegenwart begriffen wurde, die dann dem rhetorischen Werben, das immer nur punktuell wirkt, nicht mehr bedurfte. Unter den Aufklärungshistorikern

78 Zu diesem Begriff vgl. Rüsen: Lebendige Geschichte, S. 45-49.

79 Cicero: De orat. 2, 2, 36, zit. nach Koselleck: Vergangene Zukunft, S. 41.

80 Karlheinz Stierle: Geschichte als Exemplum - Exemplum als Geschichte. - In: Geschichte - Ereignis und Erzählung, S. 347-375, hier S. 360.

ist Schlözer dahin zumindest theoretisch vorgestoßen: „Die Universalhistorie muß uns zeigen, wie sie [die Welt] das [...] *ward*, was sie vordem war und itzo ist: sie soll die vergangene Welt an die heutige anschließen"[81], wodurch die Erteilung moralischer und praktischer Lehren allerdings nicht aufgegeben wurde. Die geschichtstheoretische Einsicht historiographiepraktisch wirksam werden zu lassen, daran hinderte Schlözer hingegen seine dem pragmatistischen Systembegriff angepaßte und deshalb poetologisch noch hinter Gatterer zurückbleibende Darstellungstheorie: Er verstand eine Universalgeschichte szientistisch als *„systematische Sammlung* von Thatsätzen".[82] Zu einem Verständnis der Geschichte als Entwicklungszusammenhang trug freilich auch Gatterers Ästhetisierung der Historiographie kaum bei: Die szenische Ausgestaltung von Geschichte mußte eher die Isolierung einzelner Ereignisse und kleinerer Geschehenszusammenhänge fördern.

Das rhetorische Prinzip strebt danach, die Verlaufsdimension der Geschichte zu überspringen und Vergangenheit und Gegenwart unter den Aspekten ahistorischer Lehren unmittelbar aufeinander zu beziehen. Vergangenheit und Gegenwart sind in diesem Modell gleichbedeutende und deshalb austauschbare Prädikate in einem ethischen, politischen oder militärischen usw.

---

81 Schlözer: Vorstellung seiner Universalhistorie, S. 4 - TDAH, S. 665. Vgl. auch Schlözer: Weltgeschichte (Ausg. 1794), S. 70: „Weltgeschichte studiren, heißt die Hauptveränderungen der Erde und des Menschengeschlechts im Zusammenhange denken, um den heutigen Zustand von beiden aus Gründen zu erkennen". Damit beginnt bei Schlözer - zumindest auf theoretischer Ebene - der geschichtswissenschaftliche Typus „genetischer Sinnbildung" (zu diesem Begriff vgl. Rüsen: Lebendige Geschichte, S. 52-55).
Wenn Schlözers Göttinger Kollege Johann Stephan Pütter ebenfalls „überall einen [...] Zusammenhang des Ganzen", der „durch alle Zeiten hindurch" führt, sieht (Teutsche Reichsgeschichte, S. 2), so ist das hingegen noch keine genetische Geschichtsbetrachtung des Schlözerschen oder gar des späteren historistischen Typs. Denn Pütter hat mit der ‚Reichshistorie' eine längsschnittige ‚Spezialgeschichte' zum Gegenstand, deren Kontinuitätselement in der kumulativen Persistenz der Reichsverfassung und damit einem relativ statischen Moment der Geschichte selbst besteht. Läge dieses ‚objektive' Kontinuitätselement wie in der Geschichte anderer Staaten nicht vor, so könnte Pütter sich nur „ein antiquarisches Interesse" für die ältere deutsche Geschichte vorstellen (ebd.). „Solche Staatsveränderungen erlitten" zu haben, daß der verfassungsrechtliche (und soziale) Wandel ein Kontinuitätsbewußtsein, das nicht geschichtstheoretisch, sondern material-historisch verankert ist, nicht mehr zuläßt, das wird in Deutschland aber erst nach der französischen Revolution und den Napoleonischen Kriegen zur realgeschichtlichen Bedingung des Geschichtsbewußtseins. Pütters Vorform einer genetischen Geschichtsauffassung erhellt somit schlaglichtartig, wie wenig eine konsequente Historisierung des Geschichtsbewußtseins vor dem Ende des 18. Jahrhunderts erwartet werden darf. Zur Veränderung der Zeiterfahrung als Voraussetzung des modernen Geschichtsbegriffs vgl. Koselleck: Vergangene Zukunft, S. 59-64; Muhlack: Geschichtswissenschaft, S. 414-418.

82 Schlözer: Weltgeschichte (Ausg. 1794), S. 4. Zu Schlözers Rationalitätsansprüchen an die historische Darstellung vgl. auch Gottlob: Geschichtsschreibung, S. 40-45.

Paradigma. Das Tatsächliche der Geschichte verhält sich zu seiner Bedeutung ähnlich wie eine Fabelhandlung zur Fabellehre, wie es in der Dichtungstheorie des 18. Jahrhunderts besonders von Gottsched festgeschrieben wurde, der damit sich ebenfalls im rhetorischen Denken bewegte.[83] Zum im ‚modernen' Verstande spezifisch Geschichtlichen der Geschichte, ihrer differentiellen Diachronie, ihrem Veränderungsablauf in der Zeit, steht der rhetorische Redeimpuls quer. Querständig verhält sich das Paradigma aber zum Syntagma.[84] Die ‚historische' Dimension der Geschichte läßt sich deshalb als ‚syntagmatische' bezeichnen. Diese Terminologie trägt nicht zuletzt der Erzählstruktur der modernen Historiographie Rechnung, denn Erzählen heißt, ein (im weiteren Sinne) syntagmatisches Kontinuum zu (re)konstruieren;[85] das historisch Verschiedene, das „alle [nämlich vom Prinzip her rhetorische, D.F.] *Vergleichung mißlich*"[86] erscheinen läßt, wird dann narrativ miteinander verknüpft. In tiefenstruktureller Alterität zielt das rhetorische, ‚paradigmatische' Historiographiemodell darauf gerade nicht – trotz seines Textorganisationswissens, zumal dieses nach dem Humanismus weitgehend verloren ging.

β. Wir konnten feststellen, daß Gatterers Programm szenischer Veranschaulichung kaum weniger in der rhetorischen Tradition steht als seine Auffassung der einzelnen veranschaulichten Szenen als Exempel. Diese Anschaulichkeit darf denn auch nicht verwechselt werden mit der Selbstlegitimierung der Literatur des „mimetischen Illusionismus"[87] durch den vom Ganzen einer dargestellten Handlung getragenen ‚ästhetischen Schein'. Erst diese Ausprägung literarischer Anschaulichkeit hebt die rhetorische Funktionalität des Erzählten auf; in ihrer mimetischen Kraft beglaubigt sie unmittelbar nichts als die erzählte Geschichte selbst. Als eine Art ideales Entwicklungsziel für die Geschichtsschreibung aber kann die dem Fabelprinzip verpflichtete Erzähltheorie insofern angesehen werden, als (a) im Fabelprinzip der spezifisch neuzeitliche, nämlich auf der Kohärenz der Darstellung beru-

83 Vgl. Möller: Rhetorische Überlieferung, S. 26-31, 33f.

84 Zu dieser Terminologie vgl. auch Stierles Referat des von Louis Hjelmslev diagnostizierten Unterschieds von System und Prozeß, „wie er der Sprache selbst innewohnt" (Karlheinz Stierle: Geschichte als Exemplum – Exemplum als Geschichte. – In: Geschichte – Ereignis und Erzählung, S. 347-375, hier S. 352). Stierle selbst bezeichnet den „Zugriff auf das Kontinuum des Geschehens", wie er die Geschichtsauffassung am Ende des 18. Jahrhunderts zu prägen begann, „als ‚syntagmatisch'"; Geschichte(n) als ‚Exemplum' zu verstehen beruhe hingegen auf einer ‚paradigmatischen' Denkstruktur, insofern Geschichte „unter Klassen des moralischen Systems" subsumiert werde (ebd., S. 360, 359).

85 Das betont auch Stierle (vgl. ebd., S. 352).

86 Herder: Auch ein Philosophie, S. 35.

87 Willems: Anschaulichkeit, S. 290-292, vgl. S. 135.

hende Wirklichkeitsbegriff[88] zum Tragen kommt. Zudem postuliert das Fabelprinzip in Abgrenzung vom rhetorischen Textmodell (b) ebenjene Sinnhaftigkeit des integralen Textes, die in der Geschichtstheorie der Gegenwart als die Interpretation der Geschichte wiederkehrt, die der Historiker durch das Ganze seiner Erzählung gibt.[89] Deshalb und weil überdies die Literatur der Goethezeit aufgrund ihrer Illusionierungsleistung in nicht geringem Maße einen (c) Attraktions- und nicht selten Orientierungspunkt auch für die geschichtswissenschaftliche Darstellung bildete, ist ihre Stellung zum rhetorischen Textmodell hier zu festzuhalten. Ungeachtet aller aufgezeigten „‚Ubiquität' von Rhetorik"[90] können ein rhetorisches und ein ‚ästhetisches' Prinzip idealtypisch gegenübergestellt werden. Eine solche Opposition ist bereits in der Literaturtheorie der Zeit formuliert worden: Friedrich Schlegel sah in der „rhetorischen Form" das Prinzip der „Zergliederung" sowie Lehren wirken, die im einzelnen und vom einzelnen bewiesen werden; dagegen lasse sich, was „ein Roman geben will, [...] nur im Ganzen mitteilen".[91] Ohne diese Begrifflichkeit verkündet Johannes von Müller dasselbe für die Geschichte: „Man findet in der Geschichte nicht sowohl, was in einzelnen Fällen zu thun sey (die Umstände ändern Alles unendlich) als das Generalresultat der Zeiten und Nationen"[92].

Zumal im Vergleich mit Lessings *Laokoon* (1766) tritt die rhetorische Prägung von Gatterers Anschaulichkeitsbegriff noch einmal deutlich hervor. Denn der ein Jahr vor dem Evidenz-Aufsatz veröffentlichte *Laokoon* befreite die poetologische Diskussion aus ihrer Befangenheit im überkommenen Problem des *Ut pictura poesis* und revolutionierte das Anschaulichkeitsproblem, indem er „die Frage des suggestiven Details mit dem Handlungsbegriff", also mit dem teleologisch strukturierten Ganzen eines narrativen Textes

88 Hans Blumenberg: Wirklichkeitsbegriff und Möglichkeit des Romans. – In: Nachahmung und Illusion, S. 9-27, hier S. 21.

89 Vgl. Ankersmit: Narrative Logic, S. 261, sowie das oben aufgestellte Erzählmodell der Historiographie (S. 95ff.). Die Rückbeziehung von Anschaulichkeit auf das Fabelprinzip meint nicht, daß in Dichtung und Geschichtsschreibung nun stets durchgängig anschaulich erzählt würde. Insbesondere die Historiographie entzieht sich einer solchen Anschaulichkeit, indem sie den Interaktionszusammenhang zugunsten anderer Ebenen des Geschichtskontinuums zurückstellt (vgl. dazu unten Kap. III. C. 4., bes. S. 399f.).

90 Helmut Schanze: Einleitung. – In: Rhetorik, S. 7-16, hier S. 16.

91 Athenäums-Fragmente Nr. 111 – KA 2, S. 181. Dem ‚rhetorischen' Typ kann man, ihrer oben dargelegten Makrostruktur nach, z.B. die Romane von Wezel und Moritz, insbesondere den *Belphegor*, zuordnen. – Um Mißverständnisse zu vermeiden, sei eigens darauf hingewiesen, daß dieser Begriffsgebrauch ganz verschieden von neueren Vorschlägen von sprachwissenschaftlicher Seite zur Bestimmung des Rhetorischen und des Ästhetischen ist, vgl. etwa Gutenberg: Über das Rhetorische und das Ästhetische.

92 Müller: Vier und zwanzig Bücher allgemeiner Geschichte – SW 6, S. 351.

verknüpfte.[93] Gottfried Willems erkennt darin, daß Lessing das ‚Malerische' eines literarischen Textes an ‚Handlung' als eine basalere Strukturkategorie band, „den letzten wesentlichen Baustein im System des mimetischen Illusionismus".[94] Dieser begreift Veranschaulichung nicht mehr als strukturell rhetorische Vermittlung eines vorgegebenen (lehrhaften) Inhalts, sondern als Konstitutivum von sprachrepräsentierter Handlung und textueller Sinnbildung. Auf den Sinngehalt eines Textes wird nun idealiter nicht mehr als auf etwas von außerhalb Vorgegebenes allegorisch verwiesen, sondern er konstituiert sich aus dem Ganzen der von der Fabel zusammengehaltenen Handlungselemente.[95] Das Fabelprinzip liegt der narrativen Strukturierung von Geschichte, ihrer Formulierbarkeit als Erzählung zugrunde. Die dem *Laokoon* zeitlich folgende Historik blieb dagegen noch lange bei einer eher ‚rhetorisch' punktualisierend-illustrierenden Anschaulichkeitskonzeption.

Von ‚modernen' ästhetischen Prinzipien unterscheidet Gatterers Ästhetisierung der Geschichte sich auch, insofern sie in persuasiver Absicht geschieht. Hinsichtlich der affizierenden Wirkung seiner Erzählung kennt er nur ein Entweder-Oder: Erreicht die historische Darstellung die ‚Lebhaftigkeit' ‚idealer Gegenwart', so wird der Leser in einen Zustand der „Täuschung" versetzt.[96] Von ihr muß der Leser sich jedoch frei machen, wenn er die Glaubwürdigkeit der Erzählung kritisch überprüfen will. Zu den ästhetischen Errungenschaften der Goethezeit, hier besonders der Klassik, gehört dagegen, daß der Bewußtseinszustand des Kunstrezipienten aus der Gattererschen Alternative, die für die Aufklärungspoetik allgemein kennzeichnend ist, erlöst wurde: Die ‚ästhetische Illusion' zeichnet sich nun durch Imagination und Erkenntnis gleichermaßen aus. Durch Schillers ästhetische Überlegungen zieht sich die Frage hindurch, wie vernünftige und ‚sinnliche' Vermögen in tätige Wechselwirkung gesetzt werden können. Deshalb nimmt die literarische Illusion ihre Aufhebung in sich selbst hinein; der Schein wird als solcher gekennzeichnet und dadurch zum im klassischen Sinne ästhetischen.[97] Von

93 Willems: Anschaulichkeit, S. 332; vgl. Berthold: Fiktion und Vieldeutigkeit, S. 257.

94 Willems: ebd. Willems stellt die rhetorische ‚Einkleidung' von notwendig vorgegebenen Gegenständen als ältere Form der Anschaulichkeit einer neueren als „dichterisches Gestalten, das seinen Gegenstand wesentlich mit erschafft" gegenüber (ebd., S. 233). Die langwierige Durchsetzung des Fabelprinzips im 18. Jahrhundert gegen das in der poetologischen Diskussion dominierende *ut-pictura-poesis*-Problem und seine fundamentale Bedeutung für das sich herausbildende Fiktionalitätsverständnis beschreibt jetzt Berthold: Fiktion und Vieldeutigkeit, bes. S. 199-203, 246-259.

95 Vgl. ebd., S. 249-253.

96 Gatterer: Vorrede von der Evidenz, S. 22 – TDAH, S. 471.

97 Vgl. Schiller: NA 20, S. 402 (*Ueber die ästhetische Erziehung des Menschen* 26. Brief). So kann etwa der metrischen Form des *Wallenstein* die Aufgabe zukommen, das historische Geschehen „in das heitre Reich der Kunst" zu transponieren und zugleich „die Täu-

der Kunst zu verlangen, daß sie den Rezipienten Darstellung und Dargestelltes verwechseln lasse, gilt jetzt als Irrtum des ungebildeten Liebhabers.[98] Wenn es zudem nicht auf die detailgenaue Übereinstimmung von empirischer Wirklichkeit und Kunstwerk ankommt, sondern auf die „Konsequenz eines Kunstwerks", die ihm „innere Wahrheit" verleihe,[99] so ist, neu im Vergleich zur Aufklärungshistorik bzw. -poetik, ein konstruktives Element in das Verständnis von Darstellung eingeführt. Kohärenz als Wahrheitskriterium wird damit gegenüber der Korrespondenz entscheidend gestärkt. In einem Gespräch mit Eckermann verbindet Goethe Integrität und Konstruktivität des ‚ästhetischen' Texts explizit: „Der Künstler will zur Welt durch ein Ganzes sprechen; dieses Ganze aber findet er nicht in der Natur, sondern es ist die Frucht seines eigenen Geistes".[100]

Waren auf der Grundlage dieser ästhetischen Innovationen tatsächlich einige der im Roman-Kapitel dargelegten Probleme der Aufklärungspoetik zu lösen, so darf doch nicht übersehen werden, daß die klassische Ästhetik für die Geschichtsschreibung nur teilweise Gleiches leisten konnte. In welchen Hinsichten und in welchem Maße die nachpragmatistische Geschichtsschreibung von Poetik, Ästhetik und den Texten der goethezeitlichen Literatur profitierte, ist im folgenden im einzelnen darzulegen. Bewußt zu halten gilt es sich derweil, daß dieser Adaptionsprozeß sich auf der Basis einer neuartigen *Divergenz* von Dichtung und Historie vollzog. Durch die ästhetischen Innovationen am Ende des 18. Jahrhunderts wuchsen zunächst einmal die Schwierigkeiten, Poetik und Historik interferieren zu lassen. Denn stärker als die alte Regelpoetik drohte die klassische Ästhetik mit den wissenschaftlichen Pflichten der Geschichtsschreibung in Konflikt zu geraten. Als nicht kompatibel zeigt sich der Text des ‚schönen Scheins' vor allem in seinem Eigensten: seiner autonomen Formgebung und seiner fiktionalen, von Realitätsreferenzen unabhängigen Bedeutsamkeit. Eben deshalb begann ja die Ästhetik der Kunst einerseits einen diskreten Geltungsbereich zuzuweisen und sie andererseits von aller praktischen Wirksamkeit im Sinne etwa Gatterers zu befreien.[101]

---

schung, die sie schafft, / Aufrichtig selbst" zu zerstören (Prolog Vv. 134-136). Zur ästhetischen Illusion in der Aufklärungsästhetik (Mendelssohns Modell einer Alternation von Täuschung und Bewußtsein als Vorläufer der Schillerschen Konzeption vs. Homes [!] Neigung zu einer vollständigen Täuschung) vgl. Strube: Ästhetische Illusion.

98 Vgl. Goethe: Über Wahrheit und Wahrscheinlichkeit der Kunstwerke – HA 12, S. 67-73; auch ebd., S. 130 (*Myrons Kuh*).

99 Ebd., S. 70.

100 Eckermann: Gespräche mit Goethe, S. 623 (18. 4. 1827). Zu Herders Einführung ähnlicher Kategorien in die Historiographietheorie vgl. unten S. 219f.

101 Vgl. Bernd Bräutigam: Konstitution und Destruktion ästhetischer Autonomie im Zeichen des Kompensationsverdachtes. – In: Revolution und Autonomie, S. 244-263, hier S. 248f.

Wissenschaftliche Historiographie und die Geschichten des Romans unterschieden sich nun nicht mehr – wie noch in der pragmatistischen Theorie – bloß durch den Wahrheitsstatus einzelner Textaussagen (und vielleicht noch den erreichbaren Grad von psychologisierender ,Ursachenerkenntnis'). Zudem war eine saubere Trennung nach ,Form' und ,Inhalt' nun nicht mehr möglich, so daß literarische ,Formen' nicht scheinbar umstandslos für historische ,Inhalte' adaptiert werden konnten. Eine solche Adaption erforderte aus geschichtstheoretischer Sicht strenggenommen jeweils eine Reflexion auf die Begründbarkeit der übernommenen Prinzipien und Verfahren aus geschichtswissenschaftlicher Perspektive (wie sie Herder, wie wir noch sehen werden, weitgehend geleistet hat). Die für die historistische Geschichtsschreibung wichtigste Übernahme wurde in ihrem konzeptuellen Grundriß schon vorgestellt: das literarische/historiographische Erzählen und die Erzählform. In welchem Maße die nach-aufklärerischen Historiker diese Adaption bewußt vollzogen und steuerten, ist noch zu untersuchen. So erfolgreich das goethezeitliche Textmodell in der Historiographie des 19. Jahrhunderts geworden ist, so wenig war dieser Teil der Rezeptionsgeschichte der Weimarer Klassik ein für die Geschichtsschreibung unproblematischer Vorgang – dieser Ausblick kann hier schon gegeben werden. Die Ablösung des rhetorischen Textmodells durch das ästhetische auch in der Geschichtstheorie befreite diese nicht von allen Darstellungsschwierigkeiten und -aporien.

3. Dimensionierungen der Geschichtsschreibung

Der rhetorischen Herkunft des Evidenzbegriffs noch verpflichtet und befangen in der rhetorischen Fundamentalstruktur des aufklärerischen Geschichtsdenkens, gelang es Gatterers von Home übernommenem Darstellungskonzept einer ,idealen Gegenwart' des Erzählten letztlich nicht, die anschauliche Geschichtserzählung als modern-ästhetische Plausibilisierung ihres Erzählinhaltes zu begründen. Das darf insofern nicht sehr überraschen, als die Anschaulichkeitsfrage in der aufklärerischen Poetik unter dem Wirkungsaspekt, also innerhalb eines rhetorischen Verhältnisses zum Text und zum Rezipienten, behandelt wurde. Mit einer solchen Voreinstellung ist auf dem zweiten in der Einleitung des vorigen Kapitels benannten Problemfeld, der *historiographischen Gegenstandskonstitution und Textorganisation*, weitaus weniger zu rechnen. Denn nichts sollte einschlägiger für eine unirritiert syntagmatische Auffassung und Versprachlichung von vergangenem Geschehen sein als die Makrostruktur der Universalhistorie, die ja die diachrone Dimension der Geschichte in ihrem gesamten Umfang auszufüllen trachtete.

Und wie wir bereits feststellen konnten, gab es mit Schlözer tatsächlich einen Aufklärungshistoriker, der der Universalhistorie die Aufgabe stellte, Vergangenheit und Gegenwart syntagmatisch zu verbinden. Seine Rezeption der aufklärerischen Ästhetik (α. im folgenden Unterkap. a.) steht denn auch in innerer Verbindung gerade mit der Dimensionierung von Geschichtsschreibung, will sagen dem Verhältnis von Universal- und ‚Spezial'-Geschichte (β.). Ein Bündnis mit der neuen symbolisierend-schöpferischen Poetik schließt aber erst Herders onto- und gnoseologische Legitimierung einer partikularen Historiographie (Unterkap. b.).

a) Das vollkommene Ganze und die Weltgeschichte bei SCHLÖZER

α. In schönster Erfüllung der vermuteten Korrespondenz eines Darstellungsproblems syntagmatischer Art und ‚ästhetischer' Konzepte bietet Schlözers *Vorstellung seiner Universalhistorie* den wohl prominentesten Beleg – und einen der wenigen mit Namensreferenz – für eine Rezeption der von Baumgarten ausgehenden Kunsttheorie. Zunächst beklagt Schlözer, daß die Zusammenstellung „aller Specialgeschichten" immer „nur ein *Aggregat*" bleibe, ein „Bild in Theile zerschnitten". Um eine „lebendige Vorstellung des Ganzen" zu erhalten, brauche es den

> *allgemeinen Blick*, der das Ganze umfasset: dieser mächtige Blick schafft das Aggregat zum *System* um, bringt alle Staaten des Erdkreises auf eine Einheit, das menschliche Geschlecht, zurück, und schätzet die Völker bloß nach ihrem Verhältnisse zu den grossen Revolutionen der Welt.[1]

Um die besondere Art der Kohärenz seiner intendierten Weltgeschichte zu beschreiben, bedient Schlözer sich hier ebenjener Termini, mit denen in der ästhetischen Theorie von Baumgarten bis Sulzer die Eigenart des Vollkommenen und des Schönen bestimmt wurde: ‚Vollkommen' ist, wessen ‚Teile' sich ausnahmslos dem Zweck des ‚Ganzen' unterordnen; das ‚Mannigfaltige' stimmt dann zur ‚Einheit' zusammen.[2] Erkennt die Vernunft die Zweckmäßig-

---

1 Schlözer: Vorstellung seiner Universalhistorie, S. 18f. – TDAH, S. 670.

2 Vgl. Nivelle: Kunst- und Dichtungstheorien, S. 52f., 56f. „Mannigfaltigkeit" zitiert Schlözer zunächst direkt von Mendelssohn (Vorstellung seiner Universalhistorie, S. 19 – TDAH, S. 670), etwas später (S. 22/671) fällt der Begriff aber auch im eigenen Text. In ähnlicher Weise möchte auch Christian Jacob Kraus eine „Einheit der Komposition, so daß alle Theile nach einem Hauptzweck, zu einem Ganzen schicklich gruppirt sind", erreichen (vgl. Vermischte Schriften Bd. 4, S. 43f. – TDAH, S. 394). Hinsichtlich des ‚allgemeinen Blicks' sei dagegen hier schon bemerkt, daß dieser Begriff nicht von Mendelssohn stammt, sondern wohl dem Polybios entlehnt wurde (vgl. dazu unten S.

keit des Mannigfaltigen innerhalb eines Ganzen, so wird der Gegenstand als ‚vollkommen' begriffen; wird dasselbe hingegen vom sinnlichen Vermögen wahrgenommen, so erscheint es als Schönheit.[3] Die vernünftige Variante, eine ‚Einheit in Mannigfaltigkeit' wahrzunehmen, geht nicht über Leibnizens ‚perfectio'-Begriff hinaus,[4] doch besitzt das Schöne im Grunde dieselbe Struktur: Schönheit ist eine Vollkommenheit, die nicht erkannt, „sondern blos in ihrer Wirkung empfunden" wird.[5]

Vor diesem Hintergrund verliert es an Bedeutung, ob Schlözer bei seiner Formulierung an ein schönes oder an ein vollkommenes Ganzes der Universalgeschichte dachte.[6] Für den konzipierenden Künstler zumal - und an dessen Stelle befindet sich ja der Geschichtsschreiber - ist die Rezeptionsdifferenz von vernünftiger Erkenntnis und sinnlicher Wahrnehmung irrelevant. Denn nach Johann Georg Sulzer, der in seiner *Allgemeinen Theorie der Schönen Künste* (1771-74) die neue Ästhetik auf ihrer aufklärerischen Stufe nach Stichworten repräsentativ und handlich zusammenfaßte, kann der Künstler aus einer Vielfalt von Teilen sowohl etwas Vollkommenes als auch etwas Schönes nur schaffen, wenn er sich zunächst den Begriff, auf den alles abzwecken soll, zurechtlegt. Ohne einen „bestimmten Begriff", der das einheitliche „Wesen" eines Werkes ausspricht, lasse sich die Übereinstimmung eines Werkes mit seinem Wesen, die aber seine Vollkommenheit ausmache, nicht feststellen.[7] Schlözers geht bei seinem historiographischen Geschäft ähnlich vor: Seine *Vorstellung seiner Universalhistorie* stellt in ihren zwei Teilen eine Erörterung verschiedener Möglichkeiten eines „Plans" der Weltgeschichte und deren Schema dar. Einen Plan sah auch Sulzer als unerläßlich an, um einem Werk Vollkommenheit zu verleihen und die einzusetzenden Mittel zu kalkulieren.[8]

Bis hierhin ist Schlözers Mendelssohn-Rezeption - auf ihn beruft er sich gleich im Anschluß an das oben Zitierte namentlich - und womöglich auch anderer Ästhetiker nicht geeignet, die Auffassung der Geschichte als ‚Triebwerk' oder System ästhetisch aufzuweichen. Daß die Uhr-Metapher sich an

---

218).

3 Vgl. Nivelle: ebd., S. 56f.; Sulzer: Allgemeine Theorie der Schönen Künste Bd. 2, S. 26 (Art. Einheit).

4 Vgl. Bender: Rhetorische Tradition, S. 489.

5 Sulzer: ebd. Bd. 4, S. 689 (Art. Vollkommenheit). Meier bezeichnet diese Auffassung ausdrücklich als communis opinio (vgl. Anfangsgründe Bd. 1, § 23).

6 Einigen Aufschluß darüber bietet die selektive Art von Schlözers Mendelssohn-Rezeption, wie sie im nächsten Abschnitt erläutert wird.

7 Vgl. Sulzer: ebd. Bd. 2, S. 27 (Art. Einheit). Sulzers Einschränkung, daß dieser Begriff „ziemlich dunkel" (ebd.) sein könne, gilt für die Rezeption, nicht für die Produktion!

8 Vgl. Sulzer: ebd. Bd. 3, S. 696-700 (Art. Plan).

prominenter Stelle auch in den ästhetischen Diskussionen um Vollkommenheit und Schönheit, denen Schlözer verpflichtet ist, findet, bezeichnet den unveränderten mechanistischen Grundzug deutlich genug:[9] Auch ein schöner Text „hat zu funktionieren wie eine Uhr".[10] Noch unmißverständlicher zeigt sich Schlözers Orientierung am Vollkommenheitsbegriff, wie ihn Leibniz für die Aufklärungsästhetik vorgeprägt hatte, daran, *wie* er Mendelssohn zitiert: Er übernimmt, nicht ganz wörtlich, eine Passage aus dessen Schrift *Über die Empfindungen* (1755).[11] Darin aber – und das scheint die historische Forschung bisher nie gekümmert zu haben –[12] läßt Mendelssohn seine ästhetische Theorie briefweise von *zwei* Diskutanten vortragen. Beide knüpfen an Leibnizsche Philosopheme an: Euphranor verteidigt eine Kunsterfahrung der enthusiastischen Einfühlung, die sich ganz auf die unteren Seelenvermögen stützt, Theokles dagegen vertritt die Vollkommenheitsästhetik, nach der das Kunstwerk die oberen Seelenvermögen anspricht.[13] Schlözer zitiert aus dem dritten Brief, den Theokles an Euphranor schreibt. Er greift damit aus Mendelssohns ästhetischer Theorie, die sich durch die Verbindung der beiden Positionen auszeichnet, den Teil heraus, der sich am wenigsten der neuen Ästhetik (als Gnoseologia inferior) verdankt. Vom Standpunkt des wissenschaftlichen Historikers ist es nur konsequent, sich eine fremde Theorie da zunutze zu machen, wo sie den Bereich des ‚seelischen Vergnügens'[14] (im Gegensatz zum ‚sinnlichen') nicht verläßt und die Erkenntniskräfte und nicht die Begehrungsvermögen thematisiert. Hinsichtlich der Frage ästhetischer Einflüsse auf Schlözer aber ist festzustellen, daß das schon vorgegebene Schema von Aggregat und System bloß reformuliert, nicht modifiziert wird. Ebendeshalb glaubt Schlözer, wissenschaftlich und künstlerisch höchste Ansprüche *zugleich* erfüllen zu können: „Wenn Einheit in dem ganzen Plane der Zusammenstellung herrscht, so gewinnt die Universalhistorie ein wissenschaftliches Ansehen, so wird sie zur Würde der Epopee erhoben."[15]

---

9 Gottsched z.B. wählt die Uhr als Beispiel für die Vollkommenheit, die in der Konsonanz des Mannigfaltigen liegt. An derselben Stelle unterscheidet Gottsched auch zwischen dem deutlichen Einsehen dieser Vollkommenheit und ihrer bloßen klaren Empfindung, wodurch sie als Schönheit erscheint, vgl. Gottsched: Weltweisheit, Theoretischer Theil § 256, nach: Grimminger: Die Ordnung, S. 68f.

10 Grimminger: Die Ordnung, S. 69.

11 Vgl. Mendelssohn: Ästhetische Schriften, S. 36.

12 Vgl. Peter H. Reill: Science and the Science of History in the Spätaufklärung. – In: Aufklärung und Geschichte, S. 430-451, hier S. 442; Theoretiker, S. 766.

13 Vgl. Mendelssohn: Ästhetische Schriften, S. 5-7.

14 Vielleicht hat Schlözer an das ‚seelische Vergnügen' gedacht, als er das betrachtende, überdenkende usw. Subjekt der zitierten Sätze vom „Ich" des Theokles in „die Seele" umformuliert hat.

15 Schlözer: Vorstellung seiner Universalhistorie, S. 45 – TDAH, S. 678. Gemeinsam ist

β. All das mußte zugleich den Vorrang des Ganzen vor seinen Teilen befestigen. In der universalgeschichtlichen Perspektive, deren Höherwertigkeit gegenüber einer bloß kontinentalen oder gar nationalen Schlözer emphatisch beschwört, sind alle einzelnen Völker, unabhängig von jeder partikularen Wertigkeit, mediatisiert; das oben Zitierte wird wenig später sogar noch einmal bekräftigt.[16] Dementsprechend war für Schlözer wie für Gatterer „die *Universalhistorie* die vollkommenste Gattung historischer Schriften".[17] Die begriffsgeschichtlichen und geschichtstheoretischen Umstände, unter denen sich in der Mitte des 18. Jahrhunderts die Historie zur integralen ‚Geschichte' (als Objekt) emanzipiert hatte und als systematisierende Wissenschaft (als Aussagenordnung) proklamiert worden war, zwangen die Aufklärungshistorie nachgerade zur Arbeit an einer Universalhistorie, die keine bloße Sammlung von Einzelgeschichten mehr sein, sondern dem neugewonnenen Status und seinen Konsistenzimplikationen gerecht werden sollte.[18] Nachdem soeben der Begriff der einen Geschichte erstmals formuliert worden war, mußte der Universalgeschichtsschreibung eine privilegierte Stellung zuwachsen; sie wurde zur „Leitwissenschaft". In der Weltgeschichte sollte der neue ‚Kollektivsingular' „seinen empirischen Halt" finden, sie bildete „das Aktionsfeld jenes hypothetischen Subjekts des Menschengeschlechts", dem die Einheit der Geschichte zu verbürgen aufgetragen war.[19] Folgerichtig richteten sich die historiographischen Versuche der vornehmsten Aufklärungshistoriker immer wieder auf die ‚Universalgeschichte': Schlözer widmete ihr nicht allein seine bedeutendste geschichtstheoretische und historiogra-

---

Wissenschaft und Epopee die ‚philosophische Wahrheit', mithin der Zielpunkt des Wissenschaftlichkeitsstrebens der Historie im Zeichen des Systembegriffs!

16 Vgl. Schlözer: ebd., S. 2f., 20 – TDAH, S. 664, 671. Wenn Schlözer hier relativiert: „bloß allein nach ihrem Einfluß in das Ganze oder in grosse *Theile* der Welt" (Hervorhebung von mir), bleibt das Prinzip dasselbe; momenthaft leuchtet hier allerdings die Einsicht auf, daß die Idee einer Geschichte, für die die ganze Welt das – letztlich allein interessante – Ganze ist, für die meisten Epochen gar nicht umsetzbar ist.

17 Gatterer: Vom historischen Plan, S. 38 – TDAH, S. 635. Die durchgängige Ausrichtung der aufklärerischen Historik auf das Globale kommt bei Gatterer zudem in seinem Plan einer „Weltstatistik" zum Ausdruck (1773), an dessen Verwirklichung angesichts der Möglichkeiten der Zeit freilich nicht zu denken war (vgl. Wegele: Geschichte, S. 771). Sogar auf die Geschichtsdidaktik schlägt der unbedingte Vorrang des Ganzen vor allem Partikularen durch: Will erachtet es für sinnvoll, daß auch im Studium der Geschichte „die Universal-Historie [...] billig voran" geht, vgl. Will: Einleitung, S. 72 – TDAH, S. 343.

18 Vgl. das Selbstbewußtsein, das Schlözer in seiner *Weltgeschichte* (EA 1785) an den Tag legt, wenn er diese programmatisch von der älteren Universalgeschichte unterscheidet (S. 6 der Ausg. von 1794).

19 Reinhart Koselleck: Geschichte. – In: Geschichtliche Grundbegriffe Bd. 2, S. 593-718, hier S. 689.

phische Programmschrift, sondern auch einen zweibändigen Grundriß; beides erschien in zwei Auflagen. Von Gatterer stammen gar sieben universalgeschichtliche „Handbücher", „Abrisse", „Einleitungen" oder „Versuche", davon „vier grundlegend verschiedene".[20]

Derweil scheint sich auf einen weniger komplexen Gegenstand zu beschränken in der Historie des 18. Jahrhunderts eine erste und unabdingbare Voraussetzung dafür gewesen zu sein, Geschichte überhaupt erzählen zu können. Jene Geschichtswerke, die zuerst Schritte hin zur historischen Narration unternommen haben, sind alle ‚Spezialgeschichten': Mösers *Osnabrückische Geschichte*, Spittlers *Geschichte Wirtembergs* und *Geschichte Hannovers*, Müllers *Geschichten schweizerischer Eidgenossenschaften* und Schillers *Abfall der vereinigten Niederlande* und seine *Geschichte des dreyßigjährigen Kriegs*. Es liegt deshalb nahe, die geschichtstheoretische Privilegierung der Universalhistorie als einen Beitrag zur Verhinderung der modernen, narrativ verfaßten Geschichtswissenschaft und -schreibung zu interpretieren. In diesem Sinne stellte schon Droysen die „erzählende Darstellung" und die „weltgeschichtliche Betrachtung" als reziproke Alternativen gegeneinander.[21] Da Schlözer ausgerechnet die Vollkommenheits- bzw. Schönheitsdefinition der neuen Kunsttheorie für seine Theorie der Universalhistorie nutzte, hinderte paradoxerweise sogar die Rezeption der neuen Ästhetik in der Aufklärungshistorie die erfolgreiche Konzipierung und Erstellung eines kohärenten historiographischen Werkes.

Aber kann nicht, was Schlözer von Mendelssohn zitiert, als Unterstützung einer induktiven Forschungsmethode verstanden werden? Denn damit schließlich das Ganze „hervorstrahlt", soll sich der Historiker bestreben, erst alle Teile „deutlich zu fassen".[22] Gatterer, der ‚Buchhalter' der deutschen Aufklärungshistorie, sieht sogar ganz klar, daß der Vorrang von Spezial- oder Universalgeschichte die Konjunktur von „wolgeschriebenen Geschichtbüchern" überhaupt bedingt.[23] Mit Spezialgeschichten, vorzüglich des eigenen Vaterlandes, zu beginnen, erforderte für ihn sowohl die Forschungslage als auch die geringe schriftstellerische Übung der deutschen Historiker. Auch Schlözer wies, wenn es um monographisch abzuhandelnde Themen ging, regelmäßig darauf hin, daß angesichts des niedrigen Stands der vorhandenen Kenntnisse die notwendigen „*Vorarbeiten* zu einer Geschichte" so umfang-

20 Vgl. Butterfield: Man of His Past, S. 49f.; Wesendonck: Begründung, S. 207-210; Wegele: Geschichte, S. 787; das Zitat aus: TDAH, S. 781.

21 Droysen: Historik (Ed. Leyh), S. 257.

22 Schlözer: Vorstellung seiner Universalhistorie, S. 19 - TDAH, S. 670; Mendelssohn: Ästhetische Schriften, S. 36.

23 Gatterer: Vom historischen Plan, S. 73 - TDAH, S. 652.

reiche seien, daß diese selbst noch nicht geschrieben werden könne.[24] Für die Universalgeschichte galt dieser Maßstab jedoch offensichtlich nicht, mit der Folge einer konzeptionellen Inkonsequenz von historiographiegeschichtlicher Tragweite. So fand Schlözer nichts dabei, sein universalgeschichtliches Projekt auf die Voraussetzung zu gründen, ein „Aggregat von Weltgeschichte in möglichster und kaum jemals zu erwartender Vollkommenheit zu denken".[25] Der Göttinger bezeugt hier nichts anderes, als daß die aufklärerische Universalgeschichtsschreibung wissentlich ein Gebäude zu errichten versuchte, das kein Fundament hatte und dessen Fundament sie auch nicht konsequent zu legen trachtete. Die deutschen Historiker, zumal die führenden, waren in einem Maße auf die Produktion universalhistorischer ‚Pläne' und Handbücher fixiert, das die Möglichkeiten ihrer Zeit weit überforderte. ‚Material' schien nicht zuletzt die Englische Welthistorie in Überfülle zu bieten.[26] Der Primat des Ganzen, im neuen ‚Kollektivsingular' erstmals begrifflich gefaßt, im Systembegriff wie in der rationalistischen Ästhetik theoretisch begründet sowie dem philosophischen Interesse der Aufklärung an ‚der Menschheit' entsprechend und nicht zuletzt auch vorgegeben von der Tradition des Schul- und Universitätsunterrichts mit seinem Lehrbuchbedarf,[27] hat sich dann stärker als alle Einsicht gezeigt – und verhängnisvolle Folgen sowohl für das wissenschaftliche als auch für das literarische Profil der Aufklärungshistorie gezeitigt. Das alles stellt nicht den heuristischen Wert universalgeschichtlicher Entwürfe, auf den Schlözer Herder gegenüber prinzipiell zu Recht pochte,[28] in Frage; das folgende Kapitel wird anhand des Streits zwischen Schlözer und Herder vielmehr die Notwendigkeit von reflektiert-hypothetischen Rahmenannahmen für jede Geschichtsschreibung betonen. Jedoch hatte die Univer-

---

24 Schlözer: Kritische Sammlungen Bd. 1, S. XII; vgl. ders.: Kritisch-historische Nebenstunden, S. If.; ders.: Ludwig Ernst, S. VIII; Allgemeine Nordische Geschichte, S. 262.

25 Schlözer: Vorstellung seiner Universalhistorie, S. 17 – TDAH, S. 670.

26 Die seit 1744 ins Deutsche übersetzte, über dreißigbändige englische Weltgeschichte und ihr original-deutsches Folgewerk (ab 1768) erweiterten nach Johann Gottfried Eichhorn zwar den historischen Horizont, „aber schädlich wurden sie der Erforschung des historisch-Wahren: man betrachtete sie zu häufig als ein allgemeines Repertitorium aller historischen Kenntnisse, die Bequemlichkeit blieb bey ihrem Inhalt stehen, und schrieb ihre Fehler ungescheut nach" (Geschichte der Litteratur Bd. 3, Abt. 1, S. 527-529, Zitat S. 529). Selbst Gatterer soll sein *Handbuch der Universalhistorie* (1. Aufl. 1761) aus der englischen Weltgeschichte gezogen haben (vgl. ebd., S. 531).

27 Vgl. Schlözer: Kritisch-historische Nebenstunden, S. IV. Die Göttinger Professoren waren sogar regierungsseitig gehalten, eigene Handbücher zu verfassen, damit die Studenten ihre Bücher nicht außerhalb Hannovers zu kaufen brauchten (vgl. Marino: Praeceptores Germaniae, S. 259).

28 Vgl. Schlözer: Vorstellung seiner Universalhistorie Bd. 2, S. 265.

salgeschichte in der Aufklärungshistorie eben nicht nur den Stellenwert einer heuristischen Orientierung.

Im umfangreichen wissenschaftlichen Œuvre Schlözers bilden die universalgeschichtlichen Entwürfe nur eine Teilmenge.[29] Die Beschaffenheit der von Schlözer bearbeiteten ‚Spezialgeschichten' illustriert indes eher die Heillosigkeit auch der Spitzenhistorie der deutschen Aufklärung, als daß sie die Fruchtbarkeit des Nebeneinanders von universalgeschichtlicher Orientierung und konkreter Geschichtsschreibung belegen könnte. Dem kritischen Wert und der Forschungsleistung nach an erster Stelle ist hier die von Schlözer herausgegebene *Allgemeine Nordische Geschichte* (1771) zu nennen. Als Monographie ist das Werk jedoch ein Flickenteppich: Es enthält eine aus dem Dänischen übersetzte und von Schlözer mit berichtigenden und kommentierenden Anmerkungen versehene Abhandlung, seinen Abriß des ganzen Werkes, von ihm außerdem noch Beiträge über die ethnische Gliederung Skandinaviens, des Baltikums und Nordrußlands sowie über die Runenschrift, daneben Abhandlungen von einem halben Dutzend anderer Gelehrter. Geschlossener wohl tritt die *Geschichte von Littauen, als einem eigenen Großfürstenthume* von 1785 auf; doch verdankt sie dies der Tatsache, daß sie „fast ohne Abkürzung" die Reproduktion einer lateinischen Chronik aus dem 17. Jahrhundert, der *Historiae Litvanae* des Jesuiten Albert Wijuk Kojalowicz, darstellt.[30] Hier unterblieb nicht allein die narrative Rekomposition, sondern schon die kritische Dekomposition der Tradition: Obwohl es „unendlich leicht" gewesen wäre, wie Schlözer mit schwerfälligem Überlegenheitsgestus sich entschuldigt, die vielen „Fehler" seiner Vorlage „durch ein paar hundert Noten und Citata aus Solignac, Pauli, Arndt, Tatisczer und Deguignes, oder welches noch gelehrter liesse, aus Dlugosch, Petern, Heinrich, Nestorn und Scherefeddin" zu berichtigen, zieht er als ‚kritische' Methode vor, die Überlieferung der verschiedenen nord- und osteuropäischen Nationen sich gegenseitig ‚kritisieren' zu lassen, indem er sie in den einschlägigen „15 Specialgeschichten" nebeneinander stellt und dem Leser die Entscheidung überläßt. Da die litauische Geschichte ein Solitär blieb, konnte freilich nicht einmal diese Art von ‚Kritik' ins Werk treten. Als weitere ‚Spezialgeschichten' sind die *Geschichte der Deutschen in Siebenbürgen* (1795-97) und auch der *Versuch einer allgemeinen Geschichte der Handlung und Seefahrt in den ältesten Zeiten* (1761) zu

---

29 Warlich hat das wohl umfassendste Schriftenverzeichnis für Schlözer aufgestellt und verzeichnet 77 Titel von zu Lebzeiten erschienenen selbständigen Schriften (Schlözer, Anhang S. 2-22). In diesem Verzeichnis nicht erfaßt ist allerdings schon eine von mir benutzte Auflage der *Weltgeschichte* (Wien 1794).

30 Schlözer: Geschichte von Littauen, S. 22; die folgenden Zitate ebd., S. 6f.; vgl. ebd., S. 7-9. Die *Historiae Litvanae* erschienen T. 1: Danzig 1650, T. 2: Antwerpen 1669 (Schlözer: ebd., S. 21).

nennen. Denn entgegen ihrem Titel umfaßt letztere, symptomatisch genug, ‚nur' die phönizische Handelsgeschichte. Immerhin bemerkt Schlözer, nachdem er sich schon für den Fragmentcharakter des Werkes entschuldigt hat, daß er damit an jenen Teil geraten ist, der das unfaßbare Ganze am ehesten zu repräsentieren vermag.[31] Zwar ungeplantermaßen, exemplifiziert mithin ein Werk des Göttingers selbst die Fruchtbarkeit ‚spezialgeschichtlicher' Perspektivierung. Der Siebenbürgischen Geschichte eignet nicht einmal diese ‚zufällige' Geschlossenheit, auch nicht im lockeren Sinn der ‚untersuchenden' Darstellungsform Droysens. Ihren Charakter bezeichnet sehr genau schon der vollständige Titel: *Kritische Sammlungen zur Geschichte der Deutschen in Siebenbürgen.* Sie gliedert sich in drei Teile: Den ersten bildet eine Zusammenstellung von Urkunden und anderen Überrestquellen. Der an Umfang reichste, zweite Teil beinhaltet zwölf „kritisch-historische Untersuchungen", für die Schlözer zwar ein einheitliches Thema aufstellt, über das die Beiträge z.T. aber weit hinausgehen. So widmen sich die sechste bis neunte Untersuchung dem Phänomen der Kolonisation und Landnahme überhaupt. Der anerkanntermaßen weite historische Blick Schlözers ist hier in ein funktionales Mißverhältnis zu der einen zu schreibenden Geschichte geraten. Im dritten Teil ediert und kommentiert er stückweise die wichtigste Urkunde für die Rechte der Sieben bürger Deutschen, die unter der Regierung Josefs II. beseitigt und von Leopold II. soeben wiederhergestellt worden waren: das „Privilegium Andreae II" von 1224. Eine Zusammenführung der Ergebnisse des Werkes bietet allein die „Synchronistische *Uebersicht* von factis" in der zwölften Untersuchung, eine Datensammlung zur siebenbürgischen Geschichte von 780 bis 1454.[32] Ein solches Nebeneinander von Quellen und heterogenen Untersuchungen zu einzelnen Themen ist fast typisch für Schlözers Publikationen. An den *Kritisch-historischen Nebenstunden* (1797), die hauptsächlich der frühen türkischen Geschichte gewidmet sind, tritt dieses Merkmal noch ausgeprägter hervor.

Irritieren muß überdies, daß Schlözer die *Geschichte von Littauen* wie schon die *Allgemeine Nordische Geschichte* für die *Allgemeine Welthistorie,* die mittlerweise selbständig deutsche Bearbeitung der 1730 begonnenen *Universal History,* erstellte – als Band 31 bzw. 50. Denn zur Überwindung dieses Typs von Universalgeschichte, die eine ausufernde Stoffsammlung ohne einheitliche Perspektive darstellte, hatte er seine eigene *Vorstellung* konzipiert! Wir finden Schlözer also sowohl auf der Seite der älteren Enzyklopädisten der

31 Vgl. Schlözer: Versuch, S. [*6^{v}-*7^{r}].

32 Vgl. Schlözer: Kritische Sammlungen, S. 505-507, Zitat S. 708.

Geschichtsschreibung als auch an der Spitze der neueren Systematiker.[33] Nicht so sehr dieser Zwiespalt freilich hat sein historiographisches Bemühen wenig fruchtbar gemacht für die moderne, d.h. narrative Geschichtsschreibung, sondern daß er eine begrenzte Aufgabe, etwa die beiden Bände für die *Allgemeine Welthistorie*, nicht mit dem Ergebnis kohärenter ,Spezialgeschichten' – und sei es die Kohärenz eines ,historischen Plans' – zu bearbeiten verstand. Denn – Ironie der Historiographiegeschichte – die faktische Auflösung beider deutscher Universalgeschichten in Reihen von monographischen Bänden barg in historiographiepraktischer Hinsicht auch Chancen: Immerhin ein Werk wie Johannes von Müllers *Geschichten der Schweizer* (1780) ging auf eine Anregung des Verlegers der von Heyne herausgegebenen zwölfbändigen Weltgeschichte zurück.[34] Schlözers *Vorstellung* aber blieb bei diesem ersten Schritt von der Aufklärungshistorie zur nachpragmatistischen Geschichtsschreibung gewissermaßen links liegen.

b) HERDERs Begründung einer partikularen und symbolischen Historiographie

Die Fixierung der Aufklärungshistorie auf die Universalgeschichte mußte sich in dem Augenblick lösen, in dem die intendierte deutliche Erkenntnis des Ganzen ihre privilegierte Stellung verlor. Deshalb besteht ein Epochenbruch zwischen aufklärerischem und historistischem Geschichtsdenken nicht zuletzt darin, daß letzteres den Anspruch auf eine Totalerkenntnis der Geschichte stark zurücknahm. Droysen gesteht nur eine „Ahnung des Ganzen" zu, und Ranke hält es für „unmöglich", seinen Kausalnexus zu erfassen.[35] Die Weltgeschichte erscheint ihm zu komplex für die induktive Methode des Historikers, ihre Widersprüche könne dieser nicht auflösen. Das Wissen vom Ganzen tritt der Historismus wieder an Gott ab; seine spezifische Methode, das Verstehen, erfaßt nach Ranke „den Sinn jeder Epoche an und für sich selbst"[36].

33 Zu Schlözers Engagement für die deutsche Bearbeitung der englischen *Welthistorie* vgl. Butterfield: Man of His Past, S. 47f. Unterschieden werden muß zwischen dem zunehmenden Gewinn an wissenschaftlichem Wert durch einen konsequenteren Rückgang auf die Quellen und der fortdauernden kompendiösen Anlage des Werks. So stellt auch die *Allgemeine Nordische Geschichte* gerade in den wissenschaftlich besonders wertvollen Anmerkungen und Zusätzen Schlözers ein Flickwerk dar.

34 Vgl. Schib: Johannes von Müller, S. 71. Zu den noch spezifisch pragmatistischen Strukturen dieser ersten Fassung von Müllers schweizerischer Geschichte bzw. ihrer Ablösung vgl. Gottlob: Geschichtsschreibung, S. 94-119.

35 Droysen: Historik (Ed. Leyh), S. 38; Ranke: Idee der Universalhistorie – WuN 4, S. 83.

36 Brief an Otto von Ranke, 25. 5. 1873 – Brw., S. 518.

Den Erkenntnisanspruch der Geschichtswissenschaft auf diese Weise zurückgenommen zu haben ist für die historistische Geschichtstheorie kein Manko, sondern beruht auf einer geschichtsphilosophischen Umwertung von Partikularem und Ganzen in ihrem gegenseitigen Verhältnis: Jenes leitet seinen Wert nicht allein von einer Beitragsleistung zum Ganzen her, sondern „jede Epoche" - und wir können ergänzen: jedes Volk und letztlich jedes Individuum - „ist unmittelbar zu Gott, und ihr Wert beruht gar nicht auf dem, was aus ihr hervorgeht, sondern in ihrer Existenz selbst, in ihrem Eigenen selbst."[37] Bei Ranke wie bei Droysen stehen sich ‚ahnen' und ‚verstehen' gegenüber als nach Modus, Grad und Reichweite verschiedene Weisen historischen Erkennens; diese methodisch-geschichtstheoretische (oder gnoseologische) Unterscheidung aber weist den Historiker mit seiner Forschungsarbeit auf die - komplementär material-geschichtstheoretisch (oder ontologisch) aufgewerteten - ‚mittleren' Entitäten der Geschichte: Staaten, Völker, Epochen.

Den erkenntnistheoretischen Wandel zwischen Aufklärungshistorie und Historismus hinsichtlich der ‚Verkleinerung' des Erkenntnisgegenstandes so zu betonen (die Neueinführung des ‚Verstehens'-Begriffs ist damit noch gar nicht berücksichtigt) hat nichts gemein mit Meineckes weltanschaulich begründeter Feier der Entdeckung des Individuellen durch den Historismus.[38] Zur Debatte steht vielmehr die historiopoetische Relevanz der genannten ontologischen und gnoseologischen Entscheidungen der Aufklärungshistorik und des Historismus. In dieser Hinsicht ist eine Priorität des Ganzen als hemmend, der Vorrang des Partikularen hingegen als förderlich zu interpretieren. Der Verzicht darauf, das Ganze der Geschichte vernünftig zu begreifen, - und geschehe er auch durch die wissenschaftstheoretisch höchst angreifbare, für den frühen Historismus aber typische Entrückung des Ganzen ins Numinose - stellt sich als Vorbedingung dafür heraus, Geschichte erzählen und damit überhaupt ‚modern' schreiben zu können. Der Aufklärungshistorie, die ihre Wissenschaftlichkeit an den Systembegriff der totalisierenden Naturwissenschaft oder Philosophie band, stand dieser Weg nicht offen. Der Erkenntniswert und vorher noch der ontologische Wert von Ganzem und Partikularem mußte zunächst umgekehrt oder zumindest

---

37 Ranke: Über die Epochen der neueren Geschichte - WuN 2, S. 59f. Insofern Droysen von Hegel die Vorstellung von einem „in seiner lebendigen Bewegung zur Totalität" sich darstellenden Geist übernimmt und diesen zum Prinzip der geschichtlichen Entwicklung macht, ist sein geschichtstheoretischer Ansatz stärker auf das diachrone Ganze der Geschichte gerichtet als der Rankes. Der Erkenntnisanspruch ist deshalb aber nicht erweitert: „historisch vermögen wir ein *Fragment*, eine Spanne dieser ethischen Welt zu erschauen und zu verstehen" (Droysen: ebd., S. 34, 38, Hervorhebung von mir).

38 Vgl. Meinecke: Die Entstehung des Historismus, S. 2.

ausgeglichen werden. Wie an Schlözer zu sehen war, konnte die Ästhetik der mittleren Aufklärung das trotz ihrer ansatzweisen Hinwendung zum Individuellen nicht leisten.

Entscheidendes zur genannten ontologischen und damit gnoseologischen Umwertung hat vielmehr Herder beigetragen. Herders Polemik gegen die Aufklärungshistorie und -poetik hat gewiß oft dazu geführt, seine Positionen zu scharf vom Vorhergehenden zu trennen.[39] Auch bei Anerkennung seiner aufklärerischen Wurzeln bleiben aber fundamentale und nachwirkende Verschiebungen im geschichtstheoretischen und poetologischen Koordinatensystem festzustellen, die mit seinem Namen verbunden sind. Dazu gehört die Entmediatisierung der Epochen, Regionen und Nationen. Herder besteht darauf, daß deren jede „ihren *Mittelpunkt* der Glückseligkeit *in sich*" habe.[40] Er bezieht damit eine konsequente Gegenposition zur Ausrichtung aller Vergangenheit auf den Gipfelpunkt der eigenen Gegenwart oder auf Europa als Zentrum der Welt[41]. Seine ontologische Prämisse ist, daß „alles in der Natur auf der bestimmtesten Individualität ruhet".[42] Den Gedanken, daß frühere Generationen das Glück und die Tugend späterer bauten, lehnt er

39 Dementgegen zeigt etwa seine Auseinandersetzung mit Winckelmanns Kunstgeschichtsschreibung im *Älteren Wäldchen* (1767) Herder noch auf dem Terrain der Aufklärungshistorik, insofern er sich ihrer Begriffe bedient, wenn er das „historische Lehrbäude" des „pragmatischen Systematikus" vom bloß ‚faktensammelnden Erzähler' getrennt sehen möchte (vgl. Werke Bd. 2, S. 11-23, das Zitat S. 12). Vgl. auch den Brief ähnlichen Inhalts an Gatterer als den Herausgeber der „Allgemeinen historischen Bibliothek", mit dem Herder sich ausdrücklich in die Diskussion der Aufklärungshistorie um den ‚historischen Plan' hineinstellt. Allerdings überschreitet Herder deren Horizont auch schon in diesem - nicht abgeschickten - Brief von etwa Ende 1767/Anfang 1768, wo er mit typisch ‚historistischen' Argumenten die von Gatterer herausgestellte Vorbildlichkeit des Herodotischen ‚Plans' relativiert, vgl. Herder: An den Herrn Direktor der historischen Gesellschaft in Göttingen - Schriften zur Literatur Bd. 1, S. 684-691, bes. S. 689-691. Von der Historio-Poetik der *Shakespear*-Schrift noch weit entfernt ergeht er sich auch in seinem „historischen Spaziergang" *Ueber die Reichsgeschichte* aus dem dritten *Kritischen Wäldchen* (1769, SW 3, S. 462-471). Zu den Entwicklungsstufen im geschichtsphilosophischen Denken des jungen Herder vgl. jetzt auch Tino Markworth: Unterwegs zum Historismus. Der Wandel des geschichtsphilosophischen Denkens Herders von 1771 bis 1773. - In: Johann Gottfried Herder [JGH]. Geschichte und Kultur, S. 51-59.
Die Verwurzelung der Herderschen Ästhetik in der aufklärerischen und Herders ideengeschichtliche Zugehörigkeit zu den ‚Analysten', die sich auf Newton beriefen, arbeitet jetzt Norton gründlich und überzeugend heraus (Herder's Aesthetics and the European Enlightenment). Daß Herder an avancierte aufklärerische Positionen anknüpfte, schmälert allerdings nicht seine geschichts- und historiographietheoretische Innovationsleistung.

40 Herder: Auch eine Philosophie der Geschichte, S. 35.

41 Vgl. dagegen Schlözer: Kritisch-historische Nebenstunden, S. IX: „Allererste Regel also beim Vortrag asiatischer Begebenheiten: wir müssen sie *europäisiren.*"

42 Vgl. Herder: Ideen - Werke Bd. 6, S. 648 (15, III).

ab.[43] Jener Betrachtung der Weltgeschichte, die das Einzelne alleine nach seinem Beitrag zum Ganzen schätzt, ist damit die Grundlage entzogen.

Einer Geschichte aus selbständigen Sinnzentren soll nach Herder aber auch die Einheit nicht fehlen. Um die Autozentriertheit der partikularen geschichtlichen Entitäten nicht wieder zu gefährden, muß er dazu „*Fortgang* und *Entwicklung*", die sich für ihn aus dem offenbaren Aufeinanderaufbauen des Aufeinanderfolgenden ergeben, neu verankern. Das geschieht durch die Wiedereinführung einer gewissen göttlichen Lenkung der Geschichte, die die Entwicklung des Menschen aber nicht determiniere: Die „gute Mutter" Natur habe ihm lediglich „Anlagen zu der *Mannigfaltigkeit* ins Herz" gelegt, die zu verwirklichen ihm weitgehend frei stehe.[44] Herders Ringen um die „*leitende Absicht auf Erden*" und ihre geschichtsontologische Qualität interessiert hier nicht in seinen Einzelheiten; entscheidend ist, daß er sich die Erkenntnis der „letzten Absicht" und des Zwecks der Geschichte versagt.[45] Künftiger Geschichtsschreibung ist damit eine neue, historiographiefreundliche onto- und gnoseologische Verhältnisbestimmung von Partikularem und Ganzem zur Verfügung gestellt.

Meine Skizze zur Stellung der Universalhistorie im frühen geschichtswissenschaftlichen Historismus und bei Herder bewegte sich bisher ganz im Bereich geschichtstheoretischer Positionen, obwohl sie bei Schlözer ihren Ausgangspunkt am Einfluß der Mendelssohn-Sulzerschen Ästhetik nahm. Wenn ich nun zur Ästhetik zurückkehre und nach Herders Umgang mit den Teilen und dem Ganzen des Kunstwerks frage, so tritt ein Punkt hervor, wo – anders als bei Schlözer – von Ästhetik und Poetik wohl tatsächlich wirksame Einflüsse auf die Auffassung von Geschichte ausgegangen sind: Herders Preisschrift auf Shakespeare, ein Jahr vor der Bückeburger Geschichtsphilosophie (und nur ein Jahr nach Schlözers *Vorstellung*) erschienen, läßt die Werke des englischen Dramatikers auch als Geschichtsdarstellungen gelten. Das „Urkundliche, Wahre, Schöpferische"[46] von Geschichte differenziert Herder nicht aus; die traditionelle Unterscheidung von empirischer und philosophischer Wahrheit (in der das Ingenium zudem gar keinen rechten Platz hatte) hebt er so auf. Gewiß geht es wie in der aufklärerischen Ästhetik um das Ganze eines

43 Vgl. Herder: Auch eine Philosophie der Geschichte, S. 36.

44 Ebd., S. 38, 35.

45 Ebd., S. 38, vgl. S. 84f. Ausführlich zum teleologischen Element in Herders Geschichtsdenken vgl. unten S. 196f. Treffendes zur metaphysischen, d.h. in keiner Weise kritisch-empirischen Qualität von Herders Annahme, daß organisch wirkende Kräfte sowohl das Mannigfaltige individualisieren als auch den providentiellen Fortgang zum versöhnten Ganzen garantieren, hat schon Kant in seiner Kritik der *Ideen* festgestellt (vgl. Kant: Schriften zur Geschichtsphilosophie, S. 40-66, bes. S. 49-52).

46 Herder: Shakespear – Von deutscher Art und Kunst, S. 63-91, hier S. 84.

Werkes und darum, wie das zahlreiche Einzelne sich zu ihm zusammenfügt. In Opposition zur rationalistischen Poetik stellt Herder sich jedoch schon dadurch, daß er gerade die regelwidrig gebauten Werke Shakespeares zu Vorbildern erhebt. Für Herder sind sie nicht mit Hilfe eines ‚deutlichen Begriffs' oder eines Plans zu einer Einheit gebracht worden, sondern das Genie fand „den Göttergriff eine ganze Welt der Disparatesten Auftritte zu Einer Begebenheit zu erfaßen".[47] Das Ganze als Vielfältiges wird unnennbar; seine Bestandteile sind deshalb nicht mediatisiert, obwohl das Ganze unzertrennbar – eben ‚individuell' – ist. Das Individuelle wiederum ist nach der bekannten Briefstelle Goethes „ineffabile", nicht auf den Begriff zu bringen.[48] Was Einzelnes und was Ganzes ist, verliert sich hier: Das Ganze eines Stücks ist zugleich etwas „*Individuelles*", und es macht ein „Weltall" aus.[49] Der Übergang zwischen Individuellem und Kosmischem wird fließend.

Diese philosophisch-poetologische Rhapsodik ist insofern auch für die Geschichtsschreibung von Bedeutung, als sie die Relativität der Kategorien Teil und Ganzes hervortreten läßt. Ja Herders geschichtstheoretische Umwertungen bewegen sich ganz offensichtlich in den zuerst poetologisch neuformulierten Bahnen.[50] Allein die Universalgeschichte als Ganzes zu qualifizieren und alles von geringerem Umfange als ‚Spezialgeschichten' abzuwerten, wie Schlözer es tut, ist damit als stark vereinseitigende Anwendung der Kategorien der rationalistischen Ästhetik entdeckt. Das Ganze, das selbst nur ein Teil ist, ist nach Herder vom allumfassenden Ganzen nicht abgeschnitten, d.h. auf seinen Teilstatus beschränkt. Werke wie die Shakespeares weisen auf die göttliche Schöpfung immerhin symbolhaft; sie sind „dunkle kleine Symbole zum Sonnenriß einer Theodizee Gottes."[51] Für die begrenzte

---

47 Ebd., S. 80.

48 An Lavater, etwa 20. 9. 1780 – Briefe Bd. 2, S. 325.

49 Herder: Shakespear – Von deutscher Art und Kunst, S. 63-91, hier S. 82.

50 Hans Dietrich Irmscher stellt in seinem Kommentar zu *Auch eine Philosophie* ebenfalls die Vermutung an, ob sich Herder von „Shakespeare die Augen für die Struktur der Geschichte" hat öffnen lassen (Herder: Auch eine Philosophie der Geschichte, S. 146); auch Tino Markworth sieht Herders Geschichtstheorie „angeregt durch das Beispiel Shakespeares" (Unterwegs zum Historismus. Der Wandel des geschichtsphilosophischen Denkens Herders von 1771 bis 1773. – In: JGH. Geschichte und Kultur, S. 51-59, hier S. 54). In diesem Zusammenhang vergleiche man auch, in welchem hohen Maße das *Journal meiner Reise im Jahre 1769* noch in der Manier Iselins (*Über die Geschichte der Menschheit* 1764) oder später Schlözers von der vorrangigen Bedeutsamkeit des Ganzen in der Geschichte ausging und wie es von der Historie forderte, daß sie „nur die Hauptveränderungen und Revolutionen jedes Volks erzähle, um seinen jetzigen Zustand zu erklären" (S. 48, vgl. auch S. 47-49).

51 Herder: Shakespear – Von deutscher Art und Kunst, S. 63-91, hier S. 78. Schlözer hingegen unterscheidet deutlich zwischen dem Theodizee-Wert von „Specialgeschichten" und der Welthistorie: In jenen breche allenfalls „hie und da ein kleiner Schimmer

Reichweite menschlicher historischer Erkenntnis, die Herder in seiner geschichtsphilosophischen Schrift feststellt, deutet sich hier eine Art Ausgleich an, der das auch auf die letzten Dinge gerichtete Erkenntnisstreben des Menschen mit seiner Unerfüllbarkeit vermittelt. Im Symbolbegriff schlägt ein Grundprinzip der klassischen Poetik durch: der „innere Perspektivismus der poetischen Darstellung", in dem verhüllend-enthüllend das partikulare, aber prägnante dichterische Werk auf den Kontext des Ganzen verweist, welche Leistung wiederum ohne das schöpferische Genie nicht denkbar ist: Dieses „gibt uns Auge und Gesichtspunkt, so groß und tief zu sehen!"[52] Herder versteht das Symbol nicht mehr wie die Aufklärungsphilosophie als ein abstraktes Zeichen, sondern in seiner neuen, für die Ästhetik der Goethezeit prägenden Bedeutung, also als eine in gewissem Grad paradoxe offenbarende *„Verhüllung"* und als Verkörperung einer Wahrheit für *„sinnliche Augen"*.[53] Für seine Bestimmung der Aufgabe des Geschichtsschreibers nimmt dann Wilhelm von Humboldt diese uneindeutig verweisende Stellvertreterschaft des Einzelnen für das Ganze auf: Der Historiker müsse „jede Begebenheit als Theil eines Ganzen, oder, was dasselbe ist, an jeder die Form der Geschichte überhaupt darstellen."[54] Die Kunstreflexion Goethes schließlich verbindet mit dem Symbolbegriff eine ganz ähnliche Neubestimmung des Verhältnisses von Teil und Ganzem: „Das ist die wahre Symbolik, wo das Besondere das Allgemeinere repräsentiert, nicht als Traum und Schatten, sondern als lebendig-augenblickliche Offenbarung des Unerforschlichen."[55]

---

von den wunderbaren Wegen der Vorsehung hervor", vgl. Schlözer: Vorstellung seiner Universalhistorie, S. 37 – TDAH, S. 676. Ähnlich privilegiert Schröckh die Universalgeschichte, vgl. Lehrbuch, S. 26.

52 Hans Dietrich Irmscher: Nachwort. – In: Von deutscher Art und Kunst, S. 163-196, hier S. 186 (im Original hervorgehoben); Herder: Shakespear – Von deutscher Art und Kunst, S. 63-91, hier S. 80.

53 Vgl. seine Rechtfertigung der Bildhaftigkeit des biblischen Schöpfungsberichts (Älteste Urkunde des Menschengeschlechts [1774] – Werke Bd. 5, S. 295). Im erstgenannten Sinne gebraucht z.B. Wiggers: Versuch, S. 36 – TDAH, S. 440, „symbolisch".

54 Humboldt: Ueber die Aufgabe des Geschichtschreibers – Werke Bd. 1, hier S. 590.

55 Goethe: Maximen und Reflexionen Nr. 752 – HA 12, S. 471, vgl. im Prinzip übereinstimmend Schiller: An den Herausgeber der Propyläen – NA 22, S. 305. Zu Goethes Symboltheorie vgl. Keller: Goethes dichterische Bildlichkeit, S. 210-214; ausführlich, auch zum ästhetisch-poetologischen Kontext, Sørensen: Symbol und Symbolismus, S. 86-132, zusammenfassend ders.: Symbol und Allegorie; zum konstruktiveren Symbolbegriff Schillers vgl. Alt: Begriffsbilder, S. 599-607. Die ältere Forschung erhob den Symbolbegriff der Klassik sogar zu deren Epochenmerkmal, vgl. Wilhelm Voßkamp: Klassik als Epoche. Zur Typologie und Funktion der Weimarer Klassik. – In: Literarische Klassik, S. 248-277, hier S. 252. Goethes Kunstauffassung möchte jetzt wieder Secker vom Begriff des Symbols aus erschließen, vgl. Secker: „Wiederholte Spiegelungen", S. 187-89; ebd., S. 75-78, zum kaum unterschiedenen Symbolbegriff Wilhelm von Humboldts.
Freilich erschien die vom Symbolbegriff implizierte Synthese von Anschauung und Idee

In der Literatur, in der goethezeitlichen Dichtung, wird die Privilegierung des Individuellen zuerst wirksam. Welches Ganze aber wäre nach der Verabschiedung der orthodox-theologischen Geschichtsinterpretation nach Bossuet weniger bestimmt als ‚die Geschichte'? Ebendiese Einsicht macht Herder gegen den Begriff vom Ganzen geltend, den die Aufklärungshistorik von der nachbaumgartenschen Ästhetik übernommen hatte. Seine Kontaminierung von Dichter und Geschichtsschreiber in der *Shakespear*-Schrift legte es zudem zum Greifen nahe, die neuen poetischen Prinzipien auch auf die Geschichtsschreibung anzuwenden. An Schillers historischen Monographien sind erste Ansätze zu einem symbolischen Stellvertreterverhältnis der partikularen Geschichtsdarstellung zu – geschichtsphilosophisch formulierten – Teloi zu beobachten. Auch Rankes Erstling umfaßt ausdrücklich „nur einen kleinen Theil der Geschichte" der ‚romanischen und germanischen Völker', aber jenen, auf dem „alle neue Historie beruht."[56] Da Ranke sich bewußt ist, „nur Geschichten, nicht die Geschichte" erzählen zu können, bedeutet der Titel *Geschichten der romanischen und germanischen Völker* denn auch keinen Rückfall in den Begriffsgebrauch vor der Epochenwende des ‚Kollektivsingulars'; vielmehr indiziert er die produktive Beschränkung des Historikers auf die Teile, die jedoch nicht isoliert werden, sondern erkennbar im Kontext eines Ganzen stehen. Wilhelm Roscher, der Begründer der historischen Nationalökonomie, beruft sich gar ausdrücklich auf poetologische Äußerungen Schillers und Goethes und auf die Struktur von *Hermann und Dorothea*, wenn er für die Geschichtsschreibung ein mikrokosmisch symbolisches Darstellungsprinzip einfordert: „Kein historisches Meisterwerk, das nicht im engsten Raume die Geschichte der Menschheit wiederspiegelt!"[57] Präzise die historiographiegeschichtliche Problemstellung nimmt er überdies auf, wenn er mit der Regel, den historischen Gegenstand „als Mikrokosmos dar[zu]stellen", auf die extensive Totalität der „s. g. Universalhistoriker" antwortet. Und daß in der historistischen Geschichtswissenschaft dann in der Regel das Verhältnis der erzählten Teil-Geschichte zur universalhistorischen Entwicklung stärker expliziert wird, als es dem engen Goethischen Symbolverständnis entspricht, sprengt das strukturell symbolische Bedeuten der Geschichtsschreibung nicht. Im Historismus des 19. Jahrhunderts umfaßt es vielmehr die Pole einer bis zu

---

schon sehr bald brüchig. Ironie und Allegorie wurden z.B. von den Frühromantikern als Gegenprinzipien vertreten. Die Historiker des Historismus jedoch hielten sich fast ausschließlich an das symbolische, nicht an das ironische Prinzip und zogen die Klassiker den (Früh-) Romantikern deutlich vor.

56 Ranke: Geschichten, S. IV. Das folgende Zitat ebd. Diese induktive Struktur, mit der eingehenden Untersuchung eines Teils in das Ganze einzuführen, wiederholt sich in einem Teilaspekt des Werkes, der Reformationsgeschichte, vgl. ebd., S. V.

57 Roscher: Klio, S. 20. Das folgende Zitat ebd., S. 22.

geschichtsphilosophischer Schärfe reichenden Diskursivität im Formulieren weltgeschichtlicher Bezüge einerseits und eines geradezu literarisch vagen Erinnerns an Mythen, Weissagungen und ähnliche Zeichen von zweifelhafter wissenschaftlicher Dignität andererseits.[58]

Während sich in Herders Vorstoß zum ersten Mal die Herrschaft der mechanisch instrumentalisierten Begriffe der rationalistischen Ästhetik über die Historiographietheorie wirkungsvoll gebrochen zeigt, lassen sich an Schlözers Berufung auf Mendelssohn nicht zuletzt innere Brüche, von dem Historiker selbst nicht bemerkte Widersprüche beobachten. Sie demonstrieren noch einmal, daß die Historik nicht beliebiger Theoreme aus der Ästhetik bedarf, sondern solcher, die geeignet sind, ihr die eigene konstruktive Aufgabe bewußt und lösbar zu machen: Ein Transformationsproblem zwischen Ästhetik und Historik ist zumal da entstanden, wo Schlözer die Konstituierung des Ganzen aus den vom ‚allgemeinen Blick' synthetisierten Teilen mit den Begriffen der Mendelssohnschen Ästhetik beschreibt. Denn Mendelssohns Theokles will zum Genuß vorhandener Kunstwerke anleiten, Schlözer hingegen behandelt die Produktion, nicht die Rezeption eines universalgeschichtlichen Textes. Aus einem doppelten Grund ist beides nicht gleichzusetzen: Zum einen unterscheidet die ästhetische Theorie gerade hinsichtlich der begrifflichen Bestimmtheit der Wahrnehmung Produktion und Rezeption: Der Künstler muß sich zunächst einen „bestimmten Begriff" von der darzustellenden Sache machen, während dieser dem Betrachter „ziemlich dunkel" sein kann.[59] Zum anderen setzt Schlözers Zitat den Historiker in die Stellung ebenjenes Betrachters ein, der nur zu beschreiben hat, was er sieht (hier ist zu berücksichtigen, daß dem Theokles wie allen Kunsttheoretikern des 18. Jahrhunderts eine Plastik, nicht etwa ein sprachliches Kunstwerk als Paradigma vorschwebt). Das aber überzieht die mit der Geschichtserkenntnis seit der Antike verbundene Anschauungsmetapher, auch wenn man den erkenntnistheoretischen Objektivismus der Aufklärungshistorik einrechnet. Das Mendelssohn-Zitat vom Ganzen, das aus den „in eine dunkele Ferne" zurückweichenden Teilen „gleichsam hervorstrahlt", insinuiert die plastische Anschaulichkeit von etwas, was auf dem Feld der Geschichtswissenschaft nicht

58 Vgl. beispielhaft Droysens *Geschichte Alexanders des Großen* (Fassung von 1833), für die diskursive Komponente vor allem die Einleitung und den Schluß des achten Kapitels, für das im engeren Sinne symbolische Bedeuten von Wunderzeichen usw. S. 64f., 89, 163, 544 (vgl. auch unten Kap. IV. A.). Meine Unterscheidung zwischen einem engeren und einem weiteren Symbolbegriff stützt sich auf Kurz: Metapher, Allegorie, Symbol, S. 65-78, der in dem zitierten Symbolverständnis Goethes nur eine engere Variante erkennt (vgl. ebd., S. 71).

59 Sulzer: Allgemeine Theorie der schönen Künste Bd. 2, S. 27 (Art. Einheit).

anzuschauen ist, weil es – auch nach Schlözers eigener Formulierung – erst ‚geschaffen' werden muß.[60]

Letztlich bestätigt sich hier, daß aus einer ästhetischen Theorie, deren zentraler Gegenstand die Wahrnehmung des objektiven Schönen durch den in seinen Seelenkräften gespaltenen Menschen war, keine richtungsändernde Anregung für die Historik fließen konnte: Wo die neue Ästhetik eine Gnoseologia inferior war, verhinderte die konstitutive Trennung von unteren und oberen Seelenvermögen eine Annäherung von künstlerischer und historiographischer Produktion und Rezeption. Und wo sie noch der rationalistischen Vollkommenheitsästhetik nahestand, lenkte sie die Aufmerksamkeit des Historikers unzeitig auf die Geschichte als Ganzes und ihren Zweckbegriff. In ihrer überwiegend rezeptionsästhetischen Ausrichtung war sie zudem offensichtlich geeignet, per mißverstandenem Zitat den erkenntnistheoretischen Objektivismus der Aufklärungshistorie noch zu verstärken. Vor diesem Hintergrund aber muß nicht nur Herders Umwertung von Partikularem und Ganzem, sondern auch seine emphatische Identifizierung von Weltdarstellung und Schöpfertum als Befreiungsschlag interpretiert werden. Nicht die Stichhaltigkeit seiner Argumentation ist dabei entscheidend – etwa die Einführung eines universalen Kraftbegriffs, in dem die Trennung verschiedenstufiger Seelenvermögen tendenziell immer schon aufgehoben ist –, sondern die Rehabilitierung eines subjektiv-konstruktiven Elements in Poetik und Historik überhaupt. Überdies bietet, wie noch zu zeigen ist, seine Sprachtheorie auch in diesem Punkt zusätzlich eine ‚moderne' Begründung.

4. Epochenumbrüche in Herders Kritik an Schlözer

Einige wesentliche Probleme der Geschichtsschreibung, die Schlözers szientistische Theorie nicht zu lösen geeignet war, sind Gegenstand einer Kritik geworden, die Herder als Bückeburger Konsistorialrat verfaßte. Die epochale Bedeutung dieser Rezension der *Vorstellung* in den *Frankfurter Gelehrten Anzeigen* vom 28. Juni 1772 ist in der Forschung jedoch kaum erkannt worden. Gegenwärtig wird Herder vielmehr in die Position desjenigen gedrängt, der sowohl wegen seines polemischen, ja als „gehässig" qualifizierten ‚Diskurs-

60 Schlözer: Vorstellung seiner Universalhistorie, S. 61 – TDAH, S. 670. Zur Objektivität des Schönen in der aufklärerischen Ästhetik vgl. auch Gottsched: Critische Dichtkunst, S. 124f., T. 1, Kap. 3, § 10. Von Humes Skeptizismus her hatte schon der junge Herder den objektivistischen Standpunkt, daß Ursachen und Wirkungen „gesehen" werden können, kritisiert (Herder: An den Herrn Direktor der historischen Gesellschaft in Göttingen – Schriften zur Literatur Bd. 1, S. 684-691, hier S. 686).

verhaltens' als auch deshalb, weil er den theoretischen Charakter der *Vorstellung* mißdeutet habe, nicht ernst zu nehmen sei. Der Streit zwischen Schlözer und Herder könne nicht als „Dokument des Aufeinanderprallens unterschiedlicher Wissenschaftskonzeptionen" gelten, schon weil Herder seine Rezension auf Bestellung von Schlözers Rivalen in Göttingen verfaßt habe.[1] Ein moralisches Verdikt ist wissenschaftsgeschichtlich freilich kein sehr starkes Argument, zumal es ehrlicherweise auch gegen Schlözer zu wenden wäre, der in seiner Antikritik noch weit weniger zimperlich polemisierte;[2] und für ein Kompendium hat Herder die *Vorstellung* keineswegs gehalten – vielmehr thematisiert er gerade ihren Entwurfscharakter –, sondern er hat den – und sei es nur heuristischen – Wert eines ‚Plans' *diesen Inhalts* in Zweifel ezogen.[3] Der Verweis auf die Gelehrtenränke schließlich ist nur relevant,

1 Gänzlich verkennt Dietzsch den Schlözer-Herder-Streit, verführt wohl von dem Lob, das Marx Schlözer spendete, vgl. Dietzsch: Ist Geschichte als Naturgeschichte möglich?, S. 149. Die Zitate bei Schlözer: Vorstellung seiner Universalhistorie, Einleitung von Horst Walter Blanke, S. 11 und 22, 17; vgl. Blanke/Fleischer: Artikulation, S. 79, Anm. 199, ähnlich schon Wegele: Geschichte, S. 796. Eine unaufgeregte, treffsicher abwägende Darstellung des Streites hat dagegen Robert S. Leventhal vorgelegt (Progression and Particularity. Herder's Critique of Schlözer's Universal History in the Context of the Early Writings. – In: JGH. Language, History, and the Enlightenment, S. 25-46, bes. S. 26-35).

2 Als beleidigend an Herders Kritik mußte vor allem empfunden werden, daß sie insinuierte, Schlözer habe deshalb lediglich einen Plan vorgelegt, weil er aus Eitelkeit glänzen wolle, aber nicht in der Lage sei, ihn auszuführen (welch letzteres Schlözer nicht einmal bestritt, vgl. Vorstellung seiner Universalhistorie Bd. 2, S. 282-286). Andererseits sprach Herder auch Lob aus und wollte am Ende die Heftigkeit seiner Kritik sogar als Ausdruck der Wertschätzung verstanden wissen (vgl. SW 5, S. 439f.); wenig später distanzierte er sich gar von seinem Angriff (vgl. an Lavater, 15, 1. 1774 – Briefe Bd. 3, S. 66). Schlözer hingegen stellte Herder als einen anmaßenden Belletristen hin, der ernsthafte intellektuelle Arbeit scheue und auf dem wissenschaftlichen Terrain der Geschichte, auf dem er ohnehin nichts zu suchen habe, nur seine Unfähigkeit bewiesen habe.
Wie Schlözers Umgang mit abweichenden Positionen in anderen seiner Schriften zeigt, ist der scharfe Ton der Herder-Antikritik auch nicht allein damit zu erklären, daß Schlözer zuerst ungehörig angegriffen wurde und in seiner Antwort allenfalls etwas über das Ziel hinausgeschossen wäre (so Blankes Einleitung in Schlözer: Vorstellung seiner Universalhistorie, S. 23). *Oskold und Dir* (1773) etwa stellt eine Kritik der Forschung zur russischen Geschichte vor der Jahrtausendwende dar, in der Schlözer in derselben Manier wie in der Herder-Antikritik seine Kollegen satzweise zitiert, um ihnen über fast hundert Seiten große und kleine Fehler vorzudemonstrieren. Als Pointe kann gelten, daß Schlözer auch einer eigenen früheren Schrift drei Fehler ankreidet, von denen zwei allerdings arg gesucht wirken (vgl. S. 58f.). Die Neigung zur Selbstkritik, die in neuerer Zeit an Schlözer als ‚typischem' Vertreter der so löblich diskursoffenen Aufklärungshistorie gerühmt wurde (vgl. Blanke: ebd., S. 21; Ursula A. J. Becher: August Ludwig Schlözer – Analyse eines historischen Diskurses. – In: Aufklärung und Geschichte, S. 344-362, hier bes. S. 349), dient hier offensichtlich als Legitimation, über andere pedantisch harte und schulmeisterliche Urteile zu fällen.

3 Die These von Herders Mißverstehen liest zudem souverän hinweg über Schlözers eigene Rubrizierung des zweiten Teils der *Vorstellung* als „Summarien", d.h. als eine in

wenn die Bedeutung eines Konflikts nicht an seinen Ursachen, sondern am Anlaß gemessen wird. Hinsichtlich der Möglichkeit, (Universal-)Geschichte zu schreiben, kündigte sich in Herders Kritik aber durchaus ein Paradigmenwechsel an.[4] Dieser Wechsel betrifft wohlgemerkt nicht die philologisch-kritische Tätigkeit des Göttingers. Herder, der Schlözers außergewöhnliche Leistungen auf diesem Gebiet zunächst mißachtet und sogar verkannt hatte,[5] geizte denn später auch nicht mit Lob für dessen „Meistertalent" hierin.[6]

Daß Herder eine epochal andere Konzeption der Universalgeschichte vorschwebt, als Schlözer sie formuliert, erweist sich an Schlözers Antikritik vielleicht noch deutlicher als an Herders Rezension. Denn von den für die künftige Entwicklung der Geschichtsschreibung wesentlichen Einwänden Herders begreift Schlözer kaum etwas. Ganz allgemein macht sich der begrenzte Horizont des Historikers in seinem Versuch bemerkbar, Herder aus der geschichtstheoretischen Diskussion vorgängig auszugrenzen,[7] denn er ist mehr als nur Taktik. Sein innerhalb des fachwissenschaftlichen Diskurses sicher geschicktes Argument gegen die Urteilsfähigkeit des Rezensenten, der Hinweis nämlich auf die Fehler in der *Vorstellung*, die Herder zurecht hätte monieren können, aber wohl übersehen habe,[8] indiziert die Verschiedenheit der Diskussionsebenen: Herder ging es eben nicht um die Daten oder ‚Fakten' im einzelnen, sondern er stößt zu einigen Grundfragen der Geschichtsbetrachtung und -darstellung vor: der Einheit der Geschichte und ihrem Telos (α. im folgenden Unterkap. a.), die reflektiert werden müssen, um Geschichte im konkreten Einzelfall schreiben zu können (β.), dem Sinn der synchronistischen Perspektive (b.), der Sprachlichkeit und damit Konstruktivität von Geschichte (c.) und der Integration des Mannigfaltigen (d.). Daß Schlözer sich auf diese Ebene nicht begeben konnte, zeigen seine Repliken auf das genaueste, denn

---

ihrer materialen Qualität nur quantitativ modifizierte Weltgeschichte (vgl. Blanke/Fleischer: Artikulation, S. 79, Anm. 199. Das Zitat bei Schlözer: Vorstellung seiner Universalhistorie, Vorrede – TDAH, S. 663). Der erste Teil der *Vorstellung*, von Schlözer als „theoretische Abhandlung" bezeichnet (ebd. Bd. 2, S. 375), ist von Herder durchaus als solche erkannt worden.

4 Auch Leventhal betont die grundsätzliche Bedeutung des Schlözer-Herder-Streites im Sinne eines Paradigmenwechsels (vgl. Robert S. Leventhal: Progression and Particularity. Herder's Critique of Schlözer's Universal History in the Context of the Early Writings. – In: Johann Gottfried Herder. Language, History, and the Enlightenment, S. 25-46, hier S. 26). Unter den im folgenden von mir erörterten Monita Herders und seinen konzeptuellen Alternativen behandelt Leventhal allerdings nur das Teleologieproblem (vgl. ebd., S. 30, 34, 38-40).

5 Vgl. Haym: Herder Bd. 1, S. 604.

6 Herder: SW 20, S. 304 (Rezension der *Geschichte der Deutschen in Siebenbürgen*). Zur quellenkritischen und -editorischen Leistung Schlözers vgl. Fürst: Schlözer, S. 174-182.

7 Vgl. Schlözer: Vorstellung seiner Universalhistorie Bd. 2, S. 225.

8 Vgl. ebd., S. 227.

er nimmt sich in seiner 190-seitigen Antikritik fast jeden Satz Herders, einen nach dem anderen, einzeln vor.[9]

a) „Wo steht der Eine, große Endpfahl?" – zur Funktion geschichtsphilosophischer Rahmenannahmen

α. Wohl der zentrale Einwand Herders ist seine Problematisierung der universalhistorischen Zusammenfügung aller Teile zu einem Ganzen. Herder macht darauf aufmerksam, daß die Einheit der Geschichte an ihre Ausrichtung auf ein erreichtes oder zu erreichendes Telos gebunden ist. Das folgt – wie wir gesehen haben – eigentlich bereits aus dem von Schlözer zitierten, zweckgebundenen Vollkommenheits- bzw. Schönheitsbegriff der aufklärerischen Ästhetik, der die Zusammenfassung von Teilen zu einem Ganzen an einen einheitlichen Zweck band. Trotzdem versagt sich Schlözer eine Reflexion über das – heuristisch anzunehmende – Telos der Geschichte, um nicht in das gefährliche Gebiet der Geschichtsphilosophie zu geraten. Ihm erscheint die System-Form als einheitsstiftendes Element der Geschichte ausreichend und einzig legitim. Die Tradition der Universalgeschichtsschreibung macht sich mit – freilich vagen – Annahmen über die Bewegungsrichtung der Geschichte („Veredlung und Verschlimmerung") trotzdem bemerkbar; Schlözers besonderem Erkenntnisinteresse entspringt daneben das diese Formel partiell präzisierende Postulat eines Zuwachses an „*Künsten* und Erfindungen"[10]. Herder dagegen gibt sich weder mit einem System zufrieden, noch kann er die bloße Traditionalität des teleologischen Elements in Schlözers universalgeschichtlicher Konzeption, mithin dessen Verzicht auf eine reflektierende Begründung, akzeptieren.[11] Er legt das (in unserer Diskussion des ‚anthropologi-

9 Daß Herder auch Einzelheiten kritisiert, deutet Schlözer so, daß jener sich nur mit Kleinigkeiten abgegeben habe. Nach Schlözer hätte der Kritiker sich auf sein Konzept einlassen, d.h. sich auf die theoretische Ebene des ersten Teils der *Vorstellung* begeben sollen (vgl. ebd., S. 237). Gewiß schwankt Herder stark zwischen verschiedenen Ebenen der Kritik – zu stark für Schlözer, dem der Rezensionsstil ernste Verständnisprobleme bereitete: Die Gliederung der Rezension nach den Teilen des Titels *Vorstellung seiner Universalhistorie* versteht er beispielsweise so, daß Herder mit seiner Kritik nicht über den Titel hinaussehe (vgl. ebd., S. 238).

10 Schlözer: Vorstellung seiner Universalhistorie, S. 1f., 97f. – TDAH, S. 664, 683. Zur Herkunft der Schlözerschen Formel ‚Veredlung und Verschlimmerung' – als Topos von Bodin verbreitet, im Anschluß an Rousseaus 2. Discours wieder diskutiert – vgl. Robert S. Leventhal: Progression and Particularity. Herder's Critique of Schlözer's Universal History in the Context of the Early Writings. – In: JGH. Language, History, and the Enlightenment, S. 25-46, hier S. 34, 36f., und Günther Buck: Selbsterfahrung und Historizität. – In: Geschichte – Ereignis und Erzählung, S. 29-94, hier S. 31-35.

11 Vgl. Leventhal: ebd., hier S. 34.

schen' Romans schon thematische) Problem von Kohärenz und Teleologie offen, indem er bei der Suche nach dem „*Einen* in der Geschichte" nach ihrem Telos, dem „*Endpfahl*" fragt.[12] Geschichtliche Einheit ist für Herder nicht denkbar, wenn nicht bedacht wird, wohin Geschichte sich entwickelt (hat). Sprachlich subtil bringt er die notwendige Zusammengehörigkeit von Einheitlichkeit und Zielperspektive dadurch zum Ausdruck, daß er zunächst von dem sächlichen Einen als Einheit und wenig später, im gleichen Satz, von dem maskulinen Einen, dem ‚Endpfahl', spricht. Nichts könnte derweil bezeichnender für Schlözers Unverständnis sein, als daß er in seiner Antikritik ebendiesen Satz zerreißt; er trennt das Einige von jenem Einen![13]

Für Schlözer ergibt sich die Einheit der Universalgeschichte daraus, daß ihr ein einheitliches Subjekt, die Menschheit, zugrunde liegt;[14] er sieht nicht, daß die Definition des historischen Subjekts noch keine Aussage über die Form beinhaltet, in der sich seine Veränderung in der historischen Zeit vollzieht; ja, letztlich verkennt er, daß sich die Einheit der Universalgeschichte auf ihre diachrone Erstreckung, nicht auf ihre synchrone Breite beziehen muß. Damit ist sein Einheitsbegriff der Geschichte einem – prinzipiell syntagmatischen – ‚emplotment' nicht zugänglich, auf seine Universalgeschichte ist keine Fabel anwendbar. Die Begriffe von Einheit, die Schlözer der Universalhistorie zu geben vermag, betreffen nicht deren historisches Element, sondern das universale, im Hinblick auf Geschichte also nicht Konstitutives, sondern Akzidentielles, das die Universalhistorie lediglich von anderen, den ‚Spezial'-Geschichten unterscheidet. Im Streit, den Herder und Schlözer um diesen Punkt führen, tritt exakt jene „Substitution von Strukturen durch Prozesse" hervor, die White mit Cassirer als einen wesentlichen Beitrag Herders zum historischen Denken des 19. Jahrhunderts erkannt hat.[15] Schlözers Verweigerung teleologischer Reflexion hingegen kommt am deutlichsten in seiner Mißdeutung des „Endpfahls" zum Ausdruck: Er lokalisiert den ‚Endpfahl' „in Eden am Eufrat, bei Adam und Eva", d.h. er geht zurück zum uranfänglichen

12 Herder: SW 5, S. 438.

13 Vgl. Schlözer: Vorstellung seiner Universalhistorie Bd. 2, S. 270, 274.

14 Vgl. ebd., S. 271.

15 White: Metahistory, S. 103. Einen epistemologischen Bruch derselben Struktur stellt auf viel breiterer Basis auch Michel Foucault für das Ende des 18. Jahrhunderts fest: Er stellt der Wahrnehmung und Erkenntnis der Dinge in einer „Ordnung", die bis dahin herrschte, die „Geschichte" gegenüber als „Seinsweise all dessen, was uns in der Erfahrung gegeben wird" (Die Ordnung der Dinge, S. 271). Foucault unterscheidet die beiden epistemologischen Strukturen auch dadurch, daß er jener eine primär räumliche und dieser eine primär zeitliche Ausdehnung zuschreibt. Mit denselben Begriffen belegt übrigens Rüsen: Lebendige Geschichte, S. 56, den Typus der ‚exemplarischen Sinnbildung' und den Typus der ‚genetischen Sinnbildung', ohne allerdings auf Foucault Bezug zu nehmen.

„Einen Paar",[16] von dem alle Menschen abstammen und das deshalb die Einheit des Menschengeschlechts ganz handgreiflich biologisch begründet. Herders Verlangen nach einer Erläuterung, wohin der Fortgang der Menschheit nach Schlözers universalgeschichtlichem Plan zielt, begegnet dieser mit einer bloßen Wiederholung: „*Veredlung und Verschlimmerung* ist deutlich und präcis geredet."[17] Schlözer erkennt nicht, daß solche Topoi allenfalls zwei Kategorien andeuten, die die universalgeschichtliche Bewegung messen helfen können. Für eine Reflexion über Form und Ziel des Geschichtsprozesses ist damit wenig gewonnen, wegen der Unentschiedenheit dieser Topoi und weil Schlözers Fortschrittsgedanke dazu tendiert, sich auf den – leichter meßbaren – Zuwachs an technischem Wissen zu verengen.[18]

Daß Schlözer keinen totalisierenden teleologischen Gedanken zu fassen vermochte, kann umso mehr verwundern, als er wiederholt mit dem ‚Plan' der Universalgeschichte beschäftigt war. Als gewissenhafter Historiker sah er sich jedoch in einer unbedingten Opposition zu geschichtsphilosophischen Spekulationen und Konstruktionen, wie sie in Deutschland mit dem Namen Voltaires verbunden und als solche verschrieen waren.[19] Auch Herder forderte oder vertrat in seiner Rezension nicht eine solche Geschichtsphilosophie; vielmehr polemisierte er in *Auch eine Philosophie der Geschichte* nicht weniger scharf als Schlözer gegen die ‚romanhaften' Darstellungen einer „allgemeinfortgehenden Verbesserung der Welt".[20] Nicht weit von Schlözer steht er auch, wo er „Gipfel" und „Tal", gerade in moralischer Hinsicht, im Verlauf der Geschichte wechseln sieht oder wo er die Bedeutung von Erfindungen für die Höherentwicklung der Menschheit betont.[21] Am Problemhorizont von Herders anthropologisch, (sprach)philosophisch und theologisch begründetem Geschichtsdenken gemessen, sind das aber marginale Übereinstimmungen. Was seine Antworten auf die selbstgestellten Fragen angeht, ermöglichte eine radikal optimistische Ontologie es ihm, die ursprüngliche Unbestimmtheit

---

16 Schlözer: Vorstellung seiner Universalhistorie Bd. 2, S. 275, [Bd. 1,] S. 88.

17 Ebd., S. 276.

18 Die Formel „Veredlung oder Verschlimmerung" wiederholt Schlözer bezeichnenderweise im Abschnitt über die „technographische" Strukturierung der Universalhistorie (Vorstellung seiner Universalhistorie, S. 97 – TDAH, S. 683). In „*Künsten* und Erfindungen" schlage sich der Fortschritt des menschlichen Verstandes zuvörderst nieder (ebd., S. 97f. – TDAH, S. 683f.). Schlözer folgt hier dem französischen Geschichtsphilosophen Antoine-Yves Goguet. Zu Schlözers Fortschrittsgedanken und seinen französischen Quellen vgl. Warlich: Schlözer, S. 119-125. In seiner späteren *Weltgeschichte* möchte Schlözer den Begriff ‚Erfindungen' allerdings weiter und weniger technisch fassen (vgl. S. 66 [Ausg. 1794]).

19 Vgl. Schlözer: Vorstellung seiner Universalhistorie, S. 3f. – TDAH, S. 665.

20 Herder: Auch eine Philosophie, S. 37 (im Orig. hervorgehoben).

21 Ebd., S. 34, vgl. ebd., S. 58f.

(davon spricht auch Schlözer)[22] und damit Bildungsfähigkeit des Menschen als einen anthropologischen Ausgangspunkt zu begreifen, von dem aus nur *eine* Entwicklung, und zwar zum Guten hin, möglich sei: Der Mensch besitzt nach Herder eine Freiheit, die „das Wissen von der eigenen notwendigen Verwurzelung im guten Sein und das Handeln nach dieser Einsicht" ist.[23] Die menschliche Willensfreiheit kann damit nicht als Argument gegen einen vorherbestimmten, fortschreitenden Gang der Geschichte dienen. Denn der Mensch konstituiert sich für Herder aus strebenden Kräften, die „als ein Organ der göttlichen Macht, als eine tätig gewordene Idee seines [sc. Gottes, D.F.] ewigdaurenden Entwurfs der Schöpfung" wirken.[24] Sein Welt- und Menschenbild ist durch und durch monistisch: Das raubt einer moralischen und intellektuell-technischen Perspektive in der Art Schlözers ihre privilegierte Stellung in der philosophischen Geschichtsbetrachtung, und das verlegt – wichtiger noch – den Zweck der Geschichte in diese selbst (weswegen Herders Frage nach dem Endpunkt der Geschichte mit einer Zielbestimmung, die sich aus dem aufklärerischen Schönheitsbegriff ableiten ließe, nichts gemein hat).[25] Deshalb kann Herder, ohne die 1774 bekannte Unerkennbarkeit der ganzen Geschichte und ihres Telos zu konterkarieren, in den *Ideen zur Philosophie der Geschichte der Menschheit* „Humanität" als den „offenbaren Zweck" der menschlichen Natur, der in ihr selbst liege, bestimmen.[26] Damit ist ausgeschlossen, daß Zweck und Telos der Geschichte deren Mannigfaltigkeit mediatisieren und den Menschen – an die Romane Wezels sei erinnert – zu einer „blinden Maschine" degradieren. Herder aber hat einen „Leitfaden" gesponnen, mit dessen Hilfe er „das Labyrinth der Geschichte" durchwandern kann.[27] Das ist die zweite Funktion geschichtsphilosophischer Rahmenannahmen für die Geschichtsschreibung: Sie ermöglichen es, Geschichte als semantisch positiven, weil zielführenden Prozeß zu denken, und sie weisen jeder partikularen Geschichte ihren Platz im Ganzen an. Die besondere Stellung der Schlözer-Rezension aber liegt darin, daß sie selbst diese Antworten auf die in ihr aufgeworfenen Fragen noch nicht gibt. In ihr liegt vielmehr ein Reflexionsimperativ beschlossen, der von noch grundsätzlicherer Bedeutung ist als seine spätere Befriedigung, denn er deckte das geschichtstheoretische Problem auf, das diese wieder zu verdrängen drohte.

---

22 Vgl. Schlözer: Vorstellung seiner Universalhistorie, S. 6 – TDAH, S. 665.

23 Kondylis: Die Aufklärung, S. 627.

24 Herder: Ideen – Werke Bd. 6, S. 175 (5, III).

25 Vgl. Herder: Auch eine Philosophie, S. 37, 63-69. In der Geschichte sei „alles *Mittel* und *Zweck* zugleich" (ebd., S. 53).

26 Herder: Ideen – Werke Bd. 6, S. 631 (15, I). Das folgende Zitat ebd., S. 630.

27 Ebd., S. 669 (15, V).

β. Daß Herder, beginnend schon in der Rezension von John Millars *Bemerkungen über den Unterschied der Stände in bürgerlicher Gesellschaft* vom 25. September 1772,[28] vom sicheren Boden metaphysischer und religiöser Gewißheiten aus argumentiert und ohne diese nicht auskommt, hat beiläufig sogar Friedrich Meinecke bemerkt.[29] Schlözer ist vorsichtiger mit der geschichtstheoretischen Funktionalisierung solcher Gewißheiten, bzw. er hat nicht den Anspruch, seine Geschichtstheorie philosophisch zu legitimieren oder auf ihre Voraussetzungen in den gängigen Geschichtsphilosophemen seiner Zeit zu befragen. Vielleicht läßt sich sagen, daß Herders Geschichtsphilosophie für den modernen Geschichtstheoretiker zwar irritierender ist als Schlözers geschichtswissenschaftliche Methodik, sich aber auf einem höheren Niveau der Reflexion bewegt und dadurch relevant wird auch für eine unspekulative, forschungspraktisch ausgerichtete Geschichtstheorie. In der Frühgeschichte des modernen Geschichtsdenkens sollte zudem nicht überraschen, daß dort um ebenjene „Metaerzählungen" gerungen wurde, die nach ‚postmoderner' Ansicht mittlerweile ihre Legitimität verloren haben[30]. Hier ist nun allein zu erörtern, welcher geschichtstheoretische oder -philosophische Rahmen eine moderne, d.h. konstruktiv-kohärente Historiographie stärker begünstigte. Während aber Schlözers universalhistorisches Programm eher als Behinderung von monographischer Geschichtsschreibung zu interpretieren war, eröffnete Herders Geschichtsphilosophie der Geschichtsforschung und -schreibung Freiräume. Angesichts der aufgezeigten Bedeutung transintentionaler und -interaktionaler Kohärenzbildung für das Erzählmodell von Geschichtsschreibung ist es bereits von nicht geringer Bedeutung, daß sie menschliche Freiheit und historische Notwendigkeit verflicht und so das ‚Schicksal' u.ä. als eine *sinnvolle* Leerstelle der historischen Erklärung, als Abbreviatur für „tausend *mitwürkende* Ursachen" rehabilitiert.[31] Sie hilft so, die Geschichtsschreibung davon zu befreien, in pragmatischer Manier alles Geschehen auf bewußtes menschliches Handeln zurückführen und als Resultat von sich überkreuzenden Intentionen erklären zu müssen.

---

28 SW 5, S. 452-456. Vgl. Tino Markworth: Unterwegs zum Historismus. Der Wandel des geschichtsphilosophischen Denkens Herders von 1771 bis 1773. - In: JGH. Geschichte und Kultur, S. 51-59, hier S. 55-59.

29 Vgl. Meinecke: Die Entstehung des Historismus, S. 397, 407. Diesen in der historistischen Erforschung der eigenen Wurzeln zumeist vernachlässigten Aspekt hebt jetzt wieder Gerhard vom Hofe: „Weitstrahlsinnige Ur-Kunde". Zur Eigenart und Begründung des Historismus beim jungen Herder. - In: JGH 1744-1803, S. 364-382, hervor, der die „Fundierung des historischen Denkens in einer Art ästhetisch-säkularer Theologie" untersucht.

30 Jean-François Lyotard: Die Delegitimierung. - In: Conrad/Kessel (Hrsg.): Geschichte schreiben in der Postmoderne, S. 71-79, hier S. 79.

31 Herder: Auch eine Philosophie, S. 64.

Vor allem macht Herder darauf aufmerksam, daß der Geschichtsschreiber, der seiner Geschichte Einheit verleihen will, diese in einen Rahmen stellen muß, der mehr oder weniger vorsichtige Annahmen über das Ziel oder zumindest die Bewegungsrichtung derselben enthält.[32] Einen solchen flexiblen Interpretationsrahmen gewonnen zu haben, gehört im Hinblick auf die Möglichkeit, Geschichte zu schreiben, sogar zu den wichtigsten Errungenschaften, die den Historismus vor der Aufklärungshistorie auszeichnen.[33] So forderte Droysen, der es für unmöglich hielt, „eine Weltgeschichte zu *erzählen*", sehr wohl ihre begriffliche Ausmessung.[34] Dabei machte der geschichtswissenschaftliche Historismus nicht zuletzt auch Überlegungen der Geschichtsphilosophie des 18. Jahrhunderts fruchtbar, indem er sie auf die Forschung hin instrumentalisierte; selbst Herder hat von den Geschichtsphilosophen, Voltaire wie Iselin, die er so heftig angreift, wesentlich profitiert.[35] Jener Interpretationsrahmen stand dann für jede Geschichte, auch die kleinsten Formates, zur Verfügung. Die universalhistorische Orientierung der Aufklärungshistorie hob er im Hegelschen Sinne produktiv auf; er bildete die heuristische Voraussetzung für die narrativ-historiographische Synthese von begrenztem historischen Thema und universaler Perspektive. Ganz in diesem Sinne formulierte Novalis: „Jede Geschichte muß Weltgeschichte seyn, und nur in Beziehung auf die ganze Geschichte ist historische Behandlung eines einzelnen Stoffs möglich".[36] Kann der Historiker auf das Ganze verweisen – häufig in der genannten ‚symbolischen' Weise –, statt es in extenso darstellen

---

32 Zu dieser Notwendigkeit vgl. Schnädelbach: Geschichtsphilosophie, S. 12-15.

33 Vgl. die Skizze zur Entwicklung der geschichtsphilosophischen Hypothesenbildung von Voltaire bis Hegel bei Reinhart Koselleck: Geschichte. – In: Geschichtliche Grundbegriffe Bd. 2, S. 593-718, hier S. 669-673. Daran, daß sowohl Herder als auch Droysen ihre teils religiös gegründeten, teils spekulativen Fundamentalgeschichtstheorien aus der Wahrnehmung, durch materialistische und nihilistische Tendenzen bedroht zu sein, entwikkelt haben, sei nur stichwortartig erinnert (vgl. dazu oben S. 136ff.). Der hier in seiner Funktion, eine Geschichtsschreibung des Partikularen abzusichern, thematisierte geschichtsphilosophische Interpretationsrahmen des Historismus diente also auch der weltanschaulichen Selbstvergewisserung. Daß Schlözer keinen solchen Rahmen formulierte, weist darauf hin, daß er sich in seiner relativ optimistischen Deutung der Geschichte nicht derartig bedroht fühlte, was meine Situierung der deutschen Aufklärungshistorie ins ‚Vorironische' nur bestätigt (vgl. dazu oben S. 118ff.). – Blanke und Fleischer stellen dagegen in der späten Aufklärungshistorie eine „Theoretisierung der leitenden Hinsichten der Geschichtsschreibung zu einem expliziten Bezugsrahmen der historischen Interpretation" gerade im Hinblick auf „kompositorische Planung" fest (Artikulation, S. 77-81), ohne freilich die entsprechenden konstruktiven Kategorien aus den Schriften z.B. der Göttinger anführen zu können.

34 Droysen: Historik (Ed. Leyh), S. 256.

35 Vgl. Michael Maurer: Die Geschichtsphilosophie des jungen Herder in ihrem Verhältnis zur Aufklärung. – In: JGH 1744-1803, S. 141-155, bes. 154f.

36 Novalis: Fragmente und Studien, Nr. 77 – Schriften Bd. 3, S. 566.

zu müssen, so ist er überdies vom Zwang zur Vollständigkeit, der noch Schlözers *Vorstellung* beherrscht, befreit.[37] In bescheidenerer und meist auch reflektierterer Form lebt dieser Interpretationsrahmen in den heuristischen Teiltheorien der Geschichtswissenschaft bis heute fort, die häufig sich ebenfalls über den eigentlichen Untersuchungsgegenstand hinaus erstrecken (z.B. die Modernisierungstheorie)[38]. Umgekehrt läßt sich daran, daß die Geschichtswissenschaft erst in den 1970er Jahren ein ‚Theoriebedürfnis' verspürte, ablesen, wie lange üblicherweise nicht explizite Rahmenannahmen geschichtsphilosophischer Art in ihr gegolten haben: Ihnen scheint erst durch die historischen Katastrophen unseres Jahrhunderts und vor allem deren ‚Aufarbeitung' der Boden entzogen worden zu sein.

Da die Gottheit nie „anders als durch die Natur gehandelt", ist für Herder die jeweilige Beschränkung auf eine Epoche, eine Nation usw. nicht nur legitim, sondern der induktive Weg zum einzigen erhoben, der zur ahnenden Erkenntnis des Ganzen führt.[39] In der Tat ermöglicht die von religiös formulierten Erkenntnisgrenzen legitimierte Vagheit des geschichtsphilosophischen Interpretats, daß weder die Empirie eingeschränkt noch die Eigentümlichkeit des Einzelnen vom Ganzen her beschädigt wird; es liegt nur scheinbar ein Widerspruch darin, daß ausgerechnet Herder von Schlözer mehr „Fakta" fordert[40]. Paradoxerweise kann gerade die im strengen Sinne außerwissenschaftliche „Rückendeckung" Wissenschaft freisetzen: „Erst die metaphysische Überzeugung von der Allgegenwart des Normativen bzw. Teleologischen, d.h. vom Vollzug der Entwicklung im Sinne des Charakters des Ganzen, setzt Herder in die Lage, der Eigenart jeder Kultur Gerechtigkeit widerfahren zu lassen."[41]

b) Eine Tabelle als „Spielwerk"? – die Göttinger Universalhistorie

Nach Herders Ansicht möchte Schlözer die Universalhistorie zu einer „Tabelle" modeln.[42] Wohlgemerkt sitzt der Kritiker damit nicht einer Verwechslung

37 ‚Vollständigkeit' ist für die Universalgeschichtsschreibung Schlözers und Gatterer noch ein ernsthaft angestrebtes Ideal, vgl. Schlözer: Vorstellung seiner Universalhistorie, S. 32 – TDAH, S. 674; Gatterer: Vom historischen Plan, S. 67 – TDAH, S. 649.

38 Vgl. Rüsen: Rekonstruktion der Vergangenheit, S. 65, 68f.

39 Herder: Auch eine Philosophie, S. 46.

40 Herder: SW 5, S. 437.

41 Kondylis: Die Aufklärung, S. 634. Zur Förderlichkeit nicht explizierter Annahmen über das Ganze der Geschichte für die historistische Geschichtsforschung vgl. Rüsen: Der Teil des Ganzen. Über historische Kategorien. – In: Teil und Ganzes, S. 299-323, hier S. 303f.

42 Herder: SW 5, S. 439.

von Plan und Ausführung auf und nimmt auch nicht den kleinen im engeren Sinne tabellarischen Teil der *Vorstellung* für das Ganze, wie Schlözer meint.[43] Vielmehr verschafft nach Herder die doppelte Perspektivierung der Weltgeschichte nach zwei quer zueinander liegenden Prinzipien, dem ‚ethnographischen' und dem synchronistischen, der Universalhistorie eine tabellarische Struktur. Und diese Struktur würde die ausgeführte Universalhistorie ebenso wie die projektierte prägen. Daß die Kennzeichnung als Tabelle trifft, kann besonders eindrücklich eine ‚Darstellung' der Weltgeschichte vor Augen führen, deren Verfasser sich vor dieselben geschichts- und darstellungstheoretischen Probleme wie Schlözer gestellt sah und zu ihrer Lösung die Form einer Tabelle im eigentlichen Sinne wählte: Der schwäbische Landpfarrer Friedrich Karl Fulda (1724-1788) hat 1783 eine *Charte der Weltgeschichten* angefertigt und drucken lassen, die auf einer Fläche von 196,6 x 172,4 cm und in 104 senkrechten Spalten Daten und ‚Fakten' von 99 Ländern, Landesteilen und Erdteilen aufführt und sie mit Hilfe von waagerechten Balken hundertjahrweise synchronistisch parallelisiert.[44] Daß die Einrichtung dieser „Geschichtcharte" ganz tabellarisch ist, darf der Titel nicht verdecken: Die Spalten ordnen sich nicht geographisch, sondern nach der historischen Beziehung des jeweiligen Gebietes zu Rom als der mittleren Spalte, welche Stadt also dieselbe historische Zentral- und Orientierungsstelle einnimmt wie in Schlözers *Vorstellung*.[45] Schlözers Versuch, die ethnographische Universalgeschichte

43 Vgl. Schlözer: Vorstellung seiner Universalhistorie Bd. 2, S. 248.

44 Vgl. Fulda: Charte der Weltgeschichten. Die *Charte* weist im Titel 1782 als Erscheinungsdatum aus; eine Notiz am unteren Rand vermerkt dagegen „geendiget MDCCLXXXIII". Eine genaue Beschreibung dieser Tabellen-Karte gibt Fuldas Begleitschrift: Ueberblick der Weltgeschichten. Diese Schrift ist vor allem deshalb nützlich, weil sie die Kolorierung der *Charte* ausführlich erklärt, wohingegen der Farbauftrag auf dieser selbst inzwischen recht verblaßt ist.
Auch Schlözer war der Ansicht, daß „sich Chronologie und Synchronismus sehr gut fassen" ließen „durch eine illuminierte chronologische Karte auf Einem Bogen" (Weltgeschichte, S. 82f.). Allerdings nutzt er die Zweiachsigkeit einer graphischen Darstellung nicht, sondern stellt in der von ihm dann tatsächlich veranlaßten „Charte" (die der von mir benutzten 1794er Ausg. der *Weltgeschichte* beigebunden ist), sechs Spalten (für je ein Jahrtausend) nebeneinander, so daß für die (‚synchronistische') Raum-Achse gar kein Platz bleibt. Der von ihm intendierte Überblickseffekt kann so nicht eintreten. Fuldas *Charte der Weltgeschichte* entspricht deshalb dem Systemanspruch der Schlözerschen Geschichtstheorie weit besser als Schlözers eigene.

45 Vgl. Fulda: Ueberblick, S. 14f.; Schlözer: Vorstellung seiner Universalhistorie, S. 68f., 80f., 109. Seine Ausrichtung aller nationalen Geschichte auf die römische hat Schlözer in der zweiten Auflage der *Vorstellung* per Anmerkung in Frage gestellt; den Haupttext änderte er allerdings nicht (vgl. S. 85-87). – In bezug auf das Synchronismus-Problem der Aufklärungshistorie geradezu irreführend wirkt übrigens die Kürzung, die der theoretische Teil der *Vorstellung* in den *Theoretikern der deutschen Aufklärungshistorie* erfahren hat: Dort fehlt ausgerechnet und allein das hier einschlägige dritte Kapitel (S. 59-95).

durch die Bestimmung von „Hauptvölkern", d.h. zumeist erobernden und herrschenden Völkern, zu systematisieren, schlägt sich bei Fulda nieder als Kolorierung der Spalten: Verschiedene, in ihrer Helligkeit noch abgestufte Farben, die bestimmten Völkern zugeordnet sind, veranschaulichen deren Ausbreitung über ursprünglich fremde Gebiete oder ihre Eroberung und Inbesitznahme.[46] Daß Fulda damit dem ‚ethnographischen' Gliederungsprinzip des niemals namentlich berufenen Schlözer gerecht werden will, ist umso sicherer anzunehmen, als gerade in diesem Zusammenhang das Stichwort „System" fällt.[47]

So wenig die „Geschichtcharte" ein ernstzunehmendes Muster der Universalgeschichtsschreibung darzustellen scheint – auch ohne die allenfalls laienhaften Forschungen, die ihr zugrunde liegen, zu berücksichtigen –, so adäquat ist sie doch der *Vorstellung*. Bei Fulda ist Schlözers Kardinalproblem, „Real"- und „Zeitzusammenhang", diachronische und synchronische Dimension der Geschichte in einem darzustellen,[48] gelöst. Daß er es gelöst hat und daß er somit die „ganze Geschichte vor sich zu sehen" und „mit einem Blick zu überschauen" vermag, bereitet ihm eben jenes „Vergnügen", das der Göttinger Professor mit dem „allgemeinen Blick" über das System der Weltgeschichte verband.[49] Fulda verschafft dieses Vergnügen sogar nicht nur sich selbst, sondern jedem Betrachter seiner tabellarischen Universalhistorie, während Schlözer das ästhetische Erlebnis der Weltgeschichte, das dem Historiker zuteil werden soll, einem Leser nicht vermitteln kann, weil der seiner Ansicht nach notwendige doppelte Gang durch die Weltgeschichte deren Einheit zerstört.

Diese Stärke einer tabellarischen Geschichtsdarstellung ist nun freilich mit Schwächen erkauft, die diesen Typus von der modern narrativen Geschichtsdarstellung noch weiter entfernen als alle universalhistorischen Kompendien oder Schlözers zwiefache Weltgeschichte. Als einer Art ‚Chronik' in Spalten fehlt der ‚Geschichtcharte' das narrative Element fast ganz. Sie entzieht sich dem Problem der Aufklärungshistorie, wie der mikro- und makrostrukturelle ‚Zusammenhang der Begebenheiten' in einem Text repräsentiert werden kann, und begnügt sich damit, den historischen Nexus durch Längs- und Querspalten „sinnlich eindrüklich" zu machen.[50] Zur Entwicklung der Geschichtsschreibung und damit der Geschichtswissenschaft kann sie deshalb

46 Vgl. Fulda: Ueberblick, S. 4-10.

47 Ebd., S. 3.

48 Vgl. Schlözer: Vorstellung seiner Universalhistorie, S. 57 – TDAH, S. 683.

49 Fulda: Ueberblick: S. 42; Schlözer: ebd., S. 18f. – TDAH, S. 670.

50 Fulda: Ueberblick, S. 43. Zur ‚Chronik' als einer Nullstufe von narrativer Textorganisation vgl. White: Metahistory, S. 19f.

keinen Beitrag leisten. In unserer Problemgeschichte hat Fuldas Tabelle nur einen Platz, weil sie die ebenfalls tabellarische und anarrative Struktur von Schlözers universalgeschichtlichem Konzept noch deutlicher hervortreten läßt als die *Vorstellung* selbst.

Bedingt ist diese Struktur vor allem durch Schlözers Beharren auf einer synchronistischen Perspektive. Herder dagegen bezeichnete die synchronistischen Zusammenstellungen von geschichtlichen Gestalten, die in der *Vorstellung* beispielhaft gegeben werden, als „Spielwerk".[51] Diese Charakterisierung trifft, insofern für jene Zusammenstellungen ein feststellbarer oder auch nur vermuteter pragmatischer Konnex in keiner Weise Voraussetzung ist. Schlözer selbst beschreibt, wie ein synchronistischer „Zusammenhang" „durch geschickte *Vergleichung* erkünstelt" wird: „Confucius in Sina predigte gegen Laster, die Anakreon in Griechenland besang, und Tarquinius in Rom verübte."[52] Da, in traditioneller Centurienmanier, ein Jahrhundert die Maßeinheit bildet, werden nicht einmal Zeitgenossen in jedem Falle zusammengestellt: Gutenberg († 1468) und Luther (* 1483) etwa gibt Schlözers synchronistische Übersicht als gleichzeitig aus.[53] Merkwürdig genug, daß ein Theoretiker des Pragmatismus, dem alles auf die Verbindung von Ursachen und Wirkungen anzukommen schien, das spielerische Element, d.h. das Absehen von jeglichem Realitätssubstrat in solchen Konstrukten nicht bemerkte![54] Die synchronistische Perspektive muß Schlözer so selbstverständlich gewesen sein, daß sie keiner weiteren Begründung bedurfte; daß das universale Element in der Universalhistorie sowohl deren zeitliche Erstreckung betreffen *kann* als auch die geographische Ausdehnung, genügte dafür, daß „jede Reihe von Begebenheiten [...] auf eine doppelte Weise gelesen werden" *muß*. Unfreiwillig enthüllt jedoch Schlözer selbst, daß die synchronistische Universalhistorie axiomatisch außerhalb seiner pragmatischen Geschichtstheorie steht; von Herder angegriffen und vielleicht jene seit der Spätantike gepflegte Tradition der Weltchronistik (Eusebius von Caesarea) vor Augen, die heterogene Geschichtsüberlieferungen mit ihren inkompatiblen Chronologien zu integrieren hatte und diese Aufgabe nicht zuletzt durch synchronistische Tabellen zu bewältigen suchte,[55] flüchtet er sich in eine zweifelhafte

51 Herder: SW 5, S. 439; Schlözer: Vorstellung seiner Universalhistorie, S. 90-93.

52 Schlözer: ebd., S. 56f. – TDAH, S. 682.

53 Vgl. ebd., S. 93. Ähnliches präsentiert Gatterers „Tabelle zur Uebersicht des Ganzen mit Chronologischen und Synchronistischen Augen" in dessen *Einleitung in die synchronistische Universalhistorie*, S. 1092-96. – Zur Traditionalität von Hundertjahreinheiten in der Geschichtsschreibung der frühen Neuzeit vgl. Burckhardt: Die Entstehung der modernen Jahrhundertrechnung.

54 Vgl. Schlözer: Vorstellung seiner Universalhistorie Bd. 2, S. 332.

55 Unmittelbar dieser Tradition entstammt z.B. die Parallelisierung verschiedener ägypti-

Letztbegründung: „Niemand versteht Weltgeschichte, wer nicht zugleich den *Synchronismus* weiß. Dies ist ein Axiom".[56]

So sehr das synchronistische Prinzip der pragmatischen Systemforderung widerstreitet, weil es auf die Feststellbarkeit von Kausalnexus oft keine Rücksicht nimmt, so scheint es sich paradoxerweise doch dem Systemwillen der Aufklärungshistorie zu verdanken. In den programmatischen Schriften etwa Gatterers wird es erkennbar als Kompensation für die nicht erreichte lückenlose Systematik einer Welthistorie als „allgemeiner Völkergeschichte", als eine sekundäre Annäherung an den idealen „*nexus rerum universalis*" aller „*merkwürdigen* Begebenheiten":[57] Die Universalhistorie als gesammelte Völkergeschichte zu begreifen, übernahm die aufklärerische Geschichtswissenschaft von der humanistischen Tradition, wie Bodin sie nachwirkend formuliert hatte.[58] Darüber hinausgehend unternahmen dann vor allem Gatterer

---

scher Zeitrechnungen in Tabellenform, die Gatterer seinem *Abriß der Universalhistorie* von 1773 (zwischen S. 32 u. 33) beibinden ließ.

56 Vgl. ebd. Bd. 2, S. 317. Neuerdings hat man Schlözers Doppelung der Weltgeschichte in einen nach Völkergeschichten diachronistischen und in einen synchronistischen Durchgang attestiert, damit sei „das historiographische Problem theoretisch erfaßt" (Horst Walter Blanke: Einleitung. - In: Schlözer: Vorstellung seiner Universalhistorie, S. 9-26, hier S. 18). Davon kann keine Rede sein, vielmehr liegt der Einschätzung Blankes eine bereits falsche Identifizierung der synchronistischen Darstellung mit dem Aggregatzustand der Universalhistorie zugrunde (vgl. ebd. den durch die Anm. 46 hergestellten Bezug des Begriffspaars Aggregat-System auf das Begriffspaar Zeit- und Realzusammenhang). Die synchronistische Darstellung kann dann als „notwendige Durchgangsstufe zum System" ausgegeben und ihr damit ein Zweck und Sinn verliehen werden (ebd.; was das Aggregat als notwendige Vorstufe des Systems angeht, kann Blanke sich dabei auf eine Anmerkung in der zweiten Auflage der *Vorstellung*, S. 237 - vgl. TDAH, S. 671, stützen). Dem ist entgegenzuhalten, daß die synchronistische Darstellung für Schlözer nicht anders als die ‚ethnographische' eine des „Zusammenhangs der Begebenheiten" und mithin eine ‚systematische' ist (Schlözer: ebd., S. 46 - TDAH, S. 679). Das ‚Aggregat' der Weltgeschichte zeichnet sich dagegen durch keinerlei Zusammenhang und Ordnung aus (vgl. ebd., S. 15 - TDAH, S. 669). Einander gegenüber stellt Schlözer ‚Aggregat' und „synchronistisches *System* von jedem Zeitalter" auch in der Vorrede zur zweiten Auflage seiner *Vorstellung* (n. pag.). Ist also auch durch eine Fehlinterpretation der fundamentalsten Begriffe von Schlözers Geschichtstheorie keine sinnvolle Funktion für die synchronistische Darstellung auszumachen - erinnert sei noch einmal daran, daß Schlözer sich in der Zusammenstellung nicht des eventuell, unentdeckt in Wechselwirkung Stehenden, sondern des Disparatesten gefällt -, so haben wir es bei der Synchronismusfrage tatsächlich mit einem Scheinproblem der Historiographietheorie zu tun. Damit erledigt sich auch Blankes Versuch, die aufklärerische Synchronismusdiskussion in bekannter Manier gegen den ‚diskursscheuen' Historismus auszuspielen, insofern „die Aufklärungshistoriker das anstehende Problem eben nicht zu kaschieren versucht" hätten (Blanke: ebd., S. 19), mit welcher Invektive eine Einsicht, die von der erst am Ende des 18. Jahrhunderts endgültig vollzogenen Verzeitlichung des Geschichtsdenkens getragen ist, ganz falsch als Problemverweigerung hingestellt wird.

57 Gatterer: Vom historischen Plan, S. 26, 85f. - TDAH, S. 627, 659.

58 Vgl. Muhlack: Geschichtswissenschaft, S. 108.

und Schlözer den Versuch, den Systemgedanken in die Weltgeschichte als Völker- oder ‚ethnographische' Geschichte einzupflanzen. Dazu diente die Ermittlung von „Völkersystemen", die bis zur Entdeckung Amerikas durch die Beherrschung besiegter Völker durch verschiedene „erobernde Völker" konstituiert werden - Gatterer nennt dies „Systeme der Unterwürfigkeit" - und in der Neuzeit zusätzlich durch ein *„System der Bündnisse"* der europäischen Staaten.[59] Einen guten Teil dessen, was an ‚gleichzeitigen' pragmatischen - politischen, ökonomischen, kulturellen - Verbindungen zwischen Staaten und Völkern denkbar ist, erfaßt theoretisch bereits diese ‚systematische' Ordnung der vielen einzelnen Völkergeschichten, wenngleich bzw. gerade weil die verschiedenen ‚Systeme' keineswegs jeweils alle Völker(gruppen) umfassen.[60]

Ausgeführt wurden diese Pläne in den zahlreichen Weltgeschichten der Göttinger jedoch nur ansatzweise. Das Staatensystem der Neuzeit blieb ganz außerhalb der Darstellung und meist sogar außerhalb der Planung.[61] Gatterers *Abriß der Universalhistorie nach ihrem gesamten Umfange* von 1765 reicht bis etwa 500 n. Chr.; ein zweiter Band ist nicht erschienen. Die Neubearbeitung von 1773 kündigt sowohl im Titel als auch in der Vorrede[62] zwar an, diesen Mangel zu beheben, bleibt aber vor den makedonischen Eroberungen (2. Hälfte des 4. Jh. v. Chr.) stehen; selbst das Inhaltsverzeichnis für den erneut nicht mehr erschienenen zweiten Band reicht lediglich bis zum Fall

---

59 Gatterer: Einleitung in die synchronistische Universalhistorie, 2. Teil, S. 13f.; Schlözer: Vorstellung seiner Universalhistorie, S. 106 - TDAH, S. 686; Gatterer: Vom historischen Plan, S. 41 - TDAH, S. 635. Ein Schema, das dieses Gliederungsprinzip erläutert, findet sich im *Abriß der Universalhistorie* von 1773 neben S. 32.

60 Gatterer ist theoretisch konsequenter darin, synchronische und diachronische Dimension durch die Konzentration auf ‚Völkersysteme' zu verbinden, während Schlözer zum einen neben derartigen Hegemonialsystemen auch „blos *wichtige* Völker" und *„Völker-Klassen"* als Primäreinheiten der Universalgeschichte bestimmt und zum anderen einen zweiten, synchronistischen Durchgang von vornherein einkalkuliert (vgl. Vorstellung seiner Universalhistorie, S. 107f., 58 - TDAH, S. 686, 683). Trotzdem stehen in seinem *Abriß der Universalhistorie* (1773) neben dem römisch-byzantinischen ‚System der Unterwürfigkeit' sieben „Mitherrscher": Parthoperser, Teutsche und Slawen, Päpste, Chineser, Araber, Türken, Mongolen (vgl. das Inhaltsverzeichnis, ausgeführt hat Gatterer dies nicht).

61 Und dies resultiert nicht aus einer programmatischen Beschränkung auf die Zeit von der Erbauung Roms bis zur Erstürmung Konstantinopels, wie Schlözer sie für die *synchronistische* Universalhistorie vorschlägt (vgl. Vorstellung seiner Universalhistorie, S. 61-67, 73). Die ‚ethnographische' Universalhistorie unterlag nicht dieser Konzentration auf einen Zeitraum, in dem eine erobernde Macht den geforderten Nexus in der Geschichte selbst (mehr oder weniger) herstellt, sondern reicht von den Assyrern bis zur Neuzeit (vgl. ebd., S. 109f. - TDAH, S. 687). Auch die im folgenden besprochenen Universalgeschichten belegen, daß die „Vorgeschichte" (S. 88f.) in praxi keineswegs von der Darstellung ausgeschlossen werden sollte.

62 Vgl. Abriß der Universalhistorie in ihrem ganzen Umfange, S.)(3.

Konstantinopels. In der *Weltgeschichte in ihrem ganzen Umfange* von 1785-87 gelangt Gatterer über ‚Perser und Griechen' nicht hinaus. In seinem 1771er universalhistorischen Handbuch, das insgesamt über 1250 Seiten umfaßt, widmet er dem neuzeitlichen Staatensystem schließlich ganze 20 Seiten, indem er einen Staat nach dem anderen mehr abhakt als behandelt.[63] Auch Schlözer überläßt die neuzeitliche Geschichte, in der doch die bisher getrennten Weltteile anerkanntermaßen zum ersten Mal in Kontakt traten, den ‚Spezialgeschichten'.[64] Und er bringt die Unmöglichkeit, dem eigenen Systemanspruch historiographisch zu genügen, selbst zum Ausdruck, wenn er die neuere Geschichte für zu reich erklärt, um „sie in ein System zu fassen".[65]

Geschichte darzustellen gelang also den Aufklärungshistorikern gerade da nicht, wo sich ihre primären Entitäten bereits in einem ‚System' präsentieren. Gatterers Werke stellen schon äußerlich oft Torsi dar, denen nach wenigen Jahren ein neuer Torso folgte. In den ausgeführten Teilen ist das jeweilige Völkersystem zudem „kaum mehr als ein formales Organisationsschema", es „wird kaum jemals selbständiger oder gar bevorzugter historiographischer Gegenstand".[66] In der *Weltgeschichte* von 1785-87 hat Gatterer die Gliederung nach ‚Völkersystemen' sogar wieder aufgegeben. Heerens *Geschichte des europäischen Staatensystems* (1809) bedeutete mit ihrer Thematisierung eben eines solchen ‚Systems' daher „einen völligen Neuansatz"[67]. Der wissenschaftskonstitutive Systembegriff findet demnach nicht nur auf mikrostruktureller Ebene, als Explanationsprinzip, keine historiographische Umsetzung in der Aufklärungshistorie, sondern er wird auch makrostrukturell nicht befriedigt. Der theoretische Fortschritt in der Kohärenzbildung der Universalgeschichte, den die Konzipierung von ‚Völkersystemen' durchaus bedeutete, schlug auf die historiographische Praxis nicht durch. Historik und Historiographie standen zumal in der Universalgeschichtsschreibung in beträchtlicher Diskrepanz. Jene als historiographiegeschichtliche Quelle für diese zu nehmen muß deshalb in die Irre führen. Wo die pragmatistische Historik eine Darstellungsregel wie das Synchronismus-Axiom tradiert, stellt sich vielmehr

63 Vgl. Einleitung, 2. Teil, S. 1071-90.

64 Vgl. Vorstellung seiner Universalhistorie, S. 78.

65 Ebd., S. 79.

66 Muhlack: Geschichtswissenschaft, S. 132. Auch Schlözers *Weltgeschichte* behandelt in ihrem ausgeführten Teil (bis zum 6. Jahrhundert n. Chr.) nicht zum geringsten Teil enumerativ „Nebenvölker", die sich nicht unter die „Hauptvölker" subsumieren lassen (vgl. S. IV, 201-221 [Ausg. 1794]). Ebenso kann ein Lehrbuch der *Geschichte der heutigen Europäischen Staaten* von der ersten bis zur letzten Seite die Staaten einen nach dem anderen durchgehen (vgl. Köster: Geschichte).

67 Blanke: Aufklärung und Historik, S. 211.

die Frage, inwieweit sie modern-narrative Geschichtsschreibung nicht sogar verhinderte.

Das Bedürfnis nach einer ‚synchronistischen' Darstellung aber läßt sich – wie gesagt – als Konsequenz aus der Erkenntnis deuten, daß die vorhandenen Universalgeschichten mit ihrer ‚ethnographischen' Methode den Zusammenhang des Gleichzeitigen nicht zu verdeutlichen vermochten.[68] Allerdings stellen „synchronistische Tabellen" nicht nur zusammen, wessen Verbindungen historisch feststellbar sind, sondern wenden ein *Prinzip* der Gleichzeitigkeit an, das von tatsächlicher historischer Wechselwirkung gelöst ist:[69] Zu wissen, daß die dänisch-norwegisch(-schwedisch)e Königin Margarete († 1412) und der Mongolenchan Timur († 1405) „mit einander gelebt haben", trägt nach Schlözer dazu bei, ein Aggregat zum System zu erheben, auch wenn beide „nicht unmittelbar mit einander agirten".[70] Die synchronistische Darstellung sollte demnach einerseits die qua Völkerklassifizierung nicht gelungene Erhebung der traditionellen Universalhistorie zum System bewerkstelligen, schoß andererseits aber über dieses Ziel hinaus, indem sie das, was nach der pragmatischen Geschichtstheorie nur eine Kompensation sein konnte, wieder als Prinzip begriff. Damit war nicht allein das Ziel aufgeben, das ‚pragmatische System' der Geschichte in *einem* Text zu repräsentieren, sondern die Aufklärungshistorie kehrte sogar zu einer Darstellungsform zurück, die sie theoretisch bereits überwunden hatte: zu den *Tabulae chronologicae*, wie sie ein Christoph Schrader (1719) oder Theodor Berger (1729, 5. Aufl. 1781!)[71] zusammengestellt hatten. Sowenig diese Werke in ihrer apragmatischen Darstellungsform befriedigen konnten, so sehr beherrschte ihre

68 Vgl. Gatterer: Vom historischen Plan, S. 29f. – TDAH, S. 629.

69 Hier tritt noch einmal deutlich hervor, daß die spätaufklärerische Diskussion um syn- und diachronische Perspektive und Darstellung auch in ihren Grundzügen nicht der vor allem in den 1970er Jahren geführten Debatte um Struktur- und Verlaufsgeschichte entspricht. Die Erörterung dieser Frage etwa bei Kluxen: Vorlesungen Bd. 2, S. 179-193 („Querschnitt und Längsschnitt"), stellt klar, daß eine synchronistische Betrachtungsweise in der modernen Geschichtstheorie nicht die Zusammenstellung des sachlich Unzusammenhängenden bedeuten kann; der Terminus ‚Strukturgeschichte' weist vielmehr auf das gegenüber der ‚bloßen Ereignisgeschichte' noch zu verstärkende Kohäsionsmoment hin. – Die Schwierigkeit, den geringen Wert bloßer Gleichzeitigkeit für den pragmatischen Zusammenhang, ja überhaupt die Ebenendifferenz von Synchronizität und pragmatischem System zu erkennen und den Begriff des ‚Gleichzeitigen' deshalb zu verabschieden, erhellt aus einer vergleichsweise klarsichtigen Bemerkung Gatterers: „Was nicht zum System [den ‚Völkersystemen' seines universalhistorischen Plans] gehört, ist für den Leser sowol, als für den Geschichtschreiber nicht als gleichzeitig zu betrachten, wenn auch wirklich in den Sachen selbst etwas Gleichzeitiges sich findet." (Vom historischen Plan, S. 61 – TDAH, S. 646)

70 Schlözer: Vorstellung seiner Universalhistorie Bd. 2, S. 317.

71 Vgl. TDAH, S. 735; Berger: Synchronistische Universalhistorie.

tabellarische Struktur noch das universalgeschichtliche Denken auch der Göttinger Aufklärungshistoriker. Traditionalität und kompensative Notwendigkeit dieser Darstellungsform verschafften ihr bei Schlözer dann die schon festgestellte axiomatische Geltung.

Tabelle und Erzählung sind einander ausschließende Darstellungsformen. Indem die Aufklärungshistorie einerseits die nur chronikalische Kohärenz der Tabelle durch einen ‚pragmatischen' Nexus zu verdichten strebte, andererseits aber mit ihrer synchronistischen Perspektive tabellarische Strukturen bewahrte, steht sie zwischen beiden. Diese persistente tabellarische Struktur ist neben der ebenfalls bewahrten rhetorischen Fundamentalstruktur (Kap. C. 1. und C. 2. b.), der mikro- und makrostrukturellen Anarrativität des Systembegriffs (B. 2.), einem für die Notwendigkeit konstruktiver Fabelbildung blinden Objektivismus (B. 1. und C. 2. a.), der Prävalenz des ‚Ganzen' (C. 3. a.) und dem Fehlen eines geschichtsphilosophischen Interpretationsrahmens (C. 4. a.) einer der Gründe dafür, warum die Aufklärungshistorie, gerade auch die Universalgeschichtsschreibung ihrer theoretisch profiliertesten Vertreter, Narrativität als Konstitutivum moderner Geschichtsschreibung und -wissenschaft nicht erreichen konnte. Was dagegen die Aufklärungshistoriker aus der zeitgenössischen Ästhetik und Poetik rezipierten, reichte nicht dazu hin, diese Narrativitätsblockade zu durchbrechen.

c) Sprachphilosophie und Konstruktionsbewußtsein

Von wohl noch grundlegenderer Bedeutung als die Aufwertung des Individuellen gegenüber dem Allgemeinen, als die Etablierung einer symbolischen Weltdeutung oder die Erschließung eines geschichtsphilosophischen Interpretationsrahmens für jede erzählte Geschichte ist Herders Entdeckung der Sprache als Vorbedingung und Prägeform jeglicher menschlicher Verständigung, jeden Vernunftgebrauchs, jeder Erkenntnis und als Träger historischer Kontinuität. Die Geschichtswissenschaft ist von diesen Einsichten betroffen zunächst wie jede andere Form des Vernunftgebrauchs – Herder erklärt, „eine reine Vernunft ohne Sprache ist auf Erden ein utopisches Land"[72] –, darüber hinaus jedoch in besonderem Maße, da Herders Bindung

72 Vgl. Herder: Ideen – Werke Bd. 6, S. 347 (9, II). Der zweite Abschnitt des 9. Buches der *Ideen* enthält die konsistenteste Zusammenfassung von Herders Sprachphilosophie. Wesentliches ist aber auch schon in der *Abhandlung über den Ursprung der Sprache* (1772) formuliert. Des weiteren vgl. Werke Bd. 1, S. 548-561 (*Über die neuere deutsche Literatur* 2. Aufl.). Eine detailliertere Entwicklung der Herderschen Sprachphilosophie sowie ihre

von Erkenntnis an Sprache einen wichtigen Schritt zu der Einsicht bedeutete, daß wir Geschichte immer nur in den sprachlichen Konstrukten des Historikers haben. Für die Geschichtswissenschaft ist Herders innovative Sprachphilosophie zumal von unabweisbarem Belang, weil Geschichte - wie es dann besonders Droysen hervorgehoben hat - konstitutiv vergangen ist und als Erkenntnisobjekt nicht vorliegt.[73] Die Vermittlungsleistung der Sprache, die zugleich eine Konstitutions- und Strukturierungsleistung ist, widerlegt den erkenntnistheoretischen Objektivismus der Aufklärungshistorie, gründlicher sogar als die kritische Philosophie Kants, da dieser an der sprachlichen Bedingtheit der apriorischen Kategorien der Erkenntnis vorbeigeht, wie Herder ihm in seiner *Metakritik* (1799) vorhielt[74]. Seine sprachphilosophische Vertiefung der Erkenntniskritik zwingt dazu, die Möglichkeit, Geschichte als pragmatisches System aufzufassen und zu schreiben, im Lichte der spezifischen Darstellungsfähigkeiten der historischen Erzählung zu betrachten, wie ich es oben (Kap. B. 2.) getan habe. Auch historisch hätte die Reflexion auf die Aufgaben, die Erkenntnismodi und die Reichweite der Geschichtswissenschaft nun nicht mehr von ihrem ursprünglichen Textstatus absehen dürfen.[75]

Verankerung in seiner Anthropologie und ihrer Herkunft aus seiner - Sprache zum Teil herdertypisch naturalisierenden - Sprachursprungstheorie (vgl. dazu z.B. das Nachwort von Hans Dietrich Irmscher in Herder: Abhandlung, S. 137-175, bes. S. 140-167) würde den Rahmen dieser Arbeit sprengen, zumal da hier vor allem die sprachlich bedingte Konstruktivität von (historischer) Erkenntnis interessiert. Souverän und zugleich textnah stellt jetzt Gaier: Sprachphilosophie, Herders Sprachdenken von den frühesten Schriften bis zur *Metakritik* dar; vgl. auch Fürst: Sprache als metaphorischer Prozeß.

73 Vgl. ähnlich Gottlob: Geschichtsschreibung, S. 55.

74 Zur philosophischen Rehabilitierung von Herders üblicherweise recht geringgeschätzten *Metakritiken zur Kritik der reinen Vernunft* vgl. Gaier: Herders Sprachphilosophie, S. 183-209, zu Herders Zurückführung der Vernunft auf Sprache bes. 196-201.
Die neueren Forschungen zur Sprachphilosophie der Aufklärung resümiert Gerda Haßler: Sprachphilosophie der Aufklärung. - In: Sprachphilosophie, S. 116-144: In den Bahnen Lockes und später Condillacs wurde auch vor Herder eine gewisse Sprachrelativität des Denkens diskutiert, die aber von der Vernunft überwunden werden könne (vgl. ebd., S. 131f.). Zum „erkenntnistheoretischen Realismus" der Wolffschen Tradition, der Sprache lediglich als Instrument begriff, um eine „Erkenntnis der Sachen selbst" zu gewinnen, vgl. jetzt auch Hans Werner Arndt: Die Hermeneutik des 18. Jahrhunderts im Verhältnis zur Sprach- und Erkenntnistheorie des klassischen Rationalismus. - In: Unzeitgemäße Hermeneutik, S. 12-25, hier S. 22-24, Zitate S. 22. In dieser Tradition der Sprachauffassung steht offensichtlich die Aufklärungshistorie.

75 Die ältere Herder- und die neuere historiographiegeschichtliche Forschung ist derweil fast geschlossen am Sprachproblem der Geschichtswissenschaft vorbeigegangen und hat deshalb auch nicht die unhintergehbare Bedeutung Herders auf diesem Gebiet erkennen können. Eine Ausnahme bilden hier Hinrich C. Seeba: Geschichte als Dichtung, bes. S. 51-55, 63, und Michael Gottlob, der die von Herder entdeckte Sprachgebundenheit der historischen Erkenntnis zudem auf die Veränderungen des neuzeitlichen Wirklichkeitsbegriffs (vgl. dazu Hans Blumenberg: Wirklichkeitsbegriff und Möglichkeit des Romans. - In: Nachahmung und Illusion, S. 9-27, hier bes. 10-14) zurückführt, vgl. ders:

Auf den ersten Blick nicht leicht erkennbar, kommt Herders sprachphilosophische Reflexion auch in seiner Kritik an der tabellarischen Universalhistorie Schlözers zum Tragen. Denn er schlägt, wenngleich unter dem etwas verengenden Aspekt des Mnemonischen, vor, statt einer auf ‚runde' Epochen- und Jahreszahlen fixierten systematischen Strukturierung des ganzen Geschichtsverlaufs „aus der Geschichte mehr *Bild, ganzes Continuum*" zu machen.[76] ‚Bild' aber ist einer der zentralen Begriffe von Herders Sprachreflexion (und daraus folgend auch Poetik), mit dem er sein Ideal sprachlichen Ausdrucks bezeichnet.[77] Denn die Sprachlichkeit des Denkens und der Erkenntnis macht nach Herder eine „reine Anschauung" (theoria) zwar unmöglich,[78] doch bewahrt diese *Un*vollkommenheit die Anschaulichkeit mitzuteilender Vorstellungen seiner Sprachauffassung als Ideal: Je abstrakter, begrifflicher, ziffernhaltiger die Sprache ist, desto weiter entferne sie sich vom zu Bezeichnenden; dagegen nähere sich ihm eine Sprache, die die von ihr evozierten Vorstellungen zum Bild verdichtet, an. Herder formuliert dies auch als aktuelle Kulturkritik: Getragen vom Strom der durch die Aufklärung sich hindurcharbeitenden ‚Rehabilitation der Sinnlichkeit' (Kondylis), wirft er seiner Zeit vor: „Wir sehen und fühlen kaum mehr, sondern denken und grüblen nur".[79] Schlözers Versuch, die Weltgeschichte durch ‚runde' Epochendaten sowie Merkdaten aus Vielfachen von 111 leichter überschaubar zu machen,[80] mußte Herdern als ein Beitrag zu dieser Tendenz erscheinen. „Bilder" dagegen, die sich durch „lebendige Gegenwart" des Bezeichneten

---

Geschichtsschreibung, S. 23-25, 52-57.

76 Herder: SW 5, S. 439.

77 Der Terminus ‚Bild' ist zudem besonders prägnant für die historische Stellung von Herders Sprachphilosophie; er bedeutet einen gesteigerten Zustand sprachlicher Ausdruckskraft, mit dem das partiell aufgehoben werden soll, was Herder noch als Defizit der sprachlichen Medialität von Denken und Mitteilung beklagte: „*Keine Sprache druckt Sachen aus, sondern nur Namen*", welche lediglich „abgezogne Merkmale" und auch diese ‚nur' arbiträr bezeichneten. „Vom Sein eines Dinges" gebe die Sprache „durchaus keinen Begriff" (Herder: Ideen - Werke Bd. 6, S. 348-350 [9, II]). Daß Herder wehmütig auf das verlorene Ideal einer Sprache, die in einem wesentlichen Bezug zu den Dingen und Denkinhalten steht, zurückblickt, stellt ihn in die Tradition der frühneuzeitlichen Bemühungen um eine wesensbezogene Sprache und unterscheidet ihn von Wilhelm von Humboldt (vgl. dazu Borsche: Wilhelm von Humboldt, S. 136f., 142f.). Die rückwärtsgewandte Seite von Herders Sprachphilosophie kommt auch im Motto der Bückeburger Geschichtsphilosophie zum Ausdruck, dem Epiktet-Zitat (*Enchiridion* 5), daß nicht die Dinge selbst, sondern die Meinungen über dieselben die Menschen beunruhigten. Bezeichnenderweise bildet dieses Zitat auch das Motto zu Sternes *Tristram Shandy* (zum Stand der Sprachreflexion in diesem Roman vgl. oben S. 116).

78 Vgl. Herder: Ideen - Werke Bd. 6, S. 350 (9, II).

79 Herder: Auszug aus einem Briefwechsel über Oßian und die Lieder alter Völker - Von deutscher Art und Kunst, S. 5-62, hier S. 36.

80 Vgl. Schlözer: Vorstellung seiner Universalhistorie, S. 89-94.

auszeichnen, findet er in der Sprache von „Naturmenschen" und in der Poesie, derjenigen Dichtung jedenfalls, die er noch nicht vom Regelwesen ergriffen und in ihrer veranschaulichenden Darstellungskraft ertötet sieht.[81]

In poetischen Bildern zu sprechen ist gleichwohl nach Herder nicht die Ausnahmeform menschlichen Sprachgebrauchs. Vielmehr spreche - und lebe sogar - der Mensch von bzw. in der Welt immer poetisch, d.h. konstruktiv. Das Poietische seines Verhältnisses zur Wirklichkeit folgt unvermeidbar aus der Nichtabbildlichkeit der Sprache:

> In dem Walde sinnlicher Gegenstände, der mich umgiebt, finde ich mich nur dadurch zurecht, [...] daß ich ihnen Umriß, Maas und Gestalt gebe, mithin im Mannichfaltigen mir Einheit schaffe und sie mit dem Gepräge meines *innern Sinnes*, als ob dieser ein Stempel der Wahrheit wäre, lebhaft und zuversichtlich bezeichne. Unser ganzes Leben ist also gewissermaassen eine *Poetik*: wir sehen nicht, sondern wir erschaffen uns Bilder.[82]

Wenn aber jedes Erkennen und jeder Sprachgebrauch poetisch sind, wenn *„unsre Seele, so wie unsre Sprache, beständig allegorisir[t]"*, so muß sich die Poetik zu einer Instanz der Sprach- und Erkenntnisreflexion erheben. Herders historiopoetologische Schöpfungsästhetik - der „Schöpfer allein", Gott oder ein Dichter!, vermöge die Geschichte in ein *„allgemeines Bild"* zu fassen -[83] ist deshalb nicht einfach als hochproblematische Annäherung des Historikers an den Dichter zu verstehen, sondern weist zurück auf die poietische Sprachgebundenheit von Denken und Erkenntnis. Was der Historiker immer nur in Bildern erkennt, hat er folgerichtig als Bild zu (re)konstruieren. In Herders Verständnis schließt das sowohl eine einfache Abbildwahrheit historiographischer Darstellung als auch ihre willkürlich-subjektive Konstruktion aus.[84] Dieser generell sprachkritische Ansatz macht die unhintergehbare Fortschritt-

81 Herder: Auszug aus einem Briefwechsel über Oßian und die Lieder der Völker - Von deutscher Art und Kunst, S. 5-62, hier S. 13, vgl. S. 34; Herder: Ideen - Werke Bd. 6, S. 351. Wenn Herder in der *Oßian*-Schrift die bewegende Wirkung bildhafter Sprache auf das ‚Herz' der Rezipienten feiert, steht er im übrigen nicht weniger in der oben beschriebenen Tradition rhetorischen Denkens (vgl. oben S. 163) als die Vertreter der ‚neuen' Ästhetik.

82 Herder: SW 15, S. 525f., das folgende Zitat ebd., S. 526. Vgl. den ganzen mit „Vom Bilde" überschriebenen Abschnitt der *Zerstreuten Blätter* (S. 525-32) sowie aus „Iduna, oder der Apfel der Verjüngung", einem Beitrag zu den *Horen* (1796, SW 18, S. 485): „Unsere Vernunft bildet sich nur *durch Fictionen*. Immerdar suchen und erschaffen wir uns ein *Eins* in *Vielem* und bilden es zu einer *Gestalt*; daraus werden *Begriffe, Ideen, Ideale*".

83 Herder: Auch eine Philosophie, S. 31; vgl. ders: Shakespear - Von deutscher Art und Kunst, S. 63-91, hier S. 78. Zu Herders *„Bild-Modell historischer Erkenntnis"* vgl. auch Ott: Menschenkenntnis, S. 129-131, und Seeba: Geschichte als Dichtung, S. 52-55; zu seiner „Ästhetik des Geschichts-Bildes" Harth: Kritik der Geschichte, S. 429-436.

84 Vgl. Seeba: Geschichte als Dichtung, S. 55.

lichkeit von Herder Geschichtsphilosophie aus. Im einzelnen ist die geschichtstheoretische Stellung der Bild-Komponente allerdings etwas vertrackter, da der Bildbegriff zum einen noch Bindungen an ein substantialistisches Sprachverständnis zeigt und zum anderen eine Reflexion über das Poetische der Geschichtsschreibung nicht bloß fordert, sondern letztere praktisch in Richtung literarischer Anschaulichkeit drängt, Darstellungsentscheidungen also präjudiziert: Er privilegiert „eine fortgehende, handelnde, lebendige Scene"[85] und erhebt Shakespeares Dramen zum Vorbild auch der Historiographie (dazu weiter in Teilkap. d.).[86]

Mit seinem Ideal einer *„bildlichen Geschichte"* wendet sich Herder gegen „die tote Nomenclatur aller Wissenschaften", d.h. eine (Darstellungs-) Sprache, die allein die Ratio beschäftigt, und setzt inszenierende oder andere veranschaulichende Sprachformen dagegen, die die „ganze Seele, insonderheit ihre tätigen Kräfte", ansprechen sollen.[87] Will man die geschichtstheoretische Angemessenheit von Forderungen nach einer rationaleren bzw. affektiveren, sensoriellen (aber nicht irrationalen) Ausrichtung der Historiographie zunächst im historischen Kontext zu beurteilen versuchen, so ist zu verzeichnen, daß Herders ästhetisierendes Programm den Vorstellungen mancher Aufklärungshistoriker durchaus entgegenkam, vor allem dem Streben nach stärkerer Wirkung durch Anschaulichkeit, wie es bei Gatterer zu finden war. Allerdings geht Herder sowohl in seiner Begründung weit über diesen hinaus – indem er eine noch aus rhetorischer Tradition gespeiste Argumentation durch eine

---

85 Herder: Auszug aus einem Briefwechsel über Oßian und die Lieder der Völker – Von deutscher Art und Kunst, S. 5-62, hier S. 26.

86 Auf einem ganz anderen Weg, nämlich unter völliger Absehung vom Sprachdenken Herders, gelangt Hans Adler ebenfalls zu dem historikgeschichtlich maßgeblichen Befund, daß Herders Umgang mit Geschichte eine ästhetischer ist, und zwar „die konsequente Anwendung seiner ästhetischen Gnoseologie" (Gnoseologie, S. 169). Von Herders Erkenntnistheorie hergeleitet, drängt bei Adler indes das Problem der Geschichtserkenntnis die Geschichtsdarstellungskonzeption stark zurück. Obwohl es uns scheint, als könne Herders Ästhetik und Geschichtsphilosophie, die beide auch Adlers Thema sind, eigentlich nicht ohne Rücksicht auf seine Sprachphilosophie behandelt werden (das betont auch Eva Knodt: Dramatic Illusion In the Making Of The Past: Shakespeare's Impact On Herder's Philosophy Of History. – In: JGH. Language, History, and the Enlightenment, S. 209-223, hier S. 221), läßt sich von Adlers gnoseologischem Ausgangspunkt immerhin noch einmal die oben (vgl. S. 186ff.) behandelte Begrenzung der Reichweite historischer Erkenntnis durch Herder formulieren und somit ein Kohäsionsmoment seines hier einigermaßen zerstückten Denkens aufzeigen: „Die anthropologische Bedingtheit der Erkenntnis läßt nicht die Dinge, sondern – cum grano salis – deren ‚Abbilder', nicht die reine, sondern die sinnenfällige Wahrheit erscheinen," so daß sich die menschliche Erkenntnisfähigkeit mit den Fragmenten des Ganzen bescheiden muß, die aber, nicht zuletzt unter Aufwendung analogischen Denkens, auf das Ziel der göttlichen Schöpfung hinweisen (Gnoseologie, S. 167).

87 Herder: Ideen – Werke Bd. 6, S. 278 (7, IV), 330f. (8, V).

anthropologisch-sprachphilosophische ersetzt – als auch in seiner Ablehnung eines poetischen Ausdrucks, der sich nicht auf der Ebene des prozeßhaften Ganzen bewegt. Die rhetorisch-punktualisierende Struktur Gattererscher Veranschaulichung reicht ihm nicht aus: Sie wird dem erforderlichen synthetisierenden Charakter der modernen Poesie, die nach Herder nur eine ‚schöne Prosa' ist, aber die Aufgabe der integrativen Wiedervereinigung der in der Gattungsgeschichte getrennten Vermögen des Menschen hat, nicht gerecht.[88] Von Schlözer fordert er deshalb, die Universalgeschichte „in *Ein großes Ganze* [!] des Bildes" zu bringen.[89] Damit vollzieht er die oben beschriebene Wendung von einer ‚paradigmatischen' zur ‚syntagmatischen' Textorientierung in sprachphilosophischer Begründung mit. All das macht die Notwendigkeit eines ästhetisierenden Darstellungsprogramms erheblich plausibler. So ist es eigentlich Herders Geschichtstheorie, nicht allein in ihren material-geschichtsphilosophischen, sondern auch in ihren darstellungstheoretischen Aspekten, in der die ‚Rehabilitation der Sinnlichkeit' endlich, d.h. im Gegensatz zur Aufklärungshistorik, wissenschaftstheoretisch zum Tragen kommt.

Darüber hinaus stellt der konsequente Bezug von gnoseologischer und poetologischer Geschichtstheorie auf die Anthropologie des ‚ganzen Menschen' eine wenn nicht notwendige, so jedenfalls entwicklungsgeschichtlich stimmige Vorbereitung dar für die kulturelle Bedeutung, die die Geschichtswissenschaft bei Schiller und im 19. Jahrhundert gewinnen konnte. Denn Schiller bewegte sich auf einer zuerst von Herder betretenen Bahn, wenn er die Geschichtswissenschaft mit der individuellen und gattungsgeschichtlichen ‚Bildung' beauftragte, also mit jener Wiedervereinigung der getrennten Vermögen des Menschen, die – cum grano salis – auch Herder bezweckte,[90] nicht zuletzt durch die Erhebung disparater Geschichtspartikel zum historiographischen ‚Bild': Ein ‚integrales Sprechen' dient bei beiden der (Wieder-) Gewinnung eines ‚integralen Menschseins'. Aus einer verwandten anthropologischen Dualität leitete auch Droysen den „Inhalt der Geschichte" her, die

88 Vgl. Herder: Über die neuere deutsche Literatur. Fragmente. Dritte Sammlung – Werke Bd. 1, S. 402-404, vgl. ders.: Viertes kritisches Wäldchen – Werke Bd. 2, S. 411; Ulrich Gaier: Poesie als Metatheorie. Zeichenbegriffe des frühen Herder. – In: JGH 1744-1803, S. 202-224, hier S. 223; zur anthropologischen Funktionalität der von Herder angestrebten „Pluridiskursivität" vgl. jetzt ders.: Poesie oder Geschichtsphilosophie? Herders erkenntnistheoretische Antwort auf Kant. – In: JGH. Geschichte und Kultur, S. 1-17, hier S. 15-17, Zitat S. 16.

89 Herder: SW 5, S. 439.

90 Zur Vergleichbarkeit der anthropologischen Ausgangspositionen bei Herder und Schiller vgl. Kondylis: Die Aufklärung, S. 622. Zu Schillers Einführung des Bildungsgedankens in die Zweckbestimmung der Geschichtswissenschaft, vgl. unten S. 237f.

„Bildung" als „werdende Humanität", und er bestimmte der historischen Methode ebenfalls – jetzt freilich von einer idealistischen Ausgangsposition aus – eine totalisierende Vermittlung, von „Wirklichkeit und Wahrheit" nämlich, zur Aufgabe.[91] Damit aber, in der Herausbildung des Historismus von Herder bis Droysen, erhielt die Geschichtswissenschaft einen gegenüber ihrer moralisch-praktischen Instrumentalisierung in der Aufklärungshistorie ganz neuen ‚Sitz im Leben', der anthropologisch und gattungsgeschichtlich verankert ist: Sie wurde zur „Achse aller menschlich-moralischen Bildung"[92]. Herder selbst hat seinem eigensten Anliegen, „unsere ganze Philosophie" zur – alle menschlichen Vermögen berücksichtigenden – Anthropologie umzuschaffen, den Stellenwert einer ‚kopernikanischen Wende' zuerkannt;[93] die Bedeutung des von ihm begründeten anthropologischen Fundaments der Geschichtstheorie für die Entwicklung und den kulturellen Rang der Geschichtswissenschaft – bis heute – ist nicht geringer.

d) Geschichtsschreibung als dramatisch strukturiertes „Bild, ganzes Continuum"

Wie bereits angedeutet, führt Herders Theorie bildhaften Sprachgebrauchs historiographiepraktisch zu einer Privilegierung des Dramas, das zu einem Modell auch für die Geschichtsschreibung avanciert. Welche Darstellungsprobleme sind damit nun in ihren theoretischen Voraussetzungen gelöst, d.h. welche zumindest relative Berechtigung kann Herders Position beanspruchen? Welche Strukturvorteile bietet das Dramenmodell im Vergleich zum schematisierenden, objektivistischen Darstellungsprogramm der Aufklärungshistoriker (α.)? Und wie scheiden sich Herders und Schlözers historiographische Konzeptionen im unterschiedlichen Verständnis der von jenem in den Streit eingeführten und von diesem aufgenommenen Begriffe ‚Bild' (β.) und ‚Kontinuum' (γ.)?

α. Was die Verlaufsstruktur der Geschichte betrifft, stehen sich ‚System' und ‚Drama' als Modelle gegenüber. In diesem Punkt genügt es zunächst, beide Modelle nach ihrer Konzeptionalisierungsleistung in bezug auf die spätaufklärerische Auffassung des geschichtlichen Zusammenhangs zu beurteilen: Die Aufklärungshistorik sah die Kohärenz der Geschichte aus menschlichen Handlungen erwachsen, die sich aufgrund divergenter Intentionen

91 Droysen: Historik (Ed. Leyh), S. 14, 34.

92 Gervinus: Grundzüge der Historik – Schriften zur Literatur, S. 99.

93 Herder: Wie die Philosophie zum Besten des Volks allgemeiner und nützlicher werden kann – Werke Bd. 1, S. 134.

überkreuzen und miteinander in Konflikt geraten („*verwirrte* Händel") und dann nach einer (vorläufigen) Auflösung verlangen.[94] Dies entspricht jedoch modellhaft unverkennbar dem Drama – welches ja auch nichts anderes als ‚Handlung' bedeutet –, selbst in der Abfolge von Anspannung und Auflösung. Allerdings wagte es die Aufklärungshistorik nicht, historisches Geschehen unter der Form des Dramas zu begreifen; Chladenius warnte ausdrücklich vor dramatischen Konfigurationstypen, damit die Geschichtsschreibung nicht das Ansehen des Erfundenseins bekomme.[95] Insofern paßt die von Herder betriebene Dramatisierung der Historiographie die Darstellungstheorie zunächst einmal nur der gängigen Strukturtheorie der Geschichte als eines Handlungszusammenhangs an.

Zum zweiten ist das Drama diejenige Darstellungsform, in der Herder die Perspektivität jeder Geschichtserkenntnis nicht mehr als Verlust beklagen muß, sondern als Gewinn verbuchen kann. Dadurch hebt er sich von früheren Theoretikern des ‚Sehepunktes', Chladenius und Gatterer, ab, deren Überlegungen noch dahin zielten, sich als Historiker über die Bedingtheit des eigenen Standpunktes zu erheben.[96] Erst indem Herder den Faktor Sprache neu in den Problemkreis von Standort und Sehepunkt einführt, macht er den Erkenntnisperspektivismus einer historiographischen Lösung zugänglich. Nun ist das Perspektivismus-Problem von seiner Bindung an das Modell konkreter optischer Wahrnehmung (die Augenzeugenschaft) befreit, das Chladenius' hermeneutische Reflexion prägte und auch Gatterers Überlegungen zur sozialen und historischen Standortgebundenheit noch zugrunde lag.[97]

---

94 Vgl. Chladenius: Allgemeine Geschichtswissenschaft, Kap. 8: „Von dem Zusammenhange der Begebenheiten und der Geschichte" (S. 202-280), das Zitat S. 242.

95 Ebd., S. 278. Durchaus spöttisch und distanziert referiert Schlözer Mablys Theatervergleiche: Aus einem Schreiben, S. 9 – TDAH, S. 593. Typischer für die Theatermetaphorik der Aufklärungshistorie ist die Sinndeutung der Geschichte im traditionellen Bild des *theatrum mundi*: „Die *Erde* ist wie ein Theater: die *Menschen* treten auf demselben als Acteurs hervor, und ihre *Handlungen* und *Begebenheiten* sind die Rolle [!], die auf diesem Schauplatz gespielt werden." (Gatterer: Einleitung, 1. Teil, S. 11. Vgl. auch Schroeckh: Christliche Kirchengeschichte Bd. 1, S. 274 – TDAH, S. 618.) Zu Herders Abkehr gerade von dieser Tradition, Geschichte als Drama zu denken, vgl. vom Hofe: Die Geschichte als „Epopee Gottes", S. 78-80. Über die seit der griechischen Antike sehr reiche Theatermetaphorik in der Historie informiert Demandt: Metaphern, S. 332-425; zu Schiller vgl. unten S. 244.

96 Vgl. Chladenius: Allgemeine Geschichtswissenschaft, S. 153 (vgl. dazu auch Blanke/Fleischer: Artikulation, S. 73); Gatterer: Abhandlung vom Standort, S. 5f. – TDAH, S. 453.

97 Vgl. Gatterer: ebd., S. 7 – TDAH, S. 454. Daß Herder die Sprache ins Zentrum rückt, leistet zum einen einen wesentlichen Beitrag dazu, den „mentalen Mechanismus", der bei Chladenius von der Empfindung einer Sache über die Erstellung eines ‚verjüngten Bildes' zu einer ‚Erzählung' führt, zu erfassen – nämlich als nicht zuletzt sprachlich geregelten (vgl. Chladenius: Allgemeine Geschichtswissenschaft, S. 116; das Zitat in der Einleitung von Christoph Friederich. – In: ebd., S. XI-LII, hier S. XXXV). Ganz neu ist

Die dramatische Form hat also jene Perspektivierung von Geschichte zu leisten, die ich oben (Kap. B. 2. c.) als historiographienotwendig und -spezifisch dargelegt habe. Zum einen gibt sie nach Herder den „Gesichtspunkt" vor, der es erlaubt, „so groß und tief zu sehen", daß im „Ganzen Eines theatralischen Bildes" eine ganze Welt be- und erschlossen zu liegen scheint.[98] Zum anderen konstituiert sie die empfindungsbedingt subjektiven Zeitmaße, die die Geschichte erfahrbar machen, weil sie die physikalischen Zeitverhältnisse auf die menschliche Weltwahrnehmung hin dimensionieren.[99] Der ‚allgemeine Blick' hingegen, dem Schlözer den Zusammenschluß der Teile zu einem überschauten Ganzen übertragen hat, vollbringt alles das nach Herders Ansicht nicht: Erstens täusche er den Historiker über die Unmöglichkeit, als selbst in der Geschichte befangenes Subjekt ihr Ganzes überblicken zu können, und zweitens wirke er abstrahierend, da er anästhetisch aufgefaßt sei; er gewinne keinen Zugang zur Geschichte, weil er sich nicht „in alles hinein[fühlen]" könne. Er bleibe gewissermaßen blind und gelange deshalb auch im Ausdruck über ein „mattes, halbes Schattenbild vom Worte" nicht hinaus, sei also nicht bildschaffend.[100] Von Belang ist hier nicht die Schärfe dieser Gegenüberstellung oder die z.T. fragwürdig metaphorisierende Wertung Herders, sondern der produktive Beitrag seiner poetisierenden Behandlung des Perspektivismus-Problems zu einer Theorie der Geschichtsschreibung: Im Gegensatz zu Schlözer, der jeder Sprachreflexion fernstand, wagte es Herder, den

---

zum anderen ein Verstehensproblem in der Überlieferung entdeckt, das den späten Historiker angesichts jeden früheren Quellenzeugnisses vor das Problem stellt, in seinem Verständnis von dem des Autors jenes Zeugnisses notwendig abzuweichen. (Koselleck sieht in seiner recht weit gehenden Würdigung von Chladenius' Sehepunkt-Lehre über diese beiden Punkte hinweg, vgl. Vergangene Zukunft, S. 184-188.) Zwischen Chladenius und Gatterer einerseits und Herder andererseits ist deshalb in der Geschichte der Hermeneutik eine Grenze zu ziehen. Erstere befinden sich auf der Stufe der „frühen Hermeneutik", für die sich – ausreichende Sprachbeherrschung und Sachkenntnisse vorausgesetzt – das Sprachproblem insofern nicht stellte, als der Sprachgebrauch als strukturell bei allen Menschen und zu allen Zeiten gleich galt (vgl. Alexander: Hermeneutica generalis, bes. S. 32f.; Chladenius: Allgemeine Geschichtswissenschaft, S. 173, § 17: „Eine Nachricht hat zu allen Zeiten einerley Verstand."). Diese Sprachauffassung hängt natürlich aufs engste zusammen mit der „Annahme einer noch unbewegten Geschichte" (Christoph Friederich: Einleitung. – In: ebd., S. XI-LII, hier S. L), die bis weit ins 18. Jahrhundert hinein fundamental gewesen ist.

98 Herder: Shakespear – Von deutscher Art und Kunst, S. 63-91, hier S. 78, 80.

99 In dieser Hinsicht unterscheiden Aufgabe und Verfahren des Geschichtsschreibers sich nicht von denen des Dramatikers, vgl. Herder: Shakespear, 2. Entwurf – Werke Bd. 2, S. 530-549, hier S. 547, und ders.: Shakespear – Von deutscher Art und Kunst, S. 63-91, hier S. 86f. – Auf eine solche Vermittlung von naturaler und erlebter Zeit hat Ricœur seine gesamte Geschichts- und Erzähltheorie hin zentriert, und er geht dabei ebenfalls vom (Aristotelischen) Dramenmodell aus (vgl. Zeit und Erzählung Bd. 3)!

100 Herder: Auch eine Philosophie, S. 29, vgl. S. 31.

unaufhebbaren Perspektivismus und damit Konstruktivismus von historischer Erkenntnis in seinem Konzept einer dramatisch strukturierten Historiographie zu thematisieren. Schlözers Projekt der Verwissenschaftlichung der Historie dagegen war für ihn

> doomed to failure because it denies its own linguistic means and, seeking the stability and presence of the *Tabelle*, wishes to escape narrative and literary rhetoric in favor of a supposedly scientific and systematic representation of history.[101]

Herders sprachphilosophische Kritik operiert im Zentrum all der Widersprüche der aufklärerischen Historik, die hier ermittelt wurden: ihres darstellungsvergessenen Objektivismus, der Anarrativität ihres wissenschaftskonstitutiven Systembegriffs sowie ihres aperspektivischen Totalitätsanspruchs. Was dagegen der Aufklärungshistorie um den Preis des historiographischen Scheiterns fehlte, war ein Mindestmaß von Sprachbewußtsein und historiopoetologischer Sensibilität.

β. Daß Herder die Geschichtsschreibung der Aufklärung, wie sie in Schlözers *Vorstellung* auf ihren programmatischen Höhepunkt gelangt war, mit einer sprachtheoretisch fundierten Erkenntniskritik und Historiopoetologie hinterfragte, war in der vieldeutigen, verkürzenden Sprache seiner Rezension freilich kaum zu erkennen, zumal für einen Schlözer nicht. Gegenüber der Kritik an seinen Darstellungsprinzipien zeigt dieser über viele Seiten nichts als Unverständnis, gleich ob er gegen Herder polemisiert oder ob er dessen Forderung, Geschichte als *„Bild, ganzes Continuum"* darzustellen, im Prinzip, nämlich als Ziel anerkennt, dem Kritiker aber nachweisen will, daß nur seine, Schlözers, *„Mittel"* es zu erreichen geeignet sind.[102] Schlözer nimmt den Bild-Terminus auf, ohne das Konstruktive, Poietische menschlicher Wahrnehmung, Vorstellung und Darstellung, das Herder in ihn hineingelegt hat, zu bemerken. Für ihn präsentiert sich die Universalgeschichte schon dem „allgemeinen Blick" als ‚Bild', dem „Ueberschauen". Er zitiert dabei zwei Wendungen des Polybios, die bei näherer Betrachtung jedoch Schlözers Auffassung des ‚allgemeinen Blicks' weniger argumentativ stützen als in Frage stellen, philologisch wie sachlich.[103] Denn Polybios kennt keine Zusammen

---

101 Robert S. Leventhal: Progression and Particularity: Herder's Critique of Schlözer's Universal History in the Context of the Early Writings. – In: JGH. Language, History, and the Enlightenment, S. 25-46, hier S. 33.

102 Schlözer: Vorstellung seiner Universalhistorie Bd. 2, S. 298f. Die folgenden Zitate ebd., S. 299.

103 *Hypo mian synopsin agein* findet sich bei Polybios zweimal: Hist. 1, 4, 1, und Hist. 14, 1a, 1. Die erste Stelle ist wohl die einschlägige, zum einen weil Schlözer schon im ersten Band seiner *Vorstellung* aus diesem Kapitel ausführlich zitiert hat (vgl. Vorstellung seiner Universalhistorie, S. 24 – TDAH, S. 672), zum anderen weil die Überschaubarkeit der

schau einzelner Geschichten zu der einen Geschichte, die ohne Zielbestimmung erfolgte.[104] Für ihn war ein solches Ziel mit der Ausdehnung der römischen Herrschaft über den gesamten Mittelmeerraum (also die damalige ‚Welt') gegeben; Schlözer hingegen verweigerte sich der teleologischen Reflexion. Da der Göttinger, wie er selbst andeutet, sein Konzept des ‚allgemeinen Blicks' von Polybios übernommen hat, beruht mithin seine Geschichtstheorie an einem wesentlichen Punkt auf einer lücken- und damit fehlerhaften Interpretation eines antiken Historikers.[105] Bislang von der Forschung übersehen,[106] wiegt dies umso schwerer, als der ‚allgemeine Blick' den Schritt vom ‚Aggregat' zum ‚System' anleiten soll und damit unmittelbar der von der Aufklärungshistorie angestrebten Wissenschaftlichkeit dient. ‚Bild' ist für Schlözer das ungeteilte Ganze, das der ‚allgemeine Blick' erfaßt; deshalb unterstellt er Herder, er wolle der Universalhistorie die notwendige Gliederung vorenthalten.[107] Er dagegen hat die Geschichte in *„Perioden"* unterteilt; sie sind ihm „das *Mittel*" zum Bild. Schlözer meint, wenn er nach den Konstituentien des bildhaften Ganzen fragt, seine stofflichen Bestandteile, nicht die kognitiven Voraussetzungen im erkennenden Subjekt. Das Ganze der Geschichte besteht

---

Geschichte sich in der zweiten Stelle ausdrücklich den von Polybios allen Olympiaden vorangestellten Summarien verdankt (vgl. Polybios: Geschichte Bd. 2, S. 839). *Sōmatopoiein* mit seinen Varianten ist bei Polybios, in den Historien und Fragmenten, vierzehnmal vertreten, allerdings nie in der wörtlichen Bedeutung ‚in einen Körper bringen', von der offensichtlich Schlözer ausging, sondern übertragen als ‚stärken, zu Kräften bringen'. Schlözers philologischer Irrtum leitet sich wahrscheinlich von einer ähnlich lautenden Formulierung bei Polybios her, die sich Hist. 1, 3, 4, findet: „sōmatoeidē [...] ginesthai tēn historian" (‚daß die Geschichte körperbildig wird'). Schlözer hat also ein Adjektiv in eine verwandte Verbform abgewandelt, die zwar korrekt ist, deren von ihm gemeinte Bedeutung bei Polybios aber nicht vorkommt. – Für Hilfe bei der Ermittlung der Polybios-Stellen und ihrer Übersetzung danke ich Stephan Busch.
Wenn Schlözer Grundbegriffe der ‚historischen Komposition' dem Polybios entnimmt, steht er übrigens in einer dezidiert rhetorischen Tradition: 1768 war ihm Jacob Moor darin vorangegangen (vgl. Über die historische Composition, S. 56-61; zu dieser Schrift vgl. oben S. 148, Anm. 10).

104 Vgl. Polybios: Hist. 1, 4, 1; Polybios: Geschichte Bd. 1, S. 4; Mohm: Untersuchungen, S. 69-74. Auch im 1. Kap. des 14. Buches verbindet Polybios den Überblick über die Geschichte mit einer teleologischen Fragestellung, vgl. ebd. Bd. 2, S. 839: „Denn von Natur haben alle Menschen den Wunsch, wenn sie auch noch so gern den Bericht von den Begebenheiten im einzelnen aufnehmen, vor allem zu hören, worauf es bei diesen einzelnen Aktionen am Ende hinauskam."

105 Vgl. Schlözer: Vorstellung seiner Universalhistorie, S. 23f. – TDAH, S. 671f. An dieser Stelle spart Schlözer das „hypo mian synopsin agein" aus, aber eine der beiden entsprechenden Stellen bei Polybios befindet sich in demselben Abschnitt, aus dem Schlözer hier ausführlich zitiert (Hist. 1, 4, 1).

106 Wo Blanke Schlözers Rückbezug referiert (vgl. Historiographiegeschichte, S. 179), übersieht er diesen Rezeptionsirrtum.

107 Vgl. Schlözer: Vorstellung seiner Universalhistorie Bd. 2, S. 300f. Die folgenden Zitate ebd., S. 298f.

für ihn aus ihren „neben und über einander" geschichteten Teilen; gemäß der objektivistischen Metapher vom allgemeinen Blick gibt es für Schlözer keine - z.B. sprachbedingte - Prägeform der Geschichte. Über diese Fundamentaldifferenz zu Herder darf auch nicht hinwegtäuschen, daß Schlözer die Formel vom ‚Bild, ganzen Continuum' später in den theoretischen Teil seiner *WeltGeschichte* aufgenommen hat.[108]

Wie erwähnt, steht bei Herder der Bild-Begriff dagegen in Verbindung mit dramatischen Kategorien, wenn es um Vorstellungen geht, die ganzen Texten oder größeren Textteilen zugrunde liegen: Den Begriff „Szene", der den Teil eines Bildes bezeichnen kann, wendet er auch auf die historische Darstellung an; von den „disparatesten Szenen", die zu „*binden*" seien, spricht er in bezug sowohl auf den Dramatiker als auch auf den Historiker.[109] „Nur mit dem Auge des Verstandes", suche auch der „Virtuose der Geschichte sich ein Dramatisches Ganze seiner Begebenheiten auf".[110] Eine vollständige Weltgeschichte wäre ein „*unendliches Drama von Szenen*".[111] Das dramatische Schema liegt dabei nicht erst im historiographischen Produkt vor; gemäß der Herderschen Rückbindung des Denkens an Sprache bildet es vielmehr eine Art transzendentales Schema: Um Geschichte ursächlich und vernünftig begreifen zu können,

> ist schon eine Art von *Dramatischer Vorstellung* in der Seele nötig, wo wir alle fremde, zu dem Betriebe einer Handlung unwesentliche und müßige Umstände weglassen,

---

108 Vgl. Schlözer: WeltGeschichte (Aufl. 1785), S. 90: „Aber alle Reihen, vom Anfange bis nun, soll die Seele im Zusammenhang denken lernen; die WeltGeschichte soll *Ein* Bild, ein ganzes Continuum, werden." Wie nicht anders zu erwarten, ist auch hier ‚Bild' ganz sprachungebunden aufgefaßt; zudem verdeutlicht die folgende Passage (zitiert unten bei Anm. 118), daß Schlözer seine rationalistische Interpretation von Mendelssohns Ästhetik nicht verlassen hat. Eine gewisse Reverenz Herder gegenüber liegt in dieser Übernahme aber trotzdem. Mit freundlichen Worten, die erkennen lassen, daß Herder und Schlözer ihren persönlichen Streit im Laufe der 1770er Jahre irgendwann einmal beigelegt haben müssen, war freilich Herder schon vorangegangen: In einer Anleitung für das Theologiestudium empfahl er Schlözers *Vorstellung* als den „vielleicht mit dem allgemeinsten Blick geschriebenen" universalhistorischen Überblick (SW 30, S. 406). Herder erkannte jetzt also einen tatsächlichen Vorzug des Werkes an, wohl auch seine relative Bedeutsamkeit im Vergleich zu anderen. Eine Annäherung an den anderen, die die hier aufgezeigten epochalen Differenzen aufhöbe, zeigt sich dagegen auf keiner Seite.

109 Herder: Auch eine Philosophie, S. 31, 39; vgl. Herder: Shakespear - Von deutscher Art und Kunst, S. 63-91, hier S. 80. Die in der Forschung kaum je berücksichtigte innere Dramatisierung, die Herder dem Geschichts-Bild einprägt, hat zuerst Seeba: Geschichte als Dichtung, S. 56-61, herausgearbeitet. Auch Seeba betont zudem, daß Herder seine Poetik der Geschichtsschreibung am Modell des Shakespearischen Dramas gewonnen hat (vgl. ebd., S. 63).

110 Herder: Shakespear, 2. Entwurf 1771 - Werke Bd. 2, S. 538.

111 Herder: Auch eine Philosophie, S. 84.

> uns aber jede der tätigen Triebfedern würksam gedenken, und so ein Ganzes der Sukzession bilden.[112]

Ein literarisches Strukturmuster stellt für Herder demnach jene Auffassungsform dar, die es erlaubt, die an sich disparaten Partikel historischen Geschehens so miteinander zu verbinden, daß der Forderung nach Geschehenskohärenz Genüge getan ist. Mit dem Handlungsschema des Dramas führt er diese Forderung gewissermaßen auf das dem menschlichen Auffassungs- und Sprachvermögen Gemäße zurück. Die mikrostrukturelle Abfolge von Ursachen und Wirkungen befreit er von ihren mechanistischen Implikationen, und der dramatische ‚plot' avanciert zu der Makrostruktur, in der aus Geschäften Geschichte werden kann. Sie befähigt den Historiker zur „perspektivischen Konstruktion von Verlaufsstrukturen, die für die Sinndeutung historischer Zusammenhänge unentbehrlich sind".[113] Was Herder der Literatur entlehnt, ist somit nicht mehr ein fakultatives Beiwerk der Historiographie, möglicherweise um ihre Wirkung auf den Leser zu verstärken, sondern ihr Konstituens. Damit sind zugleich zwei Belastungen der Aufklärungshistorie aufgehoben: Zum einen wird das Abbildungsverhältnis der Geschichtsschreibung zur quasi optisch erfaßten Geschichte ersetzt durch die historiographische ‚Fiktion', welcher Begriff nicht eine Erfundenheit bezeichnet, sondern die Perspektivität und Konstruktivität jeder Erzählung, und zum anderen ist der Systemzwang der Aufklärungshistorik gelöst. Denn Herder konzipiert historische Erkenntnis orientiert am ‚liberaleren' Verstehensmodell für einen literarischen Text, das in einer für seine Erkenntnistheorie charakteristischen Weise alle ‚Seelenvermögen' in Anspruch nimmt: In der „historischen Illusion" befinde sich der Leser in einem Zustand, daß

> er in dem Fortfluß der Geschichte das Fortgehende Würkende aller Kräfte, die eine Begebenheit hervorbringen, Jede an ihrem Ort, und in ihrem Maße *fühlt*, daß er also teils voraus *ahndend*, teils allmählich *erfahrend*, das Resultat dieser Kräfte in der Begebenheit *anschauend erkennet*.[114]

Den Vergleich der Geschichte mit einem Text führt Herder explizit durch: Erfasse man sie schöpferisch und damit in der Nachfolge des göttlichen Schöpfers, so zeichne sie sich dadurch aus, daß „kleine Verbindungen schon großen *Sinn* geben und doch Jahrhunderte nur *Silben*, Nationen nur *Buchstaben* und vielleicht *Interpunktionen* sind".[115] Der nach dem Muster Shake-

112 Herder: Shakespear, 2. Entwurf 1771 – Werke Bd. 2, S. 538.

113 Seeba: Geschichte als Dichtung, S. 58.

114 Herder: Shakespear, 2. Entwurf 1771 – Werke Bd. 2, S. 538 (Hervorhebungen von mir).

115 Herder: Auch eine Philosophie, S. 109 (das folgende Zitat ebd.). Vgl. Metakritik zur reinen Vernunft T. 1 – SW 21, S. 173: „Sehe man die Dinge der Welt als Worte eines

spearischer Dramen strukturierte literarische Text aber ist die ihr angemessene Darstellungsform, weil er Sinn sowohl durch das Ganze als auch mikrokosmisch-symbolisch durch die Teile vermittelt, „wo in jeder Einzelheit schon so *ein Ganzes* erscheint". Er ist geeignet, sowohl dem Eigenwert einzelner Völker und Epochen als auch dem zielgerichteten, wenngleich in seiner Entwicklung unabgeschlossenen Ganzen zu genügen. Er präsentiert sowohl die individuelle Bedeutsamkeit des Einzelnen als auch die Ganzheit des Ganzen, seine Unzertrennlichkeit.[116] Was Herder dagegen ablehnt, sind „zerschnittene Beispiele",[117] ist die Struktur rhetorischer Historiographie. Die Unvereinbarkeit seines Textmodells mit dem Schlözers, mag dieser auch von Bild und Kontinuum sprechen, könnte kaum deutlicher hervortreten als an dieser Stelle: Denn Schlözer möchte ausdrücklich „*stückweise* verfaren, das große Bild in Teile zerschneiden", um „aus jedem Teil ein eignes Bild, ein kleineres Ganze, machen" zu können.[118] Diese zerschnittenen Teile sollen sich zwar auch in ihrer „Verbindung mit andern auf allen Seiten" zeigen, aber sie haben anders als in Herders Poetik der Geschichtsschreibung keine Verweisfunktion. Die für komplexe Texte typische Struktur internen Verweisens[119] übersteigt das Textverständnis Schlözers; dieses ist in mechanistischen Teil-Ganzes-Verhältnissen befangen, wie sich außer an der zitierten Stelle auch in seiner Mendelssohnrezeption, seiner Auffassung des Verhältnisses von Spezial- und Universalgeschichte und nicht zuletzt konkretisiert in seinen universalhistorischen Entwürfen und Büchern zeigt. Deshalb begegnet Schlözer dem Vorschlag des Rezensenten Herder, „*Erinnerungsmaale*" aufzurichten,

grossen Buches an, in welchem wir den *Sinn* des unbekannten Urhebers lesen." Zum Schöpfertum auch des Historikers, das erst die Erfassung des Ganzen ermöglicht, vgl. Auch eine Philosophie, S. 31, und Herder: Shakespear – Von deutscher Art und Kunst, S. 63-91, hier S. 76, 78 und 80.

116 Vgl. Herder: Shakespear – Von deutscher Art und Kunst, S. 63-91, hier S. 82. Diese ‚lockere' Ambivalenz von Herders Geschichtsmodell betont auch Gerhard vom Hofe (vgl. Die Geschichte als „Epopee Gottes", S. 79f.). Nicht zustimmen kann ich vom Hofe jedoch, wenn er dieses Modell fast ausschließlich mit dem Epos in Verbindung bringt (vgl. S. 78-80). Denn das Drama (in seiner ‚lockeren' shakespearischen Form) hat als Referenzmodell bei Herder zumindest das gleiche Gewicht wie das Epos (vgl. Auch eine Philosophie, S. 84).

117 Herder: Ideen – Werke Bd. 6, S. 371 (9, IV).

118 Schlözer: Vorstellung seiner Universalhistorie Bd. 2, S. 307 (das folgende Zitat ebd.). Schlözer wiederholt diese Formulierungen fast wörtlich in seiner *Weltgeschichte*, S. 89 (Aufl. 1785 S. 90).

119 Deshalb kann auch Herders oben zitierter Leser „teils voraus ahndend" einen historiographischen Text verstehen. Vgl. auch Auch eine Philosophie, S. 39, wo Herder sich wünscht, die ‚Szenen' der Geschichte „aufeinander *beziehen*" zu können.

die „wieder *unter sich* erinnern", auch mit einem Spott, der sein Unverständnis nicht verbergen kann.[120]

γ. Von Schlözers Strukturierung der Weltgeschichte nach Epochen in Hundertjahreinheiten hebt sich Herders Orientierung an den irregulären Dramen Shakespeares deutlich genug ab.[121] Bezeichnenderweise übernimmt er den Dramenbegriff ‚Szene' und nicht den von der Regelpoetik stärker normierten ‚Akt' in die Terminologie seiner Historio-Poetik. Wie sich in der Dramatik des ‚Sturm und Drang' zeigte, war die Szene eine außerordentlich flexible Einheit;[122] deshalb bewirkt sie keine Einschnitte, die die Kontinuität des Ganzen aufheben. Mehr ein *„ganzes Continuum"* zu bilden, forderte schließlich Herder von der Universalhistorie.[123] Auch dieser Begriff besitzt eine Prägnanz, auf die weder Schlözer noch – wenn ich recht sehe – die Forschung aufmerksam geworden ist: Jener deutete „Continuitæt" so, daß Herder die Weltgeschichte „ohne alle Absätze in Einem fortlaufenden Quartanten" schreiben wolle, sah im ‚Continuum' also fälschlich eine Negation allen Gliederns.[124] Herder dagegen hat sich offensichtlich am philosophischen Begriff des Kontinuums orientiert, insbesondere an Leibniz' Kontinuitätsgesetz, dem er ohnehin zentrale Gedanken und Begriffe seiner Individualität und Ganzheit verbindenden Entwicklungstheorie verdankt[125]. Der Herderschen Geschichtstheorie völlig kongruent erscheint der Terminus ‚Continuum', wenn man seine Implikationen hinsichtlich der Art des Zusammenschlusses der Teile betrachtet: Aristoteles hatte Kontinuität als einen Gegenbegriff zum ‚Aggregat' etabliert, das sich durch bloße Kontiguität auszeichnet und über das Herder bereits in der Schlözer-Kritik ausdrücklich hinaus kommen wollte.[126] ‚Kontinuum' ersetzt mithin das ‚System'; es ist die spezifische Ganzheitsform

---

120 Herder: SW 5, S. 439; vgl. Schlözer: Vorstellung seiner Universalhistorie Bd. 2, S. 306f.

121 Vgl. Schlözer: Vorstellung seiner Universalhistorie, S. 86. Die in der französischen Klassik dogmatisierten „Regeln" der Dramenpoetik sind für Herder dagegen ebenso „todt" wie die „Nomenclatur aller Wissenschaften" (Herder: Shakespear – Von deutscher Art und Kunst, S. 63-91, hier S. 67; ders: Ideen – Werke Bd. 6, S. 330f. [8, V]).

122 Die 59 Szenen des *Götz von Berlichingen* (1773) beispielsweise schwanken in ihrer Ausdehnung zwischen ‚Fetzenszenen' aus Frage, Antwort und Replik (z.B. „Lager") und ausgedehnten Dialogen mit wechselnden Teilnehmern (z.B. „Jagsthausen. Götzens Burg"). An der Fünfzahl der Akte hielt Goethe dagegen fest.

123 Herder: SW 5, S. 439.

124 Vgl. Schlözer: Vorstellung seiner Universalhistorie Bd. 2, S. 300-302, das Zitat S. 302.

125 Zu diesem Teil der Herderschen Leibnizrezeption vgl. Kondylis: Die Aufklärung, S. 621f., und Cassirer: Die Philosophie der Aufklärung, S. 305-308; zum denkgeschichtlichen Horizont von Herders Kontinuitätsbegriff vgl. auch Häfner: Herder Kulturentstehungslehre, S. 57-61..

126 Vgl. N. Herold: Kontinuum, Kontinuität. – In: Historisches Wörterbuch der Philosophie Bd. 4, Sp. 1044-1062 [Sp. 1049-1052 und 1057-1062 andere Verf.], hier Sp. 1046; Herder: SW 5, S. 438.

der Geschichte. Zum Ausdruck kommt diese Art des Zusammenhangs auch in der Keimmetaphorik oder der Rede von einem „Faden" der ‚Vorsehung'.[127] An einer exponierten Stelle seines Darstellungsprogramms von Herder berufen, schlägt der Begriff des ‚Continuums' insofern sogar eine Verbindung zur materialen Geschichtstheorie, vor allem zu deren leibnizschen Bestandteilen. Auf ähnliche Weise impliziert der Bild-Begriff Herders Sprachphilosophie und speist sie gewissermaßen in die Theorie der Geschichtsschreibung ein. Daß Schlözer den Bedeutungsgehalt beider Begriffe nicht erfaßt hat, ist zwar im Kontext von Kritik und Gegenkritik verständlich, deswegen aber nicht weniger signifikant für den Stand der geschichtsphilosophischen und sprachtheoretischen Reflexion in der Aufklärungshistorie.

Daß Schlözer sich nicht darauf eingelassen hat, sich im Horizont ästhetischer oder zumindest ästhetisch relevanter Kategorien mit Herder über die Universalgeschichtsschreibung zu verständigen, ist schließlich auch einem tiefsitzenden antiliterarischen, ja anästhetischen Impuls des Universitätshistorikers zuzurechnen. Ein „Romanschreiber" zu sein bedeutete für Schlözer, sich den Mühen gelehrter Arbeit zu entziehen; „ein *schöpferisches* Genie" zu sein hieß ihm, „seinen Stoff aus nichts" zu erschaffen.[128] Da er zudem davon ausging, daß „der Historiker hingegen [nichts] erschaffet" (d.h. ‚erfindet'), konnte das literarische Werk für ihn weder Modell noch Reflexionsmedium der historiographischen Textproduktion sein. Schlözer trennte Dichtung und Geschichtsschreibung im Lichte des Topos von den *res factae* und den *res fictae*, und zwar unbedingt. Das aber ist eine vormoderne Position, die von der ‚Fiktionalität des Faktischen' ebensowenig weiß wie vom Wirklichkeitsstatus fiktionaler Literatur, der mit Erfundenheit nicht zutreffend bezeichnet ist.[129] Wenn Schlözer die „Belleslettres" und die Historie für zwei „ganz verschiedene Dinge" erklärt,[130] so ist das gewiß eine verständliche Konsequenz des Verwissenschaftlichungsstrebens der Aufklärungshistorie, doch liegt eben darin auch ein Hinweis auf die Kontraproduktivität des einseitigen Szientismus, wie ihn Schlözer noch stärker als jeder andere deutsche Historiker des 18. Jahrhunderts pflegte. Aus der szientistischen Orientierung der Universitätshistoriker folgte wiederum mit einiger Konsequenz, daß ein mit poetologischen Gegenbegriffen geführter Angriff auf das pragmatische System kaum aus ihren Reihen erfolgen konnte. Weder Gatterers Veranschaulichung der

127 Vgl. Herder: Auch eine Philosophie, S. 23, das Zitat S. 14.

128 Schlözer: Vorstellung seiner Universalhistorie Bd. 2, S. 245.

129 Zur Auflösung der Opposition von *res fictae* und *res factae* im 18. Jahrhundert vgl. Koselleck: Vergangene Zukunft, S. 278-284.

130 Schlözer: Vorstellung seiner Universalhistorie Bd. 2, S. 390.

Geschichtsschreibung noch das Streben nach der ‚Würde der Epopee' bei Schlözer[131] vermochten diese Revision zu leisten, die notwendig war, um der Geschichtswissenschaft ihre narrative Verfassung zu gewinnen.

e) Geschichtstheoretische Reflexion als unausgeschöpftes Potential

Noch in einem weiteren, formalen Punkt der Historik leitete Herder einen Paradigmawechsel ein: In dem bereits zitierten zweiten Entwurf der Shakespeare-Schrift weist er den Geschichtsschreiber an den Dichter, weil von diesem „Kunstgriffe abzumerken" seien. Im folgenden Abschnitt geht er indes nicht sehr viel weiter, als zwei mögliche Felder einer entsprechenden HistorioPoetik – wie „historische Situationen anzulegen, Charaktere zu schaffen" sind – zu benennen, womit immerhin zwei Paradestücke historistischer Geschichtsschreibekunst vorweggenommen sind.[132] In der endgültigen Fassung des Essays fragt Herder erneut nach den Gesetzen der Geschichtsschreibung, die sich aus Shakespeares Werken ziehen ließen, und verbindet dies mit Fragen nach entsprechenden Gesetzen für Dramatik und Philosophie. Obwohl er sie „als das Herz meiner Untersuchung" apostrophiert, beantwortet er aber keine dieser Fragen, so wie auch eine Erklärung von Shakespeares schöpferischem Genie und seiner Arbeitweise ausbleibt.[133] Derartig abgezogene Gesetze und analytische Erklärungen *müssen* freilich ausbleiben, das folgt logisch aus Herders Genieästhetik: Ein „Göttergriff" läßt sich nicht in einer regelhaften Poetik formalisieren;[134] für die Historik gilt Entsprechendes. Indem die Schrift endet, ohne zum angeblichen ‚Herzen' gekommen zu sein, bringt sie in ihrer „rhetorical structure" genau das dem Leser zu Bewußtsein; sie ruft die an den herkömmlichen Regelpoetiken geschulte Erwartung poetologischer

131 Schlözers Bezug auf das Epos fügt seiner Geschichtstheorie kein produktiv poetisches, d.h. subjektivistisches oder konstruktivistisches Element hinzu, denn die gängige Bestimmung des Epos, besonders hinsichtlich seines ‚Plans', seiner ‚Ordnung' und seiner Überschaubarkeit (vgl. Sulzer: Allgemeine Theorie der Wissenschaften und schönen Künste Bd. 2, S. 495-497 [Art. Heldengedicht]), entspricht ganz dem, was Schlözer in seiner *Vorstellung* auch ohne Bezug auf ein literarisches Modell konzipiert hat, vgl. dazu oben S. 177, Anm. 15.

132 Herder: Shakespear, 2. Entwurf 1771 – Werke Bd. 2, S. 539. Beispielhaft an Rankes Historiographie beschreibt Harth die angedeuteten ‚literarischen' Mittel, Geschichte darzustellen: Die Geschichte ist ein Text. Versuch über die Metamorphosen des historischen Diskurses. – In: Formen der Geschichtsschreibung, S. 452-479, hier S. 463-466.

133 Herder: Shakespear – Von deutscher Art und Kunst, S. 63-91, hier S. 88.

134 Vgl. ebd., S. 83f. (das Zitat S. 80).

Eindeutigkeit zu dem Zweck ab, sie umso nachdrücklicher enttäuschen zu können.[135]

Nicht zuletzt in dieser allgemein sprachtheoretisch und spezieller genieästhetisch begründeten Weigerung, der Geschichtsschreibung Regeln zu geben, aber wurzelt, daß die in Herders Geschichtstheorie beschlossenen Möglichkeiten disziplinärer Selbstreflexion weithin unausgeschöpft blieben. Denn suchen wir eine Entwicklungslinie zu ziehen von der Aufklärungshistorik über Herders Kritik an ihr zum geschichtswissenschaftlichen Historismus, so zeichnet sich nach der Jahrhundertwende im ganzen wieder eine Verflachung des Theorie- und Reflexionsprofils ab: Die historistischen Historiker entfalteten die Prinzipien ihrer Geschichtsforschung „in der Regel nicht explizit".[136] Die Verabschiedung der Regelpoetik aus dem Geist der Genieästhetik wirkte sich nun in einer Tendenz zur Verdrängung methodisch-reflexiver Partien aus den historiographischen Texten aus – man halte dazu nur Schlözers systematische Einleitungen in seiner *Vorstellung* und in seiner *Weltgeschichte* auf der einen Seite und die verstreuten Aphorismen zur historischen Wissenschaft in Rankes Werken und deren Vorreden auf der anderen Seite gegeneinander. Daß Rankes Bewußtsein von der ästhetischen Dimension seiner Tätigkeit sehr viel weiter ausgebildet war als das Schlözers, bleibt davon unberührt, doch läßt sich dieses Wissen nur interpretativ aus einzelnen Momenten seiner Werke und verstreuten Notizen ermitteln. Eine explizite Reflexion auf die konstruktive Darstellungsleistung des Historikers und ihre Sprachlichkeit entfiel unter den Historisten fast ganz. Üblicherweise wurde das Darstellungsproblem mit dem Hinweis auf den Kunstcharakter der Geschichtsschreibung implizit für nicht diskutierbar erklärt, oder es wurde durch die – bereits von der eigenen Textpraxis widerlegte – Behauptung einer unproblematischen Abbildbarkeit von „Forschungsresultaten" entschärft.[137] Mit beiden Argumentationsvarianten aber fiel die historistische Geschichtstheorie wieder unter das von Herder betretene Niveau, das seinerseits durch die in poetologischen Kategorien betriebene Reflexion auf den poietischen,

135 Vgl. Eva Knodt: Dramatic Illusion In the Making Of The Past: Shakespeare's Impact On Herder's Philosophy Of History. – In: JGH. Language, History, and the Enlightenment, S. 209-223, hier S. 218f., das Zitat S. 220.

136 Rüsen: Konfigurationen, S. 95. Nicht die Notwendigkeit geschichtstheoretischer Reflexion, aber doch die Formulierbarkeit von Regeln („translation-rules"), nach denen der Historiker Überlieferungselemente in die historiographische Erzählung übersetzt, bezweifeln indessen auch Geschichtstheoretiker der Gegenwart (vgl. Ankersmit: Narrative Logic, S. 261, sowie Kluxen: Vorlesungen zur Geschichtstheorie II, S. 201).

137 Vgl. Ranke: Idee der Universalhistorie – WuN 4, S. 72-89, hier S. 72; Bernheim: Lehrbuch, S. 722. Zum Kunstverständnis Rankes, das ihn gleichfalls zu einer eher objektivistischen Auffassung der historiographischen Darstellung führte, vgl. unten Kap. III. B. 1. a)-b).

subjektiv-konstruktiven Charakter der Geschichtsschreibung als eines besonderen Falls menschlichen Sprachgebrauchs sich über die objektivistische Erkenntnishaltung der Aufklärungshistorie und ihre Sprachvergessenheit erhoben hatte.

In einem Grundzug kann hier die weitere Entwicklung der Historiographietheorie also schon gekennzeichnet werden: Der geschichtswissenschaftliche Historismus hat die von Herder (und einigen seiner Zeitgenossen und nächsten Nachfolger) eröffneten Chancen zur geschichtstheoretischen Reflexion und zur Konzeption einer offen-konstruktionsbewußten Geschichtsschreibung im ganzen nicht genutzt. Die Gründe dafür liegen indessen nicht zuletzt in Herders ästhetischer und der daraus erwachsenen historio-poetologischen Theorie selbst beschlossen, nämlich in deren Tendenz, die Lücken, die in der Kritik aufklärerischer Positionen hinsichtlich der Begründung etwa des geschichtlichen Fortschreitens oder der Ausdrucksfähigkeit menschlichen Sprachgebrauchs entstanden waren, durch ein universelles Postulat einer naturhaft guten und vollkommenen Ordnung wieder zu schließen, das teils leibnizisch-metaphysisch, teils anthropologisch-vitalistisch-‚naturwissenschaftlich' gestützt wurde. Auch die Schöpfungsästhetik wurde durch diese Renaturalisierung der von Herder selbst aufgezeigten Konstrukthaftigkeit menschlicher Weltwahrnehmung und -deutung abgesichert bzw. entschärft. Insbesondere jenes Werk, das im weitesten Sinne selbst Geschichtsschreibung ist und von dem auch die größte Wirkung ausging,[138] die *Ideen zur Philosophie der Geschichte der Menschheit*, veranlaßte einen Kritiker wie Kant schon, die verdeckte „Metaphysik" in Herders Geschichtsauffassung zu beanstanden.[139] Für das 19. Jahrhundert und noch für Meinecke ist es dagegen charakteristisch, daß Herders Geschichtsdenken das unvergängliche Verdienst zuerkannt wurde, „ein grundsätzliches Verstehen menschlichen Lebens [...] von innen her, von seinen jeweiligen individuellen Quellpunkten her", unhintergehbar begründet zu haben,[140] ohne daß die ideologisch-konzeptionellen Implikationen von Begriffen wie ‚Leben', ‚innen' und ‚Individualität' oder einer Metapher wie ‚Quelle' – und gleiches gilt für den Zentralbegriff ‚Entwicklung' – thematisiert worden wären. Dem Historismus gelang beeindruckende Geschichtsschreibung, indem er Geschichte ästhetisch zu denken und narrativ darzustellen begann, aber wie ihm das gelang, ist ihm nie vollständig zu Bewußtsein gekommen.

---

138 Vgl. Meiners: Grundriß, [S. ˜8ʳ,] Anm. 1 – TDAH, S. 557.

139 Vgl. Kant: Schriften zur Geschichtsphilosophie, S. 49-52, das Zitat S. 51.

140 Vgl. Meinecke: Aphorismen und Skizzen, S. 38; vgl. auch ders.: Die Entstehung des Historismus, S. 2-5.

Die vielberufene Diffusivität der Wirkung Herders[141] und die spannungsvolle Konstellation, in der er mit ganz anders veranlagten Denkern wie Kant steht, trugen auf einer andern Seite freilich auch dazu bei, eine Phase offener Möglichkeiten der Geschichtsauffassung und -schreibung zu eröffnen. Diese Phase historiographischen Experimentierens diesseits der Aufklärungshistorie begann sich erst in den 1830er Jahren mit der Etablierung einer neuen Geschichtswissenschaft wieder zu schließen. Derjenige aber, der in dieser offenen Situation wohl die vielfältigsten Anregungen aufnahm und verarbeitete, ist Schiller. Sein historiographisches Werk ist ein Experimentierfeld in der breiten Übergangsphase zwischen Aufklärungshistorie und Historismus. Es sollte deshalb mit die besten Aufschlüsse über die Bestimmungsfaktoren dieses Transformationsprozesses geben können.

141 Vgl. z.B. Goethe: WA I, 42,1, S. 189.

D. ‚Wissenschaft zum Kunstwerk adeln'. SCHILLER als Historiker

Über die pragmatistische Aufklärungshistorie geht der Historiker Schiller in wesentlichen Punkten hinaus – ohne damit aber schon die moderne Geschichtsschreibung in allen wichtigen Hinsichten zu begründen. Wo sein historiographisches Konzept noch dem Pragmatismus angehört, lassen sich an seinem Werk noch einmal dessen Defizite studieren; wo es jenen überschreitet, zeigen sich zum ersten Mal in der deutschen Geschichtsschreibung einige der Konstituentien ihres modernen, d.h. historiographiegeschichtlich konkret ihres klassisch-historistischen Typs. Damit steht der Historiker Schiller zwischen den Epochenparadigmen: Auch er verwendet das den spezifischen Wissenschaftsanspruch des Pragmatismus kennzeichnende Begriffspaar von „Aggregat" und „System", doch nicht im objektivistischen Sinne Schlözers und Gatterers; vielmehr hebt er durch die theoretische Begründung und praktische Anwendung einer „schönen Diktion" den mit dieser Formel verbundenen Szientismus ästhetisch auf (Kap. 1).[1] Auch er geht vom ‚Handlungsmodell' der Geschichte mit der figurenbezogenen Abfolge von charakterologisch-introspektiv zu ergründenden Motiven, daraus abgeleiteten Plänen, geschichtslenkenden Entschlüssen und schließlich zweikampfartigen Interaktionen aus – und setzt dies in einer vom Pragmatismus nicht geleisteten Weise auch historiographisch um –, doch beginnt er seinen Geschichten der niederländischen Rebellion und des Dreißigjährigen Krieges die bislang vermißte Stringenz und Kohärenz durch die begriffliche Erschließung einer überindividuellen Ebene langfristiger historischer Entwicklungen zu verleihen (2.). Und während auch er auf der einen Seite immer wieder das im modernen Sinne Historische der Geschichte, ihren qualitativen Abstand von der Gegenwart, kassiert, um exemplarische Sinnbildung zu betreiben, befördern seine historischen Monographien durch ihre Geschichte*n*form doch die Herausbildung einer genetischen und fabelgestützten Sinnbildung (3.). Auf diesen drei Problemfeldern vor allem hat Schiller maßgeblich zur Trans-

1 NA 17, S. 373 (*Was heißt und zu welchem Ende studiert man Universalgeschichte?*); NA 21, S. 9 (*Ueber die nothwendigen Grenzen beim Gebrauch schöner Formen*). Die Überschrift nimmt Verse aus Schillers Gedicht *Die Künstler* (vgl. unten S. 236) auf: „Der Schätze, die der Denker aufgehäufet, [/] wird er in euren [der Künstler] Armen erst sich freun, [/] wenn seine Wissenschaft, der Schönheit zugereifet, [/] zum Kunstwerk wird geadelt seyn" (Vv. 402-405 – NA 1, S. 212).

formation der Geschichtsschreibung von der Aufklärung zum Historismus des 19. Jahrhunderts beigetragen. Betrachten wir sie im einzelnen.[2]

1. „Die Zauberkraft der schönen Diktion"[3] – ästhetische Aufhebung pragmatischer Wissenschaftlichkeit

Das Verhältnis des Historikers Schiller zur Wissenschaft ist von Anfang an ein durch engere berufliche und übergreifende künstlerische Interessen bedingtes gewesen:[4] Der Wunsch, daß sein erstes größeres Geschichtswerk, „im Äuser-

---

2 Außerhalb der Untersuchung bleibt im folgenden vor allem der Forschungsaspekt. Hier hat Schiller nichts zur Entwicklung der historistischen Standards beigetragen, ja er fiel hinter einen Historiker wie Schlözer sogar deutlich wieder zurück, praktisch wie theoretisch. Bezeichnenderweise übergeht er in der Antrittsvorlesung zwischen der Sammlung des historischen Materials und seiner Verarbeitung die Kritik (vgl. NA 17, S. 370-372), während Schlözer hierhin, zwischen den „Geschicht*Sammler*" und den „Geschicht*Schreiber*", den „GeschichtForscher" setzt, dem er eine methodisch geregelte Quellenkritik überträgt (Schlözer: Aus einem Schreiben, S. 14-24 - TDAH, S. 595-598). Diese methodologische Lücke ist deshalb besonders signifikant, weil - von der Forschung bisher übersehen - Schiller im einschlägigen Abschnitt der Antrittsvorlesung jenes Schema von Inventio, Delectus und Dispositio noch einmal aufnimmt, das für die rhetorisch geprägte Historik und dadurch auch für die rhetorisch beeinflußten Historiken des Pragmatismus, einschließlich Schlözers, typisch war. Schillers Musterung der Überlieferung entspricht der Inventio; sie stellt den „Stoff der Geschichte" bereit (NA 17, S. 370f.). Dann wird aber gleich bestimmt, daß daraus *auszuwählen* sei, was besonderen „Einfluß" „auf die *heutige* Gestalt der Welt" habe (S. 371f.); das Problem der Dispositio behandeln die folgenden vier Abschnitte (unter den Aspekten des gängigen systemorientierten Wissenschaftsverständnisses und eines dieses überschreitenden Teleologiegedankens) (S. 372-374).

3 NA 21, S. 9 („Ueber die nothwendigen Grenzen beim Gebrauch schöner Formen").

4 Eine begrifflich hinreichend scharfe, den geschichtlichen Kontext berücksichtigende Untersuchung zu Schillers Wissenschaftsverständnis, zu seiner davon ausgehenden Bestimmung des Verhältnisses von Wissenschaft und Kunst und damit überhaupt zu seiner historiographischen Konzeption liegt - trotz einschlägiger Titel (vgl. Dahnke: Schönheit und Wahrheit. Zum Thema Kunst und Wissenschaft in Schillers Konzeptionsbildung) - bislang nicht vor. Systematisch wird demnächst Thomas Prüfers Dissertation über den Historiker Schiller diesen Komplex entwickeln; für die freundschaftlich gewährte Einsichtnahme in einen Teil des Manuskripts und die anregende Arbeitsgemeinschaft möchte ich hier noch einmal danken. Zentrale seiner Arbeitsergebnisse nutzen zu können ist für mich umso wertvoller gewesen, als diese allein aus dem historiographischen Werk Schillers und seinem engeren Kontext kaum zu gewinnen sind - wie die bisherige Forschung zeigt -, sondern einer Untersuchung des gesamten (Früh-) Werks entspringen, wie sie im Rahmen dieser Arbeit nicht durchzuführen war. Nachdrücklich sei deshalb auf die Komplexität und auf das Entwicklungsmoment von Schillers Historik verwiesen, wie sie von Thomas Prüfer herausgestellt werden. Was ich seiner Untersuchung im einzelnen verdanke, ist im folgenden Kapitel dann jeweils gekennzeichnet.
Die Zurückhaltung der Historiographiehistoriker Schiller gegenüber ist umso erstaunlicher, als dieser sich bei näherer Betrachtung als einer der bedeutendsten, wenn nicht *der*

lichen wie im innern, ein mehr solides und wißenschaftliches Ansehen erhalte", verdankte sich nicht zuletzt dem Bestreben, eine Professur in Jena zu erlangen.[5] Das epochal Besondere seiner Bemühungen um die Geschichtsschreibung ist indes, daß er keinen Gegensatz darin sah, „sie aus einer trockenen Wissenschaft in eine reitzende" zu verwandeln und zugleich „vielen Werth auf *Gründlichkeit*" zu legen.[6] Er schrieb sowohl für den Fachgelehrten als auch für das mehr an „Schönheit und Gefälligkeit" interessierte Publikum. Im Kontext einer Untersuchung zur Herausbildung der modernen *wissenschaftlichen* Geschichtsschreibung bedeutet das zunächst, daß Schiller als zünftiger Historiker ernst genommen sein will.[7] Dementsprechend war es

---

bedeutendste Transformator zwischen Aufklärungshistorie und Historismus zeigt. Dieser Aspekt wurde auch auf dem im März 1993 von der Deutschen Schillergesellschaft veranstalteten Symposion über den Historiker Schiller kaum beleuchtet (die von Otto Dann, Norbert Oellers und Ernst Osterkamp herausgegebene Sammlung der Tagungsbeiträge ist für den Herbst 1995 angekündigt); der hier einzig ambitionierte Beitrag von Ulrich Muhlack beschreibt dessen universalhistorische Grundbegriffe zwar treffend zwischen den Auffassungen Schlözers einerseits und Humboldts andererseits, ignoriert aber, in welchen Punkten Schiller von dem Göttinger profitiert hat. (Die Übernahmen aus der *Vorstellung* gehen in der Antrittsvorlesung bis in die Formulierungen, vgl. Schlözer: Vorstellung seiner Universalhistorie, S. 5-9 - TDAH, S. 665f., mit NA 17, S. 367f. Treffsicher wählt Schiller dabei ausschließlich ‚moderne' Elemente aus Schlözers Geschichtstheorie aus: die Bildungsfähigkeit des Menschen und die Historizität der Epochen und der Weltteile!) Von seinem mit ‚vormodern/modern' konnotierten Begriffspaar ‚Dualismus/Immanenz' läßt Muhlack sich zudem zu einer schiefen Deutung der Funktion geschichtsphilosophischer Rahmenannahmen in der modernen Geschichtsschreibung führen, so daß Humboldts prätendierte Abstinenz von aller Geschichtsphilosophie schließlich als Zielpunkt der geschichtswissenschaftlichen Entwicklung des Zeitraums erscheint. Vor allem aber wird das Kardinalproblem in Schillers Geschichtstheorie und -schreibung, das Verhältnis von Wissenschaft und Kunst, nach einem kurzen Hinweis einfach zur Seite geschoben. - Die Forschungsdesiderata trifft dagegen die Skizze, die Hinrich C. Seeba von Schillers historiographischem Konzept als einer Ästhetisierung geschichtsphilosophischer Annahmen gibt, die weder seinerzeit von der kompendienfixierten Aufklärungshistorie akzeptiert noch später vom verwissenschaftlichten Historismus als Bestandteil der eigenen Vorgeschichte anerkannt werden konnte, vgl. Seeba: Historiographischer Idealismus? Fragen zu Schillers Geschichtsbild. - In: Friedrich Schiller. Kunst, Humanität und Politik, S. 229-249.

5 An Crusius, 5. 11. 1787 - NA 24, S. 175, vgl. ebd. S. 417.

6 An Körner, 7. 1. 1788 - NA 25, S. 3. Das folgende Zitat ebd. Vgl. NA 17, S. 9 (*Geschichte des Abfalls der vereinigten Niederlande von der Spanischen Regierung*).

7 Vgl. an Crusius 31. 1. 1788 - NA 25, S. 12f. Das gilt in einer spezifisch Schillerschen Modifikation auch für den *Dreyßigjährigen Krieg*. Schillers anfängliche Einschätzung, daß „die Arbeit [...] leicht" sei, „da der Stoff so reich und die Behandlung bloß auf die Liebhaber zu berechnen ist" (an Körner, 24. 12. 1789 - NA 25, S. 374), revidieren spätere Äußerungen: Gerade weil das Publikum ein weibliches ist, sei er „mit besonderem Fleiß und Ausführlichkeit" zu Werke gegangen (an Göschen, 26. 7. 1790 - NA 26, S. 30). Überhaupt hält Schiller für Frauen zu schreiben für einen besonderen Prüfstand der Stoffbeherrschung. Denn das „schöne Geschlecht" beurteile alles nach der Empfindung, was aber, wenn die ‚Wahrheit' materialiter gesichert ist, kein Fehler sei, sondern höchste

sowohl für den akademischen Historiker Schiller als auch für den Philosophen unabdingbar, sich über den Wissenschaftlichkeitsstatus der eigenen Arbeiten Rechenschaft zu geben. Trotzdem war weniger sein Wissenschaftlichkeitsbegriff als solcher innovativ als vielmehr sein Versuch, bloße ‚Wissenschaft' durch eine ‚kunstvolle' Wissenschaft zu überbieten. In vier Schritten will ich dieses Konzept umreißen: als Aufgabe des ‚philosophischen Kopfes' (α.), im Spannungsfeld der wissenschaftsgeschichtlich bzw. ästhetisch signifikanten Begriffe ‚Wahrheit', ‚Harmonie' und ‚Bildung' (β.), in der theoretischen Ausformulierung des späteren Aufsatzes *Ueber die nothwendigen Grenzen beim Gebrauch schöner Formen* (γ.) sowie nach den historiographiepraktischen Konsequenzen seines starken rhetorischen Elements (δ.)

α. Wo er sein Verständnis von „*wissenschaftlicher* Erkenntniß" einmal darlegt, folgt Schiller dem axiomatisch-deduktiven Modell, wie wir es bei Gatterer gefunden haben: Wissenschaftliche Erkenntnis ruhe „auf deutlichen Begriffen und erkannten Principien". „Mit derselben strengen Nothwendigkeit, mit welcher sich die Begriffe im Verstand an einander schließen, müssen sie sich auch im Vortrag zusammenfügen, und die Stätigkeit in der Darstellung muß der Stätigkeit in der Idee entsprechen." (NA 21, S. 5) Deshalb spricht auch Schiller noch von einem „System", das die Geschichtswissenschaft zu konstituieren habe.[8] Anders als Gatterer geht ihm dabei aber nicht das konstruktive Element verloren, das durch die Anwendung einer philosophischen Methodik auf eine Realienwissenschaft in diese hineinkommen muß. Wie im folgenden Kapitel im einzelnen zu sehen sein wird, ist es in Schillers Historiographie(konzept) zudem nicht so sehr das Gewirr der Begebenheiten und Handlungen, das sich durch eine mehr oder weniger systematische Stringenz auszeichnet, sondern dies kommt einer zweiten Ebene geschichts-

---

anthropologische Zwecke, die Harmonisierung des Menschen nämlich, befördere (NA 21, S. 17; vgl. unten S. 240f.). Vgl. auch Festers Einschätzung, daß Schillers Darstellung des Dreißigjährigen Krieges einen „wissenschaftlichen Fortschritt" bedeutet habe (SA 15, S. 450).

8 Vgl. NA 17, S. 373. Das Begriffspaar ‚Aggregat und System' scheint Schiller dabei weder aus Schlözers *Vorstellung seiner Universalhistorie* noch aus Kants *Idee zu einer allgemeinen Geschichte in weltbürgerlicher Absicht* (9. Satz) direkt übernommen zu haben; jedenfalls weicht seine Verwendung sowohl von der Schlözers, der das ‚System' auf das Ganze der Universalhistorie bezog, als auch von der Kants, der ‚System' mit einer Teleologisierung der Geschichte verband, ab. (Pandel: Historik und Didaktik, S. 67f., subsumiert trotzdem das Schillersche ‚System' unter den Begriffsgebrauch *beider*, was schon deshalb nicht überzeugen kann, weil dem eine Identifizierung der Kantischen und der Schlözerschen Verwendung zugrunde liegt; vgl. dazu oben S. 61, Anm. 9.) Schillers Begriffsgebrauch entspricht vielmehr Kants Unterscheidung der Wissenschaft von „gemeiner Erkenntnis" in der *Kritik der reinen Vernunft* (B 860), die Schiller 1789 freilich noch nicht kannte (vgl. seinen Brief an Körner vom 3. 3. 1791 – NA 26, S. 77), vgl. zum ganzen auch Karl-Heinz Hahn: Schiller als Historiker. – In: Aufklärung und Geschichte, S. 388-415, hier S. 398.

interpretierender Begriffe zu. Er betont, daß der Historiker seinen „philosophischen Verstand zu Hülfe" nehmen muß, um das überlieferte „Aggregat von Bruchstücken" „zu einem vernunftmäßig zusammenhängenden Ganzen" umzuschaffen (NA 17, S. 373). Mit der substantialistischen Geschichtsphilosophie des Idealismus, besonders Hegels, hat das wenig gemein. Wenn Schiller den ‚philosophischen Verstand' und die „eigene Vorstellungskraft" (S. 7) beruft, artikuliert sich vielmehr ein in der deutschen Geschichtswissenschaft neuartiges Bewußtsein von der unhintergehbaren Subjektivität und Perspektivität der Historiographie.

Das mögliche Systematische der Geschichte als gedankliche Leistung des (re)konstruierenden Historikers zu begreifen bedeutete eine erste die Geschichtsschreibung befreiende Modifikation des objektivistischen Wissenschaftskonzeptes des Pragmatismus. Innerhalb eines epochalen Modernisierungsprozesses des Wissenschaftlichkeitsbegriffs (von der logisch stringenten Ableitung wahrer Sätze aus Prinzipien zum hypothetischen Entwerfen und empirischen Überprüfen von konsistenten Theorien) schloß sich Schillers Systembegriff und die mit ihm verbundene Wissenschaftsauffassung auf diese Weise der konstruktivistischen Wissenschaftsauffassung an – trotz der traditionellen Wissenschaftlichkeitsdefinition. Die Emanzipation von der Verpflichtung, das System des historischen Geschehens in seiner Notwendigkeitsstruktur abzubilden, setzte in der Geschichtsschreibung das Erzählen frei und ermöglichte es zudem, alternative Leitideen für die wissenschaftsspezifische Konsistenz einzelwissenschaftlicher Tätigkeit einzuführen. Was Schiller aber in dieser Hinsicht betreibt, ist eine Ästhetisierung der Wissenschaft, die zur oben berufenen Überbietung von Wissenschaft durch eine ‚kunstvolle' Wissenschaft führt.

Denn der Bestimmung der erstrebten Wissenschaftlichkeit dient auch die Unterscheidung zwischen dem „Brodgelehrten" und dem „philosophischen Kopf", die er im ersten Teil der Jenaer Antrittsvorlesung vornimmt: Jener findet sich zwar in den Wissenschaf*ten*, wie sie faktisch betrieben werden, doch gibt er sich mit jenen „Bruchstücken" zufrieden, die das in Schillers Verstand vorwissenschaftliche Aggregat ausmachen (NA 17, S. 360f.). Der „philosophische Kopf" hingegen leistet die Vereinigung des disparaten Materials, die in wissenschaftskonstitutiver Weise auch der Systembegriff fordert (S. 362). Ein Historist wie Roscher wird diese Unterscheidung aufnehmen und das Poesieanaloge der geschichtswissenschaftlichen Tätigkeit noch unmißverständlicher dadurch zum Ausdruck bringen, daß er dem „historischen Handwerker" den „historischen Künstler" gegenüberstellt.[9]

9 Roscher: Klio, S. 9-15.

Tatsächlich kann der Systembegriff auch bei Schiller die angestrebte Wissenschaftlichkeit nicht erschließen. In der eben zitierten Passage der Antrittsvorlesung erhält er die pejorative Nebenbedeutung eines starren Lehrgebäudes (wie sie seit der Kritik am Wolffischen System gängig war). Die Wissenschaft des ‚philosophischen Kopfes' zeichnet sich dagegen dadurch aus, daß „alle seine Begriffe zu einem harmonischen Ganzen sich geordnet haben" und er nach „Vollendung seines Wissens" strebt. Anklänge an die gängigen Bestimmungen des Schönen, nicht nur der Sulzer u.ä., sondern auch Moritzens, von dessen Schrift *Über die bildende Nachahmung des Schönen* Schiller eben Notiz genommen hatte,[10] sind unüberhörbar. Dementsprechend zeigt der Erkenntnisfortschritt im Forschungsprozeß „immer neue und immer *schönere* Gedanken-Formen".[11] Wissenschaftliches Wissen und das Schöne haben für Schiller eine verwandte Struktur.

Hier aber stellt Schiller sich und sein Konzept von (Geschichts-) Wissenschaft exakt in die oben am ‚anthropologischen Roman' analysierte Krisenkonstellation der Spätaufklärung. Im Vergleich zu Moritz verhielt er sich dabei in doppelter Hinsicht moderat zu den gegenläufigen Tendenzen seiner Zeit: Auf der einen Seite suchte er der Bedrückung, die eine radikal empiristische Analyse wie Moritz' *Erfahrungsseelenkunde* auf ihn (wie auch auf andere Zeitgenossen einschließlich Moritzens selbst) ausübte, gegenzusteuern und empfahl dazu einen *„philosophischen* Aufsatz", der „diese *Dißonanzen* gleichsam wieder *in Harmonie auflöst"*.[12] Auf der anderen Seite schien ihm Moritz' Ausweg in eine ästhetische ‚Erlösung' lebensfremd. Deshalb kritisierte er an der genannten Schrift die „übertriebene Behauptung, daß ein Produkt aus dem Reiche des Schönen ein vollendetes Rundes Ganze seyn müsse".[13] In Schillers kunstvoller Wissenschaft kommt gewissermaßen die jahrhundertbestimmende ‚Rehabilitation der Sinnlichkeit' so zum Ausdruck, daß sowohl ihre ‚gefährliche' Radikalisierung als aus deren ästhetizistischer Umschlag schon aufgehoben ist.

Wenn nun wahre Wissenschaft immer harmonisierend verfährt – wozu unter anderem die ausdrücklich empfohlenen Analogie-Schlüsse beitragen –, so verliert auch Schillers im Kern ästhetische Begründung für eine Teleologisierung der Geschichte ihre Fremdartigkeit: So förderlich die Unterscheidung

---

10 Vgl. Sulzer: Allgemeine Theorie der schönen Künste Bd. 2, Sp. 479-483 (Art. Harmonie [Malerey]); an Caroline von Beulwitz, 3.-6. 1. 1789 – NA 25, S. 177. – Den Terminus „philosophischer Kopf" fand Schiller wohl bei Kant (Idee zu einer allgemeinen Geschichte in weltbürgerlicher Absicht – Schriften zur Geschichtsphilosophie, S. 38), der aber die Denkweise desselben nicht an die des Dichters annäherte.

11 NA 17, S. 362 (Hervorhebung von mir).

12 An Caroline von Beulwitz und Charlotte von Lengefeld, 12. 12. 1788 – NA 25, S. 160.

13 An Caroline von Beulwitz, 3.-6. 1. 1789 – NA 25, S. 177.

zwischen dem Kausalzusammenhang der Geschichte und der teleologischen Interpretation von „*Ursache* und *Wirkung* [...] als *Mittel* und *Absicht*" ist – ihr liegt die Erkenntnis des oben identifizierten Teleologiedefizits der pragmatistischen Kausalanalyse zugrunde –, die Propagierung einer Teleologisierung der Geschichte muß zunächst irritieren, wenn diese als subjektive Zutat des „philosophischen Geistes" erscheint und als ihr Gewinn ausgegeben wird, daß nun die Geschichte eine „heitre Gestalt" erhalte, welche nach Schiller doch ein Vorzug der Kunst ist.[14] Diese Art der Idealisierung kommt jedoch auch der Wissenschaft zu, da ihr nicht anderes als der Kunst die Aufgabe gestellt ist, eine ‚Harmonie' der „Dinge" herbeizuführen zu helfen, nämlich dadurch, daß sie diese in ihrer disziplinären Verfaßtheit antizipiert.[15]

β. Das Verhältnis von Wissenschaft und Kunst gehört zu den grundlegenden Fragen, die Schiller am Ende der 1780er Jahre, in der Periode seiner historischen Arbeiten also, beschäftigten. Die Begriffe, die für die Bestimmung dieses Verhältnisses maßgeblich waren, sind ‚Wahrheit' (a.), ‚Harmonie' (b.) und ‚Bildung' (c.). Wissenschaft und Kunst sollen nach Schiller nie ganz isoliert auftreten, wenngleich die im ganzen parallele Stellung beider im Einzelfall durch das Übergewicht des wissenschaftlichen oder künstlerischen Elements verdeckt werden kann.

a. An ‚Wahrheit' scheint die Wissenschaft der Kunst zunächst etwas voraus zu haben. Das jedenfalls gesteht Schiller in einem Brief an Caroline von Beulwitz in bezug auf die Geschichte zu, die hier die empirischen Wissen-

14 NA 17, S. 373f.; vgl. Wallenstein Prolog V. 138 – NA 8, S. 6. Noch deutlicher als nicht szientifisch, sondern ‚nur' ästhetisch abgesichert erscheint das „teleologische Prinzip", das der philosophische Historiker in die Weltgeschichte bringt, dort, wo Schiller angesichts der Unmöglichkeit, dieses Prinzip empirisch zu verifizieren oder zu falsifizieren, zu seinen Gunsten in Anschlag bringt, daß es „dem Verstande die höhere Befriedigung und dem Herzen die größre Glückseligkeit anzubieten" habe (NA 17, S. 374; vgl. auch Hinrich C. Seeba: Historiographischer Idealismus? Fragen zu Schillers Geschichtsbild. – In: Friedrich Schiller. Kunst, Humanität und Politik, S. 229-249, hier S. 245f.). Schillers ästhetische Begründung fällt umso mehr ins Auge, als Kant, im übrigen die wichtigste Quelle seiner Geschichtsphilosophie, die Teleologisierung der Geschichte als Applikation einer „Idee" vorschlug, die von praktischem, nicht von ästhetischem Nutzen zu sein verspricht und eine Zweckmäßigkeit der „Natur selbst" postuliert (Schriften zur Geschichtsphilosophie, S. 36). Zu Schillers Adaption und ästhetischer Neubegründung von Kants Vorschlag zu einer Geschichtskonstruktion vgl. jetzt auch Bernd Bräutigam: Vergangenheitserfahrung und Zukunftserwartung. Zum Geschichtsverständnis bei Kant, Schiller und Friedrich Schlegel. – In: Evolution des Geistes, S. 197-212, hier S. 202-207. Bräutigam stellt im Hinblick auf Schiller richtig fest: „Ohne ästhetische Kreativität ist Universalgeschichte nicht denkbar." (S. 205) Ergänzen möchte ich freilich, daß Schiller diese Antwort nicht allein der Kantischen Geschichtsphilosophie gibt, sondern auch – und das ist historiographiegeschichtlich weit bedeutsamer – der Universalgeschichtsschreibung und überhaupt der Historiographie pragmatistischer Provenienz.

15 NA 17, S. 374. Der Geschichtsdarstellung stellte schon Herder diese Aufgabe (vgl. Auch eine Philosophie, S. 39).

schaften vertreten kann. Dieser Vorzug schwindet jedoch, wenn Schiller gleich darauf von der historischen als einer empirischen Wahrheit die *„innre Wahrheit"* unterscheidet, die in der Kunst zur Geltung komme. Der ,inneren Wahrheit' spricht er zunächst „eben soviel Werth" zu und bezeichnet sie wenig später sogar als die „wichtigere Art von Wahrheit".[16] Die (Geschichts-) Wissenschaft ist damit gegenüber der Kunst aber nur abgewertet, wenn sie als ,Brotstudium', als Materialhäufung und -verteidigung, betrieben wird. Denn es ist ja die Aufgabe des ,philosophischen Kopfes', diesem Material jene Form zu geben, die die ,philosophische' Wahrheit ausmacht. Schillers Höherwertung der „philosophischen oder Kunstwahrheit", die er auch „Naturwahrheit" nennt,[17] trennt die Kunst und die vom ihm intendierte Wissenschaft also nicht und und hierarchisiert sie auch kaum, sondern läßt das beiden gemeinsame Ziel erkennen: Beide Disziplinen operieren im „Reiche der Wahrheit", und beide verfolgen den „Zweck der Wahrheit".[18] ,Wahrheit' im nicht nur empirischen Verstand ist bei Schiller ein Integrationsbegriff, dem sowohl Wissenschaftlichkeit als auch die Tätigkeit des Künstlers funktional zugeordnet sind.[19]

Daß nach Schiller auch die Wissenschaft idealiter nach ,philosophischer Wahrheit' strebt, ist im Kontext des gewandelten Wissenschaftsverständnisses zu sehen: ,Philosophische Wahrheit' ist keine cognitio ex principiis mehr, sondern besteht aus dem, was der Natur, der menschlichen vor allem, entspricht bzw. zukommt. Zu ihm zu gelangen, ist in der Wissenschaft wie in der Kunst die Methode, „die *Behandlungsweise*" entscheidend.[20] Nicht bloß das zufällige einzelne, sondern das Gattungsrepräsentative zu treffen heißt, Wissenschaft oder Kunst „den Charakter der *Notwendigkeit*" zu verleihen.[21] Mit Blick auf die Dichtung dekretiert Schiller daher: „Nur in Wegwerfung des Zufälligen und in dem reinen Ausdruck des Notwendigen liegt der *große Stil.*" (NA 22, S. 269) Dieser Größe ist aber auch das „historische Fach" und überhaupt „jeder Gegenstand" fähig, eben weil sie eine Leistung des ,philosophischen Kopfes' ist.[22] Eine Wissenschaft mit dem ,Charakter der Notwendigkeit' erfüllt für Schiller dann auch sein Wissenschaftlichkeitskriterium ,System'.

16 An Caroline von Beulwitz, 10.-11. 12. 1788 – NA 25, S. 154.

17 Ebd.; NA 20, S. 167 (*Ueber die tragische Kunst*); vgl. auch NA 22, S. 269 (*Über Matthissons Gedichte*).

18 NA 17, S. 363; NA 21, S. 71 (*Fragmente aus Schillers aesthetischen Vorlesungen*). Zur komplementär notwendigen Verwissenschaftlichung der Kunst vgl. unten Anm. 34.

19 Vgl. NA 17, S. 359, und NA 21, S. 16.

20 NA 22, S. 266; vgl. NA 17, S. 363.

21 NA 22, S. 267; vgl. NA 17, S. 372.

22 An Körner, 18. 1. 1788 – NA 25, S. 6.

b. Doch ist dieser Begriff bloß geeignet, den *Wissenschaftlichkeits*anspruch des ‚philosophischen Kopfes' zu formulieren. Die Gleichartigkeit der inneren Strukturen der von ihm intendierten Wissenschaft und Kunst kann nur der Harmoniebegriff erfassen. Ihn wendet Schiller auf die innere Ordnung sowohl des künstlerischen als auch des wissenschaftlichen Werkes an: Seine harmonische Verfaßtheit macht es im ‚philosophischen' Sinne ‚wahr'. Zudem weist der Harmoniebegriff auf den anthropologischen Zweck von Kunst und letztlich auch Wissenschaft: auf die Wiedervereinigung der gattungsgeschichtlich notwendig getrennten sinnlichen und geistigen Vermögen des Menschen, deren hergestelltes ‚Commercium' Schiller schon an seinen philosophisch-medizinisch-anthropologischen Anfängen auf der Karlsschule „Harmonie" nennen hörte.[23] Bevor ich aber die Parallelität von Wissenschaft und Kunst auch unter jenem obersten Aspekt, ihrer bildenden Bedeutung, prüfe, darf die ästhetische Signifikanz des Harmoniebegriffs nicht übergangen werden.

In Schillers großem philosophischen Gedicht *Die Künstler*, das zwischen dem *Abfall der vereinigten Niederlande* und der Jenaer Antrittsvorlesung entstand, wird deutlich, daß in der harmonisierenden Leistung auch des Wissenschaftlers ein künstlerisches Vermögen wirksam ist: Denn dort werden die Künstler als diejenigen angesprochen, die jenes „Gleichmaß in die Welt gebracht" haben, aus dessen Blickwinkel die bislang amorph erscheinende Welt sich erst als ein sinnvoll geordnetes Ganzes präsentiert (V. 103 - NA 1, S. 203). Nicht sprachtheoretisch oder ästhesiologisch wie bei Herder, aber immerhin geschichtsphilosophisch begründet, stellt also auch für Schiller die künstlerische Form einen elementaren Auffassungsmodus für Wirklichkeit dar: Die notwendige, ja sogar die providentielle „Ordnung" in der Welt – welches Prinzip, wie wir sahen, auch ‚Wissenschaftlichkeit' ausmacht – habe zuerst die Dichtkunst der Richtungslosigkeit, Zufälligkeit oder Zwanghaftigkeit menschlichen Handelns abgewonnen.[24] Die *„künstlichen Verhältniße"* seiner plot-Konstruktionen lerne der Wissenschaftler wie jeder andere Mensch „seinen Dichtern" ab; „sein durch Kunstwerke geübtes Gefühl für Ebenmaaß leidet keine *Fragmente* mehr".[25] Die Konstruktionsleistungen der Wissenschaft

---

23 Ernst Platner, an dem sich Schillers Lehrer und Freund Abel orientierte, bestimmte: „Der Mensch ist weder Körper noch Seele allein; er ist die Harmonie von beyden" (Anthropologie für Aerzte und Weltweise 1772, S. IIIf., zit. nach Košenina: Ernst Platners Anthropologie und Philosophie, S. 26f.).

24 V. 228 - ebd., S. 207; vgl. V. 414 - S. 212. Vgl. Hinrich C. Seeba: Historiographischer Idealismus? Fragen zu Schillers Geschichtsbild. - In: Friedrich Schiller. Kunst, Humanität und Politik, S. 229-249, hier S. 242f.

25 An Körner, 30. 3. 1789 - NA 25, S. 237. Ausgerechnet Rankes Vergil-Lektüre scheint dieses ästhetisch-geschichtsphilosophische Postulat sogar zu verifizieren. Nach Walther Peter Fuchs hat „Rankes Glaube an den universalen Zusammenhang des in der Welt

bleiben mithin genuin künstlerische, obwohl es begriffliche sind und obwohl in Schillers Jahrhundert die kulturgeschichtliche Vorreiterrolle der Künste ausgespielt und die einseitig szientifische Kultur zu dominieren scheint. Demgemäß klagt Schiller auf der einen Seite über den Harmoniebildung verfehlenden Wissenschaftsbetrieb seiner Zeit und belegt er auf der anderen Seite auch in seiner *wissenschafts*programmatischen Antrittsvorlesung diejenige Wissenschaftlichkeit, die den ‚philosophischen Kopf' auszeichnet, mit (den oben zumeist schon angeführten) kunsttheoretischen Begriffen. Anders als der ‚Brotgelehrte' arbeite dieser mit „schöpferischer Hand" (NA 17, S. 363). Wie der Dichter gibt er sich gewissermaßen selbst, wenn er die „Harmonie" des teleologischen Prinzips „aus sich selbst heraus" nimmt.[26]

c. Der letzte Zweck dieser Ästhetisierung von Wissenschaft liegt in der *bildenden* Bedeutung, die ihr wie der Kunst zukommen soll. Wie Körper und Seele des Menschen zusammenhängen, gehörte als anthropologisches Grundproblem zu den meistdiskutierten Fragen des späteren 18. Jahrhunderts. Schiller strebte hier nach einer „*Totalität* des Charakters" und trug es der Kunst auf, „Sinnlichkeit und Vernunft *zugleich*" in Tätigkeit zu setzen (NA 20, S. 318, 375). In Reaktion auf die terroristische Phase der französischen Revolution vertiefte er das anthropologische Problem zudem durch eine geschichtsphilosophisch fundierte Zeitkritik (*Über die ästhetische Erziehung des Menschen*). Am Begriff der Bildung hängt seitdem ein Programm weitreichendster Ansprüche: Mit seiner Hilfe soll es dem Menschen gelingen, in einem selbstbestimmten Prozeß personale Identität zu gewinnen, die eigene Individualität auszubilden, Menschheit zu repräsentieren und als Bürger an einem Gemeinwesen zu partizipieren (auch hier bezeichnet wieder, sowohl in bezug auf die Gesellschaft als auch in bezug auf das Individuum, „Harmonie" den zu erlangenden Zustand – NA 20, S. 410). Dieses Programm aber antwortet präzise auf beide Entfremdungstendenzen des 18. Jahrhunderts: auf den ‚Materialismus', wie er in dieser Arbeit bei Wezel als Bedrohung auftrat, und auf den Intellektualismus, wie er als Szientismus die Entfaltung der Aufklärungshistorie hemmte. Vorzügliches Bildungsmittel sollte die Kunst sein, weil die Schönheit die beiden getrennten Vermögen des Menschen, die Schiller jetzt Stofftrieb und Formtrieb nennt, zugleich ins Spiel setze. Da aber zum ersten die Form das schöne Kunstwerk ausmacht und nicht der Inhalt (vgl. NA 20, S. 382) und da zum zweiten seine unter dem Harmoniebegriff zusammengefaßten Formprinzipien auch für die Wissenschaft und ihre Darstellungen

Geschehenen [...] von Vergil seinen Ausgang genommen" (WuN 3, S. 41). Jedenfalls notierte sich Ranke zu dem lateinischen Dichter: „Ahnung der höhern Weltordnung" (WuN 3, S. 565 [1819]).

26 NA 17, S. 374; vgl. NA 22, S. 246 (*Über Bürgers Gedichte*).

gelten, ist es möglich, die Pflicht, „sich als Menschen auszubilden", auch in einer Vorlesung über Sein und Zweck der Universalgeschichte zu berufen[27]. Geschichtswissenschaft und Kunst können beide zur Bildung des Menschen beitragen. Das wiederum bildete das vielleicht schlagkräftigste Argument für eine Über- und Indienstnahme von literarischer Ästhetik und literarischen Techniken für die Geschichtsschreibung, ein wirkungsvolleres als Herders erkenntnis- und historikkritische Sprachreflexion im Medium der Poetik allemal.

Die Geschichte der menschheitlichen, individuellen und sozialen Bildung zuzuordnen reflektiert dabei auf das genaueste den Entwicklungsstand der Wissenschaft als Prinzip und ihrer Disziplinen sowie ihren Bezug zur Kunst am Ende des 18. Jahrhunderts und erreicht zugleich eine zentrale neuhumanistische und damit frühhistoristische Position. Denn unabhängig vom Vorrang einer ästhetischen oder einer im engeren Sinne historischen Identitätsbildung kündigte sich mit der Einführung des bei Herder vorbereiteten Bildungsgedankens in die Zweckbestimmung der Geschichtswissenschaft ein epochaler Paradigmenwechsel an von der heteronomen Abzweckung der pragmatischen Historie auf ‚Nützlichkeit' zur unmittelbar zwecklosen Bedeutsamkeit der Geschichte in der autonomen ‚Bildung' des Individuums.[28] Der Professor Schiller steht dabei zwar noch insoweit auf den Boden der Aufklärungshistorie, als er seine Antrittsvorlesung mit einer Auflistung traditioneller Nützlichkeiten der Historie beginnt (die vom in der rhetorischen Historiographie tradierten *prodesse* und *delectare* bis zu altpragmatischer Vorbildwirkung und neupragmatischer philosophischer Prägnanz reichen – vgl. NA 17, S. 359). Das bedeutet aber nur, daß bei Schiller ein Transformationsakt ist, was sich einer typisierenden Betrachtungsweise als Bruch darstellt. Denn Schiller muß Nützlichkeit und Vergnügen, wie sie die Tradition der Zweckbestimmungen der Historie ihm anboten, nicht verschmähen; sie fügen sich in sein Konzept einer Bildung als Vereinigung der getrennten Kräfte des Menschen ein, weil diese Kräfte vom Nützlichen, d.h. hier Intellektuellen, und

---

27 NA 17, S. 360. Dabei soll nicht übersehen werden, daß Schiller die Bildung menschheitlicher Identität dort noch zu einem guten Teil als Gewinnung einer geschichtlichen Identität (in der Spannung zwischen erinnerter Vergangenheit und entworfener Zukunft) versteht (vgl. NA 17, S. 375, vgl. dazu auch Rüsen: Bürgerliche Identität, S. 12, 24).

28 Zur Abhängigkeit des nachaufklärerischen, von aller angeleiteten ‚Erziehung' deutlich geschiedenen Bildungsgedankens von dem von Herder entworfenen und oben skizzierten Individualitäts- und Entwicklungsbegriff vgl. zusammenfassend Vierhaus: Bildung. – In: Geschichtliche Grundbegriffe Bd. 1, S. 508-551, hier S. 515-517. Zur Bedeutung des Bildungsbegriffs in der Geschichtstheorie Droysens vgl. unten S. 422; zur Bildung als Inhalt des weltgeschichtlichen Prozesses bei Ranke vgl. unten S. 406, Anm. 8.

Vergnüglichen, d.h. hier ‚Sinnlichen', spezifisch getroffen werden.[29] Gewissermaßen zurückgewandt, vermag der Gedanke einer autonomen, mehrdimensionalen Identitätsbildung überdies, die ganze vermögenspsychologische Diskussion der nachbaumgartenschen Ästhetik zu integrieren und ‚aufzuheben' ebenso wie frühere Überlegungen zum *Einflusse des Schönen auf die strengern Wissenschaften* (von Thomas Abbt, EA 1762).

Historisch nach vorne gewandt hinwiederum, respektiert der Bildungsgedanke auf der einen Seite die moderne Ausdifferenzierung einzelner wissenschaftlicher Disziplinen und deren Autonomisierung, die der Autonomisierung der Kunst zur selben Zeit korrespondiert.[30] Auf der anderen Seite bildet er ein gemeinsames Band für alle Wissenschaften und Künste, das die Krisenerfahrungen der späten Aufklärung kompensieren soll, indem er einen Zweck höherer Stufe formuliert und zu seiner Erreichung die ‚Überkreuzung' der Disziplinen fordert: eine *kunstvolle Wissenschaft und eine wissenschaftsfundierte Kunst*. Schillers geschichtstheoretische Modernität gründet exakt in dieser Ambivalenz: Als spezifisch ‚modern' gilt im allgemeinen die Trennung von Wissenschaft und Kunst, im Fall der Geschichtswissenschaft jedoch beider Wiederverbündung![31] Schiller legt dar, wo und wie der Historiker analog dem Dichter arbeitet, ohne jenen in diesem aufgehen zu lassen.

γ. Hinsichtlich einer kunstvollen Wissenschaft (und im Rückblick auf die Renaissance) formuliert er schon in der Antrittsvorlesung, daß „die Gelehrsamkeit einen Bund mit den Musen und Grazien schließen [mußte], wann sie

---

29 Detailliert weist Thomas Prüfer die Paßgenauigkeit von rhetorischer Historiktradition und Bildungszweck der Geschichte bei Schiller nach.

30 Anders als noch Herder greift Schiller deshalb, obwohl er von Strukturähnlichkeiten in Wissenschaft und Kunst ausgeht, nicht mehr auf das seit etwa 1750 gängige Konzept ‚schöner Wissenschaften' zurück, das in seiner Zwitterhaftigkeit als eine Verschleierung der sich seit der Jahrhundertmitte vollziehenden Verselbständigungen von Wissenschaft und Kunst zu deuten ist (vgl. Waltraut Bumann: Der Begriff der Wissenschaft im deutschen Sprach- und Denkraum. – In: Der Wissenschaftsbegriff, S. 64-75, hier S. 70f.; Strube: Die Geschichte des Begriffs „Schöne Wissenschaften"). Wo Schiller noch von ‚schönen Wissenschaften' spricht, gebraucht er den Begriff als Synonym für die Künste (an Körner, 2. 2. 89 – NA 25, S. 192) oder, im Singular, für ihre Theorie (an Friedrich Christian von Augustenburg, 13. 7. 1793 – NA 26, S. 268). Zu den „sogenannten schönen Wissenschaften" möchte auch schon Schlözer die Historie nicht rechnen (Vorstellung seiner Universalhistorie Bd. 2, S. 389); er zeigt sich dabei indes, anders als Schiller und in geschichtstheoretischer Hinsicht vormodern, als Leugner jeglicher Literarität der Geschichtswissenschaft. Wiggers dagegen zählt die Historie noch 1784 bedenkenlos zu den „schönen Künsten und Wissenschaften" (Versuch, S. 44 – TDAH, S. 442).

31 Ich stütze mich hier auf Thomas Prüfers gründliche Untersuchung des Verhältnisses von Bildung, Wissenschaft und Kunst. Dort wird Schillers von der Forschung bisher übersehenes Konzept einer im Bildungsbegriff begründeten doppelten Synthese von ‚kunstvoller Wissenschaft' und ‚wissenschaftsgestützter Kunst' erstmals nachgewiesen und in seiner spezifischen Modernität analysiert.

einen Weg zu dem Herzen finden, und den Nahmen einer Menschenbildnerin sich verdienen sollte" (NA 17, S. 370). Die gründlichste Untersuchung der „Zauberkraft der schönen Diktion" (NA 21, S. 9) enthält aber der 1795 entstandene Aufsatz *Ueber die nothwendigen Grenzen beim Gebrauch schöner Formen.*[32] Diese Schrift ist zugleich ein Dokument der Transformationen, die Schiller zwischen dem instrumentellen Kunstverständnis der aufklärerischen Diskussion um ‚schöne Wissenschaften' und der „reinen Einheit" einer kunstvollen Wissenschaft, die „zu dem harmonirenden Ganzen des Menschen" spricht (S. 14), betreibt: Im Begriff der „Einkleidung" (S. 4) kristallisiert sich zunächst noch einmal die herkömmliche Vorstellung einer durch die schöne Form erleichterten Rezeption von Wissen, das auf diesem Wege aber seinen wissenschaftlichen Wert verliere.[33] Gegen sie setzt sich im Fortgang des

32 Unmittelbar antwortet der Aufsatz auf einen Angriff, den Fichte auf Methode und Sprache der *Ästhetischen Erziehung* unternommen hatte (vgl. NA 21, S. 317). Auch wenn die Forschung diese Möglichkeit bisher nicht genutzt zu haben scheint (lediglich in einen vagen Zusammenhang mit Schillers ‚rhetorischer' Geschichtsschreibung stellt Ueding: Schiller, S. 93, den Aufsatz), ist die Anwendung seiner Prinzipien auf Schillers Geschichtstheorie möglich, da das Problem der wissenschaftlichen Darstellung überhaupt zur Debatte steht, Schiller überdies die Geschichtsschreibung als ein philosophisches Geschäft begriff und die in dem Aufsatz gegebenen schreibpraktischen Empfehlungen die Darstellungspraxis seiner historischen Schriften spiegeln. Schließlich passen jene Absätze des *Grenzen*-Aufsatzes, in denen Schiller den anthropologischen Rang der ‚schönen Diktion' mit der stärker empfindenden und deshalb ‚natürlicheren' Lektüreweise von Frauen bekräftigt, zu keiner seiner seiner Schriften so gut wie zu dem *Geschichts*werk, das er für Göschens Damenkalender verfaßte.
Im Grunde steht hier die Einheit von Schillers Werk überhaupt auf dem Prüfstand. Der in der Forschung nicht selten betonte Einschnitt durch die terroristische Phase der Französischen Revolution und das Studium Kants, insbesondere der *Kritik der Urteilskraft*, hat für Schillers historiographische Theorie jedoch nur untergeordnete Bedeutung. Denn der Einfluß Kants bestand vor allem in einer Schärfung der Begriffe und der Argumentation, während das Erlebnis der Revolution Schillers Rückwendung von der Geschichte zur Dichtung zwar beförderte, ohne aber die ursprüngliche anthropologische Problemstellung, auf die sowohl die historiographische als auch die ästhetische Theorie antworten, wesentlich zu verändern (vgl. auch Cadete: Schillers Ästhetik als Synchronisation seiner anthropologischen und historischen Erkenntnisse; ohne diesen Rückbezug auf das anthropologische Grundproblem stellt auch Wiese: Schiller, S. 446, fest: „Schillers Ästhetik ist in ihrem Kern eine Fortsetzung seines Nachdenkens über die Geschichte").

33 Schiller hing dem ‚Einkleidungs'-Konzept am Beginn seiner historischen Tätigkeit noch uneingeschränkt an, vgl. an Körner, 7. 1. 1788 - NA 25, S. 3; an dens., 6. 3. 1788 - NA 25, S. 25. Nicht anders denn als eine ‚Einkleidung' konnten sich auch die Aufklärungshistoriker den legitimen Anteil des Ästhetischen an der Geschichtsschreibung vorstellen (wobei sie diesem Beitrag eher reserviert gegenüberstanden), vgl. als typische Beispiele anon.: Rez. von *La Philosophie de l'Histoire*, S. 217f., und anon.: Rez. von Schröckh: Allgemeine Biographie, S. 207. Schiller nimmt mithin eine umfangreiche Diskussion um die ‚ästhetische' Erkenntnis der ‚schönen Wissenschaft' samt deren rhetorischer Komponente auf und hebt sie durch den Bildungsgedanken sowie die anthropologisch-philosophische Umdeutung der Vermögenspsychologie auf; das kann z.B. ein Vergleich

Aufsatzes derweil die Auffassung durch, daß „die vereinigte Aufforderung der sinnlichen und geistigen Kräfte" des Menschen und damit eine Amalgamierung von Wissenschaft und Kunst möglich sei (S. 14).

Schillers Lösung, wie „der Verstand [...] durch Gesetzmäßigkeit", d.h. durch eine logisch stringente Gedankenfolge, „befriedigt" werden kann, „*indem* der Phantasie durch Gesetzlosigkeit geschmeichelt wird", kommt auf doppelte Weise zumal der Geschichtsschreibung entgegen: Zum einen formuliert die Unterscheidung von „*Begriffen*", zwischen denen „als dem geistigen Theil der Rede der genaueste Zusammenhang" bestehe, und den „ihnen korrespondirenden *Anschauungen*", die, „als der sinnliche Theil der Rede, bloß durch ein willkührliches Spiel der Phantasie zusammen zu finden scheinen" (S. 9, Hervorhebungen von mir), auf einer allgemeinen wissenschaftstheoretischen Ebene ebenjene Unterscheidung von Handlungs- und Interpretationsebene, die oben als konstitutiv für die moderne Geschichtserzählung erkannt wurde. Zum anderen hebt die scheinbare ‚Freiheit' in der Textordnung, nach der die Einbildungskraft verlangt, den Systemzwang des pragmatistischen Wissenschaftsbegriffs auf der Textoberfläche auf, und zwar in Richtung einer quasi literarischen Kohärenzbildung mit Hilfe von Plot-Strukturen (vgl. NA 21, S. 8, 14). Denn die ‚Freiheit' oder ‚Willkür' der schönen Darstellung ist nur eine scheinbare, die in Wahrheit „die äußere Notwendigkeit in eine innere verwandelt" (NA 22, S. 267), will sagen: die explikative Kohärenz der mathematisch-philosophischen Methode durch eine ästhetisch wahrzunehmende Kohärenz ersetzt hat. Was, wenn es sich um eine erzählte Geschichte handelt, sich auf der Ebene veranschaulichter Handlungen als ‚bloß' literarisch verknüpft darstellt, muß aber nicht der durch logische Stringenz verbürgten wissenschaftlichen Valenz entraten - hierin liegt der entscheidende *wissenschafts*theoretische Gewinn dieses Konzeptes allen ‚Einkleidungs'-Formen ästhetisierter Wissenschaft gegenüber. Denn das „wahrhaft Schöne" ist der rationalen Überprüfung nicht entzogen:[34]

---

mit Georg Friedrich Meiers Position verdeutlichen, vgl. Möller: Rhetorische Überlieferung, S. 86-93.

34 Die Schönheit eines wissenschaftlichen Werkes bloß als ‚Einkleidung' zu begreifen, bekämpft Schiller auch von der Seite der Kunst her: Während die moderne Wissenschaft eine kunstvolle ist, kann die moderne Poesie nur eine wissenschaftsfundierte sein. „Spielend ergötzen" könne den modernen Menschen nur, was sich der Dichter materialiter „durch ein anstrengendes und nichts weniger als reizendes Studium" erworben hat (NA 21, S. 20). Goethe formuliert dasselbe Prinzip so, daß der Stil, die höchste Kunststufe, im Unterschied zur einfachen Nachahmung und zur Manier „auf den tiefsten Grundfesten der Erkenntnis, auf dem Wesen der Dinge" ruhe (HA 12, S. 32). Wer als Künstler diese Forschungsleistung nicht erbringt, ist ein „bloßer Dilettant" (NA 21, S. 20), der auf der gleichen Stufe steht wie der ‚Brotgelehrte' in der Wissenschaft (diese Beobachtung verdanke ich Thomas Prüfer). Diese Verschränkung von Schönheit und Wahrheit aber

> Ein solches Produkt wird dem Verstand vollkommen Genüge thun, sobald es studirt wird, aber eben weil es wahrhaft schön ist, so dringt es seine Gesetzmäßigkeit nicht auf, so wendet es sich nicht an den Verstand *insbesondere*, sondern spricht als reine Einheit zu dem harmonischen Ganzen des Menschen, als Natur zur Natur. (NA 21, S. 13f.)

Eine solche Darstellung kann alternativ ästhetisch oder rational-überprüfend rezipiert werden - was dem oben aufgestellten Erzählmodell durchaus entspricht.[35] Zugleich aber ist die - bei Gatterer zu beobachtende - Schärfe dieser Alternative aufgehoben, weil der ästhetische Rezeptionsmodus nicht mehr als ausschließlich ‚sinnlich' gedacht wird.

δ. Schillers theoretische und praktische Ausführung dieses ästhetischen Imperativs verdeutlicht indes auch manche seiner ‚gefährlichen' Konsequenzen. Denn wie nicht anders zu erwarten, wenn literarische Formen als Apperzeptionsschemata fungieren, gestaltet sich Geschichte dort nach Maßgabe der eingesetzten literarischen Mittel. Von bloßer ‚Einkleidung' kann dann deshalb keine Rede sein, weil der ‚Körper' der Geschichte allererst geformt wird. Das bringt bereits der den Abbildobjektivismus der pragmatistischen Poetik überwindende Einsatz der „Einbildungskraft" notwendig mit sich (NA 17, S. 7). Beispielweise empfiehlt Schiller, um *„Sinnlichkeit im Ausdruck"* zu erreichen, Allgemeines und Begriffliches zu individualisieren und Abstraktes zu personifizieren (NA 21, S. 8, vgl. S. 5). Tatsächlich beruht die charakteristische Diktion seiner Texte auf diesen Prinzipien.[36] Und in der Praxis bestätigt sich, daß Schillers Darstellungstheorie in weiten Teilen eine Modernisierung der Rhetorik auf anthropologischer Grundlage ist.[37]

---

hat Ranke in seiner Begründung aufgegriffen, warum die Geschichtswissenschaft „zugleich Kunst und Wissenschaft" sein könne: Die „Schönheit der Form" könne die Wissenschaftlichkeit nicht beeinträchtigen, denn „eine freie und große Form kann nur aus dem mit dem Geiste vollkommen Ergriffenen hervorgehen." (SW 12, S. 5f.) Zu den Grenzen gleichwohl von Rankes Adaption der Goethe-Schillerschen Verschränkung von ‚Wissenschaft' und ‚Kunst' vgl. unten S. 314f.

35 Vgl. oben S. 99. So kann heute noch Jörn Rüsen dafür plädieren, an der Einsicht der „klassischen Ästhetik" in die Bedeutung präkognitiver Sinnbilder „festzuhalten", weil das „freie Spiel der Einbildungskraft [...] sich durchaus nicht im Gegensatz zu den für die gedanklich-begriffliche Erkenntnisarbeit maßgeblichen Bewußtseinsoperationen" vollziehe (Lebendige Geschichte, S. 29).

36 Eine detaillierte Stiluntersuchung am Beispiel des *Dreyßigjährigen Kriegs* hat Reinitzhuber: Schillers „Geschichte des Dreißigjährigen Kriegs", vorgenommen. Die ästhetischen und wissenschaftstheoretischen Fundamente der festgestellten Stilphänomene bleiben dort allerdings unberücksichtigt.

37 Vgl. oben Anm. 33 und Meyer: Schillers philosophische Rhetorik. Wie Schillers ästhetische Theorie aus der Beschäftigung mit der rhetorischen Tradition erwächst und sich an diese anschließt, legt darüber hinaus Ueding: Rhetorik und Ästhetik in Schillers theoretischen Abhandlungen. - In: Friedrich Schiller. Zur Geschichtlichkeit seines Werkes, S. 159-195, dar. Den *Grenzen*-Aufsatz in seinen Bezügen zur Rhetorik hat Ueding

Im Idealfall illustrieren die empfohlenen rhetorischen Mittel einen abstrakten Sachverhalt so, daß der handelnde Mensch erst als einzelner hervortritt: Zunächst faßt Schiller das Darzustellende diskursiv: „Was die entschiedenste Gefahr des Staats nicht über seine Bürger vermocht hätte, bewirkte die religiöse Begeisterung." (NA 18, S. 15) Im nächsten Satz personifiziert er den Staat dann im Fürsten, und die mangelnde Begeisterung der Bürger wird mit der Synekdoche „wenig freywillige Arme" konkretisiert, während die Wirkung der Religion – der Zielrichtung des Gedankengangs entsprechend – den szenisch anschaulichsten, weil individualisierendsten Ausdruck findet: „für die Religion griff der Kaufmann, der Künstler, der Landbauer freudig zum Gewehr." Damit tritt der einzelne Berufstätige aber nicht als historisches Individuum hervor; vielmehr macht Schillers Rhetorik das einzelne anschaulich und erhebt es zugleich zur allgemeinen Erscheinung. So angewandt, d.h. zu einer ‚exemplarisch-illustrativen Anschaulichkeit' ausgebildet, begegnen die rhetorisch geprägten Darstellungsregeln des Schillerschen Konzepts einer kunstvollen Wissenschaft sogar der Gefahr, die Geschichtsschreibung so zu ästhetisieren, daß überindividuelle Phänomene keinen Ausdruck mehr finden.

Dieses Gleichgewicht von Individuellem und Allgemeinem ist jedoch bedroht: Auch Krieg, Schrecken und Verwüstung treten als handelnde Subjekte auf (vgl. NA 18, S. 10, 80). Dieselbe konkretisierende und individualisierende Wirkung haben Metaphern wie „Wuth der Seuchen" (S. 259), weil sie Begriffen solche Eigenschaften beiordnen, die nur einem denkenden und fühlenden Wesen zukommen. Der Bildzusammenhang kann zusätzliche eine optische Wahrnehmbarkeit behaupten, indem er einen Betätigungsraum des individualisierten Abstraktums eröffnet: „Der Geist der Freyheit durchlief eine Provinz nach der andern" (S. 38). Historiographisch problematisch sind diese Metaphorisierungen und Personifikationen von Begriffen, die kein realgeschichtliches Äquivalent haben, weil sie die tatsächlich handelnden Subjekte verdrängen. Wenn die Kriegführenden oder anderweitig denkende und handelnde Menschen in rhetorisch hervorgehobenen Partien nicht genannt werden, bleibt ihre Verantwortlichkeit an entscheidender Stelle im Verborgenen: Hier zieht die rhetorische Personifikation auf der Ebene der Geschichtserzählung eine Depersonalisation auf der Ebene der erzählten Geschichte nach sich. Das ästhetische Element von Schillers kunstvoller Wissenschaft hat sich dann verselbständigt, welche Tendenz auch noch hinsichtlich des ‚emplotments' und der Figurenportraits zu beobachten sein wird.

---

in seiner Dissertation analysiert: Schillers Rhetorik, S. 109-127.

Das Experiment, eine anthropologisch begründete Darstellungstheorie ausgerechnet im Rückgriff auf die rhetorische Tradition auszuführen, zeitigt somit z.T. problematische Darstellungsformen. Im Historismus des 19. Jahrhunderts schwand freilich auch das Verständnis für die hier zuerst beschriebene, generalisierend-konkretisierende Form rhetorischer Veranschaulichung, weil diese weder dem Individualitäts- noch dem Empirieprinzip genügen konnte. Mit Hilfe der oben idealtypisch umrissenen Veranschaulichungsmodi[38] läßt sich Schillers rhetorische Veranschaulichung noch zu guten Teilen dem älteren punktualisierend-illustrierenden Typ zurechnen. Auf der anderen Seite entsprechen lange Passagen seiner historischen Werke, die Kämpfe um Valenciennes, Herzogenbusch, Antwerpen im *Abfall der vereinigten Niederlande* oder die Schlachten des *Dreyßigjährigen Kriegs* und die letzten Tage Wallensteins,[39] dem mimetisch-illusionistischen Typ. Seine Ästhetisierung der Geschichtswissenschaft umfaßt insofern auch hinsichtlich einer ,anschaulichen' Darstellung ,moderne' Elemente, wenngleich solche, die sich zum Kennzeichen eher des literarischen, weniger des historiographischen Erzählens entwickeln werden. Mit der domestizierten Funktionalität rhetorischer wie illusionistischer Anschaulichkeit, wie sie die klassisch-historistische Geschichtsschreibung auszeichnet, bescheidet sich Schiller noch nicht.

2. Universalgeschichtliche Perspektive im monographischen Werk

Sowohl im *Abfall der vereinigten Niederlande* als auch in der *Geschichte des dreyßigjährigen Kriegs* bedient sich Schiller an darstellungsprogrammatisch zentralen Stellen einer ausgeprägten Theatermetaphorik: Er reflektiert über den „Fortschritt" und die „Einheit der Handlung" sowie die Zahl ihrer „Spieler", bezeichnet die Geschichte als „Bühne", von der „Helden" auf- und abtreten, und den Dreißigjährigen Krieg als „kriegerisches Drama" (NA 17, S. 9; NA 18, S. 329f.). Tatsächlich leistet Schiller in seiner Historiographie die von Herder projektierte Dramatisierung von Geschichte: Er profiliert Figuren und Parteien, führt die Erzählung von einem Schauplatz zum anderen in einer Weise, wie der Dramatiker Szenen wechselt, exponiert Konflikte und spitzt sie zu Entscheidungssituationen zu. Dadurch gelingt es ihm, Geschichte in einem vom Pragmatismus nicht erreichten Maße als Handlungszusammenhang darzustellen.

---

38 Vgl. Kap. C. 2. b), bes. S. 171f.

39 Vgl. NA 17, S. 226-242; NA 18, S. 174-177, 257-259, 267-275; ebd., S. 315-317, 324-327.

Insofern bleibt Schiller zunächst dessen Geschichtsauffassung verhaftet. Doch verbirgt er dem aufmerksamen Leser nicht die Brüchigkeit des pragmatischen Konnexes von Plan und Handlung: Daß Pläne scheitern und nicht zu ihrem Ziel gelangen, betont er mehrfach; die Planmäßigkeit der niederländischen Rebellion, die gut pragmatisch noch zum Heldenprofil Oraniens gehört, wird später als Projektion des spanischen Gegners widerrufen.[1] Wie zumal die kleine Schrift über *Die Sendung Moses* belegt, ist pragmatische Planmäßigkeit ‚historiographisch' nur dann erreichbar, wenn ‚Geschichte' nahezu frei ‚philosophisch' konstruiert wird. Schiller muß feststellen, daß historisches Geschehen sich nicht so vollzieht, wie es der pragmatische Geschichtsschreiber erwartet; er kann es deshalb nicht nach Naturgesetzen exakt darstellen. Wenn er dies mit dem Bild erläutert: „Des Fatums unsichtbare Hand führte den abgedrückten Pfeil in einem höhern Bogen und nach einer ganz andern Richtung fort, als ihm von der Sehne gegeben war" (NA 17, S. 21), so scheint er sogar unmittelbar auf den hybriden Kausalerklärungsanspruch des Pragmatismus zu antworten, den Blanckenburg ja ganz ähnlich versinnbildlicht hatte. Die Beschaffenheit der wirklichen Entwicklungsgesetze der Geschichte läßt Schiller derweil im Dunklen: Neben dem ‚Fatum' vermutet er auch „eine höhere Vorsicht" hinter dem, was „der Vernunft und allen Erfahrungen" widerspricht, oder „rollt der Zufall" etwa „die Weltgeschichte"?[2] Wesentlich ist, daß die Anstrengungen der historisch Handelnden, also das, was der Pragmatismus systematisch zu erfassen suchte, nach Schillers Einsicht auch in ihrer Summe nicht das „Werk" (ebd.) ausmachen, welche eine Geschichtsepoche erst zu erfüllen vermag. Das aber ist nichts anderes als eine Unterscheidung zwischen den ‚Geschäften' und der ‚Geschichte', wie sie konstitutiv ist für das moderne historische Erzählen. Zugleich bereitet Schiller zwei wichtige Ausprägungen, die diese Doppelung der geschichtlichen Ebenen im klassischen Historismus gefunden hat, vor: Zum einen formuliert er fast schon jenes Mittel-Zweck-Verhältnis von privaten Leidenschaften und geschichtlichen Resultaten, das wir bei Hegel und Droysen finden.[3] Zum anderen eröffnet er eine Leerstelle der historischen Erklärung, die paradoxer-

1 Vgl. NA 17, S. 17, 21, 27, 224; 69, 195.

2 NA 17, S. 11, 21, vgl. auch ebd., S. 71, 75, 174, 195.

3 Vgl. NA 17, S. 21; vgl. S. 81, NA 18, S. 11; Hegel: Vorlesungen über die Philosophie der Geschichte, S. 33f.; Droysen: Historik (Ed. Leyh), S. 386f. Schiller verlangt allerdings noch, „daß die Leidenschaften, welche sich bei dieser Begebenheit geschäftig erzeigten, des Werks nur nicht unwürdig waren, dem sie unbewußt dienten" (NA 17, S. 21). Seinen großen Schritt hin zur idealistischen Geschichtsphilosophie kann jedoch ein Rückblick auf Schlözers verdeutlichen: Vgl. dessen Bemerkungen über den „Werkzeug"-Status des Menschen in der Hand Gottes (Vorstellung seiner Universalhistorie, S. 38 – TDAH, S. 676).

weise eben als eine Leerstelle Sinn stiftet, denn sie verlangt nach einer Erklärung höherer Art.

Daß der konsequente Pragmatismus eine solche Sinnstiftung nötig hatte, zeigte oben die Analyse von Wielands *Agathon*. Wieland brauchte den ‚Zufall', um seinem Roman einen ‚sinnvollen' Schluß geben zu können; Schiller nun nutzt, was als historischer Zufall erscheint, um auf einen sonst verstellten Sinn in der Geschichte zu schließen:

> Die Geschichte, so oft nur auf das freudenlose Geschäft eingeschränkt, das einförmige Spiel der menschlichen Leidenschaft aus einander zu legen, sieht sich zuweilen durch Erscheinungen belohnt, die, gleich einem kühnen Griff aus den Wolken, in das berechnete Uhrwerk der menschlichen Unternehmungen fallen, und den nachdenkenden Geist auf eine höhere Ordnung der Dinge verweisen.[4]

Nicht zuletzt die Vielfalt der an solchen Stellen eingesetzten Begriffe zeigt indes, daß Schiller über die Quelle dieser Sinnstiftung noch nicht recht entschieden ist. Ausgefüllt wird die von ihm eröffnete Leerstelle erst vom frühen Historismus. Denn Wilhelm von Humboldt stößt, nachdem er die mechanische, die physiologische und die psychologische Erklärung von Geschichte durchgegangen ist, auf dieselbe Lücke: Unerklärt bleibe nach Anwendung dieser Methoden noch, was „wie ein Wunder entsteht". Als Ursache dieser unerklärten Wirkungen postuliert Humboldt „Ideen, die, ihrer Natur nach, ausser dem Kreise der Endlichkeit liegen, aber die Weltgeschichte in allen ihren Theilen durchwalten und beherrschen."[5] Auf eine ähnliche Weise, wenngleich unabhängig von Humboldt kommt Ranke auf den nicht ableitbaren Geistgrund der Geschichte.[6] In der Ungeschminktheit darstellungspraktischer Absichten schließlich erläutert Gervinus, mit Berufung auf Humboldt sogar, die angesichts des „verwirrten Gangs der Dinge" schiere Unentbehrlichkeit von „historischen Ideen", die das Disparate erklären, sinnvoll deuten und strukturieren.[7] Selbst Droysen läßt, wenn er die Wirkung von „Ideen" mit der eines „Deus ex machina" vergleicht,[8] den Sprung – und zwar ins Dramatisch-Literarische – erkennen, den die ideelle Interpretation der Geschichte vollführt. Schillers Geschichtsschreibung kämpft folglich schon mit den ‚historistischen' Probleme hinsichtlich definitiver Deutungen des historischen Geschehens, ohne jedoch bereits über die historistische Lösung, die

4 Vgl. NA 18, S. 279. Zufall ist also das, was von der Vorsehung sich dem Menschen punktuell offenbart, vgl. Don Carlos V. 2965.

5 Humboldt: Ueber die Aufgabe des Geschichtschreibers – Werke Bd. 1, S. 599, 601.

6 Vgl. WuN 3, S. 496 [1818].

7 Vgl. Grundzüge der Historik – Schriften zur Literatur, S. 85-88, Zitate S. 85.

8 Vgl. Droysen: Historik (Ed. Leyh), S. 165.

Ideenlehre, zu verfügen. Er bereitet diese Lösung aber vor, nicht zuletzt dadurch, daß er zu solchen Mitteln greift, die von Humboldt später als zu spekulativ abgelehnt werden[9].

Schiller stellt nämlich die Ebene der ,Geschäfte' von vornherein unter konzeptionelle Leitbegriffe. Sie sind jener „geistige Theil der Rede", in dem auch in einer kunstvollen Wissenschaft „der genaueste Zusammenhang" herrschen muß (NA 21, S. 9). Diese Begriffe haben geschichtsphilosophische Qualität und dienen der Integration und Interpretation der unter sie subsumierten historischen Handlungen. Sie vor allen Dingen verankern die partikularen erzählten Geschichten im universalgeschichtlichen Ganzen, so daß das Ganze in Einzelereignissen perspektivisch sichtbar wird.[10] Mit seiner Implantation eines geschichtsphilosophisch imprägnierten Begriffsgerüstes in eine ,dramatisch' strukturierte historische Monographie ,erfindet' Schiller jene Form der Geschichtsschreibung, die das Erscheinungsbild des klassischen Historismus prägen wird. Das einzelne Geschichtswerk kann so in jenes mit einer Theodizee-Funktion behaftete symbolische Verhältnis zur Geschichte als universales Prinzip treten, das Herder zuerst dem Vollständigkeitsdenken der Aufklärungshistorie abgewann. Die Unmöglichkeit einer extensiven Universalgeschichte, wie Schlözer sie noch anstrebte, ist damit in der intensiven, im weiteren Sinne ,symbolischen' Partikulargeschichte produktiv aufgehoben.

Im *Abfall der vereinigten Niederlande* sind die wichtigsten jener Begriffe „Herrschsucht und Freiheit",[11] flankiert von „Einförmigkeit" und ,Individualität' (NA 17, S. 55), „blindem Glauben" und „Vernunft" (S. 59). Auf Freiheit zielte nach Schiller die Rebellion der Niederländer, den Despotismus vertritt die spanische Krone (vgl. S. 10). Die geschichtsphilosophische Qualität dieser idealen Begriffsopposition benennt er ausdrücklich: „Die ganze Weltgeschichte ist ein ewig wiederholter Kampf der Herrschsucht und Freiheit" um die gesetzmäßigen Rechte des Bürgers (welch letzteres Schillers scheinbar einseitig moralische Begriffe etwas ins Politische wendet) (S. 39). Aus ihr ergibt sich die universalhistorische Signifikanz des realen historischen Konflikts, seine symbolische Qualität (vgl. S. 10). In der *Geschichte des dreyßigjährigen Kriegs* operiert Schiller zum ersten mit einem verwandten, wenngleich historisch-geographisch spezifizierten Begriffspaar: Der „Freiheit Europens" und Deutschlands stehen hier (österreichischer) Herrschdrang und *„Länderdurst"*

---

9 Vgl. Humboldt: Ueber die Aufgabe des Geschichtschreibers - Werke Bd. 1, hier S. 595f.

10 Ganz ähnlich denkt auch noch die gegenwärtige Geschichtstheorie den Gebrauch von „Grundbegriffen, die allgemeine und elementare Strukturierungen der historischen Erfahrung bezeichnen", als „deutende Zugriffe auf Geschichte als ein Ganzes" (Rüsen: Rekonstruktion der Vergangenheit, S. 54f.).

11 NA 17, S. 39; vgl. ebd., S. 10, 14, 45, 61, 87f., 264, 282.

gegenüber.[12] Da ‚Freiheit' in dieser Geschichtsepoche nach Schiller weniger als innerstaatlich und deshalb gesetzlich zu garantierendes Prinzip auf der Tagesordnung universalhistorischer Entscheidungen stand denn als zwischenstaatliches, erscheint sie hier zum zweiten als „Gleichgewicht der Macht in Europa" (NA 18, S. 282). Das Interesse an diesem Gleichgewicht läßt nach Schiller die europäischen Mächte sich mit den deutschen Protestanten gegen Habsburg verbünden (vgl. S. 51), es taucht den Schlachtentod des übermäßig siegreichen Gustav Adolf in das sinnstiftende Licht eines historisch rechtzeitigen „Abschieds" (S. 281f.), und es stellt in seiner Steigerung zu jener „allgemeinen Staatensympathie", die durch den Westfälischen Frieden festgeschrieben sei, einen Zielpunkt des Kriegsgeschehens dar, der dessen Greuel letztlich als eine sinnvolle Investition mit positiver Bilanz erscheinen läßt (S. 10).

Die eigentlich geschichtsphilosophische Qualität dieser recht einfachen Begriffsgerüste speist sich von außerhalb der großen historischen Monographien. Ausführlicher entwickelt Schiller seine materiale Geschichtsphilosophie in seiner Jenaer Antrittsvorlesung sowie in einigen kleineren Schriften, insbesondere *Etwas über die erste Menschengesellschaft nach dem Leitfaden der mosaischen Urkunde, Die Gesetzgebung des Lykurgus und Solon* (beide 1791) und der *Universalhistorischen Uebersicht* „ueber Völkerwanderung, Kreuzzüge und Mittelalter" (1790)[13]. Fundamental ist dabei zunächst und vor allem die Freiheitsbestimmung des Menschen vermöge seiner Kräfte, die sich in geschichtsphilosophischer Perspektive an den Sündenfall als die Entlassung aus göttlicher Führung knüpft (vgl. NA 17, S. 399f.). Die geschichtliche Dialektik zwischen „weichlicher Sklaverei" und „gesetzloser stürmischer Freiheit" manifestiert sich nach Schiller in der Gegensätzlichkeit von kaiserlich-römischer Antike und Mittelalter.[14] Bereits auf der Rebellion der Niederlande vorgeordneten historischen Stufen, z.B. in der Völkerwanderung, kann deshalb „die Herrschsucht mit der Freiheit" zusammenstoßen. Im Prozeß der Geschichte wiederum läutert sich die Freiheit zu einer autonom gesetzesgebundenen, die jene Ruhe garantiert, die eine Kultur nach Schiller benötigt.[15] Seine Urteile über die gesetzhaften Ordnungen, wie sie in den jeweiligen Staatsverfassungen erscheinen, sind mittelbar ebenfalls geschichtsphilosophisch verankert.

12 NA 18, S. 12, 51; vgl. ebd., S. 14, 17.

13 Der vollständige Titel des Aufsatzes lautete 1790 *Universalhistorische Uebersicht der vornehmsten an den Kreutzzügen theilnehmenden Nationen, ihrer Staatsverfassung, Religionsbegriffe, Sitten, Beschäftigungen, Meynungen und Gebräuche*; sein erster Teil trug 1792 dann den Titel *Ueber Völkerwanderung, Kreuzzüge und Mittelalter.*

14 Schiller: SW 4, S. 845. Das folgende Zitat ebd., S. 848.

15 Vgl. ebd., S. 850; NA 17, S. 366.

Denn die „Ausbildung aller Kräfte des Menschen", welche das Politische „wenigstens nicht hemmen" darf, sei nicht allein der „Zweck der Menschheit", sondern mache das Wesen des geschichtlichen Fortschritts aus (NA 17, S. 423f.). Anthropologische Postulate dienen hier als geschichtsphilosophische Maßstäbe. In dieser Hinsicht steht Schiller in jenem Strom des Geschichtsdenkens, der von Herder zu Droysen führt. Die Quelle seiner Geschichtsphilosophie ist indes in allererster Linie Kant, was nicht allein genuin Historistisches wie den historischen Relativismus oder den Herderschen Entwicklungs- und Individualitätsgedanken ausschließt, sondern auch für Abweichungen im historiographischen Habitus sorgt.

Insbesondere von Kants *Idee zu einer allgemeinen Geschichte in weltbürgerlicher Absicht* zeigte sich Schiller „ausserordentlich befriedigt".[16] Mit Kant stimmte er in vielen Punkten der materialen Geschichtsphilosophie[17] und darin überein, wie nötig die Geschichtsschreibung „die Bestimmung gewisser Begriffe, auf die man sich in der Geschichte selbst beziehen und über die man also einig seyn muß", braucht.[18] Indem er damit die Orientierungsfunktion geschichtsphilosophischer Konstruktionen anerkennt, sah ihn die ältere Forschung in einem scharfen Gegensatz zu Herder, der ihn aus der Vorgeschichte des ‚Historismus' ausschloß: Nach Meinecke repräsentieren Schiller und Kant „eine mehr idealisierende" Tendenz, während Herders „mehr individualisierender Richtung" die geschichtswissenschaftliche Zukunft gehört habe.[19] Abgesehen von den Begriffen, die der Selbsteinschätzung des letzteren ge-

---

16 An Körner, 29. 8. 1787 - NA 24, S. 143.

17 Vgl. Littmann: Schillers Geschichtsphilosophie, S. 32-41; Klaus Vieweg: Anthropologie und Weltgeschichte - Kant und Schiller. - In: Friedrich Schiller. Angebot und Diskurs, S. 92-98, hier S. 94f.; Wiese: Schiller, S. 334-338, betont daneben den Einfluß Montesquieus auf Schillers Geschichtsphilosophie, insbesondere auf deren staatsrechtliche Komponente.

18 An Körner, 16. 4. 1789 - NA 25, S. 243.

19 Meinecke: Entstehung, S. 288. Schillers Stellung zwischen Herder und Kant ist nur unzureichend geklärt, vor allem weil Herders Einfluß auf ihn sehr diffus und nur in wenigen Punkten eindeutig feststellbar ist (immerhin konziser als die Dissertation von Lieselotte Grund: Herder und Schiller, informiert Wolfram: Schiller und Herder). Schwierigkeiten bereitet schon die wichtige Frage, was Schiller von Herder gelesen hat. Insbesondere hinsichtlich der Lektüre der *Ideen* hilft man sich meist mit vagen Formulierungen über die Uneindeutigkeit der Belege hinweg (vgl. Hahn: Schiller und die Geschichte. - In: Friedrich Schiller. Zur Geschichtlichkeit seines Werkes, S. 25-54, hier S. 41; Grund: Herder und Schiller, S. 55f.; Littmann: Schillers Geschichtsphilosophie, S. 45; an Crusius, 9. 3. 1789 - NA 25, S. 219; [Wolzogen:] Schillers Leben Bd. 2, S. 271f.). Im ganzen scheint Schiller seine Ästhetisierung der Geschichtsschreibung, trotz des persönlichen Kontakts in Weimar, unabhängig von Herder, aber innerhalb derselben Epochentendenz konzipiert zu haben. Daß beider Konzepte trotzdem so weitreichende Strukturähnlichkeiten zeigen, kann daher den historiographiegeschichtlichen Stellenwert jedes einzelnen nur stärken.

schuldet sind, trifft diese Oppositionsbildung auf Kants und Herders gegenseitige Wahrnehmung sogar zu.[20] Allerdings stellte ich bereits in früheren Kapiteln fest (s. o. S. 196), daß Herders spekulative Abstinenz, sein Anspruch, „rein zu sehen was da ist",[21] seine basale Metaphysik kaum mehr als verdeckt (womit eine gewisse praktische Wirksamkeit auch eines bloßen Empirie-Anspruchs nicht geleugnet werden soll). Zudem konzedierte auch ein historistischer Theoretiker wie Humboldt, „daß die vollständige Durchschauung des Besonderen immer die Kenntniss des Allgemeinen voraussetzt, unter dem es begriffen ist. In diesem Sinn muss das Auffassen des Geschehenen von Ideen geleitet seyn."[22] Von daher stellt sich die Kantische und damit auch die Schillersche Geschichtsbetrachtung vor allem als eine offenere und konstruktionsbewußtere Form des Umgangs mit dem allerorts als erforderlich angesehenen ideellen Element dar – die Unmöglichkeit eines historiographischen Objektivismus thematisiert Schiller eigens (vgl. NA 17, S. 372). Gerade weil sie ‚dualistisch' ist, bewahrt sie gewissermaßen die Offenheit von Herders sprachphilosophischem und aufklärungskritischem Ansatz, die dessen monistische Geschichtsphilosophie wieder schloß.

Schillers geschichtsphilosophischem Gerüst wird man nun nicht dieselbe transzendentalphilosophische Dignität zusprechen wie den Überlegungen Kants. Dafür sind schon seine Begründungen für einige zentrale geschichtstheoretische Entscheidungen – wie gezeigt – zu stark ästhetisch oder subjektivistisch geprägt. Im konkreten Fall konnte eine universalgeschichtliche Skizze wie die erste *Universalhistorische Uebersicht*, die einen dialektischen Dreischritt der Großepochen Antike, Mittelalter und Neuzeit entwirft und in diesem Rahmen die historische Notwendig- und Fruchtbarkeit des Mittelalters entdeckt, sogar den lebhaften Beifall Herders erlangen.[23] In der Tat beschied Schiller sich hier nicht mit Kantischer Begriffsarbeit, vielmehr kam er den ästhetischen Intentionen Herders entgegen, indem er sein Modell durch (rhetorische) Anschaulichkeit illustrierte.[24] Weil er in diesem historiographischen Experiment aber beides verband, geschichtsphilosophische Reflexion und ästhetische Darstellung, übertreibt er auch nicht, wenn er an Caroline von Beulwitz schreibt, „daß jetzt niemand in der deutschen Welt ist, der gerade *das*

20 Vgl. Irmscher: Die geschichtsphilosophische Kontroverse zwischen Kant und Herder.

21 Herder: Ideen – Werke Bd. 6, S. 568 (13, VII).

22 Humboldt: Ueber die Aufgabe des Geschichtschreibers – Werke Bd. 1, S. 595.

23 An Körner, 16. 5. 1790 – NA 26, S. 23.

24 Vgl. den Brief an Caroline von Beulwitz zur *Universalhistorischen Uebersicht*: „nie habe ich soviel Gehalt des Gedankens in einer so glücklichen Form vereinigt, und nie dem Verstand so schön durch die Einbildungskraft geholfen" (3. 11. 1789 – NA 25, S. 315).

hätte schreiben können als ich."[25] Obwohl er in seinen geschichtstheoretischen Kategorien (Fortschritt, Freiheit, Individuum und Gattung usw.) stärker Kant als Herder verpflichtet ist, trägt Schiller demnach zur Ästhetisierung der Geschichtsschreibung bei - vornehmlich natürlich mit seinen beiden Monographien. Von anderen Grundlagen aus gibt er der von Herder konsequent eröffneten Tendenz weitere Anstöße und ist der erste, der sie in historiographische Praxis umzusetzen beginnt.

In einem nicht unwesentlichen Punkt allerdings kommt das geschichtstheoretische Potential dieser Ästhetisierung bei Schiller nicht zum Tragen: Dem sprachkritischen Vorgang Herders folgt er nicht; vielmehr bleibt er in einer begriffsfixierten, rationalistischen und amaterialen Sprachauffassung befangen.[26] Dementsprechend diskutiert er das Problem der Vermittlung von Wissenschaft und Kunst auf einer dualistischen Grundlage und findet mit dem Konzept einer ‚schönen Diktion' eine Lösung, die in ihren Ausführungsbestimmungen maßgeblich von der rhetorischen Tradition geprägt ist. Möglicherweise spielen deshalb auch text*integrative* Kategorien der Poetik wie die Dramenform in Schillers Überlegungen zur Ästhetisierung der Geschichtsschreibung eine geringere Rolle als (rhetorische) Mittel der ‚Veranschaulichung'. Wie weit seine Ästhetisierung der Geschichtsschreibung in dem entscheidenden Punkt der narrativen Sinnbildung tatsächlich gelangte, soll nun ein letztes Kapitel untersuchen.

3. Geschichtenmuster als Sinnbildungsinstrumente

Vielleicht am wenigsten ein ‚moderner' Geschichtsschreiber ist Schiller, insofern er in seinen historiographischen Werken immer wieder exemplarische Sinnbildung betreibt (α.). Das vermögen auch die Ansätze zur Verfabelung seiner Geschichtswerke und damit zur genetischen Sinnbildung nicht vollständig zu kompensieren (β.). Von einer Beurteilung der von Schiller erreichten Narrativität aus läßt sich dann abschließend die Bedeutung seiner Ästhetisierung der Geschichtswissenschaft für die Transformation der Aufklärungshistorie zum Historismus des 19. Jahrhunderts kennzeichnen (γ.).

---

25 Ebd.

26 Vgl. an Körner, 28. 2./3. 1. 1793 - NA 26, S. 227f. („*Kallias"-Briefe*), und NA 21, S. 426 (*Ueber naive und sentimentalische Dichtung*). Gar von einer ‚Sprachangst' der Klassik und zumal Schillers spricht Erich Kleinschmidt: Klassik als „Sprachkrise". Probleme des Sprachbewußtseins um 1800. - In: Klassik im Vergleich, S. 25-41, hier S. 35. Bernd Bräutigam bringt zwar einige Korrekturen an der gängigen Einschätzung von Schillers Sprachauffassung an, vermag aber nicht, dessen negatives Sprachbewußtsein hinweg zu argumentieren („Generalisierte Individualität", S. 149-151).

α. Das genannte Exemplarische meint nicht die Tatsache, daß in der nachenzyklopädischen Moderne ‚die' Geschichte und ihre Struktur(gesetze) immer nur exemplarisch, d.h. in einem signifikanten Ausschnitt dargestellt werden können. Vielmehr zeichnet sich exemplarische Sinnbildung dadurch aus, daß sie sich nicht auf das Verlaufsmoment von (monographischen) Geschichten stützt und nicht (in erster Linie) auf die Eigenheiten von deren Fabeln rekurriert. Stattdessen sucht sie das, was als vorbildlich (oder auch abschreckend) vorgestellt werden soll, von seinem ‚kontingenten' Handlungskontext zu befreien und auf historisch invariante moralische oder politische Prinzipien zurückzuführen. So bildet der *Abfall der vereinigten Niederlande* zwar auf der einen Seite einen Teilabschnitt des universalgeschichtlichen Prozesses der Durchsetzung der ‚Freiheit' gegen die ‚Herrschsucht', doch versagt es sich Schiller auf der anderen Seite nicht, mit ihm „ein neues unverwerfliches Beispiel zu geben, was Menschen wagen dürfen für die gute Sache, und ausrichten mögen durch Vereinigung." (NA 17, S. 10).

Allerdings steht diese exemplarische Sinnbildung überwiegend bereits unter den Vorzeichen eines zunehmend genetischen Geschichtsverständnisses: Wenn Schiller die „Kraft", mit der das niederländische Volk „handelte", auch „unter uns nicht verschwunden" sieht (S. 11), so gewinnt er dieses Grundmuster exemplarischer Sinnbildung der fundamentaleren ‚genetischen' Voraussetzung ab, daß das Wesen der Geschichte die substantielle Veränderung in der Zeit ist. Welch divergente Orientierungen in seiner Historiographie miteinander streiten, erhellt recht schön sein Umgang mit dem Sturz des Kardinals Granvella: Daß er als „ein nie erlebtes Beyspiel in der Geschichte" tituliert wird (S. 109), ruft auf der einen Seite das Schema exemplarischer Sinnbildung auf – um es durch die rhetorischem Wirkenwollen geschuldete Hyperbel auf der anderen Seite aufzuheben. Wenig später hinwieder hat Schiller doch noch einen Fall gefunden, in dem „die Geschichte [...] dieses merkwürdige Beyspiel [...] wiederhohlt" hat; jedoch fügt er hinzu, daß die Fälle „nach dem Geiste beyder Zeiten und Nationen verschieden" waren (S. 111). ‚Beispiele' miteinander zu vergleichen dient hier letztlich dazu, die Besonderheit, wenn auch nicht Individualität historischer Situationen und ihre geschichtsbedingte Differenz zu profilieren.

Eindeutig in traditionellen Bahnen bleibt Schillers exemplarische Sinnbildung nur in den Verweisen auf Helden und Kasus der Antike, denen solche der niederländischen Rebellion gleichkommen. Darunter am breitesten ausgeführt ist der Vergleich des niederländischen Kampfes gegen die Spanier mit dem batavisch-belgischen gegen die Römer: Einem dreimaligen „eben so" fügt Schiller hier ein viermaliges „der/die/dasselbe" und ein doppeltes „dort wie hier" an, um die Vielzahl der Identitäten durch die Zeiten hindurch zu verdeutlichen.[1] Die Passage ist damit zugleich ein Anwendungsfeld für seine rhetorischen Fähigkeiten, ja sie hat eine expositorische Bedeutung für die Struktur des ganzen Werkes: Denn Schiller extrapoliert gleich anschließend aus einer Tacitus-Stelle (Hist. 4, 14) eine Rede des Batavierführers Claudius Civilis, in der die Entscheidungsfunktion der zahlreich folgenden Staatsrats-Reden für Entstehung und Fortgang der Rebellion präfiguriert ist.[2] Er rechtfertigt die Ausführlichkeit dieser vorgeschichtlichen Reminiszenz indes durch die bekannten und hinsichtlich der Zugehörigkeit seiner Historiographie zum Typ exemplarischer Geschichtsdeutung und zur ‚ahistorischen' Aufklärungshistorie scheinbar so aussagekräftigen Sätze: „Die Geschichte der Welt ist sich selbst gleich, wie die Gesetze der Natur, und einfach wie die Seele des Menschen. Dieselben Bedingungen bringen dieselben Erscheinungen zurück."[3] Den Stellenwert dieser eindeutig vormodernen geschichtstheoretischen Prämisse relativiert jedoch der aufgezeigte Kontext: Der Antikevergleich stellt für Schiller vor allem ein historiographisches Stilmittel dar, so wie seine konzeptionelle Abarbeitung an der antiken Geschichtsschreibung (und Poesie) nicht ein Reproduktions-, sondern ein Neugründungsversuch ist.[4] Wie zur Bestätigung dieser nur noch begrenzten Geltung einer exemplarischen Geschichtsbetrachtung fährt Schiller im nächsten Absatz damit fort, die Verfassungsstruktur der Niederlande in ihrer Entstehung, also genetisch, verständlich zu machen (vgl. S. 23).

Daß die exemplarische Sinnbildung in seinen historischen Schriften, zumal im *Abfall der vereinigten Niederlande*, noch stark präsent ist, an der Textoberfläche jedenfalls stärker als die genetische, verdankt sich überdies ihrer eigentümlichen Struktur: Vergangenheit und Gegenwart können unter exemplarisch verwirklichten moralischen oder politischen Prinzipien immer wieder explizit kurzgeschlossen werden, wohingegen eine genetische Sinnbildung vor allem in die Makrostruktur des ganzen Textes eingesenkt geschieht. Wenn Schiller einmal unmißverständlich anti-exemplarisch formuliert: „Den wahren

---

1 NA 17, S. 22. Vgl. ebd., S. 13, 146, 270, 284; aus der *Geschichte des dreyßigjährigen Kriegs*: NA 18, S. 53, 185, 363.

2 Zu den Quellen dieser Reden und vor allem zu ihrer historiographiegeschichtlichen Einordnung vgl. schon Fester: Vorstudien, S. 80-93, 110f. Ebd., S. 82f., auch eine Gegenüberstellung von Schillers und Tacitus' Rede des Claudius Civilis.

3 NA 17, S. 21. Vgl. eine ähnliche Stelle in der Antrittsvorlesung: NA 17, S. 373, welche aber nicht die Gleichförmigkeit der Geschichte, sondern der „Naturgesetze" behauptet und vor allem nicht zur Begründung einer exemplarischen Sinnbildung, sondern der für das späte 18. Jahrhundert ganz allgemein üblichen Methode des Analogieschlusses (Herder!) dient.

4 Vgl. Briefe an Körner, 20. 8. 1788 - NA 25, S. 97, 28. 9. 1789 - NA 25, S. 301; NA 17, S. 375; 10. 3. 1789 - NA 25, S. 224-226. Vgl. Haupt: Geschichtsperspektive und Griechenverständnis im ästhetischen Programm Schillers.

Gehalt aller Unternehmungen entscheidet ihr Ende" (NA 17, S. 259), so ist das eine für die genetische Sinnbildung weder typische noch notwendige Blüte seines generell maximen-explikativen Stils. Tatsächlich bedarf eine genetische Sinnbildung im Zeichen menschlicher Identitätsbildung - so bestimmt die Antrittsvorlesung die Funktion der Historie - einer syntagmatischen textlichen Erscheinungsform. Die Geschichte (historia) soll den Menschen daran gewöhnen, „sich mit der ganzen Vergangenheit zusammen zu faßen, und mit seinen Schlüssen in die ferne Zukunft voraus zu eilen" (NA 17, S. 375); die beiden darin enthaltenen Prinzipien des Integrativen und des Teleologischen aber vermag allein das Fabelmodell zu repräsentieren (und zwar in der oben erläuterten notwendig ‚exemplarischen' bzw. ‚symbolischen' Weise), denn seine Handlung ist in der aristotelischen Tradition sowohl einheitlich als auch zielgerichtet, im Unterschied zum Additiven bzw. prätendiert Systematischen der herkömmlichen (Universal-) Geschichtsschreibung.

β. Damit ist die Frage nach den ‚plots' von Schillers historischen Monographien gestellt. Sie haben in Konkurrenz zur punktuell betriebenen exemplarischen Sinnbildung die genetische zu tragen. Gerade dieser Punkt erhellt indes, daß Schiller ‚nur' - oder ‚immerhin', je nach Perspektive - auf der Schwelle zur modernen Geschichtsschreibung steht: Zumal der *Abfall der vereinigten Niederlande*, von dessen sechs geplanten Bänden[5] nur einer erschien, besitzt keinen einheitgebenden Plot. Auch im Fertiggestellten, das lediglich die Vorgeschichte des Aufstandes erzählt, ist freilich zu erkennen, daß Schiller, anders als seine Zunftgenossen, sich um eine literaturanaloge Strukturierung des historiographischen Textes bemüht hat; was fehlt, ist eine Fabel des Ganzen - konsequenterweise, wenn es auf den Ausgang ankommt. Einen Plot möchte man im Grunde nur der Geschichte der Geusen zusprechen, die das dritte Buch fast ganz füllt. Allerdings ist diese Großepisode im Plan des unausgeführten Ganzen nicht so bedeutend, daß sie die Ankunft des Herzogs von Alba in Brüssel von ihrer Stellung am Ende des dritten Buches und damit des ausgeführten Ganzen hätte verdrängen können. Zudem paßt sie nicht ganz in die von Schiller eingangs eröffnete Begriffsopposition von ‚Freiheit' und ‚Herrschsucht': Gegen die Geusen steht der als Führer der Freiheit vorgängig schon inthronisierte Wilhelm von Oranien (vgl. NA 17, S. 13, 18, 69, 96) noch auf der Seite der Statthalterin Margaretha (vgl. S. 191). So erscheinen die rebellierenden Niederländer auch in der Bewertung Schillers zunächst bei weitem nicht so vorbildlich wie angekündigt, sondern müssen sich vorwerfen lassen, daß ihr (anfänglicher) machtpolitischer Mißerfolg ihrer sittlichen Mangelhaftigkeit entsprochen habe (vgl. S. 260). In diesen und

5 Vgl. an Körner, 27. 7. 1788 - NA 25, S. 85.

ähnlichen Inkonsistenzen ist eine Widerspenstigkeit des historischen Materials gesehen worden, das sich dem vorausentworfenen Darstellungsschema nicht füge.[6] Was mit der Präsentation von hochadeligen Führerfiguren auch auf der Seite der Niederländer im ersten Buch angelegt ist, der Konflikt zwischen Oranien und Philipp von Spanien, beide umrahmt bzw. vertreten von Egmont und Hoorne auf der einen, Granvella, Margaretha von Parma und Alba auf der anderen Seite, das kommt in der Tat allenfalls ansatzweise, mit der Verhaftung Egmonts am Ende des dritten Buches etwa, zum Austrag.[7] Bezeichnend dafür ist, daß Schiller zwar immer wieder auf Entscheidungssituationen hindrängt, mithin die nur exponierte Figurenkonstellation seiner Geschichte aktualisieren und für deren Fabel wirksam machen möchte, dabei aber über Ankündigungen nicht hinauskommt, mit der Folge, daß dieselbe Entscheidung, nämlich Oraniens und Egmonts offener Übertritt zu den Rebellen, gleich mehrfach ansteht (vgl. S. 147f., 152f., 180f., 246f.). Da er sich noch ganz in der Vorgeschichte bewegt, läuft seine Technik, Spannung aufzubauen und mit antagonistischen Parteien seine Darstellung zu strukturieren, ins Leere. Freilich läßt auch der Torso seiner niederländischen Geschichte erkennen, daß er hinsichtlich der Makrostruktur seiner Geschichtswerke ganz andere Intentionen als die pragmatistischen Historiker verfolgte. Ja, enthielte er nicht die Anlagen zu einer quasi literarischen Fabel, so läge sein Torso-Charakter nicht so offen zutage. Auf der Ebene einzelner ,Kapitel' (für die ich hier die Abschnitte nehmen möchte, die Schiller in der Ausgabe von 1801 abteilte) macht sich ein Ordnungswille jenseits der pragmatischen Systembildung überdies unverkürzt bemerkbar.[8]

Auch die *Geschichte des dreyßigjährigen Kriegs* weist keine vollständige und umfassende Fabelstruktur auf. Das Werk beginnt mit einer genetischen Darlegung der Konflikte des ,konfessionellen Zeitalters' seit dem Augsburger Religionsfrieden, wie sie – in der Interpretation Schillers – zum einen von der bi- bzw. trikonfessionellen Struktur Deutschlands und Europas seit der Reforma-

6 Vgl. Sharpe: Schiller, S. 47-50.

7 Zusätzliche Brisanz scheint diese Figurenkonstellation dadurch zu gewinnen, daß Schiller hervorhebt, wie Wilhelm von Oranien von Philipps Vater, Kaiser Karl V., an seinen Hof genommen wurde und in einem persönlich engen Verhältnis neun Jahre lang erzogen wurde (vgl. S. 67f.). Zwei gegensätzlich geratene Schüler desselben Lehrers stehen sich damit kriegerisch gegenüber (vgl. S. 70). Schiller steigert dieses besondere persönliche Verhältnis der beiden politischen Antagonisten jedoch nicht zur Plotstruktur eines Bruderkampfes; spricht er Philipp als „Sohn" Karls V. an, so muß Oranien sich mit der Rolle des „Wurms" begnügen, der die „Blüthe" von Philipps Reich – die Niederlande – „zernagte" (S. 70).

8 Vgl. die geschlossene Form des Kapitels „Bürgerlicher Krieg" (SA 13, S. 248-270), die dadurch erreicht wird, daß die Belagerung und Erstürmung von Valenciennes Oraniens souveräne Rettung von Antwerpen umrahmen.

tion und zum anderen von der „Uebermacht des Hauses Oesterreich, welche die Freyheit Europens bedrohte," (NA 18, S. 12) bedingt sind. Zahlreiche Händel zwischen den Konfessionen, die sich dadurch zu Kriegsparteien herausbilden, reihen sich als „besondere Vorfälle" dieser „allgemeinen Beschwerden" (S. 42) aneinander und münden in den Böhmischen Aufstand. Das erste Buch endet mit dem Sieg Ferdinands II. in Böhmen, ihm wird nun die Entscheidung über den Fortgang, d.h. die Ausweitung des Krieges oder seine Beendigung zugesprochen (vgl. S. 86f.). Damit hat sich der Schwerpunkt der Darstellung von seinem strukturgeschichtlichen Ausgangspunkt auf eine personengeschichtliche Sichtweise verlagert, die bis zum Ende des Werke herrschend bleibt.

Im recht knapp behandelten Dänisch-Niedersächsischen Krieg treten erstmals die Heerführer als Hauptfiguren hervor, doch hindert ihre Vielzahl noch die Konzentration auf ein Antagonistenpaar.[9] Der Erzähler steht dabei nicht nur mit seinen Wertungen, sondern auch von der Erzählperspektive her zumeist auf der protestantischen Seite; dies ändert sich erst in der Endphase Wallensteins. Eine weitere Stufe der Personalisierung wird mit dem Kriegseintritt Gustav Adolphs in der Mitte des zweiten Buches erreicht. Überwiegender noch als bisher schon erzählt Schiller nun eine Kriegsgeschichte, die hinsichtlich der Figurenkonstellation bis zum Ende des dritten Buches nur ein Muster wiederholt: Gustav Adolph ist als reiner Held so übermächtig, daß seine Gegenspieler ihre Bedeutung daraus gewinnen, daß sie ihm einen Gegenpart bieten. Im zweiten Buch wird zunächst Tilly als blutdürstiger Finsterling, also als moralische Kontrastfigur aufgebaut (vgl. S. 149f.). Das Militärgenie Gustav Adolph braucht indes einen anders qualifizierten Gegner: Als er Tilly bei Breitenfeld zum ersten Mal gegenübersteht, wird im Streben nach größtmöglicher Spannung beider Verhältnis noch einmal neu akzentuiert. Die wenige Seiten früher vorgenommene gewichtende Unterscheidung zwischen dem vom Glück verlassenen Tilly und dem glücksbegünstigten Schwedenkönig (vgl. S. 169) wird aufgehoben. Jetzt stehen sich die „zwei größten Heerführer ihrer Zeit, beyde bis hieher unüberwunden," ebenbürtig gegenüber (S. 175).

Schillers Handlungsführung – und das bedeutet bei einem nur begrenzt disponiblen Sujet vor allem Akzentsetzung durch Hierarchisierung der Figurenverhältnisse, Ordnung des Stoffs und Wahl der Erzählperspektive – arbeitet demnach recht kleinräumig. Sie sucht das Affektpotential von Texteinheiten in ‚Kapitelgröße'[10] auszunutzen, die dadurch eine gewisse

9 Vgl. NA 18, S. 110-123 (Christian IV., Mansfeld und Bethlen Gabor auf protestantischer, Tilly und Wallenstein auf katholischer Seite).

10 Eine Kapiteleinteilung gibt es im *Dreyßigjährigen Krieg* nicht; gemeint sind Einheiten von

Unabhängigkeit voneinander gewinnen; die Kontextstimmigkeit der in ihnen gesetzten Akzente hat dann nur noch untergeordnete Bedeutung. – An Wallenstein wiederholt sich der an Tilly beobachtete Umwertungsprozeß, sobald er in der Mitte des dritten Buches als Gegner Gustav Adolphs wieder antritt. Bis dahin nur ein verabscheuungswürdiger Charakter, wird er nun als „siegreicher Held dem siegreichen Helden", als „unumschränkter Feldherr" dem „unumschränkten König von Schweden" gleichgewichtig gegenübergestellt (S. 190). Komplementär dazu hat sich Gustav Adolph Zweifel an der Uneigennützigkeit seiner Ziele gefallen zu lassen, so daß der Schwarz-Weiß-Kontrast der beiden Hauptakteure sich mildert.[11] Auch hier richtet sich die Gewichtung der Hauptfiguren danach, welche Art von Gegner dem Helden in den verschiedenen Situationen die markanteste Folie abgibt: Ausgehend von einer scharfen politisch-moralischen Parteinahme, wird der Gegenspieler im Augenblick der entscheidenden Konfrontation dem Helden (zumindest in seinen militärischen Qualitäten) gleichgestellt, um den Ausgang spannend offen zu halten. Die ästhetisierte Historiographie zeigt hier besonders scharf das oben (vgl. S. 173) schon theoretisch ermittelte Strukturproblem: Ästhetische Formgebungen können leicht zu Selbstläufern werden und das Darzustellende substantiell ändern, da gerade sie eine saubere Trennung zwischen ‚Form' und ‚Inhalt' nicht mehr zulassen.

Der berühmte Bruch, den die Wallensteinfigur in ihrem Charakter am Ende des vierten Buchs erfährt, stellt vor diesem Hintergrund nur eine plötzliche Plotwendung und Umwertung unter vielen dar, wenngleich die auffälligste und für Schillers ästhetisierende Tendenz aufschlußreichste: Eben hatte noch einmal Wallensteins Ehrgeiz die Funktion, seine Geschichte – jetzt also seine Ermordung – zu erklären: „durch Ehrgeitz emporgehoben, durch Ehrsucht gestürzt", da wird der Feldherr plötzlich als „bewundernswerth" in seiner „inneren Größe" qualifiziert – obwohl Schiller die historische Person auch später noch für „nur furchtbar, nie eigentlich groß" hielt.[12] Wenn der Abfall vom Kaiser schließlich als bloße Hamartia gelten kann, da Wallenstein „rebellirte, weil er fiel", wenn sein dämonisches Wesen in der Schlußbetrachtung zu einem bloßen „Mangel" gemildert und seiner Größe untergeordnet wird, wenn er nicht mehr als „todeswürdiger Verbrecher" dasteht, dessen Ehrgeiz keine noch so hohe Stellung befriedigen konnte, dann hat sich das Ungeheure seines Schicksals von der Höhe seines Falls in seinen Charakter verlagert; dort ragen jetzt nämlich „die Tugenden des *Herrschers* und *Helden*,

10-30 Seiten wie in der 1801er Fassung des *Abfalls*.

11 Vgl. Reinitzhuber: Schillers „Geschichte des Dreißigjährigen Kriegs", S. 176-179.

12 NA 18, S. 327, vgl. S. 113, 234; ebd., S. 319; an Körner, 28. 11. 1796 – NA 29, S. 17; vgl. an Böttiger, 1. 2. 1799 – NA 30, S. 33f.

Klugheit, Gerechtigkeit, Festigkeit und Muth, [...] kolossalisch hervor".[13] Schiller aktualisiert hier die Topoi des Helden- und Herrscherlobes, und eher traditionell wirkungsästhetische Gründe für die merkliche Aufhellung von Wallensteins Charakterbild scheinen damit auf der Hand zu liegen.[14] Wo in Nebensätzen zugleich aber auch an die Möglichkeit eines wohltätigen Einsatzes von Wallensteins Größe erinnert wird (vgl. NA 18, S. 327), enthüllt sich überdies die im Schillerschen Sinne spezifisch ‚ästhetische' Behandlung der Wallensteinfigur: Sie wird am Ende des vierten Buches unserem „ästhetischen Urtheil" anheimgestellt, welches viel mehr „auf die Kraft als auf die Richtung der Kraft, [...] viel mehr auf die Freyheit als auf Gesetzmäßigkeit" sieht.[15]

Zur Verfabelung historischer Ereignisse und Prozesse trägt diese Art der Ästhetisierung der Geschichtsschreibung freilich nicht bei. Eine prägnante Plotstruktur ist im *Dreyßigjährigen Krieg* allein Gustav Adolphs Geschichte im dritten Buch auferlegt. Sie umfaßt das Jahr zwischen der für ihn siegreichen Breitenfelder Schlacht und seinem Tod bei Lützen. Ihr Plot ist die Tragödie des „handelnden Helden", der allein im Tod seine Reinheit zu bewahren vermag und dadurch „auf eine höhere Ordnung der Dinge" verweist (NA 18, S. 191, 279). In Lichte dieses Deutungsmusters figuriert Wallenstein lediglich als ein Werkzeug, das den Tod des Protagonisten herbeiführt. Doch ist dem dritten Buch zusätzlich eine (nicht mehr vollständig ausgeführte) Exposition für den ganzen Rest des Kriegsgeschehens vorangestellt, in der Wallenstein in der schon zitierten Weise als gleichgewichtiger Gegner des schwedischen Königs vorgestellt wird. Neben einer ‚tragischen' Strukturierung des Buches, die auf den zunächst libertären Glaubenshelden ausgerichtet ist, findet sich demnach eine krisishaft ‚antagonistische'. Zu jener gehört die politisch-moralische Überordnung des Helden, zu dieser die von Kategorien des militärischen Erfolges bestimmte Gleichordnung der Gegenspieler. Jene dient vor allem dazu, dem Tod Gustav Adolphs Sinn abzugewinnen, diese akzentuiert die beiden militärischen Treffen des Schwedenkönigs und Wallensteins, die – wie zuvor schon die Breitenfelder Schlacht – rhetorisch zu letzten Zuspitzungen

13 NA 18, S. 329; vgl. ebd., S. 134, 273, 327; S. 246, vgl. ebd., S. 234; S. 327f.

14 Sapientia, iustitia, fortitudo (vgl. Curtius: Europäische Literatur, S. 174-184); vgl. Schillers Plädoyer für „gemischte Karaktere" in der Tragödie in der kurz zuvor entstandenen Abhandlung *Ueber die tragische Kunst* (NA 20, S. 168).

15 NA 20, S. 220 (*Ueber das Pathetische*); ganz ähnliche Überlegungen finden sich auch in der im Herbst 1791, also nach der ersten Lektüre der *Kritik der Urteilskraft* (vgl. an Körner, 3. 3. 1791 – NA 26, S. 77) und vor der letzten Lieferung des *Dreyßigjährigen Kriegs* verfaßten Schrift *Ueber den Grund des Vergnügens an tragischen Gegenständen* (vgl. NA 20, S. 145). Daß die abschließende Wallenstein-Deutung im *Dreyßigjährigen Krieg* ein Fall für ästhetische Urteile ist, wird dadurch bestätigt, daß Schiller auch in der ästhetischen Theorie die Fälle großer Verbrecher zur Erläuterung heranzieht.

eines Zweikampfs und ‚Entscheidungsschlachten' überhöht werden.[16] Auch hier findet sich demnach die schon festgestellte Pluralität der Interpretationsmuster, die wohlgemerkt weniger als souveräner Verzicht auf einsinnige Deutungen zu verstehen ist denn als Ausdruck einer konzeptionellen und integrativen Schwäche von Schillers Geschichtswerk.

Die äußeren Gründe für diese ‚Schwäche' (die im historischen Kontext eine relative Stärke war) sind bekannt: Schiller hatte, hinsichtlich seiner Sachkenntnisse „von der Hand in den Mund lebend, als er zu schreiben begann, weder im ‚Abfall' noch im ‚Dreißigjährigen Krieg' einen Überblick über das Ganze".[17] Die *Geschichte des dreyßigjährigen Kriegs* für Göschens Damenkalender der Jahre 1791-93 lieferte er überdies in drei Teilen. Ihr mittlerer Teil entstand 1791, als Schiller von einer schweren Krankheit beinahe nicht mehr genesen wäre, und umfaßte nur wenige Seiten des dritten Buches. Darstellerische ad-hoc-Entscheidungen waren davon die zwangsläufige Folge. Als beschwerlich und mühselig schließlich empfand Schiller die historiographische Arbeit schon 1790, und ihren Abschluß im September 1792 erlebte er als Befreiung von einer Zwangsarbeit, der er sich nie wieder unterziehen wollte.[18] Zum Ende geführt ist der *Dreyßigjährige Krieg* dementsprechend nur in einem recht äußerlichen Sinne: Das fünfte Buch rafft das Kriegsgeschehen der Jahre 1634-1648 notwendig ungleich stärker, als die früheren Bücher es mit ihren Zeitabschnitten taten. Auf eine Erläuterung des Westfälischen Friedens, der am Beginn des Werkes noch als jenes Resultat des Ganzen ausgelegt wurde, welches das grausame Kriegsgeschehen der Aufmerksamkeit wert mache (vgl. NA 18, S. 10), verzichtete Schiller unter der ein wenig zu diplomatischen Begründung, daß Kriegsgeschichte und Friedensschluß selbständige Ganzheiten seien (vgl. S. 384f.), was zwar der historiographischen Praxis, z.B. seines Vorgängers Bougeant, entsprach, nicht aber dem eigenen Anspruch auf universalhistorische Integration.[19]

16 Vgl. NA 18, S. 175f., 255, 268f. (dort greift Schiller metaphorisch sogar zur Passionsgeschichte, um die Letztgültigkeit der Entscheidung auszudrücken). - Auch Reinitzhuber: Schillers „Geschichte des Dreißigjährigen Kriegs", S. 168, hebt das „scharfe Herausarbeiten der Höhepunkte" hervor, subsumiert es aber wie das Verhältnis Gustav Adolph-Wallenstein unter seinen umgangssprachlichen Begriff von Dramatik und übersieht dadurch die Doppelstrukturierung des dritten Buches.

17 Fester: Vorstudien, S. 106; vgl. Schiller an Körner, 1. 12. 1788 - NA 25, S. 150.

18 An Körner, 12. 9. 1790 - NA 26, S. 40; an Huber, 30. 9. 1790 - NA 26, S. 43; vgl. an Körner, 21. 9. 1792 - NA 26, S. 141. Zu den mißlichen Entstehungsbedingungen des *Dreyßigjährigen Kriegs* vgl. auch Diwald: Schiller, S. 44-47.

19 In Bougeants *Historie des dreyßigjährigen Krieges* (dt. Übers. von Rambach) ist der gesamte zweite Band den Verhandlungen und Friedensbeschlüssen in Osnabrück und Münster gewidmet. - Gesucht erscheint auch Schillers Rechtfertigung am Ende des vierten Buches, daß, nachdem „Gustav Adolph und Wallenstein, die Helden dieses kriegeri-

γ. An Schillers zweitem historiographischen Hauptwerk wird nach alldem noch offenkundiger als am ersten, daß seine Geschichtsschreibung nicht narrativ im Sinne des idealtypischen Modells der narrativistischen Geschichtstheorie ist. Die narrative Integration von tendenziell allem Geschehen in ein Geschichtenmuster sowie seine Deutung durch dasselbe erfolgt bei näherer Betrachtung nicht bzw. nur ansatzweise. Sinn und Bedeutung einer einzelnen Geschichte scheinen (lucent) zum wenigsten aus ihr selbst hervor und scheinen (videntur) kaum in der objektiven Geschichte selbst zu liegen. Diese Struktureigenheit bedeutet wohlgemerkt zum wenigsten ein Defizit auf ,stilistischer' Ebene. Denn als Stilmittel können allenfalls die ,Lebendigkeit' der Figurenportraits oder die ,dramatische', d.h. antagonismenbildende Anlage der Erzählung einen Handlungszusammenhang konstituieren helfen. Deshalb gehen auch die gängigen Urteile, Schillers Geschichtsschreibung bedeute einen darstellerischen Fortschritt gegenüber der Aufklärungshistorie,[20] am Hauptproblem vorbei, so sehr sie im einzelnen zutreffen: Sie verfehlen das von Schiller nur ansatzweise gelöste Problem der narrativen Sinnbildung und bleiben bei dem stehen, was – auch in Schillers Verständnis – bloß ,Einkleidung' ist.

Daß in Schillers historischen Schriften aber – wenn schon nicht voll-, so doch – teilintegrative Plotstrukturen sich finden, das macht seine Geschichtsschreibung immerhin zu einer Vorform des modern-narrativen Typs. Die ,narrativen' Sinnbildungstechniken der Aufklärungshistorie hat er in jedem Fall hinter sich gelassen. Damit vermittelt er zwischen ihr und der historistischen Geschichtsschreibung (sofern dieser narrative Sinnbildung gelingt). Überhaupt gewinnt die Lokalisierung des Historikers Schiller *zwischen* den Epochen[21] erst mit Bezug auf bestimmte Hinsichten Bedeutsamkeit. Im Lichte der modernen Historiographietheorie lassen sich die Innovationen Schillers,

---

schen Dramas, [...] von der Bühne verschwunden" sind, „die Einheit der Handlung, welche die Uebersicht der Begebenheiten bisher erleichterte", notwendig verloren gehen müsse (S. 329): Zum einen sieht schon die Exposition zum dritten Buch neue Protagonisten, Oxenstierna und Richelieu, vor (vgl. S. 191), und zum anderen hatte Schiller sowohl weite Werkteile ohne Gustav Adolph und Wallenstein bestritten als auch beider ,Zweikampf' kaum zu dramatischer Handlungseinheit gebracht. Deshalb trifft auch die verbreitete Forschungsmeinung, Schillers Darstellung des Dreißigjährigen Krieges erschöpfe sich in einem solchen Zweikampf (vgl. Diwald: Schiller, S. 49; Schulz: Die deutsche Literatur Bd. 1, S. 183), nicht zu.

20 Vgl. Srbik: Geist und Geschichte Bd. 1, S. 155; Ernst Engelberg: Friedrich Schiller als Historiker. – In: Die deutsche Geschichtswissenschaft, S. 11-31, hier S. 13; Tadeuz Namowicz: Schillers Schriften zur Geschichte in komparatistischer Sicht. – In: Friedrich Schiller. Angebot und Diskurs, S. 99-116, hier S. 111f.

21 Vgl. Hinrich C. Seeba: Historiographischer Idealismus? Fragen zu Schillers Geschichtsbild. – In: Friedrich Schiller. Kunst, Humanität und Politik, S. 229-249, hier S. 235; Regin: Freedom and Dignity, S. 61.

die wesentlich zur Herausbildung einer modernen Geschichtsschreibung beigetragen haben, wie folgt zusammenfassen: Er erkennt den konstruktiven Charakters nicht-chronikalischer Geschichtsschreibung, er begründet und praktiziert ein starkes literarisch-künstlerisches Element auch in der akademischen Historiographie, er integriert Partikulargeschichten in einen geschichtsphilosophischen Interpretationsrahmen mit Hilfe eines Begriffsgerüsts anthropologisch-politischer Grundprinzipien, und er verfabelt die erzählten Geschichten zumindest teilweise.

So abstrakt formuliert, nähern sich alle diese Innovationen nicht zufällig dem von Herder Projektierten. Mit Unterschieden in der jeweiligen Begründung stehen deshalb Schiller und Herder gemeinsam an den Anfängen moderner Geschichtsschreibung: jener durch seine theoretische Auseinandersetzung mit der Aufklärung(shistorie), dieser einer solchen die historiographische Praxis hinzufügend. Schillers historiographisches Werk bestätigt die an Herders theoretischem Entwurf gemachte Beobachtung, daß der Pragmatismus vor allem durch eine ‚Ästhetisierung' von Geschichtstheorie und Geschichtsschreibung überwunden wurde. Diese ‚Ästhetisierung' ergriff nicht nur den historiographischen Text – und erst recht nicht bloß dessen Stil –, sie bestimmte auch dessen Dimensionierung, transformierte das pragmatistische Wissenschaftsverständnis und leitete sogar die geschichtstheoretische/philosophische Konzeptionsbildung an. In Schillers Historiographie und Historik treten die ästhetischen Bestimmungsfaktoren des Transformationsprozesses zwischen Aufklärungshistorie und historistischer Geschichtsschreibung wohl prägnanter hervor als bei jedem anderen Historiker des späten 18. Jahrhunderts. Und dennoch blieb der Idealtypus der modern-narrativen Geschichtsschreibung, theoretisch von Herder und Schiller nahezu vorgedacht, praktisch in maßgeblichen Punkten unausgefüllt: makrostrukturell unproduktive rhetorische Techniken absorbierten einen großen Teil der sprachkünstlerischen Anstrengungen, und die Verfabelung des Geschehens, also der makrostrukturelle Kern der Narration, gelangte nur zu schwacher Ausbildung.

Das geschichtsphilosophisch imprägnierte Begriffsgerüst erhielt dadurch ein Gewicht bei der Integration und Deutung der erzählten Geschichte, das vom empirischen Wissenschaftsideal des 19. Jahrhunderts nicht mehr geduldet wurde. Allerdings zeigt sich an der Stellung seiner Historiker zu Schiller auch die innere Spannweite des geschichtswissenschaftlichen Historismus: Während Ranke dem Dichter überhaupt den „Beruf zum Geschichtsschreiber" absprach, erklärte Droysen den *Abfall der vereinigten Niederlande* für „grandios im Gedanken" und äußerte zum *Dreißigjährigen Krieg*: „Schillers Darstellung ist im Wurf und in der Höhe der Fassung wundervoll, aber er hatte nur das

Formale".[22] Droysen lobte den gedanklichen Zugriff im Prinzip und bemängelte lediglich seine inhaltliche Konkretisierung, d.h. den fehlenden nationalgeschichtlichen Akzent. Schillers Geschichtsschreibung für zu ‚philosophisch', für aprioristisch zu erklären hat sich als unreflektiertes Erbe des Historismus bis nahezu heute in der Forschung erhalten.[23] Historiographiegeschichtlich zutreffend ist an diesen Urteilen, daß der begriffliche Interpretationsrahmen in ihr nicht von einer tendenziell vollintegrativen Plotstruktur neutralisiert oder verdeckt wird (wenngleich dies Zutreffende insofern etwas Zufälliges hat, als die Präsenz von Plotstrukturen in der Historiographieforschung herkömmlich gar nicht zur Debatte steht). Und doch führen diese Urteile in die Irre, denn das Integrations- und Deutungspotential von Geschichtsphilosophemen stellt keinen aufklärerischen Ballast dar, sondern mußte - wie oben dargelegt - gegen die akademische Aufklärungshistorie errungen werden. Nach Herders und konsequenter noch Kants spekulativem Vorgang war aber Schiller der erste, der dieses Potential in historischen Monographien fruchtbar gemacht hat.

Das noch Anfängliche seines historiographischen ‚emplotments' spiegelt sich auch in den Klagen über die Sprödigkeit der Geschichte, die Schiller nach seiner Rückkehr zur Poesie Mitte der 1790er Jahre erhob. Denn widerlegt die historische Erfahrung „alle wohlgemeynte Versuche der Philosophie, das, was die moralische Welt *fodert*, mit dem, was die wirkliche *leistet*, in Uebereinstimmung zu bringen",[24] so tritt jene Kluft zwischen vernünftiger Erklärung und empirischem Befund hervor, welche in der historistischen Geschichtsschreibung die Erzählung schließt bzw. überbrückt. Von den beiden Möglichkeiten der Integration und Interpretation historischen Materials hat Schiller noch vor allem die begrifflich-philosophische gewählt, weniger die ästhetisch-narrative. Die Vermittlung der konzeptuellen Ebene mit der der empirischen Befunde ist damit erschwert; Dissonanzen zwischen vorgängigen Wertungen und der dargestellten Geschichte, insbesondere der Geusen und der Bilder-

---

22 Ranke zit. von Wiedemann: Sechzehn Jahre, S. 260; Droysen: Historik (Leyh), S. 143; ders.: an den Sohn Gustav, 28. 8. 1881 - Briefwechsel Bd. 2, S. 943.

23 Vgl. Tomaschek: Schiller, S. 131: „Aprioristische Grundsätze, wie sie von Kant und Sch[iller] auf die Geschichte angewendet werden wollten, sind unserer heutigen Geschichtsforschung völlig fremd und durchaus entgegengesetzt"; Janssen: Schiller, S. 28; Srbik: Geist und Geschichte Bd. 1, S. 152-155; Dietrich: Schiller, S. 243. Eine Ausnahme bildet hier die wenig rezipierte Studie von Deric Regin, wenn sie Schiller als Wegbereiter der philosophischen Durchdringung der Geschichte positiv sieht (vgl. Freedom and Dignity, S. 83f.); freilich führt diese Vorbereitung in Regins Perspektive zu Hegel, nicht zu den historistischen Historikern.

24 NA 21, S. 49 (*Ueber das Erhabene*). Vgl. ähnlich an Goethe, 10. 3. 1801 - NA 31, S. 13: „denn die Geschichte ist für den philosophischen Gebrauch zu unzuverläßig und empirisch."

stürmer im *Abfall*,[25] treten auf, und ein Ordnungsbegriff wie ‚Freiheit', den Schiller im Sinne der Philosophie seiner Zeit verstand, kollidiert mit seinen historischen Verwendungen (für Privilegien oder die ständische Libertät)[26].

Da Schiller unter dem philosophischen Zugriff auf die Geschichte auch ihre kausale Erklärung nach „*Naturgesetzen*" verstand, ist von seiner Resignation, „sie zu *erklären*", speziell auch die pragmatische Geschichtsschreibung betroffen (NA 21, S. 50). Er ist damit wohl der erste, der aus historiographischer Erfahrung das Strukturproblem des Pragmatismus bestätigt, wie es am pragmatischen Roman von Wieland bis Moritz ermittelt wurde, der also als (gewesener) Historiker den Bewußtseinsstand der Literatur einholt. Eine auf Dauer befriedigende Lösung hat sich ihm im historischen Fach denn auch nicht gezeigt. Wenn er dagegen das Reich der Poesie durch die unbedingte Geltung von „Ideen" privilegiert sah (ebd.), so weist das bereits auf die Lösung hin, die Wilhelm von Humboldt und Ranke für das Erklärungsverlangen der Geschichtswissenschaft fanden. Denn wo dieses durch Naturgesetzlichkeit nicht zu stillen war, postulierten jene eine Wirksamkeit von ‚Ideen', wie man sie bisher vor allem in der Dichtung dargestellt sah. In seiner individuellen geistigen Entwicklung nahm Schiller deshalb gewissermaßen einen wichtigen Schritt bei der Entstehung des idealistischen Historismus vorweg. Ein entsprechendes Wissenschaftsparadigma bildete sich aber erst dort heraus. Es beseitigte weitgehend die Inkohärenzen, die Schillers ästhetisierter Historiographie noch anhingen, verlor damit jedoch auch manches von deren Offenheit. Zumal die Ideenlehre, das am wenigsten moderne Konstituens des klassischen Historismus, trug dazu bei. Da diese aber in der Dichtung der Goethezeit jene Quelle fand, die ihr die Geschichtsschreibung Schillers nicht sein konnte, scheint der Ästhetisierungsbedarf der Historiographie mit Schiller noch nicht erschöpft gewesen zu sein, soviel die Gedanken eines poesieanalogen Schaffens, einer poesiepräformierten Textordnung und einer poetisch-rhetorischen Veranschaulichung zu ihrer Modernisierung gerade in seinem Werk schon beitragen hatten.

25 Vgl. NA 17, S. 121, 123, 149, 156, 162, 175, 183, 186-190.
26 Vgl. NA 17, S. 10, 14, 36, 39, 55, 282; NA 18, S. 14, 92, 127, 294.

III.

Ästhetisierung und Verwissenschaftlichung im ‚klassischen' Historismus

A. Geschichtsschreibung nach 1800

1. ‚Historismus' und ‚Moderne'

Grundlegend für eine Klärung des vielverwandten Begriffs ‚Historismus' – nicht als des Schlagworts einer 120 Jahre alten Wertrelativismusdiskussion, sondern als eines bewußtseinsgeschichtlichen und wissenschaftshistorischen Ordnungsbegriffs – ist die Unterscheidung zwischen einem „Historismus [I] als geistig-kultureller Bewegung" und dem Historismus (II) als deren Auswirkung in einer akademischen Disziplin.[1] Als geistesgeschichtliches Phänomen und als Denkform bezeichnet Historismus (I) entweder generalisierend die im 18. Jahrhundert gewonnene Einsicht in die Geschichtlichkeit aller Wirklichkeit[2] oder historisch konkreter bzw. enger jene Historisierung, die alle Wirklichkeit als individuell und deren Veränderung in der Zeit als ‚Entwicklung' denkt[3]. Dieser Historismus als Denkform ist nicht auf die Historie im engeren Sinne begrenzt, ja hat nicht einmal seinen Ursprung in ihr, sondern in Ästhetik und Poetik.[4] Zu seinen Wirkungen zählt auf literarischem Gebiet die Etablierung des modernen Geschichtsdramas seit Goethes *Götz von Berlichingen* 1773 (während die Anfänge des historischen Romans seit 1785 von einem vorhistoristischen Geschichtsinteresse ausgehen).[5] Auch unter den Wissenschaften des 19. Jahrhunderts ist die Historie keineswegs die einzige Trägerin eines Historismus, sondern neben den Philologien und Jura, der

1 Oexle: Geschichtswissenschaft, S. 40; vgl. Wittkau: Historismus, S. 12, ebd. passim zum Historismus als wertrelativistischem Epochenproblem vom ausgehenden 19. Jahrhundert bis zum 2. Weltkrieg; Rüsen: Konfigurationen, S. 17f. Zur Begriffsgeschichte vgl. Gunter Scholtz: Historismus, Historizismus. – In: Hist. Wb. d. Phil. Bd. 3, Sp. 1141-47, und als neueste problemgeschichtliche Einführung Oexle: „Historismus". Während Oexle und seine Schülerin Annette Wittkau die Historismus-Diskussion der letzten Zeit wieder auf die Problemstellung des Jahrhundertbeginns zurückführen möchten, zeigt neuerdings Volker Steenblock (vgl. Transformationen), wie sich die alte Diskussion in den postmodernen Debatten der Gegenwart fortsetzt. Das historistische ‚Problem' verliert dort seine Schärfe; der Relativismus des Historismus kann nach Steenblock nun als Reflexionsfortschritt produktiv gemacht werden. Als unaufgeregte Stellungnahme zur Aktualität des ‚Historistischen Problems' in der Gegenwart vgl. auch Scholtz: Das Historismusproblem, bes. S. 484-486.

2 Vgl. Oexle: Geschichtswissenschaft, S. 17f., Ernst Troeltsch und Karl Mannheim folgend.

3 Vgl. Meinecke: Die Entstehung des Historismus, S. 2-5.

4 Vgl. unten S. 300.

5 Vgl. Žmegač: Der Aufstieg des Historismus, S. 307-314; Hinck: Einleitung, S. 9; Kurth: Historiographie, S. 356-359.

Nationalökonomie und der Theologie[6] nur dadurch ausgezeichnet, daß sie, ihres historischen Gegenstands wegen, erst unter historistischen Vorzeichen zu sich selbst kommt. Auf das Verhältnis zur ‚Moderne' gewandt, stellt sich der Historismus (I) als integraler Bestandteil der kulturellen Moderne dar – Oexle bezeichnet ihn als eine der „großen Grundkräfte, die für die Moderne konstitutiv sind" –[7], während der Historismus (II) als Durchbruch der Moderne in der Geschichtswissenschaft zu deuten ist. Analytisch kann man dabei ein ‚radikal modernes' Prinzip des Historismus (I) (die Historisierung) von für sich genommen amodernen, weil substantialistischen ‚Rückversicherungen' unterscheiden, doch darf dann nicht übersehen werden, daß ‚historistisches' Denken von Beginn an und konstitutiv von einer Ambivalenz geprägt ist, die als die Notwendigkeit, die Moderne zu ‚bewältigen', bezeichnet werden kann und die überhaupt die kulturelle Moderne prägt.[8] Bezeichnet ‚Historismus' (II) hingegen eine bestimmte Phase der Geschichtswissenschaft oder auch nur das Wissenschaftskonzept einer bestimmten Gruppe von Historikern innerhalb dieses Zeitraums, so stellt sich die Frage nach der zeitlichen und/oder personalen Reichweite des Begriffs. In beiden Hauptbegriffsverwendungen (I und II) findet man mithin engere und weitere Anwendungen, deren Differenzen quer zu der ersten Unterscheidung liegen.

Eine abweichende Differenzierung des Historismus-Begriffs hat Herbert Schnädelbach vorgeschlagen. Sie verwischt indes die hier wesentliche Unterscheidung. Als $Historismus_1$ bezeichnet er eine reflexionslos positivistische und quietistische Wissenschaftspraxis, als $Historismus_2$ den historischen Relativismus als konsequent normenkritische philosophische Position und als $Historismus_3$ das von mir als Historismus (I) bezeichnete geistesgeschichtliche Phänomen *einschließlich* seiner geschichtswissenschaftlichen Ausprägung (hier Historismus II).[9] Von dieser Privilegierung der positivistischen Stufe des ‚Historismus' gehen neuerdings in der Literaturwissenschaft Versuche aus, die stoffhuberische Isolation von zahllosen ‚Fakten' und den relativistischen Verzicht auf die Herstellung einer Sinnbeziehung zum forschenden Subjekt, wie sie „der historistischen Untersuchung" eigen seien, als Vorbilder für prägnant ‚moderne', struktur- und sinndekonstruktive Verfahren literarischer Texte am Anfang des 20. Jahrhunderts zu identifizieren.[10] Trotz seines

6 Vgl. Muhlack: Geschichtswissenschaft, S. 412f.; Wittkau: Historismus, S. 61-125.

7 Oexle: ebd., S. 18. Zum Moderne-Begriff vgl. unten S. 272ff.

8 Erinnert sei in diesem Zusammenhang an Herders Neigung, die von ihm erkannte Konstrukthaftigkeit literarischer (oder historiographischer usw.) Weltdeutung zu renaturalisieren, vgl. oben S. 226.

9 Vgl. Schnädelbach: Philosophie, S. 51-53.

10 Vgl. Wunberg: Unverständlichkeit, S. 314-317, Zitat (im Orig. hervorgeh.) S. 315; Dirk

verengten Historismusbegriffs ist dieser Aufweis einer genetischen Beziehung zwischen (geschichts)wissenschaftlichen und literarischen *Verfahren* für unser Thema von besonderem Interesse, da er Literatur und Historie in eine (nach dem Pragmatismus des späteren 18. und dem – im folgenden zu erweisenden – ‚Symbolismus' des 19. Jahrhunderts) dritte epochentypische Strukturidentität stellt. Charakteristischerweise zeigt die literarische Variante dabei wieder einen höheren Grad von Selbstreflexität und -bewußtsein; sie bestätigt so die hier schon vorgenommene Identifizierung von Literatur und Poetik als Reflexionsinstanzen auch für geschichtswissenschaftliche Epochenprobleme. Im Auge zu behalten ist freilich, daß dieser ‚Historismus' lediglich eine *Spät*form des mit demselben Begriff bezeichneten Wissenschaftsparadigmas darstellt.[11] In ihr ist der integrative, ja totalisierende und überwiegend sinnversichernde Grundzug der Geschichtstheorie Rankes und Droysens, der in der Geschichtswissenschaft – und nicht nur bei Friedrich Meinecke – weit über die Jahrhundertwende hinaus Geltung behielt, bereits umgeschlagen. Verabsolutierte man den neuen ‚literaturwissenschaftlichen' Historismusbegriff, könnte zumal die konstruktive Leistung des Historismus (I und II) auf den von der Aufklärungshistorie vergeblich beackerten Problemfeldern nicht mehr gefaßt werden.

Insofern die vielfältigen und hier nur auszugsweise dargelegten Bedeutungen des Begriffs historisch-genetisch in einem engen Zusammenhang stehen, ist der herrschende Begriffswirrwarr nicht eine Folge bloßer Willkür. Es scheint deshalb auch nicht angemessen, mit ‚Historismus' nur ein einziges, eng und präzise zu umreißendes Phänomen bezeichnen zu wollen. Insbesondere weder sinnvoll noch methodisch korrekt kann es sein, sein Denotat auf die ‚Krisen'-Diskussion am Anfang des 20. Jahrhunderts zu verengen und, mit einer Wendung gegen Meinecke, die historische Voraussetzung der ‚Krisis des Historismus', den selbst-, welt- und sinnsicheren Historismus des mittleren 19. Jahrhunderts, auszuschließen, weil dessen Selbstsicherheit idealistisch fundiert war.[12] Einem Einspruch gegen eine solche verengende Begriffsdefinition gleich steht eine idealistische Auffassung von ‚Historismus' sogar am Anfang der Begriffsgeschichte: „Historismus" bedeutete für Friedrich Schlegel, in der Philologie „auf *Geist*, gegen den Buchstaben" zu insistieren.[13] Die

Niefanger: Produktiver Historismus, S. 28-31, 170-176.

11 Eine solche Unterscheidung finde ich implizit auch bei Moritz Baßler, dessen innovative und kluge Dissertation ebenfalls von Wunberg und Schnädelbach ausgeht (vgl. Die Entdeckung der Textur, S. 176-178, bes. S. 177).

12 Dazu neigen jedoch Oexle: „Historismus", S. 139-142, und Wittkau: Historismus, S. 20-22, 196.

13 Zur Philologie I (1797) – KA 16, S. 35 (zuerst in Fr. Schl.: Zur Philologie. Ed. Josef Körner. – In: Logos. Intern. Zs. für Philos. d. Kultur 17 [1928], S. 16-66, hier S. 17 [vgl. KA 2, S.

freilich notwendige begriffliche Präzisierung möchte ich durch Kombinationen wie ‚geschichtswissenschaftlicher' oder ‚idealistischer Historismus' oder ‚historistische Geschichtsschreibung' jeweils im Einzelfall erreichen. Nicht angewandt wird der Begriff nur auf inkonsequente Formen einer Historisierung, wie wir sie bei Schlözer fanden (vgl. oben S. 169).

Vom Historismus als Wissenschaft zu sprechen kann sodann nicht heißen, die Geschichtswissenschaft des Zeitraums in all ihren Spielarten zu charakterisieren, wenngleich während des mittleren und späteren 19. Jahrhunderts die Vormachtstellung des Kern-Historismus (II) Rankes und Droysen außer Frage steht. Wie weit darüber hinaus die Geschichtswissenschaft ‚historistisch' blieb, ist erneut eine Frage des angelegten Historismusbegriffs: Bedeutet er nicht mehr als Historisierung, so ist ein Ende seiner auch heute kaum denkbar.[14] Betont man hingegen die religiösen und idealistischen Komponenten des Kern-Historismus, so konnte er spätestens mit Max Weber als wissenschaftstheoretisch überholt erscheinen – was aber nicht schon sein Ende als Wissenschaftsparadigma bedeutete.[15] Deshalb kann Blanke eine Geltungsdauer desselben bis in die 1960er Jahre ansetzen.[16] Führten auf der einen Seite weder der ‚Lamprecht-Streit' um die Gesetzmäßigkeit historischer Prozesse noch die aufbrechende ‚Krise' des Historismus am Ende des 19. Jahrhunderts einen ‚Paradigmenwechsel' herbei,[17] so indizieren sie für den ‚klassischen' geschichtswissenschaftlichen Historismus auf der anderen Seite doch eine Tendenzwende vom Vordringen zur Verteidigung.

Von einem ‚klassischen' Historismus zu sprechen erfordert eine weitere Begriffsklärung. Als ‚klassisch' betrachte ich Rankes und Droysens Modell historistischer Geschichtswissenschaft, bei jenem vermöge der Vorbildlichkeit der historiographischen Praxis, bei diesem wegen der Unüberholtheit des theoretischen Entwurfs. Zumal als rezeptionsbezogener Begriff rechtfertigt sich das Klassizitätsetikett, kann doch die Geschichte des Historismus (II) von den 1880er Jahren bis zum ‚Dritten Reich' als eine Folge von Ranke-Renaissancen beschrieben werden;[18] die „paradigmatische" Funktion von Droysens

---

179]). Oexle und Wittkau dagegen ist ausgerechnet dieser Beleg entgangen (vgl. Oexle: „Historismus", S. 124; Wittkau: Historismus, S. 198f.). Zur romantisch-idealistischen Hermeneutik und ihrer Stellung zum frühen Historismus vgl. unten S. 335ff.

14 Vgl. Oexle: Geschichtswissenschaft, S. 50.

15 Vgl. Hardtwig: Geschichtsreligion, S. 15.

16 Vgl. Historiographiegeschichte, S. 518, 668.

17 Vgl. Jaeger/Rüsen: Geschichte, S. 160; Blanke: „Historismus" im Streit, S. 592; zum Lamprecht-Streit vgl. ders.: Historiographiegeschichte, S. 393-403.

18 Vgl. Jaeger/Rüsen: Geschichte, S. 92-95. Diese Deutung wird noch plausibler, wenn man neben der von Max Lenz, Erich Marks u.a. getragenen Ranke-Renaissance, die zu Rankes ‚Objektivität' zurückzukehren prätentierte und den (vermeintlichen) ‚Primat der Außen-

Historik für die geschichtswissenschaftliche Reflexion steht ohnehin über den Phasenwechseln des ‚Historismus' und sogar der ‚nachhistoristischen' Geschichtswissenschaft.[19] – Die Identifizierung eines ‚klassischen' Historismus nimmt eine Unterscheidung nach ‚Kern' und ‚Rand' vor. Nicht präzise synchron dazu stehen die Möglichkeiten, den geschichtswissenschaftlichen Historismus zu *periodisieren*: Von einer Formationsphase oder Frühzeit möchte für den Abschnitt zwischen Wilhelm von Humboldts Rede „Über die Aufgabe des Geschichtschreibers" (1821) und Droysens erster *Historik*-Vorlesung (1857) sprechen[20] (in Abgrenzung von der Frühphase des kulturellen Historismus vor allem bei Herder). In den 1850er Jahren hinwiederum begann die nationalpolitische Parteinahme der Geschichtsschreibung für eine kleindeutsche Einigung, die der nächsten Phase ihr Gepräge gab (bis zum Ende der 1870er Jahre, als das politische Ziel der nationalen Einigung erreicht und Bismarcks ‚zweite Reichsgründung' die Liberalen aus der Regierungsteilhabe drängte); programmatisch trat diese nun herrschende Richtung zuerst 1856 in Heinrich von Sybels Rede „Über den Stand der neueren deutschen Geschichtsschreibung" auf.[21] Meine Untersuchung nun darf sich auf die formative Phase, d.h. den frühen Historismus (II) beschränken, da sie den ‚klassischen' Historismus schuf. Mag auch die derzeitige Forschung, weil sie auf die Rekonstruktion von ‚Paradigmen' konzentriert ist, das Modell des ‚klassischen' Historismus hypostasieren, wenn sie es als über dessen engere Phase hinaus gültige disziplinäre ‚Matrix' begreift[22] – seine Vorbildstellung rechtfertigt auf jeden Fall eine solche untersuchungsstrategisch notwendige Beschränkung. Meine Analyse endet deshalb bei Droysens *Historik*. Die Modifikationen des klassisch-historistischen Modells der Geschichtsschreibung bereits durch die nationalpolitischen Intentionen der kleindeutschen Historiker kommen nicht mehr in extenso zur Sprache, handelt es sich doch, zumal im Maßstab der epochalen Veränderungen seit der pragmatistischen Aufklärungshistorie, historiographiestrukturell bloß um Modifikationen am neugewonnenen Muster. Deshalb stellt – um auch den letzten der von mir verwandten

politik' bei Ranke in eine imperialistisch-sozialdarwinistische Auffassung der Staatenbeziehungen umdeutete (vgl. Krill: Die Rankerenaissance), die wissenschaftsstrategische Umbildung der ‚Ideenlehre' zu einer Ideengeschichte bei Friedrich Meinecke berücksichtigt (vgl. Meinecke: Erlebtes, S. 176). Zur Fortdauer aber auch einer idealistischen Erkenntnistheorie in der sog. Ranke-Renaissance vgl. Herkless: Economic Change.

19 Rüsen: Konfigurationen, S. 247. Dementsprechend konnte auch der umfassendste geschichtstheoretische Entwurf der Gegenwart, Rüsens *erneuerte Historik*, an Droysen anknüpfen.

20 Vgl. Rüsen: Konfigurationen, S. 245.

21 Vgl. Jaeger/Rüsen: Geschichte des Historismus, S. 86-92.

22 Vgl. Blanke: Historismus als Wissenschaftsparadigma, S. 223, 225f.

Historismusbegriffe zu erläutern – ‚idealistischer Historismus' ebenfalls nur insofern einen Epochenbegriff dar, als das hier angesprochene ontologisch und gnoseologisch idealistische Fundament des ‚klassischen' Historismus in dessen Frühphase gelegt wurde. Jene weltanschaulichen Prämissen begrifflich zu betonen entspricht der Begriffsgeschichte von ‚Historismus' derweil in besonderem Maße.

‚Moderne' und Modernität nun sind auf der einen Seite vielbeanspruchte Kategorien in der historiographiegeschichtlichen Diskussion. Auf der anderen Seite kann ein Band *Anfänge modernen historischen Denkens* erscheinen, ohne daß die veranschlagte Bedeutung dieser Begriffe zusammenhängend dargelegt würde.[23] Eine gegenstandsbezogene terminologische Klarstellung ist

---

23 Als Sistierung der Begriffsreflexion mag sich dabei ausgewirkt haben, daß die Beiträge, wie Wolfgang Küttler schreibt, von einem „entscheidenden ‚Modernisierungsschub' historischen Denkens in der späten Aufklärung" schon ausgingen (Die Anfänge der Geschichtswissenschaft und die Ambivalenzen der Moderne. – In: Geschichtsdiskurs Bd. 2, S. 381-389, hier S. 382). Bei Jörn Rüsen wird immerhin deutlich, daß er Max Weber folgt, wenn er „die Moderne" durch einen „Rationalisierungsprozeß [...] historisch konstituiert" sieht (Historische Methode und religiöser Sinn – Vorüberlegungen zu einer Dialektik der Rationalisierung des historischen Denkens in der Moderne. – In: Geschichtsdiskurs Bd. 2, S. 344-377, hier S. 345). Sowohl dieser Begriff von Moderne als auch die inhaltliche Füllung ‚Rationalisierung' sind jedoch wenig geeignet, die genannte Grenzziehung im 18. Jahrhundert zu unterstützen. Tatsächlich ist die Webersche ‚Moderne', in Großepochen gesprochen, eher mit der ‚Neuzeit' als mit einem Zeitraum seit ca. 1750, 1800 oder 1900 zu identifizieren, und der Prozeßbegriff ‚Rationalisierung' vermag als solcher keine Grenzziehung innerhalb des von ihm bezeichneten Prozesses anzuleiten. Die Feststellung einer Epoché der Modernität wird dagegen dort möglich, wo der Begriff der *Methode*, die Rationalität zu gewährleisten hat, sich von den Regulativen der sprachlichen Formung historischen Wissens zur Erkenntnisprozedur und Geltungssicherung (‚Forschung') wendet (vgl. ebd., S. 344). Diese (als Teil einer komplexeren Bestimmung von historiographischer Modernität – vgl. unten S. 276) sehr plausible Kriterienbestimmung aber legt, wie Rüsen selbst zeigt (vgl. ebd., S. 355f.), die Grenze zwischen vormoderner und moderner Geschichtsschreibung zwischen die Paradigmen von Aufklärungshistorie und ‚Historismus'. Küttler wiederum muß entgangen sein, daß die angeführte „Ausgangshypothese" damit bereits widerlegt ist. Und auch er selbst läßt die vorausgesetzte Epochenschwelle in der zweiten Hälfte des 18. Jahrhunderts nicht unangetastet: Die „Ursprünge modernen historischen Denkens" seien bis Renaissance und Humanismus, ja bis in die Antike zurückzuverfolgen (ebd., S. 383). Überhaupt zeichnet sich die neueste Historiographieforschung dadurch aus, daß alte Gewißheiten wie der Beginn der historiographischen Moderne in der Spätaufklärung zerbröckeln (vgl. das Vorwort von Küttler, Rüsen und Ernst Schulin. – In: Geschichtsdiskurs Bd. 2, S.11-13, hier S. 11).
Die herrschenden Schwierigkeiten bei der Bestimmung eines historischen Modernebegriffs rühren wohl nicht zuletzt daher, daß diese Bestimmung sich kaum – noch weniger als in der Literaturwissenschaft – an einem Begriffsgebrauch auf der Gegenstandsebene orientieren kann. (So spielt der Begriff z.B. in ‚dem' politischen Grundereignis der ‚Moderne', der Französischen Revolution, keine Rolle, vgl. R. Piepmeier: Modern, die Moderne. – In: Hist. Wb. d. Phil. Bd. 6, Sp. 54-62, hier Sp. 54. Auch die Germanistik identifiziert freilich nicht in erster Linie jene literarischen Strömungen als ‚modern', die sich programmatisch selbst als ‚modern' begriffen, das hieße vor allem das ‚Junge

jedoch gerade für das Prädikat ,modern' unabdingbar. Jörn Rüsen hat als wichtiges Modernitätskriterium einmal die Konstruktivität historiographischer Erzählungen genannt.[24] Tatsächlich läßt sich zwischen dem epistemologischen Objektivismus der Aufklärungshistorie und der letztlich auf Herder und Kant fußenden, weitgehend – und praktisch selbst bei Ranke – konstruktiven Erkenntnis und Darstellung des ,klassischen' Historismus[25] sinnvollerweise als zwischen einem vormodernen und einem modernen Historiographiekonzept unterscheiden. Nachzufragen ist dagegen erstens bei der Feststellung, diese Konstruktivität sei nur durch Theoriegebrauch zu erreichen, wenn ,Theorie' hier nicht auch die historiographisch funktionalisierte Ideenlehre des Historismus (II) meint[26]. Denn die für sich genommen wenig ,moderne' Ideenlehre hat die ,moderne' Funktion, die historiographische Konstruktion von Geschichte zu ermöglichen. Auf jeden Fall schließt diese Konstruktivität zweitens nicht notwendig darstellerische „Anschaulichkeit und Plastizität"[27] aus, so daß, was an den großen Geschichtswerken des 19. Jahrhunderts ,literarisch' wirkt, kaum Modernität verhinderte, sondern vielfach deren Ausdruck ist.[28] Prekär ist drittens die These, „Modernisierung" stelle sich „im

Deutschland' und den Naturalismus. Die neuerdings häufigere Anwendung auf die Literatur um 1800 – die den hier angelegte Modernebegriff stützt – greift wiederum *nicht* das Moderneverständnis der damaligen geschichtsphilosophisch-poetologischen Diskussion auf, also die Definition der eigenen Epoche in Abgrenzung von der Antike.) Der Notwendigkeit, einen von der Quellensprache gelösten Modernebegriff zu definieren, steht zudem häufig ein alltagssprachlicher Begriffsgebrauch gegenüber, der als ,modern' das gegenwärtig Geltende begreift und als ,Moderne' die (in die Zukunft offene) Gegenwart sowie den Zeitraum, in dem diese Geltung auch in der Vergangenheit schon bestand (zur typologischen Stellung dieses Modernebegriffs vgl. Hans Ulrich Gumbrecht: Modern, Modernität, Moderne. – In: Geschichtliche Grundbegriffe Bd. 4, S. 93-131, hier S. 96). So leidet beispielsweise Fritz Wagners Plädoyer für „Anfänge der modernen Geschichtswissenschaft" im Frankreich des späten 17. Jahrhunderts darunter, daß der angelegte Modernebegriff nicht reflektiert wird. – Zum ,realgeschichtlichen Unterbau' der von der Begriffsgeschichte zwischen 1750 und 1850 georteten „Epochenschwelle für den Beginn unserer Moderne" vgl. den von Reinhart Koselleck herausgegebenen Band *Studien zum Beginn der modernen Welt* (Zitat S. 6); ebenda auch wichtige Ergebnisse der begriffsgeschichtlichen Forschung.

24 Narrativität und Modernität in der Geschichtswissenschaft. – In: Theorie der modernen Geschichtsschreibung, S. 230-237, hier S. 236.

25 Als Ergänzung zu dem unten dazu Dargelegten sei hier noch auf das konstruktive Element hingewiesen, das Wolfgang Hardtwig in der quellenkritischen Divination des Historismus (II) ausmacht (vgl. Die Verwissenschaftlichung der Historie und die Ästhetisierung der Darstellung. – In: Formen der Geschichtsschreibung, S. 147-191, hier S. 179f.).

26 So mitunter auch bei Rüsen (vgl. Konfigurationen, S. 56f.).

27 Jörn Rüsen: Narrativität und Modernität in der Geschichtswissenschaft. – In: Theorie der modernen Geschichtsschreibung, S. 230-237, hier S. 236.

28 Vgl. dazu unten S. 380, 403f.

Bereich des historischen Denkens [...] augenfällig als Prozeß der Verwissenschaftlichung" dar.[29] Ihr ist entgegengehalten worden, sie verwechsle „möglicherweise Verwissenschaftlichung mit Professionalisierung";[30] zudem ist dieses Modernitätskriterium nichts weniger als scharf. Daß, wie gezeigt, gegenwärtige Wissenschaftlichkeitskriterien absolut gesetzt werden, ist eine verhängnisvolle Folge davon.

Konsequent historisch gedacht, zeichnet Wissenschaftlichkeit per se die ‚moderne' so gut wie die ‚vormoderne' pragmatistische Geschichtswissenschaft aus. Plausible Modernitätskriterien scheinen sich mir dagegen vom Geschichtsbegriff selbst ableiten zu lassen, wie er sich am Beginn der ‚Sattelzeit' entwickelte:

1. Der Kollektivsingular ‚die Geschichte' verlieh den vielen vergangenen Geschichten in der zweiten Hälfte des 18. Jahrhunderts (erster Beleg 1752) erstmals eine totale *Kohärenz* von transzendentaler Qualität. In der historiographischen Praxis war diese Kohärenz der polyhistorischen, universalhistorischen oder statistischen Wissenschaftstradition jedoch erst abzugewinnen. Die Modernität von Geschichtsschreibung kann deshalb danach bemessen werden, in welchem Maße die vom Begriff ‚Geschichte' vorausentworfene Kohärenz historiographisch repräsentiert wird. Der Versuch der Aufklärungshistorie, dies mit Hilfe des Systembegriffs zu leisten, scheiterte, während der narrativen Geschichtsschreibung des Historismus (II) dasselbe Vorhaben gelang. Deshalb ist auch unter dem Modernitätskriterium ‚Kohärenz(stiftung)' die Schwelle zwischen diese beiden Epochenparadigmen zu legen. Der kulturelle Historismus bereitete durch seine Systemkritik und die Ästhetisierung der diskutierten Kohärenzstrukturen dabei die Kohärenzbildungsleistung des wissenschaftlichen Historismus vor.

2. Das oben schon eingeführte Modernitätskriterium *Konstruktivität* hat ebenfalls eine Basis in dem neuen Geschichtsbegriff, bestimmt doch Droysen ‚Geschichte' als jene perspektivische Auffassungskategorie, die die historische Interpretation von ‚Geschäften' erst ermöglicht[31] (während Schlözers ‚allgemeiner Blick', wie gezeigt, perspektivelos arbeiten zu können meint). Ja die Doppeldeutigkeit des Begriffs selbst weist darauf, daß ‚Geschichte' stets das ist, was ein geschichtskonstruierendes Subjekt zu ihr macht. Geschichtswissenschaftliche ‚Ausführungsbestimmungen', wie historische ‚Wirklichkeit' erfaßt werden kann, schwächen freilich das historistische Bewußtsein von

29 Jörn Rüsen: „Moderne" und „Postmoderne" als Gesichtspunkte einer Geschichte der modernen Geschichtswissenschaft. - In: Geschichtsdiskurs Bd. 1, S. 17-30, hier S. 17.

30 Georg G. Iggers: Das Programm einer Strukturgeschichte des historischen Denkens. Anmerkungen zu H. W. Blanke. - In: Geschichtsdiskurs Bd. 1, S. 331-335, hier S. 331.

31 Vgl. Droysen: Historik (Ed. Leyh), S. 69.

dieser Konstrukthaftigkeit. Dazu tendieren sowohl die 'symbolische' Interpretation der Schichtung des historischen Geschehens als auch das Anschauungsmodell historischer Erkenntnis.

3. Schließlich signalisiert die Begriffsbildung 'die Geschichte' den Beginn der *Autonomisierung* des historischen Wissensbereiches. Diese Autonomisierung wissenschaftlicher (und künstlerischer) Disziplinen, wie sie sich z.B. in der Professionalisierung der Geschichtsschreibung niederschlug, stellt in systemtheoretischer Perspektive sogar den entscheidenden Modernisierungsfaktor dar.[32] Daß er am Ende des 18. Jahrhunderts in der Geschichtsschreibung noch nicht konsequent zur Geltung gekommen war, kann schlaglichtartig das historiographische Renommee verdeutlichen, das Schiller als Fachfremder mit dem *Abfall der vereinigten Niederlande* und als Professor mit einem Historischen Damenkalender gewann. Auch Ranke, Droysen und Mommsen repräsentierten eine professionalisierte Geschichtswissenschaft erst, indem sie sich Schüler erzogen, nicht aber schon in eigener Person, d.h. als ausgebildete Philologen oder Juristen. Was Muhlack den nur modifizierten 'Dualismus' der Aufklärungshistorie in der Zwecksetzung der Historie nennt[33] und was hier als deren 'rhetorische' Fundamentalstruktur identifiziert wurde, verhinderte in der Spätaufklärung gleichfalls noch jene Autonomisierung – auf geschichtstheoretischer Ebene. Die in dieser Hinsicht vollzogene Autonomisierung hingegen zeichnet sich historiographisch dadurch aus, daß der 'Sinn' eines erzählten Geschichtsausschnittes aus der Erzählung und der ihr zugrundeliegenden Forschungsarbeit selbst hervorscheint und nicht 'rhetorisch' abgerufen wird.[34]

---

32 Vgl. Stichweh: Entstehung, S. 20f.; Plumpe: Systemtheorie und Literaturgeschichte; 'Autonomie' eines Wissensbereiches macht aber auch Wolfgang Hardtwig als Wissenschaftlichkeitsmerkmal geltend (vgl. Die Verwissenschaftlichung der Historie und die Ästhetisierung der Darstellung. – In: Formen der Geschichtsschreibung, S. 147-191, hier S. 151).

33 Vgl. Geschichtswissenschaft, S. 419.

34 Kritischer, aber deshalb wohl deskriptiv treffender als in früheren Veröffentlichungen (vgl. z.B. Die vier Typen historischen Erzählens. – In: Formen der Geschichtsschreibung, S. 514-605, hier S. 520-536) sieht neuerdings Jörn Rüsen die historische Sinnbildung (vgl. Historische Methode und religiöser Sinn – Vorüberlegungen zu einer Dialektik der Rationalisierung des historischen Denkens in der Moderne. – In: Geschichtsdiskurs Bd. 2, S. 344-377). Dies ist auch insofern zu begrüßen, als dadurch historische Differenzierungen erleichtert werden, wie ich sie in dieser Arbeit versuche. Rüsens Aufweis einer Konkurrenz zwischen Methodisierung und Sinnbildung im Umgang mit Geschichte vom 16. Jahrhundert bis zur Gegenwart ergreift diese Differenzierungsmöglichkeit jedoch nicht. Auf den Plausibilitätsgewinn bezogen, den der 'Historismus' gegenüber der Aufklärungshistorie in puncto Sinnbildung erzielt, heißt das, daß Rüsen die (partielle) Aufhebung der genannten Konkurrenz im hermeneutischen Zirkel sowohl der kritischen Methode als auch der material-geschichtstheoretischen Reflexion bei Herder, Humboldt oder Droysen verkennt (vgl. ebd., S. 356, 364-367). Eignet den religiösen Sinnversiche-

Die Plausibilität der drei genannten Modernitätskriterien - Kohärenzbildung, (erkenntnistheoretische und darstellungsbezogene) Konstruktivität sowie (institutionelle und sinnbildnerische) Autonomie - läßt sich mit dem Hinweis noch steigern, daß sie auch ein Konzept von ,moderner' Literatur zu fassen vermögen, wie Goethe es z.B. in dem Dialog „Über Wahrheit und Wahrscheinlichkeit der Kunstwerke" entwickelte.[35] So verstanden, können ,moderne' Geschichtsschreibung und ,moderne' Literatur parallelisiert werden. Da bereits der Begriff der wissenschaftlichen Geschichtsschreibung die „disziplinäre Zusammenführung von Wissenschaft und Geschichtsschreibung"[36] fordert - welche, wie gezeigt, in der Aufklärungshistorik noch nicht gegeben war -, ist sodann eine Trennung in solche Modernitätskriterien, die für die Geschichts*schreibung*, und solche, die für die Forschung gelten, nicht zulässig. Folglich sind zugleich einige der oben vermißten Kriterien für ,moderne' Geschichts*wissenschaft* gewonnnen.[37] Als weitere, genuin wissenschaftsbezogene Kriterien (die nach dem eben Gesagten auch für die Geschichtsschreibung gelten) können die Stellung des Methodenfaktors und die Bindung von Wissenschaftlichkeit an ,Forschung' statt an eine Erkenntnis des Allgemeinen angesehen werden:

4. Tatsächlich zeigt sich hinsichtlich des ersten Kriteriums ein modernitätssignifikanter Wandel vom aufklärungshistorischen Verständnis von *,Methode'*

---

rungen der historistischen Historiker tatsächlich lediglich ein „präkognitiver Status" (ebd., S. 365), so sollte darüber nicht die hermeneutische und narrative Überwindung des aufklärungshistorischen Dualismus von partikularem Geschehen und universalen Sinnvorgaben übersehen werden.

35 Vgl. HA 12, S. 67-73. - Was die literarische Moderne auszeichnet und wann sie beginnt, darüber scheint freilich noch weniger ein Konsens möglich als in der Geschichtswissenschaft (vgl. die Diskussion um den Modernebegriff bei Uwe Japp: Kontroverse Daten der Modernität. - In: Kontroversen, alte und neue Bd. 8, S. 125-134, Jürgen H. Petersen: ,Das Moderne' und ,die Moderne'. Zur Rettung einer literaturästhetischen Kategorie. - In: ebd., S. 135-142, sowie Schönert: Gesellschaftliche Modernisierung und Literatur der Moderne). Derzeit erfährt die Zeit ,um 1800' eine Aufwertung als Initialphase der Moderne, vgl. das ambitionierte Buch von Vietta: Die literarische Moderne, der ähnliche Kriterien formuliert wie die hier vorgeschlagenen (Konstruktivität, Reflexivität, Autonomie). Im Hinblick auf die Zeit um 1800 attributiert er Modernität allerdings exklusiv den Frühromantikern, Kleist und Hölderlin. Die ,moderne' *Dialektik* zwischen der Sehnsucht nach Einheit und deren selbstkritischer Destruktion (womit das Streben nach ,Kohärenz' als ein Pol von Modernität anerkannt ist) betont hingegen Peter Bürger (vgl. Prosa der Moderne, S. 59), der ebenfalls am Ende des 18. Jahrhunderts ansetzt. Wie Bürgers Theorie überdies zeigt, läßt sich der Begriff einer Moderne ab etwa ,1800' auch geschichtsphilosophisch, an Hegel und Adorno anknüpfend, entwickeln (vgl. ebd., S. 443-453).

36 Wolfgang Küttler: Die Anfänge der Geschichtswissenschaft und die Ambivalenzen der Moderne. - In: Geschichtsdiskurs Bd. 2, S. 381-389, hier S. 387.

37 Zur wissenschaftstheoretischen Bestimmung ,moderner' Wissenschaft vgl. die oben in Kap. II. B. 1., Anm. 18, genannte Literatur sowie, zusammenfassend, Baumgartner: Wissenschaft, S. 1743-1745.

als Sammlung von Darstellungsregeln zum historistischen „Regelsystem der empirischen Forschung".[38] Allerdings muß man sich vor dem Mißverständnis hüten, die historistischen Historiker hätten die historische Methode erfunden. Wie insbesondere Ulrich Muhlack betont, bestand die Leistung des Historismus nicht darin, „daß er die im Humanismus und in der Aufklärungshistorie konzipierte historisch-kritische Methode qualitativ weiterentwickelt hätte".[39] Als ,modern' ist vielmehr ihre nun konsequente Anwendung und ihre Ausdifferenzierung, die nicht zuletzt die Erschließung riesiger neuer Quellenbestände nach sich zog, anzusehen.

5. Mit der Notwendigkeit eines Bezugs auf ,Allgemeines', das teilweise sogar religiös codiert ist, bleibt dagegen selbst Droysens Methodologie des ,forschenden Verstehens' ein Moment alteuropäischer *Wissenschaftlichkeit* erhalten.[40] Ranke faßt seine „historische Beschäftigung" nicht einmal zur Gänze unter den Begriff der ,Wissenschaft'.[41] Aus der Perspektive eines idealtypischen Begriffs von Modernität kann man deshalb von einer ,Ungleichzeitigkeit' des wissenschaftstheoretischen Faktors sprechen. Sie macht deutlich, daß die Gewinnung von geschichtswissenschaftlicher und historiographischer Modernität ein Prozeß ist, der auf den verschiedenen Bestimmungsebenen von Modernität asynchron verlaufen kann. Nach den hier vorgeschlagenen Hinsichten erstreckt er sich über das ganze 19. Jahrhundert bzw., um plakativ zwei personale Eckpunkte zu benennen, von Schiller bis Max Weber. Ist die ,Modernitätsgrenze' in jenem einen Punkt aber in spätere Phasen des Historismus (II) zu verlegen,[42] so bleibt die pragmatische Geschichtsschreibung in allen Punkten weit entfernt von historiographischer Modernität. Ihre avancierteren Vertreter zeigen zwar in manchen Punkten ein Gespür für den Modernisierungsdruck, der von der kulturellen Moderne in ihren Anfängen ausging – nur in dieser Hinsicht beginnt bei ihnen bereits die Modernisierung der deutschen Geschichtswissenschaft –, aber es gelang ihnen nicht, ,modern' auf ihn zu reagieren.

Als Erfüllung bzw. Synthetisierung der fünf genannten Kriterien kann die ,Erzählung' im Sinne der narrativistischen Geschichtstheorie gelten. Allerdings vermochte die historistische Geschichtstheorie ihr überwiegend modernes historiographisches Konzept nicht als ganzes darunter zu begreifen. Denn als ,Erzählung' schien die Geschichtsschreibung weder von der Literatur

38 Vgl. Rüsen: Konfigurationen, S. 58-64, Zitat (im Orig. hervorgeh.) S. 58. Zum Anschluß dieses Wandels an das Modernitätsproblem vgl. oben Anm. 23.

39 Muhlack: Geschichtswissenschaft, S. 433.

40 Vgl. Hardtwig: Konzeption und Begriff der Forschung, S. 19-24.

41 Vgl. Ranke: Idee der Universalhistorie – WuN 4, S. 72; Hardtwig: ebd., S. 14-19.

42 Vgl. Hardtwig: Geschichtsreligion, S. 15-24.

abzugrenzen zu sein (auch heute distanziert sich die Geschichtswissenschaft als ‚Erzählung' von einem anderen *Wissenschafts*konzept), noch war in den poetologischen Erzählbegriff des 19. Jahrhunderts die methodisch-wissenschaftliche Dimension der Historie integrierbar. Das ideierende Erzählmodell der Goethezeit trug im Gegenteil eher dazu bei, auch die Dignität historischen Wissens an eine Allgemeinerkenntnis zu binden.

6. Auch diese ‚Grenzen', die erklärten Abgrenzungen von der Literatur und den damit verbundenen Reflexionsverlust gegenüber Herder und Schiller einkalkuliert, verfügte der frühe geschichtswissenschaftliche Historismus jedoch über ein Bewußtsein der Abhängigkeit der eigenen Disziplin von einem literarischen Erkenntnis- und Darstellungsmodell, dessen Höhe heute kaum je erreicht wird. (Wie gezeigt, verleugnet ja selbst die narrativistische Geschichtstheorie ihr poetologisches Fundament.) Daß diese Abhängigkeit trotzdem nur selten zusammenhängend reflektiert wurde - und dann von Historikern, die sowohl wissenschafts- als auch literaturtheoretisch im ganzen an der Oberfläche der Problematik blieben -,[43] scheint hingegen eine Grenze von Modernität zu ziehen. Einem Modernitätskriterium ‚*Reflexivität*'[44] würde der Historismus - gleich welcher Phase - nur eingeschränkt genügen. Freilich läßt sich auch die These wagen, daß eine gewisse theoretische Besinnungslosigkeit Voraussetzung für die Entstehung von moderner Historiographie war und insofern als Modernitätskriterium zu gelten hätte - zumindest in einer Konstellation, in der die Ausbildung einer tragfähigen Historio-Poetik auf verdeckterem Wege, z.B. durch ästhetische und literarische Studien, trotzdem erfolgt. Dafür spräche nicht allein die relative Erfolglosigkeit oder sogar Kontraproduktivität der geschichtstheoretischen Anstrengungen der Aufklärungshistoriker, sondern auch, daß eine ungeschützte und vorbehaltlose Reflexion der ästhetischen Grundlagen der Geschichtswissenschaft erst unter ‚postmodernen' Vorzeichen in Gang gekommen ist. In diesem Sinne muß wohl anerkannt werden, daß Theorielücken historiographiegeschichtlich ihr eigenes Recht haben.

2. Leistungen und Aufgaben

Die Verleihung des Nobelpreises für Literatur an Theodor Mommsen im Jahr 1902 ist immer wieder als sinnfälliger Ausdruck der von den Historisten

43 Vgl. Gervinus: Grundzüge der Historik (1837, jetzt in: Schriften zur Literatur, S. 49-103), Roscher: Klio (1842).

44 Auch diesem Modernitätskriterium entspricht nicht zufällig ein Strukturmerkmal goethezeitlicher Literatur, vgl. dazu kurz unten S. 313.

erreichten Literarizität der Geschichtsdarstellung interpretiert worden.[1] Die Geschichtsschreibung, zu Gatterers Zeiten noch weit und bei Schiller immerhin noch erkennbar hinter dem literarischen Erzählen zurück, schien dieses damit erreicht, wenn nicht gar überholt zu haben. Die strenge Alternative des 18. Jahrhunderts, ‚schön zu schreiben' oder wissenschaftlich-gewissenhaft darzustellen, schien nun endgültig überwunden: Die *Römische Geschichte* (1852-54) war ohne die von Mommsen geleisteten Vorarbeiten epigraphischer (*Inscriptiones regni Neapolitani Latinae* 1852, später: *Corpus Inscriptionum Latinarum*), numismatischer und rechtsgeschichtlicher Art undenkbar und deshalb auch forschungsgeschichtlich ein Meilenstein,[2] wenngleich das Werk selbst keine kritischen Erörterungen enthielt.

Als maßgebliche Initiatoren und Gestalter der historiographischen Entwicklung hin zu diesem Höhepunkt öffentlicher Anerkennung gelten seit langem Barthold Georg Niebuhr und Leopold von Ranke.[3] Niebuhr figuriert in dieser Deutung als derjenige, der mit seiner Anwendung der philologischen Textkritik auf die Traditionsquellen der frühen römischen Geschichte die Geschichtsschreibung methodisch auf neue Grundlagen stellte und ihr damit das bis heute herrschende methodenbezogene Wissenschaftsverständnis gab.[4] Seine *Römische Geschichte* blieb indes hinter den narrativen Ansprüchen des Historismus (die Niebuhr als einer der ersten vertrat) weit zurück: Sowohl das ‚Material' als auch den ‚roten Faden' seiner Darstellung lieferten jene altrömischen ‚Sagen', die er aus der Livianischen Prosa herauspräparierte, jeweils anschließend aber als weithin dichterische Erfindungen demontierte. Was er ausdrücklich anstrebte: die Neukonstituierung einer kritisch legitimierten Erzählung als eines besseren Ersatzes für die in ihrer Unzuverlässigkeit entlarvte Tradition,[5] gelang ihm nicht (schon weil er keine Quellen erschloß, die die literarischen hätten korrigieren können). Droysen bereits vermißte an der *Römischen Geschichte* die Konstruktion einer klaren Perspektive und

---

1 Vgl. Rüsen: Konfigurationen des Historismus, S. 115, 130; Mommsen: Römische Geschichte. Nobelpreis für Literatur 1902, mit der Verleihungsrede S. 15-20.

2 Vgl. Karl Christ: Theodor Mommsen und die ‚Römische Geschichte'. – In: Mommsen: Römische Geschichte Bd. 8, S. 7-66, hier S. 11, 29f., 36; ders.: Von Gibbon zu Rostovtzeff, S. 95, 101f., 106.

3 Vgl. Rüsen: ebd., S. 29f.; Blanke: Historiographiegeschichte, S. 210-212.

4 Vgl. Schnabel: Erfahrungswissenschaften, S. 53; Ulrich Muhlack: Von der philologischen zur historischen Methode. – In: Historische Methode, S. 154-180, bes. S. 174, der besonders nachdrücklich auf die philologische Methode als konstitutive Voraussetzung des wissenschaftlichen Historismus hingewiesen hat; Reimer Hansen: Die wissenschaftsgeschichtlichen Zusammenhänge der Entstehung und der Anfänge der modernen Geschichtswissenschaft. – In: Geschichtswissenschaft in Berlin, S. 3-44, hier S. 19-35. Maßgeblich ist jetzt die 600-seitige Studie von Walther: Niebuhrs Forschung.

5 Vgl. Niebuhr: Römische Geschichte Bd. 1, S. XXII (Vorrede zur ersten Ausg.).

konnte sie selbst als ein Muster der ,untersuchenden Darstellung' nicht vorbehaltlos akzeptieren.[6] Dem weit weniger radikalen Quellenkritiker Ranke kommt in jener Gründungsgeschichte des wissenschaftlichen Historismus deshalb die Rolle des Begründers einer „Geschichtschreibung großen Stiles"[7] zu. Tatsächlich diente die lange Reihe seiner Werke nicht zuletzt als ein Muster gelungener Historiographie, „which dominated historical scholarship well into the twentieth century."[8]

Spätestens seitdem die Geschichtswissenschaft des 18. Jahrhunderts und ihre historiographischen Versuche wiederentdeckt worden sind, sollten musterbildende Vorbildlichkeiten dieser Art aber nicht mehr als einsame Gründungsleistungen dargestellt werden können. Der Beitrag, den Historiker wie Niebuhr oder Ranke zur Entwicklung einer modernen Historiographie geleistet haben, muß vielmehr vor dem Hintergrund der ihrerzeit schon erreichten Lösungen und der noch zu lösenden Darstellungsprobleme gesehen werden.[9] Zweierlei ist deshalb methodisch unverzichtbar: der rekonstruktive Rückbezug auf den erreichten Stand der Geschichtsschreibung und die Untersuchung des historiographiegeschichtlichen Fort- oder auch Rückschritts auf einer problemgeschichtlichen Ebene. Eine detaillierte Rekonstruktion ganzer historiographischer Landschaften nach ihren vielen einzelnen Vertretern scheint derweil, jedenfalls beim derzeitigen Forschungsstand und zumal bei einer zeitlich notwendig ausgreifenden Studie wie dieser, nicht zu leisten und drohte deshalb den Überblick über die damalige Agenda der Historiographiegeschichte zu verlieren. Auf problemgeschichtlicher Ebene dagegen ist es möglich, erst 30 Jahre nach Schillers Geschichtsschreibung, bei Ranke, die Untersuchung fortzusetzen. Entscheidend dafür ist, daß von den historiographiegeschichtlich prinzipiell durchaus respek-

6 Vgl. Droysen: Historik (Ed. Leyh), S. 227.

7 Schnabel: Erfahrungswissenschaften, S. 109, 116. Die „Beylage" zu den *Geschichten der romanischen und germanischen Völker, Zur Kritik neuerer Geschichtschreiber*, führte die Kritik der Traditionsquellen der neueren Geschichte und damit die Erkenntnissicherheit der Historiographie auf eine neue Stufe (vgl. Ernst Schulin: Rankes Erstlingswerk oder Der Beginn der kritischen Geschichtsschreibung über die Neuzeit. – In: ders.: Traditionskritik, S. 44-64, hier S. 48-50). Als Darstellung und Forschungsleistung zugleich überzeugten die Kritik aber erst *Die römischen Päpste* (1834-36) (vgl. Stromeyer: Ranke, S. 52). – Zum institutionengeschichtlichen Aspekt der Durchsetzung von Rankes Modell vgl. Weber: Priester der Clio, S. 210-222.

8 Ranke: Theory and Practice, „Preface" von Georg G. Iggers und Konrad von Moltke, S. XI; vgl. auch Wegele: Geschichte, S. 3.

9 In seiner im übrigen gründlichen und intelligenten Untersuchung über Niebuhr verzichtet Walther darauf leider ganz. So hängen Urteile wie „N[iebuhr] begründet den ,Historismus', weil er Geschichte nicht mehr ontologisch definiert, sondern als Ergebnis einer erkenntnistheoretisch reflektierten, selbstreflexiven Operation – der ,Geschichtsforschung' – bestimmt", (S. 19) historiographiegeschichtlich eigentümlich in der Luft.

tablen und in ihrer Zeit anerkannten Historikern, die in der Zwischenzeit geschrieben haben, keiner die rezeptions- und problemgeschichtliche Bedeutung Rankes gewonnen hat. Dementsprechend sollen die folgenden Bemerkungen die behandelten Historiker nicht historiographiegeschichtlich ‚abhaken', sondern sicherstellen, daß meine Analyse nicht einen langfristig maßgeblichen Lösungsversuch übergeht.[10]

Ludwig Timotheus Spittler zunächst hätte, wäre eine strenge Chronologie zu wahren, bereits im Aufklärungskapitel behandelt werden müssen, denn seine üblicherweise besonders hervorgehobene *Geschichte Wirtembergs* erschien bereits 1783 und damit einige Jahre vor Schillers *Abfall der Vereinigten Niederlande.* Holger Reinitzhuber sieht durch Spittler sogar die Möglichkeit erwiesen, „eine gute Geschichtsdarstellung [...] mit den Prinzipien der pragmatisch-aufklärerischen Historiographie zu vereinbaren".[11] Tatsächlich setzten mit Spittler auch in Göttingen praktische Bemühungen um die Sprachgestalt der Geschichtsschreibung ein. Fraglich ist jedoch, ob der Historiker den geschichtswissenschaftlichen Pragmatismus überhaupt in dem prägnanten Sinn repräsentierte, wie er hier entwickelt worden ist. Wohl bezeichnet er sich selbst als „pragmatischen Geschichtschreiber", doch meidet er, soweit ich sehe, den für den Pragmatismus zentralen Systembegriff.[12] Ebenso fehlen, scheint es, geschichtstheoretische Schriften von ihm.[13] So aber belegt sein

10 Auf Niebuhr, Johannes von Müller und Heeren nicht detailliert einzugehen rechtfertigt sich schließlich dadurch, daß gerade zu diesen Historikern in den letzten Jahren gute bis sehr gute Spezialstudien erschienen sind. Nicht zuletzt ihre Ergebnisse sollen hier kurz in die Perspektive dieser Arbeit gerückt werden. Eine neue Monographie über Spittler gehört hingegen zu den den Desiderata der Forschung.

11 Reinitzhuber: Schillers „Geschichte des Dreißigjährigen Kriegs", S. 38. Die Zeitgenossen verglichen ihn mit Hume, Robertson und Gibbon (vgl. Peter Hans Reill: Ludwig Timotheus Spittler. - In: Deutsche Historiker Bd. 9, S. 42-60, hier S. 42). - Was hier nicht in Frage steht, sind die Fortschritte handbuchartiger Darstellung, die Spittler erzielt hat, indem er ihr durch leitende und strukturgebende Perspektiven den bisherigen enzyklopädischen Charakter nahm, vgl. Wegele: Geschichte, S. 884f., über den *Entwurf der Geschichte der europäischen Staaten* (1793-94).

12 Spittler: Geschichte Wirtembergs - SW 5, S. 201. Dementsprechend ist die Erzählung Spittlers Form der Erklärung: So wird beispielsweise die Antwort auf die Frage, warum gerade die Württemberger Grafen aufstiegen und nicht ihre Nachbarn, nicht mit einer Ursache-Wirkung-Relation beantwortet, sondern indem der Historiker erzählt, daß die Rivalen Klöster in ihrer Umgebung reich beschenkt hätten, die Württemberger jedoch nicht (vgl. SW 5, S. 211). ‚Pragmatisch' meint für Spittler ‚auf das „Wesentliche", d.h. für den Zusammenhang des geschichtlichen Prozesses „Bedeutsame" konzentriert'; Gegenbegriff ist ‚antiquarisch', d.h.: auf die einzelnen Umstände um ihrer selbst willen ausgerichtet (SW 5, S. 276).

13 Ich formuliere hier ein wenig umständlich, weil ich nicht jede Seite der fünfzehnbändigen (und keineswegs vollständigen) Werkausgabe durchgehen konnte. Von einer Geschichtstheorie im Sinne der älteren Göttinger ist aber auch in der Forschung nirgends die Rede. Auch in die Edition *Theoretiker der deutschen Aufklärungshistorie* ist nichts von

historiographisches Werk nicht die Vereinbarkeit von pragmatischer Aufklärungshistorie und erzählender Geschichtsschreibung, sondern es bestätigt die oben theoretisch und empirisch dargelegte Inkompatibilität beider. In zweierlei Hinsicht tat Spittler ohnehin bloß einen ersten Schritt hin zu einer modern-narrativen Geschichtswissenschaft. Zum ersten beruhte, letztlich wie bei Schiller, der erzielte Darstellungsfortschritt auf einem Überspringen der kritischen Vorarbeit. Um noch einmal die *Geschichte Wirtembergs* vorzunehmen: Als Gelehrter einer ‚ausländischen' Universität konnte Spittler sein Quellenmaterial nicht den Landesarchiven entnehmen, sondern war auf die 18 Quartbände der *Geschichte des Herzogtums Wirtemberg* (1764-83) des herzoglichen Archivars Christian Friedrich Sattler angewiesen.[14] Hier wirkte, über die Ungunst der Umstände hinaus, nach wie vor die mehrfach thematisierte institutionelle Aufspaltung der geschichtswissenschaftlichen Tätigkeit in der Aufklärungshistorie: Da die „Nachrichten" in „einer längst gewünschten Vollständigkeit" gesammelt waren, ließ sich nun, so Spittler, „eine *Geschichte*" schreiben.[15] Zum zweiten führen die Werke des Göttinger Historikers in weiten Teilen vor, daß gefällig zu schreiben und Narratisierung prinzipiell etwas Verschiedenes sind. Was Spittler auf eine zu Beginn der 1780er Jahre einzigartige Weise leistete, ist, seine Leser in die Szenerie des historischen Geschehens wie ein Romanerzähler einzuführen, den Quellen soviel ‚malerische' Details wie möglich abzugewinnen und im Plauderton Quellenprobleme zu erörtern[16]; kurz: er näherte „seine Sprache dem Ton der gesellschaftlichen Konversation an"[17]. Daß eine solche Literarisierung jedoch äußerlich blieb, kann zumal eine der „Perlen"[18] seines Œuvres zeigen, die kurze Studie „Kurfürst Friedrich der Siegreiche von der Pfalz und Klara Dettin von Augsburg" (1788). Mit einigem rhetorischen Aufwand ist diese Erzählung von den pfälzischen Kurfürsten in der zweiten Hälfte des 15. Jahrhunderts als über zwei Generationen sich hinziehender Familienzwist angelegt. Zu einem Kampf um die Kurfürstenwürde kommt es indes nicht, weil Friedrich, der begabtere, aber jüngere Bruder, so edel ist und allein den Vorteil des Landes im Auge hat.[19] Was als Brüderkonkurrenz begann, setzt sich unter Vettern als Mißverhältnis von Befähigung und Legitimität fort, da Friedrich mit der ‚Sängerin'

Spittler aufgenommen.

14 Vgl. Spittler: SW 5, S. 193; Grolle: Landesgeschichte, S. 101.

15 Spittler: ebd.

16 Vgl. SW 5, S. 202, 205; SW 11, S. 103f., 127-132.

17 Henel: Entwicklung, S. 33; vgl. Reinitzhuber: Schillers „Geschichte des Dreißigjährigen Kriegs", S. 40.

18 Wegele: Geschichte, S. 879; vgl. Reinitzhuber: ebd., S. 73.

19 Vgl. SW 11, S. 106f.

Klara Dettin zwei Söhne zeugt. Ein signifikanter ,Plot' ist also vorhanden – Spittler selbst nennt jene Liebe über Standesgrenzen hinweg „gar zu romanhaft"[20] –, doch trägt er nicht zu einer *historischen* Sinnbildung bei, denn die solcherart verfabelten Begebenheiten bleiben politisch und historisch eigentümlich folgenlos.[21] Dementsprechend wirbt Spittler stilistisch angestrengt vor allem für ein ,menschliches' Interesse an seinem Gegenstand.

Ebenfalls einem Narratisierungsproblem, wenngleich anderer Art, entsprang das historiographische Dilemma Johannes von Müllers, wie Michael Gottlob es vor kurzem überzeugend dargelegt hat:[22] Nicht zuletzt unter dem Einfluß Herders hatte der Schüler Schlözers und Gatterers sich vom Pragmatismus distanziert, doch gelang es ihm nicht, seinen literarischen Stilwillen und sein an transzendente Bezüge geknüpftes Sinnvertrauen narrativ miteinander zu vermitteln. Rhetorische Form und ideeller ,Gehalt' fielen sowohl in den beiden Schweizergeschichten (1780 und 1786-1808) als auch in seiner Weltgeschichte (posthum 1810) auseinander. Der erreichten Anschaulichkeit wegen kann Müllers Geschichtsschreibung als Einlösung von Gatterers ,Evidenz'-Programm angesehen werden,[23] doch blieben die Dualismen der Aufklärungshistorie und -poetik prägend für sie. Der ,Sinn' eines historischen Geschehens konstituiert sich nicht aus dem „inneren Zusammenhang der Begebenheiten"; vielmehr resultiert er aus der Erhebung einzelner Protagonisten zu Helden oder einer „Rückführung der einzelnen Ereignisse auf den Plan Gottes"[24]. Sprachliche Gestaltung begreift Müller nicht in ihrer produktiv-erkenntniskonstitutiven Bedeutung; als rhetorische Formung muß sie vielmehr in einer wirkungsorientiert instrumentellen Funktion verharren. Deshalb sah Niebuhr bei Müller eine „beispiellose Anhäufung von factischen Notizen, als ein zahlloses Einerlei", und ,gemachte' Urteile ohne innere Verbindung nebeneinander stehen, so daß beides zweifelhaft werde.[25] Dem-

---

20 Ebd., S. 107.

21 Symptomatisch dafür ist, daß die nachträglich legitimierte Nebenlinie erst 200 Jahre später zum ersten Mal überhaupt Anlauf nimmt, Erbrechte geltend zu machen (vgl. ebd., S. 125).

22 Gottlob: Geschichtsschreibung, S. 67-204. Michael Gottlobs geschichtstheoretisch ebenso wie ästhetisch sensible Arbeit bildet nicht nur eine wertvolle Ergänzung der meinigen – da sie sich auf zwei Historiker ,zwischen' Aufklärungshistorie und Historismus konzentriert, die ich nur ganz am Rande behandle –, sondern stützt, so wie sie die Geschichtsschreibung Müllers und Schlossers zwischen die Darstellungsprobleme der Aufklärungshistorie und deren Lösungen durch die Historisten spannt, überhaupt meine Interpretation der Historiographiegeschichte im Übergang vom 18. zum 19. Jahrhundert, ja hat sie in wichtigen Punkten angeregt.

23 Vgl. ebd., S. 99.

24 Ebd., S. 175.

25 An Heusler, 6. 3. 1812 – Lebensnachrichten Bd. 1, S. 513.

selben Darstellungsproblem begegneten wir bereits bei Schiller; Müller hat es weniger gelöst als sich weiter in es verstrickt.[26] Der Beifall der Romantiker für sein vermeintlich ‚poetisches' Interesse für das Partikulare stellt sich näherer Betrachtung denn auch als Rezeptionsirrtum dar.[27]

Das Kardinalproblem von Müllers Historiographie blieb bis ins zweite Viertel des 19. Jahrhunderts unzureichend gelöst: Noch Friedrich Christoph Schlosser, dessen Hauptwerk, die *Geschichte des achtzehnten Jahrhunderts*, in erster Auflage nur ein Jahr vor Rankes *Geschichten* erschien, verfehlte „letztlich die für den Historismus typische narrative Sinnkonstitution."[28]

> Die Erzählung des Geschehens gelangte [...] nicht über einen annalistischen Diskurs hinaus, während die Wertbeurteilung dann als eine nachträglich hinzugefügte Subsumtion der zuvor dargestellten Begebenheiten unter allgemeine Gesetze erschien. Wie in der pragmatischen Historie blieben Quellenforschung und Urteilsbildung ohne innere Verbindung.

Daß nach den von Ranke u.a. aufgestellten Maßstäben damit gleich zwei Ziele – Gestaltung und Deutung der dargestellten Geschichte – verfehlt waren, wurde schon in der zeitgenössischen Kritik geäußert: Nicht eine in Kauf zu nehmende Konsequenz von Forschungsarbeit sei die „Formlosigkeit" von Schlossers Geschichtsschreibung, sondern ein Resultat des Verzichts, „Gedankenbeziehungen" zwischen den ‚aufgehäuften' Einzelheiten zu knüpfen.[29]

Im Ringen mit der historiographischen Tradition zeigt sich auch die Geschichtsschreibung Arnold Hermann Ludwig Heerens. Wohl ist er unter den Göttingern Historikern derjenige, der programmatisch dem ‚Historismus' am weitesten vorgearbeitet hat: Anders als seine Göttinger Vorgänger geht er nicht mehr von einer Arbeitsteilung zwischen ‚Quellenforscher' und Geschichtsschreiber aus.[30] Und die Leitbegriffe seiner Erkenntnis- und materialen Geschichtstheorie übernimmt er in wesentlichen Teilen von Herder und Humboldt, so daß der für den Pragmatismus typischen mechanistischen Metaphorik nur noch die Stellung eines terminologischen Relikts zukommt.[31]

---

26 Einen direkten, auf das Narratisierungsproblem zentrierten Vergleich zwischen Schiller und Müller unternimmt Gottlob in seinem Beitrag zum Steinheimer Schiller-Kolloquium von 1993.

27 Vgl. Gottlob: Geschichtsschreibung, S. 152f., 178f. Zu den Konjunkturen im Urteil über die Darstellungstechnik Müllers um 1800 vgl. Ryser: Müller, S. 84-105, 138-141.

28 Gottlob: Geschichtsschreibung, S. 26. Das folgende Zitat ebd., S. 314.

29 [Loebell:] Briefe über den Nekrolog Schlossers, S. 41.

30 Vgl. Becker-Schaum: Heeren, S. 194.

31 Vgl. ebd., S. 76, 105f., 116, 199, 202, 247, 293, 298; Heeren: Andenken an Deutsche Historiker aus den letzten funfzig Jahren – HW 6, S. 430-552, hier S. 436-440. Humboldts Akademierede erklärt Heeren hier (S. 440) für ihm „wie aus dem Innersten geschrieben". Vgl. die Vorrede zum *Handbuch der Geschichte des Europäischen Staatensystems* (EA 1809 –

Seiner geistigen Physiognomie und Herkunft nach, so wie sie jetzt Christoph Becker-Schaum aufgrund neuerschlossenen Materials zeichnet, war Heeren kein Vertreter mehr der pragmatistischen Aufklärungshistorie. Bezeichnenderweise hat er während seines Göttinger Studiums (1779-84) weder bei Gatterer noch bei Schlözer noch bei Pütter gehört.[32] Sein wichtigster Lehrer war vielmehr der Philologe Christian Gottlob Heyne, und selbst Spittler, seinen Mentor in der politischen Geschichte, erkannte er nur eingeschränkt als historiographisch vorbildlich an.[33] Allen der Ausbildung einer modernen Geschichtsschreibung hinderlichen Traditionen der Aufklärungshistorie entkam Heeren jedoch nicht: Sein Hauptwerk, die *Ideen über die Politik, den Verkehr und den Handel der vornehmsten Völker der alten Welt* (1793-1826), stellt letztlich eine Sammlung all dessen dar, „was man von den geographischen und politischen, religiösen und wissenschaftlichen Einrichtungen und Verhältnissen der genannten [mittelmeerischen und orientalischen, D.F.] Völker während der Zeit des klassischen Griechenlands von vor den Perserkriegen bis auf Alexander wissen sollte zum Verständnis der klassischen griechischen Literatur."[34] Heeren zeigt sich hier noch in der ‚Realphilologie' sowie „in der universalhistorischen Kulturgeschichtsschreibung der Aufklärung verwurzelt". Eine Synthetisierung von Quellenkritik und narrativer Darstellung, wie sie Ranke in seinen (national)geschichtlichen Monographien gelang, war auf dieser Grundlage allenfalls punktuell möglich. Heerens Bemühungen, der alten Geschichte durch die Kritik der antiken Historiker sukzessive eine ‚sichere' Grundlage zu verschaffen, stehen deshalb „isoliert" neben diesem tendenziell enzyklopädischen Werk.[35] So konnte dieser „erste deutsche Historiker von Weltruf" zur Zielscheibe einer scharf polemischen Kritik der nächsten Historikergeneration werden, die sowohl seine Quellenkritik und ihre Funktion für die Gewinnung historischen Wissens als auch dessen konzeptionelle Bewältigung und letztlich Präsentation nicht mehr gelten

---

HW 8, bes. S. VIIIf.).

32 Vgl. Becker-Schaum: Heeren, S. 32, sowie Heerens Kritik an Schlözers Konzept einer Weltgeschichte: Andenken an Deutsche Historiker – HW 6, S. 504-506.

33 Vgl. Becker-Schaum: Heeren, S. 35; Heeren: ebd. – HW 6, S. 532f.

34 Becker-Schaum: Heeren, S. 294f. (das folgende Zitat ebd., S. 299). Vgl. Blanke: Verfassungen, S. 147. Zur in den Neuauflagen zunehmend kumulativen Textstruktur auch des *Handbuchs der Geschichte des Europäischen Staatensystems* vgl. Becker-Schaum: Heeren, S. 237.

35 Blanke: Verfassungen, S. 155, und ders.: Die Kritik der Alexanderhistoriker, S. 114 (paradigmatisch gegenübergestellt der Integration von Quellenkritik und Darstellung bei Droysen, ebd., S. 119-123).

lassen wollte und somit Anspruch auf einen historiographiegeschichtlichen Einschnitt anmeldete.[36]

Gehen wir noch einmal auf die Ergebnisse des Aufklärungskapitels zurück, so waren es hauptsächlich folgende geschichtstheoretische und historiographische Probleme, die der Pragmatismus nicht zu lösen vermochte:

- eine szientistische, systembezogenen Wissenschaftstheorie,
- die fragmentiert-rhetorische Fundamentalstruktur der pragmatistischen Historik,
- eine Auffassung von historiographischer Darstellung als Abbildung von Vergangenheit,
- die fehlende Operationalisierung der bei Chladenius auf geschichtstheoretischer Ebene schon erkannten Perspektivität jeder Geschichtsauffassung als (darstellungs)leitende Fragestellungen,
- die Ablehnung des Erzählens als einer autoexplikativen Mikrostruktur des historiographischen Textes,
- die fehlende Verfabelung des historischen Geschehens sowie
- eine auch die Dimensionierung historiographischer Texte bestimmende Orientierung auf ‚Universalgeschichte'.

Bei Herder als Geschichtstheoretiker und Schiller auch als Historiographiepraktiker dagegen konnte eine weitgehende Überwindung dieser Hindernisse für eine moderne Geschichtsschreibung festgestellt werden. Auch die soeben kurz besprochenen Historiker haben den strengen Pragmatismus überwiegend hinter sich gelassen. Deswegen war die historiographische Bahn für einen Ranke aber keineswegs frei. Zum ersten vollzieht sich der historiographiegeschichtliche Prozeß nicht linear; den schon erreichten Diskussionsstand muß sich ein Historiker jeweils aufs neue erarbeiten. Gerade Ranke beschäftigte sich überraschend wenig oder spät mit dem, was in Theorie und Konzeption seiner (künftigen) Wissenschaft am Ende des jüngst vergangenen Jahrhunderts erörtert worden war.[37] Daß sich Geistesgeschichte ‚diskontinuierlich' vollziehen kann,[38] scheint sich zumal für diese wichtige Phase des Übergangs von der Aufklärungshistorie zum Historismus zu bestätigen. Deshalb ist im folgenden nicht nur nach Rankes Antworten auf die von Herder, Schiller usw. nicht beantworteten Fragen zu suchen, sondern auch nach seinen Lösungsansätzen in einigen von jenen schon geklärten Punkten.

---

36 Vgl. Blanke: Verfassungen, S. 154-156 (über die Rezensionen Niebuhrs, 1813, und Gervinus', 1832). Das Zitat ebd., S. 143.

37 Gut dagegen kannte er die Historiographie des 18. Jahrhunderts, vgl. dazu die Literaturbesprechungen in den Vorlesungseinleitungen, z.B. WuN 4, S. 113f., 171-176.

38 Vgl. Foucault: Archäologie des Wissens, S. 17f.

Nur ansatzweise gelöst hatte Schiller vor allem das Problem der Vermittlung von historischem Geschehen und historiographischem Sinn. Es bildet wohl den Kern moderner Geschichtsschreibung, weil dort die Erzählung jene Vermittlung zu leisten antritt. Die Erzählung kann einen ‚geschichtlichen' Sinn zum einen durch die Interpretationsleistung ihres Plots artikulieren, und sie gibt zum anderen ihrem Erzähler Raum, zusätzliche sinnstiftende Kommentare abzugeben, die sich zumeist auf eine Metaebene des Geschehens beziehen.[39] Ersteres verknüpft Geschehen und Sinn ganz auf der ‚syntagmatischen' Achse; explizite Deutungen sind hier im Prinzip nicht vonnöten, ja sie entfernten die Interpretationsleistung der historiographischen Erzählung von ihrem Vorbild, dem literarischen ‚emplotment'. Diese, die immanenteste Form der Sinnbildung leistet die Verfabelung des historischen Geschehens. Die zweite Variante ist dagegen – Rankes Urteil über Schiller zeigte es, und die historistische Rezeption eines Müller oder Schlosser erweist dasselbe[40] – stets in der Gefahr, subjektiver und willkürlicher oder aprioristisch geschichtsphilosophischer Prädikationen des ‚wirklichen' Geschehens verdächtigt zu werden. Diese Art der Sinnbildung birgt vor dem Hintergrund der traditionellen und auch der historistischen Objektivitätsverpflichtung des Historikers die Schwierigkeit, ihre ‚paradigmatische' Verknüpfung historischer Entitäten mit einer Sinnquelle nicht als Konstruktion des Historikers erscheinen zu lassen. Während eine weitreichende und sinnfällige Verfabelung des historischen Geschehens also unerreicht war zum Beginn des 19. Jahrhunderts und deshalb elementare Durchführungsprobleme stellte, verlor die ‚leichtere' Alternative immer mehr an geschichtswissenschaftlichem Wert – erst recht, seitdem die Historiker sich der Überlegenheitsansprüche der Hegelschen Geschichtsphilosophie zu erwehren hatten.

Daß Ranke trotz ‚philologischer' Diskontinuität sehr präzise auf diese Problemkonstellation reagierte, legte wohl den Grund für seinen herausragenden historiographischen Erfolg. „Viel Räsonnement", d.h. Sinnprädikationen, die nicht aus dem historischen Gegenstand selbst anscheinend hervorgehen, lehnte er in einer Auseinandersetzung mit dem Hegelianer Heinrich Leo ab, für sich den Versuch reklamierend, „das Allgemeine unmittelbar und ohne langen Umschweif durch das Besondere darzustellen. [...] In und mit dem Ereigniß habe ich den Gang und Geist desselben darzustellen gesucht".[41] Und in der Vorlesungseinleitung „Idee der Universalhistorie" zeigt er sich als perfekter Narrativist: „Wo die Ereignisse selber reden, wo die reine

39 Vgl. dazu oben S. 97ff.

40 Vgl. Gottlob: Geschichtsschreibung, S. 309f., 314f.

41 Ranke: Erwiederung auf Heinrich Leo's Angriff (Frühling 1828) – SW 53/54, S. 664f.

Zusammenstellung den Zusammenhang kundgibt, ist es nicht notw[endig], viele Worte von dems[elben] zu machen."[42] Sowohl das Prozessuale und die Kohärenz einer Ereignisfolge als auch ihren ‚Gehalt' möchte Ranke also ganz immanent erfaßbar machen. Möglich scheint ihm, was er als Verzicht auf alle transhistorischen Interpretate versteht, da das Faktische selbst einen ideellen Anteil habe, den es induktiv zu erfassen gelte, genauer: anzuschauen, was den Anspruch auf ‚objektive' Erkenntnis noch deutlicher formuliert. Die ‚Wahrheit' sei Teil der ‚Wirklichkeit'; „das Real-Geistige [...] läßt sich von keinem höheren Prinzip ableiten."[43] Damit ist eine ‚paradigmatische' Sinnbildung nicht ausgeschlossen; Rankes Ontologie und Erkenntnistheorie befreien sie vielmehr von dem Ruch einer aprioristischen Konstruktion: „Aus dem Besonderen kannst du wohl bedachtsam und kühn zu dem Allgemeinen aufsteigen; aus der allgemeinen Theorie gibt es keinen Weg zur Anschauung des Besonderen." Als Sinnbildungsinstrument gab Ranke dieser Idealisierung der (vergangenen) Wirklichkeit sogar den Vorzug vor der konsequenten Verfabelung einer zu erzählenden Geschichte. ‚Induktion'[44] ist für ihn der wichtigere Gegenbegriff zur ‚philosophischen' Deduktion als ‚Narration'.

Daß sich bei Ranke die narrative Darstellungsform durchsetzte, darf deshalb nicht verwechselt werden mit einer perfekten Erfüllung des narrativistischen Historiographiemodells. Auch über die historistische Geschichtsschreibung eine *Problem*geschichte zu schreiben heißt freilich nicht, anachronistisch eine Theorie-Praxis-Differenz zu beklagen, sondern auf die Aporien auch der historistischen Lösungsversuche aufmerksam zu machen. Entwikkeln möchte ich Rankes Fortsetzung von Schillers Ästhetisierung der Geschichtsschreibung im Ausgang von seinen ästhetischen, literarischen, philosophischen und historiographischen Studien der Schüler-, Studenten- und Lehramtszeit. In ihnen wird auf frappierende Weise deutlich, wie sich die Entstehung der modernen Geschichtsschreibung in zentralen Punkten in einer Adaption literarischer Techniken und vor allem Prinzipien vollzog (B.). Rankes Historiographie von den *Geschichten der romanischen und germanischen Völker* bis zu den *Römischen Päpsten* kann daher als eine Versuchsreihe gelesen werden, in der ästhetische Impulse und wissenschaftliche Interessen in einer synergetischen Weise immer mehr zur Deckung gelangten (C. 1.-3.). Nahe liegt sodann die Frage nach der Rolle des gleichzeitig sich neu formierenden historischen Romans in diesem Prozeß, doch erscheint diese Gattungs-

42 WuN 4, S. 80.

43 Politisches Gespräch (1836) – Ranke: Geschichte und Politik, S. 94. Das folgende Zitat ebd.

44 Zu Rankes Gebrauch dieses Begriffs vgl. Idee der Universalhistorie – WuN 4, S. 83; zur Kritik dieses Gebrauchs Zemlin: Geschichte, S. 280-282.

Nachbarschaft als sekundär (C. 4.-5.). Auf der Ebene der theoretischen Begründung von Geschichtswissenschaft im Historismus läßt sich schließlich ein äquivalentes genetisches Verhältnis von moderner Geschichtswissenschaft und goethezeitlicher Ästhetik rekonstruieren: Vermittelt zumal durch Humboldts Sprachphilosophie bildete letztere das Fundament auch von Droysens *Historik* (D.). Zunächst allerdings wird mit der ‚Ideenlehre' ein wesentliches Strukturelement des historistischen Geschichtsdenkens rekapituliert, das auch historiographietechnisch eine eminente Bedeutung erlangte (A. 3.). Das Funktionieren der Ideenlehre ihrer Genese voranzustellen dient dabei dazu, eine Zielperspektive für die folgenden Untersuchungen zu gewinnen.

3. Funktionen der Ideenlehre

Die geschichtstheoretische Grundlage der intendiert induktiven Idealisierung von Geschichte wird herkömmlich als ‚historische Ideenlehre'[1] bezeichnet. Sie bildete den Kern der historistischen Interpretation von Vergangenheit und konstituierte nicht nur den kulturellen Anspruch des Historismus, sondern prägte und ermöglichte z.T. sogar erst dessen Geschichtsschreibung. ‚Ideen' beherrschen sowohl die ‚paradigmatische' als auch die ‚syntagmatische' Sinnbildung. Sie stellen eine Form der (‚paradigmatischen') Semantisierung von ‚Tatsachen' dar, die immer auch auf einen im Prozeß der Geschichte beschlossenen (und deshalb ‚syntagmatischen') Sinn verweist. Denn die „geistigen Triebkräfte" vergangenen Geschehens, die dessen ‚höhere', ideelle und transhistorische, Bedeutung ausmachen, stehen selbst in einem Veränderungsprozeß, der sich in der Zeit vollzieht. Nicht abgelöst und selbständig,[2] aber

1 Vgl. Rüsen: Konfigurationen, S. 106f. Die umfassendste Geschichte der Ideenlehre bietet immer noch Goldfriedrich: Historische Ideenlehre. Goldfriedrichs Distanz zum idealistischen Historismus ermöglichte es ihm, auch die Forschung wie Darstellung *erleichternde* Funktion der Ideenlehre zu sehen. Als neuere ausführliche Darstellung der Historischen Ideenlehre bei Ranke, Humboldt, Droysen und Burckhardt vgl. Hardtwig: Geschichtsschreibung, S. 70-95. - Vorsichtiger und differenzierender, als das in einer auf Großparadigmen gerichteten Betrachtungsweise üblich ist, müßte wohl über die Geltung der Ideenlehre im Historismus des 20. Jahrhunderts gesprochen werden (Rüsen: ebd., geht zwar von Ranke und Droysen aus, spricht aber durchgängig von ‚dem Historismus'; für Schleier: Leistungen und Grenzen, S. 138, ist „die Ideenlehre" sogar ausdrücklich „bis in die Mitte des 20. Jahrhunderts ein grundlegendes Element geblieben").

2 Vgl. Ranke: Über die Epochen der neueren Geschichte - WuN 2, S. 64f. Begründung und Ausprägung der Ideenlehre bei Droysen unterscheiden sich nicht ganz unwesentlich von der bei Ranke, bedingt vor allem durch des Jüngeren Bemühen, neben und vor der idealistischen Begründung seiner Geschichtstheorie eine erkenntnistheoretische oder anthropologische zu leisten (zu dieser Begründungskonkurrenz vgl. unten S. 420, Anm. 4). Unter anthropologischen Vorzeichen ist die geschichtstheoretische Brisanz der ‚Ideen'

doch die Inkohärenz und ‚Unsinnigkeit' menschlichen Handelns transzendierend, konstituieren sie jenen Zusammenhang menschlicher Vergangenheit mit der Gegenwart, der jene für diese überhaupt erst zu einem Bildungsmittel im neuhumanistischen Sinne macht. Sie bilden ein in sich geschichtliches und insofern modernes Normensystem aus, wenngleich ihre idealistische Begründung als für sich genommen ‚amodernes' bzw. nur in einem dialektischen Sinne ‚modernes' Konstituens des Historismus verstanden werden muß. So ist die sinngefährdende Konkurrenz von Historizität und Normativität, die in ihrer ungeschichtlichen Variante ‚Kausalität vs. Normativität' den Pragmatismus sprengte, im idealistischen Kern des klassischen Historismus stillgestellt. Diese von der Ideenlehre geleistete ‚coincidentia oppositorum' aber ist hauptverantwortlich sowohl für das geschlossene Ansehen als auch für den partiellen Reflexionsverlust der historistischen Geschichtsschreibung.

Auf die paradigmatisch-syntagmatische Doppelgesichtigkeit der Ideenlehre lassen sich eine ganze Reihe von Charakteristika der historistischen Geschichtstheorie zurückführen. Daß „jede Epoche ihre besondere Tendenz und ihr eigenes Ideal hat", macht ihre Individualität und Inkommensurabilität aus.[3] Die Betrachtung, „was aus ihr hervorging", enthüllt gleichwohl einen Zusammenhang der Geschichte, ja „die innere Notwendigkeit der Aufeinanderfolge" der Epochen.[4] Wie Ranke die in der Geschichte wirkenden Ideen versteht, das verschafft ihnen eine innere Geschichtlichkeit:

> Denn die Ideen, durch welche menschliche Zustände begründet werden, enthalten das Göttliche und Ewige, aus dem sie quellen, doch niemals vollständig in sich. Eine Zeitlang sind sie wohltätig, Leben gebend; neue Schöpfungen gehn unter ihrem Odem hervor. Allein auf Erden kommt nichts zu einem reinen und vollkommenen Dasein: darum ist auch nichts unsterblich. Wenn die Zeit erfüllt ist, erheben sich aus dem Verfallenen Bestrebungen von weiter reichendem geistigen Inhalt, die es vollends zersprengen.[5]

---

dadurch zurückgenommen, daß sie als Formen, „in denen sich die Geistnatur des Menschen ihrem Wesen nach bewegt", die Immanenz des Geschichtlichen nicht transzendieren (Droysen: Historik [Ed. Leyh], S. 17). Außerdem tritt die Kontinuität der Geschichte nicht allein in diesen ‚Ideen', sondern auch in ihrem phänomenalen Ausdruck, den ‚sittlichen Mächten', zutage (vgl. ebd., S. 433). Selbst idealistisch konzipiert, stimmen Droysens ‚Ideen' nicht mit Rankes überein, denn sie sind eindeutig ‚historisch' gedacht: „Ihre Entfaltung ist das Werden und Wachsen der Geschichte, die Geschichte ist das fortschreitende Werden und Wachsen der Ideen." (ebd., S. 201) Die Auswirkungen all dessen auf die historiographische Funktion der Ideenlehre scheinen freilich nicht so groß, daß die Darstellung hier sich nicht auf Ranke konzentrieren könnte.

3 Ranke: ebd., S. 61.

4 Ebd., S. 62.

5 Deutsche Geschichte im Zeitalter der Reformation – GA 7, 1, S. 55. Auf diese Weise werden sogar Staaten in ihrem „ursprünglichen Leben" als „Gedanken Gottes" interpretierbar, „denn die Idee ist göttlichen Ursprungs" (Politisches Gespräch – Geschichte

‚Ideen' sind ‚paradigmatisch' so zwischen ewigem Ursprung und endlicher Realisierung eingespannt, daß der Vermittlungscharakter dieses Verhältnisses Sinnwerte schafft und überdies die Unmöglichkeit, ihr Streben zu befriedigen, die ‚syntagmatische' oder Prozeß-Struktur auch der ‚geistigen' oder ‚ideellen' Geschichte konstituiert. Es braucht die Ablösung und Abfolge der ‚Ideen' im Lauf der Geschichte, weil ihr ganzer Wert allein im Ganzen beschlossen liegt, nicht im Endergebnis, aber in der Summe.[6] Umgekehrt – und das verkettet die Ideenlehre mit der historisch-genetischen Methode – ist das Lebensprinzip, die ‚Idee', eines geschichtlichen Phänomens „nur in der Entwicklung der Dinge", also in der Geschichte der Durchsetzung jener ‚Idee', zu entdecken bzw. dort „durch annähernde Erkenntniß von fern" zu ‚erblicken'.[7]

Auf die sinnkontrollierende und -stiftende Funktion von Ideen, die dem historischen Geschehen inhärent scheinen, wurde oben schon im Zusammenhang mit der in ihrer Konsequenz normneutralen bis nihilistischen Wirklichkeitsauffassung des Pragmatismus hingewiesen. In der Tat ermöglichte es die Ideenlehre den historistischen Historikern, aus dem krudesten Geschehen noch etwas ‚Positives' herauszulesen: „Denn unendlich falsch wäre es, in den Kämpfen historischer Mächte nur das Wirken brutaler Kräfte zu suchen und somit einzig das Vergehende der Erscheinungen zu erfassen: kein Staat hat jemals bestanden ohne eine geistige Grundlage und einen geistigen Inhalt."[8] Nachidealistisch betrachtet, schob die Ideenlehre dem Historismus geradezu eine dualistische Wirklichkeitsauffassung unter, wobei als Kern der Geschichte das galt, was sich wissenschaftlich nicht erfassen läßt:

> In der Macht an sich erscheint ein geistiges Wesen, ein ursprünglicher Genius, der sein eigenes Leben hat, mehr oder minder eigentümlich Bedingungen erfüllt und sich einen Wirkungskreis bildet. Das Geschäft der Historie ist die Wahrnehmung dieses

---

und Politik, S. 99). – Ranke begreift die Entwicklung alles Lebendigen hin zu seinem „Ideal" in jener Weise entelechisch, die die optimistisch-idealistische Leibnizinterpretation der deutschen Spätaufklärung begründet hatte (vgl. Politisches Gespräch – Geschichte und Politik, S. 111; Kondylis: Die Aufklärung, S. 584-587). Der Entelechie-Gedanke (vgl. Tgbb. Nr. 499 – WuN 1, S. 493f.), stellt mithin die philosophische Verbindung der Rankeschen Geschichtsauffassung zum Herderschen Monismus her.

6 Vgl. Ranke: ebd. – GA 7, 4, S. 3: „eben darum folgen die Zeiten auf einander, damit in *allen* geschehe, was in keiner einzelnen möglich ist, damit die ganze Fülle des dem menschlichen Geschlechte von der Gottheit eingehauchten geistigen Lebens in der Reihe der Jahrhunderte zu Tage komme." Vgl. ähnlich: Über die Epochen der neueren Geschichte – WuN 2, S. 67.

7 Zitate nach Ernst Schulin: Rankes Erstlingswerk oder Der Beginn der kritischen Geschichtsschreibung über die Neuzeit. – In: ders.: Traditionskritik, S. 44-64, hier S. 59, aus einer früheren Fassung des Venedig-Kapitels der *Geschichten*.

8 Ranke: Idee der Universalhistorie – WuN 4, S. 89.

> Lebens, welches sich nicht durch Einen Gedanken, Ein Wort bezeichnen läßt; der in der Welt erscheinende Geist ist nicht so begriffsgemäßer Natur.[9]

Problemgeschichtlich aber darf man in diesem sinngarantierenden Dualismus und Rankes Kontrollen abwehrendem Begriffsverzicht eine direkte Antwort sehen auf den sinngefährdenden Kausalismus des pragmatistischen Geschichtsverständnisses und die begriffliche Direktheit der pragmatischen Historik.

Für die disziplinäre Selbständigkeit war es freilich unabdingbar, daß, was auf diese Weise - auch methodologisch - als Dualismus erscheint, nicht als eine apriorische Konstruktion von Geschichte verstanden werden konnte, wie Ranke sie der Philosophie, besonders Fichte und Hegel, vorwarf. Sah er sich veranlaßt, die Geschichtswissenschaft als eine eigenständige Disziplin zu verteidigen, die sich durch ihre empirische Methode definiert, so schränkt er die Selbständigkeit der Idee ein. Dann möchte er „die leitenden Ideen nicht anders bezeichnen, als daß sie die herrschenden Tendenzen in jedem Jahrhundert sind."[10] ‚Idee' wird dann zur Chiffre für einen besonders in Auge fallenden Veränderungsprozeß innerhalb eines bestimmten Zeitraums, stellt also lediglich eine Abbreviatur für ein komplexes, aber ganz immanentes Geschehen dar. Wenn Ranke auch jetzt daran festhält, das diese Tendenzen „nur beschrieben, nicht aber in letzter Instanz in einem Begriff summiert werden" können,[11] wird letzteres nur noch durch deren Komplexität verhindert. Da er die zurückgewiesene begriffliche Zuspitzung sehr oft doch vornimmt, hat dieses Verständnis von Idee eine große darstellungspraktische, genauer: -ökonomische Bedeutung: ‚Idee' „wird ein technisches Hilfsmittel der Darstellung, [...] indem sie diese in einer gewissen Höhe begrifflicher Abstraktion über die realen Begebenheiten und ihre Verbindungen dahingleiten läßt"[12].

Damit komme ich von der Ideenlehre konstitutivem Beitrag dazu, ‚Geschichte' zu ‚denken', auf ihren Beitrag zum ‚Geschichte schreiben'. Einige Beispiele, durch vergleichende Rückblicke auf Schillers historiographische Technik in seinen Konturen noch geschärft, mögen ihre darstellungsstrukturierende Funktion illustrieren. Das erste entstammt der *Geschichte Wallensteins*

---

9 Ebd.

10 Über die Epochen der neueren Geschichte - WuN 2, S. 66. Daß Ranke demnach seine ‚Ideenlehre' uneinheitlich akzentuiert, ist leicht dadurch zu erklären, daß er sich jeweils gegen unterschiedliche Zweifel an der Wissenschaftlichkeit der Historie wandte: Im ersten der hier zitierten Fälle möchte er einem idealistisch geprägten Wissenschaftsverständnis genügen (explizit z.B. in Vom Einfluß der Theorie - Geschichte und Politik, S. 75), im zweiten einem empiristischen.

11 Über die Epochen der neueren Geschichte - WuN 2, S. 66.

12 Haeuser: Rankes Ideenlehre, S. 6.

(1869). Bei Ranke scheitert der kaiserliche Lehnsmann letztlich nicht an seinen Charakterschwächen, an Ehrgeiz und Entschlußlosigkeit, sondern an „dynastischen Interessen" oder – eine Stufe darüber – an der „Idee der spanischen Monarchie" (SW 23, S. 190, vgl. S. 310f.). Als ‚kolossalisch' wird deshalb nicht die Herrschertugend des überragenden Heerführers präsentiert, sondern die weltgeschichtliche Weite der Perspektive, die sein Untergang freigibt: daß so „verschiedene europäische Nationalitäten an diesem Ereigniß betheiligt waren" und daß in seiner Folge „das katholisch-spanische Interesse [noch einmal] in centralisirter Macht" erschien (S. 310, 312). Diese Konstellationen (denen sich der Nördlinger Sieg von 1634 verdankte), nicht Größe und Potential eines Verbrechers, reizen Ranke zur rhetorischen Hyperbel: „Nie hatte die Verbindung der beiden Linien des Hauses Oesterreich einen glänzenderen Triumph davon getragen." (S. 312) Nicht erst abschließend jedoch, zum Zwecke rhetorischer Überhöhung, findet der Bezug der Akteure auf Ideen statt. Ähnlich wie Ludwig XIV. in der *Französischen Geschichte* und Friedrich der Große in der *Preußischen Geschichte* ist Wallenstein als werkbeherrschende Persönlichkeit für Ranke überhaupt nur deshalb interessant, weil er eine ‚Idee' in außergewöhnlicher Weise zur Geltung bringt: In ihm treffe eine Notwendigkeit der Geschichte mit der „individuellen Kraft" zusammen (S. VIII). Über „seinen Gedanken" schwebe „immer die große Idee" (S. 129). Historiographisch funktional sind Figuren wie Wallenstein, weil sie zwischen den langfristigen Prozessen auf der ideellen Ebene und den rasch wechselnden Bedingtheiten der Ereignisebene vermitteln können: Sie versuchen, jenen zum Durchbruch zu verhelfen und diese zu überwinden, können daran freilich auch scheitern, haben in jedem Fall aber die Asymmetrie der historischen Bewegungen auf den beiden Ebenen ‚über' und ‚unter' ihnen auszuhalten (vgl. S. 129f.). Von den vornehmsten handelnden Figuren sich zu eigen gemacht (S. 255, 266), erfassen die Ideen wiederum mit ihrer Strukturierungsleistung den gesamten Text.

An einer einzelnen Passage dies vorzuführen scheint prinzipiell nicht möglich. Und doch deutet der Anfang von Rankes Schilderung der Lützener Schlacht zwischen Wallensteins und Gustav Adolfs Heeren auf die ‚syntagmatische' Strukturfunktion der verschiedenen Ebenen in seiner Geschichtsschreibung wenigstens hin. Er bewährt für den Leser gewissermaßen Rankes Hoffnung und Glauben, dem Historiker werde sich „während der Betrachtung des Einzelnen [...] der Gang zeigen, den die Entwicklung der Welt im allgemeinen genommen."[13]

13 Ranke: Idee der Universalhistorie – WuN 4, S. 88.

> So umfaßte der Widerstreit der beiden Heerführer die Welt und das Reich der Ideen, die politische und religiöse Zukunft von Deutschland: als sie an dem Eingang der großen sächsischen Ebene, Regionen, die noch manchen anderen Weltkampf gesehen haben, auf einander stießen. Es entspricht ihrem Verhältniß, daß Gustav Adolf unaufhaltsam vordrang, Wallenstein dort an der Landstraße von Lützen eine von Gräben und Verschanzungen geschützte starke Position genommen hatte, um ihn festen Fußes zu empfangen. (S. 184)

Ranke weist hier zurück auf seine vorangegangenen Erläuterungen zu den Entscheidungen auf verschiedenen Ebenen, die die Schlacht bringen soll. Typisch für seine und überhaupt die historistische Geschichtsschreibung ist dabei das Repräsentationsverhältnis, das von der obersten jener Hinsichten, der ideellen, bis hinunter zu den Kontrahenten führt (also nicht bis zu den Soldaten beider Heere, die Ranke nicht interessieren). Was in symbolischer Latenz die gesamte Darstellung stratifiziert, wird hier einmal, wenngleich verknappt, ausgesprochen: Gustav Adolf und Wallenstein repräsentieren die Parteien, in die die ‚Welt' zerfalle: den Protestantismus und das Kaisertum, und diese Parteien gelten als ein Ausfluß von Ideen[14]. Ranke fokussiert und interpretiert den sehr komplexen Kontext der Lützener Schlacht also stark reduzierend durch deren Grundstruktur, den Antagonismus. Eben diese Zuspitzung erleichtert es aber, die historische Betrachtung von der bloß stratifikatorisch-ahistorischen Ordnung der Ideen, Parteien und Repräsentanten auf den i.e.S. historischen Aspekt des Ereignisses, seine Entscheidungsfunktion für die Zukunft, zu lenken. Was auch als eine für die Deutung des Geschehens irrelevante rhetorische Überhöhung des Schauplatzes gelesen werden kann, der Verweis auf weitere Schlachten ebendort nämlich, erinnert im Horizont des Rankeschen Geschichtsdenkens darüber hinaus an die jenseits aller Entscheidungsschlachten antagonistische, ja mitunter dialektische Struktur der Geschichte überhaupt.[15] Selbst die Taktik der beiden

---

14 Vgl. Ranke: Politisches Gespräch – Politik und Geschichte, S. 84.

15 Vgl. Tgbb. Nr. 245 [1816/17] – WuN 1, S. 235, bis hin zu Ranke: Weltgeschichte Bd. 8, S. 4f.: „Das welthistorische Moment tritt [...] in steten Conflicten und Kämpfen [hervor]; denn zu streiten ist die Natur des Menschen. Die Universalhistorie besteht aus der Geschichte unablässigen Ringens um die höchsten Güter der Menschheit". Backs erkennt in Rankes „dialektischem Denken" sogar „den eigentlichen geistigen Ansatzpunkt, sozusagen [...] den Grundtenor" des gesamten Werks (Dialektisches Denken, S. 2); was Schleier von marxistischer Warte aus dagegen einwendet, bestätigt im Grunde diese These, denn einen anderen den den „idealistisch-geistesgeschichtlichen verkürzten Begriff der Dialektik" (Hans Schleier: Geschichtstheorie und Geschichtsschreibung bei Leopold von Ranke. – In: Leopold von Ranke und die moderne Geschichtswissenschaft, S. 115-130, hier S. 122) schreibt auch Backs Rankes Geschichtsauffassung nicht zu. Simon (Ranke und Hegel, S. 168-171) macht dagegen zu Recht geltend, daß Ranke trotz des dialektischen Moments seiner Ideenlehre in der Darstellung dazu neige, historische ‚These' und ‚Antithese' auseinander zu ziehen, um beider Eigentümlichkeit gerecht zu

Kontrahenten nutzt Ranke, um deren Stellung im Prozeß der Geschichte zu rekapitulieren. Denn als „Action und Reaction" charakterisiert er nicht nur die ersten Kampfhandlungen Gustav Adolfs bzw. Wallensteins, sondern auch den „Kampf [...], der Europa umfaßte" (S. 186). Auch das veranschaulichende Element der zitierten Passage sucht demnach der dominanten ‚paradigmatischen' Deutung der Situation eine ‚syntagmatische' Perspektive hinzuzufügen.

Besonders irritierend für sowohl die Sinnsicherheit einer erzählten Geschichte als auch ihre Stringenz kann der historische ‚Zufall' sein. Er stellt deshalb eine besonders schwierige wie dringende Herausforderung an die historiographische Sinn- und Kohärenzbildung dar, die sich jedoch auch in solchen Fällen der ‚Idee' bedienen kann. Sie einzuführen ermöglicht es, das anscheinend Zufällige als Notwendigkeit darzustellen. Betrachten wir als vorläufig letztes Beispiel einen besonders schweren Brocken für diese Interpretationsarbeit: jene für Preußen rettende Wende des Siebenjährigen Kriegs, die der Tod der russischen Zarin, der Hauptgegnerin Friedrichs II., bewirkte und die lange als das „Mirakel des Hauses Brandenburg"[16] galt. Ein heutiger Historiker wie Johannes Kunisch führt das Mirakulöse des Umschwungs auf die besonderen politischen und militärischen Strukturen in Preußen zurück. In einer Koinzidenz ex negativo mit meiner Analyse der sinnbildenden Funktion von Ideen kann er abschließend feststellen, daß es dadurch „seine sinnstiftende Konsistenz eingebüßt hat."[17] Als „persönliche Animosität" Katharinas marginalisiert dagegen Ranke die russische Kriegsteilnahme auf der Seite von Friedrichs Gegnern und spricht ihr die historische Notwendigkeit ab. Mit dem Tod der Zarin scheint deshalb nur jener Zustand wiederhergestellt, der der weltgeschichtlichen Situation eigentlich angemessen ist. Notwendigkeitscharakter im universalhistorischen Prozeß hat hingegen die „Idee des Vaterlandes", zu der sich, wie Ranke soeben ausgeführt hat, Friedrichs „ursprünglich dynastischer Gedanke" erhob.[18] Daß Preußen und sein König entgegen aller Wahrscheinlichkeit den Siebenjährigen Krieg überstehen konnten, steht damit als dessen ‚richtiges' Ergebnis da, hinsichtlich sowohl der politisch-ethischen Bedeutsamkeit des besonderen Ereignisses als auch der Bewegungsrichtung der Weltgeschichte.

---

werden. Zur Modifizierung des dialektischen Musters in Rankes Geschichtsschreibung vgl. auch unten S. 372.

16 Vgl. Kunisch: Das Mirakel des Hauses Brandenburg, S. 12f.

17 Ebd., S. 94.

18 Friedrich II. König von Preußen – Ranke: Geschichte und Politik, S. 348-408, hier S. 380.

B. Zur Formierung von RANKEs Konzept einer symbolischen Historiographie[1]

Der Ursprung der historistischen Ideenlehre wird meist bei Wilhelm von Humboldt geortet.[2] In der Tat bestimmte Humboldt als die „Aufgabe des Geschichtschreibers", das „Streben einer Idee, Daseyn in der Wirklichkeit zu gewinnen", darzustellen.[3] Von vornherein darstellungsbezogen formulierte er damit den Kern der historistischen Ideenlehre, denn eben das prozessuale und dann auch geschichtliche Moment, das er dem Wirklichwerden der Idee beilegt, konstituiert die oben dargelegte Doppelgesichtigkeit der Ideenlehre. Sein Vortrag in der Berliner Akademie vom 12. April 1821 ist dem jungen Ranke wahrscheinlich jedoch unbekannt geblieben.[4] Überdies liegen bereits aus Rankes Studienzeit (1814-17) zahlreiche Äußerungen vor, die eine unabhängig von Humboldt ausgebildete ‚Ideenlehre' bezeugen. Daß dieser seine Akademierede drei Jahre früher hielt, als jener mit seinem ersten Buch hervortrat, besagt nur in problemgeschichtlicher Hinsicht etwas über die Entstehung des wissenschaftlichen Historismus, nicht in empirisch-historischer. In jener hat Ranke, wie Franz Schnabel schreibt, „die Aufgabe, die Wilhelm von Hum-

1 Einen Querschnitt durch die neuere Ranke-Forschung bieten die beiden Tagungsbände anläßlich von Rankes hundertstem Todestag 1986: Leopold von Ranke [LvR] und die moderne Geschichtswissenschaft (1988) sowie LvR and the Shaping of the Historical Discipline (1990). Darüber hinaus einen Aufriß von Rankes historiographischem Gesamtwerk als relativ geschlossene Bearbeitung einer durchgängigen Problemstellung gibt, neben einer Kritik an der Ranke-Kritik der letzten Dekaden, Ulrich Muhlack (Leopold von Ranke. - In: Deutsche Geschichtswissenschaft um 1900, S. 11-36). Unter diesen 27 Aufsätzen behandeln jedoch nur zwei speziell Rankes Historiographie (Hermann von der Dunk: Die historische Darstellung bei Ranke: Literatur und Wissenschaft. - In: LvR und die mod. Geschichtswiss., S. 131-165, sowie Rudolf Vierhaus: History Between Science and Art. - In: LvR and the Shaping..., S. 61-69); ausführlicher auf Rankes Frühzeit geht allein Fulvio Tessitore ein (Rankes „Lutherfragment" und die Idee der Universalhistorie. - In: LvR und die mod. Geschichtswiss., S. 21-36), ohne aber literarisch-ästhetische Einflüsse mehr als streifen (vgl. S. 33f.).

2 Vgl. z.B. Rüsen: Konfigurationen des Historismus, S. 99f.

3 Humboldt: Ueber die Aufgabe des Geschichtschreibers - Werke Bd. 1, S. 605.

4 Vgl. Fester: Humboldt's und Ranke's Ideenlehre, S. 254f. Manche Vertreter der ‚Ideengeschichte' scheinen sich freilich um solche philologisch-historischen Befunde nicht kümmern zu müssen (so z.B. White: Metahistory, S. 234). Kurz und prägnant zu Identität und Differenz von Humboldts und Rankes Ideenlehre: Hardtwig: Geschichtsschreibung, S. 73-78.

boldt dem Geschichtsschreiber stellte, [...] ausgeführt",[5] in dieser dagegen hat er eine im wesentlichen gleiche Aufgabe sich selbst gestellt. Das historiographiegeschichtliche Deutungsmuster von Aufgabe und Ausführung trifft philologisch exakt weit eher auf Humboldt und Droysen zu. Daß Humboldt kaum für Rankes Geschichtsschreibung verantwortlich gemacht werden kann, lockert gleichwohl nicht dessen Beziehung zur geistigen Welt der Weimarer Klassik, durch die Humboldt ja geprägt war. Denn Rankes frühe geistige Entwicklung war von nichts so sehr beeinflußt wie von Literatur und Ästhetik, und in Schiller und vor allem Goethe erkannte er deren bedeutendste zeitgenössische Vertreter.[6]

In zweien seiner autobiographischen Diktate erzählt Ranke eine kurze Anekdote aus seiner Kindheit in dem kursächsisch-thüringischen Landstädtchen Wiehe: Im Elternhaus war ein Offizier der Husarengarnison einquartiert, der dem Knaben einmal „das Bild Schiller's, das er unter seinem Spiegel hatte, zeigte, mit der Bemerkung, daß dieser treffliche Mann vor kurzem gestorben sei; es muß im Jahre 1805 gewesen sein."[7] Der Offizier nannte Schiller „den größten Mann in Deutschland". Zu Hause freilich war dessen Dichtung unbekannt, doch hat sie der junge Ranke auf der Klosterschule in Donndorf (1807-09) und in Pforta (1809-14) kennen und schätzen gelernt (vgl. SW 53/54, S. 15). Die Episode weist auf eine Grundvoraussetzung der Geschichtsschreibung des 19. Jahrhunderts: die ‚klassische' deutsche Literatur. Gerade im Fall Rankes, d.h. angesichts seines aliterarischen Elternhauses, war deren Wirkung indes mitnichten selbstverständlich. Einen Schulunterricht, der solche Defizite ausgleichen konnte, gab es in Deutschland erst seit etwa 1770, als in den Gymnasien die Lektüre und Erklärung deutscher Dichter begann.[8] Ranke nun, das weist die Anekdote ebenfalls aus, war gerade jung genug, um bei einer Einführung in die nationale Literatur auch und gerade mit den ‚klassischen'

5 Schnabel: Erfahrungswissenschaften, S. 109.

6 Wie Günter Henz gezeigt hat, ist die religiöse Prägung des jungen Ranke dagegen bei weitem nicht so stark und nicht so streng lutherisch gewesen, wie man lange annahm (vgl. Henz: Ranke, S. 117-120). Ästhetische Neigungen so herauszuheben setzt diese Erkenntnis aber nicht voraus, denn von Interesse ist hier vor allem, was historiographisch leitend werden konnte. – Während Rankes „starke ästhetische Interessen" (Walther Peter Fuchs: Einleitung: Der junge Ranke – WuN 3, S. 17) einen Gemeinplatz der Forschung darstellen, ist kaum je die Frage gestellt worden, „welche Bedeutung Rankes Kunstsinn [...] für seine Geschichtsschreibung gehabt" hat, und Friedrich (Jugendentwicklung, S. 19f.), der sie immerhin erhebt, erreicht mit seiner Antwort nicht einmal das Niveau, auf dem Ranke Poetik und Historik korreliert, lautet sie doch, Ranke habe „ganz eindeutig dem Wahrheitsmoment vor dem Schönheitsmoment den Vorzug" gegeben, was so zutreffend wie nichtssagend ist.

7 Aufsätze zur eigenen Lebensbeschreibung. 1. Dictat vom October 1863 – SW 53/54, S. 10. Das folgende Zitat ebd., S. 56 (4. Dictat vom November 1885).

8 Vgl. Weimar: Geschichte, S. 149; Henz: Ranke, S. 137.

Werken Goethes und Schillers bekannt gemacht zu werden. Bezeichnenderweise war sein literarischer Mentor in Pforta, der Collaborator Ferdinand Wieck, selbst nur acht Jahre älter, und auch Adolf Gottlob Lange (*1778), der mit den Schülern Schillers Dramen las, zählte dort zu den „an Jahren wie an geistiger Ausrichtung jüngeren Lehrern"[9]. Liest man schließlich, wie Wieck Goethes dichterisches Verfahren verstand, so scheint evident, daß dem Weimarer eine wichtige Orientierungs- und dem Lehrer eine nicht minder wichtige Vermittlungsfunktion zukam. Denn jener galt diesem als der erste „Dichter, der von der Anschauung und Betrachtung der einzelnen Erscheinung ausgehend und durch die Besonderung hindurch zum Allgemeinen fortschreitend, [...] das Einzelne in dem Allgemeinen und das Allgemeine in dem Einzelnen zu erkennen und in meisterhafter Durchdringung darzustellen" vermochte.[10]

Die Bedingungen der Möglichkeit ästhetischer Ursprünge von Rankes späterer Geschichtstheorie und -schreibung waren also gegeben. Solche Ursprünge tatsächlich festzustellen bedarf gleichwohl detaillierterer philologischer Nachweise. Die Nachlaßeditionen von Walther Peter Fuchs haben dafür manche Voraussetzungen geschaffen, die jedoch von der Ranke- und erst recht der allgemeinen historiographiegeschichtlichen Forschung bislang kaum genutzt sind.[11] Dabei läßt sich aus den vielfältigen Arbeiten und Notizen aus der Schulzeit, den Studien- und Lehramtsjahren Rankes geistige Entwicklung nachvollziehen wie bei kaum einem anderen Historiker.[12] Die autobiographischen Diktate der Altersjahre setzen dagegen Akzente, die offensichtlich dem professionellen Selbstverständnis des Historikers geschuldet sind; das literarisch-ästhetische Element in seiner geistigen Biographie mußte davor zurücktreten. Um sein Gewicht nun treffender zu beurteilen, darf es gleichwohl nicht isoliert betrachtet werden, sondern es ist neben die Studien und Entwürfe auf altertumskundlich-philologischem und philosophisch-theologischem Gebiet zu setzen. Andererseits liegt eine gleichmäßige intellektuelle Biographie des jungen Ranke außerhalb sowohl der Möglichkeiten als auch der Absichten dieser Studie.[13] Vielmehr haben seine spätere Geschichtstheorie und -schrei-

9 Vgl. SW 53/54, S. 23; Henz: Ranke, S. 204. Ebd., S. 204-216, ausführlich zum geistigen Profil beider Lehrer und ihrem (möglichen) Einfluß auf Ranke.

10 Wieck: Jahresbericht, S. 1.

11 Unter dem Kürzel WuN [Bd.] 1 bis 4 wird diese Ausgabe im folgenden im Text zitiert.

12 Ergänzende Arbeit an den Handschriften empfiehlt sich jedoch, da manche Lücken und auch Fehler die Arbeit mit Fuchs' Edition erschweren (vgl. dazu unten Anm. 28, 31, 60, 76, 79). Der wohl zentralen Figur ihrer eigenen Geschichte hat die Geschichtswissenschaft nur eine verhältnismäßig bescheidene Edition gegönnt, verglichen zumal mit den Nachlaßausgaben literarischer Autoren.

13 Für die Zeit bis 1814 leistet das die Dissertation von Henz: Ranke, so gründlich, wie es

bung sowie die historiographiegeschichtliche Perspektive dieser Arbeit die Relevanzkriterien zu setzen. Dann aber hat kaum etwas von dem, was unmittelbar im Zusammenhang mit seinen Studiengebieten im engeren Sinn, der Theologie und der Klassischen Philologie, entstanden ist, größere Bedeutung.[14] Neben dem in sich vielfältigen ‚literarischen' Bereich – zu ihm zähle ich neben den Werken auch die produktionsbezogene Poetik sowie die philosophische Ästhetik – (Kap. 1) kommen deshalb vor allem die philosophischen Orientierungsversuche (2.) und das Studium der antiken Historiker (3.) in Betracht. Daß der literarisch-ästhetische Bereich den weitaus breitesten Raum einnimmt, entspricht dabei nur im Prinzip, nicht in den Dimensionen seiner besonderen Bedeutung. Da wiederum die ‚literarischen' Studien schon in Pforta begannen, die philosophischen ihren Schwerpunkt in den Studienjahren hatten, während die historiographischen sich in Frankfurt verstärkt fortsetzten, kann die Chronologie des Gegenstands die Abfolge meiner Untersuchung vorgeben.

1. Ästhetik und Literatur(geschichte)

> In dem Leben eines Menschen in der fortgeschrittenen Entwicklung der Welt ist nichts so wichtig als das Verhältnis, in welches er sich zur Literatur setzt.[1]

Nach einem kleinen, ganz in konventionell-pragmatischen Bahnen laufenden Aufsatz aus Donndorf „Welchen Einfluß hat die Erlernung der Geschichte auf das Leben des Menschen?"[2] und einem Stammbuchblatt[3] stellen zwei längere ästhetische Ausarbeitungen aus dem letzten Jahr in Pforta Rankes älteste Schriftzeugnisse dar. Gleich das erste, „De actione in Graeca Tragoedia"

---

angesichts der Quellenlage wohl möglich ist. Die letzte deutsche Gesamtdarstellung stammt dagegen von 1921 (Helmolt: Rankes Leben und Wirken) und ist in mehrfacher Hinsicht überholt. Auch hier besteht ein dringendes Forschungsdesiderat, dessen Nichterfüllung umso erstaunlicher ist, als auch heute allerwärts betont wird, daß die Ranke-Forschung „ein entscheidendes Stück Selbstbesinnung deutscher Historiographie" sei (Ulrich Muhlack: Leopold von Ranke. – In: Deutsche Geschichtswissenschaft um 1900, S. 11-36, hier S. 11, mit Verweisen auf die Zitierungen dieses Wortes von Dietrich Gerhard bei Vierhaus und Berding).

14 Vgl. Berg: Ranke, S. 15. Von Studienfächern im heutigen Sinn kann nicht gesprochen werden; in Leipzig immatrikulierte man sich erst seit 1819 für eine bestimmte Studienrichtung (vgl. Hoyer: Ranke, S. 218f.).

1 Ranke: Zwölf Bücher Preußischer Geschichte – Werke Bd. 9, 2, S. 94 (über die Erziehung Friedrichs des Großen).

2 WuN 3, S. 50f. Daß dieser Aufsatz von Ranke stammt, ist allerdings nicht ganz sicher.

3 Tgbb. Nr. 1 (21. 12. 1812) – WuN 1, S. 41.

(1813), zeigt eine beachtliche Selbständigkeit in der Verteidigung des Euripides gegen neuere Vorwürfe (u.a. von A. W. Schlegel), er habe die Einheit der Handlung vernachlässigt (vgl. WuN 3, S. 54). Die Argumentation dabei ist genuin historistisch: Zu einer gerechten Beurteilung müsse man den modernen Begriff der Tragödieneinheit vom antiken zu trennen wissen und die Maßstäbe den Epochengenossen des Euripides entnehmen (vgl. S. 54f., 63-65). Ob Ranke bei diesen Überlegungen von seinen Lehrern angeleitet wurde oder nicht, ist unerheblich; jedenfalls wiederholte er damit den historistischen Grundgedanken von Herders *Shakespear*-Aufsatz. Zum ersten Mal läßt sich hier sein historisches Bewußtsein fassen und zwar an exakt derselben literarästhetischen Stelle, an der Herder seinen ,ästhetischen Historismus' entwickelte[4].

a) Idee statt Form

Nicht weniger aufschlußreich für Rankes ästhetisch inspiriertes Denken sind seine Valediktionsarbeit „De tragodiae indole et naturae", die das Datum seines Abgangs von Pforta (2. April 1814) trägt, und die umfangreich erhaltenen Vorarbeiten, die vom Januar/Februar 1813 datieren. Sie zeigen seine Auseinandersetzung mit der literarischen Ästhetik von Platon, Aristoteles, Lessing, Herder, Kant, Goethe und den Schlegels, insbesondere mit deren Tragödientheorien, und erheben sein Bekenntnis, „me totum ei [der tragischen Dichtung, D.F.] tradidi atque sacrivi, ut per omnem vitam in ea maxime studium meum positurus esse mihi videar" (S. 94), über das bloß Formalhafte. Mit Blick auf Rankes späteres Konzept von ,Darstellung', auch historiographischer, ist vor allem sein Insistieren auf einer idealistischen *Definition des Schönen* von Bedeutung. Dabei glaubt er sich einerseits auf Kant stützen zu können, wirft im andererseits aber ästhetischen Intellektualismus vor und leitet das Schöne „von einer empfundenen Idee" (S. 75) ab. Für Ranke ist die Verbindung des Schönen und des Kunstwerks mit ,Ideen' offensichtlich so wichtig, daß er Kants Position nicht ganz richtig wiedergibt, sondern ihn „das Wesen des Schönen [...] in die Ideen, insofern [sie] *gedacht* werden", setzen sieht.[5] Gegen Kant besteht er sodann auf der Illusionierung des Zuschauers

4 Vgl. Schlaffer: Studien, S. 8.

5 Vgl. Kant: KdU § 42. Nach Kant geht es „der bloß ästhetischen Urteilskraft" ja gerade nicht um „Ideen", sondern sie urteilt „ohne Begriffe über Formen"; „Ideen", die ,gedacht' werden, sind dagegen der Gegenstand des „moralischen Gefühls" (ebd., A 167f.). Zur ,ästhetischen', d.h. begriffslosen Erhebung der Einbildungskraft „zu Ideen" bei Kant vgl. ebd. A 213.

und dessen Identifikation mit den Tragödienfiguren, sowie auf einer ‚Empfindung' des Schönen. Mit dem ersten verschließt er sich Schillers Theorie des Tragischen und der ‚ästhetischen Freiheit', und auch mit dem letzten kehrt er unter Mißachtung des von Kant für die Ästhetik ‚entdeckten' Vermögens der Urteilskraft zur sensualistischen Ästhetik des 18. Jahrhunderts zurück. Mithin erscheint dem jungen Ranke gerade das inakzeptabel, was die Modernität der Kantischen und der Schillerschen Ästhetik ausmacht.

Hinsichtlich des ideellen Gehalts des Schönen argumentiert er zunächst halb kunsttheoretisch, halb produktionsästhetisch: „die Schönheit eines Kunstwerks, sei es poetisch oder artistisch [d.h. ein Werk der bildenden Kunst, D.F.], entspringt aus der Idee, die dem ganzen Werke seinen Ursprung gab." Das ist (neu)platonisch gedacht: Der Künstler fasse, mit einem „gewissen Abstraktum von Schönheit in seiner Seele" die Idee seines Werk und arbeitet es danach aus; denn „Plato dachte sich", so fügt Ranke begründend hinzu, „Gott als Künstler, der alle Dinge nach der Idee schuf, und was hindert uns, ihm zu folgen?"[6] Diese Frage aber führt auf die Bedeutung, die des jungen Ranke neuplatonisch-idealistisch Ästhetik vermutlich für seine spätere Geschichtstheorie hatte. Denn er spricht hier seine Bereitschaft aus, nicht allein die Gegenstände der Kunst, sondern die ganze Welt und Wirklichkeit idealistisch zu denken und dann auch zu deuten. In den ästhetischen Überlegungen des Siebzehnjährigen, lange vor dem Studium Fichtes und Hegels, zeichnet sich zuerst der Aufbau jenes Weltbildes ab, das aus dem *Politischen Gespräch* (1836) u.ä. bekannt ist. Zwar läßt es die Quellenlage nicht zu, den bildungsgeschichtlichen *Ursprung* dieses Platonismus zu ergründen. Doch ist es nicht unwahrscheinlich, daß die Kunsttheorie der erste Gegenstand war, an dem Ranke sein Interpretationsmodell zur Anwendung brachte, und zwar unter Abwehr gegenläufiger Positionen. (Neu)platonische Kunsttheorien waren seinerzeit nun fast eher gängig – weniger jedoch idealistische Geschichtstheorien, jedenfalls unter den Historikern um 1800.[7] Auf diesem Gebiet lagen durchaus Innovationsmöglichkeiten.

---

6 WuN 3, S. 76. Der Kunsttheorie im 10. Buch der *Politeia* entspricht diese Argumentation nicht. Denn erstens schafft nach Platon der Künstler gerade nicht nach einer Idee, sondern er ahmt nur die selbst schon abgeleitete Erscheinung nach, und zweitens schafft auch der göttliche Schöpfer nicht ‚alle Dinge', sondern nur das eine Urbild jeder Dinggattung (597b).

7 Idealistisch ist Rankes Dichtungstheorie wohlgemerkt nicht in einem literatur- und philosophiegeschichtlich prägnanten Sinne (vgl. dazu Schmidt: Hölderlins idealistischer Dichtungsbegriff, S. 112-121). Jedoch erfahren zentrale Punkte von Rankes ‚idealistischer' Geschichtstheorie durch die idealistische Kunsttheorie eines Schelling gewissermaßen eine tiefere Begründung (vgl. dazu unten S. 329).

Rankes idealistische Kunstauffassung und Wirklichkeitsdeutung nimmt den ‚paradigmatischen' Teil der Ideenlehre zum guten Teil vorweg. Aber auch daß er dichterische Schönheit „mehr in der Idee als in der Form" (S. 76) erkennt, ist als Präformation seines historiographischen Konzepts zu lesen. Von wahrnehmungspsychologischen Überlegungen geleitet, spricht er dem „poetischen Kunstwerk" eine „in die Augen fallende Form" überhaupt ab (ebd.): Bei einem sprachlichen Kunstwerk gehe, anders als angesichts eines Bildes oder einer Plastik, die Betrachtung „von dem Einzelnen zum Ganzen fort", so daß „der Totaleindruck Abbruch leidet" (S. 77). Die Vorstellung, ein (historisches) Geschehen makrostrukturell-narrativ, d.h. vermittelst eines Plots deuten zu können, ist damit für alle Arten von umfangreicheren Texten in Frage gestellt. Natürlich reagiert Ranke hier nicht auf quasi narrativistische Vorschläge zur Geschichtsschreibung, aber seine Ästhetik stellt Weichen für seine späteren Versuche, die historiographischen Probleme der Epoche zu lösen. Daß die Herabstufung der Form auch dann noch gilt, zeigen nicht zuletzt die Literaturkapitel seiner Werke: Maßstab der Beurteilung ist der Ideengehalt, nicht die ästhetische Form.[8]

Kommt die literarische Form demnach als Deutungsträger kaum in Betracht,[9] so erkennt Ranke doch einzelne Momente literarischer bzw. dramatischer Strukturen an, ebenfalls mit offensichtlichen Folgen für seine Geschichtsschreibung: Mit Bezug auf *Die Verschwörung des Fiesko zu Genua* (1784) etwa bestätigt er das Prinzip der Notwendigkeit einer dramatischen Entwicklung: „[...] es darf kein Ungefähr statthaben; weswegen Schiller richtig das zufällige Ertrinken des Fiesko aus seinem Stücke verbannte" (S. 91). Wie der Geschichtsschreiber später Zufälle eliminierte, war oben an seiner Behandlung der Kriegswende von 1762 zu studieren. Zwei Übertragungsoperationen stehen zwischen der dramatischen und der historiographischen Notwendigkeit: Denn im Gegensatz zur (dramatischen) Dichtung, deren Geschehen sich schon nach Aristoteles nach den Gesetzen der Wahrscheinlichkeit oder sogar Notwendigkeit vollzieht, zeichnen sich die Geschichte und damit auch die Geschichtsschreibung herkömmlich durch die Zufälligkeit der zu verzeich-

8 Vgl. Schalper: Die Stellung der Literatur, S. 49.

9 Ranke neigt gar dazu, die *kompositionelle* Bedeutung der literarischen Form herabzusetzen. Warum „die Einheit der Handlung wesentlich bei aller Handlung darstellenden Poesie" ist, begründet er so: nicht um die in ihr enthaltenen Handlungen überhaupt als Einheit zu begreifen, sondern weil allein die auf eine einzige Hauptfigur bezogene Handlung dem Charakter dieser Figur das erwünschte Interesse des Zuschauers sichern könne (WuN 3, S. 89). Ranke legt damit seine an Aristoteles ausdrücklich anschließende (vgl. S. 88) Tragödientheorie gleich ganz anders an als Ricœur seine Interpretation der Aristotelischen Poetik; die „Fabel" gilt ihm nur als der zu behandelnde „Stoff" (S. 78). Beider unterschiedliche Einschätzung der Funktion des Plots in der Geschichtsschreibung folgt dann konsequent daraus.

nenden Begebenheiten aus.[10] Und Ranke überträgt die dramatische Notwendigkeit nicht einfach auf die Handlungsebene der Geschichte - die Unmöglichkeit dessen hatte ja das Scheitern des Pragmatismus erwiesen -, sondern macht sich die Faktizität eines historischen Geschehens wie folgt zunutze: Während die Dichtung zunächst und vor allem um ihre immanente Wahrscheinlichkeit bemüht sein muß, kann der Historiker von dem ‚zufälligen', aber festen Grund der Ereignisse aus auf eine Metaebene springen und dort eine Notwendigkeit ‚feststellen'. Daraus ergibt sich jene eigentümliche Doppelung von unaufgehobener Zufälligkeit auf der faktischen und deren Transzendierung auf der ideell-interpretatorischen Ebene, wie das Beispiel aus der Friedrich-Biographie sie zeigt. Während Schiller schreiben mußte, die „Natur des Dramas duldet den Finger [...] der unmittelbaren Vorsehung nicht", kann Ranke postulieren: „In dem entscheidenden Augenblick tritt allemal ein, was wir Zufall oder Geschick nennen, und was Gottes Finger ist".[11] Ein solcher Finger freilich, auch wenn er in den späteren Werken als ‚Idee' und damit säkularisiert erscheint, dient einer paradigmatischen Sinnstiftung, nicht der syntagmatischen Kohärenzbildung.

b) Der „summus artifex": GOETHE

Die ausgearbeitete Fassung der Valediktionsarbeit macht es sodann zum ersten Mal möglich, Goethes Wirkung auf Ranke präziser zu fassen. In seinen Erinnerungen nämlich bekennt sich der alte Historiker, unter Hinweis auf die „moderne Classicität" des Dichters und dessen Wirkung auf das deutsche Nationalgefühl, lediglich als „größten Bewunderer" unter den Leipziger Kommilitonen.[12] Zunächst wird an der tragödiengeschichtlichen Stellung, die

10 Vgl. De arte poetica, Kap. 9. Denselben Grundgedanken nur weiter aus führt z.B. Hegel: Ästhetik Bd. 2, S. 352-355. Vgl. auch Goethe: „In der Poesie gibt es keine Widersprüche. Diese sind nur in der wirklichen Welt, nicht in der Welt der Poesie." (Goethes Gespräche, S. 400, mit Heinrich Luden, 19. 8. 1806)

11 Schiller: Die Verschwörung des Fiesko zu Genua - NA 4, S. 9; Ranke: Geschichten, S. 139.

12 SW 53/54, S. 59. Theodor Schieder gibt in seinem Aufsatz „Ranke und Goethe" (Begegnungen, S. 80-104) einen gründlichen Überblick über die Beziehungen und Parallelen zwischen beiden hinsichtlich ihrer Biographie, ihrer historischen Themen, ihrer Geschichtsauffassung und Erkenntnishaltung sowie einzelner Darstellungsmittel. Der zuerst 1942, also lange vor den einschlägigen Nachlaßeditionen erschienene Aufsatz fragt aber nicht, inwieweit Rankes Geschichtsinterpretation auf sein durch Goethe geprägtes Dichtungsverständnis zurückzuführen ist. An Wirkungen dieser Art geht auch Rudolf Vierhaus' Vortrag über „Goethe und den Historismus" vorbei. Zu Goethes Geschichtssicht und -gestaltung vgl. jetzt die im Bd. 110 (1993) des *Goethe-Jahrbuchs* gesammelten Beiträge zu der mit diesem Thema befaßten Tagung der Goethe-Gesell-

Goethe zugesprochen wird, Rankes Auffassung des Verhältnisses von antiker und moderner Poesie deutlich. Die Alten hätten Maßstäbe gesetzt, die nach wie vor gälten, aber von den größten Genies der Neueren aus eigener Genialität ergänzt und bereichert würden:

> Atque cum illa Shakspearii libertate, cum illa violentia, qua omnia moventur in eo, quam Lessingius olim castus et simplex Graeca secutus exemplaria plane omiserat, is, a quo illum hic audimus praedicari, Goethius, Sophocleam artem, Euripideam dexteritatem et divina sui ipsius ingenii muneta ita conjunxit, ut ab eo plane nova in Germania aetas inciperet tragoediae. (S. 117f.)

Goethe zieht nach dieser Deutung die Summe der abendländischen Tragödienkunst und setzt sich an ihre Spitze. Mag der Unterricht in Pforta ganz auf die Alten ausgerichtet gewesen sein, wie der alte Ranke meinte, oder auch diese Erinnerung fehlgehen[13] - offensichtlich sah sich der Jüngling nicht gehindert, die von der Weimarer Klassik vollzogene Emanzipation vom Klassizismus auch für sein Kunstverständnis nachzuvollziehen. Wieder ist dies auch für seine spätere Geschichtsschreibung von Bedeutung, demonstrieren doch Johannes von Müllers historische Werke den hemmenden Einfluß einer um epochale Differenzen unbekümmerten Orientierung an antiken Vorbildern (hier an Tacitus)[14]. Des weiteren in Abhängigkeit von einer Goethe-Rezeption ist Rankes ästhetischer und ontologischer Idealismus (α.) zu sehen, ebenso sein Begriff von der Interdependenz von ‚Wissenschaft' und ‚Kunst' (β.) sowie sein induktiver Zugang zur Ästhetik (γ.), ja selbst seine Auffassung von der Aufgabe, Historisches darzustellen (δ.). Und wenn der spätere Historiker ‚Wissenschaft' und ‚Kunst' wieder funktional separiert und damit beider Verhältnis entproblematisiert, entspricht das erneut seiner revidierten Haltung zu dem Bewunderten (ε.).

α. Goethe ist der Dichter, der Rankes idealistische Kunsttheorie erfüllt: „Goethius est artifex, qui [...] summas quas concepit ideas in artificio aliquo deponit" (S. 118).[15] Dies hebt ihn aus der Gesamtheit der Dichter noch einmal

schaft 1993. - Das Zitat der Überschrift: WuN 3, S. 118.

13 Vgl. SW 53/54, S. 23. Ebd. findet sich die von den Quellen widerlegte Einschätzung, er habe sich in Goethe „so recht eigentlich [...] nicht finden können", weil dieser ihm zu „subjectiv" gewesen sei. Zur Auffassung des jungen Ranke, Goethe sei ein ‚objektiver' Dichter, vgl. unten Anm. 31, zum Wandel des Goethe-Bildes bei Ranke vgl. unten S. 313.

14 Vgl. Müller: Vier und zwanzig Bücher allgemeiner Geschichten - SW 1, S. XX, sowie, gegen den Regelstatus „classischer Formen" sich wendend, Ranke: Die römischen Päpste Bd. 1, S. 65, oder denselben, vor „törichter Nachahmung" der Alten warnend, in einer Schulrede von 1818: Die Vorstellung der Griechen, Römer und Deutschen von dem Ideal der Erziehung - WuN 3, S. 494.

15 Was der junge Ranke im einzelnen von Goethe gelesen hat, ist nur in Umrissen zu rekonstruieren, vgl. WuN 3, S. 73, 80, 82f., 90f., 117.

heraus, welche den Schüler, nach Auskunft eines seiner Valediktionsgedichte, „des höheren Lebens Gestalt" gelehrt hat.[16] Und diese zentrale Stellung im Denken des jungen Ranke bleibt dem Dichter erhalten, keineswegs nur *in aestheticis*.[17] In einem nicht exakt datierbaren Aufsatz aus der Leipziger Zeit, dem Fuchs den Titel „Mensch und Natur" gegeben hat, führt er Goethe als ein Vorbild für „das treue, unverrückte Hangen an der Natur" an (WuN 3, S. 226). Der Aufsatz erörtert drei verschiedene Erkenntnishaltungen gegenüber der Natur; Goethe findet daneben Platz durch Vernachlässigung der Ebenendifferenz zwischen seiner Naturauffassung und seiner ‚natürlichen' Dichtungsart. Noch deutlicher als in der Valediktionsarbeit schiebt Ranke ihm hier seine eigene platonisch-idealistische Wirklichkeits- und Kunstauffassung unter:

> Einfach, klar harmonisch, gesetzmäßig bildet sich ihm die Idee in allen ihren Nebenzweigen, in allen ihren Gestalten aus, so wie er die Form nach dem jedem Menschen innewohnenden Urbild der Natur aus sich schuf. (ebd.)

Zumal Rankes Diktion läßt vermuten, daß er in Goethes lyrischer Darstellung der „Metamorphose der Pflanzen" eine treffende Beschreibung des dem Dichter eigenen Produktionsprozesses sah. Denn er greift die Kernbegriffe von Goethes morphologischer Botanik auf und wendet sie auf die Ausbildung der ‚Idee' im Kunstwerk an.[18] In der Tat läßt sich die „Metamorphose der

16 Tgbb. Nr. 6, „An Pforta" [vor 2. 4. 1814], hier Z. 23 - WuN 1, S. 46-48. Mit einem kritischen Unterton wird Schiller hingegen dadurch charakterisiert, daß sich in seinen Werken mehr sein eigener Geist manifestiere, als daß diese etwas „ex idea absolutum" darstellten (WuN 3, S. 118).

17 Sie äußert sich auch in eng an Goethe angelehnten lyrischen Versuchen. Ein vierstrophiges Stanzengedicht etwa, das Fuchs auf 1814/15 datiert (Tgbb. Nr. 16 - WuN 1, S. 55), nimmt nicht nur Metrum, einige Reime und Wendungen der dem *Faust* vorangestellten „Zueignung" auf, sondern behandelt auch ein Goethisches Thema: Leben, Natur und Kunst - in Anlehnung überdies an Goethes Sonett „Natur und Kunst" (HA 1, S. 245). Ebenfalls charakteristisch sind die gedanklichen Abweichungen: ‚Natur' läßt Ranke nur als außermenschliche gelten, als „die vielen Pflanzen all so schön in Feld und Flur" (Z. 30); während ein unscharfes ‚es' dem „Leben ruft": „in strenger Form hervor!" (Z. 20) Und Goethes Aufhebung und Steigerung der kreatürlich-menschlichen ‚Natur' durch ‚Kunst', so daß „frei Natur im Herzen wieder glühen" mag (Z. 8), ist bei Ranke einem stillgestellten Nebeneinander der getrennten Bereiche von „Natur und Kunst" (Z. 31) gewichen. - Als weiteres Beispiel ästhetischer Reflexion mit Bezug auf Goethe vgl. Tgbb. Nr. 182 [1813/14] - WuN 1, S. 168.

18 ‚Einfach' (Z. 21) und ‚Gestalt' (Z. 21, 44, 70, 75) kommen in derselben Wortform, ‚gesetzmäßig' als ‚Gesetz' (Z. 6, 65) und ‚harmonisch' im weiteren Kontext (Z. 79) auch in dem Gedicht „Die Metamorphose der Pflanzen" von 1798 vor. Des weiteren spricht Ranke von einer „unfreundlichen Mischung" der Gestalten, die Goethe vermeide - was an die Anfangszeile des Gedichts erinnert: „Dich verwirret, Geliebte, die tausendfältige Mischung". Seinem gedanklichen Zusammenhang zumindest entstammt überdies das Wort von den ‚Nebenzweigen'.

Pflanzen" als ein nach solchen Gesetzen gebautes Gedicht verstehen, wie sie sein Dichter in der Natur entdeckte. Von daher erklärte sich Rankes emphatischer Ausruf „Natur ist Goethe und Goethe Natur." (ebd.)

β. Wo Ranke das Gedicht kennengelernt hätte, ist nicht mit Sicherheit zu rekonstruieren. Nicht unwahrscheinlich, daß er es dem Wiederabdruck aus dem Heft *Zur Morphologie* von 1817 entnahm.[19] Dort jedenfalls bringt Goethe selbst die Möglichkeit zur Sprache, als Künstler „in Gefolg der Naturgesetze, wie ich sie ausgesprochen," zu arbeiten.[20] Dort aber auch erhebt er das Problem der Darstellung ‚wissenschaftlicher' Lehrmeinungen im Kunstwerk auf die allgemeinere Ebene der generellen Frage, ob „Wissenschaft und Poesie vereinbar seien." Für Ranke ist das eine Frage, die für sein Verständnis der Geschichtswissenschaft immer grundlegend gewesen ist.[21] Es ist, nach der Stellung Goethes in seiner Gedankenwelt zu urteilen, sehr wahrscheinlich, daß er sich von dessen Antwort hat beeinflussen lassen, und vom philologischen Befund her immerhin mehr als nur möglich, daß er nicht nur das Gedicht selbst als eine Bejahung jener Frage verstand, sondern auch des Dichters explizite Antwort kannte: „daß Wissenschaft sich aus Poesie entwikkelt habe" - was eine gängige Auffassung war - und „daß, nach einem Umschwung von Zeiten, beide sich wieder freundlich, zu beiderseitigem Vorteil, auf höherer Stelle, gar wohl wieder begegnen könnten." Goethe hätte dem jungen Ranke dann auch und gerade die Möglichkeit vorgeführt, ästhetische Ein- und Ansichten mit den Prinzipien anderer Wissensbereiche interferieren zu lassen.

Von Rankes ästhetischen Überlegungen selbst her löst sich demnach das methodische Kardinalproblem der Analysen in diesem Kapitel, in welcher Weise nämlich und in welchem Maße die ‚ästhetische' Frühzeit auf die spätere Geschichtsschreibung gewirkt haben kann. Daß sich sogar der angehende Geschichtsschreiber Hilfe von Goethe erhoffte, wird dies weiter unten (vgl. S. 310f.) noch einmal bekräftigen. So läßt sich als zukunftsweisendes Ergebnis von Rankes Beschäftigung mit Kunst und Ästhetik eine Einsicht in die ‚Verwandtschaft' und das Aufeinanderangewiesensein von Wissenschaft und Kunst feststellen, die in der Epoche nicht selbstverständlich war:

> Es sollten wohl im Grunde Kunst und Wissenschaft niemals getrennt sein; ja niemals getrennt gedacht werden. In beiden mußt du lernen, erfinden, bilden; in beiden mußt

19 Erstdruck: Schillers *Musenalmanach für das Jahr 1799*; danach in *Neue Schriften* Bd. 7 (1800) (vgl. HA 1, S. 614f.).

20 Morphologie. Schicksal der Druckschrift - HA 13, S. 107. Die folgenden Zitate ebd.

21 Vgl. Idee der Universalhistorie [1832] - WuN 4, S. 72; Französische Geschichte vornehmlich im sechzehnten und siebzehnten Jahrhundert Bd. 5 - SW 12, S. 5f.

du deines Stoffes Meister sein: in beiden frei das Höchste, das du denkst und ahnest, ausdrücken und darstellen.[22]

,Wissenschaft' kann demnach jenseits ihrer Faktizitätsorientierung auf konstruktive Verfahren (,erfinden') nicht verzichten, zumal nicht in der Darstellung ihrer Forschungsergebnisse (,bilden'). Der Fiktionalitätsstatus der Literatur wiederum befreie diese nicht von der Pflicht zu einer gewissen Genauigkeit in ihren Realitätsreferenzen (,lernen'). ,Wahrheit' (das ,Höchste') in der ,Wirklichkeit' darzustellen sei überdies für beide Wissensformen das Zentralproblem. Erneut ist damit eine Formalästhetik – und das heißt für Ranke: eine um In- und Gehalte unbekümmerte Kunstauffassung – zurückgewiesen, ebenso eine materialhäufende, kompendienproduzierende Wissenschaft.[23]

Man muß sich bewußt machen, daß Ranke, hätte er Beispiele für seine Auffassung von der Interdependenz literarischer und wissenschaftlicher Verfahrensweisen unter seinen Zeitgenossen gesucht, nur wenige Ausnahmegestalten wie Goethe hätte finden können (ob er Schillers ganz ähnlich verschränktes Konzept einer ,wissenschaftsgestützten' Kunst und einer ,kunstvollen' Wissenschaft oder Novalis' Engführung von Poesie, Philosophie und Naturwissenschaften kannte, ist nicht nachzuweisen).[24] Dementsprechend führt er in dem kleinen Essay, aus dem ich eben zitierte, einen der Alten als Beispiel an: Platon, und zwar als philosophischen Schriftsteller, nicht als Theoretiker, zumal nicht der Kunst.[25] Worin Ranke die Verwandtschaft von ,Kunst' und ,Wissenschaft' findet, verweist jedoch wieder auf Goethe: einerseits auf dessen Verpflichtung der Kunst, „auf den tiefsten Grundfesten der Erkenntnis" zu bauen, und auf die „exakte sinnliche Phantasie", „ohne welche doch eigentliche keine Kunst denkbar" sei, und andererseits auf seinen Bescheid, wir müßten „uns die Wissenschaft notwendig als Kunst denken, wenn wir von ihr irgendeine Art von Ganzheit erwarten", und dürften deshalb „keine der menschlichen Kräfte bei wissenschaftlicher Tätigkeit ausschließen".[26] Daß Ranke den verehrten Dichter nicht auch hier als Vorbild gewählt hat, ist wohl im Zusammenhang mit seiner unter dem Einfluß Fichtes sich

---

22 Tgbb. Nr. 68 [1814-18] – WuN 1, S. 99.

23 Vgl. Tgbb. Nr. 56 [1818] – WuN 1, S. 91.

24 Jedenfalls spricht Ranke, wenn er sich über die Formalästhetik beklagt, von „der Ästhetik" überhaupt oder von „unsrer Ästhetik" als ganzer (vgl. ebd.).

25 Vgl. die Gedanken zur literarischen Gestaltung des *Symposions* in Tgbb. Nr. 64 [1816/17] – WuN 1, S. 95f.

26 Einfache Nachahmung der Natur, Manier, Stil (1789) – HA 12, S. 32; Ernst Stiedenroth. Psychologie zur Erklärung der Seelenerscheinungen (1824) – HA 13, S. 42; Materialien zur Geschichte der Farbenlehre (1810) – HA 14, S. 41.

verstärkenden wissenschaftlichen Orientierung zu sehen. Denn er sieht zu Anfang des Essays Platon ehedem vor jene Entscheidung gestellt, vor der er sich eine Zeitlang selbst sah: zwischen dem „wissenschaftlichen und dem künstlerischen Streben".[27] „Sein Wille entschied für die Wissenschaft" formuliert einen Entschluß, der schließlich auch für Ranke galt und Goethe als Vorbildfigur ausschloß. Die zitierte Überlegung zum Verhältnis von ‚Kunst' und ‚Wissenschaft' zählt somit zu den in der zweiten Hälfte seines Studiums wiederholten Selbstversicherungen, das, was er sich zunächst von der Dichtung versprach, auch in einer Wissenschaft zu Recht erhoffen zu dürfen.[28] So bedeutet seine Wendung von Literatur und Ästhetik zu Geschichte und Wissenschaft keine Lösung von seiner ästhetischen Weltsicht, sondern den von den größtdenkbaren Vorbildern angeleiteten und legitimierten Versuch, diese auch auf dem neuen Feld produktiv zu machen.

γ. Rankes wiederholte Berufung auf Goethe ist auch insofern charakteristisch, als sie seine induktive Methode hervortreten läßt. Die systematisierte Schulästhetik, wie er sie in seinem ersten Semester bei Amadeus Wendt hörte,[29] widersprach dagegen seinem Zugang zu Literatur und Kunst. An

27 WuN 1, S. 98. Das folgende Zitat ebd. - Eine „nie voll eingestandene Hoffnung [...], Dichter zu werden", macht bereits Fuchs verantwortlich für die breit angelegten ästhetischen Studien Rankes in dessen erster Leipziger Zeit (WuN 3, S. 214).

28 Eine sichere Datierung der Notiz (Tgbb. Nr. 68; fol. 29 H 1-3) ist nicht möglich. Mit den „Neuesten" (S. 99), auf die angespielt wird, scheint u.a. Friedrich Schlegel gemeint zu, denn Ranke zitiert im folgenden Nebensatz fast wörtlich aus dessen *Geschichte der alten und neuen Litteratur* (vgl. KA 6, S. 90). Umfangreich exerpierte Ranke daraus erst nach dem 4. 3. 1817 (fol. 38 I B 93-101, z.T. ediert als WuN 1, Nr. 495). Allerdings bietet das keinen sicheren zeitlichen Anhaltspunkt, da Ranke dort die fragliche Stelle noch einmal, aber freier nachschrieb (fol. 95). Eine Randnotiz nach Fichte (WuN 1, S. 98) und die Betonung des „Willens" und der „sittlichsten Entschiedenheit" Platons läßt vermuten, daß Tgbb. Nr. 68 nach Rankes Fichte-Studium oder während desselben (2. Hälfte 1816) niedergeschrieben wurde. Eine thematische Verwandtschaft schließlich stellt sie unmittelbar neben Tgbb. Nr. 64 (fol. 38 I B 55-57, 59'), und damit ebenfalls in unbestimmtem Abstand vor die unten (S. 302, Anm. 96) rekonstruierte Phase einer umfangreichen Schlegelrezeption im Frühjahr 1817. (Nur am Rande sei erwähnt, daß das ‚Verzeichnis der benutzten Handschriften' weder in WuN 1 noch in WuN 3 die Hs. fol. 29 H 1-3 aufführt!) - Platon als Vorbild verweist auch darauf, daß Ranke sich zunächst nicht als historischer, sondern als philosophischer Schriftsteller versucht hat: Die sog. *Luther-Novelle*, die auf den 8. 9. 1816 datiert ist, versucht, die Möglichkeit einer Verbindung von sittlich begründeter Entsagung und tätigem Leben literarisch auszuloten.

29 Vgl. Ranke-Nachlaß fol. 38 I B 8-45^{v}: „Über Ästthetik [!] von A. Wendt. 1814. 1815" (vgl. die Hs.-beschreibung in WuN 3, S. 637). Rankes Nachschrift, die nicht ediert ist, bezeugt, daß Wendt, ohne eigentlich Systematiker zu sein, streng nach Gattungen vorging (über Dichtung, bildende Kunst und Musik bis zu den „abgeleiteten Künsten"). Die Vorlesung konnte Ranke umso weniger ansprechen, als der Literaturtheorie darin das idealistische und sogar religiöse Moment fehlt, das sie in Wendts *Reden über die Religion* (1813) auszeichnet (vgl. S. 106-109). Ob Ranke diese *Reden* gekannt hat, scheint freilich relativ unerheblich, da sie seine schon in Pforta gewonnene Kunstauffassung nur noch bestäti-

fang 1818 hoffte er deshalb auf eine Zeit, „wo das ekle Gerede der Ästhetiken verschwunden" sein würde.[30] Abgelehnt wird zum einen der Klassifikationseifer der Schulästhetik und zum anderen ihre Vernachlässigung des künstlerischen Gegenstands, der 'Wirklichkeit'. Beidem wird Goethe als Vorbild entgegengestellt: „Ihm strebt nach, ihr Dichter, kriecht nicht in euer hohles Innre zurück, sondern greift in das Leben ein und vermischt eher euer innres Ideal mit der lebenden Wirklichkeit."[31] Goethe so zu verstehen, mußte Rankes Entwicklung zum Geschichtsschreiber in doppelter Hinsicht beeinflussen. Zum einen erleichterte die Verpflichtung des Dichters zur ‚Objektivität' die Hinwendung zu den (vermeintlich) objektiv gegebenen Gegenständen der Geschichte. Zum anderen kann man Rankes letztlich autorzentrierten Zugang zur Dichtung als Vorwegnahme seiner Annäherung an die Geschichtsschreibung nicht über deren Theorie, die Historik, sondern über ihre antiken Vertreter verstehen. Ja, von der Ästhetik, um die er sich eine Zeitlang recht

---

gen und ausbauen konnten.

30 Aus den Papieren eines Landpfarrers - WuN 3, S. 475; vgl. dahin führend Tgbb. Nr. 56 [1816], 189f. [1816/17] - WuN 1, S. 91, 170f. Ein induktives Ästhetikverständnis formuliert auch: Vom Einfluß der Theorie (1832) - Geschichte und Politik, S. 73. Daß Ranke zur selben Zeit Jean Pauls *Vorschule der Ästhetik* exerpierte (vgl. Tgbb. Nr. 496 [1815/17] - WuN 1, S. 490f.), kann diese Aversion sogar bestätigen, geht doch Jean Paul unsystematisch und eher induktiv vor und vertrat er doch eine ausgesprochen realiengesättigte Dichtung.

31 Tgbb. Nr. 192 [1816/17] - WuN 1, S. 172. Hier wie schon in der Valediktionsarbeit („Ita quamquam summus artifex est, in omnibus tamen ipsius cognoscimus indolem et naturam, ipsius mentem et ingenium" - WuN 3, S. 118) wird Goethe als trotz ausgeprägtester Individualität 'objektiver' Dichter präsentiert. Das ist natürlich nicht (nur) eine 'induktive' Erkenntnis Rankes, sondern entspricht und entstammt wohl der Tradition von Goethedeutungen, wie sie Wilhelm von Humboldts *Über Göthes Herrmann und Dorothea* (1799 - vgl. Werke Bd. 2, S. 157-161) etablierte. Und diese Objektivitätsforderung hat eine polemische Spitze: „Daß nicht unser Vaterland voll wüsten Unsinns und abenteuerlicher Gaukeleien werde." Das ist wohl gegen manche Ausprägungen der romantischen Dichtung gerichtet, in deren „ästhetischen Überlieferungen" Ranke keineswegs „vollkommen", wie Rudolf Haym schrieb, wurzelte (Die romantische Schule. 2. Aufl. Berlin 1906, S. 850, zit. nach Friedrich: Jugendentwicklung, S. 19). Zur möglichen Prägung von Rankes Goethebild gleichwohl durch Friedrich Schlegel vgl. unten Anm. 57. Von den Romantikern, auch den heute weniger bekannten, sind in Rankes frühen Schriften, Notizen und Briefen nur Friedrich Schlegel (als Literaturkritiker und -historiker - vgl. dazu unten Kap. 1. c.), Novalis (mit einem Zitat aus dessen Fragmenten [Studien zur bildenden Kunst] - Schriften Bd. 2 (1816), S. 176 [dort aus der Überlieferungsordnung herausgenommen]; jetzt Schriften Bd. 2, S. 648, Nr. 476; vgl. WuN 1, S. 169 [mit einer falschen Korrektur von *oder* (so 1816 und bei Ranke) in *und*]) und Wackenroder (mit einem Verweis auf dessen „Phantasien über die Kunst" - WuN 1, S. 197) präsent. Aus einem Brief des Bruders Heinrich an Leopold Ranke läßt sich außerdem noch eine Lektüre von Friedrich de la Motte-Fouquets Dramen nach nordischen Sagen erschließen (vgl. WuN 3, S. 603). Zum „Einfluß der Romantik auf die deutsche Geschichtsschreibung" neben dem engeren Sinne literarischen vgl. den Aufsatz von Ernst Schulin (in: ders.: Traditionskritik, S. 24-43, zu Ranke: S. 36-39).

stark bemüht hatte, so enttäuscht worden zu sein scheint seinen atheoretischen Zugang zur Historiographie geradezu konditioniert zu haben.

δ. So deutlich die disponierende Wirkung von Rankes poetologischer Beschäftigung mit Goethe für seine spätere Geschichtsschreibung schon geworden ist, so unmißverständlich hat Ranke selbst seiner Hoffnung Ausdruck gegeben, gerade von dem Dichter Hilfe auf historischem Gebiet zu erfahren. Sich selbst die Aufgabe stellend, aus dem Verstehen des Besonderen das Allgemeine in seiner prozeßhaften Entwicklung rekonstruieren zu können, ruft er ihn an:

> daß mich Dein Geist besuchte, Siebzigjähriger, – daß sich auf dem festen Boden des Historischen das Ideale wahrhaft erhübe: aus den Gestalten, die da gegeben sind, was nicht gegeben ist, herausspringe! – Daß uns Blut zu Gold werde! – –[32]

Was Ranke von Goethe lernen möchte, ist die Idealisierung des Tatsächlichen. Vom Geschichtsverständnis des Weimarers kann er das nicht herleiten;[33] vielmehr ist es dessen Kunst, die ihm jene Operation vorbildlich vor Augen stellt. Daß Ranke selbst, im Unterschied zu Goethe, auf dem „festen Boden des Historischen" operieren will, gilt ihm als unerhebliche Kontextbedingung, da beides, Literatur und Historie, eine „Einsicht" in das „Geistige" gewinnen und dieses darstellen müsse: „Jede Darstellung [...] muß durchaus und allemal ideal sein, die Einsicht, die Philosophie, die Idee darstellen. Und das ist die Kunst."[34] Wo Ranke sich zum ersten Mal als Historiker begreift, schließt er

---

32 Tgbb. Nr. 196 [ca. 4. 3. 1817] – WuN 1, S. 174. Die Datierung ergibt sich daraus, daß die Vorderseite des Blattes, auf das Ranke dies notierte, einen datierten Entwurf für einen Brief an seinen Bruder Heinrich trägt, vgl. WuN 1, Nr. 195, S. 173. In diesem Brief wird Goethe namentlich genannt, so daß die nicht ganz korrekte Altersangabe nicht irritieren darf.

33 Wo Goethe einmal von dem „realen und idealen Teil" auch der Geschichte spricht, relativiert er diesen Idealitätsanteil gleich wieder dadurch, daß er ihn als einen „Kredit" identifiziert, der „eine durch reale Leistungen erzeugte Idee der Zuverlässigkeit [des geschichtlichen Verlaufs, D.F.]" sei (Maximen und Reflexionen, Nr. 220-222 – HA 12, S. 396).

34 Tgbb. Nr. 195 [4. 3. 1817] – WuN 1, S. 174. ‚Einsicht' bestimmt Ranke dabei als „klare, volle, gelebte" etwas näher (vgl. auch WuN 3, S. 341). Das mag als ein gewisser Anhaltspunkt dafür dienen, daß sein Begriffsgebrauch sich hier von der Tradition des „intuitus als reiner intellektueller Anschauung" herleitet (vgl. W. Halbfass: Einsicht, einsichtig. – In: Hist. Wb. d. Phil. Bd. 2, Sp. 414f., ebd. aber auch zu einer im 18. Jahrhundert gängigen weiteren Bedeutung von „jedem grundlegenden Wissen und Erkennen". Der präziseren Bedeutung steht z.B. der Gebrauch von „klarer Einsicht" beim späten Fichte nahe, vgl. Über die Bestimmung des Gelehrten [veröff. 1812] – Werke [Ed. Medicus] Bd. 5, S. 652-656). Prägnanter – und ein wenig ins Ästhetische gewandt – wird der Begriff an eine jener Stellen verwandt, die Ranke aus Schlegels *Geschichte der alten und neuen Litteratur* exerpiert. Schlegel spricht dort von „dem klaren Verstand und der rechten Einsicht, von den jene [die eben an Fichte und Tieck exemplifizierte, D.F.] Tiefe und Fülle der Ver-

sich mithin dem historisch exzeptionellen Deutungs- und Erkenntnisanspruch der goethezeitlich-idealistischen Kunst an, ihrem Anspruch, „durch Bild und Abbild die *Geistmäßigkeit alles Wirklichen in die Sinne fallen zu lassen* und damit Totalität erfahrbar zu machen."[35] Die Kunst gibt hier das Paradigma einer Integrationsdisziplin ab, die scheinbar divergenten Erkenntnisansprüchen gerecht zu werden vermag. Sie nimmt das „Leben" in seiner empirischen Qualität (metaphorisch durch ‚Blut' vertreten) auf, entdeckt als Trägerin einer ursprünglich ‚philosophischen' Operation dessen ‚geistige' Substanz (das „Mark des Seins") und bringt diese zur (‚goldenen') „Erscheinung".[36] Was Ranke als das Philosophische ansieht, also die Entdeckung des Wesens hinter der Erscheinung, gehört auf jeden Fall zur Kunst, während das Historische lediglich einen möglichen Anwendungsfall des künstlerischen Verfahrens darstellt. Umgekehrt gilt hingegen: Um seiner ‚einsichtigen' Erkenntnis willen *braucht* das Historische die ‚Verwandlung von Blut in Gold', die die (Goethesche) Kunst leistet.

Daß Goethes Kunstverständnis damit nicht verkannt ist, belegen die bisherigen Bemerkungen zur klassischen Konzeption einer ‚wissenschaftsgestützten Kunst', geht es doch auch Goethe um künstlerische Wesenserkenntnis. Seine Dichtung gilt Ranke offensichtlich als beispielhafte Durchführung eines bis ins Metaphysische reichenden, aber induktiven Erkenntnisverfahrens. Tatsächlich versuchen Ranke wie Goethe, das Wesen, als Idee oder Urphänomen, mehr in als hinter der Erscheinung zu erkennen. Die Geschichtsschreibung des ersten erhält infolgedessen eine symbolische Struktur, wobei Ranke seit den *Römischen Päpsten* entschlossener auf die Erfassung und auch Aussprache des im Besonderen inkorporierten Allgemeinen ausgeht

---

nunft und der Fantasie nur die einzelnen Elemente sind, die einzeln nie zum Ziele führen." (KA 6, S. 412). Rankes Exzerpt übernimmt davon allerdings nur eine nicht mehr näher spezifizierte Forderung nach „rechte[r] Einsicht" (Ranke-Nachlaß, fol. 38 I B 101^{v}).

35 Spies: Politische Kritik, S. 210.

36 Tgbb. Nr. 195 - WuN 1, S. 174. Die Blut-Gold-Metaphorik geht vielleicht auf die alchemistische Vorstellung von einem ‚aurum potabile' zurück; das geschmolzene Gold wird dabei auch als goldenes Blut bezeichnet, vgl. Goethe-Wörterbuch Bd. 2, Sp. 809; Franz Koch (Goethe und Plotin, S. 239) nennt das aurum potabile ein „Symbol für den Drang nach dem Erfassen der göttlichen Lebensquelle". Laut Goethe-Wörterbuch fand dieses Bildfeld in Goethes Werk jedoch nur einmal Eingang: Faust II, V. 5712, welcher Teil des Dramas zudem erst 1828 erschien (vgl. HA 3, S. 480). Wie eine Erzmetaphorik sowohl ins Blutige („hundert Adern") als auch ins Goldene („Da sprühen Funken in der Nähe / Wie ausgestreuter goldner Sand.") umschlagen kann, führt aber auch *Faust I* (Vv. 3916-3931) vor. Zur Stellung des Goldes als des „vielleicht zentralsten Ursymbols Goethes überhaupt" vgl. Emrich: Symbolik, S. 148f., 187-200, Zitat S. 192: Da in ihm „sowohl alle vitalen, biologischen Kräfte des Lebens, wie alle höchsten ideellen Kräfte des Geistes" gefaßt sind, deckt seine Symbolbedeutung bei Goethe freilich das von Ranke mit ‚Gold' *und* ‚Blut' Metaphorisierte gleichermaßen ab.

als sein Vorbild.[37] Des Historikers Empirie ist nicht so „zart" wie die von Goethe projektierte, sondern „bedachtsam und kühn".[38] Und er scheint, wenn er eine philosophisch vorgeprägte ‚Einsicht' der Darstellung zugrundelegt, die ästhetische Erfahrung nicht so konsequent zu monopolisieren wie der Dichter, der – nicht anders als die frühromantische Ästhetik – dem „Schönen" eine exklusive Erkenntnisleistung zubilligt, denn es sei „eine Manifestation geheimer Naturgesetze, die uns ohne dessen Erscheinung ewig wären verborgen geblieben."[39] Je höher Rankes Erkenntnisstreben sich aufschwingt, desto ‚symbolischer' wird es allerdings: Die „in der Tiefe waltenden, alle beherrschenden geistigen Gesetze" seien nur der „ahnenden Erkenntnis" zugänglich.[40] Ebenso sei „die göttliche Ordnung der Dinge [...] nicht gerade nachzuweisen, aber doch zu ahnen".[41] Im Kontext einer antispekulativ verstandenen Wissenschaft ist ein solches Erkenntnisstreben nichts weniger als selbstverständlich. Diese Irritation mag sich indes mildern, wenn man davon ausgeht, daß der Literatur um 1800 und auch noch des späten Goethe ein analoger Erkenntnisanspruch das Gepräge gegeben hat.[42] Ohne die symbolische Struktur der goethezeitlichen Dichtung ist das historistische Wissenschaftsverständnis kaum erklärbar – sowohl in der Grundform eines das Gegenständliche nicht reduzierenden Hindeutens auf ‚Geistiges', ‚Allgemeines' o.ä. als auch in der zugespitzten Form des andeutenden Ausdrucks des szientifisch prinzipiell nicht Erfaßbaren. Auf dieser gemeinsamen Grundlage strebt Rankes Geschichtsschreibung letztlich sogar weiter als Goethes Poesie: Erhält der Künstler „der Dichtung Schleier" lediglich „aus der Hand der Wahrheit", so verhüllt der Schleier der „Geschichte das Allerheiligste": die Gottheit.[43] Als Symbol des Göttlichen

---

37 Vgl. Goethe: Maximen und Reflexionen, Nr. 15 (veröff. 1840 aus dem Nachlaß), 751, 752 (zwischen 1818 und 1827) – HA 12, S. 366, 471. Die ‚späten' Veröffentlichungsdaten deuten darauf hin, daß eine solche Feststellung von Unterschieden nicht Anspruch darauf erheben kann, das Verhältnis von Rankes und Goethes Position in diesem Punkt so rekonstruieren zu können, wie jener es sah.

38 Goethe: Maximen und Reflexionen, Nr. 509 (1829) – HA 12, S. 435; Ranke: Politisches Gespräch – Geschichte und Politik, S. 94.

39 Maximen und Reflexionen, Nr. 719 (zwischen 1818 und 1827) – HA 12, S. 467.

40 Ranke: ebd., S. 93; vgl. Idee der Universalhistorie – WuN 4, S. 83.

41 Ranke an Otto von Ranke, 25. 5. 1873 – Brw., S. 518f.

42 Vgl. Goethe: Versuch einer Witterungslehre – HA 13, S. 305: „Das Wahre, mit dem Göttlichen identisch, läßt sich niemals von uns direkt erkennen, wir schauen es nur im Abglanz, im Beispiel, Symbol, in einzelnen und verwandten Erscheinungen; wir werden es gewahr als unbegreifliches Leben und können dem Wunsch nicht entsagen, es dennoch zu begreifen."

43 Goethe: Zueignung, V. 96 – HA 1, S. 152. Das Parallel-Zitat vom „Schleier" der Geschichte entnehme ich den *Reden über die Religion* von Rankes Leipziger Lehrer Wendt (S. 21); sachlich Übereinstimmendes bei Ranke z.B. in dem Brief an den Bruder Heinrich, Ende März 1820 – Brw., S. 18.

aber gewinnt die Geschichte höchste Dignität – die sich dann auch der Wissenschaft von der Geschichte mitteilt.[44]

ε. Bestätigt sich also aus den überlieferten Quellen die Erinnerung, daß in der Leipziger Zeit „über allem [...] der Name Goethe" geschwebt habe (SW 53/54, S. 59), so wendet sich Ranke spätestens seit den 1830er Jahren von diesem Leitstern und dessen kunstautonomer Ästhetik ab: „Goethes spätere Sachen leiden, wie mir scheint, sämtlich daran, daß sie die Literatur als selbständig, gemacht, zu machen ins Auge fassen."[45] Jetzt ist der Dichter ihm „wirklich zu modern" (SW 53/54 ebd.); seine ursprüngliche Legitimation, „die Alten fast zu unserm eignen Besitz gewonnen" zu haben,[46] galt nur für den ‚klassischen' Goethe. Hier zeigt sich, daß Goethes überragende Stellung im Denken des jungen Ranke sich mehr seiner Wiederaufnahme und Erneuerung antiker Dichtungsformen und antiken ‚Geistes' (der ‚Homerischen Gegenständlichkeit') verdankte als dem, was seine Modernität ausmacht: der internen Reflexivität und dem jenseits aller ‚exakten Phantasie' autonomen Status seiner Literatur.[47]

Überhaupt zeigt Ranke zum Zeitpunkt dieser Kritik ein merklich verengtes Literaturverständnis: Die künstlerische Leistung der „Poesie" reduziert er nun auf „das Vermögen der Wiederhervorbringung". Die bekannte Definition des Kunstcharakters der ‚Historie' aus der „Idee der Universalhistorie" – diese sei „Kunst, indem sie das Gefundene, Erkannte wieder gestaltet, darstellt" –[48] stellt zwar keine volle *Kunst*definition dar, erhellt aber gleichwohl, daß der Historiker es für möglich hielt, Poesie als bloße Darstellung von Vorgefundenem ohne ‚Nebenwirkungen' zu instrumentalisieren, unabhängig davon, ob sie nolens volens mehr leistet. Die poetische Form ist damit wieder zur ‚Einkleidung' zurückgestuft; der emphatische Anspruch der goethezeitlich-

44 Vgl. Ranke an seinen Bruder Heinrich, Ende März 1820 – Brw., S. 18.

45 Tgbb. Nr. 186 [um 1848] – WuN 1, S. 186. Ranke trifft hier überraschend gut Goethes Verständnis einer „vollkommen selbständigen" Kunst, die zugleich ihr eigenes Reflexionsmedium ist dadurch, daß sie „ihre eigenen Gesetze entschieden aussprechen und bewähren" muß (Goethe an Beuth, 22. 2. 1831 – WA IV, 48, S. 126). Weitere distanzierte bis ablehnende Äußerungen: Nr. 206 [Ende 1830er Jahre] – S. 180 und Nr. 210 [1840er Jahre] – S. 181f.

46 Die Vorstellungen der Griechen, Römer und Deutschen von dem Ideal der Erziehung (12. 10. 1818) – WuN 3, S. 495.

47 Zur Reflexivität der Goetheschen Altersdichtung vgl. z.B. den *Sonetten*-Zyklus (HA 1, S. 294-303) mit seiner innerlyrischen Thematisierung des Verhältnisses von Poesie und Leben, den ironisch-auktorialen Erzähler in *Wilhelm Meisters Wanderjahren* oder die Spiegelungstechnik der *Wahlverwandschaften*. Ranke dagegen nimmt in seinen Vorbehalten die antireflexive Wendung vorweg, die der ‚Realismus' der Poetik verordnete (vgl. Eisele: Empiristischer Realismus, S. 87-89).

48 WuN 4, S. 72 [1831 bzw. 1831/32].

idealistischen Kunst auf eine privilegierte Welterkenntnis spielt für Rankes Historiographiekonzept nun keine anerkannte Rolle mehr.[49] Sein Literaturbegriff fällt hinter Herders Einsichten in den poietischen Charakter der literarischen Form, in die Funktion literarischer Muster als Apperzeptionsschemata und in die Untrennbarkeit von Form und Inhalt zurück. Allerdings scheint er in der „Erzählung", „auf ihren Kern und Inhalt" zurückgebracht, auch später noch das Strukturprinzip von dargestellter Geschichte auszumachen.[50] Ohnehin erlitt seine Geschichtstheorie *in aestheticis* einen Verlust, der den mit ästhetischer Hilfe schon eingefahrenen historiographie*praktischen* Gewinn als solchen nicht mehr schmälern konnte. Was in Rankes Geschichtswissenschaft vermißt werden kann, ist also vor allem die adäquate Begründung oder auch nur Anerkennung der nach wie vor ‚ästhetischen' Praxis.

Die Funktionsbestimmung literarischer Verfahren in der „Idee der Universalhistorie" unterscheidet sich deutlich von dem, was der junge Ranke zur Interferenz von ‚Wissenschaft' und ‚Kunst' geäußert hat (und hier z.T. schon zitiert wurde). So bietet sich dem Betrachter die verwirrende Lage, daß Ranke die schon anerkannte Verschränkung wissenschaftlicher und künstlerischer Verfahren zum größten Teil wieder aufhebt, sobald die Geschichte ihr Objekt wird. Auch dann widerspricht er zwar einem „Gegensatz zwischen Kunst und Wissenschaft", vollzieht aber eine klare Aufgabentrennung. In der Geschichtswissenschaft komme beides zusammen: Wissenschaft, „indem sie sammelt, findet, durchdringt; Kunst, indem sie das Gefundene, Erkannte wieder gestaltet, darstellt".[51] Rankes theoretische Position zwischen Objektivitätsvertrauen und Konstruktionsbewußtsein hängt jetzt daran, wie die Operationen des Gestaltens und Darstellens versteht.

Was er von Schillers und Goethes Konzept einer ‚kunstvollen Wissenschaft' und einer ‚wissenschaftsfundierten Kunst' explizit noch einmal aufgreift, ist letztlich nur der Gedanke, daß die „freie und große Form" der Kunst „nur aus

---

49 Vgl. Ranke: Deutsche Geschichte im Zeitalter der Reformation – GA 7, 1, S. 173: „Die Künste sind nicht dazu bestimmt, Ideen hervorzubringen: sie haben ihnen eine Gestalt zu verleihen" (das Präsens signalisiert hier den Maximencharakter des Satzes; vor- und nachher im Text steht das Präteritum).

50 Tgbb. Nr. 258 [um 1840] – WuN 1, S. 240.

51 Ranke: Idee der Universalhistorie – WuN 4, S. 72. Wenig später scheint Ranke auf die frühere Interdependenz-Position zurückzuschwenken, wenn die Historie „nie das eine ohne das andre" sein kann (S. 73). Daß damit jedoch nicht ein poetisches Bedürfnis von ‚Wissenschaft' gemeint ist, erweist sich schon im übernächsten Satz: in Vorlesungen z.B. erscheine die Historie „nur als *Wissenschaft*". – Trotzdem ist es üblich, mit der „Idee der Universalhistorie" Rankes ‚ästhetische' Auffassung von Wissenschaft zu belegen. Inwiefern Ranke ‚Wissenschaft' und ‚Kunst' tatsächlich in einer Interdependenz, nicht nur in einer Arbeitsgemeinschaft sah, kann so natürlich nicht ermittelt werden.

dem mit dem Geiste vollkommen Ergriffenen hervorgehen" kann.[52] Eine „lebendige Kenntniß" aufgrund von „tiefer und erschöpfender Forschung" ermögliche erst die „Schönheit der Form". Umgekehrt ist es der „Künstlertrieb", der einen Gegenstand vollständig zu durchdringen und erkennen drängt.[53] Immerhin erhebt Ranke also das Kunstwerk zum Ideal vollendeter Erkenntnisarbeit. So möchte er, wie er seinem Bruder anvertraut, „auch selbst edle und schöne Werke hervorbringen".[54] Die Schönheit der Form kollidiert nicht mit der „Wahrheit" des Erforschten, wenn beides vollkommen ist. Das aber ist ein prekärer Ausgleich, denn Ranke weiß, daß damit „ein Ideal" aufgestellt ist, „das kaum jemals erreicht worden und unendlich schwer zu erreichen ist". Deshalb bescheidet er sich vor der Öffentlichkeit mit dem Streben nach „wissenschaftlichem Verdienst" (SW 12, S. 6). Durch die vorherige Anerkennung einer formenden, nicht bloß reproduktiven Wirkung des künstlerischen Anteils der Geschichtsschreibung ist die Naivität dieses Rückzugs jedoch schon überholt. Daß sich wissenschaftliche Forschung und künstlerische Formung nicht nebeneinander und unabhängig voneinander vollziehen, erkennt Ranke in der zitierten Passage der *Französischen Geschichte* an, aber er gelangt, je mehr er als professioneller Historiker spricht, desto weniger dazu, diese Interdependenz als Bedingung aller geschichtswissenschaftlichen Arbeit zu reflektieren. Diese Scheu vor der Problematisierung des einmal gefundenen Ausgleichs entspricht der Ablehnung der gesteigert selbstreflexiven Dichtung des späten Goethe. Von seinem Vorbild koppelt Ranke sich wissenschaftstheoretisch und literarästhetisch aus denselben Gründen ab. Wo er sich von Goethe trennt, kann man zugleich aber eine Grenze seiner historiographischen Modernität ziehen.

c) Der das „Empirische mit der Idee vermählt"[55]: Friedrich SCHLEGEL und die idealistische Geschichtstheorie

Während Rankes Goethe-Nähe eine gängige Formel der Forschung darstellt, der Historiker gar als „Goethe der Geschichtsschreibung" tituliert wurde,[56] ist seine kaum weniger bedeutsame Beziehung zu Friedrich Schlegel nur selten und dann nur beiläufig Thema gewesen.[57] Schlegel war dem jungen Ranke

---

52 Französische Geschichte - SW 12, S. 6. Das folgende Zitat ebd.

53 Tgbb. Nr. 129 [1814] - WuN 1, S. 139.

54 An Heinrich Ranke, 30. 11. 1832 - Brw., S. 252.

55 Ranke: Tgbb. Nr. 242 [1816/17] - WuN 1, S. 233; zum Kontext vgl. unten S. 321.

56 Gooch: Geschichte, S. 114.

57 Als „allerwichtigsten Anreger von romantischer Seite" bezeichnete Elisabeth Schweitzer

jedoch weit mehr als ein Informant für Literaturkritik und -geschichte[58]. Allerdings hat dieser die Quelle, aus der er schöpfte, nicht immer kenntlich gemacht, so daß eine Untersuchung möglicher Gedankenverbindungen mitunter auf Rekonstruktionen angewiesen ist. Hier nun soll nun zunächst die Vorbildhaftigkeit von Schlegels (Literatur-) Geschichtsschreibung für Ranke nachgewiesen werden (α.). Dabei werden auch Grenzen der Rezeption sichtbar (β.). Schlegels eminente Beiträge zur Theorie des goethezeitlichen Romans lassen sodann danach fragen, in welches Verhältnis zu derselben die Historik geriet, nachdem sie eine Ästhetisierung der Rankeschen Art erfahren hatte (γ.). Schließlich fordert Schlegels avancierte Position dazu heraus, die Reich-

Friedrich Schlegel, um aber bei der Feststellung einer „auffallenden Übereinstimmung zwischen seiner Auffassung von Literatur und der Behandlung literarischer Dinge in Rankes Geschichtschreibung" stehen zu bleiben (GA 7,6, S. 380, vgl. ebd., S. 381, 386). Damit ist nur der unspektakulärste Einfluß angedeutet (vgl. dazu z.B. Rankes Einleitung zu seiner literaturgeschichtlichen Vorlesung von 1827 [WuN 4, S. 62-64] mit Schlegels *Geschichte der alten und neuen Litteratur* [KA 6, S. 7, 9] und Rankes Exzerpten daraus [z.T. Tgbb. Nr. 495 (nach März 1817) - WuN 1, S. 489]). Zemlin: Geschichte, S. 193f., geht, soweit ich sehe, als einziger den „Anschauungen Schlegels als einer Wurzel Rankeschen Geschichtsdenkens" in der Weise nach, daß er die *Geschichte der alten und neuen Litteratur* selbst heranzieht. Zu einer Relation von Schlegels und Rankes Auffassungen gelangt Zemlin jedoch nicht, und die Anleitung, die jener hinsichtlich der historiographischen Darstellung diesem hat geben können, wird von seiner Fragestellung gar nicht berührt. Die historiographiegeschichtlich vielversprechende Frage nach der ‚Vorarbeit' der Romantiker für die narrativistische Geschichtstheorie stellt Richard Brinkmann; denjenigen, der nach unserem Befund den wirkungsvollsten Beitrag zur Schaffung einer modern-narrativen Geschichtsschreibung leistete: Friedrich Schlegel, schließt er aus seiner Betrachtung jedoch aus (vgl. Geschichte und Geschichten). Ernst Schulin schließlich (Der Einfluß der Romantik auf die deutsche Geschichtsforschung - Traditionskritik, S. 24-43, hier S. 38) stellt - ohne Nachweis - fest: „Schlegels Wiener Vorlesungen über die neuere Geschichte [...] wurden bestimmend für ihn [Ranke] mit ihrem Blick für die Kontinuität des geschichtlichen Ablaufs, für die Individualität der Zeiten, Staaten, Stände und Kirchen, für den christlich-europäischen Völkerverein." Vgl. ders.: Erfassung, S. 148. - 1828 in Wien begegneten sich Ranke und Schlegel dann auch persönlich (vgl. Brw., S. 128f., 146).

58 Auf diesem Feld scheint nicht zuletzt Rankes Goethe-Verständnis von Schlegel beeinflußt zu sein. Jedenfalls nimmt dessen „Versuch über den verschiedenen Styl in Goethes früheren und späteren Werken" - als letzter Teil des „Gesprächs über die Poesie" 1800 in jenem zweiten Stück des dritten Bandes des *Athenäums* erschienen, dem Ranke möglicherweise auch die von ihm in WuN 3, S. 479 zitierten Verse aus Schlegels Gedichts „An die Deutschen" entnahm (dort auf S. 165-168; weitere Drucke allerdings in Gedichtsammlungen von 1809 und 1816, vgl. KA 5, S. 298) - zwei Kernpunkte von Rankes Deutung vorweg: Goethes Begründung eines neuen Zeitalters der Poesie (bei Ranke: der Tragödie) durch eine Zusammenfassung der „ganzen Poesie der Alten und der Modernen" (KA 2, S. 347; vgl. WuN 3, S. 117f.) und seine Verbindung einer „im höchsten Grade objektiven" Darstellung mit der Erkennbarkeit der „bestimmten Individualität" des Dichters (KA 2, S. 345; vgl. WuN 3, S. 118). Überdies findet sich bereits in Schlegels Goethe-Interpretation Rankes Betonung der produktionsästhetischen Bedeutung von „Ideen" (vgl. KA 2, S. 344, 347, sowie oben S. 301).

und Tragweite von Rankes Ästhetisierungskonzept für die Geschichtsschreibung im weiteren Epochenkontext (Hegel, Schelling) abzuschätzen (δ.)

α. Den quantitativ reichsten Niederschlag von allen Werken Schlegels hat dessen *Geschichte der alten und neuen Litteratur*[59] gefunden. Ranke exerpierte sie im Frühjahr 1817 auf achtzehn Oktavseiten, von denen zweieinhalb ediert sind.[60] Zu dieser Zeit hatte er bereits sein Studium antiker Historiker begonnen; die zeitgenössischen befriedigten ihn mit Ausnahme Niebuhrs dagegen nicht.[61] Aber auch der Verfasser der *Römischen Geschichte* hat ihn nicht lehren können, was er augenscheinlich und nach eigenem Bekenntnis von Schlegel gelernt hat. In der Tat gab dessen Literaturgeschichte Ranke vor allem Auskunft über die Aufgaben und Möglichkeiten moderner Geschichtsschreibung, folgt sie doch, wie auch andere Werke Schlegels, Prinzipien, die Rankes Bestimmung der Geschichtswissenschaft vorwegnahmen.

Schlegels *Geschichte* stellte einen neuartigen Typ von Historiographie dar. Das kann nicht nur ein Vergleich etwa mit Johann Gottfried Eichhorns *Geschichte der Litteratur* (1805-11) evident machen, sondern ist auch ihr Programm:

> Eine eigentliche Literargeschichte, mit einer Fülle von Zitaten, oder biographischen Nachrichten wird man hier nicht erwarten. Meine Absicht war, und konnte keine andere sein, als den Geist der Literatur in jedem Zeitalter, das Ganze derselben, und den Gang ihrer Entwicklung bei den wichtigsten Nationen vor Augen zu stellen.[62]

Die im herderschen Sinne historistische Prägung dieses Programms ist nicht zu verkennen; mit einem idealistischen Akzent stellte sich der Literarhistoriker Schlegel überdies auf eben den Standpunkt, den die deutsche Dichtung nach seiner (und auch Rankes) Einschätzung selbst erreicht hatte, denn „Ideenreichtum" sei der „eigentlich unterscheidende Vorzug" der jüngsten Zeit (1788-1802)[63]. So bildete die *Geschichte der alten und neuen Litteratur* die denkbar schärfste Antithese zu den Handbüchern gleich welchen Stoff-

---

59 Vorlesungen zu Wien im Jahre 1812. Bd. 1-2. Wien: Schaumburg 1815, in der Fassung der *Sämmtlichen Werke* 1822 in KA 6 (im folgenden nach dieser Ausgabe zitiert unter Berücksichtigung der Varianten von 1815).

60 Ranke-Nachlaß fol. 38 I B 93-101, vgl. Tgbb. Nr. 495 - WuN 1, S. 486-489, und die Editionsnotiz auf S. 510 (mit einem falschen Schlegel-Titel und einer falschen Nr. [496 statt 495]). Ranke exerpierte die *Geschichte* in zwei Durchgängen; der zweite (nicht edierte) zweckt stärker als der erste auf eine Zusammenfassung der informativen Gehalts ab. Mit ihm beginnen zwei neue Lagen (allerdings gleichen Papierformats; fol. 38 B I 94-97 und 98-101), so daß er auch später entstanden sein könnte.

61 Vgl. SW 53/54, S. 28, 31, 59.

62 KA 6, S. 6. Vgl. S. XXXI-XLIV, und Weimar: Geschichte, S. 274-280, über Schlegels Stellung in der Geschichte der Literaturgeschichtsschreibung.

63 KA 6, S. 396; vgl. S. 408.

gebietes, die das Erscheinungsbild der Aufklärungshistorie prägen und die auch Christian Daniel Beck, Rankes philologischer Lehrer in Leipzig, noch verfaßte[64]. Sie repräsentierte eine ‚Lösung' der historiographischen Probleme der Aufklärungshistorie, die die deutsche Geschichtsschreibung (noch) nicht zu bieten hatte. Schlegel hatte jene ‚Durchdringung' des (historischen) Phänomens auf den es regierenden ‚Geist' hin vollzogen – wohlgemerkt auf der Basis seiner beispiellosen Beherrschung –, die Ranke sich als Aufgabe stellte.

Vorbildlich für diesen mußte jener werden, weil der gewonnene Darstellungsvorteil unübersehbar war: Die Ebene der vielen disparaten Einzelheiten und widerstrebenden Tendenzen, d.h. hier die unzähligen Autoren und ihre literarischen Fehden, zu verlassen erwies sich als „das sicherste Mittel, manche sonst störende Widersprüche zu lösen" (S. 392). Welche Kohärenz ein historiographisches Werk gewinnen kann, so zeigte sich hier, hängt auch von der Ebenendifferenzierung des angelegten Geschichtsmodell und davon ab, auf welcher Ebene Kohärenz entstehen soll. Freilich betrieb Schlegel sein Abstraktionsspiel mit ironischem Überschwang: Selbst die Namen herausgehobener Autoren spart er aus, um sie durch ihr geistiges Profil nur bzw. viel wesentlicher kenntlich zu machen.[65] Innerhalb der von ihm postulierten literatur- und geistesgeschichtlichen Epochen fragt er sodann nach der „welthistorischen Deutung" der Phänomene. Wieder möchte er dabei nicht „bloß im Äußern und einzelnen" befangen bleiben. So sieht er „als allgemeine Ursache" für die vielen literarischen Fehden des 18. Jahrhunderts „eine große Bewegung im Innern des Menschengeistes": ein Überhandnehmen der Vernunft und das Wiedererwachen der Phantasie (S. 411).[66] Daran noch nicht Rankisches Prinzip ist allein, daß Schlegel den ‚Menschengeist' nicht als Träger einer transzendenten, göttlichen Idee kennzeichnet. Nicht anders als Ranke vermeidet er es schließlich, eine Summe des Ganzen ausdrücklich zu ziehen: Der in Steigerungen sich vollziehende Konflikt von Vernunft und Phantasie bildet das von ihm gewählte Moment des „Zusammenhangs", doch nur indem er auf ihn „überall hinzudeuten" strebt, versucht er, „das Ganze darzustellen, und eine wahre Idee von der Literatur und unserem gesamten geistigen Wirken zu geben" (S. 413). Dem Demonstrativen ist hier bereits der Vorzug vor der Explikation gegeben.

Als theoretisch-methodisches Prinzip der so gewonnenen Darstellungsvorteile gilt Schlegel, daß „ohne den beseelenden Lebensgeist der Philosophie [...]

---

64 Vgl. Beck: Anleitung.

65 Vgl. KA 6, S. 394f., wo er dieses Versteckspiel nacheinander mit Kotzebue, Fichte und Jean Paul treibt.

66 Konsequenterweise gehört auch das zu den Stellen, die Ranke exerpierte, vgl. Ranke-Nachlaß fol. 38 I B 101^{v}.

die Geschichte nur ein toter Haufe unnützer Materialien [ist], ohne innere Einheit, ohne eigentlichen Endzweck, und ohne Resultat." (S. 339) Diesen Satz notiert sich Ranke[67] ebenso wie seine vorausgeschickte Umkehrung, daß die Philosophie ohne den Wirklichkeitssinns der Geschichtswissenschaft weder die Welt begreifen noch die Menschen berühren könne. Und er zieht mit Schlegel den seine geschichtstheoretischen Überlegungen bis mindestens in die 1830er Jahre immer wieder stimulierenden Schluß: „Überhaupt sollten beide immer verbunden sein, Geschichte und Philosophie." Historiographie*geschichtlich* prägnant wird diese Einsicht, wenn man ihren Kontext bei Schlegel berücksichtigt. Als gewichtigsten britischen Beitrag zur Literatur des 18. Jahrhunderts kennzeichnet er die Geschichtsschreibung Humes, Robertsons und Gibbons (vgl. S. 336). Trotzdem ist seine Wertschätzung der drei Autoren nicht vollkommen: Ihnen, und wieviel mehr allen schwächeren Geistern, mangele es an philosophischer Reflexion „über das Woher und Wohin des Menschen", ohne die „es auch über den Gang der Begebenheiten, die Entwicklung der Zeiten, die Schicksale der Nationen, nicht möglich [ist], ein Urteil" zu fällen (S. 338). Wenn eine Auswahl qua Exzerpt etwas über Zustimmung sagen kann, so macht sich Ranke wiederum gerade diese Ansicht zu eigen.[68] Damit aber vollzieht er jene Einsicht nach, die Herder gegen Schlözers universalhistorischen Plan geltend gemacht hatte.[69] Tatsächlich setzte Schlegel seine Kritik an exakt demselben Punkt an: Das ‚philosophische' Defizit zeige sich „nirgends auffallender als in der sogenannten Geschichte der Menschheit, die besonders auch in England vielfach bearbeitet, und von da nach Deutschland verpflanzt ward." (S. 339) In ihrem Fortgang lesen sich Schlegels Verdikte gegen das, was er pauschal als die Geschichtsauffassung des vergangenen Jahrhunderts verurteilt, gar wie eine Belegsammlung für die hier rekonstruierte geistesgeschichtliche Dialektik: Er verdächtigt jene Universalgeschichtsschreibung des Materialismus und setzt kompensatorisch eine „christliche Philosophie" und überhaupt „die Religion" dafür ein, Wesen und Bestimmung des Menschen zu sichern und der Geschichte einen Rahmen von Ursprung und Ziel zu verleihen (S. 339f.).[70] Schlegel stellt demnach, und zwar wie niemand sonst, für den jungen Ranke den problemgeschichtlichen

67 Tgbb. Nr. 495 – WuN 1, S. 488: „ohne Philosophie ist die Geschichte nur ein Haufe von Materialien ohne Einheit, Zweck, Resultat." Das folgende Zitat ebd.

68 Vgl. ebd.

69 Zur Abhängigkeit Friedrich Schlegels von Herder vgl. Hans Eichners Einleitung in KA 6, S. XL-XLII.

70 Diesen historiographischen Ansatz reproduziert nahezu ein späteres Bekenntnis Rankes: „Daß es mir aber an philosophischem und religiösem Interesse fehle, ist lächerlich zu hören, da es just dies ist, und zwar ganz allein, was mich zur Historie gebracht hat" (an Heinrich Ritter, 6. 8. 1830 – Brw., S. 216).

Anschluß an die Historiographie und den Pragmatismus der zweiten Hälfte des 18. Jahrhunderts her.

Schlegel selbst schaffte diesen Anschluß nicht allein dadurch, daß er Historiker und Geschichtsphilosophie der Aufklärung in seiner Literaturgeschichte kommentierte, sondern auch in Form hermeneutischer Reflexionen, wo diese von Condorçets *Esquisse d'un tableau historique des progrès de l'esprit humain* (1795) ausgingen, um derselben eine alternative historische Methodologie entgegenzusetzen.[71] In seiner Rezension – die übrigens in einer „ästhetischen Konstellation" von meist literaturkritischen Arbeiten entstanden ist – verläßt Schlegel das aufklärerische Modell einer systematischen Wissenschaft von der Geschichte, um diese in das Gebiet der Hermeneutik zu ziehen. Jener Historiker erfüllte sein Ideal,

> der mit gleicher Sicherheit den verborgenen Geist des Einzelnen zu treffen, und sich in dem unübersehlichen Ganzen zu orientieren weiß; der bei unverrücktem Streben den allgemeinen Gesichtspunkt im Einzelnen zeigen und aus dem Einzelnen den allgemeinen Gesichtspunkt hervorgehen zu lassen, dennoch die Tatsachen nicht verfälscht und verstümmelt, sondern rein und vollständig faßt, sich die scheinbaren Widersprüche nicht verschweigt, sondern die rohe Masse unermüdet so lange durcharbeitet, bis er Licht, Übereinstimmung, Zusammenhang und Ordnung findet[72].

Die methodologischen Ansätze Herders, das sympathetische ‚Verstehen' des Einzelnen und die Problematisierung des Kontinuitätsmoments der Geschichte, sind hier in einer Weise zusammengebunden und miteinander verschränkt, die vom Beginn moderner historischer Hermeneutik sprechen lassen kann.[73] Das Verstehen des Einzelnen aus dem Ganzen sowie des Ganzen aus dem Einzelnen schließen sich zum hermeneutischen Zirkel zusammen: Was wir bei Kant oder Schiller als geschichtsphilosophisches Interpretationsgerüst fanden, erfährt eine Transformation in ein perspektivisch offenes Vorverständnis, das, durch den empirischen Befund jeweils modifiziert, sich wiederholt dem Material zuwendet. Den Gefahren aufklärerischer Geschichtsbehandlung, Spekulation einerseits und Enzyklopädismus andererseits, kann so methodologisch begegnet werden. Selbst den eigenen Standpunkt muß der

---

71 Vgl. Michel: Ästhetische Hermeneutik, S. 293-300, hier bes. S. 298; ebd. zum unterschwelligen kritischen Bezug zugleich auf Kants *Idee zu einer allgemeinen Geschichte in weltbürgerlicher Absicht*. Das folgende Zitat ebd., S. 344.

72 KA 7, S. 6f.

73 Vgl. dagegen die Isolierung methodischer Prinzipien für die Auffassung der Weltgeschichte im 121. der Briefe zur Beförderung der Humanität (1797) – Herder: Werke Bd. 7, S. 731-737.

Historiker nach Schlegel erst hermeneutisch ermitteln.[74] Diese letzte Problematisierung der Geschichtswissenschaft allerdings haben die historistischen Historiker zugunsten vermeintlich ‚objektiver' Standpunkte oder politischer Parteinahmen nicht übernommen. Überhaupt scheint man von unmittelbaren Wirkungen von Schlegels Skizze einer historischen Hermeneutik nicht ausgehen zu dürfen. Publiziert zwar nicht an einem ganz entlegenen Ort, dem *Philosophischen Journal*, zu dessen Herausgebern zeitweilig Fichte zählte, fehlen bei Ranke, Droysen oder Humboldt Anzeichen einer Rezeption. Ein Vergleich mit den Darstellungsprinzipien der *Geschichte der alten und neuen Litteratur* kann wiederum zeigen, daß jene Hermeneutik auch dort nur entschärft anzutreffen war. Wieder einmal sind es nicht die avanciertesten Positionen, welche die entstehende historistische Geschichtsschreibung sich zu eigen gemacht hat - auf dem vom späteren Schlegel betretenen Weg zum geschlossenen Werk gewissermaßen fortfahrend.

Stärker als die oben zitierten Exerpte in die eigene Terminologie übersetzt ist eine Notiz Rankes, die sich ebenfalls in dem hier thematischen Problemhorizont bewegt und auf Schlegel Bezug nimmt:

> Da die Geschichte eine empirische Wissenschaft ist, begegnet es ihr nur zu oft, daß sie sich in Einzelheiten zersplittert und fern davon ist, was man doch immer an ihr rühmt, die Menschen zu bilden. Nur wer jenes Empirische mit der Idee vermählt, kann den Geist wirklich anziehen. Schlegel hat daher wohlgetan, die Begebenheiten nur in großen Massen aufzufassen und zu beschreiben, weil sich in ihnen die ihnen eigentümliche Grundlage, die göttliche Idee von der Welt, am klärsten ausspricht.[75]

Zunächst einmal bestätigt diese Notiz, daß auch Ranke die Schlegel bewegenden Probleme der historiographischen Darstellung beschäftigten und er von diesem lernen zu können meinte: Die Integration des disparaten Materials hänge von der erreichten Idealisierung des Empirischen ab. Unklar ist allerdings, auf welche Schrift Ranke sich bezieht. Die ‚Begebenheiten nur in großen Massen aufzufassen' kann als Charakterisierung eines Werkes von Friedrich Schlegel nur bedeuten, daß große ‚Massen' dadurch erfaßt werden, daß die Beschreibung nicht zu sehr ins einzelne geht. Wenn auch das Prinzip der *Geschichte der alten und neuen Litteratur* damit getroffen ist: warum sollte Ranke bei Autoren und Werken von ‚Begebenheiten' sprechen? Diese Wortwahl weist eher darauf hin, daß die Vorlesungen *Über die neuere Geschichte*[76]

---

74 Vgl. Michels: Ästhetische Hermeneutik, S. 299.

75 Tgbb. Nr. 242 [1816/17] - WuN 1, S. 233.

76 Jetzt in KA 7, S. 127-407. Zuerst: Fr. Schl.: Ü. d. neuere Gesch. Vorlesungen gehalten zu Wien im Jahre 1810. Wien: Schaumburg 1811. Wieder in: Bibliothek Deutscher Classiker. Fr. Schl.s Werke. Bd. 1. Upsala: Bruzelius 1813. - Ein Werk *August Wilhelm* Schlegels kommt kaum in Frage, da dieser kein im engeren Sinne historisches verfaßt hat. Ranke

gemeint sind. Für Rankes Kenntnis dieser Vorlesungen gibt es keinen positiven Beleg, aber eben dort in der ersten Vorlesung rühmt Schlegel ausdauernd jenen überragenden Wert der Geschichte für die „höhere Geistesausbildung"[77], an den die zitierte Notiz erinnert. Zudem könnte dem künftigen preußischen Lehrer aus dieser Schrift das patriotische Lob für das einige und so sehr deutsche wie europäische Österreich zugewachsen sein, das in den „Papieren eines Landpfarrers" doch einigermaßen unvermittelt in seiner mitteldeutschen Gedankenwelt erscheint.[78] Vielleicht kann man gar von einem ausgeprägten Interesse speziell für Schlegels Arbeiten sprechen; daß Ranke auch aus dessen Grundschrift der deutschen Indologie *Ueber die Sprache und Weisheit der Indier* notierte und sie also wohl las, läßt sich aus seinen sonst bekannten Studien jedenfalls nicht herleiten.[79]

---

kannte allerdings dessen *Vorlesungen über dramatische Kunst und Litteratur* (1809-11); er zitiert (und kritisiert) den „notissimus liber" in „De actione in Graeca Tragoedia" (WuN 3, S. 54). - Am wenigsten Aufschluß darüber, welchen der beiden Brüder Ranke wohl gemeint hat, ist von dem Herausgeber von WuN zu erwarten, denn der spricht kontaminierend von „Aug. Friedr. Schlegel" (S. 53). Zur Quellenfrage vgl. auch die in Anm. 57 zitierte These Ernst Schulins.

77 KA 7, S. 127f. Im Unterschied zu Philosophie und schönen Künsten nehme die Geschichte sogar „die Teilnahme des ganzen Menschen und alle seine Seelenkräfte gleich sehr in Anspuch" (S. 127). Damit beansprucht nach Herder und Schiller auch Schlegel eine anthropologische Bildungsfunktion für die Geschichte.

78 Aus den Papieren eines Landpfarrers (Anfang 1818) - WuN 3, S. 481f. Ranke selbst nennt Woltmann als Gewährsmann (Zu dessen Schrift *Grundideen der österreichischen Monarchie* [1815] vgl. Keibel: Jugendarbeiten, S. 242f.; die von Ranke postulierte Bedeutung Österreichs und des Deutschen für die *Einheit* Europas ist dort aber nicht Thema). - Von Friedrich Schlegel stammt auch das Gedicht „An die Deutschen" (vgl. oben Anm. 58), aus dem Ranke die Vv. 94-99 zitiert (WuN 3, S. 479), und auf ihn weist mit größter Wahrscheinlichkeit die Erwartung, es werde „eine Zeit kommen, wo das ekle Gerede der Ästhetiken verschwunden sein und eine männliche Geschichte der Poesie dafür eingetreten sein wird" (S. 475). Zu Schlegels Propagierung eines „österreichischen Völkerbundes" und seiner Mittelpunktstellung in einem bündischen Europa vgl. KA 7, S. 243, 320, 404f. Eine überraschende Übereinstimmung zwischen Ranke und Schlegel ergibt sich mehr noch durch des letzteren Identifizierung von Völkerwanderung, Kreuzzügen und Entdeckungen als wichtigsten Bildungsstadien der europäischen Neuzeit (vgl. den in KA 7, S. LXXXII, zitierten Prospekt Schlegels zu seinen Vorlesungen): Dieselbe Trias präsentierte Ranke 1824 als jene historischen Momente, die die Einheit der ‚romanisch-germanischen' Völker begründet haben (vgl. Geschichten, S. XVIII). Aus alldem läßt sich jedoch das, was in der Forschung vereinzelt als Schlegelsches Gedankengut identifiziert worden ist (vgl. die in Anm. 57 zitierte These Schulins), nicht ableiten: Rankes Konzeption einer ‚romanisch-germanischen' Völkereinheit, denn diese ist enger gefaßt als Schlegels gesamteuropäische Völkerfamilie.

79 Tgbb. Nr. 497 [1817/18] - WuN 1, S. 491f.; Fr. Schl.: Ueber die Sprache und Weisheit der Indier. Ein Beitrag zur Begründung der Alterthumskunde. Nebst metrischer Uebersetzungen indischer Gedichte. Heidelberg: Mohr u. Zimmer 1808, jetzt in KA 8, S. 105-433. Daß Ranke nur drei Absätze, und zwar (Kultur-) Historisches, notierte, ist dabei unerheblich. (Bei einer Überprüfung, ob die Edition vollständig ist, versagen wieder einmal die Editionsnotizen in WuN 1 [S. 509]: Tgbb. Nr. 497 [fol. 38 I B 61] fehlt in der Be-

β. Deshalb ist es nicht unwahrscheinlich, daß Ranke mehr von Friedrich Schlegel kannte und aufgenommen hat, als positiv überliefert ist.[80] Vergleicht man offensichtlich verwandte Gedankengänge beider, so stellen sich Schlegels Reflexionen häufig aber nicht allein als (mögliche) Vorbilder, sondern auch als Kommentar und Kritik der Überlegungen des jungen Ranke dar. Denn der rezipierte den Romantiker nicht in seiner Tiefe, sondern nur so weit, wie es zur Ausbildung einer historiographiepraktisch orientierten Geschichtswissenschaft hilfreich erscheint. Verloren ging so zumeist die Relativierung der übernommenen Ansichten durch jene reflexive Überbietung, die typisch ist für das Schlegelsche Denken[81] – das Spiel mit Autorennamen läßt sich hier als einfaches Beispiel anführen. Nun ist es in diesem Zusammenhang ganz ungemessen, den ‚Vorwurf' anklingen zu lassen, Ranke habe zu kurz gedacht. In mehreren Fällen wissen wir nicht einmal sicher, ob er mit der Schlegelschen Reflexionsleistung überhaupt konfrontiert gewesen ist. Fragen wir jedoch nach Konstellationen auf disziplin- und bewußtseinsgeschichtlicher Ebene, so darf angesichts sowohl von Rankes Umgang mit Goethes Poetik als auch seines Verhältnisses zu Schlegel jene Stufe im Reflexionsniveau von Literatur und Historie nicht übergangen werden, die bereits am Pragmatismus zu beobachten war. Diese Stufe wird nun vom Bewußtsein des poetisch-kon-

---

schreibung des Heftes 38 I B 46-75; GA 7, 6, S. 376f., bestätigt indes, daß es nur drei Notizen sind). Möglicherweise hat sich Ranke von der *Geschichte der alten und neuen Litteratur* auf das indologische Werk hinweisen lassen, denn Schlegel erinnert es dort gleich in der Vorrede (vgl. KA 6, S. 5). Dafür könnte auch sprechen, daß die drei Notizen sich in dem Heft 38 I B 46-75 unmittelbar an Tgbb. Nr. 242 anschließen (vgl. GA 7, 6, S. 376). Dann ginge wohl von der *Geschichte der alten und neuen Litteratur* ein umfangreiches Schlegelstudium aus: Die Lektüre der *Vorlesungen über die neuere Geschichte* hätte sich in der Notiz Tgbb. Nr. 242 niedergeschlagen, die indologische gleich anschließend – dafür spricht der ähnliche Schriftduktus der beiden Notizen, während die vorhergehende viel ausgreifender ist – in Tgbb. Nr. 497. Beides wäre auf die Zeit nach dem März 1817 zu datieren. (Das genannte Heft weist keine Datierung auf. Da Ranke aber verschiedene Hefte parallel benutzte, deutet deren durchgängige Paginierung – die Exzerpte aus der *Geschichte* stehen auf fol. 38 I B 93-101 und damit in einem anderen Heft – nicht auf ihre zeitliche Reihenfolge hin. Bezieht man Tgbb. Nr. 242 doch auf die *Geschichte*, so wird diese Datierung nur noch wahrscheinlicher.) Zu dieser Chronologie paßte auch das kurze einzeln stehende Exzerpt über Luther aus der *Geschichte* (WuN 3, S. 397 – vgl. KA 6, S. 361; es steht auf fol. 38 I B 74 und gehört damit in das Heft der beiden Notizen Tgbb. Nr. 242 und 497 hinter diese beiden [dies ist nicht nur aus der Handschrift, sondern auch aus GA 7, 6, S. 377, ersichtlich, wenn man in der vierten Zeile ‚mit' durch ‚bis' ersetzt]).

80 Neben der oben in Anm. 57 dargelegten möglichen Beeinflussung von Rankes Goethe-Verständnis durch Schlegel ist hier z.B. seine Übernahme der Formel „Der Historiker ist ein rückwärts gekehrter Prophet" zu nennen (Fragmente Nr. 80 – KA 2, S. 176, zuerst im *Athenäum* 1 [1798], 2. Stück, S. 20; vgl. WuN 3, S. 547: Die Gelehrsamkeit „ist eine umgekehrte Prophezeiung; sie will nur das Gewordene; und dies Weissagen in der Tat sollte sie nie vergessen"). Vgl. auch Helbling: Rankes historischer Stil, S. 12.

81 Vgl. Menninghaus: Unendliche Verdopplung.

struktiven Charakters auch einer empiristisch verfaßten Wissenschaft wie der Geschichte gebildet. Ranke schwingt sich zu diesem Bewußtsein auf, wenn er „Kunst und Wissenschaft niemals" trennen, ja „niemals getrennt" denken möchte und darunter sowohl die Konstruktivität der Erkenntnis- und Darstellungsoperationen als auch die perspektivierende Wertbindung wissenschaftlicher und künstlerischer Tätigkeit begreift.[82] Aber er hat es, kaum erreicht, schon wieder verloren, wenn er die Vereinbarkeit beider Wissensformen auf eine klare Aufgabentrennung gründet. Soweit eine Auseinandersetzung mit Schlegel rekonstruierbar ist, wehrte Ranke sich gegen dessen frühromantische Einvernahme aller Wissenschaften und Künste durch die Poesie - konsequent nicht aus der Perspektive ihrer transzendentalphilosophischen Ermächtigung,[83] aber für den Historiker, der zu werden er sich damals anschickte. Gleichwohl verdrängte er den poietischen Charakter auch der Geschichtsschreibung weit stärker, als es im Lichte der Historiographietheorie der Gegenwart, aber auch schon Herders und Schillers notwendig und angemessen erscheint.

γ. Eine faktisch massive Anlehnung an die idealistische Ästhetik schloß das, wie wir sahen, nicht aus. Sie rückte die Geschichtsschreibung erneut in eine Nähe zum Roman, der sich inzwischen auch seinerseits weit vom pragmatischen Erzählen entfernt hatte: Mit dem Roman, dessen historische Entwicklung die frühromantische Romantheorie in diesem Punkt durchaus treffend charakterisiert, löste die Historiographie - bzw. vorerst ihre Theorie - sich vom pragmatistischen Begriff von Handlungseinheit. Nur noch das „Gewebe der *einzelnen* Handlungen", die Mikroebene der Geschichte also, erklärt sich für Ranke „aus den Gemütern der einzelnen, aus dem Einflusse der sich Nahestehenden und Wirkenden aufeinander".[84] Doch könne es

82 Tgbb. Nr. 68 [1814-18] - WuN 1, S. 99. Einiges spricht sogar dafür, daß Ranke sich dabei an jene Erörterung der Universalität der Poesie bei Schlegel anlehnt, die ebenfalls Platon als einen Referenzautor wählte: das „Gespräch über die Poesie" (zuerst 1800 im „Athenäum" erschienen - hier KA 2, S. 304). Insbesondere spielt darauf vielleicht die ein wenig klagende Feststellung an, daß „man in unsern Zeiten [...] unter Kunst das viel höhere geistige Streben zu begreifen gewohnt ist" (S. 100), führen doch Schlegels Disputanten Ludoviko und Lothario den Ausdruck des ‚unaussprechlichen' „Höchsten" auf die „innersten Mysterien aller Künste und Wissenschaften" zurück, die „ein Eigentum der Poesie" seien (KA 2, S. 324).

83 ‚Transzendental' hier in dem die Philosophie von Klassik und Romantik umgreifenden Sinn, der Engels Deutung des goethezeitlichen Romans zugrunde liegt, vgl. Engel: Roman der Goethezeit Bd. 1, S. 6-14.

84 Tgbb. Nr. 245 - WuN 1, S. 235 (Hervorhebung von mir). Fuchs' Edition gibt als Entstehungszeit dieser Notiz 1816/17 an; nach meinen Vermutungen zur Chronologie von Rankes Schlegel-Rezeption (vgl. oben Anm. 79) wäre sie nach dem März 1817 niedergeschrieben worden; jedenfalls ist sie nach Tgbb. Nr. 242 entstanden.

> der Zweck des Geschichtschreibers nicht sein, alle Begebenheiten aus den Gemütern der handelnden Personen zu erklären. Es muß etwas geben, das über ihnen ist und sie beherrscht, wie man es nenne, Schicksal, Vorsehung, Gott[85].

Wenig später spricht Ranke auch von den „Ideen", die hinter dem „Räderwerk" des historischen Geschehens erkennbar werden, sobald dieses zu knirschen beginnt. Den epochalen Umbruch, den er hier auf dem Gebiet der Historiographietheorie fordert, hat Schlegel für die Romantheorie derweil schon vollzogen (und dem jüngeren damit möglicherweise ein Beispiel gegeben):

> Der dramatische Zusammenhang der Geschichte macht den Roman [...] noch keineswegs zum Ganzen, zum Werk, wenn er es nicht durch die Beziehung der ganzen Komposition auf eine höhere Einheit, als jene Einheit des Buchstabens, über die er sich oft hinwegsetzt und wegsetzen darf, durch das Band der Ideen, durch einen geistigen Zentralpunkt wird.[86]

Nicht die Konsequenz, mit der Ranke und Schlegel sich von der Kohärenz des – einmal methodisch nachzuweisenden, einmal fiktiven – ‚Faktischen' zu der des Ideellen wenden, ist exakt dieselbe, aber die Richtung. Doch auch wo er den Handlungsnexus seiner Geschichte nicht aufgeben wollte, konnte Ranke sich an das literarische Erzählen anlehnen: Ein Roman wie *Wilhelm Meisters Lehrjahre* fügte durch einen „symbolisch-figuralen Nexus" zwar auch „dem Text eine die kausale Bedingtheit empirischer Individuen übersteigende Ebene hinzu", opferte dem ideellen Moment aber nicht den Schein darstellerischer Objektivität.[87] Ebenfalls ideenorientiert, wurde die Historiographie so nicht zum Roman, aber sie lernte, wenngleich ein wenig anders, als Schiller es mit dem pragmatischen Roman vor Augen zu denken vermochte, etwas „von einer verwandten Kunst"[88]. Sie profitierte davon, daß das idealistisch ebenendifferenzierte Handlungsmodell der Literatur um 1800, anders als der kausalverknüpfende Pragmatismus in Roman und Historie, „den Vorzug [besaß], daß sich die dialektischen Interaktionsformen umstandslos auf [...] Allgemeinbegriffe (Ideen) beziehen ließen".[89] Diese Ebenendoppelung vermochte den Wertkonflikt zwischen Faktizität und Normativität, den der

---

85 Tgbb. Nr. 245 – WuN 1, S. 234. Das folgende Zitat ebd., S. 235.

86 Gespräch über die Poesie – KA 2, S. 336. Vgl. Novalis' allgemein auf das Denken bezogene Bemerkung: „ein *Ideen Paradies* zu bilden – dies ist das ächte System" (Das allgemeine Brouillon – Schriften Bd. 3, S. 446).

87 Engel: Roman der Goethezeit Bd. 1, S. 317. Engel erkennt den *Lehrjahren* deshalb eine vermittelnde Stellung zwischen dem pragmatischen Roman und dem ‚Transzendentalroman' zu (vgl. ebd., S. 316-319).

88 Vorrede zum *Abfall der vereinigten Niederlande* – NA 17, S. 9.

89 Harth: Biographie als Weltgeschichte, S. 103.

pragmatische Roman nicht lösen konnte, ebenso aufzuheben, wie sie bei der Konstruktion einer (tendenziell geschlossenen) Geschichte die unfruchtbare Konkurrenz zwischen universalen ‚Plänen' und partikularer Empirie beseitigte.

δ. In welchem Maße Ranke die Geschichtsschreibung in jenen Modus der Weltdeutung und -darstellung versetzte, den die idealistische Ästhetik vermaß, kann auch ein Vergleich mit der Ästhetik Hegels verdeutlichen: Der schlug die Geschichtsschreibung zwar zur ‚Prosa', gestand ihr innerhalb dieser Grenze aber zu, „der Kunst teilhaftig zu werden", und zwar durch eigentlich ‚poetische' Interpretationen des historischen Stoffs, wie auch Ranke sie vornahm: durch eine historiographische Ordnung, die er als perspektivierende Deutung des historischen Geschehens versteht, und durch ein ‚Durchschauen' der historischen Zufälligkeit bis „in das göttliche Wesen hinein, vor welchem [...] sich die höhere Notwendigkeit enthüllt".[90] Das nach Hegel wesentlich Poetische der ‚organischen' Einheit von Individuen und dem Allgemeinen, was sie in Charakter und Handlung darstellen,[91] beanspruchte die historistische Geschichtstheorie sogar als Kern ihrer Deutung der historischen Wirklichkeit. Der Philosoph zeigt zudem ein klares Bewußtsein, welche bewußtseinsgeschichtliche Stellung dem Aufschwung der Ästhetik am Ende des 18. Jahrhunderts zukam und auf welche Entfremdungen dieser reagiert hat.[92] Was er als Kernpunkte der Kantischen Ästhetik vorführt,[93] läßt sich überdies als Vorformulierungen historistischer Prinzipien lesen und damit als einen Beleg für die These, daß die historistische Weltdeutung die ästhetische im ersten Drittel des 19. Jahrhunderts nicht nur in deren Leitfunktion abgelöst, sondern auch als einen unmittelbaren Vorfahren beerbt hat: Wie die reflektierende Urteilskraft aufgrund einer angenommenen Zweckmäßigkeit ein Allgemeines in dem Besonderen ‚findet', verfährt auch die historistische Zwei-Ebenen-Interpretation der Geschichte. Wie dem Kunstwerk, so eignet auch dem historischen Prozeß eine Zweckmäßigkeit ohne Zweck, so daß eine Trennung von Mittel und Zweck nicht möglich ist. Und wie das Schöne interesselos gefällt, hebt der Historist die Mediatisierung der Epochen, die in der unbedingten Gegenwartsausrichtung der Vergangenheit lag, auf. Selbst die Notwendigkeit des Wohlgefallens am Schönen ohne Begriffsgebrauch wiederholt sich strukturell in der kulturellen Führungsstellung, die die atheoretische Geschichtswissenschaft im 19. Jahrhundert innehatte.

90 Ästhetik Bd. 2, S. 352-55.

91 Vgl. ebd., S. 345, Bd. 1, S. 134.

92 Vgl. ebd., S. 65, 69-71.

93 Vgl. ebd., S. 65-69.

Derjenige schließlich aus dem Kreis der Jenaer Romantiker, der besonders klar gesehen hat, daß die Epochensituation die Übertragung eines ‚poetischen' Prinzips auf die ‚prosaische' Geschichtsschreibung erheischte, ist Schelling. In der zehnten seiner *Vorlesungen über die Methode des akademischen Studiums* (1803) geht auch er von der „nur pragmatischen" und deshalb defizitären „Verknüpfung der Begebenheiten nach empirischer Notwendigkeit" aus. Die „wahre Historie" dagegen beruhe

> auf einer Synthesis des Gegebenen und Wirklichen mit dem Idealen, aber nicht durch Philosophie, da diese die Wirklichkeit vielmehr aufhebt und ganz ideal ist, Historie aber ganz in jener und doch zugleich ideal sein soll.[94]

Das aber sei „nirgends als in der Kunst möglich, welche das Wirkliche ganz bestehen läßt", d.h. welche die Fülle des ‚Lebens' – auf die es Ranke ja so sehr ankam[95] – nicht reduziert. Der künstlerische „Ausdruck der höchsten Ideen", den Schelling meint, ist dabei – und das trennt ihn von Ranke weniger als von Schlegel – ein tatsachenimmanent ‚syntagmatischer': Die „Vollendung und Einheit", in der die künstlerische Historie die Geschichte darstellt, vermittle deren ideellen Gehalt. Trotzdem unterscheidet Schelling wie Ranke zwischen der empirisch begründbaren Folge der einzelnen Handlung „aus der vorhergehenden" einerseits und „einer höheren Ordnung der Dinge", die den Zusammenhang des Ganzen erst vernünftig begreifbar mache, andererseits. Auf jeden Fall sei es die Kunst, „wodurch die Historie, indem sie Wissenschaft des Wirklichen ist, zugleich über dasselbe auf das höhere Gebiet des Idealen erhoben wird, auf dem die Wissenschaft steht".

Daß Ranke die zehnte *Vorlesung* gekannt hat, ist nicht belegt und einerseits wahrscheinlich, weil die Übereinstimmungen so weitgehend sind, andererseits aber unwahrscheinlich, weil man gerade deshalb ein schriftlich fixiertes Bekenntnis zu Schelling erwartete.[96] Eine frühe Notiz spekuliert immerhin

---

94 Schelling: Werke Bd. 2, S. 639. Die folgenden Zitate ebd., S. 640. Die Vorlesung ist zumal deshalb von großem historiographiegeschichtlichen Gewicht, weil Schelling auch die historiographie*praktischen* Probleme der späten Aufklärung deutlich vor Augen stehen, z.B. die Konzentration auf Universalgeschichten in Kompendienform (S. 641). Zudem weisen seine Ratschläge, die antiken Historiker zu studieren (vgl. unten S. 339) oder den Staat ideell zu interpretieren (S. 641f.), in ebenjene Richtungen, die Ranke eingeschlagen hat. Schließlich trifft er dessen ästhetisch-historiologische Entwicklung genau, wenn er die Tragödie als „die wahre Quelle großer Ideen" bezeichnet (S. 642).

95 Vgl. dazu unten S. 352ff.

96 Persönlich hat Ranke den Philosophen 1831 in München kennengelernt (vgl. Brw., S. 230). Eine frühere Kenntnis einer bestimmten Schrift Schellings ist nicht eindeutig bezeugt, wenngleich dieser in Rankes naturphilosophischer Positionsklärung von 1816-18 als Repräsentant der abgelehnten Naturphilosophie genannt wird (vgl. WuN 3, S. 227); dagegen macht Backs jetzt eine partiell zustimmende Rezeption zur Studienzeit

über „eine ideale Historie [...], welche das Unendliche in der Endlichkeit dargestellt, wie es sich als Idee und im ganzen ergeben, aufsuchte und uns vor Augen und Gemüt brächte."[97] Hier klingt die ‚syntagmatische' Idealisierung, die Schelling postulierte, wieder an. Und Ranke folgt diesem noch in einem zweiten kritischen Punkt: Er spricht die Frage der Wissenschaftlichkeit in jener kurzen Notiz nicht ausdrücklich an, stellt aber der ‚idealen Historie' die „Chronik" als Darstellungsform gegenüber, die „bloß das Gemeine" erfasse. Dem Tatsächlichen allein eignet demnach nur eine geringe Dignität; wie für Schelling ist es für Ranke hingegen die Kunst bzw. Poesie, welche ihm Idealität zu verleihen in der Lage ist.

Schelling ist nach alldem derjenige, der die Leistung dichterischer Auffassungsweisen theoretisch schon auf die Geschichtsschreibung übertragen hatte, als Schlegel noch eine rein poetologische Position vertrat. Von letzterer grenzt sich Ranke immer wieder ab: So unterscheidet er zwischen der poetischen Darstellung des „Unendlichen *durch* das Endliche" und der historischen Darstellung des „Unendlichen *in* der Endlichkeit".[98] Er möchte sich damit gegen die ‚Vertilgung des Stoffes', die allen idealistischen Kunsttheorien eigen ist, wehren und wendet sich, Schlegels Position und besonders ihr allegorisches Moment[99] durchaus treffend, gegen „den Roman", der „bloß das Ideale" darstelle. Der Autor von *Wilhelm Meisters Lehrjahren* stärkt ihm dabei gewissermaßen den Rücken.[100] Ranke möchte ‚Darstellen', ‚Erklären' und ‚Deuten' zur Deckung bringen, was nicht nur die Vorwegnahme eines Kernstücks der narrativistischen Geschichtstheorie bedeutet, sondern als Wendung gegen die ‚Stofflosigkeit' der Poesie auch einen Empirieanspruch impliziert. Trotz dieser Differenzen ist es jedoch wichtig, Schlegels autonomieästhetische Position im Auge zu behalten, um die Konstellation, aus der heraus der idealistische Historismus entstand, ausmessen zu können. Schellings Vorlesung hinwieder führt vor, welche interdisziplinäre Transferleistung zur Begründung dieses

---

wahrscheinlich (vgl. Dialektisches Denken, S. 17-22, 71-73). Zumal da Nachweisschwierigkeiten dieser Art bei Ranke fast die Regel darstellen, braucht die offensichtliche Nähe zur Schellingschen Identitätsphilosophie (vgl. Krieger: Ranke, S. 363) nicht in Frage gestellt zu werden (zu Rankes kritischer Haltung gegenüber einzelnen politischen und religiösen Auffassungen des Philosophen in den 1850er Jahren vgl. die Einleitung von Theodor Schieder in WuN 2, S. 27-29). Vgl. auch Wach: Das Verstehen Bd. 3, S. 102.

97 Tgbb. Nr. 243 - WuN 1, S. 234. Die folgenden Zitate ebd. Fuchs datiert diese Notiz auf 1816/17, obwohl das Doppelblatt, das sie enthält, Napoleons Rückkehr von Elba (März 1815) erwähnt (vgl. WuN 1, S. 510).

98 Tgbb. Nr. 243 - WuN 1, S. 233f. (Hervorhebungen von mir). Die folgenden Zitate ebd.

99 Vgl. Gespräch über die Poesie - KA 2, S. 323f.; Über Lessing - KA 2, S. 414. Vgl. auch Hegel: Ästhetik Bd. 2, S. 338.

100 Vgl. Schillers Brief an Goethe vom 8. 7. 1796 und Goethes Antwort vom 9. 7. (Briefwechsel, bes. S. 238f., 242).

Historismus zu erbringen war. Gleich, in welchem Maße genau Ranke diese selbständig erbracht bzw. er dabei Schelling, Schlegel u.a. folgte – entscheidend ist die Entwicklung seines Historiographiekonzepts aus einem als Kunsttheorie formulierten Idealismus.

Der einzigartige Zuschnitt des geistigen Umfeldes, in das die Geschichtswissenschaft dadurch hineinreichte, tritt erst dann ganz hervor, wenn man das Kunstprogramm der goethezeitlich-idealistischen Poesie so hoch ansiedelt, wie deren Vertreter es – im Gegensatz zu Ranke – taten: Goethe, Schiller, Hölderlin oder Novalis betrieben die Reetablierung von „Sinn- und Wertstrukturen" gegen den „Relativismus und Determinismus des anthropologischen Romans" dezidiert als ästhetisches Projekt. Für die von der avancierten goethezeitlichen Dichtung geleistete Sinnversicherung gibt es „nur ästhetische Erweise".[101] Die Autoren operierten grundsätzlich auf der Basis von ontologischen oder transzendentalen Aporien, die selbst von der fortgeschrittensten Philosophie nicht mehr zu lösen waren, die ästhetisch aufzuheben sie vielmehr gerade antraten. Schelling pries die Poesie dementsprechend als das Organon, das „ihm die Immanenz des Geistes in der Materie unmittelbar vor Augen hält".[102] Ranke dagegen bewegte sich auf einem lediglich phasenweise beunruhigten, prinzipiell aber sicheren religiös-metaphysischen Grund. Der ästhetischen Erfahrung, die seine Geschichtsschreibung bietet, wird nicht zugemutet, der alleinige Erweis des durch sie Vermittelten zu sein. Auf der einen Seite ermöglichte ihr das, ästhetische Mittel so zu gebrauchen – als (vermeintliche) ‚Einkleidung' –, daß sie den Kriterien ästhetischer Modernität nicht mehr genügten. Daß dies auch im engeren Sinne geschichtswissenschaftlich problematische Folgen hatte (nämlich als Reflexionsverlust), ist gezeigt worden. Auf einer anderen Seite jedoch ‚half' ihr die doppelte Vormodernität von metaphysischer Sicherheit und instrumenteller Ästhetik: Während sich die Literatur mit ihren allein ästhetisch zu erfüllenden Ansprüchen konsequenterweise in einen ästhetischen Separatbereich zurückzog, konnte die Ästhetisierung des historiographischen Textes – von der Fundamentalästhetisierung des Geschichtsdenken sehe ich hier ab – vermöge der Tatsächlichkeitsgarantien der historisch-kritischen Methode an Punkten enden, die noch innerhalb des öffentlichen, z.B. auch politischen Lebens und des bürgerlichen Bildungshorizontes lagen. Als ‚inkonsequente' Wissensform wurde die Geschichtsschreibung deshalb von dem Sog ins disziplinäre Ghetto, welcher von der modernen Ausdifferenzierung von ‚Wertsphären' ausgeht, kaum

101 Engel: Roman der Goethezeit Bd. 1, S. 318, vgl. S. 6f.

102 Hahl: Reflexion und Erzählung, S. 92; vgl. Schelling: System des transzendentalen Idealismus – Werke Bd. 2, S. 301f. Zur Funktion der Kunst bei Schelling als Objektivierung der intellektuellen Anschauung vgl. Frank: Einführung, S. 150-171.

erfaßt. Ihre kulturelle Geltung im 19. Jahrhundert beruhte insofern sowohl auf ihrer Ästhetisierung als auch auf ihrem Zurückbleiben hinter der literarischen Entwicklung.

Schellings populäre Fassung seines objektiven Idealismus konnte als Lösung gelten von Schillers Problem, in der Darstellung des Wahren oder des Wirklichen eine Alternative erkennen zu müssen und sich deshalb letztlich der poetischen Darstellung des ‚Wahren' zuzuwenden. Dem jungen Ranke, um Schillers Charakterisierung des Dichters aufzugreifen, wurde „der tote Buchstabe der Natur" bzw. der Geschichte jetzt ebenfalls „zu einer lebendigen Geistersprache", und auch er bediente sich dabei der „symbolisierenden Einbildungskraft".[103] Was die Historiographen ihres eigenen Faches stets übersehen haben, stellt das entscheidende Moment im Umbruch von der aufklärerischen zur historistischen Geschichtsschreibung dar: das Modell der goethezeitlichen Poesie. Als literarische Praxis erweckte sie ästhetische Interessen auch in späteren Historikern - Droysen ging mit der *Geschichte Alexanders des Großen* sogar noch weiter in diese Richtung als Ranke -, und ihre theoretische Reflexion ließ sich als Darlegung der Prinzipien kohärenter und (vermeintlich) sinnversichernder Texte lesen. Ohne daß sie in derselben Weise philosophisch motiviert und im selben Ausmaß informiert gewesen wären - aber noch weniger in gänzlicher Unkenntnis des philosophisch-ästhetischen Kontextes -, übernahmen Ranke und mit ihm viele historistische Historiker die Grundstruktur des ästhetisch-philosophischen wie -poetologischen Denkens der Goethezeit: die symbolhafte Identifizierung von Ausdruck und Wesen, Gestalt und Sinn, die Verweisbewegung vom Partikularen zum Ganzen, sowie eine Teleologie ohne Telos. Damit sind die Strukturähnlichkeiten von goethezeitlicher Poesie und historistischer Geschichtsschreibung nicht einmal erschöpft. Zu ihnen gehört neben der Deutung von zeitlichen Verläufen als Entwicklung (auf literarischer Seite z.B. im Bildungsroman), der ‚narrativen Erklärung' von Handlungszusammenhängen oder der Zurücknahme des auktorialen Erzählers der frühromantische Gedanke, daß zwischen dem Objekt der eigenen Disziplin und seinem Metadiskurs kein Strukturunterschied gemacht wird: Für Friedrich Schlegel müßte eine „Theorie des Romans [...] selbst ein Roman sein".[104] Entsprechend strukturidentisch sind der Text des Historikers und der Text - „die Bücher der Geschichte" (als res

103 Vgl. Über Matthissons Gedichte - NA 22, S. 273. Zum Zusammenhang des Deutungsmusters von Geist und Buchstaben mit einem symbolischen Weltverständnis vgl. auch Schillers Symbolbestimmung: An den Herausgeber der Propyläen - NA 22, S. 305: „Alles stellt mehr vor, als es ist; es gilt zwar für sich selbst und weist doch auf etwas anderes hin, es ist nur der sinnvolle Buchstabe, in welchem der Geist verhüllt liegt."

104 Gespräch über die Poesie - KA 2, S. 337.

gestae) –, die der Urheber allen Geschehens ‚gedichtet' hat.[105] Hier freilich kann der geschichtswissenschaftliche Historismus auch, ein weiteres Mal, an Gedanken Herders anknüpfen: Geschichte zu ‚lesen', zu deuten und zu schreiben ist deshalb eine Kunst, weil die darzustellende Welt selbst ein Kunstwerk des göttlichen Schöpfers darstellt.[106] Von einer epochalen Zusammengehörigkeit der historischen und der ästhetischen Möglichkeit der Weltdeutung und -darstellung zu sprechen scheint deshalb nicht übertrieben.

2. Philosophie und Hermeneutik

Bereits Rankes Kunsttheorie hat einen beträchtlichen ‚philosophischen' Anteil: Auch an die Kunst stellte er die Anforderung, auf eine ‚Einsicht' wohl nach dem Muster der intellektuellen Anschauung zu bauen. Während seine Ästhetik sich aber von dem Zeitpunkt an, wo sie zum ersten Mal greifbar wird (1813), nicht wesentlich veränderte, zeigte sich Ranke auf philosophischem Gebiet unsicher. Durchgängig findet sich lediglich ein (neu)platonisches Weltbild, das sich auch in Kunst- und Geschichtstheorie äußerte. In Leipzig führte ihn eine Vorlesung des Kantianers Wilhelm Traugott Krug zunächst zum Kritizismus. Die *Kritik der reinen Vernunft* hat Ranke sich der eigenen Erinnerung nach im Selbststudium angeeignet.[1] Auch später galt Kant ihm als der Denker, der „die Frage, inwiefern der menschliche Geist die Dinge zu erkennen vermöge", gelöst hat.[2] Dieses Bekenntnis reicht letztlich freilich nicht sehr weit, erhoffte sich Ranke doch jenseits des vernünftigen Erkennens ein Ahnen der „göttlichen Ordnung der Dinge" oder sogar eine „Mitwisserschaft des Alls"[3]. Gleichwohl folgt aus seinem Kant-Studium einerseits, daß man vorsichtig sein muß, ihm eine objektivistische Erkenntnishaltung zuzuschreiben. Andererseits kann der Transzendentalphilosophie beim Begründer des wissenschaftlichen Historismus und damit bei diesem selbst nicht jene konstitutive Bedeutung zugesprochen werden, die ihr jüngst in einer im übrigen sehr ertragreichen Arbeit über Niebuhr zuerkannt wurde.[4] Zwar hat

---

105 Ranke: Die römischen Päpste Bd. 1, S. 60.

106 Zu Herders Beitrag vgl. vom Hofe: Die Geschichte als „Epopee Gottes", S. 69-71.

1 Vgl. SW 53/54, S. 59. Zu Rankes Stellung zu Kant vgl. Mülbe: Selbstzeugnisse, S. 71-76. Eine Zusammenschau von Rankes philosophischen Studien, die den originären Problemhorizont der rezipierten Philosophen einbezieht, bietet Backs: Dialektisches Denken, S. 12-56.

2 Tgbb. Nr. 172 [nach 1835] - WuN 1, S. 159.

3 An Otto von Ranke, 25. 5. 1873 - Brw., S. 518; Tgbb. Nr. 258 [um 1840] - WuN 1, S. 240; vgl. Tgbb. Nr. 180a (17. 2. 1875) - WuN 1, S. 165.

4 Vgl. Walther: Niebuhrs Forschung, S. 18f. Zu den origenellen Thesen Walthers zählt, daß

Ranke sich in seiner Leipziger Zeit mit Kant gegen den „Morast" der „neuesten Produkte der Naturphilosophie" gewehrt.[5] Beschäftigt auch mit Fichtes als „Überspannung" abgelehnter Ich-Philosophie, zeigt sich er sich in anderen Notizen jedoch philosophisch desorientiert und zweifelt gar an der Möglichkeit zu wissen überhaupt.[6]

Eine Lösung dieser Verwirrungen mit erlösender Wirkung zog Ranke aus zwei ‚gemeinverständlichen' Schriften Fichtes, die er spätestens im August oder September 1816 las und exerpierte: *Über das Wesen des Gelehrten* und *Die Anweisung zum seligen Leben* (beide 1806).[7] Nach Fichte ließen sich sowohl seine religiösen Grundannahmen als auch die ästhetische Orientierung und überdies das erst jüngst hervorgetretene historische Interesse in der Tätigkeit eines Gelehrten vereinigen. Dessen kontemplative Grundhaltung mußte nun nicht mehr als Schwäche gelten. Kern dieser Philosophie war ein „(wieder klassisch) metaphysisch zu nennender" Gottesbegriff[8]. Das alles heißt aber nichts anderes, als daß Fichtes (Populär-) Philosophie im wesentlichen ältere geistige Prägungen auf einen Begriff brachte, den der junge Ranke umso lieber sich aneignete, als er auf der Höhe der Zeit schien. Immerhin mag Fichte dabei geholfen haben, den Idealismus von Rankes Kunstauffassung in die Vorstellung von einem *prozeßhaften* Sich-Durchsetzen der Idee umzubilden, und so zur Herausbildung einer idealistischen Geschichtstheorie beigetragen haben.[9] Die schon berufenen Schwierigkeiten, Rankes Aufzeich-

---

Niebuhr durch sein Kant-Studium zu einer ‚transzendentalen' Konstruktion von Geschichte gelangt sei (S. 83-113). Zweifel daran äußert Dietrich Harth in seiner Rezension (vgl. S. 132f.). Nicht zulässig ist es jedenfalls, transzendentales Denken in eine für den Historismus insgesamt zentrale Position, denn diese kommt ihm bereits bei Ranke nicht zu. – Dementsprechend behandelt der „Kant und Ranke" betitelte Aufsatz von Fritz Medicus nicht eine Aneignung der Philosophie des älteren durch den jüngeren, sondern begreift beide als Vertreter idealtypischer Alternativen des Denkens, obwohl Medicus (wie Walther) der Ansicht ist, daß die Transzendentalphilosophie eine „außerordentliche Vertiefung" der „Einsicht in die Struktur der historischen Erkenntnis" (S. 191) darstellt. Gegen eine Umdeutung Rankes zum Kantianer wendet sich auch Zemlin: Geschichte zwischen Theorie und Theorie, S. 191.

5 Tgbb. Nr. 127 [1816/17] – WuN 1, S. 142.

6 Tgbb. Nr. 135, 144 (Zitat), 145, 138 [1816/17] – WuN 1, S. 142, 145, 143.

7 Vgl. WuN 3, S. 242 (nach August/September 1816); Tgbb. Nr. 499f. [1816 und nach dem 4. 3. 1817] – WuN 1, S. 393-501. Zu Fichtes Bedeutung für Ranke vgl. die Bemerkungen von Fuchs WuN 3, S. 32 und 251, und Friedrich: Jugendentwicklung, S. 22-24, der ohne plausible Begründung von einem „entscheidenden Einfluß [...] auf Rankes innere Entwicklung" durch ‚die' Philosophie spricht (S. 23). Zu Rankes in den 1830er Jahren vollzogener Auseinandersetzung mit Fichtes Geschichtsphilosophie (*Die Grundzüge des gegenwärtigen Zeitalters*) vgl. Zemlin: Geschichte, S. 200-212.

8 Backs: Dialektisches Denken, S. 51.

9 Die Genetisierung der philosophischen Erkenntnis bei Fichte (vgl. Tgbb. Nr. 499 [1816] – WuN 1, S. 494) könnte zu einer solchen Akzentuierung des Prozeßmoments und damit

nungen zeitlich zu ordnen, machen es z.T. allerdings unmöglich, genetische Prioritäten festzustellen. So könnte eine frühe Notiz, die über die Möglichkeit spekuliert, daß die „göttliche Idee" in den handelnden Menschen erscheint, *aufgrund* von, aber durchaus auch *vor* den breiten Exzerpten aus Fichte zum Thema ‚weltgeschichtliches Individuum' niedergeschrieben sein, letzteres gerade weil die Notiz noch vage bleibt.[10]

Jedenfalls findet sich der erste und für Rankes historische Hermeneutik fundamentale Satz des ersten größeren Fichte-Exzerpts: „Allem erscheinenden Leben liegt die göttliche Idee zum Grunde; eine bestimmter Teil desselben ist erkennbar" (S. 493), in nuce bereits in dem Valediktionsgedicht „An Gott" von Anfang 1814, verbunden sogar mit dem Existenzproblem des ‚Forschers':

Hier steh' ich
Und betrachte den Staub
Und ahnde dich.

Wie im Strahl auffassenden Glas
Der forschende Mann
Immer der Strahlent-
Senderin Sonne
Goldenes Bild gewahrt:

Also erscheint
Dem Forschenden mir
Dein Bild, Gott![11]

Hier schon weist der Sonnenvergleich zudem auf den platonischen Kontext von Rankes Erkenntnisauffassung. Und auch nach der Bekanntschaft mit Fichtes Schriften prägte die neuplatonische Bildlichkeit von treibenden Stämmen oder ewigen Quellen noch Rankes Selbstvergewisserungen, im kosmischen und göttlichen Alleben geborgen und zu eigener schöpferischer Tätigkeit befähigt zu sein.[12] Carl Hinrichs hat bei dieser Bildlichkeit angesetzt, um Rankes Zugehörigkeit zum Philosophie wie Ästhetik der Goethezeit weithin grundierenden neuplatonischen Denken zu erweisen, auch wenn der Rezep-

---

zur Herausbildung der ‚syntagmatischen' Seite der Ideenlehre beigetragen haben. Vgl. dazu auch unten S. 371.

10 Vgl. Tgbb. Nr. 246 (fol. 38 I B 54) - WuN 1, S. 236; Tgbb. Nr. 499 (fol. 38 I B 81-82, wobei hier zu beachten ist, daß mit fol. 38 I B 76 ein neues Heft beginnt und Ranke wohl beide Hefte parallel nutzte) - WuN 1, S. 494f.

11 Vgl. Tgbb. Nr. 2 [vor dem 2. 4. 1814], Vv. 48-58 - WuN 1, S. 43.

12 Vgl. Tgbb. Nr. 136 und 134 (20. 12. 1816) - WuN 1, S. 141f.; WuN 3, S. 398f. [31. 10. 1817]. Vgl. verwandte Gedanken, jetzt verbunden mit dem (ebenfalls neuplatonischen) Bild des Spiegels in Tgbb. Nr. 125 [1814] - WuN 1, S. 138; zur Spiegelmetapher vgl. Konersmann: Lebendige Spiegel, bes. S. 81.

tionsweg im einzelnen nicht sicher bestimmt werden könne.[13] Aus dieser übergreifenden Perspektive, die mir angesichts der eigentümlichen Unschärfe von Rankes Bezugnahme auf einzelne Philosophen als die angemessenste erscheint, fungierte aber auch Fichte als „Vermittler des platonisch-neuplatonischen Erbes". In seiner relativen Ursprünglichkeit nicht beschädigt erscheint dagegen der ästhetische Impuls, der in Ranke wirkte, zumal da der Neuplatonismus nach seinen bekanntesten Texten selbst als eine Form ästhetischen Denkens gedeutet werden kann und gedeutet wurde, das den Kosmos in Analogie zum Kunstwerk begreift.[14] Vollends dann in ihrer Anwendung gewinnt Rankes Fichte-Rezeption einen überwiegend legitimatorischen Charakter: Seine neu begonnene Arbeit an der Staatengeschichte des frühen 16. Jahrhunderts kündigt er Anfang 1820 seinem Bruder an, indem er sie mit Fichte rechtfertigt: „Fichte sagt ja schon [...], daß dies Lieben eines vergangenen Lebens, nämlich seiner Idee, [...] in seiner Tiefe zu Gott führt."[15]

Aus der neuplatonischen Bildlichkeit und ihrem Weltbild hingegen ließ sich ein hermeneutisches Konzept entwickeln, das gerade für Rankes ästhetischen Zugang zur Geschichte produktiv werden konnte: In der gestalthaften Erscheinung des Baums erblickt er „das geheime Leben des Keims", der jenem die Gestalt gegeben habe. Und

> so ist's auch mit dem Leben des menschlichen Geistes. Was spricht denn aus dem Menschen, und was handelt aus ihm? Das Wort, das er sagt, hat doch eine Bedeutung, sein Tun doch einen Grund und einen Zweck? Woher Bedeutung, Grund und Zweck? Alles aus dem geheimen Leben des menschlichen Geistes. Wort ist Erscheinung, Tat Erscheinung, sie wären nichtig, wenn nicht etwas in ihnen erschiene;

---

13 Vgl. Hinrichs: Ranke, S. 112-124. Das folgende Zitat ebd., S. 117. Hinrichs schlägt gleich mehrere Vermittlungswege vor; was Ranke nach 1819 in seinen Unterrichtsvorbereitungen zur griechischen Literaturgeschichte über die Neuplatoniker und Plotin notierte, läßt allerdings nicht auf eine ältere und unmittelbare Kenntnis dieser Philosophen schließen (vgl. WuN 3, S. 554). Doch stellt das weniger die Bedeutung neuplatonischer Philosopheme für Rankes Denken in Frage als das Wissen desselben um deren Ursprünge. Zur Plotin-Rezeption um 1800 vgl. Beierwaltes: Platonismus und Idealismus, S. 83-154; in bezug auf Herder: vom Hofe: Die Geschichte als „Epopee Gottes", S. 71, 75. Eine Vermittlung der neuplatonischen Bildlichkeit durch Schelling macht Backs: Dialektisches Denken, S. 71-73, wahrscheinlich.

14 Vgl. Schubert: Plotin, S. 66-71. Bezeichnenderweise wurde ausgerechnet Plotins Schrift „Über das Schöne" (*Enneaden* I, 6) 1814 in einer kommentierten Ausgabe von Friedrich Creuzer herausgegeben. – Aus einer neuplatonischen Tradition leitet auch Peiler den „ästhetischen Grundzug" von Rankes Historiographie ab (vgl. Rankes Kunstform, S. 17-31).

15 Ende März 1820 – Brw., S. 18. Auch Ritter: Ranke, S. 7, mißt der Fichte-Rezeption vor allem eine selbstvergewissernde Wirkung bei: „Fortan konnte Ranke eine Offenbarung göttlicher Wahrheit anerkennen, ohne aus den Schranken des menschlichen Geistes herauszutreten".

sie sind unsere Zweige und Äste, das innere geheime Leben des Geistes treibt sie hervor[16].

,Wort' und ,Tat' sind Ausdruck des für das menschliche Leben eigentlich Wesentlichen, weil Ursprünglichen, das Grund und Zweck der Erscheinung bildet sowie ihr Sinn verleiht. Und sie sind der einzige Zugang dazu. Da zudem, so darf man ergänzen, ,Taten' immer durch Worte anderer überliefert sind, wird die Erkenntnis der Geschichte für Ranke zum Verstehen des ,Textes' der Geschichte, der sich aus Sprachereignissen auf der Ereignisebene sowie dem Überlieferungszusammenhang zusammensetzt. Deshalb kann er sagen: „Das Buch der Geschichte liegt aufgeschlagen".[17]

Dieses Geschichtsverstehen als Textverstehen trifft sich auffällig mit der zur gleichen Zeit herausgebildeten ,romantischen' Hermeneutik, wenngleich ein direkter Einfluß auf den jungen Ranke augenscheinlich nicht vorliegt, weil er ihre Vertreter entweder nicht wahrgenommen hat oder nicht wahrnehmen konnte.[18] Wie wir sahen, hat er die historische Methode des ersten der modernen Hermeneutiker, Friedrich Schlegels, jedoch in einer Art Anwendungswendungsversuch rezipiert.[19] Unter seinen philologischen Lehrern in Leipzig vertrat Christian Daniel Beck dagegen eine hermeneutische Theorie oder besser: jene Tradition der ,höheren Kritik', die nach der grammatischen und sachbezogenen Erklärung sowie der Wort- und Stilkritik in das intuitive Urteil des gebildeten Philologen mündete.[20] Bereits sehr viel näher an Rankes historischer Ideen-Interpretation steht Friedrich Ast, wenn er postuliert „Alles Leben ist Geist", das Verstehen dieses Geistes an den Gipfel hermeneutischer

16 WuN 3, S. 399 [31. 10. 1817].

17 Über die Trennung und Einheit von Deutschland (1832) - SW 49/50, S. 134-172, hier S. 172.

18 Schleiermacher hielt zunächst (von 1805 an in Halle, später in Berlin) nur Vorlesungen über Hermeneutik; sie wurden erst 1838 aus dem Nachlaß und Nachschriften veröffentlicht (vgl. Grondin: Einführung, S. 88f.). Friedrich Schlegels hermeneutisch relevante ,Hefte zur Philologie' (1796-97) gelangten 1928 zur Publikation, August Boeckhs seit 1809 in Berlin gehaltene *Encyklopädie*-Vorlesungen 1877 (ebd., S. 86, 101f.). Von einer Kenntnisnahme von Friedrich Asts 1808 erschienenen *Grundlinien der Grammatik, Hermeneutik und Kritik* fehlt in Rankes Schriften jede Spur.

19 Zu Schlegels Begründerposition vgl. Ada Neschke-Hentschke: Platonisme et tournant herméneutique au début du XIXe siècle en Allemagne. - In: La naissance du paradigme herméneutique, S. 121-153, hier S. 122; Michel: Ästhetische Hermeneutik, S. 348f. Zum sehr wahrscheinlichen Einfluß Schlegels auf Schleiermacher vgl. Schnur: Schleiermachers Hermeneutik, S. 152-156. Trotz des Kontinuitätselements in der Geschichte der Hermeneutik, das darin liegt, fällt Schlegel aus dieser Geschichte so ziemlich heraus, insbesondere durch den Akzent, den seine Verstehenstheorie auf das ,Nichtverstehen' legt (vgl. Behler: Schlegels Theorie des Verstehens).

20 Vgl. Beck: Commentationes, S. XXXXII.

Erkenntnis setzt und auch in der Geschichte eine Idee walten sieht.[21] Verantwortlich für diese Nähe ist, daß die Hermeneutik dieses Schelling-Schülers auf einer Ideenlehre „Platonischen Charakters"[22] und auf der identitätsphilosophischen Voraussetzung einer ursprünglichen Einheit alles Geistigen beruht. Zumindest die erste dieser Prämissen ist auch konstitutiv für Rankes Geschichtsdenken. Eben deshalb muß ein direkter Einfluß aber nicht vorliegen; die gedanklichen Voraussetzungen für eine idealistisch-hermeneutische Erkenntnistheorie bot die Zeit im Prinzip beiden gleichermaßen.[23] Ist alle „Gestalt nur Ausdruck eines innern Lebens",[24] so liegt es nahe, Geschichte als Text zu begreifen und nach den Regeln der Hermeneutik zu interpretieren, zumal wenn der göttliche Schöpfer der Welt auch als Dichter verstanden werden kann und die Geschichte als sein „ewiges Gedicht"[25].

Eigentümlicherweise ebenfalls eine Einheit bilden Rankes historische und die neue philologische Methode aber auch in ihrem Anspruch auf einen empirischen Ansatz und induktives Vorgehen: Nach August Boeckh muß der Student der Philologie „erst das Einzelne als Basis und Stoff der Ideen kennen lernen, und kann erst von hier aus zu dem Allgemeinen aufsteigen".[26] Im wissenschaftstheoretischen Horizont des frühen 19. Jahrhunderts bedeutete diese Methodeneinheit für die Geschichtswissenschaft, sich gegen die Geschichtsphilosophie als empirisch verfahrende Disziplin profilieren zu können. Außerhalb der akademischen Hermeneutik und philologischen Methodologie sah der junge Friedrich Schlegel hingegen deutlich die jede empirische Erkenntnis übersteigende Brisanz des idealistischen Verstehens: „Buchstabe ist fixierter Geist", stellt er ganz in Übereinstimmung mit dem oben von Ranke Zitierten fest, um dann fortzufahren: „Lesen heißt, gebundnen Geist frei machen, also eine magische Handlung."[27] Ihm ist bewußt, daß mit der Annahme eines ursprünglichen und allwaltenden Geistes oder einer solchen ‚Idee' eine Prämisse philosophischer Art für die philologische Arbeit aufge-

21 Ast: Grundlinien der Grammatik, Hermeneutik und Kritik [1808] - Gadamer/Boehm (Hrsg.): Seminar: Philosophische Hermeneutik, S. 111 (§ 69), vgl. S. 115 (§74), 125 (§ 86).

22 Wach: Das Verstehen Bd. 1, S. 57.

23 Vgl. Grondin: Einführung, S. 85f., und Wach: Das Verstehen Bd. 1, S. 31-62.

24 Tgbb. Nr. 134 (20. 12. 1816) - WuN 1, S. 141.

25 Schelling: Vorlesungen über die Methode des akademischen Studiums - Werke Bd. 2, S. 639. Zur ‚Lektüre' der Geschichte als Text und mithin zur *„Übertragung der Hermeneutik auf die Historik"* vgl. auch Gadamer: Wahrheit und Methode, S. 201-203.

26 Encyklopädie, S. 46. Die Parallelen zu Rankes bekannter Formulierung aus dem „Politischen Gepräch" reichen bis in die Wortwohl (vgl. Politik und Geschichte, S. 94). Boeckh beruft sich übrigens ausdrücklich auf Schellings *Studiums*-Vorlesungen (gemeint ist wohl Werke Bd. 2, S. 641).

27 Philosophische Fragmente, Nr. 1229 - KA 18, S. 297.

stellt ist: „Die Lehre vom Geist und Buchstaben ist unter andern auch darum so interessant, weil sie die Philosophie mit der Philologie in Berührung setzen kann."[28] Vom jungen Ranke, der sich auf dem einen Gebiet privatim, auf dem anderen studienbedingt (und darüber hinaus) umgetan hatte, darf man auf der einen Seite eine ähnliche Bereitschaft erwarten, beide Denk- und Arbeitsweisen zusammenzuführen. In der historistischen Geschichtswissenschaft wurde ihre Verbindung dann produktiv - und, auf der anderen Seite, verdrängt. Die philologische Kritik und Interpretation in ihrer Aneignung durch Ranke und seine Nachfolger allein als methodischen Gewinn zu betrachten[29] heißt damit, der Selbstinterpretation des Historikers folgend nur den einen Teil der Genese der historistischen Hermeneutik zu sehen. Denn der andere, idealistisch-philosophische Teil macht es unmöglich, den Historismus als ‚immanente' Geschichtsauffassung[30] zu definieren.

Im Kontext einer hermeneutischen Verstehenslehre stellt sich auch wieder Herders Frage nach dem Verhältnis von Sprache und (dem jetzt als geistregiert gedachten) Denken. Robert Leventhal hat soeben eine Tendenz der romantischen Hermeneutik herausgearbeitet, die Ebene des sprachlichen Ausdrucks zugunsten des dahinter liegendes ‚Geistes' zu vernachlässigen. Allein Friedrich Schlegel sei auf der von Herders Sprachtheorie eröffneten Bahn fortgeschritten und habe sich „from a *semiotic* to a *discursive* analysis" bewegt.[31] Ein von derselben Wahlmöglichkeit diktiertes Problem stellte sich auch Ranke: In den *Geschichten der romanischen und germanischen Völker* glaubte er mit der Beschreibung des ‚Ausdrucks', also des historischen Geschehens in seiner Fülle, auch den ‚Geist' darstellen zu können; in den Alterswerken hatten dagegen die Ereignisse zugunsten der an ihnen erschauten Ideenbewegungen zurückzutreten: Bereits in der *Französischen Geschichte* (1852-61) ist es ihm bei der Vernichtung der Templer „genug, den Wechsel der Ideen wahrzunehmen" (SW 8, S. 34). Hier läßt sich eine Positionsverschiebung feststellen, die auch die Widersprüchlichkeit von Rankes Äußerungen zur Sprache erklären könnte: In den Vorarbeiten zu seiner Valediktionsarbeit bekannte der Schüler sich zur Sprachrelativität des Denkens: „was keine Sprache ausdrückt, das denkt der Mensch nicht."[32] Am Ende der 1830er Jahre begreift er dagegen,

28 Athenäums-Fragmente, Nr. 93 - KA 2, S. 179 (zuerst im *Athenäum* 1798, 2. Heft). Zum Zusammenhang von Hermeneutik und Platonrezeption vgl. Ada Neschke-Hentschke: Platonisme et tournant herméneutique au début du XIXe siècle en Allemagne. - In: La naissance du paradigme herméneutique, S. 121-153.

29 Vgl. Muhlack: Zum Verhältnis von Klassischer Philologie und Geschichtswissenschaft im 19. Jahrhundert. - In: Philologie und Hermeneutik, S. 225-239, hier S. 225, 227f.

30 So Muhlack: Geschichtswissenschaft, S. 20, 405, 417, 424-426.

31 Leventhal: Disciplines, S. 295, vgl. S. 242.

32 WuN 3, S. 69. Das längere Exzerpt aus Hamanns „Metacritik über den Purismum der

hinter Herder zurückgehend, den „Gedanken" als „etwas an und für sich von dem Ausdruck Unabhängiges." Der Philosophie komme es zu, „den Gedanken von dieser Sprachumhüllung gleichsam zu befreien."[33] Wohl gibt es selbst bei Schleiermacher eine Tendenz, Sprache auf das Denken hin zu hintergehen.[34] Ein solcher Ansatz aber mußte es nach sich ziehen, den ‚Text' der Geschichte, will sagen das ‚Gewebe' der Ereignisse, als eine möglichst umstandslos zu durchdringende Hülle zu begreifen. Den Historiker, der nicht allein einen ‚Text' zum Erkenntnis-‚Objekt' hat, sondern seine Erkenntnis auch in einem von ihm zu erstellenden Text objektivieren muß, trifft dies doppelt: Der historiographische Text als Konstituens von repräsentierter Vergangenheit und historischem Sinn droht aus dem Blick zu geraten, obwohl das Verstehens-Modell des Textes soeben auf die Geschichte als Geschehen übertragen worden ist. Die Bewegung hin zur Anerkennung der Textualität von Geschichtserkenntnis erfährt damit erneut eine eigentümliche Bremsung: So wie Ranke, obwohl er wesentliche Prinzipien seiner Geschichtsauffassung der (Goetheschen) Dichtung ablernte, vor einer konsequenten Reflexion darauf zurückschreckte, so hintergeht er faktisch den methodologischen Anschluß der Geschichtswissenschaft an die philologische Hermeneutik bzw. vollzieht er deren Wendung von der ‚Lektüre' zur ‚Interpretation'[35] mit. Ein weiteres Mal tritt er so von einem schon erreichten Reflexionsstand wieder zurück.

3. Antike Geschichtsschreibung

Während das Ergebnis von Rankes philosophischen Orientierungsversuchen vor allem als eine Selbstvergewisserung in der anvisierten Rolle des Gelehrten und Sinnvergewisserung für den historischen Gegenstand verstanden werden kann, bereitet sich im Studium der antiken Geschichtsschreiber die historiographische Praxis unmittelbar vor. Hier bestätigen und ergänzen sich die ästhetisch gewonnenen Prinzipien in einer anwendungsorientierten Weise.

Vernunft" (Tgbb. Nr. 498 [1816/17] - WuN 1, S. 492f.) geht in dieselbe Richtung („Laute und Buchstaben sind reine Formen a priori"), vermag aber als ‚nur' Zitiertes Rankes eigene Ansicht nicht zweifelsfrei wiederzugeben.

33 Tgbb. Nr. 174 [nach 1835] - WuN 1, S. 161. Konsequent auf die Unhintergehbarkeit der Sprache konnte zumal Rankes philologischer Lehrer Gottfried Hermann den Studenten nicht drängen, vgl. zu dessen (und August Boeckhs) Sprachauffassung Ernst Vogt: Der Methodenstreit zwischen Hermann und Böckh und seine Bedeutung für die Geschichte der Philologie. - In: Philologie und Hermeneutik, S. 103-121, hier S. 115-117.

34 Vgl. Leventhal: Disciplines, S. 304.

35 Zur Konkurrenz von sinnorientierter ‚Interpretation' und textstruktur- oder diskursanalytischer ‚Lektüre' vgl. Kebbel: Geschichtengeneratoren, S. 13.

Ranke folgte quasi Schellings Empfehlung, „sich einzig an die großen Muster der Alten" zu halten, um „sich zum historischen Künstler" zu bilden, legitimiert durch Fichte, der den Gelehrten dort für vollendet erklärte, wo er „übergeht in den freien Künstler".[1] Die historiographiegeschichtlichen Studien belegen zudem seine - wie auf ästhetischem Gebiete - induktive Zugangsweise; historiographische Prinzipien und Techniken in einer systematischen Historik zu entwerfen war ihm ganz fremd. Was er historiographisch erreichte, läßt sich deshalb auch nicht als Folge und Erfolg einer modernisierten Historik deuten. Ein solcher Versuch, Historiographiegeschichte (mit) zu erklären,[2] scheitert am ersten und wichtigsten Vertreter der ersten Phase des wissenschaftlichen Historismus ebenso wie an den Vertretern der Göttinger Aufklärungshistorie, deren pragmatistische Historik ja die Geschichtsschreibung geradezu behinderte bzw. im Fall relativen Gelingens (Spittler, Heeren) nicht zufällig fehlte.

In seinen Erinnerungen gedenkt Ranke ausführlich der Lektüre antiker Historiker, die er als Gymnasiallehrer in Frankfurt an der Oder (1818-1824) betrieb, um seinen Schülern die griechische Geschichte und auch die historische Basis des Literaturunterrichts aus den ersten Quellen vermitteln zu können.[3] Zunächst einmal wertete er die antiken Historiker materialiter aus, ohne daß dies aber seinen ästhetischen Genuß gemindert hätte.[4] Darüber hinaus nahm er sehr aufmerksam ihre ‚Technik' wahr. Diese Lektüre bildete zum ersten seine Herangehensweise gegenüber auch den Quellen vor, die er später für seine historischen Werke auswertete. Denn Quellenstudium und Quellenbeurteilung enthalten für den Historiker Ranke ein literarästhetisches Moment, das sowohl die - zuweilen in ausgefallener Metaphorik berufene - ‚Schönheit' der Archivalien umfaßt als auch die für den Quellenwert eines Berichts bedeutsamen Textregeln.[5] Er ist auch da Ästhet, wo er ‚forscht', und zwar in einer für die Quellenkritik produktiven Weise, die allerdings in dieser Funktionalität nicht aufgeht. Zum zweiten liest er die antiken Historiker auf

---

1 Schelling: Werke Bd. 2, S. 641; Tgbb. Nr. 499 - WuN 1, S. 495.

2 Vgl. Blanke/Fleischer: Artikulation, S. 53f., und (textidentisch) Blanke: Historiographiegeschichte, S. 133f., bezogen auf die Geschichtswissenschaft der Spätaufklärung.

3 Vgl. SW 53/54, S. 39-44; sowie die Einführungen von Walther Peter Fuchs - WuN 3, S. 498-503, 543-545. Bei Rankes retrospektiven Einschätzungen seiner Lektüren ist allerdings Vorsicht geboten; maßgeblich müssen jeweils die überlieferten Notizen selbst sein. Zu seiner Nutzung zeitgenössischer Historiker vgl. WuN 3, S. 505, 524f., 528, 530 (Heeren) und SW 53/54, S. 41.

4 Vgl. an Ferdinand Ranke[, nach dem 12. 4. 1822] - N.Br., S. 27.

5 Für das erste vgl. Rankes lobende Beschreibung der venezianischen Relationen in Wien als „schöne Italienerin" (an Heinrich Ranke, 28. 10. 1827 - Brw., S. 121) sowie: Zur Kritik neuerer Geschichtschreiber, z.B. 3-7 (über Guicciardini); für das zweite: ebd., S. 184-186 (über die stilistischen Fortschritte Machiavellis).

jene Darstellungsprinzipien und -techniken hin, die sie dazu befähigten, vergangenes ‚Leben' zugleich in einer ästhetisch eindrücklichen Fülle wie in seinem transzendent verbürgten ordo zu repräsentieren; z.T. kritisiert er sie auch, wenn sie historiographische Probleme seiner Ansicht nach ungelöst ließen. Da bereits die Luther-Studien des Jahres 1817 die Absicht bezeugen, selbst Geschichte zu schreiben – den Entschluß, eine Entstehungsgeschichte des europäischen Staatensystems anzugehen, teilt Ranke Ende März 1820 zum ersten Mal mit[6] –, darf man dies auch als ein Bemühen um Selbstvergewisserung und Anleitung bei der eigenen Arbeit deuten. Denn die Fichtesche Philosophie bot in historiographiepraktischer Hinsicht nicht viel mehr als eine Rechtfertigung bestimmter Deutungsrichtungen, an denen Ranke lag, und literarische Texte gaben ihm eher Darstellungsprinzipien als -techniken an die Hand.

Das Studium der antiken Historiker begann, entgegen Rankes Erinnerung, schon in der Leipziger Zeit. Sein zeitliches Verhältnis zum Goethe-, Schlegel- und Fichte-Einfluß ist nicht festzustellen,[7] doch ist an der Priorität von Rankes ästhetischem Interesse im allgemeinen nicht zu zweifeln.[8] Livius, dem er eine „wissenschaftliche Art der Geschichtsbehandlung" ausdrücklich zugesteht, deutet Ranke als ein gelungenes Beispiel dafür, daß „Kunst und Wissenschaft" „zusammenfallen" müßten.[9] Was aber den Alten gelungen ist, scheint ihm in der Moderne ebenfalls möglich, ja nötig.[10] Auch Rankes Studium der

6 Vgl. an Heinrich Ranke – Brw., S. 17.

7 Vgl. Tgbb. Nr. 69-73 [1814-18] – WuN 1, S. 101-105, 515.

8 In der Literatur ist zu lesen, daß Rankes Studium antiker Historiographie 1817 in eine Dissertation über Thukydides mündete, die aber verschollen und nicht einmal dem Thema nach bekannt sei (vgl. WuN 3, S. 330). Hoyer dagegen legt dar, daß Ranke als Doktorand ‚antiquo ritu' gar keine Dissertation vorgelegt hat (vgl. Ranke, S. 220f.). Gleichwohl hat Thukydides von allen antiken Historikern wohl den größten Einfluß auf Ranke ausgeübt, wenngleich sich der in den frühen Notizen nicht im einzelnen nachweisen läßt (vgl. Tgbb. Nr. 50 [1813] – WuN 1, S. 85, WuN 3, S. 532, 541, 556, 568; dagegen sind spätere Äußerungen weitaus bestimmter, vgl. vor allem: Weltgeschichte Bd. 1,2, S. 37-52). Vielleicht hat Ranke, wie Konrad Repgen vor kurzem argumentiert hat, den wissenschaftsfunktionalen Programmkern seines Erstlings: „bloß sagen, wie es eigentlich gewesen" (Geschichten, S. V), sogar als verstecktes Thukydides-Zitat formuliert (vgl. Repgen: Über Rankes Diktum, S. 445-449; dagegen spricht allerdings der Kontext bei Thukydides [II, 48, 3], der sich nicht – wie Ranke – gegen ein Richten der Vergangenheit wendet, sondern nur auf die Beantwortung einer medizinischen Spezialfrage, der nach den Ursachen der Pest, verzichtet). Jedenfalls manifestiert sich die Einheit der ‚romanisch-germanischen Völker' in diesem Werk in einer ähnlichen, tragisch-kriegerischen Weise wie die Einheit der hellenischen Staaten im *Peloponnesischen Krieg* (vgl. Hajo Holborn: The Science of History. – In: ders.: History and Humanities. Ed. by Leonard Krieger. Garden City, New York 1972, S. 81-97, hier S. 89f., nach Repgen: ebd., S. 448).

9 Tgbb. Nr. 71 – WuN 1, S. 102. Das folgende Zitat ebd., S. 102.

10 Vgl. oben S. 306.

antiken Historiker hat also dazu beigetragen, die Geschichtsschreibung des 19. Jahrhunderts zu ästhetisieren. An Livius lernt er zudem eine symbolische Art der Behandlung des Wunderbaren kennen, die auf eine „höhere Bedeutung" verweise. Neben dieser ‚paradigmatischen' Symbolik nimmt er, so jedenfalls seine Erinnerung, in Cäsars *Gallischem Krieg* eine ‚syntagmatische' wahr, die es erlaube, ‚Weltgeschichte' in einer Monographie zu konzentrieren: „Das Buch ist symbolisch für die Welteroberung und die Gründung des Kaiserthums überhaupt."[11] Kernprinzipien goethezeitlicher Dichtung und hermeneutischer Textinterpretation sind hier tatsächlich auf das Verständnis historiographischer Geschichtsrepräsentation übertragen.

Wichtigstes historiographiepraktisches Problem ist die Gestaltung der Figuren als Schnittpunkte von individuellem Antrieb und historischer Aufgabe: An Sallusts Figuren vermißt er das ursprüngliche Leben in seiner Fülle; es werde von den Reflexionen des Historikers verstellt – „Diese Art der Historie erfüllt statt des Bildes mit Gedanken", was für Ranke schon aus ästhetischen Gründen unzureichend war.[12] Plutarch dagegen versäume die Eröffnung einer überindividuellen Ebene der Geschichte; er bringe „nur den Menschen mit dem Menschen in Gegensatz, nicht das Geschick." Auch die Figurengestaltung steht also unter dem Prinzip der doppelten Ebenen, die sich gegenseitig stützen. Die Ebene des in der Ereignisebene beschlossenen und von dieser beglaubigten Sinnzusammenhangs findet Ranke besonders ausgeprägt bei Herodot: „Neben der weltlichen, äußeren Geschichte geht bei ihm durchweg eine andere fort, innerlich und göttlich; – die sich in Göttersprüchen, Anzeige, Naturerscheinung ausspricht." (WuN 3, S. 548) Die Nähe dieser Transzendierung des Geschehens zur in literarischen Texten üblichen ist hier nicht zu übersehen. Erneut zeigt sich so, daß Rankes Verständnis von Geschichte jenseits des ereignishaften Geschehens einem literarischen Modell verpflichtet ist. Der historiographiegeschichtlich epochale Wechsel, der darin beschlossen liegt, tritt am Herodot-Verständnis sogar besonders hervor, denn im 18. Jahrhundert herrschten noch Warnungen vor den Fabeleien und „Allegorien" des ‚Vaters der Geschichte' vor.[13]

Bei Cassius Dio schließlich kommt Ranke auf die Gestaltung der Figuren zurück. Auch sie haben ein „inneres Leben", das aber nicht durch eine vermeintliche Introspektive erfaßt werden könne, weil es dem Historiker nicht zugänglich sei. Lediglich seine Äußerungen, Handlungen und „Worte", könnten aufgezeichnet werden. Das „Tiefste der Geschichte" erschließe sich dann

---

11 Aufsätze zur eigenen Lebensbeschreibung. 2. Dictat vom Mai 1869 – SW 53/54, S. 43.

12 Tgbb. Nr. 72 – WuN 1, S. 103. Das folgende Zitat ebd., S. 104.

13 Sulzer: Kurzer Begriff, S. 32 – TDAH, S. 289; vgl. Gatterer: Nähere Nachricht, S. 6 – ebd., S. 570.

an ihnen wie durch ein „Symbol" (S. 574). An Rankes eigener Gestaltung historischer Figuren zeigt sich daraus folgend erneut seine ambivalente Haltung zu literarischen Verfahren: Muß er auf die Introspektive verzichten, so hält er an der Andeutungstechnik literarischer Texte fest. Diese vermittelnde Lösung ist freilich nicht sehr trennscharf, so daß er in seinen Werken immer wieder in Gefahr geriet, die von ihm selbst gezogene Grenze zu überschreiten: „Im Anfang seines Glückes", so beginnen schon die *Geschichten der romanischen und germanischen Völker*, „dachte der westgothische König Ataulf, aus Romanien ein Gothien und sich zum Cäsar zu machen; die römischen Gesetze wollte er erhalten."[14]

Damit hat Ranke fast alle grundlegenden Darstellungsprinzipien seiner späteren Historiographie in antiken Vorbildern (wieder)gefunden: die ‚symbolische' Konzentration ‚langer' Nationalgeschichten auf ihre Kernphase, den Versuch, historiographische Urteile und weitgreifende geschichtliche Erläuterungen aus einer ‚anschaulichen' Darstellung der ‚Ereignisse' selbst hervorgehen zu lassen, die Einsetzung ‚großer Individuen' als Träger (welt)geschichtlicher ‚Aufgaben' und die auktoriale Annäherung des Historikers an diese Figuren sowie die Annahme eines metafaktischen Wirkungs- und Sinnzusammenhangs, der auch aus dem ungedeutet Un- und Widersinnigen hervorscheinen kann. Was er in den antiken Historikern nicht fand, war allein die für ihn typische – und mit Goethe und Schlegel spätestens 1817 vollzogene – Idealisierung des historischen Geschehens. Insbesondere Tacitus führte ihm vielmehr eine ständige ethische Indexierung des Geschehens vor,[15] auf die aber auch Ranke keineswegs so konsequent verzichtete, wie seine programmatische Ablehnung eines Richteramtes für den Historiker es glauben machen kann.[16]

Eine Summe gewissermaßen aus seinen historiographiekritischen Beobachtungen zieht er mit einer Maxime aus dem *Faust*, die die Berichtsrelativität aller Historie einmal mehr in ein Bild der neuplatonischen Tradition faßt: „Der Geschichtschreiber ist der Spiegel der geschehenen Dinge, sein Geist ist besonderer Betrachtung würdig – da er nicht reines Organ zu sein pflegt."[17]

---

14 Geschichten, S. XVII. Ranke kann die Ataulfsgedanken sogar belegen – mit Orosius' Weltchronik (VII, 34), die er nach Mascovs *Geschichte der Teutschen bis zur fränkischen Monarchie* (1726, vollständiger Titel: *[...] bis zum Anfang der fränkischen Monarchie*) zitiert – was den eigenen wissenschaftlichen Standards natürlich ebenfalls nicht genügt.

15 Tacitus qualifiziert sich in seinen Augen zum „besten Geschichtschreiber", weil es die „Höhe der philosophischen Betrachtung" – und das kann nur heißen: des ethischen Urteils – ist, die sich bei ihm als „eins mit der Anschauung der Geschichte" darstellt (WuN 3, S. 573).

16 Vgl. Geschichten, S. Vf.; dagegen z.B. ebd., S. 16, 222.

17 WuN 3, S. 574 (der Nebensatz nach dem Gedankenstrich in der Hs. am Rande). Vgl.

Was der Dichter als Kritik an der Subjektivität der Geschichtserkenntnis formulierte, wendet Ranke zum produktiven Prinzip einer kritischen Methode. Er wiederholt für sich die von Chladenius mit der Lehre vom ‚Sehepunkt' in die Geschichtstheorie eingeführte Einsicht in die Standpunktrelativität aller historischen Aussagen – und gründet sie tiefer: nicht mehr auf ein Modell räumlicher Anschauung, sondern auf die individuelle Geistestätigkeit von Sprechern und Schreibern. Diese Erkenntnis hat Ranke wiederum nicht theoretisch, sondern durch vergleichende Studien an den Gegenständen gewonnen, für deren Interpretation sie produktiv werden soll: Auch in der Geschichtsschreibung gelte das Prinzip der Autorindividualität[18]. Damit vollzieht er jene interpretative Relationierung von Autorindividuum und Text nach, die Schlegel z.B. in die Literaturgeschichtsschreibung eingeführt hatte. Undenkbar, daß Ranke dieses Prinzip allein auf seine Quellen sowie antike Historiker und nicht auch auf die eigene Tätigkeit als Geschichtsschreiber anwandte!

Faust I, Vv. 577-579: „Was ihr den Geist der Zeiten heißt, / Das ist im Grund der Herren eigner Geist, / In dem die Zeiten sich bespiegeln." Zur Fernwirkung der Metapher und des an sie gehefteten Gedankens vgl. Meinecke: Schaffender Spiegel, S. 7.

18 In einem Brief an Heinrich Ranke (22. 5. 1823 – Brw., S. 44) warnt Ranke dementsprechend davor, „nie ein Werk [der Alten, D.F.] für eine Gattung anzusehen, [...] sondern für ein ehrliches Individuum seiner eigenen Wurzel, Luft, Natur, seines eigenen Bestrebens."

C. Rankes Geschichtsschreibung als Modell

> Er wollte nicht allein sein, noch viel weniger blos scheinen, er wollte beides[1].

1. Der Erstling: *Geschichten der romanischen und germanischen Völker*

Das Erstlingswerk von 1824, die *Geschichten der romanischen und germanischen Völker von 1494–1535*, haben stets einen zwiespältigen Eindruck hinterlassen. Zwar begrüßten die ersten Rezensenten in Ranke „einen neuen Geschichtschreiber von erstem Rang"[2], doch urteilten sie nach den bislang schon geltenden Kriterien für historiographische Werke, so daß sein Buch bloß in das Vorhandene, und nicht einmal als herausragend, eingereiht wurde. Den Publikumserfolg gleichzeitiger Historiker wie Friedrich von Raumer oder Friedrich Wilken erreichten die *Geschichten* ohnehin nicht,[3] und mit der mitunter stark angegriffenen Diktion und der Syntax des Werkes zeigte der Autor sich selbst nicht zufrieden.[4] Sofortige öffentliche Anerkennung der historiographischen Leistung scheint die rasche Berufung des Frankfurter Gymnasiallehrers an die Berliner Universität zu belegen, doch betrieb Ranke diese Voraussetzung seiner künftigen akademischen Wirksamkeit, d.h. einer die Geschichtswissenschaft des 19. Jahrhunderts wie keine andere prägenden

---

1 Ranke über Ludwig XIV: (Französische Geschichte - SW 10, S. 197).

2 Varnhagen von Ense in der Spenerschen Zeitung vom 12. 2. 1825, zit. nach Guglia: Ranke, S. 86. Weitere Rezensionen der 1820er Jahre ebd., S. 86-89, auszugsweise zitiert. Vgl. auch Heerens Brief an Ranke vom 27. 3. 1825 (ed. bei Oncken: Aus Rankes Frühzeit, S. 130f.), in dem der Göttinger, scheinbar nebenbei, auch die quellenkritische Methode als schon geübt für sich in Anspruch nimmt.

3 Schulin: Rankes Erstlingswerk oder Der Beginn der kritischen Geschichtsschreibung über die Neuzeit - Traditionskritik, S. 48; vgl. auch Stromeyer: Ranke, S. 43.

4 Vgl. an Stenzel, 23. 1. 1825; an Heinrich Ranke, 17. 2. 1825 - Brw., S. 73, 75, sowie Friedrich von Raumers Kritik (Brief an Ranke, 2. 1. 1825, gedr. bei Varrentrapp: Briefe, S. 111f.). Dieser Aspekt hat auch in der Forschung eine übergroße Rolle gespielt, obwohl das Stilistische die strukturellen Probleme gar nicht berührt. Kritisch registriert wurden zuvörderst zahlreiche Wort-Archaismen sowie dem Lateinischen abgelernte gedrängte Satzkonstruktionen, Elisionen (meist des Verbes) vor allem. Vgl. die Vorrede zur Ausgabe von 1874, SW 33/34, S. VIII; sowie Requadt: Johannes von Müller, S. 181-185, zu Rankes stilistischen ‚Vorbildern'. Requadt legt plausibel dar, daß Ranke weniger einen Stil nachahmte als die darstellerischen Möglichkeiten, die der Müllersche und Taciteische Stil ihm bot, zur Umsetzung seiner Darstellungsintentionen nutzte.

Schulbildung, selbst in ungewöhnlich offensiver Weise.[5] Ein Teil der Ranke-Literatur schließlich vermittelt den Eindruck, die Gründerfigur des Historismus habe sich erst in dem Maße zum lange Zeit vorbildlichen Historiker herausgebildet, in dem sie von den Darstellungsprinzipien des Erstlingswerks abrückte;[6] und auch von den Jugendschriften her wertet Backs die *Geschichten* ab, weil sie einen Rückfall hinter deren Reflexionsstand bedeuteten.[7]

Solche Einschätzungen geraten in die Gefahr, später erreichte Standards zu selbstverständlich als Urteilsmaßstab zu nehmen. Der relative historiographische Fortschritt, den die *Geschichten* bedeuteten, kann jedoch nur ermessen werden, wenn der Entwicklungsstand historiographischer Problemlösungen zu Beginn des 19. Jahrhunderts berücksichtigt wird. Der vergleichende Blick auf Vorangehendes in der Geschichtsschreibung aber verdeutlicht zuallererst,

---

5 Vgl. an Heinrich Ranke, 17. 2. 1825 - Brw., S. 74; Weber: Priester der Klio, S. 211-214.

6 Vgl. Laue: Ranke, S. 109-113.

7 Vgl. Backs: Dialektisches Denken, S. 179. Silvia Backs (S. 86-101) bietet die in der neueren Literatur umfangreichste Analyse bzw. Beschreibung der *Geschichten*, die aber hinsichtlich einiger so problematischer wie zentraler Aspekte derselben zu irrigen Einschätzungen gelangt: Die texterschließenden Gesichtspunkte von Rankes Deutung des dargestellten Geschehens, sieht sie, statt in der „Vorrede", in der „Einleitung" formuliert (S. 89). Davon ausgehend fällt sie das ebenfalls schiefe Urteil, der Hauptteil bleibe hinter dem dort formulierten Aufriß „beträchtlich" zurück (S. 93). Tatsächlich sagt die „Einleitung" nur hinsichtlich der überseeischen Entdeckungen der Zeitenwende etwas über die Hauptlinien des darzustellenden Geschehens aus (Geschichten, S. XXXVII-XXXIX), denn ganz überwiegend legt sie dessen *Voraussetzungen* im Hinblick auf die Beschaffenheit des Subjekts der Darstellungsinhalte dar, d.h. die durch bestimmte Momente der bisherigen Geschichte konstituierte relative Einheitlichkeit der ‚romanisch-germanischen Völker'. Zu den wirklichen Inkongruenzen zwischen den in der „Vorrede" formulierten Entwicklungsperspektiven und der Darstellung des Hauptteils vgl. unten S. 349f. Überhaupt erkennt Backs nicht die ‚symbolische' Struktur der *Geschichten* (vgl. unten S. 364f.), sondern sieht in ihnen nur eine „verwirrende Fülle von geschichtlichen Fakten" (S. 95). Deshalb hat sie auch nur äußerliche Erklärungen (Eile bei der Drucklegung) dafür anzubieten, warum das Werk die ‚dualistische' Geschichtsauffassung des jungen Ranke nicht explizit zum Ausdruck bringt (vgl. S. 99f.).
Als Darstellungsanalysen anderer Werke oder des Gesamtwerkes sind zu nennen: Paul Joachimsens Einleitung zur hist.-krit. Ausg. der *Deutschen Geschichte im Zeitalter der Reformation* (vgl. GA 7, 1, S. XXXV-LXXIX, bes. S. LXVIII-LXVI zur Symbolfunktion des Anschaulichen und zur Figurencharakteristik); Georg Küntzels Einleitung zur hist.-krit. Ausg. der *Preußischen Geschichte* (vgl. GA 9, 1, bes. XIX-LXXII) dagegen behandelt nicht Darstellungstechniken, sondern inhaltsbezogen Rankes Auffassung des Gegenstands. Eine nicht allein literarisch sensible Lektüre des Gesamtwerks, der eine größere Resonanz in der Forschung zu wünschen gewesen wäre, stellt Helblings Arbeit (Leopold von Ranke und der historische Stil) von 1953 dar. Detailliert und treffend, wenngleich nicht so gewandt wie Helbling, ist Ursula Peilers Analyse der Darstellungstechniken in Rankes Geschichtsschreibung. Sie klassifiziert verschiedene Möglichkeiten, das ‚Allgemeine' bzw. das ‚Einzelne' zu ‚gestalten', und unterscheidet mehrere Berichtsformen mit einer je spezifischen Distanz zum erzählten Geschehen. Der historiographiegeschichtliche Stellenwert von Rankes Darstellungsleistung liegt jedoch außerhalb ihrer Betrachtung.

daß Ranke die Ansprüche auf historiographische Integration und Totalität wesentlich gesteigert hatte. Durch die militärischen und politischen Kämpfe, wie sie in einem Zeitraum von nur vierzig Jahren um 1500 zumeist in Italien ausgetragen wurden, unternahm er die neuere europäische Geschichte in ihren Grundlagen und -zügen erfassen und darstellen. An diesen Kämpfen sind fünf italienische und mindestens fünf weitere europäische Mächte, drei davon ständig, beteiligt. Diese Konstellation mag ‚an sich' nicht komplexer sein als jener europäische Krieg, der, ‚Dreißigjähriger' genannt, gut hundert Jahre später vor allem auf deutschem Boden stattfand und von Schiller in einem seinerzeit avancierten Werk dargestellt wurde. Ranke jedoch versucht nicht, das Gewirr der wechselnden Allianzen und in sich zerstrittenen Hauptparteien durch eine zunehmend bipolare Personalisierung des Geschehens und der Machtinteressen greifbar bzw. griffig zu machen. Zudem ist die relative Einheit der ‚romanisch-germanischen Völker' ein komplexer und ausgesprochen asystemischer Gegenstand, will sagen: Ranke läßt Gatterers für die Aufklärungshistorie typische Ordnungsprinzipien (‚System der Bündnisse' bzw. ‚der Unterwürfigkeit') weit hinter sich. Weil eine äußerliche, in einen Begriff faßbare Einheit dem polyzentralen Subjekt seiner Geschichte unangemessen wäre, mußte er sein Werk vielmehr mit einer genetischen Herleitung derselben aus gemeinsam Vollbrachtem, Völkerwanderung, Kreuzzügen und Entdeckungen, einleiten (vgl. S. XVII-XL)[8]. Dieses Verfahren konstituiert den Gegenstand zugleich als einen per se kulturbedeutsamen; historischer Sinn knüpft sich damit schon an die darstellungskonstitutive Ordnung des historischen Feldes.

Daß bereits in der Anlage der *Geschichten der romanischen und germanischen Völker* ein historiographischer Fortschritt unverkennbar ist, nivelliert jedoch nicht deren ausgesprochen schillernde Physiognomie. In den Quellen, derer sich Ranke bediente, und dann auch in seiner Darstellung strotzt die Zeit um 1500 nur so von Waffenglanz und mehr noch von Grausamkeiten, von hochfliegenden Plänen und abrupten Glückwechseln. Überhaupt gilt für historiographische Texte, daß sie sich kaum anders als literarische Werke nie vollständig unter eine geschichtliche Entwicklung ihrer Textsorte subsumieren lassen. Eine solche Entwicklung rekonstruktiv festzustellen heißt immer, eigentümliche Merkmale von Texten zugunsten von zeitlich vor- und rückwärts anschließbaren zurückzudrängen. Bei den *Geschichten* nun die Eigentümlichkeiten des Werks nicht zu unterschlagen – jedenfalls soweit sie darstellungstechnisch relevant sind – läßt sich allerdings auch über deren Signifi-

8 In diesem Kapitel wird die erste Ausgabe der *Geschichten* mit Seitenangabe im Text zitiert. Hinweise auf ganze Kapitel sind wie folgt aufgebaut: römische Ziffer = Buch, arabische Ziffern = Kapitel, Unterkapitel.

kanz für die ästhetisch-literarischen Ausgangspunkte von Rankes Geschichtsschreibung rechtfertigen: Gerade weil der Erstling in manchen wesentlichen Punkten anders strukturiert ist als die folgenden Werke, ist die Impulsstärke des im goethezeitlichen Sinn symbolischen Denkens an ihm besonders gut abzulesen. Daß in den *Fürsten und Völkern von Süd-Europa* (1827) dieser Impuls fast gar nicht und seit den *Römischen Päpsten* (1834-36) nur um einiges schwächer an die Oberfläche trat, ist dann - wie zu zeigen sein wird - vor allem als eine Änderung der historiographischen Technik zu werten, die Ranke aber nicht seiner ästhetisch-literarischen Herkunftssphäre entzog.

a) Syntagmatische Strukturierung

Die *Geschichten der romanischen und germanischen Völker* gelten als inkohärentes Werk: Den Titel ungewollt rechtfertigend, stehe eine Vielzahl von mangelhaft koordinierten Einzelereignissen nebeneinander. Laue resümiert

> this work lacked the power of abstraction and generalization, and for that reason unity and organization. [...] It resembled a wild garden before the gardener brought order, clarity, and form into its profuse growth.[9]

Zutreffend ist diese Diagnose, soweit Laue auf die außerordentliche Fülle von partikularen Ereignissen, kleinen Feldzügen, rasch wieder verworfenen Entschlüssen und fruchtlosen Siegen, von dingweltlichen Details, Requisiten quasi und sogar Gesten und Mienen anspielt. Und in der Tat sind manche dieser Details nicht funktionalisierbar für die Darstellung des Ganzen, ja kaum von atmosphärischem Wert. Laues Kritik daran versäumt indes zu prüfen, welche historiographische Bedeutung die ‚wildwüchsige' Fülle der Begebenheiten für Ranke hatte. Mit dem Textmodell späterer Werke, vor allem der *Römischen Päpste* und der Reformationsgeschichte, vor Augen überliest er zudem die Strukturen, die dem ersten Eindruck zum Trotz in die *Geschichten* eingezogen sind. Ich untersuche deshalb zunächst (a.) die verschiedenen Ebenen der syntagmatischen Strukturierung der erzählten Geschichte eine übergreifend-integrative Ebene (α.), die extensive Mikroebene des partikularen Geschehens (β.) sowie die Ebene jener Textstrukturen, die zwischen den beiden erstgenannten vermitteln (γ.). Resümierend kann dann (b.) Rankes Darstellungstechnik als eine Form inexpliziten Symbolisierens interpretiert werden.

9 Laue: Ranke, S. 109. Noch Leonard Krieger urteilt: „the theme and the form of the history [...] were dominated by the refractive tales of multilateral discords and confusion" (Ranke, S. 111).

α. Am leichtesten läßt sich widerlegen, daß es Ranke an Abstraktionsvermögen gemangelt habe.[10] Als Makropropositionen formuliert, benennt er den „Inhalt" der von ihm berichteten „äußeren Unternehmungen" gleich in der „Vorrede":

> einerseits die Gründung der spanischen Monarchie, den Untergang der italienischen Freyheit; andrerseits die Bildung einer zwiefachen Opposition, einer politischen durch die Franzosen, einer kirchlichen durch die Reformation (S. IV).

Diese vier Hauptmomente deuten den Beginn der neueren europäischen Staatengeschichte immerhin in einer Weise, die den Grund für die relative thematische Einheit von Rankes Œuvre legt.[11] Unter einem übergreifenden Aspekt werden sie einerseits noch einmal zusammengefaßt als „jene Spaltung unsrer Nationen in zwey feindselige Theile, auf welcher alle neue Historie beruht", (S. IV) und mit einigen Sätzen andererseits für die hauptsächlich beteiligten Länder Italien, Spanien, Frankreich und Deutschland noch einmal ausdifferenziert. Alle diese Makropropositionen stellen abstrahierende Summierungen des dargestellten Geschehens dar; sie formulieren seine Ergebnisse unter Berücksichtigung der jeweiligen Ausgangspunkte. Ihre dreifache Stufung sucht dabei der Komplexität des halb Europa umfassenden, ja über dieses hinausgreifenden Geschehens gerecht zu werden. Auf jeden Fall ist die Benennung mehrerer Entwicklungsaspekte nicht als Partikularisierung verschiedener Geschehensteile zu verstehen. Vielmehr trägt ihre innere Hierarchisierung dazu bei, „alle diese und die übrigen hiemit zusammenhangenden Geschichten der romanischen und germanischen Nationen [...] in ihrer Einheit zu ergreifen." (S. V) Da die Entwicklungs-Makropropositionen bereits in der „Vorrede" präsentiert werden, können sie dem Leser zudem als ein orientierender und interpretierender Leitfaden durch die Fülle der ‚Mikropropositionen' dienen. Anders betrachtet, überläßt es Ranke in höherem Maße als später dem Leser, die einmal angebotene Perspektive auf das Geschehen

10 Dieser Vorwurf wird Ranke auch auf darstellungstheoretischer Ebene gemacht. So schreibt Pandel ihm eine Auffassung der Geschichtsschreibung als begriffsloser Mimesis, die zu einer „theorielosen Symmetrie von Quelle und Darstellung" gelangen könne, zu (Mimesis, S. 33). Solche Deutungen reproduzieren, unter umgekehrten Vorzeichen, Rankes Objektivitätsgestus, sind aber weder mit der Formulierung darstellungsleitender Hinsichten (z.B. in der Vorrede der *Geschichten*) noch mit den Bestimmungen des Beschränkungsverhältnisses zwischen Quellenmaterial und Darstellungsperspektive z.B. in der Vorrede der *Römischen Päpste* in Einklang zu bringen.

11 Zum ‚historischen Problem' der Geschichte des europäischen Staatensystems, wie es Rankes Werk fundiert, vgl. Ulrich Muhlack: Leopold von Ranke. – In: Deutsche Geschichtswissenschaft um 1900, S. 11-36, hier S. 28-30. Zu ergänzen ist, daß Ranke von einem literatur- und bildungsgeschichtlichen Interesse an der Zeitenwende ausgegangen ist, vgl. den Brief an Heinrich Ranke[, Ende März 1820] – Brw., S. 17f.

fortlaufend geltend zu machen, wenngleich auch in den *Geschichten* die Ereignisebene immer wieder explizit auf die Interpretationsebene bezogen wird.[12] Eigenem Bekunden nach literarischem Vorbild folgend, hält sich der Historiker mit Explikationen zurück,[13] ohne deshalb jedoch auf die interpretative *Um*fassung des historischen Geschehens verzichtet zu haben. Vielmehr tritt hier ein Bemühen hervor, extensive „Fülle" und intensiv-resultative „Einheit", so die in der Vorrede bemühten Begriffe (S. VIII), ohne gegenseitige Reduktion darzustellen.

Fragt man nun, wie die Ereignisdarstellung sich zu ihrer vorangestellten begrifflichen Summierung verhält, so muß zuallererst auf den Fragmentcharakter der *Geschichten* verwiesen werden: Das 1824 erschienene und auch bei der Neuauflage 1874 nicht erweiterte Werk trug die Zeitraumangabe *1494-1535* im Titel, reichte über das Jahr 1514 aber nicht hinaus. Bis dahin gelang zwar die ‚Gründung der spanischen Monarchie' (vgl. Kap. I 2,1, II 2,2-3) und ereignete sich der ‚Untergang der italienischen Freiheit' (vgl. Kap. I 1,3, II 3,7-4,1/5), doch der politische Dualismus zwischen Frankreich und der spanisch-österreichischen Monarchie deutete sich, in der Bündnispolitik, allenfalls an (vgl. S. 394, 403; schon weil der spanische Erbfall für die Habsburger erst 1516 eintrat). Der konfessionelle Dualismus, auf den Ranke soviel Wert legte, lag gar noch außerhalb des Denkbaren. Wie offen die Entwicklung hinsichtlich der bereits ausgezogenen Bahnen 1514 noch war, hebt der Schluß des Vorliegenden selbst kunstvoll-dezent und deshalb umso eindrücklicher hervor: Den französischen König Ludwig XII. verläßt die Darstellung zu einem Zeitpunkt, zu dem er „auf dem Punct stand, selbst ein Glied der spanisch-östreichischen Verwandtschaft zu werden" (S. 423), und der abschließende kurze Bericht über den ersten Europäer am Stillen Ozean betont die weite Aussicht, die sich diesem Spanier bot (und damit die Offenheit des Geschehens), während der Taufname (Karl) des eingeborenen Führers einen leisen Hinweis auf den künftigen Herrn all dieser Entdeckungen gibt.[14]

---

12 Vgl. S. 63, 182, 189-194, 234, 237, 259f., 281, 314, 392f., 403, 423.

13 Vgl. Erwiderung auf Heinrich Leo's Angriff - SW 53/54, S. 664f.

14 Auf der darunterliegenden, ebenfalls in der „Vorrede" exponierten nationalgeschichtlichen Ebene macht sich die Halbierung des Berichtszeitraumes noch substantieller bemerkbar: Die aus „politischer Nichtigkeit" hervorgegangene Herrschaft der Spanier „über Italien, Deutschland und die Niederlande" (S. V) bereitet sich in den sich abzeichnenden amerikanischen Entdeckungen und Eroberungen - so Rankes Interpretation - gerade erst vor, während Frankreich noch nicht die antikaiserliche Politik Franz' I. verfolgt und Karl V., noch Thronfolger, sich noch nicht einer fürstlichen und konfessionellen Opposition zu erwehren hat (sein Großvater Maximilian steht am Ende des Werkes vielmehr auf der Höhe seiner Macht, vgl. S. 420).

Auf mehrere, untereinander sehr verschiedene Weisen stellen also die *Geschichten* ein Fragment dar: Erstens wegen der programmatisch gegen alle extensive Universalität gesetzten Ausschnitthaftigkeit jeder schreibbaren Geschichte – deshalb, ich wiederhole es, mochte Ranke nur „Geschichten, nicht die Geschichte" darstellen. Dieses Fragmentarische umfaßt nach ihm jedoch den „Kern aller neuern Geschichte" (S. IV) und wird kompensiert durch eine die mittelalterliche Geschichte raffende Einleitung und eine Perspektivierung des fragmentarischen Ausschnitts, die Grundfragen der neuzeitlichen Geschichte aufgreift. Zweitens bricht die Darstellung ungeplantermaßen, bedingt durch Rankes akademische Karriere und den Fortgang seiner Quellenforschungen, etwa in der Mitte des ursprünglich Geplanten ab. Daß wir es in dieser Hinsicht mit einem Torso zu tun haben, ist im folgenden immer mit zu bedenken, denn das Vorhandene ist – wie auch in manchen, z.T. bereits genannten Einzelheiten erkennbar – nach einem größeren Plan angelegt und aufgebaut.[15] Freilich kann man – drittens – mit gewissem Recht diesen Fragmentstatus als nicht allein durch äußere Umstände erzwungen verstehen. D.h. man kann daran zweifeln, ob etwa die Integration der frühen Reformationsgeschichte in den vorausentworfenen ‚germanisch-romanischen' Kontext überhaupt möglich gewesen wäre. Dagegen spricht, daß dem fertiggestellten Werk ganz überwiegend die Kohärenz einer fortlaufenden Kriegsgeschichte eignet, welche Kohärenz überdies nicht zum wenigsten an einer relativen ‚Einheit des Ortes', nämlich des italienischen Schauplatzes, hängt. Als ‚Vorgeschichten' der beteiligten Mächte sind zahlreiche nicht unmittelbar damit verbundene Ereigniszusammenhänge darein integrierbar, ebenso Rückwirkungen der internationalen Politik auf die ‚innernationalen' Verhältnisse (vgl. S. 227). Anders verhält es sich jedoch, so darf man vermuten, mit einem Ereigniskomplex vom – wie Ranke es sah – Gewicht der Reformation. Eine Bestätigung dieser Einschätzung darf man jedenfalls darin sehen, daß Ranke der Reformation später ein eigenes umfangreiches Werk gewidmet hat. Überhaupt hat er das historiographische Prinzip der Totalintegration ‚aller Geschichten' eines Raumes von nahezu kontinentalen Ausmaßen in einem relativ kurzen Zeitraum später nicht mehr verfolgt, sondern ‚Nationalgeschichten' der europäischen Mächte Preußen, Frankreich und England vorgelegt (auch dabei konzentriert auf eine als entscheidend angesehene Epoche), wohl aus der Einsicht heraus, daß sein ursprünglicher Ansatz die mögliche Integrationsleistung historiographischer Darstellung überschätzte.

---

15 Rankes Schlußwort von 1874 spricht das offen aus („Die Erzählung bricht in dem Moment der Krisis ab." – SW 33/34, S. 322), während die Vorrede zur Ausgabe im Rahmen der *Sämmtlichen Werke* nicht ganz redlicherweise den „ersten Theil, wie er nunmehr vorlag," als ein „besonderes Ganze" deklariert (S. IX).

Das zuletzt angesprochene Moment stellt noch einmal klar, daß der Erzähler sich in den *Geschichten der romanischen und germanischen Völker* noch nicht an *eine* ‚Staatsindividualität' halten konnte, um seiner Darstellung Kohärenz zu verleihen. Vielmehr hat er es mit dem Problem zu tun, wie die etwa ein Dutzend Mächte alle ins Spiel zu bringen sind. Und das zweitgenannte fragmentarische Moment bringt mit sich, daß im vorliegenden Text nicht nach einem ‚plot' gesucht werden kann, der die eingangs exponierten „Inhalte" narrativ umfassend repräsentierte.

β. Auf eine typische Verlaufsstruktur des Geschehens der *Geschichten* weist gerade die weite ‚Entfernung' der bis 1514 erreichten ‚Resultate' von den expositorisch bezeichneten Entwicklungs-‚Zielen' zwanzig Jahre später. Sie fordert jenen Umschlag der Entwicklung, der als Teil eines dialektischen Prinzips überhaupt die Geschehensverläufe prägt. Prägnant als ‚dialektisch' läßt sich die basale Verlaufsstruktur dann bezeichnen, wenn der Umschlag des Geschehens in diesem schon angelegt ist (z.B. S. 283).[16] An vielen Stellen stellt Ranke allerdings die Zufälligkeit des Umschlags heraus, etwa wenn unerwartete Todesfälle der Politik eine neue Richtung geben (z.B. S. 121, 213, 248). Daß er sich nicht auf eine einzige Deutung des von ihm als Grundmuster historischer Entwicklung präsentierten ‚Umschlagens' festlegt, gründet wiederum darin, daß auch die zugrunde liegende Frage nach den Bestimmungsfaktoren des historischen Prozesses unentschieden bleibt: Ranke kalkuliert sowohl organologische Verlaufsmodelle („Wachsen und Vergehn") als auch den vorderhand unkalkulierbaren Zwang „äußerer Umstände" ein und sogar das Wirken Gottes, „der nicht allein Schöpfer ist, sondern auch ein Verderber, der an dem Menschen Gefallen und Mißfallen findet" (S. 315f.). Es scheint, daß er diese Frage offen läßt und sich auch nicht für ein näher bestimmtes Verlaufsmodell entscheidet, um die Diversität seiner historischen Befunde nicht durch geschichtstheoretische oder darstellungskonzeptionelle Vorentscheidungen zu beschränken. Ein besonderes Interesse für den plötzlichen Umschlag als solchen ist jedenfalls erkennbar: Auffällig häufig nimmt er die Gelegenheit nicht wahr, das ‚Hin-und-her' des Geschehen (in Form einer doppelten Wendung) durch Summierungen zu ‚begradigen', auch und gerade dann nicht, wenn das später zurückgenommene ‚Hin' sich durch eklatante und z.T. groteske Ergebnislosigkeit auszeichnet (vgl. z.B. S. 353). Diese Geschichtsschreibung kennt noch andere Relevanzen historischer Ereignisse als ihren Beitrag zur Erreichung der vom Historiker identifizierten (relativen) Entwicklungsziele. Sie bietet historische Orientierung nicht in der Weise, daß

16 Im Schlußwort der Ausgabe von 1874 spricht Ranke ausdrücklich von den „Gegensätzen", in denen „die Weltentwicklung weiter fortschreitet" (S. 323). Zur Dialektik in Rankes Geschichtsauffassung und -schreibung vgl. oben S. 294.

sie ein faßliches historisches Geschehen präsentierte, indem sie es zum leicht faßbaren verkürzte. Darin liegt ein Großteil der Sperrigkeit des Werks, die von Anfang an die Rezeption so stark gedämpft hat.

Deutlicher tritt nun die Spannung hervor, die dieser historiographischen Konzeption innewohnt. Als Pole umfaßt sie sowohl makropropositionale Zuspitzungen bis auf einen einzigen Grundgedanken als auch ‚Ausdifferenzierungen' bis in Mikrogeschehen hinein, die ohne historisches Resultat zu bleiben scheinen. Ranke begreift das, was er aus seinen Quellen herausliest, nicht wie Droysen als historisch minderwertige ‚Geschäfte', sondern als ‚Leben'. Die Frage, „weshalb studiert man Geschichte?", beantwortet er: „ohne Zweifel, um das Leben der Menschheit in seiner Totalität zu erkennen."[17] Auch in der Vorrede der *Geschichten* privilegiert er prinzipiell „das Leben des Einzelnen, der Geschlechter, der Völker" als Gegenstand der historischen Wissenschaft, ausdrücklich ohne Rücksicht auf seine Kommensurabilität (S. VIII). Tatsächlich ist ein dermaßen auf das einzelne gerichtetes Erkenntnisverlangen nicht unproblematisch. Das ist nicht nur eine Frage der Bildung von Makropropositionen, sondern auch der *Anschaulichkeit*, d.h. der dingweltlichen Detaillierung der Darstellung. Um die vergangene „Fülle des Lebens"[18] erfassen zu können, ist ein hoher Grad von Anschaulichkeit vonnöten. Das Streben, diese Anschaulichkeit in der Darstellung geben zu können, reguliert bereits die Quellenauswahl;[19] die Augenzeugenschaft eines Chronisten avanciert zu dessen entscheidender Qualifikation, weil sie einen ‚anschaulichen' Bericht erst glaubwürdig macht (vgl. S. VI). Rankes historiographische Konzeption wird mithin auch durch eine extreme Spannung zwischen diskursiver Begrifflichkeit und Anschaulichkeit geprägt, jene mit analytischer, diese mit darstellerischer Funktion. War im vorangehenden Absatz zu konstatieren, daß die (meist ‚anschaulich' dargestellten) partikularen Ereignisse nicht durchgängig prozeßfunktional und mithin nicht stets einer diskursiv formulierten Entwicklung zuzuordnen sind, so stellt doch die Korrelierbarkeit beider Ebenen den Idealfall dar. Sogar was für sich genommen als bis zur historischen Farce ergebnisloses Einzelgeschehen erscheint, kann in einzelnen Fällen als Ausdruck einer übergreifenden Tendenz gelesen werden:

---

17 Tgbb. Nr. 251 [1830er Jahre] – WuN 1, S. 238. Vgl. Idee der Universalhistorie – WuN 4, S. 89: „Das Geschäft der Historie ist die Wahrnehmung dieses Lebens, welches sich nicht durch Einen Gedanken, Ein Wort bezeichnen läßt". Zur neuplatonischen Aufwertung allen ‚Lebens' vgl. oben S. 333f.

18 Erwiderung auf Heinrich Leo's Angriff – SW 53/54, S. 663.

19 Schulin: Rankes Erstlingswerk oder Der Beginn der kritischen Geschichtsschreibung über die Neuzeit – Traditionskritik, S. 53.

So erzählt Ranke von einem Angriff Maximilians auf Frankreich im Jahre 1498; der erste von drei kaiserlichen Haufen

> ward [...] im July durch eine Hitze, welche die Reiter im Panzer erstickte [...]; der zweyte durch Regen zurückgetrieben; der dritte sah den Feind erscheinen und weichen, aber schloß einen Vertrag. (S. 130)

Obwohl er „einen so geringen Erfolg [hatte], daß er von allen späteren Geschichtschreibern übersehen worden ist", verliert dieser Feldzug gleich anschließend seine historiographische Afunktionalität, weil „in demselben Augenblick die Liga [das antifranzösische Bündnis, D.F.] zu bestehen aufhörte." (ebd.) Der Historiker zeigt zwar keinen ursächlichen Zusammenhang zwischen dem, soweit möglich, anschaulich berichteten Feldzugsdesaster und der Wende in den europäischen Bündnisverhältnissen auf, doch fungiert ersteres als eindrücklicher Ausdruck letzterer, zumal sich an diese Wende sonst kein spektakuläres Ereignis knüpft. Das Lockere des Verhältnisses der beiden Ebenen bewahrt und indiziert dabei deren Irreduzibilität. Hermeneutisch formuliert, liest der frühe Ranke zwar den ‚Sinn' des Textes der Geschichte oder läßt wenigstens den Leser ihn lesen, doch verschwindet dadurch nicht die ‚Schrift', die von den vielen mehr oder weniger partikularen Ereignissen gebildet wird. Schrift und Sinn sind in diesem Geschichts-Text, anders als neuere Diskurstheorien dies postulieren, aber in Übereinstimmung mit Goethes Symbolverständnis, keine sich ausschließenden Alternativen. Ihre Konkurrenz ausgehalten zu haben konstituiert vielmehr die eigentümliche Größe des Erstlingswerkes.

Ein weithin *chaotischer Charakter* geht der Ebene des geschichtlichen ‚Lebens' trotz der ‚Lesbarkeit' seines Sinns hier und dort nicht verloren; letztlich gilt das auch für die eben diskutierte Textstelle. Ranke verfügt nicht nur über denselben ‚Leitfaden' für das ‚Labyrinth' der Geschichte wie Herder: den Glauben an ihre providentielle Ordnung,[20] sondern er bewegt sich überdies mit erkennbarer Freude in diesem Labyrinth. ‚Chaotisches' entsteht in Politik und Kriegsführung z.B. dadurch, daß Auftrag und Absicht von Unterhändlern schon von Entscheidungen auf dem Schlachtfeld überholt sind, wenn sie miteinander abschließen (vgl. S. 372). Vom Zufall regiert, können die Bündnisse der Mächte überhaupt beliebig erscheinen (vgl. S. 240). „Aber oft wirken äußere Umstände wunderbar zusammen" (S. 315), läßt sich die häufig wenig stringente Mikrostruktur des Geschehens mit Rankes eigenen Worten charakterisieren. Allenthalben sinken weitausgreifende Pläne der Mächtigen in sich

---

20 Vgl. die Briefe an Heinrich Ranke, 26. 2. 1835 - Brw., S. 268, und Otto von Ranke, 25. 5. 1873 - Brw., S. 518, zu Herder oben S. 197.

zusammen, häufig nach den ersten Schritten zu ihrer Verwirklichung schon. Der Historiker kommentiert dies mit milder Ironie: „Vergnügt, daß, wenn nicht eine Zerstörung Frankreichs, doch ein Angriff darauf, und die Eroberung zweyer festen Plätze gelungen, ergötzte man sich noch [...] mit Turnieren [...]" (S. 414f.). Als ein Chaos wird derartiges Geschehen freilich in einem prägnanten Sinn präsentiert: Aus ihm formiert sich, in Parallele zu den griechischen Weltentstehungsmythen gewissermaßen, das, was die Geschichte im engeren Sinne bildet. Das ‚Leben' in seiner Extensivität und Chaotik ist dann der ungeordnete Urstoff, aus dem erst die ‚intensive' Geschichte entstehen kann, also das, was in einer sinnvollen Weise auf die Entwicklung des vergangenen zum gegenwärtigen Weltzustand bezogen werden kann[21].

Eine nach seiner Brauchbarkeit als veranschaulichender Ausdruck unanschaulicher Tendenzen und seiner Notwendigkeit als geschichtsproduktives ‚Chaos' dritte Rechtfertigung des ‚Lebens' als eines in seiner Fülle Darzustellenden bildet für Ranke das *Wunderbare*, das ihm eignet. Ausdrücklich „wunderbar" erscheint ihm z.B. die Herrschaft der Venezianer (S. 270), die er denn auch besonders eingehend in ihrer Genese beschreibt. Das ‚Wunderbare' ist hier als qua Außergewöhnlichkeit Interessantes weniger präzise gefaßt als in der Ästhetik des 18. Jahrhunderts.[22] Trotzdem korrespondiert ihm häufig eine ästhetische Betrachtungsweise. So kann Ranke eine Reiterschlacht als „schönes Spiel" bezeichnen (S. 361), und die kalabrischen Gefechte zwischen französischen und spanischen Rittern 1502 vergleicht er mit den Heldenkämpfen bei Ariost (vgl. S. 197f.). Oder er bewundert, offensichtlich literarisch inspiriert, von dem Schicksal Gustav Adolfs in Schillers *Dreyßigjährigem Krieg* vielleicht oder von der Figur des Max aus dem *Wallenstein*, einen ‚Helden': „Es ist auch schön, nach trefflichen Thaten, mitten in großen Erfolgen und Hoffnungen, noch rein von dem Tadel, den spätere Jahre allzuleicht mit sich bringen, als Jüngling zu sterben" (S. 364). Der Abstand der Lebenswelten eines preußischen Schulmeisters und eines französischen Ritters verleiht einer Identifikation, die sich von diesem Abstand derartig unberührt zeigt, zusätzlich etwas Irreales, ja diese bewegt dadurch sich in einem quasi fiktionalen Raum. Die letztzitierten Passagen stehen der literarischen Fiktion jedenfalls näher als bloß anschaulicher Historiographie. Ranke bedient nicht nur wissenschaftliche Interessen bzw. schließt ausdrücklich an vorwissenschaftliche an: Die „wahrhaft wunderbaren" Taten der Portugiesen in Indien und ihre

21 Tatsächlich perspektiviert auch Ranke vergangenes Geschehen auf die eigene Gegenwart hin („bis jetzt" – S. XVIII), trotz aller Abgrenzung von einer Mediatisierung der Epochen, wie er sie in der Geschichtsphilosophie, besonders Hegels, wirken sah.

22 Zum Bedeutungswandel von ‚wunderbar' im 18. Jahrhundert vgl. Stahl: Das Wunderbare, S. 12-14.

„ferneren Abenteuer" seien, so kürzt er seine recht ausführliche Erzählung von den portugiesischen Seefahrten um ein weniges ab, doch „Jedermann von erster Jugend auf wohlbekannt" (S. 287, 285). Dementsprechend übernimmt seine Darstellung den legendenhaften Charakter seiner Quellen[23] und stilisiert den Kolonialkrieg zum Kreuzzug und zum Sieg christlicher Helden über ungeheure Feindesmassen.

γ. Wenn auf der einen Seite den „äußeren Unternehmungen", die Ranke fast ausschließlich präsentiert, etwas Chaotisches eignet und auf der anderen Seite das, was er als „Inhalt" deklariert, historische Entwicklungen sind, die das Erzählte nur zu einem Teil zu subsumieren vermögen und überdies zumeist über die erzählte Zeit hinausreichen, so stellt sich sehr dringend die Frage nach der (narrativen) Vermittlung von ‚Inhalt' und ‚Äußerem'. Treffender als mit diesen Metaphern läßt sich das zu lösende historiographische Problem freilich beschreiben als Notwendigkeit, die chaotische Struktur der partikularen Ereignisse mit der zielgerichteten, wenngleich immer noch mehrsträngigen Struktur der makropropositionell herausgestellten ‚Geschichte' zu vermitteln. Eine ‚Zwischenstruktur', die diese Vermittlung leistet, zieht Ranke mit der Gliederung des Geschehensmaterials ein, die das relativ kleinteilige Inhaltsverzeichnis darstellt. Es rückt den ‚italienischen' Themenaspekt der *Geschichten* in den Vordergrund (αα.). Während einzelne Handelnde die Korrelierung von Mikro- und Makroebene nur in beschränktem Umfange zu leisten vermögen (ββ.), kommt der geschichtstheoretisch durchaus prägnanten äußeren Gliederung eine wichtige Erklärungs- und Deutungsfunktion zu (γγ.). Diese Gliederung läßt auch einige Elemente von Geschichtenmustern anklingen, doch erscheint fraglich, ob Rankes Werke mit Hayden White als ‚Komödien' zu deuten sind (δδ.).

αα. Das Vorliegende ist in zwei nur durch Jahresangaben betitelte Bücher eingeteilt. Leben, Geschick oder Geschichte einzelner Herrscherfiguren sind für diese Primärunterteilung nicht maßgeblich (Karl VIII. als die relativ bedeutendste Figur stirbt bereits in Kap. 3[,3]). Das erste Buch schließt vielmehr mit der Klage über den Untergang Mailands und Neapels als unabhängiger italienischer Staaten, weil dies einen Verlust „eigentümlichen Lebens" bedeute (S. 182). Die politisch konkrete Seite dieses Resultats der Jahre 1494-1501 stellt die Vertreibung des Ludoviko Sforza aus Mailand durch die Franzosen und des aragonesischen Königs Federigo aus Neapel durch spanische Truppen dar, welche das vierte und letzte Kapitel des ersten Buches schildert; der Endkampf Ludovikos gegen Ludwig XII. (vgl. S. 149-166) bildet

23 Bezeichnenderweise werden Rankes Gewährsmänner für diese Passagen, Barros, Osorius, Ramusio und Barthema, in der *Kritik* nicht behandelt.

vom Grad der szenischen Ausgestaltung, des rhetorischen Aufwands (Antikevergleiche), der Begleitung durch moralische Betrachtungen usw. her dementsprechend den Darstellungsgipfel des ersten Buches. Auf dieses Resultat hin ausgerichtet wird in der Schlußinterpretation sogar die Invasion des verstorbenen französischen Königs, von dem das erste Buch seinen Ausgang nahm (Kap. 1: „[...] Karls VIII. Zug nach Neapel"). Unter den vier in der Vorrede bezeichneten Hauptmomenten des Zeitraums nimmt demnach das italienische, zunächst jedenfalls, eine strukturbestimmende Stellung ein. Nicht ausdrücklich, aber doch implizit begründet wird diese Schwerpunktsetzung durch die ursächliche Beziehung, die Ranke zwischen der politischen Unabhängigkeit der italienischen Staaten von den nachmaligen europäischen Mächten und der Kultur der Renaissance herstellt, in welcher die Italiener „ihre geistige Kraft" zu besonderer Vollendung entwickelt hätten (S. 182). Der Frankfurter Gymnasiallehrer greift damit einen Aspekt der Geschichtsbetrachtung auf, der ihn zwar erst auf den Beginn der neuzeitlichen Staatengeschichte geführt hatte,[24] jedoch in der per Vorrede exponierten Fassung derselben keine Rolle spielte. Diesen anfänglichen Ausschluß des kultur- und literaturgeschichtlichen Aspekts dürfte seine offensichtliche Verschiedenheit von den überwiegend herausgestellten machtpolitischen Hauptmomenten der Entwicklung bewirkt haben. Trotzdem tritt er im Verlauf der Erzählung wieder hervor - dann sogar als darstellungs*regulierender* Faktor -, denn von ihm aus eröffnet sich der Blick auf die ‚Werte', auf die es dem Neuhumanisten Ranke ankommt.

In seinen Umrissen wiederholt und steigert das zweite Buch das Thema ‚Verlust der italienischen Freiheit' (vgl. S. 403). Denn mit Venedig und dem neuen Papst Julius II. erheben sich noch einmal zwei italienische Mächte. Jedoch kämpfen sie mehr gegeneinander als „des gemeinsamen Vaterlandes [zu] gedenken". Julius II. avanciert dabei nahezu zur tragischen Figur, weil er in der Absicht, „Italien von den Franzosen zu befreyen", nicht von seinen partikularen kirchenstaatlichen Interessen lassen kann: Ihretwegen stößt er mit den Venezianern zusammen, während er, nach Ranke, in dem ersten Ziel mit denselben sich hätte treffen können; „unter sich [...] vereinigt, hätten sie vielleicht etwas ausgerichtet." (S. 281) Erst nachdem die Landmacht der Venezianer vernichtet und ihre Seehandelsmacht durch die portugiesischen Entdeckungen in Indien untergraben ist, entschließt sich der Papst, jetzt „edle Seele", mit Venedig „im Bund das Werk [der ‚Befreiung' Italiens, D.F.] zu beginnen" (S. 323). Zeichnet sich Julius zunächst durch außergewöhnliche Entschlossenheit aus – das „erste Mißlingen erweckte den Papst zu neuen

24 Vgl. den Brief an Heinrich Ranke[, Ende März 1820] - Brw., S. 17f.

Anstrengungen" (S. 325) –, so unterliegt aber auch er schließlich der Übermacht der fremden Mächte. Passenderweise an diesem Punkt beginnt Ranke, seine Darstellung in der für die späteren Werke charakteristischen Weise zwischen den Polen von Veranschaulichung und ‚weltgeschichtlicher' Abstrahierung auszuspannen: Julius, so berichtet er, „schlug sich an die Brust, er weinte heftig", während der Historiker konstatiert, daß es fortan „für Italien sehr schwer war, von den fremden Nationen wieder unabhängig zu werden" (S. 40, 342). Als weiteres tragisches Moment wirkt der Umstand, daß dem Papst, um sich der Franzosen zu erwehren, nicht anderes übriggeblieben war, als einen „Bund mit Spanien" zu schließen (S. 347). Hatte zunächst sein partikulares Eigeninteresse der großen nationalen Aufgabe entgegengestanden, so kehren sich nach der Überwindung dieses Widerspruchs selbst die notwendigen Hilfsmittel zur Erfüllung jener Aufgabe gegen dieselbe. Deshalb schlägt auch ein Zwischenerfolg des Papstes, die Vertreibung der Franzosen aus Mailand (vgl. S. 378), gegen das große Ziel aus: Als, nachdem in Florenz wieder die von den Spaniern abhängigen Medici die Oberhand gewonnen haben, der kaiserliche Kandidat Maximilian Sforza in Mailand eingesetzt wurde – auf Julius' Betreiben sogar –, „war Italien anstatt in Freyheit, in eine vollkommnere Unterthänigkeit gekommen, als in der es jemals gewesen." (S. 392f.) Wie zur Erfüllung des Tragödienplots stirbt Julius zudem in diesem Augenblick. Ebendies aber interpretiert Ranke als ein abermaliges tragisches Moment seiner Geschichte: „Es mußte geschehen, daß selbst sein Tod die Absichten des spanisch-östreichischen Hauses förderte." (S. 393)

ββ. Die Amalgamierung des politischen Erfolges des Papstes mit dem Schicksal der ‚italienischen Freiheit' läßt das tragische Deutungsmuster nun aber auch auf den schon im ersten Buch verhandelten Teil dieses Schicksals ausstrahlen. Selbst der „Zug" Karls VIII., der für sich genommen ganz untragisch nach raschem Sieg im Rückzug endet, erhält in diesem Licht ein tragisches Moment: daß der „in jugendlichen Träumen von großen Thaten" Lebende Italien in dauernde Unruhe versetzte und den epochalen französisch-spanischen Gegensatz zeugte.[25] Offensichtlich ist es die Differenz zwischen Handlungsintentionen und den Handlungsresultaten – aus denen sich dann ‚Geschichte' bildet –, der ein tragisches Potential innewohnt. Diese Differenz prägt in Rankes Darstellung das Geschehen aber durchgängig. Von der Geschichte Julius' II. ausgehend, benennt er die chaotisch-‚dialektische' Geschehensstruktur noch einmal ausdrücklich:

---

25 S. 12, vgl. S. 77. Einem in höchstem Maße tragischen Geschichtenmuster entstammt zudem die Vorordnung der Peripetie (vgl. Kap. I 2,2) vor den Höhepunkt, d.h. für Karls Italienzug die kurze Zeit der „zufriedenen" Herrschaft des französischen Königs in Neapel (S. 65 – Kap. I 2,3).

> Waren Julius Absichten an sich nicht lobenswerth? Seine Mittel nicht kühn und heroisch? Aber alle seine Anstrengungen schlugen, statt zur Freyheit Italiens, zur Erhöhung der spanisch-österreichischen Macht aus. Der Mensch muß wissen, daß die Geschichte ist wie die Natur, welche mit Liebe hervorbringt und gleichgültig tödtet; daß der Tod nicht allein dem menschlichen Leib, sondern auch seinen Thaten bevorsteht; unser ist nur das Leben des Augenblickes, Entschluß, kurze Freude, langer Schmerz.[26]

Das Geschichtenmuster, das der Geschichte Julius' II. in recht elaborierter Form und dem Scheitern Karls VIII. sowie der italienischen Geschichte des Zeitraums in Grundzügen unterlegt ist, läßt sich nach Ranke also aus der Bedingtheit menschlichen Handelns selbst ableiten. Geschichte so zu deuten setzt freilich voraus, die Perspektive eines Handelnden einzunehmen; ebendies aber tut der Historiker z.B. im Fall Julius' II.

Ranke setzt demnach in einer Weise bei den Plänen und Absichten der Herrscher an, die zunächst einmal der historiographischen Technik der humanistischen und aufklärerischen Historie ähnlich scheint, wenngleich seine Quellen ihm sehr viel mehr Anhaltspunkte für diese Pläne in die Hand geben und er sich vielfältigerer literarischer Introspektive-Techniken bedient (vgl. z.B. S. 85f., 136, 274f., 370f.). Wie gezeigt, liegt diese intentionale Ebene aber unter der Ebene der historischen Entwicklungen und Resultate. Trotzdem unverzichtbar ist sie für Rankes frühe Geschichtsschreibung, um das ‚Leben' in seiner Fülle an einem Leitfaden erzählen zu können. Diese Anbindung der planenden und handelnden Figuren eher an den Pol des ursprünglich Extensiven als an den der historischen Resultate – Julius II. bildet da geradezu eine Ausnahme – weist ihnen in den *Geschichten der romanischen und germanischen Völker* eine Funktion zu, die sich von der im ‚klassischen' Modell Rankescher Geschichtsschreibung mehr als nur graduell unterscheidet. Wie gezeigt, fungieren dort nämlich einzelne führende Persönlichkeiten in einer mitunter an Hegel erinnernden Weise als ‚Geschäftsführer des Weltgeistes' (zugespitzt in Rankes Wallenstein-Figur), wenngleich auch dort „göttliche Schickungen menschliche Gedanken und Entwürfe" in aller Regel „weit übertreffen"[27]. Die Figuren, an deren Handlungen Ranke in seinem Erstlingswerk das Geschehen verfolgt, sind nicht in dieser Weise stilisiert; sie sind noch nicht von jenen ‚großen Ideen' erfüllt, die den Geschichtsprozeß steuern. Karl VIII.

---

26 S. 393. Charakteristisch für die Schärfung der Begrifflichkeit, die Ranke in der Ausgabe von 1874 an vielen Stellen vorgenommen hat, ist der Ersatz für den letzten Satz des Zitats: „Denn das ideale, auf eine höchstes Ziel gerichtete Bestreben läßt sich nur unter Bedingungen erreichen, die dann wieder ihr eigenes Gesetz haben. Die menschlichen Handlungen empfangen ihren Antrieb von dem ersten; ihr Erfolg hängt fast mehr von den letzten ab." (SW 33/34, S. 300)

27 Deutsche Geschichte im Zeitalter der Reformation – GA 7, 5, S. 343.

darf als letzter Kreuzritter Italien verwüsten (vgl. S. 8-13), der Papst Alexander VI. in wollüstiger Grausamkeit die Versorgung seiner Familie betreiben (vgl. S. 170) und Kaiser Maximilian I. seinem Länderhunger folgen (vgl. S. 84f.). Selbst Ludoviko Sforza, die Parallelfigur kleineren Formates zum ,edlen' Julius II., an der sich im ersten Buch das Schicksal der italienischen ,Freiheit' entwickelt, ist nur „ein Spieler" (S. 136).[28] Kann sich die ,Geschichte' aber nicht im Verein mit den Interessen der Handelnden durchsetzen, weil die zu partikular und ,niedrig' sind, so sind auf der einen Seite ,tragische' Individualgeschichten vorprogrammiert. Dagegen scheitert in der *Geschichte Wallensteins* mit dem Helden ein ganzes, ideell aufgeladenes ,Prinzip'. Die schwächere Tendenz zur Idealisierung der Handelnden *erschwert* auf der anderen Seite die Korrelierung von Mikro- und Makroebene, von vergangenem ,Leben' und historischer Interpretation. Umso wichtiger wird die Vermittlungsfunktion der ,bloß' äußeren Gliederung.

γγ. Beide Bücher umfassen vier Kapitel, die überwiegend wiederum in Unterkapitel, zwischen zwei und acht, zumeist numeriert, gegliedert sind. Die Hauptaktanten trennt Ranke so weit als möglich: Den drei wichtigsten nichtitalienischen Mächten Frankreich, Spanien und dem habsburgischen Kaiser sind, in der Reihenfolge ihres ,Auftritts' auf der italienischen ,Bühne', die ersten drei Kapitel des ersten Buches schwerpunktmäßig gewidmet (auch nach Ausweis der Kapitelüberschriften). Insbesondere der zunächst wenig erfolgreiche Kaiser nimmt diese Position offensichtlich aus systematischen Gründen ein, denn von seinem Anteil am Geschehen des dritten Kapitels her drängt sie sich nicht auf. Das vierte Kapitel weist dann bereits in seiner Überschrift auf das Resultat des, in wechselnden Bündnissen, vereinten kriegerischen Wirkens der drei Mächte für Italien: „Untergang des sforzisch-aragonischen Hauses". Die Funktionsäquivalenz mit literarischen Figuren bestätigend, werden alle drei Mächte eingangs durch ihre Genese charakterisiert; im Fall Spaniens bildet die jüngst [1479] geschehene Entstehung einer gemeinsamen kastilisch-aragonischen Monarchie ja auch eines der vier übergeordneten Themen. Eine erklärende Wirkung resultiert aus diesem Aufbau, da die spätere schrittweise Zusammen- und Gegeneinanderführung der drei Mächte in Italien das Ganze, dem die Teile vorgängig entnommen sind, mit einem Schein von Notwendigkeit entstehen lassen kann.[29] In den

28 Busse: Das Individuum, S. 9-15, bietet eine paraphrasierende Zusammenstellung der Charakteristiken der Hauptfiguren; er resümiert, daß die Porträts überwiegend unabhängig von den Handlungen der Figuren bleiben (vgl. S. 17), will sagen: Rankes Interesse für die personalisierte Individualität ist nur zum geringsten narrativ instrumentalisiert.

29 Vgl. White: Metahistory, S. 232f.

nationalhistorischen Hinführungen ist natürlich nicht Italien der Schauplatz; auch die Kämpfe der Mächte untereinander oder mit Vierten usw. werden nicht durchgängig, wenngleich doch überwiegend dort ausgetragen. Daß auf Italien sowohl als ein Marschziel der Ritter- und Landsknechtsheere wie auch als den begehrten Preis des Siegers aber (fast) alle europäische Politik ausgerichtet ist, darauf deutet bereits die Anordnung der vier Kapitel des ersten Buches; dies verdeutlicht aber auch der Aufbau der Kapitel selbst, am klarsten das erste: Italien wird als ein Gefäß dargestellt, in das sich der Tatendrang Karls VIII. ergießt. Wie um Goethes Forderung an die dramatische Handlung gerecht zu werden, daß „die Exposition schon ein Teil der Entwicklung" sein solle,[30] beginnt der historische Erzähler freilich nicht mit der relativ statischen „Lage Italiens" – so der erste Stichpunkt des zweiten Unterkapitels –, sondern mit der treibenden Kraft. Auch das ‚dialektische' Grundmuster des Geschehens in den *Geschichten* kommt bereits in diesem ersten Kapitel zum Ausdruck. Auf ‚These' und ‚Antithese' folgt die ‚Synthese', d.h. der Kriegszug des französischen Königs von Briançon bis nach Neapel, der das dritte Unterkapitel füllt. Seinen Schluß wiederum erhält das erste Buch mit dem Verlust der Selbständigkeit Mailands an die Franzosen, der ersten Etappe hin zur Erfüllung des ‚italienischen' Themas am Ende des zweiten Buches mithin (S. 166), sowie, gleich einem zynischen Satyrspiel, dem Wüten des Papstes Alexander VI. und seines Sohnes Cesare in Mittelitalien (S. 171-177). In einer höchst eigentümlichen Wendung deutet Ranke diese Ausflüsse von „Wollust, Herrschbegier, blutiger Rachsucht" der beiden Borgia als „Gerichte Gottes [...] über Italien" (S. 171, 177). Des Papstes Laster erscheinen als göttliche Strafe für dieselben Laster aller; so konstituiert sich ein doppeltes Finale, in dem sich politische und ethische Seite des Geschehens gegenseitig erklären.

Das zweite Buch ist nicht ganz so übersichtlich gegliedert. Nur in einem, dem dritten Kapitel wird noch einmal eine Macht in der genannten historisch-genetischen Weise eingeführt, d.h. es sind, da einzeln offensichtlich nicht gewichtig genug, zwei ‚Mächte': Venedig und das Papsttum. Ihr Hervortreten auf der italienischen Bühne bedeutet in dem oben umrissenen Gesamtgeschehen, das auf den ‚Untergang der italienischen Freiheit' hinausläuft, ein retardierendes, kein treibendes Moment. Diesen retardierenden Charakter hat auch das zweite Kapitel, das „die Entzweyung des spanisch-östreichischen Hauses" darstellt, und zwar in zweifacher Hinsicht: Das Heiratsbündnis, das Ludwig XII. und Maximilian in seinem zweiten Unterkapitel abschließen (vgl. S. 235), widerstreitet nämlich der Entwicklungstendenz eines anderen ‚Themas', der Herausbildung des epochalen französisch-habsburgischen Gegen-

30 An Schiller, 22. 4. 1797 – Schiller/Goethe: Briefwechsel, S. 377.

satzes. Eine generelle Ablösung des ,italienischen' Themas bedeutet dieser thematische Schwenk wohlgemerkt nicht. Ohnehin steht die ,politische Opposition' zwischen Frankreich und den Habsburgern nach Ranke in einem ursächlichen Folgeverhältnis zum ,Untergang der italienischen Freiheit': „In Neapel entstand ein neuer Krieg" (zwischen Spaniern und Franzosen), und zwar „ganz von selbst" aus dem Vorhergehenden - so beginnt das erste Kapitel des zweiten Buches (S. 195f.). Die Engführung der beiden genannten Themen macht die Darstellung weniger leicht durchschaubar, wenngleich sich deren Komplexität damit nur dem annähert, was die Themenexposition in der Vorrede fordert. Erst im vierten, d.h. letzten Kapitel setzen sich die Haupttendenzen beider thematischer Hauptaspekte durch: sowohl die Unselbständigkeit der italienischen Staaten als auch die genannte europäische Parteiung. Nur das ,italienische' Thema ist damit indes ,erledigt'; im übrigen endet auch das zweite Buch in der beschriebenen offenen Weise.

δδ. All dies stellt in Frage, daß Ranke, wie Hayden White suggeriert, seinen Werken einen ,Komödienplot' unterlegt hat. Unscharf sind Whites Feststellungen in diesem - für seine Theorie immerhin zentralen - Punkt ohnehin: Er schwankt zwischen der Identifizierung der Rankischen Deutung des *gesamten* Geschichtsverlaufes als „komisch" strukturiert[31] und der Zuordnung der „Erzählstruktur der meisten von Rankes Geschichtswerken" zum „comic mythos"[32]. Jenes Urteil betrifft die Ebene der materialen Geschichtstheorie bzw. -philosophie, dieses die der historiographischen Praxis. Beiden muß widersprochen werden. Dabei ist Whites Strukturmodell der Komödie so weich, daß ein Text oder Denkmodell nur wenige Kriterien zu erfüllen hat. Zunächst braucht es allein „eine einstweilige Erlösung aus dem Zustand der Entzweiung, in dem sich die Menschen in der Welt befinden," und „gelegentliche *Versöhnungen* der in Gesellschaft und Natur wirkenden Kräfte". Um ein entscheidendes Kriterium bereichert wird dieser Begriff der Komödienstruktur, wenn dem „Zustand des äußeren Friedens" und der „Enthüllung des Konfliktes" dessen „Auflösung mit der Einrichtung einer wahrhaft friedlichen Gesellschaftsordnung" folgen soll.[33] Denn lösten sich die Konflikte der Geschichte auf diese Weise, würde der historische Prozeß im Komödienfinale stillgestellt. Tatsächlich unterstellt White Ranke stellenweise eine solche Deutung seiner eigenen Gegenwart.[34] Wenn er hingegen Rankes Analyse der

---

31 Z.B. Metahistory, S. 244, vgl. S. 219-221. Daß ,komisch' im Deutschen nicht Adjektiv zu ,Komödie' ist, darf nicht irritieren, da das englische ,comic' sowohl Adjektiv zu ,comedy' ist als auch ,komisch, humoristisch' bedeutet; White meint wohl nur das erstere.

32 Ebd., S. 219, (engl.) S. 167.

33 Ebd. (dt.), S. 23, 232.

34 Ebd., S. 225.

Mächteverhältnisse im 19. Jahrhundert treffender als Annahme charakterisiert, daß die europäische Ordnung nun in ein Gleichgewicht gebracht sei, in dem nicht mehr die Hegemonie einer Nation die individuelle Entwicklung aller bedrohe, kann von einer solchen Stillstellung keine Rede sein.[35] Seine Zukunftsoffenheit verliert der historische Prozeß für Ranke selbst mit der Errichtung des deutschen Reiches 1870/71 nicht,[36] von der Kollision eines solchen Gedankens mit dem prinzipiellen Ausschluß der Frage nach Telos und Ende der Geschichte ganz zu schweigen. White überinterpretiert offensichtlich Rankes manifesten historischen Optimismus, seinen „Glauben an eine komische Lösung".[37]

Setzt White mit seiner Auffassung von Rankes Modell des gesamten Geschichtsprozesses lediglich einen schiefen Akzent, so entbehrt seine Deutung von dessen Geschichtswerken schon der philologischen Basis. Denn eine Analyse nicht-programmatischer Texte findet in *Metahistory* schlicht nicht statt. Vollends widerlegt wird die postulierte Komödienstruktur von unseren Untersuchungsergebnissen: Die *Geschichten der romanischen und germanischen Völker* enden weder in ihrem vollendeten Teil noch ihrem Plan nach mit einer Befriedung. Während in jenem der keineswegs ‚komische', sondern ‚tragische' ‚Untergang der italienischen Freiheit' das Resultat bildet,[38] sah dieser die Etablierung jenes dynastischen und konfessionellen Antagonismus vor, der die europäische Geschichte für mehr als 200 Jahre in kriegerischer Bewegung hielt. In ähnlicher Weise endet die *Deutsche Geschichte im Zeitalter der Reformation* – ereignisbezogen – mit dem Augsburger Reichstag 1555 und dem – viel

35 Vgl. ebd., S. 220f. Diejenige Äußerung, die am weitesten in die von White hervorgehobene Richtung geht („Aus Sonderung und reiner Ausbildung wird die wahre Harmonie hervorgehen." – Geschichte und Politik, S. 53), hat Ranke wohl nicht zufällig nicht in den Wiederabdruck der „Großen Mächte" in den *Sämmtlichen Werken* übernommen. Denn in seinem ursprünglichen Kontext, der „Historisch-politischen Zeitschrift" von 1833, war der Satz zu speziell – nämlich als resümierende Formulierung der konservativen preußischen Politik –, auf die Abwehr einer ‚Harmonie' ausgerichtet, die aus einer gesamteuropäischen Revolution nach dem Vorbild der französischen Julirevolution hervorginge. Vgl. dagegen die Bekräftigung des dialektischen Entwicklungsschema am Anfang des Abschnitts zum 19. Jahrhundert (ebd., S. 46). – Whites Deutung diametral entgegengesetzt und dadurch ebenfalls einseitig, akzeptiert Backs überhaupt kein teleologisches Element in Rankes Geschichtsdenken, vgl. Backs: Dialektisches Denken, bes. S. 266-271. White selbst kommt zu einer moderateren (und treffenderen) Deutung, wo er indirekt konzediert, daß Ranke „das Ende des Dramas nahezu offenläßt" (Metahistory, S. 244).

36 Vgl. Zum Kriege 1870/71 – Geschichte und Politik, S. 409-421, hier S. 415, 419, 421.

37 Metahistory, S. 244; vgl. Ranke: Die großen Mächte – Geschichte und Politik, S. 11.

38 Daß verschiedene ‚Individualplots' (Ludoviko Sforza, Julius II.) tragisch enden, gibt dagegen kein Argument ab, da diese Ebene des Geschehens von der ‚höheren' einer ‚komischen' Geschichte aufgehoben sein könnte, wie dies in Hegels Geschichtsmodell der Fall ist (vgl. Metahistory, S. 127f., 163).

eher eine dialektische als eine ‚komische' Struktur begründenden – *relativen* Ausgleich des Gegensatzes von kaiserlicher und ständischer Gewalt.[39] Erst recht die *Geschichte Wallensteins*, um auch ein spätes Werk heranzuziehen, erfüllt Whites triadisch-‚komisches' Schema nicht: Denn weder muß ein Konflikt sich hier erst entwickeln, noch kommen die welthistorischen Antagonismen mit dem Sturz der Titelfigur zum Stillstand.[40] Ranke kann, selbst als er den weiteren Verlauf des Krieges schon umrissen hat, nur einen historio*graphischen* Einschnitt vornehmen: „Mannigfaltige Betrachtungen über die Epoche ließen sich hieran knüpfen, jedoch ich halte inne."[41] Zudem werden die vorläufigen Resultate des dargestellten Geschichtsabschnitts, die Vorherrschaft zunächst der Spanier, dann der Franzosen und letztendlich die „Auflösung des Reiches", keineswegs gutgeheißen. Schließlich triumphiert hier weder der „Held über die Gesellschaft, die seine Schritte zu seinem Ziel behinderte", noch darf die Gemeinschaft ihren Sieg über das herausfordernde Individuum feiern, welche beiden Varianten „komischen Ausgangs" White unterscheidet.[42] Denn Wallenstein hatte nach Ranke Anlauf genommen, einen „für die Zukunft der deutschen Nation" unüberbietbar wichtigen Plan auszuführen,[43] und scheiterte deshalb nicht bloß individuell, sondern nationalhistorisch tragisch. Im letzten Buch der *Französischen Geschichte* entfaltet sich gar eine Rhetorik des Nichtschließenkönnens; das Geschehen, auch und gerade in seiner thematischen Prägnanz, kommt danach nie zu dem Abschluß, den man auf einer früheren Stufe des historischen Prozesses glaubte erwarten zu dürfen.[44]

Jenseits der Frage, ob ‚komische' Plots Rankes historiographische Werke beherrschen, hat White mangels Textanalysen nicht einmal erwiesen, daß der Historiker mittels auferlegter Plotstrukturen den von ihm dargestellten Geschichtsausschnitten Sinn verleiht[45]. An seinem theoretisch entwickelten

---

39 Vgl. Backs: Dialektisches Denken, S. 237, sowie Helbling: Ranke, S. 74f., der zu Recht auf die Schlußoffenheit aller zehn Bücher der Reformationsgeschichte hinweist.

40 Vgl. SW 23, S. 23, 312f.

41 Ebd., S. 313. Das folgende Zitat ebd.

42 Metahistory, S. 249.

43 SW 23, S. 299.

44 Vgl. die bei Helbling: Ranke, S. 83f., gesammelten Stellen. Nicht weniger offen endet die *Englische Geschichte* (SW 21, 109). Zum ebenfalls lediglich partiell ‚komischen' Schluß der *Römischen Päpste* vgl. unten S. 388; in der 5. Aufl. 1867 ist das versöhnliche konfessionelle Moment dann sogar ganz gestrichen, der alte Schlußpunkt wird nun lakonisch, aber umso bezeichnender wie folgt kommentiert: „Die confessionellen Differenzen waren für den Augenblick in Vergessenheit gestellt" (Bd. 3, S. 229); das Werk endet jetzt völlig offen (vgl. S. 270).

45 Vgl. Metahistory, S. 21; White: Das Problem der Erzählung in der modernen Geschichtstheorie. – In: Theorie der modernen Geschichtsschreibung, S. 57-106, hier S. 78-83.

Postulat konnte dagegen unser Textbefund einige notwendige Differenzierungen anbringen: Sowohl Strukturierung als auch Sinngebung eines ‚chronikalisch' vorliegenden historischen Stoffes verdanken sich einer Kombination verschiedener historiographischer Techniken, zu denen ein vollintegrativer Plot nicht notwendig gehört. Aus der Sicht des jungen Ranke bedarf das chaotische Geschehen einer solchen Integration nicht einmal unbedingt. Trotzdem kann von historiographiegeschichtlicher Warte aus festgestellt werden, daß die vorhandenen Elemente von Geschichtenmustern ansatzweise sowohl eine syntagmatische Integration der Teilgeschichten als auch deren Deutung (z.B. als ‚Verlust der italienischen Freiheit') leisten. Umgekehrt lassen sich die Integrationsschwächen des Erstlingswerkes als Folge eines gebremsten Emplotments deuten. Denn kommen wir nach der Untersuchung der innertextlichen Strukturierungselemente, also einzelner Geschichtenmuster und des äußeren Aufbaus, noch einmal auf die Spannung zwischen entwicklungsanalytischen Makropropositionen und der Fülle partikularen historischen Geschehens, so kann nach wie vor von einer Totalintegration dieses Geschehens in jene nicht die Rede sein. Aufgrund einer ‚veranschaulichenden' Darstellungsweise lange Passagen jenes Geschehens sind in das Gerüst der beschriebenen Strukturelemente bloß ‚eingehängt'; den Gang der im voraus entworfenen Entwicklung tragen sie deshalb nicht, weil der Leser sie nur schwer auf diesen Gang beziehen kann. Ranke erzählt viel mehr Geschichten (stories), als unabdingbar zu der von ihm erzählten Geschichte (history) gehören; sein Erstling enthält viel Historisches im frühneuzeitlichen Sinne. Selbst die Syntax scheint dem zu gehorchen: Die für den Stil der *Geschichten* eigentümliche Verbelision erlaubt eine außergewöhnlich hohe ‚Sachhaltigkeit' bei Zurückdrängung des temporalen Moments. Insofern sind die an Schillers oder auch Johannes von Müllers Geschichtsschreibung aufgezeigten historiographischen Strukturprobleme der Zeit um 1800 noch nicht zureichend gelöst.

b) Symbolisches Bedeuten

Differenzierungen an Whites These vorzunehmen zieht die Historiographie (Rankes) nicht aus dem Bereich literarischer Verfahren heraus, in den White sie gestellt hat. Denn es ist vor allem eine alternative literarische Darstellungs- und vor allem Bedeutungsgenerierungstechnik, die in den *Geschichten* bevorzugt zur Anwendung kommt: „Überzeugt, daß dies das wesentliche Moment in dem poetischen und künstlerischen Ausdruck sei," wollte Ranke auch in die Historiographie ein prägnant symbolisches Darstellungs-, Erklärungs- und

Ausdeutungsverfahren einführen.[46] So stehen Figur und historische Macht, Einzelereignis und allgemeine Tendenz, das Anschauliche und die ‚geistige' Bewegung, dargestellte Geschichte bzw. die extensive Gesamtheit des vergangenen Geschehens und die ‚intensive' Problematik der europäischen Geschichte in einem symbolischen Verhältnis zueinander. Dieses Deutungsprinzip bleibt weder beim Partikularen stehen noch hebt es dasselbe explikativ auf. Insofern entspricht die ästhetische Struktur des Erstlings der des Romans vom Typ von *Wilhelm Meisters Lehrjahren.*[47] Der Satz, „man suche nur nichts hinter den Phänomenen; sie selbst sind die Lehre", beschreibt Ranke Darstellungshaltung in weiten Teilen des Textes – und entstammt den *Wanderjahren.*[48] So gesehen, erzählt der junge Historiker die *Geschichten* sogar ‚poetischer' als spätere Werke. Verteidigung und Erläuterung seines Verfahrens anhand des von Leo kritisierten Eingangs des zweiten Kapitels (des ersten Buches) lassen erkennen, daß er dementsprechend umfangreiche Verstehens-, d.h. Interpretationsleistungen des Lesers erwartete.[49] Wohl war er mit seiner Leistung gerade hinsichtlich eines zu interpretierenden Bedeutens schon während der Drucklegung des Buches nicht zufrieden,[50] doch spricht dies zusätzlich für die Bewußtheit, mit der er historiographisch experimentierte.

Aus dem Explikationsverzicht, der mit alldem verbunden ist, muß auch das ‚Fehlen' der für Ranke typischen Identifizierung von ‚Ideen' mit historischen Phänomenen erklärt werden. In der Einleitung spricht er zweimal von „Ideen" im Sinne handlungsleitender Vorstellungsinhalte (S. XXVIII, XXXVI); von ‚Idee' im Sinne einer metapragmatischen oder gar -physischen Realität ist erst in der Neuauflage die Rede.[51] Tatsächlich hätte ein anderes Vorgehen den Versuch einer ‚symbolischen' Geschichtsdarstellung von vornherein konterkariert. Der Darstellung liegt sehr wohl eine transzendierende Interpretation

---

46 Erwiderung auf Heinrich Leo's Angriff – SW 53/54, S. 665. Dasselbe inexplizite Verfahren reklamiert übrigens auch Heinrich Jacobi im ersten Teil jenes Satzes aus der Vorrede zu *Allwills Briefsammlung* (Werke. Leipzig 1812, Bd. 1, S. XII), dessen Ende Ranke in der Vorrede der *Geschichten* zitiert (vgl. das Zitat der ganzen Passage bei Schulin: Rankes Erstlingswerk oder Der Beginn der kritischen Geschichtsschreibung über die Neuzeit – Traditionskritik, S. 58). Vgl. auch die Einleitung zur Vorlesung „Geschichte des Mittelalters" (1834/35) – WuN 4, S. 119f.: „Um den Geist, der die Tatsachen belebt, muß es uns daher zu tun sein; hiezu ist nötig: die Wahrheit der Umgebung, der Farben, die volle Lebendigkeit zur Reproduktion des Gegenstandes und zum Schmuck der Darstellung."

47 Vgl. Engel: Roman der Goethezeit Bd. 1, S. 316.

48 Goethe: HA 8, S. 304 (Betrachtungen im Sinne der Wanderer), veröff. 1829.

49 Erwiderung auf Heinrich Leo's Angriff – SW 53/54, S. 663f.

50 Vgl. die Briefe an Heinrich Ranke, [17. 4.] 1824 und 8. 10. [18]24 – Brw., S. 60, 64.

51 SW 33/34, S. 47. Vgl. die analogen Beobachtungen Baethgens an den *Fürsten und Völkern von Süd-Europa* von 1827 (Zur geistigen Entwicklung Rankes, S. 344-346).

des vergangenen Geschehens zugrunde, doch darf die Praxis das Prinzip nicht aussprechen. Daß Ranke die ‚Ideenlehre' nicht erst nach den *Geschichten* entwickelt hat, erwiesen schon die Analysen seiner Jugendschriften. Die maßgeblich idealistisch-poetologischen Ursprünge seiner Geschichtsschreibung stehen außer Frage; Schwankungen unterlag lediglich die historiographische Realisierung der oben aufgezeigten Impulse. Daß zumal die Verfabelung des Geschehens und damit die makrostrukturelle Signifikanz der Darstellung wenig ausgeprägt ist, entspricht sogar ganz dem, was von Rankes ästhetischen Positionen rekonstruiert werden konnte, der Zurückweisung der Formalästhetik ebenso wie der Geringschätzung der literarischen Fabel.

An der historiographiegeschichtlichen ‚Aufgabe' gemessen relativ schwach ausgefallen oder jedenfalls kryptisch geblieben ist in den *Geschichten* vor allem die immanente Bedeutungszuweisung. Geschichtsexterne Sinnquellen unmittelbar anzuzapfen darf als Versuch verstanden werden, dieses Defizit zu kompensieren. Wo Ranke trotz seines ‚symbolischen' Darstellungsprinzips nicht auf die Explikation von transzendenten Bezügen verzichten zu müssen glaubt, ist es dann gleich „Gottes Finger" (S. 139), den er in der Geschichte erkennt. Es handelt sich dabei um ein knappes Dutzend Stellen in den *Geschichten*,[52] stets solche von Gewicht in der historischen oder moralischen Deutung des Geschehens. Gottes Wirken in der Geschichte erkennt der Historiker vornehmlich darin, daß dem Kaiser die Pläne zur Errichtung einer Universalmonarchie fehlschlagen, ein neuer Kontinent entdeckt wird oder italienische Gewaltherrscher (u.a. Alexander VI.) für die übelsten ihrer Taten ‚Strafen' erleiden. Es tritt vor allem dann hervor, wenn die Grundwerte Völkerindividualität und Moralität durch den Gang des Geschehens eine Bestätigung erfahren, die nach den Intentionen und Anstrengungen der Aktanten nicht zu erwarten war. Diese Form ‚paradigmatischer' Sinnbildung steht aber der exemplarischen Sinnbildung der rhetorischen Historiographietradition näher als der ‚ästhetischen' Sinnbildung, wie ich sie oben idealtypisch konturiert habe und soeben im Text zu guten Teilen wiederfand. Sie stellt in methodologischer wie in ästhetischer Hinsicht ein vormodernes Element in Rankes Geschichtsschreibung dar.

Weil der Historiker die göttliche Leitung „nur zuweilen deutlich" erkennt,[53] beschränken sich solche Deutungen zwar auf wenige Stellen; das überwiegende ‚symbolische' Darstellen ist mitunter aber ebenfalls als Versuch zu

52 S. 4 (Figurenrede), 55, 57, 91, 139, 177, 209, 214, 237, 316.

53 Vgl. Erwiderung auf Heinrich Leo's Angriff – SW 53/54, S. 665. Zur Mäßigung der ursprünglichen Überzeugung, daß „in aller Geschichte [...] Gott zu erkennen" sei, im Verlauf der Arbeit an den *Geschichten* vgl. die Briefe an den Bruder Heinrich, Ende März 1820 (Zitat) und 18. 2. 1824 – Brw., S. 18 und 54.

verstehen, von dem verborgen Numinosen der Geschichte so viel wie möglich doch durchscheinen lassen. So scheint sich denn auch Ranke zur Andeutung der „göttlichen", „innerlichen" Geschichte jener Zeichen (einer „Naturerscheinung" beispielsweise) zu bedienen, die er bei Herodot ausmachte:[54] Muß nicht der „Regen", der den anberaumten Gottesentscheid zwischen Savonarola und seinen Gegnern mittels einer Feuerdurchschreitung so abrupt beendete, daß der gebannte Mönch gestürzt wurde, als das wahre „Gottesgericht" interpretiert werden (S. 120f.)? In der fiktionalen Literatur des 19. Jahrhunderts jedenfalls haben schicksalswendende Witterungseinflüsse diese Funktion erlangt.[55] Auf eine andere, aber ähnlich indirekte Weise deutet der Historiker den Sieg der Portugiesen in Indien gegen mehr als tausendfache Übermacht als Eingreifen Gottes. Denn so erklären sich die Portugiesen selbst dieses „Wunder" (S. 288), und Ranke bietet, einem aus Jean Paul exzerpierten Wort - „Wunder auf Erden sind ja Natur im Himmel" - getreu,[56] keine andere Erklärung an.

2. Geschichtstheoretische Präzisierungen auf dem Weg zum „klassischen Werk"[1]

Wäre Ranke - anders als Goethe, so wie Platen[2] - aus Italien nicht wieder zurückgekehrt und hätte er, um sich des von ihm gepflegten Possibilismus zu dessen typischem Zweck, der Profilierung des Tatsächlichen, zu bedienen, die *Römischen Päpste* und alle folgenden Werke nicht geschrieben, so hätte er kaum seine maßstabsetzende Bedeutung für die deutsche Geschichtswissenschaft des 19. Jahrhunderts erlangt. Das überlieferungskritisch Bahnbrechende seiner *Kritik neuerer Geschichtschreiber*, also der im engeren Sinne wissenschaftliche Fortschritt, den sein Erstling erbrachte, hätte ihm schwerlich jene Reputation verschaffen können, die er als beispielhafte Verkörperung der

---

54 WuN 3, S. 548.

55 Vgl. z.B. Freytag: Die Ahnen - GW I, 4, S. 315, 318, und, dieses gängige Mittel der Darstellungsregie und Sinngebung ironisierend, Raabe: Das Odfeld - SW 17, S. 109.

56 Tgbb. Nr. 496 [1815/17] - WuN 1, S. 491; vgl. Jean Paul: Vorschule der Ästhetik § 67, S. 211. Ranke fügt dem Original nur die Bestätigung ‚ja' hinzu; daß das Zitat seine eigene Ansicht ausspricht, scheint damit sicher.

1 Oncken: Aus Rankes Frühzeit, S. 77. Auch Metz: Grundformen, S. 39, stuft die *Römischen Päpste* als „erstes der Meisterwerke" ein, sowohl in stilistischer Hinsicht wie auch als „Zusammenschließung der bisher zerstreuten Teile seiner Denkweise zu einer einheitlichen Methode".

2 Zu Rankes italienischen Beziehungen zu August von Platen vgl. die Briefe an Heinrich Ritter, 29. 3. 1830 - Brw., S. 206, und Varnhagen von Ense, 25. 5. 1830 - Brw., S. 212.

Verbindung von ,Forschung und Darstellung' mit den *Päpsten* gewann – und behielt, obwohl er seine Geschichten nie in dem Maße aus den ,ersten', d.h. archivalischen Quellen schrieb, wie es seit der Jahrhundertmitte im Prinzip gefordert wurde. Als ,Darsteller' hat Ranke sich durchgesetzt; auch das sagt einiges über die disziplinäre Stellung der frühen historistischen Geschichtswissenschaft. Wären hingegen die fragmentarischen *Geschichten der romanischen und germanischen Völker* sein Hauptwerk geblieben, so hätte er wohl das Schicksal der nicht wenigen romantischen Autoren geteilt, die mit ihrer ebenfalls experimentell-fragmentarischen Epik für ein Jahrhundert nahezu in Vergessenheit gerieten.[3] Denn den *Geschichten* fehlte nicht nur der zweite Teil, sondern auch das noch, was das 19. Jahrhundert die ,klassische Form' nannte. Rankes Historiographie erreichte eine entsprechende Eingänglichkeit erst mit den *Römischen Päpsten*, wobei das nun relativ Populäre seiner Werke ähnlich wie bei Schiller, der zum Schulautor und Zitatspender avancierte, die ,tieferen' Qualitäten allenfalls verstellen kann. Gleichwohl äußert sich diese – nicht nur – stilistische Entwicklung auch auf der Ebene zitiergeeigneter Maximen. Rankes Kommentar zu Klemens' VII. Antritt des Pontifikats: „Allein erst im Sturme bewährt sich der Steuermann" (Bd. 1, S. 99), könnte der bildspendenden Vergleichssituation nach Schillers *Wilhelm Tell* entlehnt sein; nach Auftakt regelmäßig daktylisch rhythmisiert und durch Alliteration akzentuiert, bedient das Wort sich jedenfalls der Bedeutsamkeitssignale literarisch ausgezeichneter Sprache. Sein Aussagegehalt läßt sich derweil auch auf das Verhältnis von Theorie und Praxis in Rankes eigenem Geschäft, der Geschichtsschreibung, beziehen. Seit dem Beginn der Diskussion um die deutsche Geschichtsschreibung hatte sich noch kein Werk so auf dem Meer der Fakten unter den wechselnden Winden der Perspektiven bewegt wie die *Römischen Päpste*.

Die große Unterschiedlichkeit der beiden Werke, die zehn Jahre auseinanderliegen, resultiert aus Rankes bewußter Kultivierung seiner Geschichtsschreibung. Der zurückgelegte Weg war indes kein ganz gerader. Den ersten Schritt bildete die bereits bei der Drucklegung gewonnene Einsicht in das, was unter dem Kriterium der Eingänglichkeit als die beiden Hauptmängel der *Geschichten* zu gelten hatte (tatsächlich sah Ranke es nun als erstrebenswert an, ,eingänglich' zu schreiben und dem „großen Publikum" entgegenzukom-

---

3 Ich denke bei diesem – zugestandenermaßen ungewöhnlichen – Vergleich an Achim von Arnim mit den *Kronenwächtern* (zur Rezeptionsgeschichte vgl. das Nachwort in der Ausgabe von Lützeler, S. 357f.; vergessen wurde natürlich nicht der Herausgeber von *Des Knaben Wunderhorn*!), an Brentanos *Godwi*, Novalis' *Heinrich von Ofterdingen* und Friedrich Schlegels *Lucinde*. Zum experimentellen Charakter dieser Texte vgl. Schulz: Die deutsche Literatur, S. 398-402, 411-438.

men)[4]. Der, zum ersten, manieriert-archaisch wirkenden Diktion und Syntax entledigte er sich weitgehend schon in seinem nächsten Werk, den *Fürsten und Völkern von Süd-Europa* (1827).[5] Schwieriger mußte es werden, zum zweiten das ‚symbolische' Darstellungsverfahren so zu optimieren bzw. modifizieren, daß der von Ranke ausgemachte ‚geistige Gehalt' des Geschehens sich mit größerer Wahrscheinlichkeit auch einem Leser mitteilte. In dieser Hinsicht bedeuteten die *Fürsten und Völker* kaum mehr als eine Rücknahme der hervorstechendsten unter den Techniken, die in den *Geschichten* dies leisten sollten: Vor allem die als vermessen oder naiv angreifbare offene Theologisierung des Geschehens entfiel nun.[6] Daß das historiographische Programm im Prinzip aber dasselbe blieb, bekundet der Schluß der Einleitung zum spanischen Teil des Werkes: „Wir möchten es [das einzelne] gern zugleich in dem Grunde seines Daseyns und in der Fülle seiner eigenthümlichen Erscheinung vollkommen begreifen, wofern es uns nur möglich wäre."[7] Der hypothetische Konjunktiv drückt dabei Zweifel an der Einlösbarkeit dieses Programms aus, die dem realistischen Gestus der Darstellung nur zu angemessen waren. Tatsächlich schreitet *Die serbische Revolution* (1829) auf der Bahn des Verzichts auf ideelle Interpretation noch einmal weiter fort.[8]

Die Lösung, die Ranke schließlich ‚fand', ist bekannt und wurde in dieser Arbeit gleich zu Anfang des Historismus-Teils als ‚Ideenlehre' erläutert. Nach dem in den Kapiteln B. 1.-2. Ermittelten - und auch nach den genannten vereinzelten Bemerkungen in den *Geschichten* sowie den *Fürsten und Völkern* - wäre es jedoch ganz irreführend, zu fragen, warum, wie und wann zwischen *Serbischer Revolution* und *Römischen Päpsten* Ranke die ‚Ideenlehre' entwickelte. Bildete sich doch seine Absicht, Wirklichkeit in einer Weise idealistisch zu interpretieren, die sich als induktiv versteht, bereits in seiner Schüler- und Studienzeit heraus - auch auf die Geschichte gewendet und neben deren ‚paradigmatischer' Seite in ersten Ansätzen auch die ‚syntagmatische', d.h. den Geschichtsprozeß erfassend. Deshalb kann der Reflexionsphase in Rankes Œuvre, die die Herausgabe der „Historisch-politischen Zeitschrift" 1834-36 mit sich brachte, lediglich eine katalysierende Wirkung zugekommen sein. In dieser Zeitschrift, die auf die Desintegrationsdrohung der Julirevo-

4 An Perthes, 25. 2. 1828 - Brw., S. 144; vgl. an Heinrich Ranke, 5. 5. 1827 - Brw., S. 107.

5 Vgl. Laue: Ranke, S. 110f.

6 Vgl. Baethgen: Zur geistigen Entwicklung Rankes, S. 344f. Diese historiographische Modifikation beruhte wohlgemerkt nicht auf einer geschichtstheologischen Revision: Auch in seinen Vorträgen *Über die Epochen der neueren Geschichte* spricht Ranke noch von einer „plötzlichen göttlichen Erscheinung" in der Geschichte (WuN 2, S. 78).

7 Fürsten und Völker, S. 102.

8 Vgl. Baethgen: Zur geistigen Entwicklung Rankes, S. 346.

lution geschichtsintegrative Antworten suchte,[9] erschienen seine wenigen geschichtstheoretisch relevanten Aufsätze: „Die großen Mächte" (1833) beinhaltet, indem es einen komplexen und weiträumigen historischen Prozeß zu strukturieren sucht, eine relativ geschlossene und explizite materiale Geschichtstheorie; das „Politische Gespräch" (1836) erläutert, als Klärung der Verwendbarkeit historischer Erkenntnisse in aktuellen politischen Fragen, die Struktur historischen Wissens und der Geschichte selbst und formuliert so auch formale Kernpunkte einer idealistischen Geschichtstheorie, während die „Reflexionen" (1832), eine Auskunft über die Bedingungen historisch substantieller Politik, im Schlußteil Rankes Ideal historischen Handelns umreißen.[10] Einige wichtige Theorieelemente, z.B. die Korrelation von Geschichtsprozeß und Einbildung der Idee in die Wirklichkeit sowie die dialektische Struktur des historischen Prozesses, die sich daraus ergibt, kommen jedoch nicht hier zur Sprache, sondern in späteren historiographischen Werken.[11] Ein scharfer Einschnitt läßt sich in der Entwicklung von Rankes Geschichts- und Historiographietheorie nicht feststellen.

Noch weniger präzise zu fassen ist der Einfluß, den Hegels Geschichtsphilosophie auf die theoretische Selbstvergewisserung des Historikers ausgeübt hat. Kaum feststellbar ist schon, wann und in welcher Weise Ranke diese Philosophie rezipiert hat.[12] Denn veröffentlicht wurden Hegels *Vorlesungen*

9 Zur politischen Stellung der Zeitschrift vgl. Varrentrapp: Rankes Historisch-politische Zeitschrift; zur Herausforderung, die die zeithistorische Erfahrung der Julirevolution für Rankes Geschichtstheorie und -schreibung bedeutete, Krieger: Ranke, S. 147.

10 Der einzige weitere Text Rankes mit vergleichbarem programmatischen Aussagewert, seine Vorträge *Über die Epochen der neueren Geschichte*, wurden dagegen erst aus dem Nachlaß veröffentlicht (jetzt hist.-krit. als WuN 2).

11 Vgl. das Zitat oben S. 290 aus der Reformationsgeschichte und: Die römischen Päpste Bd. 2, S. 363f.

12 Vgl. die bei Simon: Ranke und Hegel, S. 106-110, gesammelten (möglichen) Bezüge Rankes auf Hegel. Gekannt hat Ranke die *Enzyklopädie* (1817/27; vgl. den Brief an Varnhagen von Ense, 10. 3. 1824 - Brw., S. 148), deren §§ 448-452 einen sehr knappen Umriß der Geschichtsphilosophie geben. Daß Ranke vor Ende der 1830er Jahre mehr von ihr kannte, wird nirgends recht deutlich, und selbst was er später referiert, übersteigt nicht unbedingt das, was als, zumal an der Berliner Universität, kurrentes Wissen erklärbar wäre (vgl. Simon: Ranke und Hegel, S. 169). In der Vorlesung von 1831 oder 1831/32 ist die Polemik gegen ‚die' Geschichtsphilosophie sehr allgemein gehalten, allein Fichte wird namentlich erwähnt (vgl. WuN 4, S. 74-77); mit einigen kritischen Bemerkungen vor allem zur Mediatisierung des Individuums bei Hegel nimmt Ranke erst 1839/40 und 1847 auf denselben Bezug (vgl. ebd., S. 134f., 186f.). Die Bemerkungen vom Ende der 1830er Jahre unterscheiden sich dadurch von den früheren, daß Ranke nun die ‚philosophische' Betrachtung der Geschichte neutraler referiert und vor allem für sich und seine Wissenschaft ablehnt. Vielleicht hat er Hegel in der Zwischenzeit gelesen.
Im Zusammenhang mit Rankes Hegel-Rezeption stellt sich natürlich auch wieder die Frage, wann der Historiker Humboldts Ideenlehre kennenlernte. Fester vermutet, daß dies erst 1841 geschehen sei, als Humboldts Akademierede im ersten Band einer Werk-

über die Philosophie der Geschichte erst 1837 von einen Schüler, vor allem aus Kollegnachschriften.[13] Herausgefordert, zumindest zu einer argumentativen Begründung der eigenen Position, konnte sich Ranke allerdings schon früher sehen, dafür war Hegels Philosophie ausreichend öffentlich präsent, zumal beide an derselben Universität lehrten. Wahrscheinlich erklärte er in einer „Von der Philosophie der Geschichte" betitelten Notiz denn auch eine „Forderung" dieser Art für „unabweisbar; natürlich; menschlich."[14] Greifbar scheint ein Hegelscher Einfluß auf Rankes Ausarbeitung seiner Geschichtstheorie und damit auch seines Historiographiekonzepts trotzdem nur in den wenigen Punkten: Nicht akzeptieren konnte der Historiker, was er als Privilegierung eines logisch gefaßten Geistes gegenüber dem individuellen „Leben" und damit als begriffliche Konstruktion des Geschichtsprozesses verstand; das sei nicht nur als Abwertung des (vergangenen) menschlichen Lebens ‚unmenschlich', sondern beraube dieses außerdem der ethischen Verantwortlichkeit.[15] Er profilierte dagegen die Ambivalenz der Bedeutung, die das Individuum für den Historiker haben kann: Der frage nach dessen „welthistorischer Stellung", ohne die „uns eingeb[orenen] Ideale", an denen es als Individuum zu messen sei, aus der historischen Betrachtung auszuschließen.[16] Den ersten Gesichtspunkt eignet er sich freilich aus dem Deutungsrepertoire des von ihm Angegriffenen an – während er in den *Geschichten* ‚welthistorische' Maßstäbe nur ganz vereinzelt, unsystematisch und verkürzt anlegte[17]. Das Blickfeld seiner Geschichtsschreibung erweiterte sich dadurch erheblich. Zum zweiten scheint die starke teleologische Orientierung der Hegelschen Geschichtsphilosophie – die Ranke als solche ablehnte – doch sein Verständnis von der Wirkung der Ideen in der Geschichte präzisiert zu haben. Jedenfalls kontaminiert er in der genannten Notiz Hegels und seine eigene Auffassung von der Real-Idealität

ausgabe erschien (vgl. Humboldt's und Ranke's Ideenlehre, S. 254). In diesem Punkt läßt sich Sicheres wohl nicht feststellen und kaum etwas vermuten. Jedenfalls fehlen signifikante Veränderungen in Rankes Geschichtstheorie, die auf eine Humboldt-Rezeption hinwiesen.

13 Laue scheint das nicht zu kümmern; er liest das Programm eines induktiven Empirismus im „Politischen Gespräch" als direkte Antwort auf Hegel, da Ranke sich mit der Berufung auf das ‚rein empirische' Verfahren Keplers (Geschichte und Politik, S. 92f.) auf die Einleitung der *Philosophie der Geschichte* zurückbeziehe, in der Hegel Keplers Entdeckungen als exemplarischen Beleg für die Notwendigkeit apriorischer Annahmen auch bei empirischer Erkenntnis anführt (Hegel: Philosophie der Geschichte, S. 87; vgl. Laue: Ranke, S. 116).

14 Tgbb. Nr. 250 [1830er Jahre] – WuN 1, S. 237.

15 Vgl. WuN 2, S. 63-65, Zitat S. 64.

16 Nachschrift der Vorlesung vom WS 1839/40 – WuN 4, S. 135. Vgl. auch die Vorrede zur Geschichte Wallensteins – SW 23, S. Vf. Am schärfsten grenzt sich Ranke in den Vorträgen *Über die Epochen der neueren Geschichte* von Hegel ab, vgl. WuN 2, S. 64.

17 Vgl. Geschichten, S. 392f.

des Geschichtsprozesses, wenn er wohl zum ersten Mal die ‚syntagmatische' Geiststruktur der Geschichte expliziert:

> Wer die inneren Fäden des Getriebes der Menschheit, diesen in ihr selber sich entwickelnden und zum Vorschein kommenden Geist zu erkennen vermöchte, würde einen Teil der göttlichen Wissenschaft besitzen.[18]

Geschichte ist dadurch nicht nur als ein sub specie aeternitatis chaotisches Geschehen zu verstehen, das allein in der Summe oder jeweils punktuell Bedeutung haben kann, sondern als kohärenter Prozeß, der in sich und immer schon bedeutungsvoll ist (daß ein ‚Getriebe' nicht mehr wie im Pragmatismus Kohärenz garantiert, versteht sich in diesem idealistischen Kontext von selbst).

Läßt sich somit Hegels Einfluß auf Rankes Geschichtsauffassung nur in Wahrscheinlichkeiten formulieren und zudem in den für dessen Historiographie entscheidenden 1830er Jahren nicht zeitlich exakt situieren, so weist der Autor der *Römischen Päpste* jede philosophische Einflüsterung sogar zurück: An einer zentralen Stelle des Werks, dem Beginn des siebten Buches, glaubt er die ideelle Struktur der darstellten Geschichte des Papsttums ausdrücklich als Historiker, und das heißt für Ranke auf ‚streng' empiristisch-induktiver Basis, formulieren zu können: „Ich denke mich nicht zu täuschen oder die Schranken der Historie zu überschreiten, wenn ich an dieser Stelle ein allgemeines Gesetz des Lebens wahrzunehmen glaube." Tatsächlich kann von einer Anlehnung an Hegels Geschichtsdialektik im strengen Sinne nicht die Rede sein. Denn im Anschluß entwirft Ranke einen antithetisch verlaufenden Prozeß der Durchsetzung geistiger oder ideeller Kräfte – zwischen dem „lebendigen Geist" und der „Idee" unterscheidet er nicht – in der „Welt", der im Vergleich zum dialektischen Grundtyp doppelt modifiziert ist: Zum ersten stoßen die „Kräfte des lebendigen Geistes" nicht eigentlich mit ihrer ‚Antithese' zusammen, sondern sie treffen auf „eigenthümliches, unabhängiges Leben".[19] Die *Geschichten* stellten ebendieses ‚Leben' in seiner von keiner Dialektik der ‚Ideen' gebändigten Form in den Vordergrund; die *Päpste* bewahren diesen Primat, insofern das ‚dialektische' Deutungsmuster als sekundär gegenüber diesem Leben zu denken ist und zudem in einer modifizierten Form vorliegt. Denn, zum zweiten, eine ‚Synthese' ist auch in den *Päpsten* nicht vorgesehen.[20]

---

18 Tgbb. Nr. 250 [1830er Jahre] – WuN 1, S. 237. Zu Rankes früheren Annäherungen an den Gedanken der Durchsetzung einer Idee im Prozeß der Geschichte vgl. oben S. 328, 332.

19 Die römischen Päpste Bd. 2, S. 364.

20 Dabei unterscheidet Ranke zwei Varianten der Entwicklung: Schon davon ausgehend, daß die treibenden Kräfte „in sich selbst eine Umwandlung erfahren", indem „sie das

Kurz, die Modifikationen der historiographischen Konzeption zwischen 1824 und 1834 brachten zwar ein in wichtigen Einzelheiten ergänztes Strukturierungs- und Interpretationsschema für das historische Geschehen hervor, doch scheinen Fremdeinflüsse dabei kaum mehr als katalysierend gewirkt zu haben. Die beiden Hauptelemente dieses Schemas, die ‚Ideenlehre' sowie ein vage ‚dialektisches' Prozeßdenken, entstammen vielmehr schon älteren eigenen Konzepten; jene läßt sich bis zu den ästhetischen Studien der Schüler- und Studentenzeit zurückverfolgen, diese findet sich schon in der *Mikro*struktur der *Geschichten*. Daß die nach der Italienreise (1828-31) entstandenen Werke viel konsequenter ‚weltgeschichtliche' Perspektiven verfolgen als die früheren, hat überdies Voraussetzungen in den Quellen, die Ranke sich erschloß. Für die *Fürsten und Völker Süd-Europas* benutzte er zum ersten Male die ‚Venezianischen Relationen' und erweiterte mit dem Rückgang auf dieses Archivmaterial die Quellengrundlage der neueren Geschichte auf bahnbrechende Weise, wenngleich er auch damit nicht die Ebene der Akten erreichte.[21] Erst die Archive in Wien, Venedig und Rom enthielten aber dieses für sowohl den universalen als auch den anschaulichen Pol einer Geschichte einzigartig aussagekräftige Quellenmaterial in einer Dichte, die eine „fortlaufende" Geschichte zu schreiben ermöglichte.[22] So konnte Ranke von der strukturanalytischen Perspektive der *Fürsten und Völker* wieder zur entwicklungsanalytischen seines Erstlings zurückkehren. Daß er bereits in der *Serbischen Revolution* wieder diachronisch-narrativ verfuhr, hat dagegen nur episodisches Gewicht, da diesem kleineren Werk sowohl eine archivalische Quellenarbeit als auch die typische thematische Perspektivierung hin auf die europäische Staatengeschichte fehlt.[23]

Das neue Thema, die Geschichte des neuzeitlichen Papsttums, erlaubte dann auf der einen Seite nicht weniger als die Kämpfe um Italien um 1500, die gesamte europäische Geschichte einzubeziehen. Die Integrationsprobleme, die den *Geschichten* aus diesem totalisierenden Darstellungsansatz erwuchsen, waren auf der anderen Seite diesmal dadurch vermieden, daß im (wieder

---

Fremdartige umfassen", kalkuliert er neben der Durchsetzung des ersten Impulses auch die Möglichkeit ein, daß jenes Fremdartige „das Uebergewicht" bekommt (Bd. 2, S. 364f.).

21 Vgl. die Vorrede der *Fürsten und Völker*, S. IV-XVIII. Zum Wechsel der Rankeschen Buchprojekte zwischen Verlegerwünschen und Archivfunden vgl. Oncken: Aus Rankes Frühzeit, S. 113.

22 Die römischen Päpste Bd. 1, S. X.

23 Bezeichnenderweise stellt erst die Vorrede der Ausgabe von 1873 die von der Türkei erkämpfte Unabhängigkeit Serbiens unter die Leitbegriffe der Rankeschen Neuzeitauffassung (vgl. SW 43/44, S. VIII).

italienischen) Zentrum selbst eine starke bzw. erstarkende Macht agierte;[24] die Einheit der Handlung konnte so an einen dominierenden Handlungsträger gebunden werden. Das neue Sujet begünstigte insofern einen entscheidenden Schritt zu jenen Bildungsgeschichten von ‚Staatsindividualitäten', als welche die folgenden Nationalgeschichten gedeutet werden können. Damit sei zugleich angedeutet, daß auch die *Päpste* ein planvoll und mit literarischem Anspruch gestaltetes Werk sind; auch in den 1830er Jahren machte sich Ranke Gedanken darüber, „was Bestand hat, was nicht untergeht, was individuell und doch ewig ist": „In der Wissenschaft" sei es wie in der Natur; „nur durch die Form erheben sie [geistige Arbeiten] sich über die Menge des Hervorgebrachten, Hervordringenden. Zu ewiger Anregung."[25]

3. *Die römischen Päpste*

a) Das erste Kapitel als Demonstration des modifizierten Programms

Das erste Kapitel des ersten Buches der *Römischen Päpste* läßt sich wie ein Katalog geschichtstheoretischer und darstellungsregulativer Begriffe und Konzepte lesen. Nicht theoretisch, aber doch mit der Konsequenz des Programmatischen wird hier die Struktur der Rankeschen Geschichtsschreibung exemplarisch demonstriert. Der historische Gegenstand könnte dabei nicht prominenter sein: die geistliche wie weltliche Entwicklung der europäischen Geschichte von Christi Geburt bis zum Ende des Mittelalters. Das „menschliche Geschlecht", in der Mannigfaltigkeit des Eigentümlichen (S. 3)[1] auf der einen Seite und „seiner Gemeinschaftlichkeit" (S. 5) auf der anderen Seite ambivalent strukturiert, wird als übergeordnetes Subjekt der Geschichte exponiert. In ebenso ambivalente Bezüge wird der einzelne gestellt: Der christliche Glaube verleiht ihm „ein geistiges Element, in dem er [...] selbstständig, frei und persönlich unüberwindlich wurde", während das „Irdische" ihn in „Knechtschaft" hält (S. 8). Dieser Ambivalenz muß der Historiker gerecht werden: Aus seiner im ganzen „weltlichen Betrachtung" des historischen Geschehens brauchen ethische und religiöse Gesichtspunkte nicht

24 Vgl. zu beiden Aspekten gleich den ersten Absatz der „Vorrede": Die römischen Päpste Bd. 1, S. V.

25 Tgbb. Nr. 168 [1830er Jahre] - WuN 1, S. 158; vgl. ähnlich Tgbb. Nr. 205 [Ende 1830er Jahre] - WuN 1, S. 180. Vgl. auch den Brief an Heinrich Ranke, 30. 11. 1832 - Brw., S. 252, sowie die Kritik an den formlosen gelehrten Werken des späten 16. Jahrhunderts in: Die römischen Päpste Bd. 1, S. 484.

1 Seitenzahlen im Text verweisen in diesem Kapitel auf die Erstausgabe der *Römischen Päpste*, bei den Bänden 2 und 3 mit Angabe des Bandes.

ausgeschlossen zu werden (S. 5). Auf den Prozeß der Geschichte gewendet meint diese Ambivalenz, daß der Historiker sowohl das individuelle Streben als auch die übergreifende historische Entwicklung im Auge behält, mit einem Schwerpunkt jetzt jedoch auf dem integrativen Pol. Denn Ranke beschränkt die relative Autonomie des Partikularen, die die *Geschichten der romanischen und germanischen Völker* prägte, wenn er feststellt, „daß alles menschliche Thun und Treiben dem leisen und der Bemerkung oft entzogenen, aber gewaltigen und unaufhaltsamen Gange der Dinge unterworfen ist." (S. 34)[2] Dem „Impuls" des einen „Princips" setzt sich dabei immer wieder der „Widerstand" eines anderen entgegen (S. 27, 34), so daß dieser ‚Gang' sich nicht linear vollzieht, ohne daß es freilich je zu einem Stillstand käme, denn aus dem „Ruin [geht] unmittelbar ein neues Leben hervor" (S. 5).

Der besseren Trennung der verschiedenen Geschichtsebenen dient nun eine elaboriertere Terminologie, die „Interessen" (S. 29), „Prinzipien" (S. 8, 27) und „Ideen" (S. 33, 55) unterscheidet. Als Koinzidenzpunkt dagegen des Partikularen und des Allgemeinen hat das große Individuum eine sowohl geschichtstheoretisch wie darstellungspraktisch besondere Bedeutung, wenngleich erst die zweite Auflage von 1838 ihm explizit zuschreibt, daß es „in alle dem kleinlichen Treiben der Tageshändel [...] die großen welthistorischen Möglichkeiten" erkenne und ergreife (S. 28f.). Freilich ist auch ein derartig ausgezeichneter Aktant wie Gregor VII. - und selbst Christus! - in seinem Handeln von den Kontextbedingungen abhängig, die wiederum Ranke gerne dadurch scharf hervortreten läßt, daß er hypothetisch die Folgen ihrer Umkehrung erwägt (vgl. S. 28, 6). Der Historiker betont den Kairos-Charakter solcher Situationen, indem er die „Weltentwickelung" bis zu einem „Moment" der ‚Reife' führt, in dem das ‚zufällige' Individuum einer historischen Notwendigkeit korrespondiert (S. 5). Dann wird die immer wieder festgestellte „Nothwendigkeit" (S. 4, 10) der geschichtlichen Entwicklung einer personenzentrierten Darstellungsweise zugänglich. Die verschiedenen Geschichts- und Darstellungsebenen zusammenzuführen, bezweckt auch die Deutung gegenständlich-anschaulicher Einzelheiten als Symbole der welthistorischen Entwicklung.[3] In solchen Momenten ist Schellings ‚wahre Historie' erreicht. Überhaupt begegnet der Historiker dem historischen Geschehen nun expliziter als Interpret: Er ermittelt seine „Bedeutung", erkennt in einem Phänomen „die reinste Form eines gemeinschaftlichen Bewußtseins" (S. 10) und

---

2 In den späteren Werken neigt Ranke dann gar dazu, ‚chaotisches' Geschehen ganz abzukürzen: „[...] lassen wir auch hier die Wechselfälle der Feldzüge beiseite und fassen nur die allgemeine Stellung, welche Franz I dem Kaiser gegenüber einnahm, ins Auge." (Französische Geschichte - SW 8, S. 82)

3 Vgl. S. 9; weiteres dazu unten S. 379.

führt solche Begebenheiten an, in denen ein allgemeines Verhältnis „sich ausspricht" (S. 34). Im Kern ist Geschichte, wie schon in den Notizen der Studienzeit, Erscheinung des „Geistes" (S. 8) oder der Idee – hier der „Idee des modernen Katholicismus" (S. 481) –, die im historischen Prozeß sich verwirklichen. Auf die kirchliche Hierarchie und den historischen Prozeß gewendet heißt das – mit einem Wort aus der zweiten Auflage –, daß dieser „den Keim ihres Wesens erst vollkommen entfaltet." (S. 23).

Rankes Anspruch, auch als Historiker ein Kunstwerk zu schreiben, erfüllen die *Römischen Päpste* nicht zuletzt durch die diversen Spannungen, in die die Erzählung gestellt ist. Zu dem bereits Angeführten kommt hinzu, daß seine Geschichte der neuzeitlichen Päpste zugleich und sogar eigentlich eine Geschichte der Rettung des Protestantismus und des europäischen Gleichgewichts ist,[4] geschrieben von einem Anhänger dieser Konfession und dieses politischen Prinzips – der sich gewissermaßen ins gegnerische Lager begeben und dessen Perspektive eingenommen hat, aber seine Wertungsmaßstäbe beibehält.[5] Das wiederum stellt erhöhte Anforderungen an die Imaginations- und Konstruktionsleistung des Historikers (die neu erschlossenen Quellen bildeten eine notwendige, nicht aber eine hinreichende Voraussetzung dafür). Denn Erzähler und Autor stehen – das erzähltheoretische Axiom ihrer Nichtidentität bewährend und zugleich jenseits aller Erzähltheorie, insofern der Autor de jure in seinem Text nicht erscheint – in zwei verschiedenen, sich bekämpfenden konfessionellen und politischen Lagern. Dementsprechend endet die Erzählung der Papstgeschichte mit der erniedrigenden Szene der Beraubung und Entführung Pius' VI. durch französische Revolutionäre, mit Pius' VII. Unterwerfung unter Napoleon sowie der kaum mehr als kosmetischen Restauration des Kirchenstaats durch mehrheitlich protestantische Mächte 1815 (vgl. Bd. 3, S. 220f.), während der Autor frohlockt: „Wie könnte der römische Stuhl [...] daran denken, den Nichtkatholiken einen ernstlichen Krieg zu machen, nachdem sie einen so großen Antheil daran genommen ihn wider die revolutionären Tendenzen aufrecht zu erhalten." (Bd. 3, S. 221) So betrachtet, gewinnt die Papstgeschichte, jenseits ihrer besonderen Eignung als zugleich begrenzter und ‚universalgeschichtlich' bedeutsamer Stoff, eine expositorische Funktion für Rankes Geschichtsschreibung überhaupt: Zumal dem protestantischen Publikum, für das er schrieb, konnte sie vor Augen

4 Vgl. S. 128; Bd. 2, S. 570-576; Bd. 3, S. 222.

5 Wie schon Krieger festgestellt hat (vgl. Ranke, S. 154-156), widerlegen die fundamentale Parteilichkeit Rankes (für den, zumal deutschen, Protestantismus) und seine wiederholten ethischen Urteile den Topos vom ‚objektiven' Historiker, wie er noch bei Laue: Ranke, S. 127, zu finden ist. Zu Rankes bewußter Distanzierung von einer Gegenstandsperspektive vgl. die Einleitung zur *Englischen Geschichte* – SW 14, S. IIIf.

führen, welche Konstruktionsleistung einer, in Hegels Terminologie,[6] ‚reflektierenden' Geschichtsschreibung zugrunde liegt.

Die *Römischen Päpste* sind indessen ein Werk von expositorischer Qualität noch über den Gebrauch von geschichtstheoretischen und darstellungsregulativen Begriffen sowie über die Markierung der Differenz von Autorstandpunkt und narrativer Perspektive hinaus: In der Verbindung von geistlichem Lehramt und weltlicher Herrschaft, die das Papsttum in des Historikers Deutung ausmacht, verkörpert sich so anschaulich wie in keinem anderen historischen Phänomen die ‚real-geistige' Doppelseitigkeit der Geschichte, wie Ranke sie auffaßte. Der päpstliche Wiederaufstieg und Niedergang in der Neuzeit kann zudem als exemplarische Demonstration der Historizität einer historischen ‚Idee' gelesen werden: Sie benötigt den ‚Stoff' einer Nation oder Institution, um zur Entfaltung und Wirksamkeit zu gelangen; hat sie diese durchdrungen, so setzen sich ihr neue ‚Ideen' entgegen. Schließlich ermöglicht es eine Geschichte der Päpste in besonderem Maße, den immer wieder geschichtsstrukturierenden Konflikt zwischen dem großen Individuum und der Macht der Bedingungen zu exponieren: Nicht in ein dynastisches Kontinuum eingebunden und unfehlbar in Lehrentscheidungen, scheinen die Träger der Tiara Ranke einerseits „so ausgezeichnete Naturen, wie man sie auf keinem andern Fürstenthron finden wird"[7]; jedenfalls verfügen sie über eine besonders starke Stellung in ihrer Institution. Andererseits stehen sie in einer außergewöhnlich verpflichtenden Tradition. Dieser Ambivalenz auf höchstem Niveau entsprechend, treten in dem Werk sowohl jene ‚welthistorischen Individuen' wie Gregor VII. auf, deren Absichten sich durchsetzen (wenn sie den „welthistorischen Möglichkeiten" korrespondieren [S. 28f. der 2. Aufl.]), als auch jene zahlreicheren Päpste, in denen bloß ein ‚Prinzip' zur Geltung kommt oder die den Forderungen des Amtes überhaupt nicht genügen. Die geschichtstheoretische Entscheidung gegen die Geschichtsmächtigkeit des Individuums beruht dabei auf einer historischen ‚Einsicht': Die Persönlichkeit dem Amt unterzuordnen, stellt Ranke als Vorbedingung und Konsequenz des Wiederaufstiegs des katholischen ‚Prinzips' dar (vgl. S. 318f., 419, Bd. 2, S. 236), während ein Julius II. das Papsttum auf einen Tiefpunkt gebracht habe. Schwächer als die „großen weltbeherrschenden Nothwendigkeiten" ist die „Persönlichkeit" für den Historiker allemal (S. 98). Umso interessierter aber zeigt er sich an ihr; je stärker die Figuren dem universalhistorischen Prozeß dienen müssen, desto intensiver würdigt Ranke ihre

6 Vgl. Vorlesungen über die Philosophie der Geschichte, S. 14-19.

7 An Heinrich Ranke[, Ende Februar 1827] – Brw., S. 105.

Originalität[8] - die Darstellung damit in eine weitere Spannung setzend. Der den Erstling so stark prägende Respekt vor dem Eigenwert des ‚universalhistorisch' nicht Subsumierbaren wendet sich nun vor allem jenen zu, auf die der staunend-bewundernde Ausruf: „Wunderbare Physiognomie jener Zeiten, die noch Niemand in ihrer ganzen Fülle und Wahrheit vergegenwärtigt hat!" (S. 31), unmetaphorisch anwendbar ist. Rankes Historiographie erhält damit weniger ein personengeschichtliches Schwergewicht, als daß sie die Kontingenz des Geschichtlichen seiner Notwendigkeit ausgleichend entgegenzusetzen sucht. Daß darin ein humanes Potential liegt, sollte heute noch einsichtig sein.

b) Vernetzte Geschichten

Suchen wir die Tektonik der *Römischen Päpste* gerade auch im Vergleich mit dem Erstlingswerk zu erfassen, so empfiehlt sich ein analoges Vorgehen. Die ‚atektonische' Anschaulichkeitsfrage ordne ich dabei wieder der mikrostrukturellen Ebene (β.) zu, da es zunächst dieses ‚Leben' war, das die *Geschichten* anschaulich hervortreten ließen.

α. Die Vorrede der *Päpste* enthält, anders als die Vorrede der *Geschichten*, keine begrifflich-makropropositionelle Zusammenfassung des Darstellungsinhalts. Nur in einem Nebensatz und formuliert als metaphorisch vager Umriß einer Plotstruktur kommt die Entwicklung des historischen Gegenstands im Darstellungszeitraum zur Sprache: Im 16. und 17. Jahrhundert sähen wir

> das Papstthum gefährdet, erschüttert, sich dennoch behaupten und befestigen, ja aufs neue ausbreiten, eine Zeitlang vordringen, endlich aber wieder einhalten, und einem abermaligen Verfalle zuneigen. (S. XVII)

Hingegen entwickelt das erste Kapitel des ersten Buches ausführlich leitende Aspekte für der Darstellung dieses Prozesses. Es geht dazu von der ‚Vorgeschichte', dem Konflikt zwischen weltlicher und geistlicher Gewalt und der Aufgliederung der christianitas in Nationen, aus. Die Selbständigkeit und Mannigfaltigkeit dieser Nationen und die politischen Interessen, die ihre Staaten in der Folge vertreten, etabliert der analytische Überblick als die Gegenspieler des hierarchisch-katholischen Universalismus. Der in den *Römischen Päpsten* thematische Konflikt ist so auf eine genetische Weise exponiert. Und wenn zum Ende hin politische Prinzipien sich im Staaten-

8 Vgl. den Brief an Heinrich Ranke[, Ende Februar 1827] - Brw., S. 104f.

verkehr immer mehr gegen religiöse durchsetzen (Bd. 2, S. 573, Bd. 3, S. 171, 183), so erscheint auch von dort aus die vorübergehende Herrschaft des Konfessionalismus in der europäischen Außenpolitik als das eigentliche Thema der *Päpste*. In den *Geschichten* dagegen hatte Ranke seine „Ansicht" (S. III) fast als ‚regulative Idee' der Darstellung vorgängig expliziert (ohne daß diese ‚Ansichten' freilich mit dem Folgenden völlig kongruierten). Verzichtet er nun darauf, so gewinnt seine Darstellung scheinbar an Objektivität, doch drohen gleichzeitig die Ausgangspunkte seiner Perspektivierungen verdeckt zu werden. Historiographische Reflexivität wird dem Maße zumindest verschleiert, in dem der Historiker ‚geschichtsimmanent' vorzugehen scheint. Ein gewisser Ausgleich beider Prinzipien deutet sich allerdings in späteren Werken wie der *Englischen Geschichte* an, wo die darstellungsleitenden Hinsichten im Vorwort relativ ausführlich angegeben werden.[9]

β. Daß ein Primat des ‚Lebens' bewahrt bleibt, war am Ende des letzten Unterkapitels schon bei der systematischen Stellung der zahlreichen sorgfältigen Figurenportraits festzustellen. Seiner ungeachtet steht der vielfach chaotischen oder auch nur chronologisch geordneten Mikrostruktur der *Geschichten* jetzt eine (nahezu) alles erfassende Ordnung entgegen. Kapitel und Unterkapitel sind thematisch konsistenter; das Prinzip der strengen zeitlichen Sukzession - ein Relikt der synchronistischen Historiographie - ist dafür aufgehoben. Erzähltes Geschehen untersteht nicht mehr nur der begrenzten Perspektive der handelnden Figuren. Zudem verfährt der Erzähler nun immer wieder diskursiv, das sog. Reichskirchensystem erläuternd, den Unterschied des Borgia-Papstes zu anderen oder die entscheidenden Schritte der Reformation im Reich analytisch herausarbeitend oder die Glaubwürdigkeit einer Quelle erörternd (vgl. S. 23-25, 48, 105f., 121f.); ja er legt offen, daß es ihm nicht gelungen sei, eine nicht über jeden Zweifel erhabene Quellenaussage zu verifizieren (vgl. Bd. 2, S. 554). Das syntaktische Signum seines früheren gedrängten Stils, die Verbelision, ist verschwunden. Stilistisches Hauptkennzeichen ist nun ein Lakonismus, der, besonders am Absatz- oder Szenenschluß, den Leser mit nur einem leisen Fingerzeig quasi der Betrachtung des Dargestellten überläßt.

Überhaupt ist das Anschauliche nun viel stärker funktionalisiert. Als symbolischen Ausdruck einer politischen Entwicklung oder veränderter Machtverhältnisse nutzt Ranke es mehrfach. Und indem er Symbol und Bedeutung immer wieder diskursiv auseinanderlegt, hebt er den unfruchtbaren Explikationsverzicht der *Geschichten* auf. Daß er ein vermeintlich partikulares Faktum, die Umwandlung von Basiliken in christliche Kirchen in der Spätantike,

9 Vgl. SW 14, S. VI-IX.

anführt, begründet er ausdrücklich mit seiner zeichenhaften Bedeutung. Ein Rest einer im engeren Sinne symbolischen Struktur bleibt seiner Erläuterung dadurch gewahrt, daß er zwar auf die mit der Konversion verbundene Ersetzung der Augustus-Statue durch ein Bild Christi hinweist – „an die Stelle der Weltherrscher, die selber als Götter betrachtet wurden, trat der Menschensohn, Gottessohn" –, die ‚weltgeschichtliche' und unabschließbare Interpretation dessen aber dem Leser überläßt (vgl. S. 9).[10] Soweit es sich nicht um die weit zurückgedrängte szenische Anschaulichkeit handelt, wird mithin das veranschaulicht, was Wende-, Gipfel- oder Ergebnispunkten des historischen Prozesses (in Rankes Akzentuierung selbstredend) entspricht.

Ranke kann historiographische Anschaulichkeit so weit funktionalisieren, daß sie tatsächlich dahin umschlägt, wo seine Epistemologie-Metaphorik sie immer schon ansiedelte: in den Bereich der Erkenntnis. Den Höhepunkt deutscher Königsmacht im 11. Jahrhundert möchte er dem Leser „vergegenwärtigen". Konrad II. und Heinrich III. führt er dazu in rasch wechselnden, punktuell anschaulichen Situationen in den entferntesten Landschaften ihres Reiches vor; dort „sehen wir" die Könige, „finden" sie oder „begegnen" ihnen (S. 22f.). Die anschließende Frage nach den Grundlagen dieser Macht beantwortet er auf dieselbe Weise. Die Erläuterung der königlichen Investiturpraxis mündet gar in Detailanschaulichkeit: „die Stifter pflegten Ring und Stab ihrer verstorbenen Vorsteher an das Hoflager zurückzuschicken, wo sie dann aufs neue verliehen wurden" (S. 24). Auch der Nutzen dieser Verhältnisse für den Kaiser leuchtet in Rankes ikonischer Darstellung unmittelbar ein, „sehen wir die Bischöfe an der Spitze ihrer Mannen ins Feld rücken" (S. 24f.). Die historische Argumentation kann deshalb im Anschaulichkeitsmodus fortgesetzt werden: „[...] so sieht man von selbst, wie viel auf das Verhältnis ankam, in welchem die Kaiser zu dem Oberhaupte aller Geistlichkeit, zu dem Papste in Rom standen." (S. 25)

Die historiographische Anschaulichkeit des ‚klassischen' Ranke erweist demnach die praktische Möglichkeit des von Schiller theoretisch Entworfenen. Weit stärker noch als in dem Erstling sind in ihr ‚Anschauung' und ‚Begriff', imaginativ-ästhetische und intellektuelle Erkenntnis funktional aufeinander bezogen, ohne auf den jeweils anderen Pol reduzierbar zu sein: Weder kleidet Ranke seine historische Argumentation nur ‚anschaulich' ein, noch mangelt dieser das szientifische Kalkül. Dem Historiker gelingt diese ‚schöne Wissenschaft', indem er weder Schillers ins Rhetorische abgleitender Anschaulich-

10 Als eine ganz ähnlich semiexplikative Veranschaulichung aus einem späteren Werk vgl. die Erzählung von der Krönung Wilhelms des Eroberers in der *Englischen Geschichte* (SW 14, S. 33).

keit[11] noch dem autonomen Illusionismus des Romans folgt. Quellenforschung ist dazu eine unerläßliche Voraussetzung. Doch kann die Anschaulichkeit der Rankeschen Geschichtsschreibung nicht, wie geschehen,[12] als naiv mimetische Reproduktion von Augenzeugenberichten erklärt werden. In diesem Fall würde sie in der Tat dem modernen Wissenschaftskriterium ‚Konstruktivität' nicht genügen. Eine solches Verständnis von Rankes Umgang mit den von ihm erschlossenen Quellen verbietet sich jedoch aufgrund sowohl der kalkuliert funktionalen Verwendung ‚anschaulicher' Berichte als auch der Neukonstituierung von Anschaulichkeitsnetzen, wie die Präsentation der beiden Könige in der Weite ihres Reiches sie darstellt. Bereits die historiographische Perspektive, in die der Historiker ein Anschaulichkeitselement stellt, erstellt einen konstruktiven Rahmen, in dem eine naive Mimesis von Augenzeugenschaft keinen Platz hat. Auch eine symbolische Bedeutung haben die anschaulich dargestellten Fakten nur zum Teil schon auf der Ebene der *res gestae*. Überhaupt korrespondiert Rankes ikonisch-deiktisches Argumentieren nicht unmittelbar der Geschichte selbst, sondern der von ihm hergestellten anschaulichen Geschichtserzählung und nur über diese dem abwesenden Referenten: In seiner Erzählung beispielsweise von der Aufstellung des Oblisken auf dem Petersplatz in Rom, einer der in den *Päpsten* am detailliertesten beschriebenen Begebenheiten, fügt er dem Referat der von Sixtus V. intendierten Symbolbedeutung des Ereignisses eine kommentierende Perspektive hinzu, die diesen Symbolwillen selbst wiederum als Symbol liest; es ist die kritische und retrospektive Perspektive des Historikers (vgl. S. 477-480).

Ein gerade für den Vergleich mit Schillers Erzähltechnik besonders geeignetes Beispiel enthält die *Geschichte Wallensteins* mit der Ermordung des Generals und seiner Verschworenen. Alles Veranschaulichende hat Ranke radikal verknappt: Seine Erzählperspektive ist gegenüber der Schillers weniger deutlich und entpersonalisiert. In der *Geschichte des dreyßigjährigen Kriegs* folgen drei kleine Szenen aufeinander – Wallenstein und Seni, der designierte Mörder Deveroux auf der Treppe und im Vorzimmer, der aufgeschreckte Wallenstein und seine Exekutoren. Diese Perspektivenvariation spiegelt sich bei Ranke nur noch darin, daß die Subjekte von drei aufeinanderfolgenden

11 Das heißt nicht, daß Rankes Geschichtsschreibung ganz frei wäre von einer ‚exemplarisch-illustrativen' Anschaulichkeit rhetorischer Provenienz (vgl. dazu oben S. 243 sowie: Die römischen Päpste S. 432f.) oder von jener ‚sekundären' Anschaulichkeit, durch die Ranke von ihm erkannte Strukturen des Geschehens auf einer Ebene zu verdeutlichen sucht, die von den historischen Handlungen abstrahiert (vgl. S. 107, 232, 515f.; Bd. 3, S. 3, 182, 201, 204). Auch diese Anschaulichkeit ist jedoch funktional eingebunden, wohingegen sie bei Schiller zur Verselbständigung neigte.

12 Vgl. Pandel: Mimesis, S. 30-33.

Sätzen, die in Kürze dieselben Informationen vermitteln, in derselben Abfolge wechseln.[13] Szenische Anschaulichkeit wird nicht im Interesse eines Totaleindruckes, sondern bedeutungsorientiert erzeugt: Erst in des Opfers Kammer kommen mehr visualisierende Details zur Sprache. In ihrem bildhaften Ensemble symbolisieren sie die Unschuld des Todgeweihten. Das Bad, dem er eben entstiegen ist, sein Schlaf und selbst das „bloße Hemd", in dem er den Todesstoß empfängt, weisen darauf hin. Diese Zeichen der Reinheit und die kostbare „goldene Schale" mit seinem Schlaftrunk heben den General aus der Sphäre seiner kurz vorher ermordeten Offiziere, die während eines „Gelags" und lästerlicher Reden den Tod gefunden haben.[14] Dieses Bild und seine Bedeutung stehen im Einklang mit dem einige Seiten zuvor diskursiv Dargelegten: daß Wallenstein nicht als vorsätzlicher Verräter anzusehen sei,[15] und überschreiten es zugleich.

γ. Der Gliederung des Textes kommt in den *Römischen Päpsten* eine andere, wenngleich nicht weniger bedeutende Funktion zu als in den *Geschichten der romanischen und germanischen Völker*. Da weder die Mikroebene sich chaotisch präsentiert, noch Makropropositionen an das historische Geschehen angebunden werden müssen, braucht sie nicht die (kaum herstellbare) Vermittlung divergenter historiographischer Orientierungen zu leisten. Sie hat die Aufgabe, die oben zitierte, nicht mehr als andeutende Beschreibung der Verlaufsstruktur der thematischen Geschichte am Geschehen selbst auszufalten. Ihr muß zu entnehmen sein, unter welcher historischen Problemstellung es was bedeutet, „das Papstthum gefährdet, erschüttert, sich dennoch behaupten und befestigen, ja aufs neue ausbreiten, eine Zeitlang vordringen, endlich aber wieder einhalten, und einem abermaligen Verfalle zuneigen" (S. XVII) sehen zu können. Um dies zu leisten, besteht sie nur zum kleineren Teil aus den in den Inhaltsverzeichnissen gesammelten Überschriften der Bücher und Kapitel; vielmehr sind zu dieser Gliederung die resümierenden, problematisierenden und vorausentwerfenden Abschnitte hinzuzurechnen, die in kürzerer Form fast jedes Unterkapitel und in längerer Form die meisten Bücher einleiten und schließen.[16] Über den Text der Ereignisse ist ein Textnetz geworfen, das sich redigierend, interpretierend und kommentierend auf den Primärtext bezieht. Dieses sekundäre Textnetz konstituiert recht eigentlich die

13 Vgl. SW 23, S. 309. Die folgenden Zitate ebd. Vgl. Schiller: NA 18, S. 326f.

14 SW 23, S. 307.

15 Vgl. ebd., S. 300.

16 Zur Unterstellung des erzählten Geschehens unter ein historisches Problem und zur Verknüpfung von Erzählung und Argumentation durch diese Reflexionen vgl. auch Metz: Grundformen, S. 127-130. An einer Beispielpassage aus der *Englischen Geschichte* entwikkelt Metz hier ein aussagenlogisches Schema des Rankeschen Erzählens.

Römischen Päpste als wissenschaftliche Geschichtsschreibung, wenngleich einer dissipativeren, noch stärker in den Primärtext eingesenkten Variante dieselbe Funktion zukäme. Zugleich situiert es das dargestellte Geschehen in einer Plotstruktur – ohne allerdings auf ein bestimmtes Muster derselben jemals deutlicher hinzuweisen als mit den zitierten Worten. Den dargestellten Geschichtsausschnitt als eine Geschichte zu lesen bleibt der interpretierenden Lektüre überlassen. Freilich erzählt der Historiker seine Geschichte so, daß ein sinnvolles und sogar sinnversicherndes Lesen möglich ist.

[1.] Als „gefährdet" wird das Papsttum im zweiten Kapitel des ersten Buches (I, 2) dargestellt, bedingt durch die in drei Unterkapiteln dargelegte Neudefinition desselben als weltlich-territoriale Herrschaft, durch die Verweltlichung des Klerus und die Hinwendung des geistigen Interesses zur heidnischen Antike. „Erschüttert" wird es in I, 3 durch die kaiserlichen Siege in Italien sowie die Reformation in Deutschland; im ‚Sacco di Roma' sinken Macht und Ansehen des Papstes auf einen Tiefpunkt. Soweit zieht der Erzähler eine absteigende Linie aus, die indes, sobald die Päpste [2.] „sich dennoch behaupten und befestigen", quasi der x-Achse eines Koordinatensystems parallel zu laufen sich anschickt. Die Kombination von Behaupten und Befestigen deutet dabei die Zusammengehörigkeit von Verteidigung nach außen und Neuaufbau im Innern an. Die „Regeneration des Katholicismus" – so die Überschrift des zweiten Buches – vollzieht sich in drei Schritten, die die Bücher 2–4 darstellen. Zunächst erhebt sich ein neuer ‚Geist' innerhalb des Katholizismus, getragen vor allem von der Gesellschaft Jesu, ohne wesentliche Teilnahme des Papstes noch. Vielmehr muß sich dieser ‚Geist' eigens seiner Träger an der Spitze der Hierarchie bemächtigen; das dritte Buch führt darin exemplarisch ein Kernstück Rankescher Geschichtsauffassung vor. Die Päpste wiederum benötigen einen reformierten und vor allem finanziell konsolidierten Kirchenstaat als Basis einer expansiven katholischen Politik; das vierte Buch hat deshalb einen institutionengeschichtlichen Schwerpunkt. [3.] Auf diesen Grundlagen sich „aufs neue ausbreiten" und „eine Zeitlang vordringen" sieht der Leser die Päpste in den Büchern fünf bis sieben. Mit der Gegenreformation erhebt das päpstlich-katholische „Princip" sich jetzt zum Movens der „Weltbewegung", die Papstgeschichte erweitert sich, wie Ranke ankündigt (Bd. 2, S. 4), „in gewissem Sinne zur Universalgeschichte". [4.] Das letzte Kapitel dieser Büchergruppe enthält freilich schon den erneuten „Umschwung der Dinge" (so der Titel); VII, 4 ist deshalb bereits dem nächsten Prozeßabschnitt, dem „wieder einhalten" zuzurechnen. Dem Primat des ‚Inneren' in Rankes Ontologie und Geschichtstheorie entsprechend bereitet sich diese Wende in den Machtverhältnissen – das Restitutionsedikt von 1629, das den Protestantismus in Norddeutschland weit zurückgedrängt hätte, kann nicht mehr durchgesetzt werden – aber schon mitten in der Expansion des Katholizismus vor. Ranke verdeutlicht diese Bedingungsverhältnisse, indem er zwei Abschnitte der Gegenreformation unterscheidet, auf das fünfte und siebte Buch verteilt und dazwischen das sechste Buch „Innere Gegensätze der Lehre und der Macht" schiebt. Während der entscheidende Kampf gegen den Protestantismus noch bevorsteht, beginnt die Einheit des katholischen ‚Prinzips' bereits zu zerbröckeln.

Formal läßt sich die Struktur dieses Prozesses wiederum recht gut mit Begriffen der Geometrie beschreiben: Nimmt man den Zeitfaktor als x-Achse und die Machtstellung des Papsttums als y-Achse, so präsentiert sich der dargestellte historische Prozeß als Sinuskurve. Zwischen dem (bisher) kleinsten Wert auf der y-Achse, dem Unheil Klemens' VII. am Ende des ersten Buches, und dem (in der Neuzeit) größten ebendort, dem weitesten Vordringen der Gegenreformation am Ende des siebten Buches, befindet sich das Papsttum in einem langen Abschnitt mit positiver Steigung. Die ‚Kurvenrichtung' wechselt jedoch, weit bevor der Scheitelpunkt erreicht ist: Mit der beginnenden Zersplitterung der katholischen Kräfte im sechsten Buch wird bereits der erneute Abstieg eingeleitet (im geometrischen Bild: Die Kurve wechselt wieder vom Konvexen zum Konkaven). – Neben dem genannten Höhepunkt ist zur ‚Einhalte'-Phase der erste Teil des achten Buches, einschließlich der Konversion Christines von Schweden, zu rechnen. Die immer noch beträchtliche Anziehungskraft des päpstlichen Roms kommt darin ebenso wie in den „Bauwerken der Päpste", so der Titel des vorangehenden Kapitels, noch einmal großartig zum Ausdruck. [5.] Der „abermalige Verfall" entspricht der wieder absteigenden Linie der Sinuskurve und führt, was Rankes Formulierung nicht klarmacht, auf einen erneuten Tiefpunkt, die Demütigungen des Papstes durch die französischen Revolutionäre und Napoleon. Er umfaßt lediglich die zweite Hälfte des achten Buches; Anfangs- und Endphase des gesamten Prozesses unterliegen demnach einer gerafften Darstellung. Gerade die beiden Phasen des ‚Abstiegs' fallen dadurch weitaus umfangsschwächer aus; die Erzählung konzentriert sich deutlich auf die *Durchsetzung* einer historischen Idee, zunächst in der ihr eigenen Institution, dann in der europäischen Politik.

Wie er hier umrissen ist, beinhaltet der Plot der *Römischen Päpste* nahezu ausschließlich die neuzeitliche Entwicklung der Hierarchie oder, zeitlich noch enger gefaßt, die Geschichte der Gegenreformation einschließlich ihrer Voraussetzungen, vor allem auf päpstlicher Seite. Geht man von dem Gegenstand aus, den der Titel des Werks ankündigt, läßt sich dasselbe tatsächlich so lesen. Doch erführe sein Horizont in diesem Fall mehrere Verkürzungen: Insbesondere die engere Lesart vernachlässigte zum ersten, daß „Ausartung"

(S. 51) und Autoritätsverlust des Papsttums in Rankes Darstellung die Ausgangsbedingungen der dargestellten Geschichte bilden. Das ‚klassische' Tragödienschema von Aufstieg und Fall – den zumal die Fünfzahl der Entwicklungsphasen assoziieren läßt – entspricht dem Plot der *Päpste* nicht. Vielmehr läßt sich das Werk als Demonstration der Überschüssigkeit historischen Geschehens im Verhältnis zu literarischen Mustern lesen. So steht der Wiederaufstieg des päpstlich-katholischen ‚Prinzips' von den ersten Sätzen der Vorrede an unter dem Handikap, lediglich ein „noch einmal", d.h. etwas Erneuertes, nichts Neues darzustellen (S. V, vgl. Bd. 2, S. 177, 364, Bd. 3, S. 157f.). Die erste Zerfallsphase des Papsttums, in der ‚Aufstieg und Niedergang' sowie der künftige Konfessionskrieg sich nicht einmal andeuten, gehört zur Geschichte desselben, weil sie seinen Verlauf und Ausgang erst zu verstehen erlaubt. Die Vorgeschichte ist ein notwendiges Interpretat der engeren Geschichte, die die Vorrede als „Verjüngung und innere Ausbildung, [...] Fortschritt und Verfall" charakterisiert (S. V). Ein Vergleich mit Schillers zweifacher Gestaltung der Wallensteinfigur kann das gattungspoetisch akzentuieren: In der *Geschichte des dreyßigjährigen Kriegs* fungiert ebenfalls ein Teil der Vorgeschichte des Wallensteinischen ‚Verrats' am Kaiser als Erklärung desselben; die Verletzung durch die Absetzung 1630 treibt den General zur „Rache".[17] Im Drama dagegen erklärt nicht eine politische Herleitung Wallensteins Empörung, sondern sein spielerisch-zögerlicher Charakter, während der Rückblick auf die Absetzung der Gräfin Terzky vorbehalten bleibt, die den Unentschlossenen zu einem Schritt ermutigen will, den er ohnehin gezwungen ist zu tun.[18] Eine solche Geschlossenheit des streng gebauten Dramas verleiht Ranke seiner Geschichte von ‚Aufstieg und Fall' gerade nicht. Auf die Vorgeschichte und ihr Interpretationspotential zurückgehend, kommt er zudem immer noch nicht zu einem ersten Anfang: Das Einleitungskapitel reicht bis auf Christi Geburt und davor zurück. Am anderen Ende des Textes ist die nachrevolutionäre Wiederherstellung des Papsttums, mit der die Erzählung schließt, nicht einmal in der Gliederung vorgesehen (das letzte Kapitel trägt den Titel „Revolutionäres Zeitalter"): Das Erzählte überwuchert die Ordnung der Erzählung. In der historiographischen Praxis hat Ranke jene Einsicht schon vollzogen, die Droysen später als Kritik an der Geschlossenheitsillusion narrativer Geschichtsschreibung theoretisch

17 NA 18, S. 134, vgl. ebd., S. 234.

18 Vgl. Wallensteins Tod I, 7, Vv. 553-571. Der Zusammenhang, in den Wallenstein seine Absetzung selbst stellt: seitdem fühle er sich dem Reich, nicht mehr dem Kaiser verpflichtet, bricht ebenfalls den Kausalkonnex des *Dreyßigjährigen Kriegs* auf (vgl. Die Piccolomini II, 7, Vv. 1173-1183).

formuliert.[19] Die Sinuskurve der neuzeitlichen Papstgeschichte weiter zu verfolgen, als bis der y-Achsen-Ausgangspunkt zum zweiten Mal wieder erreicht ist, d.h. über das einmalige Grundmuster hinaus – diesen Gang der historiographischen Erzählung kann folgerichtig der ‚klassische' Tragödienplot nicht einfangen. Die ästhetische Erfahrung von Ganzheit, die die klassische Dichtung ihren Lesern, den ‚Entfremdungen' der Moderne entgegen, ermöglicht, vermag die Geschichtsschreibung nur mit Brüchen anzubieten (weit weniger beunruhigenden freilich, als wir sie in den Romanen der Spätaufklärung fanden). In ihnen aber spiegelt sich sowohl die Unkalkulierbarkeit historischen Geschehens als auch der Wille, es historiographisch-ästhetisch dennoch zu beherrschen.

Zum zweiten darf die hierarchiezentrierte Plotstruktur, wie ich sie beschrieben habe, nicht darüber hinwegtäuschen, daß dem Protestantismus in Rankes Perspektive nicht nur die Funktion und Bedeutung eines – ohnehin stark berücksichtigten Gegners – zukommt. Die Modifikation einer einfachen Plotstruktur, nämlich die Perspektivenverdoppelung, die daraus folgt, habe ich oben bereits aufgezeigt. Der Historiker nimmt dabei die zusätzliche Außenperspektive nicht nur des Fremdkonfessionellen, sondern auch des ‚Politikers' ein: Aus ihr beschreibt er die Ablösung konfessioneller Prinzipien durch (macht)politische. Neben der Geschichte des neuzeitlichen Papsttums und der Konfessionskämpfe steht deshalb drittens die Geschichte dieser Ablösung. Thema ist sie von Beginn an: Julius' II. säkulare, auf die Erweiterung des päpstlichen Territoriums gerichtete Politik hat in Rankes Darstellung nicht nur wesentlich zum Verlust des geistlichen Prestiges des Papsttums beigetragen, sondern steht auch in engster Verbindung mit der Herausbildung jenes machtpolitischen Gegensatzes zwischen Frankreich und den Habsburgern, der die neuzeitliche Staatengeschichte konturiert (vgl. S. 79-84). Daß sich auf dem französischen Thron Heinrich IV. durchsetzt, der haereticus relapsus, dem der Papst die Absolution nicht vorenthalten kann, wird als Entscheidung des Kampfes um die Priorität des geistlichen oder des weltlich-politischen Prinzips in den europäischen Staatenbeziehungen gewertet (Bd. 2, S. 174, 243). Seit langem vorbereitet durch die Neuorganisation des Kirchenstaates zu einer Machtbasis (noch für geistliche Zwecke), muß auch in der päpstlichen Außenpolitik das konfessionelle Prinzip zurücktreten, als Urban VIII. in das antikaiserliche Bündnis mit Schweden eintritt (Bd. 2, S. 551f.). Es

19 Vgl. Droysen: Historik (Ed. Leyh), S. 159-161. Dies ist auch gegen eine literaturwissenschaftliche Deutung geltend zu machen, die glaubt, Ranke mit Droysen kritisieren zu können, ohne die Stichhaltigkeit des Vorwurfs zu überprüfen (vgl. Hans Robert Jauß: Der Gebrauch der Fiktion in Formen der Anschauung und Darstellung der Geschichte. – In: Formen der Geschichtsschreibung, S. 415-451, hier S. 423f.).

bedeute eine epochale „Wendung" (Bd. 2, S. 573), daß auch der Papst nun politischen Motiven auf Kosten konfessioneller folgt – mit der Konsequenz, daß das ehrgeizigste Projekt der Gegenreformation, die Durchsetzung des Restitutionsedikts, scheitert.

Die Geschichten des Papsttums und des vorherrschenden ‚Prinzips' im Staatenleben der europäischen Neuzeit haben ihren Wendepunkt demnach am selben historischen Ort. Das ermöglicht ihre Engführung. Die beiden Geschichten in einer Darstellung zu vereinen, wird zudem dadurch erleichtert, daß sie sich auf verschiedenen Ebenen der historiographischen Abstraktion vollziehen; die eine hat ihren (scheinbar) nicht zu verfehlenden Ort in einer Quasi-Dynastie, einer Institution, einem Staat, während die andere offensichtlich nur durch geschichtswissenschaftliche Interpretation gewonnen werden kann. Diese Differenz ermöglicht es aber auch, die beiden Geschichten aufeinander zu beziehen. Beide Geschichten brauchen sogar diesen Bezug. Denn die Durchsetzung des politischen Prinzips kann der Historiker nur an einem historischen ‚Material', hier der Papstgeschichte, zeigen; diese wiederum ließe sich, könnte an ihr zuletzt nicht auch eine übergreifende Wendung ins Politische aufgezeigt werden, nicht an die Gegenwart des 19. Jahrhunderts anschließen, so wie Ranke sie auffaßte, also als eine von den *politischen* Prinzipien der Individualität und dem Gleichgewicht der Staaten bestimmte (vgl. Bd. 2, S. 576). Das letzte Ereignis der *Römischen Päpste*, die Restauration des Kirchenstaats „aus politischen Gesichtspunkten" (Bd. 3, S. 220), hebt die Durchsetzung des postkonfessionellen Prinzips abschließend noch einmal hervor. Der mehrfach zitierte Abriß der Papstgeschichte dagegen reicht bezeichnenderweise nicht bis dahin.

Die komplexe Anlage der Rankeschen Geschichtsschreibung zeigt sich auch bei dem Versuch, die *Römischen Päpste* mit Hilfe von Droysens oder Whites Typen der Darstellung begrifflich zu fassen. Der hier zuerst aufgerissene Plot konstituiert zunächst das, was Droysen als ‚monographische Erzählung' bezeichnet,[20] wenngleich dieser den „Gedanken" (der die systematische Stellung von Rankes ‚Idee' oder ‚Prinzip' einnimmt) stärker gegenüber dem Gegenständlichen privilegiert, als das die *Päpste* (noch) tun: Durch die Verweltlichung des Papsttums und den Abfall der Protestanten herausgefordert, entwickelt sich das hierarchisch-katholische Prinzip im Jesuitenorden, ergreift wenig später die Inhaber des Stuhles Petri, gestaltet den Kirchenstaat um und beginnt, das verlorene Terrain zurückzuerobern. Doch wird dieses Prinzip nicht allein in seinem Werden und seiner fortschreitenden Entfaltung gezeigt, wie dies Droysen der ‚monographischen' Darstellung zuschreibt.

20 Vgl. Droysen: Historik (Ed. Leyh), S. 244f.

Noch stärker als die nicht vorgesehene Verfallsphase muß indes das zunehmende Gewicht eines anderen, des ,katastrophischen' Erzähltyps irritieren: Der Sieg des ,politischen Prinzips' über die Kämpfe der Konfessionen bringt jenen „höheren Gedanken" zur Geltung, den Droysen im ,katastrophischen' Darstellungstyp aus dem Kampf der Gegner herrschend hervorgehen sieht (wobei Ranke Katholizismus und Protestantismus letztlich nicht als „relativ gleichberechtigt" anerkennt).[21] Die perspektivische Einseitigkeit, die der erzählenden Darstellung angekreidet wird, eignet dieser demnach nicht so notwendig, wie insbesondere aus Droysens Postulat der notwendigen Typenreinheit folgt.[22] Ranke verschränkt vielmehr verschiedene Erzähltypen und damit Perspektiven mit ihren Deutungsmustern. - Auch unter ein Geschichtenmuster Whiteschen Zuschnitts lassen sich die *Römischen Päpsten* nicht subsumieren. Scheint dem Text einerseits das zugrunde zu liegen, was White einen ,comic plot' nennt - wenn am Ende eine „Aussicht zur Versöhnung" besteht (Bd. 3, S. 222) -, so betrifft dies andererseits nur den konfessionellen Aspekt, während der neuerdings in den Vordergrund getretene politische das Papsttum nach wie vor „jeden Augenblick bedroht und mit Gefahren umgeben" zeigt (Bd. 3, S. 219f.). - Und mehr noch: Rankes Text enthält auch wesentliche Elemente dessen, was Droysen ,didaktische Darstellung' nennt. Der Standpunkt des Historikers befindet sich nämlich nicht nur, wie der ,monographische', „in der Ebene der dargestellten Wirklichkeiten", sondern zudem auf jener ,weltgeschichtlichen' Ebene, auf der Droysen den Prozeß der menschheitlichen ,Bildung' lokalisiert.[23] Dementsprechend umfassen die *Päpste* nicht allein Staaten- und Kriegsgeschichte, sondern - wie Droysen von der didaktischen Darstellung, ihres Bildungszwecks wegen, fordert - tendenziell „alle die Sphären [...], in denen sich das sittliche Dasein der Menschen bewegt", und sie stellen den dargestellten Geschichtsausschnitt in jenen „weltgeschichtlichen" Prozeß, der auch bei Droysen dem Vergangenen „Bedeutung" für die Gegenwart verleiht.[24] Über den erzählenden Darstellungstyp der *Historik* reicht Rankes Geschichtsschreibung damit weit hinaus. Und noch in einer letzten Instanz hat die Pluralität der Perspektiven einen präzisen geschichtstheoretischen Sinn: Dem Historiker, der sich auf der einen Seite nicht mit der Monoperspektive seines Standpunktes zufrieden geben darf,[25] kommt auf der anderen Seite nicht eine allwissende Übersicht zu. Denn

21 Ebd., S. 246.

22 Vgl. ebd., S. 248f.

23 Vgl. ebd., S. 251-254, Zitat S. 254.

24 Ebd., S. 255, 253.

25 Vgl. Droysen: ebd., S. 238.

über ein solches Wissen verfügt nach Ranke allein der göttliche Autor der Geschichte;[26] der Historiker darf nur bzw. immerhin in dessen Büchern lesen.

Der Plot der *Römischen Päpste* zeichnet sich nach alldem durch eine Komplexität aus, die weder durch die spärliche Historiographietheorie Rankes noch durch ‚Typen der historischen Sinnbildung' oder typische Erzählstrukturen, auch nicht durch Mischformen derselben, erfaßt wird. Historiographie ist, das erweist sich hier zum wiederholten Male, nicht auf Historik reduzierbar, sowenig wie diese bloß die Prinzipien und Techniken jener expliziert. Die unklassische Dimensionierung des Ganzen und vor allem die geschichtsinterpretative Funktionalität der Verschiedenheit der Plots entziehen sich auf der einen Seite einer Analyse, die allein nach literarischen Mustern sucht. Auf der anderen Seite stellt die komplexe Verfabelung, die eine Geschichtserzählung wie die *Römischen Päpste* erst konstituiert, nicht bloß eine Ausführung von Forschungsregeln dar. Vielmehr bringt sie auf literaturanaloge Weise eine Interpretation von Geschichte zur Geltung, die sich – wie des jungen Ranke intellektuelle Entwicklung zeigte – ursprünglich von literarischen Semantisierungsverfahren herleitet. Die „Phantasie des Historikers" wird, obwohl sie „Mittel zum Zweck historischer Erkenntnis" ist, nicht allein, wie Muhlack schreibt, „nach den logischen Gesetzen des historischen Denkens tätig".[27] Wenngleich man von einem spezifisch historischen Denken sprechen kann, so verfährt dieses nicht allein logisch, sondern auch *poeto*logisch und ästhetisch. Tatsächlich steht bereits die historistische Auffassung vom ‚Zweck historischer Erkenntnis' in Abhängigkeit von den Darstellungsintentionen der goethezeitlichen symbolischen Literatur. Und die ergriffenen genuin literarischen Mittel, diese Erkenntnis historiographisch einzuholen und zu repräsentieren, behielten ihren literarisch-ästhetischen Status, weil sie in einem Kontext typisch literarischer Reflexionsverschleierung zur Anwendung kamen. Mehr noch: Insofern sie keiner spezifisch geschichtswissenschaftlichen Begründung unterworfen wurden, zogen sie der Autonomisierung der Historie eine deutliche Grenze. Die symbolische Struktur seiner Geschichts*schreibung* zumindest hat Ranke, wenigstens punktuell, erkannt, die ausdrückliche Reflexion auf die geschichtsformende und -deutende Wirkung seines Kunstmittelgebrauchs jedoch sistiert.[28] Freilich beruht die Adaption literarisch-ästhetischer Verfahren, die die Geschichtsschreibung des klassischen Histo-

26 Vgl. Ranke: Allgemeine Weltgeschichte [Vorlesung 1825] – WuN 4, S. 35.

27 Ulrich Muhlack: Theorie oder Praxis der Geschichtsschreibung. – In: Formen der Geschichtsschreibung, S. 607-629, hier S. 609.

28 Mit Rankes ‚Absichten' die Ästhetizität seiner Geschichtsschreibung zu widerlegen (vgl. Muhlack: ebd., S. 613f.) kann deshalb nicht überzeugen, von der methodischen Fragwürdigkeit dieses Arguments nicht zu reden.

rismus begründet, auf einem früheren reflektierenden Umgang mit Ästhetik und Literatur; von einer bloßen Kopie literarischer Muster ist Ranke weit entfernt.

Wie gezeigt, kommt der polyperspektivischen Verfabelung des historischen Geschehens in den *Römischen Päpsten* nicht allein eine kompositionelle, sondern auch eine interpretative Funktion zu. Sie füllt die Deutungslücken aus, die das intendiert symbolische Bedeuten in den *Geschichten* gelassen hatte. Dabei tilgt das Bedeuten der Geschichtenmuster und ihrer Elemente die offen extern-paradigmatische Bedeutungszuweisung postulierter Gotteseingriffe; in funktionaler Hinsicht ersetzt es dieselbe und erfüllt so das Immanenzpostulat der historistischen Ideenlehre und Wissenschaftstheorie. Plotvermittelte narrative Sinnbildung gelingt Ranke, insofern modern, in einem in der deutschen wissenschaftlichen Geschichtsschreibung neuen Maße, obwohl diese Sinnbildung, den ästhetischen Vorentscheidungen des Historikers entsprechend, mit anderen, eher ‚paradigmatischen' Sinnbildungsmechanismen konkurrieren muß. Deren Anteil wird mit der zunehmenden Berufung von ‚Ideen' in den späteren Werken noch wachsen. Dies markiert eine wichtige Grenze der Modernität von Rankes Geschichtsschreibung. Beide Sinnbildungstypen aber funktionieren symbolisch-ästhetisch, denn auch Plots weisen inexplizit auf einen Gehalt, der von den diskursiv-explikativen Textteilen nicht eingeholt wird, obwohl diese zu einem sekundären ‚Textnetz' wachsen, das die Textorganisation zunehmend beherrscht. ‚Syntagmatische' Narration und ‚paradigmatische' Induktion – die freilich immer schon idealistisch überholt ist – ergänzen einander, und zwar in derselben Weise wie im literarischen Textmodell der Goethezeit. Auch daraus und zumal aus der Auffächerung der Narration erwächst Rankes Geschichtsschreibung eine Komplexität und innere Spannung, die sich wie alle genannten Spannungsmomente sowohl als ästhetische Faszination wie auch als historiographische Polyvalenz äußert – ohne daß diese beiden Aspekte gegeneinander ausgespielt werden könnten.

4. Anschaulichkeit, Augenzeugenschaft und der historische Roman

Gängig ist die Ansicht, Ranke folge in der partikularisierenden und veranschaulichenden Erzählweise insbesondere der *Geschichten der romanischen und germanischen Völker* dem Vorbild des historischen Romans, vor allem Walter Scotts.[1] Der Schotte war seit der Übersetzung von *Ivanhoe* (1820, engl. 1819)

1 Vgl. Schulin: Der Einfluß der Romantik auf die deutsche Geschichtsforschung –

zum in Deutschland meistgelesenen Autor aufgestiegen.[2] Wenn Ranke in seinen Erinnerungen von der Faszination berichtet, die Scotts Romane auf ihn ausgeübt haben, scheint der alte Historiker selbst einen Hinweis auf einen solchen Einfluß zu geben.[3] Daß die Überprüfung der historischen Richtigkeit des *Quentin Durward* (1823, dt. im selben Jahr) ihm dann entdeckt habe, „daß das historisch Ueberlieferte selbst schöner und jedenfalls interessanter sei, als die romantische Fiction", darf dabei nicht irritieren. Denn die Wendung zum Historischen, weil das Wahre selbst das Schönste, die Geschichte selbst „die größte Dichtung" sei, ist auch schon ein romantisch-literarisches Motiv.[4] Daß Ranke konsequenter auf Quellen zurückgeht als die romantischen Autoren historischer Romane, macht ihn zunächst einmal nur noch ‚romantischer'. Trotzdem dürfen die nicht nur graduellen, sondern prinzipiellen Differenzen zwischen ‚romantischer' Geschichtsschreibung und ‚romantischem' historischen Roman nicht übersehen werden. Wie gezeigt, ist die Geschichtsschreibung des klassischen Historismus ohne eine Rezeption der klassisch-romantischen Literatur und Ästhetik nicht denkbar, doch vereinfachte man die genetische Abhängigkeit jener von diesen ganz unzulässig, erblickte man in ihr eine Übernahme von Romantechniken, insbesondere der neuen ‚historischen' Gattungsvariante. Gemeinsame geistesgeschichtliche Ursprünge und einiges Ähnliche in der jeweiligen Poetik stellten die neue wissenschaftliche Historiographie aber zumindest in ein Konkurenzverhältnis zum historischen Roman, das sowohl Abgrenzungs- als auch Austauschprozesse erwarten läßt. Parallelen und Differenzen beider Typen der Geschichtserzählung in ihrer Anfangsphase müssen deshalb in den Bereichen Textstrukturierung (α.) und ‚Anschaulichkeit' (β.) genauer gefaßt werden.[5] Der Abschnitt β., der auch die

---

Traditionskritik, S. 37; Walther Peter Fuchs: Einleitung: Der junge Ranke - WuN 3, S. 44; Meyer: Entstehung, S. 210.

2 Vgl. Schüren: Die Romane Walter Scotts, S. 10-22, zum Publikumserfolg bis zur 1848er Revolution.

3 Vgl. SW 53/54, S. 61. Das folgende Zitat ebd. Von Ranke wird außerdem noch der Ausspruch überliefert: „Meine Herren, es gibt einen Meister, der uns allen zeigt, was Geschichte ist, das ist Walter Scott" (bei Schüren: Die Romane Walter Scotts, S. 253, Anm. 52, nach Wolfgang Keller: Walter Scott. München 1933, S. 22, zitiert, der wiederum sich auf eine Mitteilung des „Sprachforschers Delbrück" beruft). Die Unsicherheit von Überlieferung und konkret Gemeintem erlaubt freilich keine weitergehenden Schlüsse aus diesem Wort.

4 W[illibald] A[lexis]: The Romances of Walter Scott. - Romane von Walter Scott. - In: Wiener Jahrbücher der Literatur 22 (1823), S. 1-75, hier S. 12 - in: Lämmert (Hrsg.): Romantheorie 1620-1880, S. 270. Vgl. auch Burckhardt: Briefe Bd. 1, S. 208 (an Karl Fresenius, 19. 6. 1842).

5 Eine als Überblick sehr respektable und auch wegen der Seltenheit solcher Versuche bemerkenswerte parallele Darstellung von literarischer und historiographischer Geschichtserzählung im 19. Jahrhundert gibt Brewster: Raabes historische Fiktion, S. 54-133.

an den *Geschichten* und an den *Päpsten* gewonnenen Erkenntnisse aufgreift, begründet durch Rückblicke auf Gatterers „Vorrede von der Evidenz" zugleich Rankes epochale Verwissenschaftlichung von historiographischer Anschaulichkeit.

α. Die hauptsächliche Innovation des Scottschen Romanmodells bestand in der Einführung eines unhistorischen ‚mittleren' Helden, der – produktionsästhetisch gesehen – eine ‚typische' Romanhandlung in ein als historisch mehr oder weniger bekanntes und deshalb nur begrenzt disponierbares Geschehen einzuflechten erlaubte und der – rezeptionsästhetisch gesehen – den Leser an die ‚große' Geschichte heranführen konnte[6]. So erfolgreich wurde dieser Erzähltrick, weil hier ein spezifisch *literarisches*, d.h. an Realitätsreferenzen nicht gebundenes Mittel einem anscheinend historiographischen Zweck, der Vermittlung von vergangener ‚Realität' dienen konnte.[7] In Deutschland erkannte Willibald Alexis bereits 1823 dieses Strukturprinzip der Scottschen Romane; er und u.a. Wilhelm Hauff (*Lichtenstein* 1826) führten es dann auch

---

Brewster läßt sich durch die Distanzierungen der um Wissenschaftlichkeit bemühten Historiker nicht täuschen; die „Illusionstechniken" (S. 133) beider Disziplinen läßt er auf der einen Seite aber zu sehr zusammenfallen und geht auf der anderen Seite nicht so weit, die ‚literarischen' Darstellungsmittel der Geschichtsschreibung in einen genetischen Zusammenhang mit der historistischen Geschichtsauffassung zu bringen, mit dem Ergebnis, daß sie dieser äußerlich scheinen.

6 Vgl. Eggert: Studien, S. 112-129, und Wolfgang Iser: Möglichkeiten der Illusion im historischen Roman (Sir Walter Scotts *Waverley*). – In: Nachahmung und Illusion, S. 135-156, hier S. 144-156. Zur Technik des ‚mittleren Helden' im vorscottischen historischen Roman, bei Benedikte Naubert und Achim von Arnim, vgl. Meyer: Entstehung, S. 208f., sowie Aust: Der historische Roman, S. 57. Obwohl Scott zwei von Nauberts Romanen sogar nachweislich kannte, wird seiner Wirkung wegen die romanpoetologische Innovation zumeist ihm zugesprochen.

7 Tatsächlich war der Anspruch insbesondere des frühen historischen Romans, historisches *Wissen* zu vermitteln, sehr viel ausgeprägter, als die Fiktionstheorien des 20. Jahrhunderts dies einkalkulieren. Dieser Anspruch wurde auch von Historikern anerkannt, jedenfalls von solchen, die sich nicht dazu in der Lage sahen, durch die eigene Darstellung „Anschauung" und „lebendige Ansicht" zu vermitteln, vgl. Ludwig Timotheus Spittler: Entwurf der Geschichte der Europäischen Staaten. Erg. von Georg Sartorius. 3. Aufl. Berlin 1823, T. 1, S. 464, nach Schüren: Die Romane Walter Scotts, S. 19. Auf der Seite des historischen Romans ist deshalb auch Vorsicht geboten, seine Fußnotentechnik als Spiel mit Faktizität und Fiktion zu interpretieren (vgl. Kebbel: Geschichtengeneratoren, S. 35): Wenn Scott in einer Fußnote darauf hinweist, daß seine Erzählung ein historisches Ereignis um 15 Jahre vordatiert (vgl. Quentin Durward, S. 443 = Note 31), so beruht dieser Hinweis auf der Annahme einer Geschichte, die in ihrer Tatsächlichkeit überprüfbar ist. Zur ebenfalls faktizitätsdemonstrierenden Fußnotentechnik von Alexis vgl. Gast: Der deutsche Geschichtsroman, S. 70f. Allerdings reichte die Qualität des vom historischen Roman vermittelten Wissens nicht an das historiographische heran, so daß dieser Punkt durchaus einen Ansatz zur funktionalen Differenzierung beider Diskurse bot.

in den deutschen historischen Roman ein.[8] Einem Historiker bot sich dagegen weder dieser produktionsästhetische Vorteil, noch konnte ihm eine Individualbiographie als Standardvollzugsort historischer Prozesse dienen, jedenfalls solange er ‚Geschichte' in ‚welthistorischen' Dimensionen dachte.[9] Nur in Ausnahmefällen wählt sich die geschichtswissenschaftliche Biographie einen Helden, der als ‚mittlerer' zugleich den ‚eigentlich' historischen Kontext vermittelt (z.B. Golo Manns *Friedrich von Gentz*[10]); Ranke dagegen stellt seinen Wallenstein von vornherein als Agenten ‚universalhistorischer' Tendenzen dar. Ja der ‚Held' eines historiographischen Werkes, also der hauptsächliche Aktant, tendiert dazu, gar keine Person zu sein. Seine Protagonisten, d.h. Nationen und Staaten, läßt Ranke durch Personen lediglich vertreten. Ein ‚Held' wie das europäische Staatensystem konstituiert sich gar erst durch das Zusammenspiel der für sich schon überpersonalen nationalstaatlichen Aktanten. Im Fall staatlicher Aktanten trotzdem noch von ‚Helden' zu sprechen ist deshalb berechtigt, weil Ranke (wie mancher Historiker bis zur Gegenwart) sie immer wieder wie personale Aktanten behandelt. Dieser Punkt verweist auf die Übertragung personal-interaktioneller Schemata auf historisches Geschehen, wie sie bereits im Pragmatismus und dann modifiziert bei Herder und beim jungen Ranke zur Debatte standen. Entscheidend ist freilich, daß es in der historistischen Geschichtsschreibung nicht mehr nur die personalen Handlungsträger sind, die interagieren.

Von diesem Punkt aus erschließt sich die Ebenendifferenzierung, die Rankes und die historistische Geschichtsschreibung, jedenfalls seit den *Römischen Päpsten*, von der des 18. Jahrhunderts unterscheidet: Unter übergeordneten Gesichtspunkten, die als Hauptmomente der ‚welthistorischen Entwicklung' deklariert werden, vollzieht sich ein Konflikt von Staaten oder, innerhalb der Staaten, von Parteien, der sich – in Rankes Gesamtwerk zunehmend punktueller – als anschaulich erzählte Handlung manifestiert.[11] Dagegen

---

8 Vgl. Gast: ebd., S. 95-106, sowie, auf einer neuerschlossenen breiteren Textgrundlage, Hartmut Steinecke: „Die Geschichte ist die größte Dichterin". Willibald Alexis' Scott-Rezeption der 1820er Jahre. – In: Geschichten (aus) der Geschichte, S. 59-74.

9 Vgl. Droysen: Historik (Ed. Leyh), S. 242f.

10 Vgl. Mann: Gentz, S. 13.

11 Sehr klar legt schon Meinecke: Aphorismen, S. 78f., diese Dreischichtigkeit dar. Das Bühnenmodell, mit dem Dietrich Harth die Struktur von Rankes Geschichtsschreibung beschreibt (vgl. Die Geschichte ist ein Text. Versuch über die Metamorphosen des historischen Diskurses. – In: Formen der Geschichtsschreibung, S. 452-479, hier S. 464f.), bemüht eine bestimmtere Vergleichssituation und wird dadurch z.T. präziser, scheint mir anderes aber zu verzerren: Die Unterscheidung von „Kulisse und Theatermaschinerie" einerseits und „inszenierter Bühnenhandlung" andererseits kann recht gut die für Ranke typische Aufeinanderfolge von beschriebener Kräftekonstellation und darin eintretenden personalen Plänen und Taten verbildlichen. Als Hinter- und Vordergrund

stellte noch Schiller den personalen Kampf Oraniens und Philipps und ihrer Kombattanten als die Geschichte selbst dar; diese steht zwar ebenfalls unter Leitideen, die jedoch anerkanntermaßen ahistorisch sind. Ein ähnlicher typologischer Sprung wie zwischen diesen Historiographiemodellen besteht aber zwischen den typischen Romanformen des späten 18. und des frühen 19. Jahrhunderts (wenn man hier den Scottschen historischen Roman als *den* Romantyp des zweiten Zeitraums nimmt). Denn Schillers Historiographie entspricht in ihrer Stratifikation weitgehend dem pragmatisch-anthropologischen Romantyp (während die pragmatische Geschichtsschreibung die Spannung zwischen Fakten und Norm noch gar nicht auszuloten begonnen hatte), sowohl mit seiner Konzentration auf ‚Handlung' als auch mit der potentiell brüchigen Hinzufügung einer ideellen Supraebene. Rankes Geschichtsschreibung ebenso wie der Scottsche historische Roman zeichnen sich hingegen durch die Pluralität der Handlungsebenen aus. Wie noch zu zeigen, ist nun nicht das innere Verhältnis der verschiedenen Ebenen in Geschichtsschreibung und historischem Roman dasselbe, aber doch die Unterscheidung einer eigentlich ‚historischen' Ebene von der (‚darunter' liegenden) Ebene menschlicher Handlungen und einer (‚darüber' schwebenden) Deutungsebene, welche die Zeit des Dargestellten mit der Gegenwart des Autors und seiner Leser verbindet. Die innere Unterschiedenheit trennt den verwissenschaftlichten vom literarischen Geschichtsdiskurs; die formale Parallelität dagegen ist Ausdruck dafür, daß beide auf dieselbe geistes- und allgemeingeschichtlich bedingte Forderung nach Geschichtserzählungen[12] zu antworten versuchten. Während fiktionstheoretische Gattungsunterscheidungen der (Rezeptions-) Praxis des frühen historischen Romans nicht gerecht werden, wenn sie anachronistisch eine strenge Fiktionalitätsgrenze zwischen dem-

---

dieser Art ließe sich wohl auch die von mir betonte Doppelung der Handlungsebene zu einer eigentlich ‚historischen' und einer individuell-subhistorischen auffassen. Ein regieführender Autor vertritt bei Harth die Kommentarebene, doch kommt die ‚weltgeschichtliche' Orientierung dieser Ebene nur darin zum Ausdruck, daß der Regisseur Abweichungen der ‚Schauspieler' von ihrer universalhistorischen ‚Rolle' kritisiert. Daß die Figuren planmäßig verschiedene Rollen – individuelle und universalhistorische – spielen, ist in diesem Modell nicht vorgesehen. Außerdem fungiert der Erzähler von Rankes Werken nicht bloß als Korrekturinstanz.

12 Vgl. Müllenbrock: Der historische Roman, S. 15-22; Žmegač: Der Aufstieg des Historismus, bes. S. 207; Erwin Wolff: Sir Walter Scott und Dr. Dryasdust. Zum Problem der Entstehung des historischen Romans im 19. Jahrhundert. – In: Dargestellte Geschichte, S. 15-32, hier S. 16, 26; Hardtwig: Geschichtsschreibung, S. 25-37. Die Erfahrung von geschichtlichem Wandel in einer Epoche der Revolutionen, die die historische Forschung rekonstruiert hat (vgl. z.B. Jaeger/Rüsen: Geschichte des Historismus, S. 21-25), findet sich in nuce übrigens schon in den Zeitanalysen der damaligen Literaturkritik (vgl. Wolfgang Menzel: Die deutsche Literatur. Zweiter Theil. Stuttgart 1828, S. 184f. – in: Lämmert [Hrsg.]: Romantheorie 1620-1880, S. 282).

selben und der Geschichtsschreibung ziehen, lassen sich textstrukturell und -immanent sowohl disziplinäre Geschiedenheit als auch genetische Nachbarschaft beider Diskurse festmachen.

Durch die formale Parallelität des Dreischichtenmodells tritt dabei das ‚inhaltlich' Spezifische der neu entstehenden Typen der Geschichtserzählung erst richtig hervor. Sie unterscheiden sich darin, auf welcher Ebene innerhalb des gemeinsamen Dreischichtenmodells in erster Linie eine *kohärente* ‚Handlung' angesiedelt ist. Im historischen Roman verfügt vor allem die untere Ebene der anschaulich erzählten, figurengetragenen Handlung über diese Kohärenz; sie ist im wesentlichen an Handeln und Leiden der Zentralfigur, des mittleren Helden, gebunden. Das tritt dort besonders deutlich hervor, wo das Romanpersonal in verschiedene, relativ selbständige Figurenkreise zerfällt, die nur durch den mittleren Helden in Verbindung stehen.[13] Die Entwicklungslogik des ‚historischen' Geschehens auf der mittleren Ebene wird dagegen nicht mit derselben Konsequenz und Intensität verfolgt; dies ist auch nicht nötig, weil ‚historische' Ereignisse, auch wenn sie eher isoliert berichtet werden, den Glaubwürdigkeitsbonus des Tatsächlichen in die Waagschale werfen können, ja mitunter dafür herhalten müssen, den auf der Handlungsebene schwachen Plot zu stützen.[14] Die Interpretationsebene hinwiederum ist im historischen Roman zumeist durch als ahistorisch angenommene ethische Kategorien besetzt; werden sie durch historische ergänzt, so verfolgt der Autor damit häufig tendenziöse Absichten (indem z.B. Wallenstein nach den Kategorien des liberalen Reichseinigungsprogramms beurteilt wird[15]). In Rankes Historiographietyp dagegen eignet der mittleren, ‚historischen' Ebene jene Kohärenz, die seit dem Pragmatismus immer wieder diskutiert worden ist. Nicht das weithin Chaotische der Handlungsebene – wie wir es in den *Geschichten* fanden – schafft sie, sondern seine planvolle Ordnung bzw. die

---

13 Zu diesem Romantyp vgl. Eggert: Studien, S. 130-132.

14 Vgl. Hecker: Geschichte als Fiktion, S. 129, und Wolfgang Iser: Möglichkeiten der Illusion im historischen Roman (Sir Walter Scotts *Waverley*). – In: Nachahmung und Illusion, S. 135-156, hier S. 143. Für die Leserrezeption historischer Romane und auch die Kalkulation derselben auf der Seite der Autoren gilt demnach schwerlich das fiktionstheoretische Postulat einer Käte Hamburger und auch ihrer kommunikationstheoretischen Nachfolger, daß im fiktionalen Text alle scheinbaren Realitätspartikel entwirklicht seien (vgl. Hamburger: Die Logik der Dichtung, zum historischen Roman S. 92-98; zum fiktionstheoretischen Problem vgl. die angemessen unorthodoxen Überlegungen von Seiler: Die leidigen Tatsachen, S. 15-32).

15 So in Heinrich Laubes Roman *Waldstein* (1864). Die Funktion, eine ‚welthistorische' Entwicklung aufzuzeigen, kann auch ein kontrastierender Brückenschlag zwischen Vergangenheit und Gegenwart übernehmen, wie Scheffel ihn im Vorwort seines *Ekkehard* (1855) mit dem Hinweis auf Naivität und Rohheit der Zustände im 10. Jahrhundert versucht (vgl. S. VIf.); die Verweichlichungs- und Vergeistigungstheorie, die dieser Hinweis impliziert, nimmt dann die Interpretationsfunktion der ‚dritten Ebene' wahr.

diskursiv durchgeführte und unter Leitperspektiven gestellte Analyse solcher Handlungen, die diese Ordnung seit den *Römischen Päpsten* expliziert.[16] Anschaulich erzählte personale Handlungen sind in dieses Gerüst quasi eingehängt und verlieren zudem im Verlauf von Rankes historiographischer Entwicklung zunehmend an Gewicht – quantitativ und indem sie als Symbole funktionalisiert werden.

Diese Strukturdifferenz greift tiefer als bis zu jenen einzelnen Kunstgriffen zur Mikrostrukturierung historischen Handelns, die Historiker dem Romanerzählen entlehnt haben mögen. Daß beispielsweise durch introspektive Figurendarstellung wissenschaftliche Standards[17] punktuell verletzt werden[18], hat deshalb nur eine marginale Bedeutung. Dem 1788 schon leichten Wort Körners, „wird nicht jede Geschichte durch lebhafte Darstellung zum Roman?",[19] ist dadurch endgültig der Boden entzogen. Geschichtsschreibung und Roman verlieren im 19. Jahrhundert die Strukturidentität, die ihnen die Theoretiker des 18. Jahrhunderts in der Form eines ‚pragmatischen Systems' verleihen wollten. Sie sind jetzt nicht mehr vor allem unter dem Aspekt einer gemeinsamen Textstruktur aufeinander bezogen; Geschichtsschreibung steht mit der neu entstandenen Gattungsvariante ‚historischer Roman' nun vielmehr in einem Konkurrenz- oder Komplementaritätsverhältnis in einem primär funktional und sekundär formal aufgefächerten System von Vergangenheitspräsentationen.

Eine genetische Abhängigkeit der ‚paradigmatischen' Stufung des Rankeschen Historiographietyps vom Scottschen historischen Roman ist selbst hinsichtlich der formalen Parallele nicht anzunehmen – dagegen spricht sowohl die im einzelnen pointiert differente Ausformung des 3-Schichten-Modells als auch die innere Konsequenz, mit der sich Rankes Lösung mit Hilfe der idealistischen Ästhetik aus vorhergehenden historiographischen Problemlagen entwickelt hat. Jedoch lehnen sich historistische Historiker an den *Individualroman* an, wenn sie Modelltypen der ‚syntagmatischen' Struktur der Geschichtsschreibung formulieren. So entspricht die ‚monographisch'

---

16 Zum „Erörterungsstil", wie er in einem Spätwerk wie der *Geschichte Wallensteins* hervortritt, vgl. Harth: Biographie als Weltgeschichte, S. 90f.

17 Vgl. dazu Droysen: Historik (Ed. Leyh), S. 239.

18 Vgl. dazu das oben (S. 342) angeführte Beispiel aus den *Geschichten*, sowie Die römischen Päpste Bd. 1, S. 54f., oder SW 23, S. 289, aber auch die hermeneutischen Quelleninterpretationen, mit denen Ranke seine dann nur scheinbar literarische Introspektive zu gewinnen sucht: Die römischen Päpste Bd. 1, S. 18; ein Beispiel aus den *Geschichten* vgl. oben S. 358. Die vielleicht gewagteste Interpretation ist dabei die, durch welche er aus Keplers Horoskop für Wallenstein dessen Charakter ermittelt mit der Begründung, der Astrologe habe sich an demselben doch orientieren müssen bei seinen Vorhersagen (vgl. SW 23, S. 1f.). Vgl. auch: Englische Geschichte – SW 14, S. 267.

19 An Schiller, 4. 1. 1788 – NA 33, 1, S. 163.

erzählende Darstellung in Droysens Typologie der Apodeixis[20] entwicklungsstrukturell dem Bildungsroman mit seinem relativ unbestimmten Helden[21]. Droysen führt zudem schon im Aufbau seiner Typologie vor, daß die Darstellung einer individuellen Entwicklung, also die Biographie oder eben der seit der *Geschichte des Agathon* in Deutschland vieldiskutierte Individualroman,[22] den Ausgangspunkt auch der historiographischen Darstellungstheorie bildete: Seine Typologie geht von der Biographie aus und überträgt deren Struktur auf „andere historische Erscheinungen": Städte, Orden, Völker.[23] Diese Orientierung an einem, ja dem prominentesten Romantyp manifestiert sich freilich auf einer relativ abstrakten Ebene der Textorganisation. Wohl bewegte sich die Hinwendung zu monographisch zu behandelnden Themen im allgemeinen und die Durcharbeitung der wichtigsten europäischen Nationalgeschichten bei Ranke im besonderen in Bahnen, die von der bei Droysen festgeschriebenen Anlehnung an den Individualroman vorgezeichnet wurden. Doch ist in diesem Zusammenhang ebenso die oben aufgezeigte ontologische und gnoseologische Umwertung von Individuellem und Allgemeinem in Rechnung zu stellen.

Die historiographische Praxis, selbst eines Ranke, folgte eher nicht dem vermeintlich nächstliegenden literarischen Vorbild: Während Scotts Romane sich durch eine breit angelegte Exposition auszeichnen und ausgesprochen plötzlich zu einem Schluß gelangen, der zudem alle Schwierigkeiten zu lösen pflegt,[24] eröffnet Ranke seine Texte mit einer stark gerafften Darstellung, die den Eindruck von Uranfänglichkeit ebenso zu vermeiden sucht wie der

---

20 Vgl. Droysen: Historik (Ed. Leyh), S. 244, sowie oben S. 387.

21 Zur „Bildsamkeit" des Bildungsromanhelden vgl. schon Schiller an Goethe, 28. 11. 1796 - NA 29, S. 16.

22 Vgl. Hillebrand: Theorie des Romans, S. 113-117, 167f, 196f.; Steinecke: Romanpoetik, S. 74f. Als Darstellung überwiegend von ‚Individualgeschichten' stellt die Geschichtsschreibung sich nicht einmal in einen strengen Gegensatz zum historischen Roman: Wie Hermann Sottong, die gängige Strukturbestimmung des historischen Romans vom ‚mittleren Helden' her kritisierend, jüngst gezeigt hat, läßt sich die (syntagmatische) Struktur des historischen Roman (bis ca. 1830) *auch* als eine Modifikation des ‚goethezeitlichen Initiationsromans' beschreiben (vgl. Transformation, S. 94-96, 28-33). Zu den Modifikationen, die der ‚historische' Romantyp vornimmt (u.a. „geringere Fokalisierung auf die Hauptfigur", „gesteigerte Relevanz des Sozialen", ‚Bildung' weniger als Selbstbildung denn als sozial relevante), vgl. ebd. S. 80-86. Diese Modifikationen erlauben es dann freilich doch wieder, Romane mit ‚Waverley-Helden' wie üblich als „direkte Antipoden" zu solchen mit ‚Wilhelm-Meister-Helden' zu begreifen (Steinecke: Romanpoetik, S. 63), so daß die von Sottong mit Aplomb vorgetragene Revision der Gattungsstruktur letztlich in vielem als eine Frage des Standpunktes erscheint.

23 Droysen: Historik (Ed. Leyh), S. 243.

24 Zu diesen Struktureigentümlichkeiten aus der Sicht der zeitgenössischen Kritik vgl. Schüren: Die Romane Walter Scotts, S. 117-120.

Schluß die Stillstellung des historischen Geschehens. Ranke beginnt nicht breit, sondern läßt seine Geschichten am Ende ‚ausfasern', durch Hinweise auf unerledigte Punkte auf der weltgeschichtlichen Agenda ebenso wie durch eine ‚Rhetorik des Nichtschließenkönnens'. Auf der Ebene einzelner Verfahren oder gattungsspezifischer Darstellungsprinzipien Dichtung zu kopieren, wie vereinzelte Aufklärungshistoriker und noch Schiller es wollten, ist dem Entwicklungsstand der Geschichtsschreibung 1824 nicht mehr gemäß. Während sie in der Ideierung historischen Geschehens sehr wohl dem ästhetischen Handlungsmodell der klassisch-romantischen Poetik folgt, orientiert sich Rankes Historiographie nicht primär an der, sei es syntagmatischen, sei es paradigmatischen, Struktur eines bestimmten Romantyps.

β. Auf eine ähnlich grundlegende, aber diskursspezifisch ausdifferenzierte Art ist die Anschaulichkeit von Ranke Geschichtsschreibung mit der des historischen Romans verwandt. Erinnern wir uns zunächst daran, daß unter den pragmatistischen Aufklärungshistorikern Gatterer zum ersten Male die anschauliche Darstellung zu einem wesentlichen Kriterium gelingender, d.h. den Leser überzeugender Geschichtsschreibung erhob. Grenzen seiner Konzeption fanden wir unter anderem darin, daß sie ästhetische Überzeugungskraft und wissenschaftliche Qualifikation der historischen Darstellung unverbunden nebeneinander stellt und Anschaulichkeit in jener rhetorischen Tradition denkt, auf die nicht zuletzt der Begriff der ‚Evidenz' weist. Der erkenntnistheoretische Objektivismus der Aufklärungshistorie blieb dadurch unaufgehoben. Den in Vermögenspsychologie und Ästhetik des 18. Jahrhunderts für das (re)konstruktive Vermögen bildhafter Vorstellungen einschlägigen Begriff der Einbildungskraft[25] mied Gatterer; stattdessen bediente er sich des Augenzeugenvergleichs der rhetorischen Tradition. Einen Versuch, sein Programm in historiographische Praxis umzusetzen, hat der Göttinger denn auch nie unternommen. Da die Rhetorik eines objektivistischen Vor-Augen-Führens bei Ranke noch viel ausgeprägter ist[26] und dieser zudem ‚Augenzeugenschaft' zum ersten quellenselektiven Kriterium erhob,[27] stellt sich die Frage,

25 Vgl. K. Homann: Einbildung, Einbildungskraft. – In: Hist. Wb. d. Philos. Bd. 2, Sp. 346-358, hier Sp. 347.

26 Zu Rankes bildgestützter Argumentation in den *Römischen Päpsten* vgl. oben S. 380f.; zu seinen deiktischen Evidenzbehauptungen vgl. z.B.: Geschichte Wallensteins – SW 23, S. 106, 132, 193, 225, 277; zur „ikonischen Darstellung", die eine „bildhafte Evidenz" von Geschichte zu erzielen sucht, vgl. auch Dietrich Harth: Die Geschichte ist ein Text. Versuch über die Metamorphosen des historischen Diskurses. – In: Formen der Geschichtsschreibung, S. 452-479, hier S. 466-468. – Wenn Ranke dabei die zu erlangende „Anschauung" als „objektiv" bezeichnet, ist das allerdings nicht erkenntnistheoretisch gemeint, sondern als Unparteilichkeitsimperativ; zurückzustellen sind nämlich die „Neigungen und Abneigungen des Tages" (Preußische Geschichte – GA 9, 1, S. 6*).

27 In der Vorrede der *Geschichten* akzeptiert Ranke „andere Schriften" als die der „Augen-

wie sich der enorme historiographische Fortschritt, den Ranke erzielte, mit dem Anschein von konzeptionellem Stillstand oder gar Rückschritt vereinbaren läßt. Der historische Roman wiederum gehört in diesen Problemkomplex, weil er den ‚modernen', illusionistischen Typ von Anschaulichkeit, den ich oben dem vormodernen rhetorischen, der Gatterers Konzept noch zugrunde lag, entgegengesetzt habe, zuerst sich angeeignet hat für die Darstellung von (wenn auch z.T. fiktiver) Vergangenheit. Dementsprechend diente er als Referenzmodell für die geschichtswissenschaftliche Diskussion, welcher Grad und welcher Typ von Anschaulichkeit den Zweck der Geschichtsschreibung am besten fördere. Vollends ein Kreis schließt sich, wenn gerade Ranke dabei vorgeworfen wurde, ohne Rücksicht auf disziplinäre Spezifika dem Scottischen Modell zu folgen.[28]

Ein solcher Vorwurf trifft Rankes Handhabung von Anschaulichkeit jedoch nur ganz oberflächlich: Was er veranschaulicht, schließt sich nicht zu einer kohärenten Handlung zusammen, die den Plot seiner Werke tragen könnte,[29] auch wenn in den *Geschichten* Anschaulichkeit noch überwiegend einer extensiven Geschehensrepräsentation diente. Das wiederum bedeutet nicht, daß sein Text – so wie Gatterers Theorie – in der punktualisierenden Anschaulichkeit der rhetorischen Tradition befangen bliebe. Vielmehr folgt diese Lückenhaftigkeit aus der Ebenendifferenzierung, die die Geschichtsschreibung aus der einseitigen Fixierung auf ein romanhaftes oder dramatisches Handlungsmodell befreite. Ein elaborierter Plot verleiht nun der mittleren, ‚historischen' Ebene Kohärenz, die es aber ausschließt, durchgängig illusionistisch im oben dargelegten Sinne zu erzählen, denn dieser Illusionismus ist an personales Handeln gebunden. Der mimetische Illusionismus, wie er, theoretisch zuerst von Lessing entwickelt, nach der Mitte des 18. Jahrhunderts im literarischen Erzählen herrschend wurde,[30] konnte für eine auf die narra-

---

zeugen" „nur alsdann, wo sie entweder aus jenen unmittelbar abgeleitet, oder durch irgend eine originale Kenntniß ihnen gleich geworden schienen" (S. VI). Vgl. ebenso die Charakterisierung der venezianischen Relationen in der Vorrede der *Fürsten und Völker* (S. VI-XVIII) sowie der Quellen für die *Römischen Päpste* (S. VI-XV). Auch als Ranke sich für die *Deutsche Geschichte im Zeitalter der Reformation* von den Traditions- zu den Überrestquellen wandte, faßte er den methodischen Gewinn dieses Schritts als engeren Anschluß an die „Augenzeugen" (GA 7, 1, S. 6*).

28 Vgl. Droysen: Historik (Ed. Leyh), S. 239f.; Hegel: Erster Entwurf der Einleitung: Die Behandlungsarten der Geschichte (1822/28) – Vorlesungen über die Philosophie der Geschichte, S. 553f.

29 Ähnliche Beobachtungen hinsichtlich eines diskursiv durchbrochenen Erzählkontinuums und argumentationsfunktionaler Darstellung von personalen Handlungen macht Schiffer an Droysens *Vorlesungen über die Freiheitskriege* (1846) (vgl. Geschichtsschreibung, S. 190f.).

30 Vgl. Willems: Anschaulichkeit, S. 290-292.

tive Erörterung historischer Problemstellungen ausgerichtete Geschichtsschreibung nicht die Alternative zu jenem ‚rhetorischen' Veranschaulichen darstellen, dem noch die „Vorrede von der Evidenz" verpflichtet ist. Des mimetischen Illusionismus als eines Mittels der Selbstbeglaubigung bemächtigte sich vielmehr der historische Roman.[31] Aber nicht allein durch einen quantitativen Rückstand unterscheidet sich die Veranschaulichungsleistung der Rankeschen Geschichtsschreibung von der historischer Romane. Mit der quantitativen Verknappung geht, durch sie erleichtert, eine qualitative Steigerung einher: Veranschaulichung ist in den *Päpsten* zum Teil der historiographischen Argumentation geworden. Bereits in den *Geschichten* steht das, was anschaulich erzählt wird, mitunter symbolisch für etwas nicht anschaulich Darstellbares. Auch damit adaptiert die Historiographie eine literarische Technik; unter deren Gesetz steht die Selektion des Anschaulichen insbesondere im frühen historischen Roman aber zum wenigsten. Der sucht vielmehr ein ‚Lokalkolorit' zum Ausweis der historischen und regionalen Authentizität des Erzählten; mögliche symbolische Bedeutsamkeiten spielen dabei nur eine geringe Rolle.[32]

Die Unterscheidung zwischen historiographischer und literarischer Anschaulichkeit kann noch präzisiert werden durch einen Blick auf jenen gemeinsamen Zug von Geschichtsschreibung und historischem Roman ‚romantischen' Typs, der gemeinhin als „Zeit- und Lokalkolorit" bezeichnet wird. Die erzähltechnische Karriere dieses „Schlagworts" ging aus von der Theorie der *couleur locale*, die Chateaubriand in der Schrift *Génie du Christianisme* von 1802 kunsttheoretisch entwickelte und in seinem Epos *Les Martyrs* von 1807 erstmals ‚historiographie'-praktisch anwandte.[33] Insofern Chateaubriand den gängigen antikisierenden Darstellungsstil kritisierte, weil er dem Wesen des christlichen Mittelalters unangemessen sei, und in seiner Darstellung einer Schlacht zwischen Römern und Franken den kulturellen Gegensatz bereits im Kostüm anschaulich werden ließ, enthält die Technik des Lokalkolorits sogar von Beginn an das Element symbolischen Bedeutens, das ihr Ranke schließlich abgewann. Populär wurde das lokalkoloristische Prinzip indes durch Scott, und über den historischen Roman fand der Detailrealismus Eingang in die poetologische Diskussion der 1820er und 30er Jahre, bevor ihn der soziale

31 Vgl. Volker Neuhaus: Illusion and Narrative Technique: The Nineteenth-Century Historical Novel Between Truth and Fiction. – In: Aesthetic Illusion, S. 275-283, hier S. 280. Zur stark szenischen, d.h. häufig nicht ‚nur' panoramatischen Darstellung bei Scott vgl. Demetz: Formen, S. 22-25.

32 Daß das ausgerechnet für einen historischen Roman wie Arnims *Kronenwächter* nicht gilt (vgl. Wilhelm: Studien, S. 33, 113), bestätigt sogar die allgemeine Tendenz, denn Arnims Roman steht außerhalb des Scott-Einflusses.

33 Fueter: Geschichte, S. 444f.

Gegenwartsroman sich zu eigen machte[34]. Einer der prominentesten der überwiegend französischen Historiker, die das koloristische Prinzip ihrer Darstellung zugrunde legten, Barante, erklärte in der Vorrede seiner *Histoire des Ducs des Bourgogne* (1824-26) dementsprechend seine Absicht, „de restituer, à l'histoire elle-même, l'attrait que le roman historique lui a emprunté"[35].

Historiographisch kontraproduktiv konnte diese Orientierung werden bei einseitiger Betonung des Anschaulichen oder sonstwie äußerlich Bezeichnenden: der Kostüme, der Redeweise, aller symbolischen Formen der Kultur, zumal wenn über der ‚anschaulich' detaillierten Beschreibung die historische Interpretation dieser Phänomene entfiel. Schillers Programm, ‚Wissenschaft' und ‚Kunst' in der historiographischen Tätigkeit zu vereinen, kann die koloristische Darstellungstechnik nur unter den äußerlichsten Aspekten erfüllen. Trotzdem zeigten sich die *Geschichten der romanischen und germanischen Völker* nicht ganz frei von koloristischen Elementen: vor allem in der Beschreibungsextensivität und dem merklich an chronikalische Quellen angelehnten Stil. Tatsächlich mochte auch Ranke nicht dem historischen Roman überlassen, was eigentlich die ‚Poesie' der Geschichte ausmache; deshalb sei die ‚Fülle des Lebens' anschaulich zu machen. Das heißt aber auch, daß extensive Anschaulichkeit sich für ihn letztlich aus einer geschichtstheoretischen Privilegierung des vielfältigen ‚Lebens' rechtfertigte, welche er unabhängig von der lokalkoloristischen Lehre vertrat, so daß diese hier nur als aufgenommene Technik fungiert. Überdies beginnt Ranke schon in den nächsten Werken, diese Anschaulichkeit ins Intensive, d.h. Symbolische zu wenden.[36] Oder er berührt lediglich hinweisend, was zeitkoloristisch leicht hätte ausgeführt werden können: „die Festung, die der Fürst dem Feinde gegenüber errichtet, die Note, die der Philologe an den Rand seines Autors schreibt".[37] Und wenn er fortfährt: sie „haben etwas Gemeinschaftliches. Einen strengen und schönen Grundzug haben alle Hervorbringungen der Zeit", hat er gleich eine Interpretation des als Symbol Erkannten vorgenommen. Den chronistischen Stil gibt er ganz auf. Vor allem aber kassierte er zugunsten koloristischer Effekte nicht die Deutungsebene der Geschichtsschreibung, und er stellte die Gewinnung der Anschaulichkeitsdimension auf ganz neue methodische, d.h. im modernen Sinne wissenschaftliche Grundlagen. Nicht daß er überhaupt auf

34 Vgl. Steinecke: Romanpoetik, S. 62f., 80-83. Zur „Poetik des Pittoresken" in Scotts Romanen vgl. auch Kebbel (Geschichtengeneratoren, S. 26-32), der, Horst Tippkötter (Scott, S. 180-231) folgend, im Pittoresken ein Modell für die Generierung einer Erzählung von der Geschichte erkennt, mit Wirkung auf die Personenkonstellation (Kontrastprinzip), die Materialselektion und die Bedeutungszuweisung.

35 T. 1. Paris 1824, S. XL, zit. nach Helbling: Ranke, S. 43.

36 Beispiele oben S. 379, 381, 382.

37 Die römischen Päpste Bd. 1, S. 67.

möglichst alte Quellen zurückging – das taten auch die Autoren historischer Romane vielfach in erstaunlichem Umfang –[38], sondern die philologisch-methodische Konsequenz, die er dabei entwickelte, trennt seine Geschichtsschreibung kategorial von den im engeren Sinne koloristischen Geschichtsdarstellungen, auch von den historiographischen eines Augustin Thierry oder Heinrich Leo[39].

Daher ist Rankes Wiederaufnahme des in der geschichtstheoretischen Diskussion traditionell bedeutsamen Augenzeugenkriteriums – für das 18. Jahrhundert ist außer an Gatterer vor allem an Chladenius zu erinnern, der seine Lehre vom ‚Sehepunkt' von der Augenzeugenschaft eines Berichtenden ausgehend entwickelte[40] – zum ersten als geschichts*wissenschaftliche* Substantiierung einer genuin rhetorischen Regel zu werten. Augenzeugenschaft wird zum quellenkritischen und damit forschungsleitenden Prinzip. Zum zweiten stellt sich nun noch dringender die Frage, ob und wie die frühe historistische Geschichtsschreibung Rankes damit den erkenntnistheoretischen Objektivismus eines Gatterer überwinden konnte. Denn die Metaphorisierung geschichtswissenschaftlicher Erkenntnis durch verschiedene Formulierungen optischer Wahrnehmung suggeriert, daß Ranke Geschichte ‚objektiv' erkennen und darstellen zu können meinte: „Wir lassen", so führt er lakonisch Regie in der *Weltgeschichte*, „die Begebenheiten, die ohnehin von universalhistorischer Wichtigkeit sind, einfach vor unseren Blicken vorüber gehen."[41] Die objektivistische Rhetorik kann über die tatsächliche Konstruktivität seiner Geschichtsforschung und -schreibung jedoch allenfalls hinweg-

---

38 Zu beispielsweise Arnims umfangreichen, aber ganz eklektischen, weil nur als Materialgewinnung gedachten Studien alter, auch ungedruckter Chroniken, Memoiren usw. für die *Kronenwächter* vgl. Hans: Quellen, und Wenger: Die historischen Motive. Eine *systematische* Absicherung der Darstellung durch Quellenbelege findet im historischen Roman nicht statt. Selbst besonders ambitionierte Texte wie Scheffels *Ekkehard* mit seinen 285 gelehrten Anmerkungen weisen, ganz im Sinne der Romanpoetik des späten 18. Jahrhunderts, letztlich nur die Möglichkeit, nicht die Tatsächlichkeit des Erzählten nach – was im Bereich des Historischen, in dem über das Wirklichwerden des Möglichen definitiv entschieden ist, etwas Aporetisches hat. Typisch für die literarische, nicht geschichtswissenschaftliche Aneignung des Zeit- und Lokalkolorits im 19. Jahrhundert ist überdies eine Beschränkung oder Konzentration auf das Heimische: bei Scott auf die schottische, bei Hauff auf die württembergische, bei Alexis und Fontane auf die märkische Geschichte.

39 Zu diesen beiden Hauptvertretern der koloristischen Historiographie vgl. Fueter: Geschichte, S. 448-452.

40 Vgl. Chladenius: Allgemeine Geschichtswissenschaft, Kap. 5: Vom Zuschauer und Sehepunckte.

41 Weltgeschichte Bd. 2,2, S. 45. In der Vorrede der *Fürsten und Völker* imaginiert Ranke, wie er (mit seinen Lesern) den Autoren seiner Quellen auf ihren Reisen zu den Schauplätzen des historischen Geschehens folgt (vgl. S. XVIf.). Zu den häufigen deiktischen Wendungen vgl. oben Anm. 26.

täuschen. Denn fester geschichtswissenschaftlicher Kern dieser Konstruktivität ist die Perspektivierung des darzustellenden Geschehens durch eine historische Problemstellung (die in den Vorreden der Werke benannt oder in deren ersten Kapiteln entwickelt wird). Zwar bleibt auch dies im Bildfeld optischer Wahrnehmung, doch wird dadurch der Objektivismus, den dasselbe suggeriert, aufgehoben. Eine Abbild-Mimesis ist nicht Rankes Programm und vermag erst recht nicht seine historiographische Praxis zu charakterisieren.

Wie die symbolische Funktionalisierung von Anschaulichkeit ebenfalls ein konstruktives Element beinhaltet, wurde dargelegt.[42] Konstruktiv verfährt Ranke zudem durch die Art und Weise, wie er die relativ extentive Anschaulichkeit der Schlachtenschilderungen in den *Geschichten* aus zahlreichen Quellen gewinnt: Deren differente Perspektiven werden nicht bloß addiert, sondern in eine neue, die des Historikers, transformiert, obwohl eine Hauptquelle eine Darstellung mit ähnlicher Illusionierungsleistung auch alleine hätte decken können.[43] In seiner Erwiderung auf Leos quellenobjektivistische Kritik „poetischer Zusätze" in dem Erstling reklamiert Ranke dementsprechend ausdrücklich, aus dem Erzählten Schlußfolgerungen ziehen zu dürfen, die in den Quellen selbst nicht stehen.[44] Ja die interpretative Quellenlektüre (re)konstruiert Geschichte nun bereits an den Ursprüngen des historischen Wissens, so daß sich methodische und erkenntnistheoretische Modernität treffen: „Oft erhebt sich aus einem abgerissenen, verlorenen Wort eine ganze Gestalt in glänzender Schönheit", charakterisiert Ranke seine Studien im Wiener Archiv, das Ergebnis seiner konstruktiven Tätigkeit in der üblichen Weise als bloß zu beobachtende Eigenschaft des Objekts selbst ausgebend.[45] Gerade in dieser Formulierung, durch ihren scheinbar unmotivierten Ästhetizismus wird überdies deutlich, daß Ranke – anders als Gatterer – mit jener ‚Einbildungskraft' operiert, die sowohl die Produktion als auch die Rezeption von Literatur erfordert. Obwohl er sich auf diese Zentralkategorie der ästhetischen Theorie[46] ebenso wenig beruft wie der Göttinger, liegt sie seinem Verständnis von Geschichtsforschung und -schreibung notwendig

42 Vgl. oben S. 381.

43 Vgl. die Darstellungen der Schlacht von Fornova bei Commynes, 8. Buch, 10.-13. Kapitel, und Ranke: Geschichten, S. 70-74. Nach Ausweis der Fußnoten benutzte Ranke für diesen Abschnitt 17 verschiedene Quellen. Pandel, der Ranke als Vertreter einer naiven Mimesis kritisiert, erblickt in der Hinzufügung einer spezifisch historiographischen Perspektive sogar eine hinreichende Bedingung für die „denkende Mimesis", welche er indes nicht bei Ranke, sondern bei Gervinus und Schlosser ortet (Mimesis, S. 53).

44 Erwiderung auf Heinrich Leo's Angriff – SW 53/54, S. 660.

45 An Varnhagen von Ense, 9. 12. 1827 – Brw., S. 128.

46 Vgl. K. Homann: Einbildung, Einbildungskraft. – In: Hist. Wb. d. Philos. Bd. 2, Sp. 346-358, hier Sp. 347, 353-355.

zugrunde – so tief gewissermaßen, daß sie nicht mehr zur Sprache kommt.[47] Letztlich aber dient das ästhetische Vermögen einem kognitiven Zweck: Daß der Historiker zunächst „selbst Zuschauer worden seyn" muß,[48] ist dadurch dem rhetorischen Kontext einer für die beabsichtigte Wirkung notwendigen Selbstillusionierung entwunden. Neugewonnen wird so eine erkenntnistheoretische Dimension, ist doch die ‚Anschauung' der Geschichte, die der Historiker sich verschafft, d.h. die imaginative Konstituierung eines Bildes der vergangenen Wirklichkeit unhintergehbar. Schließlich ist dadurch, daß der Historiker bereits in der Quellenarbeit ein ‚Bild' produziert, der methodische Hiatus zwischen ‚Forschung' und ‚Darstellung', der die Aufklärungshistorik prägte, aufgehoben; im Rückgriff „auf Formen der ästhetischen Erfahrung"[49] gehen beide nun bruchlos ineinander über.

Ranke hat die rhetorisch-stilistische Aufgabe, die Gatterer der Geschichtsschreibung stellte, demnach aufgenommen, aber auf eine doppelte Weise erst geschichtswissenschaftlich zu Ende gedacht. Er hat aus ihr eine Forschungsregel abgeleitet und – was nicht nur für die Gewinnung jener ästhetischen Dimension der Historiographie, um die es Gatterer ging, entscheidend ist – sie durch die Anerkennung des notwendigen konstruktiven Elements erst erfüllbar und einer wissenschaftlichen Geschichtsschreibung dienlich gemacht. Wie ‚Wissenschaft' und ‚Kunst' in einer präzisen Weise und historiographisch produktiv zu verschränken sind, ist damit praktisch vorgeführt.

5. Ästhetisierung als Modernisierung

Das historiographische Modell, das Ranke Mitte der 1830er Jahre ausgebildet hat, ist in seinem Œuvre bis 1878, als mit der auf zwölf Bücher erweiterten Fassung der *Preußischen Geschichte* seine letzte Monographie erschien, produktiv gewesen. Nach einem Programm, das in Umrissen bereits auf der großen Archivreise nach Italien entstand,[1] wird in den Bahnen dieses Modells die europäische Geschichte der Neuzeit – und die ist für Ranke in diesem Zeitraum praktisch gleichbedeutend mit der Weltgeschichte – sukzessive abgehandelt: in ‚universalgeschichtlich' perspektivierten Geschichten der

47 Daß Ranke auch auf der Leserseite einen Gebrauch der Einbildungskraft voraussetzt, darf man daraus schließen, daß seine zunehmend nur wenige anschauliche Details benennende Beschreibungstechnik exakt auf denselben berechnet ist. Klar formuliert findet sich dieses (seit Lessings Theorie des ‚signifikanten' Details gängige) ästhetische Prinzip bei Droysen: Historik (Ed. Leyh), S. 240.

48 Gatterer: Vorrede von der Evidenz, S. 13 – TDAH, S. 466.

49 Gottlob: Geschichtsschreibung, S. 317.

1 Vgl. den Brief an Heinrich Ranke[, 20./21. 11. 1828] – Brw., S. 177.

‚großen' europäischen Nationen. Was Ranke als spezifischen Beitrag dieser Nationen zur europäischen Geschichte und ihren ‚Ideen' ansieht, dient ihm dabei als Leitperspektiven der Darstellung: Die *Deutsche Geschichte im Zeitalter der Reformation* (1839-47) thematisiert die Transformation des mittelalterlichen Kaisertums und der Reichsverfassung sowie, als perspektivenverkehrtes Pendant zur Papstgeschichte, beispielhaft den Prozeß nationaler Ausdifferenzierung der europäischen Christenheit als Beginn der Neuzeit.[2] Die preußische (1847-48) und die französische (1852-61) Geschichte sind auf die Entstehung der absoluten Monarchie zentriert, die englische Geschichte (1859-68) auf die Herausbildung der parlamentarischen Regierungsform.[3] Stets versucht Ranke, wie bereits in den *Römischen Päpste* einen „Hauptweg durch die moderne Historie"[4] zu legen.

Daß alle diese Wege zur Weltgeschichte führen sollten,[5] bildete ein übergeordnetes historiographisches Ziel, das für sich genommen anachronistisch war. Das zeigt sowohl die geringe wissenschaftliche Qualität der bewältigten Teile der *Weltgeschichte*[6] als auch der vom Tod erzwungene Abbruch im 12. Jahrhundert und damit weit vor der für Ranke eigentlich interessanten Neuzeit[7]. In seiner Anwendung auf die im Prinzip lediglich vorbereitenden meist nationalgeschichtlichen Monographien speiste dieses Ziel das universalgeschichtliche Denken der Geschichtsphilosophie des 18. Jahrhunderts aber produktiv in die historistische Geschichtsschreibung ein. Umgekehrt heißt das, daß sich in Rankes Projekt einer Universalgeschichte aus Nationalgeschichten weniger die kompendiös-akademische Weltgeschichtstradition, die Schlözer und Gatterer noch vertraten, fortsetzt als der – weiland stark

2 Vgl. Krieger: Ranke, S. 159.

3 Vgl. Ulrich Muhlack: Leopold von Ranke. – In: Deutsche Geschichtswissenschaft um 1900, S. 11-36, hier S. 29. Zu den hier nicht genannten kleineren Teilgeschichten, zur Bedeutung aller im Gesamtkonzept, zu dessen Abhängigkeit von aktuellen Interessen oder der Quellensituation und dem Wandel, dem es in einem Zeitraum von 60 Jahren unterlag, sowie zu seinen ‚Lücken' vgl. auch Ernst Schulin: Universalgeschichte und Nationalgeschichte bei Leopold von Ranke. – In: LvR und die moderne Geschichtswissenschaft, S. 37-71, hier S. 52f., 62f.

4 An Heinrich Ranke[, 20./21. 11. 1828] – Brw., S. 177.

5 Vgl. schon die Briefe an Heinrich Ranke[, Ende Februar 1827] sowie 26. 2. 1835, Varnhagen von Ense, 9. 12. 1827, und Heinrich Ritter[, 18. 2. 1835] – Brw., S. 104f., 268, 127 und 265.

6 Bezeichnend dafür und für die Traditionalität des Weltgeschichtsprojekts ist, daß Ranke in umfangreichem Maße die Weltgeschichten des späteren 18. und frühen 19. Jahrhunderts – nicht nur Schlossers, sondern auch aus der deutschen Bearbeitung und Fortsetzung der Englischen Welthistorie – genutzt hat (vgl. Wiedemann: Sechzehn Jahre, S. 260f.).

7 Vgl. Ernst Schulin: Universalgeschichte und Nationalgeschichte bei Leopold von Ranke. – In: LvR und die moderne Geschichtswissenschaft, S. 37-71, hier S. 39.

spekulative – Nachvollzug der „Erziehung des Menschengeschlechts“[8], wie Herder ihn versuchte. Daß in der Moderne „alle Fragmentisten“ sind,[9] konnte nicht mehr in materialer Vollständigkeit, einer Leitvorstellung noch der Pragmatisten, aber perspektivisch aufgehoben werden.

Ranke hat das universalgeschichtliche Prinzip, das die Geschichtsschreibung des Pragmatismus noch geradezu fesselte, doppelt transformiert: Bezogen auf das einzelne Werk, erweitert es Perspektive und historiographisches Problembewußtsein, während es dem Gesamtwerk eines Historikers Einheitlichkeit trotz unterschiedlichster Gegenstände verleihen kann. Wegen dieser Einheitlichkeit konnten *Die römischen Päpste* hier stellvertretend für Rankes und damit des klassischen Historismus Historiographiemodell analysiert werden.[10] Daß die späteren Werke z.B. diskursiver gehalten sind[11] und, komplementär dazu, die Extensivität des Anschaulichen weiter abnimmt, revidiert nicht das Grundmuster der mit den *Päpsten* etablierten narrativen Synthesis.

Die rhetorische Fundamentalstruktur der Aufklärungshistorie ist, so können wir jetzt resümieren, in der Geschichtsschreibung des idealistischen Historismus und im Geschichtsdenken, das diese fundiert, einer ‚ästhetischen‘ gewichen.[12] Meist vage formuliert, ist dieses ästhetische Fundament des

8 Ranke: Die römischen Päpste Bd. 1, S. 33, in Anlehnung wohl an den Titel von Lessings geschichtsphilosophischer Schrift von 1780. Zu Rankes durch den Bildungsbegriff modifizierter eigener Auffassung vom Inhalt des weltgeschichtlichen Prozesses vgl. Weltgeschichte Bd. 8, S. 4f.

9 An Heinrich Ranke[, Ende November 1827] – Brw., S. 125.

10 Ernst Schulin: Universalgeschichte und Nationalgeschichte bei Leopold von Ranke. – In: LvR und die moderne Geschichtswissenschaft, S. 37-71, hier S. 64, kann dementsprechend feststellen: „es gibt kein derartig reiches Gesamtwerk eines anderen Historikers, das bei soviel sichtbaren Brüchen und Veränderungen so einheitlich wäre“. Zum Entwicklungsmoment von Rankes Geschichtsschreibung vgl. vor allem die Bücher von Helbling und Krieger.

11 Vgl. Harth: Biographie als Weltgeschichte, S. 90.

12 Rhetorische Textpraktiken schließt das, wie wir sahen, nicht aus, wenngleich diese im 19. Jahrhundert deutlich zurücktreten. Selbst die Anlage von Droysens *Historik* verweist noch auf rhetorische Traditionen. – Ein weiterer Rhetorikbegriff läßt Rüsen bei Ranke von einer „andauernden Rhetorik“ sprechen (Konfigurationen, S. 127). ‚Rhetorik‘ soll hier „die Prozedur“ bezeichnen, „durch die historisches Wissen in der Gegenwart ‚Leben‘ gewinnt.“ Dazu ist folgendes zu sagen: 1. Insofern damit die „Deutungsmuster“ gemeint sind, „die das historische Wissen organisieren und die erinnerte Vergangenheit so auf die Gegenwart beziehen, daß beides in die Einheit eines inneren zeitlichen Zusammenhangs integriert wird“, möchte ich von ‚ästhetischen‘ Verfahren sprechen, um die oben getroffene Unterscheidung zwischen ‚rhetorischer‘ und ‚ästhetischer‘ Sinnbildung auch auf der Ebene der ihr jeweils eigenen Verfahren nicht zu verwischen. 2. Konsensfähiger scheint Rüsens Anwendung des Begriffs auf die „sprachlichen Topoi der historischen Deutung“. Doch kann mit dieser unhintergehbaren Rhetorizität jeder sprachlichen Aneignung von Vergangenheit nicht eine historiographische Epoche

Historismus in der Forschung auch immer wieder bemerkt worden: So sah Henz den jungen Ranke auf dem ästhetischen der „drei Hauptwege" von der angeblich ahistorisch-naturrechtlichen Aufklärung zum ‚Historismus' schreiten.[13] Gemeint war damit aber nicht die geschichtstheoretische Fundierungsleistung ästhetischer Überlegungen, sondern daß sich Rankes historistisches Denken zuerst in ästhetischen Fragen äußerte. Substantieller verknüpft der Literaturwissenschaftler Dietrich Harth Ästhetik und Historismus: „Wenn es so etwas wie Formen der Weltaneignung gibt, dann wird man im 19. Jahrhundert die historische allemal mit der ästhetischen in Verbindung bringen".[14] Harth hat zudem als erster im einzelnen nachgewiesen, daß Ranke und Droysen Geschichte „nach Analogie des ästhetischen Handlungsmodells" konstruieren, wenn sie die Handlungssubjekte ihrer Geschichtsschreibung „- seien es Personen, seien es Kollektive - als Repräsentanten und Medien allgemeiner Mächte im Kampf mit entgegenstehenden Interessen zeigen".[15] Obwohl auch Jörn Rüsen in manchen Punkten sieht, daß Rankes „geschichtstheoretische Annahmen [...] selber ästhetischer Natur" sind,[16] und er bereits vor 20 Jahren auf eine „Ästhetisierung der Geschichte" als theoretische Fundamentaloperation der sich formierenden Geisteswissenschaften hinwies,[17] sind diese Erkenntnisse aber nicht leitend geworden für das etablierte

---

charakterisiert werden (tatsächlich führt Rüsen im folgenden die exemplarische und die genetische Sinnbildung - die ich mit rhetorischen bzw. ästhetischen Fundamentalstrukturen in Verbindung gebracht habe - beide als Modi der ‚rhetorischen' Deutungsleistung der Sprache an). 3. Innerhalb seines Begriffsgebrauchs konsequent, spricht Rüsen bei Ranke dann von einer „Ästhetisierung" der „Rhetorik" (ebd., S. 128). So allgemein formuliert, stimmt das mit unseren Befunden überein; auch im einzelnen treffend bemerkt Rüsen z.B., daß „die Modernisierung der Kunst zur ästhetischen Autonomie" sich in der „autonomen Regelgebung im Gestaltungsprozeß" der Geschichtsschreibung wiederhole (ebd., S. 129). 4. Problematisch scheint mir hingegen, der ästhetischen Form auch in der historistischen Geschichtsschreibung jene freiheitsbildende Funktion beizumessen, die ihr von der klassischen Ästhetik (z.B. Schillers) übertragen wurde (vgl. ebd., S. 130f.). Jedenfalls stellt Ranke in dem Zitat, das diese Deutung belegen soll, nicht der „Historiographie" (so bei Rüsen) die Aufgabe, „die Menschen göttlicher Freiheit teilhaftig [zu] machen", sondern dem Staat (Über die Verwandtschaft und den Unterschied der Historie und der Politik - Geschichte und Politik, S. 129)!

13 Vgl. Henz: Ranke, S. 218, in Anlehnung an die von Meinecke ausgemachten ‚Hauptwege' des Religiös-Weltanschaulichen, des Ästhetischen und des Politisch-Sozialen (vgl. Aphorismen und Skizzen, S. 18). - Sehr früh erfolgte die (extrem verkürzende) Ästhetizitätsdiagnose in kritischer Absicht; vgl. Yorck von Wartenburg an Dilthey, 6. 7. 1886: „Ranke war eben Aesthetiker und ein echter Zeitgenosse und Nachbar Tiecks: [...] der romantische Zauberer ist er, der das vergangene Leben auf die Bühne bringt, die Wahrheit zur Dichtung verschleiert." (Briefwechsel, S. 59f.)

14 Harth: Rankes ästhetischer Sinn, S. 67.

15 Vgl. ders.: Biographie als Weltgeschichte, S. 101f.

16 Konfigurationen, S. 134.

17 Rüsen: Ästhetik und Geschichte, S. 71; vgl. dazu auch unten S. 433.

Bild der Historiographiegeschichte im Übergang vom 18. zum 19. Jahrhundert. Während das an sich treffende Wort Hermann von der Dunks: „Erst indem er Künstler wurde, konnte der Historiker wahrhaft Wissenschaftler werden", sich in seiner historiographiegeschichtlichen und geschichtstheoretischen Tragweite gar nicht entfalten kann, wenn es bloß Beobachtungen zu den Darstellungstechniken Rankes resümieren soll,[18] hat die herrschende historiographiegeschichtliche Forschung ‚Verwissenschaftlichung' als Leitkonzept ergriffen. Doch ist ‚Ästhetisierung' im frühen 19. Jahrhundert nicht allein ein Phänomen der ‚Darstellung',[19] womöglich gar eines, das als bloßes ‚Einkleidungs'-Moment marginalisiert werden könnte. Auf diesem Niveau wurde die Frage der ästhetischen Form in den 1760er und 70er Jahren diskutiert, und Johannes von Müllers Schweizergeschichte kann als Erfüllung des dort Vorgeschlagenen interpretiert werden. Dementsprechend folgte die Geschichtsschreibung von Ranke, Droysen usw. nicht einfach dem nächstliegenden literarischen Parallelphänomen, dem neu entstandenen historischen Roman – dies sogar zum wenigsten.

Vielmehr erwuchs die Ästhetisierung der Geschichtsschreibung mit innerer Konsequenz einerseits aus den Defiziterfahrungen mit der Aufklärungshistorie und andererseits aus einer Adaption der klassischen und z.T. auch romantischen Literatur, Poetik und Ästhetik – welche selbst um eine Verschränkung von ‚Wissenschaft' und ‚Kunst' bemüht gewesen waren. Und sie ermöglichte und konstituierte eine grundlegend neue Art der Auffassung, Erkenntnis, Strukturierung – syntagmatisch wie paradigmatisch –, Erklärung und Deutung des zu erkennenden Geschichtsprozesses wie der zu erstellenden Geschichtserzählung. Um nur eine der damit verbundenen epochalen Umbesetzungen zu rekapitulieren: Auf das hier an verschiedenen Stellen diskutierte Sinnbildungsproblem der späten Aufklärung gewandt, heißt das, daß der nur teilweise explizierbare ‚Sinn' der Geschichte in den Texten der klassischen historistischen Geschichtsschreibung ‚sinnlich', will sagen ästhetisch erfahrbar werden soll – durch Symbolisierung ebenso wie durch Verfabelung –; nach dem Vorbild der Kunst fallen in ihnen idealerweise „Bedeutung und Gestalt" ineinander.[20] Als vollkommen disziplinadäquat erscheint dieses ästhetische Darstellungsprinzip, weil ‚Geschichte' selbst als ein

18 Die historische Darstellung bei Ranke: Literatur und Wissenschaft. – In: LvR und die moderne Geschichtswissenschaft, S. 131-165, hier S. 164.

19 Zu einer solchen Reduktion neigen Rüsen: Konfigurationen, S. 66-69, 129f., und sogar Wolfgang Hardtwigs aspektreiche und als Versuch einer Gesamtinterpretation des Wandlungsprozesses der Geschichtswissenschaft zwischen 1750 und 1850 sehr verdienstvolle Studie: Die Verwissenschaftlichung der Historie und die Ästhetisierung der Darstellung. – In: Formen der Geschichtsschreibung, S. 147-191.

20 Hegel: Ästhetik Bd. 1, S. 408; vgl. S. 133.

Erkenntnisobjekt begriffen wurde, das gelesen und ästhetisch interpretiert werden kann. Die „ästhetische Qualität der historistischen Geschichtsschreibung"[21] aber ist von dieser umfassenden Ästhetisierung ebenso nur ein Aspekt wie Ranke Konzipierung von Erkenntnis als Anschauung, als ,Theoria'.[22]

Solange die historiographiegeschichtliche Forschung sich vornehmlich auf die standesbewußten Programmschriften der Historiker stützt, ist dieser Genesis natürlich nicht beizukommen. Dieser Arbeit wiederum war nicht der Zweck gesetzt, die Ästhetizität von Rankes Geschichtsdenken und -schreibung in allen ihren Aspekten auseinanderzulegen. In unserer historiographiegeschichtlichen Perspektive hatte vielmehr der Prozeß der Herausbildung jenes Historiographieparadigmas im Zentrum zu stehen, das die einzigartige öffentliche und wissenschaftliche Geltung der Geschichtswissenschaft im 19. Jahrhundert trug (ohne deshalb frei von solchen, hier ebenfalls aufgezeigten Spannungen zu sein, die nur ausweichend gelöste historiographische Probleme markieren). In der Untersuchung dieses Prozesses traten die selbst ästhetisch-literarischen Bestimmungsfaktoren der ,ästhetischen' Geschichtsschreibung des klassischen Historismus aber viel unmißverständlicher hervor, als das in den bisherigen, bloß parallelen Analysen typischer Textformen von Geschichtswissenschaft und Literatur möglich war (welche Analysen ohnehin selten genug sind). Dadurch stellt sich nun nicht allein das Strukturverhältnis der historistischen Geschichtsschreibung zu literarischen Texten (vor allem der Goethezeit und deren poetologischen Erben im Vormärz und ,Realismus') in manchen Punkten enger dar als gemeinhin angenommen. Vor allem hat die Transformation der spätaufklärerischen zur historistischen Geschichtsschreibung eine neue Erklärung erfahren. Ziel war es dabei wiederum nicht, ,alle' Aspekte dieser Transformation zu erfassen und erklären; weder der institutionengeschichtliche Wandel (Professionalisierung) noch die methodische Verfeinerung werden von der Ästhetisierungsdeutung erreicht.[23] Doch erklärt eine ,Ästhetisierung' in dem erläuterten weiten Sinn das auffälligste und für die kulturelle Geltung der Geschichtswissenschaft wohl entscheidende Phänomen dieser Transformation, die Gewinnung überhaupt erst einer narrativen wissenschaftlichen Historiographie, ebenso wie seine tiefreichenden geschichtstheoretischen Voraussetzungen weitaus plausibler, als die bisher

21 Rüsen: Konfigurationen, S. 135.

22 Vgl. Ranke: Vom Einfluß der Theorie – Geschichte und Politik, S. 75, und Zemlin: Geschichte zwischen Theorie und Theoria, bes. S. 262-282.

23 Deshalb steht die Steigerung des Forschungsbezuges aber nicht fremd in meiner Interpretation – man denke nur an die bedingende Rückbindung des ,großen Stils' an Wissen bei Schiller und Goethe ebenso wie bei Ranke.

angebotenen Deutungen (Verwissenschaftlichung, Teilhabe am ,Vitalismus', Übernahme der philologischen Methode, Kant-Rezeption, Herausbildung von ,Individualität' und ,Entwicklung' als geschichtlichen Kategorien) dies vermögen.

Die narrative Geschichtsschreibung des klassischen Historismus aber stellt, wie ebenfalls zu argumentieren war, nicht allein das ,auffälligste Phänomen' einer historiographiegeschichtlichen Transformation dar, sondern den Beginn der modernen Historiographie in Deutschland in der überwiegenden Zahl der dabei zentralen Hinsichten. Die historiographische Moderne des 19. Jahrhunderts muß mithin als das Produkt einer umfassenden Ästhetisierung der Geschichtswissenschaft, des historischen Denkens wie der Historiographie, verstanden werden. Das können selbst die wenig erfolgreichen Modernisierungsanstrengungen der pragmatistischen Geschichtstheorie bestätigen, suchen doch zwei ihrer avanciertesten Texte, Gatterers „Vorrede von der Evidenz" und Schlözers *Vorstellung seiner Universalhistorie*, ,ästhetische' Verfahren zu nutzen (die sich allerdings nicht auf der Höhe der sich ihrerseits modernisierenden Ästhetik befanden). Darauf, daß Ästhetisierung und Verwissenschaftlichung sich weniger ausschließen als bedingen, deutete freilich schon der von den üblichen Verkürzungen befreite geschichtstheoretische Begriff der Erzählung hin, fallen in ihm doch alle Kriterien moderner Geschichtsschreibung zusammen. Nur scheinbar paradox gewinnt die wissenschaftliche Geschichtsschreibung ihre Autonomie durch eine konzeptionelle Anlehnung an die Prinzipien und Verfahren jener Wissensform, gegen die sie sich jahrhundertelang am energischsten abgrenzen mußte. Andere Transformationsfaktoren ergänzen diese Ästhetisierung bzw. sind in sie integriert, aber keiner erreicht ihre umfassende Bedeutung.

D. DROYSENs *Historik*: Zur Ästhetik der Geschichtswissenschaft nach der ‚Kunstperiode'

> Freilich, die Poesie ist nicht mehr an der Spitze; aber andre und andre, ja größere Interessen und Kräfte sind in Gang gekommen.[1]

> [...] nur als *aesthetisches Phänomen* ist das Dasein und die Welt ewig *gerechtfertigt*:[2]

Die Gebundenheit des historiographischen Modells des klassischen Historismus an Ästhetik, Poetik und Literatur der Goethezeit oder, nachgoethezeitlich formuliert, der „Kunstperiode"[3], mag überraschen auch angesichts der ostentativen Abwendung von derselben, die gerade zu der Zeit einsetzte, als Ranke mit den *Römischen Päpsten* dieses Modell etablierte. Ging nicht, zumal im Bewußtsein der Zeitgenossen, mit den Toden Hegels 1831, Goethes und Scotts im darauf folgenden Jahr sowie Wilhelm von Humboldts 1835 ein (geistesgeschichtliches) Zeitalter endgültig zu Ende? Mit der Julirevolution von 1830 oder auch dem nationalpolnischen Aufstand von 1831 als zentralen politischen Ereignissen läßt sich eine solche Epochenschwelle ebenfalls illustrieren und zudem ‚realgeschichtlich' untermauern.[4] Als repräsentativ wiederum für die antiliterarische Wendung, die folgte, können die Schlußworte der *Geschichte der poetischen Nationalliteratur der Deutschen* (1835-42) von Georg Gottfried Gervinus gelten. Zurückblickend auf die nationalen Gipfelleistungen der klassischen Literatur, möchte er das Streben seiner Leser auf die Politik lenken: „Der Wettkampf der Kunst ist vollendet; jetzt sollten wir uns das andere Ziel stecken" – gemeint ist der liberale Nationalstaat.[5] Als Historiker trug Gervinus selbst dazu bei, indem er die poetischen Leistungen der Deutschen resümierte, damit das Publikum das bloß „geistige Leben" hinter

1 Droysen an Wilhelm Wattenbach, 15. 10. 1842 – Brw. 1, S. 223.

2 Nietzsche: Die Geburt der Tragödie. Oder: Griechentum und Pessimismus – Werke Abt. 3, Bd. 1, S. 43.

3 Heine: Die romantische Schule [1835] – Hist.-krit. Gesamtausg. Bd. 8,1, S. 125.

4 Die politische Signalwirkung der Julirevolution betont auch Schieder: Vom Deutschen Bund zum Deutschen Reich, S. 42-59.

5 Gervinus: Schriften zur Literatur, S. 314.

sich lassen und als Volk „auf das Gebiet der Geschichte" hinaustreten konnte.[6] Der Beschäftigung mit der (politischen) Geschichte aber wuchs durch diese Tendenz ein funktionales Übergewicht im Verhältnis zur schönen Literatur zu. Und mehr noch: Die (implizite) konzeptionelle Anlehnung der Historiographie an die überholte ‚Kunstperiode' mußte nun gänzlich anachronistisch erscheinen.

Ein Blick auf die aktuelle Ästhetik der 1830er und 40er Jahre scheint dies nur bestätigen zu können. Denn unter den Jungdeutschen galt es als ausgemacht, daß die von Goethe repräsentierte Literatur ebenso vergangen sei wie die Gesellschaft, in der sie entstanden war.[7] Insbesondere im Roman die soziale Gegenwart ‚abzuspiegeln' und ihre politischen Desiderata zu verhandeln wurde dagegen zum neuen Programm, nach dem die Literatur zu einem Teil der (politischen) Praxis umgestaltet werden sollte. Vertreten von Hermann Kurzens Schiller-Romanen, von Willibald Alexis' ‚vaterländischen Romanen' aus der preußischen Geschichte oder später von Heinrich Laubes Trilogie über den (dreißigjährigen) *Deutschen Krieg*, schloß sich auch die historische Gattungsvariante dieser Tendenz zur Politisierung an.[8] Bei näherer Betrachtung wandelt sich freilich das Bild: Selbst die Jungdeutschen sahen, nicht viel anders als Hegel, den Zweck des Romans darin, die ‚Poesie' in der Prosa der Wirklichkeit aufzudecken. Und die idealistische Ästhetik und Ontologie zeigt sich nach wie vor in Kraft, wenn die ‚Wahrheit', die die Dichtung erschließen soll, als in der ‚Idee' eines dargestellten Geschehens liegend gedacht wird.[9] Beharrt man nicht auf der polemischen Perspektive der (jungdeutschen) Autoren und Programmatiker, so stellt sich die Kontinuität der ästhetischen Grundannahmen im 19. Jahrhundert, von der ‚Klassik' über das ‚Junge Deutschland' bis zum ‚poetischen Realismus', gewichtiger dar als die jeweiligen Nuancen. Daß ich mich bei der Analyse historistischer Historik und Historiographie fast ausschließlich auf die Ästhetik und Literatur der Klassik bezogen habe, braucht deshalb auch nicht allein damit begründet zu werden, daß die spätere Literatur auf Ranke und Droysen kaum mehr gewirkt hat.[10]

---

6 Ebd., S. 311.

7 Vgl. Theodor Mundt: [Rez. zu Goethe:] Wilhelm Meister's Wanderjahre oder die Entsagenden. – In: Bll. f. lit. Unterhaltung 1830, Nr. 264-66, S. 1053-55, 1057-59, 1061f., hier S. 1054 – in: Lämmert (Hrsg.): Romantheorie 1620-1880, S. 288-299, hier S. 289; Heinrich Laube: Literatur. – In: Ztg. f. d. elegante Welt vom 23. 5. 1833, Nr. 100, S. 397-400, hier S. 398 – in: ebd., S. 293-295, hier S. 294.

8 Vgl. Steinecke: Romanpoetik, S. 91f., 104f.

9 Vgl. ebd., S. 108f.

10 Vgl. Hocks: Liberales Denken, S. 22, mit Bezug auch auf andere Historiker bzw. Liberale: „Der Widerhall der zeitgenössischen Dichtung blieb außerordentlich schwach".

Erst recht der ,poetische Realismus' als die herrschende Strömung in der erneut veränderten politischen Situation nach der 1848er Revolution stellt weniger eine poetologische Negation der Klassik als deren Fortführung oder „profane Variante" dar.[11] Das gilt insbesondere für die hier diskutierten Aspekte wie Wirklichkeits-, Erkenntnis- oder Darstellungsauffassung. Die Poetik des ,Realismus' und Droysens Geschichtstheorie lassen sich daher in wesentlichen Hinsichten als Parallelphänomene deuten: Beide wollen sich nicht mit dem „bloß Handgreiflichen"[12], d.h. der interpretativ noch nicht durchstoßenen ,Oberfläche' des Wirklichen, zufrieden geben. Beide zielen auf die Wahrheit in den Wirklichkeiten – *in* diesen, nicht jenseits ihrer. Beide unterscheiden Wahrheit und Wirklichkeit als ,Wesen' und ,Zufälliges', charakterisieren deren Verhältnis mit dem Metaphernpaar ,innen – außen' und begreifen Wahrheit als ,Allgemeines', ,Idee' oder ,Totalität'.[13] So kann die ,realistische' Poetik im engen metaphorischen Anschluß selbst an Rankes Idealismus nach dem „Gold der Ideen" streben.[14] Die idealistischen Elemente des klassischen Historismus nicht zu unterschlagen zieht mithin nicht per se eine Trennungslinie zum literarischen ,Realismus'. Dieser steht vielmehr in einer Konstellation, die von einer verwandten Ambivalenz geprägt ist. Umgekehrt trifft auch den Historismus das von Julian Schmidt in die zeitgenössische Debatte geworfene Paradox, den „wahren Realismus" möge, wer will, auch als „Idealismus" bezeichnen.[15] Daß wegen der vom Realismus (in diesem Sinne!) intendierten „mimetischen Nachbildung des Empirischen"[16] die literarische Praxis sehr viel deutlicher die Epochendifferenzen hervortreten läßt, sei darüber nicht vergessen, berührt aber andere Fragen.[17]

Ein ,realistisches' Selbstverständnis der Autoren und ihre Ambitionen auf ,Wirklichkeit' sind also zu unterscheiden von der tatsächlichen idealistischen und ästhetischen Prägung von Historik und Poetik. In mancher Hinsicht läßt sich sogar nicht nur von einem bloß modifizierten Fortgelten der klassischen Ästhetik sprechen, sondern von einer Tendenz zu einer neuen Ästhetisierung. Motiviert ist diese Tendenz von dem nachhegelschen Verlust des Glaubens,

---

11 Eisele: Empiristischer Realismus, S. 80.

12 [Theodor Fontane:] Unsere lyrische und epische Poesie seit 1848 [1853] – SW 3, Bd. 1, S. 242.

13 Vgl. Eisele: Empiristischer Realismus, S. 77.

14 Deutsches Museum 1855, I, 12, S. 426, zit. nach Eisele: ebd., S. 78.

15 Schiller und der Idealismus. – In: Grenzboten 17 (1858) 2. Sem., Bd. 4, S. 401-410 – in: Plumpe (Hrsg.): Theorie des bürgerlichen Realismus, S. 119-121, hier S. 121.

16 Eisele: Empiristischer Realismus, S. 85.

17 Aus dieser Perspektive rücken z.B. die historischen Romane eines Gustav Freytag mit den historiographischen Arbeiten desselben Autors, aber auch anderer Historiker zusammen (vgl. dazu Verf.: Telling German History, S. 199-201).

absolute Erkenntnis gewinnen zu können. In Hegels System hat ja die Kunst deshalb eine durchaus untergeordnete Stellung, weil das, was sie darstellt, von der Philosophie stets gedanklich sauberer erkannt werden kann.[18] Verliert dagegen die von Hegel vertretene Philosophie samt ihres auf das Absolute bezogenen Erkenntnisanspruchs und ihres Staat, Recht, Geschichte, Religion usw. integrierenden Systems an Überzeugungskraft, so kann ein Denken zum Zuge kommen, das in einer nicht abgeleiteten oder zu umgehenden Weise ‚ästhetisch' funktioniert. Dieses ‚ästhetische Denken' legitimiert sich dadurch, daß die ‚Wirklichkeit' nicht mehr in der Weise auf die ‚Wahrheit' hin zu durchstoßen ist, wie es in Hegels Ästhetik sogar der Kunst aufgegeben war.[19] Die Erkenntnis (der Kunst wie der Historie oder der Philosophie) ist nun, Nietzsche verkörpert diese Position, auf den Schein der Welt, auf ihre ‚Ausdrucksebene', verwiesen. Hat das Denken selbst ‚ästhetisch' zu verfahren, dann kann aber „eine Aufwertung der Kunst als Schein" nicht ausbleiben.[20] So gesehen, waren es die Grenzen der wissenschaftlichen oder philosophischen Erkenntnis selbst, die in der zweiten Jahrhunderthälfte der Kunst eine neue Legitimität verschafften. Auf dem Gebiet der positivistischen Wissenschaften – in die auch die Historie zunehmend hineinwuchs – konnte von einer solchen Legitimation zwar nicht die Rede sein. Doch ist zu fragen, inwiefern ästhetisierende Verfahren auch der verwissenschaftlichten Geschichtsschreibung Erkenntnisgrenzen der angedeuteten Art überschreiten sollten (vgl. dazu unten Kap. IV. A.). Solche Verfahren schlössen dann die ästhetischen Ursprünge der historistischen Geschichtsschreibung kurz mit dem ungestillten Ästhetikbedarf einer neuen, prätendiert anästhetischen Epoche.

Auch Droysens Theorie der Geschichtswissenschaft steht in dem eben skizzierten Spannungsfeld, stellt sich darin aber entschieden auf die Seite der ‚Wissenschaft'. Die *Historik*, als Vorlesung zuerst 1857 vorgetragen, entwirft eine „Wissenschaftslehre der Geschichte" (S. 44)[21], die sowohl nach ihrer internen Begründung als auch in ihrer Auffassung der Tätigkeit des Historikers von ‚ästhetischen' Traditionen sich zu lösen strebte. So ist unter den Vorgänger-Theoretikern Gervinus der meistangegriffene Gegner. Gervinus' *Historik* von 1837 hatte eine bipolare Typologie der Geschichtsschreibung an

18 Vgl. Ästhetik Bd. 1, S. 111.

19 Vgl. Zima: Literarische Ästhetik, S. 31-41; sowie, auf die Historiographie des 19. Jahrhunderts bezogen, den Beitrag von Odo Marquard in: Wolf-Dieter Stempel [u.a.]: Dritte Diskussion: Das Ästhetische als Grenzerscheinung der Historie, S. 569.

20 Zima: ebd., S. 44.

21 Seitenzahlen im Text beziehen sich in diesem Kapitel auf Droysens *Historik* in der Ausgabe von Peter Leyh.

Aristoteles' Unterscheidung von Epos und Drama ausgerichtet.[22] Eine als „*Poetik* der Geschichte" konzipierte Historik lehnt Droysen hingegen ab; die bis ins späte 18. Jahrhundert gültige Wortbedeutung von ‚Historik' als einer Anleitung, „geschichtliche Bücher zu schreiben" (S. 44), erklärt er implizit für defizitär. Die Tätigkeit des Historikers lasse sich nicht in Analogie zur „*künstlerischen* Behandlung" eines Stoffes begreifen (S. 217). Selbst die Geschichts*schreibung* unter ästhetischen Gesichtspunkten zu betrachten sei irreführend, weil nicht „notwendig künstlerische, ästhetische Formungen eintreten", wenn „von Ideen und von Darstellung die Rede ist." (ebd.) Das Autonomieprinzip moderner Wissenschaftlichkeit vertretend, möchte Droysen ebenso hinsichtlich einzelner ‚literarischer' Darstellungsverfahren scharfe Grenzen ziehen. Er scheidet sowohl die extensive Anschaulichkeit des historischen Romans als auch die psychologisierende Geschehensmotivation der Literatur aus der Geschichtsschreibung aus (vgl. S. 189, 239f.). Tatsächlich kann eine auf die ‚Darstellung' - womöglich eine als ‚Einkleidung' verstandene - verengte Historik die Stellung der Geschichtswissenschaft „in dem großen System der menschlichen Erkenntnis" (S. 51) nicht klären. Da aber eine Theorie wie die von Gervinus nur ganz an der Oberfläche der in dieser Arbeit festgestellten Ästhetizität von Geschichtsschreibung operiert, verlieren Droysens Einwände gegen sie an Gewicht. Doch nicht allein Gervinus' Außenseiterposition verfällt seinem Verdikt: Auch „‚Kunst und Wissenschaft zugleich'" sein zu wollen, erklärt er, mit einer impliziten Wendung gegen Ranke, für ein „zweideutiges Glück" der Historie, das die methodologische Grundfrage verunkläre (S. 483).

Droysens Abgrenzungsbemühungen deuten darauf hin, daß die Verwissenschaftlichung der Historie im zweiten Drittel des 19. Jahrhunderts nicht irritationslos vonstatten ging. Trotzdem können einige Punkte festgehalten werden, in denen die *Historik* ein lange tragfähiges - und modernes - Konzept der Geschichtswissenschaft festschrieb. Innerhalb dieser Untersuchung kommen wir damit an einen Endpunkt, da dieses Konzept, das von Ranke praktisch Erreichte z.T. noch weiterführend, praktikable Lösungen für nahezu alle Problempunkte der Geschichtsschreibung bereitstellte, die hier für den Zeitraum zwischen hochaufklärerischer und etabliert historistischer Geschichtswissenschaft ermittelt wurden.

- Als ‚forschendes Verstehen' sichert Droysen der Geschichtswissenschaft eine gegenstandsadäquate Methode. Diese profiliert er insbesondere gegen jene spekulativen oder naturwissenschaftlichen Methodenparadigmen, die auf ihrer aufklärerischen Entwicklungsstufe, mittels des Systembegriffs, die *autonome* Entfaltung der Historie hemmten (vgl. unten S. 399f.).

---

22 Vgl. Historik - Schriften zur Literatur, S. 51, 58, 65.

- Er überführt die rhetorische Historiktradition endgültig in eine Wissenschaftslehre.[23] Dabei reintegriert er das rhetorische Textorganisationswissen, das in der Aufklärungshistorik zu einer fragmentarisierten Fundamentalstruktur sedimentiert war, zu einer *kohärenten* Methode, deren Bestandteile sich allein zu analytischen Zwecken trennen lassen.[24]
- Von der Vergangenheit aller Vergangenheiten ausgehend, konzipiert er historische Erkenntnis und Darstellung als perspektivische Re*konstruktion* von Geschichte aus überlieferten Materialien, die die geistige Signatur ihrer Urheber noch tragen (vgl. unten S. 424f.).
- Der geschichtsphilosophische Interpretationsrahmen, dessen Notwendigkeit für jede zu erzählende Geschichte am Ende des 18. Jahrhunderts brennend hervortrat, wird zu einem Frageraster flexibilisiert, das die Interpretation des historischen Materials anleitet[25] und zudem einer strukturgeschichtlichen Weiterentwicklung der Historie vorarbeitet. Im Gefolge Friedrich Schlegels und Humboldts[26] ersetzt Droysen die starren, apriorisch aufgestellten und reduktiven weltgeschichtlichen ‚Pläne' des Idealismus, aber auch den bloß als regulative Idee gedachten ‚Plan' Kants, durch hermeneutisch offene und empirisch zu verifizierende Interpretationshilfen (zur trotzdem nach wie vor unentbehrlichen religiösen Rückversicherung vgl. unten S. 439). Die – anarrative und prägnant vormoderne – Tradition der Universalgeschichtsschreibung ist damit zugunsten einer gedanklichen Bewältigung der ganzen Geschichte überwunden (vgl. S. 256),
- die im historiographischen Einzelfall *narrativ* und damit perspektivisch verfährt. Zwar bezeichnet Droysen als ‚erzählende' Darstellung nur eine von vier historiographiefunktional ausdifferenzierten Darstellungsformen, doch entsprechen, mit möglichen Ausnahmen bei der ‚untersuchenden' Form, alle vier der narrativen Grundstruktur.[27]
- Als Moment der sinnbildnerischen Autonomisierung läßt sich das Programm der *Bildung* und damit Selbstbestimmung der Menschheit in der Geschichte verstehen. Eine nicht geringe Fragilität dieser Autonomie führt allerdings die historiographische Praxis vor. Insbesondere Droysens

23 Vgl. Rüsen: Konfigurationen, S. 244-246.

24 Daß die veränderte Theorie in wissenschaftsgeschichtlich entscheidender Weise auch auf die Forschungspraxis durchschlug, führt Blanke (vgl. Die Kritik der Alexanderhistoriker bei Heyne, Heeren, Niebuhr und Droysen, bes. S. 123) exemplarisch vor.

25 Vgl. Rüsen: ebd., S. 260.

26 Vgl. Kohlstrunk: Logik und Historie, S. 47.

27 Vgl. Schiffer: Theorien der Geschichtsschreibung, S. 141.

Lebenswerk, die *Geschichte der preußischen Politik* (1855-1886 in 14 Bänden), erfordert und produziert zuallererst *politisches* Einverständnis.[28]

Daß Droysens Konzept mit alldem nicht szientifisch ist in einem anästhetischen Sinne, folgt u.a. aus seinem impliziten Narrativismus. Der Kontext der an einer ‚ästhetischen' Historik und Geschichtsschreibung geübten Kritik weist in dieselbe Richtung. Denn eine ‚symbolisch'-funktionale Anschaulichkeit letzterer propagiert Droysen sogar, und daß der Historiker eine ‚innere Anschauung' von dem Darzustellenden gewonnen hat, sieht er als Voraussetzung dieser Anschaulichkeit an (vgl. S. 240). Wenn er trotzdem einer Ästhetik oder Poetik der Geschichtsschreibung eine zu enge Perspektive auf ihren Gegenstand ankreidet, muß das den Blick auf sein Kunstverständnis zurücklenken: Die anthropologisch-erkenntnistheoretische Verankerung, die er bei Gervinus für die historische Erkenntnis vermißt, zeichnet jedenfalls den goethezeitlichen Zugang zur Ästhetik geradezu aus. Selbst Gervinus' Beziehung verschiedener Formen der Geschichtsschreibung auf das Epos bzw. Drama ist vermöge entsprechender anthropologischer Ausdeutungen überkommener Gattungseinteilungen nicht ganz so unabhängig von solcher Verankerung, wie Droysens Polemik, ebensogut hätten „die vier Jahreszeiten" als Referenz bemüht werden können (S. 217), suggeriert.[29] Wo aber die Polemik eine weiterführende Auseinandersetzung abschneidet, entsteht der Verdacht, eine Abgrenzung lasse sich argumentativ nicht in der gewünschten Eindeutigkeit bewerkstelligen.[30]

Öfter noch als der Ranke-Teil hat dieses letzte Kapitel meiner Geschichte der Ästhetisierung der Geschichtsschreibung im 19. Jahrhundert demnach gegen das Selbstverständnis des untersuchten Historikers zu argumentieren. Zu fragen ist: Welche ästhetischen Denkmuster widerstehen der wissenschaftstheoretischen Rationalisierung in der repräsentativen Wissenschaftstheorie des Historismus, und warum gelingt ihnen dies? Meine Untersuchung schwenkt damit, nachdem sie am Beispiel Rankes die ‚ästhetische' *Genese* des

---

28 Vgl. Friedrich Meinecke: Johann Gustav Droysen. Sein Briefwechsel und seine Geschichtsschreibung. – In: ders.: Schaffender Spiegel, S. 146-210, hier S. 183-191. Überhaupt liest sich Meineckes Aufsatz immer noch erhellend zu Herausbildung, Einheit und Struktur von Droysens Werk wie nur weniges. – Zu Droysens Versuch, die geschichtswissenschaftliche Sinnbildung historiographietypologisch zu konzeptionalisieren, vgl. jetzt Jaeger: Bürgerliche Modernisierungskrise, S. 76-85.

29 Deutlicher noch wird dieser Zusammenhang bei Wilhelm Roscher, der sich unverkennbar an Hegels Unterscheidung einer ‚objektiven' (Epos), einer ‚subjektiven' (Lyrik) und einer ‚synthetischen' Gattung (Drama) anlehnt (vgl. Klio, S. 48, 53, 57). Roscher beruft sich dabei auf Gervinus (vgl. S. 48), welcher das Drama allerdings mit der ‚subjektiven' Geschichtsschreibung parallel setzte.

30 Zur weit verbreiteten Scheu historistischer Historiker vor dem Ästhetischen vgl. auch Kruse: „More kin than kind", bes. S. 209*.

klassischen Historismus verfolgt hat, auf dessen systematische Begründung,[31] einen Gesichtspunkt mithin, den Droysen, im Unterschied zu Ranke, selbst einzunehmen versucht hat: Den Reflexionsimperativ, wie er oben als sechstes Kriterium geschichtswissenschaftlicher Modernität erwogen wurde, hat er seinem *Grundriß der Historik* programmatisch vorangestellt – und im Prinzip erfüllt mit den Vorlesungen, die dem *Grundriß* zugrunde liegen (vgl. S. 418). Seine historiographische Praxis hingegen wird im Schlußkapitel kurz zur Sprache kommen: Ein Ausblick auf die beiden Fassungen der *Geschichte Alexanders des Großen* (1833 und 1877) soll dann Wandel, Persistenz und ,Notwendigkeit' ästhetischer Strukturen in der Geschichtsschreibung auch jenseits des hier thematisierten Zeitraums andeuten.[32]

1. Anthropologischer Ausgangspunkt und ästhetische Struktur

Die eben angedeuteten Widersprüche oder zumindest Ambivalenzen in der *Historik* sind, so meine These, bezeichnend dafür – und erklären sich daraus –, daß dieser wahrscheinlich „bedeutendste Text zur Theorie der Geschichtswissenschaft"[1] aus der aufgezeigten Ästhetisierung der Geschichtsschreibung im 19. Jahrhundert nicht ausbricht, sondern eine ,Wissenschaftslehre' auf dieser ,ästhetischen' Basis erstellt. Dabei übernimmt Droysen wohlgemerkt zum allergeringsten Teil fertige ,ästhetische' oder poetologische Antworten auf geschichtstheoretische Fragen. Viel bedeutsamer sind seine methodologischen Anleihen bei jenem Vertreter der Weimarer Klassik, Wilhelm von

---

31 Die Entstehung von Droysens Geschichtskonzeption untersucht, so gründlich, wie das spärliche Material es zuläßt, Obermann: Der junge Droysen. Die hauptsächlichen Bildungsmächte waren dabei dieselben wie bei Ranke: Protestantismus – Droysens Vater war Pfarrer –, (griechische) Antike und die Literatur der Goethezeit. Seine Studienjahre waren eher noch stärker literarisch grundiert als die Rankes: Bevor er seine idealistische Kunstauffassung in eine Geschichtstheorie transformierte, trat Droysen mit kleineren Werken sogar an die Öffentlichkeit (vgl. dazu unten S. 439, Anm. 38).

32 Diese Zurückstellung der historiographischen Praxis ist auch dadurch gerechtfertigt, daß, anders als im Fall von Rankes Frühwerk, zu Droysens Geschichtsschreibung eingehende und erhellende Untersuchungen vorliegen: Werner Schiffer hat vor allem die narrative Struktur der *Vorlesungen über die Freiheitskriege* (1846) analysiert und an diesem Beispiel einer ,diskussiven' Darstellung klargestellt, daß narrative Kohärenz eine Frage der Perspektivierung und nicht der Handlungskontinuität ist (vgl. Theorien der Geschichtsschreibung, S. 145-190); Droysens Werk baut in dieser Hinsicht weiter aus, was wir als Grundtypus historistischer Kohärenzgewinnung schon an Rankes *Römischen Päpsten* studieren konnten. Dietrich Harth zeigt in seiner Analyse der zweiten Fassung der *Geschichte Alexanders des Großen* (1877) vor allem Droysens Entwicklung seines Geschichtsbegriffs aus seiner Darlegung des griechischen Kulturprozesses sowie die Agentenfunktion Alexanders (vgl. Biographie als Weltgeschichte, S. 62-76, 93-104).

1 Rüsen: Konfigurationen, S. 243.

Humboldt, der selbst als Theoretiker der Geschichtsschreibung hervorgetreten ist (vgl. dazu unten Kap. 2). Vor allem aber knüpft Droysen an die Fundamentalbegründung der goethezeitlichen Ästhetik bzw. Herders ,kopernikanische Wende' der Philosophie an, d.h. auch er geht von einer anthropologischen Fragestellung aus.[2] Er konzipiert, so läßt sich sagen, eine ,historische Erziehung' der Menschheit, welche die Stelle der von Schiller entworfenen ,ästhetischen Erziehung' des Menschen einnimmt – und zwar unter Beibehaltung wesentlicher Koordinaten derselben.

Gleich die erste positive Aussage der *Historik* über die Geschichtswissenschaft zielt auf diesen anthropologischen Kern. Dem logischen Status nach eine Prämisse – der später lediglich „ein unmittelbares Empfinden" als Begründung beigesellt wird (S. 13) –, erklärt sie die Historie zur Zentralwissenschaft über den Menschen und ,Menschlichkeit' zum wesentlichen Bestimmungsgrund der Geschichtswissenschaft:

> Sachlich hat sie nicht bloß zu tun mit dem, was herkömmlich in den Bereich der Geschichtswissenschaft gehört; sondern alles Werden und Sein *menschlicher* Dinge hat ein Moment an sich, das geschichtlicher Natur ist, also wissenschaftlich nur der Historie zusteht, und dies Moment ist das in menschlichen Dingen wichtigste, es ist das wesentlich menschliche. (S. 4)

Geschichtstheoretisch, weil geschichtlich von höchster Bedeutung aber ist die „geistig-sinnliche" Doppelnatur des Menschen (ebd.). Mit dieser anthropologischen Grundbestimmung knüpft Droysen ausdrücklich an Wilhelm von Humboldt an (S. 419f.) – und damit, bewußt oder unbewußt, an das Menschenbild, vom dem aus Schiller seine Ästhetik entwickelte[3]. Produktiv wird diese Grundlegung nach beiden Seiten einer Geschichtstheorie, der methodologischen wie der material-geschichtstheoretischen: in der Konzipierung

---

2 In der Forschung ist der anthropologische Ausgangspunkt von Droysens Geschichtstheorie nur ausnahmsweise erkannt worden, vgl. die prägnanten Bemerkungen bei Hardtwig: Geschichtsschreibung, S. 81-87. Eine Zusammenschau der neueren *Historik*-Forschung hat Friedrich Jaeger versucht (vgl. Bürgerliche Modernisierungskrise, S. 17-22); Jaeger hat auch die letzte Gesamtdeutung der *Historik* als eines „in sich konsistenten hermeneutischen Theorie- und Methodenprogramms der historischen Forschung" unternommen (S. 23). Dabei möchte er von Droysens „historischer Anthropologie" ausgehen (vgl. S. 22), steuert aber gleich auf die „Freiheit" als den „Zweckbegriff der Menschheit" (Droysen: Historik [Ed. Leyh], S. 368) zu, ohne die geschichtstheoretische Bedeutsamkeit des noch fundamentaleren Dualismus der menschlichen Kräfte zu thematisieren.

3 Immerhin konnte Droysen in Humboldts Einleitung zum Briefwechsel mit Schiller – auf den er in der *Historik* eigens hinweist (vgl. S. 52) – nachlesen, daß des Dichterphilosophen „Endpunkt, an den er Alles knüpfte, [...] die Herstellung der *Totalität* in der menschlichen Natur durch das Zusammenstimmen ihrer geschiedenen Kräfte in ihrer absoluten Freiheit" war (Ueber Schiller und den Gang seiner Geistesentwicklung – Werke Bd. 2, S. 366).

einer spezifisch historischen, d.h. humanwissenschaftlichen Methode ebenso wie in der Strukturierung des historischen Prozesses. Von der Methode fordert Droysen, daß sie, „obschon empirisch, sich in den Ideen bewegt" (S. 5), denn zwischen den damit angedeuteten Polen lebt und handelt auch der Mensch. In der „Systematik", dem material-geschichtstheoretischen Teil der *Historik*, entwickelt er sodann die ‚sittlichen Gemeinsamkeiten' ebenfalls aus der „geistig-sinnlichen Natur des Menschen" (S. 291). Betrachten wir beides im einzelnen; der „Einleitung" der *Historik* folgend, gehe ich dabei vom Gegenstand der Geschichtswissenschaft aus (α.) und beziehe auf diesen dann ihre Methode (β.). Wie Droysen die Struktur der Geschichte und auch wie er die historische Methode denkt, zeigt aber fundamentale ästhetische Prägungen (γ.).

α. Das „eigentümliche Wesen der geschichtlichen Welt" leitet Droysen explizit von anthropologischen Prämissen ab.[4] Einander gegenüber stellt er

4 Auch wenn eine solche Deutung des theoretischen Ansatzes der *Historik* zwar als fundamentaler angelegt, aber von vornherein nicht als exklusiv verstanden werden soll, stellt sich die Frage, wie Droysens anthropologische Entfaltung der geschichtlichen Welt sich zu deren idealistischer Prägung stellt. Das Wirken von ‚Ideen' im geschichtlichen Prozeß stellt dann für den anthropologischen Ansatz kein Problem dar, wenn sie in der Trägerschaft „lebendiger Menschen" erscheinen (S. 206) – dergestalt, daß die überindividuellen „sittlichen Mächte [...] in der Empfindung und dem Gewissen jedes Menschen lebendig" sind (S. 166, vgl. S. 39). Sie können dann dem ‚geistigen' Pol des Menschen zugeschlagen werden. Sogar mit Bedacht innerhalb seines anthropologischen Ansatzes bewegt Droysen sich, wenn er die heuristische Ermittlung von ‚Ideen', insofern diese dazu bestimmt sind, die ideelle Interpretation eines Tatbestandes anzuleiten, an das „Schema" der ‚sittlichen Gemeinsamkeiten' bindet, denn dieses Schema, das als eine „Fragenreihe" fungieren soll, ist selbst anthropologisch begründet (S. 207). Diese methodologische Absicherung fällt zumal deshalb besonders auf, weil sie bei Humboldt, der die Ermöglichung einer Erkenntnis allgemeiner und ideeller Momente der Geschichte durch die doppelte Zirkelstruktur des hermeneutischen Verstehens bereits dargelegt hatte, in extenso noch fehlt (vgl. Ueber die Aufgabe des Geschichtschreibers – Werke Bd. 1, S. 595-597). Scheint es soweit, als sei Droysens Idealismus nicht metaphysisch begründet, so sprechen andere Stellen von transzendenten Ideen, die ganz in der an der Ideenlehre Rankes dargelegten Weise in der historischen Wirklichkeit erscheinen, wenngleich im einzelnen nie vollständig, so daß sie die Geschichte stets weitertreiben und erst im Ganzen einen „approximativen Gesamtausdruck" finden (S. 201). Dieser materialgeschichtstheoretische Idealismus erstreckt sich auch auf die Methodologie; deshalb bildet die „Idee" „die Wahrheit der Erscheinung" (ebd.). Diese Ideen sind in die Geistnatur der historisch handelnden Menschen nicht vollständig integrierbar; sie übersteigen deren „geschichtliche Gedanken", die nur die je konkreten „Ausprägungen" jener metaphysischen Ideen sind (S. 215).

Die Doppelgleisigkeit von Droysens Argumentation führt auch auf die in der Forschung umstrittene Frage, ob die *Historik* eher transzendental bzw. erkenntnistheoretisch oder eher idealistisch-metaphysisch, d.h. im Gefolge Hegels, angelegt ist (vgl. Rüsen: Begriffene Geschichte, S. 118; Oexle: Geschichtswissenschaft, S. 41, Anm. 94; Weymar: Droysens Theorie der historischen Erfahrung; Schiffer: Theorien der Geschichtsschreibung, S. 115-137). Sie modifiziert diese Frage aber auch, da das, was ich hier als anthropologische

dabei „die Gegebenheit des animalischen Daseins" und „die mitgeborene Geistnatur mit ihrer unendlichen Erregbarkeit und Expansivkraft" (S. 18). Jene relativ statischen „Zuständlichkeiten" und das bewegende Prinzip, deren dialektisches Verhältnis nach Droysen die Struktur der Geschichte prägt (S. 337), haben ihren letzten Grund demnach in der bipolaren Natur des Menschen selbst. Zumal gegen einseitig an der ‚Geistnatur' des Menschen orientierte Deutungen gilt es festzuhalten, daß Droysen den „ordre physique également"[5] als unverzichtbaren Gegenstand der Geschichtswissenschaft anerkennt, darin Schiller und dessen Theorie einer Kunst vergleichbar, die, bei aller Idealisierung, den Bereich des ‚Sinnlichen' nicht verlassen sollte.

„Nach der geistig-sinnlichen Natur des Menschen" entfaltet die „Systematik" darüber hinaus jene „Gestaltungen" (S. 18), die den ‚Geist' kontinuierlich geschichtlich repräsentieren und damit die spezifisch historische Synthese der konkurrierenden menschlichen Kräfte in ihrer grundsätzlichsten Ausprägung bilden (S. 291). Eine erste Reihe dieser ‚sittlichen Gemeinsamkeiten' bilde sich schwerpunktmäßig aus den „natürlichen" Bedürfnissen des Menschen: die ‚natürlichen Gemeinsamkeiten' Familie, Geschlecht und Stamm, Volk, Menschheit. Aus seinen „idealen Bedürfnissen" leitet Droysen als „Gegenspiel" die ‚idealen Gemeinsamkeiten' der Sprache, der Kunst, der Wissenschaft und der Religion ab. „Zwischen beiden [Bedürfnissen] und aus beiden zugleich" entständen die ‚praktischen Gemeinsamkeiten' Wirtschaft, Recht und Staat. Diesem dritten Bereich ist eine erneute „stete Ausgleichung der geistigen und leiblichen Zeugungen" zugedacht. Deshalb, läßt sich sagen,

---

Begründungen identifiziere, sich nicht ganz mit dem deckt, was herkömmlich als transzendentale Argumente angesehen wird, sondern noch dahinter zurückgeht. Eine Entscheidung schließlich nur für eine der beiden bzw. drei Interpretationen läßt der Text der *Historik* nicht zu. Was die transzendentalphilosophische Komponente angeht, ist insbesondere zu beachten, daß sie bei Droysen weniger von Kant direkt angeleitet als durch Humboldts Hermeneutik vermittelt erscheint (vgl. Historik, S. 53; Hock: Liberales Denken, S. 17, nimmt sogar an, Droysen habe „bis in sein höheres Alter kaum eine Zeile von ihm [Kant] gelesen"). Bei Vertretern dieser Deutung scheinen überdies die ‚transzendentale' Methodologie Droysens und, auf der anderen Seite, ‚Idealismus' und ‚Objektivismus' Rankes um der gegenseitigen Profilierung willen übermäßig akzentuiert zu werden (vgl. Oexle: ebd., S. 37-41). In meiner problemgeschichtlich orientierten Betrachtung tritt dagegen die relative Einheitlichkeit der beiden wichtigsten Repräsentanten des klassischen Historismus stärker hervor – stärker zumal als die, z.T. kurzsichtigen, Kritiken des einen an dem anderen, die üblicherweise Anknüpfungspunkte bieten für aktuelle geschichtstheoretische Positionskämpfe (Ulrich Muhlack: Gustav Droysen: *Historik* et herméneutique. – In: La naissance du paradigme herméneutique, S. 359-380, hier S. 369, stellt dagegen richtig fest, daß die *Historik* nicht zuletzt die historiographische Praxis Rankes theoretisiert). – Die idealistische Komponente hinwiederum berühre ich im folgenden nur vereinzelt, da diese schon im Ranke-Teil erörtert wurde.

5 Ada Neschke-Hentschke: Platonisme et tournant herméneutique au début du XIXe siècle en Allemagne. – In: La naissance du paradigme herméneutique, S. 121-153, hier S. 152.

steht er im Mittelpunkt der Geschichtswissenschaft. Droysen lehnt eine einseitig staatsfixierte Historiographie ebenso wie die hegelianische Staatsidolatrie ausdrücklich ab (vgl. S. 281, 40), doch stellt auch er den Staat ins Zentrum des historischen Interesses. Insbesondere wenn der Staat als „allgemeiner Ausgleicher" aller sittlichen Anstrengungen angesprochen wird (S. 358), kommt darin noch einmal das genuin anthropologische Interesse für die Versöhnung der widerstreitenden Ansprüche des menschlichen Wesens zum Ausdruck. Freilich begreift Droysen letztlich die gesamte Geschichte als Schauplatz, ja als das Schauspiel selbst dieser immer wieder erneut zu erringenden Versöhnung: Für ihn besteht das Wesen der (in der Geschichte zu erlangenden) Sittlichkeit „in der Durchdringung des Geistigen und Leiblichen, in der Verwirklichung des Idealen und der Vergeistigung des Wirklichen" (S. 309).

Droysens Zweckbestimmung des historischen Prozesses setzt demnach in seinem Kernpunkt das anthropologische Programm fort, das Schiller an eine ‚ästhetische Erziehung' durch die Kunst knüpfte. Folgerichtig begreift auch der nachgeborene Historiker den geschichtlichen Prozeß als „Bildung" des Menschen (S. 14). In Gestalt einer „Versöhnung" des empirischen Menschen mit dem Gang des Geistes in der „ethischen Welt", d.h. der Geschichte, steht auch ihm eine Vereinigung der getrennten ‚Kräfte' des Menschen als Ziel vor Augen (S. 41). Gemeinsam ist beiden sodann die letztliche Orientierung auf menschliche Freiheit[6] sowie die Zielbestimmung für das mit der Geschichte

6 Hier eine überwiegende Gemeinsamkeit festzustellen setzt voraus, vom verengenden Verständnis des Droysenschen Freiheitsbegriffs als – nicht zuletzt politische – Emanzipation (vgl. Rüsen: Konfigurationen, S. 234f., 262) auf den Text der *Historik* zurückzugehen: Droysen versteht Freiheit (in der Tradition z.B. Kants, von dem Schiller in seiner Ästhetik ja ausging [vgl. ‚Kallias'-Brief an Körner, 8. 2. 1793 – NA 26, S. 182]) als „freien Willen" (Historik [Ed. Leyh], S. 341) oder, stärker an Hegel angelehnt, als den Zustand, in dem „der Geist sich in sich bestimmt, daß er wollend sein Wesen entfalte" (S. 340, vgl. S. 369; vgl. Hegel: Vorlesungen über die Philosophie der Geschichte, S. 30-33; ähnlich Schiller – NA 20, S. 342). Auch wird man die Freiheitsbegriffe Droysens und Schillers nicht deswegen kategorisch trennen, weil jener die Freiheitserfahrung in den Medien des „Schönen, Wahren, Heiligen" entschlossen überschreiten und der „Zucht der realen Welt" aussetzen möchte (S. 340f.) – in diesem Zusammenhang sei nur an den politisch-gegenwartskritischen Ausgangspunkt von Schillers ‚Ästhetischer Erziehung' erinnert (vgl. den Brief an den Herzog von Augustenburg, 13. 7. 1793 – NA 26, S. 259-265). Damit soll jedoch keinem positiven Einfluß das Wort geredet werden; dafür ist Droysens Konzeption der Weltgeschichte als *prozessualer* Verwirklichung der Freiheit viel zu deutlich an Hegel angelehnt (vgl. dazu Droysens Definition einer Geschichte „von allgemeinem Interesse" [S. 368] mit Hegels Bestimmung der Form der Weltgeschichte [Vorlesungen über die Philosophie der Geschichte, S. 86]; Rüsen: Konfigurationen, S. 233). Immerhin aber erscheint Schiller an verschiedenen Stellen als der meistverehrte unter den deutschen Dichtern. Der Akzent ist dabei auf den sittlichen Anspruch und Appell seines Werkes gelegt. Unter typischer Geringschätzung des ‚unpolitischen Ästheten' Goethe hat Droysen so Teil an der national und liberal disponierten Schil-

beschäftigte Individuum, das eigene Dasein zu transzendieren und „in die Gattung hinüber" zu treten.[7] Selbst daß seine Geschichtstheorie einen versöhnten Endzustand nicht vorsieht, daß er den Geschichtsprozeß als „Schöpfung ohne Sabbat"[8] denkt, stellt Droysen näher an Schillers utopisches Versöhnungsprogramm als an Hegel: Gegen dessen faktische Stillstellung der Geschichte in der Gegenwart - weil Vernunft und Wirklichkeit nun identisch geworden seien -[9] sieht der Historiker die ‚praktischen Gemeinsamkeiten' unabschließbar von Herausforderungen durch ‚natürliche' oder ‚ideale Gemeinsamkeiten' bewegt, die zwar immer wieder, aber nie endgültig versöhnt werden könnten (vgl. S. 337f.). Die Unterschiede zwischen beiden Ansätzen brauchen darüber nicht vergessen zu werden: Die zwischenzeitlichen (Teil-) Versöhnungen sollen in der Praxis, als ethische Ereignisse und herbeigeführt auch durch politisches Handeln, nicht in der Kunst, als ästhetische Erfahrung, stattfinden. Auf einfache, aber prägnante Begriffe gebracht, ist es nicht mehr die Schönheit, „durch welche man zu der Freyheit wandert",[10] sondern die Geschichte. Die Konzeptionsverschiebung geht indes nicht so weit, daß sich in Droysens Geschichtswissenschaft nicht *ästhetische* Denkweisen fortsetzten.

β. In der *Methodik* wird das noch deutlicher. Eine spezifische Methode verlangt Droysen für die Geschichtswissenschaft, weil die beiden disponiblen Methoden, die er idealtypisch gegenüberstellt: die ‚philosophische' und die ‚physikalische', nur jeweils einen Pol des ganzen Menschen zu erfassen vermöchten (vgl. S. 4, 33). Indem diese Methoden abgelehnt werden, weil sie, auf den Menschen bezogen, nur teilkompetent sind, stellt er sich erneut auf den Ausgangspunkt von Schillers ästhetischer Theorie: das Postulat der Notwendigkeit einer „vollständigen anthropologischen Schätzung"[11]. Die beiden ‚einseitigen' Methoden könnten die ‚ethische' Vermittlung, welche die Geschichte selbst ist, nicht befördern; das ‚forschende Verstehen' dagegen vermöge gleichermaßen die „Wirklichkeiten", die der Mensch im Prozeß der Geschichte geschaffen hat, wie die „Idee" oder „Wahrheit", die „in ihnen zur Erscheinung" kommt (S. 5), zu erfassen. Daher kann dieser Methode sogar zugedacht

---

lerrezeption des mittleren 19. Jahrhunderts (vgl. an Wilhelm Roßmann, 16. 11. 1859 - Brw. 2, S. 640; Freiheitskriege Bd. 1, S. 169f.; zum Kontext Noltenius: Die Nation und Schiller; Gerhard: Schiller als „Religion"; sowie Hock: Liberales Denken, S. 23-33).

7 Schiller: Was heißt und zu welchem Ende studiert man Universalgeschichte - NA 17, S. 375; vgl. Droysen: Historik (Ed. Leyh), S. 365f. Die von dieser Gemeinsamkeit umschlossene Differenz ist derweil wieder bezeichnend: Droysen hat Schillers ahistorischen Gattungsbegriff nicht anders als dessen Freiheitsbegriff historisiert.

8 Geschichte Alexanders des Großen, S. 11.

9 Vgl. Rüsen: Begriffene Geschichte, S. 16-19.

10 Ueber die ästhetische Erziehung des Menschen - NA 20, S. 312.

11 Ebd., S. 316.

werden, den geschichtlichen Versöhnungsprozeß ihrerseits voranzutreiben, bewegt sich doch die Geschichte fort vermittels der Objektivationen des ‚Geistes' – vorzüglich mithin durch eine reflexive Wendung desselben auf das eigene Werden, wie die Geschichtswissenschaft sie darstellt (vgl. 20, 314, 444), weswegen auch „das ganze Werk der Bildung" der Menschheit in der Geschichte „auf der freilich unbewußt geübten historischen Methode" ruht (S. 14).

Droysen braucht demnach die Geschichtswissenschaft gar nicht als Kunst zu konzipieren, um sie in die Vermittlungsfunktion zu rücken, die um 1800 der Kunst zugesprochen wurde. Vielmehr stellt ihre spezifische Methode, auf der ausdrücklich ihre „Autonomie" gründet (S. 6), selbst sie dorthin. Die historische Methode schließt sich im Prinzip an die Methode der philologischen Hermeneutik an, weitet diese aber – vorbereitet z.T. von Boeckhs Sachphilologie – aus auf nicht-sprachliche Materialien sowie, auf der Seite des in diesen Ausgedrückten, menschliche Handlungen. Wesentlich ist, daß der „Geist" eines Menschen, dessen „Ausdruck" das Überlieferte trägt, aus diesem Ausdruck rekonstruiert werden kann.[12] Damit übernimmt Droysen den Verstehensbegriff der romantischen Hermeneutik;[13] anders als bei Ranke liegen bei ihm hierbei die Verbindungslinien auch positiv klar zu Tage: Droysens wichtigster Lehrer an der Berliner Universität war August Boeckh;[14] in einer schon zur Methodologie einer historischen Wissenschaft geronnenen

12 Droysen: Historik (Ed. Leyh), S. 13, 17, 20-22, 25f. Zu ‚Ausdruck' als Grundbegriff der idealistischen Ästhetik vgl. B. Fichter: Ausdruck. – In: Hist. Wb. d. Phil. Bd. 1, Sp. 655-661, hier Sp. 657f. Die Parallelität der Repräsentationsverhältnisse, die den Gegenstand von Hermeneutik und Ästhetik bilden, mündet bei einem Hermeneutiker wie Friedrich Ast denn auch in die Forderung, der Philologe müsse auch *„Aesthetiker"* sein (Grundlinien der Grammatik, Hermeneutik und Kritik, S. VI, zit. nach Szondi: Einführung, S. 139).

13 Vgl. Grondin: Einführung, S. 106, 102, 90; Bravo: Philologie, S. 297. Die Abhängigkeit der *Historik* von der Hermeneutik hat besonders stark Gadamer betont – mit einem kritischen Unterton: Droysen vermöge „am Ende die Aufgabe der Historie nur in ästhetisch-hermeneutischen Kategorien zu denken." (Wahrheit und Methode, S. 222f.) Vgl. auch Schnädelbach: Philosophie, S. 72f., 148-153.

14 Vgl. Historik (Ed. Leyh), S. 63, zu Droysens Einschätzung der methodologischen Leistung Boeckhs für die Klassische Philologie: er habe dieselbe zur „historischen Wissenschaft" gemacht. – In der historiographiegeschichtlichen Forschung kommt die philologische Seite der Droysenschen Geschichtsschreibung und -theorie dagegen meist unproportional wenig zur Geltung (vgl. jedoch Ulrich Muhlack: Zum Verhältnis von Klassischer Philologie und Geschichtswissenschaft im 19. Jahrhundert. – In: Philologie und Hermeneutik, S. 225-239, bes. S. 239, und in extenso die Warschauer Dissertation von Benedetto Bravo, die den philologischen Kontext vor allem der altertumskundlichen Arbeiten Droysens mit Boeckh als seinem Mittelpunkt gelehrt und ausführlich darstellt. Eine wichtige methodologische Ergänzung der philologischen Hermeneutik konnte Droysen Humboldts transzendentaler Begründung der Möglichkeit des Verstehens entnehmen (vgl. Rüsen: Begriffene Geschichte, S. 119f.).

Form konnte er dem Studenten vermitteln, was der junge Ranke aus den Schriften Friedrich Schlegels, des ‚geheimen' Urvaters der romantischen Hermeneutik, mühsam herauslesen mußte. Die Methode der Geschichtswissenschaft bezeichnet Droysen als *„forschend zu verstehen"*. Die ‚Interpretation' eines (notwendig materialisierten) Ausdrucks auf den ‚Geist' hin, der ihn hervorgebracht hat, bildet ihren Mittelpunkt (S. 57); ja, die historische Methode ist mit dieser Interpretation im Kern identisch (vgl. S. 22).[15] Und sie wirkt universal: Sie wendet sich sowohl auf die überlieferten ‚Materialien' (Quellen) als auch auf die historischen Objektivationen des Geistes selbst, dessen Kontinuität ‚die Geschichte' konstituiert (vgl. S. 34, 433).

γ. Die – wie Droysen sich bewußt ist: ideell rekonstruierte – Geschichte wird damit konsequenter noch als bei Herder und Ranke als ein zu lesender Text begriffen. Eine methodische Regelung der Interpretation und dadurch Rationalisierung dieser hermeneutischen Operation versucht Droysen immerhin, indem er in Anlehnung an die Aristotelischen ‚archai' ein viergliedriges Frageraster aufstellt.[16] Doch hält er zu verstehen für nur zum Teil methodisierbar. Vor allem „den eigentlichen Akt des Verständnisses, dies kongeniale Zusammenklingen unseres Geistes mit dem Geist, der in den Formen der Wirklichkeit sich ausspricht," zu lehren gelinge der Methode nicht (S. 283).

15 Das spezifizierende Partizip ‚forschend' bietet einen gewissen Anhaltspunkt für eine Konzeption geschichtswissenschaftlicher Erkenntnis als „Hypothesen- und Entwurfswissen" bei Droysen (so Oexle: Die Geschichtswissenschaft, S. 42, mit Verweis auf Hardtwig: Konzeption, S. 19f.; abgewogener Hardtwig: Geschichtsreligion, S. 20). Einseitig wird diese Interpretation dann, wenn sie den hermeneutischen Kern von Droysens historischer Methode beiseite drängt. In der Tat soll seine Geschichtstheorie damit der Hermeneutik entrissen und, von Max Weber her, einer ‚modernen' Wissenschaftskonzeption zugeschlagen werden (vgl. Oexle: ebd., S. 30-32). Übersehen wird dabei, daß ‚forschend' sich, als Erkenntnisgewißheit einschränkendes Partizip, auf die *religiös* begründete Unmöglichkeit einer Totalerkenntnis der Geschichte bezieht. Insbesondere der Erkenntnis des Ziels des geschichtlichen Prozesses und letztlich Gottes – für Droysen immerhin des Garanten geschichtlicher Zweckhaftigkeit – kann die historische Methode sich nämlich nur annähern (vgl. Historik [Ed. Leyh], S. 444, 30, 35; Grondin: Einführung, S. 108f.).

16 Vgl. Historik (Ed. Leyh), S. 29f., 385, 403; Pandel: Mimesis, S. 71-76. Die Innovation, die von dieser Aristoteles-Rezeption ausgeht, kann insbesondere auch ein Vergleich der Droysenschen Tetrade von Interpretationshinsichten (vgl. u.a. S. 403f.) mit der Humboldts (vgl. Ueber die Aufgabe des Geschichtschreibers – Werke Bd. 1, S. 597-599) verdeutlichen. – Pandels starke Betonung von Aristoteles' Rolle für Droysens Methodik wird freilich in Frage gestellt durch den hermeneutischen Kontext des Verstehensbegriffs – Droysens intuitionistische Vorbehalte gegen den „Mechanismus" einer analytischen Methode (S. 283) überliest Pandel bezeichnenderweise – und durch die Zentrierung der historischen Methode überhaupt auf ‚Verstehen'. Der ‚Induktion', die Pandel von Aristoteles und der Hegelschen Logik herleitet (ebd., S. 66-71), kommt in Droysens Beschreibung der historischen Methode eher eine Hilfsfunktion zu; z.B. ist ‚Induktion' nicht geeignet, die Geschichts- von den Naturwissenschaften abzugrenzen, da diese ebenfalls induktiv vorgehen (vgl. Historik [Ed. Leyh], S. 20f.).

Die Wendungen, in denen Droysen diesen Akt zu beschreiben sucht, weisen vielmehr – konsequenterweise angesichts der Textualität der Geschichte – in den Bereich des Literarischen. Insbesondere, daß der Historiker „in der Tiefe der Seele die Besaitung haben [müsse], welche sofort schwingt und klingt, wenn, durch die erkannten Wirklichkeiten her, ihn eine Gestalt der Wahrheit berührt", erinnert an gängige Vorstellungen von der besonderen Rezeptivität des Dichters, wie Goethe sie z.B. in die demselben Bildfeld entnommene Vorstellung von der „Äolsharfe" faßt.[17] So wird in einer späteren Fassung der *Historik* der „Akt des Verständnisses" umschrieben, er sei „wie eine unmittelbare Intuition, wie ein schöpferischer Akt", in dem – folgerichtig nach der anthropologisch vertieften Ästhetik der Klassik – „die ganze geistig-sinnliche Natur des Menschen völlig mittätig" ist. Eben das zeichnet die historische vor anderen Methoden anthropologisch und ästhetisch aus; deshalb ist das ‚Verstehen' „der menschlichste Akt des menschlichen Wesens".[18] Auch mit dem Gedanken der Binnen- oder Selbstinterpretation der Geschichte folgt Droysen einem spezifisch literarischen Textmodell: dem autonomieästhetischen des immanent zu interpretierenden Werkes. Die Gegenwart erfährt danach ihre „Ausdeutung" durch die Vergangenheit (S. 10), so wie eine Textstelle aus ihren textinternen Bezügen, nicht nach externen Maßstäben zu deuten ist. Der gedankliche Gehalt eines Textes wie der Geschichte bildet sich aus dem, was sich auf diese Weise vernetzen läßt. Voraussetzung eines solchen Begriffs von literarischem Text und Geschichte schließlich ist ein Autor, der sein Werk zweckmäßig strukturiert. Tatsächlich sieht Droysens Geschichtsmodell, darin an Herder und Schelling anknüpfend, einen solchen Schöpfer-Autor vor: Gott, dessen systematische Stellung denn auch mit der des Dichters gegenüber seinem Werk verglichen wird (vgl. S. 30)!

Von dem Textmodell der Geschichte wie den literarischen Gegenständen der philologischen Hermeneutik her ohnehin naheliegend, umschreibt Droysen sodann den zu verstehenden ‚Ausdruck' in den überlieferten Materialien oder den historischen ‚Wirklichkeiten' immer wieder mit den Kategorien von Poetik und Ästhetik. Die Welt der „Gedanken, die in irdischen Stoffen Gestalt gewinnen", und der ‚Formungen', „in denen das Stoffliche wie dahinschmilzt [...] unter dem Hauch des Geistes, der es erfüllt und bewegt" (S. 15), umfaßt für ihn das Gebiet der Geschichte – während für Schiller sich daraus das Reich

17 Faust, Zueignung, V. 28 – HA 3, S. 9.

18 Droysen: Historik (Ed. Hübner), S. 26. Die Bedeutung einer (poietischen) Intuition für Droysens Konzept geschichtswissenschaftlicher Erkenntnis betont auch Spieler (vgl. Untersuchungen, S. 131). Als „Intuition" charakterisiert Droysen überdies die Herausbildung jener „historischen Frage", die den Historiker überhaupt erst in ein prägnant historisches Verhältnis zur Vergangenheit setzt und damit eine reflektierte Geschichtswissenschaft initiiert (Historik [Ed. Leyh], S. 107).

der Kunst gebildet hatte. Da „ist noch Endlichkeit, aber schon durchleuchtet von einem Schimmer von Ewigkeit" - eine solche Formulierung reproduziert Hegels Bestimmungen des Kunstschönen.[19] Selbst die Übernahme des Mimesisbegriffs aus Aristoteles' Poetik für die Geschichtsschreibung ist in der Fassung, die Droysen ihm gibt, signifikant. Denn er propagiert keine ‚einfache Nachahmung' (z.B. „des Werdens" in der erzählenden Darstellung [S. 220]), sondern

> eine subjektive Form, die [...] durch den Gedanken, d.h. durch die historische Wahrheit der Dinge zusammengehalten wird, eine künstlerische Form, die das äußerliche Nacheinander der Dinge [...] vertieft um die Bedeutsamkeit eines Zusammenhanges, den die Erkenntnis als die Wahrheit der Dinge aufweist (S. 232).

Die Historiographie wird demnach, die ‚Manier' des bekannten Aufsatzes von Goethe integrierend, auf der Stufe des ‚Stils' plaziert, der dort als Darstellungsform von Wesenserkenntnissen definiert wird, jener Stufe also, die zu erreichen das Ziel der klassischen Literatur war.[20]

Aus der spezifischen Ausdrucksleistung des Endlichen (in der Geschichte bzw. vom künstlerischen Medium her) in bezug auf das „Ewige und Unbedingte" (S. 35) ergibt sich geradezu eine kulturfunktionale Parallelstellung von historistischer Geschichtswissenschaft und klassischer Literatur. Diese Ausdrucksleistung ermöglichte es, daß die Geschichtswissenschaft innerhalb des Systems der menschlichen Kulturtätigkeiten im 19. Jahrhundert eine Funktion der Sinnversicherung beanspruchen konnte, die um 1800 noch der Dichtung zugeschrieben wurde. Was der „endlichen Vernunft" nicht zugänglich ist, vermag die Geschichtswissenschaft nach Droysen immerhin „in der verklärten Ähnlichkeit des Endlichen und Bedingten" zu erfassen (ebd.). Die phänomenale Geschichte besitzt demnach selbst *Symbolqualität*.[21] Auch wenn der Historiker ihren unvollkommenen, aber tiefreichenden Ausdruck mit „Lichtbrechungen, die uns das Licht als Farbe zeigen," vergleicht, ist der

---

19 Vgl. Ästhetik Bd. 1, S. 117f., 154f.

20 Vgl. Einleitung in die Propyläen - HA 12, S. 42; der Aufsatz „Einfache Nachahmung der Natur, Manier, Stil" ebd., S. 30-34. Einen ähnlich modifizierten Nachahmungsbegriff verwendet Humboldt (vgl. Ueber die Aufgabe des Geschichtschreibers - Werke Bd. 1, S. 594). - Zu Droysens Mimesisbegriff vgl. auch Pandel: Mimesis, S. 21-24, der aber, die Asymmetrie von Darstellung und Referenten betonend, übersieht, daß in dieser Asymmetrie nur der Standard der avancierten literarischen Poetik eingeholt ist.

21 Zu Droysens Symbolauffassung vgl. Historik (Ed. Leyh), S. 87. Unter der Rubrik „künstlerisch oder symbolisch" erläutert er dort, daß die bildliche Darstellung eines Helden diesen nicht in photographischer Richtigkeit wiedergeben, sondern „die Summe seines geschichtlichen Lebens in einer plastisch einfachen Gesamtschau repräsentierten" solle. Gewandt auf das von mir als ‚ästhetisch' bezeichnete Spannungsfeld, fügt sich diese Erläuterung im wesentlichen in den hier angelegten Symbolbegriff ein.

Anklang an den „farbigen Abglanz", in dem allein nach Fausts Einsicht das Daseinsprinzip der Phänomene erscheint,[22] und damit indirekt an die Poetik Goethes kaum überhörbar. In der Kunstdiskussion des späten 18. Jahrhunderts ist der von Droysen gewählte Bildbereich überhaupt einschlägig: In den *Künstlern* etwa griff Schiller, in der *Zueignung* Goethe das Motiv des blendenden Lichts auf, ebenfalls um Erkenntnisgrenzen des Menschen zu verbildlichen. Ihre Bildverwendung läuft freilich darauf hinaus, die *Kunst* als menschenangemessenen Erscheinungsraum einer rational noch nicht erfaßbaren „Wahrheit" herauszuheben.[23] Droysens Geschichtswissenschaft tritt in die Fußstapfen einer solchen Kunst, denn sie wagt es, die symbolische Struktur des Verweisungsverhältnisse von Ausdruck und Auszudrückendem zu übernehmen.

Nicht allein symboldeutend aber hat die Geschichtswissenschaft nach Droysen zu verfahren, sondern auch *ästhetisch*. Daß sie es stets sowohl mit (zu rekonstruierenden) historischen Phänomenen als auch mit dem ideellen Grund derselben (dessen Erfassung sogar ihre Wissenschaftlichkeit konstituiert [vgl. S. 60]) zu tun hat, stellt sie zunächst in ein ästhetisch zu nennendes Grundverhältnis. Der ‚modernen' Fassung dieses Grundverhältnisses, wie sie in der Ästhetik am Ende des 18. Jahrhunderts entwickelt wurde, entspricht sie zudem insbesondere, weil sie ‚Sinnliches' und ‚Geistiges' ebenfalls nicht mehr – wie noch die rationalistische Einkleidungsästhetik – voneinander trennen möchte. Weder dürfen nach Droysen die historischen Phänomene ein apriorisch konstruiertes geschichtsphilophisches Gedankengebäude nur fassadenweise verkleiden (vgl. S. 233), noch darf sekundäres Räsonnieren einen bloßen ‚Fakten'-Haufen aufzuputzen versuchen. Die „Tatsachen", die der Historiker

> erzählt, sind selbst die Momente seiner Gedankenreihe; er denkt sozusagen in den Formen von Tatsachen, so wie der Maler nicht von irgendwelcher Abstraktion her seine Figuren ordnet und seine Farben; sondern sein Gemälde denkend, sieht er die Farben nebeneinander [...]. Je mehr der Historiker in Tatsachen denkt, desto besser wird er erzählen; denn so erzählend wird er jeder Tatsache, die er anführt, die ganze Wucht ihrer Bedeutsamkeit, den Nachdruck eines in der Entwicklungskette wesentlichen Moments geben (S. 233f.).

---

22 Faust II, V. 4727 – HA 3, S. 149. Daß Droysen tatsächlich auf diese Stelle anspielt, wird noch wahrscheinlicher durch den Folgesatz: „Denn das geschaffene Auge erträgt den Anblick des reinen Lichts nicht, in die Sonne schauend wird es nur geblendet" – so erging es Faust soeben (vgl. V. 4702) – „und sieht dann nur seine eigenen Phantasmen", was ebenfalls dem Dramentext zu folgen scheint (vgl. die in der Tat phantasmatischen Reflexionen in den Vv. 4704-14).

23 Vgl. Die Künstler, Vv. 54-65 – NA 1, S. 202; Zueignung, bes. Vv. 24, 96 – HA 1, S. 150, 152.

Der Vergleich mit einem bildenden Künstler zeigt hier zudem, daß Droysen sich der ästhetischen Vorprägung des postulierten Verfahrens bewußt war. In der literarischen Theorie war insbesondere Schiller mit dem Problem der Synthetisierung von imaginativ erfahrbarem Ausdruck und gedanklichem Gehalt beschäftigt gewesen, und seine philosophische Lyrik repräsentierte einen Lösungsversuch von besonderer Spannweite zwischen den zu vermittelnden Polen.[24] Gelingt die erstrebte Synthese, so gelten – das deutet auch das Ende des Zitats an – weitere Explikationen als überflüssig. Der ‚Gehalt' ist dann (symbolisch oder plotvermittelt) bereits im Ausdruck enthalten; deshalb fordert Droysen von der historischen Darstellung, daß „nicht wie in alten Bildern Zettel aus dem Mund der Personen in die Luft gehen, auf denen geschrieben steht, was sie sagen" (S. 236). Wieder ist damit nicht allein ein wesentliches Strukturmoment – die narrative Erklärung – moderner Geschichtsschreibung, sondern auch ein ästhetisches Prinzip der klassischen Kunst[25] charakterisiert. Das alles aber bestätigt in material-geschichtstheoretischer wie in methodologischer Hinsicht unseren historiographiegeschichtlichen Befund, daß sich die Entstehung der modernen Geschichtswissenschaft als Ästhetisierung vollzog. Ihre Selbständigkeit zwischen (idealtypisch) spekulativ-rationaler und empirisch-materialistischer Methode gewinnt die Geschichtswissenschaft in der *Historik* durch die Methodisierung – darin ein Kriterium ‚moderner' Wissenschaftlichkeit im Prinzip erfüllend – *ästhetischer Verfahren*, d.h. nicht allein unter *Zwecksetzungen*, die paradigmatisch in der ästhetischen Theorie um 1800 diskutiert wurden. Weg wie Ziel der historistischen Geschichtswissenschaft erweisen sich so einmal mehr als wesentlich von der goethezeitlichen Ästhetik vorgeprägt.

2. Sprachphilosopheme als Sekundärästhetik und die Grenzen geschichtstheoretischer Reflexion im Historismus

Was sich unserer Untersuchung als Strukturparallelen und -kontinuität präsentiert, verdankt sich freilich einer Genese auf Umwegen – die eingangs referierten Abgrenzungsbemühungen Droysens deuteten bereits darauf hin. Eine Schlüsselstellung nimmt Wilhelm von Humboldt dabei ein. Als Theoretiker der Geschichtsschreibung, Hermeneutiker, Sprachphilosoph und Anthropologe bot er gleich mehrere potentielle Anknüpfungspunkte für eine Geschichtstheorie; als Staatsmann und politischem Schriftsteller galt ihm die

24 Vgl. dazu Wiese: Schiller, S. 566-570.

25 Vgl. Hegel: Ästhetik Bd. 1, S. 120.

Sympathie des gemäßigten Liberalen Droysen ohnehin[1]. Tatsächlich ist Humboldt durchaus nicht selten als ‚Vermittler' von ‚Klassik' und Historismus begriffen worden,[2] ohne daß die von ihm repräsentierte Verbindung aber Grund genug gewesen wäre, den ‚klassischen' Historismus auf seine Voraussetzungen in Literatur und Ästhetik der Weimarer Klassik hin zu untersuchen. Als bloßer ‚Vermittler' droht Humboldt überdies unterschätzt zu werden. Sein freundschaftlicher Austausch mit Schiller begann Ende 1789, so daß dieser bereits in den *Ideen zu einem Versuch, die Gränzen der Wirksamkeit des Staats zu bestimmen* (1792) den anthropologischen Ansatz aller Schriften Humboldts und auch dessen Überordnung des Ästhetischen über das Moralische kennenlernte.[3] Die *Ideen* haben Schillers Ablösung von Kants Moralphilosophie und damit die Konzipierung einer ‚ästhetischen Erziehung' wahrscheinlich entscheidend gefördert.[4] Umgekehrt setzen sich die ersten universalhistorischen Überlegungen Humboldts kritisch mit Schiller (und Kant) auseinander,[5] und einer seiner frühesten sprachphilosophischen Entwürfe geht vom *Wallenstein* aus.[6] Was die Sprache leisten soll: die Totalität der menschlichen Kräfte in Tätigkeit setzen und den Menschen zum Bewußtsein seiner selbst bringen, das findet Humboldt speziell in Schillers Dichtung verwirklicht.[7] Hier nun fasse ich zunächst die wichtigsten Stränge, die von Humboldts poetologischer Geschichtstheorie zu Droysen führen, zusammen (α.), um diese Theoriekontinuität dann als sprachphilosophische fundamentaler zu gründen und zugleich plausibler zu machen (β.). In umgekehrter Entsprechung zu dieser Adaptionsleistung steht bei Droysen indes eine systematische Verdrängung der Kunst als Referenzparadigma (γ.). Wiederum sprachtheoretisch lassen sich abschließend die Grenzen der geschichtstheo-

1 Vgl. Hock: Liberales Denken, S. 17f.

2 Vgl. z.B. Schnabel: Erfahrungswissenschaften, S. 107f. Über Humboldt stellt sich für den Historismus zudem eine, wenn auch vage, Beziehung zum kritischen Potential der Jenaer Frühromantik her (zu seiner Hochschätzung des jungen Friedrich Schlegel vgl. z.B. die Briefe an Karl Gustav Brinkmann, 3. 10. 1796 und 25. 7. 1797 - Humboldt: Briefe, S. 93, 106).

3 Vgl. Schiller/Humboldt: Brw., S. XI. Zu den gegenseitigen Anregungen, die aus dieser Freundschaft erwuchsen, vgl. Secker: „Wiederholte Spiegelungen", S. 89-116; häufig im Vagen bleibt derweil die Dissertation von Price: The Relationship between Schiller and Humboldt; zum anthropologischen Ansatz aller Arbeiten Humboldts vgl. Menze: Humboldts Lehre und Bild vom Menschen, und Quillien: L'anthropologie philosophique de Humboldt.

4 Vgl. Price: Humboldt.

5 Vgl. Price: The Relationship between Schiller and Humboldt, S. 48-50.

6 Vgl. an Schiller[, Anfang September 1800] - Schiller/Humboldt: Brw. 2, S. 206-211.

7 Vgl. ebd., S. 209; Ueber Schiller [...] - Werke Bd. 2, S. 366.

retischen Reflexion bei Droysen und überhaupt im Historismus präzisieren und untermauern (δ.).

α. Droysen übernimmt aus Humboldts historiographiegeschichtlich vielberufener Akademierede den Kernsatz, „das Geschäft des Geschichtsschreibers in seiner letzten, aber einfachsten Auflösung sei Darstellung des Strebens einer Idee, Dasein in der Wirklichkeit zu gewinnen" (S. 217).[8] Diese Zielbestimmung der historischen Methode konzipierte Humboldt indes in Analogie zum schöpferischen Verfahren des Dichters – indem er, eigenem Bekunden nach, ein Wort Schillers zum dichtungsanalogen Schaffen des Historikers auf die Begriffe des idealistischen Historismus brachte.[9] Jenseits der Differenzen des dichterischen und des historischen *Verfahrens* im einzelnen, die keineswegs zu eliminieren seien, eigne den Produkten beider eine – im Sinne der Klassik – ästhetisch-symbolische *Struktur*, denn sowohl die Kunst als auch die Geschichtsschreibung strebten nach einer „Versinnlichung der in der Gestalt ruhenden Idee"[10]. Und diese ästhetische Fassung der paradigmatischen Struktur (der Geschichte wie der Darstellung derselben) bleibt, wie wir sahen, der Droysenschen Geschichtstheorie trotz aller Rationalisierung der Methode – die indes ebenfalls nicht ohne poetisch-intuitionistische Momente auskommt – erhalten. Wie z.T. schon gezeigt,[11] konnte sich Droysen aber auch hinsichtlich der syntagmatischen Strukturierung darzustellender Geschichte nicht ganz den ästhetischen Imperativen Humboldts entziehen, welcher dem Geschichtsschreiber empfohlen hatte, seine Apperzeptionsschemata an „poetischer Nothwendigkeit" zu orientieren.[12] Selbst der realistische Gestus, mit

8 D.i., bis auf den Konjunktiv des finiten Verbs, ein wörtliches Zitat aus Humboldt: Ueber die Aufgabe des Geschichtschreibers – Werke Bd. 1, S. 605.

9 Vgl. ebd., S. 586f., 591-595, sowie den Brief an Goethe, 18. 3. 1822, nach Werke Bd. 5, S. 362f.; Lämmert: Geschichten, S. 233. Der Titel der Rede macht es nicht ganz überflüssig, darauf hinzuweisen, daß Humboldt die Tätigkeit des Historikers ausdrücklich auch hinsichtlich der „Geschichtforschung" mit der des Dichters verglich (Ueber Schiller [...] – Werke Bd. 2, S. 381).

10 Humboldt an Welcker, 7. 5. 1821, zit. nach Werke Bd. 5, S. 362. Vgl. Rüsen: Ästhetik und Geschichte, S. 72. Zum Begriff des Ästhetischen als der Praxis, „die Sinnenwelt als ein Zeichen der unsinnlichen anzusehn, und aussersinnlichen Gegenständen die Hülle sinnlicher Bilder zu leihen", vgl. schon Über Religion [wohl 1790] – Werke Bd. 1, S. 10. Zu Humboldts mit dem Goetheschen nahezu identischen Symbolbegriff vgl. Secker: „Wiederholte Spiegelungen", S. 75-78. Insbesondere kommt es auch Humboldt darauf an, daß „das Sichtbare und Unsichtbare" nicht so voneinander zu trennen sind, daß „eins bloss die Hülle des sonst unabhängigen Andern" abgibt (Latium und Hellas – Werke Bd. 2, S. 26). Ein Symbol kann damit nicht durch einen anderen Ausdrucksmodus ersetzt werden, sondern hat jeweils Unverzichtbarkeitcharakter.

11 Vgl. oben S. 396. Zu ergänzen ist, daß Droysen den dritten, ‚katastrophischen' Typ der erzählenden Darstellung explizit an der Handlungs- und Sinnstruktur der Tragödie orientiert (Historik [Ed. Leyh], S. 246).

12 Humboldt: Ueber Schiller [...] – Werke Bd. 2, S. 382.

dem Droysens Geschichtstheorie auftritt: der Historiker müsse, „wie W. von Humboldt sehr treffend sagt, den *Sinn für die Wirklichkeiten* wecken", fordert bei näherer Betrachtung einen idealistisch-ästhetisch interpretativen Blick: „Denn in den Wirklichkeiten ist beides, die *Erscheinungen* und was in ihnen zur Erscheinung kommt, die *Idee*, d.i. ihre Wahrheit" (S. 5).

β. Ausdifferenzieren und sogar noch um einiges verstärken läßt sich die ästhetische Rückbindung der *Historik*, wenn man, was die historiographiegeschichtliche Forschung bislang kaum je getan hat,[13] andere Schriften Humboldts in die Untersuchung einbezieht. Denn die Akademierede gilt Droysen nur als „ein kleiner Teil" der methodologischen Vorarbeit, die die Historik Humboldt verdanke. Zwischen den „ästhetisch-philosophischen" und den „linguistischen" Arbeiten sowie dem Briefwechsel mit Schiller rage die Einleitung zum Kawi-Werk hervor, denn mit ihr sei „ein Muster der historischen Methode gegeben" (S. 52).[14] Zunächst wird durch diesen primären Rückbezug die anthropologische Prämisse bestätigt, die ich als Ansatzpunkt von Droysens Geschichtstheorie gekennzeichnet habe. Denn in der Sprache prägt sich nach Humboldt „die zwiefache Natur des Menschen" zu allererst aus. Und zwar in einer Weise, die die ‚symbolische' Inbeziehungsetzung von ‚geistigem Gehalt' und ‚sinnlichem' Ausdruck, die Gegenstand und Produkt der Geschichtswissenschaft prägt, präformiert: In der Sprache träten die Pole der Menschennatur nicht auseinander, sondern verschmelzten „zum Symbole".[15] Ja, Humboldt sieht die Pole der Menschennatur in der Sprache in eine Spannung gestellt, die jenen Entwicklungsprozeß des menschlichen Geistes ins Werk setzt, der Kern der Weltgeschichte ist. Dementsprechend ist das Thema seiner Untersuchung der „Zusammenhang der Sprachverschiedenheit und Völkervertheilung mit der Erzeugung der menschlichen Geisteskraft, als einer sich nach und nach in wechselnden Graden und neuen Gestaltungen ent-

---

13 Vgl. zuletzt die kurzen, nur unzureichend auf Droysen bezogenen Passagen über Humboldt bei Kohlstrunk: Logik und Historie, S. 40f., 45f.

14 Vgl. auch den Brief an Gustav Droysen, 31. 7. 1864 - Brw. 2, S. 849.

15 Humboldt: Ueber Schiller [...] - Werke Bd. 2, S. 373; vgl. auch ders.: Latium und Hellas - Werke Bd. 2, S. 61. Vgl. Wohlfahrt: Denken der Sprache, S. 167. Um das Verhältnis von „intellectueller und sinnlicher Kraft" im sprachlichen Ausdruck zu kennzeichnen, spricht Humboldt in der Einleitung zum Kawi-Werk außerdem von der „symbolisirenden Thätigkeit" des Lautes als der ‚sinnlichen' Seite (Ueber die Verschiedenheit des menschlichen Sprachbaues und ihren Einfluss auf die geistige Entwicklung des Menschengeschlechts - Werke Bd. 3, S. 650; 1836: S. CCCXIV - die Seitenzahl in der vom Herausgeber Buschmann nicht unwesentlich veränderten Erstausgabe gebe ich im folgenden immer mit an, um nachprüfbar zu machen, daß Droysen der Text im selben Wortlaut vorgelegen hat). Zu Humboldts Auffassung des Sprachstudiums als einer anthropologischen Grundwissenschaft vgl. Borsche: Humboldt, S. 140-144.

wickelnden".[16] Die verschiedenartigen Sprachen der Völker begreift er in ihrer Gesamtheit als „Offenbarwerdung der menschlichen Geisteskraft", welche Prozeßvollendung wiederum, als „das höchste Ziel aller geistigen Bewegung", „die letzte Idee" der „Weltgeschichte" bilde.[17]

Droysens Theorie der Geschichte läßt sich daraus unschwer extrapolieren. Die Prämisse - daß Sprache eine volksweise spezifizierte Ausprägung des menschlichen Geistes ist, die einen besonderen Geist jedes Volkes konstituiert - übernimmt der Historiker unverändert (vgl. S. 75, 132, 316). Die Anwendung auf das Gesamte der Geschichte hingegen modifiziert er für die Geschichtstheorie, indem er die „Arbeit des Geistes" nicht allein in den Sprachen sich vollziehen sieht, sondern in all den oben genannten ‚sittlichen Gemeinsamkeiten' oder ‚Mächten'.[18] Sprache ist nur eine von ihnen, wenngleich eine besonders prägnante Äußerungsform des menschlichen Geistes (vgl. S. 26). In der Forschung spielt diese Wurzel seiner Geschichtstheorie keine Rolle, doch Droysen sagt es deutlich genug: Die, in seinen Begriffen, ‚morphologische' Struktur der Phänomene der Geschichte leitet sich von der Struktur der Sprache ab. An deren Erläuterung schließt er an:

> Jede Formgebung, in der sich der Geist ausprägt, ist von gleicher Art, Ausdruck eines Innersten, und für andere verstehbar dadurch, daß sie es sinnlich wahrnehmen. Daß so die Werke der Kunst, der Industrie, die religiösen Vorstellungen sind, versteht sich; es ist nur eine Weiterführung des Gesagten, wenn ich hinzufüge, daß auch Staat, Gesetz, Recht, Sitte, alle menschliche Formgebung, alles, was durch Menschengeist und Menschenhand hindurchgegangen, dieser Art ist. (S. 26)

Auf eine gleichartige Übertragung hat Jörn Rüsen vor 20 Jahren schon hingewiesen: Noch unverstellter als Droysens Geschichtswissenschaft konsti-

16 Humboldt: Ueber die Verschiedenheit des menschlichen Sprachbaues [...] - Werke Bd. 3, S. 384; 1836: S. XVIII.

17 Ebd., S. 383; 1836: S. XVII.

18 Ebd., S. 419; 1836: S. LVII; vgl. Droysen: Historik (Ed. Leyh), S. 17, 27, 419f. Zur Konzipierung von Geschichte als Arbeitsprozeß vgl. Jaeger: Bürgerliche Modernisierungskrise, S. 45f. - Den *Begriff* ‚sittliche Mächte' hat Droysen wohl aus Hegels Rechtsphilosophie übernommen (vgl. Hegel: Grundlinien, S. 294, § 145; Rüsen: Begriffene Geschichte, S. 57). Dort fehlt dagegen die sphärische Ausdifferenzierung der objektivierten Sittlichkeit, wie sie in verwandter Weise bei Humboldt und Droysen zu finden ist (vgl. Ueber die Aufgabe des Geschichtschreibers - Werke Bd. 1, S. 596); auch mit der Qualifizierung von „Wissenschaft, Kunst, sittlicher Einrichtung" als „Frucht des Geistes" (ebd.) steht jener näher an diesem als Hegel. Noch größere Übereinstimmungen zeigt Droysens Konzept der ‚sittlichen Mächte' mit Schleiermachers Vermittlung von Ethik und Hermeneutik in den ‚sittlichen Gemeinschaften', wie sie in dessen Güterlehre unterschieden werden (vgl. Scholtz: Ethik und Hermeneutik, S. 36, 63, 69f., 84). Eine Abhängigkeit jenes von diesem wird allerdings nicht einmal dort angenommen, wo die gedankliche Nähe beider besonders betont wird (vgl. Meister: Geschichtsphilosophische Voraussetzungen, S. 219).

tuiert sich Boeckhs (‚Sach'-)Philologie aus einem ästhetischen Verständnis ihres Gegenstandes: „Dass die Kunst Ideen ausdrücke, und zwar nicht begriffsmässig, aber versenkt in eine sinnliche Anschauung, ist klar [...]. Dasselbe gilt vom Staats- und Familienleben".[19] Rüsen deutete, von der historiographiegeschichtlichen Forschung leider nicht aufgenommen, solche Überlegungen als konstitutiv auch für die historistische Geschichtswissenschaft: „Diese Ästhetisierung der Geschichte ist die theoretische Voraussetzung für die Entwicklung der spezifisch geisteswissenschaftlichen Methode des Verstehens."[20] Dementsprechend paßt sich seine Deutung der Historiographiegeschichte in der ersten Hälfte des 19. Jahrhunderts ganz in die hier vorgetragene ein. Allerdings deckt sie diese nicht ab: Erstens vollzieht sich, wie hier bereits in den Ranke-Kapiteln gezeigt, die Ästhetisierung der Geschichtswissenschaft nur zum geringsten Teil auf dem Umweg über die Philologie, also eine Disziplin, deren ‚Anfälligkeit' für ästhetisches Denken weniger irritieren mag. Zweitens hat diese Ästhetisierung Folgen nicht allein für die historische Methode. Und drittens entkommt auch ein Droysen, der Literatur und Ästhetik als Konstituentien der wissenschaftlichen Historie ausschließen möchte, ihr nicht: Sein per se nicht spezifisch ästhetischer anthropologischer Ausgangspunkt und sein sprachtheoretischer Ansatz wirken sich weniger offensichtlich, aber umso unentrinnbarer als Ästhetisierungsfaktoren aus.

19 Boeckh: Encyklopädie, S. 56.

20 Rüsen: Ästhetik und Geschichte, S. 71. Akzeptiert finde ich diese Deutung lediglich in literaturwissenschaftlichen Arbeiten (vgl. Kruse: „More kin than kind", S. 221*, und Gottlob: Geschichtsschreibung, S. 336), wobei das verbreitete Schweigen der historischen Forschung ganz überwiegend nicht Resultat einer kritischen Auseinandersetzung ist. Lediglich Egon Flaig hat sich in der Weise kritisch mit Rüsens Befund auseinandergesetzt, daß er erst Jacob Burckhardt die Geschichte ästhetisieren sieht (was wie bei Rüsen den Versuch meint, in vergangener Wirklichkeit Ideen augenfällig werden zu lassen). Denn wo das, was ästhetisch wahrgenommen wird, begrifflich einholbar bleibe – und Rüsen tendiert, im Gefolge Hegels, zu einer solchen Deutung ästhetischer Strukturen – habe die ästhetische Wahrnehmung ihre Kompetenz eigentlich schon abgegeben und sei Ästhetik logifiziert (Ästhetischer Historismus, S. 84f., Anm. 6). Dieser Einwand ist berechtigt, soweit die Ästhetizität von Geschichte tatsächlich in den Bahnen Hegels gedacht wird. Wie aus dem bisher Dargelegten hervorgeht, läßt sich selbst der Hegelschüler Droysen jedoch nicht auf eine solche Position festlegen. Wohl pocht er mitunter – eigentümlicherweise aber gegen Hegel! – auf die Selbständigkeit des ‚Gedankens' in der Poesie (an Ludwig Moser, 10.-29. 11. 1831 – Brw. 1, S. 45). Zumal in bezug auf das Verhältnis von Philosophie und Geschichte nähert er sich aber der Position Humboldts und Rankes an, die beide in jener Tradition der symbolzentrierten Ästhetik der Klassik oder auch des frühen Idealismus stehen, die durch das Kunstwerk etwas anderweitig Unzugängliches vermittelt sah (vgl. Droysens Brief an Albert Heydemann, 19. 11. 1829 – Brw. 1, S. 15f.). Damit aber schwindet die Plausibilität von Flaigs Reservierung einer ästhetischen Geschichtssicht für Burckhardt, von den zahlreichen nur mittelbar ‚ästhetischen' Faktoren der Ästhetisierung der Geschichte, die hier benannt werden konnten, noch gar nicht zu reden.

Droysens Ableitung einer materialen Geschichtstheorie aus der Sprachphilosophie ist auch der eigentliche Grund dafür, warum die Methode der Geschichtswissenschaft nur eine hermeneutische sein kann. Denn es gilt, das „Sprechen der vergangenen Zeiten" zu verstehen „auf ganz ähnliche Weise, wie wir noch heute jeder des anderen Sprache und Seelenausdruck verstehen" (S. 27). Daß nach Humboldt die Sprache „in der Schrift den schlummernden Gedanken dem Geiste erweckbar erhält,"[21] ermöglicht es dem Historiker, seine Materialien „nur geistig zu berühren [...], um ihn wieder lebendig werden" zu lassen (S. 13). Doch hat der sprachphilosophische Obersatz nicht nur für die Methodologie Konsequenzen. Aus ihm leitet Droysen auch die für ihn besonders wichtige ethische Tingierung alles Geschichtlichen her. Sie ergibt sich aus der Rückführbarkeit aller (potentiell geschichtlichen) menschlichen Äußerungen auf die innere „geistige Totalität" des Individuums, als dessen Wissen von sich selbst das Gewissen entstehe.[22] Der Zusammenhang von Objektivation und Bewußtwerdung des Geistes, wie er sich sprachlich in der Lautwerdung des Gedankens vollzieht,[23] präformiert des weiteren Droysens Innen-außen-Strukturierung der geschichtlichen Welt, in der der „rastlose" ‚Geist' die ‚sittlichen Gemeinsamkeiten' braucht, um sich seiner bewußt zu werden und sein „eigenstes Wesen" zu gewinnen (S. 31, 20).[24] Die Geschichtswissenschaft kann so aber das „gnōthi sauton des Menschengeschlechts vollziehen" (was nach Humboldt die Sprache und die Kunst zu leisten hatten).[25] Hier spätestens wird deutlich, daß der Rückgriff auf

21 Humboldt: Ueber die Verschiedenheit des menschlichen Sprachbaues [...] - Werke Bd. 3, S. 437; 1836: S. LXXVIII.

22 Droysen: Historik (Ed. Leyh), S. 26, vgl. S. 24, 53. Zum Zusammenhang von Historie und Ethik vgl. Birtsch: Nation, S. 14-30. Daß Droysen diese ethische Tingierung der Historie auf der Basis einer individualisierten und historisierten Ethik begründet, schließt dabei einen Rückfall in die ahistorisch moralisierende Geschichtsschreibung des 18. Jahrhunderts oder Schlossers aus.

23 Vgl. Humboldt: Ueber die Verschiedenheit des menschlichen Sprachbaues [...] - Werke Bd. 3, S. 426-429; 1836: S. LXV-LXIX; an Schiller[, Anfang September 1800] - Schiller/ Humboldt: Brw. 2, S. 207.

24 Eine nicht unbedeutende Änderung gegenüber Humboldt nimmt Droysen allerdings in der Frage vor, in welcher Weise der ‚Geist' im Prozeß der Geschichte sich totaliter auslegt. Auch Humboldt nimmt, trotz seines klassizistischen Griechenglaubens, ein Steigerungsmoment in diesem Prozeß an (vgl. Ueber die Verschiedenheit des menschlichen Sprachbaues [...] - Werke Bd. 3, S. 383; 1836: S. XVII), doch denkt er, damit einer Mediatisierung von Individualität vorbeugend, die Gewinnung von Totalität eher als Kumulation denn als eine dialektische Steigerung, wie Droysen dies - nach dem Muster Hegels - tut (vgl. Weymar: Droysens Theorie der historischen Erfahrung, S. 128-144).

25 Droysen: Historik (Ed. Leyh), S. 28 (das Griechische dort in griechischer Schrift); vgl. Humboldt: Brief an Schiller[, Anfang September 1800] - Brw. 2, S. 209. Von Humboldt übernommen hat Droysen möglicherweise auch den in diesem Zusammenhang einschlägigen Gedanken, daß das Individuum „als Dichter, Denker oder Forscher, aber vor

Humboldts sprachphilosophisch-anthropologische Theoriebausteine Droysen nicht zuletzt dazu diente, eine in vielen Punkten von Hegel vorausgedachte Geschichtstheorie unabhängig von dessen spekulativer Methode und reduktiver Tendenz zu begründen.[26] Mit Humboldt wendet sich Droysen aber nicht allein begründungstheoretisch, sondern auch material-geschichtstheoretisch gegen Hegel. Wie jener das Individuum zur Sprache stellt, gibt das Modell ab für die Teilhabe des einzelnen an der Geschichte: Im Medium der Sprache vollzieht sich „Individualisirung innerhalb der allgemeinen Übereinstimmung, [so] dass man ebenso richtig sagen kann, dass das ganze Menschengeschlecht nur Eine Sprache, als dass jeder Mensch eine besondere besitzt."[27] Und während Hegel die geschichtliche Funktionalität des einzelnen von dessen ethischer Existenz trennt,[28] erfüllt sich für Droysen die „sittliche Natur des Menschen" gerade in seiner individuellen Mitwirkung an den ‚sittlichen Gemeinsamkeiten' der Geschichte (S. 363).

Schließlich erfährt die ‚ästhetische' Fundamentalstruktur von Droysens Geschichtstheorie durch den sprachphilosophischen Ansatz derselben eine vollkommene Erklärung: Humboldts und damit auch Droysens Sprachmodell besitzt selbst eine ‚ästhetische' Struktur, denn in der Sprache wird ein ‚geistiger Gehalt' durch einen ‚sinnlich' erfahrbaren Ausdruck repräsentiert. Während die Sprache nach Humboldt deshalb selbst einem „künstlerisch schaffenden Princip" unterliegt,[29] bringt die Dichtung ihrerseits das Wesen der Sprache zum Vorschein.[30] Und noch eines: Nicht nur das Faktum der funda-

---

allem als handelnder Mensch jener Summe [der geistigen Arbeit der Menschheit, D.F.] etwas hinzufügt und damit die Gränzen der Menschheit selbst weiter rückt." (Ueber Goethes Herrmann und Dorothea - Werke Bd. 2, S. 128) Jedenfalls findet sich dieser Gedanke, nicht aber die Aristotelische Formel von der ‚epidosis eis hauto', auf die er von solchen Forschern zurückgeführt wird, die mit der Hübnerschen Ausgabe arbeiteten (vgl. z.B. Weymar: Droysens Theorie der historischen Erfahrung, S. 145-148), in den frühen und mittleren Fassungen der *Historik*. Peter Leyhs Ausgabe verzeichnet die genannte Formel erstmals für eine Fassung von 1875 (S. 255), während ihre systematische Begründungsfunktion sogar erst in der Fassung von 1881 deutlich wird (welche Hübners Ausgabe zugrunde liegt, vgl. S. 9f., 12, 14 u.ö., X).

26 Vgl. den Brief an den Sohn Gustav, 31. 7. 1864 - Brw. 2, S. 849; Rüsen: Konfigurationen, S. 238f. In dieser Funktion steht wohl auch Droysens Rückbindung von geschichtlicher Kontinuität an die Sprache - womit ein Gedanke Herders in die Geschichtstheorie zurückkehrt (vgl. Historik [Ed. Leyh], S. 293 und 420; Humboldt: Ueber die Verschiedenheit des menschlichen Sprachbaues [...] - Werke Bd. 3, S. 419, 437; 1836: S. LVIII, LXXVIII).

27 Humboldt: ebd., S. 424; 1836: S. LXIII, vgl. S. 430; 1836: S. LXX.

28 Vgl. Vorlesungen über die Philosophie der Geschichte, S. 49-54; vgl. auch die Entindividualisierung der „Sittlichkeit" in der Rechtsphilosophie (Grundlinien, S. 294, § 145).

29 Humboldt: Ueber die Verschiedenheit des menschlichen Sprachbaues [...] - Werke Bd. 3, S. 477; 1836: S. CXXI

30 Vgl. Wohlfahrt: Denken der Sprache, S. 206; Secker: „Wiederholte Spiegelungen", S. 157-

mentalen Ästhetizität der *Historik* erklärt ihr sprachphilosophischer Ansatz, sondern auch und vor allem seine Verdrängung. Der Sprache wird jene Hilfsfunktion bei der disziplinären Selbstbestimmung der Geschichtswissenschaft übertragen, die im Historismus Rankescher Prägung die (poetische) Kunst hätte innehaben müssen. Freilich taugte Humboldts Sprachtheorie gerade nicht dazu, Theorie und Praxis der Geschichtswissenschaft in der intendierten Weise aus dem Bereich des Ästhetischen hinauszuführen. Gleichwohl macht die so bewahrte Ästhetizität auch einer theoretisch entworfenen Geschichtswissenschaft moderne Wissenschaftlichkeit nicht unmöglich. Ihr dient vielmehr der konstruktive erkenntnistheoretische Ansatz ebenso wie die breit entfaltete Methode und die zur forschungsleitenden „Systematik" umfunktionierte materiale Geschichtstheorie,[31] auch wenn z.B. das methodische Verfahren von – für Droysen unverzichtbaren – verwissenschaftlichungsresistenten, den ästhetischen Ursprüngen der modernen Geschichtswissenschaft geschuldeten Komponenten umschlossen ist und das Objekt der historischen Methode als ‚ästhetisch' strukturiert gedacht wird. Der anthropologische Ausgangspunkt wiederum hilft, diese ästhetischen Tingierungen zu konservieren, obwohl ihm selbst nichts genuin Ästhetisches eignet. Durch Droysens Adaption der Humboldtschen Sprachtheorie eher aktualisiert als abgelöst, bildet die klassisch-ästhetische Antwort auf jene anthropologische Herausforderung nach wie vor das Lösungsparadigma.

γ. Bezeichnend für die Unentrinnbarkeit des Ästhetischen ist nicht zuletzt, daß Droysen die Bedeutung der Kunst unter den ‚sittlichen Gemeinsamkeiten' nur dadurch so herabstimmen kann, daß er sie als Ausdruck des Emotionalen definiert. Wo er sie in Unterscheidung von der Sprache als des Strukturparadigmas der ‚sittlichen Gemeinsamkeiten' bestimmt, da erkennt er im Empfindungsausdruck ihr Proprium:

> Auch die Kunst ist ein Sprechen der Menschen, aber ein Sprechen nicht von Gedanken, sondern von Empfindungen [...]. Das künstlerische Denken ist ohne Logik, ist ganz der Empfindung, der Phantasie angehörig (S. 321f.).

Struktur und Methode der Geschichte in ästhetischen Kategorien zu denken ist damit unterbunden, denn die Entwicklung der „Gedanken", nicht der ‚Empfindungen' bildet die „Wahrheit" der Geschichte, die es interpretierend zu erfassen gilt (S. 215). In der Tat, ein Kunstverständnis wie das des mittleren Droysen ist nicht dazu angetan, zur Lösung geschichtstheoretischer und

---

159, zu Humboldts Einschätzung insbesondere von Goethes Dichtung als eines erfahrungsmäßigen Analogons seiner Sprachtheorie; umgekehrt zur Sprachlichkeit der Kunst bei Humboldt vgl. Thomasberger: Sprachlichkeit der Kunst.

31 Vgl. Rüsen: Konfigurationen, S. 256-261.

historiographischer Probleme in jener Weise beizutragen, die an der geistigen Entwicklung des jungen Ranke zu beobachten war. Dies bestätigt der überwiegend pejorativ-distanzierende Gebrauch des Phantasiebegriffs, wohingegen bei Humboldt ‚Einbildungskraft' als Zentralbegriff nicht allein der Dichtungstheorie fungiert, weil sie die divergenten menschlichen Kräfte vermittle.[32] Der Historiker polarisiert literarische und wissenschaftliche Verfahren unnötig, wenn er die „freischöpferische Phantasie" bei der Interpretation des historischen Materials durch ein methodisches Verfahren ersetzen möchte (S. 167). Dagegen hatte Humboldt auch die Kunst als „Fertigkeit" bestimmt, „die Einbildungskraft *nach Gesetzen* productiv zu machen".[33] An Droysens Kunstauffassung lassen sich mithin epochale Verschiebungen ablesen: Die ins Emotionale gerückte Kunst hat das verloren, was sie in der Zeit um 1800 anthropologisch so interessant machte – daß sie intellektuelle und imaginative Kräfte des Menschen in Produktion wie Rezeption in ein Wechselspiel setzt. Auf die von ihm postulierte Struktur der Geschichte versucht Droysen vielmehr die Sprache festzulegen: Komplementär zur Emotionalisierung der Kunst intellektualisiert er sie deshalb. Viel entschiedener als Humboldt ordnet er ihr ausschließlich das Denken zu, der Harmonisierung des sprachphilosophischen Ansatzes der *Historik* mit dem von Hegel übernommenen Theorem einer „rastlosen *Dialektik der historischen Gedanken*" (vgl. S. 383) vorarbeitend. Während für Humboldt die Sprache „den Gedanken und die Empfindung" formuliert,[34] spricht der Historiker von der Sprache nur als einer „sinnlichen Äußerung des Denkens" (S. 25, vgl. S. 315).

Droysens prätendierte Verabschiedung der Kunst als Referenzparadigma ist geistesgeschichtlich recht präzise zu lokalisieren. Der Theoretiker der Geschichtswissenschaft folgte hierin einem Postulat Hegels, wo dieser als Kunsttheoretiker auftrat. Hegel hatte die ‚sinnliche' Ausdrucksform der Kunst als der aktuellen Entwicklungsstufe des Geistes nicht mehr genügend bezeichnet. „Der Gedanke und die Reflexion hat die schöne Kunst überflügelt",[35] so formulierte er gewissermaßen den Leitsatz, unter dem Droysen die Kunst aus seiner Geschichtstheorie herausdrängte. Tatsächlich läßt sich verfolgen, wie Hegel auch in aestheticis den Studenten Droysen geprägt hat: Die potentiell widerstreitenden Bildungsmächte desselben, der Protestantismus des Eltern-

32 Vgl. Droysen: Historik (Ed. Leyh), S. 106, 139f., 166f., 224, 322; Humboldt: Ueber Goethes Herrmann und Dorothea – Werke Bd. 2, S. 136-138; Müller-Vollmer: Poesie und Einbildungskraft, S. 39-71. ‚Einbildungskraft' und ‚Phantasie' benutzt Humboldt synonym, vgl. ebd., S. 139.

33 Humboldt: ebd., S. 138 (im Orig. hervorgeh., jetzige Hervorhebung von mir).

34 Humboldt: Ueber die Verschiedenheit des menschlichen Sprachbaues [...] – Werke Bd. 3, S. 420: 1836: S. LIX.

35 Ästhetik Bd. 1, S. 21.

hauses und die auf dem Stettiner Gymnasium und an der Berliner Universität erworbene literarisch-klassische Bildung,[36] schienen miteinander versöhnt werden zu können in einer Kunst, welche die relative Höherstufigkeit der Religion als Bewußtseinsform des absoluten Geistes[37] dadurch akzeptiert, daß sie sich dem Ausdruck von Religiösem zuwendet. Ein ausnahmsweise überliefertes Sonett aus der wohl nicht unbeträchtlichen lyrischen Produktion Droysens fordert in diesem Sinne zu einem „Künstlerleben", so der Titel, auf, das ganz einer „heil'gen Kunst" gewidmet ist.[38] Diesem Bekenntnis zu einem letztlich religiösen Gehalt geistiger Tätigkeit entspricht übrigens noch in der Geschichtstheorie und deren systematischer Begründung die Funktion von Glaubenssätzen (deren geistesgeschichtliche ‚Notwendigkeit' in einer epochenübergreifenden Betrachtung dargelegt wurde, vgl. oben Kap. II. B. 3. d.).[39] Indessen führt bei Hegel wie bei Droysen der Weg zum Vorrang des ‚Gedankens' noch weiter; bei jenem zur Philosophie als der von „äußerer Sinnlichkeit" und religiöser Subjektivität gereinigten Form des Wissens,[40] bei diesem zu einer Theorie der Geschichte, welche immerhin eine mit dem Philosophen postulierte ‚Dialektik des Gedankens' zu deren wesentlichem Inhalt erhebt. Hegelianer ist Droysen, wohl mehr denn als Geschichtstheoretiker, wo er als Ästhetiker die Kunst hinter sich lassen zu können glaubt.

Dazu argumentiert er in dieser Frage in jener Weise politisch, die zu Beginn dieses Kapitels als typisch für die Zeit nach 1830 gekennzeichnet wurde. Wie er bereits in den Kommentaren zu seiner Aischylos-Übersetzung (1832) verdeutlicht, mangelt der neueren Kunst die Volkstümlichkeit, die sie zu

36 Vgl. dazu ausführlich Obermann: Der junge Droysen, S. 25-45, 51-72, 87-97.

37 Vgl. Hegel: Ästhetik Bd. 1, S. 111.

38 Das Gedicht „Künstlerleben. Bei Raphaels Cäcilia" erschien am 14. 5. 1828 in der „Berliner allgemeinen musikalischen Zeitung", jetzt bei Obermann: Der junge Droysen, S. 114. Obermann führt auch an, daß Droysen im Wintersemester 1827/28 die Ästhetikvorlesungen bei Hegels Schüler Heinrich Gustav Hotho gehört hatte (bei Hegel selbst erst im folgenden Wintersemester). Andeutungen über Droysens weitere poetische Produktionen bei Gustav Droysen: Droysen, S. 51f., 62f., und verschiedentlich im Briefwechsel (vgl. z.B. an die Schwestern Auguste, Mathilde, Ulrike, 11. 7. 1829 - Brw. 1, S. 3f.), vgl. auch Wagner: Entwicklung, S. 31. Einige weitere Gedichte sind dadurch überliefert, daß sie von Felix Mendelssohn-Bartholdy oder seiner Schwester Fanny vertont wurden, vgl. Mendelssohn-Bartholdy: Sämtliche Lieder Nr. 35 (Droysen evtl. als Bearbeiter eines Gedichtes von J. H. Voß), 53, 63, 64, 66, 68. Nr. 35 und 68 haben ein religiöses Thema, die anderen sind Liebesgedichte.

39 Vgl. Vorwort zur Geschichte des Hellenismus II, S. 300-302. Obwohl Droysen in der *Historik* eine theologische Anleitung ablehnt (vgl. S. 6), bemüht er Gott als Instanz, die die notwendig anzunehmende Zweckmäßigkeit der Geschichte garantiert: „nur in Gott können wir die Geschichte verstehen" (S. 30). Zu den geschichtstheologischen Prämissen der *Historik* vgl. auch Hardtwig: Geschichtsreligion, S. 5f.

40 Hegel: Ästhetik Bd. 1, S. 111.

einem Faktor der politischen Artikulation eines Volkes macht und die ihr im antiken Griechenland eignete.[41] Der „Ernst des geschichtlichen Lebens" drängt dagegen, so darf man ihn verstehen, die Geschichtswissenschaft auf den ersten Platz in der Weltdarstellung und -deutung des bürgerlichen 19. Jahrhunderts. Ästhetische Erziehung ist durch historische Bildung zu ersetzen oder besser: aufzuheben, da es ja dem historischen Bewußtsein zukommt, den Bildungsgehalt aller Vergangenheit sich anzueignen.[42] Daß ein solcher Abschied von der Kunst aufgrund der ästhetischen Strukturdeutung der geschichtlichen Phänomene und ihrer Hinterlassenschaften äußerlich bleiben mußte, führt wiederum das angeführte Dokument desselben noch einmal vor: Nicht weil es selbst Gedicht ist – wie gezeigt, hängt die Ästhetizität der historistischen Geschichtswissenschaft ebenfalls nicht an dem ‚literarischen' Äußeren ihrer Historiographie –, sondern weil es als ‚Gedankenlyrik' sich einerseits bereits auf die Stufe der Philosophie stellt,[43] seinen gedanklichen Gehalt andererseits aber nicht rational oder gar deduktiv entwickelt, sondern als Interpretation eines Bildes von Raffael[44] und damit einer Ausdrucksform des menschlichen Geistes, die strukturidentisch ist mit den sprachlichen und allen übrigen Quellen des Historikers (vgl. S. 20). Droysen ging mithin in seinem Gedicht – und nicht nur dort – von den Objektstrukturen jener klassischen Dichtung aus, die er für anachronistisch erklärte. Sein „Künstlerleben" operiert auf drei Begründungsebenen, denselben wie wir sie in der Geschichtstheorie fanden. Und diese Mehrdimensionalität konnte, wie zu sehen war, nicht einfach dadurch auf ‚Wissenschaftlichkeit' reduziert werden, daß Charakteristika literarischer Darstellung eliminiert wurden.

δ. Auch in der elaboriertesten Konzeption von Geschichtswissenschaft im 19. Jahrhundert stoßen wir nach alldem auf große Bereiche, die die szientifische Reflexion nicht durchdringt. So thematisiert Droysen zwar, in kritischer Absicht, die Rolle literarischer Bau- und Anschaulichkeitsformen bei der

41 Vgl. Aischylos: Werke Bd. 1, S. 179f. Das folgende Zitat ebd., S. 179. Solches festzustellen kann, dies nicht ganz nebenbei bemerkt, freilich auch zu (vordergründig) ganz anderen Schlüssen führen. So geht Richard Wagners Projekt eines ‚neuen' Mythos und einer wieder öffentlichen Kunst nicht zuletzt von einem durch Droysens Übersetzung und Didaskalien ermöglichten bzw. gelenkten Aischylos-Studium aus (vgl. Borchmeyer: Das Theater Richard Wagners, S. 77, 79).

42 Vgl. Historik (Ed. Leyh), S. 64, wo die Geschichte als *„königliche Wissenschaft"* tituliert wird. Als „das Höchste, was gedacht werden kann", bezeichnete schon Humboldt das geschichtswissenschaftlich-historistische Erkenntnisziel, die ‚Wahrheit' in der Wirklichkeit zu ‚enthüllen' (Ueber die Aufgabe des Geschichtschreibers – Werke Bd. 1, S. 587).

43 Das bemerkt treffend Obermann: Der junge Droysen, S. 115.

44 Die heilige Cäcilie mit Paulus, Johannes dem Evangelisten, Augustinus und Maria Magdalena – Pinacoteca Nationale, Bologna.

Konstituierung eines historiographischen Textes,[45] erkennt jedoch nicht, in welch konstitutivem Maße seine Geschichtsauffassung in ‚paradigmatischer' wie in ‚syntagmatischer' Hinsicht einem literarischen Textmodell geschuldet ist. Erklären dieses Mißverhältnis durch sein Sprachverständnis. Zwar geht er wie Humboldt davon davon aus, daß Denken an Sprache gebunden ist (vgl. S. 315), doch behandelt er diese dann als unproblematisches Werkzeug des - unter anderem geschichtswissenschaftlichen - Denkens. Was er aus Humboldts Sprachtheorie nicht übernimmt, ist die Einsicht in das gleichermaßen „philosophische und poetische Wirken" der Sprache[46]. Während Humboldt in Fortsetzung der Herderschen Sprachreflexion dem „Antheil der Sprache an der Bildung der Vorstellungen" nachspürte,[47] unterschlägt Droysens Geschichtstheorie die „Sprachlichkeit der Erkenntnis", die immerhin die ‚transzendentalphilologische' Bedingung seiner Methodologie bildet.[48] Damit bleibt die *Historik*, so läßt sich sagen, in der Reflexion der ersten Fundamente noch vor Herder stehen. 1768, fast am Anfang unseres Untersuchungszeitraums, hatte der Rigaer Hilfspastor bereits ein Bewußtsein dafür entwickelt, daß Sprache mehr ist als ein neutrales Medium, nämlich

> die Form der Wissenschaften, nicht bloß in welcher, sondern auch nach welcher sich die Gedanken gestalten: wo in allen Teilen der Literatur Gedanke am Ausdruck klebt, und sich nach demselben bildet. Ich sage in allen Teilen der Literatur: denn wenn man glaubt, daß bloß in der Kritik der schönen Wissenschaften, in Poesie und Rednerkunst, vieles vom Ausdrucke abhängt: so setzt man dieser Verbindung zu enge Gränzen.[49]

Geschichte und Historiographie auf Sprache und deren Poietizität zu beziehen fiel dagegen nicht in den Reflexionshorizont des geschichtswissenschaftlichen Historismus (während die ästhetischen Momente der eigenen Tätigkeit zumindest partiell anerkannt wurden). In diesem Sinne verhalten sich die avanciertesten geschichtstheoretischen Leistungen Herders ungleichzeitig

---

45 Vgl. Hans Robert Jauß: Der Gebrauch der Fiktion in Formen der Anschauung und Darstellung von Geschichte. - In: Formen der Geschichtsschreibung, S. 415-451, hier S. 422-424.

46 Vgl. Humboldt: Ueber Schiller [...] - Werke Bd. 2, S. 373.

47 Ueber die Verschiedenheit des menschlichen Sprachbaues [1827-29, veröff. 1917] - Werke Bd. 3, S. 153; zu Humboldts Kritik an der aufklärerischen Sprachauffassung vgl. Latium und Hellas - Werke Bd. 2, S. 59-61. - Zum nicht nachzuweisenden, aber wahrscheinlichen Einfluß des Sprachdenkers Herder auf Humboldt vgl. Gipper: Schwierigkeiten, S. 108-114.

48 Vgl. Gottlob: Geschichtsschreibung, S. 335. Zu Humboldts „transzendentalphilologischer Ansicht" der „philologisch-historischen Geisteswissenschaften" vgl. Kohlstrunk: Logik und Historie, S. 40.

49 Über die neuere deutsche Literatur. Fragmente. Erste Slg., 2. Ausg. - Werke Bd. 1, S. 556.

zum Historismus (und zu seinen aufgenommenen Beiträgen zu demselben). Erst mit dem ‚linguistic turn' der letzten Jahrzehnte sind sie zur Geltung gekommen[50] – ohne daß die zünftige Geschichtswissenschaft Herders Reflexion der Sprachlichkeit auch von historischer Erkenntnis bereits in ihr Selbstverständnis aufgenommen hätte. Denn mit der Anerkennung der „(weitgehenden) Textgebundenheit der Historie"[51] ist es dabei nicht getan; vielmehr geht es darum, Sprache nicht nur als Überlieferungsfaktor oder als disponibles Werkzeug des Geschichtsschreibers, sondern als weder hintergeh- noch auswechselbare und autonom poietische Prägeform einzukalkulieren.

Da wiederum Herder schon Grundgedanken aktueller Sprachreflexion in den ‚Geisteswissenschaften' vorweggenommen hat, ermöglicht es der abschließende erneute Hinweis auf das Sprachreflexions-Defizit der professionellen Geschichtstheorie im ganzen von mir behandelten Zeitraum, sowohl sich von der hier schwerpunktmäßig thematisierten ‚Ästhetisierung' perspektivisch zu distanzieren als auch eine anachronistische Ex-post-Kritik zu vermeiden, wie sie in der vielfach wohlfeilen Historismuskritik der letzten 30 Jahre, die von Wissenschaftlichkeitsnormen des 20. Jahrhunderts oder gar dem jeweils aktuellen politischen Weltbild ausging, gang und gäbe war. Denn die sprachkritische Begleitung des historiographiegeschichtlichen Prozesses der Ästhetisierung zwischen 1760 und 1860 fand bereits innerhalb dieses Zeitraumes statt, und zwar bei Autoren, deren Schriften in anderen Hinsichten unersetzbare Bausteine der historistischen Geschichtsauffassung und -theorie lieferten. Herder, Humboldt und z.T. auch Friedrich Schlegel stehen in einer alternativen Tradition, die nicht per se ‚abseitig' ist, sondern aufgrund von Ausblendungsentscheidungen der professionellen Geschichtstheorie nicht produktiv werden konnte.

Freilich läßt sich der Reflexionsverzicht auf dieser Ebene geradezu als typisch modern rubrizieren. Denn ohne jene Sprachreflexion konstituieren sich auch die ‚modernen' Nachbar- und Bezugsdisziplinen der Geschichtswissenschaft: die Kantische Erkenntnistheorie ebenso wie Hegels Geschichtsphilosophie und Boeckhs Philologie[52]; sogar die klassische Literarästhetik

50 Zu einem Versuch, Herders Sprachreflexion an aktuelle Debatten, hier die poststrukturalistische Metaphysikkritik, anzubinden, vgl. Karl Menges: Erkenntnis und Sprache. Herder und die Krise der Philosophie im späten achtzehnten Jahrhundert. – In: JGH. Language, History, and the Enlightenment, S. 47-70, bes. S. 63. In der linguistisch inspirierten Geschichtstheorie spielt der Rekurs auf Herder dagegen keine Rolle. Hayden White beispielsweise postuliert die Bildlichkeit sprachlicher Beschreibungen in einer stark an Herder gemahnenden Weise (vgl. Geschichte erklären, S. 51), interpretiert dessen Beitrag zur Geschichtstheorie jedoch ganz traditionell (vgl. Metahistory, S. 106-108).

51 Maier: Der Historiker und die Texte, S. 84.

52 Vgl. Ernst Vogt: Der Methodenstreit zwischen Hermann und Böckh und seine Bedeu-

zeichnet sich durch die Verdrängung „sprachlicher Materialität" zugunsten von ‚Geist' und ‚Ideen', als deren Platzhalter bloß die sprachlichen Zeichen fungieren, aus[53]. Daß selbst in der Dichtung „das sprachliche Element nur als Mittel" zu betrachten sei, das keinen poietischen Anteil daran hat, daß „der Geist [...] sich gegenständlich" wird, konnte Droysen zumal in der *Ästhetik* Hegels nachlesen.[54] Die Prägewirkung der Sprache zu übersehen aber konnte das Vertrauen in die Anästhetik seiner Geschichtstheorie nur sichern helfen. In ähnlicher Weise mußte das abnehmende Sprachbewußtsein Rankes dessen partielle Anerkennung ‚künstlerischer' Momente entschärfen. Wenn schließlich dies alles für das ‚moderne' Wissen nicht untypisch ist, darf man dann, in einer Art Umkehrschluß, Herders signifikantenbewußte Hermeneutik als ‚postmodern' einstufen? Amerikanische Interpreten stellen sie neuerdings in eine solche Vorläuferschaft.[55] Wenn Herder jedoch es ablehnt, „außer oder hinter den Worten einen Sinn zu dichten," so ist „eine bloße Phänomenologie, d.i. ein Buchstabiren ohne Sinn" ebensowenig „sein Werk".[56] Aus dem Sinnhorizont des Historismus bricht dessen sprachkritische Seitenlinie nicht aus.

---

tung für die Geschichte der Philologie. - In: Philologie und Hermeneutik im 19. Jahrhundert, S. 103-121, hier S. 116f.

53 Erich Kleinschmidt: Klassik als ‚Sprachkrise'. Probleme des Sprachbewußtseins um 1800. - In: Klassik im Vergleich, S. 25-41, hier S. 30.

54 Hegel: Ästhetik Bd. 2, S. 331; zu Hegels Vorstellung von literarischer Sprache als einem apoietischen Zeichensystem vgl. auch ebd., S. 365, 371; Bd. 2, S. 299.

55 Vgl. Leventhal: The Disciplines of Interpretation, S. 140-234, oder Karl Menges: „[...] daß der Gedanke am Ausdruck klebe": Vom Sprechen und Schreiben bei Herder. - In: JGH. Geschichte und Kultur, S. 153-166, hier S. 164, 166.

56 Herder: Metakritik der reinen Vernunft T. 1 - SW 21, S. 173

IV.

Ausblicke

A. Zu Persistenz und Wandel des Ästhetischen in Droysens *Geschichte Alexanders des Großen*

Dietrich Harth hat gezeigt, daß Droysens Anspruch auf eine theoretische Konstruktion der Geschichte sich in einem Werk durchaus niedergeschlagen hat, das man auch für einen historischen Roman, und zwar einen der gelungensten des 19. Jahrhunderts, halten könnte: Indem der Historiker in der *Geschichte Alexanders des Großen* die Genese der griechischen Kultur beschreibt, entwickelt er zugleich seinen Begriff des geschichtlichen Prozesses mit der Überständigkeit theoretischer Entwürfe über die jeweiligen Zustände und den ‚Arbeitern', welche die entworfenen Gedanken aufnehmen und ihnen historische Geltung verschaffen.[1] In der Originalausgabe von 1833 fehlen freilich die Passagen, auf die Harth seinen Befund stützt. Die beiden Fassungen des *Alexander*, 44 Jahre liegen sie auseinander, können in diesem Punkt - und in einigen weiteren - deswegen dazu dienen, die Entwicklungstendenz der historistischen Geschichtsschreibung über den hier thematisierten Zeitraum hinaus wenigstens anzudeuten.[2] Allerdings zeigt sich die ästhetische Prägung des klassischen Historismus auch in der Ausgabe von 1877 noch deutlich genug.

Zugespitzt formuliert, machten in der Erstfassung teleologische Ex-post-Setzungen die Entwicklung eines dialektischen Geschichtsbegriffs ‚überflüssig'. Droysen benennt dort die „Bewältigung und Durchgeistigung Asiens" umstandslos als „letztes Ziel des griechischen Lebens".[3] Seine Erzählung steht damit unter der Perspektive, wie, d.h. durch welche Mittel Alexander sich diesem Ziel näherte und so seinen „großen Beruf"[4] erfüllte, weniger unter der Frage, warum überhaupt der geschichtliche Prozeß in der so bezeichneten Richtung verlief und in welchem Maße er von den Handelnden gesteuert werden konnte. Die ‚vergangene Zukunft' des vierten Jahrhunderts vor Christus ist nicht perspektivisch offen. Überwiegend vermeidet es Droysen

1 Vgl. Harth: Biographie als Weltgeschichte, S. 67f.

2 Zu den Änderungen der Neufassung vgl. auch Wagner: Die Entwicklung J. G. Droysens als Althistoriker, S. 179-211. Wagner benennt eine ganze Reihe verschiedenartiger Veränderungen, wenngleich nicht die hier thematisierten.

3 Alexander (1833), S. 22; vgl. die äquivalente Passage in der späteren Ausgabe ohne diese Zielformulierung (S. 20).

4 Alexander (1833), S. 519; in der Fassung von 1877 fehlt bezeichnenderweise diese Wendung (vgl. S. 524).

gleichwohl, den teleologischen Vorausentwurf seines Gegenstands begrifflich zu explizieren. Noch charakteristischer als die teleologische Struktur der Erstausgabe ist ihr ‚poetischer' Präsentationsmodus. Das macht sich bereits in der Vermittlung der universalgeschichtlichen Zwecksetzung mit dem Horizont und den Intentionen der Zentralfigur bemerkbar: Was Droysens Alexander tun ‚mußte' (aus universalgeschichtlicher Ex-post-Perspektive), das *wollte* er auch.[5] Das teleologische Moment der erzählten Geschichte ist dadurch zum guten Teil neutralisiert, daß es als Geist- und Willenserzeugnis ihrer zentralen Figur erscheint. Vor der Skylla der geschichtsphilosophischen Konstruktion fliehend, gerät Droysen so freilich in die Strudel der Charybdis jener spezifisch literarischen Introspektive,[6] die er in der *Historik* nachdrücklich aus der Geschichtsschreibung verwies.

Den Beginn der Erstfassung prägt wieder eine andere Variante der Poetisierung von Geschichtsphilosophemen. In literaturnaher Bildlichkeit wird dort über jene räsonniert, „welche die Geschichte zu Vorkämpfern ihrer Siege, zu Werkmeistern ihrer Gedanken auserwählt": ihnen „gibt sie die Unsterblichkeit des Ruhmes, in der Dämmerung des ewigen Werdens gleich einsamen Sternen zu leuchten".[7] Hegels Konzept von ‚Geschäftsführern des Weltgeistes' ist in den zwei kurzen Absätzen, denen diese Zitate entnommen sind, bis in die Verästelungen hinein aufgenommen[8] und zugleich ‚verpackt'. Noch mehr Einkleidungsaufwand treibt Droysen, wenn es im folgenden darum geht, die persisch-griechischen Kriege seit dem Beginn des 5. Jahrhunderts als Ausdruck eines notwendigen und weltumgreifenden Antagonismus zwischen Ost und West zu deuten, der zugleich ein, wenn nicht das Bewegungsprinzip der Geschichte bildet. Denn nun wechselt er ganz in die Bilder- und Gleichnisrede:

> Also drängt sich das Chaos des Menschengeschlechts Flut auf Flut; über den Wassern wehet der Geist Gottes, ein ewiges Werde, eine Schöpfung ohne Sabbat.
> Und wie an dem ersten Schöpfungstage Gott das Licht von der Finsternis schied, und aus Abend und Morgen der erste Tag ward, so hat der erste Tag der Geschichte die Völker aus Abend und Morgen zum ersten Male geschieden zu ewiger Feindschaft und dem ewigen Verlangen der Versöhnung, denn es ist das Leben des Geschaffenen, sich aufzuzehren und zurückzusinken in die alte friedliche Nacht des ungeschaffenen Anfangs; drum ringen die Völker aus Abend und Morgen den Kampf der Vernichtung; sie sehnen sich nach endlicher Ruhe.[9]

---

5 Vgl. Alexander (1833), S. 475f.

6 Vgl. u.a. ebd., S. 490.

7 Ebd., S. 11.

8 Vgl. Blumenthal: Droysens Auseinandersetzung mit dem Idealismus, S. 347. Zu Hegels Vorprägung von Droysens Hellenismus-Konzeption vgl. Bichler: ‚Hellenismus', S. 66-74.

9 Alexander (1833), S. 11f.

Man kann in diesen beiden Absätzen durchaus Grundgedanken von Droysens Geschichts*theorie* wiedererkennen. Trotzdem macht es einen nicht nur marginalen Unterschied, ob dem Leser hier ein Gerüst von idealistischen Geschichtsphilosophemen oder ein prätentiert göttliches bzw. schöpfungsanaloges Schauspiel geboten wird. In der zitierten Passage wird Geschichtstheorie der ästhetischen Erfahrung zugänglich gemacht, ja jene entsteht, geht man von der ersten Lektüre aus, erst aus dieser; von der Suggestivkraft der Genesis-Bilder, die in Erinnerung gerufen werden, gar nicht zu reden.

Diese Mischform von historischer, geschichtsphilosophischer und ästhetischer Konstruktion von Geschichte und Vorabinterpretation des zu Erzählenden – in welcher überdies die ästhetische Komponente überwiegt – scheint für den späten Droysen dagegen nicht mehr akzeptabel gewesen zu sein. Von einem der Geschichte überhaupt inhärenten und ewigen Antagonismus zwischen Ost und West ist in der Neufassung nicht mehr die Rede, sondern lediglich von dem „ersten großen Ringen des Abendlandes mit dem Morgenlande". Der Historiker beginnt nun nicht mehr mit der Ausnahmestellung der ‚weltgeschichtlichen Persönlichkeit', sondern mit der konkreten Ausnahmeleistung des Alexanderzuges, wie sie sich angesichts „der Verbreitung griechischer Herrschaft und Bildung" über das ganze bekannte Asien durch „ein so kleines Volk" darstellt.[10] Alexanders Bedeutung ist jetzt von Anfang an dahin präzisiert, eine neue historische Epoche, den „Hellenismus", heraufgeführt zu haben, welcher von Droysen geprägte Begriff in der späteren Fassung gleich den zweiten Absatz schließt, in der Urfassung dagegen erst in den resümierenden Passagen des letzten Kapitels erläutert wird.[11] Weniger der Held als seine historische Leistung steht nun im Mittelpunkt des Interesses; dementsprechend schließt das Werk nicht mehr mit seinem Namen, sondern mit einem Ausblick auf die Kämpfe nach seinem Tod und einem Aischylos-Fragment: „das Leben ist (zu Ende) durchwacht".[12]

Expositorische Strukturen der *Geschichte Alexanders* mit tragender Funktion hat Droysen mithin in der Neuausgabe entpoetisiert. Vorsichtig muß man natürlich sein, aus diesen wenigen Beobachtungen auf eine generelle Tendenz gleicher Richtung in einer zunehmend komplexeren Geschichtswissenschaft zu schließen. Immerhin signifikant ist, daß jene Entpoetisierungstendenz an einem Werk des Begründers des ‚klassischen' und eben auch ‚ästhetischen' Historismus selbst anschaulich wird. Gänzlich entpoetisiert wird der Text freilich nicht. Wesentliche Sinnbildungsmechanismen funktionieren vielmehr

10 Alexander (1877), S. 3.

11 Ebd.; vgl. dass. (1833), S. 518f., 548f.

12 Vgl. Alexander (1833), S. 581; dass. (1877), S. 583: diapephrourētai bios (Aischylos Fragm. 248).

immer noch prägnant literarisch bzw. ,vorwissenschaftlich'. Um nur ein besonders auffälliges Moment herauszugreifen: Droysens Umgang mit Sagen und Mythen sowie ihrer spezifischen Geschehensdeutung muß in einem ,wissenschaftlichen' Text irritieren. Der Darstellung des historischen Konflikts zwischen Griechen und Persern beispielsweise schaltet er eine Erinnerung an die sagenhaften Fassungen desselben voraus: Verschiedene mythische, Ost und West verbindende Liebesverhältnisse des Zeus, die Argonautensage und der Trojanische Krieg, sowie ,Sieben gegen Theben' als Präfiguration innergriechischer Kämpfe werden als Selbstentwurf der Griechen und damit als mentale Disposition für das Kommende präsentiert.[13] Einleitend in diesen Status gerückt, ist die mythische Überlieferung geschichtswissenschaftlich unproblematisch. Abschließend jedoch als „Mahnungen und Ahnungen als alten Zeiten" qualifiziert, die „sich zu erfüllen" begannen, als „die Gesänge der Homeriden vor anderen neuen Sangesweisen verstummten", stellt sie wieder ein mythisches Sinnbildungspotential dar. In dieser Qualität sind die genannten Sagen für Droysen interessant und werden sie von ihm aktualisiert.[14]

Daß sich zu Mythen und Sagen verdichtete Erwartungen an die Geschichte erfüllen, schafft Sinn, weil der historische Ablauf dadurch ,verläßlich' erscheint. Er wird nicht geradezu kalkulierbar – dafür fallen die sagenhaften Hinweise auf die zu erwartende Zukunft zu vage aus –, aber das Chaotische eines ungedeuteten Konglomerats von geschichtlichen Ereignissen, von Siegen und Niederlagen, enttäuschten Hoffnungen und unerwartet glücklichen Wendungen scheint gebannt. Nur und erst in einer solchen ,Ordnung' von Geschichte ist es überdies möglich, Sagen als ,Ahnungen' aufzufassen, gestalten jene doch eigentlich und zunächst einmal Erfahrungen aus der Geschichte und nicht Erwartungen an sie. Das Schema von Ahnung und Erfüllung strukturiert indessen nicht allein das Verhältnis von Vorgeschichte und eigentlicher Geschichte, sondern auch die Beziehung von Ausgangs- und Endpunkten innerhalb letzterer. Zumal an den Ahnungen, die Droysen im Zusammenhang mit Alexanders Zeugung und Geburt berichtet, tritt die sinnstiftende Funktion von Prophezeiungen, deren Erfüllung berichtet werden kann, erneut hervor. Über Alexanders Mutter Olympias heißt es dort auch 1877 noch:

13 Vgl. Alexander (1877), S. 6-8.

14 Ebd., S. 8. In der Fassung von 1833 gilt gar von vornherein der mythische Sinnbildungsmodus, denn das Sagenreferat wird dort schon so eingeleitet: „In Sagen und Gesängen gestaltete sich die eigene Zukunft vor" (S. 16).

> Sie träumte, so heißt es, in der Nacht vor der Hochzeit, es umtose sie ein mächtiges Gewitter, und der Blitz fahre flammend in ihren Schoß, daraus dann ein wildes Feuer hervorbreche und in weit und weiter zehrenden Flammen verschwinde.
> Wenn die Überlieferung sagt, daß außer vielen anderen Zeichen in der Nacht, da Alexander geboren wurde, der Artemistempel zu Ephesos mit seinem Megabyzos an der Spitze seiner Verschnittenen und Hierodulen den Hellenen ein echt morgenländisches Heiligtum [nach der Erstausg. von mir verbessert aus ‚Heidentum', D.F.], niedergebrannt sei, daß ferner der König Philipp die Nachricht von der Geburt seines Sohnes zu gleicher Zeit mit drei Siegesbotschaften erhielt, so spricht sie sagenhaft den Sinn des reichsten Heldenlebens und den großen Gedanken eines Zusammenhanges aus, wie ihn die Forschung nachzuweisen sich oft umsonst bemüht und öfter überhoben hat.[15]

Die Passage bildet ein Konglomerat aus einem ungedeuteten Traumgesicht, Spekulationen über die Providentialität des Geschehens und raunenden Sinnpostulaten. Allem gemeinsam ist eine mehr oder weniger deutliche sinnstiftende Funktion, die freilich nicht zum geringsten von der Rätselhaftigkeit des einzelnen lebt. Aus sich heraus etwas leichter läßt sich der zweite Abschnitt verstehen: Bereits die Begleitumstände von Alexanders Geburt sollen auf seine späteren Taten weisen, die makedonische Besiegung ‚Asiens' nämlich. Daß die zu berichtenden Einzelheiten nicht in einem kausalen Zusammenhang stehen, tut der Herstellung einer Deutungsperspektive bemerkenswerterweise keinen Abbruch. Zum Sinnpotential wird die bloße Gleichzeitigkeit von ganz disparaten Ereignissen aber, wenn man sie nicht als Zufall hinnehmen muß, sondern als Fügung verstehen darf. Eben dies tut die sagenhafte Überlieferung; sie faßt den „großen Gedanken eines Zusammenhanges", wo die wissenschaftlich kontrollierte Geschichtsschreibung nur Zufall finden kann, weil sie ‚äußere' (pragmatische) Kontingenz nicht durch den Sprung zu einer ‚inneren' (poetischen) Bedeutung aufheben darf. Die Geschichtswissenschaft hat sich um ‚Faktizität' (auch in den historischen Zusammenhängen) zu kümmern, nicht um zeichenhafte Relationen; bei der Poesie verhält es sich im wesentlichen umgekehrt. Als Sinnstiftung ist sie ersterer deshalb überlegen. Es ist ein Handikap der Wissenschaft, daß Droysen eine solchermaßen ‚poetische' Interpretation gleichzeitigen Geschehens als ‚sagenhaft' einstufen muß. So gesehen, fügt er jene ‚schönere' Deutung bloß als ein ‚Zitat' in seinen Text ein. Allerdings geht das Urteil, daß die Überlieferung in dem von ihr hergestellten Zusammenhang einen „großen Gedanken" und „den Sinn des reichsten Heldenlebens" ausgesprochen habe, von dem Historiker aus. An dieser Stelle verwischt die Instrumentalisierung der Sinnfälligkeit von ‚poetischer' Geschichte durch den historiographischen Erzähler jene „Sonderung

15 Alexander (1877), S. 82; vgl. dass. (1833), S. 64f.

von Dichtung und Geschichte" (Goethe), die konstitutiv ist für die Wissenschaftlichkeit der Historie. Droysen ‚zitiert' weniger konsequent als vorgeschrieben ‚mit Anführungszeichen'; er *erinnert* nicht bloß einen Sinn – so die Pflicht des Historikers nach Rüsen –[16], sondern macht ihn sich zu eigen. Je bruchloser aber die ‚poetischen' Sinnbildungskomponenten in den wissenschaftlichen Text integriert sind, desto mehr gewinnt dieser selbst literarischen Charakter. Daß wiederum dieser literarische Charakter nicht eine fakultative Dazugabe darstellt, sondern ein von der Geschichte als ‚Wissenschaft' nicht einzulösendes Bedürfnis erfüllt, sagt Droysen selbst hinreichend deutlich: Allein (noch) in ästhetischen Strukturen läßt sich die sinnverbürgende Kohärenz des geschichtlichen Geschehens aussprechen.

Wenn Droysen das historische Geschehen als ‚Erfüllung' interpretiert, *stiftet* er gar Sinn. In dieser Hinsicht ist die Überarbeitung, wie bereits angedeutet, allerdings etwas zurückhaltender als die Erstfassung.[17] In der Auflösung des Traums der Königin Olympias im ersten Abschnitt des Zitats tritt das besonders deutlich hervor. Denn die Explikation seiner Bedeutsamkeit im Rahmen der Würdigung von Alexanders weltgeschichtlicher Leistung ist in der Neuausgabe weggekürzt. In der Erstfassung dagegen wurde unter der Rubrik der „von Alexander bezweckten und begründeten Völkermischung" resümiert:

> Olympias' Traum war erfüllt, die Flamme ihres Schoßes, von der sie in der Brautnacht geträumt, hatte die Länder der Welt entzündet und in *eine* Feuersbrunst alle Vergangenheit, alle Schranke niedergebrannt, daß der Feuerschein bis in die Wüsteneien des Nordens und in die stillen Wälder des Ganges widerleuchtete.[18]

Selbst auf mythische Präfigurationen glaubt Droysen in dieser Weise zurückverweisen zu dürfen: „Alexander vollendete das große Werk, das Dionysos den Hellenen begonnen; nun endlich trank Asien in vollen Zügen von dem hellenischen Geiste und das schlummernde Leben der Völker erwachte geläuterter."[19] Die verschiedenen Prophezeihungen selbst stehen freilich auch in der Neufassung. Alexanders Feldzug und Politik als ihre ‚Erfüllung' zu interpretieren steht dem Leser mithin nach wie vor frei. Im Prinzip unverändert, lediglich weniger ausdrücklich und also subtiler wird dieser zu einer ‚poeti-

16 Vgl. Rüsen: Lebendige Geschichte, S. 71.

17 Vorsichtiger ist die Neufassung ganz allgemein mit der (aneignenden) Erinnerung an Zeichen, denen die Zeitgenossen Alexanders prophetische Bedeutung zusprachen. Vgl. Alexander (1833), S. 89, mit der entsprechenden Stelle in der Neuausgabe (S. 104); ebenso 1833: S. 163/1877: S. 180; 1833: S. 536/1877: S. 539-543; 1833: S. 565/1877: S. 569. In beiden Fassungen breit aufgenommen werden dagegen die bösen Vorzeichen, die Alexanders Tod ankündigen, vgl. 1833: S. 567, 574, 576/1877: S. 571, 576, 578.

18 Alexander (1833), S. 544.

19 Ebd., S. 544f.

schen' Lesart des Werkes aufgefordert. Denn die Verdichtung der Geschehensstruktur, wie erfüllte Zukunftszeichen der von Droysen genutzten Art sie erreichen, entfernen die dargestellte Geschichte von der tagtäglich erfahrbaren Kontingenz des Tatsächlichen und nähern sie der geschlossenen und deshalb intensivierten und auch bedeutsameren Welt der Dichtung an. Die wiederholt vom Historiographen angeführten sagenhaften Prophezeihungen erfüllen in diesem Sinne dieselbe Funktion wie die sog. zukunftsungewissen Vorausdeutungen in einem literarischen Text.[20] Das ,poetische' Material produziert also auf eine selbst wieder poetische Weise Sinn. Der Traum der Olympias hat nicht allein per se poetischen Charakter (wegen seiner Bildhaftigkeit und weil er das ,Wirkliche' transzendiert), sondern er läßt Droysen darüber hinaus insofern literarisch *verfahren*, als er als ungedeutetes Symbol stehen bleibt bzw. auch seine schlußendliche Deutung sich massiv metaphorischer Rede bedient. Selbst in der Neufassung werden die ,poetischen' Strukturen, die die sagenhaften Verheißungen über den Text legen, weniger aufgelöst als verdeckt. Die Entpoetisierung, die in der Neuformulierung des Anfangs zum Ausdruck kommt, setzt sich in der Sinnbildungsstruktur des Textes nicht wirklich durch. Dort finden sich vielmehr textpraktische Komplemente zu jener Ästhetizität, die sogar der antiliterarische Ansatz der *Historik* nicht aus der historistischen Geschichtstheorie auszuschließen vermochte.

,Literarische' Techniken zur Sinnbildung auch in historiographischen Texten zu untersuchen verlagert indes, gemessen an der ursprünglichen Fragestellung dieses Buches, schon ein wenig die Perspektive. Nicht mehr wie überhaupt Geschichte erzählt werden kann, sondern wie die historiographische Erzählung auch unter den Bedingungen einer methodisch geregelten Wissenschaft Orientierungsbedürfnisse jenseits bloßer Tatsachenfeststellungen befriedigt, stand hier zuletzt zur Debatte. Außerdem sind wir damit in einen Bereich geraten, in dem literarisch-ästhetische Verfahren nicht mehr allein dazu dienen, moderne Geschichtsschreibung zu ermöglichen, sondern deren Wissenschaftlichkeit zu beeinträchtigen drohen. Sowenig die Darstellungsform der Erzählung per se „eher einfach, glatt"[21] ist – vielmehr fordert sie, wie Johannes Fried soeben hervorzuheben sich gezwungen sieht, einen kompetenten Leser –[22], sowenig salviert ihre historiographiegeschichtliche Schlüsselstellung sie gegen kontrawissenschaftliche Effekte, die auf ihr oder

20 Vgl. Lämmert: Bauformen des Erzählens, S. 192-194.

21 Vgl. Jürgen Kocka: Bemerkungen im Anschluß an das Referat von Dietrich Harth. – In: Geschichte als Literatur, S. 24-28, hier S. 28.

22 Vgl. Fried: Über das Schreiben von Geschichtswerken, S. 125 (in Reaktion auf eine Rezension von Gert Althoff: Von Fakten zu Motiven. Johannes Frieds Beschreibung der Ursprünge Deutschlands. – In: HZ 260 [1995], S. 111-117).

ihres literarischen Kontextes Konto gehen. In einer Überreaktion gegen die verbreitete Anästhetik in der deutschen Historie diese Gefahr nicht mehr wahrzunehmen hieße, die Geschichtsschreibung ganz Poetik und Ästhetik zu überantworten.

B. Geschichtstheorie und Ästhetik im 20. Jahrhundert

Die wissenschaftshistorischen Ergebnisse dieser Arbeit sind zustande gekommen nicht ohne Hinweise von seiten der narrativistischen Geschichtstheorie. Umgekehrt kommt ihnen einiges Gewicht zu im Streit um den Status von ‚Erzählung' im historischen Denken und seiner geschichtsdarstellenden Praxis, auch wenn deren ästhetische Prägung hier zunächst einmal nur einen historischen Befund für Anfang und Mitte des 19. Jahrhunderts darstellt. Ein Rückbezug des historisch-empirischen Befundes auf den theoretischen-systematischen Rahmen scheint deshalb methodisch legitim und nicht in einen argumentativen Zirkel zu münden, weil die theoretische Anleitung der historiographiegeschichtlichen Untersuchung hinreichend ergebnisoffen angelegt war; nicht die Bestätigung theoretischer Annahmen, sondern ihre Problematisierung bildete ja den Ausgangspunkt der ‚historiographiepraktischen Wende' dieser Studie. Mit Blick auf den Narrativismus Baumgartners und Rüsens kann mithin festgehalten werden: Ein Schema ‚Erzählung', das als ‚transzendentale' Voraussetzung von moderner Geschichtswissenschaft und -schreibung funktioniert, ist in den historiographiegeschichtlichen Quellentexten rekonstruierbar oder genauer: In dem untersuchten Zeitraum bildete sich ein solches Schema heraus. ‚Narrativ' verfaßt ist damit die Historie nicht per se, sondern *ihre narrative Verfassung ist Produkt eines historiographiegeschichtlichen Prozesses.* In der deutschsprachigen Geschichtsschreibung ist sie Ergebnis der Ablösung von der anarrativ-systemorientierten Historik des aufklärerischen Pragmatismus. Die konzeptionellen Faktoren und das Resultat dieser Ablösung weisen zudem nicht allein die historische Gebundenheit der narrativ verfaßten Geschichtswissenschaft aus, sondern auch ihre *poetologische Bedingtheit.* Die Formierung der modernen, d.h. zumindest inexplizit-strukturell ‚narrativen' Geschichtsschreibung vollzog sich in einer so engen Verbindung mit der nachaufklärerischen Ästhetik und Poetik und deren Adaption durch das historische Denken, daß dieser Formierungsprozeß zuvörderst als ‚Ästhetisierung' zu charakterisieren war. Die klassisch-historistische Geschichtswissenschaft stellte eine Disziplin dar, die in wesentlichen Hinsichten der Konstituierung, Organisation und Darstellung ihres Gegenstandsbereichs nach ästhetischem bzw. poetischem Muster verfuhr. Das betrifft ihre Auffassung der res gestae ebenso wie ihre Gestaltung der historia rerum gestarum, beider syntagmatische Struktur wie paradigmatische Schichtung, einschließlich der idealistischen Wirklichkeitsauffassung, sowie nicht zuletzt die hermeneutische Methode. Insofern Droysens Lösung von einer ‚poetischen' Historie sprachtheoretisch gestützt war, wurde die ästhetische Verfassung der Geschichtswissenschaft sogar durch deren versuchte Entästhetisierung noch einmal befestigt.

Von poetologischer Neutralität einer narrativistisch zu begründenden Geschichtswissenschaft kann demnach keine Rede sein. Ein Konstruktionsbewußtsein (das sich eingebettet weiß in eine vorgängige Subjekt-Objekt-Identität), intuitionistisch-ästhetische Methodenbestandteile, die Entdeckung von ‚Wahrheit' und ‚Idee' im Wirklichen, die dramatische oder epische Fabel als Integrations- und Sinnvermittlungsschema und insbesondere die Annahme und ‚Rekonstruktion' symbolischer Beziehungen zwischen den verschiedenen Ebenen und ‚Größen' des historischen Prozesses ordnen die Historik und Historio-Poetik des klassischen Historismus vielmehr der Ästhetik und Poetik der Goethezeit zu. Von Lessing und vor allem von Herder vorbereitet, finden wir bei Schiller eine erste, wenn auch partielle Anwendung derselben auf Historik und Geschichtsschreibung und bei Ranke dann ein Geschichtsdenken, zu dessen unabdingbarster Voraussetzung die Adaption jener von Goethe bzw. Friedrich Schlegel sowie der philologischen Hermeneutik vertretenen Ästhetik gehörte; mehr sich fortsetzend als auslaufend, begleitete sie den Historismus auch noch in der Fassung des ‚poetischen Realismus'.

Die relative Persistenz der goethezeitlichen Ästhetik im 19. Jahrhundert kann jedoch nicht erübrigen, die Frage nach der Geltung ästhetischer Denk- und Verfahrensweisen in der Geschichtswissenschaft *nach* dem klassischen Historismus oder in der Gegenwart zu stellen. Die Antwort auf diese Frage entscheidet letztlich sogar über die Konsequenzen unseres historiographiegeschichtlichen Befundes für die gegenwärtige Geschichtstheorie. Daß ‚Erzählung' von der Genese der modernen Geschichtsschreibung her kein poetologisch neutraler Begriff sein kann, stellt nicht automatisch auch die Theorie gegenwärtiger Geschichtswissenschaft auf die ästhetische Grundlage der Literatur um 1800. Denn möglicherweise läßt sich ‚Erzählung' jenseits des Historismus und der Tradition goethezeitlicher Ästhetik ohne die hier aufgezeigten poetologischen Implikationen konzipieren. Paul Ricœurs geschichtstheoretischer Erzählbegriff beispielsweise beansprucht zwar nicht poetologische Neutralität, möchte sich aber nicht auf eine Epoche der Poetik festlegen lassen. Indessen geht die Suche nach einem möglichst anästhetischen Geschichtsbegriff bereits von Prämissen aus, deren Geltung nicht so sicher ist, wie es innerhalb der Geschichtswissenschaft scheinen mag: nämlich von der Dichotomisierung von Wissenschaft und Ästhetik und der Positionierung der Historie allein auf dem wissenschaftlichen Feld. Einleitend wurde dagegen angedeutet, daß die neuere humanwissenschaftliche Theoriediskussion solche Prämissen zu verabschieden neigt. Die Konsequenzen daraus für die Ästhetizität der gegenwärtigen Geschichtswissenschaft sollen auch jetzt aber nicht theoretisch-postulatorisch erörtert werden.[1] In der methodischen Logik dieser Arbeit läge es vielmehr, die weitere Entwicklung von Geschichtsdenken und -schreibung im späten 19. und im 20. Jahrhundert zu verfolgen, wieder im Kontext der Wissenschaftstheorie ebenso wie von Poetik, Ästhetik und literarischen Modellen des Geschichte(n)erzählens. Hier freilich kann allenfalls ein Ausblick auf diese Entwicklung versucht werden.[2] Sein Ziel ist es lediglich darzulegen, daß sich das Thema einer unverzicht- oder unhintergehbaren Ästhetizität der Historie auch nach 1860 nicht erledigte. Zu fragen ist insbesondere, wie weit die wissenschaftstheoretische Lösung vom Ästhetischen, für die am Anfang unseres Jahrhunderts Max Weber steht, Geltung erlangt hat und ob sich nicht Literatur und Ästhetik in einem solchen Maße gewandelt haben, daß Interferenzen mit der Historie nicht mehr zustande kommen.

Jedenfalls scheint sich das Verhältnis von Historie und Literatur seit der Mitte des vergangenen Jahrhunderts noch einmal erheblich verkompliziert zu haben. Auf der einen Seite haben so unterschiedliche Historiker wie Golo Mann und Jörn Rüsen die Ansicht vertreten, daß am Ende des 20. Jahrhunderts die Poetik eines Geschichtswerkes nicht mehr der literarischen Erzäh-

---

1 An einigen neuralgischen Punkten der Theorien von Rüsen und Ricœur, wo entweder die wissenschaftliche Kontrolle des Ästhetischen oder die Fabelgebundenheit der Historiographie nicht ganz gesichert scheint, ist eine solche Diskussion oben bereits begonnen worden (vgl. Kap. II. B. 2. c., Anm. 98 und 96). Eindeutige Schlüsse lassen sich aus den Schwierigkeiten beider Theoretiker indes kaum ziehen, denn interessanterweise gerät das eine Mal der szientifische, das andere Mal der poetologie-bewußte Narrativismus an seine Grenzen.

2 Sehr vorläufig muß ein solcher Ausblick auch deshalb bleiben, weil die ästhetischen Interferenzen zwischen Literatur und Historiographie im 20. Jahrhundert noch weniger erforscht sind als in früheren, weniger unübersichtlichen Epochen. Allerdings signalisieren Dissertationen wie die von Hey'l (Geschichtsdenken und literarische Moderne), Gnetter (Vorkriegszeit im Roman einer Nachkriegszeit) oder Steierwald (Leiden an der Geschichte), daß die germanistische Forschung diesen Bereich zu entdecken beginnt. Auf historiographischer Seite hingegen ist das erste Drittel unseres Jahrhunderts wohl die am wenigsten erforschte Periode der Historiographiegeschichte der letzten 250 Jahre. Die einschlägigen größeren Arbeiten z.B. zur Geschichtswissenschaft der Weimarer Republik konzentrieren sich zudem auf die Kritik am damaligen Geschichtsbild (vgl. Faulenbach: Ideologie des deutschen Weges; Schleier: Die bürgerliche deutsche Geschichtsschreibung). Schleier kommt in einem Theorie- und Methodenkapitel (S. 215-257) zwar auch auf ästhetisierende Auffassungen, versperrt und erspart sich jedoch durch extensives Aussprechen des Irrationalismus-Verdikts jede wirkliche Auseinandersetzung. Dies aber ist auch mit Blick auf die Diskussion der Ästhetizität geschichtswissenschaftlicher Verfahren andernorts zu betonen: Unter die Begriffe ‚Vernunftgebrauch' vs. Irrationalismus gestellt, ist sie von vornherein nicht sinnvoll zu führen.

lung des 19. Jahrhunderts entsprechen könne.[3] Auf der anderen Seite ist darauf hingewiesen worden, daß „der Ruf nach einer Virginia Woolf, einem Joyce, Döblin oder Brecht der Historiographie [...] ganz vergeblich erklingen" wird. „Bewußtseinsstrom und erlebte Rede der Figuren sind nämlich Techniken, die nur in fiktionalen, auf die inneren Erlebnisse der Figuren abgestellten Erzählungen möglich sind."[4] Treten damit die literarische Moderne des 20. Jahrhunderts und die Geschichtsschreibung notwendig und in einer neuen Qualität auseinander? Paul Michael Lützeler argumentiert in diese Richtung – und berührt, indem er literarische Modernität auf neuartige Techniken der Innenweltdarstellung zu reduzieren neigt, sogar nur einen Aspekt sowohl des Innovationspotentials als auch des Divergenzstrebens der emphatischen Moderne. Versuchen wir also zunächst eine Vorstellung von der Kluft zu gewinnen, die zu Beginn des 20. Jahrhunderts Historie und Dichtung auf eine neue Weise sonderte.

α. Genau genommen läßt sich bereits die Erzählliteratur der vielen ‚Epochen' des 19. Jahrhunderts nicht in der Weise auf ein poetologisches Prinzip zentrieren, wie es für den ‚pragmatischen Roman' der Spätaufklärung möglich ist. Zumal die *Sinnfrage* stellt das ambitionierte fiktionale Erzählen in der Regel entschiedener als die Geschichtsschreibung und ohne sie vorgängig optimistisch beantwortet zu haben (auch in dieser Hinsicht bildet Jacob Burckhardt eine seltene Ausnahme unter den Historisten[5]). Droysens Reflexionen über den dritten Band von Heines *Reisebildern* artikulieren dieses Divergenzmoment in beispielhafter Weise: Dem Leiden des Autors daran, daß „der große Riß der Welt [...] ihm mitten durch sein Herz gegangen", setzt Droysen ein „gottseliges Bewußtsein unzerstörbarer Ruhe und Weltordnung" entgegen. Für das Verhältnis des geschichtswissenschaftlichen Historismus zur literarischen Klassik erneut bezeichnend, glaubt er diesen „Herbstblumen im Frühling", d.h. dieser Gefahr für jede frohe Erwartung an den geschichtlichen Prozeß, die Tragödien Schillers entgegenhalten zu dürfen, in denen der Zwiespalt der Theodizee ausgehalten sei im „Bewußtsein der ewigen göttlichen Ordnung".[6] Auf diesen Punkt konzentriert, ließe sich gar eine Problemgeschichte der historistischen Geschichtsschreibung angehen, die die Historiographie mit Hilfe gleichzeitiger literarischer Texte in einer ähnlichen Weise

3 Vgl. Mann: Noch ein Versuch, S. 30; Rüsen: Konfigurationen, S. 93; Baumgartner/Rüsen: Erträge der Diskussion. – In: Erzählforschung (Hrsg. Lämmert), S. 691-701, hier S. 695f.

4 Lützeler: Geschichtsschreibung und Roman, S. 3f.

5 Vgl. Hock: Liberales Denken, S. 24; Hardtwig: Geschichtsschreibung, S. 21. Deutlich weniger Geschichtsvertrauen zeigen auch die meisten philosophischen Geschichtsdenker, von Schopenhauer bis Benjamin, vgl. dazu jetzt Heidbrink: Melancholie und Moderne.

6 An Albert Heydemann, 18. 1. 1830 – Brw. 1, S. 18f.

kritisch beleuchtete, wie das hier mit dem Pragmatismus des 18. Jahrhunderts geschehen ist.

Vom poetologischen Vermächtnis der Klassik und seiner Reaktualisierung im poetischen Realismus hingegen garantiert war die tiefgreifende *Parallelität der narrativen Prinzipien und Verfahren* in Geschichtsschreibung und Roman, welch letzterer sich überdies in bis zu über einem Drittel seiner Vertreter ebenfalls historischen Themen zuwandte[7]. Erst durch den Traditionsbruch der literarischen Avantgarden am Beginn des 20. Jahrhunderts gehen die fundamentalen Gemeinsamkeiten beider Wissensformen in Wirklichkeits-, Erkenntnis- und Darstellungsauffassung augenscheinlich verloren. Von Jakob Wassermann in kritischer Absicht mit dem Schlagwort ‚Entfabelung' versehen, führen Döblins, Joyces und Dos Passos' große Romane der zwanziger Jahre eine Entchronologisierung oder gar Auflösung von konsistenter Handlung durch[8], die historistische Vorstellungen vom kontinuierlichen und letztlich einheitlichen Verlauf der Geschichte von Grund auf konterkariert. Ein avantgardistischer Text wie Carl Einsteins *Bebuquin* (1912) gibt gar die Konsistenz von Raum und Zeit auf und treibt die Depersonalisierung und Entkausalisierung der ‚Erzählung' so weit, daß eine strukturelle Relationierung der von diesem Text konstituierten fiktionalen Welt mit der von der (modernen) Geschichtswissenschaft angenommenen und ‚rekonstruierten' Wirklichkeit überhaupt nicht mehr möglich scheint. Und in Gestalt des futuristischen oder dadaistischen Verzichts auf die konventionelle Sprache oder mit der „Idee eines absoluten, autogenetischen Sprachprozesses"[9] bietet das vielfältige Spektrum der ‚modernen' Literatur noch radikalere Herausforderungen an die historistischen Konzepte zur Erfassung des historischen Gegenstands. Das geschichtliche Denken oder die ‚substanzlose' Sinnversicherung der überkommenen Geschichtsschreibung abzulehnen gehörte dementsprechend zum Selbstverständnis vieler Autoren der emphatischen Moderne, sei es unter einem nietzscheanischen Blick wie bei Benn, sei es vom Standpunkt des naturwissenschaftlich Geschulten aus wie bei Paul Valéry, der der Historie einen Mangel an Methode vorwarf.[10]

Das Grundstürzende der radikal modernen Literatur könnte die Geschichtswissenschaft dann völlig unberührt lassen, wenn sie sich im 20. Jahrhundert aller ästhetischen Momente entschlagen hätte bzw. hätte entschlagen sollen.

---

7 Vgl. Hartmut Eggert: Der historische Roman des 19. Jahrhunderts. – In: Hdb. des dt. Romans, S. 342-355, hier S. 342.

8 Vgl. Lämmert: Geschichten von der Geschichte, S. 244.

9 Kleinschmidt: Sprache und Wahrnehmung, S. 72.

10 Vgl. Rychner: Moderne Dichter; sowie White: Die Last der Geschichte – Auch Klio dichtet, S. 36-63, bes. S. 38-51, und Eykman: Geschichtspessimismus.

Einige (wenige) prominente Theoretiker seit Max Weber sollen deshalb in einem nächsten Schritt (β.) erste Auskünfte geben über die Aktualität des Ästhetischen in der kulturwissenschaftlichen Erkenntnis. Kontinuität des geschichtswissenschaftlichen Ästhetikbedarfs muß derweil, wie angedeutet, in eine Reibung mit dem literarischen Angebot geraten. In einem dritten Schritt (γ.) sind demgemäß Möglichkeiten und Grenzen einer Weiterentwicklung der ästhetischen Momente des modernen Geschichtsdenkens nach Maßgabe einer prägnant ‚modernen' Poetik abzuschätzen.

β. Einer Aktualität des Ästhetischen für die (kultur)wissenschaftliche Erkenntnis widerspricht vor allem die Wissenschaftslehre Max Webers, jedenfalls in der Version, die von der neueren Geschichtstheorie kanonisch gemacht worden ist. Denn Weber forderte „die strenge Scheidung von rationaler Erkenntnis, ethischem Imperativ und ästhetischer Urteilsbildung". Gestützt auf eine Theorie der ‚Moderne', die die unumkehrbare Autonomisierung der genannten Sphären betont, „verwies er alle Kunst in die Sphäre des ‚Irrationalen', ging gegen jeglichen öffentlichen Anspruch von Literatur und Literaten an und betrachtete alles Schöpferische als kulturgebundenes Werturteil."[11] Kunst repräsentiert für den Heidelberger Soziologen ein Weltverhältnis des Menschen, das die Rationalisierung und ‚Entzauberung' als Hauptkennzeichen der ‚Moderne' unzeitgemäß gemacht haben, wenngleich sie deshalb nicht nur von der Wissenschaft ferngehalten, sondern auch vor dieser geschützt werden muß.[12] Die Wissenschaft wiederum verpflichtet er ausschließlich auf ‚Tatsachenerkenntnis': Vor dem Problemhintergrund der ‚Krise des Historismus', also der drohenden Relativierung aller Werte durch ihre Historisierung, erklärt er ‚Wertentscheidung' und ‚rationale Erkenntnis' für unabhängig, insofern sich jene durch diese nicht begründen lasse, wenngleich erstere die Auswahl der Gegenstände für letztere steuere (und so die ‚Lebensdienlichkeit' der Wissenschaft gewährleiste).[13] Eine Wertentscheidung gehe den Tatsachenfeststellungen zwar voran, aber diese ließen sich von jener logisch trennen.[14] Der Weltdeutungsanspruch und die Sinnstiftungspraxis

---

11 Weiller: Max Weber und die literarische Moderne, S. 7.

12 Vgl. ebd., S. 9.

13 Vgl. Weber: Wissenschaft als Beruf [1919] – Schriften zur Wissenschaftslehre, S. 259f.; ders.: Die „Objektivität" sozialwissenschaftlicher und sozialpolitischer Erkenntnis [1904] – ebd., S. 63; Wittkau: Historismus, S. 131-146, sowie Jaeger: Bürgerliche Modernisierungskrise, S. 248-251. – Allerdings läßt sich zeigen, daß auch bei Weber die wissenschaftliche ‚Tatsachenerkenntnis' nicht ohne Rückgriff auf ‚fiktionales Wissen' auskommt, vgl. dazu den Beitrag von Uwe Barrelmeyer in dem oben (S. 6, Anm. 6) angekündigten Band.

14 Vgl. Michael Sukale: Einleitung. – In: Weber: Schriften zur Wissenschaftslehre, S. 5-20, hier S. 9.

einer Wissenschaft, wie sie von den Historikern des 19. Jahrhunderts vertreten wurde, sind damit zurückgenommen; der ästhetischen Verfahren des Historismus scheint die Geschichtswissenschaft nun nicht mehr zu bedürfen. Es kann und soll hier nicht untersucht werden, welche Realisierungschancen dieses Konzept im humanwissenschaftlichen Bereich hat – problematisch erscheint nicht zuletzt die Ambition auf eine metaphernfreie Sprache, die Weber denn auch keineswegs eingelöst hat.[15] Registriert werden dagegen muß, daß die Geschichtswissenschaft der Weimarer Zeit seinem Divergenzkurs im allgemeinen nicht gefolgt ist. Zu überlegen wäre überdies, ob nicht selbst die gegenwärtige Geschichtstheorie, wenn sie die Sinnbildungsleistung von Geschichtswissenschaft und -schreibung betont,[16] dem historistischen Wissenschaftsvertrauen näher steht als Webers ‚heroischem' Wertneutralismus.

Für den geschichtswissenschaftlichen Widerstand gegen die vollständige Ausdifferenzierung der drei ‚Wertsphären' Wissenschaft, Ethik und Ästhetik steht vor allem Denken und Werk von Friedrich Meinecke.[17] Meinecke ist derjenige Historiker, der bereits in den letzten Jahrzehnten des 19. Jahrhunderts den idealistischen „Funken" in der positivistischen Asche der Forschungspraxis wieder anzufachen strebte.[18] Max Webers Vorhaben wertfreier Geschichtsforschung bezeichnete er dementsprechend als „imaginär".[19] Auch er sieht sehr klar die immanente Krisentendenz des Historismus,[20] doch antwortet er darauf weder mit Webers Negation einer Orientierungsleistung der Geschichtswissenschaft noch mit der Forderung nach deren vollständiger Szientifizierung. Zwar lehnt er – in Hinblick auf den zweiten Punkt – „ästhe-

15 Vgl. Weiller: Max Weber und die literarische Moderne, S. 141.

16 Vgl. Jörn Rüsen: Die Typen des historischen Erzählens. – In: Formen der Geschichtsschreibung, S. 514-605, hier S. 520-536.

17 Im allgemeinen zeichnet sich die Geschichtswissenschaft der Weimarer Zeit durch einen erstaunlichen Verzicht auf eine Revision der eigenen Arbeitsgrundlagen aus. Der Verunsicherung durch den verlorenen Weltkrieg und die Revolution versuchte man weithin vielmehr durch eine Bekräftigung des überkommenen Geschichtsbildes zu begegnen. Dementsprechend wurden selbst Diskussionen, in denen ästhetische bzw. geschichtstheoretische Fragen einschlägig zu sein scheinen – z.B. der Streit um die ‚Historische Belletristik' Emil Ludwigs, Werner Hegemanns u.a. –, vor allem unter politischen Aspekten geführt (vgl. Hey'l: Geschichtsdenken, S. 194-200, und Gradmann: Historische Belletristik). Vgl. auch Karl Heussis als Titelsammlung nach wie vor nützliche Schrift *Die Krisis des Historismus* (1932, für unseren Problemkreis v.a. S. 31-36); bezeichnenderweise zieht sie überwiegend Nicht-Historiker zu Rate (und wehrt, unter Hinweis auf Bernheims *Lehrbuch*, eine eigene Erörterung des „Verhältnisses von *Geschichtschreibung und Kunst*" ab, vgl. S. 95f., Anm. 1).

18 Vgl. Meinecke: Erlebtes, S. 118.

19 Meinecke: Kausalitäten und Werte in der Geschichte (1925) – Schaffender Spiegel, S. 86.

20 Meinecke: Die Entstehung des Historismus, S. 576f.

tische Freude am Farbenspiel der Vergangenheit" ebenso ab wie „Befriedigung über exakte Tatsachenforschung in dem Glauben, damit einer rein kausalen Erkenntnis zu dienen," doch nimmt er eine symbolische Interpretation allen Geschehens am Leitfaden seiner internen Verweisstruktur auch für die Geschichtswissenschaft in Anspruch, mit dem Ziel gar, damit „ein Etwas von Poesie" in dieselbe zu integrieren.[21] Meineckes Konzept von Geschichtswissenschaft bezieht sich in wesentlichen Punkten sogar ausdrücklicher auf die „Goethezeit" zurück, als deren unmittelbare Erben Ranke und Droysen dies getan haben. Das mag den Anachronismusvorwurf unvermeidbar machen; indessen sah auch Meinecke sich durch die „Problematik moderner Zustände und moderner Denkweisen" dazu veranlaßt, von der Voraussetzung einer Weltenharmonie zum „Streben nach Harmonie" überzugehen; dies aber müsse „wirksam bleiben und könnte nur erlöschen bei völligem Verfall oder Zusammenbruch unserer Kultur."[22] Auch in bezug auf Meinecke kann eine kritische Auseinandersetzung hier nicht geleistet werden. Festzuhalten ist jedoch, daß die Desintegrationserfahrungen der industriellen Welt und dann besonders des Ersten Weltkriegs bei diesem prominenten Historiker keineswegs in eine weitere Entästhetisierung der Disziplin mündeten; vielmehr darf man die Bekräftigung goethezeitlich ‚ästhetischer' Prinzipien als Kompensationsversuch in historistischer Tradition verstehen.

Alternativen sowohl zu Webers Divergenztherapie als auch zu Meineckes ästhetischem Traditionalismus bietet Ernst Cassirers *Philosophie der symbolischen Formen* (3 Bde. 1923-29), eine Kulturtheorie, die neuerdings wieder stärker diskutiert wird. Im Effekt gegen Webers Position richtet sich die These, daß eine ‚symbolische' Formung der Wirklichkeit aller geistigen Tätigkeit, ob in Kunst, Wissenschaft oder Religion, gemeinsam sei, wenngleich ihre Basisformen Mythos, Sprache und Technik sich nicht auseinander ableiten lassen.[23] Im Kontext dieser Arbeit ist diese These deshalb von besonderem Gewicht, weil die von Cassirer beschriebene symbolische Relation (‚symbolische Prägnanz') im Prinzip mit dem hier angelegten Symbolbegriff übereinstimmt: Als maßgeblich sieht auch er die sinnstiftende Verbindung an, die (bereits im Wahrnehmungsakt) zwischen einem ‚sinnlich' Wahrnehmbaren und einem „nicht-anschaulichen ‚Sinn'" so hergestellt wird, daß dieser in jenem „zu unmittelbarer konkreter Darstellung" gelangt.[24] Aber nicht allein für die ‚Bedeutung' eines Wahrgenommenen hat diese symbolische Relation eine

21 Ebd., S. 577; ders.: Erlebtes, S. 39 (das folgende Zitat ebd.), vgl. ebd., S. 8, 161.

22 Meinecke: Kausalitäten und Werte in der Geschichte (1925) – Schaffender Spiegel, S. 73.

23 Vgl. Cassirer: Philosophie der symbolischen Formen Bd. 1, S. 7, 9, 12f., 16; Krois: Cassirer, S. 172; Graeser: Cassirer: S. 51-54.

24 Cassirer: Philosophie der symbolischen Formen Bd. 3, S. 234.

transzendentale Funktion: Durch die „Bildwelten" der symbolischen Formen „allein erblicken wir und in ihnen besitzen wir das, was wir die ‚Wirklichkeit' nennen";[25] eine Trennung des „Symbolischen etwa vom rein Buchstäblichen oder Profan-Klaren"[26] - und damit eine Wissenschaftslehre wie die Webers - ist auf dieser Basis nicht möglich. Auch Cassirer steht somit in jener Traditionslinie des nachhegelschen Denkens, die eine ‚ästhetische' Wirklichkeitskonstitution an die Stelle des (absoluten) rein rationalen Wissens setzt - nicht zufällig ist Friedrich Theodor Vischer einer seiner Gewährsmänner.[27] Die symbolische Relation zu erläutern, aber geht er von ebenjenen Momenten in Humboldts Sprachphilosophie aus, an die schon Droysen seine Theorie von der ‚Symbolqualität' der geschichtlichen Phänomene knüpfte. Denn in Humboldts „kritisch-idealistischer Auffassung der Sprache ist zugleich ein Moment bezeichnet, das für jede Art und für jede Form der Symbolgebung gültig ist."[28] Indem dieses Moment „Sinnliches und Geistiges" korrelieren soll, bekräftigt Cassirer zudem noch einmal das philosophisch-anthropologische Integrationsstreben der Klassik und des Historismus; der „metaphysische Dualismus beider [‚Vermögen']" scheint auch ihm im Symbol überbrückbar.[29] Eine Symbolgläubigkeit wie Meineckes ist damit freilich unmöglich gemacht: Ihren tendenziellen Objektivismus (samt seinen metaphysischen Implikationen) ersetzt eine betont konstruktivistische Wirklichkeitsauffassung. Die symbolischen Formen der menschlichen Kulturtätigkeit bilden nicht objektive Strukturen der Wirklichkeit ab, sondern konstituieren die Strukturen des ‚Wirklichen', indem sie zu seiner Bewältigung dienen; erneut in Anlehnung an Humboldt faßt Cassirer sie deshalb nicht als erga, sondern als die Varianten einer „selbständigen Energie des Geistes".[30] Er vollzieht die ‚konstruktivistische' Wende mit, die Max Webers Ersetzung der historistischen ‚Ideen' als Interpretationshinsichten durch Idealtypen bedeutete (umgekehrt wiederum zeichnen sich auch diese durch die ‚ästhetische' oder ‚symbolische' Doppelseitigkeit von „*gedanklicher* Steigerung" und Veranschaulichungsleistung aus)[31]. Ein neuer Weg zu absoluten Werten und zum Sinn der Geschichte ist also nicht gebahnt. Sinnmomente *in* der Geschichte braucht Cassirer jedoch nicht verloren zu geben, denn die symbolischen Formen verweisen, indem

25 Ebd. Bd. 1, S. 47.
26 Graeser: Cassirer, S. 38.
27 Vgl. ebd., S. 36; Zima: Literarische Ästhetik, S. 35f.
28 Vgl. Cassirer: Philosophie der symbolischen Formen Bd. 1, S. 25.
29 Ebd., S. 19.
30 Vgl. ebd., S. 6, Zitat S. 9.
31 Weber: Die „Objektivität" sozialwissenschaftlicher und sozialpolitischer Erkenntnis [1904] - Schriften zur Wissenschaftslehre, S. 63.

sich in ihnen die Selbstbefreiung des Menschen fortwährend ein Stück vollzieht, stets auf dieses (vollkommen nie zu erreichende) Ziel der Geschichte.[32]

Eine eingehendere Beurteilung dieser Kulturphilosophie selbst nur im Hinblick auf die Methodologie der Geschichtswissenschaft ist hier nicht möglich, zumal Cassirers Anwendung seines Symbolbegriffs auf den historischen Bereich nicht sehr weit gedieh und zusätzlicher Interpretation bedarf.[33] In der Perspektive dieses Ausblicks ist ohnehin die Indikatorfunktion ausschlaggebend, die der *Philosophie der symbolischen Formen* für ein fortdauerndes bzw. transzendental- und sprachphilosophisch erneuertes Interesse an ‚ästhetischem' Denken im 20. Jahrhundert zukommt: Einer gänzlich anästhetischen Methodologie widerspricht die postulierte symbolische Struktur aller Kulturtätigkeiten entschieden.

Ein beträchtlicher Teil der aktuellen Theoriediskussion zielt in diesselbe Richtung. Und es bedarf, um dies zu belegen, gar nicht solcher Gewährsleute wie der Poststrukturalisten, deren Neigung, die Differenz zwischen wissenschaftlichem und literarischem Diskurs überhaupt zu negieren, zumindest unter dem Gesichtspunkt einer relativen Konsensfähigkeit hier nicht ins Feld geführt werden kann. So hat in der Geschichtswissenschaft eine „symbolorientierte Sozialgeschichte" an Boden gewonnen, die neuere methodische Entwicklungen von Soziologie und Ethnologie nachvollzieht.[34] Unmittelbar in der Linie des bisher Erörterten steht schließlich die gegenwärtige Diskussion um eine ‚ästhetische' Wirklichkeits- und Erkenntnisauffassung. Nach Wolfgang Welsch erweist sich die

> Konstitution von Wirklichkeit [...] bei näherer Betrachtung als ästhetischer Prozeß. Erstens deshalb, weil es sich um eine Form von *poiesis*, von Hervorbringung, handelt; zweitens, weil diese *poiesis* mit spezifisch *fiktionalen* Mitteln erfolgt, nämlich durch Grundbilder, Anschauungformen, Metaphern, Stile, Phantasmen, Projektionen. Eine solcherart konstituierte Wirklichkeit hat daher drittens allenthalben *kunstverwandte*

---

32 Vgl. Krois: Cassirer, S. 214.

33 Vgl. ebd., S. 213 (dort vor allem zu Cassirers Funktionsanalyse des Mythos in der ‚Kulturkrise' seiner Zeit). Cassirers Äußerungen über Geschichtsschreibung finden sich vor allem in seinem Spätwerk: Versuch über den Menschen, S. 262-314, zur Anwendung des Symbolbegriffs auf Geschichte und Geschichtswissenschaft bes. S. 297f., 308. Daß die ‚Philosophie der symbolischen Formen' als Kulturtheorie auch eine „philosophy of history" enthalte, hat dagegen vor allem John Michael Krois darzulegen versucht. Diese Geschichtstheorie umfasse nicht nur den Entwicklungsprozeß der Kulturformen, sondern „also a theory of conflicting social forces" (vgl. Krois: Cassirer, S. 172). Vgl. auch Göller: Ernst Cassirer über Geschichte und Geschichtswissenschaft.

34 Ute Daniel: Quo Vadis, Sozialgeschichte? Kleines Plädoyer für eine hermeneutische Wende. – In: Sozialgeschichte, Alltagsgeschichte, Mikrohistorie, S. 54-64, hier S. 60, vgl. ebd. S. 58.

Züge. In der heutigen medialen Welt nimmt sie zudem auch weithin explizit *bildhafte* Verfassung an.[35]

In Welschs Philosophie des Ästhetischen zeichnet freilich auch ab, wie eine sehr weitgespannte Anwendung ästhetischer Begriffe deren Prägnanz zu beeinträchtigen droht.[36] Argumentativ nicht restlos befriedigen kann überdies, auf welche Weise mitunter – nämlich als Spiel mit Homologien – Semantik und Ästhetik (‚Sinn' und ‚Sinne'), ‚Wahrheit' und ‚Wahr-nehmung' kurzgeschlossen werden.[37] Immerhin sieht auch Welsch den „Ästhetik-Boom" innerhalb der westlichen Konsumgesellschaften kritisch und weniger als Pro-Argument denn als zu bewältigenden Begleitumstand der Anerkennung einer ästhetischen Wirklichkeitskonstitution.[38] Er betont, daß „das Votum für ein ‚ästhetisches Denken' keineswegs ein simples Plädoyer für Empfindung, Gefühl, Affekt und dergleichen" bedeutet.[39] In der Tat hieß, wie hier festzustellen war, ästhetisch zu denken für Schiller, Ranke oder Droysen nicht, „den Verstand verloren" zu haben, wie über die Geschichtsschreibung geurteilt wurde, die Hayden White beschreibt.[40] Zudem zielt Welsch „auf eine Ästhetik, die auf ihre Rückseite, auf ihre Anästhetik aufmerksam macht."[41] Er beruft sich dabei auf Tendenzen innerhalb der bildenden Kunst, doch hat sich, wie wir sahen, auch ‚die' Literatur des 20. Jahrhunderts mehr die Dekomposition als die Aufrechterhaltung des ‚schönen Scheins' angelegen sein lassen.

γ. Das wiederum macht noch einmal darauf aufmerksam, daß die Persistenz ästhetischen Denkens in unserem Jahrhundert nicht einfach eine fortdauernde Gültigkeit seiner für das 19. Jahrhundert (in der Geschichtswissenschaft) typischen Ausprägung bedeutet. Revolutionen und Evolutionen der Ästhetik scheinen vielmehr nicht folgenlos bleiben zu können für die Legitimität bestimmter ‚ästhetischer' Auffassungs- oder Deutungsweisen. Das betrifft, sollte man vermuten, sowohl die konfigurationale Fassung von

35 Welsch/Pries: Einleitung, S. 4.

36 Dieses Problem tritt bereits bei Paul Feyerabend, einem Gewährsmann Welschs, auf: Charakterisiert man unterschiedliche Wirklichkeitsauffassungen und Erkenntnisparadigmata in den Wissenschaften als ‚Stile' (vgl. Feyerabend: Wissenschaft als Kunst, S. 76-78), so stellt sich die Frage, inwieweit der Stilbegriff noch spezifisch Ästhetisches transportiert.

37 Vgl. Welsch: Ästhetisches Denken, S. 47f.

38 Welsch/Pries: Einführung, S. 2.

39 Welsch: Ästhetisches Denken, S. 54.

40 Jörn Rüsen: Geschichtsschreibung als Theorieproblem der Geschichtswissenschaft. Skizze zum historischen Hintergrund der gegenwärtigen Diskussion. – In: Formen der Geschichtsschreibung, S. 14-35, hier S. 34.

41 Welsch: Ästhetisches Denken, S. 67.

Geschehen eines Zeitraums zu einer erzählten Geschichte als auch die ‚symbolische' Ausdeutung z.B. der Handlungsebene. Tatsächlich ist die Frage gestellt worden, ob eine ihrer eigenen Geschichtlichkeit bewußte Geschichtsschreibung sich nicht den ‚modernen' Modifikationen des literarischen Erzählens anbequemen müßte. Gedacht war dabei vor allem an eine Entteleologisierung der Erzählung und eine „bewußt multiperspektivische Darstellung".[42] In der Romanpoetik werden diese Prinzipien freilich bereits seit Flaubert diskutiert und in der neueren Historiographie mehr oder weniger ausgeprägt auch praktiziert (z.B. in Thomas Nipperdeys Darstellung des 19. Jahrhunderts). Weitaus fraglicher erscheint, ob eine Angleichung an das radikale Diskontinuitätsprinzip entschieden modernen Erzählens möglich und sinnvoll ist. Geschichtstheorie und die Poetik etwa der *Aufzeichnungen des Malte Laurids Brigge* homogenisieren zu wollen bedeutete wohl, nicht nur die ‚großen' geschichtsinterpretativen ‚Erzählungen' zu verabschieden,[43] sondern das Prinzip des einen Geschichtsprozesses überhaupt. Ob und unter welchen Prämissen das wünschbar oder nicht ist, müßte ein zentrales Motiv in der geschichtswissenschaftlichen Auseinandersetzung beispielsweise mit der ostentativ ‚diskontinuierlichen' Historiographie Michel Foucaults[44] sein. Daß Foucaults Ansatz nicht selten als ‚postmodern' rubriziert wird,[45] darf wiederum nicht irritieren, ist das ‚postmoderne' Denken doch völlig zu Recht als legitimes Kind der emphatisch modernen Kunst interpretiert worden: Unter Ersetzung der notwendig unbefriedigten Ganzheitssehnsucht der ‚Moderne' durch eine ‚postmoderne' Vielheitsfreude expliziert jenes, was diese „künstlerisch vorexerziert" hat.[46] Hat man aber ‚moderne' Historiographie und radikal ‚moderne' Literatur bis an diesen Punkt gegeneinander geführt, so scheint nur noch eines die divergierenden Prinzipien der beiden Wissensformen aneinanderzubinden: das Prinzip der Diskontinuität selbst, denn es bedarf einer Vorstellung von Kontinuität, um sich selbst zu definieren. Nach dieser Überlegung blieben ‚moderne' Historiographie und ‚moderne' Literatur zwei Königskinder, die weder zueinander kommen können noch sich gegenseitig

42 Christian Meier: Narrativität, Geschichte und die Sorgen des Historikers. – In: Geschichte – Ereignis und Erzählung, S. 571-585, hier S. 584. Der Historiker Meier bezieht sich dabei auf Anregungen von Hans Robert Jauß: Geschichte der Kunst und der Historie. – In: ebd., S. 175-210, hier S. 192.

43 Vgl. Jean-François Lyotard: Die Delegitimierung. – In: Conrad/Kessel (Hrsg.): Geschichte schreiben in der Postmoderne, S. 71-79.

44 Vgl. Foucault: Archäologie des Wissens, S. 17f.

45 Vgl. Rüsen: Lebendige Geschichte, S. 51.

46 Vgl. Welsch: Ästhetisches Denken, S. 80-98, hier S. 95, sowie Iggers: Geschichtswissenschaft im 20. Jahrhundert, S. 90. Zur Inspiration Foucaults durch moderne Kunst vgl. Welsch: ebd., S. 100f.

ihre Legitimität absprechen dürfen. Diese Inhomogenitätsdiagnose schreibt indes nicht eine Sphärendifferenzierung der Weberschen Art fest, sondern betrifft die jeweiligen Prinzipien des ästhetischen Verfahrens und dessen historischen Index.

Die ‚moderne' Transformation jenes Ästhetischen, an dem auch die Historiographie teilhat, ergreift derweil noch weitere Hinsichten. Relativ unproblematisch erscheint die – schlagwortartig zusammengefaßt – Ersetzung des Symbols als ästhetischer Grundkategorie durch eine modernisierte Allegorie, wie sie Walter Benjamin zuerst entworfen hat. Die Identitätssuggestion des Goetheschen Symbols – und damit auch der ‚symbolischen' Geschichtsauffassung eines Ranke – gilt nun als den Entzweiungserfahrungen und dem konstruktivistischen Wirklichkeitsbewußtsein nicht mehr angemessen, die der literarische Text auch strukturell artikulieren soll. Die Eigenständigkeit von Bild und Bedeutung in der Allegorie läßt diese dagegen zum „Träger der Wahrheit" avancieren.[47] Der Bereich der symbolischen Formen im erweiterten Sinne Cassirers ist damit jedoch nicht verlassen. Überdies schließt Benjamins Allegorieverständnis die ‚identische' Form des Symbols als „unhintergehbare" Folie ein, da sie jenes Ersehnte repräsentiert, das die tatsächlichen Brüche überhaupt erst allegorisch-ästhetisch zu markieren motiviert.[48] Und auch geschichtstheoretisch mochte er, trotz seiner heftigen Wendung gegen ‚den' Historismus, nicht auf den Rezeptionsmodus ‚Bild' verzichten.[49]

Eine tiefgreifende Ambivalenz in bezug auf das Verhältnis von literarischem Erzählen und Geschichtsschreibung zeichnet schließlich die Tendenz ‚moderner' Literatur, sich selbst zu thematisieren, aus. „Der moderne deutsche Roman, der Roman des Diskurses, ist", so Ulf Eisele, „vor allem ein Diskurs über den Roman."[50] Eine Geschichte zu erzählen heißt dann zuvörderst, die Möglichkeit dieses Vorhabens zu diskutieren und seine Schwierigkeiten zum Austrag zu bringen. So verstanden betreibt der literarische Text nun seine eigene Epistemologie. Hermann Broch hat dementsprechend den „erkenntnistheoretischen Roman" gefordert.[51] Die literarische Dekomposition narrativer Strukturen kann in diesem Zusammenhang als eine erkenntniskritisch produktive Ex-negativo-Demonstration der narrativen Verfaßtheit geschichtswissenschaftlichen Denkens gedeutet werden. Ja, sollte der episte-

---

47 Vgl. Bürger: Prosa der Moderne, S. 56-59. Zitat S. 57.

48 Ebd., S. 59.

49 Vgl. Über den Begriff der Geschichte – GS Bd. 1,2, S. 692.

50 Eisele: Die Struktur des modernen deutschen Romans, S. 16.

51 Ebd., S. 37. Vgl. als dekonstruktive Fortsetzung, in bezug auf den historischen Roman, die Schreibvorschläge Harro Müllers (Schreibmöglichkeiten historischer Romane im 19. und 20. Jahrhundert – Giftpfeile, S. 244f.).

mologische Aspekt dieser Abwendung von der Illusion ‚realistischen' Erzählens nicht sogar eine Annäherung an wissenschaftliche Prinzipien bedeuten? In diesem Sinne kann man in der Tat von einer Literatur und Geschichtsschreibung reintegrierenden Tendenz zur Offenlegung der jeweiligen Verfahren sprechen und damit von einer disziplinübergreifenden Ästhetik der problematisierten Erzählillusion. Wenn sodann Konstruktionstransparenz und Selbstreflexivität und nicht Theoriegebrauch und Verallgemeinerung auf soziale Gruppen und Strukturen hin die Wissenschaftlichkeit einer zeitgemäßen Historie ausmachten – so wurde jedenfalls auf dem Historikertag 1992 in der um die Alltagsgeschichte bzw. Mikrohistorie geführten Diskussion argumentiert –,[52] dann erstreckte sich diese Gemeinsamkeit sogar bis in das Zentrum des Selbstverständnisses beider Wissensformen.

Für die historiographischen Texte der ersten Jahrhunderthälfte allerdings ist eine explizite Reflexion auf die ihre Erkenntnismöglichkeiten kaum typisch zu nennen. Geschichtsschreibung konnte sich einem Autor wie Paul Valéry deshalb als die „naivste Form der LITERATUR" präsentieren.[53] Zu bedenken ist zudem, daß der im Prinzip in beiden Disziplinen vernommene Reflexionsimperativ weder exakt denselben Motiven entspringt noch zu identischen Ergebnissen führt. Denn jenseits gemeinsamer ‚realgeschichtlicher' Erfahrungen kann die nach außen gewendete Reflexivität, die der ‚modernen' Literatur ihr Profil gegeben hat, als „von einem spezifisch *literarischen* Bewußtsein und seiner Problematik" ausgelöst gedeutet werden.[54] So spielt, um nur den wahrscheinlich wichtigsten Differenzpunkt zu benennen, die in der Literatur seit der Jahrhundertwende als einschneidend empfundene Sprachkrise, die die Aufmerksamkeit avancierter Texte von der nicht mehr fixierbaren ‚Realität' auf den eigenen Schreibprozeß wandte, für die Historiker bis heute keine Rolle.[55] Mit unterschiedlichen Motivationen muß man selbst dort rechnen, wo eine vergleichbare Abkehr von (quasi)subjekt-zentrierten Erzählungen auf eine gemeinsame Erfahrung sich verändernder Wirklichkeit (‚Vermassung', Industrialisierung, Bürokratisierung) zu weisen scheint.[56] Schließlich fällt auf, daß die ‚Krisen' von Realismus und Historismus trotz ihrer Gleichzeitigkeit

---

52 Vgl. Ute Daniel: Quo Vadis, Sozialgeschichte? Kleines Plädoyer für eine hermeneutische Wende. – In: Sozialgeschichte, Alltagsgeschichte, Mikrohistorie, S. 54-64, hier S. 56f.

53 Valéry: Cahiers/Hefte Bd. 5, S. 523.

54 Eisele: Die Struktur des modernen deutschen Romans, S. 1; vgl. ebd., S. 11f., 15.

55 Vgl. Kleinschmidt: Der ästhetische Gewinn der Geschichte, S. 122; ders.: Sprache und Wahrnehmung, S. 75.

56 Vgl. Kleinschmidt: Der ästhetische Gewinn der Geschichte, S. 121. Eine Wendung der neuesten Geschichte selbst zur Unerzählbarkeit hat dagegen Johan Huizinga postuliert (vgl. Über eine Formverwandlung).

und nicht selten berufenen Parallelität[57] in ganz unterschiedlichem Maße das Gesicht des Romans bzw. der Geschichtsschreibung verändert haben. Die ‚Krise des Historismus' ist in der Literatur des 20. Jahrhunderts augenscheinlich weitaus mehr zum Austrag gekommen als in der gleichzeitigen Historiographie.

Hinsichtlich des Bewußtseins der Historisten von der Literarizität ihrer Geschichtsschreibung ließ sich die These wagen, daß es *produktiverweise* nur schwach entwickelt war, insofern nämlich, als ihr Wissenschaftlichkeits- und Darstellungsvertrauen ‚verunsichernden' Reflexionen kaum ausgesetzt gewesen ist. Tatsächlich zeichnet sich die geschichtswissenschaftliche Reflexion bis in die Gegenwart dadurch aus, daß sie der Erforschung vergangener Wirklichkeiten in aller Regel funktional zu- und untergeordnet geblieben ist. Dagegen tendiert das literarische Erzählen – wenigstens in seinen als avanciert geltenden Texten – dazu, den Bericht durch die Reflexion zurückzudrängen oder zu neutralisieren. Was in *Tristram Shandy* als einem in seiner Epoche singulären Roman als Spiel mit dem Erzählen zum Ausdruck kam, weitet sich zum Bewußtseinshorizont moderner Literatur. Sehr deutlich tritt diese Tendenz z.B. an jener Folge von historischen Romanen unseres Jahrhunderts hervor, die Harro Müller aus gattungstheoretischen Gründen herausgestellt hat:[58] Bereits Döblins *Wallenstein* (1920) bricht nicht allein die kohärente und teleologische Struktur des traditionellen historischen Erzählens auf, sondern läßt, mit dem Ende Ferdinands II. unter ‚Waldmenschen', sein anscheinend realitätsstrotzendes Erzählen ins Kontrafaktische umschlagen. Ja es ist möglich, Döblins Roman gar nicht als Geschichtsdarstellung oder „als Ausdruck einer bestimmten Weltanschauung des Autors, sondern als Darstellung einer *Verarbeitungsweise* von Wirklichkeit zu lesen".[59] Über Brechts *Die Geschäfte des Herrn Julius Caesar* (entstanden 1938-39) führt dann eine Linie der zunehmenden Thematisierung der Überlieferung und diskursiven Formierung von Geschichte zu Alexander Kluges *Schlachtbeschreibung* (1964/1978), eine Linie, die bei Kluge in eine Perspektivenpluralität mündet, die es dem Leser beab-

57 Vgl. zuletzt Hey'l: Geschichtsdenken, S. 37, 42, sowie Lothar Köhns materialschweren Versuch, das Streben nach einer ‚Überwindung' des Historismus als „so etwas wie einen ‚transzendentalen Horizont'" für die Literatur der Weimarer Republik festzumachen (Überwindung des Historismus, Zitat S. 752), und Gotthart Wunbergs Herleitung prägnant moderner Textstrukturen aus einem krisenhaften Historismus (vgl. oben S. 268).

58 Die drei folgend genannten Romane stellt Müller, nach einem Kapitel über Heinrich Manns poetologisch traditionelleren *Henri Quatre*, in seiner Studiensammlung zum historischen Roman des 20. Jahrhunderts heraus, weil sie den Typ des ‚anderen' historischen Roman in besonders avancierten Ausprägungen vertreten (vgl. Geschichte zwischen Kairos und Katastrophe, S. 18, 20).

59 Hecker: Die Realität der Geschichte, S. 285.

sichtigtermaßen nicht mehr gestattet, die Fülle und Diversität der montierten ‚Wirklichkeits'-Partikel zu einem kohärenten Geschichtsbild zu ordnen.[60] Obwohl die Romane dieser Folge immer ‚dokumentarischer' werden, lösen sie sich zunehmend von einer quasi-historiographischen Dokumentation des Empirisch-Tatsächlichen.

Die Pluralität der Poetiken in der Literatur des 20. Jahrhunderts erlaubte es allerdings auch, weniger dichotomisierende Akzente zu setzen. Komplementär gewissermaßen zur vorsichtigen Anerkennung von ‚Kunst'-Momenten in der Arbeit des Historikers ist nämlich, wie neuere Untersuchungen wieder betonen, eine (Quasi-)Referenz auch literarischer Texte auf (vergangene) Wirklichkeit keineswegs durchgängig verabschiedet worden. Das gilt sowohl für die umfangreiche Gruppe der ‚mittelmäßigen', darum aber nicht modernitätsvergessenen historischen Romane der Weimarer Zeit[61] als auch für die großen Epochenerzählungen ihrer renommiertesten Autoren. So sind Romane von Thomas und Heinrich Mann, Hermann Broch und Robert Musil, die die Zeit vor dem Weltkrieg thematisieren, jüngst als Versuche gedeutet worden, „erzählerisch Geschichtsforschung zu treiben, die von einem unbedingten Erkenntnisanspruch getragen" war und eben dadurch über die ‚Vergangenheitsbewältigung' der zünftigen Historiographie hinausging, auch wenn eine empirische Wahrheit natürlich nicht ihre Sache sein konnte.[62] In dieselbe Richtung zielen bekannte Dikta Döblins: „Jeder gute Roman ist ein historischer Roman" oder „Der Autor ist eine besondere Art Wissenschaftler".[63] Indem das Ziel der Zeitgeschichtsromane der genannten Autoren, zugespitzt des ‚polyhistorischen Romans' von Broch, „eine ganzheitliche Interpretation des Geschehenen" war,[64] kann man sie sogar in eine Traditionslinie mit dem Historismus in seinen höchsten Ambitionen stellen. Das ausgeprägte Modernitätsbewußtsein ihrer Autoren hinderte dieselben nicht, die ‚goethe-

---

60 Deshalb möchte ich auch nicht mit Lämmert den strukturanalytischen Text von Kluge mit der neueren ‚Strukturgeschichte' parallelisieren, auch wenn beide die Darstellungsform der Erzählung aufgegeben haben (vgl. Lämmert: Geschichten von der Geschichte, S. 251). Denn beide streben in entgegengesetzte Richtungen: Während die Strukturgeschichte das Kohärenzmodell der historistischen Geschichtsschreibung noch verdichten möchte, löst Kluge es in eine Vielzahl ‚eigensinniger' Geschichten auf.

61 Vgl. Hey'l: Geschichtsdenken, bes. S. 2, 24-27.

62 Gnetter: Vorkriegszeit, S. 10. Im einzelnen analysiert Gnetter: *Der Zauberberg, Der Kopf, Die Schlafwandler, Der Mann ohne Eigenschaften.*

63 Döblin: Der historische Roman und wir - Schriften zu Ästhetik, Poetik und Literatur, S. 303, 306 (im Orig. als Zwischenüberschriften hervorgeh.).

64 Gnetter: Vorkriegszeit, S. 21; vgl. ebd., S. 35; vgl. Hermann Broch: Über die Aufgabe des neuen Romans [1931] - Auszüge in: Lämmert (Hrsg.): Romantheorie seit 1880, S. 162-165.

zeitliche' Integrationsintention aufzunehmen und, unter veränderten Bedingungen, durch ein modifiziertes Erzählen in Texte umsetzen.

Nimmt man literarische Texte, die solchen Intentionen folgen, mit der ihres Kunstcharakters zumindest partiell bewußten Historiographie eines Meinecke zusammen, so deutet sich auch unter den radikal ‚modernen' Vorzeichen des ersten Jahrhundertdrittels eine Interdependenz-Konstellation an, wie sie Ricœur als Herzstück seiner Erzähl- und Geschichtstheorie beschreibt: jene

> Überkreuzung von Geschichte und Fiktion [...], aufgrund deren Geschichte und Fiktion ihre je eigene Intentionalität nur dadurch konkretisieren können, daß sie Anleihen bei der Intentionalität des jeweils anderen narrativen Modus machen.[65]

In den literarischen Biographien der siebziger und achtziger Jahre oder den Mittelalterbüchern Dieter Kühns haben sich, vor allem durch die (literarisch stilisierte) Ausstellung der historischen Rekonstruktionsarbeit, sogar noch unmittelbarere Annäherungen an wissenschaftstypische Verfahren ausgebreitet.[66] Derjenige deutsche Historiker, der zu dieser Zeit die Geschichtsschreibung einen „wahren Roman mit Lücken" zu nennen wagte, mußte sich freilich mit einer Außenseiterposition innerhalb der Zunft bescheiden – anders übrigens als sein französischer Kollege, von dem er dieses Wort übernommen hatte.[67] In jüngster Zeit derweil hat der mikrohistorische Trend innerhalb der Geschichtswissenschaft zu einer neuen Akzeptanz (traditioneller) ‚literarischer' Erzähltechniken geführt, die geeignet scheinen, die (alltags)geschichtlichen Erfahrungen nicht-exponierter historischer Subjekte darzustellen. Und wenn in Reaktion auf solche Neigungen der ‚Alltagsgeschichte' auch der – narrativ zuerst vom Historismus eingelöste – Anspruch bekräftigt wurde, daß der Historiker „nicht nur Geschichten, sondern Geschichte zu schreiben" habe,[68] so zeugt dies ebenfalls vom Fortgelten ästhetischer Denkmuster in der Historik, obwohl beide Positionen sowohl geschichtstheoretisch als auch ästhetisch in Opposition zueinander stehen. Denn jener Einwand führt die Kohärenzsuggestion und den Totalitätsanspruch des klassisch-realistischen Erzählens gegen dessen Fragmentarisierung besonders in der ‚modernen' Literatur des 20. Jahrhunderts ins Feld. Daß gerade ein szientistisch orientierter Historiker wie Jürgen Kocka auf diese Weise ‚poetologisch' argumentiert, darf nicht einmal verwundern, stellt doch die Entstehung der modernen

---

65 Ricœur: Zeit und Erzählung Bd. 3, S. 295.

66 Vgl. Scheuer: Biographie, S. 230-248.

67 Golo Mann: Theoriebedürftigkeit der Geschichte. Gespräch mit Historikern der neuesten Schule – Zeiten und Figuren, S. 436f. (vgl. Veyne: Geschichtsschreibung, S. 10, 22f.).

68 Jürgen Kocka: Bemerkungen im Anschluß an das Referat von Dietrich Harth. – In: Geschichte als Literatur, S. 24-28, hier S. 26.

Geschichtswissenschaft einen Ästhetisierungsprozeß dar, der unter eben den poetologischen Prinzipien abgelaufen ist, die seine Position impliziert.

Auffallen muß dagegen, daß die auch im 20. Jahrhundert nicht abgerissene Tradition historischen Denkens in poetologischen Kategorien nahezu ausschließlich der Poetik des 19. Jahrhunderts verpflichtet ist. Wenngleich häufig nicht oder nur unzureichend ausgezeichnet in ihrer ‚ästhetischen' Dimension, bleibt die Notwendig-, Brauchbar- oder Zulässigkeit ästhetischer bzw. poetischer Verfahren und Denkweisen einerseits auf der Tagesordnung der geschichtstheoretischen Diskussionen. Insbesondere zieht die „Entmetaphysierung" der Geschichtsschreibung nicht eine gleichgewichtige „Entästhetisierung" nach sich, weder bei Droysen, wie Wolfgang Hardtwig schreibt,[69] noch in der Zwischenkriegszeit. Andererseits steht die Adaption von avanciert ‚modernen' literarischen Verfahren oder der Sprachkritik seit Herder und Humboldt bzw. seit Nietzsche kaum je zur Debatte. Erst die unter ‚postmodernen' Vorzeichen geäußerten Vorschläge überschreiten ohne Angst vor den Folgen für den etablierten Geschichtsbegriff diese Schwelle. Trotzdem wird man diese Ungleichzeitigkeit von Geschichtstheorie und Ästhetik nicht einfach als ästhetischen Traditionalismus der Historiker deuten. Denn der (implizite) Rückbezug auf die klassisch-romantische Poetik entspricht präzise dem historisch-ästhetischen Kontext, in dem der ‚moderne' Begriff von Geschichtswissenschaft und -schreibung sich herausgebildet hat. Selbst ein Revisionsvorschlag wie die Pluralisierung der Erzählperspektiven bricht weniger aus dem poetologischen Horizont des 19. Jahrhunderts aus – erinnert sei auch an den ‚Vielheitsroman' jungdeutscher Provenienz – als aus dem hegelschen Teleologieerbe des historischen Denkens, wie es sich von Droysen bis zur ‚Modernisierungstheorie' durch die Historik zieht.

In jener historischen Existenzbedingung der Geschichtswissenschaft kann nun, wer möchte, den Ersatz einer theoretischen Rechtfertigung sehen für ihre faktische Ignoranz gegenüber der literarischen Moderne. Man kann aber auch die Frage stellen, ob die unablösbare Bindung an Ästhetisches die Geschichtswissenschaft nicht dazu verpflichtet, auch diesen Bestandteil ihres disziplinären Profils einer dauernden ‚Modernisierung' zu unterwerfen. Solange eine solche Modernisierung nicht durchgeführt ist, darf jedenfalls die Historik nicht davon suspendiert werden, den ästhetischen Prägefaktoren der Entstehungsphase der modernen Geschichtswissenschaft Rechnung zu tragen. Auf die eingangs gestellte Frage nach der geschichtstheoretischen Relevanz unseres historiographiegeschichtlichen Befundes eindeutig negativ zu ant-

69 Wolfgang Hardtwig: Die Verwissenschaftlichung der Historie und die Ästhetisierung der Darstellung. – In: Formen der Geschichtsschreibung, S. 147-191, hier S. 191.

worten scheidet als legitime Reaktionsmöglichkeit also aus. Hilfreich für eine weitere Diskussion dieses Problemkomplexes aber dürfte eine Haltung sein, die die unhintergehbare ästhetische und sprachliche Gebundenheit historischen Denkens im Auge behält, ohne dessen genetische Abhängigkeit von Literatur, Ästhetik und Poetik leichtfertig als eine exklusiv-systematische zu deuten, denn dies würde das ‚weite Feld' der Interferenzen ganz dem Reich des Dichters eingemeinden.

Literaturverzeichnis

Beiträge in Sammelbänden sind, wenn mehrere aus einem derselben zitiert wurden, in der Bibliographie nicht einzeln aufgeführt, sondern mit dem vollständigen Aufsatztitel sowie dem Kurztitel des Bandes in den Anmerkungen notiert. Die vollständige Titelaufnahme des Bandes findet sich dann - wie alle Kurztitel - in der Bibliographie. Mit vollständigen Erstveröffentlichungsnachweisen sind Texte aus Anthologien und Editionen in den Anmerkungen zitiert. Abgewichen bin ich von dieser Regel jedoch bei der Textedition *Theoretiker der deutschen Aufklärungshistorie* (hrsg. von Horst Walter Blanke und Dirk Fleischer), um die oft sehr langen Titel ihrer häufig zitierten Texte aus den Anmerkungen herausziehen zu können. Wer aus *TDAH* zitiert wird, erscheint daher mit vollständiger Titelaufnahme im Quellenverzeichnis.

Abkürzungen und Siglen

- im Text und in den Anmerkungen -

Brw.	Briefwechsel (Droysen, Schiller/Goethe, Schiller/Humboldt); Das Briefwerk (Ranke)
GA	Werke. Gesamt-Ausgabe (Ranke)
GS	Gesammelte Schriften (Wieland, Benjamin)
GW	Gesammelte Werke (Freytag, Nicolai)
HA	Werke. Hamburger Ausgabe (Goethe)
KA	Kritische Ausgabe (Friedrich Schlegel)
N.Br.	Neue Briefe (Ranke)
NA	Werke. Nationalausgabe (Schiller)
SA	Sämtliche Werke. Säkular-Ausgabe (Schiller)
SW	Säm[m]tliche Werke (Buffon, Fontane, Herder, Müller, Raabe, Ranke, Schiller, Spittler)
TDAH	Theoretiker der deutschen Aufklärungshistorie
WA	Werke [Weimarer Ausgabe] (Goethe)
WuN	Aus Werk und Nachlaß (Ranke)

- im Literaturverzeichnis -

AfK	Archiv für Kulturgeschichte
AHB	Allgemeine historische Bibliothek
DVjs	Deutsche Vierteljahrsschrift für Literaturwissenschaft und Geistesgeschichte
H&Th	History and Theory
HZ	Historische Zeitschrift

JDSG	Jahrbuch der deutschen Schillergesellschaft
SdS	Storia della Storiografia
es	edition suhrkamp
FW	Fischer Wissenschaft
RUB	[Reclams] Universal-Bibliothek
SM	Sammlung Metzler
stw	suhrkamp taschenbuch wissenschaft
UTB	UTB für Wissenschaft: Uni-Taschenbücher

A. Quellen

- ungedruckte -

Nachlaß Leopold von Ranke, Staatsbibliothek zu Berlin - Preußischer Kulturbesitz -, fol. 29 H 1-3; 38 I B 8-45; 38 I B 93-101.

- gedruckte -

Abbt, Thomas: Vom Einflusse des Schönen auf die strengern Wissenschaften. - In: Vermischte Werke. Bd. 4: Vermischte Aufsätze. Berlin, Stettin: Nicolai 1780. ND Hildesheim, New York: Olms 1978, S. 25-58.

Adelung, Johann Christoph: Über den deutschen Styl. 3., verm. u. verb. Aufl. Bd. 1-2. Berlin: Voß 1789-93.

[Adelung, Johann Christoph:] Versuch eines vollständigen grammatisch-kritischen Wörterbuches der Hochdeutschen Mundart, mit beständiger Vergleichung der übrigen Mundarten, besonders aber der oberdeutschen. [Bd. 1-5,1.] Leipzig: Breitkopf 1777, 2. Aufl. Mit D. W. Soltau's Beyträgen, rev. u. ber. v. Franz Xaver Schönberger. [Bd. 1-4.] Wien: Pichler 1808.

Aischylos: Werke. Übers. von Joh[ann] Gust[av] Droysen. Bd. 1-2. Berlin: Fincke 1832.

Allgemeine Nordische Geschichte. Aus den neuesten und besten Nordischen Schriftstellern und nach eigenen Untersuchungen beschrieben und als eine Geographische und Historische Einleitung zur richtigern Kenntniß aller Skandinavischen, Finnischen, Slavischen, Lettischen und Sibirischen Völker, besonders in alten und mittleren Zeiten hrsg. von August Ludwig Schlözer. Halle: Gebauer 1771.

Anon.: Rez. von Schröckh: Allgemeine Biographie. Bd. 1. Berlin: Mylius 1767. - In: AHB 6 (1768), S. 206-234.

Anon.: Rez. von [Voltaire:] La Philosophie de l'Histoire. 1765. - In: AHB 1 (1767), S. 215-227.

Aristoteles: Poetik. Griechisch/Deutsch. Übers. u. hrsg. von Manfred Fuhrmann. Stuttgart: Reclam 1986 (RUB. 7828).

Arnim, Achim von: Die Kronenwächter. Roman. Nachw. von Paul Michael Lützeler. Stuttgart: Reclam 1983 (RUB. 1504).

Baßler, Moritz (Hrsg.): New Historicism. Literaturgeschichte als Poetik der Kultur. Mit Beiträgen von Stephen Greenblatt, Louis Montrose u.a. Frankfurt/Main: Fischer Tb. Vlg. 1995 (FW. 11589).

Beck, Christian Daniel: Anleitung zur genauern Kenntniß der allgemeinen Welt- und Völker-Geschichte vorzüglich für Studirende. 2., gänzlich umgearb. und stark verm. Aufl. Bd. 1. Leipzig: Weidmann 1813.

Beck, Christian Daniel: Commentationes academicae de interpretatione veterum scriptorum atque monumentorum [...]. Leipzig: Gleditsch 1791.

Benjamin, Walter: Gesammelte Schriften. Bd. 1,2. Hrsg. von Rolf Tiedemann und Hermann Schweppenhäuser. Frankfurt/Main: Suhrkamp 1974.

Berger, Theodor: Synchronistische Universalhistorie der vornehmsten Reiche und Staaten, von Erschaffung der Welt bis auf das Jahr 1780. [...] verb. u. [...] fortges. von Wolfgang Jäger. 5. Aufl. Coburg, Leipzig: Ahl 1781.

Bernheim, Ernst: Lehrbuch der Historischen Methode und der Geschichtsphilosophie. Mit Nachweis der wichtigsten Quellen und Hilfsmittel zum Studium der Geschichte. 3. u. 4., völlig neu bearb. u. verm. Aufl. Leipzig: Duncker & Humblot 1903.

[Blanckenburg, Friedrich von:] Beyträge zur Geschichte deutschen Reichs und deutscher Sitten. Ein Roman. Erster Theil. Leipzig, Liegnitz: Siegert 1775.

Blanckenburg, Friedrich von: Versuch über den Roman. Faks.dr. der Orig.ausg. von [Leipzig, Liegnitz: Siegert] 1774. Mit e. Nachw. von Eberhard Lämmert. Stuttgart: Metzler 1965 (SM. 39).

Blanke, Horst Walter, und Dirk Fleischer (Hrsg.): Theoretiker der deutschen Aufklärungshistorie. Bd. 1-2. Stuttgart-Bad Cannstatt: frommann-holzboog 1990 (Fundamenta historica. 1.1-2).

Boeckh, August: Encyklopädie und Methodologie der philologischen Wissenschaften. Hrsg. von Ernst Bratuschek. 2. Aufl. besorgt von Rudolf Klussmann. Leipzig: Teubner 1886.

Bougeant, Wilhelm Hyacinth: Historie des dreyßigjährigen Krieges und des darauf erfolgten Westphälischen Friedens. Aus dem Frz. übers., mit Anm. u. e. Vorr. begl. von Friedrich Eberhard Rambach. Bd. 1-2. Halle: Gebauer 1758.

Braun, Julius W. (Hrsg.): Schiller und Goethe im Urtheile ihrer Zeitgenossen. Zeitungskritiken, Berichte und Notizen Schiller und Goethe betreffend aus den Jahren 1773-1812. Abt. 1: Schiller. Bd. 1. Leipzig: Schlicke 1882.

Buffon[, Georges Louis Leclerc Comte de]: Les Époques de la Nature. Éd. critique avec le manuscrit, une introd. et des notes par Jacques Roger. Paris: Éditions du Museum 1962 (Mémoires du Muséum national d'histoire naturelle. Nouv. sér. Sér. C. T. 10).

Buffon[, George Louis Leclerc Comte de]: Sämmtliche Werke sammt den Ergänzungen nach der Klassifikation von G. Cuvier. Einzige Ausg. in deutscher Übersetzung von H. J. Schaltenbrand. Allgemeine Gegenstände. Bd. 1. 2., unv. Aufl. Cöln: Expedition von Büffon's Naturgeschichte; Elberfeld, Iserlohn: In Comm. bei Julius Bädeker 1847.

Bünau, Heinrich von: Genaue und umständliche Teutsche Kayser- und Reichs-Historie. Aus den bewehrtesten Geschicht-Schreibern und Uhrkunden zusammengetragen. Bd. 1-4. Leipzig: Gleditsch (Bd. 3-4: Fritsch) 1728-43.

Burckhardt, Jacob: Briefe. Vollst. u. krit. Ausg. [...] hergest. von Max Burckhardt. Bd. 1. Frankfurt/Main: Insel 1949.

Campe, Joachim Heinrich: Wörterbuch zur Erklärung und Verdeutschung der unserer Sprache aufgedrungenen fremden Ausdrücke. Ein Ergänzungsband zu Adelungs Wörterbuch. Bd. 1-2 in 1. Braunschweig: Schulbuchhandlung 1801. Neue stark verm. und durchgängig verb. Aufl. 1813.

Cassirer, Ernst: Philosophie der symbolischen Formen. Bd. 1-3. Berlin: Bruno Cassirer 1923-29.

Cassirer, Ernst: Versuch über den Menschen. Einführung in eine neue Philosophie der Kultur. A. d. Engl. von Reinhard Kaiser. Frankfurt/Main: S. Fischer 1990 [EA 1944].

Chladenius, Johann Martin: Allgemeine Geschichtswissenschaft. Mit e. Einl. von Christoph Friederich u. e. Nachw. von Reinhart Koselleck. Neudr. der Ausg. Leipzig 1752. Wien, Köln, Graz: Böhlau 1985 (Klassische Studien zur sozialwiss. Theorie, Weltanschauungslehre und Wissenschaftsforschung. 3).

Commynes, Philippe de: Memoiren. Europa in der Krise zwischen Mittelalter und Neuzeit. In neuer Übertr. hrsg. von Fritz Ernst. Stuttgart: Kröner 1972.

Conrad, Christoph, und Martina Kessel (Hrsg.): Geschichte schreiben in der Postmoderne. Beiträge zur aktuellen Diskussion. Stuttgart: Reclam 1994 (RUB. 9318).

Dilthey, Wilhelm, und Paul Yorck von Wartenburg: Briefwechsel 1877-1897. Halle/Saale: Niemeyer 1923 (Philosophie und Geisteswiss. 1).

Dionysius von Halikarnaß: Abhandlungen von dem Charakter des Thukydides, aus dem Griech. übers. von J[ohann] G[eorg] Meusel. - In: AHB 5 (1768), S. 1-104.

Döblin, Alfred: Schriften zu Ästhetik, Poetik und Literatur. Hrsg. von Erich Kleinschmidt. Olten, Freiburg/Br.: Walter 1989 (Ausgew. Werke in Einzelbdn[. 26]).

Droysen, Johann Gustav: Briefwechsel. Hrsg. von Rudolf Hübner. Bd. 1-2. Stuttgart, Berlin, Leipzig: Deutsche Verlags-Anstalt 1929 (Dt. Geschichtsquellen d. 19. Jh. 25-26).

Droysen, Johann Gustav: Geschichte Alexanders des Großen. Nach dem Text der Erstausg. 1833. Mit einem Nachw. von Jürgen Busche. Unter herausgeber. Mitarb. von Paul König. Zürich: Manesse 1986 (Manesse Bibliothek der Weltgeschichte).

Droysen, Joh[ann] Gust[av]: Geschichte Alexanders des Großen. Mit e. Vorw. von Sven Hedin u. e. Einl. von Arthur Rosenberg [...]. Berlin: Decker 1917.

Droysen, Johann Gustav: Historik. Rekonstruktion der ersten vollständ. Fassung der Vorlesungen (1857), Grundriß der Historik in der ersten handschriftl. (1857/58) und in der letzten gedr. Fassung (1882). Textausg. von Peter Leyh. Stuttgart-Bad Cannstatt: frommann-holzboog 1977.

Droysen, Johann Gustav: Historik. Vorlesungen über Enzyklopädie und Methodologie der Geschichte. Hrsg. von Rudolf Hübner. 8., unv. Aufl. München: Oldenbourg 1977.

Droysen, Johann Gustav: Texte zur Geschichtstheorie, mit ungedruckten Materialien zur „Historik". Hrsg. von Günter Birtsch und Jörn Rüsen. Göttingen: Vandenhoeck & Ruprecht 1972 (Kleine Vandenhoeck-Reihe. 366-368).

Droysen, Joh[ann] Gust[av]: Vorlesungen über die Freiheitskriege. Bd. 1-2. Kiel: Universitäts-Buchhandlung 1846.

Droysen, Johann Gustav: Vorwort zur Geschichte des Hellenismus II [1843]. - In: ders.: Kleine Schriften zur alten Geschichte. Bd. 1. Leipzig: Veit 1893, S. 298-314.

Eckermann, Johann Peter: Gespräche mit Goethe in den letzten Jahren seines Lebens. Zürich: Artemis 1948 (Goethe: Gedenkausg. der Werke, Briefe u. Gespräche. 24).

Eichhorn, Johann Gottfried: Geschichte der Litteratur von ihrem Anfang bis auf die neuesten Zeiten. Bd. 1-6 in 9. Göttingen: Vandenhoeck & Ruprecht 1805-11.

Encyclopédie, ou dictionnaire raisoné des sciences, des artes et des métiers, par une société de gens de lettres. Hrsg. von [Denis] Diderot und [Jean le Rond] d'Alembert. Bd. 1-28. Paris: Briasson [u.a.] 1751-62. Suppl. 1-6, Table 1-2. Amsterdam: Rey 1776. ND: Compact Edition. New York: Readex Microprint Corporation 1969.

Engel, Johann Jakob: Über Handlung, Gespräch und Erzählung. Faks.dr. d. ersten Fass. von 1774 a. d. ‚Neuen Bibliothek der schönen Wissenschaften und freyen Künste'. Hrsg. und mit ei. Nachw. vers. von Ernst Theodor Voss. Stuttgart: Metzler 1964 (SM. 37).

Eschenburg, Johann Joachim: Entwurf einer Theorie und Literatur der schönen Wissenschaften. Zur Grundlage bey Vorlesungen. Frankfurt, Leipzig: o. Vlg. 1790. Neue Aufl. München: Strobel 1805.

Fichte, Johann Gottlieb: Werke 1801-1806. Hrsg. von Reinhard Lauth und Hans Gliwitzky unter Mitarb. von Josef Becker [u.a.]. Stuttgart-Bad Cannstatt: Friedrich Frommann Vlg. (Günther Holzboog) 1991 (Gesamtausgabe. I, 8).

Fichte, Johann Gottlieb: Werke. Auswahl in sechs Bänden. [...] hrsg. u. eingel. von Fritz Medicus. Bd. 5. Leipzig: Eckardt 1910.

Fontane, Theodor: Sämtliche Werke. Hrsg. von Walter Keitel. [Abt. 3:] Aufsätze, Kritiken, Erinnerungen. Bd. 1: Aufsätze und Aufzeichnungen. Hrsg. von Jürgen Kolbe. Darmstadt: Wiss. Buchges. 1969.

Freytag, Gustav: Gesammelte Werke. Neue wohlfeile Ausg. Abt. 1, Bd. 3-5: Die Ahnen. Leipzig: Hirzel; Berlin: Klemm [1920].

Fulda, F[riedrich] C[arl]: Charte der Weltgeschichten. Augsburg: Stage 1782 [recte: 1783].

[Fulda, Friedrich Karl:] Ueberblik der Weltgeschichten, zur Erläuterung der Geschichtcharte. Augsburg: Stage 1783.

Gadamer, Hans-Georg, und Gottfried Boehm (Hrsg.): Seminar: Philosophische Hermeneutik. Frankfurt/Main: Suhrkamp 1976 (stw. 144).

Gatterer, Johann Christoph: Abriß der Universalhistorie in ihrem ganzen Umfange. Bey dieser zwoten Ausgabe völlig umgearbeitet und bis auf unsere Zeiten fortgesezt. Göttingen: Vandenhöck 1773.

Gatterer, Johann Christoph: Abriß der Universalhistorie nach ihrem gesamten Umfange von Erschaffung der Welt bis auf unsere Zeiten, erste Hälfte, nebst einer vorläufigen Einleitung von der Historie überhaubt und der Universalhistorie insonderheit, wie auch von den hieher gehörigen Schriftstellern. Göttingen: Vandenhöck 1765. - S. 1f. unter dem Titel „Von der Definition der Historie, der historischen Kunst und der Historiomathie" wiederabgedr. in: TDAH 1, S. 312.

Gatterer, J[ohann] C[hristoph]: Allgemeine Uebersicht der ganzen teutschen Litteratur in den letzten 3 Jahren: zu mehrerer Erläuterung der am Ende beygefügten 12 Tafeln. - In: Histor. Journal 1 (1772), S. 266-301.

Gatterer, Johann Christoph: Einleitung in die synchronistische Universalhistorie zur Erläuterung seiner synchronistischen Tabellen. Göttingen: Vandenhoek 1771.

Gatterer, J[ohann] C[hristoph]: Historische Kunst. Eine Anecdote aus Frankreich, im Jahr 1764 vorgelesen. - In: AHB 1 (1767), S. 1-14.

Gatterer, Johann Christoph: Nähere Nachricht von der neuen Ausgabe der gleichzeitigen Schriftsteller über die Teutsche Geschichte. - In: AHB 8 (1768), S. 3-22. - Wiederabgedr. in: TDAH 2, S. 568-578.

[Gatterer, Johann Christoph:] Rez. von Hausen: Versuch einer pragmatischen Geschichte des achtzehnten Jahrhunderts. - In: AHB 1 (1767), S. 311-336.

[Gatterer, Johann Christoph?:] Rez. der Pragmatischen Geschichte des Hauses Geroldseck. - In: AHB 2 (1767), S. 269-294.

Gatterer, Johann Christoph: Synopsis historiae vniversalis, sex tabvlis, qvarvm dvae in aes incisae coloribvsqve illvstratae svnt, comprehensa. Göttingen: impensis avctoris 1766.

Gatterer, Johann Christoph: Versuch einer allgemeinen Weltgeschichte bis zur Entdeckung Amerikens. Göttingen: Vandenhoeck & Ruprecht 1792.

Gatterer, Johann Christoph: Vom historischen Plan, und der darauf sich gründenden Zusammenfügung der Erzählung. - In: AHB 1 (1767), S. 15-89. - Wiederabgedr. in: TDAH 2, S. 621-662.

Gatterer, J[ohann] C[hristoph]: Von dem Plan des Herodots. - In: AHB 2 (1767), S. 46-126.

Gatterer, Johann Christoph: Vorrede. - In: AHB 1 (1767), S.)(2^r-[)(6^r].

Gatterer, Johann Christoph: Vorrede. - In: Histor. Journal 1 (1772), S. *2^r-[*6^v].

Gatterer, Johann Christoph: Vorrede von der Evidenz in der Geschichtkunde. - In: Die Allgemeine Welthistorie die in England durch eine Gesellschaft von Gelehrten ausgefertigt worden. In einem vollständigen und pragmatischen Auszuge. Hrsg. von Friedrich Eberhard Boysen. Alte Historie. Bd. 1. Halle: Gebauer 1767, S. 1-38. - Z.T. (S. 12-38) wiederabgedr. in: TDAH 2, S. 466-478.

Gatterer, Johann Christoph: Weltgeschichte in ihrem ganzen Umfange. Bd. 1-2. Göttingen: Vandenhoeck (Bd. 2: und Ruprecht) 1785-87.

Gatterer, J[ohann] C[hristoph]: Zufällige Gedanken über die teutsche Geschichte. - In: AHB 2 (1767), S. 23-34.

Gervinus, Georg Gottfried: Schriften zur Literatur. Hrsg. von Gotthard Erler. Berlin: Aufbau 1962.

Goethe, Johann Wolfgang von: Briefe. Hamburger Ausgabe in 4 Bänden. Textkrit. druchges. u. mit Anm.n vers. von Karl Robert Mandelkow. Bd. 1-4. Hamburg: Wegner 1962-67.

Goethe[, Johann Wolfgang von]: Gespräche. Bd. 1. 2. Aufl. Zürich, Stuttgart: Artemis 1964 (Gedenkausg. 22).

Goethe, Johann Wolfgang von: Werke. Hrsg. im Auftrag der Großherzogin Sophie von Sachsen. Abt. 1, Bd. 42,1, Abt. 4, Bd. 48. Weimar: Böhlau 1904, 1909.

Goethe, Johann Wolfgang von: Werke. Hamburger Ausgabe in 14 Bänden. [Hrsg. von Erich Trunz unter Mitw. von Stuart Atkins (u.a.).] München: Dt. Tb. Vlg. 1988.

Gottsched, Johann Christoph: Versuch einer Critischen Dichtkunst. Unveränd. photomech. Nachdr. d. 4., verm. Aufl. Leipzig 1751. Darmstadt: Wiss. Buchges. 1962.

Gundling, D. Nic[olaus] Hier[onymus]: Ausführlicher und vollständiger Discours über dessen Abriß einer rechten Reichs-Historie. Mit deutlichen Summarien und nöthigen genealogischen Tabellen Auch doppelten Register der angeführten Avtorvm und vorkommenden Sachen versehen. Franckfurth, Leipzig 1732.

H.J.U.: Schreiben aus D... an einen Freund in London über den gegenwärtigen Zustand der historischen Litteratur in Teutschland. - In: Der Teutsche Merkur 2 (1773), S. 247-266.

[Hartmann, Gottlob David:] Ueber das Ideal der Geschichte. - In: Der Teutsche Merkur 6 (1774), S. 195-213. - Wiederabgedr. in: TDAH 2, S. 688-697.

Hausen, Carl Renatus: Rede von der Theorie der Geschichte. Bey dem Beschlusse der Vorlesungen, auf der Universität Leipzig gehalten im Jahre 1765. - In: ders.: Sammlung vermischter Schriften. Halle: Laue 1766, S. 130-134. - Wiederabgedr. in: TDAH 1, S. 301-303.

[Hayley, W., und E. A. Schmidt (Übers.)]: Versuch über die historische Kunst. Zweyte Epistel. - In: Neuer teutscher Merkur 1797 Bd. 1, S. 49-77.

Haym, R[udolf]: Wilhelm von Humboldt. Lebensbild und Charakteristik. Berlin: Gaertner 1856.

Heeren, Arnold Hermann Ludwig: Historische Werke. Bd. 1-9. Göttingen: Röwer 1821-23.

Heeren, A[rnold] H[ermann] L[udwig]: Ideen über die Politik, den Verkehr und den Handel der vornehmsten Völker der alten Welt. Bd. 1-3,1 (in 4). Bd. 1-2: 3., verm. u. verb. Aufl. Göttingen: Vandenhoek & Ruprecht 1812-1815.

Heeren, A[rnold] H[ermann] L[udwig]: Johann von Müller der Historiker. Leipzig: Göschen 1809.

Hegel, Georg Wilhelm Friedrich: Ästhetik. Hrsg. von Friedrich Bassenge. Bd. 1-2. Berlin: das europ. buch 1985 (eurobuch. 7).

Hegel, Georg Wilhelm Friedrich: Grundlinien der Philosophie des Rechts oder Naturrecht und Staatswissenschaft im Grundriß. Mit Hegels eigenhänd. Notizen u. d. mündl. Zusätzen. Auf der Grundlage der *Werke* neu ed. Ausg. Red. Eva Moldenhauer und Karl Markus Michel. Frankfurt/Main: Suhrkamp 1978 (Theorie-Werkausg. 7).

Hegel, Georg Wilhelm Friedrich: Vorlesungen über die Philosophie der Geschichte. Auf der Grundlage der *Werke* neu ed. Ausg. Red. Eva Moldenhauer und Karl Markus Michel. Frankfurt/Main: Suhrkamp 1986 (Werke. 12; stw. 612).

Heine, Heinrich: Historisch-kritische Gesamtausgabe der Werke. Hrsg. von Manfred Fuhrmann [...]. Bd. 8,1. Hamburg: Hoffmann und Campe 1979.

Herder, Johann Gottfried: Auch eine Philosophie der Geschichte zur Bildung der Menschheit. Hrsg. von Hans Dietrich Irmscher. Stuttgart: Reclam 1990 (RUB. 4460).

Herder, Johann Gottfried: Briefe. Gesamtausgabe 1763-1803. Unter Ltg. von Karl-Heinz Hahn hrsg. [...]. Bd. 3. Weimar: Böhlau 1978.

Herder, Johann Gottfried: Journal meiner Reise im Jahr 1769. Hist.-krit. Ausg. Hrsg. von Katharina Mommsen unter Mitarb. von Momme Mommsen und Georg Wakkerl. Stuttgart: Reclam 1983 (RUB. 9793).

Herder, Johann Gottfried: Sämmtliche Werke. Hrsg. von Bernhard Suphan. Bd. 1-33. Berlin: Weidmann 1877-1913.

Herder, Johann Gottfried: Schriften zur Literatur. Bd. 1: Kritische Wälder. Erstes bis Drittes Wäldchen. Viertes Wäldchen. Paralipomena. [...] hrsg. von Regine Otto. Berlin, Weimar: Aufbau 1990 (Ausgewählte Werke in Einzelausgaben. 2, 1).

Herder, Johann Gottfried: Werke in zehn Bänden. Frankfurt/Main: Deutscher Klassiker Vlg. Bd. 1: Frühe Schriften 1764-1774. Hrsg. von Ulrich Gaier. 1985; Bd. 2: Schriften zur Ästhetik und Literatur 1767-1781. Hrsg. von Gunter E. Grimm. 1993; Bd. 5: Schriften zum Alten Testament. Hrsg. von Rudolf Smend. 1993; Bd. 6: Ideen zur Philosophie der Geschichte der Menschheit. Hrsg. von Martin Bollacher. 1989; Bd. 7: Briefe zur Beförderung der Humanität. Hrsg. von Hans Dietrich Irmscher. 1991.

[Home, Henry, Lord Kames:] Elements of Criticism. Vol. 1-3. Edinburgh: Millar, Kincaid & Bell 1762. Repr. New York, London: Johnson Reprint 1967 (Classics in Art and Literary Criticism).

Home, Heinrich: Grundsätze der Critik. Aus dem Engl. übers. Bd. 1-2. Leipzig: Dyck 1763.

Humboldt, Wilhelm von: Briefe an Karl Gustav Brinkmann. Hrsg. u. erl. von Albert Leitzmann. Leipzig: Hiersemann 1939 (Bibliothek des lit. Vereins in Stuttgart. 228).

Humboldt, Wilhelm von: Über die Verschiedenheit des menschlichen Sprachbaues und ihren Einfluß auf die geistige Entwicklung des Menschengeschlechts. Berlin: Kgl. Akad. d. Wiss.n 1836. ND Bonn [u.a.]: Dümmler 1960.

Humboldt, Wilhelm von: Werke in fünf Bänden. Hrsg. von Andreas Flitner und Klaus Giel. Darmstadt: Wiss. Buchges. 1960-81.

Jean Paul: Werke. T. 7: Vorschule der Ästhetik. Kleine Nachschule zur ästhetischen Vorschule. Hrsg. von Eduard Berend. Berlin [u.a.]: Bong o.J.

Kant, Immanuel: Kritik der Urteilskraft. Hrsg. von Wilhelm Weischedel. Frankfurt/Main: Suhrkamp 1974 (Werkausgabe. 10; stw. 57).

Kant, Immanuel: Schriften zur Geschichtsphilosophie. Mit e. Einl. hrsg. von Manfred Riedel. Stuttgart: Reclam 1985 (RUB. 9694).

Kestner, Johann Christian: Untersuchung der Frage: Ob sich der Nutzen der neuern Geschichte auch auf Privatpersonen erstrecke? - In: AHB 4 (1767), S. 214-226. - Wiederabgedr. in: TDAH 2, S. 699-705.

Kimpel, Dieter, und Conrad Wiedemann (Hrsg.): Theorie und Technik des Romans im 17. und 18. Jahrhundert. Bd. 2: Spätaufklärung, Klassik und Frühromantik. Tübingen: Niemeyer 1970 (Deutsche Texte. 17).

Köster, Henrich Martin Gottfried: Geschichte der heutigen Europäischen Staaten in einem Auszuge mit Genealogischen Tabellen. Giesen: Krieger 1775.

Kraus, Christian Jacob: Vermischte Schriften über staatswirthschaftliche, philosophische und andere wissenschaftliche Gegenstände. Hrsg. von Hans von Auerswald. Bd. 4. Königsberg: Nicolovius 1809, S. 3-49 [Vorlesungsmanuskript von 1789]. - Unter dem Titel „Encyclopädische Ansichten der historischen Gelehrsamkeit (1789)“ wiederabgedr. in: TDAH 2, S. 379-396.

Lämmert, Eberhard [u.a.] (Hrsg.): Romantheorie 1620-1880. Dokumentation ihrer Geschichte in Deutschland. Frankfurt/Main: Athenäum 1988 (Athenäum-Tbb. 2186; Literaturwissenschaft). Romantheorie. Dokumentation ihrer Geschichte in Deutschland seit 1880. Ebd. 1984 (ebd. 2180).

Laube, Heinrich: Waldstein. Unter Mitw. von Albert Hänel hrsg. von Heinrich Hubert Houben. Bd. 1-3. Leipzig: Hesse 1908 (Gesammelte Werke in fünfzig Bänden. 18-20).

Lebensnachrichten über Barthold Georg Niebuhr aus Briefen desselben und aus Erinnerungen einiger seiner nächsten Freunde. Bd. 1. Hamburg: Perthes 1838.

Lessing, Gotthold Ephraim: Werke. In Zus.arb. mit Karl Eibl [u.a.] hrsg. von Herbert G. Göpfert. Bd. 1-8. München: Hanser 1970-1979.

Lindner, Johann Gotthelf: Kurzer Inbegrif der Aesthetik, Redekunst und Dichtkunst. Bd. 1-2. Königsberg, Leipzig: Zeisen, Hartung 1771-72. Photomech. Nachdr. Frankfurt/Main: Athenäum 1971 (Athenäum Reprints).

[Loebell, Johann Wilhelm:] Briefe über den Nekrolog Friedrich Christoph Schlossers von G[eorg] G[ottfried] Gervinus. Ein Beitrag zur Charakteristik Schlossers vom litterarischen Standpunkt. Chemnitz: May 1862.

Loebell, Johann Wilhelm: Über die Epochen der Geschichtschreibung und ihr Verhältnis zur Poesie. Eine Skizze. - In: Histor. Taschenbuch N.F. 2 (1841), S. 277-372.

Lucian: Gedanken über die Geschichtschreiberkunst. Johann George Meusels Uebersetzung. - In: AHB 2 (1767), S. 127-168.

Lukian: Wie man die Geschichte schreiben müsse. - In: ders.: Sämtliche Werke. Mit Anm. Nach d. Übers. von C. M. Wieland bearb. u. erg. von Hanns Floerke. Bd. 3.

München, Leipzig: Georg Müller 1911 (Klassiker des Altertums. Reihe 1. 9), S. 269-313.

Lukian: Wie man Geschichte schreiben soll. Griechisch und Deutsch. Hrsg., übers. u. erl. von H[elene] Homeyer. München: Fink 1965.

Maier, Friedrich: Briefe über das Ideal der Geschichte. Lübeck: Bohn 1796, S. 145-176. - Unter dem Titel „Versuch einer Encyclopädie der Geschichte, nach allen ihren Theilen, in einem natürlichen Zusammenhang" wiederabgedr. in: TDAH 2, S. 369-378.

Mann, Golo: Friedrich von Gentz. Geschichte eines europäischen Staatsmanns. Zürich, Wien: Europa Vlg. 1947.

Meier, Georg Friedrich: Anfangsgründe aller schönen Wissenschaften. Bd. 1-3. 2., verb. Aufl. Halle: Hemmerde 1754-59. Photomech. Nachdr. Hildesheim, New York: Olms 1976 (Documenta Linguistica. Reihe 5: Dt. Grammatiken d. 16. bis 18. Jh.).

Meinecke, Friedrich: Erlebtes 1862-1901. Leipzig: Koehler & Amelang 1941.

Meiners, C[hristoph]: Grundriß der Geschichte der Menschheit. Lemgo: Meyer 1785, unpag. Vorrede. - Unter dem Titel „Zum Programm einer Geschichte der Menschheit" wiederabgedr. in: TDAH 2, S. 548-558.

Mendelssohn Bartholdy, Felix: Sämtliche Lieder für eine Singstimme und Klavier. Hrsg. von Max Friedländer. Frankfurt/Main, New York, London: Peters (Edition Peters. 1774).

Mendelssohn, Moses: Ästhetische Schriften in Auswahl. Hrsg. von Otto F. Best. Darmstadt: Wiss. Buchges. 1974 (Texte zur Forschung. 14).

Mommsen, Theodor: Reden und Aufsätze. 2., unv. Aufl. Berlin: Weidmann 1905.

Mommsen, Theodor: Römische Geschichte. Nobelpreis für Literatur 1902. Bearb. von Hellmuth Günther Dahms. Zürich: Coron o.J.

Mommsen, Theodor: Römische Geschichte. Vollst. Ausg. in acht Bänden. Red. Walter Kumpmann. München: Dt. Tb. Vlg. 1976 (dtv-bibliothek. 6053-6060).

Moor, Jacob: Versuch über die historische Composition aus dem englischen übers. von Jerem. Nic. Eyring. - In: AHB 5 (1768), S. 38-69.

Moritz, Karl Philipp: Anton Reiser. Ein psychologischer Roman. Mit Textvar., Erläut. u. e. Nachw. hrsg. von Wolfgang Martens. Stuttgart: Reclam 1984 (RUB. 4813).

Moritz, Karl Philipp: Werke. Hrsg. von Horst Günther. Bd. 1-3. Bd. 2: Reisen. Schriften zur Kunst und Mythologie. Frankfurt/Main: Insel 1981.

Möser, Justus: Patriotische Phantasien. Ausgew. Schriften. Hrsg., mit Nachw. u. Anm. von Wilfried Zieger. Leipzig: Reclam 1986 (RUB. 1156).

Möser, Justus: Sämtliche Werke. Historisch-kritische Ausgabe in 14 Bänden [in 16]. [...] hrsg. von der Akad. d. Wiss.n zu Göttingen. Bd. 12,1/2-13: Osnabrückische G-eschichte. Bearb. von Paul Göttsching. Oldenburg, Hamburg: Stalling 1964-71.

Müller, Johannes von: Sämtliche Werke. Hrsg. von Johann Georg Müller. Bd. 1-40. Stuttgart, Tübingen: Cotta 1831-35.

Nicolai, Friedrich: Gesammelte Werke. Hrsg. von Bernhard Fabian und Marie-Luise Spieckermann. Bd. 3 und 5. Hildesheim, Zürich, New York: Olms 1988.

Niebuhr, B[arthold] G[eorg]: Römische Geschichte. Bd. 1-2. Neue Ausg. von M. Isler. Berlin: Calvary 1873.

Nietzsche, Friedrich: Werke. Krit. Gesamtausg. Hrsg. von Giorgio Colli und Mazzino Montinari. Abt. 3. Bd. 1 und 2. Berlin, New York: de Gruyter 1972-73.

Novalis: Schriften. Die Werke Friedrich von Hardenbergs. Hist.-krit. Ausg. (2., nach den Hss. erg., erw. u. verb. Aufl.) in 4 Bd.n, einem Materialienbd. u. einem Erg.bd. [...]. Begr. von Paul Kluckhohn und Richard Samuel. Hrsg. von R. S. in Zus.arb. mit Hans-Joachim Mähl u. Gerhard Schulz. Stuttgart: Kohlhammer 1960-1988.

Novalis: Schriften. Hrsg. von Fr[iedrich] Schlegel und Ludwig Tieck. 3. Aufl. Bd. 2. Berlin: Realschulbuchhandlung 1816.

Oellers, Norbert (Hrsg.): Schiller - Zeitgenosse aller Epochen. Dokumente zur Wirkungsgeschichte Schillers in Deutschland. Bd. 1-2. Eingel. und komm. von N. O. Frankfurt/Main: Athenäum 1970; München: Beck 1976 (Wirkung der Literatur. 2,1-2).

Platon: Der Staat. 2. Aufl. Leipzig: Reclam 1988 (RUB. 769).

Plumpe, Gerhard (Hrsg.): Theorie des bürgerlichen Realismus. Eine Textsammlung. Stuttgart: Reclam 1985 (RUB. 8277).

Polybios: Geschichte. Gesamtausg. in 2 Bd.n. Eingel. u. übertr. von Hans Drexler. Zürich, Stuttgart: Artemis 1961 (Die Bibliothek der Alten Welt).

Pütter[, Johann Stephan]: Teutsche Reichsgeschichte in ihrem Hauptfaden entwickelt. 2. meist unv. Ausg. Göttingen: Vandenhoeck 1783.

Pütter, Johann Stephan: Vollständigeres Handbuch der Teutschen Reichshistorie. Göttingen: Vandenhoek 1762.

Raabe, Wilhelm: Sämtliche Werke. Hist.-krit. Ausg. [...] hrsg. von Karl Hoppe und Jost Schillemeit. Bd. 17: Das Odfeld. Göttingen: Vandenhoeck & Ruprecht 1966.

[Ramler, Karl Wilhelm:] Einleitung in die schönen Wissenschaften. Nach dem Frz. des Herrn Batteux, mit Zusätzen vermehret von K. W. R. Bd. 1-4. 4. u. verb. Aufl. Leipzig: Weidmanns Erben und Reich 1774.

Ranke, Leopold von: Aus Werk und Nachlaß. Hrsg. von Walther Peter Fuchs und Theodor Schieder. Bd. 1-4. München, Wien: Oldenbourg 1964-75.

Ranke, Leopold von: Das Briefwerk. Eingel. u. hrsg. von Walther Peter Fuchs. Hamburg: Hoffmann und Campe 1949.

Ranke, Leopold: Fürsten und Völker von Süd-Europa im sechszehnten und siebzehnten Jahrhundert. Vornehml. aus ungedr. Gesandtschafts-Berichten. Bd. 1. Hamburg: Perthes 1827.

Ranke, Leopold von: Geschichte und Politik. Ausgewählte Aufsätze und Meisterschriften. Hrsg. von Hans Hofmann. Stuttgart: Kröner [1943]

Ranke, Leopold: Geschichten der romanischen und germanischen Völker von 1494-1535. Bd. 1 [mehr nicht ersch.]. Leipzig, Berlin: Reimer 1824.

Ranke, Leopold von: Neue Briefe. Ges. u. bearb. von Bernhard Hoeft†. Nach s. Tod hrsg. von Hans Herzfeld. Hamburg: Hoffmann und Campe 1949.

Ranke, Leopold: Die römischen Päpste, ihre Kirche und ihr Staat im sechszehnten und siebzehnten Jahrhundert. Bd. 1-3. Berlin: Duncker & Humblot 1834-36 (Fürsten und Völker von Süd-Europa im sechszehnten und siebzehnten Jahrhundert. 2-4). 2. Aufl. 1838. 5. Aufl. Leipzig 1867.

Ranke, Leopold von: Sämmtliche Werke. Bd. 1-54. Bd. 51/52 hrsg. von Alfred Dove, Bd. 53/54 von dems. u. Theodor Wiedemann. Leipzig: Duncker & Humblot 1867-1890.

Ranke, Leopold: Die serbische Revolution. Aus serbischen Papieren und Mittheilungen. Mit einer Charte von Serbien. Hamburg: Perthes 1829.

Ranke, Leopold von: The Theory and Practice of History. Ed. with an Introd. by Georg G. Iggers and Konrad von Moltke. New Transl.s by Wilma A. Iggers and K. v. M. Indianapolis, New York: The Bobbs-Merrill Company 1973 (The European Historiography Series).

Ranke, Leopold von: Weltgeschichte. Bd. 1-9 in 16 Teilbd.n. Bd. 8 und 9 hrsg. von Alfred Dove, Georg Winter und (nur Bd. 8) Theodor Wiedemann. 1-5. Aufl. Leipzig: Duncker & Humblot 1886-1898.

Ranke, Leopold von: Werke. Gesamt-Ausgabe der Deutschen Akademie. Unter berat. Mitarb. von Erich Marcks, Friedrich Meinecke und Hermann Oncken hist.-krit. hrsg. von Paul Joachimsen [...]. 1. Reihe, 7. Werk: Deutsche Geschichte im Zeitalter der Reformation. Hrsg. von Paul Joachimsen. Bd. 1-6. 9. Werk: Zwölf Bücher Preußische Geschichte. Bd. 1-3. Hrsg. von Georg Küntzel. München: Drei Masken Vlg. 1925-30.

Ranke, Leopold: Zur Kritik neuerer Geschichtschreiber. Eine Beylage zu desselben romanischen und germanischen Geschichten. Leipzig, Berlin: Reimer 1824.

Robertson, Wilhelm [=William]: Geschichte der Regierung Kaiser Carls des V. Nebst einem Abrisse des Wachsthums und Fortgangs des gesellschaftlichen Lebens in Europa, bis auf den Anfang des sechszehnten Jahrhunderts. Aus dem Engl. übers. von Matth. Theod. Christ. Mittelstedt. 2. Aufl. von neuem durchges. u. mit Anm.n begleit. von Julius August Remer. Bd. 1-2. Braunschweig: Vlg. der Fürstl. Waisenhaus-Buchhandlung 1778.

Roscher, Wilhelm: Klio. Beiträge zur Geschichte und historischen Kunst. Bd. 1: Leben, Werk und Zeitalter des Thukydides. Mit einer Einleitung zur Aesthetik der historischen Kunst überhaupt. Göttingen: Vandenhoeck und Ruprecht 1842.

Scheffel, J[oseph] V[ictor] von: Ekkehard. Eine Geschichte aus dem zehnten Jahrhundert. Vollst. Ausg. Berlin: Weichert o.J.

Schelling, F[riedrich] W[ilhelm] J[oseph] v[on]: Werke. Auswahl in drei Bänden. Hrsg. von Otto Weiß. Leipzig: Eckart 1907.

Schiller, Friedrich: Sämtliche Werke. Bd. 4: Historische Schriften. [...] hrsg. von Gerhard Fricke und Herbert G. Göpfert in Verbindung mit Herbert Stubenrauch. 3. Aufl. München: Hanser 1962.

Schiller, Friedrich: Sämtliche Werke. Säkular-Ausgabe in 16 Bänden. [...] hrsg. von Eduard von der Hellen. Bd. 13-15. Hrsg. von Richard Fester. Stuttgart, Berlin: Cotta 1905.

Schiller, Friedrich: Werke. Nationalausgabe. Begr. von Julius Petersen. Fortgef. von Lieselotte Blumenthal und Benno von Wiese. Hrsg. [...] von Norbert Oellers. Bd. 1, 8, 16-18, 20-22, 24-26, 29, 31, 33,1. Weimar: Böhlau 1943-1992.

Schiller[, Friedrich,] und [Johann Wolfgang] Goethe: Briefwechsel. Hrsg. von Emil Staiger. [...] Frankfurt/Main: Insel 1977 (insel taschenbuch. 250).

Schiller[, Friedrich,] und Wilhelm von Humboldt: Briefwechsel. Mit e. Vorerinn. über Schiller und den Gang seiner Geistesentwicklung von W. v. H. Stuttgart, Tübingen: Cotta 1830.

Schiller, Friedrich, und Wilhelm von Humboldt: Briefwechsel. Hrsg. von Siegfried Seidel. Bd. 1-2. Berlin: Aufbau 1962.

Schlegel, Friedrich: Kritische Ausgabe. Hrsg. von Ernst Behler unter Mitw. von Jean-Jacques Anstett u. Hans Eichner. Bd. 2, 5-7, 11, 16-18. München, Paderborn, Wien: Schöningh; Zürich: Thomas-Vlg. 1967-91.

[Schlözer, August Ludwig:] Aus einem Schreiben des Herrn Hofraths und Professors Schlözer in Göttingen, an den teutschen Herausgeber dieser Mably'schen Schrift. – In: Abbé [Gabriel Bonnot de] Mably: Von der Art, die Geschichte zu schreiben, oder über die historische Kunst. Aus d. Frz. mit Anm. von F[riedrich] R[udolph] Salzmann. Und e. Vorr. von A. L. Schlözer. Straßburg: Akademie 1784, S. 1-24. – Unter dem Titel „Über die Geschichtsverfassung" wiederabgedr. in: TDAH 2, S. 590-604.

Schlözer, August Ludwig: Geschichte von Littauen, als einem eigenen Großfürstenthume, bis zum J. 1569. – In: A. L. Schl. und Ludwig Albrecht Gebhardi: Fortsetzung der Allgemeinen Welthistorie durch eine Gesellschaft von Gelehrten in Teutschland und Engeland ausgefertiget. Funfzigster Theil. Halle: Gebauer 1785, S. 1-300.

[Schlözer, August Ludwig:] Isländische Litteratur und Geschichte. Bd. 1. Göttingen, Gotha: Dieterichs 1773.

Schlözer, August Ludwig: Kritische Sammlungen zur Geschichte der Deutschen in Siebenbürgen. Unveränd. Nachdr. der Ausg. Göttingen 1795-97. Mit e. Vorw. von Harald Zimmermann. Köln, Wien: Böhlau 1979 (Schriften zur Landeskunde Siebenbürgens. 3).

Schlözer, August Ludwig: Kritisch-historische NebenStunden. Göttingen: Vandenhoek und Ruprecht 1797.

[Schlözer, August Ludwig:] Ludwig Ernst. Herzog zu Braunschweig und Lüneburg, kaiserl. königl. und des h. Römischen Reichs Feldmarschall etc. Ein *Actenmäßiger Bericht* von dem Verfaren gegen Dessen Person, so lange HöchstDerselbe, den erhabenen Posten als FeldMarschall, Vormund und Repräsentant des Herrn Erbstatthalters, Fürst *Wilhelm V* von Oranien, in dem Reich der *Vereinten Niederlande*, bekleidet hat. Göttingen: Vandenhoek 1786.

Schlözer, August Ludwig: Oskold und Dir eine Russische Geschichte kritisch beschrieben. Erste Probe Russischer Annalen [...]. Göttingen, Gotha: Dieterichs 1773.

Schlözer, August Ludwig: Versuch einer allgemeinen Geschichte der Handlung und Seefahrt in den ältesten Zeiten. Aus dem Schwedischen. Rostock: Koppische Buchhandlung 1761.

Schlözer, August Ludwig: Vorstellung der Universalhistorie. 2., veränd. Aufl. Göttingen: Dieterich 1775.

Schlözer, August Ludwig: Vorstellung seiner Universalhistorie (1772/73). Mit Beilagen. Hrsg., eingel. u. komm. von Horst Walter Blanke. Hagen: Rottmann 1990 (Beiträge zur Geschichtskultur. 4).

Schlözer, August Ludwig: WeltGeschichte nach ihren HauptTheilen im Auszug und Zusammenhange. Bd. 1-2. Göttingen: Vandenhoek (Bd. 2 = und Ruprecht) 1785-89.

Schlözer, August Ludwig: Weltgeschichte nach ihren Haupttheilen im Auszuge und Zusammenhange. Bd. 1-2 (Bd. 1 = 2., verb. Aufl.). Wien: Schrämbl 1794 [Nachdr. der *WeltGeschichte* von 1785 (in der 2. Aufl. 1792) -1789].

Schmidt, Michael Ignaz: Geschichte der Deutschen. Bd. 1-11. Ulm: Stettinische Buchhandlung 1778-1793.

Schroeckh, Johann Matthias: Christliche Kirchengeschichte. Bd. 1. Frankfurt/Main, Leipzig: Schwickert 1768, S. 251-278. - Unter der Abschnittsüberschrift „Methode der Untersuchung und des Vortrags der christlichen Kirchengeschichte" wiederabgedr. in: TDAH 2, S. 604-621.

Schröckh, Johann Matthias: Lehrbuch der allgemeinen Weltgeschichte zum Gebrauche bey dem ersten Unterrichte der Jugend nebst einem Anhange der Sächsischen und Brandenburgischen Geschichte. Berlin, Stettin: Nicolai 1774.

Scott, Walter: Quentin Durward. London: Black 1897 (Victoria Edition).

Scott, Walter: Waverley oder Schottland vor sechzig Jahren. Hist.-humorist. Roman. A. d. Engl. nach d. 4. Orig.-Ausg. übers. v. W. L**. Bd. 1-4. Leipzig: Lauffer 1822.

Spittler, Ludwig Timotheus von: Sämmtliche Werke. Hrsg. von Karl Wächter. Bd. 1-15 (in 8). Stuttgart, Tübingen: Cotta 1827-37.

S[pittler, Ludwig Timotheus]: Waren die Stamm-Eltern des Hochfürstl. Löwenstein-Wertheim. Hauses priesterlich getraut? - In: Götting. Histor. Magazin Bd. 3 (1788), S. 385-414.

Steinecke, Hartmut (Hrsg.): Theorie und Technik des Romans im 19. Jahrhundert. Tübingen: Niemeyer 1970 (Deutsche Texte. 18).

Sterne, Laurence: The Life and Opinions of Tristram Shandy, Gentleman. London, New York, Toronto: Oxford University Press 1959 (The World's Classics. 40).

Stockhausen, Johann Christoph: Critischer Entwurf einer auserlesenen Bibliothek für die Liebhaber der Philosophie und schönen Wissenschaften. Zum Gebrauch akademischer Vorlesungen. 4., verb. u. viel verm. Aufl. Berlin: Haude und Spener 1771.

Sulzer, Johann Georg: Allgemeine Theorie der Schönen Künste in einzeln, nach alphabetischer Ordnung der Kunstwörter auf einander folgenden, Artikeln abgehandelt. Neue verm. 2. Aufl. Bd. 1-4. Leipzig: Weidmann 1792-94.

Sulzer, Johann Georg: Kurzer Begriff aller Wißenschaften und andern Theile der Gelehrsamkeit, worin jeder nach seinem Inhalt, Nuzen und Vollkommenheit kürzlich beschrieben wird. 2. Aufl. Leipzig 1759, S. 24-54. - Unter der Kapitelüberschr. „Von der Historie" wiederabgedr. in: TDAH 1, S. 286-299.

Sybel, Heinrich von: Ueber den Stand der neueren deutschen Geschichtschreibung. - In: ders.: Kleine historische Schriften. München: Cotta 1863, S. 345-359.

Valéry, Paul: Cahiers/Hefte. Bd. 5. Übers. von Reinhard Huschke, Hartmut Köhler und Jürgen Schmidt-Radefeldt. Frankfurt/Main: S. Fischer 1992.

Vico, Giovanni Battista: Prinzipien einer neuen Wissenschaft über die gemeinsame Natur der Völker. Übers. von Vittorio Hösle und Christoph Jerman u. mit Textverweisen von Chr. J. Mit e. Einl: „Vico und die Idee der Kulturwissenschaft" von V. H. Bd. 1-2. Hamburg: Meiner 1990 (Philosoph. Bibliothek. 418a/b).

Von deutscher Art und Kunst. [Mit Beitr. von:] Herder, Goethe, Frisi, Möser. Hrsg. von Hans Dietrich Irmscher. Durchges. u. bibliogr. erg. Aufl. Stuttgart: Reclam 1988 (RUB. 7497).

Weber, Max: Schriften zur Wissenschaftslehre. Hrsg. u. eingel. von Michael Sukale. Stuttgart: Reclam 1991 (RUB. 8748).

Wegelin, Jacob: Briefe über den Werth der Geschichte. Berlin: Himburg 1783. Photomech. Nachdr. Königstein/Ts.: Scriptor 1981 (Scriptor Reprints. Sammlung 18. Jahrhundert[. 32]).

Wendt, Amadeus: Reden über die Religion. Für Gebildete, namentlich diejenigen, welche sich den Wissenschaften widmen. Sulzbach: Seidel 1813 (Die Religion an sich [...]).

Wezel, Johann Carl: Belphegor oder die wahrscheinlichste Geschichte unter der Sonne. Hrsg. von Hubert Gersch. Frankfurt/Main: Insel 1965.

Wezel, Johann Carl: Kritische Schriften. Im Faksimiledruck hrsg., mit e. Nachw. u. Anm. von Albert R. Schmitt. Versuch einer Gesamtbibliographie über Johann Karl Wezel von Philipp S. McKnight. Bd. 1-3. Stuttgart: Metzler 1971-75 (Deutsche Neudrucke. Reihe Texte des 18. Jahrhunderts).

Wezel, Johann Carl: Lebensgeschichte Tobias Knauts, des Weisen, sonst der Stammler genannt. Faksimiledruck nach d. Ausg. von 1773-76. Mit e. Nachw. von Victor Lange. Bd. 1-4. Stuttgart: Metzler 1971 (Deutsche Neudrucke. Reihe Texte des 18. Jahrhunderts).

Wieck, Carl Ferdinand: Jahresbericht über das Domgymnasium zu Merseburg nebst drei Abhandlungen über Goethe's Lehr- und Wanderjahre Wilhelm Meisters. Merseburg: Kobitzschens Erben 1837.

Wieland, Christoph Martin: Briefwechsel. Bd. 3. Hrsg. von der Akad. d. Wiss. d. DDR, Zentralinst. für Lit.gesch. durch Renate Petermann und Hans Werner Seiffert. Berlin: Akademie 1975. Bd. 5. Bearb. durch Hans Werner Seiffert. 1983.

Wieland, Christoph Martin: Gesammelte Schriften. Hrsg. von der Dt. Komm. d. Preuß. Akad. d. Wiss. Abt. 1: Werke. Bd. 4. Hrsg. von Fritz Homeyer und Hugo Bieber. Bd. 6, 9. Hrsg. von Wilhelm Kurrelmeyer. Berlin: Weidmann 1916, 1937, 1931.

Wieland, Christoph Martin: Geschichte des Agathon. Erste Fassung. Unter Mitw. von Reinhard Döhl hrsg. von Fritz Martini. Stuttgart: Reclam 1979 (RUB. 9933).

Wieland, Christoph Martin: Vorrede. - In: Friedrich Schiller: Geschichte des Dreißigjährigen Kriegs. Vollst. Nachdr. der Erstfass. aus dem „Historischen Calender für Damen für die Jahre 1791-1793". [...] Mit e. Nachw. von Golo Mann. 2. Aufl. Zürich: Manesse 1988 (Manesse Bibliothek der Weltgeschichte), S. 7-22.

Wiggers, Johann Georg: Versuch die verschiedenen Pflichten eines Geschichtschreibers aus einem Grundsatz herzuleiten. - In: Vermischte Aufsätze. Leipzig: Weidmann 1784, S. 1-73. - Z.T. wiederabgedr. in: TDAH 2, S. 429-454.

Will, Georg Andreas: Einleitung in die historische Gelahrtheit und die Methode, die Geschichte zu lehren und zu lernen (1766). - In: TDAH 1, S. 313-349.

Wolf, Friedrich August: Darstellung der Altertumswissenschaft nach Begriff, Umfang, Zweck und Wort. Berlin: Akademie 1985 (Dokumente der Wissenschaftsgeschichte) [Photomech. ND d. Ausg. Berlin 1807].

[Woltmann, Karl Ludwig von:] Barbarei der deutschen Literatur. (Aus den ungedruckten Memoiren des Freiherrn von S-a.) (Beschluß.) - In: Minerva 1814, Bd. 1, S. 376-399.

[Woltmann, Karl Ludwig von:] Geschichte des dreißigjährigen Kriegs von Friedrich von Schiller. Bd. 3-4. Fortges. von K. L. v. W. Leipzig: Vogel 1823 (Schiller: Sämmtliche Werke. Supplemente. 5/6).

[Woltmann, Karl Ludwig von:] Grundideen der Politik der Österreichischen Monarchie. Frankfurt/Main 1815.

[Wolzogen, Karoline von:] Schillers Leben, verfaßt aus Erinnerungen der Familie, seinen eignen Briefen und den Nachrichten seines Freundes Körner. Bd. 1-2. Stuttgart, Tübingen: Cotta 1830.

B. Darstellungen

Adler, Hans: Die Prägnanz des Dunklen. Gnoseologie - Ästhetik - Geschichtsphilosophie bei Johann Gottfried Herder. Hamburg: Meiner 1990 (Studien zum achtzehnten Jh. 13).

Aesthetic Illusion. Theoretical and Historical Approaches. Ed. by Frederick Burwick and Walter Pape. Berlin, New York: de Gruyter 1990.

Ahrends, Günter: Sternes „Tristram Shandy" und der Literaturtyp der Anatomie. - In: German.-Roman. Monatsschrift 67 (N.F. 36) (1986), S. 16-31.

Alexander, Werner: Hermeneutica Generalis. Zur Konzeption und Entwicklung der allgemeinen Verstehenslehre im 17. und 18. Jahrhundert. Stuttgart: M&P, Vlg. für Wiss. u. Forschung 1993.

Allkemper, Alo: Ästhetische Lösungen. Studien zu Karl Philipp Moritz. München: Fink 1990.

Alt, Peter-André: Begriffsbilder. Studien zur literarischen Allegorie zwischen Opitz und Schiller. Tübingen: Niemeyer 1995 (Studien zur dt. Lit. 131).

Angehrn, Emil: Geschichte und Identität. Berlin: de Gruyter 1985.

Angehrn, Emil: Geschichtsphilosophie. Stuttgart, Berlin, Köln: Kohlhammer 1991 (Urban-Tbb. 399; Grundkurs Philosophie. 15).

Ankersmit, Franklin Rudolf: Narrative Logic. A Semantic Analysis of the Historians Language. Diss. Groningen 1981.

Ankersmit, F[ranklin] R.: The Reality Effect in the Writing of History; the Dynamics of Historiographical Topology. – In: Medelingen van de Koninklijke Nederlandse Akademie von Wetenschapen, Afdeling Letterkunde N.F. 52 (1989), S. 1-37.

Ankersmit, Franklin: The Use of Language in the Writing of History. – In: Working with Language. A Multidisciplinary Consideration of Language Use in Work Contexts. Ed. by Hywel Coleman. Berlin, New York: Mouton de Gruyter 1989 (Contributions to the Sociology of Language. 52), S. 57-81.

Aspekte der Modernität. Hrsg. von Hans Steffen. Göttingen: Vandenhoeck & Ruprecht 1965 (Kleine Vandenhoeck-Reihe. 217).

Aufklärung und Geschichte. Studien zur deutschen Geschichtswissenschaft im 18. Jahrhundert. Hrsg. von Hans Erich Bödeker [u.a.]. Göttingen: Vandenhoeck & Ruprecht 1986 (Veröffentl.n des Max-Planck-Instituts. 81).

Aust, Hugo: Der historische Roman. Stuttgart: Metzler 1994 (SM. 278).

Backs, Silvia: Dialektisches Denken in Rankes Geschichtsschreibung bis 1854. Köln, Wien: Böhlau 1985 (Diss.n zur neueren Geschichte. 17).

Baethgen, Friedrich: Zur geistigen Entwicklung Rankes in seiner Frühzeit. – In: Deutschland und Europa. Historische Studien zur Völker- und Staatenordnung des Abendlandes. Fs. für Hans Rothfels. Hrsg. von Werner Conze. Düsseldorf: Droste 1951, S. 337-353.

Bahners, Patrick: Die göttliche Komödie. Leopold von Ranke und Hayden White. – In: SdS 24 (1994), S. 71-108.

Bahners, Patrick: Die Ordnung der Geschichte. Über Hayden White. – In: Merkur 46 (1992), S. 506-521.

Bann, Stephen: The Clothing of Clio. A Study of the Representation of History in Nineteenth-Century Britain and France. Cambridge [u.a.]: Univ. Pr. 1984.

Barthes, Roland: Historie und ihr Diskurs. - In: alternative 11 (1968), S.171-180.

Baßler, Moritz: Die Entdeckung der Textur. Unverständlichkeit in der Kurzprosa der emphatischen Moderne 1910-1916. Tübingen: Niemeyer 1994 (Studien zur dt. Lit. 134).

Baumgartner, Hans Michael: Kontinuität und Geschichte. Zur Kritik und Metakritik der historischen Vernunft. Frankfurt/Main: Suhrkamp 1972.

Baumgartner, Hans Michael: Narrativität. - In: Handbuch der Geschichtsdidaktik. Hrsg. von Klaus Bergmann [u.a.] in Verb. mit Werner Boldt [u.a.]. Red. Klaus Fröhlich und Klaus Remus. Düsseldorf: Schwann 1985, S. 146-150.

Baumgartner, Hans Michael: Wissenschaft. - In: Handbuch philosophischer Grundbegriffe. Hrsg. von Hermann Krings, Hans-Michael Baumgartner und Christoph Wild. Bd. 1-3. München: Kösel 1973-74, Bd. 3, S. 1740-1764.

Bäumler, Alfred: Das Irrationalitätsproblem in der Ästhetik und Logik des achtzehnten Jahrhunderts bis zur Kritik der Urteilskraft. 2., durchges. Aufl. Mit e. Nachw. zum Neudr. Darmstadt: Wiss. Buchges. 1967.

Beck, Hamilton: The Novel Between 1740 and 1780: Parody and Historiography. - In: Journal of the History of Ideas 46 (1985), S. 405-416.

Becker, Berta: Johann Gustav Droysens Geschichtsauffassung. Diss. Hamburg 1928.

Becker, Eva: Der deutsche Roman um 1780. Stuttgart: Metzler 1965 (Germanist. Abhandlungen. 5).

Becker-Schaum: Christoph: Arnold Herrmann Ludwig Heeren. Beitrag zur Geschichte der Geschichtswissenschaft zwischen Aufklärung und Historismus. Frankfurt/ Main [u.a.]: Lang 1993 (Europ. Hochschulschriften. Reihe 3: Geschichte und ihre Hilfswissenschaften. 551).

Beetz, Manfred: Rhetorisches Textverstehen als Problemlösen. Ansätze zur einer linguistisch orientierten Rekonstruktion von Rhetoriken des 17. und 18. Jahrhundert. - In: Rhetorik. Hrsg. von Josef Kopperschmidt. Bd. 1. Darmstadt: Wiss. Buchges. 1991, S. 155-193.

Behler, Ernst: Friedrich Schlegels Theorie des Verstehens: Hermeneutik oder Dekonstruktion? - In: Die Aktualität der Frühromantik. Hrsg. von E. B. und Jochen Hörisch. Paderborn [u.a.]: Schöningh 1988, S. 141-160.

Beierwaltes, Werner: Platonismus und Idealismus. Frankfurt/Main: Klostermann 1972 (Philosoph. Abhandlungen. 40).

Below, Georg von: Die Deutsche Geschichtsschreibung von den Befreiungskriegen bis zu unseren Tagen. Geschichtsschreibung und Geschichtsauffassung. Mit e. Beil.: Die dt. wirtschaftsgesch. Lit. und der Ursprung des Materialismus. 2., wes. erw. Aufl. München, Berlin: Oldenbourg 1924 (Hdb. d. mal. u. neueren Gesch. 1).

Bender, Wolfgang: Rhetorische Tradition und Ästhetik im 18. Jahrhundert: Baumgarten, Meier und Breitinger. - In: Zs. f. dt. Philol. 99 (1980), S. 481-506.

Berg, Gunter: Leopold von Ranke als akademischer Lehrer. Studien zu seinen Vorlesungen und seinem Geschichtsdenken. Göttingen: Vandenhoeck & Ruprecht 1968 (Schriftenreihe d. Hist. Komm. bei der Bayer. Akad. d. Wiss. 9).

Berthold, Christian: Fiktion und Vieldeutigkeit. Zur Entstehung moderner Kulturtechniken des Lesens im 18. Jahrhundert. Tübingen: Niemeyer 1993 (Communicatio. 3).

Bichler, Reinhold: ‚Hellenismus'. Geschichte und Problematik eines Epochenbegriffs. Darmstadt: Wiss. Buchges. 1983 (Impulse der Forschung. 41).

Birtsch, Günter: Die Nation als sittliche Idee. Der Nationalstaatsbegriff in Geschichtsschreibung und politischer Gedankenwelt Johann Gustav Droysens. Köln, Graz: Böhlau 1964 (Kölner Histor. Abhandlungen. 10).

Blackall, Eric A.: Die Entwicklung des Deutschen zur Literatursprache 1700-1775. Mit e. Bericht über neue Forschungsergebnisse 1955-1964 von Dieter Kimpel. Stuttgart: Metzler 1966.

Blanke, Horst Walter: Historiographiegeschichte als Historik. Stuttgart-Bad Canstatt: frommann-holzboog 1991 (Fundamenta historica. 3).

Blanke, Horst Walter: Historismus als Wissenschaftsparadigma. Einheit und Mannigfaltigkeit. - In: Wissenschaft und Nation. Studien zur Entstehungsgeschichte der deutschen Literaturwissenschaft. Hrsg. von Jürgen Fohrmann und Wilhelm Voßkamp. München: Fink 1991, S. 217-231.

Blanke, Horst Walter: „Historismus" im Streit. Oder: Wie schreibt man heute eine Geschichte der Geschichtswissenschaft? - In: Rechtshist. Journal 12 (1993), S. 585-597.

Blanke, Horst Walter: Die Kritik der Alexanderhistoriker bei Heyne, Heeren, Niebuhr und Droysen. Eine Fallstudie zur Entwicklung der historisch-philologischen Methode in der Aufklärung und im Historismus. - In: SdS 13 (1988), S. 106-127.

Blanke, Horst Walter: Verfassungen, die nicht rechtlich, aber wirklich sind. A. H. L. Heeren und das Ende der Aufklärungshistorie. - In: Berichte zur Wissenschaftsgeschichte 6 (1983), S. 143-164.

Blanke, Horst Walter: Die Wiederentdeckung der deutschen Aufklärungshistorie und die Begründung der Historischen Sozialwissenschaft. - In: Die sog. Geisteswissenschaften: Innenansichten. Hrsg. von Wolfgang Prinz und Peter Weingart unter Mitw. von Heidemarie Bhatti-Küppers [u.a.]. Frankfurt/Main: Suhrkamp 1990 (stw. 854), S. 105-133.

Blanke, Horst Walter, und Dirk Fleischer: Allgemeine und historische Wahrheiten. Chladenius und der Verwissenschaftlichungsprozeß der Historie. - In: Dilthey-Jb. für Philos. u. Gesch. d. Geisteswiss.n 5 (1988), S. 258-270.

Blanke, Horst Walter, und Dirk Fleischer: Artikulation bürgerlichen Emanzipationsstrebens und der Verwissenschaftlichungsprozeß der Historie. Grundzüge der deutschen Aufklärungshistorie und die Aufklärungshistorik. - In: Theoretiker der deutschen Aufklärungshistorie. Hrsg. von dens. Bd. 1-2. Stuttgart-Bad Cannstatt: frommann-holzboog 1990 (Fundamenta historica. 1,1-2), S. 19-102.

Blanke, Horst Walter, und Dirk Fleischer: Aufklärung und Historik. Aufsätze zur Entwicklung der Geschichtswissenschaft, Kirchengeschichte und Geschichtstheorie in der deutschen Aufklärung. Mit Beilagen. Waltrop: Spenner 1991.

Blumenthal, Hermann: Johann Gustav Droysens Auseinandersetzung mit dem Idealismus. - In: Neue Jbb. für Wissenschaft u. Jugendbildung 9 (1933), S. 344-355.

Bock, Adolf: Schlözer. Ein Beitrag zur Litteraturgeschichte des achtzehnten Jahrhunderts. Hannover: Kius 1844.

Borchmeyer, Dieter: Das Theater Richard Wagners. Idee - Dichtung - Wirkung. Stuttgart: Reclam 1982.

Borchmeyer, Dieter: Die Weimarer Klassik. Eine Einführung. Bd. 1-2. Königstein/Ts.: Athenäum 1980 (Athenäum-Tbb. 2165-66; Literaturwiss.).

Borries, Kurt: Vom Werdegang Rankes bis zum Antritt seiner Berliner Professur. - In: Archiv für Politik und Geschichte 9 (1927), S. 23-38.

Borsche, Tilman: Wilhelm von Humboldt. München: Beck 1990 (Beck'sche Reihe. 519; Große Denker).

Braudy, Leo: Narrative Form in History and Fiction. Hume, Fielding and Gibbon. Princeton, N.J.: Univ. Pr. 1970.

Bräutigam, Bernd: „Generalisierte Individualität". Eine Formel für Schillers philosophische Prosa. - In: „die in dem alten Haus der Sprache wohnen". Beiträge zum Sprachdenken in der Literaturgeschichte. Helmut Arntzen zum 60. Geb. Zus. mit Thomas Althaus u. Burkhard Spinnen hrsg. von Eckehard Czucka. Münster: Aschendorff 1991 (Literatur als Sprache. Literaturtheorie - Interpretation - Sprachkritik. Suppl.bd.), S. 147-158.

Bravo, Benedetto: Philologie, histoire, philosophie de l'histoire. Etude sur J. G. Droysen, historien de l'antiquité. Wroclaw, Varsovie, Cracovie: Zakład narodowy imienia ossolińskich wydawnictwo polskiej akademii nauk 1968 (Comité des sciences de la culture antique. Academie Polonaise des sciences).

Breisach, Ernst: Historiography. Ancient, Medieval, and Modern. Chicago, London: The Univ. of Chicago Pr. 1983.

Brenner, Peter J.: Die Krise der Selbstbehauptung. Subjekt und Wirklichkeit im Roman der Aufklärung. Tübingen: Niemeyer 1981.

Brewster, Philip James: Wilhelm Raabes historische Fiktion im Kontext. Beitrag zur Rekonstruktion der Gattungsproblematik zwischen Geschichtsschreibung und Poesie im 19. Jahrhundert. Cornell Univ. Ph.D. 1983.

Brinkmann, Richard: Geschichte und Geschichten in der Romantik. - In: Seminar. A Journal of Germanic Studies 20 (1984), S. 157-187.

Bürger, Peter: Prosa der Moderne. Unter Mitarb. von Christa Bürger. Frankfurt/Main: Suhrkamp 1992 (stw. 1013).

Bürger, Peter: Zur Geschichtlichkeit von Anschauung/Anschaulichkeit als ästhetischer Kategorie. - In: Ästhetische Erfahrung. Hrsg. von Willi Oelmüller. Paderborn [u.a.]: Schöningh 1981 (Kolloquium Kunst und Philosophie. 1; UTB. 1105), S. 41-49.

Burke, Peter: History of Events and the Revival of Narrative. - In: New Perspectives on Historical Writing. Ed. by P. B. Cambridge: Polity Press 1991, S. 233-248.

Burkhardt, Johannes: Die Entstehung der modernen Jahrhundertrechnung. Ursprung und Ausbildung einer historiographischen Technik von Flacius bis Ranke. Göppingen: Kümmerle 1971 (Göppinger Akad. Beiträge. 43).

Busse, Ulrich: Das Individuum in Rankes Papstgeschichte und in seinen Frühwerken. Phil. Diss. Hamburg 1933.

Butterfield, Herbert: Man of His Past. The Study of the History of Historical Scholarship. Cambridge: Univ. Pr. 1955.

Byun, Won-Lim: Die Kontinuitätsidee in der Geschichte bei Johann Gottfried Herder. Phil. Diss. Erlangen-Nürnberg 1982.

Cadete, Teresa: Schillers Ästhetik als Synchronisation seiner anthropologischen und historischen Erkenntnisse. - In: Weimarer Beiträge 37 (1991), S. 839-852.

Caemmerer, Hermann von: Rankes „Große Mächte" und die Geschichtschreibung des 18. Jahrhunderts. - In: Studien und Versuche zur neueren Geschichte. Max Lenz gewidmet von Freunden und Schülern. Berlin: Paetel 1910, S. 263-312.

Cahn, Michael: Kunst der Überlistung. Studien zur Wissenschaftsgeschichte der Rhetorik. München: Fink 1986 (Theorie und Geschichte der Literatur und schönen Künste. 76; NF Reihe A: Hermeneutik, Semiotik, Rhetorik. 2).

Cassirer, Ernst: Die Philosophie der Aufklärung. 2., unv. Aufl. Tübingen: Mohr 1932 (Grundriß der philosophischen Wissenschaften).

Certeau, Michel de: Das Schreiben der Geschichte. A. d. Frz. von Sylvia M. Schomburg-Scherff. Mit e. Nachw. von Roger Chartier. Frankfurt/Main, New York: Campus; Paris: Editions de la Maison des Sciences de l'Homme 1991 (Histor. Studien. 4).

Chartier, Roger: Die unvollendete Vergangenheit. Beziehungen zwischen Philosophie und Geschichte. - In: ders.: Die unvollendete Vergangenheit. Geschichte und die Macht der Weltauslegung. Aus dem Frz. von Ulrich Raulff. Berlin: Wagenbach 1989, S. 21-36.

Chartier, Roger: Zeit der Zweifel. Zum Verständnis gegenwärtiger Geschichtsschreibung. - In: Neue Rundschau 105 (1994), S. 9-20.

Christ, Karl: Von Gibbon zu Rostovtzeff. Leben und Werk führender Althistoriker der Neuzeit. Darmstadt: Wiss. Buchges. 1972.

Cizek, Alexandru: Antike Rhetoren als Theoretiker der Historiographie und dichtende Historiker. - In: Migratio et commutatio. Studien zur alten Geschichte und deren Nachleben. Fs. für Thomas Pekáry zum 60. Geb. Hrsg. von Hans Joachim Drexhage und Julia Sünskes. St. Katharinen: Scripta Mercaturae 1989, S. 286-298.

Cohn, Dorrit: Signposts of Fictionality: A Narratological Perspective. - In: Poetics Today 11 (1990), S. 775-804.

Cook, Albert: History/Writing. Cambridge [u.a.]: Univ. Pr. 1988.

Croce, Benedetto: Theorie und Geschichte der Historiographie und Betrachtungen zur Philosophie der Politik. Unter Zugrundelegung d. Übertr. von Enrico Pizzo nach d. 3., verm. Aufl. bearb. u. übers. von Hans Feist und Richard Peters. Tübingen: Mohr 1930 (Gesamm. philos. Schriften in dt. Übertr. 1. Reihe. 4).

Curtius, Ernst Robert: Europäische Literatur und lateinisches Mittelalter. Bern: Francke 1948.

Dahnke, Hans-Dietrich: Schönheit und Wahrheit. Zum Thema Kunst und Wissenschaft in Schillers Konzeptionsbildung am Ende der achtziger Jahre des 18. Jahrhunderts. - In: Ansichten der deutschen Klassik. Hrsg. von Helmut Brandt und Manfred Beyer. Berlin: Aufbau 1981, S. 84-116.

Dann, Otto: Voltaire und die Geschichtsschreibung in Deutschland (Thesen). - In: Voltaire und Deutschland. Quellen und Untersuchungen zur Rezeption der Französischen Aufklärung. Mit e. Geleitwort von Alfred Grosser. Internat. Koll. der Univ. Mannheim zum 200. Todestag Voltaires. Hrsg. von Peter Brockmeier, Roland Desné und Jürgen Voss. Stuttgart: Metzler 1979, S. 463-467.

Dannenberg, Matthias: Schönheit des Lebens. Eine Studie zum „Werden" der Kritikkonzeption Friedrich Schlegels. Würzburg: Königshausen & Neumann 1993 (Epistemata. Reihe Literaturwiss. 105).

Danto, Arthur C.: Analytische Philosophie der Geschichte. Aus dem Engl. von Jürgen Behrens. Frankfurt/Main: Suhrkamp 1974 (Theorie).

Dargestellte Geschichte in der europäischen Literatur des 19. Jahrhunderts. Hrsg. von Wolfgang Iser und Fritz Schalk. Frankfurt/Main: Klostermann 1970 (Studien zur Philos. u. Lit. d. neunzehnten Jh. 7).

Demandt, Alexander: Metaphern für Geschichte. Sprachbilder und Gleichnisse im historisch-politischen Denken. München: Beck 1978.

Demetz, Peter: Formen des Realismus. Theodor Fontane. Kritische Untersuchungen. 2. Aufl. München: Hanser 1966 (Literatur als Kunst).

Demuth, Volker: Realität als Geschichte. Biographie, Historie und Dichtung bei J. M. R. Lenz. Würzburg: Königshausen & Neumann 1994 (Epistemata. Reihe Literaturwiss. 123).

Derrida, Jacques: Die Struktur, das Zeichen und das Spiel im Diskurs der Wissenschaften vom Menschen. - In: ders.: Die Schrift und die Differenz. Übers. von Rodolphe Gesché. 5. Aufl. Frankfurt/Main: Suhrkamp 1992 (stw. 177), S. 422-442.

Deutsch, Robert, und Wolfgang Weber: Marginalisierungsprozesse in der deutschen Geschichtswissenschaft im Zeitalter des Historismus. - In: Schweizerische Zs. für Gesch. 35 (1985), S. 174-197.

Deutsche Aufklärung bis zur Französischen Revolution. Hrsg. von Rolf Grimminger. München, Wien: Hanser 1980 (Hansers Sozialgesch. d. dt. Lit. 3).

Deutsche Geschichtswissenschaft um 1900. Beiträge von Rüdiger vom Bruch [u.a.]. Hrsg. von Notker Hammerstein. Stuttgart: Steiner 1988 (A. d. Arbeitskreis „Methoden der Geisteswissenschaften" der Fritz-Thyssen-Stiftung).

Die deutsche Geschichtswissenschaft vom Beginn des 19. Jahrhunderts bis zur Reichseinigung von oben. Hrsg. von Joachim Streisand. Berlin: Akademie-Vlg. 1963 (Dt. Akad. d. Wiss.n zu Berlin. Schriften d. Inst. für Geschichte. Reihe 1: Allg. und dt. Gesch.; Studien über die dt. Gesch.wiss. 1).

Deutsche Historiker. Hrsg. von Hans-Ulrich Wehler. Bd. 1, 7, 9. Göttingen: Vandenhoeck & Ruprecht 1971-82 (Kleine Vandenhoeck-Reihe. 331/333, 1464, 1484).

Diemer, Alwin: Die Begründung des Wissenschaftscharakters der Wissenschaften im 19. Jahrhundert - Die Wissenschaftstheorie zwischen klassischer und moderner Wissenschaftskonzeption. - In: Beiträge zur Entwicklung der Wissenschaftstheorie im 19. Jahrhundert. Vorträge und Diskussionen im Dezember 1965 und 1966. Hrsg. von dems. Meisenheim am Glan: Hain 1968 (Studien zur Wissenschaftstheorie. 1), S. 3-62.

Diemer, Alwin: Was heißt Wissenschaft? Meisenheim am Glan: Hain 1964.

Dietrich, Richard: Friedrich Schiller als Historiker und Geschichtsdenker. - In: Die Welt als Geschichte 19 (1959), S. 226-243.

Dietzsch, Steffen: Ist Geschichte als Naturgeschichte möglich? Immanuel Kant und August Ludwig Schlözer als Kritiker Herders. - In: Herder-Kolloquium 1978. Referate und Diskussionsbeiträge. [...] hrsg. von Walter Dietze in Zus.arb. mit Hans-Dietrich Dahnke [u.a.]. Weimar: Böhlau 1980, S. 145-152.

Dilthey, Wilhelm: Das achtzehnte Jahrhundert und die geschichtliche Welt. - In: ders.: Studien zur Geschichte des deutschen Geistes. Leipzig, Berlin: Teubner 1927 (Gesammelte Schriften. 3), S. 207-268.

Diskurstheorien und Literaturwissenschaft. Hrsg. von Jürgen Fohrmann und Harro Müller. Frankfurt/Main: Suhrkamp 1988 (suhrkamp taschenbuch materialien. 2091).

Diwald, Hellmut: Das historische Erkennen. Untersuchungen zum Geschichtsrealismus im 19. Jahrhundert. Leiden: Brill 1955 (Zs. für Religions- und Geisteswiss. Beih. 2).

Diwald, Hellmut: Friedrich Schiller. Wallenstein. Text von „Wallensteins Tod", Dokumentation. Frankfurt/Main, Berlin, Wien: Ullstein 1972 (Dichtung und Wirklichkeit. 33; Ullstein Buch. 3933).

Dockhorn, Klaus: Macht und Wirkung der Rhetorik. Vier Aufsätze zur Ideengeschichte der Vormoderne. Bad Homburg v.d.H., Berlin, Zürich: Gehlen 1968 (Respublica literaria. 2).

Dreike, Beate Monika: Herders Naturauffassung in ihrer Beeinflussung durch Leibniz' Philosophie. Wiesbaden: Steiner 1973 (Studia Leibnitiana Suppl. 10).

Dreitzel, Horst: Die Entwicklung der Historie zur Wissenschaft. - In: Zs. f. histor. Forschung 8 (1981), S. 257-284.

Droysen, G[ustaf]: Johann Gustav Droysen. T. 1: Bis zum Beginn der Frankfurter Tätigkeit. Leipzig, Berlin: Teubner 1910.

Dyck, Joachim: Überlegungen zur Rhetorik des 18. Jahrhunderts und ihrer Quellenlage. - In: Rhetorik zwischen den Wissenschaften. Geschichte, System, Praxis als Problem des „Historischen Wörterbuchs der Rhetorik". Hrsg. von Gert Ueding. Tübingen: Niemeyer 1991 (Rhetorik-Forschungen. 1), S. 99-101.

Eagleton, Terry: Ästhetik. Die Geschichte ihrer Ideologie. A. d. Engl. von Klaus Laermann. Stuttgart, Weimar: Metzler 1994.

Eggert, Hartmut: Studien zur Wirkungsgeschichte des deutschen historischen Romans 1850-1870. Frankfurt/Main: Klostermann 1971 (Studien zur Philos. u. Lit. d. neunzehnten Jh. 14).

Eisele, Ulf: Empiristischer Realismus. Die epistemologische Problematik einer literarischen Konzeption. - In: Bürgerlicher Realismus. Grundlagen und Interpretationen. Hrsg. von Klaus-Detlef Müller. Königstein/Ts.: Athenäum 1981, S. 74-97.

Eisele, Ulf: Die Struktur des modernen deutschen Romans. Tübingen: Niemeyer 1984.

Ellrich, Lutz, und Nikolaus Wegmann: Theorie als Verteidigung der Literatur? Eine Fallgeschichte: Paul de Man. - In: DVjs 64 (1990), S. 467-513.

Elm, Theo: Funktionen des Narrativen - in Zeitgeschichte und Gegenwartsliteratur. - In: Kultureller Wandel und die Germanistik in der Bundesrepublik. Vorträge des Augsburger Germanistentages 1991. Hrsg. von Johannes Janota. Tübingen: Niemeyer 1993, Bd. 1, S. 178-186.

Elsholz, Konrad: Das politische und religiöse Moment in der Geschichtsschreibung Rankes (dargestellt am Versuch einer geschichtsphilosophischen Analyse seiner „Deutschen Geschichte im Zeitalter der Reformation"). Phil. Diss. (masch.) Marburg 1947.

Emrich, Berthold: Literatur und Geschichte. - In: Reallexikon der deutschen Literaturgeschichte. Begr. von Paul Merker und Wolfgang Stammler. 2. Aufl. [...] Hrsg. von Werner Kohlschmidt und Wolfgang Mohr. Bd. 2. Berlin: de Gruyter 1965, S. 111-143.

Emrich, Wilhelm: Die Symbolik von Goethes Faust II. Sinn und Vorformen. 2., durchges. Aufl. Bonn: Athenäum 1957.

Engel, Josef: Die deutschen Universitäten und die Geschichtswissenschaft. - In: HZ 189 (1959), S. 223-378.

Engel, Manfred: Der Roman der Goethezeit. Bd. 1: Anfänge in Klassik und Frühromantik: Transzendentale Geschichten. Stuttgart, Weimar: Metzler 1993 (Germanist. Abhandlungen. 71).

Erhart, Walter: Entzweiung und Selbstaufklärung. Christoph Martin Wielands „Agathon"-Projekt. Tübingen: Niemeyer 1991 (Studien zur dt. Lit. 115).

Erzählforschung. Ein Symposion. Hrsg. von Eberhard Lämmert. Stuttgart: Metzler 1982 (Germanist. Symposien. Berichtsbände 4).

Erzählforschung. Theorien, Modelle und Methoden der Narrativik. Mit e. Auswahlbibliographie zur Erzählforschung. Hrsg. von Wolfgang Haubrichs. Bd. 1-3. Göttingen: Vandenhoeck & Ruprecht 1976-78 (Zs. für Literaturwiss. und Linguistik. Beihefte 4, 6, 8).

Esselborn, Hans: Das Vorbild der Naturwissenschaften und die Antwort der Literatur. Zur Geschichte des deutschen Romans im 18. Jahrhundert. - In: Technik in Sprache und Literatur. Hrsg. von Rudolf Hoberg. Darmstadt: Lehrdruck. d. TH 1994 (THD-Schriftenr. Wissenschaft u. Technik. 66), S. 59-75.

Evolution des Geistes: Jena um 1800. Natur und Kunst, Philosophie und Wissenschaft im Spannungsfeld der Geschichte. Hrsg. von Friedrich Strack. Stuttgart: Klett-Cotta 1994 (Deutscher Idealismus. 17).

Eykman, Christoph: Geschichtspessimismus in der deutschen Literatur des zwanzigsten Jahrhunderts. Bern, München: Francke 1971.

Faber, Karl-Georg: Ausprägungen des Historismus. - In: HZ 228 (1979), S. 1-21.

Faber, Karl-Georg: Theorie der Geschichtswissenschaft. 5., erw. Aufl. München: Beck 1982 (Beck'sche Schwarze Reihe. 78).

Fact and Fiction. German History and Literature 1848-1924. Ed. by Gisela Brude-Firnau and Karin J. MacHardy. Tübingen: Francke 1990 (Edition Orpheus. 2).

Faulenbach, Bernd: Ideologie des deutschen Weges. Die deutsche Geschichte in der Historiographie zwischen Kaiserreich und Nationalsozialismus. München: Beck 1980.

Fester, Richard: Humboldt's und Ranke's Ideenlehre. - In: Dt. Zs. für Geschichtswiss. 6 (1891), S. 235-256.

Fester, Richard: Vorstudien zur Säkularausgabe der historischen Schriften Schillers (Werke XIII-XV). - In: Euphorion 12 (1905), S. 78-142.

Feyerabend, Paul: Wissenschaft als Kunst. Frankfurt/Main: Suhrkamp 1984 (es. 1231).

Flaig, Egon: Ästhetischer Historismus? Zur Ästhetisierung der Historie bei Humboldt und Burckhardt. - In: Philos. Jb. 94 (1987), S. 79-95.

Fleischer, Wolff: Enttäuschung und Erinnerung. Untersuchungen zur Entstehung des modernen deutschen Romans im letzten Drittel des 18. Jahrhunderts. Frankfurt/Main, Bern, New York: Lang 1983 (Marburger germanist. Studien. 1).

Formen der Geschichtsschreibung. Hrsg. von Reinhart Koselleck, Heinrich Lutz und Jörn Rüsen. München: Dt. Tb. Vlg. 1982 (Theorie der Geschichte. 4; dtv wissenschaft. 4389).

Foucault, Michel: Archäologie des Wissens. Übers. von Ulrich Köppen. 5. Aufl. Frankfurt/Main: Suhrkamp 1992 (stw. 356).

Foucault, Michel: Die Ordnung der Dinge. Eine Archäologie der Humanwissenschaften. Aus d. Frz. von Ulrich Köppen. Frankfurt/Main: Suhrkamp 1974 (stw. 96).

Frank, Jürgen: Die Geschichtsauffassung von Johann Gustav Droysen und ihre geistesgeschichtlichen Grundlagen. Phil. Diss. Berlin (FU) 1951.

Frank, Manfred: Einführung in die frühromantische Ästhetik. Vorlesungen. Frankfurt/Main: Suhrkamp 1989 (es. 1563).

Frenz, Peter: Studien zu traditionellen Elementen des Geschichtsdenkens und der Bildlichkeit im Werk Johann Gottfried Herders. Frankfurt/Main, Bern: Lang 1983 (Mikrokosmos. 12).

Frick, Gerhard: Der handelnde Mensch in Rankes Geschichtsbild. Phil. Diss. Zürich 1953.

Frick, Werner: Providenz und Kontingenz. Untersuchungen zur Schicksalssemantik im deutschen und europäischen Roman des 17. und 18. Jahrhundert. Halbbd. 1-2. Tübingen: Niemeyer 1988 (Hermea. 55).

Fried, Johannes: Über das Schreiben von Geschichtswerken und Rezensionen. Eine Erwiderung. - In: HZ 260 (1995), S. 119-130.

Friedrich, Rudolf: Die Jugendentwicklung Leopold von Rankes und J. G. Fichte. Phil. Diss. Leipzig 1933.

Fuchs, Eckhardt: „What is the Good of History?" Zu Tendenzen in der Theorie- und Methodendiskussion innerhalb der amerikanischen Geschichtswissenschaft. - In: Comparativ. Leipziger Beitr. zur Universalgesch. u. vergleich. Gesellschaftsforschung 3 (1991), S. 108-121.

Fueter, Eduard: Geschichte der neueren Historiographie. München, Berlin: Oldenbourg 1911 (Hdb. d. mal. u. neueren Gesch. 1[, 2]).

Fulda, Daniel: Telling German History. Forms and Functions of the Historical Narrative Against the Background of the National Unifications. - In: 1870/71 - 1989/90. German Unifications and the Change of Literary Discourse. Ed. by Walter Pape. Berlin, New York: de Gruyter 1993 (European Cultures. 1), S. 195-230.

Die Funktion der Geschichte in unserer Zeit. Hrsg. von Eberhard Jäckel und Ernst Weymar. Stuttgart: Klett 1975.

Fürst, Friederike: August Ludwig Schlözer, ein deutscher Aufklärer im 18. Jahrhundert. Heidelberg: Winter 1928 (Heidelberger Abh.n zur mittl. u. neueren Geschichte. 56).

Fürst, Gebhard: Sprache als metaphorischer Prozeß. Johann Gottfried Herders hermeneutische Theorie der Sprache. Mainz: Grünewald 1988 (Tübinger Theolog. Studien. 31).

Gabriel, Gottfried: Zwischen Logik und Literatur. Erkenntnisformen von Dichtung, Philosophie und Wissenschaft. Stuttgart: Metzler 1991.

Gadamer, Hans-Georg: Hermeneutik I. Wahrheit und Methode. Grundzüge einer philosophischen Hermeneutik. 5., durchges. u. erw. Aufl. Tübingen: Mohr 1986 (Gesammelte Werke. 1).

Gaier, Ulrich: Herders Sprachphilosophie und Erkenntniskritik. Stuttgart-Bad Cannstatt: frommann-holzboog 1988 (problemata. 118).

Gall, Lothar: Ranke und das Objektivitätsproblem. - In: Liberalitas. Fs. f. Erich Angermann zum 65. Geb. Hrsg. von Norbert Finzsch und Hermann Wellenreuther unter Mitw. von Manfred F. Boemecke und Marie-Luise Frings. Stuttgart: Steiner 1992 (Transatlant. hist. Studien. 1), S. 37-44.

Der ganze Mensch. Anthropologie und Literatur im 18. Jahrhundert. DFG-Symposium 1992. Hrsg. von Hans-Jürgen Schings. Stuttgart, Weimar: Metzler 1994 (Germanist. Symposien. Berichtsbd.e 15).

Gast, Wolfgang: Der deutsche Geschichtsroman im 19. Jahrhundert: Willibald Alexis. Untersuchungen zur Technik seiner „vaterländischen Romane". Freiburg: Becksmann 1972 (Dt. Literatur- und Sprachstudien. Reihe A: Literaturwiss. 1).

Gay, Peter: Style in History. New York: Basic Books 1974.

Gearhart, Suzanne: The Open Boundary of History and Fiction. A Critical Approach to the French Enlightenment. Princeton, N.J.: Univ. Pr. 1984.

Geldsetzer, Lutz: Die Ideenlehre Jakob Wegelins. Ein Beitrag zum philosophisch-politischen Denken der deutschen Aufklärung. Meisenheim/Glan: Hain 1963 (Monogr.n zur philos. Forschung. 33).

Genette, Gérard: Fiktion und Diktion. A. d. Frz. von Heinz Jatho. München: Fink 1992 (Bild und Text).

Geppert, Hans Vilmar: Der „andere" historische Roman. Theorie und Strukturen einer diskontinuierlichen Gattung. Tübingen: Niemeyer 1976 (Studien zur dt. Lit. 42).

Gerhard, Ute: Schiller als „Religion". Literarische Signaturen des XIX. Jahrhunderts. München: Fink 1994.

Gesche, Astrid: Johann Gottfried Herder. Sprache und die Natur des Menschen. Würzburg: Königshausen & Neumann 1993 (Epistemata. Reihe Literaturwiss. 97).

Geschichte als Literatur. Formen und Grenzen der Vergegenwärtigung von Vergangenheit. Hrsg. von Hartmut Eggert, Ulrich Profitlich und Klaus R. Scherpe. Stuttgart: Metzler 1990.

Geschichte denken. Neubestimmungen und Perspektiven moderner europäischer Geistesgeschichte. Hrsg. von Dominick LaCapra und Steven L. Kaplan. A. d. Amerik. v. Hans Günter Holl. Frankfurt/Main: Fischer Tb. Vlg. 1988 (FW. 7403).

Geschichte der Biologie. Theorien, Methoden, Institutionen, Kurzbiographien. Hrsg. von Ilse Jahn, Rolf Löther, Konrad Senglaub unter Mitw. von Wolfgang Heese. Bearb. von L. J. Blacher [u.a.]. 2., durchges. Aufl. Jena: Gustav Fischer 1985.

Geschichte - Ereignis und Erzählung. Hrsg. von Reinhart Koselleck und Wolf-Dieter Stempel. München: Fink 1973 (Poetik und Hermeneutik. 5).

Geschichten aus (der) Geschichte. Zum Stand des historischen Erzählens im Deutschland der frühen Restaurationszeit. Hrsg. von Norbert Otto Eke und Hartmut Steinecke. München: Fink 1994 (Corvey-Studien. 4).

Geschichtliche Grundbegriffe. Historisches Lexikon zur politisch-sozialen Sprache in Deutschland. Hrsg. von Otto Brunner, Werner Conze, Reinhart Koselleck. Bd. 1-7. Stuttgart: Klett 1972-92.

Geschichtsdiskurs in 4 [Bd. 2: 5] Bänden. Hrsg. von Wolfgang Küttler, Jörn Rüsen und Ernst Schulin. Bd. 1: Grundlagen und Methoden der Historiographiegeschichte; Bd. 2: Anfänge modernen historischen Denkens. Frankfurt/Main: Fischer Tb. Vlg. 1993-94 (FW. 11475-76).

Geschichtswissenschaft in Berlin im 19. und 20. Jahrhundert. Persönlichkeiten und Institutionen. Hrsg. von Reimer Hansen und Wolfgang Ribbe. Mit Beitr. von Willi Paul Adams [u.a.]. Berlin, New York: de Gruyter 1992 (Veröff.n der Hist. Komm. zu Berlin. 82).

Geschichtswissenschaft in Deutschland. Traditionelle Positionen und gegenwärtige Aufgaben. Hrsg. von Bernd Faulenbach. Mit Beitr. von Andreas Dorpalen [u.a.]. München: Beck 1974 (Beck'sche Schwarze Reihe. 111).

Geschichtswissenschaft vor 2000. Perspektiven der Historiographiegeschichte, Geschichtstheorie, Sozial- und Kulturgeschichte. Fs. für Georg G. Iggers zum 65. Geb. Hrsg. von Konrad H. Jarausch, Jörn Rüsen und Hans Schleier. Red. Horst Walter Blanke. Hagen: Rottmann 1991 (Beiträge zur Geschichtskultur. 5).

Gil, Tomás: Das Handlungskonzept in der „Historik" J. G. Droysens. Phil. Diss. Münster 1981.

Gipper, Helmut: Schwierigkeiten beim Schreiben der Wahrheit in der Geschichte der Sprachwissenschaft. Zum Streit um das Verhältnis Wilhelm von Humboldts zu Herder. - In: Logos Semantikos. Studia linguistica in honorem Eugenio Coseriu, 1921-1981. Bd. 1: Geschichte der Sprachphilosophie und der Sprachwissenschaft.

Hrsg. von Jürgen Trabant. Berlin, New York: de Gruyter; Madrid: Gredos 1981, S. 101-115.

Gnettner, Ines: Vorkriegszeit im Roman einer Nachkriegszeit. Studien zu einem ‚anderen' historischen Roman zwischen Vergangenheitsbewältigung und Zeitkritik in der Weimarer Republik. Würzburg: Königshausen & Neumann 1993 (Epistemata. Reihe Literaturwiss. 103).

Goertz, Hans-Jürgen: Umgang mit Geschichte. Eine Einführung in die Geschichtstheorie. Reinbek: Rowohlt 1995 (rowohlts enzyklopädie. 555).

Goethe Wörterbuch. Hrsg. von der Akad. d. Wiss. d. DDR, der Akad. d. Wiss. in Göttingen und Heidelberger Akad. d. Wiss. [Bisher:] Bd. 1-2. Stuttgart [u.a.]: Kohlhammer 1978-89.

Gogarten, Hermann: David Hume als Geschichtsschreiber. Ein Beitrag zur englischen Historiographie des 18. Jahrhunderts. - In: AfK 61 (1979), S. 120-153.

Goldfriedrich, J[ohann]: Die Historische Ideenlehre in Deutschland. Ein Beitrag zur Geschichte der Geisteswissenschaften, vornehmlich der Geschichtswissenschaft und ihrer Methoden im 18. und 19. Jahrhundert. Berlin: Gaertner 1902.

Göller, Thomas: Ernst Cassirer über Geschichte und Geschichtswissenschaft. - In: Zs. f. Philos. Forschung 45 (1991), S. 224-248.

Gooch, G[eorg] P[eabody]: Geschichte und Geschichtsschreiber im 19. Jahrhundert. Vom Verf. neubearb. dt. Ausg. mit e. Erg.kap. Frankfurt/Main: S. Fischer 1964.

Gössl, Sibylle: Materialismus und Idealismus. Studien zum deutschen Roman der Spätaufklärung. Würzburg: Königshausen & Neumann 1987 (Epistemata. Reihe Literaturwiss. 25).

Göttert, Karl-Heinz: Einführung in die Rhetorik. Grundbegriffe - Geschichte - Rezeption. München: Fink 1991 (UTB. 1599).

Gottlob, Michael: Geschichtsschreibung zwischen Aufklärung und Historismus: Johannes von Müller und Friedrich Christoph Schlosser. Frankfurt/Main [u.a.]: Lang 1989 (Europ. Hochschulschriften. Reihe 3: Geschichte und ihre Hilfswissenschaften. 385).

Gradmann, Christoph: Historische Belletristik. Die Debatte um populäre historische Biographien in der Weimarer Republik. Frankfurt/Main, New York: Campus 1993 (Hist. Studien. 10).

Graeser, Andreas: Ernst Cassirer. München: Beck 1994 (Beck'sche Reihe. 527: Denker).

Greenblatt, Stephen: Schmutzige Riten. Betrachtungen zwischen Weltbildern. Aus d. Amerik. von Jeremy Gaines. Berlin: Wagenbach 1991 (Kl. Kulturwiss. Bibliothek. 33).

Greisch, Jean: Hermeneutik und Metaphysik. Eine Problemgeschichte. München: Fink 1993.

Grimm, Jacob, und Wilhelm: Deutsches Wörterbuch. Hrsg. von der Dt. Akad. d. Wiss.n zu Berlin. Bd. 1-16 in 32. Leipzig: Hirzel 1854-1960.

Grimminger, Rolf: Die Ordnung, das Chaos und die Kunst. Für eine neue Dialektik der Aufklärung. Frankfurt/Main: Suhrkamp 1986.

Grolle, Joist: Landesgeschichte in der Zeit der deutschen Spätaufklärung. Ludwig Timotheus Spittler (1752-1810). Göttingen: Musterschmidt 1963 (Göttinger Bausteine zur Geschichtswiss. 35).

Grondin, Jean: Einführung in die philosophische Hermeneutik. Darmstadt: Wiss. Buchges. 1991 (Die Philosophie).

Grossmann, Walter: Schiller's Philosophy of History in His Jena Lectures of 1789-90. - In: Publications of the Modern Languages Association of America 69 (1954), S. 156-172.

Grund, Lieselotte: Herder und Schiller. Phil. Diss. (masch.) München 1945.

Guglia, Eugen: Leopold von Rankes Leben und Werke. Leipzig: Grunow 1893.

Gutenberg, Norbert: Über das Rhetorische und das Ästhetische. Grundsätzliche Bemerkungen. - In: Rhetorik 4 (1984), S. 117-131.

Habermas, Jürgen: Die Moderne - ein unvollendetes Projekt. - In: ders.: dass. Philosophisch-politische Aufsätze. 3. Aufl. Leipzig: Reclam 1994 (Reclam-Bibliothek. 1382), S. 32-53.

Häfner, Ralph: Johann Gottfried Herders Kulturentstehungslehre. Studien zu den Quellen und zur Methode seines Geschichtsdenkens. Hamburg: Meiner 1995 (Studien zum achtzehnten Jahrhundert. 19)

Haeuser, Martin: Rankes Ideenlehre. Phil. Diss. Marburg 1921.

Hafen, Hans: Studien zur Geschichte der deutschen Prosa im 18. Jahrhundert. Phil. Diss. Zürich 1952.

Hahl, Werner: Reflexion und Erzählung. Ein Problem der Romantheorie von der Spätaufklärung bis zum programmatischen Realismus. Stuttgart [u.a.]: Kohlhammer 1971 (Studien zur Poetik und Geschichte der Literatur. 18).

Hahn, Karl-Heinz: Geschichtsschreibung als Literatur. Zur Theorie deutschsprachiger Historiographie im Zeitalter Goethes. - In: Studien zur Goethezeit. Erich Trunz zum 75. Geb. Hrsg. von Hans-Joachim Mähl und Eberhard Mannack. Heidelberg: Winter 1981 (Beih. zum Euphorion. 18), S. 91-101.

Hamburger, Käte: Die Logik der Dichtung. 3. Aufl. Stuttgart: Klett 1977.

Hammerstein, Notker: Jus und Historie. Ein Beitrag zur Geschichte des historischen Denkens an deutschen Universitäten im späten 17. und im 18. Jahrhundert. Göttingen: Vandenhoeck & Ruprecht 1972.

Handbuch des deutschen Romans. Hrsg. von Helmut Koopmann. Düsseldorf: Bagel 1983.

Handlexikon zur Wissenschaftstheorie. Hrsg. von Helmut Seiffert und Gerard Radnitzky. München: Dt. Tb. Vlg. 1992 (dtv wissenschaft. 4586).

Hans, Wilhelm: Die Quellen und historischen Grundlagen von Arnims „Kronenwächtern". - In: Euphorion 10 (1903), S. 153-159.

Hardtwig, Wolfgang: Eigentlich nichts als Tragödien, Komödien, Märchen und Satiren [Rez. von White: Metahistory]. - In: Frankfurter Allgemeine Zeitung 8. 10. 1991, Nr. 233, S. L21.

Hardtwig, Wolfgang: Geschichtskultur und Wissenschaft. München: Dt. Tb. Vlg. 1990 (dtv wissenschaft. 5439).

Hardtwig, Wolfgang: Geschichtsprozeß oder konstruierte Geschichte. Eine Auseinandersetzung mit H. M. Baumgartner, „Kontinuität und Geschichte". - In: Philos. Jb. 81 (1974), S. 381-390.

Hardtwig, Wolfgang: Geschichtsreligion - Wissenschaft als Arbeit - Objektivität. Der Historismus in neuer Sicht. - In: HZ 252 (1991), S. 1-32.

Hardtwig, Wolfgang: Geschichtsschreibung zwischen Alteuropa und moderner Welt. Jacob Burckhardt in seiner Zeit. Göttingen: Vandenhoeck & Ruprecht 1974 (Schriftenr. d. Hist. Komm. bei d. Bayer. Akad. d. Wiss. 11).

Hardtwig, Wolfgang: Konzeption und Begriff der Forschung in der deutschen Historie des 19. Jahrhunderts. - In: Konzeption und Begriff der Forschung in den Wissenschaften des 19. Jahrhunderts. Referate und Diskussionen des 10. wissenschaftstheoret. Kolloquiums 1975. Hrsg. von Alwin Diemer. Meisenheim am Glan: Hain 1978 (Studien zur Wissenschaftstheorie. 12), S. 11-26.

Hart-Nibbrig, Christiaan L.: „Die Weltgeschichte ist das Weltgericht". Zur Aktualität von Schillers ästhetischer Geschichtsdeutung. - In: JDSG 20 (1976), S. 255-277.

Harth, Dietrich: Biographie als Weltgeschichte. Die theoretische und ästhetische Konstruktion der historischen Handlung in Droysens *Alexander* und Rankes *Wallenstein*. - In: DVjs 54 (1980), S. 58-104.

Harth, Dietrich: Kritik der Geschichte im Namen des Lebens. Zur Aktualität von Herders und Nietzsches geschichtstheoretischen Schriften. - In: AfK 68 (1986), S. 407-457.

Harth, Dietrich: Rankes ästhetischer Sinn. - In: Literaturmagazin 6 (1976), S. 58-69.

Harth, Dietrich: Christian Wolffs Begründung des Exempel- und Fabelgebrauchs im Rahmen der Praktischen Philosophie. - In: DVjs 52 (1978), S. 43-62.

Harth, Dietrich: Rez. von Walther: Niebuhrs Forschung. - In: Internat. Journal of the Classical Tradition Winter 1995, S. 130-135.

Hassinger, Erich: Empirisch-rationaler Historismus. Seine Ausbildung in der Literatur Westeuropas von Guicciardini bis Saint-Evremond. Bern, München: Francke 1978.

Hassinger, Erich: Zur Genesis von Herders Historismus. - In: DVjs 53 (1979), S. 251-274.

Haupt, Johannes: Geschichtsperspektive und Griechenverständnis im ästhetischen Programm Schillers. - In: JDSG 18 (1974), S. 407-430.

Haussmann, Thomas: Erklären und Verstehen. Zur Theorie und Pragmatik der Geschichtswissenschaft. Mit einer Fallstudie über die Geschichtsschreibung zum deutschen Kaiserreich von 1871-1918. Frankfurt/Main: Suhrkamp 1991 (stw. 918).

Haym, R[udolf]: Herder nach seinem Leben und seinen Werken. Bd. 1-2. Berlin: Weidmann 1880-85.

Hecker, Axel: Die Realität der Geschichte und die „überreale Sphäre" des Romans. Überlegungen und Thesen zum Problem der Fiktionalität in Döblins Romanprogramm und seinem ‚Wallenstein'. - In: Internationale Döblin-Kolloquien. Basel

1980, New York 1981, Freiburg i. Br. 1983. Hrsg. von Werner Stauffacher. Bern, Frankfurt/Main, New York: Lang 1986 (Jb. für internat. Germanistik. Reihe A: Kongressber. 14), S. 280-292.

Hecker, Axel: Geschichte als Fiktion. Alfred Döblins „Wallenstein" - eine exemplarische Kritik des Realismus. Würzburg: Königshausen & Neumann 1986 (Epistemata. Reihe Literaturwiss. 21).

Heidbrink, Ludger: Melancholie und Moderne. Zur Kritik der historischen Verzweiflung. München: Fink 1994.

Heimpel, Hermann: Über Organisationsformen historischer Forschung in Deutschland. - In: HZ 189 (1959), S. 139-222.

Heitmann, Klaus: Das Verhältnis von Dichtung und Geschichtsschreibung in älterer Theorie. - In: AfK 52 (1970), S. 244-279.

Heizmann, Bertold: Ursprünglichkeit und Reflexion. Die *poetische Ästhetik* des jungen Herder im Zusammenhang der Geschichtsphilosophie und Anthropologie des 18. Jahrhunderts. Frankfurt/Main, Bern: Lang 1981 (Europ. Hochschulschriften. Reihe 1: Dt. Sprache u. Lit. 373).

Helbling, Hanno: Leopold von Ranke und der historische Stil. Phil. Diss. Zürich 1953.

Helmolt, Hans F.: Leopold Rankes Leben und Wirken. Nach den Quellen dargest. [...] Leipzig: Historia-Vlg. Paul Schraepler 1921.

Hemmerich, Gerd: Christoph Martin Wielands „Geschichte des Agathon". Eine kritische Werkinterpretation. Nürnberg: Carl 1977 (Erlanger Beiträge zur Sprach- und Kunstwiss. 63).

Henel, Heinrich: Die Entwicklung des geschichtlichen deutschen Prosastils bei Johannes von Müller. Berlin: Ebering 1928 (Histor. Studien. 179).

Hennies, Werner: Die politische Theorie August Ludwig von Schlözers zwischen Aufklärung und Liberalismus. München: tuduv-Verlagsges. 1985 (tuduv-Studien: Reihe Sozialwissenschaften. 38).

Henschel, Margarete: Schillers Geschichtsphilosophie in seinen historischen Werken. Phil. Diss. Breslau 1913.

Henz, Günter Johannes: Leopold Ranke. Leben, Denken, Wort. 1795-1814. Darstellende Untersuchungen und Edition. Mit allg. archival. u. bibliogr. Beiträgen. Phil. Diss. Köln 1968.

Johann Gottfried Herder. Geschichte und Kultur. Hrsg. von Martin Bollacher. Würzburg: Königshausen & Neumann 1994.

Johann Gottfried Herder. Language, History, and the Enlightenment. Ed. by Wulf Koepke. Columbia, South Carolina: Camden House 1990 (Studies in German Literature, Linguistics, and Culture. 52).

Johann Gottfried Herder. 1744-1803. Hrsg. von Gerhard Sauder. Hamburg: Meiner 1987 (Studien zum achtzehnten Jahrhundert. 9).

Herkless, John L.: Economic Change and the Idealist Revival in Historiography at the Turn of the Century. - In: H&Th 26 (1987), S. 166-179.

Heuß, Alfred: Zur Theorie der Weltgeschichte. Berlin: de Gruyter 1968.

Heussi, Karl: Die Krisis des Historismus. Tübingen: J.C.B. Mohr (Paul Siebeck) 1932.

Hey'l, Bettina: Geschichtsdenken und literarische Moderne. Zum historischen Roman in der Zeit der Weimarer Republik. Tübingen: Niemeyer 1994 (Studien zur dt. Lit. 133).

Hillebrand, Bruno: Theorie des Romans. Erzählstrategien der Neuzeit. 3., erw. Aufl. Stuttgart, Weimar: Metzler 1993.

Hinck, Walter: Einleitung: Zur Poetik des Geschichtsdramas. - In: Geschichte als Schauspiel. Deutsche Geschichtsdramen. Interpretationen. Hrsg. von W.H. Frankfurt/Main: Suhrkamp 1981 (suhrkamp taschenbuch materialien. 2206), S. 7-21.

Hinck, Walter: Geschichtsdichtung. Göttingen: Vandenhoeck & Ruprecht 1995 (Sammlung Vandenhoeck).

Hinrichs, Carl: Ranke und die Geschichtstheologie der Goethezeit. Göttingen, Frankfurt/Main, Berlin: Musterschmidt 1954 (Göttinger Bausteine zur Geschichtswiss. 19).

Historikerlexikon. Von der Antike bis zum 20. Jahrhundert. Hrsg. von Rüdiger vom Bruch und Rainer A. Müller. München: Beck 1991 (Beck'sche Reihe. 405).

Historiographiegeschichte als Methodologiegeschichte. Zum 80. Geburtstag von Ernst Engelberg. Bearb. von Wolfgang Küttler und Karl-Heinz Noack. Hrsg. [...] von Herbert Hörz. Berlin: Akademie 1991 (Sitzungsber. der Akad. d. Wiss. in Berlin. Jg. 1991. 1).

Historische Forschung im 18. Jahrhundert. Organisation, Zielsetzung, Ergebnisse. 12. Dt.-Frz. Historikerkolloquium des Dt. Hist. Inst. Paris. Hrsg. von Karl Hammer und Jürgen Voss. Bonn: Röhrscheid 1976 (Pariser Histor. Studien. 13).

Historische Methode. Hrsg. von Christian Meier und Jörn Rüsen. München: Dt. Tb. Vlg. 1988 (Theorie der Geschichte. 5; dtv wissenschaft. 4390).

Historisches Erzählen. Formen und Funktionen. Hrsg. von Siegfried Quandt und Hans Süssmuth. Mit Beitr.n von Hans Michael Baumgartner [u.a.]. Göttingen: Vandenhoeck & Ruprecht 1982 (Kleine Vandenhoeck-Reihe. 1485).

Historisches Wörterbuch der Philosophie. [...] hrsg. von Joachim Ritter und Karlfried Gründer. [Bisher:] Bd. 1-8. Darmstadt: Wiss. Buchges. 1971-92.

Hock, Wolfgang: Liberales Denken im Zeitalter der Paulskirche. Droysen und die Frankfurter Mitte. Münster: Aschendorff 1957 (Neue Münstersche Beiträge zur Geschichtsforschung. 2).

Hoffmann, Ernst: Über die Stellung Rankes in der Geschichte des Historismus. - In: Wiss. Mitt.n d. Historiker-Ges. d. DDR 1987, H. 1, S. 102-108.

Holzhey-Pfenniger, Elisabeth: Der desorientierte Erzähler. Studien zu J. C. Wezels „Lebensgeschichte Tobias Knauts". Bern, Frankfurt, München: Lang 1976 (Europ. Hochschulschriften. Reihe 1: Dt. Lit. u. Germanistik. 150).

Hoyer, Siegfried: Leopold von Ranke als Student in Leipzig. - In: Wissenschaft- und Universitätsgeschichte in Sachsen im 18. und 19. Jahrhundert. Nationale und internationale Wechselwirkung und Ausstrahlung [...]. Hrsg. [...] von Karl Czok.

Berlin: Akademie 1987 (Abh.n der Sächs. Akad. d. Wiss.n zu Leipzig. Phil.-hist. Kl. Bd. 71, H. 3), S. 215-225.

Hoyer, Siegfried: Rankes „Lutherfragment" und seine Hinwendung zu historischen Studien. - In: Wiss. Mitt.n d. Historiker-Ges. d. DDR 1987, H. 1, S. 56-62.

Höyng, Peter: „Erzähl doch keine Geschichte". Zum Verhältnis von Geschichtsschreibung und erzählender Literatur. - In: Der Deutschunterricht 43 (1991), H. 4, S. 80-89.

Höyng, Peter: Kunst der Wahrheit oder Wahrheit der Kunst? Die Figur Wallenstein bei Schiller, Ranke und Golo Mann. - In: Monatshefte für dt. Unterricht 82 (1990), S. 142-156.

Huber, Hans Dieter: Historische Romane in der ersten Hälfte des 19. Jahrhunderts. Studie zu Material und „schöpferischem Akt" ausgewählter Romane von A. v. Arnim bis A. Stifter. München: Fink 1978 (Münch. Univ.-Schr.n., Phil. Fak.; Münchener Germanist. Beiträge. 24).

Huizinga, Johan: Über eine Formverwandlung der Geschichte seit der Mitte des XIX. Jahrhunderts. - In: ders.: Im Bann der Geschichte. Betrachtungen und Gestaltungen. Amsterdam: Pantheon 1942, S. 107-128.

Wilhelm von Humboldt. Vortragszyklus zum 150. Todestag. Hrsg. von Bernfried Schlerath. Berlin, New York: de Gruyter 1986 (de Gruyter Studienbuch).

Humphrey, Richard: The Historical Novel as Philosophy of History. Three German Contributions: Alexis, Fontane, Döblin. Univ. of London, Inst. of Germanic Studies 1986 (Bithell Ser. of Diss. 10).

Hünermann, Peter: Der Durchbruch geschichtlichen Denkens im 19. Jahrhundert. Johann Gustav Droysen, Wilhelm Dilthey, Graf Paul Yorck von Wartenburg. Ihr Weg und ihre Weisung für die Theologie. Freiburg/Br., Basel, Wien: Herder 1967.

Hunger, Kurt: Die Bedeutung der Universität Göttingen für die Geschichtsforschung am Ausgang des achtzehnten Jahrhunderts. Phil. Diss. Leipzig 1933.

Hutcheon, Linda: Poetics of Postmodernism: History, Theory, Fiction. New York, London: Routledge 1988 (University Paperbacks. 986).

Idealismus und Aufklärung. Kontinuität und Kritik der Aufklärung in Philosophie und Poesie um 1800. Hrsg. von Christoph Jamme und Gerhard Kurz. Stuttgart: Klett-Cotta 1988 (Deutscher Idealismus. 14).

Iggers, Georg G.: Deutsche Geschichtswissenschaft. Eine Kritik der traditionellen Geschichtsauffassung von Herder bis zur Gegenwart. München: Dt. Tb. Vlg. 1971 (Wiss. Reihe. 4059).

Iggers, Georg G.: Geschichtswissenschaft im 20. Jahrhundert. Ein kritischer Überblick im internationalen Zusammenhang. Göttingen: Vandenhoeck & Ruprecht 1993 (Kleine Vandenhoeck-Reihe. 1565).

Iggers, Georg G.: The University of Göttingen 1760-1860 and the Transformation of Historical Scholarship. - In: SdS 2 (1982), S. 11-37.

Im Hof, Ulrich: Isaak Iselin und die Spätaufklärung. Bern, München: Francke 1967.

Immelmann, Thomas: Der unheimlichste aller Gäste: Nihilismus und Sinndebatte in der Literatur von der Aufklärung zur Moderne. Bielefeld: Aisthesis 1992.

Ineichen, Hans: Philosophische Hermeneutik. Freiburg/Br., München: Alber 1991 (Hdb. Philosophie).

Interferenzen. Studien zum Verhältnis von Literatur und Geschichte. Hrsg. von Lothar Bluhm, Friedhelm Marx und Andreas Meier. Heidelberg: Winter 1992 (Beiträge zur neueren Literaturgeschichte. 3. Folge. 120).

Irmscher, Hans Dietrich: Aneignung und Kritik naturwissenschaftlicher Vorstellungen bei Herder. - In: Texte, Motive und Gestalten der Goethezeit. Fs. für Hans Reiss. Hrsg. von John L. Hibberd und Hugh Barr Nisbet. Tübingen: Niemeyer 1989, S. 33-63.

Irmscher, Hans Dietrich: Die geschichtsphilosophische Kontroverse zwischen Kant und Herder. - In: Hamann - Kant - Herder. Acta des vierten Internat. Hamann-Kolloquiums im Herder-Institut zu Marburg/Lahn 1985. Frankfurt/Main [u.a.]: Lang 1987 (Regensburger Beiträge zur deutschen Sprach- und Literaturwiss. 34), S. 111-192.

Iser, Wolfgang: Laurence Sternes „Tristram Shandy". Inszenierte Subjektivität. München: Fink 1987 (UTB. 1474).

Jacques, T. Carlos: The Primacy of Narrative in Historical Understanding. - In: Clio 19 (1990), S. 197-214.

Jaeger, Friedrich: Bürgerliche Modernisierungskrise und historische Sinnbildung. Kulturgeschichte bei Droysen, Burckhardt und Max Weber. Göttingen: Vandenhoeck & Ruprecht 1994 (Bürgertum. 5).

Jaeger, Friedrich, und Jörn Rüsen: Geschichte des Historismus. Eine Einführung. München: Beck 1992.

Jäger, Georg: Empfindsamkeit und Roman. Wortgeschichte, Theorie und Kritik im 18. und frühen 19. Jahrhundert. Stuttgart [u.a.]: Kohlhammer 1971 (Studien zur Poetik und Geschichte der Literatur. 11).

Jahn, Ilse: Grundzüge der Biologiegeschichte. Jena: Gustav Fischer 1990 (UTB. 1534).

J[anich], P[eter]: Mechanismus. - In: Enzyklopädie Philosophie und Wissenschaftstheorie. Hrsg. von Jürgen Mittelstraß [...] in Verb. mit Gereon Wolters. Mannheim, Wien, Zürich: Bibliogr. Inst. 1984, Bd. 2, S. 826f.

Janssen, Johannes: Schiller als Historiker. 2., neu bearb. Aufl. Freiburg/Br.: Herder 1879.

Japp, Uwe: Literatur und Modernität. Frankfurt/Main: Klostermann 1987 (Das Abendland. NF 17).

Jelavich, Peter: Poststrukturalismus und Sozialgeschichte - aus amerikanischer Perspektive. - In: Geschichte und Gesellschaft 21 (1995), S. 259-289.

Kahn, Irene: Der Historiker Arnold Hermann Ludwig Heeren. Ein Beitrag zur Geschichte der Göttinger Schule. Phil. Diss. Basel 1939.

Kahrmann, Johanna: Die Schlacht bei Waterloo. Zur Interferenz von Historiographie und Roman in der ersten Hälfte des französischen 19. Jahrhunderts. - In: Poetica 9 (1977), S. 283-323.

Kallweit, Hilmar: Szenerien der Individualisierung. - In: Individualität. Hrsg. von Manfred Frank und Anselm Haverkamp. München: Fink 1988 (Poetik und Hermeneutik. 13), S. 384-420.

Kansteiner, Wulf: Hayden White's Critique of the Writing of History. - In: H&Th 32 (1993), S. 273-295.

Karle, Joan Theresa: August Ludwig Schlözer. An Intellectual Biography. Ph.D. Columbia Univ. 1972.

Kebbel, Gerhard: Geschichtengeneratoren. Lektüren zur Poetik des historischen Romans. Tübingen: Niemeyer 1992 (Communicatio. 2).

Keibel, Ludwig (Hrsg. und Komm.): Einige Jugendarbeiten aus dem Nachlaß Leopold von Rankes. - In: HZ 137 (1928), S. 214-256.

Kellner, Hans: The Inflatable Trope as Narrative Theory: Structure or Allegory? - In: Diacritics 11 (1981) H. 1, S. 14-28.

Kellner, Hans: Language and Historical Representation: Getting the Story Crooked. Madison: Univ. of Wisconsin Pr. 1989.

Kellner, Hans: Narrativity in History: Post-Structuralism and Science. - In: H&Th Beiheft 26 (1987), S. 1-29.

Kellner, Hans: Twenty Years After: A Note on *Metahistories* and their Horizons. - In: SdS 24 (1993), S. 109-117.

Keller, Werner: Goethes dichterische Bildlichkeit. Eine Grundlegung. München: Fink 1972.

Kestenholz, Claudia: Die Sicht der Dinge. Metaphorische Visualität und Subjektivitätsideal im Werk von Karl Philipp Moritz. München: Fink 1987.

Kimpel, Dieter: Der Roman der Aufklärung (1670-1774). 2. Aufl. Stuttgart: Metzler 1977 (SM. 68).

Kittsteiner, Heinz-Dieter: Naturabsicht und unsichtbare Hand. Zur Kritik des geschichtsphilosophischen Denkens. Frankfurt/Main, Berlin, Wien: Ullstein 1980 (Ullstein-Buch. 35064; Ullstein-Materialien).

Klassik im Vergleich. Normativität und Historizität in den europäischen Klassiken. DFG-Symposion 1990. Hrsg. von Wilhelm Voßkamp. Stuttgart, Weimar: Metzler 1993 (Germanist. Symposien. Berichtsbände. 13).

Kleinschmidt, Erich: Der ästhetische Gewinn der Geschichte. Zur Poetik historischen Erzählens in der Moderne. - In: Zs. für Germanistik N.F. 3 (1993), S. 120-133.

Kleinschmidt, Erich: Entregelte Poetik. Zum dichtungstheoretischen Sprachaufbruch im 18. Jahrhundert. - In: Erscheinungsformen der deutschen Sprache. Literatursprache, Alltagssprache, Gruppensprache, Fachsprache. Fs. zum 60. Geb. von Hugo Steger. Hrsg. von Jürgen Dittmann, Hannes Kästner und Johannes Schwitalla. Berlin: Erich Schmidt 1991, S. 77-91.

Kleinschmidt, Erich: Sprache und Wahrnehmung. Zur sprachlichen Grenzerfahrung der Moderne. - In: Wirkendes Wort 39 (1989), S. 72-84.

Kloocke, Kurt: Nihilistische Tendenzen in der französischen Literatur des 18. Jahrhunderts. - In: DVjs 56 (1982), S. 576-600.

Kluxen, Kurt: Vorlesungen zur Geschichtstheorie II. Paderborn: Schöningh 1981 (Sammlung Schöningh).

Knautz, Isabel: Epische Schwärmerkuren. Johann Karl Wezels Romane gegen die Melancholie. Würzburg: Königshausen & Neumann 1990 (Studien zur Literatur- und Kulturgeschichte. 1).

Koch, Franz: Goethe und Plotin. Leipzig: Weber 1925.

Koch, Gertrud M.: Zum Verhältnis von Dichtung und Geschichtsschreibung. Theorien und Analyse. Frankfurt/Main, Bern, New York: Lang 1983 (Arb.n zur Ästhetik, Didaktik, Lit.- u. Sprachwiss. 10).

Kohlstrunk, Irene: Logik und Historie in Droysens Geschichtstheorie. Eine Analyse von Genese und Konstitutionsprinzipien seiner „Historik". Wiesbaden: Steiner 1980 (Frankfurter Histor. Abhandlungen. 23).

Köhn, Lothar: Überwindung des Historismus. Zu Problemen einer Geschichte der deutschen Literatur zwischen 1918 und 1933. - In: DVjs 48 (1974), S. 704-766; 49 (1975), S. 95-165.

Kolmer, Lothar: G. Chr. Lichtenberg als Geschichtsschreiber. Pragmatische Geschichtsschreibung und ihre Kritik im 18. Jahrhundert. - In: AfK 65 (1983), S. 371-415.

Kondylis, Panajotis: Die Aufklärung im Rahmen des neuzeitlichen Rationalismus. München: Dt. Tb. Vlg. 1986 (dtv/Klett-Cotta. 4450).

Konersmann, Ralf: Lebendige Spiegel. Die Metapher des Subjekts. Frankfurt/Main: Fischer Tb. Vlg. 1991 (FW. 10726).

Kontroversen, alte und neue. Akten des VII. Internat. Germanisten-Kongresses Göttingen 1985. Hrsg. von Albrecht Schöne. Bd. 8: Ethische contra ästhetische Legitimation von Literatur - Traditionalismus und Modernismus. Kontroversen um den Avantgardismus. Hrsg. von Walter Haug und Wilfried Barner. Tübingen: Niemeyer 1986.

Korff, Hermann August: Voltaire im literarischen Deutschland des XVIII. Jahrhunderts. Ein Beitrag zur Geschichte des deuschen Geistes von Gottsched bis Goethe. Heidelberg: Winter 1914 (Beiträge zur neueren Literaturgeschichte. 10).

Koselleck, Reinhart: Vergangene Zukunft. Zur Semantik geschichtlicher Zeiten. 2. Aufl. Frankfurt/Main: Suhrkamp 1992 (stw. 757).

Koselleck, Reinhart, und Hans-Georg Gadamer: Hermeneutik und Historik. [...] Heidelberg: Winter 1987 (Sitzungber. d. Heidelb. Akad. d. Wiss. Phil.-hist. Kl. Jg. 1987, Ber. 1).

Košenina, Alexander: Ernst Platners Anthropologie und Philosophie. Der „philosophische Arzt" und seine Wirkung auf Johann Karl Wezel und Jean Paul. Würzburg: Königshausen & Neumann 1989 (Epistemata. Reihe Literaturwiss. 35).

Kracauer, Siegfried: Schriften 4. Geschichte – Vor den letzten Dingen. Frankfurt/Main: Suhrkamp 1971.

Kraus, Andreas: Vernunft und Geschichte. Die Bedeutung der deutschen Akademien für die Entwicklung der Geschichtswissenschaft im späten 18. Jahrhundert. Freiburg/Br., Basel, Wien: Herder 1963.

Kremer, Detlef: Wezel. Über die Nachtseite der Aufklärung. Skeptische Lebensphilosophie zwischen Spätaufklärung und Frühromantik. München: Fink [1985] (Literatur in der Gesellschaft. N.F. 6).

Krieger, Leonard: Ranke. The Meaning of History. Chicago, London: The Univ. of Chicago Pr. 1977.

Krill, Hans-Heinz: Die Rankerenaissance. Max Lenz und Erich Marcks. Ein Beitrag zum historisch-politischen Denken in Deutschland 1880-1935. [...] Berlin: de Gruyter 1962 (Veröff.n d. Berl. Histor. Komm. beim Friedrich-Meinecke-Inst. d. FU Berlin. 3).

Krois, John Michael: Cassirer. Symbolic Forms and History. New Haven, London: Yale UP 1987.

Kruse, Irene: ‚More kin than kind'. Die historische Geschichtswissenschaft und die Literatur. – In: DVjs 56 (1982), Sonderheft: Kultur. Geschichte und Verstehen, S. 202*-225*.

Kuczynski, Jürgen, und Wolfgang Heise: Bild und Begriff. Studien über die Beziehungen zwischen Kunst und Wissenschaft. Berlin, Weimar: Aufbau 1975.

Kühne-Bertram, Gudrun: Aspekte der Geschichte und der Bedeutungen des Begriffs ‚pragmatisch' in den philosophischen Wissenschaften des ausgehenden 18. und des 19. Jahrhunderts. – In: Archiv f. Begriffsgesch. 27 (1983), S. 158-186.

Kunisch, Johannes: Das Mirakel des Hauses Brandenburg. Studien zum Verhältnis von Kabinettspolitik und Kriegsführung im Zeitalter des Siebenjährigen Krieges. München, Wien: Oldenbourg 1978.

Kurth, Lieselotte E. Historiographie und historischer Roman: Kritik und Theorie im 18. Jahrhundert. – In: Modern Language Notes 79 (1964), S. 337-362.

Kurz, Gerhard: Metapher, Allegorie, Symbol. Göttingen: Vandenhoeck & Ruprecht 1982 (Kleine Vandenhoeck-Reihe. 1486).

LaCapra, Dominick: Geschichte und Kritik. Autoris. Übers. a. d. Amerik. v. Ludwig Hirt. Frankfurt/Main: Fischer Tb. Vlg. 1987 (FW. 7395).

Lämmert, Eberhard: Bauformen des Erzählens. 2., durchges. Aufl. Stuttgart: Metzler 1967.

Lämmert, Eberhard: „Geschichte ist ein Entwurf". Die neue Glaubwürdigkeit des Erzählens in der Geschichtsschreibung und im Roman. – In: The German Quaterly 63 (1990), S. 5-18.

Lämmert, Eberhard: Geschichten von der Geschichte. Geschichtsschreibung und Geschichtsdarstellung im Roman. – In: Poetica 17 (1985), S. 228-254.

Lange, Viktor: Erzählformen im Roman des 18. Jahrhunderts. - In: Zur Poetik des Romans. Hrsg. von Volker Klotz. Darmstadt: Wiss. Buchges. 1966 (Wege der Forschung. 35), S. 32-47.

Laue, Theodore H[ermann] von: Leopold Ranke. The Formative Years. Princeton: Univ. Pr. 1950 (Princeton Studies in History. 4).

Lausberg, Heinrich: Elemente der literarischen Rhetorik. Eine Einführung für Studierende der klassischen, romanischen, englischen und deutschen Philologie. 9. Aufl. München: Hueber 1987.

Lausberg, Heinrich: Handbuch der literarischen Rhetorik. Eine Grundlegung der Literaturwissenschaft. [Bd. 1-2 (Reg.bd.).] München: Hueber 1960.

Lepenies, Wolf: Autoren und Wissenschaftler im 18. Jahrhundert. Linné - Buffon - Winckelmann - Georg Forster - Erasmus Darwin. München: Hanser 1988 (Edition Akzente).

Leventhal, Robert S.: The Disciplines of Interpretation. Lessing, Herder, Schlegel and Hermeneutics in Germany 1750-1800. Berlin, New York: de Gruyter 1994 (European Cultures. 4).

Liebel, Helen P.: The Enlightenment and the Rise of Historicism in German Tought. - In: Eighteenth-Century Studies 4 (1970-71), S. 359-385.

Limlei, Michael: Geschichte als Ort der Bewährung. Menschenbild und Gesellschaftsverständnis in den deutschen historischen Romanen (1820-1890). Frankfurt/Main [u.a.]: Lang 1988 (Studien zur Dt. Lit. d. 19. u. 20. Jh. 5).

Literatur und Geschichte 1788-1988. Hrsg. von Gerhard Schulz und Tim Mehigan in Verb. mit Marion Adams. Bern [u.a.]: Lang 1990 (Austal.-neuseeländ. Studien zur dt. Sprache u. Lit. 15).

Literature and History. Ed. by Leonard Schulze, Walter Wetzels. Lanham, N.Y., London: UP of America 1983.

Littmann, Arnold: Schillers Geschichtsphilosophie. Langensalza: Hermann Beyer & Söhne (Beyer & Mann) 1926 (Pädagog. Magazin. 1061; Abh.n zur Philosophie und Pädagogik. 1).

Lockemann, Wolfgang: Die Entstehung des Erzählproblems. Untersuchungen zur deutschen Dichtungstheorie im 17. und 18. Jahrhundert. Meisenheim/Glan: Hain 1963 (Deutsche Studien. 3).

Löwith, Karl: Weltgeschichte und Heilsgeschehen. Die theologischen Voraussetzungen der Geschichtsphilosophie. 7. Aufl. Stuttgart [u.a.]: Kohlhammer 1979 (Urban-Tbb. 2).

Lukács, Georg: Der historische Roman. Neuwied, Berlin: Luchterhand 1965 (Werke. 6).

Lutz, Sabine Beate: Vom Ereignis zur Erzählung: Ein Vergleich zwischen C. F. Meyers Geschichtsdichtung und der zeitgenössischen Geschichtsschreibung. Univ. of Calif. Davis Ph.D. 1986, auch: Stuttgart: Heinz 1987 (Stuttgarter Arbeiten zur Germanistik. 183).

Lützeler, Paul Michael: Fiktion in der Geschichte - Geschichte in der Fiktion. - In: Poetik und Geschichte. Viktor Žmegač zum 60. Geb. Hrsg. von Dieter Borchmeyer. Tübingen: Niemeyer 1989, S. 11-21.

Lützeler, Paul Michael: Geschichte in der Literatur. Studien zu Werken von Lessing bis Hebbel. München, Zürich: Piper 1987 (Serie Piper. 758).

Lützeler, Paul Michael: Geschichtsschreibung und Roman. Interdependenzen und Differenzen. - In: ders.: Zeitgeschichte in Geschichten der Zeit. Deutschsprachige Romane im 20. Jahrhundert. Bonn: Bouvier 1986 (Studien zur Literatur der Moderne. 15), S. 2-25.

Mahoney, Dennis F.: Der Roman der Goethezeit (1774-1829). Stuttgart: Metzler 1988 (SM. 241).

Maier, Franz Georg: Der Historiker und die Texte. - In: HZ 238 (1984), S. 83-94.

Man, Paul de: Tropen *(Rilke)*. - In: ders.: Allegorien des Lesens. A. d. Amerik. von Werner Hamacher und Peter Krumme. Mit e. Einl. von W. H. Frankfurt/Main: Suhrkamp 1988 (es. 1357), S. 52-90.

Man, Paul de: Der Widerstand gegen die Theorie. - In: Romantik. Literatur und Philosophie. Internationale Beiträge zur Poetik. Hrsg. von Volker Bohn. Frankfurt/Main: Suhrkamp 1987 (es. 1395), S. 80-106.

Mandelbaum, Maurice: The Presuppositions of *Metahistory*. - In: H&Th Beiheft 19 (1980), S. 39-54.

Mandelkow, Karl Robert: Goethe in Deutschland. Rezeptionsgeschichte eines Klassikers. Bd. 1: 1773-1918. München: Beck 1980.

Mann, Golo: Noch ein Versuch über Geschichtsschreibung. - In: ders.: Zwölf Versuche. Frankfurt/Main: S. Fischer 1973, S. 7-31.

Mann, Golo: Zeiten und Figuren. Schriften aus vier Jahrzehnten. Frankfurt/Main: Fischer Tb. Vlg. 1979 (Fischer Taschenbücher. 3428).

Marino, Luigi: *Praeceptores Germaniae*. Göttingen 1770-1820. Göttingen: Vandenhoeck & Ruprecht 1995 (Göttinger Univ.schr.n. Ser. A: Schriften. 10).

Marks, Ralph: Die Entwicklung nationaler Geschichtsschreibung. Luden und seine Zeit. Frankfurt/Main [u.a.]: Lang 1987 (Europ. Hochschulschriften. Reihe 3: Geschichte und ihre Hilfswissenschaften. 329).

Masur, Gerhard: Rankes Begriff der Weltgeschichte. München, Berlin: Oldenbourg 1926 (Beih. der HZ. 6)

McKnight, Philipp S.: The Novels of Johann Karl Wezel. Satire, Realism and Social Criticism in Late 18th Century Literature. Bern, Frankfurt/Main, Las Vegas: Lang 1981 (New York University Ottendorfer Series. NF 14).

Medicus, Fritz: Kant und Ranke. Eine Studie über die Anwendung der transcendentalen Methode auf die historischen Wissenschaften. - In: Kantstudien 8 (1903), S. 129-192.

Megill, Alan: Jörn Rüsen's Theory of Historiography between Modernism and Rhetoric of Inquiry. - In: H&Th 33 (1994), S. 39-60.

Meinecke, Friedrich: Aphorismen und Skizzen zur Geschichte. Leipzig: Koehler & Amelang 1942.

Meinecke, Friedrich: Die Entstehung des Historismus. Hrsg. und eingel. von Carl Hinrichs. München: Oldenbourg 1959 [EA 1936] (Werke. 3).

Meinecke, Friedrich: Schaffender Spiegel. Studien zur deutschen Geschichtschreibung und Geschichtsauffassung. Leipzig: Koehler 1948.

Meinecke, Friedrich: Schiller und der Individualitätsgedanke. Eine Studie zur Entstehungsgeschichte des Historismus. Leipzig: Meiner 1937 (Wissenschaft und Zeitgeist. 8).

Meinecke, Friedrich: Vom geschichtlichen Sinn und vom Sinn der Geschichte. Leipzig: Koehler & Amelang 1939.

Meister, Ernst: Die geschichtsphilosophischen Voraussetzungen von J. G. Droysens „Historik". – In: Hist. Vjs. 23 (1926), S. 25-63, 199-221.

Menninghaus, Winfried: Unendliche Verdoppelung. Die frühromantische Grundlegung der Kunsttheorie im Begriff absoluter Selbstreflexion. Frankfurt/Main: Suhrkamp 1987.

Menze, Clemens: Wilhelm von Humboldts Lehre und Bild vom Menschen. Ratingen: Henn 1965.

Menzies, John Karl: Schiller, Historical Truth, and the Netherlands. The Genesis of Schiller's Concept of History. Diss. Berkeley 1981.

Meran, Josef: Theorien in der Geschichtswissenschaft. Die Diskussion um die Wissenschaftlichkeit der Geschichte. Göttingen: Vandenhoeck & Ruprecht 1985 (Krit. Studien zur Geschichtswiss. 66).

Metz, Karl Heinz: Grundformen historiographischen Denkens. Wissenschaftsgeschichte als Methodologie. Dargest. an Ranke, Treitschke und Lamprecht. Mit ei. Anh. ü. zeitgen. Geschichtstheorie. München: Fink 1979 (Münch. Univ.-Schr.n. Reihe der Phil. Fak. 21).

Meuthen, Erich: Selbstüberredung. Rhetorik und Roman im 18. Jahrhundert. Freiburg/Br.: Rombach 1994 (Rombach Wissenschaft – Reihe Litterae. 23).

Meyer, Heinz: Überlegungen zu Herders Metaphern für die Geschichte. – In: Archiv f. Begriffsgesch. 25 (1981), S. 88-114.

Meyer, Herman: Schillers philosophische Rhetorik. – In: Euphorion 53 (1959), S. 313-350.

Meyer, Michael: Die Entstehung des historischen Romans in Deutschland und seine Stellung zwischen Geschichtsschreibung und Dichtung. Die Polemik um eine „Zwittergattung" (1785-1845). Phil. Diss. München 1973.

Meyer, Ursula I.: Paul Ricœur. Die Grundzüge seiner Philosophie. Aachen: ein-Fachverlag 1991 (Einführungen in frz. Denker. 1).

Michel, Willy: Ästhetische Hermeneutik und frühromantische Kritik. Friedrich Schlegels fragmentarische Entwürfe, Rezensionen, Charakteristiken und Kritiken (1795-1801). Göttingen: Vandenhoeck & Ruprecht 1982.

Michelsen, Peter: Laurence Sterne und der deutsche Roman des 18. Jahrhunderts. Göttingen: Vandenhoeck & Ruprecht 1962 (Palaestra. 232).

Mohm, Siegfried: Untersuchungen zu den historiographischen Anschauungen des Polybios. Phil. Diss. Saarbrücken 1977.

Moll, Julius: Schiller als Historiker mit besonderer Berücksichtigung seiner Geschichte des Abfalls der Niederlande. Phil. Diss. Rostock 1873.

Möller, Horst: Geschichtsschreibung und Geschichtsauffassung bei Friedrich Nicolai. Zum Verhältnis von Aufklärung und Geschichte. – In: International Studies in Philosophy. Studi internazionali di filosofia 7 (1975), S. 111-144.

Möller, Horst: Vernunft und Kritik. Deutsche Aufklärung im 17. und 18. Jahrhundert. Frankfurt/Main: Suhrkamp 1986 (Neue Histor. Bibliothek; es. 1269).

Möller, Uwe: Rhetorische Überlieferung und Dichtungstheorie im frühen 18. Jahrhundert. Studien zu Gottsched, Breitinger und Georg Friedrich Meier. München: Fink 1983.

Mommsen, Wolfgang J.: Die Geschichtswissenschaft nach der „demokratischen Revolution" in Ostmitteleuropa. – In: Neue Rundschau 105 (1994), S. 75-88.

Mommsen, Wolfgang J.: Die Sprache des Historikers. – In: HZ 238 (1984), S. 57-81.

Muhlack, Ulrich: Empirisch-rationaler Historismus. – In: HZ 232 (1981), S. 605-616.

Muhlack, Ulrich: Geschichtswissenschaft im Humanismus und in der Aufklärung. Die Vorgeschichte des Historismus. München: Beck 1991.

Muhlack, Ulrich: Hermeneutik und Geschichtswissenschaft. – In: Zs. f. hist. Forschung 3 (1976), S. 61-97.

Mühlpfordt, Günter: Völkergeschichte und Fürstenhistorie. Schlözer als Begründer der kritisch-ethnischen Geschichtsforschung. – In: Jb. f. Gesch. 25 (1982), S. 23-72.

Mülbe, Erich: Selbstzeugnisse Rankes über seine historische Theorie und Methode im Zusammenhang der zeitgenössischen Geistesrichtungen. (Beitrag zur Geschichte der Historiographie.) Phil. Diss. Berlin 1930.

Müllenbrock, Heinz-Joachim: Der historische Roman des 19. Jahrhunderts. Heidelberg: Winter 1980 (Forum Anglistik).

Müllenbrock, Hans-Joachim: Historischer Roman und Geschichtsschreibung. Ein Abriß ihrer Entwicklung und Wechselbeziehung im Viktorianischen England. – In: Literatur in Wissenschaft und Unterricht 12 (1979), S. 74-88.

Müller, Harro: Geschichte zwischen Kairos und Katastrophe. Historische Romane im 20. Jahrhundert. Frankfurt/Main: Athenäum 1988 (athenäums[s] monografien Literaturwiss. 89).

Müller, Harro: Giftpfeile. Zu Theorie und Literatur der Moderne. Bielefeld: Aisthesis 1994.

Müller, Klaus-Detlef: Karl Philipp Moritz: Lebenswelt und Ästhetik. *Anton Reiser* und das Konzept der Kunstautonomie. – In: Etudes Germaniques 50 (1995), S. 59-72.

Müller, Klaus-Detlef: Der Zufall im Roman. Anmerkungen zur erzähltechnischen Bedeutung der Kontingenz. - In: German.-Roman. Monatsschrift 59 (N.F. 28) (1978), S. 265-290.

Müller, Lothar: Die kranke Seele und das Licht der Erkenntnis. Karl Philipp Moritz' Anton Reiser. Frankfurt/Main: Athenäum 1987.

Müller, Max: Historie und Geschichte im Denken J. G. Droysens. - In: Speculum Historiale. Geschichte im Spiegel von Geschichtsschreibung und Geschichtsdeutung. Hrsg. von Clemens Bauer, Laetitia Boehm und Max Müller. Freiburg/Br., München: Alber 1965, S. 694-702.

Müller-Vollmer, Kurt: Poesie und Einbildungskraft. Zur Dichtungstheorie Wilhelm von Humboldts. Mit e. zweisprach. Ausg. e. Aufsatzes für Frau von Staël. Stuttgart: Metzler 1967.

Nachahmung und Illusion. Kolloquium Gießen Juni 1963. Vorlagen und Verhandlungen. Hrsg. von Hans Robert Jauß. München: Eidos 1964 (Poetik und Hermeneutik. 1).

La Naissance du paradigme herméneutique. Schleiermacher, Humboldt, Boeckh, Droysen. Éd. par André Laks et Ada Neschke. Presses Universitaires de Lille 1990 (Cahiers de Philologie. 10; Apparat critique).

Nalbandian, Wahan: Leopold von Rankes Bildungsjahre und Geschichtsauffassung. Leipzig: Teubner 1901 (Leipz. Stud.n a. d. Gebiet d. Geschichte. 8,2).

Die Natur des Menschen. Probleme der Physischen Anthropologie und Rassenkunde (1750-1850). Hrsg. von Gunter Mann und Franz Dumont. Stuttgart, New York: Gustav Fischer 1990 (Soemmering-Forschungen. 6).

Neff, Emery: The Poetry of History. The Contribution of Literature and Literary Scholarship to the Writing of History since Voltaire. New York: Columbia UP 1947.

Nerius, Dieter: Untersuchungen zur Herausbildung einer nationalen Norm der deutschen Literatursprache im 18. Jahrhundert. Halle/Saale: Niemeyer 1967 (Linguist. Studien).

Neue Literaturtheorien. Eine Einführung. Hrsg. von Klaus-Michael Bogdal. Opladen: Westdt. Vlg. 1990 (WV studium. 156).

Niefanger, Dirk: Produktiver Historismus. Raum und Landschaft in der Wiener Moderne. Tübingen: Niemeyer 1993 (Studien zur dt. Lit. 128).

Nisbet, Hugh Barr: Goethes und Herders Geschichtsdenken. - In: Goethe-Jb. 110 (1993), S. 115-134.

Nisbet, H[ugh] B[arr]: Herder and the Philosophy and History of Science. Cambridge: The Modern Humanities Research Association 1970 (Modern Humanities Research Association Dissertation Series. 3).

Nivelle, Armand: Kunst- und Dichtungstheorien zwischen Aufklärung und Klassik. Berlin: de Gruyter 1960.

Noltenius, Rainer: Die Nation und Schiller. - In: Dichter und ihre Nation. Hrsg. von Helmut Scheuer. Frankfurt/Main: Suhrkamp 1993 (suhrkamp taschenbuch materialien. 2117), S. 151-175.

Norton, Robert E.: Herder's Aesthetics and the European Enlightenment. Ithaca, London: Cornell UP 1991.

Nünning, Ansgar: Narrative Form und fiktionale Wirklichkeitskonstruktion aus der Sicht des *New Historicism* und der Narrativik. - In: Zs. f. Anglistik u. Amerikanistik 40 (1992), S. 197-213.

Nünning, Ansgar: Selbsttätigkeit und Verstehen. Grundzüge des Denkens Wilhelm von Humboldts und ihre Gemeinsamkeit mit dem radikalen Konstruktivismus. - In: Delfin X, Jg. 5 (1988), S. 38-49.

Obermann, Werner: Der junge Johann Gustav Droysen. Ein Beitrag zur Entstehungsgeschichte des Historismus. Phil. Diss. Bonn 1977.

Oettinger, Klaus: Phantasie und Erfahrung. Studien zur Erzählpoetik Christoph Martin Wielands. München: Fink 1970.

Oettinger, Klaus: Vergegenwärtigung und Konstruktion. Bemerkungen über Möglichkeiten historischer Darstellung. - In: AfK 54 (1972), S. 153-167.

Oexle, Otto Gerhard: Die Geschichtswissenschaft im Zeichen des Historismus. Bemerkungen zum Standort der Geschichtsforschung. - In: HZ 238 (1984), S. 17-55.

Oexle, Otto Gerhard: Sehnsucht nach Klio. Hayden Whites ‚Metahistory' - und wie man darüber hinwegkommt. - In: Rechtshist. Journal 11 (1992), S. 1-18.

Oexle, Otto Gerhard: „Historismus". Überlegungen zur Geschichte des Phänomens und des Begriffs. - In: Braunschweig. Wiss. Ges., Jb. 1986, S. 119-155.

On Paul Ricœur. Narrative and Interpretation. Ed. by David Wood. London, New York: Routledge 1991 (Warwick Studies in Philosophy and Literature).

Oncken, Hermann: Aus Rankes Frühzeit. Mit den Briefen Rankes an seinen Verleger Friedrich Perthes und anderen unbekannten Stücken seines Briefwechsels. Gotha: Perthes 1922.

Ott, Konrad: Menschenkenntnis als Wissenschaft. Über die Entstehung und Logik der Historie als der Wissenschaft vom Individuellen. Frankfurt/Main: Haag + Herchen 1991.

Otto, Wolf Dieter: Ästhetische Bildung. Studien zur Kunsttheorie Wilhelm von Humboldts. Frankfurt/Main, Bern, New York: Lang 1987 (Europ. Hochschulschriften. Reihe 1: Deutsche Sprache und Literatur. 966).

Pandel, Hans-Jürgen: Historik und Didaktik. Das Problem der Distribution historiographisch erzeugten Wissens in der deutschen Geschichtswissenschaft von der Spätaufklärung zum Frühhistorismus (1765-1830). Stuttgart-Bad Cannstatt: frommann-holzboog 1990 (Fundamenta historica. 3).

Pandel, Hans-Jürgen: Mimesis und Apodeixis. Hagen: Rottmann 1990 (Beiträge zur Geschichtskultur. 1).

Peiler, Ursula: Rankes Kunstform. Phil. Diss. (masch.) Heidelberg 1952.

Perone, Ugo: Schiller. La totalità interrotta. Milano: Mursia 1982 (Biblioteca di filosophia. Ricerche. 7).

Peterfreund, Stuart: Sterne and Late Eighteenth-Century Ideas of History. - In: Eighteenth-Century Life 7 (1981/82), H. 1, S. 25-53.

Petersen, Jürgen H.: Erzählsysteme. Eine Poetik epischer Texte. Stuttgart, Weimar: Metzler 1993 (Metzler Studientexte).

Pflug, Günther: Die Entwicklung der historischen Methode im 18. Jahrhundert. – In: DVjs 28 (1954), S. 447-471.

Pfotenhauer, Helmut: Literarische Anthropologie. Selbstbiographien und ihre Geschichte – am Leitfaden des Leibes. Stuttgart: Metzler 1987 (Germanist. Abhandlungen. 62).

Philologie und Hermeneutik im 19. Jahrhundert. Zur Geschichte und Methodologie der Geisteswissenschaften. Hrsg. von Hellmut Flashar, Karlfried Gründer und Axel Horstmann. Göttingen: Vandenhoeck & Ruprecht 1979 (A. d. Förderungsber. „Grundlagen der geisteswissenschaftlichen Forschung" d. Fritz Thyssen Stiftung).

Plumpe, Gerhard: Systemtheorie u. Literaturgeschichte. – In: Epochenschwellen und Epochenstrukturen im Diskurs der Literatur- und Sprachhistorie. Unter Mitarb. von Friederike J. Hassauer [u.a.] hrsg. von Hans Ulrich Gumbrecht und Ursula Link-Heer. Frankfurt/Main: Suhrkamp 1985 (stw. 486), S. 251-264.

Pohl, Christiane: Die historistische Erkenntnistheorie des jungen Herder. Frankfurt/Main [u.a.]: Lang 1990 (Europ. Hochschulschriften. Reihe 20: Philosophie. 320).

Polenz, Peter von: Deutsche Sprachgeschichte vom Spätmittelalter bis zur Gegenwart. Bd. 2: 17. u. 18. Jh. Berlin, New York: de Gruyter 1994 (de-Gruyter-Studienbuch).

Poser, Michael von: Der abschweifende Erzähler. Rhetorische Tradition und deutscher Roman im achtzehnten Jahrhundert. Bad Homburg v.d.H., Berlin, Zürich: Gehlen 1969 (Respublica literaria. 5).

Post-Structuralism an the Question of History. Ed. by Derek Attridge, Geoff Bennington and Robert Young. Cambridge: Univ. Pr. 1987.

Pott, Hans-Georg: Neue Theorie des Romans. Sterne – Jean Paul – Joyce – Schmidt. München: Fink 1990.

Price, Cora Lee: The Relationship between Friedrich Schiller and Wilhelm von Humboldt. Phil. Diss. Stanford/Cal. 1966.

Quillien, Jean: L'Anthropologie philosophique de G. de Humboldt. Lille: Presses Universitaires 1991.

Rainer, Ulrike: Schillers Prosa. Poetologie und Praxis. Berlin: Erich Schmidt 1988 (Philologische Studien und Quellen. 117).

Rancière, Jacques: Die Namen der Geschichte. Versuch einer Poetik des Wissens. A. d. Frz. von Eva Moldenhauer. Frankfurt/Main: S. Fischer 1994.

Rancière, Jacques: Eine uralte Schlacht. Die Sprache der Tatsachen und die Poetik des Wissens. – In: Neue Rundschau 105 (1994), S. 21-30.

Leopold von Ranke and the Shaping of the Historical Discipline. Ed. by Georg G. Iggers and James M. Powell. Syracuse, N.Y.: Univ. Pr. 1990.

Leopold von Ranke und die moderne Geschichtswissenschaft. Hrsg. von Wolfgang J. Mommsen [...]. Stuttgart: Klett-Cotta 1988.

Rau, Peter: Identitätserinnerung und ästhetische Rekonstruktion. Studien zum Werk von Karl Philipp Moritz. Frankfurt/Main: Rita G. Fischer 1983 (Literatur und Kommunikation. 1).

Rauh, Horst D.: Im Labyrinth der Geschichte. Die Sinnfrage von der Aufklärung zu Nietzsche. München: Fink 1990.

Regin, Deric: Freedom and Dignity. The Historical and Philosophical Thought of Schiller. The Hague: Nijhoff 1965.

Reichel, Edward: Der Roman und das Geschichtenerzählen. Ihre Kongruenz und Diskrepanz in der Romanforschung (1890-1970). - In: DVjs 52 (1978), S. 296-345.

Reill, Peter Hanns: The German Enlightenment and the Rise of Historicism. Berkeley, Los Angeles, London: Univ. of California Pr. 1975.

Reill, Peter Hanns: Die Geschichtswissenschaft um die Mitte des 18. Jahrhunderts. - In: Wissenschaften im Zeitalter der Aufklärung. [...] hrsg. von Rudolf Vierhaus. Göttingen: Vandenhoeck & Ruprecht 1985, S. 163-193.

Reill, Peter Hanns: Narration and Structure in Late Eighteenth-Century Historical Thought. - In: H&Th 25 (1986), S. 286-298.

Reill, Peter Hanns: Rez. von Michael Gottlob: Geschichtsschreibung zwischen Aufklärung und Historismus. - In: H&Th 30 (1991), S. 232-246.

Reill, Peter Hanns: Science and the Construction of the Cultural Sciences in Late Enlightenment Germany: The Case of Wilhelm von Humboldt. - In: H&Th 33 (1994), S. 345-366.

Reinitzhuber, Holger: Schillers „Geschichte des Dreißigjährigen Kriegs" als schriftstellerische Leistung. Ein Beitrag zur Ästhetik der historischen Belletristik. Phil. Diss. Kiel 1970.

Repgen, Konrad: Über Rankes Diktum von 1824: „Bloß sagen, wie es eigentlich gewesen". - In: Hist. Jb. 102 (1982), S. 439-449.

Requadt, Paul: Johannes von Müller und der Frühhistorismus. München: Drei Masken Vlg. 1929.

Rhein, Monika: Geschichte und Geschichtswissenschaft in der methodologischen Diskussion der Gegenwart. Phil. Diss. Frankfurt/Main 1983.

Rhetorik. Beiträge zu ihrer Geschichte in Deutschland vom 16.-20. Jahrhundert. Hrsg. von Helmut Schanze. Frankfurt/Main: Athenaion 1974 (Schwerpunkte Germanistik).

Ricoeur, Paul: Zeit und Erzählung. Bd. 1-3. Übers. von Rainer Rochlitz und Andreas Knop (Bd.3). München: Fink 1988-91 (Übergänge. 18,1-3).

Riedel, Wolfgang: Die Anthropologie des jungen Schiller. Zur Ideengeschichte der medizinischen Schriften und der „Philosophischen Briefe". Würzburg: Königshausen & Neumann 1985 (Epistemata. Reihe Literaturwiss. 17).

Riedel, Wolfgang: Anthropologie und Literatur in der deutschen Spätaufklärung. Skizze einer Forschungslandschaft. - In: Intern. Achiv f. Sozialgesch. der dt. Lit. Sonderh. 6 (1994), S. 94-157.

Riedel, Wolfgang: Influxus physicus und Seelenstärke. Empirische Psychologie und moralische Erzählung in der deutschen Spätaufklärung und bei Jacob Friedrich Abel. - In: Anthropologie und Literatur um 1800. Hrsg. von Jürgen Barkhoff und Eda Sagarra. München: iudicium 1992 (Publications of the Inst. of German Studies, Univ. of London. 54), S. 24-52.

Ritschl, Otto: System und systematische Methode in der Geschichte des wissenschaftlichen Sprachgebrauchs und in der philosophischen Methodologie. [...] Bonn: Georgi [1906].

Ritter, Moriz: Die Entwicklung der Geschichtswissenschaft an den führenden Werken betrachtet. München, Berlin: Oldenbourg 1919.

Ritter, Moriz: Leopold von Ranke. Seine Geistesentwicklung und Geschichtsschreibung. [...] Stuttgart: Cotta 1896.

Rolle, Dietrich: Fielding und Sterne. Untersuchungen über die Funktion des Erzählers. Münster: Aschendorff 1963 (Neue Beiträge zur englischen Philologie. 2).

Ronen, Ruth: Paradigm Shift in Plot Models. An Outline of the History of Narratology. - In: Poetics Today 11 (1990), S. 817-842.

Rother, Rainer: Die Gegenwart der Geschichte. Ein Versuch über Film und zeitgenössische Literatur. Stuttgart: Metzler 1990.

Rothermund, Dietmar: Geschichte als Prozeß und Aussage. Eine Einführung in Theorien des historischen Wandels und der Geschichtsschreibung. München: Oldenbourg 1994.

Rusch, Gebhard: Theorie der Geschichte, Historiographie und Diachronologie. Siegen, Inst. für Empir. Lit.- und Medienforschung der Univ. Siegen 1986 (LUMIS-Schriften. 11).

Rüsen, Jörn: Ästhetik und Geschichte. Geschichtstheoretische Untersuchungen zum Begründungszusammenhang von Kunst, Gesellschaft und Wissenschaft. Stuttgart: Metzler 1976.

Rüsen, Jörn: Begriffene Geschichte. Genesis und Begründung der Geschichtstheorie J. G. Droysens. Paderborn: Schöningh 1969 (Slg. Schöningh zur Gesch. u. Gegenwart).

Rüsen, Jörn: Bürgerliche Identität zwischen Geschichtsbewußtsein und Utopie: Friedrich Schiller. - In: German Studies Review 9 (1985), S. 11-27.

Rüsen, Jörn: Historische Orientierung. Über die Arbeit des Geschichtsbewußtseins, sich in der Zeit zurechtzufinden. Köln, Weimar, Wien: Böhlau 1994.

Rüsen, Jörn: Historische Vernunft. Grundzüge einer Historik I: Die Grundlagen der Geschichtswissenschaft. Göttingen: Vandenhoeck & Ruprecht 1983 (Kleine Vandenhoeck-Reihe. 1489).

Rüsen, Jörn: Konfigurationen des Historismus. Studien zur deutschen Wissenschaftskultur. Frankfurt/Main: Suhrkamp 1993 (stw. 1082).

Rüsen, Jörn: Lebendige Geschichte. Grundzüge einer Historik III: Formen und Funktionen des historischen Wissens. Göttingen: Vandenhoeck & Ruprecht 1989 (Kleine Vandenhoeck-Reihe. 1542).

Rüsen, Jörn: Rekonstruktion der Vergangenheit. Grundzüge einer Historik II: Die Prinzipien der historischen Forschung. Göttingen: Vandenhoeck & Ruprecht 1986 (Kleine Vandenhoeck-Reihe. 1515).

Rüsen, Jörn: Zeit und Sinn. Strategien historischen Denkens. Frankfurt/Main: Fischer Tb. Vlg. 1990 (FW. 7435).

Rychner, Max: Moderne Dichter als Gegner der Geschichte. – In: ders.: Zwischen Rand und Mitte. Aufsätze zur Literatur. Zürich: Manesse 1964, S. 57-78.

Ryser, Heinz: Johannes von Müller im Urteil seiner schweizerischen und deutschen Zeitgenossen. Phil. Diss. Basel 1964.

Sahmland, Irmtraut: Christoph Martin Wieland und die deutsche Nation. Zwischen Patriotismus, Kosmopolitismus und Griechentum. Tübingen: Niemeyer 1990 (Studien zur dt. Lit. 108).

Salewski, Michael: Leopold von Ranke. Die Mär der Weltgeschichte. – In: Hist. Mitt. der Ranke-Ges. 3 (1990), H. 1, S. 5-18.

Salmi, Hannu: On the Nature and Structure of Historical Narrative. – In: SdS 23 (1993), S. 123-133.

Salzbrunn, Ingeborg: Studien zum deutschen historischen Zeitschriftenwesen von der Göttinger Aufklärung bis zur Herausgabe der „Historischen Zeitschrift" (1859). Phil. Diss. Münster 1968.

Sander, Volkmar: Handlungsstränge und Handlungsgefüge in Laurence Sterne's „Tristram Shandy". Eine Untersuchung über additive Verknüpfuungsformen. Phil. Diss. Frankfurt/Main 1957.

Sang, Jürgen: Christian Friedrich von Blanckenburg und seine Theorie des Romans. Eine monographische Studie. Phil. Diss. München 1967.

Saul, Nicholas: History and Poetry in Novalis and in the Tradition of the German Enlightenment. Institute of Germanic Studies, University of London 1984 (Bithell Studies of Dissertations. 8).

Schalper, Adda: Die Stellung der Literatur in der Geschichtsauffassung und ihre Bedeutung in der Geschichtsdarstellung Rankes. Phil. Diss. München 1932.

Schaumkell, Ernst: Geschichte der deutschen Kulturgeschichtsschreibung von der Mitte des 18. Jahrhunderts bis zur Romantik im Zusammenhang der allgemeinen geistigen Entwicklung. Leipzig: Teubner 1905 (Preisschriften gekrönt und hrsg. von der Fstl. Jablonowski'schen Ges. zu Leipzig. 39).

Scheele, Meta: Wissen und Glaube in der Geschichtswissenschaft. Studien zum historischen Pyrrhonismus in Frankreich und in Deutschland. Heidelberg: Winter 1930 (Beiträge zur Philosophie. 18).

Scheffer, Bernd: Interpretation und Lebensroman. Zu einer konstruktivistischen Literaturtheorie. Frankfurt/Main: Suhrkamp 1992 (stw. 1028).

Scheuer, Helmut: Biographie. Studien zur Funktion und zum Wandel einer literarischen Gattung vom 18. Jahrhundert bis zur Gegenwart. Stuttgart: Metzler 1979.

Schib, Karl: Johannes von Müller. 1752-1809. [...] Thayngen, Schaffhausen: Augustin; Konstanz, Lindau, Stuttgart: Thorbecke 1967.

Schieder, Theodor: Begegnungen mit der Geschichte. Göttingen: Vandenhoeck & Ruprecht 1962.

Schieder, Theodor: Geschichte als Wissenschaft. Eine Einführung. 2., überarb. Aufl. München, Wien: Oldenbourg 1965.

Schieder, Theodor: Vom deutschen Bund zum deutschen Reich 1815-1871. München: Dt. Tb. Vlg. 1985 (Gebhardt. Hdb. d. dt. Gesch. 15; dtv wissenschaft. 4215).

Schiffels, Walter: Geschichte(n) Erzählen. Geschichte, Funktionen und Formen des historischen Erzählens. Kronberg/Ts.: Skriptor 1975 (Theorie, Kritik, Geschichte. 7).

Schiffer, Werner: Theorien der Geschichtsschreibung und ihre erzähltheoretische Relevanz: Danto, Habermas, Baumgartner, Droysen. Stuttgart: Metzler 1980 (Studien zur allg. und vergleich. Literaturwiss. 19).

Friedrich Schiller. Angebot und Diskurs. Zugänge, Dichtung, Zeitgenossenschaft. Hrsg. von Helmut Brandt. Berlin, Weimar: Aufbau 1987 (Friedrich-Schiller-Univ. Jena. Sektion Literatur- und Kunstwiss.).

Friedrich Schiller. Kunst, Humanität und Politik in der späten Aufklärung. Ein Symposium. Hrsg. von Wolfgang Wittkowski. Tübingen: Niemeyer 1982.

Friedrich Schiller. Zur Geschichtlichkeit seines Werkes. Hrsg. von Klaus L. Berghahn. Kronberg/Ts.: Scriptor 1975 (Monographien Literaturwiss. 21).

Schindling, Anton: Bildung und Wissenschaft in der Frühen Neuzeit 1650-1800. München: Oldenbourg 1994 (Enzyklopädie deutscher Geschichte. 30).

Schings, Hans-Jürgen: Der anthropologische Roman. Seine Entstehung und Krise im Zeitalter der Spätaufklärung. - In: Deutschlands kulturelle Entfaltung. Die Neubestimmung des Menschen. Hrsg. von Bernhard Fabian, Wilhelm Schmidt-Biggemann und Rudolf Vierhaus. München: Kraus 1980 (Studien zum achtz. Jh. 2/3), S. 247-275.

Schlaffer, Hannelore und Heinz: Studien zum ästhetischen Historismus. Frankfurt/ Main: Suhrkamp 1975 (es. 756).

Schleier, Hans: Die Auseinandersetzungen mit der Rankeschen Tradition Ende des 19. Jh. in Deutschland. Die deutschen Historiker und die Herausforderungen an die Geschichtswissenschaft. - In: Jb. f. Gesch. 32 (1985), S. 271-287.

Schleier, Hans: Die bürgerliche deutsche Geschichtsschreibung der Weimarer Republik. I. Strömungen - Konzeptionen - Institutionen. II. Die linksliberalen Historiker. Köln: Pahl-Rugenstein 1975.

Schleier, Hans: Leistungen und Grenzen des idealistischen deutschen Historismus: Leopold von Ranke. - In: Zs f. Geschichtswiss. 35 (1987), S. 955-970.

Schleier, Hans: Zum idealistischen Historismus in der bürgerlichen deutschen Geschichtswissenschaft. - In: Jb. f. Gesch. 28 (1983), S. 133-154.

Schmid, Georg: Die Spur und die Trasse. (Post-)Moderne Wegmarken der Geschichtswissenschaft. Wien, Köln, Graz: Böhlau 1988.

Schmid, Georg, und Herbert Lauenroth: Geschichtswissenschaft und Semiotik. - In: Semiotik in den Einzelwissenschaften. Hrsg. von Walter A. Koch. Bochum: Univ.-

vlg. Dr. Norbert Brockmeyer 1990 (Bochumer Beiträge zur Semiotik. 8), Halbbd. 1, S. 233-248.

Schmidt, Jochen: Hölderlins idealistischer Dichtungsbegriff in der poetologischen Tradition des 18. Jahrhunderts. - In: Hölderlin-Jb. 22 (1980/81), S. 98-121.

Schmidt, Siegfried J.: Sprache und Denken als sprachphilosophisches Problem von Locke bis Wittgenstein. Den Haag: Nijhoff 1968.

Schmidt, Siegfried J.: Texttheorie. Probleme einer Linguistik der sprachlichen Kommunikation. 2., verb. und erg. Aufl. München: Fink 1976 (UTB. 202).

Schmidt-Biggemann, Wilhelm: Maschine und Teufel. Jean Pauls Jugendsatiren nach ihrer Modellgeschichte. Freiburg/Br., München: Alber 1975 (Symposion. 49).

Schmidt-Biggemann, Wilhelm: Zwischen dem Möglichen und dem Tatsächlichen. Rationalismus und Eklektizismus, die Hauptrichtungen der deutschen Aufklärung. - In: ders: Theodizee und Tatsachen. Das philosophische Profil der deutschen Aufklärung. Frankfurt/Main: Suhrkamp 1988 (stw. 722), S. 7-57.

Schnabel, Franz: Deutsche Geschichte im neunzehnten Jahrhundert. Die Erfahrungswissenschaften. Freiburg/Br.: Herder 1965 (Herder-Bücherei. 207).

Schnädelbach, Herbert: Geschichtsphilosophie nach Hegel. Die Probleme des Historismus. Freiburg/Br., München: Alber 1974.

Schnädelbach, Herbert: Philosophie in Deutschland 1831-1933. Frankfurt/Main: Suhrkamp 1983 (stw. 401).

Schnur, Harald: Schleiermachers Hermeneutik und ihre Vorgeschichte im 18. Jahrhundert. Studien zur Bibelauslegung, zu Hamann, Herder und F. Schlegel. Stuttgart, Weimar: Metzler 1994.

Scholtz, Gunter: Ethik und Hermeneutik. Schleiermachers Grundlegung der Geisteswissenschaften. Frankfurt/Main: Suhrkamp 1995 (stw. 1191).

Scholtz, Gunter: Das Historismusproblem und die Geisteswissenschaften im 20. Jahrhundert. - In: AfK 71 (1989), S. 463-486.

Schönert, Jörg: Fragen ohne Antwort. Zur Krise der literarischen Aufklärung im Roman des späten 18. Jahrhunderts. Wezels „Belphegor", Klingers „Faust" und die „Nachtwachen von Bonaventura". - In: JDSG 14 (1970), S. 183-229.

Schönert, Jörg: Gesellschaftliche Modernisierung und Literatur der Moderne. - In: Zur Terminologie der Literaturwissenschaft. Akten des IX. Germanist. Symposions d. Dt. Forschungsgemeinschaft Würzburg 1986. Hrsg. von Christian Wagenknecht. Stuttgart: Metzler 1988 (Germanist. Symposien. Berichtsbde. 9), S. 393-413.

Schönert, Jörg: Roman und Satire im 18. Jahrhundert. Ein Beitrag zur Poetik. [...] Stuttgart: Metzler: 1969.

Schrimpf, Hans Joachim: Karl Philipp Moritz. Stuttgart: Metzler 1980 (SM. 195).

Schubert, Venanz: Plotin. Einführung in sein Philosophieren. Freiburg/Br., München: Alber 1973 (Kolleg Philosophie).

Schulin, Ernst: Traditionskritik und Rekonstruktionsversuch. Studien zur Entwicklung von Geschichtswissenschaft und historischem Denken. Göttingen: Vandenhoeck & Ruprecht 1977.

Schulin, Ernst: Die weltgeschichtliche Erfassung des Orients bei Hegel und Ranke. Göttingen: Vandenhoeck & Ruprecht 1958 (Veröff.n d. Max-Planck-Inst.s f. Gesch. 2).

Schulin, Ernst: Zum Problem von Struktur und Narrativität in der Aufklärungshistorie. - In: SdS 10 (1986), S. 107-111.

Schulz, Gerhard: Die deutsche Literatur zwischen Französischer Revolution und Restauration. Teil 1: Das Zeitalter der Französischen Revolution. München: Beck 1983 (Geschichte der deutschen Literatur von den Anfängen bis zur Gegenwart. 7).

Schulz, Kurt: Die Vorbereitung der Geschichtsphilosophie Herders im 18. Jahrhundert. Phil. Diss. Greifswald 1926.

Schüren, Rainer: Die Romane Walter Scotts in Deutschland. Phil. Diss. Berlin 1969.

Seamon, Roger G.: Narrative Practice and the Theoretical Distinction Between History and Fiction. - In: Genre 16 (1983), S. 197-218.

Secker, Wilfried: „Wiederholte Spiegelungen". Die klassische Kunstauffassung Goethes und Wilhelm von Humboldts. Frankfurt: Lang 1985 (Tübinger Studien zur deutschen Literatur. 9).

Seeba, Hinrich C.: Geschichte als Dichtung. Herders Beitrag zur Ästhetisierung der Geschichtsschreibung. - In: SdS 8 (1985), S. 50-73.

Seeba, Hinrich C.: Literatur und Geschichte. Hermeneutische Ansätze zu einer Poetik der Geschichtsschreibung. - In: Akten des VI. Internat. Germanistenkongresses Basel 1980. Hrsg. von Heinz Rupp und Hans-Gerd Roloff. Bd. 3. Bern, Frankfurt/Main, Las Vegas: Lang 1980 (Jb. für Internat. Germanistik. A. 8), S. 201-208.

Seibert, Regine: Satirische Empirie. Literarische Struktur und geschichtlicher Wandel der Satire in der Spätaufklärung. Würzburg: Königshausen & Neumann 1981 (Epistemata. Reihe Literaturwiss. 3).

Seifert, Arno: Cognitio historica. Die Geschichte als Namengeberin der frühneuzeitlichen Empirie. Berlin: Duncker & Humblot 1976 (Hist. Forschungen. 11).

Seifert, Arno: Geschichtstheorie. Eine Bestandsaufnahme. - In: Philosoph. Rundschau 27 (1980), S. 161-185.

Seiler, Bernd W.: Die leidigen Tatsachen. Von den Grenzen der Wahrscheinlichkeit in der deutschen Literatur seit dem 18. Jahrhundert. Stuttgart: Klett-Cotta 1983 (Sprache und Geschichte. 6).

Selbmann, Rolf: Der deutsche Bildungsroman. Stuttgart: Metzler 1984 (SM. 214).

Seminar: Geschichte und Theorie. Umrisse einer Historik. Hrsg. von Hans Michael Baumgartner und Jörn Rüsen. Frankfurt/Main: Suhrkamp 1976 (stw. 98).

Sharpe, Lesley: Schiller and the Historical Character. Presentation and Interpretation in the Historiographical Works and in the Historical Drama. Oxford: U.P. 1982 (Oxford Modern Languages and Literature Monographs).

Siekmann, Andreas: Friedrich Schillers Differenzierung von historischer und poetischer Wahrheit. - In: Wirkendes Wort 36 (1986), S. 9-15.

Simon, Dieter: Tropologie. - In: Rechtshist. Journal 6 (1987), S. 3-11.

Simon, Ernst: Ranke und Hegel. München, Berlin: Oldenbourg 1928 (Beih. 15 der HZ).

Šklovskij, Viktor: Die Parodie auf den Roman: *Tristram Shandy*. - In: ders.: Theorie der Prosa. Hrsg. u. a. d. Russ. übers. von Gisela Drohla. Frankfurt/Main: Fischer Tb. Vlg. 1984 (Fischer Taschenbuch. 7339; FW), S. 115-143.

Solbach, Andreas: Evidentia und Erzähltheorie. Die Rhetorik des anschaulichen Erzählens in der Frühmoderne und ihre antiken Quellen. München: Fink 1994 (Figuren. 2).

Solms, Friedrich Wilhelm: Die Anfänge der ästhetischen Theorie bei A. G. Baumgarten und J. G. Herder. Phil. Diss. Berlin (FU) 1986.

Sommerfeld, Martin: Romantheorie und Romantypus der deutschen Aufklärung. - In: DVjs 4 (1926), S. 459-490.

Sørensen, Bengt Algot: Symbol und Allegorie. - In: Beiträge zu Symbol, Symbolbegriff und Symbolforschung. Hrsg. von Manfred Lurker. Baden-Baden: Koerner 1982 (Bibliogr. zur Symbolik, Ikonographie und Mythologie. Erg.bd. 1), S. 171-180.

Sørensen, Bengt Algot: Symbol und Symbolismus in den ästhetischen Theorien des 18. Jahrhunderts und der deutschen Romantik. Kopenhagen: Munksgaard 1963 (Scandinavian University Books).

Sottong, Hermann J.: Transformation und Reaktion. Historisches Erzählen von der Goethezeit zum Realismus. München: Fink 1992 (Münch. Univ.-Schr.n., Phil. Fak.; Münchener Germanist. Beiträge. 39).

Sozialgeschichte, Alltagsgeschichte, Mikro-Historie. Eine Diskussion. Hrsg. von Winfried Schulze. Göttingen: Vandenhoeck & Ruprecht 1994 (Kleine Vandenhoeck-Reihe. 1569).

Spieler, Karl-Heinz: Untersuchungen zu Johann Gustav Droysens „Historik". Berlin: Duncker & Humblot 1970 (Histor. Forschungen. 3).

Spies, Bernhard: Politische Kritik, psychologische Hermeneutik, ästhetischer Blick. Die Entwicklung bürgerlicher Subjektivität im Roman des 18. Jahrhunderts. Stuttgart: Metzler 1992 (Germanist. Abhandlungen. 73).

Sprachphilosophie. Philosophy of Language. La philosophie du langage. Ein internat. Hdb. zeitgen. Forschung. An Internat. Handbook of Contemp. Research. Manuel internat. des recherches contemp. Hrsg. von/Ed. by/Ed. par Marcelo Dascal [u.a.]. Halbbd./Vol./T. 1. Berlin, New York: de Gruyter 1992 (Hdbb. zur Sprach- und Kommunikationswiss. 7,1).

Srbik, Heinrich von: Geist und Geschichte vom deutschen Humanismus bis zur Gegenwart. 2., unv. Aufl. Bd. 1-2. Salzburg: Müller 1964.

Stadelmann, Rudolf: Der historische Sinn bei Herder. Halle/Saale: Niemeyer 1928.

Stahl, Karl-Heinz: Das Wunderbare als Problem und Gegenstand der deutschen Poetik des 17. und 18. Jahrhunderts. Frankfurt/Main: Athenäum 1975.

Stanzel, Franz K.: Theorie des Erzählens. 4., durchges. Aufl. Göttingen: Vandenhoeck & Ruprecht 1989 (UTB. 904).

Stark, Gary D.: Vom Nutzen und Nachteil der Literatur für die Geschichtswissenschaft. A Historian's View. - In: The German Quaterly 63 (1990), S. 19-31.

Staub, Hans: Der Weber und sein Text. - In: Das Subjekt der Dichtung. Festschrift für Gerhard Kaiser. Hrsg. von Gerhard Buhr, Friedrich A. Kittler, Horst Turk. Würzburg: Königshausen & Neumann 1990, S. 533-553.

Steenblock, Volker: Transformationen des Historismus. München: Fink 1991.

Stegmüller, Wolfgang: Probleme und Resultate der Wissenschaftstheorie und Analytischen Philosophie. Bd. 1: Wissenschaftliche Erklärung und Begründung. Berlin, Heidelberg, New York: Springer 1969.

Steierwald, Ulrike: Leiden an der Geschichte. Zur Geschichtsauffassung der Moderne in den Texten Joseph Roths. Würzburg: Königshausen & Neumann 1994 (Epistemata. Reihe Literaturwiss. 121).

Steinecke, Hartmut: Romanpoetik von Goethe bis Thomas Mann. Entwicklungen und Probleme der „demokratischen Kunstform" in Deutschland. München: Fink 1987 (UTB. 1435).

Stempel, Wolf-Dieter [u.a.]: Dritte Diskussion: Das Ästhetische als Grenzerscheinung der Historie. - In: Die nicht mehr schönen Künste. Grenzphänomene des Ästhetischen. Hrsg. von Hans Robert Jauß. München: Fink 1968 (Poetik und Hermeneutik. 3), S. 559-581.

Stichweh, Rudolf: Zur Entstehung des modernen Systems wissenschaftlicher Disziplinen. Physik in Deutschland 1740-1890. Frankfurt/Main: Suhrkamp 1984.

Stollberg-Rilinger, Barbara: Der Staat als Maschine. Zur politischen Metaphorik des absoluten Fürstenstaates. Berlin: Duncker & Humblot 1986 (Hist. Forschungen. 30).

Streisand, Joachim: Geschichtliches Denken von der deutschen Frühaufklärung bis zur Klassik. Berlin: Akademie 1964 (Dt. Akad. d. Wiss.n. Schriften des Inst.s für Geschichte. Reihe 1: Allg. und dt. Gesch. 22).

Stromeyer, Rainald: Ranke und sein Werk im Spiegel der Kritik. Phil. Diss. (masch.) Heidelberg 1950.

Strube, Werner: Ästhetische Illusion. Ein kritischer Beitrag zur Geschichte der Wirkungsästhetik des 18. Jahrhunderts. Phil. Diss. (masch.) Bochum 1971.

Strube, Werner: Die Geschichte des Begriffs „Schöne Wissenschaften". - In: Archiv f. Begriffsgesch. 33 (1990), S. 136-216.

Studien zum Beginn der modernen Welt. Hrsg. von Reinhart Koselleck. Stuttgart: Klett-Cotta 1977 (Industrielle Welt. 20).

System und Klassifikation in Wissenschaft und Dokumentation. Vorträge und Diskussionen im April 1967 in Düsseldorf. Hrsg. von Alwin Diemer. Meisenheim am Glan: Hain 1968 (Studien zur Wissenschaftstheorie. 2).

Szondi, Peter: Einführung in die literarische Hermeneutik. Hrsg. von Jean Bollack und Helen Stierlin. Frankfurt/Main: Suhrkamp 1975 (Studienausg. der Vorlesungen; stw. 124).

Szondi, Peter: Poetik und Geschichtsphilosophie I. Antike und Moderne in der Ästhetik der Goethezeit. Hegels Lehre von der Dichtung. Hrsg. von Senta Metz und

Hans-Hagen Hildebrandt. Frankfurt/Main: Suhrkamp 1974 (Studienausg. der Vorlesungen. 2; stw. 40).

Teil und Ganzes. Zum Verhältnis von Einzel- und Gesamtanalyse in Geschichts- und Sozialwissenschaften. Hrsg. von Karl Acham und Winfried Schulze. München: Dt. Tb. Vlg. 1990 (Theorie der Geschichte. 6; dtv wissenschaft. 4544).

Telman, D.A. Jeremy: Rez. von Blanke/Fleischer (Hrsg.): Theoretiker der deutschen Aufklärungshistorie; Pandel: Historik und Didaktik; Blanke: Historiographiegeschichte als Historik. - In: H&Th 33 (1994), S. 249-265.

Theorie der modernen Geschichtsschreibung. Hrsg. von Pietro Rossi. Frankfurt/Main: Suhrkamp 1987 (es. 1390).

Theorie und Erzählung in der Geschichte. Hrsg. von Jürgen Kocka und Thomas Nipperdey. München: Dt. Tb. Vlg. 1979 (Theorie der Geschichte. 3; dtv wissenschaft. 4342).

Thomasberger, Andreas: Sprachlichkeit der Kunst. Überlegungen ausgehend von Wilhelm von Humboldts ästhetischen Versuchen. - In: DVjS 66 (1992), S. 597-612.

Thomé, Horst: Menschliche Natur und Allegorie sozialer Verhältnisse. Zur politischen Funktion philosophischer Konzeptionen in Wielands „Geschichte des Agathon". - In: JDSG 22 (1978), S. 205-234.

Thomé, Horst: Roman und Naturwissenschaft. Eine Studie zur Vorgeschichte der deutschen Klassik. Frankfurt/Main, Bern, Las Vegas: Lang 1977 (Regensburger Beiträge zur deutschen Sprach- und Literaturwiss. Reihe B. 15).

Tippkötter, Horst: Walter Scott. Geschichte als Unterhaltung. Eine Rezeptionsanalyse der Waverley Novels. Frankfurt/Main: Klostermann 1971 (Studien zur Philos. u. Lit. d. neunzehnten Jh. 13).

Toews, John E.: Intellectual History after the Linguistic Turn: The Autonomy of Meaning and the Irreducibility of Experience (Review Article). - In: American Historical Review 92 (1987), S. 879-907.

Tomaschek, Karl: Schiller in seinem Verhältnisse zur Wissenschaft. Wien: Gerold 1862.

Trappe, Ulrich: Phantasie und Historik. Eine Untersuchung über ein ungeschichtliches Ordnungselement im historischen Denken (bei L. v. Ranke, J. Burckhardt und J. G. Droysen). Phil. Diss. (masch.) Mainz 1950.

Tschierske, Ulrich: Vernunftkritik und ästhetische Subjektivität. Studien zur Anthropologie Friedrich Schillers. Tübingen: Niemeyer 1988 (Studien zur dt. Lit. 97).

Ueberweg, Friedrich: Schiller als Historiker und Philosoph. Mit e. biogr. Skizze Ueberweg's von Fr. A. Lange. Hrsg. von Moritz Brasch. Leipzig: Reißner 1884.

Ueding, Gert: Aufklärung über Rhetorik. Versuche über Beredsamkeit, ihre Theorie und praktische Bewährung. Tübingen: Niemeyer 1992 (Rhetorik-Forschungen. 4).

Ueding, Gert: Friedrich Schiller. München: Beck 1990 (Beck'sche Reihe. 616; Autorenbücher).

Ueding, Gert: Schillers Rhetorik. Idealistische Wirkungsästhetik und rhetorische Tradition. Tübingen: Niemeyer 1971 (Studien zur dt. Lit. 27).

Ueding, Gert, und Bernd Steinbrink: Grundriß der Rhetorik. Geschichte - Technik - Methode. Stuttgart: Metzler 1986.

Unterreitmeier, Hans: Sprache als Zugang zur Geschichte. Untersuchungen zu Herders geschichtsphilosophischer Methode. Bonn: Bouvier 1971 (Münchener philos. Forschungen. 5).

Unzeitgemäße Hermeneutik. Verstehen und Interpretation im Denken der Aufklärung. Hrsg. von Axel Bühler. Frankfurt/Main: Klostermann 1994.

Varrentrapp, C[onrad]: Briefe an Ranke von älteren und gleichaltrigen deutschen und französischen Historikern. - In: HZ 105 (1910), S. 105-131.

Varrentrapp, C[onrad]: Rankes Historisch-politische Zeitschrift und das Berliner Politische Wochenblatt. - In: HZ 99 (1907), S. 35-116.

Veit-Brause, Irmline: Paradigms, Schools, Traditions - Conceptualizing Shifts and Changes in the History of Historiography. - In: SdS 17 (1990), S. 51-66.

Verantwortung und Utopie. Zur Literatur der Goethezeit. Ein Symposium. Hrsg. von Wolfgang Wittkowski. Tübingen: Niemeyer 1988.

Veyne, Paul: Geschichtsschreibung - und was sie nicht ist. Frankfurt/Main: Suhrkamp 1990 (es. 1472).

Vierhaus, Rudolf: Goethe und der Historismus. - In: Goethe-Jb. 110 (1993), S. 105-114.

Vierhaus, Rudolf: Leopold von Ranke. Geschichtsschreibung zwischen Wissenschaft und Kunst. - In: HZ 244 (1987), S.284-298.

Vierhaus, Rudolf: Ranke und die soziale Welt. Münster: Aschendorff 1957 (Neue Münstersche Beiträge zur Geschichtsforschung. 1).

Vierhaus, Rudolf: Rankes Begriff der historischen Objektivität. - In: Objektivität und Parteilichkeit in der Geschichtswissenschaft. Hrsg. von Reinhart Koselleck, Wolfgang J. Mommsen und Jörn Rüsen. München: Dt. Tb. Vlg. 1977 (Theorie der Geschichte. 1; dtv wissenschaft. 4181), S. 63-76.

Vietta, Silvio: Die literarische Moderne. Eine problemgeschichtliche Darstellung der deutschsprachigen Literatur von Hölderlin bis Thomas Bernhard. Stuttgart: Metzler 1992.

Vietta, Silvio: Literarische Phantasie: Theorie und Geschichte. Barock und Aufklärung. Stuttgart: Metzler 1986.

Vischer, Eduard: Niebuhr und Ranke. - In: Schweizerische Zs. für Geschichte 39 (1989), S. 243-265.

Völkel, Markus: „Pyrrhonismus historicus" und „fides historica". Die Entwicklung der deutschen historischen Methodologie unter dem Gesichtspunkt der historischen Skepsis. Frankfurt/Main, Bern, New York: Lang 1987 (Europ. Hochschulschriften. Reihe 3: Geschichte und ihre Hilfswissenschaften. 313).

vom Hofe, Gerhard: Die Geschichte als „Epopee Gottes". Zu Herders ästhetischer Geschichtstheorie. - In: Bückeburger Gespräche über Johann Gottfried Herder 1983. Hrsg. von Brigitte Poschmann. Rinteln: Bösendahl 1984 (Schaumburger Studien. 45), S. 56-81.

Von der Aufklärung zum Historismus. Zum Strukturwandel des historischen Denkens. Hrsg. von Horst Walter Blanke und Jörn Rüsen. Paderborn [u.a.]: Schöningh 1984 (Historisch-politische Diskurse. 1).

Voßkamp, Wilhelm: Blanckenburg und Blanckenburgrezeption. Probleme der Romanpoetik im 18. und frühen 19. Jahrhundert. - In: Akten des 5. Internat. Germanistenkongresses Cambridge 1975. Hrsg. von Leonard Forster und Hans-Gert Roloff. Bern, Frankfurt/Main: Lang 1976 (Jb. für Internat. Germanistik. Reihe A. 2/3), S. 193-200.

Voßkamp, Wilhelm: Klassik als Epoche. Zur Typologie und Funktion der Weimarer Klassik. - In: Literarische Klassik. Hrsg. von Hans-Joachim Simm. Frankfurt/Main: Suhrkamp 1988 (suhrkamp taschenbuch materialien. 2084).

Voßkamp, Wilhelm: Romantheorie in Deutschland. Von Martin Opitz bis Friedrich von Blanckenburg. Stuttgart: Metzler 1973 (Germanist. Abhandlungen. 40).

Vossler, Otto: Rankes historisches Problem. - In: ders.: Geist und Geschichte. Von der Reformation bis zur Gegenwart. Gesammelte Aufsätze. München: Piper 1964, S. 184-214 (piper paperback).

Wach, Joachim: Das Verstehen. Grundzüge einer Geschichte der hermeneutischen Theorie im 19. Jahrhundert. Bd. 1-3. Reprogr. ND der Ausg. Tübingen: Mohr 1926-33. Hildesheim: Olms 1966.

Wachler, Ludwig: Geschichte der historischen Forschung und Kunst seit der Wiederherstellung der litterärischen Cultur in Europa. Bd. 1-2 in 5. Göttingen: Röwer 1812-20 (Geschichte der Künste und Wissenschaften seit der Wiederherstellung ders. bis an das Ende des achtz. Jh. 5).

Wagner, Christine: Die Entwicklung Johann Gustav Droysens als Althistoriker. Bonn: Habelt 1991 (Habelts Diss.drucke, Reihe Alte Geschichte. 30).

Wagner, Fritz: Die Anfänge der modernen Geschichtswissenschaft im 17. Jahrhundert. München: Vlg. d. Bayer. Akad. d. Wiss. 1979 (Bayer. Akad. d. Wiss. Phil.-hist. Klasse. Sitzungsber. Jg. 1979, H. 2).

Wagner, Fritz: Geschichtswissenschaft. Freiburg/Br., München: Alber 1951 (Orbis Academicus).

Wagner, Karl: Die historischen Motive in Arnims „Kronenwächtern". Ein Beitrag zur Erschließung des Ideengehaltes der Dichtung. Teil 1-2. Beilage zum Jahresbericht 1907/08 und 1909/10 des königl. Realgymnasiums Goldap.

Waitz, G[eorg]: Göttinger Historiker von Köhler bis Dahlmann. - In: Göttinger Professoren. Ein Beitrag zur deutschen Cultur- und Literärgeschichte in acht Vorträgen. Hrsg. von R. Rocholl. Gotha: Perthes 1872, S. 231-260.

Walther, Gerrit: Fernes Kampfgetümmel. Zur angeblichen Aktualität von Hayden White's „Metahistory". - In: Rechtshist. Journal 11 (1992), S. 19-40.

Walther, Gerrit: Niebuhrs Forschung. Stuttgart: Steiner 1993 (Frankfurter Histor. Abhandlungen. 35).

Warlich, Bernd: August Ludwig von Schlözer 1735-1809 zwischen Reform und Revolution. Ein Beitrag zur Pathogenese frühliberalen Staatsdenkens im späten 18. Jahrhundert. Phil. Diss. Erlangen 1972.

Warning, Rainer: Illusion und Wirklichkeit in Tristram Shandy und Jacques le fataliste. München: Fink 1965 (Theorie und Geschichte der Literatur und der Schönen Künste. 4).

Watt, Ian: The Rise of the Novel. Studies in Defoe, Richardson and Fielding. 6. Aufl. London: Chatto & Windus 1974.

Weber, Ernst: Die poetologische Selbstreflexion im deutschen Roman des 18. Jahrhunderts. Zu Theorie und Praxis von „Roman", „Historie" und pragmatischem Roman. Stuttgart [u.a.]: Kohlhammer 1974 (Studien zur Poetik und Geschichte der Literatur. 34).

Weber, Wolfgang: Priester der Klio. Historisch-sozialwissenschaftliche Studien zur Herkunft und Karriere deutscher Historiker und zur Geschichte der Geschichtswissenschaft 1800-1970. Frankfurt/Main, Bern: Lang 1984 (Europ. Hochschulschriften. Reihe 3: Geschichte und ihre Hilfswissenschaften. 216).

Weber, Wolfgang: Rez. von Blanke: Historiographiegeschichte als Historik. - In: SdS 21 (1992), S. 178-180.

Weber, Wolfgang: Vermessung der Historiographie. Historiographiegeschichte und Sozialgeschichte der Geschichtswissenschaft im 19. und 20. Jahrhundert. Ein Forschungsvorhaben im Rahmen des Sonderforschungsbereichs „Wissenschaftsforschung" der Deutschen Forschungsgemeinschaft. - In: Jb. d. Hist. Forschung 1992, S. 34-38.

Weber, Wolfgang: Hayden White in Deutschland. - In: SdS 25 (1995), S. 89-102.

Wegele, Franz X[aver] von: Geschichte der Deutschen Historiographie seit dem Auftreten des Humanismus. München, Leipzig: Oldenbourg 1885 (Geschichte der Wissenschaften in Deutschland. Neuere Zeit. 20).

Wegmann, Nikolaus: Was heißt einen ‚klassischen Text' lesen? Philologische Selbstreflexion zwischen Wissenschaft und Bildung. - In: Wissenschaftsgeschichte der Germanistik im 19. Jahrhundert. Hrsg. von Jürgen Fohrmann und Wilhelm Voßkamp. Mit Beitr. von Uwe Mewes [u.a.]. Stuttgart, Weimar: Metzler 1994.

Wehrli, Beatrice: Imitatio und Mimesis in der Geschichte der deutschen Erzähltheorie unter besonderer Berücksichtigung des 19. Jahrhunderts. Göppingen: Kümmerle 1974 (Göppinger Arbeiten zur Germanistik. 126).

Weiller, Edith: Max Weber und die literarische Moderne. Ambivalente Begegnungen zweier Kulturen. Stuttgart, Weimar: Metzler 1994 (Metzler Studienausgabe).

Weimar, Klaus: Geschichte der deutschen Literaturwissenschaft bis zum Ende des 19. Jahrhunderts. München: Fink 1989.

Welsch, Wolfgang: Ästhetisches Denken. Stuttgart: Reclam 1990 (RUB. 8681).

Welsch, Wolfgang, und Christine Pries: Einleitung. - In: Ästhetik im Widerstreit. Interventionen zum Werk von François Lyotard. Mit Beitr. von Hermann Danuber [u.a.]. Weinheim: VCH, Acta Humaniora 1991, S. 1-23.

Wesendonck, Hermann: Die Begründung der neueren deutschen Geschichtsschreibung durch Gatterer und Schlözer, nebst Einleitung über Gang und Stand derselben vor diesen. Leipzig: Krüger 1876.

Weymar, Hans-Jürgen: Droysens Theorie der historischen Erfahrung. Phil. Diss. München 1969.

White, Hayden: Auch Klio dichtet oder die Fiktion des Faktischen. Studien zur Tropologie des historischen Diskurses. Aus dem Amerik. von Brigitte Brinkmann-Siepmann und Thomas Siepmann. Einf. von Reinhart Koselleck. Stuttgart: Klett-Cotta 1986 (Sprache und Geschichte. 10).

White, Hayden: Die Bedeutung der Form. Erzählstrukturen in der Geschichtsschreibung. Aus dem Amerik. von Margit Smuda. Frankfurt/Main: Fischer Tb. Vlg. 1990 (FW. 7417).

White, Hayden: „Figuring the nature of the times deceased": Literary Theory and Historical Writing. - In: The Future of Literary Theory. Ed. by Ralph Cohen. New York, London: Routledge 1989, S. 19-43, 411-414.

White, Hayden: Geschichte erklären. Formalistische und kontextualistische Strategien. - In: Neue Rundschau 105 (1994), S. 41-55.

White, Hayden: Metahistory. The Historical Imagination in Nineteenth Century Europe. Baltimore, London: The John Hopkins Univ. Pr. 1973. Metahistory. Die historische Einbildungskraft im 19. Jahrhundert in Europa. Aus dem Amerik. von Peter Kohlhaas. Frankfurt/Main: S. Fischer 1991.

Wiedemann, Theodor: Sechzehn Jahre in der Werkstatt Leopold von Ranke's. Ein Beitrag zur Geschichte seiner letzten Lebensjahre. (Schluß). - In: Deutsche Revue 18 (1893) H. 4, S. 253-265.

Wiese, Benno von: Friedrich Schiller. Stuttgart: Metzler 1959.

Wilhelm, Aimé: Studien zu den Quellen und Motiven von Achim von Arnims Kronenwächtern. Phil. Diss. Zürich 1955.

Willems, Gottfried: Anschaulichkeit. Zu Theorie und Geschichte der Wort-Bild-Beziehungen und des literarischen Darstellungsstils. Tübingen: Niemeyer 1989 (Studien zur dt. Lit. 103).

Williams, Gerhild Scholz: Geschichte und die literarische Dimension. Narrativik und Historiographie in der anglo-amerikanischen Forschung der letzten Jahrzehnte. Ein Bericht. - In: DVjs 63 (1989), S. 315-392.

Wimmer, Franz M.: Geschichtsschreibung als literarische Kunst. Hayden V. Whites „Metahistory". - In: Neue Ansätze in der Geschichtswissenschaft. Eine philosophisch-historische Tagung. Hrsg. von Herta Nagl-Docekal und Fr. W. Wien: Verb. d. wiss. Gesellschaften Österreichs 1984 (Conceptus-Studien. 1), S. 153-162.

Der Wissenschaftsbegriff. Historische und systematische Untersuchungen. Vorträge und Diskussionen im April 1968 in Düsseldorf und im Oktober 1968 in Fulda. Hrsg. von A[lwin] Diemer. Meisenheim am Glan: Hain 1970 (Studien zur Wissenschaftstheorie. 4).

Wittkau, Annette: Historismus. Zur Geschichte des Begriffs und des Problems. Göttingen: Vandenhoeck & Ruprecht 1992 (Sammlung Vandenhoeck).

Wohlfahrt, Günter: Denken der Sprache. Sprache und Kunst bei Vico, Hamann, Humboldt und Hegel. Freiburg/Br., München: Alber 1984 (Alber-Broschur Philosophie).

Wölfel, Kurt: Friedrich von Blanckenburgs *Versuch über den Roman*. - In: Deutsche Romantheorien. Beiträge zu einer historischen Poetik des Romans in Deutschland. Hrsg. u. eingel. von Reinhold Grimm. Frankfurt/Main, Bonn: Athenäum 1968, S. 29-60.

Wolfram, Aurel: Schiller und Herder. - In: Euphorion 28 (1927), S. 35-54.

The Writing of History. Literary Form and Historical Understanding. Ed. by Robert H. Carnary and Henry Kozicki. Madison: The Univ. of Wisconsin Pr. 1978.

Wunberg, Gotthart: Unverständlichkeit. Historismus und literarische Moderne. - In: Hofmannsthal-Jb. 1 (1993), S. 309-350.

Zedelmaier, Helmut: „Im Griff der Geschichte". Zur Historiographiegeschichte der frühen Neuzeit. - In: Hist. Jb. 112 (1992), S. 436-456.

Die Zeichen der Historie. Beiträge zu einer semiologischen Geschichtswissenschaft. Hrsg. von Georg Schmid. Wien, Köln: Böhlau 1986 (Materialien zur histor. Sozialwiss. 5).

Zemlin, Michael-Joachim: Geschichte zwischen Theorie und Theoria. Untersuchungen zur Geschichtsphilosophie Rankes. Würzburg: Königshausen & Neumann 1988 (Epistemata. Reihe Philosophie. 35).

Zima, Peter V.: Literarische Ästhetik. Methoden und Modelle der Literaturwissenschaft. Tübingen: Francke 1991 (UTB. 1590).

Zimmerman, Everett: Tristram Shandy and Narrative Representation. - In: The Eighteenth Century 28 (1987), S. 127-147.

Zittel, Bernhard: Ranke und der Humanismus. Phil. Diss. (masch.) München 1947.

Žmegač, Viktor: Der Aufstieg des Historismus in Geschichtsphilosophie, Ästhetik und Literatur. - In: Propyläen Geschichte der Literatur. Literatur und Gesellschaft der westlichen Welt. Hrsg. von Erika Wischer. Bd. 4. Berlin: Propyläen 1988, S. 290-314.

Žmegač, Viktor: Der europäische Roman. Geschichte seiner Poetik. Tübingen: Niemeyer 1990.

Register

European Cultures
Studies in Literature and the Arts

Hanna Leitgeb

Der ausgezeichnete Autor

Städtische Literaturpreise und Kulturpolitik in Deutschland 1926–1971

VIII, 428 Seiten. 1994. Gebunden.
ISBN 3-11-014402-6 (Band 4)

Robert S. Leventhal

The Disciplines of Interpretation

Lessing, Herder, Schlegel and Hermeneutics in Germany 1750–1800

XI, 351 Seiten. 1994. Gebunden.
ISBN 3-11-014424-7 (Band 5)

Icons – Texts – Iconotexts

Essays on Ekphrasis and Intermediality

Edited by Peter Wagner

VIII, 406 Seiten. Mit 63 Abbildungen und 8 Tafeln. 1996. Gebunden.
ISBN 3-11-014291-0 (Band 6)
